Die Elektrotechnik und die elektromotorischen Antriebe

Die Elektrotechnik und die elektromotorischen Antriebe

Ein elementares Lehrbuch für technische Lehranstalten und zum Selbstunterricht

Von

Dipl.-Ing. W. Lehmann
Professor am Staatlichen Berufspädagogischen Institut Berlin

Zweite, stark umgearbeitete Auflage

Mit 701 Textabbildungen
und 112 Beispielen

Springer-Verlag Berlin Heidelberg GmbH
1933

Inhaltsverzeichnis.

I. Der Magnetismus.

Ein Stahlmagnet vermag mit seinen beiden Polen, von denen der eine als Nordpol, der andere als Südpol bezeichnet wird, kleine Eisenteilchen anzuziehen. Die Richtung der magnetischen Anziehungskräfte läßt sich dadurch sichtbar machen, daß man den Magneten unter eine Glasplatte legt (z. B. den Hufeisenmagneten in Abb. 1) und diese mit Eisenfeilspänen bestreut. Die Späne ordnen sich nach gesetzmäßigen Linien, die von einem Pol zum anderen verlaufen, und die man magnetische Feldlinien oder Kraftlinien nennt. Mit einem gegebenen Magneten lassen sich durch Bestreichen beliebig viele neue Magnete herstellen, ohne daß dadurch der Magnet schwächer wird. Man denkt sich nämlich, daß die Moleküle des unmagnetischen Eisens bereits kleine Magnete sind, daß dieselben aber wirr durcheinander liegen und daher nach außen keine Wirkung ausüben. Durch das Bestreichen mit einem Magneten werden sie geordnet, so daß sich ihre Wirkungen addieren. Daher wird harter Stahl (insbesondere Wolframstahl) wegen der geringen Beweglichkeit seiner Moleküle schwerer zu magnetisieren sein als weiches Eisen, aber bei Erschütterungen eher magnetisch bleiben. Das Höchstmaß an Magnetismus wäre erreicht, wenn alle Moleküle geordnet wären. Dann ist das Eisen magnetisch gesättigt. Der mit Feldlinien erfüllte Raum heißt das magnetische Feld. Als Richtung der Feldlinien ist angenommen, daß sie am Nordpol austreten und durch die Luft zum Südpol gehen. Weiter wollen wir annehmen, daß die Feldlinien am Südpol nicht endigen, sondern durch den Magneten hindurch zum Norpol zurückkehren, daß sie also geschlossene Linien bilden. Grob sinnlich lassen sie sich mit gespannten Gummifäden vergleichen, die in ihrer Längsrichtung eine Zugkraft und in ihrer Querrichtung eine Druckkraft ausüben. Nord- und Südpol müssen sich daher stets anziehen, während gleichnamige Pole sich wegen der seitlichen Druckkraft der Feldlinien abstoßen müssen.

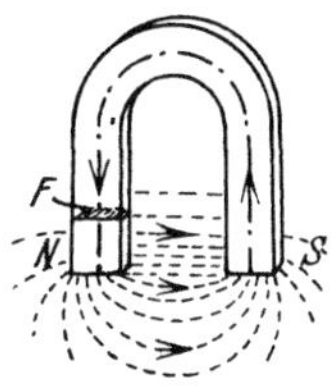

Abb. 1. Kraftlinienbild eines Hufeisenmagneten.

Einen einzelnen Magnetpol gibt es zwar nicht, wir können ihn uns jedoch nach Abb. 2 mit strahlenförmig nach allen Richtungen gehenden Feldlinien vorstellen. Er übt auf einen anderen Pol in der Entfernung r eine anziehende oder abstoßende Kraft aus, welche nach dem Coulombschen Gesetz der Stärke m_1 und m_2 der beiden Pole proportional und dem Quadrat ihres Abstands r umgekehrt proportional ist. Die Kraft ist also $P = m_1 \cdot m_2 : r^2$ ausgedrückt in Dyn (1 kg = 981000 Dyn). Die Einheit der Polstärke soll diejenige sein, welche auf einen gleich starken Pol im Abstand 1 cm gerade eine Kraft von 1 Dyn ausübt. Die Feldstärke nimmt mit der Entfernung vom Pol stark ab und kann durch die Dichte der Feldlinien veranschaulicht werden (Abb. 2). Wir wollen sie mit $\mathfrak{H}$ bezeichnen und gleich der Kraft in Dyn setzen, welche an der betrachteten Stelle auf einen Einheitspol $m = 1$ ausgeübt würde. Die Einheit ist das Oerstedt. Im Punkt A herrscht also die magnetische Feldstärke $\mathfrak{H} = m : r^2$. Um sie durch die Kraftlinienzahl ausdrücken zu können, denken wir uns an der betrachteten Stelle je cm² ebensoviel Feldlinien senkrecht zur Fläche gezeichnet wie die Feldstärke beträgt. Die Gesamtzahl der von dem Pol ausgehenden Feldlinien heißt der magnetische Fluß.

Abb. 2. Einzelpol.

Da die Kugeloberfläche vom Radius r gleich $4\pi \cdot r^2$ ist und je cm² $m : r^2$ Feldlinien durch sie hindurchtreten, ist der gesamte Fluß $\Phi = 4\pi m$, der in gleicher Stärke durch jede geschlossene Fläche um m hindurchtritt. Eine Ebene, welche gleichmäßig mit Polen von der Stärke m je cm² belegt ist, wird ein Feld haben, dessen Linien auf der Ebene N senkrecht stehen (Abb. 3) und dessen

Stärke überall die gleiche ist. Je zwei Feldlinien gleicher Neigung können nämlich immer zu einer Resultierende, die senkrecht auf der Ebene stehen muß, zusammengefaßt werden. Da sich die Gesamtzahl der Feldlinien nicht geändert hat, sendet jedes cm² insgesamt $4\pi m$ Feldlinien, nach jeder Seite also $2\pi m$ aus. Die Feldstärke ist also $\mathfrak{H} = 2\pi m$. Denken wir uns nun in irgendeinem Abstand von der Ebene N eine zweite Ebene S, die mit entgegengesetztem Magnetismus von der Stärke m je cm² belegt ist, so müssen wir uns deren Feldlinien umgekehrt gerichtet eintragen. Dadurch wird die Feldstärke zwischen den Platten doppelt so groß, also $\mathfrak{H} = 4\pi m$ und außerhalb Null.

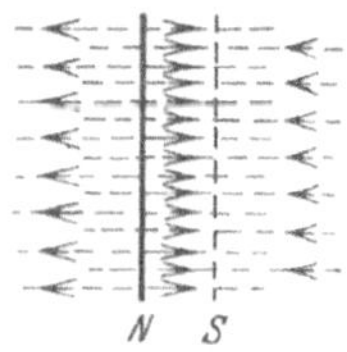

Abb. 3. Flächenpol.

Um die Kraft P zu finden, mit der die Ebene S angezogen wird, rechnen wir zunächst ihre gesamte Polstärke aus. Sie ist bei einer Fläche F gleich $m \cdot F$. Diese Polstärke liegt im Feld der anderen Ebene von der Stärke $2\pi m$ und erfährt daher eine Kraft $m \cdot F \cdot 2\pi m$. Ersetzt man hierin m durch seinen Wert, der sich aus der tatsächlichen Feldstärke $\mathfrak{H} = 4\pi m$ ergibt, so findet man die magnetische Kraft zu:

$$P = \frac{F \cdot \mathfrak{H}^2}{8\pi} \text{ in Dyn, oder: } P = \frac{F \cdot \mathfrak{H}^2}{8\pi \cdot 981\,000} \text{ in Kilogramm.} \tag{1}$$

Man kann diese Beziehung benutzen, um die Tragkraft eines Magneten zu berechnen, wenn die Feldstärke bekannt ist. Ebenso läßt sich die Feldstärke aus der Tragkraft ermitteln.

1. Beispiel. Ein Hufeisenmagnet nach Abb. 1 habe einen Schenkelquerschnitt von $10 \cdot 25$ mm und vermöge 0,8 kg zu tragen. Wie groß ist die Feldstärke?

Nach Gl. 1 ist: $\mathfrak{H} = \sqrt{\dfrac{8\pi \cdot 981\,000 \cdot P}{F}}$. Bei einer Fläche von $F = 1 \cdot 2{,}5$ cm² (ein Schenkel) ist nur die Tragkraft eines Schenkels mit 0,4 kg einzusetzen. Es ergibt sich dann: $\mathfrak{H} = 2000$ Oe.

Bringt man in ein magnetisches Feld von der Stärke $\mathfrak{H}$ ein Stück unmagnetisches Eisen, so werden die Molekularmagnete desselben teilweise gerichtet, wodurch es zu einem Magneten wird. Es sind daher jetzt an dieser Stelle des Eisens viel mehr Kraftlinien vorhanden, weil zu den bisherigen Feldlinien die des Magneten hinzukommen. Diese erhöhte Kraftlinienzahl je cm² wird die magnetische Induktion genannt, und wir wollen sie mit $\mathfrak{B}$ bezeichnen. Ihre Einheit ist 1 Gauß (1 G), d. i. 1 Kraftlinie je cm². Der durch eine Fläche F (siehe Abb. 1) hindurchtretende gesamte Induktionsfluß oder Kraftfluß ist dann:

$$\Phi = F \cdot \mathfrak{B}. \tag{2}$$

Die Einheit des Flusses ist 1 Maxwell (1 M), d. i. 1 Kraftlinie.

II. Die Elektrizität und ihre Anwendungen.

A. Die Wirkungen des elektrischen Stroms.

An eine elektrische Stromquelle E (Abb. 4) mit den Klemmen + und — sei mittels metallischer Drähte ein dünner Draht a—b, ferner zwei Platinbleche c—d, die in blaue Kupfervitriollösung eintauchen, angeschlossen, und schließlich gehe der Draht noch an einer beweglichen Magnetnadel N—S vorbei. Sobald das letzte Drahtstück festgeklemmt ist, zeigen sich folgende Wirkungen:

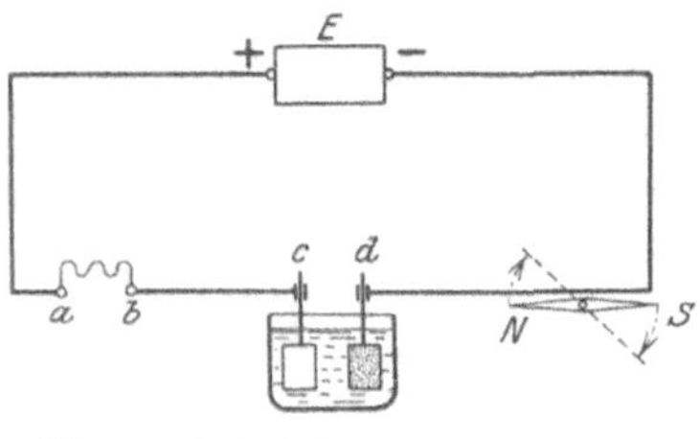

Abb. 4. Die drei Wirkungen des elektrischen Stroms.

a) Wärmewirkung. Der dünne Draht a—b erglüht. Bei stärkerer Stromquelle schmilzt er sogar durch. Ein dickerer Draht erwärmt sich nur wenig.

b) Chemische Wirkung. An dem mit der —Klemme verbundenen Blech d scheidet sich Kupfer ab, und zwar um so mehr, je stärker man die Stromquelle wählt und je länger die Abscheidung dauert. Am +Blech c steigen Sauerstoffblasen hoch. Aus einer Höllensteinlösung (Silbernitrat) würde sich am Blech d Silber abscheiden.

c) Magnetische Wirkung. Die Magnetnadel wird aus ihrer Nord-Süd-Ruhelage abgelenkt. Bei stärker Stromquelle steigt die Ablenkung.

Die beobachteten Wirkungen bleiben aus, wenn man statt der metallischen Drähte Bindfäden, Holz oder dergleichen wählt. Der elektrische Strom, welcher die Ursache der Erscheinungen war, braucht also Leiter um fließen zu können (Metalle,

Salzlösungen, Säuren). Durch Nichtleiter (Isolatoren) kann er nicht hindurch. Polt man die Stromquelle um, d. h. vertauscht man die beiden Drähte an den Klemmen, so ändert sich an der Wärmewirkung nichts, die Metallabscheidung erfolgt aber jetzt am Blech *c*, während sich das früher bei *d* abgeschiedene Metall wieder auflöst. Die Magnetnadel wird nach der entgegengesetzten Seite abgelenkt. Dies zeigt, daß der elektrische Strom eine bestimmte Fließrichtung hat, welche im Leiter von + nach — festgesetzt wurde.

Das Wesen des elektrischen Stromes ist heute nicht mehr unbekannt. Man weiß, daß die Atome aller Stoffe nicht wie früher angenommen, unteilbar, sondern Gebilde, ähnlich einem Planetensystem sind. Um einen positiven Atomkern kreisen, durch elektrische Anziehung gehalten, sehr schnell negativ geladene Elektrizitätsatome, die Elektronen. Ihre Zahl ist bei jeder Atomart eine ganz bestimmte (bei Wasserstoff 1 und bei dem schweren Uran 92). Auch die Atomkerne sind wieder zusammengesetzt, und zwar aus positiven Wasserstoffkernen, den Protonen. Man nimmt nun an, daß in den leitenden Metallen sich Elektronen von den Atomen zu lösen vermögen und sich frei, aber regellos in den Zwischenräumen zwischen den Atomen bewegen. Durch Anlegung einer elektrischen „Stromquelle" kann nun auf die im Draht befindlichen Elektronen ein Druck ausgeübt werden, der sie zu einer Strömung veranlaßt. Der elektrische Strom besteht also aus bewegten Elektronen. Die Bewegungsrichtung ist wegen der negativen Ladung von — nach +, also umgekehrt der festgelegten Stromrichtung. Nichtleiter haben keine freien Elektronen. In ihnen kann sich daher kein Strom bilden.

B. Das Ohmsche Gesetz.

In Abb. 5 ist an die Klemmen einer Stromquelle ein langer, dünner Draht *R* angeschlossen, welcher der Handlichkeit wegen aufgewickelt ist. In dem so gebildeten Stromkreis liegt ferner noch ein Strommesser *A*, der die Stärke des Stromes zu messen gestattet. Sie wird einmal von dem Druck der Stromquelle, der sog. elektrischen Spannung und ferner von dem langen Draht *R* abhängen, der dem Stromfluß einen Widerstand entgegensetzt. Zur Prüfung dieser Abhängigkeit ersetzen wir nacheinander die Stromquelle durch eine solche zweifacher und dreifacher Spannung und finden, daß damit der Strom proportional anwächst. Alsdann ändern wir bei konstanter Spannung den Widerstand *R* dadurch, daß wir den Gleitkontakt *K* nach rechts verschieben. Der Strom steigt dabei an, und zwar bei halbem Widerstand auf das Doppelte, bei einem Drittel auf den dreifachen Wert. Dies drückt das Ohmsche Gesetz aus: In einem Stromkreis ist die Stromstärke *I* um so größer, je größer die Spannung *U* und je kleiner der Leitungswiderstand *R* ist. In mathematischer Form:

$$I = \frac{U}{R}. \qquad (3)$$

Die Einheiten der drei elektrischen Größen. Ein Ampere (abgekürzt 1 A) ist diejenige Stromstärke, welche in einer Sekunde aus einer Kupfervitriollösung 0,329 mg Kupfer, oder aus einer Höllensteinlösung 1,118 mg Silber ausscheidet.

Ein Ohm (abgekürzt 1 Ω) ist der Widerstand, welchen ein Quecksilberfaden von 1,063 m Länge und 1 mm² Querschnitt bei 0° dem Strom entgegensetzt.

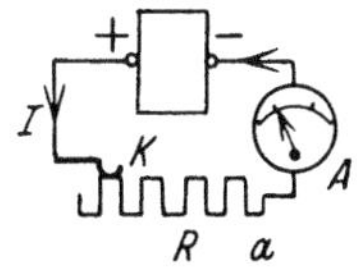

Abb. 5. Die Stromstärke ist der Spannung proportional und umgekehrt proportional dem Widerstand.

Ein Volt (abgekürzt 1 V) ist diejenige Spannung, welche durch einen Widerstand von einem Ohm gerade eine Stromstärke von einem Ampere zu treiben vermag.

Wir können nun mit dem Ohmschen Gesetz rechnen. Wenn zwei der Größen gegeben sind, so läßt sich die unbekannte Dritte stets berechnen. Es ist also $U = R \cdot I$ und $R = U : I$. Würde man in Abb. 5 den Kontakt auf *a* stellen, dann würde $R = O$ und der Strom sehr groß sein. Man nennt dies einen Kurzschluß.

2. Beispiel. Eine Glühlampe sei von einem Strom von 0,27 A durchflossen und liege an einer Spannung von 220 V. Wie groß ist ihr Widerstand? Derselbe ist nach dem Ohmschen Gesetz $R = U : I = 220 : 0{,}27 = 815\,\Omega$; was nichts anderes bedeutet, als daß sie dem Strom 815mal mehr Widerstand entgegensetzt als der oben genannte Einheitsquecksilberfaden.

Die Messung von Strömen erfolgt durch Strommesser, welche so zu schalten sind, daß der zu messende Strom durch das Meßgerät geht (Abb. 5). Spannungen mißt man mit Spannungsmessern, welche unmittelbar mit den Klemmen, zwischen denen die Spannung herrscht, zu verbinden sind (Abb. 6). Widerstände können wir zunächst nur indirekt, durch eine Strom- und Spannungsmessung nach Beispiel 2 bestimmen.

Die Elektrizitätsmenge.

Man versteht darunter das Produkt Stromstärke mal Zeit. Sie ist also:

$$Q = I \cdot t. \tag{4}$$

Die Einheit ist die Amperesekunde (abgekürzt 1 As) oder das Coulomb (1 C), welche auch durch die Zahl der Elektronen ausdrückbar ist, und zwar ist:

$$1 \text{ Amperesekunde} = 0{,}629 \cdot 10^{19} \text{ Elektronen}$$

oder: 1 Elektron hat die Elementarladung von $e = 1{,}591 \cdot 10^{-19}$ C.

Der elektrische Widerstand.

Die Widerstände von Metallen zeigen starke Abweichungen. Es gibt gute Leiter (Kupfer) und weniger gute Leiter (Eisen, Nickelin). Zum Vergleich ihrer Widerstände bedient man sich eines Einheitsdrahtes von 1 m Länge und 1 mm² Querschnitt. Den Widerstand dieses Einheitsdrahtes nennt man den spezifischen Widerstand, den wir mit ϱ bezeichnen wollen. Ein Draht von l m Länge hat einen l mal so großen Widerstand und bei F mm² Querschnitt vermindert sich der Widerstand auf den F. Teil. Der Widerstand ist daher:

$$R = \frac{\varrho \cdot l}{F}. \tag{5}$$

Man beachte, daß die Leiterlänge in m und der Querschnitt in mm² einzusetzen ist.

3. Beispiel. Wie groß ist der Widerstand eines Kupferdrahtes von 4 mm² Querschnitt und 250 m Länge?

Der spezifische Widerstand des Kupfers ist 0,0175. Der Drahtwiderstand daher:

$$R = 0{,}0175 \cdot 250 : 4 = 1{,}09 \text{ Ohm}.$$

Würde man diesen Draht an die beiden Klemmen einer Stromquelle von 4 V Spannung anschließen, so würde ein Strom von $I = 4 : 1{,}09 = 3{,}67$ A fließen.

Leitfähigkeit und Leitwert. Man rechnet vielfach lieber mit dem umgekehrten Wert des spezifischen Widerstandes, den man die Leitfähigkeit $\varkappa$ nennt. Es ist also $\varkappa = 1 : \varrho$, und die Widerstandsgleichung lautet jetzt:

$$R = \frac{l}{\varkappa \cdot F}. \tag{6}$$

Der umgekehrte Wert des Widerstandes R heißt der Leitwert G. Also $G = 1 : R$. Die Einheit des Leitwertes ist 1 Siemens (1 S).

Als Zuleitungen zu Lampen und Motoren kommen natürlich nur gute Leiter, wie Kupfer zur Verwendung (siehe Tabelle), weil man in ihnen keine Wärmeentwicklung (Verlust) wünscht. In Heizgeräten ist die Wärmeentwicklung beabsichtigt. In ihnen benutzt man daher Drähte mit hohem spezifischen Widerstand (Nickelin, Chrom-Nickel).

Tabelle der spezifischen Widerstände ϱ und Leitfähigkeiten $\varkappa$ ($t = 15°$).

Stoff	ϱ	$\varkappa$	Stoff	ϱ	$\varkappa$
Aluminium	0,03	33	Zinn	0,14	7,2
Blei	0,21	4,75	Kohle	100 u. mehr	0,01 u. weniger
Eisen	0,12	8,3			
Kupfer	0,0175	57			
Nickel	0,12	8,3	Messing	0,07—0,08	12,5—14
Platin	0,094	10,6	Nickelin (Cu, Ni)	0,3—0,5	2—3,3
Quecksilber	0,95	1,05	Chromnickel	1	1
Silber	0,017	59	Konstantan (Cu, Ni)	0,5	2
Zink	0,06	16,5	Manganin (Cu, Mn)	0,42	2,4

Veränderliche Widerstände.

a) Abhängigkeit von der Temperatur. Der Widerstand reiner Metalle steigt etwas bei zunehmender Temperatur, während derjenige von Kohle und Flüssigkeiten sinkt. Bei Kupfer beträgt die Widerstandszunahme z. B. etwa 0,4% je Grad Temperaturzunahme. Diese Widerstandsänderung muß natürlich beim Bau elektrischer Maschinen berücksichtigt werden, weil sie bei Erwärmung eine Stromabnahme nach sich zieht. Andererseits benutzt man die Widerstandsänderung, um aus ihr die Temperaturzunahme zu berechnen, die man mit Thermometern schlecht messen kann.

4. Beispiel. Die Kupferwicklung einer Maschine liege an einer konstanten Spannung von 220 V und werde bei Betriebsbeginn von 2 A durchflossen. Durch den Stromfluß erwärmt sich die Wicklung, wodurch sich der Widerstand erhöht. Nach einigen Stunden sei der Strom auf 1,69 A gesunken. Wie groß ist im Mittel die Temperaturzunahme der Wicklung?

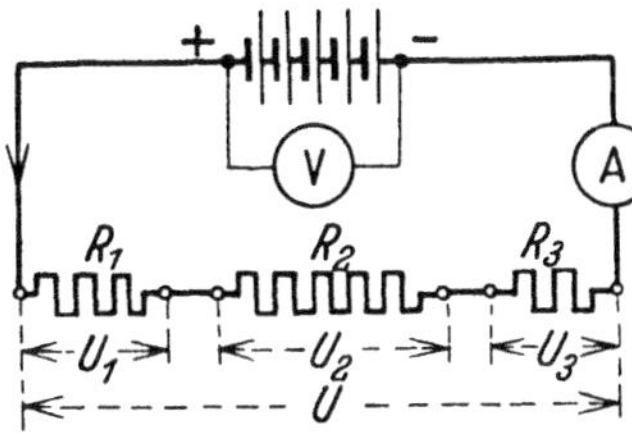

Abb. 6. Reihenschaltung von Widerständen.

Die Widerstände sind $R_{\text{kalt}} = 220:2 = 110\,\Omega$, $R_{\text{warm}} = 220:1{,}69 = 130\,\Omega$. Der Widerstand ist also um $20\,\Omega$, also 18,2% gewachsen. Da 0,4% durch 1° hervorgerufen werden, entsprechen 18,2% also 45°. Dies ist bei der üblichen Baumwollisolation eine zulässige Erwärmung. Nach den Vorschriften darf hierbei die Temperatur sogar um 60° steigen, aber insgesamt 95° nicht übersteigen.

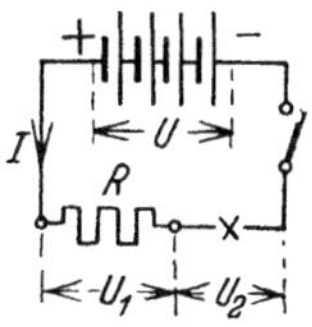

Abb. 7. Lampe mit Vorwiderstand.

b) Magnetische Abhängigkeit. Manche Stoffe, insbesondere Wismut, ändern ihren Widerstand, wenn man sie in ein magnetisches Feld bringt. Der Wismutwiderstand steigt z. B. in einem Feld von 16000 Gauß um etwa 80%. Bei bekannter Widerstandsänderung kann eine dünne Wismutspirale zur Messung von Feldstärken dienen.

c) Abhängigkeit von der Belichtung. Selen, ein Stoff von sehr hohem spezifischen Widerstand vermindert seinen Widerstand bei Belichtung, und zwar je nach Güte auf den 20. bis 100. Teil. Es kann also als Lichtrelais Verwendung finden. Sein Dunkelwiderstand stellt sich allerdings sehr langsam wieder ein, auch ist ein Abschluß vor der Luftfeuchtigkeit zweckmäßig.

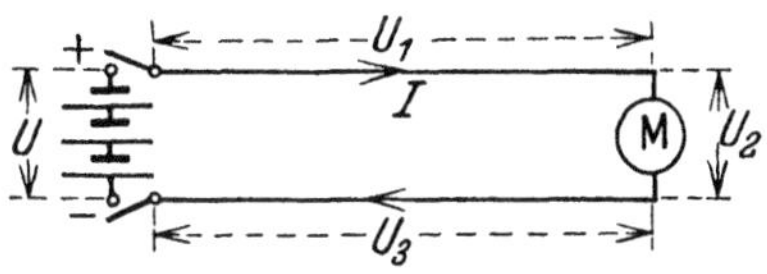

Abb. 8. Bis zum Motor tritt ein Spannungsabfall ein.

Die Ausführung von Widerständen. Drähte von hohem spezifischen Widerstand, die man eigens dazu benutzen will, dem Strom ein Hemmnis zu bieten, nennt man einfach Widerstände. Sie werden meist aus den in der früheren Tabelle angeführten Widerstandsbaustoffen hergestellt und auf wärmesichere Isolierkörper aufgewickelt. Veränderbar werden sie dadurch, daß man (Abb. 5) einen Gleitkontakt verschiebbar über der Drahtwicklung anordnet (Schiebewiderstände) oder bei größeren Stromstärken, daß man eine Kontaktplatte mit Kurbel vorsieht, an welche die Drahtwiderstände stufenweise angeschlossen sind (Abb. 525, Kurbelwiderstand).

Die Reihenschaltung von Widerständen. Die Reihenschaltung (Hintereinander- oder Serienschaltung, Abb. 6) ist dadurch gekennzeichnet, daß alle Widerstände von demselben Strom durchflossen werden. Die Reihenfolge der Widerstände kann beliebig sein. Die Spannungen an den einzelnen Widerständen ergeben sich nach dem Ohmschen Gesetz zu $U_1 = R_1 \cdot I$, $U_2 = R_2 \cdot I$, $U_3 = R_3 \cdot I$. Sie verhalten sich also wie die Widerstände. Der Gesamt- oder Ersatzwiderstand der Schaltung ist einfach gleich der Summe der Einzelwiderstände $R = R_1 + R_2 + R_3$.

5. Beispiel. In Schaltung Abb. 6 sei $R_1 = 4\,\Omega$, $R_2 = 8\,\Omega$ und $R_3 = 3\,\Omega$. Der Strom werde durch den Strommesser A zu 3 A und die Spannung der Stromquelle, die von nun an durch kurze und lange Striche dargestellt werde, mit dem Spannungsmesser V zu 45 V gemessen. Wie groß sind die Einzelspannungen?

Es ergibt sich $U_1 = 4 \cdot 3 = 12$ V; $U_2 = 8 \cdot 3 = 24$ V; $U_3 = 3 \cdot 3 = 9$ V, was zusammen richtig die gemessenen 45 V ergibt. Der Gesamtwiderstand ist $4 + 8 + 3 = 15\,\Omega$ und aus der Gesamtspannung ergibt sich ein Strom $I = 45:15 = 3$ A.

6. Beispiel. Eine Bogenlampe (Abb. 7) brenne bei einer Spannung von 50 V und einer Stromstärke von 8 A normal. Sie soll jedoch an eine vorhandene Netzspannung von 110 V angeschlossen werden.

Es sind $110 - 50 = 60$ V zuviel vorhanden, die man zweckmäßig durch Vorschaltung eines Widerstandes vernichtet. Der dargestellte Vorwiderstand, der aber natürlich ebenso gut in der Stromrichtung gesehen, hinter der Lampe liegen könnte, muß also zwischen seinen Klemmen eine Spannung von $U_1 = 60$ V haben. Da sein Strom gleich dem der Lampe, also 8 A ist, muß er $R = 60:8 = 7{,}5\,\Omega$ haben.

7. Beispiel. Ein Motor, welcher 25 A Strom benötigt, habe seinen Standort 200 m von der Stromquelle entfernt. Die Spannung der Stromquelle (Abb. 8) betrage 230 V und diejenige am Motor U_2 soll höchstens um 5% geringer sein. Wie groß muß der Querschnitt der Kupferzuleitungen sein?

Wir müssen uns denken, daß dem Motor auf beiden Seiten durch die langen Leitungen Widerstände vorgeschaltet sind. Da insgesamt 5% also 11,5 V verlorengehen dürfen, erhält der Motor noch 218,5 V. Zwischen Anfang und Ende einer jeden Zuleitung liegt $U_1 = U_3 = 5{,}75$ V. Nach dem Ohmschen Gesetz ist dann also der Widerstand einer Leitung $R = 5{,}75 : 25 = 0{,}23\,\Omega$. Aus Gl. 6 folgt dann der Drahtquerschnitt $F = l : \varkappa \cdot R = 200 : 57 \cdot 0{,}23 = 15{,}3\,\text{mm}^2$. Nun sind aber die Drahtquerschnitte normalisiert, und wir müssen daher nach der Tabelle im Abschnitt XVI A 2 den nächst größeren Querschnitt von 16 mm² wählen.

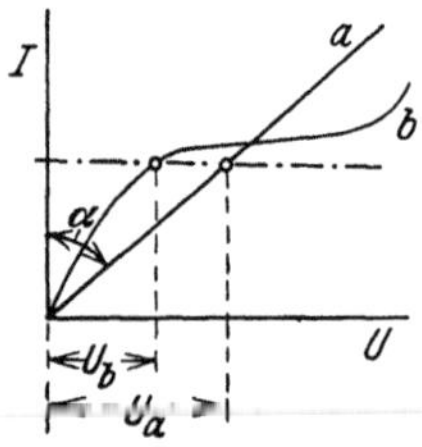

Abb. 9. Abhängigkeit zwischen Strom und Spannung (b = Eisenwiderstand, a = unveränderlicher Widerstand).

Bei nicht konstanten Widerständen ist die Lösung solcher Aufgaben schwieriger. Trägt man sich in einer zeichnerischen Darstellung (Abb. 9) die Ströme I in Abhängigkeit von den zugehörigen Spannungen U auf, so erhält man bei konstantem Widerstand eine gerade Linie a, die um so steiler liegt, je kleiner der Widerstand ist. Es ist $\tan\alpha = U : I = R$. Ein Metallwiderstand, dessen Größe mit der Temperatur wächst, würde hingegen eine nach unten gekrümmte Linie zeigen, während bei einem Kohlenwiderstand die Linie nach oben gekrümmt sein würde. Ein Eisenwiderstand (wegen der Kühlung oft in einer Glasbirne mit Wasserstoffüllung) zeigt z. B. die durch Linie b dargestellte Abhängigkeit. Nehmen wir nun an, ein solcher Widerstand solle in Reihe mit einem konstanten Widerstand an eine bekannte Spannung U gelegt werden, so trägt man sich die Linien a und b auf. Der Strom ist bei der Reihenschaltung für beide Widerstände derselbe. Wir legen daher, wie strichpunktiert gezeichnet, eine Horizontale, die wir parallel solange auf und ab schieben, bis die Summe der Abschnitte $U_a + U_b$ die Gesamtspannung U ergibt.

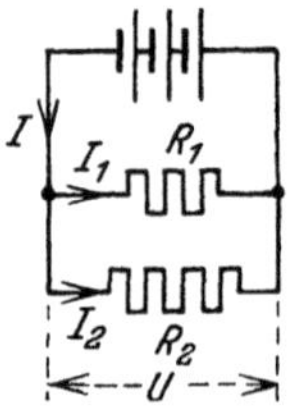

Abb. 10. Parallelschaltung von Widerständen.

Die Nebeneinanderschaltung von Widerständen. Die Nebeneinanderschaltung oder Parallelschaltung (Abb. 10) von Widerständen ist dadurch gekennzeichnet, daß an allen Widerständen die gleiche Spannung liegt. Die Ströme in den Widerständen sind jedoch verschieden, und zwar ist $I_1 = U : R_1$ und $I_2 = U : R_2$. Die Ströme verhalten sich also umgekehrt wie die Widerstände. $I_1 : I_2 = R_2 : R_1$.

Der Ersatzwiderstand, welcher an Stelle der parallel geschalteten Widerstände denselben Gesamtstrom hindurchläßt, ist

$$R = U : I = U : (I_1 + I_2 + \cdots) = U : \left(\frac{U_1}{R_1} + \frac{U_2}{R_2} + \cdots\right).$$

Hieraus ergibt sich:

$$\frac{1}{R} = \frac{1}{R_1} + \frac{1}{R_2} + \cdots, \tag{7}$$

oder, da die reziproken Werte der Widerstände die Leitwerte G darstellen:

$$G = G_1 + G_2 + \cdots. \tag{8}$$

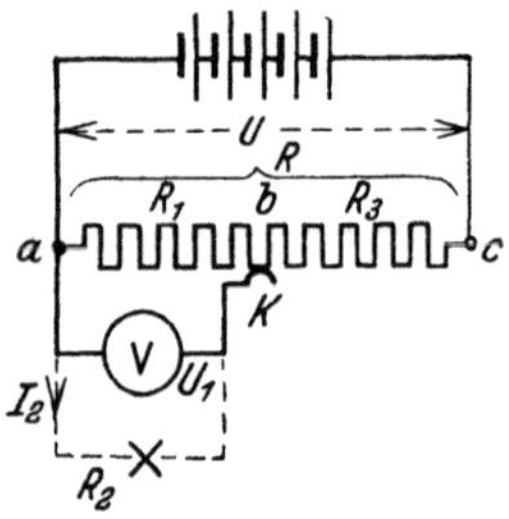

Abb. 11. Spannungsteilerschaltung.

Der Gesamtleitwert einer Parallelschaltung ist gleich der Summe der Einzelleitwerte.

8. Beispiel. Ein Generator (Stromerzeuger) erzeuge eine Spannung von 500 V und soll bei einer Probe mit etwa 90 A belastet werden. Es stehen nun eine Anzahl Widerstände von je 11 Ω zur Verfügung, die aber wegen der Erwärmung höchstens nur mit 25 A belastet werden dürfen. Wie sind die Widerstände zu schalten?

Schließt man einen Widerstand an die Klemmen der Maschine, so fließt ein Strom von $500 : 11 = 45{,}5$ A, der für den Widerstand unzulässig ist. Bei zwei in Reihe liegenden Widerständen würde der Strom auf den zulässigen Wert von 22,7 A heruntergehen. Die Maschine ist dabei aber nicht voll belastet. Um dies zu erreichen, müßten nun 4mal solche hintereinander geschalteten Widerstände parallel geschaltet werden, wobei ein Gesamtstrom von $4 \cdot 22{,}7 = 91$ A fließt.

Der Spannungsteiler (Potentiometer). Ein Widerstand R werde nach Abb. 11 mit seinen Klemmen a und c an die Spannung U einer Stromquelle gelegt. Es fließt ein Strom $I = U : R$ hindurch. Mittels des Schiebekontaktes K lassen sich an dem Widerstand verschiedene Spannungen abgreifen. Steht der Kontakt bei c, so zeigt der Spannungsmesser die volle Spannung U, steht er aber bei a, so liegen beide Drähte am gleichen Punkt, und er zeigt nichts. Beim Verschieben nach rechts wächst dann die Spannung gleichmäßig bis auf den Wert U an. Dieser Spannungsteiler gestattet daher eine weitgehende und feinstufige Regelung einer Spannung. Er kann natürlich auch als Kurbelwiderstand ausgeführt sein. Gewöhnlich will man die geänderte Spannung einem Verbraucher zuführen (gestrichelt ist eine Lampe gezeichnet). Dann wird die Spannung nicht mehr proportional mit dem Teilwiderstand R_1 wachsen, weil der Verbraucherwiderstand R_2 parallel liegt. Man kann sich den jeweils fließenden Strom leicht dadurch berechnen, indem man zunächst den Ersatzwiderstand für R_1 und R_2 bildet und diesen dann zu dem in Reihe liegenden Widerstand R_3 addiert. Um die unerwünschte ungleichmäßige Spannungssteigerung zu vermeiden, darf der Verbraucherwiderstand R_2 nicht zu klein sein. Außerdem darf aber auch R nicht klein sein, weil sonst viel Strom verlorenginge.

Die Wheatstonesche Brücke. In Abb. 12 sind gleichzeitig zwei Widerstände an eine Stromquelle angeschlossen. An jedem derselben läßt sich, wie bei jedem Spannungsteiler, eine Spannung von Null bis zum vollen Wert der Stromquellenspannung abgreifen. Befindet sich z. B. der Kontakt b gerade auf dem ersten Drittel des Widerstandes, so ist die Spannung U_1 gleich $U/3$. Die gleiche Spannung läßt sich auf dem unteren Widerstand, dessen Größe von dem oberen durchaus verschieden sein kann, dadurch abgreifen, daß man Kontakt d ebenfalls auf das erste Drittel stellt. Legt man dann einen sehr empfindlichen Strom- oder Spannungsmesser, ein Galvanometer G zwischen die beiden Punkte b und d, so schlägt das Meßgerät nicht aus, weil eben die Spannung $U_1 = U_3$ und $U_2 = U_4$ ist. Eine geringe Verschiebung des Kontaktes ergibt aber sofort einen Ausschlag nach der einen oder anderen Seite, wie Abb. 12 zeigt. Man erkennt, daß allgemein irgendeinem Punkt b des oberen Widerstandes immer ein bestimmter Punkt d unten zugeordnet sein muß, zwischen denen ein Galvanometer keinen Ausschlag zeigt. Und zwar sind es die Punkte, welche beide Widerstände im gleichen Verhältnis teilen. Da bei stromlosem Galvanometer die Spannungsgleichungen bestehen $R_1 \cdot I_1 = R_3 \cdot I_2$ und $R_2 \cdot I_1 = R_4 \cdot I_2$, so ergibt sich bei Division der linken und der rechten Seiten durcheinander:

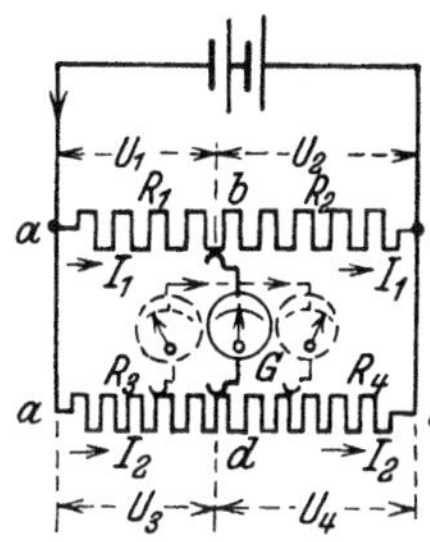
Abb. 12. Wheatstonesche Brückenschaltung.

$$R_1 : R_2 = R_3 : R_4 \tag{9}$$

Die Schaltung Abb. 12 heißt Wheatstonesche Brücke. b—d ist die Brücke. Sie dient zur genauen Messung von Widerständen. Sobald von den vier Widerständen drei bekannt sind, läßt sich der vierte immer aus obiger Beziehung ermitteln, wenn man durch Veränderung der bekannten Widerstände dafür gesorgt hat, daß im Galvanometer kein Strom fließt. Die bekannten Widerstände können veränderliche Stöpselwiderstände sein. Es ist aber auch möglich, die beiden unteren Widerstände durch einen gespannten Draht mit Schleifkontakt zu ersetzen. An die Stelle des Widerstandsverhältnisses $R_3 : R_4$ tritt dann einfach das Längenverhältnis.

C. Die Kirchhoffschen Regeln.

In jeder beliebigen Schaltung gelten die beiden, ohne weiteres einleuchtenden Beziehungen:

1. An jedem Verzweigungspunkt ist die Summe der zufließenden Ströme gleich der Summe der abfließenden Ströme, oder anders ausgedrückt: Die algebraische Summe aller Ströme an einem Verzweigungspunkt muß gleich Null sein.

2. Auf jedem geschlossenen Stromweg muß die Summe aller erzeugten Spannungen (Stromquellen) gleich der Summe aller $R \cdot I$ sein.

Mit Hilfe dieser Regeln lassen sich die Stromverhältnisse beliebiger Schaltungen berechnen, wobei jedoch genau auf die Vorzeichen zu achten ist.

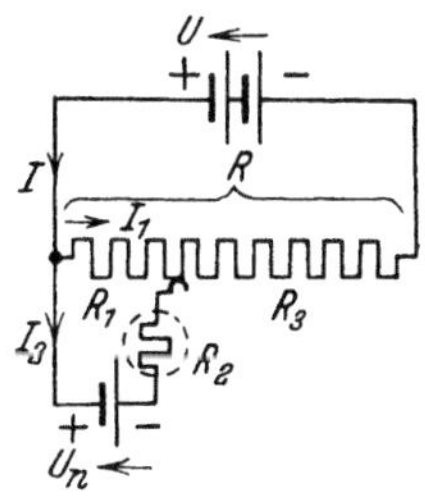
Abb. 13. Kompensationsschaltung.

9. Beispiel. Aus der Schaltung Abb. 13 lassen sich folgende Gleichungen ablesen:

Nach der ersten Regel: $I = I_1 + I_2$,

nach der zweiten Regel: $U = R_1 \cdot I_1 + R_3 \cdot I$

$$U_n = R_1 \cdot I_1 - R_2 \cdot I_2.$$

Das Minuszeichen ist hier notwendig, weil man beim Durchlaufen des Kreises dem angenommenen Strompfeil in R_2 entgegenläuft. Schließlich könnte man auch noch eine dritte Gleichung ablesen, nämlich:

$$U - U_n = R_2 \cdot I_2 + R_3 \cdot I,$$

dieselbe ist aber schon in den beiden obigen enthalten. Aus diesen Gleichungen läßt sich z. B. der Strom I_2 herausrechnen. Er würde sich ergeben zu:

$$I_2 = \frac{U \cdot R_1 - U_n \cdot R}{R_1 \cdot R_3 + R_2 \cdot R}. \tag{10}$$

Man sieht hieraus sofort, daß I_2 Null werden kann, nämlich wenn der Zähler des Bruches Null wird. Dann ist: $U \cdot R_1 = U_n \cdot R$ oder:

$$U : U_n = R : R_1. \tag{11}$$

Man kann daher diese Schaltung (Kompensationsschaltung) benutzen, um eine unbekannte Spannung U zu messen, wenn eine andere Spannung U_n (diejenige eines Normalelementes) bekannt ist. Statt R_2 schaltet man ein Galvanometer ein und verändert die Widerstände solange, bis dieses keinen Strom I_2 mehr anzeigt. Dann läßt sich aus Gl. 11 die Spannung U berechnen.

Gl. 10 gilt auch für die Schaltung Abb. 11 des Spannungsteilers. Man hat nur $U_n = 0$ zu setzen. Dann ist:

$$I_2 = \frac{U \cdot R_1}{R_1 \cdot R_3 + R_2 \cdot R} . \tag{12}$$

D. Die Wärmewirkungen des elektrischen Stromes.

Ein elektrischer Strom entwickelt in einem Widerstand Wärmeenergie. Dieselbe kann nicht aus nichts entstanden sein, sondern muß sich aus einer anderen Energieform, eben der elektrischen gebildet haben. Ein Versuch soll die Abhängigkeiten klarstellen. In Abb. 14 sind drei wärmedichte Gefäße dargestellt, welche je 1 Liter reines Wasser und einen Widerstand von 23,3 Ω enthalten. Während genau 5 Minuten werde im ersten Gefäß eine Stromstärke von 1 A, im zweiten von 2 A und im dritten von 3 A gehalten. Man beobachtet dabei in den drei Thermometern eine Temperatursteigerung von 1°, 4° und 9°. Die Wärmeentwicklung ist dem nach dem Quadrate der Stromstärke proportional. Wiederholt man den Versuch mit doppelt so großem Widerstand R oder doppelt so langer Zeit t, so zeigt sich eine Verdoppelung der Wärmemenge. Da die Spannung keinen eigenen Einfluß hat, da sie bereits durch Strom und Widerstand bestimmt ist, kann man sagen:

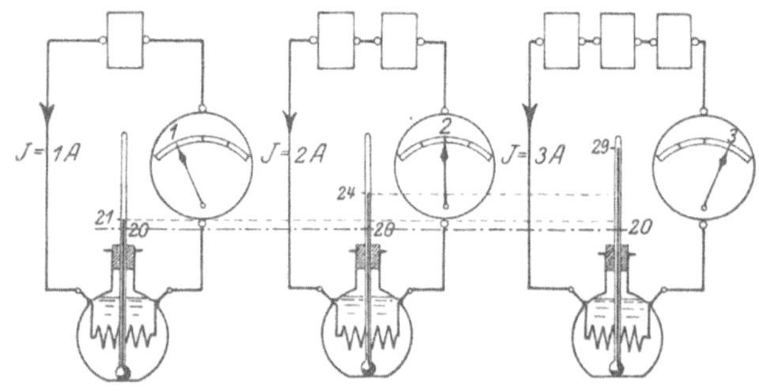

Abb. 14. Die entwickelte Wärme ist dem Quadrate der Stromstärke proportional.

$$\text{Wärmemenge } Q \text{ proportional } R \cdot I^2 \cdot t .$$

Der rechte Ausdruck stellt die elektrische Arbeit A dar:

$$A = R \cdot I^2 \cdot t . \tag{13}$$

Ersetzt man R durch $U : I$, so erhält man:

$$A = U \cdot I \cdot t . \tag{14}$$

Leistung ist allgemein Arbeit dividiert durch die Zeit, also $N = A : t$. Die elektrische Leistung ist demnach:

$$N = R \cdot I^2 . \tag{15}$$

oder:

$$N = U \cdot I . \tag{16}$$

Die Einheiten von Arbeit und Leistung. Die Einheit der Leistung ist das Watt.

1 Watt (abgekürzt 1 W) = 1 Ampere mal 1 Volt,
1 Kilowatt (abgekürzt 1 kW) = 1000 Watt = 102 mkg/s,
1 Pferdestärke = 735 Watt = 75 mkg/s.

Die Einheit der elektrischen Arbeit ist die Wattsekunde (Ws) oder das Joule (J). Praktischer sind:

1 Wattstunde (Wh) = 1 Watt eine Stunde lang,
1 Kilowattstunde (kWh) = 1000 Watt eine Stunde lang.

10. Beispiel. Was kostet die Brennstunde einer 40 W-Lampe, wenn die kWh mit 30 Rpf. bezahlt werden muß?

40 W eine Stunde lang sind 40 Wh oder 0,040 kWh. Da 1 kWh 30 Rpf. kostet, sind $0{,}04 \cdot 30 = 1{,}2$ Rpf. zu zahlen.

11. Beispiel. Ein Motor liegt an 220 V Spannung und hat einen Wirkungsgrad $\eta = 0{,}85$. Welchen Strom muß er aufnehmen, wenn er an seiner Welle eine Leistung von 10 kW abgeben soll?

Obwohl ein Motor mechanische Leistung abgibt, drückt man dieselbe doch in kW aus. Die aus dem Netz aufgenommene Leistung muß um die unvermeidlichen Verluste im Motor, die zu einer Erwärmung führen, größer sein. Das Verhältnis der abgegebenen zur aufgenommenen Leistung ist der Wirkungsgrad. Die aufgenommene Leistung ist daher $N_1 = N_2 : \eta = 10 : 0{,}85 = 11{,}8$ kW $= 11800$ W. Diese Leistung muß gleich $U \cdot I$ sein, woraus folgt: $I = 11800 : 220 = 53{,}5$ A.

Der Umwandlungsfaktor zwischen Wärme und elektrischer Arbeit kann aus dem anfänglich betrachteten Versuch, wenn er verlustlos durchgeführt wird, berechnet werden. Man findet dann:

1 Kilowattstunde = 860 Kilokalorien.

12. Beispiel. Wie groß muß der Heizwiderstand eines Kochtopfes für 220 V sein, wenn derselbe in 10 Minuten 1 Liter Wasser von 10° C zum Sieden bringen soll? Der Wirkungsgrad sei zu $\eta = 0{,}8$ angenommen.

Zur Erhitzung von 1 *l* Wasser von 10 auf 100° braucht man 90 kcal. Die zuzuführende Wärme ist wegen der Verluste größer, nämlich 90 : 0,8 = 112 kcal. Dies sind 112 : 860 = 0,13 kWh = 130 Wh. Da 10 Minuten gleich 0,167 Stunden sind, ist $130 = N \cdot 0{,}167$, woraus sich die Leistung zu $N = 130 : 0{,}167 = 780$ W ergibt. Der Strom ist demnach $I = 780 : 220 = 3{,}54$ A und der Heizwiderstand $R = 220 : 3{,}54 = 62{,}5\,\Omega$.

Ein Kocher habe zwei gleiche Widerstände, die 1. parallel, 2. einer allein, 3. beide in Reihe geschaltet werden können. In welchem Verhältnis stehen die Heizwirkungen zueinander?

13. Beispiel. Welche Leistung muß ein Durchlauferhitzer haben, welcher minutlich 4 l Wasser von 15 auf 35° erhitzen soll? Der Wirkungsgrad sei 0,95.

Je Stunde wären 240 l Wasser um 20° zu erwärmen, wozu 4800 kcal nötig sind. Zuzuführen sind 4800 : 0,95 = 5060 kcal = 5,9 kWh. Da 1 Stunde zugrunde gelegt war, ist die Leistung $N = 5{,}9$ kW.

14. Beispiel. In der Elektrotechnik kommen häufig sehr hohe Strombelastungen auf ganz kurze Zeit vor. In wenigen Sekunden kann kaum Wärme nach außen abströmen, sie dient daher fast restlos zur Erwärmung des Leiters, dessen Temperaturerhöhung ϑ man daher berechnen kann, wenn sein spezifisches Gewicht γ und seine spezifische Wärme c bekannt sind. Es muß die Arbeit $R \cdot I^2 \cdot t$, in kcal umgerechnet, gleich der Wärmemenge $G \cdot c \cdot \vartheta$ sein. Ausgerechnet:

$$I = 2{,}04 \cdot F \cdot \sqrt{\frac{\gamma \cdot c \cdot \vartheta}{\varrho \cdot t}}. \tag{17}$$

Hierin ist F der Leiterquerschnitt in mm², ϱ der spezifische Widerstand und t die Einschaltzeit in Sekunden (für Kupfer $\gamma = 8{,}9$ und $c = 0{,}1$).

Die Dauerbelastung von Leitern muß wesentlich geringer gehalten werden. Sie läßt sich nur aus empirisch gewonnenen Formeln angenähert errechnen. Für blanke Kupferleitungen mit Kreisquerschnitt ist bei der zulässigen Temperaturerhöhung (20°) etwa:

$$I = 8 \cdot \sqrt[4]{F^3}. \tag{18}$$

Für beliebige blanke Leiter im frei ausgespannten Zustand kann bis zur Rotglut die Formel von Stäblein zur Berechnung der Dauerstromstärke benutzt werden:

$$I = \vartheta \cdot \sqrt{\frac{F}{\varrho}\left(0{,}000\,05 + 0{,}000\,085 \cdot u + \frac{0{,}045}{\vartheta} + \frac{0{,}0055 \cdot u}{\vartheta}\right)}. \tag{19}$$

Hierin ist F der Querschnitt in mm², u der Leiterumfang in mm und ϑ die Übertemperatur. Widerstandsleiter, die sich gegenseitig beheizen, können bei den üblichen Abständen wesentlich weniger, belastet werden. Andererseits könnte in einem kühlenden Ölbad die Belastung etwa doppelt so hoch sein.

Anwendungen der Wärmewirkung des elektrischen Stromes.

a) Koch- und Heizgeräte. Der Heizleiter muß eine hohe Temperatur ertragen können, daher wird hauptsächlich Chrom-Nickel verwendet, welches Temperaturen bis 1000° aushält und einen hohen spezifischen Widerstand hat. Als Isolierstoff kommen nur hitzebeständige Stoffe in Frage, wie Glimmer, Steatit. Die Wärmeleitung zum Heizgut muß gut sein, weil sonst der Leiter gefährliche Temperaturen annehmen kann. Man erreicht dies durch dünne Isolierschichten und Leiterbänder. Die Wärmeableitung in anderer Richtung muß verhindert werden. Die Heizzeit für einen Kocher kann nach den früheren Beispielen beliebig gewählt werden. Sehr schnelle Erhitzung würde zwar angenehm sein und einen guten Wirkungsgrad zur Folge haben, jedoch würde durch Wärmestauung die Leitertemperatur höher ausfallen, und es müßten wegen des größeren Stromes stärkere Zuleitungen vorgesehen werden. Aus Fabrikationsgründen werden gewöhnlich Heizelemente hergestellt, die in gleicher Form bei allen Geräten benutzt werden können. Heizplatten für elektrische Herde erlauben die Verwendung gewöhnlicher Töpfe, deren Böden aber des Wärmeüberganges wegen eben abgedreht sein müssen.

Die Regelung der Heizwirkung kann durch Anordnung mehrerer Heizleiter und Umschaltung derselben möglich gemacht werden. Die Benutzung von Vorwiderständen ist unwirtschaftlich. Eine wirtschaftliche Regelung ist dadurch möglich, daß das Heizgerät rhythmisch ein- und ausgeschaltet wird, wobei die Zeit des stromlosen Zustandes veränderlich ist. Diese Regelung, welche bei Bügeleisen stark in Anwendung ist, erfolgt durch einen Bimetallstreifen mit Wolframkontakten in einem luftleeren Glasröhrchen (Birkaregler). Sobald eine bestimmte Höchsttemperatur erreicht ist, schaltet sich der Strom selbsttätig aus und bei einer Mindesttemperatur wieder ein. Solche Regler können auch getrennt vom Heizgerät mit einer eigenen kleinen Heizvorrichtung benutzt werden, die dann durch eine Handeinstellung die Temperatur des Heizgerätes zu verändern gestattet. Die Raumheizung kann mit elektrischen Öfen erfolgen, welche der Raumluft einen guten Durchtritt zur Erhitzung bieten oder durch Strahlöfen, bei welchen durch einen hocherhitzten Heizkörper die Wärmestrahlung auf einen bestimmten Raumpunkt konzentriert werden kann.

b) Die elektrischen Glühlampen. Die Kohlenfadenlampe ist mit ihrem spezifischen Leistungsverbrauch von 3,5 W je Hefnerkerze nicht wirtschaftlich. Eine Steigerung der Lichtwirkung wäre durch eine Erhöhung der Fadentemperatur über die normale (1870°) wohl möglich, aber dann tritt bei Kohle schon eine so starke Verdampfung ein, daß der Faden in kurzer Zeit zerstört ist. Wolfram, welches heute als Fadenmaterial ausschließlich verwandt wird, hat ebenfalls einen sehr hohen Schmelzpunkt (3300° C) und verdampft weit weniger leicht. Es war daher durch Steigerung der Glühtemperatur bis auf etwa 2300° C möglich, wesentlich bessere Lichtwirkungen zu erzielen. Der spezifische Leistungsverbrauch ist dann nur 0,8 bis 1 W je HK. Die genannte hohe Temperatur ist aber auch bei Wolfram nur dadurch zulässig, daß man die Verdampfung desselben durch Einfüllen eines chemisch indifferenten Gases (Stickstoff und Argon) herabmindert. Damit nun aber durch dieses Schutzgas die Wärme nicht abgeführt und damit die hohe Temperatur wieder unmöglich gemacht wird, ist es nötig, die abkühlende Oberfläche durch Aufwickeln zu engen Spiralen (Wendeln) zu verkleinern.

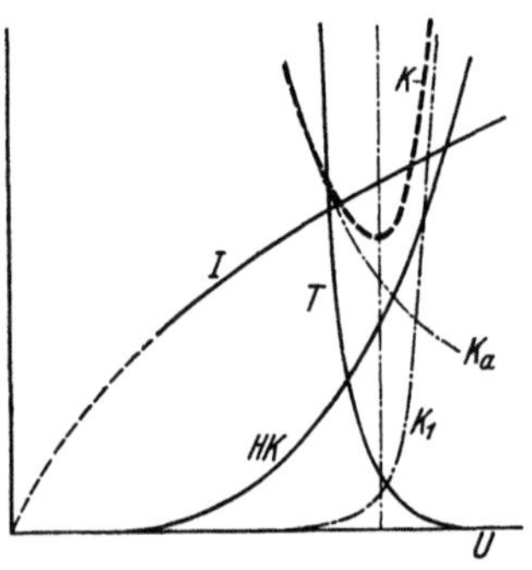

Abb. 15. Metalldrahtlampe: I = Stromstärke, HK = Lichtstärke, T = Lebensdauer, Ka = Stromkosten, K_1 = Lampenersatzkosten, K = Gesamtkosten.

Als Brenndauer einer Glühlampe bezeichnet man diejenige Stundenzahl, nach welcher die Lichtstärke infolge Fadenabnutzung und Glasbelag um 20% gesunken ist. Die Lebensdauer ist bei den heutigen Lampen nicht viel größer und wird im allgemeinen zu 1000 Stunden garantiert. Man kommt zu dieser Zahl durch folgende Überlegung: In Abb. 15 zeigt die Linie T die Lebensdauer einer normalen Glühlampe in Abhängigkeit von der Spannung U. Bei der üblichen Nennspannung einer Lampe zieht eine Spannungssteigerung um 5% eine Verminderung der Lebensdauer um 50% nach sich. Spannungserhöhungen sind also zu vermeiden. Wenn nun die Lampe jährlich eine bestimmte Benutzungsdauer hat und ihr Preis bekannt ist, so kann man sich die Lampenersatzkosten berechnen, Linie K_1 zeigt diese Kosten, die bei Überspannung stark anwachsen. Die Kosten der elektrischen Arbeit je Jahr, die sich aus der Stromlinie I und der Spannung U berechnen lassen, stellen sich durch Linie K_a dar. Die Gesamtkosten ergeben sich durch Addition von K_1 und K_a durch Linie K, die ein Minimum bei einer bestimmten Spannung zeigt, mit der man die Lampe betreiben sollte, und bei der sie etwas über 1000 Brennstunden aufweist. Würde die Lampe an einem Ort mit billiger elektrischer Arbeit gebraucht, dann würde Linie K_a tiefer liegen, und das Minimum würde auf kleinere Spannungen sinken. Umgekehrt würde eine Verbilligung der Lampen wirken. Wo die Einhaltung einer bestimmten Beleuchtung nicht dringend ist, wird man gut tun, die auf dem Lampensockel angegebene Nennspannung etwas höher als die Betriebsspannung zu wählen. Im Einschaltaugenblick ($\sim$0,01 s) nimmt jede Metalldrahtlampe wegen des geringen Kaltwiderstandes einen Strom auf, der etwa das Zehnfache des Normalen beträgt.

Der Wirkungsgrad einer Glühlampe ist außerordentlich schlecht, weil fast alle Energie als Wärme verlorengeht. Er beträgt, wenn man nur die sichtbare Strahlung in Betracht zieht, nur etwa 3%. Da eine wesentliche Verbesserung bei Temperaturstrahlern überhaupt nicht erreichbar ist, werden in Zukunft die Temperaturstrahler vielleicht durch die Leuchtröhren (kaltes Licht) verdrängt.

Die Herstellung der Metalldrahtlampen erfolgt heute fast selbsttätig, allein durch Maschinen. Das spröde Wolfram wird warm gehämmert und durch Diamant- oder Vidiaziehsteine gezogen. Der geringste Drahtdurchmesser beträgt 0,013 mm (15 W). Die Tragarme sind aus Molybdän, welches sich durch hohe Elastizität und hohen Schmelzpunkt auszeichnet. Die Zuleitungen sind aus Kupfer, die am Glasdurchtritt durch ein Zwischenstück unterbrochen sind, welches mit dem Glas gleiche Wärmedehnung hat, gewöhnlich Eisen-Nickel mit Kupferüberzug. Die Luft muß aus den Glaskolben sorgfältig entfernt werden (Auspumpen unter Erhitzung). Eine geringe Menge Phosphor bindet kleine Reste. Wasserreste sind ebenso gefährlich, weil sie in H und O zerfallen und den Faden oxydieren. Zur Füllung wäre Argon eigentlich besser als Stickstoff, weil es weniger gut die Wärme leitet. Es ist jedoch eine Mischung mit Stickstoff zweckmäßiger, weil reines Argon beim Durchbrennen der Lampe zu Kurzschlüssen führen kann.

Die Lampenstärke wird heute allgemein in Watt angegeben und auf dem Sockel verzeichnet. Es gibt Lampen bis 50 kW. Die hohe Fadentemperatur der gasgefüllten Lampen gibt leicht zur Blendung Veranlassung. Man mattiert daher zweckmäßig die Lampen, und zwar heute innen. Die Innenmattierung bleibt immer sauber und ihr Lichtverlust ist nur 1% gegenüber etwa 5% bei Außenmattierung.

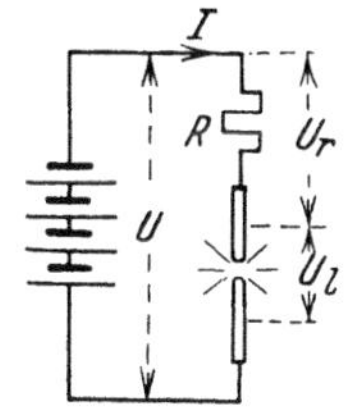

Abb. 16. Lichtbogenschaltung.

c) Der elektrische Lichtbogen. Bringt man in Abb. 16 die beiden Kohlenstäbe, die über einen Vorwiderstand an eine Stromquelle von mindestens 40 bis 50 V angeschlossen sind, zu Berührung, so fließt ein Strom, der am Berührungspunkt eine starke Erhitzung zur Folge hat. Bei der Trennung der Kohlenstäbe ist der Strom jedoch nicht unterbrochen, sondern es entsteht zwischen ihnen ein elektrischer Lichtbogen, der sich durch sehr hohe Temperatur und starke Lichtwirkung auszeichnet. Er wird daher in den Bogenlampen als Starklichtquelle und in elektrischen Schmelzöfen verwandt.

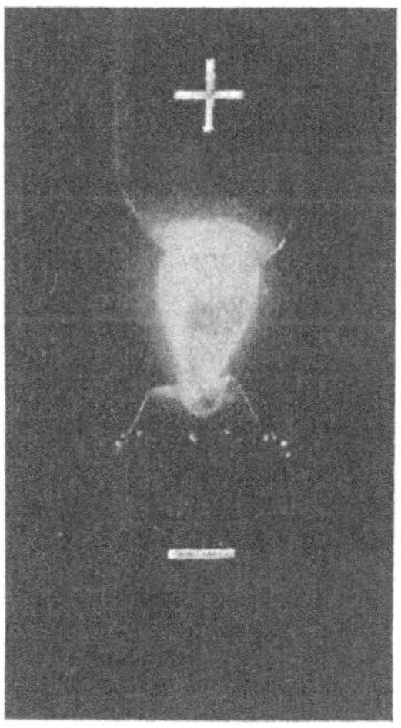

Abb. 17. Lichtbogen.

Hier sehen wir zum erstenmal, daß ein Stromfluß auch ohne einen besonderen Leiter möglich ist. Die Entstehung des Lichtbogens läßt sich wie folgt erklären. Durch die Berührung haben die Kohlen eine Erhitzung erfahren, wobei aus dem Kohlenmaterial der —Kohle negative Elektronen infolge der hohen Temperatur ausgeschleudert werden. Diese fliegen nach der Trennung der Kohle mit großer Geschwindigkeit zur +Kohle, weil sie von dieser angezogen werden. Beim Auftreffen werden sie gebremst und entwickeln dabei eine beträchtliche Wärme. Abb. 17 zeigt einen Kohlenlichtbogen. Auf der —Kohle erkennt man den hell leuchtenden Kathodenfleck, an welchem die Elektronen austreten. Die positive Kohle erscheint wesentlich heißer und brennt kraterförmig aus. Wegen des stärkeren Abbrandes wird sie meistens dicker ausgeführt. Der Lichtbogen selbst ist nicht einheitlich. Er besteht aus einem stromleitenden Kern von bläulicher Farbe und einer rötlichen Hülle, welche aus glühenden Kohlenteilchen besteht. Die Temperatur des Bogens ist nach neueren Messungen bei Kohle fast 6000°, bei Kupfer fast 7000°, diejenige der Hülle kaum 3000°. Für die Aufrechterhaltung des Lichtbogens ist es von Bedeutung, daß die —Elektrode genügende Temperatur behält, weil sonst keine Elektronen ausgeschleudert werden können. An einem die Wärme gut ableitenden Metallstab wird sich daher nur schwer ein Lichtbogen erhalten lassen.

Die Abhängigkeit zwischen Strom und Spannung (Charakteristik) ist in Abb. 18 durch L dargestellt. Man sieht, daß ein Lichtbogen bei größerem Strom weniger Spannung braucht, also dem Ohmschen Gesetz keineswegs folgt. Die Reihenschaltung mit einem Widerstand R läßt sich (entsprechend Abb. 9) zweckmäßig zeichnerisch untersuchen. Wir tragen uns die konstante Spannung U ein und ziehen von ihr die Widerstandsspannung $U_r = R \cdot I$ ab. Auf diese Weise erhalten wir die unter dem Winkel α ($\operatorname{tg}\alpha = R$) geneigte Gerade. Der Spannungsrest $U - U_r$ steht für den Lichtbogen zur Verfügung. Wir sehen aber, daß der Lichtbogen nur an zwei Stellen, nämlich P_1 und P_2 gerade diese Spannungen braucht. Dies werden also Arbeitspunkte sein, von denen aber nur P_2 stabil ist. Vergrößert man den Vorwiderstand R (größeres α), dann sinkt der Strom, und man erreicht schließlich in P_3 einen letzten Arbeitspunkt. Mit größeren Widerständen kann ein Lichtbogen der angenommenen Länge nicht mehr arbeiten. Nur eine Verminderung des Kohlenabstandes würde die Linie L tiefer rücken und wieder zum Schnitt mit der Widerstandsgeraden bringen.

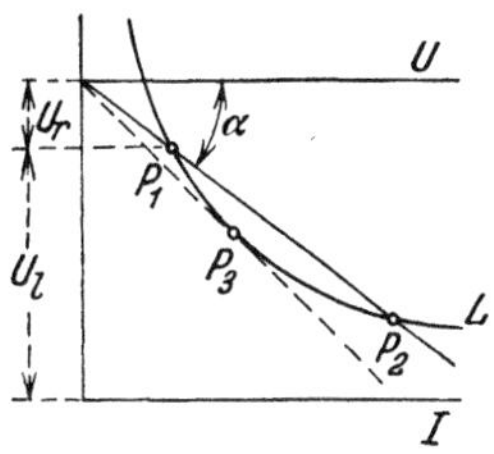

Abb. 18. Lichtbogenkennlinie.

E. Die chemischen Wirkungen des elektrischen Stromes.

Bei der Lösung eines Salzes in Wasser tritt nicht nur eine Verteilung der Salzmoleküle im Wasser ein, sondern ein großer Teil der Moleküle zerfällt in Bruchstücke, die man Ionen nennt. Kochsalz (NaCl) zerfällt z. B. in ein positiv elektrisch geladenes Natriumion (Kation) und ein negatives Chlorion (Anion). Metalle und Wasserstoff liefern immer positive Kationen. Der Zerfallsgrad (Dissoziationsgrad) ist um so größer je wärmer die Flüssigkeit und je verdünnter sie ist. Bringt man nun nach Abb. 4 zwei Bleche in die Lösung, dann zieht das —Blech die positiven Natriumionen und das +Blech die negativen Chlorionen an. An den Blechen angelangt, geben sie ihre Ladung, die den elektrischen Strom bildet, ab und scheiden sich selbst als normale Atome ab. Man erkennt hieraus, daß der Strom in einer solchen Flüssigkeit nur durch die Ladung der Ionen gebildet wird. Nur ionisierte Flüssigkeiten sind leitend. Man unterscheidet in der Chemie ein- und mehrwertige Stoffe. Einwertige Anionen haben ein Elektron zu viel, einwertige Kationen eins zu wenig. Bei den mehrwertigen Ionen sind entsprechend mehr Elektronen zu viel oder zu wenig vorhanden. In unserem Beispiel scheiden sich einwertige Natriumionen am —Blech ab. Da jedes Ion ein Elektron aus dem Blech aufnimmt, welche zusammen die Stromstärke ausmachen, scheiden sich ebensoviel Natriumatome ab. Bei zweiwertigem Kupfer würden sich nur halb soviel Atome abscheiden wie Elektronen aufgenommen würden. Es besteht also ein bestimmtes Verhältnis zwischen Stromstärke und abgeschiedener Stoffmenge, welches bei Stoffen gleicher Wertigkeit das Verhältnis der Atomgewichte ist. Durch eine Elektrizitätsmenge von Q Amperesekunden werden daher

$$G = \frac{A \cdot Q}{96\,500 \cdot n} \tag{20}$$

Gramm Stoff abgeschieden. Hierin ist A das Atomgewicht und n die Wertigkeit des Stoffes.

Das feste Verhältnis zwischen Stromstärke und abgeschiedener Stoffmenge erlaubt durch Wägung oder Messung des Stoffes eine genaue Messung des Stromes. Hierzu dienen die Voltameter, sowie auch die elektrolytischen Zähler.

Anwendung findet die chemische Wirkung des Stromes in der Galvanostegie zum Überziehen mit edleren Metallen. Um z. B. einen Körper zu vernickeln, wird er als —Pol in ein Nickelsalzbad gehängt, während als +Pol eine Nickelplatte dient. Letzteres ist zweckmäßig, damit das Bad nicht an Nickel verarmt und damit das Bad nicht als Element eine Gegenspannung zeigt. Schöne Überzüge erhält man nur bei bestimmten Stromstärken und Temperaturen.

Das elektrische Element.

Jedes Metall zeigt beim Eintauchen in einen Elektrolyten (ionisierte Flüssigkeit) eine elektrische Spannung, die von dem Lösungsbestreben des Metalls in der Flüssigkeit abhängt und für verschiedene Metalle verschieden ist. Eine Ordnung nach der Größe der Spannung ergibt die sog. Spannungsreihe, die mit den unedlen (chemisch stark aktiven) Metallen wie Kalium, Natrium beginnt und über Zink und Kupfer zu den Edelmetallen führt. Taucht man zwei gleiche Metalle ein, so kann zwischen diesen keine Spannungsdifferenz sein, weil sich die beiden gleichen Spannungen aufheben, hingegen wird bei verschiedenen Metallen (z. B. Kupfer und Zink in Abb. 19) eine bestimmte, durch die Art der Metalle gegebene Spannung zu messen sein. Wir nennen diese erzeugte Spannung des Elementes die elektromotorische Kraft (EMK). Sie hängt nicht von der Größe der Platten ab.

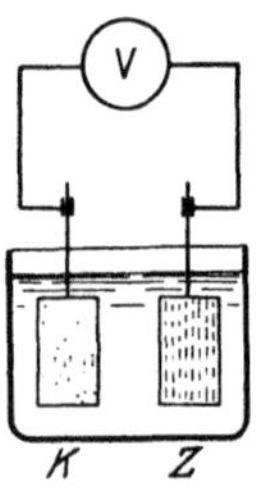

Abb. 19. Elektrisches Element.

Ein Kupfer-Zinkelement liefert bei Anlegung eines äußeren Widerstandes einen Strom. Derselbe muß innerhalb des Elementes eine Stoffabscheidung zur Folge haben. Unter der Annahme, daß verdünnte Schwefelsäure als Elektrolyt dient, wird sich auf der Kupferplatte +H und auf der Zinkplatte $—SO_4$ abscheiden. Letzteres verbindet sich mit dem Zink, verbrennt es gewissermaßen und liefert damit die Energie, die die Stromerzeugung benötigt. Der Wasserstoff hingegen überzieht die Kupferplatte in dünner Schicht (Polarisation) und setzt auf diese Weise die EMK herab. Das Element ist also nicht konstant. Konstante Elemente sind hingegen die Daniellelemente (Kupfer in Kupfervitriollösung, Zink in verdünnter Schwefelsäure, beide Flüssigkeiten durch einen porösen Tonzylinder getrennt). Ein Strom wird hier aus der Kupfervitriollösung $—SO_4$ und aus der Schwefelsäure +H zum Tonzylinder führen, wo sich beide zu Schwefelsäure vereinigen. Am Kupfer aber scheidet sich Kupfer ab, wodurch es dauernd rein erhalten bleibt. Die meist gebräuchlichen Salmiakelemente sind nicht ganz konstante Elemente (Zink und ein Gemisch von Kohle und Braunstein, das in einen Beutel eingenäht ist, alles in Salmiaklösung). Hier wird der $+$ H durch den sauerstoffreichen Braunstein chemisch gebunden. Die EMK von etwa 1,45 V sinkt daher in dem Maße wie der Braunstein verbraucht wird. Trockenelemente sind auch Salmiakelemente, bei denen der Elektrolyt in teigiger Form (mit Weizenmehl angerührt) eingefüllt ist. Ein dünnes Röhrchen gestattet den Gasabzug.

15. Beispiel. Ein Taschenlampenelement (Salmiaktrockenelement) hat einen Zinkbecher von 6 g Gewicht. Wieviel Amperestunden kann man theoretisch einem solchen Element entnehmen?

Zur Bestimmung dient Gl. 20, wobei man für die Wertigkeit des Zinkes 2 und sein Atomgewicht 65 einsetzt.

16. Beispiel. Wie läßt sich die EMK eines Daniellelementes berechnen?

In einem solchen Element wird Zink aufgelöst und Kupfer abgeschieden. Bei der Auflösung von Zink werden je Gramm 1,62 kcal Energie frei, bei Abscheidung von Kupfer 0,88 kcal je Gramm gebunden. Entnehmen wir nun z. B. eine Stunde lang 1 A aus dem Element, dann werden nach Gl. 20 1,22 g Zn gelöst und 1,18 g Cu abgeschieden. Dies entspricht einer Freiwerdung von 1,98 kcal und einer Bindung von 1,04 kcal. Die Differenz von 0,94 kcal wird in elektrische Energie umgesetzt und entspricht 3930 Ws, welche nach Gl. 14 gleich $E \cdot I \cdot t$ sein müssen. Hierin ist die EMK mit E bezeichnet. Dieselbe ist daher bei der angenommenen Zeit von einer Stunde und bei einem Strom von 1 A

$$E = 3930 : 3600 \cdot 1 = 1{,}1\,\text{V}.$$

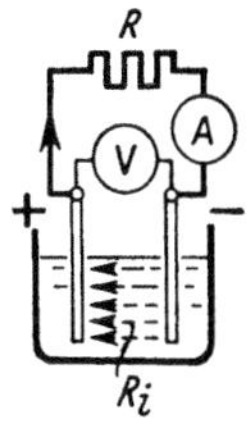

Abb. 20. Der innere Widerstand verursacht einen Spannungsabfall.

Das Daniellelement hat eine von der Temperatur unabhängige Spannung. Bei ihm wird die volle chemische Energie in elektrische verwandelt. Die gebräuchlichen Elemente haben hingegen eine mit der Temperatur sinkende EMK. Ihre chemische Energie wird teilweise in Wärme umgesetzt, geht also verloren. Merkwürdigerweise gibt es aber auch, bisher nicht praktisch verwendbare Elemente, bei denen die EMK mit der Temperatur steigt. Sie nehmen bei der Stromentnahme infolge Abkühlung Wärme aus der Umgebung auf und verwandeln sie außer der chemischen Energie in elektrische Energie.

Das elektrische Verhalten der Elemente. Wir setzen die EMK eines Elementes, welche nur von der Zusammensetzung abhängt, als konstant voraus. Schließt man nach Abb. 20 an die Klemmen einen Widerstand R an, so fließt ein Strom, und es zeigt sich, daß der Spannungsmesser V nun eine kleinere Spannung anzeigt. Diese Klemmenspannung U ist um den Spannungsverlust $R_i \cdot I$, welcher in dem inneren Widerstand R_i des Elementes auftritt, kleiner als die EMK E:

$$U = E - R_i \cdot I. \tag{21}$$

Da der innere Widerstand mit dem äußeren in Reihe liegt, berechnet sich der Strom aus der Beziehung $I = E : (R + R_i)$. Je größer der entnommene Strom I ist, um so größer ist auch der innere Spannungsverlust $R_i \cdot I$, und um so geringer ist die übrigbleibende Klemmenspannung U. Für einen bestimmten Strom I_k kann sogar der innere Verlust $R_i \cdot I_k$ gleich der EMK werden, so daß die Klemmenspannung Null ist. Das ist nur möglich, wenn außerhalb des Elementes keine Spannung verbraucht wird, wenn also $R = 0$ ist. Das ist der Kurzschluß des Elementes. Der Kurzschlußstrom ist daher $I_k = E : R_i$; er ist der größte Strom, den das Element hergeben kann. Ein großes Element mit großen Platten, insbesondere wenn deren Abstand gering ist, hat einen geringen inneren Widerstand. Sein Kurzschlußstrom ist groß und seine Klemmenspannung wird bei Belastung weniger abfallen, als bei einem kleinen Element.

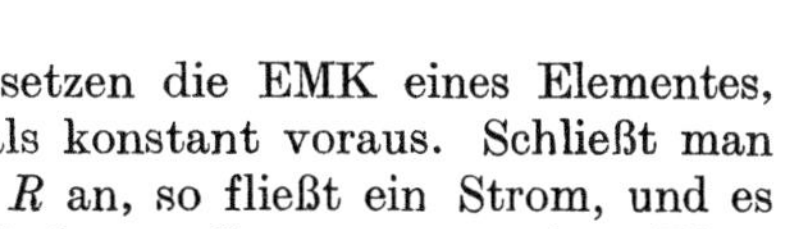

Abb. 21. I = Stromstärke, U = Klemmenspannung, E = EMK, N_2 = abgegebene Leistung.

17. Beispiel. Die EMK eines Elementes sei $E = 1{,}4$ V und sein innerer Widerstand $R_i = 0{,}15\,\Omega$. Wie groß sind Strom I und Klemmenspannung U, wenn ein äußerer Widerstand von $R = 0{,}3\,\Omega$ angeschlossen wird?

Der Strom ist: $I = E : (R + R_i) = 1{,}4 : (0{,}3 + 0{,}15) = 3{,}1$ A. Die Klemmenspannung ist $U = E - R_i \cdot I = 1{,}4 - 3{,}1 \cdot 0{,}15 = 0{,}93$ V. Ebenso groß ergibt sich natürlich die Klemmenspannung aus $R \cdot I = 3{,}1 \cdot 0{,}3 = 0{,}93$ V. Die im Element erzeugte elektrische Leistung ist $N_1 = E \cdot I = 1{,}4 \cdot 3{,}1 = 4{,}34$ W. Die an den äußeren Widerstand abgegebene Leistung ist geringer, nämlich $N_2 = U \cdot I = R \cdot I^2 = 2{,}9$ W. Das Verhältnis $\eta = N_2 : N_1$ ist der Wirkungsgrad, welcher sich für diesen Belastungsfall zu 2,9 : 4,34 = 0,66 ergibt. Führt man diese Rechnung in gleicher Weise für verschiedene äußere Widerstände R durch und trägt sie in Abhängigkeit von dieser Größe zeichnerisch auf, so erhält man Abb. 21. Die Linie der abgegebenen Leistung N_2 zeigt ein Maximum, dessen Lage berechnet werden kann. $N_2 = R \cdot I^2 = R \cdot E^2 : (R + R_i)^2$. Bildet man hiervon den Differentialquotienten $dN_2 : dR$ und setzt diesen dann gleich Null, so folgt $R = R_i$. Um eine Höchstleistung aus dem Element zu entnehmen, muß man daher den äußeren Widerstand dem Element derart anpassen, daß dieser gleich dem inneren Elementwiderstand ist.

Die Schaltung von Elementen. Bei der gleichsinnigen Reihenschaltung von Elementen ist die Gesamt-EMK gleich der Summe der einzelnen EMKe, also $E = E_1 + E_2 + \cdots$ (Abb. 22). Bei gegensinniger Schaltung (Abb. 23) ist hingegen $E = E_1 - E_2$. Parallel schalten lassen sich nur Elemente mit gleicher EMK, weil sonst ein schädlicher Ausgleichsstrom fließen würde. Stets muß Klemme + mit Klemme + und Klemme — mit Klemme — verbunden werden (Abb. 24), weil bei umgekehrter Schaltung (Abb. 25) die beiden Elemente aufeinander kurzgeschlossen wären. Man schaltet Elemente in Reihe, wenn man eine hohe Spannung wünscht, und parallel, wenn ein großer Strom benötigt wird.

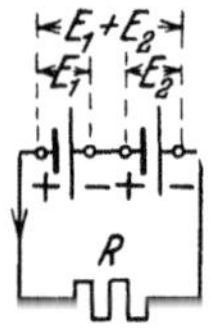

Abb. 22. Reihenschaltung von Elementen (gleichsinnig).

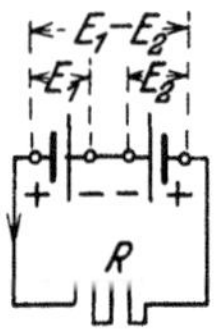

Abb. 23. Gegensinnige Reihenschaltung.

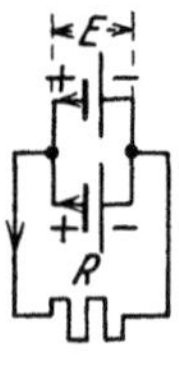

Abb. 24. Parallelschaltung von Elementen.

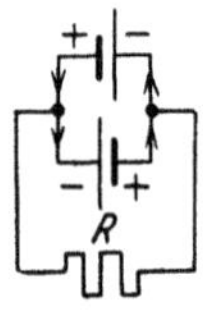

Abb. 25. Falsche Parallelschaltung.

18. Beispiel. Es werde eine EMK von etwa 6 V benötigt, welche einen Strom von maximal 6 A liefern soll. Verfügbar seien eine Anzahl Elemente, deren EMK je 1,5 V und deren innerer Widerstand je 0,3 Ω sei. Wie sind sie zu schalten, wenn jedes Element nicht mehr als 2 A liefern soll?

Um 6 V zu erzeugen, müssen 4 Elemente in Reihe liegen, die aber nur 2 A hergeben dürfen. Um die gewünschten 6 A zu bekommen, müssen 3 solcher Reihen parallel gelegt werden, also im ganzen 12 Elemente. Die Elementengruppe hat einen inneren Ersatzwiderstand von $4 \cdot 0{,}3 : 3 = 0{,}4\,\Omega$. Dieser ist von 6 A durchflossen, so daß ein Spannungsverlust von $6 \cdot 0{,}4 = 2{,}4$ V entsteht. Die Klemmenspannung der Gruppe ist also $6 - 2{,}4 = 3{,}6$ V.

Die elektrischen Sammler.

Zwei Bleiplatten in verdünnter Schwefelsäure sind kein Element. Man kann jedoch daraus ein Element machen, wenn man einige Zeit hindurch mittels einer Stromquelle einen Strom durch die Zelle schickt. Dieser scheidet bekanntlich an der — Platte Wasserstoff und an der + Platte Sauerstoff ab. Der Wasserstoff geht keine chemische Verbindung ein, die — Platte bleibt also unverändert grau. Der Sauerstoff oxydiert jedoch die + Platte an ihrer Oberfläche zu braunem Bleidioxyd (PbO_2). Durch diese Verschiedenartigkeit der beiden Platten ist eine Spannung von etwa 2 V vorhanden. Ein solches Sekundärelement kann als Stromquelle benutzt werden, wobei es einen umgekehrt gerichteten Entladestrom zu liefern vermag, welcher nach und nach den Bleidioxydüberzug wieder verbraucht, wobei sich auf beiden Platten Bleisulfat bildet.

Abb. 26. Ortsfeste Sammlerzellen.

Der Bau der Bleisammler. Die Aufnahmefähigkeit eines Sammlers ist durch die Größe der Plattenoberfläche bestimmt. Um diese möglichst groß zu machen, wird bei stationären Batterien meist die positive Platte mit zahlreichen feinen Rippen versehen (Großoberflächenplatte). Die negative Platte ist meist eine Kastenplatte mit siebartigen Durchbrechungen, welche mit Bleioxyd und Bleischwamm gefüllt wird. Jenes wird bei der Ladung zu flüssigkeitsdurchlässigem Bleischwamm reduziert. Um keine zu großen Platten zu bekommen, werden mehrere + und — Platten in abwechselnder Reihenfolge in ein Gefäß eingesetzt, wobei alle + Platten miteinander und alle — Platten miteinander verbunden sind. Die Platten hängen mit Nasen auf dem Rand der Gefäße (Abb. 26), wobei unterhalb derselben noch genügend Raum bleiben muß für den Bleischlamm, der im Laufe der Zeit von den Platten abfällt. Die Gefäße selbst sind durch untergelegte Porzellanklötzchen von den Traghölzern isoliert, und diese erhalten nochmals eine Isolation durch Glasunterlagen. Um eine gegenseitige Berührung der Platten unmöglich zu machen, können Glasröhren, Holzbrettchen oder dergleichen zwischengeschoben werden. Für bewegliche Batterien (z. B. Elektrokarren) sind leichte Sammler nötig. Es können hierfür auch die Großoberflächen- und Kastenplatten verwandt werden. Leichter sind hingegen die Gitterplatten, bei welchen ein weites Gitter aus Hartblei mit aktiver Bleimasse ausgeschmiert ist. Etwas weniger leicht, dafür aber viel haltbarer sind die Panzerplatten, bei welchen die bleihaltige Masse in geschlitzte Hartgummiröhrchen eingetragen ist, die zu Platten zusammengefaßt sind.

Das Verhalten des Bleisammlers. Die Spannung einer Sammlerzelle hängt von dem Ladezustand ab. Abb. 27 zeigt, daß sie mit zunehmender Entladung etwas abfällt (im Mittel 1,95 V). Sobald 1,83 V je Zelle erreicht sind, muß unterbrochen werden, weil eine weitere Entladung schädlich sein würde. Bei der Ladung steigt die Spannung über 2 V. Gegen Ende der Ladung, wenn die abgeschiedenen Gase nicht mehr chemisch gebunden werden, sondern entweichen (das „Kochen") steigt die Spannung stärker an und erreicht etwa 2,7 V. Der Ladezustand kann nach der Spannung beurteilt werden, einfacher ist es mit Aräometern möglich, welche die Säuredichte angeben (normal 1,2). Bei der Entladung wird nämlich das braune Bleidioxyd durch den Wasserstoff zu Wasser reduziert, wodurch die Flüssigkeit verdünnter, also leichter wird, während bei der Ladung das Bleisulfat zu neuer Schwefelsäure umgebildet und dadurch die Flüssigkeit konzentrierter wird.

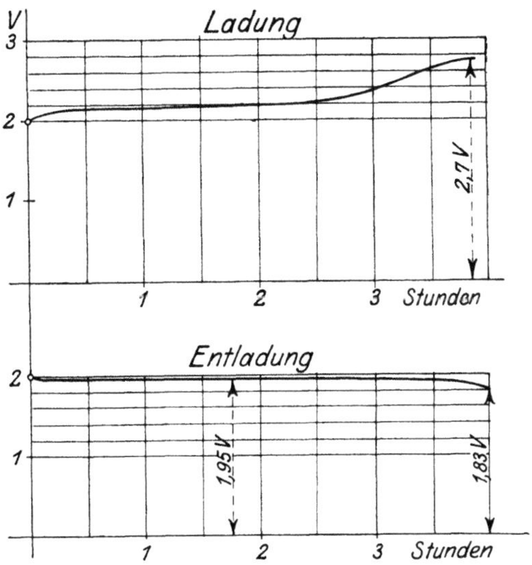

Abb. 27. Spannungsänderung einer Bleizelle.

Die Kapazität einer Batterie (gleich der einer Einzelzelle) wird in Amperestunden angegeben. Bei kleinen Entladeströmen ist sie gewöhnlich etwas größer. Das Verhältnis der abgegebenen Amperestunden zu den aufgenommenen Amperestunden heißt das Güteverhältnis. Dasselbe beträgt etwa 0,9. Der Wirkungsgrad, das Verhältnis der abgegebenen Leistung zur aufgenommenen ist hingegen nur etwa 0,75. Man wird also nur dann speichern, wenn sich andere Vorteile ergeben. Die Lebensdauer einer Batterie hängt sehr von der Behandlung ab. Kurzschlüsse sind gefährlich, weil der durch den geringen inneren Widerstand bedingte große Kurzschlußstrom zu einem Verbiegen der Platten und Abfallen von Masse führt. Der 5fache normale Strom kann kurzzeitig noch ertragen werden, der Kurzschlußstrom würde aber etwa das 30fache des normalen sein. Normal kann man annehmen, daß bei stationären Batterien die + Platte etwa 1000 Entladungen, die —Platte etwa 2000 Entladungen erträgt. Die Panzerplatten haben mindestens die gleiche Lebensdauer, während die Gitterplatten nur 250 bzw. 350 Entladungen aushalten. Für die Aufspeicherung von 1 kWh benötigt man bei den Großoberflächenplatten 100 kg, bei den Panzerplatten 55 kg und bei den Gitterplatten nur 35 kg.

Bei der Behandlung der Sammler ist größte Reinlichkeit erforderlich. Nur destilliertes Wasser und chemisch reine Säure darf zum Nachfüllen benutzt werden. Ein Stehenlassen im entladenen Zustand ist unzulässig, weil das Sulfat in eine unlösliche Form übergeht (die Platten sulfatieren).

19. Beispiel. Ein Lichtnetz mit Lampen für 110 V soll durch eine Batterie gespeist werden. Wieviel Zellen sind nötig?

Da die kleinste Zellenspannung (1,83 V) maßgebend ist, ergäbe sich die Zellenzahl zu 110 : 1,83 = 60 Zellen. Nun ist aber meist noch ein Spannungsverlust in den Zuleitungen vorhanden. Rechnet man diesen mit 5% an, so müßte die an der Batterie verfügbare Spannung 110 + 5% = 116 V sein, so daß sich jetzt die Zellenzahl zu 116 : 1,83 = 64 Zellen ergibt. Bei Beginn der Entladung würde diese Batterie mindestens eine Spannung von 64 · 2 = 128 V haben, während die Lampen doch nur 110 V haben dürfen. Mit einem Zellenschalter müssen daher eine Anzahl Zellen abgeschaltet werden. Im geladenen Zustand sind nur 110 : 2 = 55 Zellen nötig, es müssen also 64 — 55 = 9 Zellen stufenweise abschaltbar sein. Wenn gleichzeitig mit dem Laden auch Strom in das Lampennetz abgegeben werden soll, muß die Zahl der Abschaltzellen noch größer sein, weil dann die Zellenspannung bis auf 2,7 V steigt.

Bei dem Abschalten einer Zelle mit dem Zellenschalter darf der Strom nicht vorübergehend unterbrochen werden. Setzt man aber die Kontakte sehr dicht, so daß die Schaltbürste gleichzeitig zwei Kontakte berühren kann, so wird beim Überschalten immer ein Element kurzgeschlossen, was unzulässig ist. Aus diesem Grunde erhält die Bürste des Zellenschalterhebels eine Hilfsbürste (Abb. 28), die mit der Hauptbürste über einen Widerstand R verbunden ist.

Eine Notlampenbatterie für ein Kino soll 10 Lampen von je 10 W und 12 V speisen. Wie groß muß die Kapazität der Batterie sein, wenn täglich 5 Stunden eingeschaltet und nach 3 Tagen geladen werden soll?

Der alkalische Sammler (Edisonsammler). Er hat Kalilauge (KOH) vom spezifischen Gewicht 1,2 als Elektrolyt. Die aktive Masse ist in beiden Platten in siebartig durchlöcherte, vernickelte Stahltaschen eingepreßt und besteht auf der positiven Seite aus Nickelhydroxydul mit Graphit und auf der negativen Seite aus Eisenschwamm mit etwas Quecksilber. Das Gefäß ist ebenfalls aus Stahl. Da sich die Kalilauge beim Laden und Entladen nicht verändert, genügt eine ziemlich geringe Menge. Die Entladespannung ist im Mittel nur 1,2 V und darf bis auf 1 V absinken. Man braucht daher für eine gewisse Spannung sehr viel mehr Zellen als bei dem Bleisammler, obwohl das Gewicht wie bei den Blei-Gitterplatten etwa nur 35 kg je kWh beträgt. Da außerdem der Wirkungsgrad nur 0,6 ist, kommen alkalische Sammler für stationäre Batterien nicht, wohl aber für bewegliche Batterien in Frage, wo sie sich wegen ihrer Unempfindlichkeit gegen Erschütterungen, gegen Überlastungen und gegen unsachgemäße Behandlung besonders auszeichnen.

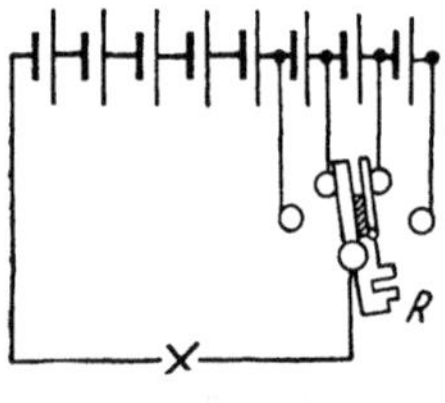

Abb. 28. Zellenschalter.

Bei der Ladung aller Sammler ist zu beachten, daß die + Klemme des Sammlers immer mit der + Klemme der Ladestromquelle zu verbinden ist. Zur Prüfung der Polarität der Stromquelle benutzt man gewöhnlich Polreagenzpapier (Fließpapier in Salpeterlösung mit etwas Phenolphtalein getränkt), welches fertig im Handel erhältlich ist. Angefeuchtet und auf Isolierunterlage zeigt es bei der Berührung mit den beiden Drähten am —Pol eine Rotfärbung.

F. Die magnetischen Wirkungen des elektrischen Stromes.

Die beobachtete magnetische Wirkung des elektrischen Stromes kann nur durch ein magnetisches Feld, welches der Strom in seiner Umgebung hervorruft, verursacht sein. Um ein Feldbild zu bekommen, werde nach Abb. 29 ein Leiter durch einen Karton gesteckt. Die aufgestreuten Eisenfeilspäne ordnen sich in konzentrischen Kreisen, die in der Nähe des Leiters ein stärkeres Feld andeuten. Die Feldlinienrichtung kann mittels einer Magnetnadel festgestellt werden, und man kommt dann zu folgender Regel: Blickt man in Richtung des elektrischen Stromes, so gehen die magnetischen Feldlinien im Uhrzeigersinn um den Leiter.

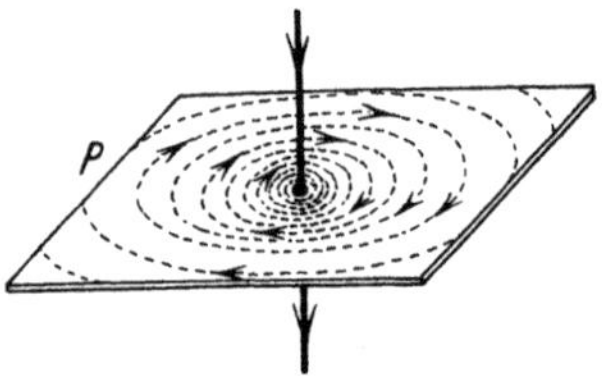

Abb. 29. Feldbild eines Stromes.

Nach dem Biot-Savartschen Gesetz nimmt die magnetische Feldstärke, welche ein unendlich kurzes (punktförmiges) Leiterstückchen dl liefert, mit dem Quadrate der Entfernung ϱ ab und ist außerdem noch durch den Sinus des Richtungswinkels bestimmt. Das vom Strom I durchflossene Leiterstückchen dl in Abb. 30 ruft im Punkt P einen Beitrag $d\mathfrak{H}$ zur Feldstärke hervor, welcher $d\mathfrak{H} = I \cdot dl \cdot \sin\alpha : 10 \cdot \varrho^2$ ist. Die Zahl 10 ist hierin deshalb vorhanden, weil wir I in Ampere rechnen wollen und diese Einheit $^1/_{10}$ derjenigen des Physikers (elektromagnetisches Maß) ist.

Setzt man für ϱ den Wert $r : \sin\alpha$ ein, so ergibt sich $d\mathfrak{H} = I \cdot dl \cdot \sin^3\alpha : 10 \cdot r^2$. In Abb. 30 ist Strecke a—b gleich $dl \cdot \sin\alpha$, Strecke c—d gleich $dl \cdot \sin^2\alpha$ und Strecke e—f gleich $dl \cdot \sin^3\alpha$. Will man nun alle Beiträge $d\mathfrak{H}$ für alle Teile des unendlich langen Leiters addieren, so muß man alle Strecken e—f addieren, und dies ergibt $2r$. Die Summe aller $dl \cdot \sin^3\alpha$ ist also $2r$ und die Feldstärke in Punkt P daher:

$$\mathfrak{H} = \frac{2 \cdot I}{10 \cdot r}. \qquad (22)$$

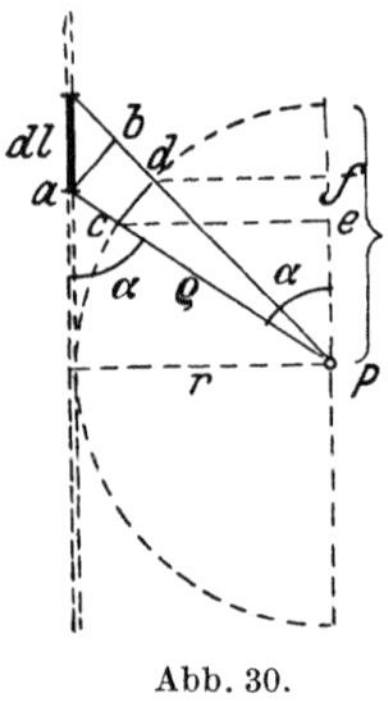

Abb. 30.

Die Feldstärke ist demnach bei einem unendlich langen, geraden Leiter der Entfernung umgekehrt proportional.

In zeichnerischer Darstellung stellt sich nach Abb. 31 die Feldstärke als Hyperbel dar, wobei an der Drahtoberfläche $\mathfrak{H} = 2 \cdot I : 10 \cdot r_0$ ist. Innerhalb des Leiters nimmt die Feldstärke geradlinig ab.

Das Feldlinienbild einer Leiterschleife nach Abb. 32 kann man sich durch Übereinanderlagerung zweier Feldbilder nach Abb. 29 entstanden denken, wobei die sich kreuzenden Linien eine Resultierende bilden. Der gesamte Feldfluß tritt jetzt durch den Hohlraum der Schleife hindurch. Eine Spirale oder Spule zeigt das in Abb. 33 dargestellte Feldbild. Auch dieses kann man sich wieder durch die Übereinanderlagerung mehrerer Feldbilder nach Abb. 32 entstanden denken. Die Feldlinien gehen in geschlossenem, parallelem Fluß durch die ganze Spirale hindurch, treten am Ende aus und kehren auf bogenförmigen Wegen zum anderen Ende zurück. Durch die Biegung des geraden Leiters zu einer Schleife und dann zu einer Spirale ist bei gleichem

Strom infolge der Feldüberlagerung eine sehr beträchtliche Vergrößerung der Feldstärke eingetreten, die Größe des Flusses aber hat sich vermindert. Das Feldbild einer solchen Spirale oder Spule sieht dem eines Stabmagneten sehr ähnlich. Infolgedessen zeigt die stromdurchflossene Spirale oder Spule auch alle Eigenschaften desselben. Sie wirkt auf eine Magnetnadel je nach der Polarität anziehend oder abstoßend und stellt sich bei freier Beweglichkeit in die Nord-Südrichtung der Erde ein. Gegenüber dem Stabmagneten hat sie den Vorteil, daß ihr Magnetismus mit dem Strom beliebig veränderbar ist und durch Umkehr des Stromes auch eine Umkehr der Polarität ermöglicht.

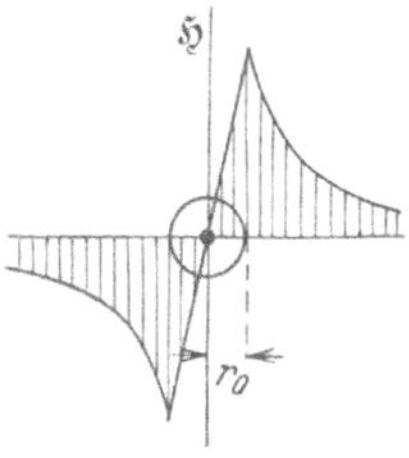

Abb. 31. Magnetische Feldstärke eines Stromes.

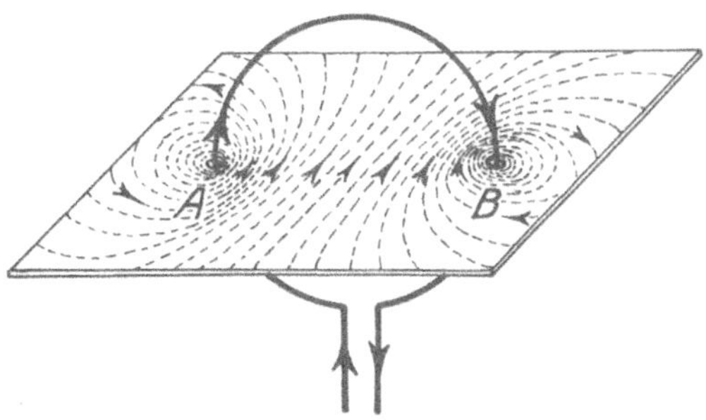

Abb. 32. Magnetisches Feld einer Schleife.

In Abb. 34 ist eine Leiterschleife vom Radius r im Schnitt gezeichnet. Die Stromrichtung ist durch ein Kreuz angedeutet, wenn der Strom von uns fortfließt, und wenn er auf uns zukommt, durch einen Punkt. Ein unendlich kleines Stückchen des Ringumfanges du erzeugt in dem beliebigen Achsenpunkt P einen Feldbeitrag $I \cdot du : 10 \cdot \varrho^2$ (Biot-Savartsches Gesetz), welcher durch die Strecke $\overline{PQ}$ dargestellt sei. Von diesem kommt aber nur die Komponente $d\mathfrak{H}$ in der Achsenrichtung in Frage, also $d\mathfrak{H} = I \cdot du \cdot \sin\alpha : 10 \cdot \varrho^2$. Ersetzt man hierin ϱ durch $r : \sin\alpha$ und bedenkt man, daß die Summe aller du den Umfang $2 \cdot r \cdot \pi$ ergibt, so folgt die Gesamtfeldstärke:

$$\mathfrak{H} = \frac{2 \cdot \pi \cdot I \cdot \sin^3\alpha}{10 \cdot r}. \tag{23}$$

Im Mittelpunkt der Schleife ist $\sin\alpha = 1$, folglich ist dort die Feldstärke:

$$\mathfrak{H} = \frac{2 \cdot \pi \cdot I}{10 \cdot r}. \tag{24}$$

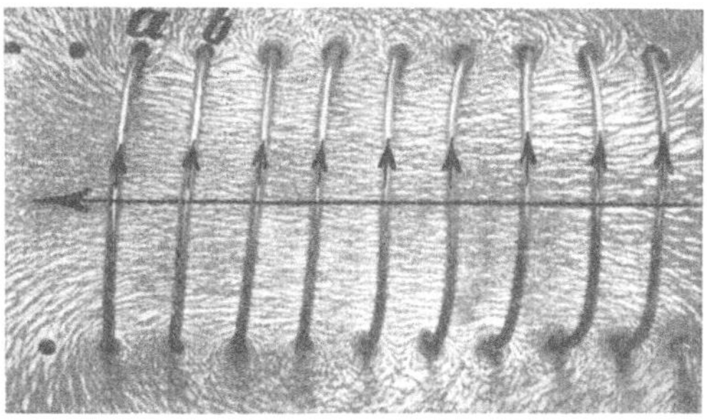

Abb. 33. Magnetisches Feld einer stromdurchflossenen Spirale.

Genau die gleiche Magnetisierung wird erzielt, wenn wir uns den Ring in w dicht zusammenliegende Windungen zerlegt denken, von denen jede nur den Teilstrom $I : w$ führt. Gl. 23 und 24 gelten daher auch für eine Ringspule, wenn wir unter I den Gesamtstrom verstehen, der den Spulenquerschnitt durchdringt, und welcher **Durchflutung** dieses Querschnittes genannt wird.

Zur Berechnung der Feldstärke einer langen Spule (genau unendlich lang) wollen wir uns nach Abb. 34 einen Ring von der Länge dl herausgeschnitten denken. Die Gesamtsumme der Ströme auf einem Zentimeter der Spulenlänge nennt man den Strombelag, der mit A bezeichnet sei. In unserem Ring fließt dann ein Strom $A \cdot dl$, und im Punkt P erzeugt derselbe einen Feldstärkebeitrag (Gl. 23) $d\mathfrak{H} = 2 \cdot \pi \cdot A \cdot dl \cdot \sin^3\alpha : 10 \cdot r$. Genau wie früher ist hier auch wieder Strecke a—$b = dl \cdot \sin\alpha$, Strecke c—$d = dl \cdot \sin^2\alpha$ und Strecke e—$f = dl \cdot \sin^3\alpha$ und die Summe aller dieser Strecken e—f ergibt wieder $2\,r$. Damit wird die Feldstärke auf der Achse einer solchen unendlich langen Spule:

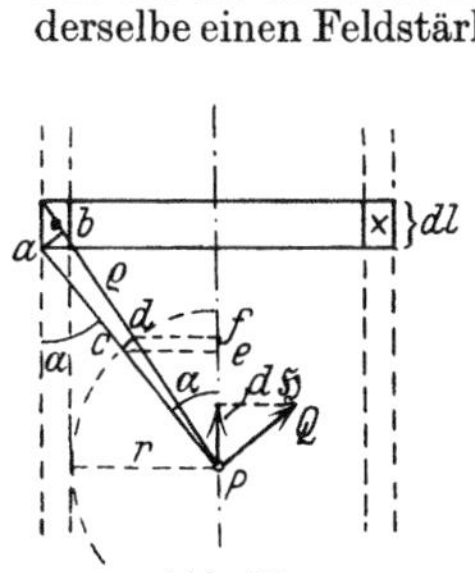

Abb. 34.

$$\mathfrak{H} = \frac{4\,\pi}{10} \cdot A. \tag{25}$$

In einer kurzen Spule nach Abb. 35 würde die oben durchgeführte Summierung nicht $2\,r$, sondern nur die Strecke a—$b = r \cdot \cos\alpha + r \cdot \cos\beta$ ergeben. Die Feldstärke in dem Achsenpunkt P ist dann:

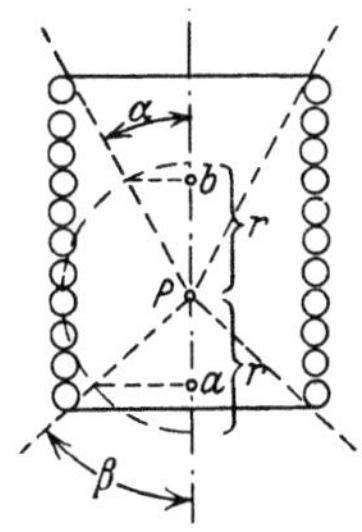

Abb. 35.

$$\mathfrak{H} = \frac{2\,\pi}{10} \cdot A \cdot (\cos\alpha + \cos\beta). \tag{26}$$

Die Ringspule (Toroidspule). Bei dieser Spule (Abb. 36) nehmen die Feldlinien genau wie bei der unendlich langen Spule nur ihren Weg durch das Spuleninnere. Außerhalb ist der Raum feldfrei. Es gilt daher für die Feldstärkeberechnung auch Gl. 25. Nennt man die Summe aller Ströme in den Windungen längs des ganzen Umfanges l die Durchflutung Θ der Spule, so ist der Strombelag $A = \Theta : l$. Dies in Gl. 25 eingesetzt ergibt:

$$\mathfrak{H} = \frac{4\pi \cdot \Theta}{10 \cdot l} = \frac{4\pi \cdot I \cdot w}{10 \cdot l}. \tag{27}$$

Die Einheit der Durchflutung ist das Ampere oder die Amperewindung (1 Aw).

20. Beispiel. Eine Ringspule nach Abb. 36 habe 1000 Windungen, welche von einem Strom von 0,5 A durchflossen seien. Der mittlere Ringdurchmesser sei 15 cm und derjenige einer Windung 3 cm. Welche Feldstärke ist im Inneren vorhanden?

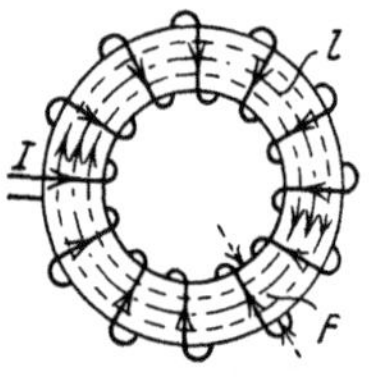

Abb. 36. Ringspule.

Die Durchflutung ist $\Theta = I \cdot w = 0{,}5 \cdot 1000 = 500$ Aw, die Länge $l = 15 \cdot \pi = 47$ cm. Folglich ist nach Gl. 27 $\mathfrak{H} = 4\pi \cdot 500 : 10 \cdot 47 = 13{,}3$ Oersted. (Das Erdfeld hat bei uns etwa $\mathfrak{H} = 0{,}5$ Oe.)

Die Spule mit Eisenkern. Bringt man in eine stromdurchflossene Spule einen Eisenkern, so wird derselbe magnetisch, und zwar Stahl dauernd, weiches Eisen solange wie es vom Strome umflossen ist. Da wir bei allen Elektromagneten den Magnetismus veränderlich wünschen, kommt nicht Stahl, sondern weiches Eisen in Frage. Wir wissen von S. 2, daß das magnetische Feld in dem Eisen eine sehr viel größere Kraftlinienzahl erregt, nämlich die magnetische Induktion (Kraftliniendichte), die wir mit $\mathfrak{B}$ bezeichnen. $\mathfrak{B}$ sei μ mal so groß wie $\mathfrak{H}$, also $\mu = \mathfrak{B} : \mathfrak{H}$. Man nennt μ, welches durchaus nicht konstant ist, die magnetische Permeabilität.

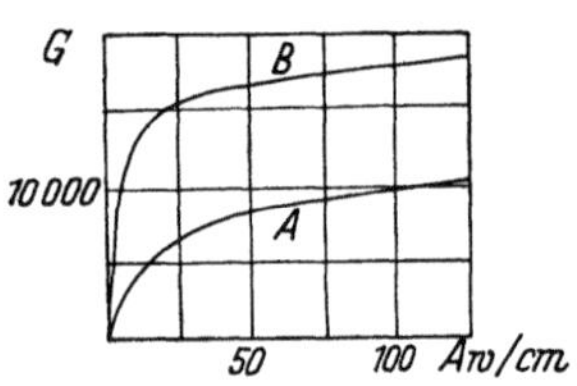

Abb. 37. Magnetisierungslinien. A = Gußeisen, B = Schmiedeeisen.

Auch bei anderen Stoffen muß man von einer magnetischen Induktion sprechen, aber bei den meisten und besonders bei Luft ist dieselbe so gering, daß man μ gleich 1 setzen kann. Für diese Stoffe ist daher $\mathfrak{B} = \mathfrak{H}$.

Der Zusammenhang zwischen Strom und Kraftliniendichte im Eisen läßt sich nicht theoretisch berechnen. Man ist daher gezwungen, durch Versuche die Abhängigkeit zu ermitteln. Die Ergebnisse werden in den sogenannten Magnetisierungslinien (Abb. 37) gewöhnlich derart dargestellt, daß man vertikal die magnetische Induktion $\mathfrak{B}$ in Gauß und horizontal die dazu benötigte Durchflutung in Aw je cm Kraftlinienweg aufträgt. Die Linien zeigen, daß Dynamoblech bei gleicher Erregung etwa doppelt so stark magnetisch wird, wie Gußeisen. Alle Eisensorten zeigen die Sättigung, d. h. bei Überschreiten einer gewissen Erregung steigt die Magnetisierung nur noch wenig. Um bei der Berechnung von Elektromagneten die nötigen Werte besser abgreifen zu können, sind in Abb. 38 die Abhängigkeiten in logarithmischer Teilung nochmals aufgetragen.

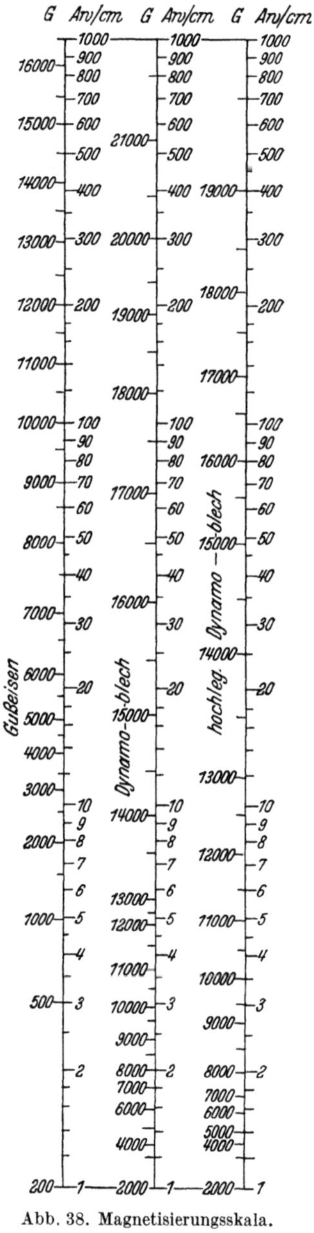

Abb. 38. Magnetisierungsskala.

Um einen Eisenring zu magnetisieren, ist es nicht nötig, denselben etwa nach Abb. 36 über seinen ganzen Umfang mit Windungen zu belegen. Es genügt vielmehr, wenn wir nach Abb. 39 die Windungen in Form einer Spule an einer Stelle konzentrieren. Die Kraftlinien folgen dann trotzdem dem Eisenweg des Ringes. Allerdings werden sich auch einige Feldlinien durch die Luft hindurch schließen. Derartige Streukraftlinien werden in um so größerer Zahl

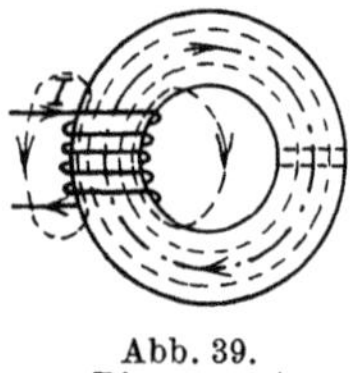

Abb. 39. Ringmagnet.

vorhanden sein, je größer der Abstand zwischen den Drahtwindungen und dem Eisen ist. Für die Magnetisierung des Eisens ist dieser Abstand jedoch ohne Einfluß. Pole hat ein solcher magnetischer Ring nicht, weil wir unter einem Pol eine Ein- oder Austrittsstelle der Kraftlinien verstehen. Es würden erst Pole entstehen, wenn wir einen Luftspalt im Ring herstellen würden, wie es in Abb. 39 rechts gestrichelt eingezeichnet ist.

Die Berechnung der Durchflutung von Elektromagneten. 21. Beispiel. Ein schmiedeeiserner Ring nach Abb. 39 habe einen mittleren Durchmesser von 15 cm und einen kreisförmigen Querschnitt von 5 cm Durchmesser. Die Spule habe 200 Windungen. Welchen Strom muß man hindurchschicken, um eine magnetische Induktion von 16000 Gauß im Eisen zu erhalten?

Für 16000 G zeigt die Magnetisierungslinie 34 Aw je cm. Da hier der Kraftlinienweg $15 \cdot 3{,}14 = 47$ cm beträgt, muß die Spule eine Durchflutung $\Theta = 47 \cdot 34 = 1600$ Aw haben. Bei 200 Windungen braucht man demnach einen Strom $I = 1600 : 200 = 8{,}0$ A.

Der magnetische Induktionsfluß im Eisenring beträgt $\Phi = \mathfrak{B} \cdot F = 16000 \cdot 19{,}6 = 314000$ Maxwell.

22. Beispiel. Der Eisenring der vorigen Aufgabe habe einen Luftspalt von 2 mm. Wieviel Strom muß man durch die Spule schicken, um den gleichen Kraftfluß zu erzeugen?

Im Eisen wird die Kraftliniendichte wie bisher 16000 G sein. Im Luftspalt fließt derselbe Kraftfluß, jedoch breitet er sich erfahrungsgemäß etwas aus. Wir wollen schätzungsweise annehmen, daß dadurch der Übertrittsquerschnitt um etwa 5% größer sei als im Eisen, also statt 19,6 cm² jetzt 20,6 cm². Die Luftinduktion ist daher $314000 : 20{,}6 = 14800$ G. Bei der Berechnung der Spulendurchflutung müssen wir uns eine Zerlegung in diejenige für das Eisen und die für die Luft denken. Im Eisen legen die Kraftlinien einen Weg von 46,8 cm zurück, wozu $46{,}8 \cdot 34 = 1590$ Aw nötig sind. Für die Luft brauchen wir je cm Kraftlinienweg nach Gl. 25 einen Strombelag $A = 10/4\pi \cdot \mathfrak{B}$, für einen Kraftlinienweg von l cm also eine Durchflutung von

$$\Theta_{\text{Luft}} = \frac{10}{4 \cdot \pi} \cdot \mathfrak{B} \cdot l \,. \tag{28}$$

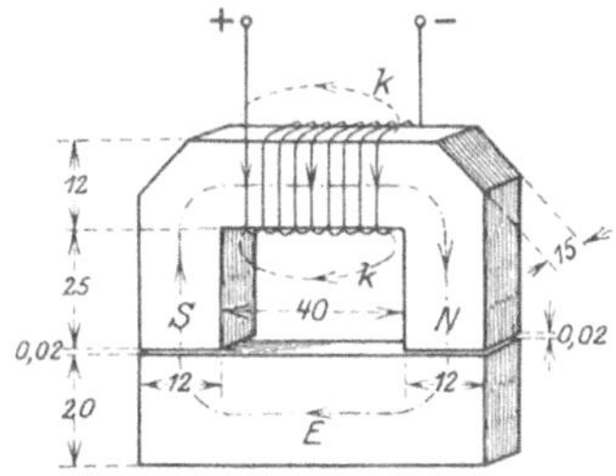

Abb. 40. Elektromagnet.

In unserem Falle also $\Theta_L = 0{,}8 \cdot 14800 \cdot 0{,}2 = 2370$ Aw. Der winzige Luftspalt benötigt also mehr Amperewindungen wie der ganze übrige Eisenring. Insgesamt muß die Spule $1590 + 2370 = 3960$ Aw haben, wozu ein Strom von $I = 3960 : 200 = 19{,}8$ A erforderlich ist.

23. Beispiel. Der durch Abb. 40 dargestellte Magnet aus Schmiedeeisen soll auf das Gußstück E eine Kraft von 4000 kg ausüben. Die Windungszahl der Spule sei 4000. Welcher Strom ist durch die Spule zu leiten, wenn infolge Verschmutzung oder dergleichen zwischen Magnet und E ein Luftspalt von je 0,2 mm vorausgesetzt wird?

Bei dem geringen Luftspalt soll von einer Ausbreitung der Feldlinien abgesehen werden. Die tragende Fläche ist $2 \cdot 12 \cdot 15 = 360$ cm². Nach Gl. 1 ergibt sich damit aus der geforderten Tragkraft eine Induktion von 16700 G, die sowohl im Luftspalt als auch im Magnet vorhanden ist. Im Gußeisen ist sie im Verhältnis des Querschnittes kleiner, also $16700 \cdot 180 : 300 = 10000$ G. Die Kraftlinienlängen und die je cm erforderlichen Durchflutungen ergeben sich wie folgt:

Schmiedeeisen: $40 + 25 + 25 + 6 \cdot 3{,}14 = 109$ cm .	$\Theta_E = 109 \cdot 55$	$= 6000$ Aw
Gußeisen: $40 + 6 \cdot 3{,}14 = 59$ cm	$\Theta_G = 59 \cdot 100$	$= 5900$ Aw
Luft: $2 \cdot 0{,}02 = 0{,}04$ cm nach Gl. 28	$\Theta_L = 0{,}8 \cdot 16700 \cdot 0{,}04$	$= 535$ Aw
	zusammen	$\Theta = 12435$ Aw

Hieraus ergibt sich die Stromstärke zu $I = 12435 : 4000 = 3{,}1$ A.

Eine Verbreiterung der Pole durch aufgesetzte Polschuhe würde bei gleichem Kraftfluß die Kraftliniendichte in der Luft herabsetzen und damit eine geringere Durchflutung zulassen. Wo es allein auf den Kraftfluß ankommt, sind solche Polschuhe daher angebracht. In unserem Beispiel will man eine große Tragkraft erzielen. Diese hängt von dem Quadrate der Feldstärke ab. Es wäre daher zweckmäßiger, durch eine geringe Zuspitzung der Pole die Feldstärke und damit die Tragkraft zu erhöhen.

Die magnetische Hysteresis. Bei der erstmaligen Magnetisierung eines Stückes Eisen erhält man eine vom Nullpunkt (Abb. 41) ausgehende Magnetisierungslinie 0—a, welche anfängliche Linie genannt wird. Läßt man dann den Strom wieder auf Null sinken, so nimmt der Magnetismus nach der Linie a—b ab und wird erst bei c Null, wenn man eine umgekehrt gerichtete Durchflutung vom Werte 0—c eingestellt hat. Im stromlosen Zustand hat also das Eisen den Dauermagnetismus 0—b behalten (Remanenz). Erst bei einer weiteren Steigerung des Stromes im negativen Sinne wird auch der Magnetismus negativ werden und nach der Linie c—d ansteigen usw. Die Erscheinung, daß der Magnetismus stets hinter dem magnetisierenden Strom zurückbleibt, nennt man **Hysteresis** und ihre zeichnerische Darstellung **Hysteresisschleife**. Bei weichem Eisen fällt die Hysteresisschleife schmal mit geringer Remanenz 0—*b* aus, umgekehrt bei hartem Eisen und Stahl.

Die Hysteresiserscheinung führt bei ständiger Ummagnetisierung zu einer Erwärmung des Eisens, welche offenbar durch die Drehung der Molekularmagnete bedingt ist. Der dadurch entstehende Energieverlust (Hysteresisverlust) ist um so größer, je größer die Fläche der Hysteresisschleife und je größer die Zahl der Ummagnetisierungen ist. Nach Steinmetz kann der Hysteresisverlust in Watt je kg berechnet werden aus der Beziehung:

$$V = 130 \cdot \eta \cdot f \cdot \mathfrak{B}^{1,6} \cdot 10^{-7}. \qquad (29)$$

Hierin ist f die sekundliche Zahl der Ummagnetisierungen und η eine Stoffzahl, welche bei normalem Schmiedeeisen etwa 0,001 bis 0,002 ist. Bei hochlegierten Blechen ist der Exponent höher als 1,6 einzusetzen.

Die Berechnung der Magnetwicklungen. Die Größe des Eisenquerschnittes ist durch den benötigten Kraftfluß bestimmt. Seine Form soll so sein, daß der Umfang klein wird (billige Spule), also kreisförmig oder quadratisch. Die Drähte müssen hohe Leitfähigkeit haben (Kupfer). Ihre Isolation ist wegen des Wärmeabflusses dünn zu halten, was zulässig ist, weil zwischen zwei benachbarten Drähten immer nur eine geringe Spannung herrscht. Jedoch ist unbedingt zu vermeiden, daß solche Drähte unmittelbar am metallischen Gehäuse anliegen. Man verwendet folgende Isolationen: Seidenbespinnung, Baumwollbespinnung oder Umklöppelung, Papierbespinnung und Lackisolation. Bei der Seide, die nur für kleine Spulen in Frage kommt, ist der äußere Drahtdurchmesser bei einfacher Bespinnung nur etwa 0,04 mm stärker als der Draht. Bei den normalen Motoren wird die doppelte Baumwollbespinnung verwandt. Der Durchmesser wird bei ihr etwa 0,2 mm größer. Lackdraht, der heute viel Anwendung findet, trägt etwas weniger als eine doppelte Seidenbespinnung auf. Papierisolation kommt heute nur noch bei Transformatoren vor. Die Dicke der Spulen soll wegen des Wärmeabflusses nicht groß sein (höchstens etwa 3 cm).

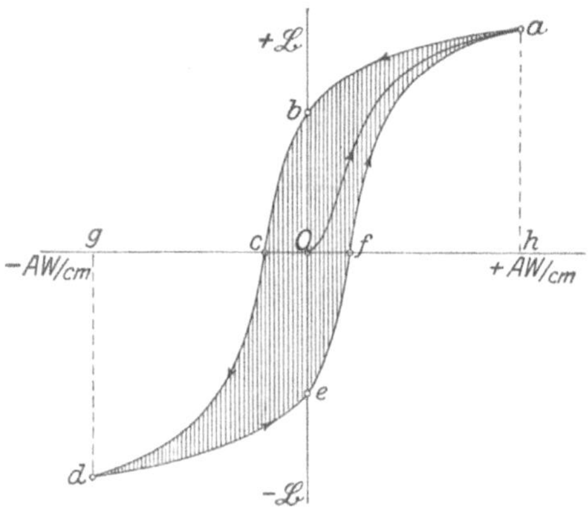

Abb. 41. Hysteresisschleife.

Das Wickeln einer Spule geschieht auf einer drehbankähnlichen Wickelbank, welche eine Zählvorrichtung besitzt. Der Draht wird gewöhnlich von Hand geleitet und läuft von einer leicht gebremsten Trommel ab. Kleine Spulen kann man auf einen Spulenträger wickeln, auf welchem die Spule dauernd bleibt, und welcher zweckmäßig aus Isolierstoff besteht. Große Spulen werden billiger auf eine Schablone gewickelt, von der sie später abgezogen werden. Sie werden dann mit Leinenband rings umwickelt. Die fertige Spule muß nach Trocknung mit einem dichten Lacküberzug versehen werden, der sie gegen die Luftfeuchtigkeit schützt. Für höhere Spannungen ist eine völlige Durchtränkung mit Isoliermasse zweckmäßig.

Nach Annahme der Spulendicke läßt sich für einen gegebenen Eisenkörper die mittlere Windungslänge l_m einer Spule berechnen. Der Spulenwiderstand ist dann $R = l_m \cdot w : \varkappa \cdot F$, wenn w die Anzahl der Windungen bedeutet. Multipliziert man links und rechts mit dem Strom I, so erhält man links $R \cdot I$, welches die Spannung U ist, und rechts $I \cdot w$, welches die Durchflutung Θ darstellt. Alsdann läßt sich der Drahtquerschnitt F ausdrücken zu:

$$\boldsymbol{F = \frac{l_m \cdot \Theta}{\varkappa \cdot U}}. \qquad \textbf{(30)}$$

Es ist zu beachten, daß die mittlere Länge in m einzusetzen ist. Die Leitfähigkeit $\varkappa$ ist für Kupfer kleiner als sonst einzusetzen (etwa 50), weil dieselbe infolge der Erwärmung sinkt. Für gewöhnliche, getränkte Spulen ist eine Übertemperatur von 60° zulässig, wobei aber die Außentemperatur 35° nicht übersteigen darf. Gl. 30 lehrt, daß der Drahtquerschnitt um so kleiner wird, je größer die Spannung ist. Kleine Drahtquerschnitte sind aber nicht erwünscht. Einmal wegen der geringeren Festigkeit und ferner wegen des verhältnismäßig viel größeren Raumes, den die Isolation einnimmt. Man ist daher bestrebt, die Spannung niedrig zu halten. Bei mehreren Spulen wird man daher nie Parallel-, sondern immer Reihenschaltung wählen.

Nach Festlegung des Drahtquerschnittes F wäre es theoretisch einerlei, welche Windungszahl man wählt, weil sich der Strom immer so einstellt, daß die verlangte Durchflutung Θ herauskommt. Da wir aber wegen der Erwärmung nur eine Stromdichte $s = 1$ (große Spulen) bis 4 A (kleine Spulen) je mm² bei Dauerbelastung zulassen dürfen, ergibt sich der Strom I einfach aus der Beziehung $I = s \cdot F$ und die Windungszahl w aus $w = \Theta : I$. Ob die Stromdichte richtig angenommen ist, kann allerdings erst durch eine spätere Nachrechnung der abkühlenden Oberfläche nachgeprüft werden. Man ist nun in der Lage, den Wicklungsraum auszurechnen. Hierzu stellt man nach den DIN-Normen den äußeren Drahtdurchmesser mit Isolation fest und denkt sich die berechneten w Drähte neben- und übereinander gewickelt. Bei einem äußeren Durchmesser d_a ergäbe sich eine Gesamtfläche von $d_a^2 \cdot w$. Die Spulenlänge liegt damit fest. Ist sie unpassend und müssen wir den Spulendurchmesser ändern, so ist die ganze Rechnung mit der neuen mittleren Windungslänge noch einmal durchzuführen. Zuletzt erfolgt die Nachrechnung auf Erwärmung. Die Temperaturerhöhung ist um so größer, je größer die in Wärme umgesetzte Leistung $N = U \cdot I$ ist und je kleiner die abkühlende Oberfläche O der Spule ist. Nennt man die Anzahl Watt, welche bei der Temperaturerhöhung 1° durch ein cm² der Oberfläche abgegeben werden können, die Wärmeübergangszahl h, so ist $h \cdot O \cdot t = N$, folglich:

$$t = \frac{N}{h \cdot O}. \tag{31}$$

Für O darf jedoch nur diejenige Oberfläche (cm²) eingesetzt werden, welche von der Luft umspült ist. Die Wärmeübergangszahl ist etwa:

$h = 0{,}002$ bis $0{,}0025$ für offen liegende Spulen,
$= 0{,}0014$ bis $0{,}002$ für halbumschlossene Spulen,
$= 0{,}0007$ bis $0{,}001$ für umschlossene Spulen.

Die berechnete Temperaturerhöhung t darf die in den Vorschriften angegebene nicht erreichen, weil zwischen dem Spuleninneren und der Oberfläche ein Temperaturgefälle herrscht, welches 15—20% der Übertemperatur betragen kann.

Die Umrechnung einer Spule. Häufig ist es nötig, eine gegebene Spule mit dem Drahtquerschnitt F_1 bei der Spannung U_1 umzurechnen für eine neue Spannung U_2. Aus Gl. 30 geht hervor, daß sich die Drahtquerschnitte umgekehrt wie die Spannungen verhalten, also ist der neue Drahtquerschnitt:

$$F_2 = F_1 \cdot U_1 : U_2. \tag{32}$$

Bei gleicher Leistung ändert sich der Strom im umgekehrten Verhältnis der Spannung, die Windungszahl muß daher im Verhältnis der Spannung abgeändert werden, damit man die gleichen Amperewindungen behält. Es ist also

$$w_2 = w_1 \cdot U_2 : U_1. \tag{33}$$

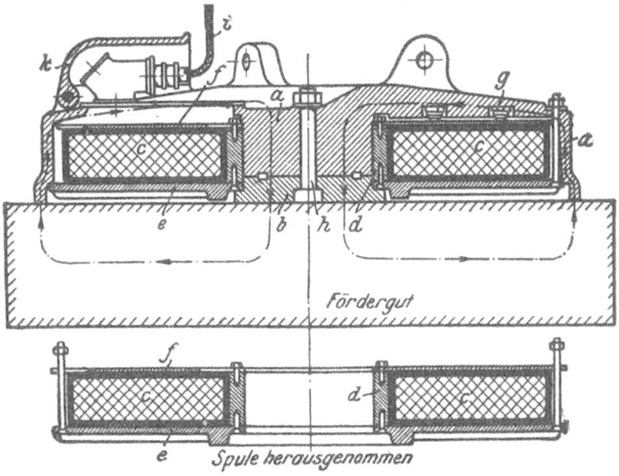

Abb. 42. Lastmagnet.

Man erkennt, daß die Kupfermenge unverändert bleibt, der Spulenquerschnitt ist der veränderten Spannung entsprechend nur durch mehr oder weniger Drähte unterteilt.

Beim Umwickeln auf eine höhere Spannung wird die Windungszahl größer und der Draht dünner. Dieser hat aber verhältnismäßig mehr Isolation, so daß unter Umständen die Rechnung mit veränderten Spulenabmessungen durchzuführen ist.

Ausführungen von Elektromagneten. Abb. 42 stellt einen Lastmagneten dar, bei welchem der Stahlgußkörper a die Spule c glockenförmig umschließt, weil dieselbe dadurch geschützt ist und auch wenig Streukraftlinien auftreten. Die untere Abdeckplatte e muß aus unmagnetischem, aber sehr hartem Stoff bestehen (Manganstahl). Ein solcher Magnet von 1500 mm Durchmesser trägt massive Blöcke von 20000 kg und mehr mit Sicherheit, loses Eisenmaterial aber nur sehr schlecht (Masseln etwa 1200 kg und Späne nur 600 kg).

Abb. 43 zeigt zeigt ein Aufspannfutter für Schleifmaschinen, bei welchem das Futter einem ständigen Kühlwasserstrom ausgesetzt ist und daher nach oben völlig wasserdicht sein muß. Außerdem wird verlangt, daß die obere Fläche möglichst gleichförmig magnetisch ist, damit auch kleine Werkstücke sicher gehalten werden. Es sind daher mehrere kreisförmige Spulen vorhanden, die aufeinanderfolgend entgegengesetzte Stromrichtung haben. Damit nun der Kraftfluß nicht durch das obere Eisen kurzgeschlossen ist, sind ringförmige Schlitze vorgesehen, welche mit unmagnetischem Stoff (Messing) ausgestemmt werden. Der dünne Eisenquerschnitt zwischen den Schlitzen und der Spule läßt allerdings einen gewissen unnützen Kraftfluß hindurch. Damit Lastmagnete und Aufspannfutter beim Ausschalten sofort loslassen, ist meist ein umgekehrt gerichteter kleiner Stromstoß nötig (0—c in Abb. 41).

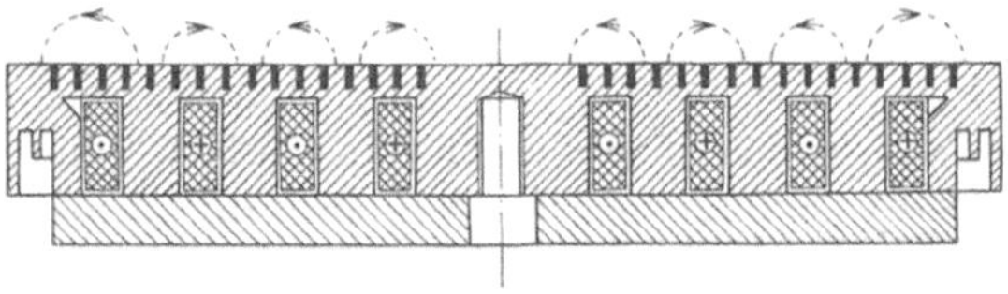

Abb. 43. Aufspannfutter.

Zugmagnete (Abb. 44) dienen zum Lüften von Bremsen und zum Betätigen von Schaltern. Der Eisenkern ist oben konisch ausgeführt, weil dadurch der Kraftlinienweg kleiner als der Hub wird. Eine unmagnetische Zwischenlage (Klebstift) sorgt dafür, daß der Kern nach dem Ausschalten nicht haften bleibt. Die unmagnetische Büchse B ist nötig, damit sich der Kern durch einseitige Anziehung nicht klemmt. Bei gleichem Strom nimmt die Kraft nach oben hin zu. Es ist daher eine Dämpfung erforderlich (Luftpuffer). Zum Halten des Kerns ist nur eine sehr geringe Stromstärke nötig, so daß man mittels eines aufgebauten Schalters einen Widerstand vorschalten und Strom ersparen kann. Zugmagnete sind nur für kurze Bewegungen von wenigen Zentimetern zweckmäßig.

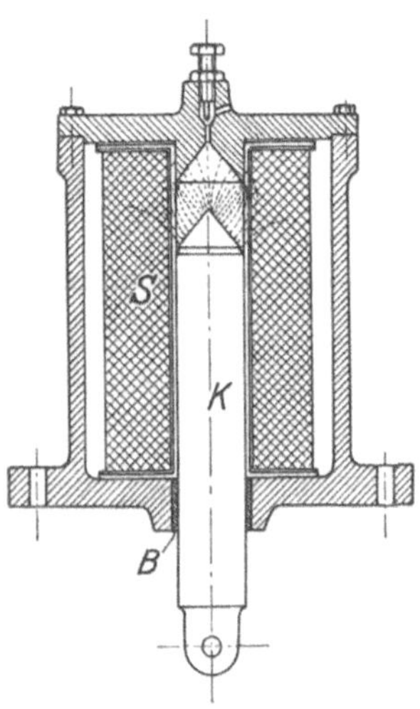

Abb. 44. Zugmagnet.

24. Beispiel. Das Aufspannfutter nach Abb. 43 benötigte je Teilspule 2400 Aw und soll so gebaut werden, daß es durch Umschaltung für 110 und 220 V benutzbar ist. Welche Drahtstärke ist erforderlich, wenn die mittleren Spulendurchmesser 165, 305, 445 und 585 mm betragen?

Eine Benutzung für 110 und 220 V ist nur möglich, wenn wir bei 220 V alle Spulen in Reihe, bei 110 V in zwei Gruppen parallel schalten. Nun sind aber die Spulen ungleich im Durchmesser, und es bleibt daher nichts übrig, als die erste mit der vierten und die zweite mit der dritten in Reihe zu schalten. Wir wollen in allen Teilspulen gleiche Windungszahl und Drahtstärke haben. Bei der Reihenschaltung an 220 V erhalten wir daher an den einzelnen Spulen Spannungen, die sich wie die Durchmesser verhalten, also innen 24,2 V, dann 44,7 V, dann 65,3 V und außen 85,8 V. Da die erste plus der letzten und die zweite plus der dritten 110 V ergibt, kann die Parallelschaltung ohne Bedenken gemacht werden. Die äußere Spule hat eine mittlere Länge von $0{,}585 \cdot \pi = 1{,}835$ m. Bei einer Durchflutung von 2400 Aw und der Spannung von 85,8 V ergibt sich bei einer Leitfähigkeit $\varkappa = 50$ nach Gl. 30 ein Drahtquerschnitt $F = 1{,}835 \cdot 2400 : 50 \cdot 85{,}8 = 1{,}03\ \text{mm}^2$. Dies entspricht nach den Normen einem nächsten Durchmesser von 1,15 mm, welcher als Lackdraht 1,21 mm Außendurchmesser hat. Nehmen wir eine Stromdichte von $2\ \text{A/mm}^2$ an, so ist der Gesamtstrom $2 \cdot 1{,}03 = 2{,}06$ A und die Windungszahl $\Theta : I = 2400 : 2{,}06 = 1165$ Windungen. Bei den anderen Spulen ergibt sich die gleiche Windungszahl und Drahtstärke. Die Wicklungsfläche ist $1{,}21^2 \cdot 1165 = 2401\ \text{mm}^2$, die mit einiger Zugabe für Isolation zwischen Spule und Eisen in den Nuten unterzubringen ist.

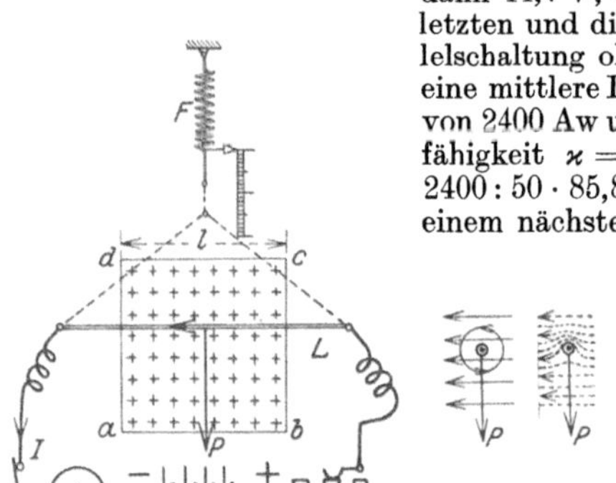

Abb. 45. Der stromdurchflossene Leiter im Magnetfeld übt eine Kraft aus.

Der stromdurchflossene Leiter im Magnetfeld.

In Abb. 45 sei ein Magnetpol a—b—c—d dargestellt, dessen Kraftlinien durch Kreuze dargestellt sind und in die Papierebene eintreten. Ein stromdurchflossener Leiter L liegt in diesem Feld und der Versuch lehrt, daß dieser Leiter eine Kraft P ausübt, welche senkrecht auf der Kraftlinienrichtung und senkrecht auf der Stromrichtung steht. Die Größe der Kraft ist an der Feder F ablesbar, und man findet, daß sie proportional der Stromstärke I, proportional der Feldstärke $\mathfrak{B}$ und proportional der Leiterlänge l ist. Es gilt daher die Beziehung:

$$\boldsymbol{P = \frac{\mathfrak{B} \cdot I \cdot l}{9{,}81 \cdot 10^6}}, \qquad \textbf{(34)}$$

worin der Zahlenfaktor zur Umrechnung auf kg dient. In einem Feld von 10000 G würde demnach ein 10 cm langer Leiter mit 100 A eine Kraft von rund 1 kg ausüben. Die Erscheinung erklärt sich leicht aus den Feldern (Abb. 45 Seitenansicht). Das kreisförmige Magnetfeld des Stromes addiert sich so zu dem Hauptfeld, daß oben eine Verdichtung des Feldes eintritt. Die Spannung der Feldlinien wird daher den Leiter nach unten zu bewegen suchen.

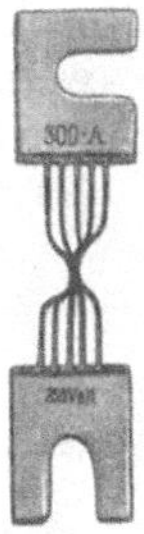

Abb. 46. Schmelzstreifen, der im Augenblick des Durchschmelzens ausgeschaltet wurde.

Die Kraftrichtung läßt sich umkehren, und zwar entweder durch eine Umpolung des Stromes I oder durch eine Umkehrung des Feldes (durch Umpolen des Erregerstromes). Zur Bestimmung der Richtung hat man nur nötig festzustellen, auf welcher Seite des Leiters die Feldschwächung auftritt, nach dieser Seite wirkt die Kraft. Als Hilfsmittel kann auch die Linkehandregel dienen. (Wenn die Feldlinien in die innere Handfläche eintreten und die Finger die Stromrichtung angeben, zeigt der ausgestreckte Daumen die Bewegungsrichtung.)

Anwendung findet die Kraftwirkung des stromdurchflossenen Leiters vor allem bei den Elektromotoren. Sie müssen daher alle zwei Hauptteile haben: ein Magnetgestell zur Erzeugung des Magnetfeldes und stromdurchflossene Leiter, die in diesem Felde liegen und gewöhnlich auf einem zylindrischen Eisenkörper, dem Anker, befestigt sind.

Eine weitere Anwendung finden wir bei den Drehspulmeßgeräten (siehe Abschnitt VI, A).

Die Kraftwirkung paralleler, stromdurchflossener Leiter. Wie das Feldbild bei Überlagerung zeigt, müssen sich parallele, gleichgerichtete Ströme anziehen, entgegengesetzt gerichtete Ströme abstoßen. Nach Gl. 22 ist im Abstand r von einem Stromleiter ein Feld $2 \cdot I_1 : 10 \cdot r$ vorhanden. Denken wir uns an dieser Stelle einen Strom I_2, so ist die Kraft nach Gl. 34

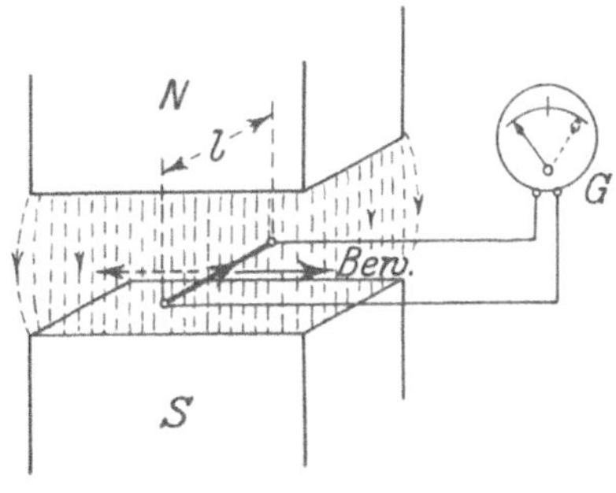

Abb. 47. In dem Leiter entsteht bei der Bewegung eine EMK.

$$P = \frac{2 \cdot J_1 \cdot J_2 \cdot l}{10 \cdot r \cdot 9{,}81 \cdot 10^6}. \qquad (35)$$

Abb. 46 zeigt einen Sicherungsschmelzstreifen, welcher ursprünglich fünf parallele Drähte hatte. Er wurde gerade in dem Augenblick ausgeschaltet, als er durch einen Überstrom durchschmelzen wollte. Wie erklärt sich seine jetzige Form?

25. Beispiel. Eine Sammlerbatterie von 2000 Ah liegt an zwei Sammelschienen, die einen Abstand von 125 mm voneinander haben. Die Schienen werden von Isolatoren getragen, die eine Umbruchsfestigkeit von 250 kg haben. In welchem Abstand müssen diese Stützer angeordnet werden, damit bei Kurzschluß zweifache Sicherheit gegen Bruch vorhanden ist?

Die Kraft, die bei Kurzschluß auf einen Isolator wirkt, darf also nur 125 kg sein. Die Batterie hat bei der normalen 3stündigen Entladung einen Strom von 667 A. Der Kurzschlußstrom beträgt etwa das 30fache, also etwa 20000 A. Nach Gl. 35 ist also: $l = 10 \cdot 12{,}5 \cdot 9{,}81 \cdot 10^6 \cdot 125 : 2 \cdot 20000 \cdot 20000 = 192$ cm.

G. Die elektrische Induktion.

Bewegt man einen Leiter durch ein Magnetfeld, wie es Abb. 47 zeigt, so entsteht in ihm eine EMK E. Der Versuch lehrt, daß diese EMK um so größer ist, je größer die Feldstärke $\mathfrak{B}$, je größer die Leitergeschwindigkeit v und je größer die Leiterlänge l ist. Es besteht daher die Beziehung:

$$\boldsymbol{E = \frac{\mathfrak{B} \cdot v \cdot l}{10^8}}, \qquad \textbf{(36)}$$

worin der Zahlenfaktor 10^8 nötig ist, damit sich die EMK in Volt ergibt. In einem Feld von 10000 G ergibt z. B. ein Leiter von 10 cm Länge bei einer Geschwindigkeit von 10 m/s gerade 1 V. Man erhält eine entgegengesetzte EMK, wenn man entweder die Bewegungsrichtung oder die Feldrichtung umkehrt. Es entsteht keine Spannung, wenn man die Bewegung in Richtung der Feldlinien oder in Richtung des Leiters vornimmt. Es gibt also auch hier drei Richtungsgrößen: Bewegung, Feld und EMK, welche aufeinander senkrecht stehen.

In Abb. 48 werde ein Leiter von der Länge l durch das durch Kreuze dargestellte Magnetfeld bewegt. Seine Geschwindigkeit sei v, er legt also in einer Sekunde einen Weg von v cm zurück und kommt in die gestrichelt gezeichnete Lage. Dabei hat er eine Fläche $v \cdot l$ überstrichen und einen Kraftfluß $\Phi = \mathfrak{B} \cdot v \cdot l$ durchschnitten. Dies ist aber die gleiche Beziehung wie in Gl. 36. Die erzeugte EMK ist demnach gleich der sekundlich geschnittenen Kraftlinienzahl dividiert durch 10^8. Diese sekundlich geschnittene Kraftlinienzahl berechnet sich einfach dadurch, daß man den geschnittenen Kraftfluß durch die dazu nötige Zeit dividiert. Nun ist aber vielfach das Feld nicht überall gleich stark. Es ist daher zweckmäßig statt einer ganzen Sekunde nur ein unendlich kleines Zeitteilchen dt zu betrachten und den in dieser Zeit geschnittenen kleinen Kraftfluß $d\Phi$ zu nennen. Im betrachteten Augenblick wird daher eine EMK erzeugt:

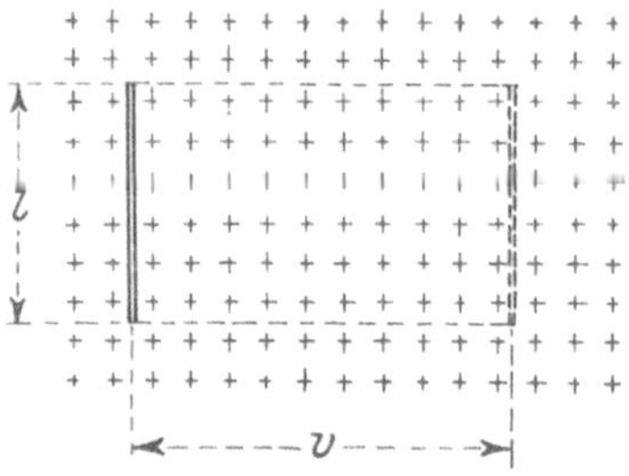

Abb. 48.

$$E = -\frac{d\Phi}{dt \cdot 10^8}.$$

Die Bedeutung des Minuszeichens wird sich später zeigen.

Die Richtung der erzeugten Spannung. Das Lenzsche Gesetz sagt aus: Der erzeugte Strom ist immer so gerichtet, daß er die Leiterbewegung zu hemmen sucht. Ein Versuch nach Abb. 47 zeigt nämlich, daß sich der Leiter der Bewegung widersetzt, wenn man einen geschlossenen Stromkreis bildet. Dieser Widerstand wird durch den erzeugten Strom verursacht, und es muß daher auf der der Bewegung entgegengesetzten Leiterseite eine Feldschwächung durch den erzeugten Strom hervorgerufen werden, dessen Richtung damit bekannt ist. Man kann sich auch der Rechtenhandregel bedienen, wobei die Finger die Stromrichtung angeben, wenn die Feldlinien in die Handfläche eintreten und der gestreckte Daumen in die Bewegungsrichtung weist.

Das Lenzsche Gesetz ist nur eine Folgerung aus dem Energiegesetz. Bei der elektrischen Induktion wird mechanische Arbeit in elektrische umgewandelt. Man kann aber eine mechanische Arbeit (Kraft mal Weg) nur aufwenden, wenn bei der Bewegung eine Kraft aufgewendet wird. Dies ist aber nur möglich, wenn sich ein Widerstand bietet. Diese Gegenkraft ruft eben der erzeugte Strom hervor.

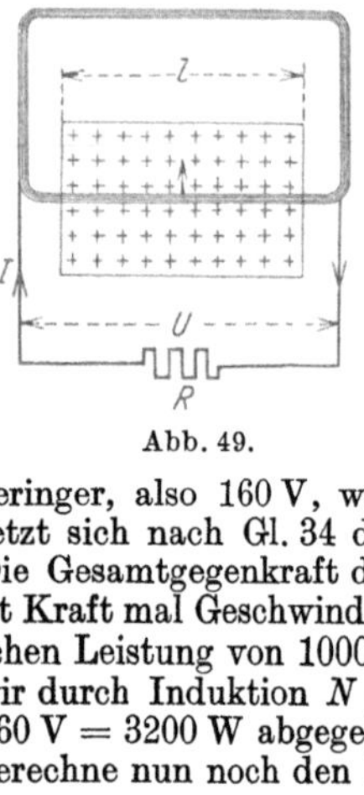

Abb. 49.

26. Beispiel. Durch ein Feld von der Stärke $\mathfrak{B} = 10000$ G werde eine Spule mit einer Geschwindigkeit von 10 m/s bewegt (Abb. 49). Die Windungszahl betrage $w = 200$ und die Länge l sei 10 cm. Wie groß ist die EMK und der Strom, wenn die Spule selbst einen Widerstand $R_i = 2\,\Omega$ hat, während außen $R = 8\,\Omega$ angeschlossen sind?

Nach Gl. 36 erzeugt ein Leiter eine EMK von $10000 \cdot 1000 \cdot 10 : 10^8 = 1$ V. Bei 200 Windungen werden also 200 V entstehen, welche einen Strom von $200 : (2 + 8) = 20$ A erzeugen. Die Klemmenspannung U ist um den inneren Spannungsverlust $R_i \cdot I = 2 \cdot 20 = 40$ V geringer, also 160 V, was mit $R \cdot I = 8 \cdot 20 = 160$ V übereinstimmen muß. Der Leiter widersetzt sich nach Gl. 34 der Bewegung mit einer Kraft $P = 10000 \cdot 20 \cdot 10 : 9{,}81 \cdot 10^6 = 0{,}204$ kg. Die Gesamtgegenkraft der 200 Leiter ist daher 40,8 kg. Die mechanisch aufgewendete Leistung ist Kraft mal Geschwindigkeit $N = 40{,}8 \cdot 10 = 408$ mkg/s. Da 102 mkg/s nach S. 8 einer elektrischen Leistung von 1000 W entsprechen, ist die aufgewendete Leistung 4000 W. Erhalten haben wir durch Induktion $N = 20$ A mal 200 V = 4000 W, von denen nach außen aber nur 20 A mal 160 V = 3200 W abgegeben wurden. Der Wirkungsgrad ist demnach $\eta = 3200 : 4000 = 0{,}8$. Man berechne nun noch den Kurzschlußstrom und die Kurzschlußleistung.

Die bewegte Spule im Magnetfeld. Bei der fortschreitenden Bewegung der Spule in Abb. 50 werden nur in den Leitern *a—b* und *c—d* EMKe erzeugt, weil *a—c* und *b—d* keine Feldlinien schneiden. Da die erzeugten Spannungen sich aber entgegenwirken, ist keine freie Spannung vorhanden, und es fließt auch kein Strom. Eine Verkürzung von *c—d* gegenüber *a—b* würde auch nichts ändern, weil dann *a—c* und *b—d* zum Kraftlinienschneiden kämen. Wohl aber entsteht eine freie EMK, wenn wir die Spule nach Abb. 51 um eine Achse rotieren lassen. Dieselbe ist bei *a* Null, erreicht bei *b* ein Maximum, wird bei *c* wieder Null, um bei *d* dann ein negatives Maximum zu erreichen. In der gezeichneten Stellung wäre als Leitergeschwindigkeit nicht die Umfangsgeschwindigkeit v, sondern die Komponente senkrecht zu den Feldlinien, welche $v \cdot \sin\alpha$ ist, einzusetzen, also ist $E = \mathfrak{B} \cdot v \cdot l \cdot \sin\alpha$.

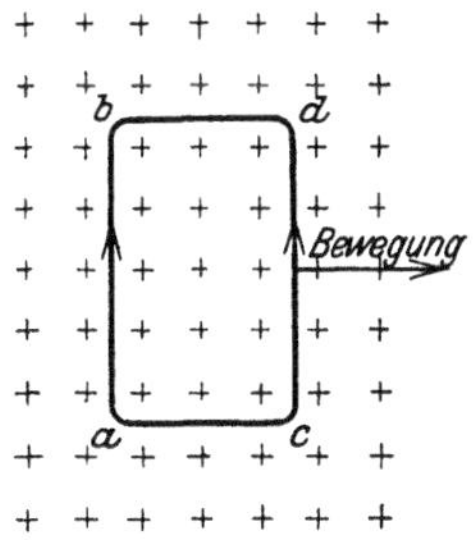

Abb. 50. Die bewegte Leiterschleife im Feld.

Bei der Bewegung einer Spule nach Abb. 50 bleibt die Zahl der umschlossenen Feldlinien unverändert, eine freie EMK ist nicht vorhanden. Nehmen wir aber bei *c—d* ein stärkeres Feld an, so schneidet dieser Leiter mehr Feldlinien und seine EMK überwiegt über diejenige des Leiters *a—b*. Die Zahl der umschlossenen Feldlinien wächst jetzt, weil rechts mehr Linien hereinkommen, als links verschwinden. Die freie Spannung, also der Überschuß des rechten Leiters gegenüber dem linken ist bestimmt durch die Feldlinienzahl, die er sekundlich mehr als der linke Leiter schneidet. Dies ist aber die sekundliche Feldlinienzunahme der Spule. Da bei einer Bewegung nach links eine Kraftlinienabnahme in der Spule und damit eine freie Spannung in entgegengesetzter Richtung auftreten würde, kann man allgemein sagen: In einer Leiterschleife wird durch jede Kraftflußänderung eine EMK erzeugt, welche gleich der sekundlichen Kraftflußänderung dividiert durch 10^8 ist. Bei einer Flußänderung $d\Phi$ in der Zeit dt ist also bei w Windungen die EMK:

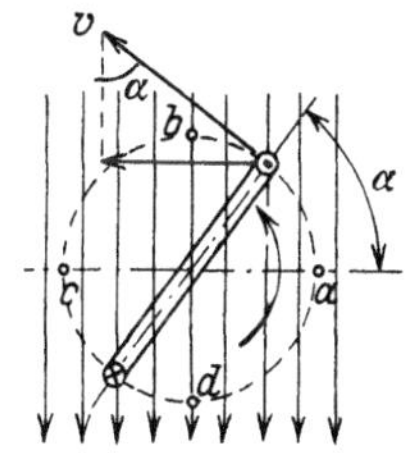

Abb. 51. Drehende Spule im Magnetfeld.

$$E = -\frac{d\Phi \cdot w}{dt \cdot 10^8}. \tag{37}$$

Wie die Kraftflußänderung in einer Spule zustande kommt, ist ganz gleichgültig. In Abb. 52 wird z. B. ein Magnetstab hineingesteckt oder herausgezogen. Nur während der Bewegung entsteht eine EMK. In Abb. 53 erfolgt eine Kraftflußänderung durch Ein- oder Ausschalten der unteren Spule. Durch Anbringung eines Wagnerschen Hammers kann man das Ein- und Ausschalten auch sehr schnell selbsttätig erfolgen lassen, wobei in der oberen Spule eine ständig wechselnde Spannung auftritt. Die Richtung der Induktionsspannung muß in Abb. 52, dem Energiegesetz entsprechend, so sein, daß eine die Bewegung hemmende Gegenkraft auftritt. Beim Nähern des Magneten erzeugt also die Spule einen gleichnamigen Pol, beim Entfernen des Magneten einen ungleichnamigen. Allgemein sagt das Lenzsche Gesetz für Spulen: Der induzierte Strom hat das Bestreben, die Kraftflußänderung zu verhindern. Der durch Gl. 37 dargestellte Ausdruck wird magnetischer Schwund genannt.

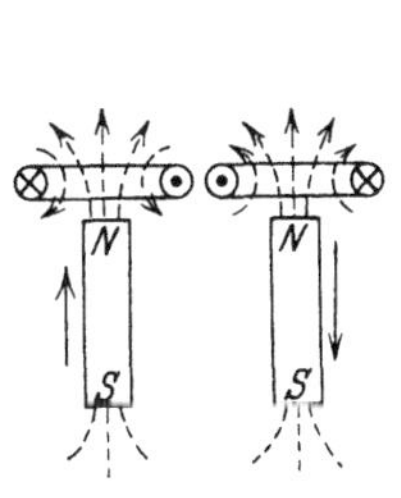

Abb. 52. Hineinstecken und Herausziehen eines Magnetstabes.

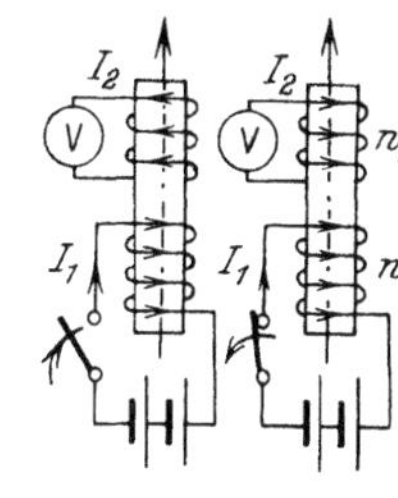

Abb. 53. Induktion durch Ein- und Ausschalten einer Magnetspule.

27. Beispiel. In eine Spule mit 200 Windungen werde wechselnd ein Kraftfluß hinein- und herausgebracht, und zwar nach der in Abb. 54 oben dargestellten Linie. Die Kraftflüsse betragen $\Phi_b = 200000$ M, $\Phi_c = 300000$ M. Die Zeiten *a—b*, *b—c* . . . betragen je 2/1000 Sekunden. Welche Spannung wird in der Spule erzeugt?

Im Augenblick *a* ist in der Spule kein Kraftfluß, im Augenblick *b* jedoch 200000 M. Da sich diese Kraftflußänderung $d\,\Phi = 200000$ in der Zeit $dt = 0{,}002$ s gleichförmig vollzogen hat, muß während der ganzen Zeit nach Gl. 37 eine konstante Spannung von $E_{a-b} = -200000 \cdot 200 : 0{,}002 \cdot 10^8 = -200$ V erzeugt worden sein. In der Zeit b—c steigt der Fluß von 200000 M auf 300000 M gleichförmig weiter, er ändert sich demnach um 100000 M, was nach der gleichen Beziehung 100 V ergibt. In der Zeir c—d sinkt der Fluß um 100000 M. Die Spannung ist daher $+\,100$ V, also umgekehrt gerichtet. Unterhalb der Feldlinie ist in Abb. 54 die erzeugte Spannungslinie aufgetragen, und zwar bei ansteigendem Fluß im negativen Sinne. Würde nämlich der Fluß nach Abb. 53 durch einen Strom I_1 erzeugt worden sein, so würde beim Ansteigen desselben die Induktionsspannung entgegengesetzt gerichtet sein. Daher hat Gl. 37 auch das Minuszeichen.

Man beachte im vorigen Beispiel wohl, daß das Maximum der Spannung nicht in dem Augenblick erzeugt wird, wenn der Kraftfluß am größten ist, sondern wenn die Kraftflußänderung am größten ist.

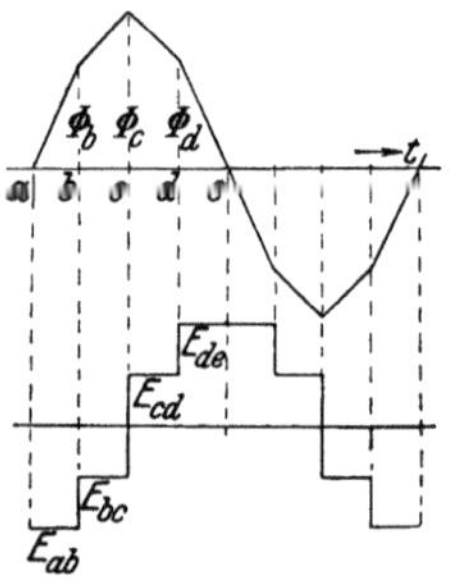

Abb. 54. Induktion durch einen Wechselkraftfluß.

Bei einer unregelmäßigen Kraftflußänderung nach Abb. 55 erhält man die in einem Zeitpunkt P erzeugte Spannung E dadurch, daß man in diesem Punkte eine Tangente an die Flußlinie legt und nun so rechnet, als ob der Kraftfluß gleichförmig nach dieser Linie anstiege. Man erhält dann die unterhalb dargestellte Spannungslinie, wenn man die Rechnung für eine Anzahl Punkte durchführt.

Nach Gl. 37 kann man auch schreiben $E \cdot dt = -\,d\,\Phi \cdot w : 10^8$. Integriert (summiert) man auf beiden Seiten, so folgt $\int E \cdot dt = -\int d\,\Phi \cdot w : 10^8$. Die linke Seite stellt aber nichts weiter als die in Abb. 55 schraffierte Spannungsfläche dar, während die rechte Seite summiert $(\Phi_1 - \Phi_2) \cdot w : 10^8$ ergibt. Man erhält nun die mittlere Spannung E_{mittel}, wenn man die Fläche durch die Zeit t dividiert. Es ist also

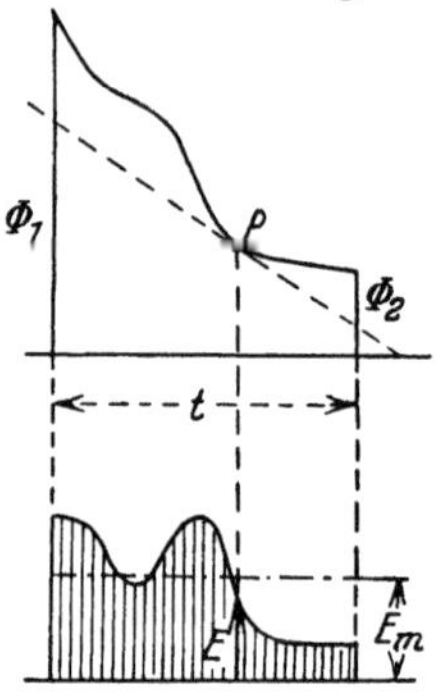

Abb. 55.

$$E_{\text{mittel}} = \frac{(\Phi_1 - \Phi_2) \cdot w}{t \cdot 10^8}. \tag{38}$$

Man beachte, daß der Mittelwert der erzeugten Spannung nur von dem Anfangs- und Endwert des Kraftflusses abhängt, nicht davon, wie sich der Kraftfluß zwischendurch verhält.

28. Beispiel. Ein Generator Abb. 56 habe dreiteilige Spulen mit je 50 Windungen, die in Reihe geschaltet sind. Ein Magnetpol von 160 mm Breite und 200 mm Länge werde mit der Geschwindigkeit $v = 10$ m/s vorbeibewegt. Welche EMK wird erzeugt, wenn die Feldstärke gleichförmig 10000 G ist?

Die Berechnung der Spannungsgrößen bietet nichts Neues. Der Verlauf ergibt sich wie folgt: Die Spannungserzeugung beginnt, wenn die rechte Polkante nach a kommt. Während der Zeit a—b schneiden die 50 Leiter der ersten Spule das Feld, dann kommt die zweite Spule dazu, so daß dann 100 Leiter im Feld sind. Sobald die rechte Polkante c erreicht, beteiligen sich 150 Leiter an der Erzeugung. Dieser Zustand bleibt auf eine Wegstrecke von 80 mm. Dann verläßt die linke Polkante die Leitergruppe a, wodurch die beteiligte Leiterzahl auf 100 zurückgeht usf.

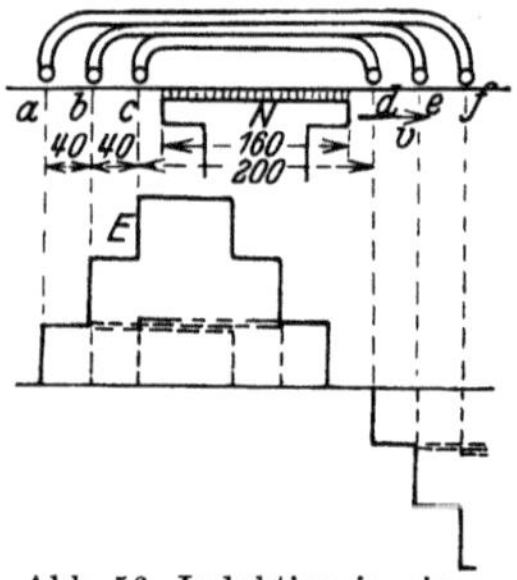

Abb. 56. Induktion in einer dreiteiligen Spule.

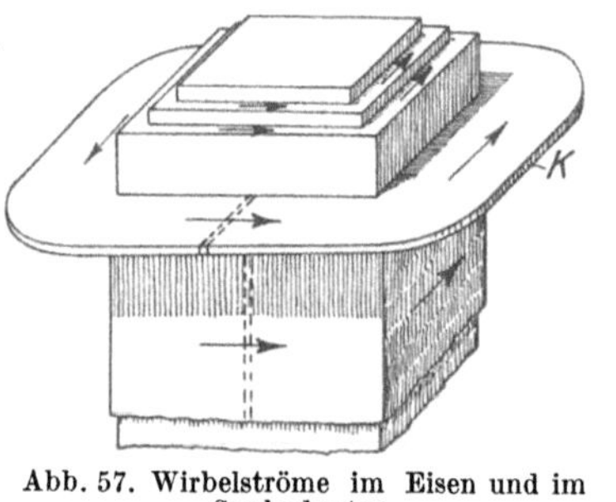

Abb. 57. Wirbelströme im Eisen und im Spulenkasten.

Anwendungen der elektrischen Induktion. Alle Maschinenstromerzeuger beruhen auf der elektrischen Induktion. Alle müssen daher ein Magnetgestell haben, welches das Magnetfeld erzeugt und Leiter (gewöhnlich auf einem runden Anker angeordnet), welche durch eine Antriebsmaschine (Dampfmaschine oder dergleichen) durch das Feld bewegt werden. Solange einer solchen Maschine kein Strom entnommen wird, dreht sie sich leicht. Bei Stromentnahme aber widersetzen sich alle Ströme der Drehung, so daß eine Kraft aufgewendet werden muß, welche der elektrischen Leistung entspricht.

Eine unangenehme Induktionserscheinung tritt häufig bei Magneten auf. Abb. 57 zeigt einen Magnetpol mit einem metallischen Spulenkasten K. Schaltet man den Strom der nicht gezeichneten Spule aus, so wollen die Kraftlinien verschwinden. Dabei tritt in der geschlossenen Windung, die der Spulenkasten bildet, eine EMK und ein kräftiger Strom auf, welcher den Kraftfluß noch ein Weilchen aufrecht erhält. Ein Lastmagnet z. B. läßt dadurch die Last verzögert los. Eine Schlitzung des Kastens (gestrichelt angedeutet) verhindert den Stromfluß zum großen Teil. Wir können uns aber den massiven Eisenkern einmal aus ineinander geschobenen viereckigen Röhren denken, wie es in Abb. 57 wirklich gezeichnet ist. Auch diese Eisenröhren bilden geschlossene Windungen, in denen beim Aus- und Einschalten ebenfalls Ströme (Wirbelströme) fließen, welche verzögernd wirken. Bei Wechselstrommagneten bedeuten solche Wirbelströme, weil sie fortwährend fließen, außerdem noch einen empfindlichen Verlust. Daher wird das Eisen solcher Magnete stets aus Blechen aufgebaut, die voneinander durch Papier getrennt sind.

H. Die Selbstinduktion.

Eine Glüh- oder Glimmlampe sei nach Abb. 58 einem größeren Magneten parallel geschaltet, und die Betriebsspannung U sei so gewählt, daß die Lampe kaum leuchtet. Die Lampe wird kurz sehr hell aufleuchten, wenn man mit dem Schalter den Stromkreis unterbricht. Eine gleichzeitige Berührung der Schalterklemmen kann einen unangenehmen elektrischen Schlag zur Folge haben. Diese hohe elektrische Spannung ist durch das Verschwinden des Kraftflusses aus der Spule entstanden. Man nennt sie Selbstinduktionsspannung, weil sie in der Magnetspule selbst auftritt. Ihre Richtung muß beim Ausschalten mit der Richtung der Spannung U übereinstimmen (Lenzsches Gesetz), während sie beim Einschalten infolge des Anwachsens des Kraftflusses der Betriebsspannung U entgegenwirken muß. Beim Einschalten wirkt daher nur die Spannung $U - E_s$ und der Strom steigt daher nicht sofort, sondern langsam auf seinen Wert $U : R$ an (siehe Abb. 59). Die Größe der Selbstinduktionsspannung berechnet sich natürlich nach der allgemeinen Induktionsgleichung 37, sie hängt also von der Kraftflußänderung $d\Phi : dt$ ab. Ein schnelles Verschwinden des Kraftflusses (schnelles Ausschalten) würde demnach eine hohe Selbstinduktionsspannung zur Folge haben, die bei großen Magneten zu einer ernsten Gefahr für die Wicklung werden kann. Bei eisenlosen Spulen ändert sich bekanntlich der Kraftfluß proportional mit der Stromstärke, weil eine Sättigung nicht auftritt. Wir können daher sagen, daß bei einer eisenlosen Spule die Selbstinduktionsspannung auch der Stromänderung $dI : dt$ proportional sein muß. Dies läßt sich schreiben:

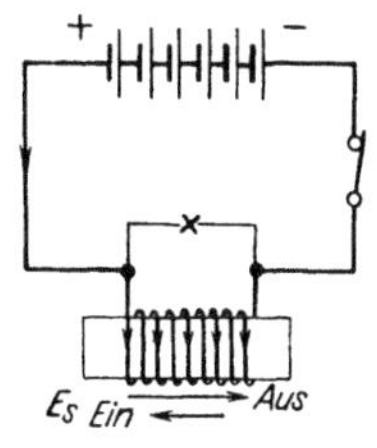

Abb. 58. Selbstinduktionsspannung beim Ein- und Ausschalten.

$$E_s = -L \cdot \frac{dI}{dt}. \qquad (39)$$

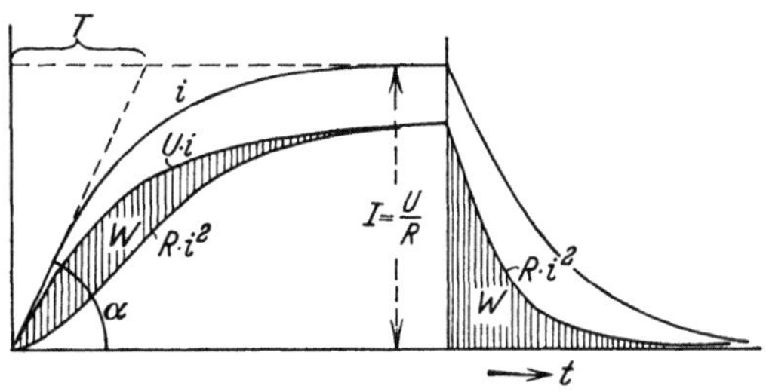

Abb. 59. Strom und Leistung beim Ein- und Ausschalten einer Spule.

Hierin ist L eine von der Spule allein abhängende Größe, welche die Induktivität der Spule genannt wird. Die Einheit desselben ist 1 Henry (1 H). Eine Spule hat 1 H, wenn bei ihr durch eine sekundliche Stromänderung von 1 A gerade eine Selbstinduktionsspannung von 1 V entsteht.

Für kleine Spulen wird auch häufig die physikalische Einheit das cm benutzt. 1 Henry ist gleich 10^9 cm.

Legen wir eine Spule mit der Induktivität L und dem Ohmschen Widerstand R an eine konstante Spannung U, so wirkt E_s der Betriebsspannung U entgegen. Es ist also $U - E_s = R \cdot i$ oder

$$U = R \cdot i + L \cdot \frac{di}{dt}. \qquad (40)$$

Die Auflösung dieser Differentialgleichung ergibt:

$$i = \frac{U}{R} \cdot \left(1 - e^{-\frac{R}{L} \cdot t}\right). \qquad (41)$$

Hierin ist e die Basis der natürlichen Logarithmen. Der Strom i steigt also um so langsamer an, je größer die Induktivität und je kleiner der Widerstand ist. Im ersten Einschaltaugenblick ist der Strom i noch Null. Gl. 40 heißt dann also $U = L \cdot di/dt$, woraus $di/dt = I \cdot R : L$ folgt. Dies ist aber in Abb. 59 $\tan\alpha$. Die sog. Zeitkonstante T ist daher $T = L : R$.

Schließt man beim Ausschalten die Spule sofort in sich kurz, so ist in Gl. 40 $U = 0$ und daher $R \cdot i = L \cdot di/dt$. Dies gibt nach i aufgelöst:

$$i = \frac{U}{R} \cdot e^{-\frac{R}{L} \cdot t}. \tag{42}$$

Abb. 59 zeigt, wie der Strom allmählich auf Null abfällt.

Die Größe der Induktivität. Sie läßt sich für eine Ringspule nach Abb. 36 mit w Windungen leicht berechnen. Mittels Gl. 37 und 39 läßt sich die Selbstinduktionsspannung ausdrücken. Es ist also $L \cdot di/dt = d\Phi/dt \cdot w/10^8$. Hieraus folgt:

$$L = \frac{w}{10^8} \cdot \frac{d\Phi}{di}. \tag{43}$$

Aus Gl. 27 ergibt sich der Kraftfluß

$$\Phi = \mathfrak{H} \cdot F = \frac{4\pi}{10} \cdot i \cdot w \cdot \frac{F}{l} \quad \text{und} \quad d\Phi/di = \frac{4\pi}{10} \cdot \frac{w \cdot F}{l}.$$

Dies in Gl. 43 eingesetzt ergibt

$$L = \frac{4 \cdot \pi}{10} \cdot \frac{w^2 \cdot F}{l \cdot 10^8}. \tag{44}$$

Die Induktivität wächst mit dem Quadrate der Windungszahl. Für andere Spulen läßt sie sich nur angenähert mit Hilfe der Gl. 26 ermitteln.

Eine Spule mit Eisen hat keine konstante Induktivität. Bei der durch die Magnetisierunglinie (Abb. 60) gegebenen Abhängigkeit zwischen Φ und I läßt sich nach Gl. 43 aber dennoch der Koeffizient berechnen. Denn $d\Phi/di$ ist nichts weiter als die Steigung der Magnetisierungslinie, die im ersten Teil groß, oberhalb des Knies aber sehr klein ist. Daher muß auch die Induktivität zuerst groß und nachher klein sein.

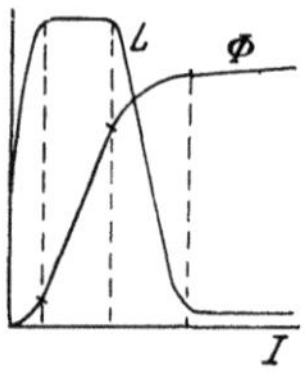

Abb. 60. Induktivität einer eisenerfüllten Spule.

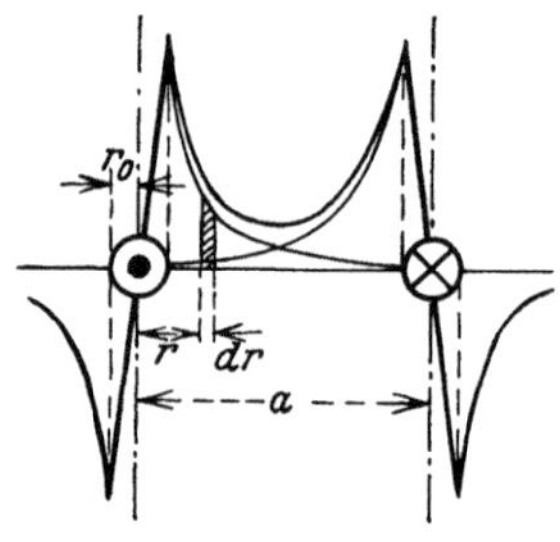

Abb. 61. Magnetische Feldstärke einer Doppelleitung.

Eine Doppelleitung von der Länge l im Abstand a nach Abb. 61 erzeugt zwischen sich einen magnetischen Kraftfluß, der sich in der Leiterebene einfach durch Übereinanderlagerung der Flüsse der Einzelleiter nach Abb. 31 ergibt. Der Einzelleiter erzeugt mit dem Strom I im Abstand r eine Feldstärke $\mathfrak{H} = 2 \cdot I : 10 \cdot r$. Der durch einen schmalen Flächenstreifen $l \cdot dr$ hindurchgehende Kraftfluß ist demnach $d\Phi = 2 \cdot I \cdot l \cdot dr : 10 \cdot r$. Integriert man dies auf die Entfernung von r_0 bis a, so erhält man $\Phi = 2 \cdot I \cdot l \cdot (\ln a - \ln r_0)/10$. Beide Leiter zusammen erzeugen den doppelten Fluß, und wenn man dazu noch den Fluß hinzu addiert, welcher innerhalb der Leiter liegt und in Abb. 61 durch die kleinen Dreiecke dargestellt ist $(2 \cdot I \cdot r_0 \cdot l/10 \cdot r_0)$, so erhält man als Gesamtfluß:

$$\Phi = \frac{4 \cdot Il}{10}\left(\ln \frac{a}{r_0} + 0{,}5\right).$$

Differenziert und in Gl. 43 mit $w = 1$ eingesetzt ergibt:

$$L = \frac{4 \cdot l}{10^9}\left(\ln \frac{a}{r_0} + 0{,}5\right). \tag{45}$$

Die Ableitung ist nur genau, wenn a groß gegen r ist.

29. Beispiel. Es soll die Induktivität einer Spule mit w Windungen berechnet werden, welche nach Abb. 62 mit beiden Seiten auf l cm Länge in eine Nut im Eisen eingebettet ist.

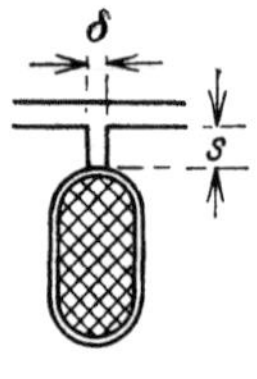

Abb. 62. Spule in einer Nute.

Es ist zunächst der Kraftfluß, der durch die Durchflutung $I \cdot w$ der Nut hervorgerufen wird, zu berechnen, wobei wir nur den Fluß im Spalt δ berücksichtigen und auch die Durchflutung für das Eisen als unbedeutend gegenüber dem Luftspalt vernachlässigen wollen. Die Fläche, durch die der Fluß geht, ist für beide Nuten der Spule $2 \cdot s \cdot l$, die Kraftliniendichte ist durch Gl. 28 bestimmt. Folglich ist der Kraftfluß $\Phi = 4\pi \cdot 2s \cdot l \cdot I \cdot w/10 \cdot \delta$ und damit nach Gl. 43

$$L = \frac{8\pi}{10^9} \cdot \frac{w^2 \cdot s \cdot l}{\delta}. \tag{46}$$

Wie vermindert man die Gefahr, die eine hohe Ausschaltselbstinduktionsspannung für die Wicklung ist?

1. Durch langsames Ausschalten. Dies kann im Notfalle mit dem Schalter durch Ziehen eines Lichtbogens erfolgen. Besser ist es aber, wenn man den Magnetstrom mittels eines regelbaren Vorwiderstandes langsam kleiner macht.

2. Durch Kurzschließen der Wicklung im Ausschaltaugenblick. Dies ist in Abb. 59 angenommen worden. Im ersten Augenblick entsteht dann nur eine Selbstinduktionsspannung, welche gleich der Betriebsspannung ist. Leider läßt sich dieses Kurzschließen praktisch schlecht

durchführen, weil dabei leicht die Stromquelle kurzgeschlossen werden kann. Man schließt daher den Stromkreis besser über einen äußeren Widerstand R_1. Im ersten Ausschaltaugenblick fließt noch der Strom $I = U : R$. Dieser muß durch die beiden in Reihe liegenden Widerstände $R + R_1$ hindurch, wobei er an den Klemmen des Widerstandes R_1, die zugleich die des Magneten sind, die Spannung $R_1 \cdot I$ verursacht. Wenn also ein Lastmagnet für 220 V, der 5 A verbraucht, beim Ausschalten auf einen Widerstand von 200 Ω geschlossen wird, entsteht an seinen Klemmen eine höchste Spannung von $5 \cdot 200 = 1000$ V.

Einfacher ist es, wenn man den Schutzwiderstand dauernd parallel liegen läßt (Abb. 58). Derselbe verbraucht dann allerdings auch dauernd Strom.

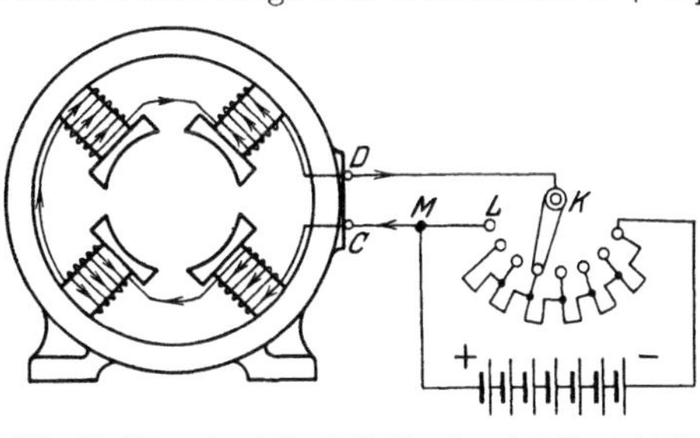

Abb. 63. Magnetgestell mit Feldregler. Auf Kontakt L ist die Wicklung kurzgeschlossen.

3. Durch Parallelschalten eines Kondensators. Diese Möglichkeit werden wir in dem Abschnitt L betrachten.

4. Durch Kombination mehrerer Methoden, z. B. Abb. 63.

I. Die Gegeninduktion.

Eine Magnetspule mit w_1 Windungen nach Abb. 53 erzeugt infolge einer Stromänderung in einer zweiten Spule mit w_2 Windungen eine EMK, welche bei dem eisenlosen Magneten der Stromstärke I_1 proportional sein muß. Wir können daher der Selbstinduktionsspannung entsprechend schreiben:

$$e_2 = - M \cdot \frac{d i_1}{d t}. \tag{47}$$

M ist die Gegeninduktivität, die in Henry ausgedrückt wird und von der Entfernung der beiden Spulen und ihren Abmessungen abhängt. Sie wird ein Maximum, wenn die Spulen so dicht angeordnet werden, daß alle Feldlinien beide Spulen durchdringen.

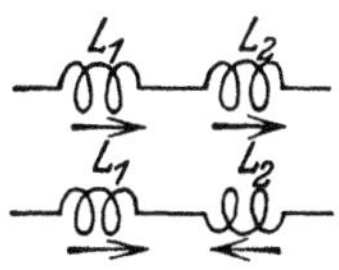

Abb. 64. Gegeninduktion in Reihe geschalteter Spulen.

Diese maximale Gegeninduktivität läßt sich berechnen. Wenn der gleiche Kraftfluß beide Spulen durchdringt, müssen sich die induzierten Spannungen e_2 und e_1 wie die Windungszahlen verhalten, also $e_2 : e_1 = w_2 : w_1$. Wir setzen nun $e_1 = L_1 \cdot di_1/dt$ und ferner nach Gl. 44 das Verhältnis der Windungszahlen $w_2 : w_1 = \sqrt{L_2 : L_1}$. Dann ergibt sich $e_2 = \sqrt{L_1 \cdot L_2} \cdot di_1/dt$. Es ist also

$$M_{\max} = \sqrt{L_1 \cdot L_2}. \tag{48}$$

Mit der Entfernung sinkt die Gegeninduktivität und hat dann nur noch den Wert M, welcher gleich $k \cdot M_{\max}$ gesetzt werden kann. k ist eine Zahl kleiner als 1, welche Kopplungsfaktor heißt. Es ist also

$$k = \frac{M}{\sqrt{L_1 \cdot L_2}}. \tag{49}$$

Wenn man zwei weit entfernte Spulen mit den Selbstinduktivitäten L_1 und L_2 in Reihe schaltet, addieren sich die Selbstinduktionsspannungen und die gesamte Selbstinduktivität ist einfach

$$L = L_1 + L_2. \tag{50}$$

Sobald jedoch solche Spulen aufeinander wirken können (Abb. 64), kommt es auf ihren Wicklungssinn an. Bei gleichem Sinn wirkt die erste Spule auf die zweite und die zweite auf die erste zurück, wobei diese Spannungen sich mit den Selbstinduktionsspannungen in den Spulen addieren. Die Gesamtinduktivität ist daher:

$$L = L_1 + L_2 + 2 \cdot M. \tag{51}$$

Bei entgegen wirkenden Spulen ist hingegen:

$$L = L_1 + L_2 - 2 \cdot M. \tag{52}$$

30. Beispiel. Ein Variometer bestehe aus einer schmalen Spule mit $L_1 = 0{,}02$ H, in welcher eine zweite, etwas kleinere Spule mit $L_2 = 0{,}015$ H derart drehbar ist, daß beide Spulen sowohl gleichsinnig als auch gegensinnig gestellt werden können. Beide sind in Reihe geschaltet und haben den Kopplungsfaktor 0,6. Welcher Induktivitätsbereich läßt sich einstellen?

Die maximale Induktivität ergibt sich aus Gl. 51 zu $0{,}02 + 0{,}015 + 2 \cdot 0{,}6 \cdot \sqrt{0{,}02 \cdot 0{,}015} = 0{,}0556$ H, die minimale aus Gl. 52 zu $0{,}02 + 0{,}015 - 2 \cdot 0{,}6 \cdot \sqrt{0{,}02 \cdot 0{,}015} = 0{,}0144$ H.

Ein Variometer zeigt bei gleichsinniger Stellung der beiden Spulen in Reihenschaltung 0,06 H Gesamtinduktivität, bei gegensinniger Stellung 0,02 H. Wie groß ist die Gegeninduktivität der Spulen?

K. Die magnetische Energie.

Beim Einschalten einer Spule ist $U = R \cdot i + L \cdot di/dt$. Multipliziert man beiderseits mit dem jeweiligen Strom i, dann entsteht eine Leistungsgleichung

$$U \cdot i = R \cdot i^2 + i \cdot L \cdot \frac{di}{dt}.$$

Die zugeführte Leistung $U \cdot i$ teilt sich in zwei Posten auf, von denen der erste die Stromwärmeleistung ist, während der zweite zum Aufbau des magnetischen Feldes dient. In Abb. 59 ist außer den Stromwerten i der Wert $U \cdot i$ und der Wert $R \cdot i^2$ aufgetragen. Die vertikalen Abstände zwischen diesen beiden Linien geben demnach die magnetische Leistung an, während die schraffierte Fläche die Arbeit darstellt, welche zum Feldaufbau benötigt wird. Beim Ausschalten erscheint die gleiche Arbeit wieder, und sie ist es, welche in der kurzgeschlossenen Spule den Strom noch ein Weilchen aufrecht erhält. Sie liefert auch die Energie für den Ausschaltlichtbogen. Man findet die im Feld aufgespeicherte Energie, wenn man die dargestellte Fläche ausmittelt. Sie ist für ein Zeitteilchen dt gleich $dW = dt \cdot i \cdot L \cdot di/dt = i \cdot L \cdot di$. Dies gibt über die ganze Fläche integriert

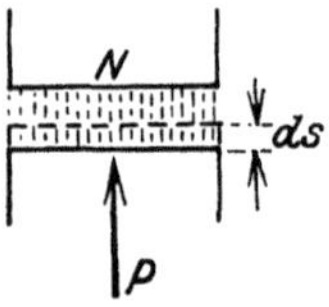

Abb. 65.

$$W = \frac{L \cdot i^2}{2}. \tag{53}$$

Die Energiedichte des magnetischen Feldes. Setzt man unter Annahme einer Ringspule (Abb. 36) in die vorstehende Beziehung den Wert L nach Gl. 44 und für i den Wert aus Gl. 27 ein, so erhält man $W = \mathfrak{H}^2 \cdot l \cdot F : 8\pi \cdot 10^7$. Dividiert man diese Gesamtenergie durch das Volumen der Spule $l \cdot F$, so ergibt sich die Energiedichte W, also die in 1 cm³ vorhandene Energie

$$W_0 = \frac{\mathfrak{H}^2}{8 \cdot \pi \cdot 10^7} \text{ (Wattsekunden).} \tag{54}$$

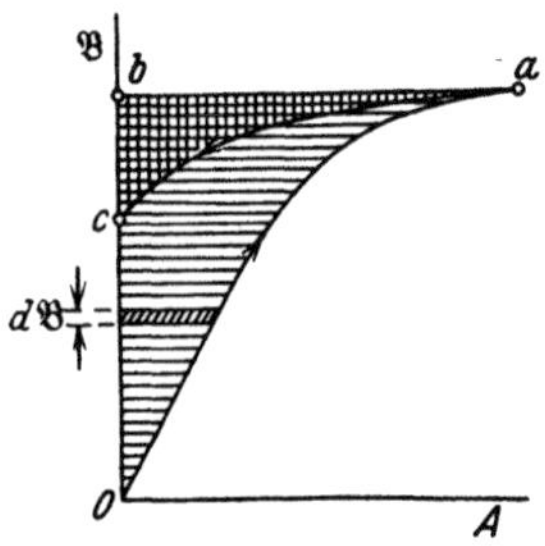

Abb. 66.

31. Beispiel. Zwischen einem Magnetpol (Abb. 65) und einem Eisenstück sei eine Feldstärke $\mathfrak{H}$. Die Polfläche sei F cm² groß. Mit welcher Kraft P wird das Eisen angezogen?

Wenn sich das Eisen um ein unendlich kleines Wegstückchen ds bewegt, verschwindet eine magnetische Feldenergie von $W_0 \cdot F \cdot ds$, die gleich der gewonnenen mechanischen Arbeit $P \cdot ds$ sein muß. Nun wird die letztere gewöhnlich in cmkg gemessen. Damit nun die magnetische Energie in den gleichen Einheiten eingesetzt wird, müssen wir noch durch 9,81 dividieren und mit 100 multiplizieren (100 cmkg = 1 mkg = 9,81 Ws). Es ergibt sich dann:

$$P = \frac{\mathfrak{H}^2 \cdot F}{8\pi \cdot 9{,}81 \cdot 10^5} \text{ (s. Gl. 1).}$$

Die magnetische Energie im Eisen berechnet sich nicht so leicht, weil sie durch die Magnetisierungslinie bestimmt ist. Die magnetische Leistung war Selbstinduktionsspannung mal Strom, also $d\Phi \cdot w \cdot i : dt \cdot 10^8$. Multipliziert man mit dt, so hat man die in dieser Zeit im Eisen aufgespeicherte magnetische Energie dw

$$dw = i \cdot w \cdot d\Phi : 10^8.$$

Denken wir uns nun der Einfachheit halber gleich einen Eisenstab von 1 cm² Querschnitt und 1 cm Länge (also 1 cm³), so können wir $d\mathfrak{B}$ statt $d\Phi$ setzen und $i \cdot w$ wäre der Strombelag A in Aw/cm. Die Beziehung lautet dann:

$$dw = \frac{A \cdot d\mathfrak{B}}{10^8}. \tag{55}$$

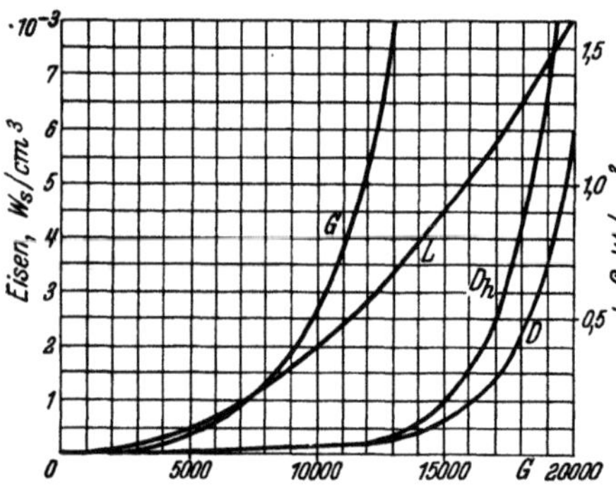

Abb. 67. Magnetische Energie: G = Gußeisen, D = normales Dynamoblech, Dh = hochlegiertes Dynamoblech, L = Luft.

Dieser Ausdruck stellt in Abb. 66 den Inhalt eines horizontal gezeichneten Flächenstreifens dar. Wenn man nun 1 cm³ Eisen von O bis a magnetisiert, so ist demnach eine Energie aufzuwenden, welche durch die horizontal schraffierte Fläche O—a—b dargestellt ist. Beim Ausschalten des magnetisierenden Stromes geht bekanntlich der Magnetismus nach der Linie a—c zurück. Dabei wird die Energie, welche durch die vertikal schraffierte Fläche dargestellt ist, wieder zurückgegeben, so daß wirklich verbraucht nur O—a—c ist. Bei einer völligen Ummagnetisierung würde sich so die gesamte verbrauchte Energie durch die Fläche der Hysteresisschleife darstellen.

Wenn man die Energie je cm³ durch Ausmessen der Fläche bestimmen will, muß man bedenken, daß A und $\mathfrak{B}$ in einem bestimmten Maßstab aufgezeichnet sind. Sei z. B. 1 cm = x Aw/cm und 1 cm = y G, so muß man die Fläche, die in cm² ausgemessen ist, noch mit $x \cdot y$ multiplizieren und durch 10^8 dividieren. Die Ergebnisse sind in Abb. 67 für die früher betrachteten Eisensorten, sowie auch für Luft dargestellt. Man beachte, daß bei gleicher magnetischer Induktion in Luft eine sehr viel größere magnetische Energie aufgespeichert ist.

L. Der Kondensator und das elektrische Feld.

In einem Versuch nach Abb. 68 seien zwei Metallplatten von großer Flächenausdehnung sehr dicht, aber gut isoliert voneinander aufgestellt (Kondensator). Ein empfindliches Galvanometer zeigt bei Anlegung einer Spannung U einen kurzen Ausschlag. Ein Dauerstrom kann natürlich nicht fließen. Durch Umlegen des Umschalters nach oben werden die Platten von der Stromquelle abgetrennt und miteinander verbunden. Das Galvanometer zeigt dann einen gleichen, aber entgegengesetzten Stromstoß an. Die Erscheinung eines Stromflusses ohne daß ein geschlossener Stromkreis vorhanden ist, können wir uns wie folgt erklären: In einem geschlossenen Stromkreis treibt die EMK der Stromquelle einen Elektronenstrom, in dem offenen Kreis nach Abb. 68 will sie dies auch tun, und am —Pol wird daher eine größere Zahl negativer Elektronen fortgedrückt, die sich auf der rechten Platte ansammeln. Ebenso werden auf der anderen Platte Elektronen „abgesaugt", wodurch ein Mangel an Elektrizität entsteht, den wir als positive Ladung bezeichnen. Es handelt sich hier also nicht um ein dauerndes Strömen der Elektronen, sondern nur um eine Verschiebung derselben. Die entgegengesetzten Ladungen der beiden Platten wirken aufeinander und erzeugen in dem Zwischenraum ein elektrisches Feld, welches dem magnetischen wohl ähnlich ist, aber von Magneten nicht beeinflußt wird.

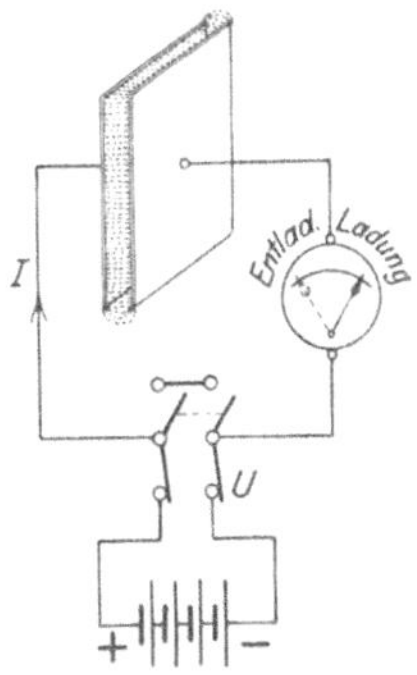

Abb. 68. Ladung und Entladung eines Kondensators.

Aus dem Versuch ergibt sich, daß die Elektrizitätsmenge Q (Ladung), welche auf jede der Platten fließt der angelegten Spannung U proportional ist. Man kann daher schreiben:

$$Q = C \cdot U. \tag{56}$$

Hierin ist die Konstante C um so größer, je größer die Plattenfläche und je geringer der Plattenabstand ist. Sie hängt außerdem von der Art der Isolierschicht (Dielektrikum) ab und wird die Kapazität genannt. Die Einheit der Kapazität ist das Farad (1 F), welches dann vorhanden ist, wenn ein Kondensator bei Anlegung von 1 V eine Ladung von 1 As aufnimmt. Passender ist der millionste Teit 1 Mikrofarad ($1\,\mu$ F) oder für ganz kleine Kapazitäten das cm ($1\text{ F} = 9 \cdot 10^{11}$ cm).

Baulich bestehen Kondensatoren meist aus Glimmerplatten oder paraffinierten Papierstreifen, welche beiderseits mit Stanniol belegt und zu Paketen aufeinandergeschichtet sind. Glimmerkondensatoren sind teuer, Papierkondensatoren zeigen einen Rückstand, d. h. sie entladen sich nur bis auf einen Rest. Bei wechselnder Spannung wird dieser Rest vernichtet und führt zu einer Erwärmung des Kondensators. Kleine Kapazitäten können als Luftkondensatoren hergestellt werden (Drehkondensatoren der Rundfunkgeräte).

Die Gesetze des elektrischen Feldes stimmen weitgehend mit denen des magnetischen Feldes überein. Ein einzelnes Elektrizitätsteilchen zeigt ein Feld, wie es Abb. 2 zeigt. Die Richtung der Feldlinien ist bei positiver Ladung von dem Teilchen fort, bei negativer Ladung auf das Teilchen zu anzunehmen. Zwei punktförmige Teilchen, mit den Ladungen σ_1 und σ_2 ziehen sich an (+—) oder stoßen sich ab (++ oder ——) mit einer Kraft $P = \sigma_1 \cdot \sigma_2 : r^2$ (Coulombsches Gesetz), worin r der Abstand bedeutet. Die Einheit der Elektrizitätsmenge ist hiernach dann vorhanden, wenn zwei gleiche Ladungen im Abstand 1 cm mit der Kraft ein Dyn aufeinander wirken. Diese elektrostatische Einheit ist jedoch viel kleiner als die bisher betrachtete. 1 As ist gleich $3 \cdot 10^9$ statische Einheiten. Der magnetischen Feldstärke entsprechend hätte man die elektrische Feldstärke als die Kraft in Dyn zu betrachten, welche auf eine Elektrizitätsladung $\sigma = 1$ an der betreffenden Stelle ausgeübt wird. Im Punkt A (Abb 2) herrscht also eine elektrische Feldstärke $\mathfrak{E} = \sigma : r^2$, die man sich auch durch eine entsprechende Feldlinienzahl je cm^2 vorstellen kann. Die Gesamtzahl der Feldlinien der Ladung σ erhält man durch Multiplikation mit der Kugelfläche, sie ist also $4 \cdot \pi \cdot \sigma$. Wenn die Feldstärke $\mathfrak{E}$ die Kraft angibt, welche auf eine Ladung 1 ausgeübt wird, so muß auf eine Ladung Q an dieser Stelle eine Kraft $Q \cdot \mathfrak{E}$ ausgeübt werden. Die Ladung bewegt sich durch diese Kraft, genau wie es in einem Leiter die Elektronen unter der Einwirkung der Spannung tun.

Aus diesem Grunde mißt man die Feldstärke praktisch durch die Spannung je cm. Bei einer Spannung U und einem Plattenabstand a herrscht also zwischen den Platten der Abb. 68 eine Feldstärke von $\mathfrak{E} = U : a$ Volt je cm. Diese Feldstärkeneinheit ist klein gegenüber der statischen Einheit, und zwar ist eine statische Einheit gleich 300 V je cm. Die Kraft P in Dyn, welche auf eine Ladung von Q As im Felde von $\mathfrak{E}$ V/cm ausgeübt wird, ist daher: $P = Q \cdot \mathfrak{E} \cdot 3 \cdot 10^9 : 300$, also

$$P = Q \cdot \mathfrak{E} \cdot 10^7. \tag{57}$$

Ein Elektron hat die Ladung $1{,}591 \cdot 10^{-19}$ As. Auf dasselbe wirkt also eine Kraft $P = 1{,}591 \cdot 10^{-12} \cdot \mathfrak{E}$ Dyn. In einem gleichförmigen Feld des leeren Raumes wird es sich unter dem Einfluß dieser konstant wirkenden Kraft beschleunigt bewegen und nach Zurücklegung des Weges s eine Geschwindigkeit v erlangen. Die aufgewendete Arbeit $P \cdot s$ muß dann gleich der erlangten Bewegungsenergie $m \cdot v^2 : 2$ sein. Da seine scheinbare Masse $m = 9 \cdot 10^{-28}$ g ist, berechnet sich nach den Bewegungsgesetzen die Geschwindigkeit zu

$$v = 0{,}6 \cdot 10^3 \cdot \sqrt{U} \text{ km/s}, \tag{58}$$

woraus hervorgeht, daß die Geschwindigkeit des Elektrons nur von der Spannung, nicht von dem durchlaufenen Wege abhängt. Man spricht daher auch von seiner Voltgeschwindigkeit. (100 V erzeugen z. B. eine Geschwindigkeit von 6000 km/s.) Die erlangte Energie beträgt

$$W = 1{,}591 \cdot 10^{-19} \cdot U \quad \text{Ws}. \tag{59}$$

Sie hat den gleichen Betrag, wenn das Elektron noch eine weitere Masse mitzuführen hat. Die Geschwindigkeit ist dann nur entsprechend kleiner.

Denken wir uns eine gerade, sehr lange Linie (Draht) gleichförmig mit einer elektrischen Ladung σ je cm belegt, so müssen alle Feldlinien auf der Linie senkrecht stehen und radial in den Raum verlaufen. Da von jedem cm $4\pi\sigma$ Feldlinien ausgehen müssen, treten durch eine gleichachsige Zylinderfläche vom Radius r je cm² $4\pi\sigma : 2r\pi$, also $2\sigma : r$ Feldlinien hindurch. Dies ist die statische Feldstärke. Um auf die praktischen Einheiten zu kommen, müssen wir noch mit $3 \cdot 10^9$ (Ladung) und mit 300 (Feldstärkemaß) multiplizieren. Es ist also in V/cm

$$\mathfrak{E} = 2 \cdot \sigma \cdot 9 \cdot 10^{11} : r. \tag{60}$$

Die gleiche Beziehung würde auch für einen Zylinder gelten, wenn die Ladung auf seiner Oberfläche gleichförmig verteilt ist. Dies kann man aber bei Leitern nicht ohne weiteres voraussetzen, wenn andere Ladungen in der Nähe sind, weil sich dann durch die gegenseitige Beeinflussung eine ungleichförmige Ladungsverteilung einstellt.

Eine große ebene Platte, welche je cm² eine Ladung σ trägt, erzeugt auf beiden Seiten (Abb. 3) ein gleichförmiges Feld von der Stärke $2\pi \cdot \sigma \cdot 9 \cdot 10^{11}$. Zwei solcher Platten im Abstand a mit entgegengesetzten Ladungen gleicher Größe rufen zwischen den Platten die doppelte Feldstärke hervor, also:

$$\mathfrak{E} = 4\pi \cdot \sigma \cdot 9 \cdot 10^{11} \text{ V/cm}. \tag{61}$$

Bei einer Plattengröße von je F cm² und der Ladung Q ist $\sigma = Q : F$ und ferner $\mathfrak{E} = U : a$. Dies eingesetzt ergibt:

$$Q = \frac{F}{4\pi \cdot 9 \cdot 10^{11} \cdot a} \cdot U. \tag{62}$$

Hierin ist nach Gl. 56 der erste Ausdruck nichts anderes als die Kapazität C des Plattenkondensators in Farad. Also:

$$C = \frac{F}{4\pi \cdot 9 \cdot 10^{11} \cdot a} = \frac{0{,}886 \cdot 10^{-13} \cdot F}{a}. \tag{63}$$

Gl. 62 und 63 gelten unter der Annahme, daß sich zwischen den Platten leerer Raum befindet. Füllt man diesen Raum mit einem Dielektrikum aus, so ist sowohl die Ladung Q bei gleicher Spannung als auch die Kapazität ε mal so groß. Wir nennen ε die Dielektrizitätskonstante (sie ist bei Glas, Glimmer 5 bis 8, Hartpapier 3 bis 5,5, Paraffin 2 bis 2,3, Luft rund 1).

Durch das Hineinbringen eines Dielektrikums in das elektrische Feld hat sich also eine ähnliche Veränderung vollzogen, wie bei dem Eisen im magnetischen Feld. Es entspricht also ε der Permeabilität μ. Eine Sättigung des Dielektrikums kennt man nicht, wohl aber ist bei zu hoher Feldstärke ein Durchschlag zu erwarten. Unter der Verschiebung, die mit ϑ bezeichnet werde, versteht man die Ladung je cm². Sie ist also nach Gl. 62:

$$\vartheta = \frac{\varepsilon \cdot \mathfrak{E}}{4\pi \cdot 9 \cdot 10^{11}} = 0{,}886 \cdot 10^{-13} \cdot \varepsilon \cdot \mathfrak{E}, \tag{64}$$

wenn man ein beliebiges Dielektrikum (Dielektrizitätskonstante ε) voraussetzt.

Die elektrische Feldenergie. Wenn die Spannung eines Kondensators um du zunimmt, wächst seine Ladung um $dq = i \cdot dt$; nach Gl. 56 ist also $i \cdot dt = C \cdot du$. Multipliziert man beiderseits mit der Spannung u, deren Endwert mit U bezeichnet werde, so ist $u \cdot i \cdot dt = C \cdot u \cdot du$, und wir erkennen links die Arbeit, welche in den Kondensator geht. Die Summierung ergibt einen Energieinhalt des Kondensators von

$$\boldsymbol{W = \frac{C \cdot U^2}{2}}. \tag{65}$$

32. Beispiel. Ein großer Kondensator von 50 μF werde an eine konstante Spannung von 500 V gelegt. Welche Energie nimmt er auf? Sie ist nach Gl. 65 nur $W = 0{,}000\,050 \cdot 500^2 : 2 = 6{,}25$ Ws. Seine Ladung ist $Q = C \cdot U = 0{,}000\,050 \cdot 500 = 0{,}025$ As.

Die Energiedichte, also die Energie je cm³ des Feldes läßt sich berechnen, wenn man die mit ε multiplizierte Gl. 63 in Gl. 65 einsetzt und bedenkt, daß $F \cdot a$ das Volumen des Feldes ist. Man erhält dann die Energiedichte zu:

$$W_0 = 0{,}443 \cdot 10^{-13} \cdot \varepsilon \cdot \mathfrak{E}^2 \ldots \mathrm{Ws/cm^3} \tag{66}$$

Man vergleiche einmal die erreichbaren elektrischen Energiedichten mit den magnetischen (Gl. 54).

Die Kraft, mit der sich zwei Platten (Abb. 68) anziehen, läßt sich aus der Energie berechnen. Bei einer Annäherung um den unendlich kleinen Betrag ds wird die mechanische Arbeit $P \cdot ds$ geleistet, und es verschwindet die Feldenergie $F \cdot ds \cdot W_0$. Beide gleichgesetzt ergibt unter Beachtung der Einheiten

$$P = \frac{4{,}5 \cdot \varepsilon \cdot F \cdot U^2}{10^{10} \cdot a^2} \text{ Gramm}. \tag{67}$$

33. Beispiel. Zwei Platten von je 10 mal 10 cm Größe, die sich im Abstand 5 mm gegenüberstehen, würden sich in Luft ($\varepsilon = 1$) bei einer Spannung von 1000 V mit $4{,}5 \cdot 100 \cdot 1000^2 : 10^{10} \cdot 0{,}5^2 = 0{,}18$ g anziehen. Diese Kräfte werden in den elektrostatischen Spannungsmessern zur Messung höherer Spannungen benutzt.

Zieht man die Platten eines Kondensators auf den doppelten Abstand $2\,a$ auseinander, während derselbe an einer Batterie mit der Spannung U liegt, so sinkt seine Kapazität und damit sein Energieinhalt auf die Hälfte. Die frei gewordene Energie strömt in die Batterie zurück und lädt sie. Das gleiche geschieht mit der mechanischen Energie, die man aufwenden muß. Zieht man in gleicher Weise die Platten auseinander, während die Batterie abgetrennt ist, so bleibt die Ladung konstant. Da $Q = C \cdot U$ ist, folgt, daß sich bei doppeltem Abstand die Spannung verdoppelt haben muß. Der Energieinhalt des Kondensators ist dann doppelt so groß, wobei das Mehr aus der aufgewendeten mechanischen Arbeit stammt.

Lade- und Entladevorgänge des Kondensators. Ein Kondensator besitzt bei einer augenblicklichen Ladung q eine Spannung $u = q : C$. Will man ihm mehr Ladung zuführen, so muß man die Spannung um du vergrößern, wobei ein Strom i fließt, der in dem immer vorhandenen Leitungswiderstand einen Spannungsverlust $R \cdot i$ zur Folge hat. Es besteht also bei Anlegung einer konstanten Spannung U die Gleichung: $U = R \cdot i + q/C$, wobei nach S. 32 $i = C \cdot du/dt$ ist. Die Auflösung dieser Differentialgleichung ergibt einen Augenblicksstrom von:

$$i = \frac{U}{R} \cdot e^{-\frac{t}{R \cdot C}}. \tag{68}$$

Abb. 69 zeigt diese Exponentiallinie. Der erste Einschaltstrom ist $U : R$. Es sieht also so aus, als ob in diesem ersten Augenblick der Kondensator überbrückt wäre, so daß nur der Leitungswiderstand für diese Stromstärke bestimmend ist. Die aus dem Netz aufgenommene Leistung ist $U \cdot i$, die in den Leitungswiderständen vernichtete Leistung $R \cdot i^2$. Trägt man diese Werte in jedem Augenblick auf, so bleibt eine Differenz, die in Abb. 69 schraffiert ist und die im Kondensator aufgespeicherte Energie $C \cdot U^2 : 2$ darstellt. Die aufgenommene Arbeit $\int U \cdot i \cdot dt$ ergibt unter Einsatz von Gl. 68 den Betrag $C \cdot U^2$. Es geht also immer, ganz gleich wie groß der Widerstand der Leitungen ist, die Hälfte der aufgenommenen Arbeit verloren. Um ohne Verlust zu laden, müßte die Spannung kontinuierlich von Null bis auf U gesteigert werden.

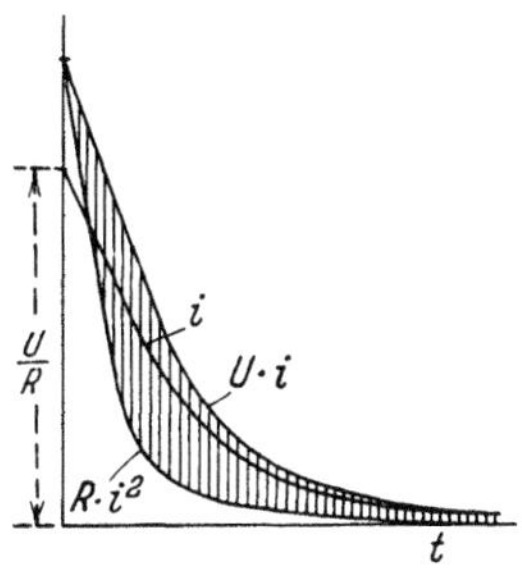

Abb. 69. Ladestrom und Ladeleistung eines Kondensators.

Ein geladener Kondensator behält seine Ladung Q und seine Spannung $Q : C$, wenn er sich nicht durch einen mangelhaften Isolationswiderstand entlädt. Verbindet man seine Belege mit einem Widerstand R, so tritt sofortige Entladung ein, welche ebenfalls Gl. 68 folgt (Abb. 69). Der erste Entladestromstoß ist also auch wieder nur vom Leitungswiderstand abhängig. Die ganze Ladeenergie wird in Wärme umgesetzt.

34. Beispiel. Ein mit $U_1 = 1000$ V geladener Kondensator von $C_1 = 10\,\mu F$ werde auf einen ungeladenen Kondensator von $C_2 = 5\,\mu F$ entladen. Welche gemeinsame Spannung U stellt sich ein?

Die Ladung bleibt im ganzen während des Vorganges unverändert, sie verteilt sich nur nachher auf beide Kondensatoren. Also $C_1 \cdot U_1 = C_1 \cdot U + C_2 \cdot U$. Hieraus folgt $U = U_1 \cdot C_1 : (C_1 + C_2) = 667$ V. Bei der Umladung tritt unter allen Umständen ein Energieverlust auf, der vom Leitungswiderstand unabhängig ist und sich leicht zu

$$W_v = W_1 \cdot \frac{C_1}{C_1 + C_2} \tag{69}$$

berechnen läßt, worin W_1 die im ersten Kondensator aufgespeicherte Energie ist. Der Verlust ist also um so kleiner, je kleiner C_2 ist.

35. Beispiel. Ein Kondensator C sei mit der Spannung U geladen und werde auf eine widerstandslose Spule mit der Induktivität L entladen. Welcher Entladestrom entsteht? (Abb. 70).

Die Selbstinduktion verhindert das plötzliche Anwachsen des Stromes auf große Werte. Energie geht nicht verloren, weil der Widerstand Null ist, vielmehr schwingt sie rhythmisch zwischen Kondensator und Spule hin und her. Es ist also $C \cdot U^2 : 2 = L \cdot I^2 : 2$, woraus sich der Höchstwert des Stromes zu

$$I = \frac{U}{\sqrt{\frac{L}{C}}} \tag{70}$$

ergibt. Die Größe $\sqrt{L:C}$ heißt Schwingungs- oder Wellenwiderstand. Die Frequenz f der elektrischen Schwingung läßt sich berechnen. In Abb. 70 stellt die schraffierte Fläche die Ladung $Q = C \cdot U$ dar. Da sich der Strom sinusförmig ändert, der Mittelwert der Sinuslinie aber gleich $2/\pi$ des Höchstwertes ist (Gl. 79), so stellt sich diese Fläche auch als $2/\pi \cdot I \cdot T/4$ dar. Setzt man diese beiden Werte einander gleich, so ergibt sich die Zeit T einer Periode, wenn man I aus Gl. 70 einsetzt zu $T = 2\pi\sqrt{C \cdot L}$. Die Frequenz, als Schwingungszahl je Sekunde muß $f = 1/T$ sein, also:

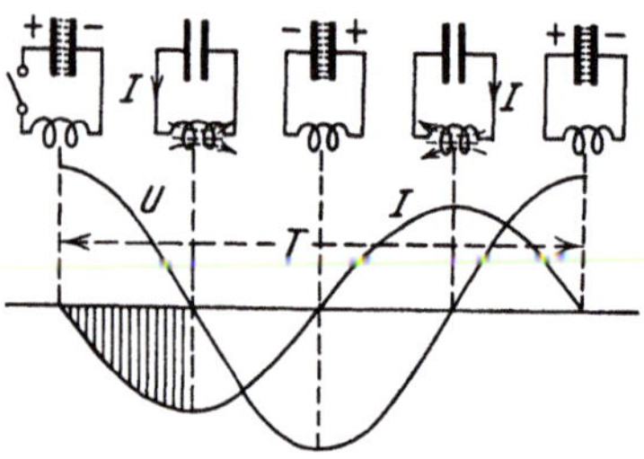

Abb. 70. Kondensatorentladung auf eine Spule.

$$f = \frac{1}{2\pi\sqrt{C \cdot L}} \text{ (Thomsomsche Schwingungsgleichung).} \tag{71}$$

Die Schwingungszahl (Eigenfrequenz) eines Schwingungskreises ist also um so größer, je kleiner Kapazität und Induktivität sind. Man kann die gleiche Frequenz mit kleinem C und großem L oder umgekehrt erzielen. Zweckmäßig ist zur Kleinhaltung des Stromes und der Verluste nach Gl. 70 großes L und kleines C (Hochspannungskreis). Die Verluste bedingen, daß die Schwingung abklingt und schließlich ganz erlischt (Dämpfung).

36. Beispiel. Abb. 54 (oben) stelle eine wechselnde Spannung dar. Man zeichne die Stromwelle, die durch sie in einem Kondensator hervorgerufen wird.

Die Schaltung von Kondensatoren. Bei der Parallelschaltung von Kondensatoren (Vergrößerung der Belegfläche) ist die Spannung aller dieselbe. Die Summe der Ladungen $C_1 \cdot U + C_2 \cdot U + \ldots$ kann man also gleich der Ladung einer Ersatzkapazität $C \cdot U$ setzen. Woraus sich die Ersatzkapazität zu

$$C = C_1 + C_2 + \cdots \tag{72}$$

ergibt. Bei der Reihenschaltung haben alle Kondensatoren dieselbe Ladung. Die Summe ihrer Spannungen ist gleich der Gesamtspannung U. Also $Q/C_1 + Q/C_2 + \ldots = Q/C$. Die Ersatzkapazität C der Reihenschaltung ergibt sich demnach aus:

$$\frac{1}{C} = \frac{1}{C_1} + \frac{1}{C_2} + \cdots. \tag{73}$$

Sie ist kleiner als die kleinste Einzelkapazität. (Vergrößerung der Belegabstände.)

Die Kapazität von Leitungen. Zwei Leiter 1 und 2 vom Radius r_0 und Abstand a, welche frei im Raum mit positiver und negativer Ladung Q belegt sind (Abb. 71) erzeugen im Punkte P eine Feldstärke $\mathfrak{E}$, die sich aus den Feldstärken $\mathfrak{E}_1$ und $\mathfrak{E}_2$, die jeder Leiter einzeln erzeugen würde, geometrisch zusammensetzt. Nach Gl. 60 ist jede Einzelfeldstärke $\mathfrak{E} = 2\sigma \cdot 9 \cdot 10^{11} : r$. Bei einer l cm langen Leitung wird demnach im Punkte P vom Leiter 1 eine Feldstärke $\mathfrak{E}_1 = 2 \cdot Q \cdot 9 \cdot 10^{11} : r_1 \cdot l$ erzeugt. Entsprechend berechnet sich $\mathfrak{E}_2$. Aus praktischen Gründen wollen wir zunächst die Spannung berechnen, welche zwischen dem Punkte P und einer Ebene (E) herrscht, welche in der Mitte zwischen 1 und 2 liegt, und auf welcher die Feldlinien senkrecht stehen müssen. In Richtung von P—E wirkt nur die Feldkomponente $\mathfrak{E}_1 \cdot \cos\alpha$, und man erhält die Spannung, welche Leiter 1 zwischen P und E erzeugt, wenn man alle Komponenten von P bis E summiert, also $\int \mathfrak{E}_1 \cdot \cos\alpha \cdot ds$ bildet. Nun kann aber $\cos\alpha \cdot ds = dr$ gesetzt werden, wodurch sich die vom Leiter 1 herrührende Spannung zu

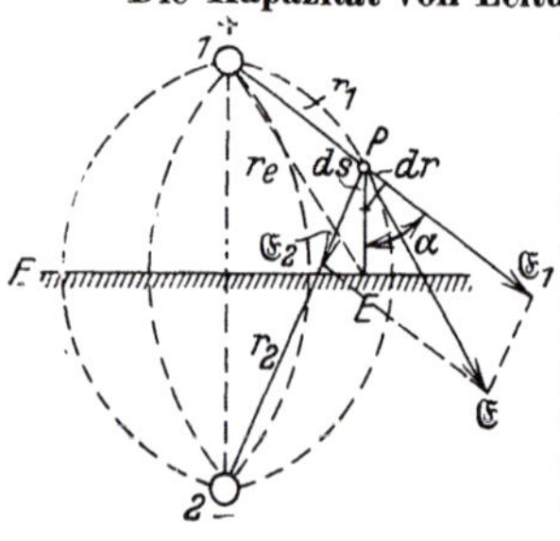

Abb. 71.

$$U_1 = \frac{2 \cdot Q \cdot 9 \cdot 10^{11}}{l} \cdot \int_P^E \frac{dr}{r} = \frac{2 \cdot Q \cdot 9 \cdot 10^{11}}{l} \cdot \ln \frac{r_e}{r_1} \tag{74}$$

ergibt. Der Spannungsbeitrag von Leiter 2 berechnet sich entsprechend. Er ist negativ, und das letzte Glied heißt natürlich $ln\, r_e/r_2$. Die Addition ergibt dann für die Spannung zwischen P und E

$$U_{P-E} = \frac{2 \cdot Q \cdot 9 \cdot 10^{11}}{l} \cdot \ln \frac{r_2}{r_1}. \tag{75}$$

Uns interessiert vor allem die Spannung U_{12} zwischen 1 und 2, welche doppelt so groß wie die Spannung von 1 bis E sein muß. Sie ist also nach Gl. 75

$$U_{12} = \frac{4 \cdot Q \cdot 9 \cdot 10^{11}}{l} \cdot \ln \frac{a}{r_0}, \tag{76}$$

worin a der Leiterabstand und r_0 der Leiterradius bedeutet. Aus $Q = C_{12} \cdot U_{12}$ folgt dann die Kapazität zwischen zwei frei im Raum befindlichen Leitern im Abstand a zu:

$$C_{12} = \frac{l}{36 \cdot 10^{11} \cdot \ln \frac{a}{r_0}}. \tag{77}$$

Alle Längen sind in cm einzusetzen und man erhält C in Farad.

Die Kapazität zwischen einer Leitung vom Radius r_0 und einer ebenen Fläche E—E im Abstand h läßt sich nun ohne weiteres hinschreiben. Denn durch Einschieben einer solchen Fläche in Abb. 71 ändert sich das Feldbild in keiner Weise. Die Spannung U_{1-E} ist aber halb so groß wie U_{12} (Gl. 76). Die Kapazität ist daher:

$$C_{1E} = \frac{l}{18 \cdot 10^{11} \cdot \ln \frac{2h}{r_0}}. \tag{78}$$

Die Gleichungen lassen erkennen, daß die Leiterkapazität mit dem Drahtdurchmesser zu und mit der Entfernung abnimmt.

M. Die Thermoelektrizität.

In Abb. 72 werde die punktförmige Lötstelle zweier verschiedener Drähte K und E erwärmt. Das Galvanometer zeigt dann einen Ausschlag. Eine Abkühlung der Lötstelle würde einen entgegengesetzt gerichteten Strom zur Folge haben. Für die Erzeugung von Elektrizität unmittelbar aus Wärme kommen solche Thermoelemente kaum in Frage, wohl aber zur Messung von Temperaturen nach vorheriger Eichung.

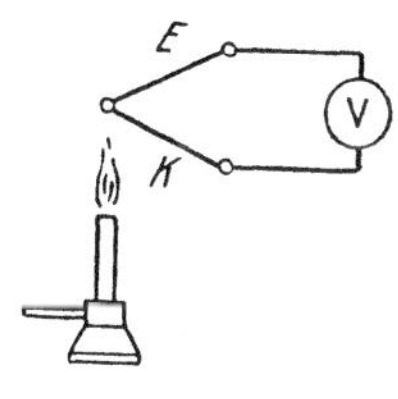

Abb. 72. Thermoelement.

Für die Messung hoher Temperaturen bis 1600° C wird als Thermoelement nur Platin + Platin-Rhodium benutzt mit einer Thermo-EMK von durchschnittlich 1 mV je 100°. Für niedere Temperaturen (maximal 800°) ist Eisen + Konstantan zu empfehlen mit etwa 5,5 mV je 100°. Wismut + Antimon zeichnet sich durch eine verhältnismäßig hohe EMK von 15 mV je 100° aus. Schickt man durch ein nicht erwärmtes Thermoelement mittels einer Stromquelle einen Strom, so zeigt sich je nach der Stromrichtung eine Abkühlung oder eine Erwärmung der Lötstelle (Peltiereffekt.) Dieser Effekt ist natürlich auch dann vorhanden, wenn wir das Element nach Abb. 72 erwärmen und selbst einen Strom erzeugen lassen, wobei nach dem Energiegesetz der erzeugte Strom so gerichtet sein muß, daß er die erwärmte Lötstelle abzukühlen bestrebt ist.

III. Der Wechselstrom.

A. Die Erzeugung und Messung des Wechselstroms.

Bei der Drehung einer Spule im gleichförmigen magnetischen Feld (Abb. 51) entsteht eine sinusförmig sich ändernde Spannung, welche in Abb. 73 in Abhängigkeit von dem zurückgelegten Weg oder von der Zeit aufgetragen ist. Man nennt sie eine Wechselspannung und kann ihre jeweilige Größe nach S. 25 ausdrücken durch $u = \hat{u} \cdot \sin a$, wenn man unter $\hat{u}$ den Höchstwert (Amplitude) der Spannung versteht. Die Strecke von a bis wieder a nennt man eine Periode. Unter der Frequenz des Wechselstromes, welche wir f nennen wollen, versteht man die Anzahl Perioden je Sekunde. Die Frequenzeinheit ist das Hertz (abgekürzt 1 Hz), wobei 1 Hz gleich einer Periode je Sekunde ist. Technischer Wechselstrom hat gewöhnlich 50 Hz. Die Spule in Abb. 51 müßte zu seiner Erzeugung also sekundlich 50 mal, in der Minute 3000 mal umlaufen, sie stellt also das Prinzip eines Wechselstromerzeugers dar.

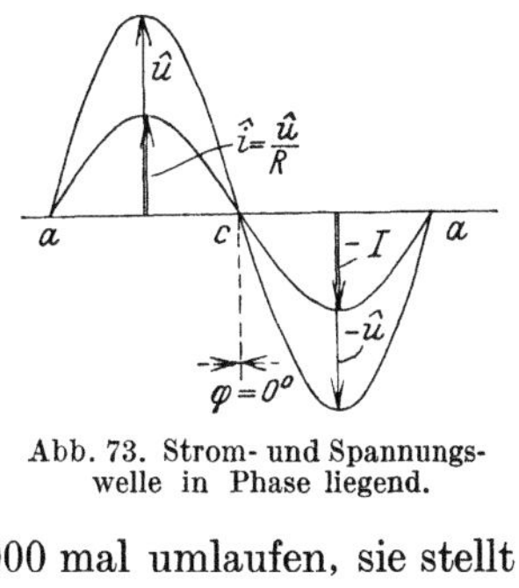

Abb. 73. Strom- und Spannungswelle in Phase liegend.

Wir wollen nun nach Abb. 74 an einen solchen Wechselstromgenerator einen Ohmschen Widerstand R legen und einen Strommesser einschalten. Nach dem Ohmschen Gesetz fließt ein Strom $i = u : R = \hat{\imath} \cdot \sin \alpha$, der in Abb. 73 gezeichnet ist und im gleichen Augenblick wie die Spannung Null wird. Man sagt dann, daß beide Wellen in Phase liegen. Das Strommessersystem ist so zu wählen, daß der Ausschlag auch bei wechselnder Stromrichtung nach derselben Seite erfolgt. Dies ist z. B. beim Hitzdrahtmeßgerät der Fall, bei welchem ein Hitzdraht sich unter dem Stromdurchfluß erwärmt und dehnt.

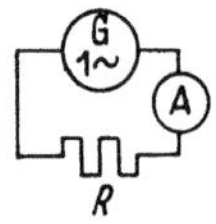

Abb. 74. Wechselstromgenerator mit angeschlossenem Widerstand.

Die Dehnung wird auf den Zeiger übertragen. Ein solches Gerät und eben falls jedes andere für Wechselstrom geeignete zeigt nun aber **nicht** den Mittelwert der Sinuslinie, welcher

$$I_{\text{mittel}} = \frac{2}{\pi} \cdot \hat{\imath} = 0{,}636 \cdot \hat{\imath}. \qquad (79)$$

ist, sondern einen höheren Wert. In Abb. 75 ist die Leistungslinie N aufgezeichnet, welche dadurch erhalten wird, daß man in jedem Augenblick die im Hitzdraht verbrauchte Leistung $R \cdot i^2$ ausrechnet. Wenn wir uns horizontal die Zeit aufgetragen denken, stellen die schraffierten Flächen die im Hitzdraht entwickelten Wärmemengen dar. Das Leistungsmittel ist $= R \cdot \hat{\imath}^2 : 2$. Welcher konstante Strom I (Gleichstrom) würde die gleiche Wärme entwickeln? Dann müßte $R \cdot I^2 = R \cdot \hat{\imath}^2 : 2$ sein, woraus sich ergibt:

$$I = \frac{\hat{\imath}}{\sqrt{2}} = 0.707 \cdot \hat{\imath}. \qquad (80)$$

Dies ist der **Effektivwert** des Wechselstromes, den alle Strommesser anzeigen, und der etwas **größer** als der Mittelwert ist. Wir verstehen unter ihm also denjenigen konstanten Mittelwert, welcher ebenso viel **Leistung** hervorruft wie der veränderliche Wechselstrom. In einem Ohmschen Widerstand muß also bei Wechselstrom eine Leistung $N = R \cdot I^2$ verbraucht werden. Die gleiche Betrachtung gilt für die Spannungsmessung. Es ist daher:

$$U = \frac{\hat{u}}{\sqrt{2}} = 0{,}707 \cdot \hat{u}. \qquad (81)$$

Wenn man allgemein von Strom und Spannung bei Wechselstrom spricht, sind immer die Effektivwerte gemeint.

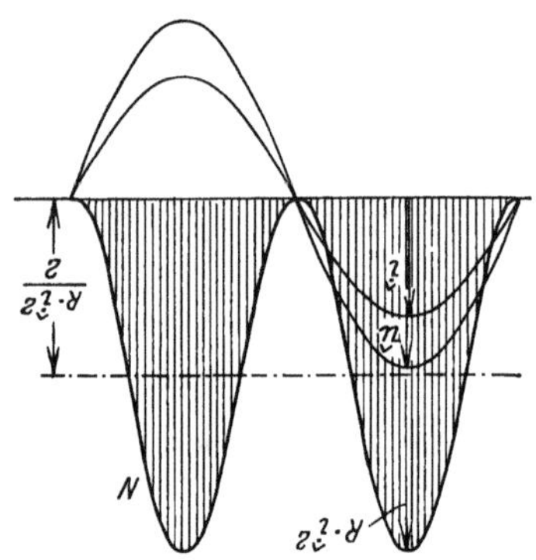

Abb. 75. Leistungslinie eines Widerstandes.

Der Effektivwert des Stromes läßt sich allgemein als die Wurzel aus dem **quadratischen** Mittelwert angeben. Er ist also

$$I = \sqrt{\frac{1}{T} \cdot \int_0^T i^2 \cdot dt}. \qquad (82)$$

Hierin ist T die Dauer einer Periode.

Wenn in einem Leiter ein Gleichstrom I_g fließt, dem ein Wechselstrom vom Effektivwert I_w überlagert ist, dann ist der Effektivwert des Gesamtstromes nicht die Summe, sondern wie durch Einsetzen in Gl. 82 zu beweisen ist:

$$I = \sqrt{I_g^2 + I_w^2}. \qquad (83)$$

Die Stromgleichung $i = \hat{\imath} \cdot \sin\alpha$ wird zweckmäßig so umgeformt, daß an die Stelle des Drehwinkels die Zeit t tritt. Bei **einer** Umdrehung durchläuft die erzeugende Spule einen Winkel $\alpha = 2\pi$, bei einer Frequenz f müssen sekundlich f Umdrehungen gemacht werden, so daß also der sekundliche Winkel $2 \cdot \pi \cdot f$ ist. In t Sekunden wird demnach ein Winkel $\alpha = 2 \cdot \pi \cdot f \cdot t$ durchlaufen, der oben einzusetzen ist. Die Beziehung lautet dann:

$$i = \hat{\imath} \cdot \sin 2 \cdot \pi \cdot f \cdot t = \hat{\imath} \cdot \sin\omega t \qquad (84)$$

$\omega = 2 \cdot \pi \cdot f$ wird die **Kreisfrequenz** genannt. Eine entsprechende Beziehung läßt sich für die Spannung aufschreiben.

B. Die Darstellung der Sinuslinien durch Vektoren.

Eine Sinuslinie läßt sich bekanntlich dadurch zeichnen, daß man einen Kreisradius, welcher mit dem Höchstwert der Sinuslinie übereinstimmt, eine gleichförmige Drehung machen läßt, während der Kreismittelpunkt sich gleichförmig auf einer Geraden bewegt. Dann beschreibt der Endpunkt des Strahles eine Sinuslinie. Umgekehrt kann man sich zu jeder Sinuslinie einen **Vektor** oder **Strahl** denken, der bei Drehung eine Sinuslinie erzeugen würde. Man benutzt solche Vektoren als einfache Symbole an Stelle der Sinuslinien. Abb. 76 zeigt z. B. zwei in Phase liegende Sinuslinien. Ihre Vektoren müssen mit den Höchstwerten übereinstimmen. Wir erhalten ihre Lage, wenn wir irgendeinen Schnitt NN legen und die Schnittpunkte auf die zugehörigen Kreise herüberprojizieren, wobei sich die beiden Vektoren in dieselbe Richtung fallend ergeben Die gleiche Konstruktion ist in Abb 77 für zwei Wellen a und b durchgeführt, welche nicht in Phase liegen (Phasenverschiebungswinkel α). Die sich nun ergebenden Vektoren sind um einen Winkel α gegeneinander verschoben. Die Summe der beiden Wellen a und b erhält man, wenn man in jedem Augenblick die Addition $x + y$ durchführt. Es ist eine neue Sinuslinie c. Viel einfacher läßt sich eine solche Addition im Vektordiagramm durchführen. Hier hat man nur aus den beiden Vektoren a und b das Parallelogramm zu bilden und die Diagonale c zu zeichnen. Diese stellt den Vektor der Summenwelle dar. Es genügt auch durchaus, wenn man nur die eine Hälfte des Parallelogramms, das Dreieck aus a, b und c zeichnet. Die Addition mehrerer Wellen könnte also so vorgenommen werden, daß man die verschiedenen Vektoren nach Größe und Richtung aneinanderreiht. Die Verbindungslinie vom Anfangs- zum Endpunkt (mit entgegengerichtetem Pfeil) stellt dann den Summenvektor dar. Es läßt sich weiter leicht zeigen, daß in Abb. 77 die Verbindungslinie der Endpunkte der Vektoren a und b die Differenz beider Vektoren darstellt. Nichtsinusförmige Wellen lassen sich nicht durch Vektoren addieren. Wie in den bisherigen Diagrammen, wollen wir auch in Zukunft stets die Vektoren linksdrehend zeichnen.

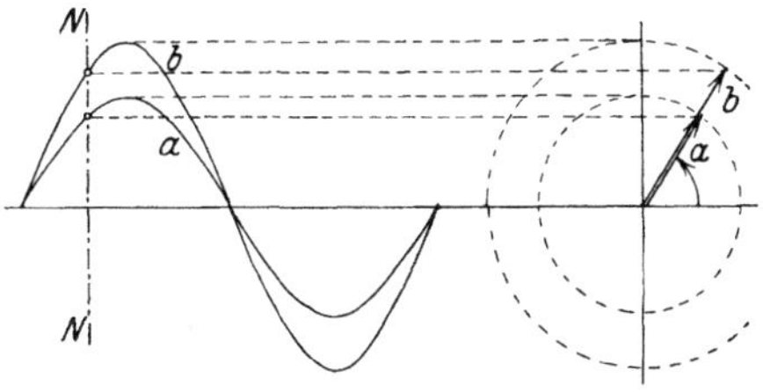

Abb. 76.

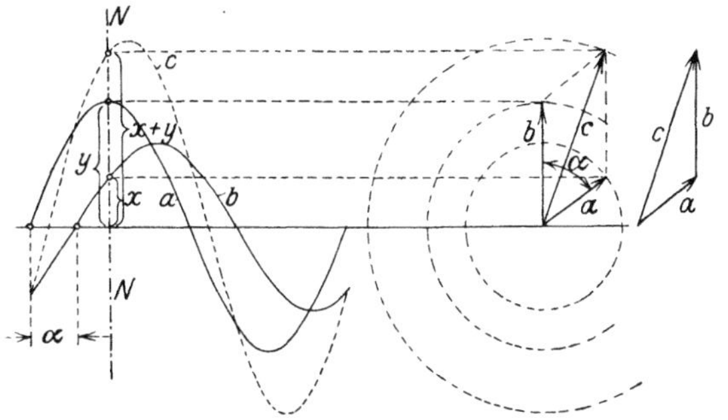

Abb. 77. Addition von Sinuslinien.

C. Die Beziehungen zwischen Strom und Spannung im Wechselstromkreis.

Induktivität im Wechselstromkreis.

In einer Spule, welche wir nach Abb. 78 an eine Wechselspannung U legen, fließt ein Wechselstrom, welcher der Größe der Spannung proportional sein wird, wenn wir zunächst eine eisenlose Spule voraussetzen. Die Frequenz der Wechselspannung ist normal $f = 50$, d. h. sie steigt in der Zeit von nur $^1/_{200}$ s von Null auf ihren Höchstwert an. Nun wissen wir aber (Abb. 59), daß infolge der Selbstinduktion sogar bei voller Spannung der Strom nur langsam ansteigt, und zwar um so verzögerter, je größer die Induktivität ist. In unserem Falle wird daher der Strom seinen Höchstwert längst noch nicht erreicht haben, wenn die Spannung ihren Höchstwert hat. Wir erkennen also, daß bei Wechselspannung ein Wechselstrom fließen wird, welcher kleiner sein muß, als es das Ohmsche Gesetz angibt, und zwar um so kleiner, je größer die Induktivität ist. Auch die Frequenz wird Einfluß auf die Stromstärke haben. Je größer die Frequenz ist, um so weniger Zeit steht zur Verfügung, um so kleiner wird daher der Strom bleiben.

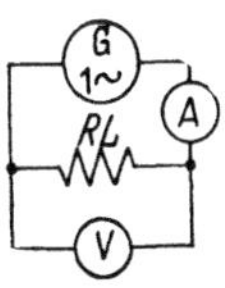

Abb. 78. Spule im Wechselstromkreis.

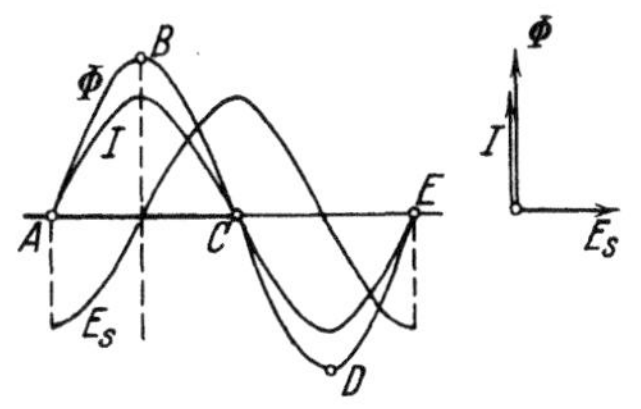

Abb. 79.

Zur genauen Bestimmung der Abhängigkeiten wollen wir zunächst die Frage beantworten: Welche Wechselspannung wird durch einen sinusförmigen Wechselkraftfluß in einer Spule erzeugt? Abb. 79 stellt den Kraftfluß Φ dar. Nach Gl. 37 ist die erzeugte Spannung der Kraftflußänderung proportional. Im Punkte A steigt der Kraftfluß steil an (Hineinbringen des Magnetismus), hier ist also die erzeugte Spannung E_s groß. Im Punkte B ist der Kraftfluß auf seinem Höchstwert, er ändert sich augenblicklich gar nicht (ruhender Magnetismus), so daß also jetzt die Spannung Null sein muß. Die Selbstinduktionsspannung ist also gegen den Kraftfluß um eine viertel Periode, d. i. 90° verschoben, und zwar eilt sie nach. Ihre Richtung ergibt sich nach S. 25 dadurch; daß sie bei ansteigendem Kraftfluß und Strom entgegen, bei abfallendem Kraftfluß und Strom gleichgerichtet sein muß. Nach Gl. 38 ist die mittlere EMK, wenn der Kraftfluß von A nach B, also um $\Phi_1 - \Phi_2 = \hat{\Phi}$ in der Zeit $t = 1 : 4f$ ansteigt, gleich $\hat{\Phi} \cdot w \cdot 4 \cdot f : 10^8$. Um auf den Effektivwert zu kommen, muß man noch mit dem Verhältnis des Effektivwertes zum Mittelwert, dem sog. Formfaktor ζ multiplizieren. Es ist also:

$$E_s = \frac{4\zeta \cdot \hat{\Phi} \cdot f \cdot w}{10^5} \tag{85}$$

Für die Sinuslinie ist $\zeta = 1/\sqrt{2} : {}^2/\pi = 1{,}11$. Für sie gilt daher:

$$\boldsymbol{E_s = \frac{4{,}44 \cdot \hat{\Phi} \cdot f \cdot w}{10^8}}. \tag{86}$$

Aus der Stromänderung läßt sich E_s wie folgt bestimmen: $i = \hat{\imath} \cdot \sin\omega \cdot t$. Nach Gl. 39 ist $E_s = -L \cdot di/dt = -\omega \cdot L \cdot \hat{\imath} \cdot \cos\omega \cdot t$. Daß an die Stelle des Sinus der Cosinus tritt, heißt, daß die Spannungswelle um 90° nacheilt. Ihr Höchstwert ist $\omega \cdot L \cdot \hat{\imath}$, ihr Effektivwert also:

$$\boldsymbol{E_s = \omega \cdot L \cdot I}. \tag{87}$$

Setzen wir entsprechend Abb. 53 gegenseitige Induktion voraus, so wird entprechend ein Wechselstrom i_1 in der ersten Spule in einer zweiten Spule mit der Gegeninduktivität M eine Spannung (siehe Gl. 47)

$$\boldsymbol{E_2 = \omega \cdot M \cdot I_1} \tag{88}$$

erzeugen.

Wir wollen nun die Spule (Abb. 78) im Wechselstromkreis betrachten und annehmen, daß bereits ein Strom i fließe. Welche Spannung u ist zur Erzeugung desselben nötig? Wir brauchen zwei Spannungsbeträge: 1. eine Spannung $R \cdot i$ zur Überwindung des Ohmschen Widerstandes und 2. eine Spannung, welche die durch den wechselnden Kraftfluß hervorgerufene Selbstinduktionsspannung im Gleichgewicht hält, ihr also entgegengesetzt gleich sein muß. Die Welle $R \cdot I$ liegt

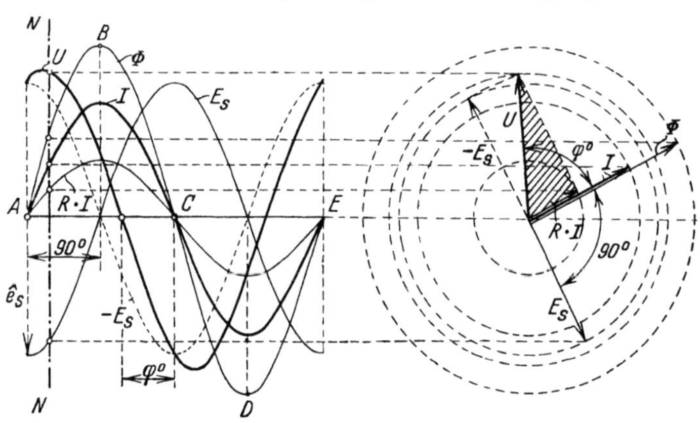

Abb. 80. Linien- und Vektordiagramm einer Spule.

(Abb. 80) mit dem Strom in Phase, die Welle E_s eilt hingegen um 90° nach. Indem wir nun die beiden Wellen $-E_s$ und $R \cdot I$ punktweise addieren, erhalten wir die benötigte Klemmenspannung U. Einfacher ist die Addition im Vektordiagramm. Hier bildet $R \cdot I$ mit $-E_s$ und U ein rechtwinkliges Dreieck. Wir erkennen aus Abb. 80, daß wir eine größere Spannung zur Stromerzeugung anlegen müssen, als wenn keine Induktivität vorhanden wäre, und ferner, daß der Strom der Spannung um einen Phasenverschiebungswinkel φ nacheilt. Der Winkel φ liegt immer zwischen 0 und 90°. Er ist Null (siehe Abb. 73), wenn keine Induktivität vorhanden ist, und

90°, wenn nur Induktivität, aber kein Ohmscher Widerstand vorausgesetzt wird. Abb. 81 zeigt diesen Grenzfall.

Aus dem schraffierten Dreieck der Abb. 80 folgt nach dem Lehrsatz des Pythagoras $(R \cdot I)^2 + (\omega \cdot L \cdot I)^2 = U^2$. Hieraus ergibt sich nach I aufgelöst:

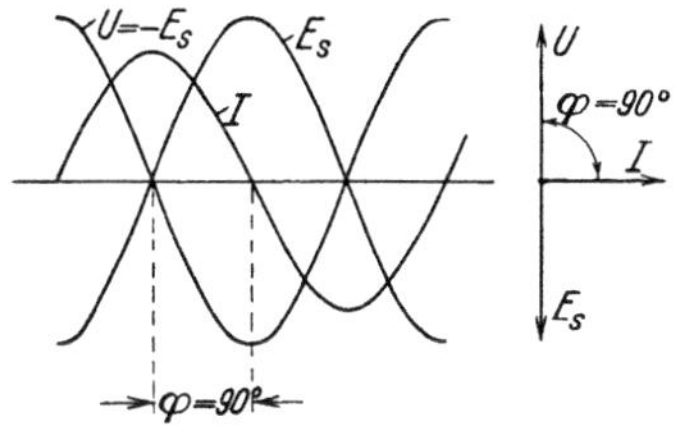

Abb. 81. Diagramm der verlustlosen Spule.

$$I = \frac{U}{\sqrt{R^2 + (\omega \cdot L)^2}}. \tag{89}$$

Diese Beziehung geht für die widerstandslose Spule über in

$$I = U : \omega \cdot L, \tag{90}$$

worin $\omega \cdot L$ der scheinbare Widerstand einer verlustlosen Spule (Reaktanz) ist, welche proportional mit der Frequenz wächst. Die Phasenverschiebung (Abb. 80) ergibt sich aus

$$\operatorname{tang} \varphi = \omega \cdot L : R. \tag{91}$$

37. Beispiel. Eine Spule mit dem Ohmschen Widerstand $10\,\Omega$ liege an einer Wechselspannung von 110 V und nehme einen Strom von 5 A auf ($f = 50$ Hz). Wie groß ist die Phasenverschiebung des Stromes?

Durch Einsetzen in Gl. 89 erhält man $\omega \cdot L = 19{,}6$. Da $\omega = 2\pi f = 314$ ist, ergibt sich $L = 0{,}0625$ H. Die Phasenverschiebung ist $\operatorname{tg} \varphi = 19{,}6 : 10 = 1{,}96$, was nach der Tangententabelle einem Winkel $\varphi = 63°$ entspricht.

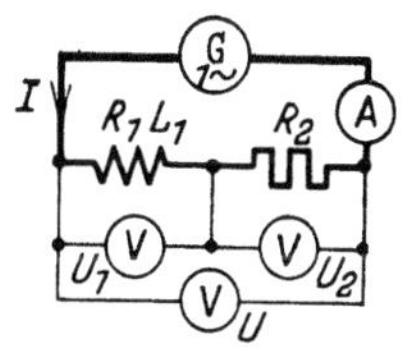

Abb. 82. Reihenschaltung von Spule und Widerstand.

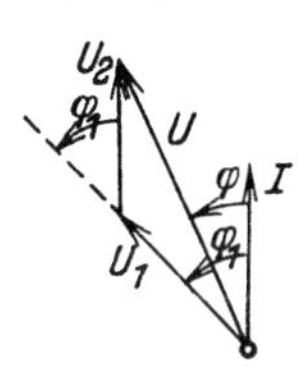

Abb. 83. Vektordiagramm zu Abb. 82.

Die Reihenschaltung von Spulen und Widerständen. In Abb. 82 liegt eine Spule in Reihe mit einem Ohmschen Widerstand, wobei die Spannungen gemessen werden. Der Versuch zeigt, daß nicht wie bei Gleichstrom die Summe der Spannungsmesserablesungen $U_1 + U_2$ gleich U, sondern größer ist. Man beachte wohl, daß die Summe der Augenblickswerte $u_1 + u_2$ selbstverständlich gleich der Augenblicksspannung u ist. Das gilt aber nicht für die von den Instrumenten angezeigten Mittelwerte, die Effektivwerte. Zur Aufzeichnung des Vektordiagramms legt man sich am besten zuerst den Vektor des Stromes hin, weil der Strom bei der Reihenschaltung die gemeinsame Größe ist. Die Spannung U_1 muß um den Winkel φ_1 dem Strom voreilen, und die Spannung U_2 ist in Phase mit I, also in gleicher Richtung mit I an U_1 anzureihen. Die Summe ist die Gesamtspannung U, die gegen den Strom um φ voreilt. Ersetzt man den Widerstand R_2 durch eine zweite Spule mit der Phasenverschiebung φ_2, so ist U_2 natürlich mit diesem Winkel gegen I voreilend anzutragen.

38. Beispiel. Bei einer Schaltung nach Abb. 82 wurde $U_1 = 56$ V, $U_2 = 70$ V und $U = 110$ V gemessen. Wie groß ist die Phasenverschiebung in der Spule?

Man wähle einen Maßstab für die Spannungen (z. B. 1 V $\triangleq$ 1 mm), wobei man, um Umrechnungen zu vermeiden, nicht wie früher angegeben die Vektoren gleich dem Höchstwert der zugehörigen Sinuslinien macht, sondern gleich dem Effektivwert. Entsprechend Abb. 83 legen wir uns also U_1 hin, schlagen um den Endpunkt einen Kreis mit U_2 und um den Anfangspunkt mit U. Der Winkel φ_1 kann dann zu 59° abgemessen werden (Methode der 3 Spannungsmesser).

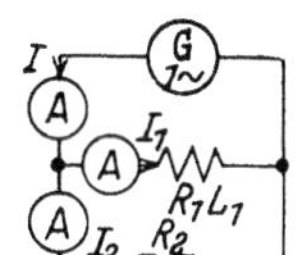

Abb. 84. Parallelschaltung von Spule und Widerstand.

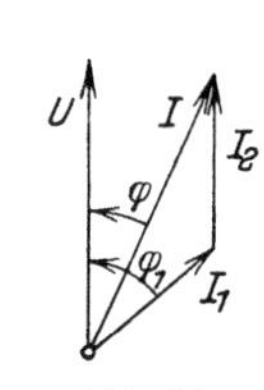

Abb. 85. Vektordiagramm zu Abb. 84.

Die Parallelschaltung von Spulen und Widerständen. Bei der Parallelschaltung von Spule und Widerstand nach Abb. 84 legen wir uns zunächst (Abb. 85) den gemeinsamen Spannungsvektor U hin. Der Strom I_1 in der Spule eilt dieser Spannung um den Winkel φ_1 nach. Der Stromvektor I_2 ist in Phase mit U anzureihen, wodurch sich dann der Summenstrom I ergibt. Ersetzt man den Widerstand durch eine Spule, so ist I_2 um den Winkel φ_2 gegen die Spannung phasennacheilend anzutragen.

39. Beispiel. In der Schaltung Abb. 84 seien gemessen: $I_1 = 3$ A, $I_2 = 4$ A und $I = 6$ A. Wie groß ist die Phasenverschiebung in der Spule und die Gesamtphasenverschiebung? (Methode der drei Strommesser.)

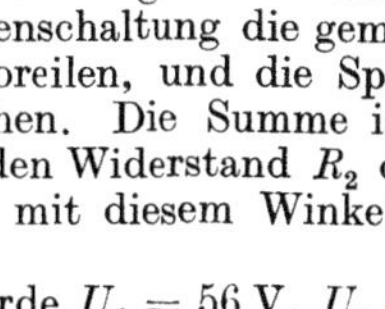

Abb. 86.

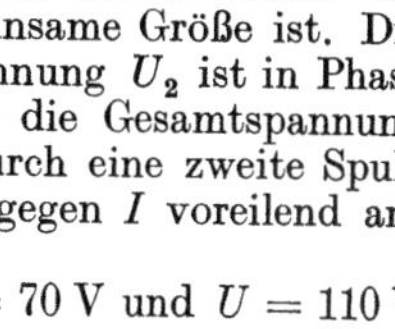

Abb. 87. Diagramm zu Abb. 86.

Bei unseren späteren Betrachtungen kommen häufig Kombinationen von Spulen mit veränderlichen Widerständen vor, wie Abb. 86 zeigt. Um das Vektordiagramm zu zeichnen, denken wir uns den Widerstand R_0 der Spule herausgenommen und mit dem äußeren Widerstand R vereinigt. Wie Abb. 87 zeigt, legen wir uns den Stromvektor I irgendwie hin. Die Spannung $\omega \cdot L \cdot I$, welche die Selbstinduktionsspannung im Gleichgewicht hält, ist mit 90° Voreilung aufzutragen, worauf dann in Phase mit dem Strom I die Ohmschen Spannungsabfälle $R \cdot I$ und $R_0 \cdot I$ anzureihen sind. Die Schlußlinie gibt die Gesamtspannung U.

Gewöhnlich liegt nun die Aufgabe so, daß die Spannung U konstant und gegeben ist, und daß man bei verschiedenen äußeren Widerständen R den Strom und die Phasenverschiebung φ kennen möchte. Hierzu ist eine kleine Veränderung nach Abb. 88 zweckmäßig. Da in der Größe $\omega \cdot L \cdot I$ der Faktor $\omega \cdot L$ unveränderlich ist, kann diese Strecke als Maß für den veränderlichen Strom aufgefaßt werden und eine Vertikale im Punkte A müßte dann die Spannungsrichtung sein, weil geometrisch zwischen beiden der Winkel φ liegt. Errichtet man in B ebenfalls eine Senkrechte, so erhält man das Dreieck ABC. Nach Gl. 91 ist $\operatorname{tg}\varphi = \omega \cdot L : (R_0 + R)$ oder $(R_0 + R) = \omega \cdot L \cdot \operatorname{ctg}\varphi$. Im genannten Dreieck ist $\operatorname{ctg}\varphi = BC : AB$. Da nun AB unverändert bleiben soll, muß demnach BC ein Maß für $\operatorname{ctg}\varphi$ und damit für die Widerstände $R_0 + R$ darstellen. Den Widerstandsmaßstab müssen wir uns aus einer Rechnung ein für allemal errechnen. Sobald nun irgendein Widerstand R eingeschaltet wird, haben wir nur R aufzutragen und AC zu ziehen. Auf dieser Geraden schneidet der Kreis den Strom I ab. Bei $R = O$ ergibt sich I_K, das Maximum des Stromes. Die Strecke PE kann als ein Maß für die Leistung $U \cdot I \cdot \cos\varphi$ aufgefaßt werden, weil U konstant ist und die Strecke $PE = I \cdot \cos\varphi$ ist. Da die Gesamtleistung ebenso $I^2 \cdot (R_0 + R)$ ist, muß nach der Ähnlichkeit der Dreiecke die Strecke $DE = I^2 \cdot (R_0 + R) \cdot \frac{R_0}{(R_0 + R)} = I^2 \cdot R_0$ sein. Es stellt somit DE den Verbrauch in R_0 und DP in R dar.

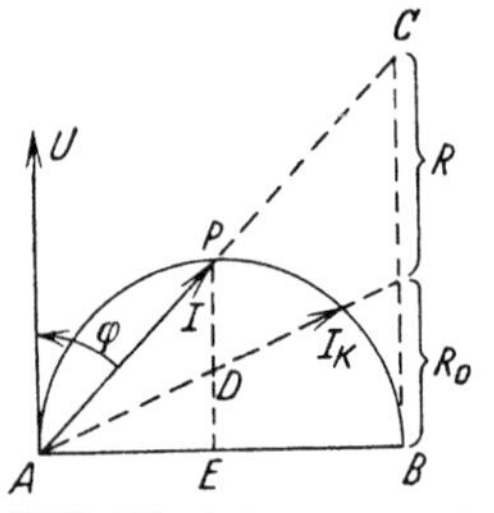

Abb. 88. Betriebsdiagramm zu Abb. 86.

40. Beispiel. Es soll das Vektordiagramm für die Schaltung Abb. 89 aufgezeichnet werden, bei welchem eine an der Spannung U_1 liegende Spule durch Gegeninduktion in einer zweiten Spule eine EMK erzeugt, welche durch den Ohmschen Widerstand R einen Strom I_2 treibt.

Wir gehen zweckmäßig von der Sekundärseite (Abb. 90) aus und legen den Vektor U_2 irgendwie hin. In Phase mit ihm liegt der Stromvektor $I_2 = U_2 : R$. Die in der Sekundärspule erzeugte EMK muß größer sein als U_2, und zwar um die beiden inneren Spannungsabfälle $R_2 \cdot I_2$ (in Phase mit dem Strom) und $\omega \cdot L_2 \cdot I_2$ (um 90° voreilend). Die Summe ergibt die sekundäre EMK E_2, welche durch den Primärstrom induziert wird und daher gleich $\omega \cdot M \cdot I_1$ sein muß. I_1 läßt sich also aus E_2 berechnen und liegt um 90° voreilend. Auf der Primärseite haben wir in der Spule die Spannungsabfälle $R_1 \cdot I_1$ (in Phase mit I_1) und $\omega \cdot L_1 \cdot I_1$ (90° gegen I_1 voreilend). Zu diesen kommt aber noch eine Spannung $\omega \cdot M \cdot I_2$, welche zur Überwindung der Spannung dient, welche der Sekundärstrom primär hervorruft, und welche daher I_2 um 90° voreilen muß. Die Summe dieser Primärspannungen ist die Netzspannung U_1. War U_1 von vornherein bekannt, so wird man unter vorläufiger Annahme von U_2 das Diagramm genau so aufzeichnen und zum Schluß den Maßstab des ganzen Diagramms so abändern, daß das richtige U_1 entsteht.

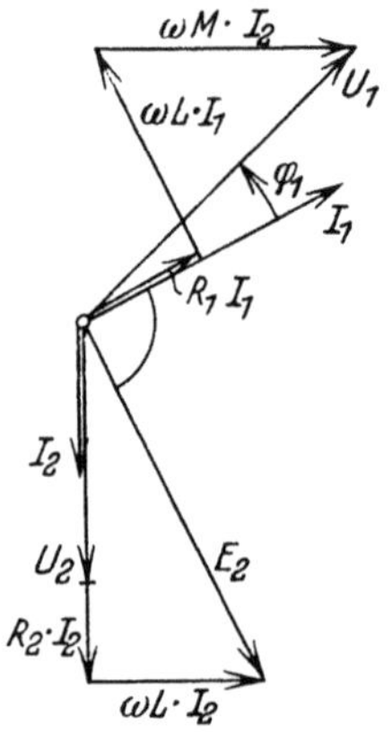

Abb. 90. Vektordiagramm zu Abb. 89.

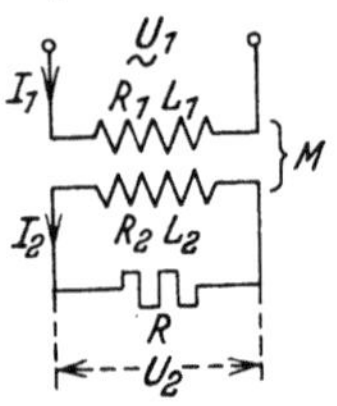

Abb. 89.

Kapazität im Wechselstromkreis.

Ein Kondensator wird an einer Wechselspannung U fortgesetzt geladen und entladen. Ein Strommesser zeigt daher dauernd einen Strom an, obwohl kein Strom hindurch fließt. Nach S. 33 ist $i = C \cdot du/dt$. Bei Anlegung der Spannung $u = \hat{u} \cdot \sin\omega \cdot t$, also $du/dt = \omega \cdot \hat{u} \cdot \cos\omega \cdot t$ ergibt sich $i = \omega \cdot C \cdot \hat{u} \cdot \cos\omega \cdot t$. Die Stromwelle ist also als Kosinuslinie um 90° gegen die Spannungswelle verschoben, und zwar eilt sie (Abb. 91) der Spannungswelle vor, weil bei positiv ansteigender Ladespannung der Ladestrom im gleichen Sinne fließen muß. Aus der vorstehenden Beziehung ergibt sich der Höchstwert des Stromes zu $\hat{\imath} = \omega \cdot C \cdot \hat{u}$ und daher der Effektivwert:

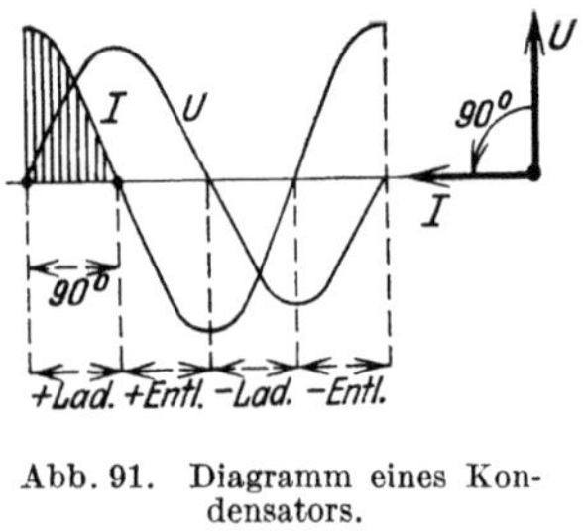

Abb. 91. Diagramm eines Kondensators.

$$\boldsymbol{I = \omega \cdot C \cdot U = \frac{U}{\frac{1}{\omega \cdot C}}}\,. \tag{92}$$

Die Größe $1/\omega C$ erscheint hierin als der scheinbare Widerstand des Kondensators (kapazitiver Widerstand). Er nimmt mit wachsender Frequenz ab, so daß ein Hochfrequenzstrom fast ohne Widerstand „durch" einen Kondensator fließt. Der Strom I ergibt sich auch aus folgender Überlegung: Die schraffierte Fläche in Abb. 91 stellt die in der Zeit $1/4\ f$ aufgenommene Elektrizitätsmenge dar, welche $2/\pi \cdot \hat{\imath} : 4 \cdot f$ ist und nach Gl. 56 gleich $C \cdot \hat{u}$ sein muß. Hieraus ergibt sich der Strom zu dem durch Gl. 92 angegebenen Wert. Bei der Reihenschaltung von Kondensatoren haben alle den gleichen Strom. Nach Gl. 92 müssen sich daher bei Reihenschaltung die Teilspannungen an den Kondensatoren umgekehrt wie die Kapazitäten verhalten. Bei Parallelschaltung haben alle Kondensatoren die gleiche Spannung. Die Teilströme verhalten sich deshalb wie die Kapazitäten.

Kondensatoren haben meist geringe Verluste (dielektrische und Isolationsverluste). Um sie zu berücksichtigen, denken wir uns einen Widerstand dem Kondensator parallel geschaltet, dessen Verbrauch mit den Kondensatorverlusten in Übereinstimmung steht. Zu dem reinen Kapazitätsstrom $I_c = \omega \cdot C \cdot U$ addiert sich dann in Phase mit der Spannung der Verluststrom I_r des parallel geschaltet gedachten Widerstandes (Abb. 92). Der Gesamtstrom I ist jetzt nicht mehr ganz um 90° voreilend. δ nennt man den Verlustwinkel; er ist bestimmt durch $\operatorname{tg} \delta = I_r : I_c$.

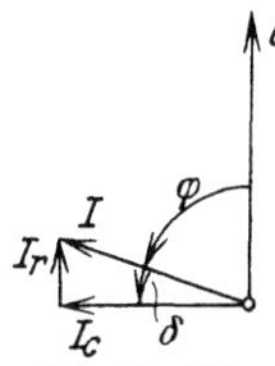

Abb. 92. Diagramm des verlustbehafteten Kondensators.

Induktivität und Kapazität im Wechselstromkreis.

Die Reihenschaltung. Um das Vektordiagramm zu der Reihenschaltung Abb. 93 zu zeichnen, denken wir uns Widerstand R und Induktanz ωL der Spule wieder in Reihe geschaltet, so daß sich die Spulenspannung U_1 nach Abb. 94 durch rechtwinklige Aneinanderreihung von $\omega \cdot L \cdot I$ und $R \cdot I$ ergibt. Dann ist die Spannung U_2 des verlustlos angenommenen Kondensators, welche nach Gl. 92 gleich $I : \omega \cdot C$ ist, mit 90° Nacheilung gegen den Strom anzufügen. Die sich ergebende Gesamtspannung U ist hier gewöhnlich viel kleiner als die Teilspannungen, d. h. eine kleine Netzpannung U kann unter Umständen an Spule und Kondensator sehr große Teilspannungen hervorrufen, die eine Gefahr für den Kondensator werden können. Das Spannungsverhältnis ist dann am größten, wenn die Spannung U gerade in Phase mit dem Strom I ist, wenn also $U_2 = \omega \cdot L \cdot I$ ist. Dies ist der Resonanzfall.

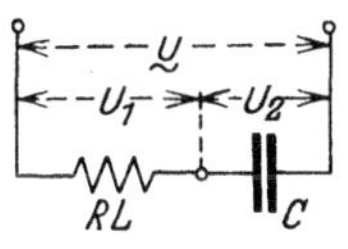

Abb. 93. Reihenschaltung von Spule und Kondensator.

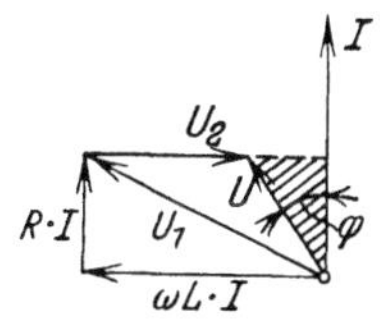

Abb. 94. Diagramm zu Abb. 93.

Wendet man auf das schraffierte Dreieck (Abb. 94) den pythagoräischen Lehrsatz an, so ergibt sich $(R \cdot I)^2 + \left(\omega \cdot L \cdot I - \frac{I}{\omega \cdot C}\right)^2 = U^2$. Hieraus ist:

$$I = \frac{U}{\sqrt{R^2 + \left(\omega \cdot L - \frac{1}{\omega \cdot C}\right)^2}}. \tag{93}$$

Man erkennt, daß der Klammerausdruck unter der Wurzel Null werden kann. Dann ist einfach $I = U : R$. Der Stromkreis verhält sich dann so, als ob nur der Ohmsche Widerstand vorhanden wäre, weil sich der induktive und der kapazitive Widerstand in diesem Resonanzfalle gegenseitig kompensieren. Für den Resonanzfall gilt also $\omega \cdot L = 1/\omega \cdot C$. Nach f aufgelöst, ergibt sich hieraus die durch Gl. 71 bestimmte Eigenfrequenz des Schwingungskreises. Man kann also sagen: Der Resonanzfall ist vorhanden, wenn die zugeführte Spannungsfrequenz gerade übereinstimmt mit der Eigenfrequenz des Schwingungskreises.

Die Phasenverschiebung läßt sich aus Abb. 94 angeben zu:

$$\operatorname{tang} \varphi = \frac{\omega \cdot L - \frac{1}{\omega \cdot C}}{R}. \tag{94}$$

Sie wird also für den Resonanzfall gleich Null. Legt man an die Reihenschaltung Abb. 93 eine Spannung U von konstanter Größe, aber veränderlicher Frequenz, so kann man die Ströme nach Gl. 93 berechnen. Bei $f = 0$ muß der Strom Null sein, weil der Kondensator keinen Gleichstrom hindurchläßt. Bei unendlich großer Frequenz muß der Strom ebenfalls Null sein, weil die Spule einer solchen Frequenz einen unendlich großen Widerstand entgegensetzt. Die Auftragung des Stromes ergibt (Abb. 95) die sog. Resonanzlinie. Der Höchstwert des Stromes bei der Resonanzfrequenz f_r ist $I = U : R$. Die Resonanzlinie wird daher um so steiler, je kleiner der Resonanzwiderstand R ist. Die punktierte Linie würde für einen größeren Widerstand gelten.

Die Parallelschaltung. Für die Parallelschaltung von Spule und Kondensator (Abb. 96) ist in Abb. 97 sogleich das Diagramm für den Resonanzfall gezeichnet, welcher wiederum dadurch gekennzeichnet ist, daß die Phasenverschiebung Null wird. Dann ist der Strom I gegenüber den Teilströmen klein. Man nennt diesen Resonanzfall Stromresonanz, während der bei Reihenschaltung Spannungsresonanz genannt wird. Eine Gefahr tritt bei Stromresonanz nicht auf.

Nimmt man bei Parallelschaltung eine konstante Spannung U, aber veränderliche Frequenz an, so ergeben sich Ströme I, welche in Abb. 98 dargestellt sind. Man sieht, daß bei der Resonanz-

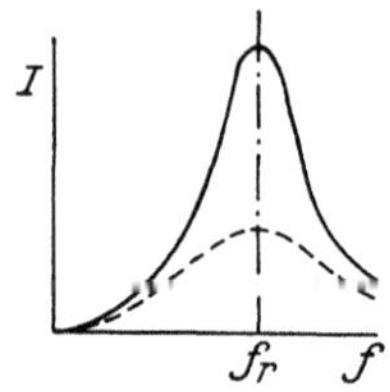

Abb. 95. Resonanzlinie.

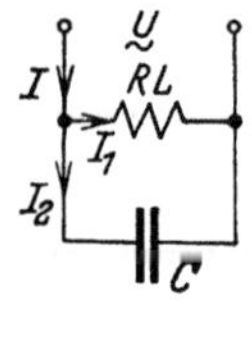

Abb. 96. Parallelschaltung von Spule und Kondensator.

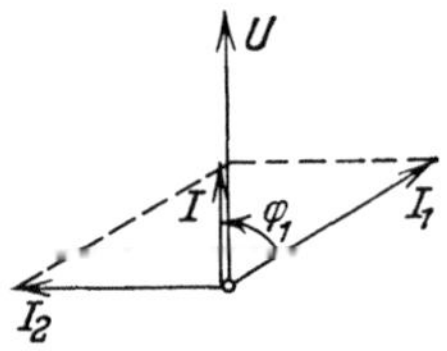

Abb. 97. Diagramm zu Abb. 96.

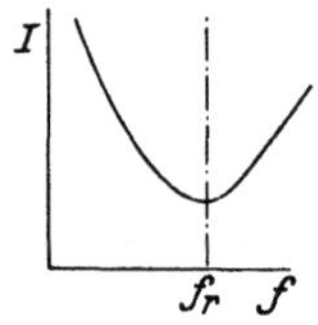

Abb. 98. Resonanzlinie zu Abb. 96.

frequenz f_r ein kleinster Strom durch die Parallelschaltung fließt. Seine Größe läßt sich leicht ermitteln. Nach Gl. 91 ist für die Spule $\tan\varphi_1 = \omega \cdot L/R$. Aus Abb. 97 folgt andererseits für den Resonanzfall $\tan\varphi_1 = I_2 : I = \omega \cdot C \cdot U : I$. Hieraus folgt bei Gleichsetzung:

$$I = \frac{U}{\frac{C \cdot L}{R}}. \tag{95}$$

Der Resonanzwiderstand $C \cdot L : R$ soll gewöhnlich recht groß sein, weil man in der Rundfunktechnik solche Parallelschaltungen als Sperrkreise zur Sperrung unerwünschter Frequenzen benutzt. Man hat dann also R klein zu machen.

Das Verhalten nicht sinusförmiger Spannungen.

Aus den bisherigen Betrachtungen geht hervor, daß sowohl bei der Addition und Subtraktion sinusförmiger Ströme und Spannungen, als auch bei der Induktion immer wieder sinusförmige Größen entstehen. Bei einer anderen Wellenform würde dies nicht der Fall sein, und daher sind Sinuswellen immer erwünscht. Leider liefern die elektrischen Maschinen zuweilen keine reine Sinusform. Um das Verhalten nicht sinusförmiger Wellen beurteilen zu können, bedient man sich des Fourierschen Satzes, nach welchem sich jede periodische Funktion in eine Grundwelle von gleicher Frequenz und in eine Reihe von Oberwellen (höheren Harmonischen) von höherer Frequenz zerlegen läßt. Die in Abb. 99 dargestellte Rechteckswelle, deren Höchstwert $\hat{u}$ sein möge, läßt sich ersetzen durch die Reihe von Sinuswellen:

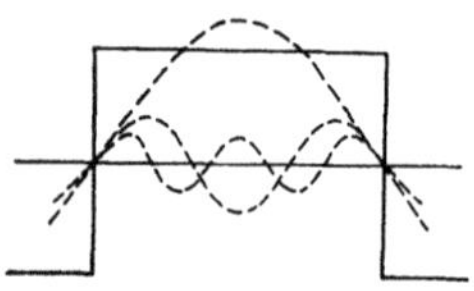
Abb. 99. Zerlegung einer Rechteckswelle in Sinuswellen.

$$\frac{4 \cdot \hat{u}}{\pi} \cdot \sin\omega \cdot t + \frac{4 \cdot \hat{u}}{3 \cdot \pi} \cdot \sin 3\omega \cdot t + \frac{4 \cdot \hat{u}}{5 \cdot \pi} \cdot \sin 5\omega t + \cdots. \tag{96}$$

Die Reihe ist genau genommen bis ins Unendliche fortzusetzen, aber die höheren Frequenzen spielen meist keine große Rolle. Wie würde sich nun ein Widerstand, eine Spule und ein Kondensator an einer solchen Rechtecksspannung verhalten?

1. Widerstand: Nach dem Ohmschen Gesetz ist $i = u : R$. Die Stromwelle muß daher ebenfalls eine Rechteckswelle sein.

2. Spule: Der induktive Widerstand sei $\omega \cdot L$. Die Grundwelle erzeugt einen sinusförmigen Wechselstrom von der Kreisfrequenz ω. Die Spannung der 1. Oberwelle ist nur ein Drittel derjenigen der Grundwelle, und da der Widerstand $\omega \cdot L$ bei dreifacher Frequenz dreimal so groß ist, wird der Strom nur ein Neuntel der Größe der Grundwelle sein. Die Oberwelle von 5facher Frequenz erzeugt entsprechend einen Strom, der nur $^1/_{25}$ der Grundwelle ist. Man erkennt, daß die Oberwellen kaum eine Rolle spielen, daß also die Rechteckswelle der Spannung einen fast sinusförmigen Strom durch die Spule treibt.

3. Kondensator: Der kapazitive Widerstand ist $1/\omega \cdot C$. Die Welle dreifacher Frequenz ist in ihrer Größe zwar nur ein Drittel der Grundwelle, da aber bei ihr der Widerstand auch nur ein Drittel ist, wird der Strom dreifacher Frequenz genau so groß wie der der Grundwelle sein. Dasselbe gilt für die Welle fünffacher Frequenz. Die Stromwelle eines Kondensators zeigt also Verzerrungen in verstärktem Maße.

D. Die Leistung des Wechselstroms.

Auf S. 36 wurde gezeigt, daß auch bei Wechselstrom in einem Ohmschen Widerstand eine Leistung $N = R \cdot I^2$ verbraucht wird. Setzt man $R = U : I$, so erhält man $N = U \cdot I$. Es besteht also hier kein Unterschied gegenüber Gleichstrom. Anders ist es, wenn Strom und Spannung nicht in Phase liegen. Da jetzt der Höchstwert des Stromes zu einer anderen Zeit auftritt wie der Höchstwert der Spannung, wird die Leistung nicht mehr $U \cdot I$, sondern kleiner sein müssen. In Abb. 100 sind eine Strom- und eine Spannungswelle mit der Phasenverschiebung φ gezeichnet (Spule mit Widerstand). Durch Multiplikation der Augenblickswerte miteinander erhält man die Leistungslinie N, die aber nicht wie bei derjenigen eines Widerstandes (Abb. 75) dauernd positiv bleibt, sondern auch negative Werte aufweist. Man hat daher zuerst die negativen Flächen von den positiven abzuziehen und dann das Mittel zu bilden. Dieser Mittelwert

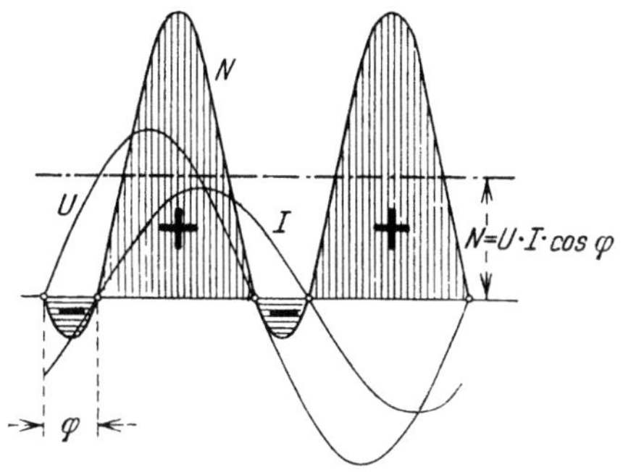

Abb. 100. Leistungslinie einer Spule.

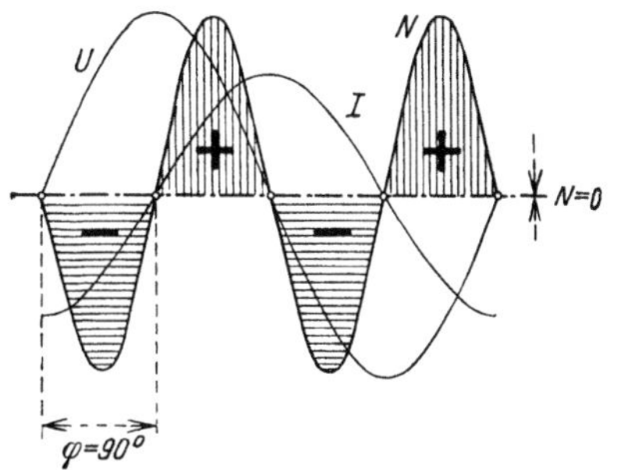

Abb. 101. Leistungslinie einer verlustlosen Spule.

ist natürlich kleiner als $U \cdot I$. In Abb. 101 sind zwei um 90° verschobene Wellen in gleicher Weise miteinander multipliziert, und man findet, daß nun die mittlere Leistung sogar Null ist. Nehmen wir an, daß es sich bei den betrachteten drei Fällen um Spulen handelt, so muß nach S. 36 die Leistung jedenfalls $N = R \cdot I^2$ sein, im letzten Falle muß also der Ohmsche Widerstand gleich Null sein. Nun ist im Vektordiagramm Abb. 80 $\cos\varphi = R \cdot I : U$, hieraus folgt $R = U \cdot \cos\varphi : I$. Setzt man dies in die obige Leistungsgleichung ein, so erhält man:

$$\boldsymbol{N = U \cdot I \cdot \cos\varphi}. \tag{97}$$

$\cos\varphi$ ist der Leistungsfaktor. Er ist gleich 1, wenn keine Phasenverschiebung vorhanden ist (Ohmscher Widerstand) und gleich Null bei einer Phasenverschiebung von 90° (verlustlose Spule oder Kondensator).

Ein jeder gegen die Spannung U phasenverschobene Strom I (Abb. 102) läßt sich in zwei Komponenten zerlegen, von denen die eine I_w mit der Spannung in Phase liegt und Wirkstrom genannt wird, während die andere I_b um 90° gegen die Spannung verschoben ist und Blindstrom heißt. Der Wirkstrom bildet allein mit der Spannung die Leistung (Wirkleistung), während der Blindstrom keine wirkliche Leistung führt (Abb. 101). Man nennt demgemäß:

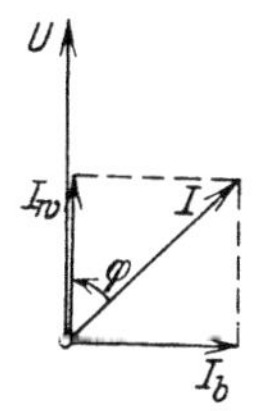

Abb. 102. Zerlegung des Stromes in Wirk- und Blindstrom.

$$N_b = U \cdot I_b = U \cdot I \cdot \sin\varphi \text{ Blindleistung} \tag{98}$$

$$N = U \cdot I_w = U \cdot I \cdot \cos\varphi \text{ Wirkleistung} \tag{99}$$

$$N_s = U \cdot I \text{ Scheinleistung} \tag{100}$$

Der Faktor $\sin\varphi$ wird auch Blindfaktor genannt. Wir müssen uns noch die Frage vorlegen, was die in den Abb. 100 und 101 dargestellten negativen Leistungen bedeuten. Negative Leistung wird vom Verbraucher an die Stromquelle zurückgeliefert. Es kann also bei nacheilendem Strom nur die aus einer Spule in die Stromquelle zurückfließende magnetische Energie und bei einem Kondensator die elektrische Energie sein. In Abb. 100 ist die magnetische Energie nur gering, in Abb. 101 pulsiert nur magnetische Energie ständig zwischen Spule und Stromquelle hin und her, da ein Verbrauch ja nicht auftritt. Solche hin und her flutende Energie ist keineswegs erwünscht, weil der dazugehörige Blindstrom die Leitungen und Maschinen in Anspruch nimmt. Außerdem wird diese Blindleistung von den Abnehmern nicht bezahlt, weil sie infolge des Hin- und Herfließens von den Zählern nicht gezählt wird. Man könnte die Leitungen und Maschinen von der nacheilenden Blindleistung dadurch entlasten, daß man der magnetischen Energie, wenn sie im Nullpunkt des Stromes aus der Spule heraus muß, einen anderen Aufenthaltsraum bietet, nämlich einen Kondensator. Die magnetische Energie W, die zur Erzeugung eines magnetischen Wechselfeldes nötig ist, erfordert einen um so größeren Blindstrom je größer die Frequenz ist, weil bei hoher Frequenz die Energie öfters hin und her fluten muß. Derselbe ist $I_b = \omega \cdot W : U$.

41. Beispiel. Ein Wechselstrommotor von 5 kW Nennleistung für 500 V habe einen Wirkungsgrad $\eta = 0{,}82$ und einen Leistungsfaktor von 0,8. Wie groß müßte ein parallel geschalteter Kondensator sein, welcher bei Nennlast des Motors die ganze magnetische Energie aufnehmen könnte?

Die aufgenommene Leistung ist um die Verluste größer als die Nennleistung, also $5000 : 0{,}82 = 6100$ W. Diese Leistung ist $U \cdot I \cdot \cos\varphi$, woraus sich der Motorstrom zu $I = 6100 : 500 \cdot 0{,}8 = 15{,}2$ A ergibt. Der Wirkstrom ist daher $I_w = I \cdot \cos\varphi = 15{,}2 \cdot 0{,}8 = 12{,}1$ A und der Blindstrom $I_b = I \cdot \sin\varphi = 15{,}2 \cdot 0{,}6 = 9{,}1$ A (der sin ist aus der trigonomischen Tabelle entnommen). Wenn dieser nacheilende Blindstrom kompensiert werden soll, muß ein Kondensator parallel geschaltet werden, welcher einen entgegengesetzt gleichen (voreilenden) Strom aufnimmt. Seine Kapazität muß also $C = I : \omega \cdot U = 9{,}1 : 314 \cdot 500 = 0{,}000058$ F $= 58\,\mu$F sein. Der $\cos\varphi$ von Motor und Kondensator zusammen ist dann gleich 1.

Abb. 103.

Das Anpassungsgesetz. Auf S. 14 wurde festgestellt, daß ein Element das Maximum an Leistung hergeben kann, wenn sein äußerer Widerstand mit dem inneren übereinstimmt. Wir wollen nun prüfen, wann bei Wechselstrom das Leistungsmaximum erhalten wird. Abb. 103 zeigt irgendeinen Wechselstromerzeuger, der die EMK E erzeugt, einen Ohmschen Widerstand R_i und einen induktiven oder auch kapazitiven Widerstand X_i hat. Der gesamte scheinbare Widerstand des Erzeugers sei also $Z_i = \sqrt{R^2_i + X^2_i}$ (Gl. 89). Der angeschlossene Verbraucher habe entsprechend den Ohmschen Widerstand R_a, den induktiven oder kapazitiven Widerstand X_a, zusammen den scheinbaren Widerstand Z_a. Abb. 104 zeigt das zugehörige Vektordiagramm. φ_i ist die innere Phasenverschiebung des Erzeugers und φ_a diejenige des Verbrauchers. Die EMK des Erzeugers ist die geometrische Summe aller Spannungen. Sie ist gleich $Z \cdot I$, wenn man unter Z den Scheinwiderstand des ganzen Kreises versteht. In diesem Diagramm kommt bei allen Vektoren dieselbe Größe I vor. Wir können sie daher bei der folgenden Rechnung fortlassen und das Diagramm als Widerstandsdiagramm auffassen. Die nach außen abgegebene Leistung ist $N = I^2 \cdot R_a = I^2 \cdot Z_a \cdot \cos\varphi_a$. Der Winkel γ ist bestimmt durch $\cos\gamma = -\cos(\varphi_a - \varphi_i)$. Nach dem Kosinussatz ist im Dreieck ABC $Z = \sqrt{Z_a^2 + Z_i^2 + 2 \cdot Z_a \cdot Z_i \cdot \cos(\varphi_a - \varphi_i)}$. Der Strom ist dann $I = E : Z$, den man in die obige Leistungsgleichung einsetzen kann. Man erhält dann durch Differenzieren der Leistung N nach Z_a und Nullsetzen des Quotienten als Ergebnis die Bedingung:

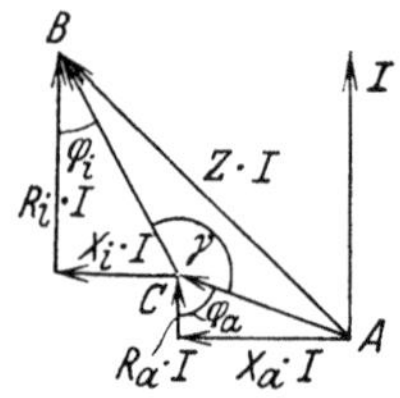

Abb. 104. Diagramm zu Abb. 103.

1. Anpassungsgesetz: $$Z_a = Z_i \qquad (101)$$

Es wird also ein Höchstmaß von Leistung abgegeben, wenn der äußere Scheinwiderstand mit dem inneren Scheinwiderstand übereinstimmt. Dieses Leistungsmaximum ist dann:

$$N_{\max} = \frac{E^2 \cdot \cos\varphi_a}{2 \cdot Z_i \cdot [1 + \cos(\varphi_a - \varphi_i)]}\,. \qquad (102)$$

Dasselbe hängt aber noch von der äußeren Phasenverschiebung ab. Differentieren wir dieses Leistungsmaximum nach der Phasenverschiebung φ_a und setzen wieder gleich Null, so erhalten wir das

2. Anpassunggesetz: $$\varphi_a = -\varphi_i \qquad (103)$$

mit einem absoluten Maximum von

$$\overline{N}_{\max} = \frac{E^2 \cdot \cos\varphi_i}{2 \cdot Z_i \cdot (1 + \cos 2\,\varphi_i)}\,. \qquad (104)$$

Es läßt sich also z. B. bei einer Phasennacheilung in dem Erzeuger nur erzielen, wenn der Verbraucher eine ebenso große Phasenvoreilung hat.

E. Die eisenerfüllte Drosselspule.

Die Drosselspule ohne Verluste.

Zur Vergrößerung der Induktivität versieht man eine Spule zweckmäßig mit einem Eisenkern. Infolge der Krümmung der Magnetisierungslinie ist dann allerdings die Induktivität nicht mehr konstant, wie an Abb. 60 in Verbindung mit Gl. 43 gezeigt wurde. Wegen dieser Veränderlichkeit wird im allgemeinen bei der eisenerfüllten Spule nicht mit der Induktivität, sondern unmittelbar mit dem Kraftfluß gerechnet. Da wir zunächst eine verlustlose Spule voraussetzen ($R = 0$), hat die angelegte Spannung U keine andere Aufgabe als die Gegenspannung der Selbstinduktion, die nach Gl. 86 durch den Kraftfluß Φ bestimmt ist, im Gleichgewicht zu halten. Unter Voraussetzung einer bestimmten Windungszahl und Frequenz ist demnach der Kraftfluß nur durch die angelegte Spannung bestimmt. Er läßt sich aus Gl. 86 berechnen. Der Strom, den dann die Spule aus dem Netz aufnehmen muß, ist durch die Durchflutung festgelegt, welche zur Erzeugung dieses Kraftflusses nötig ist. Da man nun bekanntlich eine um so größere Durchflutung braucht, je größer die magnetischen Widerstände (Luftspalt) sind, die der Kraftfluß zu überwinden hat, kann man sagen: Bei Gleichstrom ist, abgesehen von der Spannung, der Strom durch den Ohmschen Widerstand der Wicklung bestimmt, bei Wechselstrom bestimmt der magnetische Widerstand den Strom. Da keine Verluste vorausgesetzt sind, ist der Strom natürlich reiner Blindstrom (90° nacheilend).

42. Beispiel. Abb. 105 zeigt eine Drosselspule. Der Eisenkern ist in Bleche, die voneinander isoliert sind, unterteilt, damit keine Wirbelströme entstehen (siehe S. 26). Welcher Strom wird fließen, wenn bei einer Windungszahl $w = 150$ eine Spannung von 110 V angelegt wird?

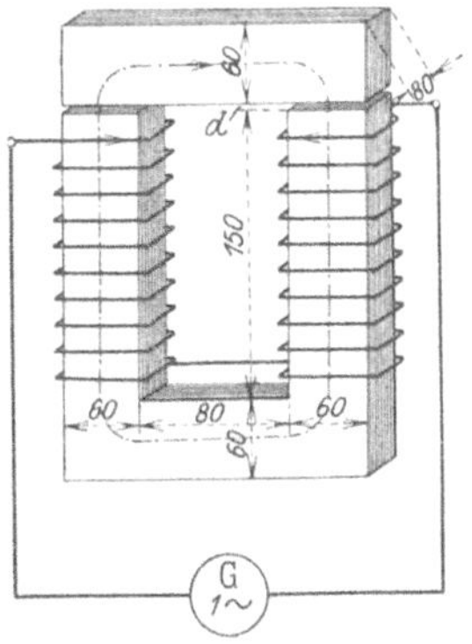

Abb. 105. Drosselspule mit Luftspalt.

Nach Gl. 86 ist der Kraftfluß $\hat{\Phi} = 110 \cdot 10^8 : 4{,}44 \cdot 50 \cdot 150 = 330000\ Mx$. Da das Eisen durch Papierzwischenlagen unterteilt ist, hat man den wirklichen Eisenquerschnitt etwa 10% geringer anzunehmen, also zu 48 cm² — 10% = 43,2 cm². Die Kraftliniendichte im Eisen ist daher $\mathfrak{B} = 330000 : 43{,}2 = 7650$ G. Die Durchflutung ergibt sich nun:

a) Ohne Luftspalt. Die Länge des Kraftlinienweges ist 65 cm. Nach Abb. 38 werden für $\mathfrak{B} = 7650$ G 1,9 Aw/cm benötigt. Die gesamte Durchflutung ist daher $65 \cdot 1{,}9 = 123$ Aw und demnach der Strom $\hat{\imath} = 123 : 150 = 0{,}82$ A. Da in Gl. 86 der Höchstwert des Kraftflusses vorkommt, muß dies der Höchstwert des Stromes sein. Der Effektivwert ist $0{,}82 : 1{,}41 = 0{,}58$ A.

b) Mit Luftspalt von 1 mm beiderseits. Im Eisen ist die gleiche Magnetisierung wie bisher vorhanden, wir brauchen also auch die gleiche Durchflutung dafür. In der Luft ist infolge der Kraftlinienausbreitung der Querschnitt etwas größer anzunehmen, etwa 48 + 5% = 50,4 cm². Die Luftinduktion ist daher $\mathfrak{B}_l = 330000 : 50{,}4 = 6550$ G. Nach Gl. 28 brauchen wir für die Luft $\hat{\Theta}_l = 0{,}8 \cdot 6550 \cdot 0{,}2 = 1045$ Aw. Die gesamte Durchflutung ist $\hat{\Theta} = 123 + 1045 = 1168$ Aw und daher der Strom $\hat{\imath} = 1168 : 150 = 7{,}13$ A ergibt. Sein Effektivwert ist $I = 7{,}13 : 1{,}41 = 5{,}05$ A. Durch den Luftspalt ist der magnetische Widerstand erheblich vergrößert worden, wodurch ein entsprechend größerer Strom erforderlich ist. Der Luftspalt ist natürlich zur Erhaltung des Abstandes mit einem unmagnetischen Stoff (Pappe, Holz) auszufüllen. Metalle können wegen der Wirbelströme nicht Verwendung finden.

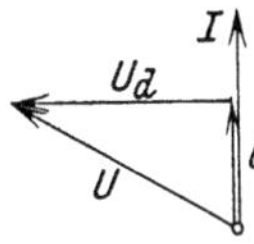

Abb. 106.

43. Beispiel. Eine Bogenlampe, welche bei 35 V mit 20 A richtig brennt, soll unter Vorschaltung der Drossel Abb. 105 an eine Wechselspannung von 110 V angeschlossen werden. Welcher Luftspalt ist einzustellen, damit die Lampe ihre richtige Spannung erhält?

Die Lampenspannung U_l liegt in Phase mit dem Strom, während die noch unbekannte Drosselspannung U_d um 90° voreilt. Man erhält sie (Abb. 106), wenn man mit $U = 110$ V einen Kreis schlägt oder durch Rechnung: $U_d = \sqrt{110^2 - 35^2} = 104$ V (eine arithmetische Subtraktion würde ganz falsch sein). Nach Gl. 86 ergibt sich bei dieser Spannung ein Kraftfluß von 312000 Mx. Die Kraftliniendichte im Eisen ist demnach $312000 : 43{,}2 = 7250$ G, wozu eine Durchflutung von 1,8 Aw/cm gehört. Insgesamt werden für das Eisen $65 \cdot 1{,}8 = 117$ Aw benötigt. Bei einem Lampenstrom von $\hat{\imath} = 20 \cdot 1{,}41 = 28{,}2$ A ist eine Gesamtdurchflutung von $28{,}2 \cdot 150 = 4230$ Aw verfügbar. Es bleiben also für den Luftspalt noch $4230 - 117 = 4113$ Aw. Bei einer Luftinduktion von $312000 : 50{,}4 = 6200$ G sind je cm $0{,}8 \cdot 6200 = 4960$ Aw/cm nötig. Es ist daher ein Luftspalt von $4113 : 4960 = 0{,}83$ cm einzustellen, welcher mit 4,15 mm beiderseits zu verteilen ist.

Die Drosselspule unter Berücksichtigung der Verluste.

Es treten auf: Stromwärmeverluste $R \cdot I^2$ und Eisenverluste. Die letzteren setzen sich aus den Hysteresisverlusten und den Wirbelstromverlusten zusammen. Trotz der Unterteilung in Bleche lassen sich nämlich die Wirbelströme nicht ganz vermeiden. Die Hysteresisverluste können ungefähr nach Gl. 29 berechnet werden. Für die Wirbelstromverluste normaler Bleche ist etwa die folgende Beziehung zur Berechnung brauchbar:

$$V_w = 0{,}32 \cdot \left(\delta \cdot \frac{f}{100} \cdot \frac{\hat{\mathfrak{B}}}{1000}\right)^2, \tag{105}$$

woraus sich V_w in W/kg ergibt, wenn die Blechstärke in mm eingesetzt wird. Es ist jedoch zweckmäßiger, die gesamten Eisenverluste aus Kurven, nach Abb. 107 zu entnehmen, welche durch Versuche gewonnen wurden, und welche den Gesamteisenverlust je kg in Abhängigkeit von der Kraftliniendichte darstellen. Die ausgezogenen Linien gelten für normale, die gestrichelten für hochlegierte Bleche. Letzteres sind Bleche, bei welchen durch einen Si-Zusatz die elektrische Leitfähigkeit herabgesetzt ist (bis auf ein Fünftel). Den bei $\hat{\mathfrak{B}} = 10000$ G oder 15000 G auftretenden Verlust bezeichnet man mit V_{10} bzw. V_{15} und nennt ihn die Verlustziffer.

Um die Verluste im Vektordiagramm zur Darstellung bringen zu können, zeichnet man sich für die verlustbehaftete Spule zweckmäßig ein Ersatzschaltbild nach Abb. 108, bei welchem die Spule selbst verlustlos angenommen ist. Die Stromwärmeverluste sind durch einen Vorwiderstand R ersetzt, der ebenso groß wie der Spulenwiderstand ist, und die Eisenverluste denkt man sich in einem der Spule parallel geschalteten Ohmschen Widerstand entstanden. Abb. 109 zeigt das Vektordiagramm zu dieser Schaltung. Die Spannung U_1 an der verlustlos gedachten Spule ruft in dieser einen um 90° nacheilenden Magnetisierungsstrom I_m hervor, der nach Beispiel 42 berechnet wird. Die Eisenverluste V ergeben sich aus Abb. 107, wenn man der Kraftliniendichte entsprechend den Kurven den Verlust je kg entnimmt und mit dem Eisengewicht multipliziert. Der Verluststrom ist $I_v = V : U_1$. Durch geometrische Addition der Ströme I_m und I_v ergibt sich der tatsächliche Strom I, welcher der Spannung U_1 weniger als 90° nacheilt. Addiert man mit dem Strom I phasengleich den Spannungsabfall $R \cdot I$ zur Spannung U_1, so erhält man die Klemmenspannung U. Unmittelbar meßbar sind von den Größen des Diagramms nur U und I, welche eine Phasenverschiebung φ gegeneinander haben. Diese ist kleiner als 90°, weil sowohl die Eisenverluste als auch die Stromwärmeverluste auf eine Verkleinerung hinwirken. Bei der zahlenmäßigen Berechnung einer Spule in der angedeuteten Weise ergibt sich insofern eine Schwierigkeit, als die Spannung U_1, von welcher wir ausgingen, unbekannt ist. Bekannt ist nur U, das sich aber erst bei Vollendung des Diagramms ergibt. Man schätzt daher zunächst einmal die Spannung U_1 und bestimmt mit ihr das Diagramm. Die Spannung U, welche man aus ihm schließlich erhält, wird mit der gegebenen Spannung U nicht übereinstimmen. Aus der Abweichung erkennt man aber, in welcher Weise man die angenommene Spannung U_1 abändern muß, um zu angenähert richtigen Ergebnissen zu gelangen. Kleine Abweichungen können vernachlässigt werden, weil sowohl die Eisenverluste als auch die Magnetisierungslinie selten ganz genau bekannt sind, und weil die Ersatzschaltung selbst auch nicht ganz getreu ist. In vielen praktischen Fällen kann sogar auf die Berücksichtigung der Verluste überhaupt verzichtet werden.

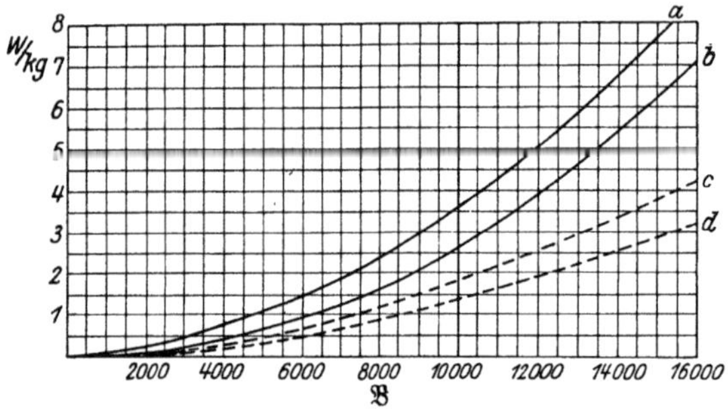

Abb. 107. Eisenverluste: a = norm. Dynamoblech 0,5 mm, b = norm. Dynamoblech 0,35 mm, c = hochlegiertes Dynamoblech 0,5 mm, d = hochlegiertes Dynamoblech 0,35 mm.

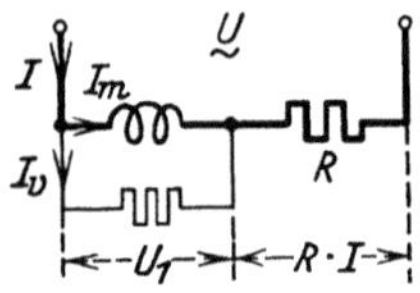

Abb. 108. Ersatzschaltbild der verlustbehafteten Drosselspule.

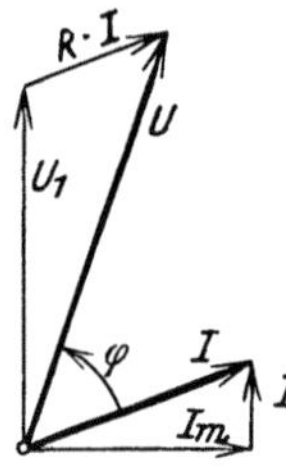

Abb. 109. Diagramm zu Abb. 108.

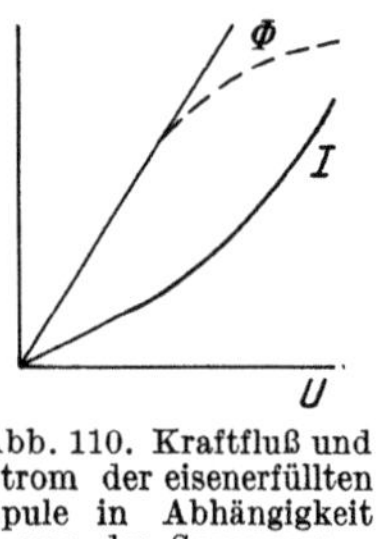

Abb. 110. Kraftfluß und Strom der eisenerfüllten Spule in Abhängigkeit von der Spannung.

Aus den vorstehenden Betrachtungen geht deutlich hervor, daß bei einer eisenerfüllten Drossel der Strom I nicht der Spannung U proportional ist, wie es das Ohmsche Gesetz verlangt. Mit wachsender Spannung U nimmt bei der verlustlosen Spule der Kraftfluß Φ proportional zu (Gl. 86). Abb. 110 zeigt dies. Der Strom ist durch die Durchflutung bestimmt, welche zur Erzeugung dieses Kraftflusses benötigt wird. Er ist, der Magnetisierungslinie entsprechend, sehr viel größer, sobald man in das Gebiet der Eisensättigung kommt. Infolgedessen zeigt die Stromlinie dann eine starke Umbiegung. Die verlustbehaftete Spule hat keine genaue Proportionalität zwischen Spannung U und Kraftfluß Φ, vielmehr bleibt infolge des Ohmschen Spannungsabfalles $R \cdot I$ der Kraftfluß Φ in der gestrichelt eingezeichneten Weise etwas zurück, wodurch auch der Strom herabgesetzt wird.

Bei einer unterteilten Spule nach Abb. 105 ist stets auf richtige Hintereinanderschaltung der Teilspulen zu achten. Würden dieselben entgegen geschaltet, so könnte der Kraftfluß nicht den gezeichneten Kreis bilden, vielmehr müßte sich der Fluß einer jeden Spule durch die Luft hindurch schließen. Der dadurch bedingte große magnetische Widerstand würde einen kurzschlußartig großen Strom zur Folge haben.

Kraftwirkungen des magnetischen Wechselfeldes. Die Anziehung, welche der Wechselstrommagnet Abb. 105 auf das Jochstück ausübt, läßt sich nach der allgemeinen Beziehung (Gl. 1) in jedem Augenblick berechnen. In Abb. 111 ist zur Kraftliniendichte $\mathfrak{B}$ die jeweils wirksame Kraft p aufgetragen, deren Höchstwert $\hat{p} = F \cdot \hat{\mathfrak{B}}^2 : 8 \cdot \pi \cdot 981000$ ist. Der Mittelwert P ist halb so groß, also

$$P = \frac{F \cdot \hat{\mathfrak{B}}^2}{16 \cdot \pi \cdot 981\,000} \text{ Kilogramm} \qquad (106)$$

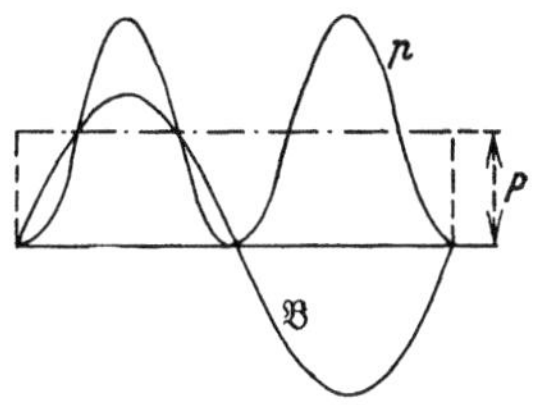

Abb. 111. Kraftwirkung eines Wechselstrommagneten.

Der Wechsel der Kraft kann zu störendem Brummen Veranlassung geben, welches durch eine Teilung und Phasenverschiebung des Kraftflusses nach Abb. 170 gemildert werden kann. Wechselstrommagnete kommen als Lastmagnete nicht vor, weil die Stromaufnahme ohne Last sehr groß sein würde, wohl aber finden sie als Zugmagnete zum Lüften von Bremsen u. dgl. Verwendung (Abb. 584).

Die Kraftwirkung, welche ein von einem Wechselstrom i durchflossener Leiter (Abb. 45) in einem magnetischen Wechselfeld von der Stärke $\mathfrak{B}$ erfährt, ist nach Gl. 34 $p = \mathfrak{B} \cdot i \cdot l : 9{,}81 \cdot 10^6$. Sind $\mathfrak{B}$ und i phasengleich, so ergibt sich die maximale Kraft zu $\hat{\mathfrak{B}} \cdot \hat{\imath} \cdot l : 9{,}81 \cdot 10^6$, während die mittlere Kraft halb so groß ist, also unter Einsetzung des Effektivwertes des Stromes $\hat{\mathfrak{B}} \cdot I \cdot l : \sqrt{2} \cdot 9{,}81 \cdot 10^6$ beträgt. Bei einer Phasenverschiebung φ zwischen Feld und Strom ist, genau wie bei der Leistung, noch mit dem Cosinus φ zu multiplizieren:

$$P = \frac{\hat{\mathfrak{B}} \cdot I \cdot l \cdot \cos\varphi}{\sqrt{2} \cdot 9{,}81 \cdot 10^6}\,. \qquad (107)$$

Hierbei ist Voraussetzung, daß Feld und Strom gleiche Frequenz haben. Bei ungleicher Frequenz ist die mittlere Kraftwirkung Null.

Der Einschaltstrom bei Drosselspulen. Beim Einschalten von Drosseln läßt sich beobachten, daß zuweilen ein sehr großer Einschaltstromstoß auftritt, welcher den normalen Strom um ein Vielfaches übersteigt. Es liegt nahe, anzunehmen, daß dies durch den Augenblickswert der Spannung bedingt ist, welcher im Augenblick des Schalterschlusses gerade herrscht. Für die folgenden Betrachtungen soll der Einfachheit wegen angenommen werden, daß die Spule keine Verluste habe, daß also die Netzspannung u entgegengesetzt gleich ist der durch Gl. 37 ausgedrückten Selbstinduktionsspannung. Also $u = w \cdot 10^{-8} \cdot d\Phi/dt$. Hieraus folgt: $d\Phi = u \cdot dt : w \cdot 10^{-8}$ und daher:

$$\Phi = \frac{10^8}{w} \cdot \int u \cdot dt\,. \qquad (108)$$

Der Kraftfluß ist also durch die angelegte Spannung bestimmt, und wir wollen betrachten, wie er sich in zwei charakteristischen Einschaltfällen bilden muß.

1. Einschalten im Augenblick des Spannungsmaximums. Abb. 112 zeigt diesen Fall. Der Kraftfluß Φ ist nach Gl. 108 durch die schraffierte Fläche bestimmt. Er nimmt also vom Augenblick A an ständig bis B zu, um dann wieder abzunehmen, weil nach dem Augenblick B die Fläche $u \cdot dt$ negativ wird. Der Kraftfluß zeigt also einen Verlauf, wie er normal in einer Drossel ist (siehe Abb. 80) und demgemäß ist auch der Strom normal.

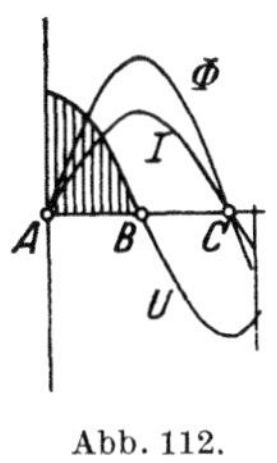

Abb. 112.

2. Einschalten im Augenblick des Spannungsnullpunktes. Abb. 113 zeigt, daß sich jetzt eine doppelt so große Spannungsfläche $u \cdot dt$ ergibt, weil dieselbe von A bis C positiv bleibt. Nach Gl. 108 muß daher der Kraftfluß Φ auf den doppelten normalen Wert ansteigen. Trägt man sich aus der rechts gezeichneten Magnetisierungslinie zu den Augenblickswerten der Flüsse die zugehörigen Ströme auf, so erhält man, bedingt durch die Eisensättigung, eine sehr hohe Stromspitze. Dieselbe ist um so höher, je weiter die Magnetisierung in das Sättigungsgebiet reicht. Bei der eisenlosen Spule könnte der Strom nur den doppelten Normalwert erreichen. Abb. 113 zeigt

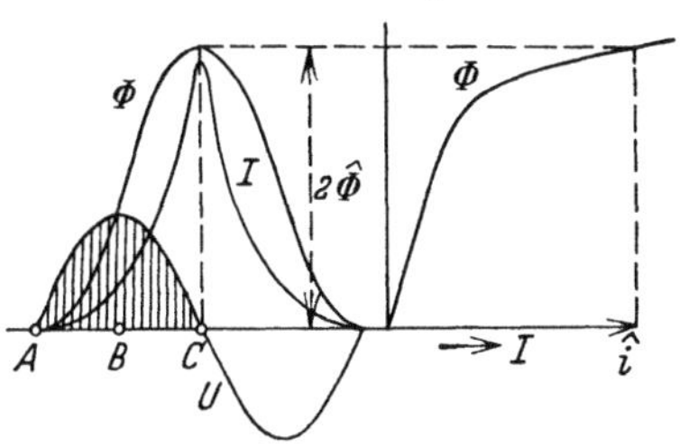

Abb. 113. Einschaltstrom einer Drosselspule ($U = 0$).

weiter, daß die Spule von einem wechselnden Gleichstrom durchflossen ist. Praktisch klingt derselbe allerdings sehr schnell ab und geht in den normalen Wechselstrom über. Die betrachtete Erscheinung, ferner die durch die Sättigung ohnehin bedingte Stromverzerrung und die bei hohen Magnetisierungen auftretenden Eisenverluste sind der Grund, warum man bei Wechselstrommagneten nur selten höhere Induktionen als 12000 bis 14000 G zuläßt.

IV. Der Drehstrom.

A. Drehstromschaltungen.

Sternschaltung. Die Spule *1* des in Abb. 114 dargestellten Stromerzeugers erzeugt bei einer vollen Umdrehung im magnetischen Feld eine Periode einer Wechselspannung U_p, welche über Schleifringe einem Verbraucher, z. B. dem Widerstand R zugeführt werde. Es fließt dann der Strom $I = U_p : R$. Leider bedeckt diese Spule nur einen sehr geringen Teil des Ankerumfanges. Einer Verbreiterung der Spule sind aber Grenzen ge-

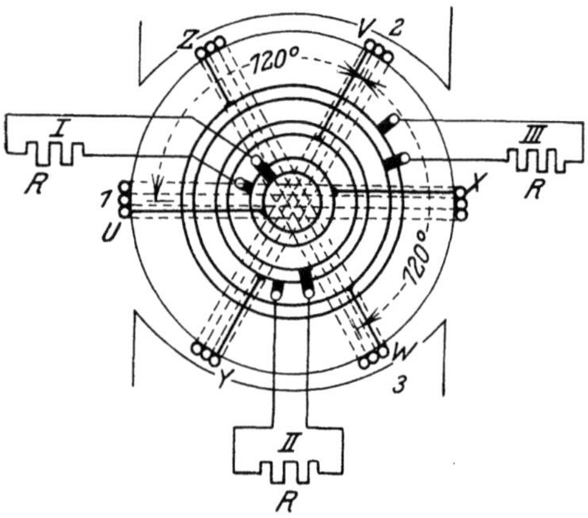

Abb. 114. Drehstromerzeuger.

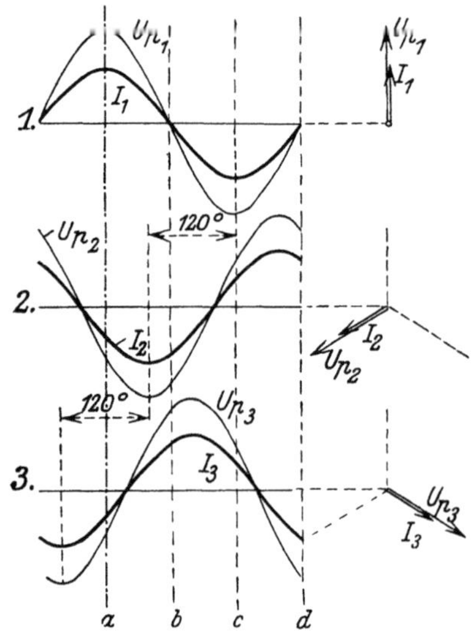

Abb. 115. Spannungen und Ströme nach Abb. 114.

setzt, weil deren Windungen bei großer Breite nicht mehr den ganzen Kraftfluß umschließen. Man zieht daher vor, mehrere solcher Spulen gleichmäßig über den Ankerumfang zu verteilen. In Abb. 114 sind deren drei vorgesehen, welche getrennt voneinander alle die gleiche Wechselspannung U_p erzeugen. Die Phasen dieser drei Spannungen sind aber verschieden, weil sie in einem Abstand von 120° nacheinander durch das Feld gehen. Abb. 115 zeigt die drei phasenverschobenen Spannungen und ihre Ströme sowie die zugehörigen Vektoren. Die Schaltung Abb. 116 läßt erkennen, daß sechs Leitungen zu den Verbrauchern nötig sind. Um diese Zahl zu vermindern, können die Stromkreise verkettet werden, d. h. man kann z. B. die drei nebeneinander gezeichneten Leiter zu einem gemeinsamen Leiter zusammenfassen (gemeinsamer Rückleiter). Es entsteht dadurch Abb. 117, an den Strom- und Spannungsverhältnissen hat sich aber durch die Verkettung nichts geändert. Der Strom in dem gemeinsamen Leiter muß daher gleich der Summe der drei Einzelströme sein. Abb. 115 lehrt aber, daß bei gleichem Widerstand R in den drei Strängen in jedem Augenblick die Summe der drei Ströme den Wert Null ergibt. Zum gleichen Ergebnis kommt man auch, wenn man die drei Stromvektoren mit 120° Phasenverschiebung aneinanderreiht. Wenn nun aber in dem gemeinsamen Leiter kein Strom fließt, so kann er in Fortfall kommen, wodurch dann die durch Abb. 118 dargestellte Drehstromsternschaltung entsteht. Drehstrom ist also keine neue Stromart, sondern mehrphasiger Wechselstrom. Sein Vorteil gegenüber dem einphasigen Wechselstrom liegt einmal in der schon betrachteten besseren Maschinenausnützung, dann aber auch in einer Ersparnis von Leitungskupfer. Ein Vergleich zwischen Abb. 116 und 118 lehrt ohne weiteres, daß bei gleicher Leistung und Leitungsbelastung bei Drehstrom nur die halbe Kupfermenge benötigt wird. Ein weiterer Vorteil besteht darin, daß die Drehstrommotoren den Wechselstrommotoren überlegen sind.

Durch die vorgenommene Verkettung ist eine neue Spannung U entstanden, die sich nach Abb. 118 als die Differenz zweier Strangspannungen U_p ergibt. Um dies einzusehen, muß man bedenken, daß im Sternpunkt die drei Anfänge X, Y und Z zusammengefaßt sind, welche am Ankerumfang um 120° auseinander liegen. Nimmt man als positive Spannungsrichtung die Richtungen $X—U$, $Y—V$ und $Z—W$ an, so liegt zwischen den Punkten U und V die Spannung $(U \leftarrow X) + (Y \rightarrow V)$, also die Differenz dieser beiden Strangspannungen. Die Größe der Spannung U zwischen den Leitungen, die man Leitungsspannung oder verkettete Spannung nennt, ergibt sich nun aus Abb. 119 als die Differenz zweier Vektoren U_p (Subtraktion = Addition des Subtrahenden mit negativem Vorzeichen). Aus dem Dreieck errechnet sich, daß

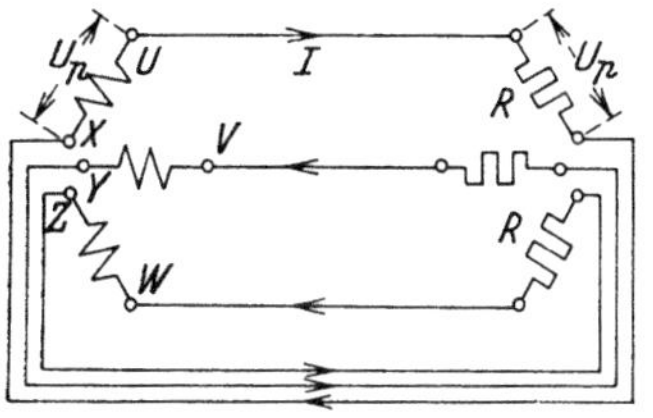

Abb. 116. Schaltung von Abb. 114.

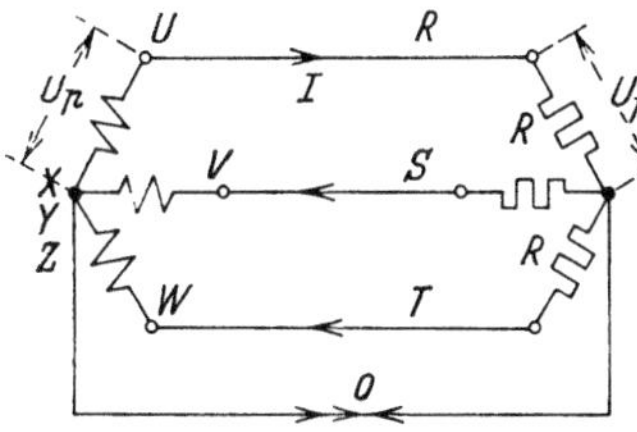

Abb. 117. Sternschaltung mit Nulleiter.

$$U = \sqrt{3} \cdot U_p = 1{,}73 \cdot U_p \tag{109}$$

ist. Bei einer Strangspannung von 220 V herrscht daher zwischen den Leitungen eine verkettete Spannung von 1,73 · 220 = 380 V.

Der Fortfall des die Sternpunkte verbindenden Nulleiters ist nach dem Gesagten nur möglich, wenn die Stränge gleichmäßig stark belastet sind. Dies würde z. B. bei den drei gleichgewickelten Strängen eines Drehstrommotors der Fall sein. Bei Beleuchtungsanlagen hängt die Belastung vom jeweiligen Bedarf ab, sie kann also nicht in den drei Strängen als gleich vorausgesetzt werden, und daher darf in diesem Falle der Nulleiter nicht fortgelassen werden. Der Nulleiterstrom ergibt sich als die geometrische Summe der drei Leitungsströme.

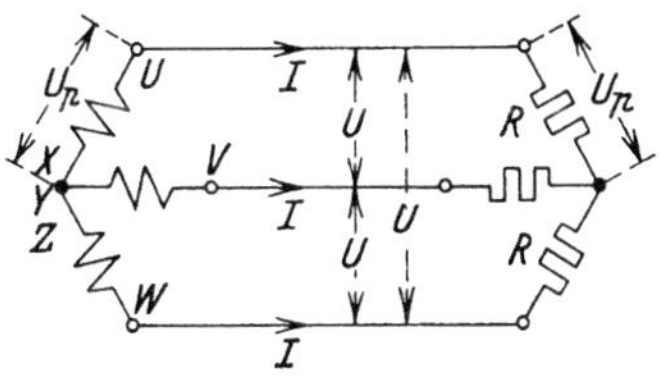

Abb. 118. Sternschaltung.

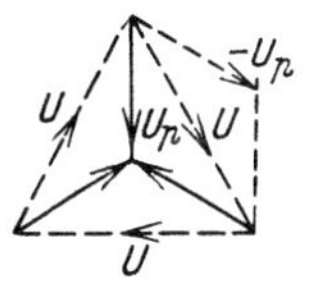

Abb. 119. Bestimmung der verketteten Spannung U.

44. Beispiel. An ein Drehstromnetz mit Nulleiter mit 380 V verketteter Spannung sei zwischen R und 0 ein Ohmscher Widerstand von 100 Ω, zwischen S und 0 eine Spule mit der Induktivität $L = 0{,}25$ H und 10 Ω und zwischen T und 0 ein Kondensator von 30 μ F angeschlossen. Wie groß ist der Nulleiterstrom?

Sowohl Widerstand als auch Spule und Kondensator liegen an der Strangspannung von 380 : 1,73 = 220 V. Die drei Leitungsströme sind also: $I_R = 220 : 100 = 2{,}2$ A, $I_S = 220 : \sqrt{10^2 + (314 \cdot 0{,}25)^2} = 2{,}79$ A, $I_T = 220 \cdot 314 \cdot 0{,}000030 = 2{,}07$ A. In der Spule eilt der Strom I_s der zugehörigen Strangspannung um den Winkel φ_R nach, der sich aus $\operatorname{tg} \varphi_R = \omega \cdot L : R = 314 \cdot 0{,}25 : 10 = 7{,}85$, also nach Tabelle zu 82° 45′ ergibt. Im Kondensator, den wir verlustlos annehmen, besteht eine Phasenvoreilung des Stromes von $\varphi_T = 90°$. Abb. 120 zeigt das zugehörige Diagramm. Die Ströme I_R, I_S und I_T sind mit den richtigen Phasenverschiebungen zu den Strangspannungen U_p aufgetragen worden. Durch Aneinanderreihen derselben erhält man den Nulleiterstrom $I_0 = 2{,}4$ A.

Wenn man bei Gleich- oder Wechselstrom umpolt, so ändert sich die Stromrichtung, niemals aber die Stromgröße. Bei Drehstrom kann dies anders sein. Wenn wir im vorstehenden Beispiel Spule und Kondensator miteinander vertauschen, ergibt sich das gestrichelt gezeichnete Stromdiagramm und daraus ein Nulleiterstrom von $I'_0 = 6$ A. Der Grund für diese Abweichung liegt darin, daß bei Drehstrom auch noch die zeitliche Reihenfolge der phasenverschobenen Strangspannungen eine Rolle spielt. Diese ist durch die Umpolung umgekehrt worden.

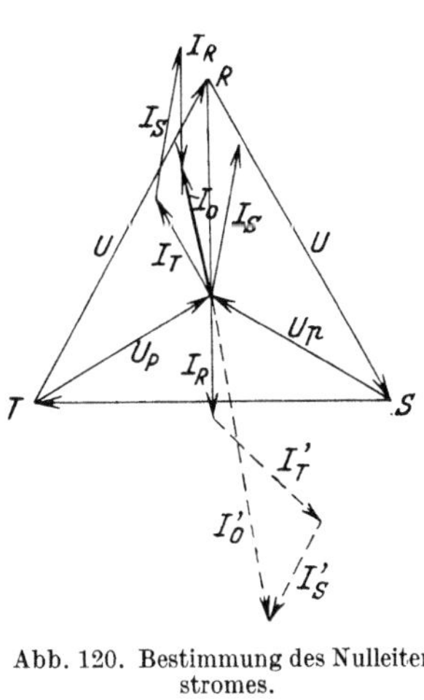

Abb. 120. Bestimmung des Nulleiterstromes.

Dreiecksschaltung. Abb. 121 zeigt die drei getrennten Stromkreise noch einmal in etwas anderer Darstellung. Es wäre möglich, die Verkettung auch dadurch vorzunehmen, daß man je zwei der zusammen gezeichneten Leiter vereinigte. Man erhält dann Abb. 122, die Drehstrom-Dreiecksschaltung. Bei dieser Schaltung gibt es keinen Nulleiter, auch kommt nur eine einzige Spannung vor, nämlich die Leitungsspannung U. Hingegen gibt es zwei verschiedene Ströme, der Strangstrom I_p und der Leitungsstrom I. Am Dreieckspunkt X/V fließt unter Beibehaltung der oben erwähnten positiven Richtung der Strangstrom I_{UX} zu und I_{VY} ab. Der Leitungsstrom muß daher die Differenz beider sein und ergibt sich entsprechend Abb. 119 zu

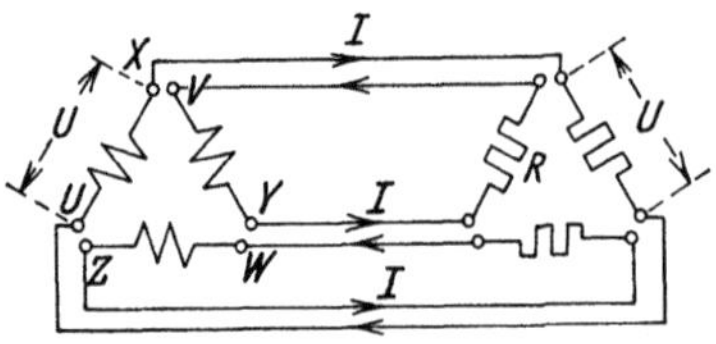

Abb. 121.

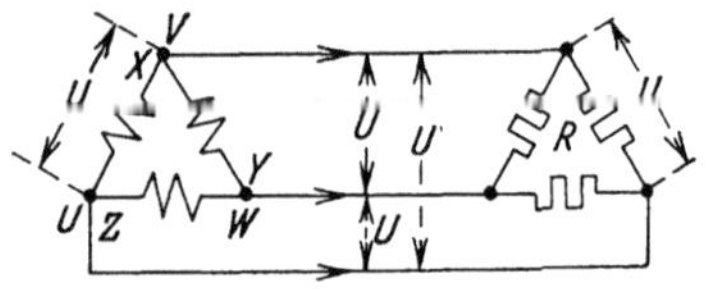

Abb. 122. Dreiecksschaltung.

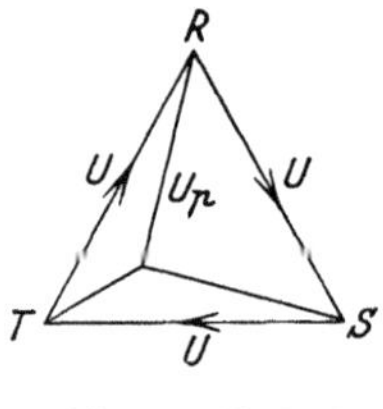

Abb. 123. Ungleich belastete Sternschaltung ohne Nulleiter.

$$I = \sqrt{3} \cdot I_p = 1{,}73 \cdot I_p \,. \qquad (110)$$

Die Reihenschaltung der drei Stränge in Abb. 122 ist nicht etwa als Kurzschluß aufzufassen, denn Abb. 115 zeigt, daß die Summe der drei Strangspannungen in jedem Augenblick den Wert Null ergibt. Hierbei ist aber natürlich vorausgesetzt, daß die Wicklungen der drei Stränge genau übereinstimmende Windungszahl haben, und daß sie im richtigen Sinne in Reihe geschaltet sind.

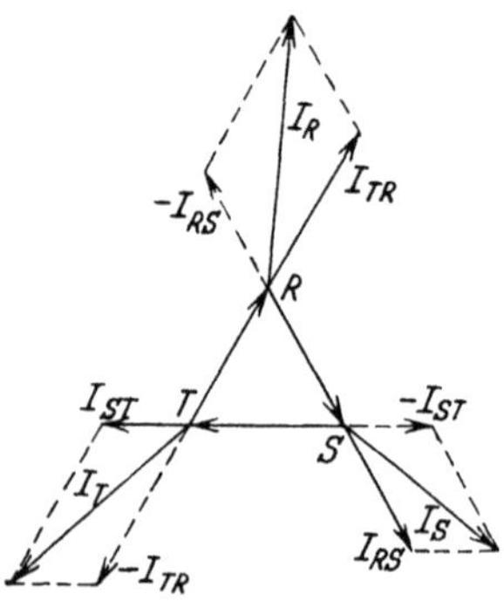

Abb. 124. Bestimmung der Leitungsströme bei Dreiecksschaltung.

Ungleich belastete Drehstromsysteme. Die Sternschaltung nach Abb. 117 mit Nulleiter läßt eine ungleiche Belastung der Stränge ohne weiteres zu. Der Nulleiter führt den Ausgleichstrom, welcher nach Beispiel 44 zu bestimmen ist. Die Spannungen bleiben trotz der ungleichen Belastung unverändert. Dies ist nicht der Fall, wenn man ein Sternsystem ohne Nulleiter ungleichmäßig belastet. Weist z. B. der Strang T einen kleineren Widerstand auf, so verlagert sich der Nullpunkt im Diagramm nach Abb. 123 derart, daß die Phasenspannung dieses Stranges kleiner und die der anderen Stränge größer wird. Hierbei ist es sogar möglich, daß der Sternpunkt außerhalb des Dreiecks fällt, und daß U_p größer als U wird.

Bei der Dreiecksschaltung ist eine ungleiche Belastung zulässig. Die Spannungen ändern sich dadurch nicht, es treten lediglich ungleiche Ströme in den Leitungen auf.

45. Beispiel. In einem Drehstromsystem seien zwischen R und S 1500 W, zwischen S und T 1000 W und zwischen T und R 2000 W Beleuchtung an 220 V angeschlossen. Wie groß sind die Leitungsströme?

Die drei Strangströme sind: $I_{RS} = 1500:220 = 6{,}8$ A, $I_{ST} = 1000:220 = 4{,}6$ A und $I_{TR} = 2000:220 = 9{,}2$ A. Dieselben sind nach Abb. 124 in Phase mit den Leitungsspannungen U_{RS}, U_{ST}

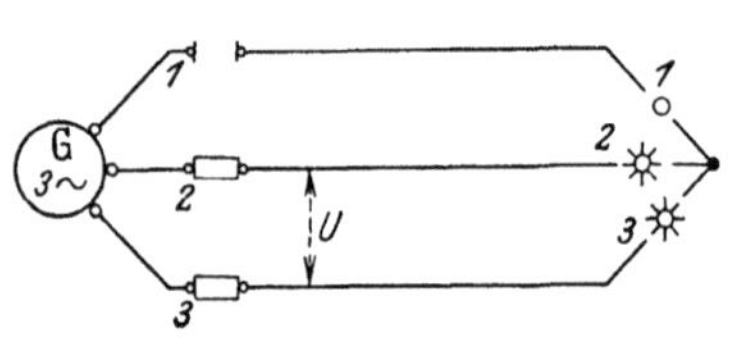

Abb. 125.

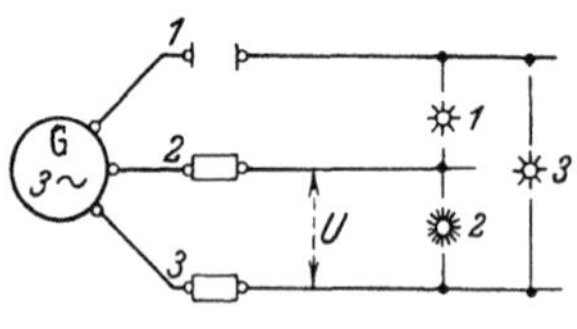

Abb. 126.

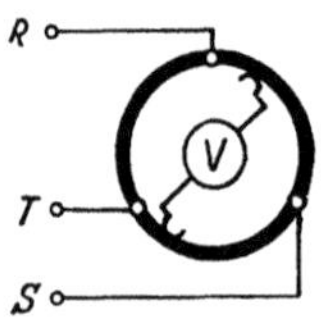

Abb. 127.

und U_{TR} anzutragen. Der Leitungsstrom I_R ergibt sich nun als Differenz der Ströme I_{RS} und I_{TR}. Zur Bildung dieser Differenz wollen wir den bereits bei R liegenden Strom I_{RS} umkehren (negatives Vorzeichen) und dann mit dem Strom I_{TR}, den wir nach R verschieben, durch ein Parallelogramm addieren. Es ergibt sich dadurch ein Strom $I_R = 14$ A. In gleicher Weise liefert die Konstruktion an den Punkten S und T die Ströme $I_S = 10{,}2$ A und $I_T = 12{,}2$ A. Die geometrische Summe der drei gefundenen Ströme muß den Wert Null ergeben.

Abb. 125 zeigt drei gleiche Lampen in Sternschaltung ohne Nulleiter. Wenn eine der Sicherungen durchbrennt, liegen die Lampen 2 und 3 in Reihe an der Wechselspannung U. Jede bekommt also

$U/2$, während sie vor dem Durchbrennen $U/1{,}73$ hatte. Die Lampen würden hingegen nicht dunkler brennen, wenn ein Nulleiter vorhanden wäre. Bei der Dreiecksschaltung der Lampen nach Abb. 126 behält Lampe 2 ihre normale Spannung, während Lampe 1 und 3 in Reihe mit halber Spannung brennen.

46. Beispiel. Wie ändert sich Größe und Phase der vom Spannungsmesser V angezeigten Spannung in Abb. 127, wenn man den Kontaktarm über die Widerstände dreht?

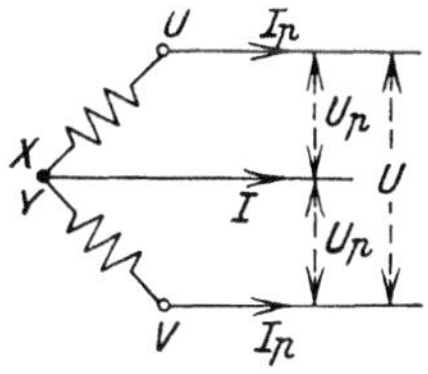

Abb. 128. Zweiphasenschaltung.

47. Beispiel. Man zeichne (entsprechend Abb. 11) das Schaltbild eines Drehstrom-Spannungsteilers.

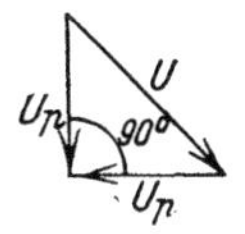

Abb. 129. Diagramm zu Abb. 128.

Bei den dargestellten Schaltungen ist der Erzeuger stets in gleicher Schaltung wie der Verbraucher dargestellt worden. Dies ist nicht notwendig. Ein in Stern geschalteter Erzeuger kann auch mit einem in Dreieck geschalteten Verbraucher zusammengeschaltet werden und umgekehrt. Die Dreiecksschaltung hat den Vorzug, daß auch bei ungleicher Strangbelastung nur drei Leitungen nötig sind. Die meisten Beleuchtungsanlagen sind allerdings Sternschaltungen mit Nulleiter, weil man mit Rücksicht auf Kupferersparnis bestrebt ist, die Übertragungsspannung so hoch wie möglich zu machen. Bei der Dreiecksschaltung ist nun die Übertragungsspannung (Leitungsspannung) gerade so groß wie die Lampenspannung, bei der Sternschaltung ist sie aber 1,73mal so groß.

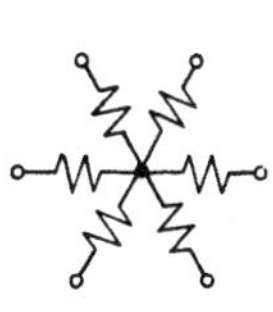

Abb. 130. Sechsphasen-Sternschaltung.

Abb. 131. Sechsphasen-Ringschaltung.

Drehstromsysteme abweichender Phasenzahl. Der gebräuchliche Drehstrom hat drei Phasen, jedoch ist auch jede andere Phasenzahl möglich. Zweiphasiger Drehstrom mit zwei um 90° verschobenen Spannungen ist nicht symmetrisch (Abb. 128). Zwischen den drei Leitungen (drei Leitungen sind bei Drehstrom mindestens notwendig) treten zweimal die Strangspannungen U_p und einmal die 1,41 mal so große verkettete Spannung U auf (Abb. 129). Entsprechend fließt bei gleicher Belastung der beiden Stränge in dem Nulleiter ein Strom $I = \sqrt{2} \cdot I_p$.

Sechsphasensysteme mit sechs um 60° verschobenen Spannungen können nach Abb. 130 in Stern oder nach Abb. 131 als Ring geschaltet werden. Die Spannungen zwischen den sechs Leitern entsprechen den Abständen zwischen den Eckpunkten des regelmäßigen Sechsecks.

B. Die Drehstromleistung.

Allgemein ist die Drehstromleistung gleich der Summe der Leistungen in den einzelnen Strängen. Bei gleicher Strangbelastung und Dreiphasenstrom ist sie daher:

Sternschaltung (Abb. 118)	Dreiecksschaltung (Abb. 122)	
$N = 3 \cdot U_p \cdot I \cdot \cos\varphi$	$N = 3 \cdot U \cdot I_p \cdot \cos\varphi$	
$U_p = U : \sqrt{3}$	$I_p = I : \sqrt{3}$	eingesetzt:

$$\boldsymbol{N = \sqrt{3} \cdot U \cdot I \cdot \cos\varphi.} \qquad \textbf{(111)}$$

Die Drehstromleistung ist also in beiden Fällen gleich groß. Die Phasenverschiebung φ ist nicht diejenige zwischen U und I, sondern zwischen U_p und I, bzw. I_p und U.

Entsprechend ist die Drehstromleistung des Zweiphasenstroms (Abb. 128)

$$N = 2 \cdot U_p \cdot I_p \cdot \cos\varphi. \qquad (112)$$

Beim einphasigen Wechselstrom fließt die Energie, wie Abb. 75 zeigt, mit der Frequenz $2f$ pulsierend dem Verbraucher zu. Drehstrom zeigt einen konstanten Energiefluß. In Abb. 132 sind unter der Voraussetzung induktionsfreier Belastung die Leistungslinien der drei Stränge dargestellt, deren Summe den konstanten Wert N ergibt, welcher durch Gl. 111 bestimmt ist.

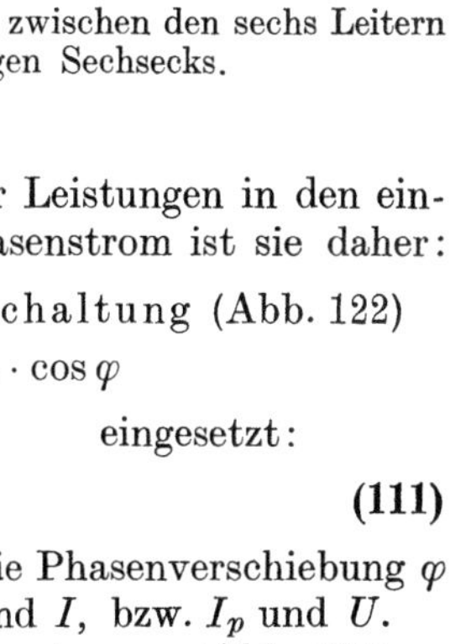

Abb. 132. Energiefluß bei Drehstrom.

48. Beispiel. Ein Drehstromgerät habe drei gleiche Widerstände, von denen man aber nicht weiß, ob sie in Stern oder in Dreieck geschaltet sind. Die Messung der Widerstände zwischen je zwei von den drei Klemmen ergab jedesmal 40 Ω. Wie groß ist die Leistung bei einer Spannung von 220 V? Nimmt man Sternschaltung an, so liegen bei der Widerstandsmessung zwei Widerstände in Reihe. Der Widerstand jedes Stranges beträgt daher 20 Ω. Bei einer Strangspannung von $220 : 1{,}73 = 127$ V fließt also ein Strangstrom von $127 : 20 = 6{,}35$ A. Die Drehstromleistung ist $3 \cdot 6{,}35 \cdot 127 = 2400$ W. Bei einer Widerstandsmessung in Dreiecksschaltung liegen zu einem Strangwiderstand R die beiden anderen in Reihe parallel, so daß sich ein Gesamtwiderstand $^2/_3 \cdot R$ ergibt. Da wir 40 Ω gemessen haben, würde der Strangwiderstand 60 Ω sein. Der Strangstrom ist dann 220

: 60 = 3,68 A und die Drehstromleistung $3 \cdot 3{,}68 \cdot 220 = 2400$ W. Es kommt also die gleiche Leistung heraus, und wir können, wenn uns die Schaltung unbekannt ist, einfach eine beliebige annehmen. Gewöhnlich wählt man die Sternschaltung, weil sie etwas einfacher ist.

C. Die Drehstrom-Drosselspule.

Man könnte drei in Stern oder Dreieck geschaltete, einphasige Drosselspulen (nach Abb. 105) als Drehstrom-Drosselspule verwenden. Stellt man die Eisenkerne, wie es Abb. 133 in perspektivischer Darstellung zeigt, zusammen, so ist entsprechend dem elektrischen Stromkreis auch eine Verkettung der magnetischen Kreise möglich. Die drei nebeneinander liegenden Eisenschenkel können also zu einem gemeinsamen vereinigt werden. Da nun aber die Summe der Kraftflüsse in jedem Augenblick den Wert Null ergibt, kann dieser gemeinsame Schenkel ganz in Fortfall kommen. Mit Rücksicht auf den einfacheren Aufbau der Bleche wird allerdings meist nicht die symmetrische Anordnung der drei Schenkel nach Abb. 133 gewählt, sondern es werden die Schenkel nach Abb. 134 in eine Ebene gelegt. Dadurch ist allerdings eine Unsymmetrie insofern entstanden, als die Eisenwege der drei Schenkel ungleich lang sind. Die beiden äußeren Schenkel haben einen erhöhten magnetischen Widerstand und daher muß bei konstanter Spannung ein etwas größerer Magnetisierungsstrom durch ihre Spulen fließen. Durch Verstärkung des oberen und unteren Jochs läßt sich die Ungleichheit teilweise beseitigen.

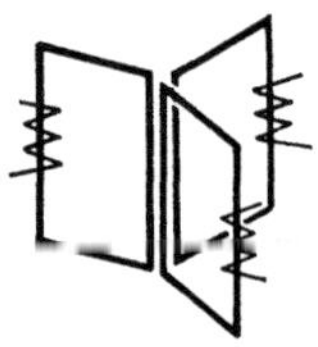

Abb. 133.

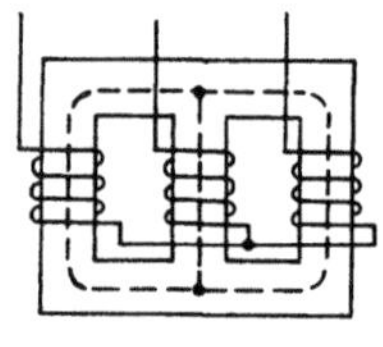

Abb. 134. Drehstrom-Drosselspule.

Die Eisenverkettung nach Abb. 134 ist nur möglich, wenn die Summe der drei Kraftflüsse Null ist. Trifft dies im Ausnahmefall nicht zu, so kann man auf einen vierten unbewickelten Schenkel nicht verzichten.

Drehstrom-Zugmagnete haben einen geblätterten Eisenkern (Abb. 584). Die Zugkraft eines Schenkels berechnet sich nach Gl. 106 und hat einen periodischen Verlauf. Die Zugkräfte der drei Schenkel sind ebenso gegeneinander verschoben, wie es die Leitungslinien in Abb. 132 sind, die Gesamtzugkraft des Drehstrommagneten ist daher eine zeitlich konstante Größe.

49. Beispiel. Die drei Sammelschienen eines Drehstromssytems liegen in einer Ebene und haben einen Abstand von je 15 cm. Es sollen die Kräfte, welche zwischen den Schienen auftreten, in Abhängigkeit von der Zeit aufgezeichnet werden, wenn die Schienen ein Kurzschlußdrehstrom von 20000 A durchfließt.

Zur Lösung dieser Aufgabe zeichne man sich die drei phasenverschobenen Ströme der drei Schienen und berechne dann nach Gl. 35 in jedem Augenblick die Kraft, die zwischen ihnen wirkt, wobei man natürlich auf die Richtungen achten muß. Es ergibt sich, daß im Mittel auf die mittlere Schiene keine Kraft wirkt, während die außen liegenden Schienen durch eine Mittelkraft nach außen gedrückt werden.

D. Das Drehfeld.

In Abb. 135 ist eine dreiphasige Wicklung (entsprechend Abb. 114) dargestellt, in welche wir einen dreiphasigen Drehstrom schicken wollen. In der Spule U—X fließe der Wechselstrom *1* (Abb. 115), in Spule V—Y Strom *2* und in Spule W—Z Strom *3*. Greifen wir den Augenblick *a* heraus, in welchem Strom *1* gerade auf seinem positiven Höchstwert ist, während die Ströme *2* und *3* halb so groß und negativ sind, so ergibt sich das in Abb. 135 a dargestellte Stromrichtungsbild, welches ohne weiteres erkennen läßt, daß die drei Spulen zusammen ein resultierendes Feld in vertikaler Richtung erzeugen werden. Im Augenblick *b* ist der Strom *1* gleich Null, während Strom *2* negativ und Strom *3* positiv bei 0,866fachem Wert des Höchstwertes sind. Sie liefern ein Feld, welches in der Größe mit dem früheren übereinstimmt, jedoch um 90° gedreht ist. Die Felder in den folgenden Augenblicken *c*, *d* und *a* zeigen, daß der mehrphasige Strom ein konstantes, drehendes Feld, ein sog. Drehfeld erzeugt. Nur mehrphasiger Wechselstrom ist hierzu befähigt, und man hat ihn daher Drehstrom genannt. Die

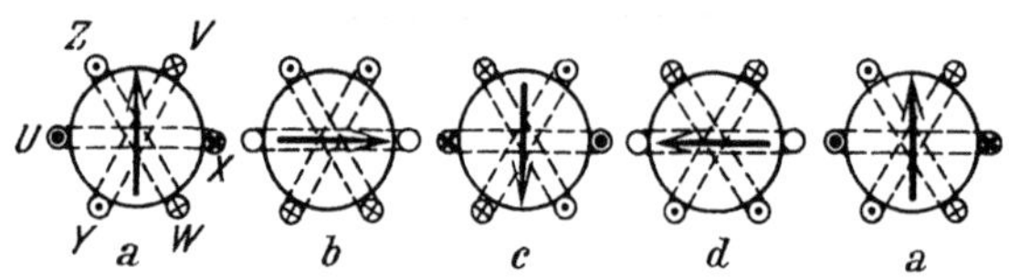

Abb. 135. Entstehung des Drehfeldes.

Drehzahl des Drehfeldes ist durch die Frequenz bestimmt. Vom Augenblick a (Abb. 115) bis zum zweiten Augenblick a ist eine Periode. In dieser Zeit hat das Drehfeld eine Umdrehung gemacht. Die minutliche Drehzahl des Drehfeldes ist daher $60 \cdot f$. Die Drehrichtung des Drehfeldes ist durch die zeitliche Folge der Ströme bestimmt. Wenn wir diese umkehren, wenn wir also z. B. den Strom *2* (Abb. 115) in Spule W und Strom *3* in Spule V leiten, d. h. zwei von den drei Zuleitungen umpolen, so zeigt die Feldkonstruktion nach Abb. 135 ein umgekehrt drehendes Feld.

Mit einphasigem Wechselstrom ist nur dann die Erzeugung eines Drehfeldes möglich, wenn man sich durch eine Kunstschaltung zwei gegeneinander phasenverschobene Ströme erzeugt. Zwei um 90° verschobene Spulen könnte man z. B. so schalten, daß der einen ein Ohmscher Widerstand, der anderen ein Kondensator vorgeschaltet ist. Dann werden ihre Ströme bei Anschluß an ein Wechselstromnetz eine Phasenverschiebung gegeneinander haben. Das dadurch entstehende Drehfeld wird allerdings meistens stark schwankend sein.

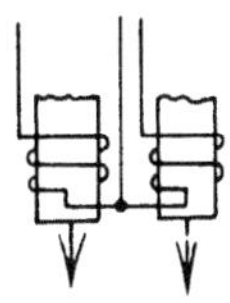

Abb. 136. Erzeugung eines Wanderfeldes mit zwei phasenverschobenen Strömen.

Denkt man sich in Abb. 135 den Kreisumfang aufgeschnitten und in eine Gerade gestreckt, dann geht das Drehfeld in ein wanderndes Feld, ein sog. Wanderfeld über. Abb. 136 zeigt z. B. zwei Pole, deren Spulen mit Zweiphasendrehstrom beschickt werden. In einem bestimmten Augenblick hat die erste Spule gerade den Höchstwert des Stromes und des Feldes, während die zweite Spule gerade die Nullwerte hat. Ein viertel Periode später hat die zweite Spule die Höchstwerte, während die erste Spule die Nullwerte hat. Es sieht also so aus, als ob das Feld ständig eine Wanderbewegung von links nach rechts ausführe. Solche Wanderfelder finden bei den Zählerantrieben Verwendung.

V. Die Lösung von Wechselstromaufgaben mit der symbolischen Methode.

Mittels der Vektordiagramme lassen sich Wechselstromaufgaben immer nur in Anwendung auf bestimmte Fälle, nicht allgemein lösen. Letzteres könnte man dadurch erreichen, daß man die Ströme und Spannungen als Zeitfunktion nach Gl. 84 in die allgemeinen Grundgesetze einführte. Aber es würden sich dadurch außerordentlich umständliche und unübersichtliche Lösungen ergeben. Steinmetz hat daher die Einfachheit des Vektordiagramms auch bei der allgebraischen Rechnung dadurch ermöglicht, daß er die Vektoren durch Symbole ausdrückt, mit denen er die geometrische Addition des Vektordiagramms algebraisch durchführen kann. Er übersetzt gewissermaßen die gegebenen elektrischen Vektorgrößen zuerst in seine symbolische Sprache, rechnet in ihr das Ergebnis aus und übersetzt dies dann zurück.

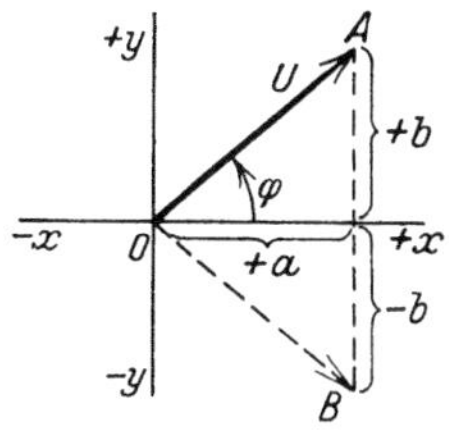

Abb. 137.

In Abb. 137 sei ein Spannungsvektor durch die Strecke $\overline{OA}$ dargestellt, welcher gegen die X-Achse die Phasenvoreilung φ habe. Es ist das charakteristische einer jeden Vektorgröße, daß außer dem Zahlenwert, dem Betrag des Vektors, noch eine Richtungsangabe, hier die Phasenverschiebung, hinzugefügt werden muß, damit der Vektor ganz bestimmt ist. Soll durch einen Buchstaben Betrag und Richtung des Vektors bestimmt sein, so wollen wir in Zukunft stets deutsche Buchstaben benutzen. Ist aber nur der zahlenmäßige Betrag gemeint, so werde ein lateinischer Buchstabe benutzt oder der deutsche Buchstabe zwischen zwei Vertikalstriche gesetzt. Der Betrag des Vektors in Abb. 137 ist also $U = |\mathfrak{U}|$. Um den Vektor $\mathfrak{U}$ ohne Zeichnung, allein durch Worte kenntlich zu machen, könnte man verschieden verfahren. Man könnte sagen: der Vektor hat den Betrag U. Er ist um den Winkel φ im Linksdrehsinn von der positiven X-Achse aus zu drehen. Man könnte den Vektor aber auch dadurch festlegen, daß man sagte: Man durchschreite auf der positiven X-Achse die Strecke $+a$, mache eine Linksdrehung um 90° und gehe dann um $+b$ weiter. Dann hat man den Endpunkt des Vektors erreicht, so daß damit der Vektor festliegt. Wir wollen die letztere Darstellungsweise zunächst behandeln, wobei wir das Gesagte algebraisch auszudrücken versuchen. Wir wollen den Vektor $\mathfrak{U}$ durch das folgende Symbol ausdrücken

$$\mathfrak{U} = +a + j\,b. \tag{113}$$

Es soll dies gar nichts anderes aussagen, als daß an die Strecke $+a$ auf der X-Achse eine um 90° voreilend gedrehte Strecke b angereiht werden soll. Das Zeichen j ist also nur das Kennzeichen der Drehung. Es ist natürlich bei entgegengesetzter Drehung negativ, der Vektor $\overline{OB}$ hat also das Symbol $+a - j\,b$.

Die Phasenverschiebung ergibt sich aus Abb. 137 einfach durch die Beziehung:

$$tg\,\varphi = \frac{b}{a}, \tag{114}$$

d. h. man erhält die Tangente des Phasenverschiebungswinkels, wenn man das mit j behaftete Glied des Symbols durch das nicht mit j behaftete Glied dividiert.

Der Betrag ist

$$|\mathfrak{U}| = \sqrt{a^2 + b^2}\,, \tag{115}$$

d. h. man findet den Betrag, wenn man die Wurzel aus der Summe des Quadrates des mit j behafteten und des Quadrates des nicht mit j behafteten Gliedes zieht.

In Abb 138 ist in bekannter Weise die Addition zweier Vektoren $\mathfrak{U}_1 + \mathfrak{U}_2 = \mathfrak{U}$ durchgeführt. Die Vektoren $\mathfrak{U}_1$ und $\mathfrak{U}_2$ haben die Symbole $\mathfrak{U}_1 = +a_1 + jb_1$ und $\mathfrak{U}_2 = +a_2 + jb_2$. Ihre algebraische Addition ergibt $a_1 + jb_1 + a_2 + jb_2 = (a_1 + a_2) + j(b_1 + b_2)$. Hierbei ist zu beachten, daß man nur gleichartige Glieder zusammenfassen darf, d. h. es dürfen nur mit j behaftete Glieder algebraisch addiert werden und ebenso nur alle nicht mit j behafteten. Der neue Ausdruck $(a_1 + a_2) + j(b_1 + b_2)$ hat die Normalform Gl. 113 und stellt einen neuen Vektor dar, nämlich den Summenvektor $\mathfrak{U}$. Der Ausdruck sagt nichts anderes, als daß man den Summenvektor dadurch erhält, daß man auf der X-Achse um $a_1 + a_2$ vorwärts gehe, dann eine Drehung um 90° vollführe und hierauf um $b_1 + b_2$ weiterschreite. Dadurch erhält man aber, wie Abb. 138 zeigt, tatsächlich den Vektor $\mathfrak{U}$. Die Phasenverschiebung des neuen Vektors ist nach der obigen Regel $\operatorname{tg}\varphi = (b_1 + b_2) : (a_1 + a_2)$, was auch aus der Abbildung abzulesen ist. Man erkennt, daß es durch die Benutzung der Symbole möglich ist, die geometrische Addition durch die einfachere algebraische zu ersetzen, so daß man bei Wechselstrom genau wie bei Gleichstrom rechnen kann.

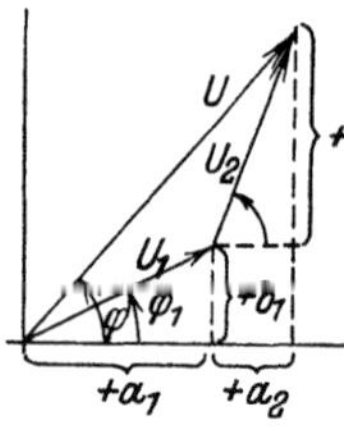

Abb. 138.

Bei einer Spule ergibt sich bekanntlich der Vektor der Klemmenspannung $\mathfrak{U}$ nach Abb. 80 als geometrische Summe der Vektoren $R \cdot \mathfrak{J}$ und $\omega \cdot L \cdot \mathfrak{J}$. Symbolisch wäre dies auszudrücken:

$$\mathfrak{U} = R \cdot \mathfrak{J} + j\omega \cdot L \cdot \mathfrak{J}\,,$$

was besagen soll: man trage, um den Vektor $\mathfrak{U}$ zu bekommen, zuerst den Betrag $|R \cdot \mathfrak{J}|$ auf und reihe nach einer Drehung um 90° dann $|\omega \cdot L \cdot \mathfrak{J}|$ an. Dividiert man die vorstehende Gleichung durch $\mathfrak{J}$, dann erhält man

$$\mathfrak{Z} = \frac{\mathfrak{U}}{\mathfrak{J}} = R + j\omega \cdot L\,. \tag{116}$$

Dies besagt: man erhält den Vektor des Scheinwiderstandes $\mathfrak{Z}$, indem man an den Ohmschen Widerstand R nach einer Linksdrehung um 90° den induktiven Widerstand $\omega \cdot L$ anreiht. Der Betrag des Scheinwiderstandes ist nach Gl. 115: $|\mathfrak{Z}| = \sqrt{R^2 + (\omega \cdot L)^2}$, was in Übereinstimmung mit Gl. 89 steht.

Wenn man statt einer Spule einen Kondensator mit einem Widerstand in Reihe schaltet, ist $\mathfrak{U} = R \cdot \mathfrak{J} - j\mathfrak{J}/\omega C$. Der Widerstand des Kondensators ist also durch $-j \cdot \dfrac{1}{\omega C}$ ausgedrückt.

Wir wollen nun noch prüfen, was das Zeichen j algebraisch bedeutet. Wir hatten festgesetzt, daß j eine Drehung um 90° andeuten soll. Dann muß $j \cdot j = j^2$ eine zweimalige Drehung um 90°, also um 180° darstellen. Ein um 180° gedrehter Vektor ist aber gegenüber dem ursprünglichen Wert negativ, folglich ist $j^2 = -1$ und daher

$$j = \sqrt{-1}. \tag{117}$$

Entsprechend würde j^3 eine Drehung um 270° bedeuten, was mit $-j$ übereinstimmen müßte, während $j^4 = 1$ sein muß. Ferner ist $1/j = 1/\sqrt{-1}$, und wenn man Zähler und Nenner mit $\sqrt{-1}$ multipliziert, erhält man $-\sqrt{-1}$ oder $-j$. Also:

$$1/j = -j\,. \tag{118}$$

Es lassen sich somit die folgenden Widerstände und Leitwerte aufschreiben:

	Widerstand	Leitwert	
Ohmscher Widerstand:	R	$G = \dfrac{1}{R}$.	(119)
Verlustlose Spule:	$X = j\omega L\,,$	$\mathfrak{G} = \dfrac{1}{j\omega L} = -\dfrac{j}{\omega \cdot L}$.	
Verlustloser Kondensator:	$X = -\dfrac{j}{\omega \cdot C} = \dfrac{1}{j\omega \cdot C}\,,$	$\mathfrak{G} = j\omega \cdot C\,.$	

Aus dem Symbol Gl. 113 läßt sich ein neues Symbol ableiten. Es ist (Abb. 137) $a = U \cdot \cos\varphi$ und $b = U \cdot \sin\varphi$. Dies eingesetzt ergibt:

$$\mathfrak{U} = U \cdot (\cos\varphi + j\sin\varphi).$$

Nach dem Moivreschen Lehrsatz der Mathematik ist aber $\cos\varphi + j\sin\varphi = e^{j\varphi}$ und entsprechend $\cos\varphi - j\sin\varphi = e^{-j\varphi}$, worin e die Basis der natürlichen Logarithmen (= 2,718) ist. Setzt man dies ein, so ergibt sich das neue Vektorsymbol

$$\mathfrak{U} = U \cdot e^{j\varphi}. \tag{120}$$

Wenn demnach ein Vektor in dieser Exponentialform gegeben ist, dann gibt der Exponent den Richtungswinkel (Phasenverschiebung) und der Faktor von e den Vektorbetrag an.

50. Beispiel. Ein Widerstand von 20 Ω ist mit einer verlustlosen Spule von 0,1 H in Reihe geschaltet. Welcher Strom fließt bei einer Wechselspannung von 110 V und 50 Hz?

Der komplexe Widerstand der Reihenschaltung ist $\mathfrak{Z} = R + j\,\omega\,L = 20 + j\,314 \cdot 0{,}1 = 20 + j\,31{,}4$. Bei der gegebenen Spannung $\mathfrak{U}$ fließt demnach ein Strom $\mathfrak{J} = \mathfrak{U} : \mathfrak{Z} = \mathfrak{U} : (R + j\,\omega\,L)$. Mit den vorstehenden Zahlenwerten:

$$\mathfrak{J} = \frac{110}{20 + j\,31{,}4}.$$

Wir müssen diesen Ausdruck nun so umformen, daß eine der symbolischen Normalformen entsteht, und zwar wollen wir hier die Form $a + j\,b$ herstellen. Dies läßt sich am einfachsten dadurch machen, daß man durch eine Erweiterung mit dem konjugierten Wert $20 - j\,31{,}4$ das j aus dem Nenner fortbringt. Man erhält dann

$$\mathfrak{J} = \frac{110 \cdot (20 - j\,31{,}4)}{(20 + j\,31{,}4) \cdot (20 - j\,31{,}4)} = \frac{2200 - j\,3460}{400 + 990} = 1{,}58 - j\,2{,}5.$$

Aus diesem Stromvektor ergibt sich der Betrag nach der früheren Regel (Gl. 115) zu

$$I = \sqrt{1{,}58^2 + 2{,}5^2} = 2{,}96\ \text{A}.$$

Die Spannung $\mathfrak{U}$ haben wir ohne Verdrehung also in der X-Achse liegend angenommen. Für den Strom ergibt sich aus Gl. 114 eine Phasenverschiebung $\operatorname{tg}\varphi = -2{,}5 : 1{,}58 = -1{,}58$, entsprechend $-57^\circ\,40'$ gegenüber der X-Achse und damit auch gegenüber der Spannung. Das negative Vorzeichen sagt, daß der Strom nacheilt. In der Exponentialform wäre das Stromsymbol $\mathfrak{J} = 2{,}96 \cdot e^{-j \cdot 57^\circ 40'}$.

51. Beispiel. Einem Kondensator von 2 μ F sei ein Ohmscher Widerstand von 100 Ω parallel geschaltet. Welcher Kondensator würde in Reihe mit einem Ohmschen Widerstand für eine Kreisfrequenz von $\omega = 5000$ den gleichen Widerstand und die gleiche Phasenverschiebung aufweisen?

Dann müssen die komplexen Widerstände in beiden Fällen übereinstimmen. Der Ersatzwiderstand der beiden parallelen Widerstände R und $1 : j\,\omega\,C$ ergibt nach Gl. 7

$$\frac{\dfrac{R}{j\,\omega\,C}}{R + \dfrac{1}{j\,\omega\,C}} = \frac{\dfrac{100}{j\,0{,}01}}{100 + \dfrac{1}{j\,0{,}01}} = \frac{10\,000}{j\,100 + 100} = 50 - j\,50.$$

Mit diesem komplexen Widerstand der Parallelschaltung muß derjenige der Reihenschaltung übereinstimmen, also

$$50 - j\,50 = R - j\,\frac{1}{\omega\,C}.$$

Dies ist nur möglich, wenn links und rechts die Glieder ohne j und andererseits die mit j behafteten Glieder übereinstimmen. Es muß also bei der Reihenschaltung $R = 50\,\Omega$ sein. Ferner muß $1 : \omega \cdot C = 50$ sein, woraus sich $C = 4\,\mu$ F ergibt.

Die Leistung in symbolischer Form. In Abb. 139 ist ein Spannungsvektor $\mathfrak{U} = U \cdot e^{j\alpha}$ und ein Stromvektor $\mathfrak{J} = I \cdot e^{j\beta}$ gezeichnet. Nach der Rechnungsweise bei Gleichstrom, die wir auf die symbolische übertragen haben, müßte die Leistung $\mathfrak{U} \cdot \mathfrak{J} = U \cdot I \cdot e^{j \cdot (\alpha + \beta)}$ sein. Dieser Ausdruck läßt sich aber als Symbol der Leistung nicht deuten. Wir wollen daher den einen der beiden Vektoren, z. B. denjenigen des Stromes durch den konjugierten Wert $\mathfrak{J}_k = I \cdot e^{-j\beta}$ ersetzen und erhalten dann als Symbol der Leistung $\mathfrak{U} \cdot \mathfrak{J}_k = U \cdot I \cdot e^{j(\alpha - \beta)}$. Dies ist aber gleich $U \cdot I \cdot e^{j\varphi}$, oder nach dem S. 54 genannten Moivreschen Lehrsatz:

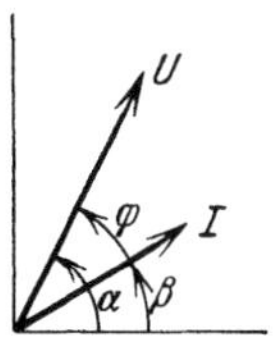

Abb. 139.

$$\mathfrak{U} \cdot \mathfrak{J}_k = U \cdot I \cdot e^{j\varphi} = U \cdot I \cdot \cos\varphi + j\,U \cdot I \cdot \sin\varphi. \qquad (121)$$

Man erkennt in diesem Symbol im ersten Glied $U \cdot I \cdot \cos\varphi$ die Wirkleistung, während das zweite mit j behaftete Glied $U \cdot I \cdot \sin\varphi$ die Blindleistung darstellt. Wenn wir daher bei einer komplexen Rechnung die Leistung zu bestimmen haben, so bilden wir das Produkt $\mathfrak{U} \cdot \mathfrak{J}_k$ und formen es auf die Normalform $a + j\,b$ um. Das Glied a ist dann die Wirkleistung und Glied b die Blindleistung.

VI. Elektrotechnische Meßkunde.

A. Strommesser und Strommessungen.

Für den Bau von Strommessern können alle Wirkungen des elektrischen Stromes benutzt werden. Man unterscheidet nach der Art des Meßwerkes folgende Instrumente:

Drehspulinstrumente (*M 1*) haben einen feststehenden Dauermagneten (Abb. 140), zwischen dessen Polen eine von dem zu messenden Strom durchflossene Drehspule mit dem Zeiger angeordnet ist. Spiralfedern sorgen für die nötige Gegenkraft. Nach Gl. 34 ist die Kraft und damit der Ausschlag dem Strom proportional, die Skala ist daher gleichmäßig geteilt. Umgekehrte Stromrichtung hat entgegengesetzten Anschlag zur Folge, daher sind diese Geräte nicht für Wechselstrom brauchbar. Erst neuerdings gibt es Drehspulgeräte, welche durch den Einbau eines Gleichrichters auch Wechselstrom anzeigen.

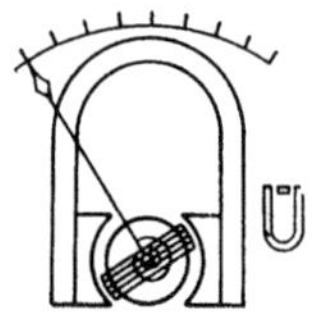

Abb. 140. Drehspulmeßwerk.

Dreheiseninstrumente (Weicheiseninstrumente) (*M 2*) haben entweder nach Abb. 141 ein weiches Eisenstückchen, welches von der stromdurchflossenen Spule angezogen wird, oder zwei Eisenstückchen in einer Spule, von denen das eine fest, das andere mit dem Zeiger beweglich ist. Beide Eisenstückchen werden gleichnamig magnetisiert und stoßen sich daher ab. Die Größe der Kraft und des Ausschlages ist nach Gl. 1 und 27 dem Quadrate des Stromes proportional, die Skala ist daher zu Anfang eng geteilt. Jede Stromrichtung ruft Anziehung des weichen Eisens hervor, das Instrument ist also auch für Wechselstrom geeignet. Seine Genauigkeit hängt davon ab, wie weit sich das Eisen von remanentem Magnetismus frei halten läßt.

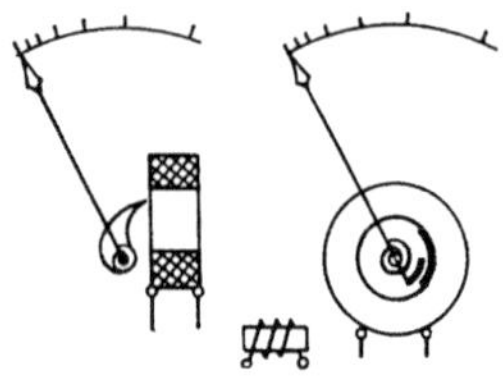

Abb. 141. Dreheisenmeßwerke.

Elektrodynamische Instrumente (*M 3*) haben eine Drehspule nach Abb. 142 im magnetischen Feld einer festen Spule. Als Strommesser sind beide Spulen in Reihe geschaltet. Die Kraft und damit der Ausschlag ist dann nach Gl. 35 dem Quadrate des Stromes proportional, die Skala ist also anfangs eng geteilt. Das Instrument ist sowohl für Gleichstrom als auch für Wechselstrom geeignet. Die geringe Stärke des Feldes bedingt nur kleine Drehmomente, auch wird es leicht durch äußere Felder beeinflußt. Bei den eisengeschlossenen Instrumenten ist der Kraftlinienweg mit Eisen ausgefüllt. Das Drehmoment ist dann stärker und die äußere Beeinflußbarkeit geringer. Durch Remanenz des Eisens können jedoch Fehler auftreten.

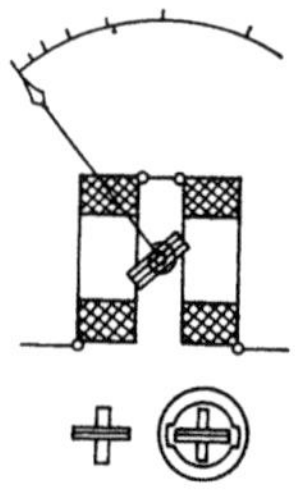

Abb. 142. Elektrodynamisches Meßwerk.

Induktionsinstrumente (*M 4*) beruhen auf der Wirkung von Induktionsströmen und kommen nur für Wechselstrom in Frage. Sie können nach Abb. 143 ein vierpoliges Magnetsystem haben, in deren Spulen auf künstlichem Wege eine Phasenverschiebung der Ströme gegeneinander hervorgerufen wird (siehe S. 53). Das dadurch entstehende Drehfeld versucht die leichte Aluminiumtrommel zu drehen, weil es in ihr Ströme induziert, die nach dem Lenzschen Gesetz eine Kraft im Sinne verminderten Kraftlinienschneidens ausüben. Da die erzeugten Ströme infolge der Widerstandsänderung etwas von der Temperatur abhängen, können Fehler auftreten. Außerdem ist die Frequenz von Einfluß auf den Ausschlag.

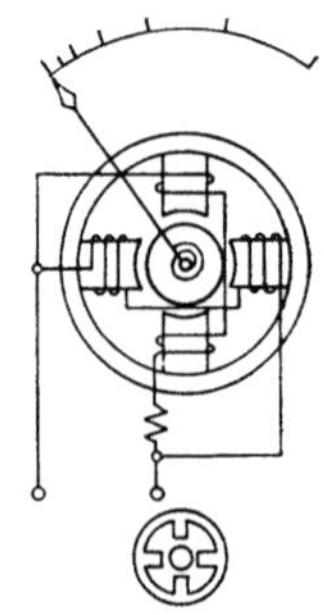

Abb. 143. Induktions-(Drehfeld-) Meßwerk.

Hitzdrahtinstrumente (*M 5*) haben einen vom zu messenden Strom durchflossenen Hitzdraht, dessen Wärmedehnung auf den Zeiger übertragen wird (Abb. 144). Das Instrument ist sowohl für Gleichstrom als auch für Wechselstrom geeignet. Die Skala ist ungleichmäßig geteilt, weil die Wärme und damit der Ausschlag dem Quadrate des Stromes proportional ist. Der Einfluß äußerer Temperatur muß kompensiert werden. Gegen Überlastungen sind Hitzdrahtinstrumente empfindlich, dem Hitzdraht ist daher gewöhnlich eine kleine Schmelzsicherung vorgeschaltet.

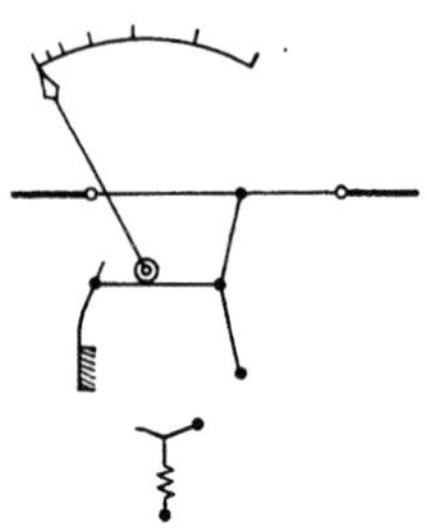

Abb. 144. Hitzdrahtmeßwerk.

Von den betrachteten Instrumenten ist das Dreheiseninstrument heute das am meisten verwandte, zumal seine Genauigkeit erheblich verbessert werden konnte.

Die Beruhigungszeit darf nicht zu groß sein, d. h. der Zeiger muß sich schnell auf seinen Wert einstellen. Hierzu ist eine Dämpfung nötig. Es kommen Luftdämpfungen und elektromagnetische Dämpfungen vor. Bei der Luftdämpfung (Abb. 145) ist mit dem Zeiger ein kleiner Luftkolben verbunden, welcher sich reibungslos in einem Zylinder bewegt. Sie findet hauptsächlich bei elektrodynamischen Instrumenten Anwendung, bei denen die magnetische Dämpfung des Feldes wegen vermieden wird. Bei der elektromagnetischen Dämpfung nach Abb. 146 schneidet ein Aluminiumblech die Kraftlinien eines Dauermagneten, wodurch in dem Blech bremsende Wirbelströme entstehen. Bei den Drehspulinstrumenten wird die Spule auf ein geschlossenes Aluminiumrähmchen gewickelt, in dem bei der Bewegung bremsende Ströme induziert werden.

Abb. 145. Luftdämpfung.

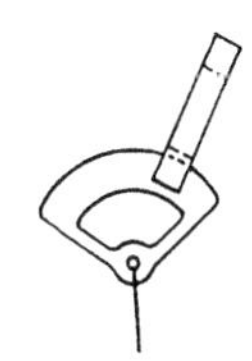

Abb. 146. Elektromagnetische Dämpfung.

Die Zeigernullstellung ist zuweilen kleinen Änderungen unterworfen. Die Feinmeßgeräte sollen daher eine Vorrichtung besitzen, mit welcher die Zeigerstellung korrigiert werden kann. Auf der Skala soll zur Kennzeichnung des Systems das Symbol angegeben sein, ferner die Stromart und das Lagezeichen für die Gebrauchslage. Ein farbiger Stern gibt die Höhe der Prüfspannung der Isolation an (ein roter Stern z. B. 2000 V).

Die Eichung eines Strommessers geschieht mittels eines Normalstrommessers unter Vorschaltung eines Regelwiderstandes.

Erweiterung des Meßbereiches. Manche Instrumente, wie z. B. die Drehspulinstrumente lassen sich unmittelbar nur für ganz kleine Ströme bauen. Eine Erweiterung ihres Meßbereiches erzielt man durch Nebenschlüsse. Es ist dies ein Nebenwiderstand, durch den ein genau bestimmter Teil des Gesamtstromes an dem Instrument vorbeigeleitet wird (Abb. 147). Durch den Nebenwiderstand fließen $I - I_2$ und die Spannung desselben ist $R_2 \cdot I_2$. Folglich benötigt man einen Nebenwiderstand $R_1 = R_2 \cdot I_2 : (I - I_2)$. Bei einer n-fachen Erweiterung des Meßbereiches, also $I = n \cdot I_2$ eingesetzt, ergibt sich:

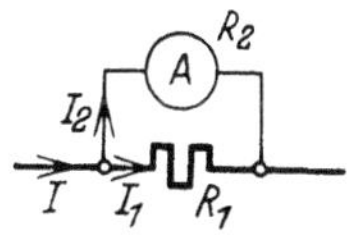

Abb. 147. Strommesser mit Nebenschluß.

$$R_1 = \frac{R_2}{n - 1}. \tag{122}$$

Bei Wechselstrom sind Nebenwiderstände weniger geeignet, weil durch den Einfluß der Selbstinduktion Fehler entstehen. Bei manchen Instrumenten kann dann durch Teilung der Spule in zwei Hälften, die entweder in Reihe oder parallel geschaltet werden, eine Meßbereichsänderung von 1 : 2 erzielt werden. Weitgehende Änderungen des Meßbereiches erhält man bei Wechselstrom mittels der später beschriebenen Stromwandler.

52. Beispiel. Ein Strommesser hat einen Widerstand von 3 Ω und zeigt maximal 10 mA. Welcher Nebenwiderstand ist erforderlich, wenn der Meßbereich auf 15 A erweitert werden soll?

Durch den Nebenwiderstand gehen dann 15 — 0,010 = 14,99 A. Da die Spannung am Instrument $3 \cdot 0{,}010 = 0{,}03$ V ist, ergibt sich $R_2 = 0{,}03 : 14{,}99 = 0{,}002001\,\Omega$. Für andere Meßbereiche können weitere Nebenschlüsse beigegeben oder eingebaut werden. Zu beachten ist, daß der Widerstand der Meßleitungen, welche das Instrument mit dem Nebenschluß verbinden, in dem obigen Widerstand R_2 enthalten ist. Die dem Instrument beigegebenen Schnüre dürfen also nicht verändert werden.

Bei den **Galvanometern** zur Messung sehr kleiner Ströme tritt zur Verminderung der Reibung an Stelle der Spitzenlagerung die Fadenaufhängung des beweglichen Systems. Außerdem wird bei weiterer Steigerung der Empfindlichkeit die Zeigerablesung durch die Spiegelablesung ersetzt. Das bewegliche System trägt einen Spiegel, in welchem mittels eines in 1 bis 2 m Entfernung aufgestellten Fernrohres eine Skala beobachtet wird. Bei Drehung des Spiegels erscheint das Fadenkreuz im Fernrohr an einer anderen Skalenstelle. Galvanometer müssen vor jeder Messung geeicht werden.

Ballistische Galvanometer dienen zur Messung kurzzeitiger Elektrizitätsmengen, also z. B. zur Messung derjenigen eines Stromstoßes $Q = \int i \cdot dt$. Ihr Bau stimmt mit normalen Galvanometern fast überein. Die Dämpfung ist lediglich stark vermindert, ferner ist die Masse des beweglichen Systems durch Beschwerung mit aufgesetzten Gewichten künstlich erhöht. Der durch den Stromstoß verursachte erste Ausschlag α ist der Elektrizitätsmenge proportional, also $Q = c_b \cdot \alpha$, worin c_b die ballistische Konstante des Galvanometers ist.

Der periodische Verlauf von Wechselströmen kann mittels **Oszillographen** sichtbar gemacht werden. Zwischen den Polen eines kräftigen Magneten (Abb. 148) liegt eine Meßschleife, welche den aufgeklebten Spiegel der Stromgröße entsprechend dreht. Schickt man einen Wechselstrom durch die Schleife dann vollführt der Spiegel eine dem Wechselstrom ähnliche Schwingung und ein Lichtstrahl, welcher auf den Spiegel geworfen wird, beschreibt eine gerade Lichtlinie, deren Länge durch den Höchstausschlag des Spiegels bedingt ist. Betrachtet man diese Lichtlinie in einem im Rhythmus des Wechselstromes rotierenden Prismenspiegel, welcher senkrecht zur Schwingrichtung liegt, so erscheint die Schwingung zeitlich auseinandergezogen.

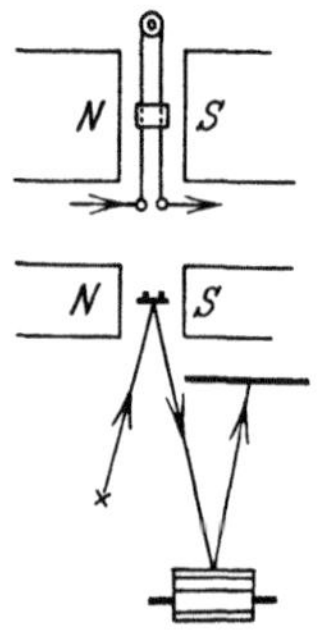

Abb. 148. Wirkbild des Oszillographen.

B. Spannungsmessungen.

Strommesser haben einen möglichst kleinen Widerstand und können daher nicht unmittelbar an eine größere Spannung gelegt werden. Schaltet man jedoch nach Abb. 149 einen Widerstand R_1 vor, dann fließt ein Strom, der nach dem Ohmschen Gesetz der Spannung U proportional ist. Es ist daher möglich, die Skala des Strommessers gleich in Volt zu eichen. Ein Spannungsmesser ist daher nichts weiter als ein Strommesser mit möglichst hohem Widerstand.

Alle früher betrachteten Strommeßwerke kommen auch für Spannungsmesser in Frage. Darüber hinaus gibt es noch **Elektrostatische Spannungsmesser** (*M 6*), welche auf der Kraftwirkung zweier Körper an verschiedener Spannung beruhen. Legt man nach Abb. 150 die feststehenden Sektoren an +, die drehbare Aluminiumnadel an —, so erfolgt nach Gl. 67 eine Anziehung, die dem Quadrate der Spannung proportional ist. Die Skala ist daher ungleichmäßig geteilt. In dieser Form ist das Instrument nur für sehr hohe Spannungen brauchbar. Um auch bei den üblichen Gebrauchsspannungen noch ein hinreichendes Drehmoment zu bekommen, müssen mehrere Systeme fächerartig kombiniert werden.

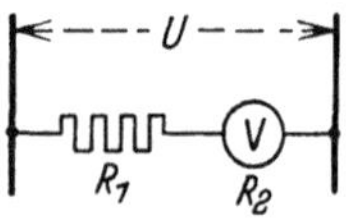

Abb. 149. Spannungsmesser mit Vorwiderstand.

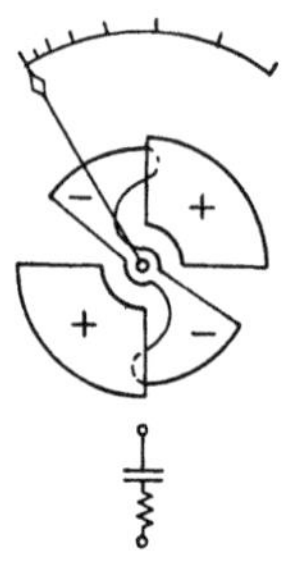

Abb. 150. Elektrostatisches Meßwerk.

Die Erweiterung des Meßbereiches eines Spannungsmessers erfolgt durch Vorschaltung von Widerständen (Abb. 149). Der Meßbereich ist doppelt so groß, wenn man dem Spannungsmesser einen gleich großen Widerstand vorschaltet. Einen n-fachen Meßbereich erzielt man also durch einen Vorwiderstand

$$R_1 = (n - 1) \cdot R_2 \tag{123}$$

Der Meßbereich elektrostatischer Spannungsmesser kann nicht durch Vorwiderstände erweitert werden.

53. Beispiel. Das Instrument des 52. Beispiels soll zur Messung von Spannungen bis 150 V benutzt werden. Welcher Vorwiderstand ist erforderlich?

Das Instrument hat bei vollem Ausschlag eine Spannung von $3 \cdot 0{,}010 = 0{,}03$ V. Der Vorwiderstand muß also $150 - 0{,}03 = 149{,}97$ V vernichten. Er muß daher $149{,}97 : 0{,}01 = 14997\ \Omega$ haben. Das Beispiel zeigt, daß ein und dasselbe Instrument sowohl zur Strommessung wie auch zur Spannungsmessung dienen kann.

Zur Eichung eines Spannungsmessers schaltet man ihn mit einem Normalspannungsmesser parallel an einen Spannungsteiler (Abb. 11) und vergleicht die Ausschläge miteinander.

Die Kompensationsmethode (Abb. 13) erlaubt den Vergleich einer Spannung mit einer gegebenen (Normalelement U_n). R_2 sei ein Galvanometer, dessen Strom durch Veränderung der Widerstände auf Null gebracht werde. Dann gilt Gl. 11, und die Spannung U läßt sich daraus ermitteln.

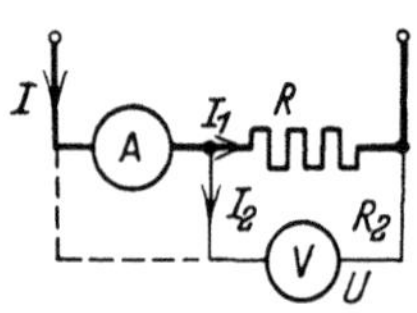

Abb. 151. Mittelbare Widerstandsmessung.

C. Widerstandsmessungen.

Mittelbare Widerstandsmessungen. Nach dem Ohmschen Gesetz kann der Widerstand aus einer Strom- und Spannungsmessung ermittelt werden. Der Widerstand ist dann $R = U : I$. Zuweilen kann jedoch der Eigenverbrauch der Meßgeräte nicht vernachlässigt werden. In Abb. 151 ist der durch den Strommesser angegebene Strom nicht genau der Strom des Widerstandes. Dieser ist vielmehr $I_1 = I - I_2 = I - U/R_2$. Der wirkliche Widerstandswert ist nun $R = U : I_1$. Die Berichtigung läßt sich nicht dadurch umgehen, daß man den Spannungsmesser, wie punktiert gezeichnet, hinter dem Strommesser anschließt, weil man dann wohl den richtigen Strom, aber eine um den Spannungsabfall des Strommessers fehlerhafte Spannung mißt.

Die Widerstandsmessung mit der Wheatstoneschen Brücke ist die genaueste Methode, wenn genaue Vergleichswiderstände und ein empfindliches Galvanometer Verwendung finden (Abb. 12). Als Vergleichswiderstände dienen Stöpselwiderstände, zuweilen auch als Widerstand $R_3 + R_4$ ein ausgespannter Schleifdraht. Flüssigkeitswiderstände können wegen der Polarisationserscheinung nur mit Wechselstrom gemessen werden. Als Stromquelle für die Wheatschonesche Brücke dient dann ein kleiner Induktionsapparat und an die Stelle des Galvanometers tritt ein Telephonhörer.

54. Beispiel. Der Übergangswiderstand einer Blitzableitererdplatte soll mit einer Flüssigkeitsmeßbrücke gemessen werden. Es werden an zwei verschiedenen Stellen Rohre als Hilfserden in den Boden getrieben, weil eine Wasserleitung oder dergleichen nicht verfügbar ist. Zwischen Platte und Rohr 1 wurde ein Widerstand von $7\,\Omega$, zwischen Platte und Rohr 2 von $8\,\Omega$ und zwischen beiden Rohren $9\,\Omega$ gemessen. Wie groß ist der Erdwiderstand der Erdplatte?

Der Widerstand der ersten Messung von $7\,\Omega$ setzt sich aus dem Erdwiderstand R_p der Platte und dem Erdwiderstand des Rohres R_1 zusammen. Es ist also $7 = R_p + R_1$. Entsprechend ist $8 = R_p + R_2$ und $9 = R_1 + R_2$. Diese Gleichungen nach R_p aufgelöst, ergibt $R_p = 3\,\Omega$.

Mit der durch Wechselstrom gespeisten Wheatstoneschen Brücke lassen sich auch induktive und kapazitive Widerstände bestimmen. Für die vier Widerstände in komplexer Form gilt ebenfalls $\mathfrak{Z}_1 : \mathfrak{Z}_2 = \mathfrak{Z}_3 : \mathfrak{Z}_4$ oder $\mathfrak{Z}_1 \cdot \mathfrak{Z}_4 = \mathfrak{Z}_2 \cdot \mathfrak{Z}_3$. In der symbolischen Exponentialform lautet diese Gleichung: $Z_1 \cdot e^{j\varphi_1} \cdot Z_4 \cdot e^{j\varphi_4} = Z_2 \cdot e^{j\varphi_2} \cdot Z_3 \cdot e^{j\varphi_3}$ oder $Z_1 \cdot Z_4 \cdot e^{j\cdot(\varphi_1+\varphi_4)} = Z_2 \cdot Z_3 \cdot e^{j\cdot(\varphi_2+\varphi_3)}$ Dies ist nur möglich, wenn $Z_1 \cdot Z_4 = Z_2 \cdot Z_3$ und $\varphi_1 + \varphi_4 = \varphi_2 + \varphi_3$ ist. D. h. die Beträge der Widerstände stehen bei stromloser Brücke in dem bekannten Verhältnis und außerdem muß die Summe der Phasenverschiebungen kreuzweise gegenüberliegender Widerstände übereinstimmen. Bei hinreichend verlustlosen Kondensatoren würde dies z. B. zutreffen, wenn zwei Widerstände als Ohmsche und ein Normalkondensator zum Vergleich eines unbekannten benutzt würde. Dann ist

$$R_1 : R_2 = \frac{1}{\omega C_3} : \frac{1}{\omega C_4} = C_4 : C_3 .$$

Die Phasenverschiebungen erfüllen die obige Bedingung, denn es ist: $\varphi_1 + \varphi_4 = \varphi_2 + \varphi_3$, $0 + 90° = 0 + 90°$.

Die Messung von Isolationswiderständen. Isolationen sind nie vollkommen. Zwischen zwei isolierten Leitungen A und B (Abb. 152) kann daher durch die Isolation ein kleiner Strom fließen, der nach den Vorschriften bei den üblichen Leitungsstrecken 1 Milliampere nicht übersteigen soll. Der Isolationswiderstand zwischen den Leitern soll also möglichst hoch sein und müßte bei 1 mA Strom mindestens das 1000fache der Spannung sein. Seine Messung ist nicht mit der Wheatstoneschen Brücke möglich, weil die Vorschriften eine Mindestmeßspannung von 100 V fordern. Nach Abb. 152 kann man mit dem Isolationswiderstand R_x einen Spannungsmesser mit hohem Eigenwiderstand R_1 in Reihe schalten. Bei einer Netzspannung U, die man durch Drücken der Taste T leicht messen kann, mißt das Instrument in Reihe die Spannung U_1. Da sich die Spannungen wie die Widerstände verhalten, ist $R_x : R_1 = (U - U_1) : U_1$, woraus sich R_x berechnen läßt.

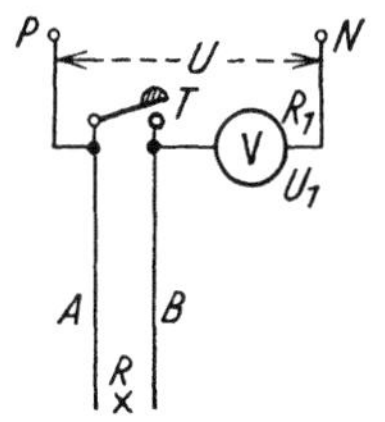

Abb. 152. Messung des Isolationswiderstandes.

Wenn eine Stromquelle fehlt, bedient man sich des Kurbelinduktors. Derselbe enthält nach Abb. 153 eine kleine, von Hand gedrehte Dynamo. Man hat zuerst so schnell zu drehen, daß bei gedrückter Taste die gewünschte Spannung U angezeigt wird. Beim Loslassen der Taste wird dann U_1 angezeigt. Zur Vermeidung der Schwierigkeit gleichmäßigen Weiterdrehens kann der Zeiger eine Fangvorrichtung erhalten, welche bei Erreichung der richtigen Spannung den Zeiger fängt und festhält.

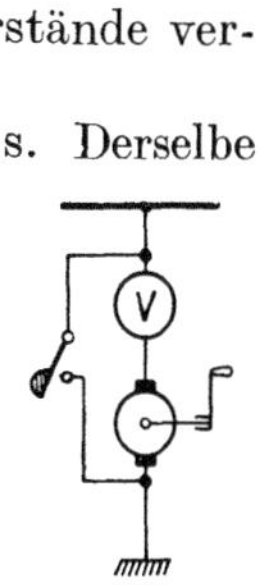

Abb. 153. Kurbelinduktor.

Widerstandsmesser als Zeigerinstrumente kommen in Spulenwickeleien vor. Es können dies einfache Strommesser mit eingebauter konstanter Stromquelle sein, weil der Strom bei konstanter Spannung ein Maß für den anzuschließenden unbekannten Widerstand ist. Fast unabhängig von der Spannungsgröße sind die Kreuzspulwiderstandsmesser. Es sind dies Drehspulinstrumente mit zwei gekreuzten Drehspulen, von denen die eine mit einem bekannten Widerstand, die andere mit dem unbekannten Widerstand in Reihe liegt. Die Drehkräfte der Spulen wirken sich entgegen, so daß für den Ausschlag das Verhältnis derselben bestimmend ist, nicht die Größe der Ströme.

D. Leistungsmessungen.

Die Gleichstromleistung läßt sich mit Strom- und Spannungsmesser bestimmen, die Wechselstromleistung kann wegen der Phasenverschiebung nur mit dem Leistungsmesser gemessen werden. Es sind dies meist elektrodynamische Meßinstrumente (zuweilen auch Induktionsinstrumente), deren feste Spule geringen Widerstand hat und wie ein Strommesser eingeschaltet wird, während die bewegliche Spannungsspule mit hohem Widerstand wie ein Spannungsmesser anzuschließen ist (Abb. 154). Das von der festen Spule erzeugte Feld hat eine dem Strom I proportionale Stärke, während der Strom der Drehspule der Spannung U proportional ist. Gl. 107 lehrt dann, daß die Kraft und damit der Ausschlag dem Ausdruck $U \cdot I \cdot \cos \varphi$ also der Leistung proportional sein muß.

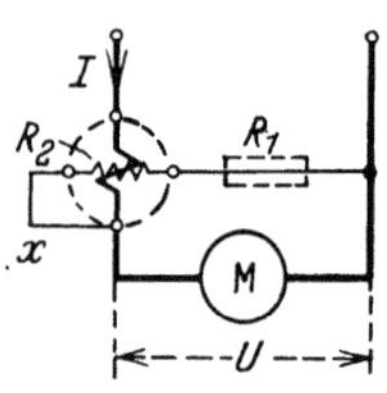

Abb. 154. Schaltung eines Leistungsmessers.

Die Erweiterung des Meßbereiches. Bei den Leistungsmessern sind zwei Meßbereiche zu unterscheiden: der Strommeßbereich und der Spannungsmeßbereich. Zur Erweiterung des Strommeßbereiches kann die feste Stromspule, die ohnehin meist aus zwei Teilen besteht, entweder in Reihe oder parallel geschaltet werden oder es kann bei Wechselstrom mittels Stromwandlern der Meßbereich geändert werden. Der Spannungsmeßbereich läßt sich durch Vorschaltung von Widerständen erweitern, wobei ebenso wie bei den Spannungsmessern Gl. 123 gilt. Der Vorwiderstand muß an der in Abb. 154 punktiert angedeuteten Stelle eingeschaltet werden. An der Stelle x eingeschaltet, würde das Meßergebnis zwar das gleiche sein, aber beide Spulen liegen dann unmittelbar an verschiedenen Polen der Stromquelle, was bei höheren Spannungen in Anbetracht der nur schwachen Isolation zwischen denselben nicht ungefährlich ist. Bei Wechselstrom ist auch mittels Spannungswandlern eine Meßbereicherweiterung möglich.

Drehstrom-Leistungsmessungen.

Bei gleicher Belastung der Stränge läßt sich mit einem Leistungsmesser, der die Leistung eines Stranges mißt, auskommen. Seine Angaben sind dann mit der Strangzahl zu multiplizieren. Abb. 155 und 156 zeigen, wie bei der Stern- und Dreiecksschaltung die Einschaltung zu erfolgen hat. Es ist gleichgültig, welchen Strang man zur Messung wählt, aber es muß die Spannung für die Spannungsspule stets an dem Strang abgenommen werden, in welchem die Stromspule liegt. An den anderen Strängen herrscht wohl der Größe nach, aber nicht der Phase nach dieselbe Spannung. Wenn der Sternpunkt unzugänglich oder das Dreieck nicht zu öffnen ist, stellt man sich nach Abb. 157 einen künstlichen Sternpunkt mittels der Widerstände R_1, R_2, R_3 her. Da sie ein

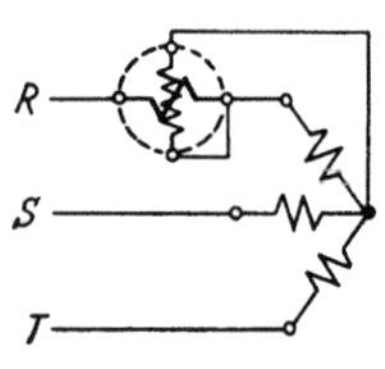

Abb. 155. Leistungsmessung bei Sternschaltung (gleiche Strangbel.).

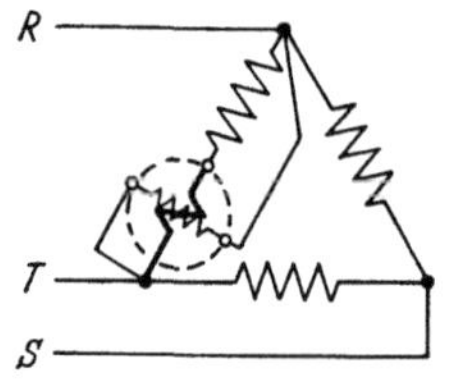

Abb. 156. Leistungsmessung bei Dreiecksschaltung (gleiche Strangbel.).

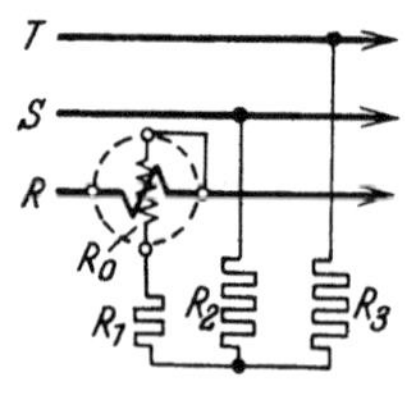

Abb. 157. Leistungsmessung mit künstlichem Sternpunkt (gleiche Strangbel.).

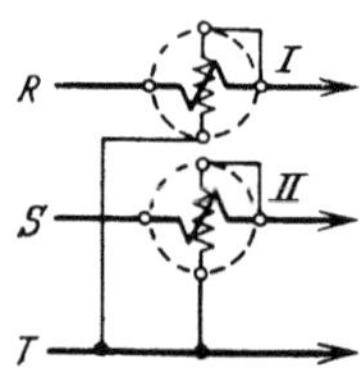

Abb. 158. Zweileistungsmesserschaltung (ungleiche Strangbel.).

genaues Spannungsabbild des eigentlichen Sternpunktes sein sollen, muß $(R_0 + R_1) = R_2 = R_3$ sein, worin R_0 der Widerstand der Spannungsspule ist. Natürlich ist auch hier die Ablesung mit drei zu multiplizieren.

Bei ungleicher Belastung der Stränge ist eine Messung stets dadurch möglich, daß man entsprechend Abb. 155 und 156 in jeden Strang einen Leistungsmesser einbaut und die Ablesungen addiert. Bei dem Drehstrom-Dreileiternetz (Abb. 118 und 122) kann man jedoch auch mit zwei Leistungsmessern auskommen, wenn man die Zweileistungsmesserschaltung nach Aron benutzt (Abb. 158). Bei derselben liegen die Stromspulen in zwei Zuleitungen und die Spannungsspulen sind einerseits je an diese Leitungen und andererseits an die freie Leitung angeschlossen. Es läßt sich beweisen, daß in dieser Schaltung die Summe der Ablesungen beider Instrumente gleich der gesamten Drehstromleistung ist. Die Leistungsmesser sind vollkommen symmetrisch anzuschließen. Es ist aber hieraus nicht zu folgern, daß dann bei gleicher Belastung der Stränge auch die Ausschläge gleich sein müßten.

Nimmt man zur Vereinfachung der Betrachtung einmal an, daß die drei Stränge gleich stark induktionsfrei belastet seien, so ergibt sich (Sternschaltung angenommen) das in Abb. 159 dargestellte Diagramm. Der Leistungsmesser *I* mißt $I_r \cdot U_{RT} \cdot \cos\alpha_1$, der Leistungsmesser *II* hingegen $I_S \cdot U_{ST} \cdot \cos\alpha_2$. Der Winkel α_1 ist 150°, Winkel α_2 30°. Der Kosinus des ersteren Winkels würde einen negativen Wert ergeben, so daß statt der Summe der beiden Leistungen demnach die Differenz zu bilden wäre. Bei genauerer Betrachtung der Schaltung Abb. 158 sieht man jedoch, daß der Leistungsmesser *I* an der Spannung *R—T* und der Leistungsmesser *II* an *S—T* liegt. Letzteres ist im Sinne der Reihenfolge *RSTR* und ersteres entgegengesetzt. Es muß also das Vorzeichen demnach umgekehrt werden, so daß sich die Summe $I \cdot U \cdot \cos 30° + I \cdot U \cdot \cos 30° = 1{,}73 \cdot I \cdot U$, also die richtige Drehstromleistung ergibt. Nimmt man nun bei gleicher Strangbelastung eine Phasenverschiebung an, so lehrt das Diagramm, daß dann die Ausschläge der beiden Leistungsmesser trotz gleicher Strangbelastung ungleich werden, denn bei nacheilendem Strom wird der Winkel α_1 immer größer. Der Leistungsmesser *I* zeigt daher mehr an. Umgekehrt ist es bei *II*. Der Strom I_S wird bei Phasennacheilung immer mehr von seiner Spannung U_{ST} abgewandt, d. h. der Ausschlag sinkt. Bei 30° Phasennacheilung hat *I* den Höchstausschlag erreicht. Bei 60° Phasennacheilung steht der Strom I_S senkrecht auf seiner Spannung, der Ausschlag von *II* muß dann Null sein, und bei noch größerer Phasennacheilung sind die negativen Angaben von *II* von denen bei *I* zu subtrahieren. Die Betrachtung lehrt, daß man bei der Messung sehr beachten muß, ob ein umgekehrter Ausschlag eines Leistungsmessers durch verkehrten Anschluß oder infolge großer Phasenverschiebung entstanden ist.

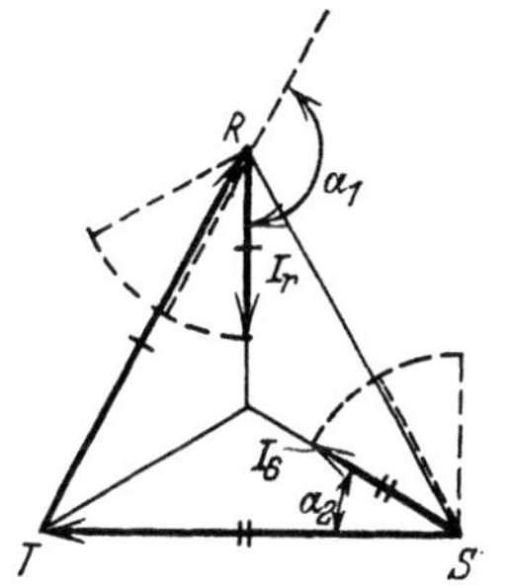

Abb. 159.

Um mit einem Leistungsmesser die Aronsche Messung machen zu können, braucht man einen Umschalter, mit dem man den Leistungsmesser schnell hintereinander in die Schaltungen der beiden Leistungsmesser nach Abb. 158 bringen kann. Hierbei darf der Strom jedoch nicht unterbrochen werden. Abb. 160 zeigt eine einfache Umschaltung. Der Umschalter zeigt zwischen den beiden oberen und den unteren Hauptkontakten noch Hilfskontakte, welche sich unter Federkraft selbst schließen, wenn man die Schaltmesser herauszieht, und welche sich öffnen, wenn die Messer in die Hauptkontakte gedrückt werden. Ein Vorzeichenfehler ist hier bei der Ablesung kaum möglich. Wenn in beiden Stellungen des Umschalters der Ausschlag positiv ist, sind die Ausschläge zu addieren, wenn der eine positiv, der andere negativ ist, zu subtrahieren.

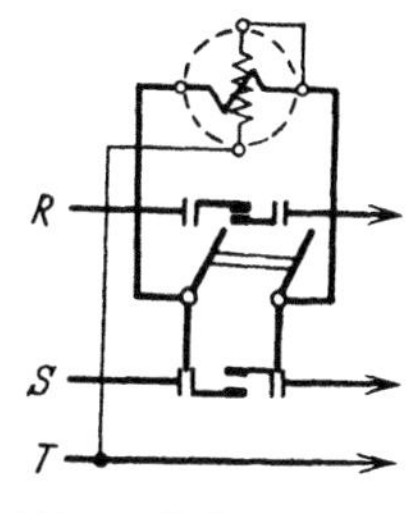

Abb. 160. Leistungsmesserumschaltung.

55. Beispiel. Im 45. Beispiel werden bei ungleicher Belastung 4500 W verbraucht. Es seien zwei Leistungsmesser nach Abb. 158 eingeschaltet. Zeigen sie richtig die obige Leistung an?

Aus Abb. 124 ergibt sich $\cos\alpha_1 = 0{,}89$ und $\cos\alpha_2 = 0{,}81$ (wobei das Vorzeichen bereits umgekehrt ist). Die Summe der angezeigten Leistungen ist daher $14 \cdot 220 \cdot 0{,}89 + 10{,}2 \cdot 220 \cdot 0{,}81 = 4500$ W.

Bei der Leistungsmessung im Drehstrom-Vierleiternetz (mit Nulleiter) sind bei ungleicher Strangbelastung drei Leistungsmesser notwendig, von denen jeder die Leistung eines Stranges mißt.

E. Arbeitsmessungen.

Die Gleichstromarbeit ist $A = U \cdot I \cdot t$ und die Wechselstromarbeit $A = U \cdot I \cdot \cos\varphi \cdot t$. Bei Gleichstrom könnte daher die Arbeit durch einen Amperestundenzähler gezählt werden, weil die Spannung *U* stets im Netz konstant gehalten wird. Amperestundenzähler finden daher in Gleichstromnetzen sehr häufig Anwendung, während in Wechsel- und Drehstromnetzen nur Wattstundenzähler vorkommen.

1. Amperestundenzähler.

Der elektrolytische Zähler (Abb. 161). In einem geschlossenen Glasgefäß befindet sich eine Quecksilbersalzlösung, welche von einem Teil des Verbraucherstroms durchflossen ist und an der Kathode *K* Quecksilber in einer der Größe $I \cdot t$ proportionalen Menge abscheidet. Das Quecksilber sammelt sich in der unteren Röhre, deren

Teilung sogleich in kWh hergestellt wird. Nach Lösung einer Plombe kann das abgeschiedene Quecksilber wieder in den oberen Raum zurückgeführt werden. Da der Flüssigkeitswiderstand mit der Temperatur etwas abnimmt, ist ein Widerstand R, der sich im umgekehrten Verhältnis ändert, vorgeschaltet. An Stelle des Quecksilbers gibt es auch Zähler mit Wasserstoffabscheidung.

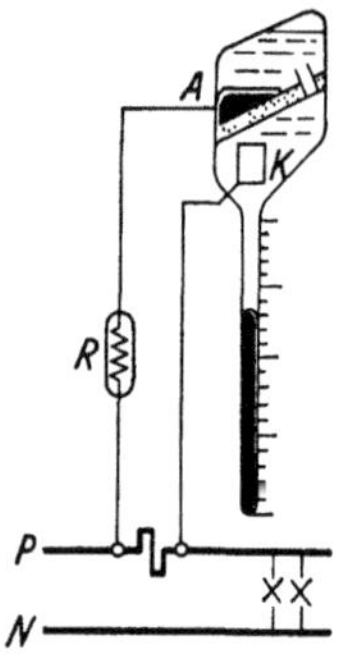

Abb. 161. Elektrolytischer Zähler.

Der Amperestunden-Motorzähler (Abb. 162) ist ein kleiner Gleichstrommotor, mit scheibenförmigem Anker A, der im magnetischen Feld von Dauermagneten liegt. K ist ein Stromwender, welcher die Stromrichtung derart herstellt, daß eine fortlaufende Drehung des Ankers zustande kommt. Die Drehungen werden mittels Schnecke auf ein Zählwerk übertragen. Die Kraft des Zählers ist nach Gl. 34, da die Feldstärke konstant ist, der Stromstärke proportional. Da nun die rotierende Aluminiumscheibe des Ankers durch das Schneiden der Feldlinien der Magnete Wirbelströme erzeugt, welche eine der Geschwindigkeit proportionale Bremskraft hervorrufen, muß die Drehzahl des Ankers der Stromstärke proportional sein. Die am Zählwerk registrierten Umdrehungen entsprechen also dem Produkt $I \cdot t$. Auch hier wird mittels Nebenschlusses nur ein Teilstrom durch den Zähler geleitet. Für Wechselstrom ist dieser Zähler ebenso wenig wie der elektrolytische zu gebrauchen.

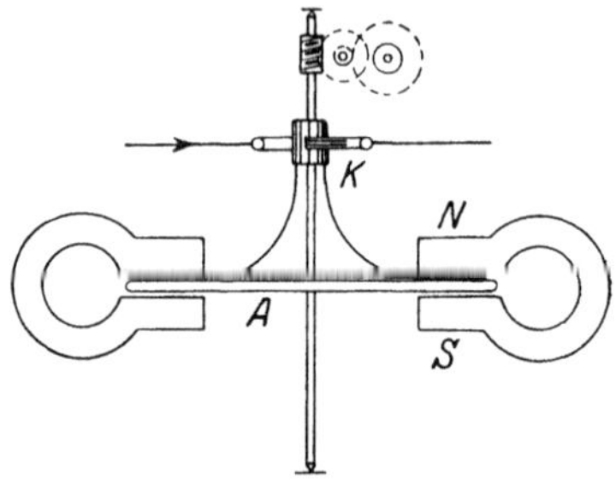

Abb. 162. Ah-Motorzähler.

2. Wattstundenzähler.

a) Für Gleichstrom (Abb. 163). Er unterscheidet sich von dem Amperestunden-Motorzähler dadurch, daß an die Stelle der Dauermagnete eine Stromspule M tritt, welche das Magnetfeld erzeugt. Das Drehmoment ist hier also (wie bei einem Leistungsmesser) dem Strom I und der Spannung U proportional, weil der Anker A unter Vorschaltung eines Widerstandes an der Spannung U liegt. Bei den Motorzählern verursacht die Reibung einen Fehler, der sich besonders bei kleiner Belastung unangenehm für das Werk bemerkbar macht. Es ist deshalb noch eine Feldhilfsspule F vorgesehen, welche ständig von dem schwachen Ankerstrom durchflossen ist, und welche so dicht herangeschwenkt wird, daß schon bei der Einschaltung eines kleinen Verbrauchsstromes der Zähler zu laufen beginnt. Damit aber dann nicht schon durch Erschütterungen eine dauernde Drehung zustande kommt, ist ein Eisendrähtchen D (Hemmfahne) vorgesehen, welches an einem kleinen Magneten vorbeistreicht und gehalten wird, wenn kein Strom verbraucht wird. Die Bremsung mittels der Scheibe S ist durch Drehung der Bremsmagnete einstellbar. Je mehr sie an die Peripherie der Scheibe gerückt werden, um so größer ist das Bremsmoment. Ein Nachteil der betrachteten Motorzähler ist der veränderliche Kontaktwiderstand des Stromwenders K. Er ist vermieden bei den oszillierenden Zählern, bei welchen der Anker unter Fortlassung des Stromwenders eine hin- und herschwingende Bewegung vollführt.

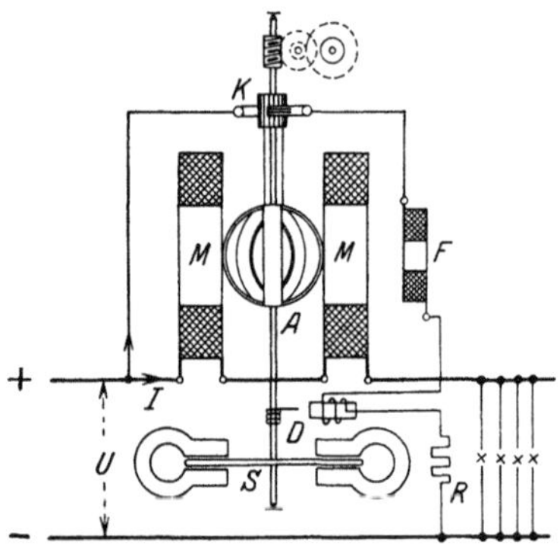

Abb. 163. Wh-Motorzähler.

56. Beispiel. Ein Zähler trägt den Vermerk 3000 Umdrehungen = 1 kWh. Bei Einschaltung einer einzelnen Lampe wurden in 5 Minuten 13 Ankerumdrehungen gezählt. Wie groß ist der Leistungsverbrauch der Lampe?

In 60 Minuten würden also 156 Umläufe zu beobachten sein. Da 3000 Umdrehungen einer kWh entsprechen, müssen 156 Umläufe demnach 156 : 3000 = 0,052 kWh sein. Ein solcher Verbrauch in einer Stunde entsteht, wenn die Leistung der Lampe 52 W beträgt.

b) Für Wechselstrom (Abb. 164). Stromwender lassen sich bei Wechselstrom durch Verwendung der Induktionszähler vermeiden. Sie haben ein Stromeisen E_i und ein Spannungseisen E_u. Im ersteren wird durch den Strom ein Kraftfluß Φ_i, im letzteren Φ_u erzeugt. Nimmt man den Verbraucher einmal induktionsfrei an, so wird der Strom der Spannungswicklung und damit Φ_u um etwa 90° gegen den Strom der Verbraucher und damit Φ_i nacheilen. Wir haben dann den in Abb. 136 dargestellten Fall, daß ein Wanderfeld auftritt, welches in der Scheibe S Wirbelströme induziert. Diese haben nach dem Lenzschen Gesetz das Bestreben, das Kraftlinienschneiden zu verhindern, d. h. sie versuchen die Scheibe in der Bewegungsrichtung des Wanderfeldes zu drehen. Das Drehmoment ist den Feldstärken beider Felder, also Strom und Spannung proportional. Es hängt ebenfalls von der Phasenverschiebung beider ab, denn wenn wir uns einmal denken, daß der Verbraucher 90° Phasenverschiebung habe ($\cos \varphi = 0$), dann würden die beiden Felder Φ_i und Φ_u in Phase gekommen sein, das Wanderfeld ist dann in ein Wechselfeld übergegangen und ein Drehmoment ist nicht mehr vorhanden. Zur Erzeugung einer Bremskraft benötigt natürlich auch dieser Zähler einen die Scheibe umfassenden Bremsmagneten.

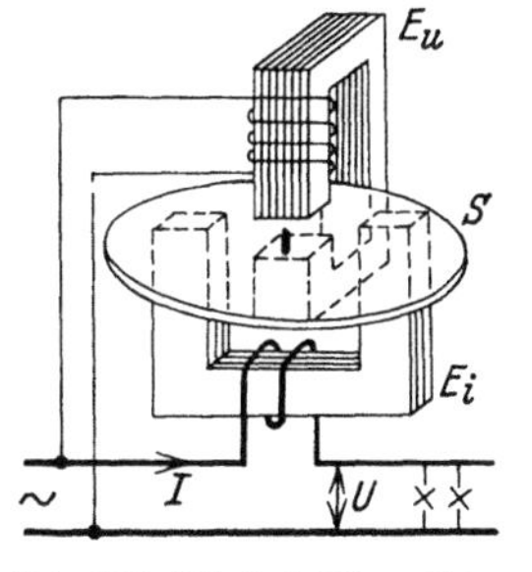

Abb. 164. Wh-Induktionszähler.

Die 90° Einstellung. Bei induktionsfreier Belastung müssen die beiden Felder Φ_i und Φ_u um 90° gegeneinander verschoben sein. Dies ist in der Anordnung Abb. 164 zwar angenähert, aber nicht genau der Fall. Zur genauen Einstellung sind besondere Vorrichtungen nötig. In Abb. 165 ist z. B. zu diesem Zweck ein magnetischer Nebenschluß N vorgesehen, durch den ein Teil des Kraftflusses Φ_u abgeleitet wird. Durch mehr oder geringeres Einschwenken eines Kupferbleches K in den Luftspalt kann der Nebenschluß verändert werden. Der gleiche Erfolg wird in Abb. 166 durch eine Sekundärwicklung auf dem Spannungseisen erzielt, welche auf einen veränderlichen Widerstand geschlossen ist.

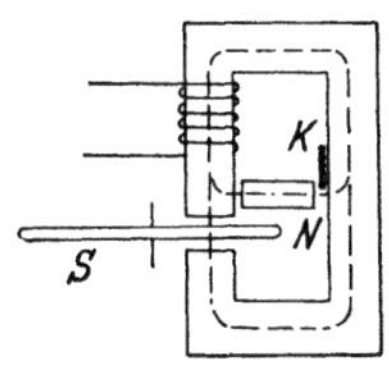

Abb. 165. 90°-Einstellung mit Nebenschluß.

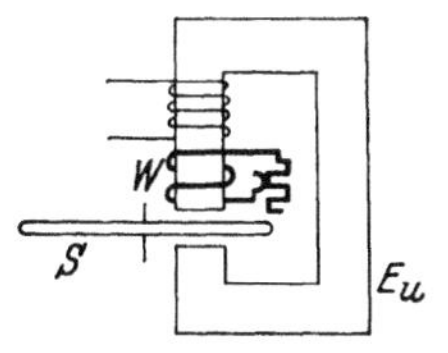

Abb. 166. 90°-Einstellung mit Sekundärwicklung.

Die Reibungskompensation wird durch einen konstanten Antrieb im Sinne der Drehung erzielt. Hierfür gibt es zahlreiche Anordnungen. In Abb. 167 ist das Spannungseisen etwas abgesetzt. Dadurch zerlegt sich der Kraftfluß in zwei Teile, die etwas phasenverschoben sind und daher ein schwaches Wanderfeld in der Pfeilrichtung bilden. Dasselbe übt ein Drehmoment auf die Scheibe aus, welches etwas kleiner als das Reibungsmoment sein soll. In Abb. 168 wird der gleiche Effekt durch

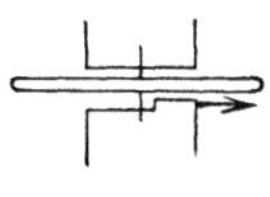
Abb. 167.

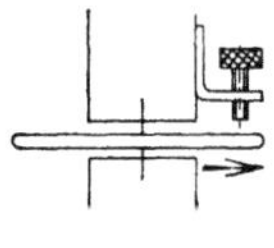
Abb. 168.

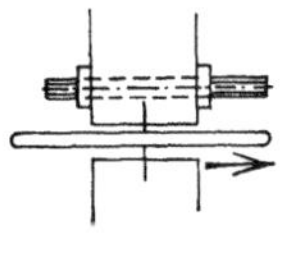
Abb. 169.

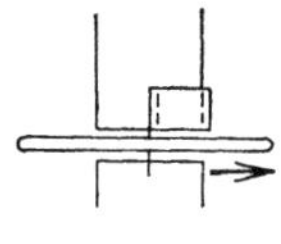
Abb. 170.

Abb. 167—170. Reibungskompensationen.

ein Eisenblech erzielt, welches zur Feineinstellung noch eine eiserne Schraube trägt. Noch feiner ist die Einstellung mit der Schraube in Abb. 169 möglich. In Abb. 170 ist ein Teil des Eisens mit einem geschlossenen Kupferring umschlossen, wodurch ebenfalls der Kraftfluß in zwei phasenverschobene Teile zerlegt wird. Zur Verhütung eines Leerlaufes wird auch bei den Induktionszählern ein Hemmdrähtchen angebracht.

Genau wie die Bremsmagnete wirken auch die Kraftflüsse Φ_i und Φ_u auf die drehende Scheibe bremsend. Dadurch tritt besonders bei Überlastungen ein Minusfehler auf. Um diesen auszugleichen kann das Stromeisen mit einem magnetischen Nebenschlußes versehen werden, der so bemessen ist, daß bei normalen Belastungen ein bestimmter Fluß abgeleitet wird. Bei Überlast aber wird das Eisen des Nebenschluß so stark gesättigt, daß infolge seines erhöhten Widerstandes nun mehr Kraftlinien durch die Scheibe gehen. Das Drehmoment wird dadurch heraufgesetzt.

c) Für Drehstrom kommen die gleichen Meßwerke wie für Wechselstrom zur Anwendung. Da, von Motoren abgesehen, gewöhnlich mit ungleicher Strangbelastung zu rechnen ist, kommt für Drehstrom-Dreileiternetze die Aronsche Schaltung in Frage, bei welcher zwei Systeme nach Abb. 164 mit ihren Scheiben auf einer gemeinsamen Drehachse angeordnet sind. Die Drehmomente addieren sich dann ganz von selbst. Bei dem Drehstromnetz mit Nulleiter sind drei Induktionssysteme an einer Achse anzuordnen.

Gesetzliche Vorschriften. Alle Zählersysteme bedürfen einer Beglaubigung durch die Physikalisch-technische Reichsanstalt. Bei dieser Beglaubigung müssen die folgenden Beglaubigungsfehlergrenzen eingehalten werden. Der Fehler darf nicht größer sein als:

$$\pm F = 3 + 0{,}3 \cdot \frac{N_h}{N} \;\% \text{ bei Gleichstrom}, \tag{124}$$

$$\pm F = 3 + 0{,}2 \cdot \frac{N_h}{N} + \left(1 + 0{,}2 \cdot \frac{I_n}{I}\right) \operatorname{tg} \varphi \;\% \text{ bei Wechselstrom}. \tag{125}$$

Im Betriebe darf kein Betriebsleiter eine Überschreitung der Verkehrsfehlergrenzen, welche etwa doppelt so hoch wie die Beglaubigungsfehlergrenzen liegen, dulden. Der Verkehrsfehler darf höchstens betragen:

$$\pm F = 6 + 0{,}6 \cdot \frac{N_h}{N} \;\% \text{ bei Gleichstrom}, \tag{126}$$

$$\pm F = 6 + 0{,}6 \cdot \frac{N_h}{N} + 2 \cdot \operatorname{tg} \varphi \;\% \text{ bei Wechselstrom}. \tag{127}$$

In diesen Formeln ist N_n die Nennlast, N_h die dem Anschlußwert entsprechende Höchstlast und N die jeweilige Last, für die der Fehler bestimmt werden soll. Die Beglaubigungsfehlergrenze gilt für Lasten zwischen $0{,}05 \cdot N_n$ und N_n, die Verkehrsfehlergrenze für Lasten zwischen $0{,}1 \cdot N_h$ und N_h.

3. Blindarbeitszähler.

Die Blindarbeit ist bei Wechselstrom $U \cdot I \cdot \sin\varphi \cdot t$. Zu ihrer Messung kann man einen normalen Wattstundenzähler verwenden, wenn man nur dafür sorgt, daß die Spannungsspule — gegenüber der normalen Arbeitsmessung — an eine um 90° phasenverschobene Spannung zu liegen kommt.

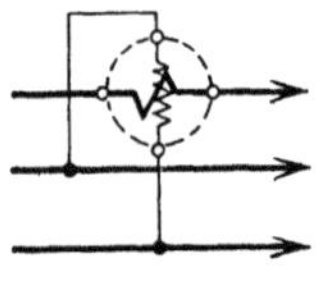

Abb. 171. Frankenfield-Schaltung.

Bei Drehstrom ist eine solche Spannung bereits vorhanden, denn bei induktionsfreier Belastung (Abb. 159) steht z. B. der Stromvektor I_R genau senkrecht auf der Spannung U_{ST}. Wenn man also diese Größen einem normalen Zähler zuführt, zeigt er bei induktionsfreier Belastung nichts an, weil $U \cdot I \cdot \sin\varphi \cdot t$ dann Null ist. Bei phasenverschobenem Strom zeigt der Zähler die Blindarbeit. Abb. 171 zeigt diese Frankenfield-Schaltung zur Messung der Blindarbeit bei gleicher Strangbelastung. Da die angelegte Spannung aber $\sqrt{3}$ mal so groß wie die Strangspannung ist, muß man durch $\sqrt{3}$ dividieren, um auf die Blindarbeit eines Stranges zu kommen und durch Multiplikation mit 3 erhält man die ganze Blindarbeit. Bei ungleicher Strangbelastung hat man drei Leistungsmesser nötig, die nach Abb. 171 in die drei Stränge geschaltet werden. Ihre Angaben, durch $\sqrt{3}$ dividiert, sind zu addieren.

F. Leistungsfaktormessungen.

Der Leistungsfaktor $\cos\varphi$ läßt sich aus einer Strom-, Spannungs- und Leistungsmessung jederzeit ermitteln. Da hierzu eine Rechnung erforderlich ist, wird für Schalttafeln ein unmittelbar anzeigendes Gerät vorgezogen. Abb. 172 zeigt ein solches in der Ausführung von Hartmann u. Braun. Durch eine Kunstschaltung mittels der Widerstände R und der Drossel Dr wird eine Phasenverschiebung der Ströme I_1 und I_2 hervorgerufen, die entsprechend verschobene Felder in den Eisenpolen erregen. Die Drehspule D ist über den Stromwandler L/l angeschlossen. Sie wird sich, wie jede stromdurchflossene Spule im Magnetfeld, immer so einstellen, daß ihre Achse in die Feldrichtung fällt. Nehmen wir nun einmal an, der Strom I_1 sei gegen I_2 um 90° verschoben, und der Strom im R-Strang und damit in der Drehspule liege gerade in Phase mit dem Strome I_2. Dann muß sich die Drehspule in das Feld des Stromes I_2 einstellen. Von I_1 wird sie gar nicht beeinflußt, weil dessen Feld um 90° phasenverschoben ist. Tritt nun eine Phasenverschiebung des R-Stromes ein, so daß er nun beispielsweise mit I_1 in Phase kommt, so wird das Feld dieses Stromes die Drehspule in seine Richtung ziehen, während das frühere Feld ohne Wirkung ist. Man erkennt, daß somit jede Phasenverschiebung eine bestimmte Stellung der Drehspule und damit des Zeigers zur Folge haben muß. Die Größe des Stromes ist dabei auf den Zeigerausschlag ohne Einfluß, vorausgesetzt, daß der Strom überhaupt groß genug ist, um ein hinreichendes Drehmoment zu erzeugen (10 bis 20%

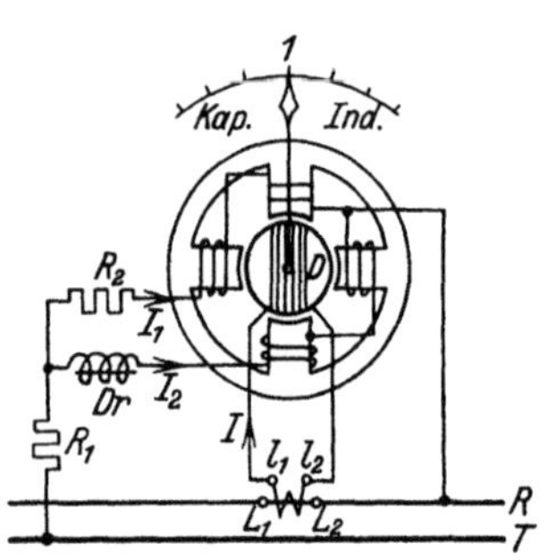

Abb. 172. Leistungsfaktormesser.

des Nennwertes). Man kann dieses Gerät auffassen als Kombination eines Wirk- und Blindleistungsmessers, welches das Verhältnis beider Leistungen anzeigt. Eine Richtkraft (Feder) ist nicht vorhanden, der Zeiger steht daher im ausgeschalteten Zustand beliebig.

G. Frequenzmessungen.

Die Anzeige der Frequenz erfolgt meist durch Zungenfrequenzmesser nach Abb. 173. Vor einer Reihe von Stahlzungen, deren Eigenschwingungszahl abgestuft ist, steht ein Wechselstrommagnet, der die Zungen anzieht. Es wird nun infolge Resonanz gerade die Zunge mitschwingen, bei welcher die Eigenschwingungszahl mit der Wechselstromfrequenz übereinstimmt. Es gibt auch Zeigerfrequenzmesser, bei welchen die Änderung der Phasenverschiebung, die bei Änderung der Frequenz auftritt, einen Zeigerausschlag (wie bei einem Leistungsfaktormesser) zur Folge hat.

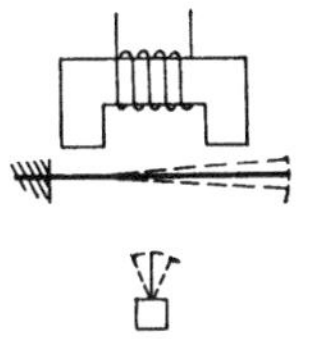
Abb. 173. Zungenfrequenzmesser.

H. Magnetische Messungen.

1. Die Aufnahme von Magnetisierungslinien.

a) Ballistische Methode. Ein Ring E (Abb. 174) aus dem zu prüfenden Eisen trägt zwei Spulen mit w_1 bzw. w_2 Windungen. Der eingestellte primäre Strom I_1 wird mittels eines Stromwenders kommutiert, wodurch sich der Kraftfluß von $+\Phi$ in $-\Phi$ ändert. Sekundär wird durch die Kraftlinienänderung eine Spannung $e_2 = -\frac{w_2 \cdot d\Phi}{10^8 \cdot dt}$ erzeugt, die einen Strom $i_2 = e_2 : (R_0 + R_1 + R_2)$ zur Folge hat. Dieser Strom i_2 mal dt ist die Änderung der Elektrizitätsmenge dq. Es ist also:

$$dq = i_2 \cdot dt = \frac{w_2 \cdot d\Phi}{10^8 \cdot (R_0 + R_1 + R_2)};$$

$$Q = \frac{w_2 \cdot 2 \cdot \Phi}{10^8 \cdot (R_0 + R_1 + R_2)} = c_b \cdot \alpha.$$

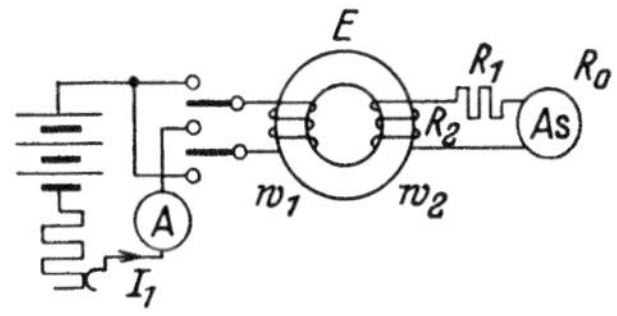

Abb. 174. Induktionsflußmessung.

Q hat sich hierin als Summe aller dq ergeben, wobei die Summe aller $d\Phi$ von $+\Phi$ bis $-\Phi$ zu bilden ist, was 2Φ ergibt. Die Elektrizitätsmenge Q ruft in dem ballistischen Galvanometer mit der Konstanten c_b einen Ausschlag α hervor. Aus obiger Beziehung ist dann

$$\Phi = \frac{c_b \cdot \alpha \cdot (R_0 + R_1 + R_2) \cdot 10^8}{2 \cdot w_2}. \tag{128}$$

Die magnetische Induktion berechnet sich alsdann zu $\mathfrak{B} = \Phi : F$ (F = Eisenquerschnitt), während sich die Durchflutung je cm zu $I_1 \cdot w_1 : l$ ergibt (l = Kraftlinienweg im Eisen).

b) Mit dem Köpselapparat (Siemens u. Halske). Dieses Gerät erlaubt die unmittelbare Ablesung der magnetischen Induktion an einem Zeiger (Abb. 175). Der Prüfstab E wird in eine Magnetisierungsspule eingeschoben und zwischen zwei Polschuhen aus weichem Eisen eingespannt. Der Ausschlag der Drehspule D ist wie bei dem Drehspulmeßinstrument der Feldstärke und dem Strom I_2 proportional. Im vorliegenden Falle wird der Strom I_2 konstant gehalten, so daß der Ausschlag nur der Feldstärke proportional ist. Für die unmittelbare Ablesung von $\mathfrak{B}$ ist es jedoch nötig, daß ein bestimmter Strom I_2 eingestellt wird, der sich in Abhängigkeit von dem Stabquerschnitt errechnet.

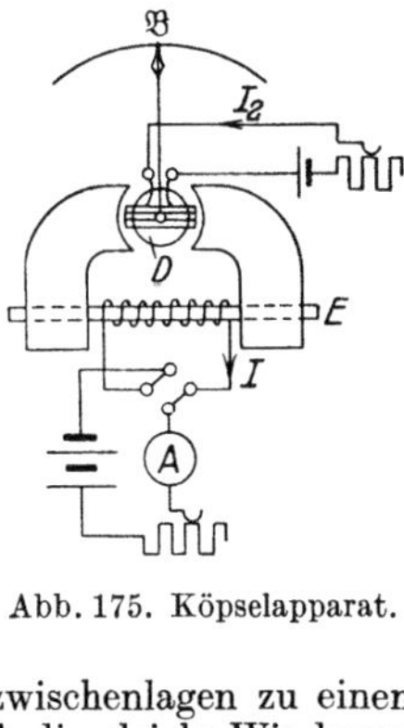

Abb. 175. Köpselapparat.

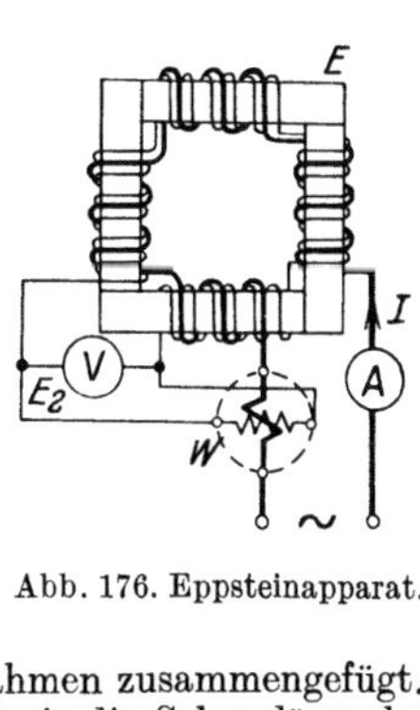

Abb. 176. Eppsteinapparat.

2. Die Messung von Eisenverlusten.

Mit dem Eppsteinapparat (Abb. 176). Vier Eisenblechpakete E des zu prüfenden Eisens von wenigstens 10 kg Gewicht werden mit Papierzwischenlagen zu einem Rahmen zusammengefügt. Die primäre Magnetisierungsspule hat gewöhnlich die gleiche Windungszahl wie die Sekundärspule. In der letzteren wird eine Spannung E_2 in w_2 Windungen induziert, mittels der nach Gl. 86 der Kraftfluß Φ und aus $\mathfrak{B} = \Phi : F$ auch die Induktion berechnet werden kann. Der Leistungsmesser zeigt die aufgenommene Leistung an, welche den Verlust im Eisen darstellt, und welcher auf 1 kg Eisen umzurechnen ist. Stimmen primäre und sekundäre Windungszahl nicht überein, so ist die Spannung E_2 im Windungsverhältnis umzurechnen.

I. Lichtmessungen.

1. Grundgrößen der Lichttechnik.

a) Lichtstärke. Die Einheit ist die Hefnerkerze (abgek. 1 HK), das ist die Lichtstärke, welche von einer Amylazetatflamme von 40 mm Höhe und 8 mm Dochtdurchmesser horizontal ausgestrahlt wird.

b) Beleuchtung. Die Einheit ist das Lux (abgek. 1 Lx), das ist die Beleuchtung einer Fläche in 1 m horizontalem Abstand von einer Hefnerkerze. Eine Lichtquelle mit einer Lichtstärke von I Hefnerkerzen wird also in 1 m Abstand I Lux Beleuchtung erzeugen. Bei wachsender Entfernung r nimmt die Beleuchtung mit dem Quadrate der Entfernung ab. Sie ist also dann $E = I : r^2$ und vermindert sich bei einer Neigung der beleuchteten Fläche (Abb. 177) mit dem Kosinus des Neigungswinkels. Die Beleuchtung ist dann:

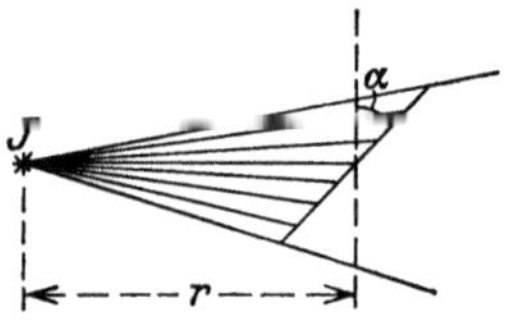

Abb. 177.

$$E = \frac{I \cdot \cos\alpha}{r^2}. \tag{129}$$

c) Lichtstrom. Diese Größe wird heute an Stelle der Lichtstärke zur Kennzeichnung der Stärke einer Lichtquelle benutzt. Die Einheit des Lichtstromes ist das Lumen (abgek. 1 Lm), das ist der Lichtstrom, welcher eine Fläche von 1 m² Größe trifft, wenn sie mit einem Lux beleuchtet ist. Der Lichtstrom Φ, welcher eine Fläche von der Größe F m² trifft, die mit E Lux beleuchtet ist, muß demnach sein:

$$\Phi = F \cdot E. \tag{130}$$

d) Leuchtdichte. Die Einheit ist das Stilb (abgek. 1 Sb). Eine Lichtquelle hat eine Leuchtdichte von 1 Sb, wenn von 1 cm² ihrer Leuchtfläche 1 HK ausgestrahlt wird. Die Leuchtdichte muß zur Vermeidung von Blendung klein gehalten werden.

2. Die Messung der Grundgrößen der Lichttechnik.

a) Lichtstärke. Sie wird auf einer Photometerbank mit der Lichtstärke einer Hefnerkerze oder einer geeichten Glühlampe verglichen (Abb. 178). Ein bewegliches Prismensystem P gestattet es, die Beleuchtung beider Lichtquellen nebeneinander zu sehen. Man verschiebt P nun solange, bis beide Beleuchtungen übereinstimmen. Dann verhalten sich die Lichtstärken wie die Quadrate der Entfernungen, also:

$$I_x : I_n = a^2 : b^2. \tag{131}$$

b) Beleuchtung. Gute Ergebnisse liefert der Beleuchtungsmesser nach Bechstein (Abb. 179). In einer Kassette ist eine Glühlampe L angeordnet, welche durch eine verstellbare Blende eine Mattscheibe M beleuchtet. Im Kasten befindet sich ein kreisförmiger Ausschnitt G, welcher zur Hälfte offen ist, so daß die Mattscheibe M hindurch betrachtet werden kann, während die andere Hälfte wahlweise weiß oder grau eingestellt werden kann. Man hat nun zunächst eine bestimmte Stromstärke für die Lampe einzustellen, alsdann wird die Blende solange verändert, bis die Mattscheibe gleiche Helligkeit wie die Vergleichshälfte G zeigt. Eine Skala K erlaubt dann unmittelbar die Ablesung der Beleuchtung in Lux. Das Gerät muß natürlich so gehalten werden, daß G genau so beleuchtet wird wie die Fläche, deren Beleuchtung man ermitteln will. Bei großen Beleuchtungsstärken ist die graue Vergleichsscheibe bei G einzustellen.

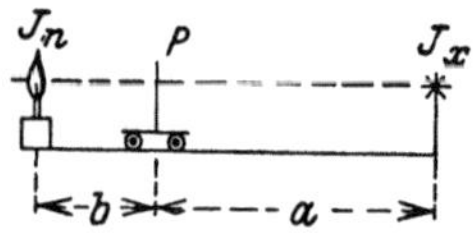

Abb. 178. Photometerbank.

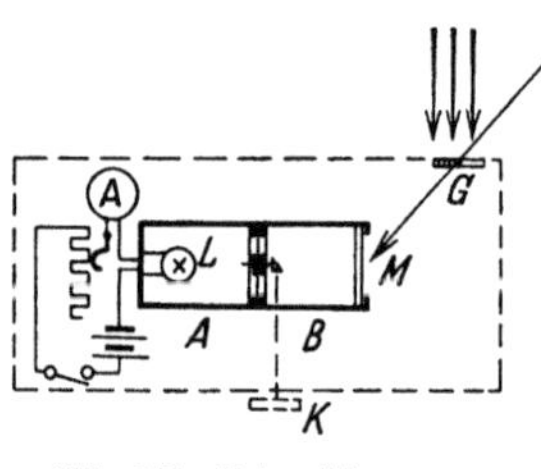

Abb. 179. Beleuchtungsmesser von Bechstein.

Neuerdings werden auch Photozellen zur direkten Messung von Beleuchtungsstärken benutzt. Besonders eignet sich hierzu die Sperrschichtzelle von Lange (Abb. 180). Sie hat eine Kupferplatte Cu, welche mit Kupferoxydul Cu_2O bedeckt ist. Dieses ist dann noch mit einer sehr dünnen, lichtdurchlässigen Metallschicht M zur Stromabnahme überzogen. Bei Belichtung der Zelle werden Elektronen an der Oxydulschicht ausgelöst, welche in das Kupfer übertreten. Das Instrument wird in Lux geeicht.

Man hat auch daran gedacht, solche Zellen als lichtelektrische Elemente zur Ausnutzung der Sonnenstrahlung zu benutzen. Für mittlere Lichtwellenlängen (grünes Licht) entsprechen etwa 700 Lumen einem Watt. Bei einer Sonnenbeleuchtung von höchstens 100000 Lux hätte man je m² bei restloser Ausnutzung etwa 140 W zu erwarten.

c) Lichtstrom. Der Lichtstrom einer Lampe läßt sich dadurch ermitteln, daß man auf einer Photometerbank die Lichtstärke ermittelt, welche nach allen Richtungen des Raumes ausgestrahlt wird. Das Mittel I_m derselben, die mittlere sphärische Lichtstärke, würde in einer Kugel von 1 m Radius eine Beleuchtung von I_m erzeugen, so daß sich bei einer Kugelfläche von 4π nach Gl. 130 ein Lichtstrom von $4\pi \cdot I_m$ ergäbe. Da eine solche Bestimmung umständlich ist, zieht man die experimentelle Mittelbildung mit der Ulbrichtschen Kugel (Abb. 181) vor. Dieselbe ist innen mattweiß und reflektiert das ungleichmäßig ausgestrahlte Licht derart, daß die ganze Kugelfläche gleichstark beleuchtet ist. Nach Einsetzen einer Lampe mit bekanntem Lichtstrom wird mittels eines Photometers P die Beleuchtung eines Opalglasfensters, das der Schirm B vor direkten Strahlen schützt, gemessen. Das gleiche geschieht mit der unbekannten Lampe, deren Lichtstrom dann berechenbar ist, weil sich die Beleuchtungen wie die Lichtströme verhalten. Kleine Lampen haben eine Lichtausbeute von 10 Lm/W, große bis 20 Lm/W.

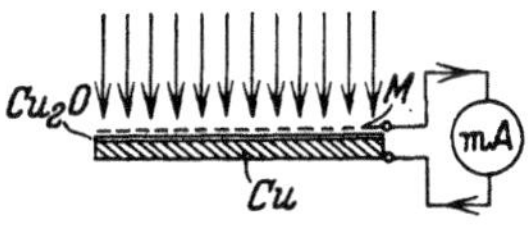

Abb. 180. Sperrschicht-Photozelle.

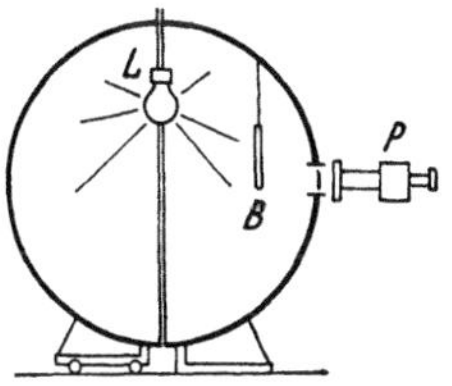

Abb. 181. Ulbrichtsche Kugel.

VII. Die Gleichstrommaschinen.

A. Die Spannungserzeugung.

Die Spule *I—II* des einfachen Stromerzeugers in Abb. 182 erzeugt bei der Drehung im magnetischen Feld eine durch Abb. 183 dargestellte Wechselspannung. Um eine Gleichspannung (Abb. 185) zu bekommen, muß man die zur Spannungsabnahme dienenden Schleifringe durch zwei Halbringsegmente ersetzen, wie es Abb. 184 zeigt. Durch diese wird die Spule gegenüber dem äußeren Stromkreis gerade in dem Augenblick umgepolt, in dem sie die neutrale Zone *a—d* passiert, in welcher sie keine magnetischen Kraftlinien schneidet. Hieraus geht hervor, daß die Abnahmebürsten 1 und 2 eine ganz bestimmte Stellung zu den Segmenten einnehmen müssen.

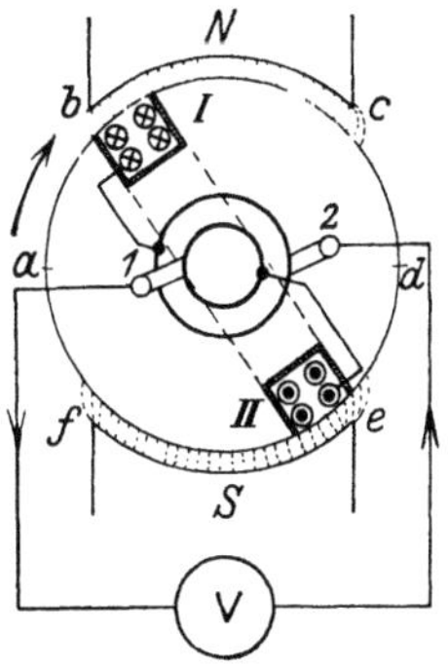

Abb. 182. Wechselstromerzeuger.

Der Anker aus Eisen, welcher die Spule trägt, und welcher dem Kraftfluß den Übertritt erleichtern soll, kann verschiedene Form zeigen. Man unterscheidet zwischen dem Trommelanker (Abb. 186) und dem Ringanker (Abb. 187). Der Trommelanker wird heute fast ausschließlich benutzt, weil sich die Wicklung sehr viel leichter aufbringen läßt.

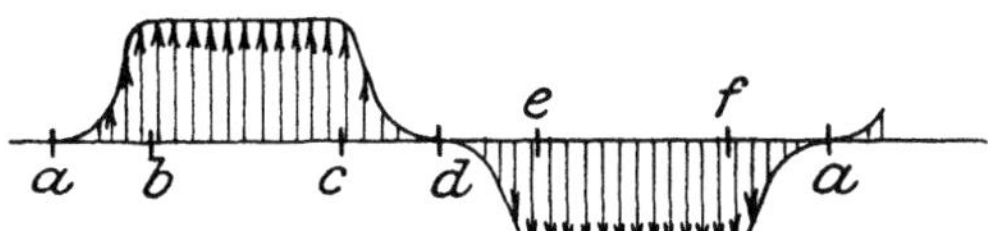

Abb. 183. Spannung der Maschine Abb. 182.

Die in Abb. 185 dargestellte Gleichspannung schwankt sehr stark. Um sie gleichförmiger zu machen, kann man die Spulenzahl erhöhen. Abb. 188 zeigt einen Ringanker mit 6 Ankerspulen, die an 6 Stege (Segmente) des Stromwenders (Kommutator, Kollektor) angeschlossen sind. Die drei oberen Spulen gehen bei Rechtsdrehung nach rechts, die drei unteren Spulen nach links durch das Feld. Die erzeugten elektromotorischen Kräfte haben daher die eingezeichneten Richtungen, sind also oben umgekehrt wie unten gerichtet. Man erkennt ferner, daß die obere Ankerhälfte der unteren elektrisch parallel geschaltet ist, daß sich also die Spannung E an den Bürsten als Summe der oberen Spannungen

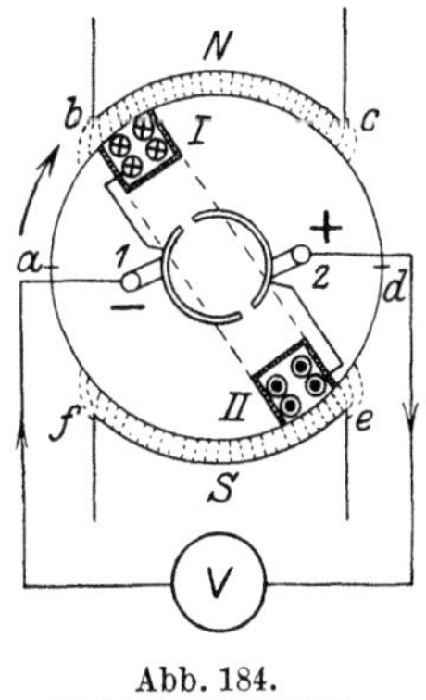

Abb. 184. Gleichstromerzeuger.

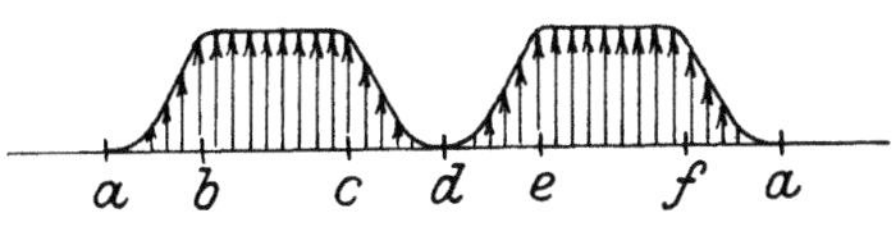

Abb. 185. Spannung der Maschine Abb. 184.

$E_1 + E_2 + E_3$ oder von $E_4 + E_5 + E_6$ ergeben muß. In Abb. 189 sind die drei oberen Spannungen aufgezeichnet, und zwar gegeneinander phasenverschoben, weil die Spulen nacheinander durch das Feld gehen. Ihre Summe ergibt die unten dargestellte Spannungslinie, die nur noch geringe Schwankungen aufweist. Eine praktisch hinreichend konstante Spannung erhält man zwar schon bei ziemlich kleiner Spulenzahl. Die Erzielung einer funkenfreien Stromwendung fordert jedoch eine Erhöhung auf möglichst hohe Zahl, mindestens aber so, daß die Spannung zwischen zwei benachbarten Stegen des Stromwenders im Mittel nicht über etwa 15 V kommt.

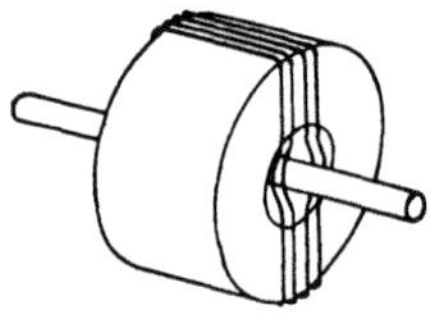
Abb. 186. Trommelanker.

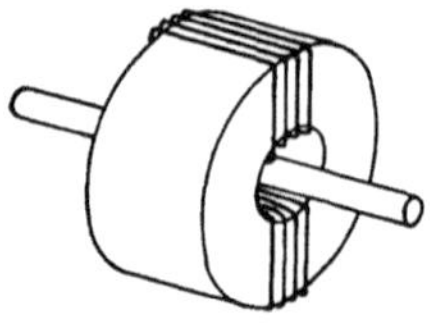
Abb. 187. Ringanker.

Die Größe der erzeugten EMK. Der Anker der zweipoligen Maschine in Abb. 190 habe auf dem ganzen Umfang z Leiter, von denen aber nur die schwarz markierten im Nordfeld liegen. Die im Südfeld liegenden sind parallel geschaltet, so daß durch sie keine Erhöhung der EMK zu erwarten ist. Es kommen demnach nur $z \cdot b : D \cdot \pi$ Leiter für die Rechnung in Frage. Bei einer Leiterlänge l ergibt sich nach Gl. 36 eine EMK von $E = \mathfrak{B} \cdot v \cdot l \cdot z \cdot b : 10^8 \cdot D \cdot \pi$, oder wenn man statt der Umfangsgeschwindig-

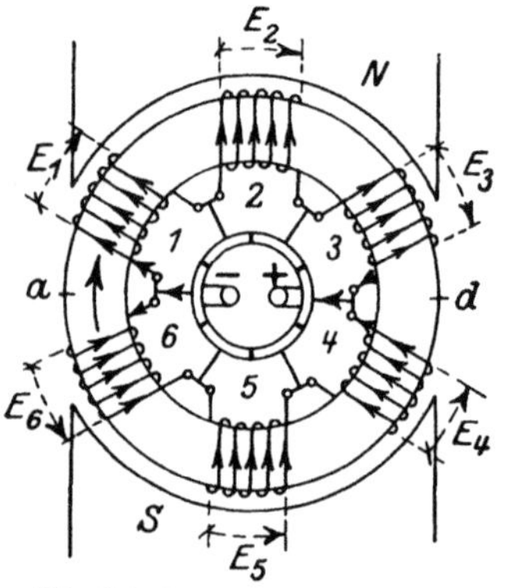

Abb. 188. Sechsspuliger Ringanker.

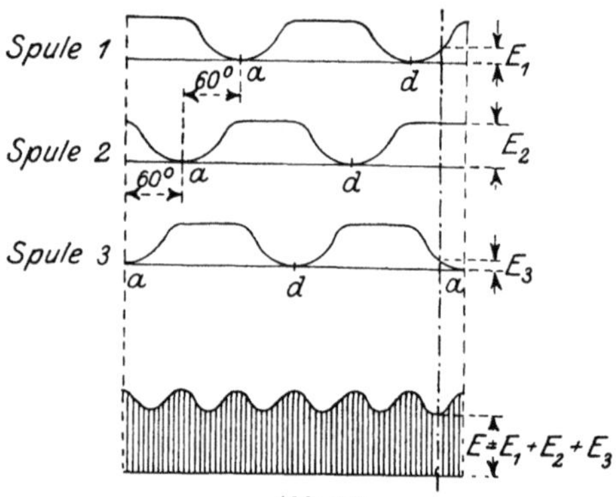

Abb. 189.

keit v den Wert $D \cdot \pi \cdot n : 60$ einsetzt $E = \mathfrak{B} \cdot D \cdot \pi \cdot n \cdot l \cdot z \cdot b : 60 \cdot 10^8 \cdot D \cdot \pi$. Hierin kann man statt $\mathfrak{B} \cdot l \cdot b$ den Kraftfluß Φ setzen. Dann ergibt sich:

$$E = \frac{\Phi \cdot n \cdot z}{60 \cdot 10^8} \qquad (132)$$

Diese Beziehung gilt jedoch nur für die zweipolige Maschine (siehe Gl. 142). Faßt man die an der fertigen Maschine unveränderlichen Größen zu einer Konstanten c zusammen, so ist

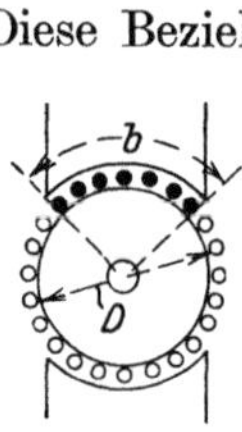

Abb. 190.

$$\boldsymbol{E = c \cdot \Phi \cdot n.} \qquad \textbf{(133)}$$

Die EMK einer Maschine ist also dem Kraftfluß und der Drehzahl proportional. Man kann sie verändern, indem man den Kraftfluß oder die Drehzahl ändert. Ebenso kann man ihre Richtung durch Umkehrung des Kraftflusses oder der Drehrichtung umkehren.

Die Klemmenspannung U ist, genau wie bei einem Element, im Leerlauf gleich der EMK, während sie im belasteten Zustand um den Spannungsverlust $R \cdot I$ im Anker kleiner ist, also:

$$\boldsymbol{U = E - R \cdot I.} \qquad \textbf{(134)}$$

Durch Multiplikation mit I ergibt sich hieraus $U \cdot I = E \cdot I - R \cdot I^2$. Die an den Klemmen abgegebene Leistung $U \cdot I$ ist um den Stromwärmeverlust $R \cdot I^2$ kleiner als die erzeugte Leistung $E \cdot I$. Außer dem Stromwärmeverlust tritt jedoch auch noch im Eisen ein Verlust auf. Zur Erreichung eines hohen Wirkungsgrades ist es jedenfalls nötig, den Stromwärmeverlust niedrig zu halten, was nur durch Kleinhaltung des

Ohmschen Widerstandes R des Ankers möglich ist. Der prozentuale Spannungsabfall $R \cdot I$ im Anker beträgt bei Nennlast der Maschine etwa:

1—5 kW-Maschinen 8—5%	20—100 kW-Maschinen 3—2%
5—20 kW-Maschinen 5—3%	über100 kW-Maschinen 2—1%.

57. Beispiel. Eine Gleichstrommaschine von 50 kW Nennleistung und 460 V hat einen Ankerspannungsverlust von 3%. Wie groß ist der Ankerwiderstand? 3% von 460 V sind 13,8 V. Da der Nennstrom der Maschine $I = 50000 : 460 = 109$ A ist, beträgt der Ankerwiderstand $R = 13{,}8 : 109 = 0{,}127\ \Omega$. Der Stromwärmeverlust im Anker würde $R \cdot I^2 = 0{,}127 \cdot 109^2 = 1500$ W betragen.

B. Die Erregung der Gleichstromgeneratoren.

Die Verwendung von Dauermagneten ist für Stromerzeuger, denen eine nennenswerte Leistung entnommen werden soll, nicht möglich, weil deren Stärke nicht ausreicht und weil bei Stromentnahme auch eine Schwächung der Magnete eintritt, die sich bei Dauermagneten nicht ausgleichen ließe. Abb. 191 zeigt schematisch eine zweipolige Gleichstrommaschine mit elektrischer Erregung des Magnetfeldes. Die Magnetwicklung M wird hier von einer fremden Stromquelle gespeist, und man spricht daher von einem fremderregten Generator. Die für die Erregung benötigte Leistung ist naturgemäß im Vergleich zur Maschinenleistung gering. Sie beträgt etwa:

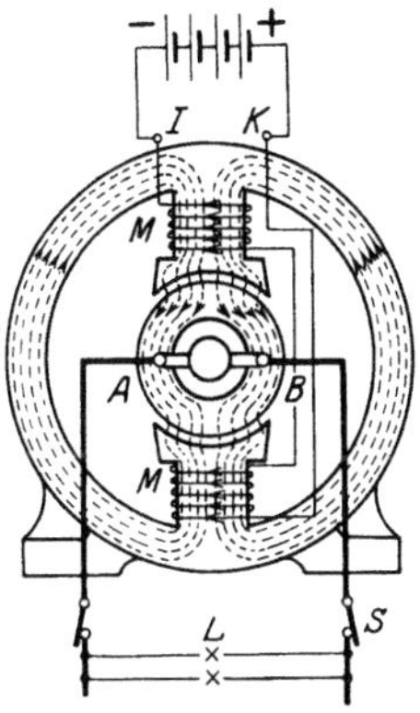

Abb. 191. Fremderregter 2poliger Gleichstromgenerator.

1— 5 kW-Maschinen 5—3%	20—100 kW-Maschinen 2—1%
5—20 kW-Maschinen 3—2%	über 100 kW-Maschinen bis 1%.

Werner von Siemens hat gezeigt, daß ein Stromerzeuger diese geringe Arbeit auch selbst liefern kann. Man spricht dann von einem selbsterregenden Generator. Abb. 192 zeigt einen solchen. Die Erregerwicklung liegt in diesem Falle im Nebenschluß zum Anker. Treibt man eine solche Maschine mit ihrer Nenndrehzahl an, so liefert sie natürlich noch keine Spannung, weil das magnetische Feld noch fehlt. Da aber das Eisen vom Probelauf her immer noch eine Spur Magnetismus haben wird, ist doch anzunehmen, daß an den Klemmen A—B des Ankers immerhin eine Spannung von wenigen Volt zur Verfügung steht. Diese treibt nun bei richtiger Schaltung einen sehr kleinen Strom durch die Erregerwicklung und verstärkt dadurch den zurückgebliebenen Magnetismus etwas. Es entsteht nun bereits eine etwas größere Spannung. Diese erzeugt wieder mehr Magnetismus usw. Die wechselweise Verstärkung zwischen Spannung und Erregerstrom läßt die Spannung immer mehr anwachsen, bis das Eisen magnetisch gesättigt ist. Die Erregung kann auch ausbleiben, was verursacht sein kann durch:

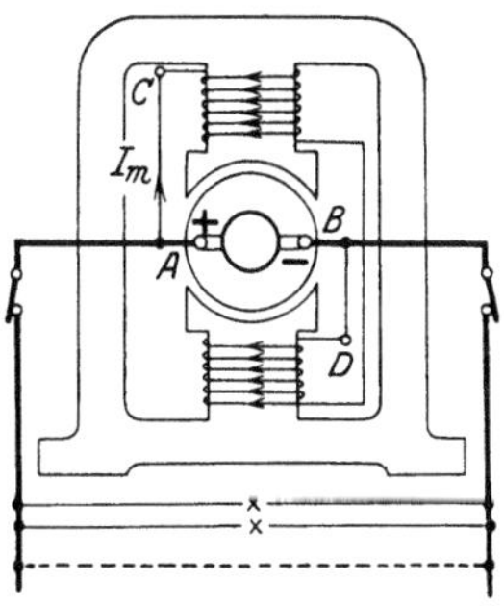

Abb. 192. Selbsterregter 2poliger Gleichstromgenerator (Nebenschlußgenerator).

1. Unmagnetisches Eisen. Dann muß durch vorübergehendes Anlegen einer kleinen Spannung etwas Magnetismus erzeugt werden.
2. Verkehrte Polung der Erregerwicklung. Dann muß umgepolt werden.
3. Eingeschaltete Verbraucher. Diese wirken ähnlich wie ein Kurzschluß (gestrichelt in Abb. 192), so daß durch die Erregerwicklung kein für die Erregung hinreichender Strom fließt.
4. Umgekehrte Drehrichtung. Dann muß die Erregerwicklung umgepolt werden, falls die Drehrichtung beibehalten werden muß.
5. Zu kleine Drehzahl. Dieselbe muß auf ihren Nennwert gebracht werden.

Je nach der Schaltung der Erregerwicklung unterscheidet man: Hauptschlußmaschinen (Reihenschlußmaschinen), Nebenschlußmaschinen und Doppelschlußmaschinen.

Der Hauptschlußgenerator. Bei dieser durch Abb. 193 dargestellten Maschine liegt die Erregerwicklung im Hauptschluß, also in Reihe mit dem Anker. Sie darf dann natürlich keinen hohen Widerstand haben, ihre Drähte müssen also hinreichend stark sein. Die Zahl der Windungen hingegen kann gering sein, weil jede Windung von dem vollen Maschinenstrom durchflossen ist. Auch bei dieser Maschine wird Selbsterregung nur dann eintreten, wenn die Magnetwicklung richtig zum Anker geschaltet ist. Im Gegensatz zur obigen Angabe muß hier aber der Verbraucherstromkreis geschlossen sein, weil sonst ja überhaupt kein Strom fließen könnte. Bei geöffneten Schaltern liefert die Hauptschlußmaschine keine Spannung. Abb. 194 zeigt das Schaltbild. Die Klemmenbezeichnung des Ankers ist stets A—B, die der Hauptschlußwicklung E—F.

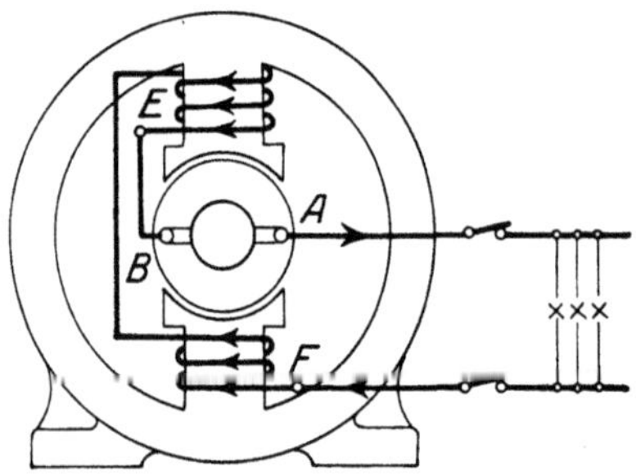

Abb. 193. 2poliger Reihenschlußgenerator.

58. Beispiel. Ein 50 kW-Hauptschlußgenerator habe 1,5% Erregungsverlust. Wie groß ist der Widerstand der Magnetwicklung, wenn die Klemmenspannung der Maschine 230 V beträgt?

Der Maschinenstrom ist bei Nennlast $I = 50000 : 230 = 217$ A. Der Erregungsverlust ist 1,5% von 50000 gleich 750 W $= R \cdot I^2$. Hieraus ist $R = 750 : 217^2 = 0{,}016\,\Omega$. Legt man eine Stromdichte von 1,5 A je mm² zugrunde, so muß der Drahtquerschnitt $F = 217 : 1{,}5 = 145$ mm² sein, was einem Durchmesser von etwa 14 mm entsprechen würde. Zweckmäßiger wäre es, hier Vierkantkupfer zu verwenden. Durch die Erregerwicklung entsteht ein kleiner Spannungsverlust von $R \cdot I = 0{,}016 \cdot 217 = 3{,}5$ V. Die Ankerklemmenspannung muß daher $230 + 3{,}5 = 233{,}5$ V betragen.

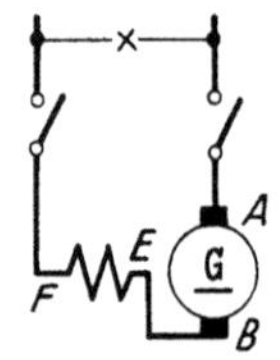

Abb. 194. Schaltbild des Reihenschlußgenerators.

Der Nebenschlußgenerator. Abb. 192 zeigt diese Maschine und Abb. 195 ihr Schaltbild. Die Erregerwicklung liegt hier im Nebenschluß zum Anker, also an der vollen Maschinenspannung. Sie muß daher einen hohen Widerstand haben, und die Windungszahl muß groß sein. Die Klemmen der Nebenschlußwicklung werden mit C—D bezeichnet.

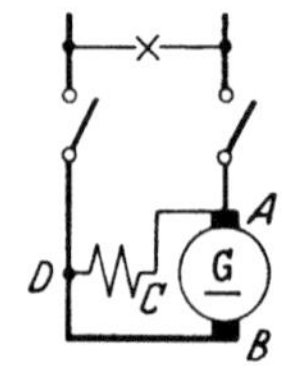

Abb. 195. Schaltbild des Nebenschlußgenerators.

59. Beispiel. Die Angaben aus Beispiel 58 sollen sich auf einen Nebenschlußgenerator beziehen. Wie groß muß der Widerstand der Magnetwicklung sein?

Der Erregerverlust ist bei 230 V Spannung 750 W. Der Erregerstrom beträgt demnach $I_m = 750 : 230 = 3{,}26$ A. Der Widerstand der Wicklung ist also $R = 230 : 3{,}26 = 70{,}5\,\Omega$. Bei einer Stromdichte von 1,5 A/mm² ergäbe sich ein Drahtquerschnitt von $F = 3{,}26 : 1{,}5 = 2{,}17$ mm², was einem Drahtdurchmesser von 1,7 mm (nackt gemessen) entsprechen würde.

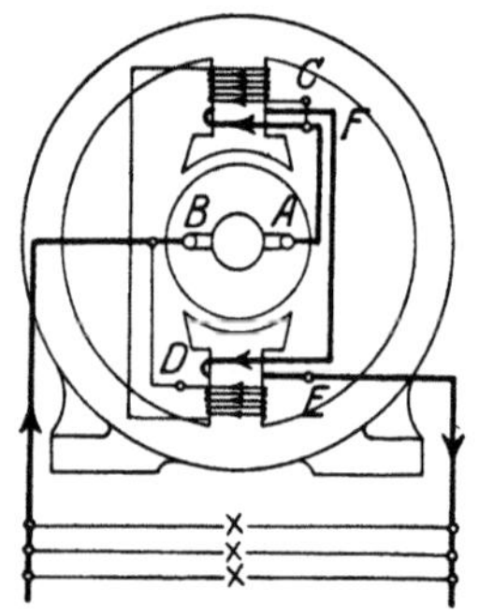

Abb. 196. 2poliger Doppelschlußgenerator.

Der Doppelschlußgenerator. Er hat nach Abb. 196 und 197 zwei sich unterstützende Magnetwicklungen, eine Hauptschlußwicklung (Klemmen E—F) mit wenigen Windungen eines dicken Drahtes und eine Nebenschlußwicklung (Klemmen C—D) mit viel Windungen eines dünnen Drahtes.

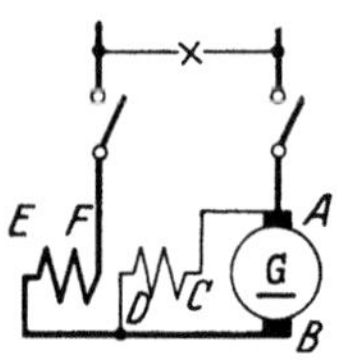

Abb. 197. Schaltbild des Doppelschlußgenerators.

Die Richtung der erzeugten Spannung läßt sich auf zweierlei Weise umkehren. Entweder durch Umkehrung der Drehrichtung oder durch Umpolung des Erregerstroms (Kraftfluß). Letzteres ist gewöhnlich nur möglich. Man muß bei der Doppelschlußmaschine aber beachten, daß beide Wicklungen umzupolen sind.

C. Der Aufbau der Gleichstromgeneratoren.

1. Das Magnetgestell.

Je größer die Maschinenleistung ist, um so größer muß auch der Kraftfluß sein. Nach seiner Festlegung (siehe S. 79) lassen sich mit den üblichen Kraftliniendichten die erforderlichen Eisenquerschnitte leicht berechnen. Nur bei kleinen Leistungen wird das Magnetgestell zweipolig (Abb. 191) ausgeführt, während bei großen Maschinenleistungen sich das mehrpolige Gestell billiger stellt (Abb. 198). Das Joch *I* erhält heute aus Herstellungsgründen fast immer eine runde Form. Es wird meist aus Gußeisen hergestellt, wenn nicht geringes Gewicht oder eine hohe mechanische Beanspruchung zur Verwendung von Stahlguß zwingen. Die Kerne *K*, welche von den Erregerspulen umschlossen sind, werden zur Kleinhaltung der Spulen aus magnetisch hochwertigem Eisen hergestellt. Sie werden durch Polschuhe *P* verbreitert, damit der Kraftfluß einen möglichst großen Übertrittsquerschnitt hat. Gewöhnlich werden diese Polschuhe aus Blechen zusammengesetzt, die voneinander durch Papier oder Lackschichten isoliert sind. Nach Abb. 199 tritt nämlich der Kraftfluß infolge der Zahnung des Ankereisens nicht gleichförmig aus dem Pol aus. Man Denke sich nun einmal zwei Eisenstäbe *A—B*, die zusammen eine kurz geschlossene Windung darstellen, herausgeschnitten. Dieselben umschließen im gezeichneten Augenblick den Fluß eines Ankerzahnes. Einen kurzen Augenblick später stehen sie aber vor einer Zahnlücke und umschließen dann nur einen geringen Kraftfluß. Diese ständige Kraftflußänderung ruft im Polschuheisen Spannungen und Ströme hervor (Wirbelströme), deren Energieverlust man nur durch Unterteilung klein halten kann. Im Kern sind diese Kraftflußänderungen nicht mehr bemerkbar. Trotzdem wird meist auch der Kern bei kleinen Maschinen geblättert, weil es zu schwierig ist, den kleinen Polschuh allein zu unterteilen, und weil die Ausführung in hochwertigen Dynamoblech erwünscht ist. Um die Erregerspulen aufbringen zu können, muß natürlich eine Trennungsmöglichkeit vorhanden sein. Bei kleinen und mittleren Maschinen ist sie zwischen Kern und Joch, bei großen Maschinen auch zwischen Polschuh und Kern.

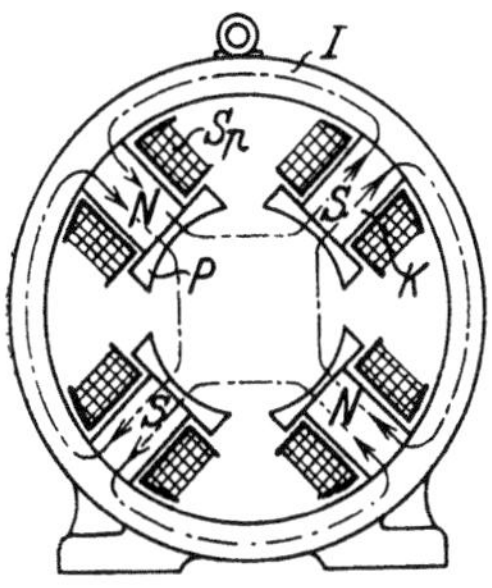

Abb. 198.
4 poliges Magnetgestell.

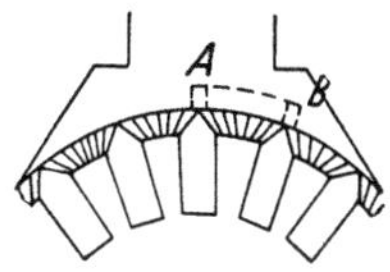

Abb. 199.

Die Erregerspulen *Sp* werden gewöhnlich hintereinander geschaltet, weil dann die Ausführung am billigsten wird (siehe S. 21). Ihre Polung muß derart sein, daß Nord- und Südpol aufeinanderfolgen. Die richtige Folge läßt sich mit einem Eisenstück zwischen aufeinander folgenden Polen oder mit einer Induktionsspule, die man vor den Pol hält und welche mit einem Galvanometer verbunden ist, feststellen. Im ersteren Falle muß das Eisen kräftig angezogen werden, im zweiten Falle müssen beim Einschalten des Erregerstromes an den einzelnen aufeinanderfolgenden Polen Spannungen entgegengesetzter Richtung erzeugt werden.

Die Lagerung der Welle erfolgt bei kleineren und mittleren Maschinen in Lagerschilden, welche unter Benutzung von Zentriernuten am Magnetgestell angeschraubt sind. Größere Maschinen erhalten freistehende Lagerböcke auf einer gemeinsamen Grundplatte. Die Lager sind entweder Ringschmierlager oder bei kleineren und mittleren Maschinen zur Verminderung der Reibungsverluste auch Kugel- oder Rollenlager.

2. Der Anker.

a) Der Eisenkörper. Da sich der Trommelanker leichter herstellen läßt und auch weniger totes Kupfer aufweist als der Ringanker, wird er fast ausschließlich ausgeführt. Zur Kleinhaltung der Erregerwicklung und der Erregerverluste muß der Luftspalt zwischen Polschuh und Anker so klein wie möglich sein. Die Wicklung wird daher in Nuten eingebettet (Abb. 199). Da das Ankereisen bei der Drehung des Ankers ebenso wie die Kupferleiter die Feldlinien schneidet, werden auch in ihm Spannungen erzeugt, welche bei massivem Ankereisen Wirbelströme in der durch Abb. 200 dargestellten Weise erzeugen würden. Damit diese Wirbelströme und die durch sie bedingten Wirbelstromverluste in erträglichen Grenzen bleiben, wird das Eisen aus Blechen zusammengesetzt, die voneinander durch Papier oder Lack getrennt sind. Gewöhnlich wählt man Blechstärken von 0,5 oder auch 0,35 mm. Noch dünnere Bleche können ihres hohen Preises wegen nur in Ausnahmefällen verwendet werden. Eine weitere Herabsetzung der Wirbelstromverluste ist durch die Verwendung legierter Bleche (siehe S. 46) möglich. Eine Verbindung der einzelnen Bleche, z. B. in den Nuten muß vermieden werden. Deshalb werden die Nuten nicht etwa gefräst, sondern einzeln ausgestanzt. Außer den Wirbelstromverlusten treten im Ankereisen noch Hysteresisverluste auf. Abb. 200 zeigt, wie ein gedachtes Eisenteilchen T während einer Umdrehung einmal ummagnetisiert wird. Dabei tritt der durch Gl. 29 angegebene Verlust auf, der fast mit dem Quadrate der Feldstärke wächst und außerdem um so größer ist, je größer die Zahl der Ummagnetisierungen, also die Drehzahl ist. Die Nuten des Ankers sind gewöhnlich, wie es in Abb. 199 dargestellt ist, offen, wobei die Wicklung durch Keile gegen Herausfliegen geschützt werden kann. Bei kleinen zweipoligen Ankern, die von Hand gewickelt werden, findet man hingegen meist halbgeschlossene Nuten, welche nur einen schmalen Schlitz zur Einführung des Drahtes haben.

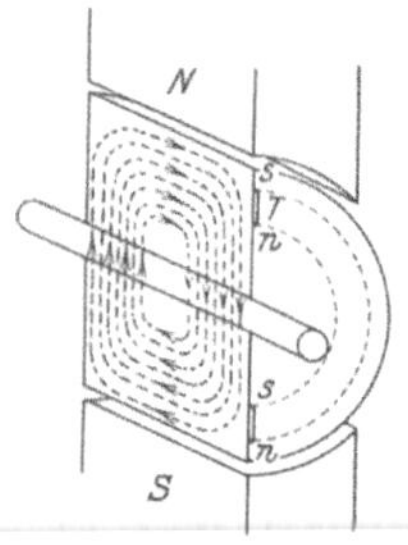

Abb. 200. Wirbelströme in einem massiven Anker.

Abb. 201 stellt einen Schnitt durch einen Anker dar. Das Blechpaket wird mittels Druckplatten zusammengepreßt. Der Hohlraum im Inneren ermöglicht die Durchführung eines kühlenden Luftstromes. Stahldrahtbänder, welche außen auf den Anker gelegt werden, verhüten ein Herausschleudern der Wicklung.

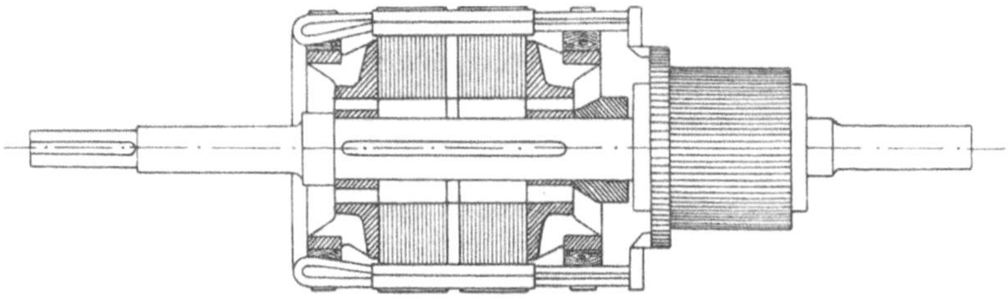
Abb. 201. Schnitt durch einen Anker.

b) Die Wicklung. Alle Gleichstromwicklungen sind in sich geschlossene Wicklungen. Um möglichst wenig totes, am Kraftlinienschneiden unbeteiligtes Kupfer zu bekommen, könnte man auf den Gedanken kommen, benachbarte Leiter einfach in Reihe zu schalten, indem man einen Hindraht am Ende mit dem benachbarten Draht als Rückdraht verbindet. Dies ist aber undurchführbar, weil sich dann die in diesen Leitern erzeugten Spannungen entgegenwirken und aufheben. Als Rückdraht zu einem Hindraht muß man daher einen Leiter mit entgegengesetzter Spannung suchen, der natürlich nur unter einem entgegengesetzten Pol gefunden werden kann. Damit der Hinleiter zur gleichen Zeit unter den Pol tritt und ihn auch gleichzeitig verläßt, sollte die Lage zum Pol bei beiden Leitern dieselbe sein. Wir können somit als Grundsatz aufstellen: Hinleiter und Rückleiter müssen ungefähr um eine Polteilung auseinanderliegen. Eine genaue Einhaltung dieses Abstandes ist nicht nötig, weil die Polbreite etwa um 30% kleiner als die Polteilung ist. Es lassen sich nun verschiedene Wicklungsarten finden, die dieser Bedingung genügen:

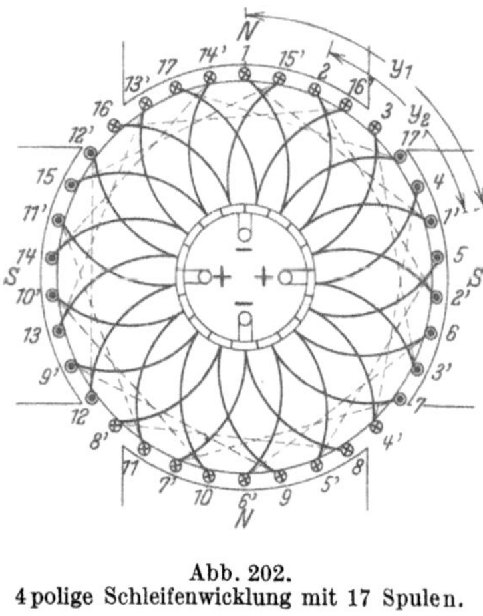

Abb. 202. 4 polige Schleifenwicklung mit 17 Spulen.

Die Schleifenwicklung (Schraubenwicklung Parallelwicklung). Abb. 202 zeigt eine solche Wicklung in vierpoliger Ausführung mit 17 Spulen. Die Rückdrähte sind immer durch einen Strich an der Zahl kenntlich gemacht, und es ist wegen der gleichmäßigen Verteilung angenommen, daß immer Hin- und Rückdrähte abwechselnd aufeinanderfolgen. Wir wollen von dem Hindraht *1* ausgehen. Der zugehörige Rückdraht *1'* muß unter einem Südpol gesucht werden. Da zwei derselben vorhanden sind, ist eine rechtsgängige und eine linksgängige Wicklung möglich. Im Abstand der Polteilung befindet sich aber kein Rückdraht, denn eine Polteilung entspricht $8^1/_2$ Lücken, wenn wir die Lücken zwischen den Leitern als Maß für den Schritt benutzen. Der mit *2'* bezeichnete Leiter wäre eigentlich der nächste Rückleiter. Trotzdem wollen wir den mit *1'* bezeichneten Leiter benutzen, weil er näher bei *1* liegt. Den mit *5* bezeichneten Draht können wir nicht als Rückleiter verwenden, weil wir vorausgesetzt haben, daß immer Hin- und Rückleiter aufeinanderfolgen sollen. Dann muß also zwischen einem Hin- und Rückleiter immer eine ungerade Zahl von Lücken liegen (y_1). Zwischen *1* und *1'* werden nun so viele Windungen gewickelt, wie die Spule haben soll. Dann müssen wir, nachdem wir noch zuvor eine Ableitung zu einem Stromwendersteg gemacht haben, zum Anfang der zweiten Spule gehen, die wir bei der Schleifenwicklung neben dem der ersten Spule suchen. Der erste Hindraht neben *1* ist der Draht *2* oder auch der Draht *17*. Im ersteren Falle gibt es eine ungekreuzte, im zweiten Fall eine gekreuzte Wicklung. Wir wollen das Spulenende *1'* mit dem Spulenanfang *2* verbinden. Der Schaltschritt $y_2 = 1'—2$ muß natürlich auch eine ungerade Lückenzahl sein. Fährt man in gleicher Weise fort, so kommt man schließlich wieder zum Leiter *1* zurück. Zur Feststellung der Bürstenstellungen zeichnet man sich nach Abb. 203 zweckmäßig ein Schaltbild, in welchem die Stäbe in der Reihenfolge der Nummerierung nebeneinander gezeichnet sind. Trägt man sich dann die Spannungsrichtungen ein, so findet man, daß 4 Stellen vorhanden sind, an denen eine Umkehr der Richtungspfeile eintritt. An diesen 4 Stellen müssen Bürsten angeordnet werden. Wir haben daher zwei Plusbürsten, die miteinander zu verbinden sind und ebenso zwei Minusbürsten. Man sieht ferner leicht ein, daß man auf vier verschiedenen Wegen von + nach — kommen kann, daß also die Wicklung aus vier parallel geschalteten Teilen besteht. Bei der Schleifenwicklung entstehen immer so viel parallele Ankerzweige, wie Pole vorhanden sind. Der Abstand der Bürsten muß stets genau dem Winkel der Polteilung entsprechen. In Abb. 204 sind die Spulenspannungen einmal durch Elemente ersetzt gedacht, wodurch die Spannungsbildung und die vierfache Parallelschaltung deutlicher wird. Aus ihr erkennt man auch, daß die Bürsten notwendig in der gezeichneten Lage sein müssen. Bei einer Verdrehung in die punktierte würden sich die Spannungen zwischen den Bürsten aufheben, die Maschine würde also gar keine Spannung liefern.

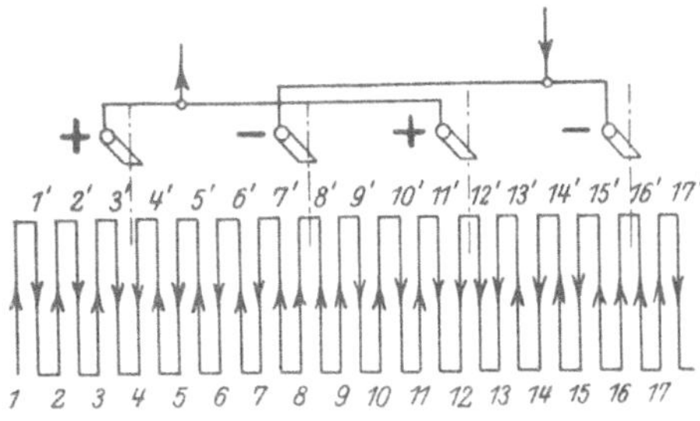

Abb. 203.

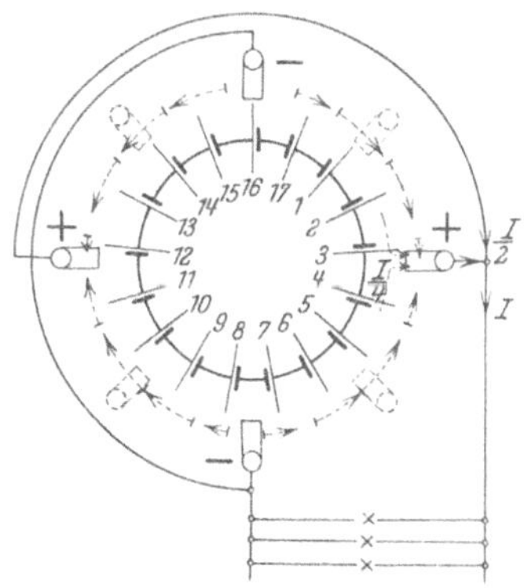
Abb. 204.

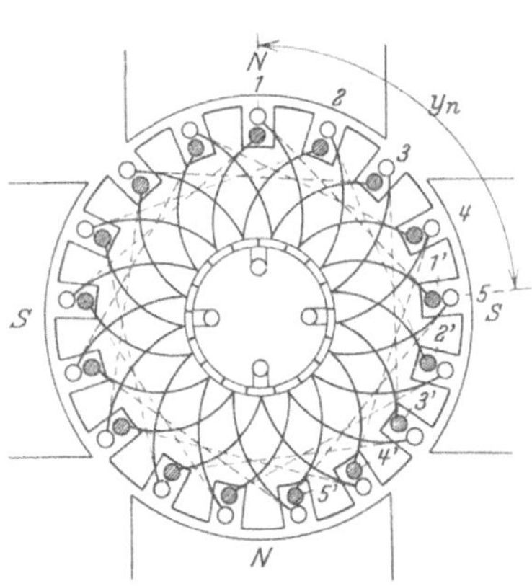

Abb. 205. Wicklung nach Abb. 202 in Nuten.

Die Unterbringung der Wicklung in Nuten erfolgt allgemein in der Weise, daß man nach Abb. 205 die Wicklung zweischichtig anordnet. Die Hinspulenseiten liegen in der oberen, die Rückspulenseiten in der unteren Schicht. Um eine zu geringe Stärke der Ankerzähne zu vermeiden, werden in jeder Schicht meist mehrere Spulenseiten nebeneinander angeordnet (z. B. 3 in Abb. 210). Diese drei Spulen werden bei der Ausführung zweckmäßig gleich zusammengefaßt und gemeinsam bewickelt.

Die Wicklungen lassen sich auch rechnerisch bestimmen. Wir wollen in Zukunft die Zahl der Polpaare mit p, die Zahl der Ankerzweigpaare mit a, die Spulenzahl, die mit der Stromwenderstegzahl übereinstimmt, mit k und die Nutenzahl mit N bezeichnen. Die Wicklungsschritte y werden durch die Zahl der Lücken ausgedrückt. Der Wicklungsschritt y_1 (Abb. 202) soll ungefähr gleich der Polteilung sein. Da diese gleich der Zahl der Spulenseiten geteilt durch die Polzahl ist, also $2 \cdot k : 2 \cdot p$, so ist:

$$y_1 \approx \frac{k}{p} \text{ (ungerade Zahl)}. \tag{135}$$

Die Rechnung wird nun aber selten direkt eine ungerade Zahl ergeben. Dann ist auf die nächst niedrigere oder höhere ungerade Zahl überzugehen. Der Schaltschritt y_2 ist um zwei Schritte kleiner oder größer:

$$y_2 = y_1 \mp 2 \text{ (ungerade Zahl)}. \tag{136}$$

Der Stromwenderschritt y_k, d. i. die Zahl der Stege zwischen benachbarten Spulen, ist bei der Schleifenwicklung gleich 1. Der Nutenschritt y_n, d. i. die Zahl der Zähne zwischen zwei Spulenseiten, ergibt sich leicht aus Abb. 205. Der Leiter *1'* ist um eine Lücke nach rückwärts oder nach vorwärts unter den benachbarten Hinleiter geschoben worden. Dadurch wird der Schritt $y_1 \mp 1$. Da aber bei der Bestimmung von y_1 auf eine Lücke immer nur ein Leiter entfiel, während auf einen Zahn u Spulenseiten je Nut kommen (in Abb. 205 $u = 2$), muß noch durch u dividiert werden, um den Nutenschritt zu bekommen. Er ist:

$$y_n = \frac{y_1 \mp 1}{u} \text{ (ganze Zahl)}. \tag{137}$$

Bei voller Belegung aller Nuten und u Spulenseiten je Nut sind bei k Spulen

$$N = 2 \cdot k : u \tag{138}$$

Nuten erforderlich.

60. Beispiel. Ein Anker mit 37 Nuten soll mit 111 Spulen zu einer vierpoligen Schleifenwicklung geschaltet werden.

Es ist $y_1 = 111 : 2 = 55{,}5$. Die nächste ungerade Zahl ist $y_1 = 55$ und daher $y_2 = 55 - 2 = 53$ (es wäre auch 57 mit gekreuzter Wicklung möglich). Der Nutenschritt ist $y_n = (55 - 1) : 6 = 9$, weil bei 37 Nuten 6 Spulenseiten auf jede Nut entfallen.

Die Wellenwicklung (Reihenwicklung). Bei dieser Wicklungsart, welche in Abb. 206 mit 15 Spulen dargestellt ist, wird in gleicher Weise begonnen. Nachdem die erste Spule zwischen *1* und *1'* fertig gewickelt ist, sucht man den Anfang *2* der nächsten Spule nicht unter dem Pol des Leiters *1*, sondern unter dem gleichnamigen folgenden Pol. Dadurch bekommt die Wicklung im Gegensatz zur Schleifenwicklung ein fortlaufendes, wellenartiges Aussehen. Diese Abweichung ist natürlich nur bei mehrpoligen Maschinen möglich.

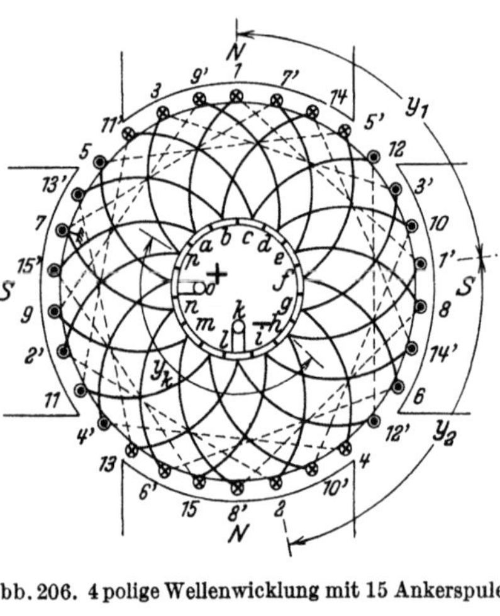

Abb. 206. 4polige Wellenwicklung mit 15 Ankerspulen.

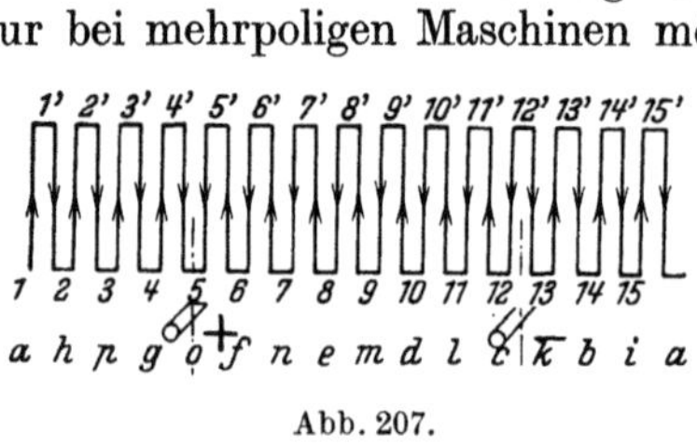

Abb. 207.

Bei 2 Polen geht die Wellenwicklung in die Schleifenwicklung über. Aus der Darstellung nach Abb. 207 geht hervor, daß eine Wellenwicklung nur zwei Bürsten benötigt. Sie hat nur zwei parallele Ankerzweige ($a = 1$). Bei gekapselten Kran- oder Bahnmotoren kann dies von Vorteil sein, weil man durch eine kleine Öffnung die Bürsten nachsehen kann. Normal werden hingegen so viel Bürsten wie Pole angeordnet, wodurch sich aber die Zahl der Parallelzweige nicht erhöht. Man hat dadurch den Vorteil, daß man den zur Stromabnahme notwendigen Bürstenquerschnitt auf einem schmaleren Stromwender unterbringen kann.

Bei der Wellenwicklung trifft man nach einem Umlauf nicht auf den Anfangsleiter *1*, sondern zwei Lücken davor oder dahinter. Der volle Umfang ist $2\,k$. Da der Schritt $(y_1 + y_2)$ sovielmal gemacht werden muß, wie Polpaare vorhanden sind, um in die Nachbarschaft des Ausgangspunktes zu kommen ist $p \cdot (y_1 + y_2) = 2 \cdot k \mp 2$, folglich

$$(y_1 + y_2) = \frac{2 \cdot k \mp 2}{p}. \tag{139}$$

Da auch hier y_1 und y_2 ungerade sein müssen, muß die Summe gerade sein. Wir haben jetzt nur nötig, die Summe in zwei möglichst gleiche, ungerade Summanden zu zerlegen. Da die Anschlüsse an den Stromwender mit dem Fortschreiten auf dem Umfang Schritt halten müssen, wird der Stromwenderschritt y_k notwendig gleich dem mittleren Schritt am Umfang sein müssen, also:

$$y_k = \frac{y_1 + y_2}{2}. \tag{140}$$

Für den Nutenschritt gilt auch hier Gl. 137. Die Gl. 139 lehrt, daß eine Wellenwicklung durchaus nicht für jede Spulenzahl ausgeführt werden kann. Spulenzahlen, welche durch die Polpaarzahl teilbar sind, ergeben keine Wicklung. Wenn der Stromwenderschritt y_k und die Stegzahl k einen gemeinsamen Teiler haben, entstehen ganz getrennte Wicklungen.

61. Beispiel. Es soll eine vierpolige Wellenwicklung mit 75 Ankerspulen in 25 Nuten untergebracht werden.

Nach Gl. 139 ist $y_1 + y_2 = (150 \mp 2) : 2 = 74$ oder 76. Im ersteren Falle können wir zerlegen in $y_1 = 37$ und $y_2 = 37$, im letzteren Falle in $y_1 = 37$ und $y_2 = 39$. Wir wollen den ersten Fall weiterbehandeln. Dann ist nach Gl. 140 $y_k = 37$ und nach Gl. 137 y_n $(37 \mp 1) : u$. Da bei 75 Spulen und 25 Nuten $u = 6$ sein müßte, ergibt sich $y_n = (37 - 1) : 6 = 6$.

Die Reihenparallelwicklung. Bei der Wellenwicklung, welche zwei parallele Ankerzweige aufweist, kommt man nach einem Umlauf (siehe Abb. 206) auf einen Leiter, welcher zwei Lücken vor oder hinter dem Ausgangsleiter liegt. Richtet man die Schritte so ein, daß nach einem Umlauf der Abstand vom Ausgangsleiter *4* Lücken ist, so bekommt die Wicklung *4* parallele Zweige. Die Zahl der parallelen Ankerzweige ist also bei dieser Reihenparallelwicklung wählbar.

Die Berechnung der Ankerparallelwicklung ist derjenigen der Wellenwicklung entsprechend. An Stelle der Zahl 2 in Gl. 139 ist lediglich der Abstand des Ausgangsleiters von dem nach einem Umlauf erreichten Leiter einzusetzen, also $2a$

$$y_1 + y_2 = \frac{2 \cdot k \mp 2 \cdot a}{p}. \tag{141}$$

62. Beispiel. Eine achtpolige Reihenparallelwicklung mit 82 Ankerspulen soll mit vier parallelen

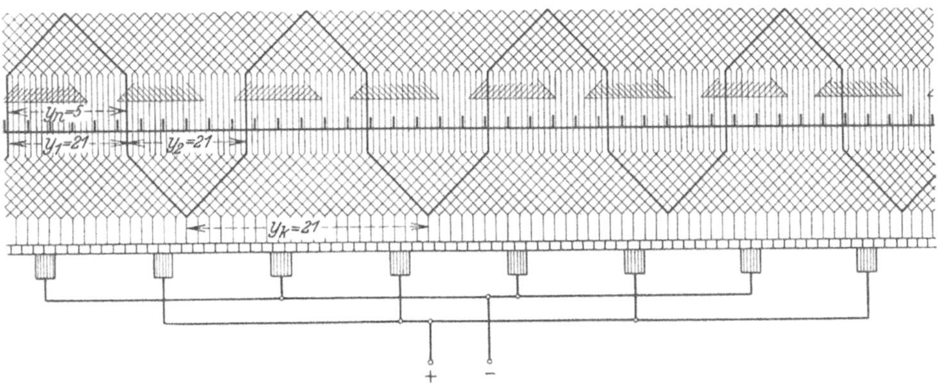

Abb. 208. 8polige Reihenparallelwicklung mit 82 Ankerspulen.

Ankerzweigen in 41 Nuten untergebracht werden. Aus Gl. 141 ergibt sich $y_1 + y_2 = (164 \mp 4) : 4 = 40$ oder 42. Wenn wir mit 42 rechnen, wird $y_1 = y_2 = 21$. Der Stromwenderschritt ist ebenfalls $y_k = 21$. Bei $u = 4$ ergibt sich der Nutenschritt zu $y_n = (21 - 1) : 4 = 5$. Abb. 208 stellt diese Wicklung im abgewickelten Zustand dar. Die Pole und Nuten sind schematisch eingezeichnet.

Blindspulen. Von den Schleifenwicklungen abgesehen, bereitet die Unterbringung einer Wicklung in Nuten oft große Schwierigkeiten. Nehmen wir z. B. eine Wellenwicklung mit 57 Ankerspulen an, welche in 19 Nuten unterzubringen sei. Die Rechnung ergebe jedoch, daß eine solche Wicklung nicht möglich, und daß eine Wicklung mit 56 Spulen möglich sei. In solchen Fällen kann man einfach eine Spule fortlassen, wodurch an einer Stelle der oberen Schicht und im Abstand y_n der unteren Schicht der Raum für eine Spule frei wird. Zur Erhaltung des Gleichgewichtes wird in den leeren Raum eine Blindspule gelegt. Die Verteilung des übrigbleibenden Raumes auf zwei Nuten ist deshalb nötig, weil sonst die über die freien Nute hinweggreifenden Spulen eine größere Spulenweite y_n bekommen würden, während wir doch aus Herstellungsgründen einheitliche Spulen verlangen müssen.

Die künstlich geschlossene Wicklung. Der Fall kann jedoch auch umgekehrt liegen, daß die verfügbare Nutenzahl geringer ist, als sie nach der Spulenzahl eigentlich sein müßte. Wenn die vorstehend erwähnte Wicklung mit 57 Spulen nicht, wohl aber eine solche mit 58 Spulen möglich wäre, kann die 58. Spule nicht eingelegt werden. In diesem Falle führt man die 58spulige Wicklung wie es die übliche Rechnung verlangt aus. Sobald aber die 58. Spule kommt, ersetzt man sie durch einen Schaltdraht, der ebenso wie die nicht vorhandene 58. Spule an die Stromwenderstege angeschlossen wird. Durch das Fehlen der Spannung dieser Spule entsteht allerdings eine kleine Unsymmetrie.

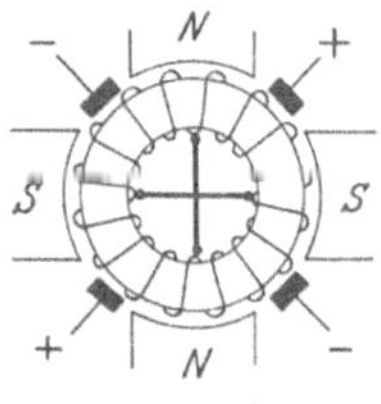

Abb. 209. Ausgleichsleiter.

Ausgleichsleiter. Die Ankerzweige von Parallelwicklungen zeigen zuweilen Unterschiede der Spannung, die von Unsymmetrien der Wicklung oder der Magnetisierung herrühren. Diese Spannungsunterschiede gleichen sich durch Ausgleichsströme über die Bürsten aus und führen so leicht zu Überlastungen und einem Feuern der Bürsten. Um diese Gefahr zu mildern, werden bei Parallelwicklungen fast immer Ausgleichsleiter vorgesehen, welche nach Abb. 209 solche Leiter verbinden, welche unter gleichnamigen Polen gleichliegend sind, die also bei völliger Symmetrie keine Spannung gegeneinander aufweisen würden. Gewöhnlich werden diese Ausgleichsleiter unmittelbar am Stromwender angeordnet. Bei zweipoligen Wicklungen sind solche Leiter natürlich undenkbar. Die Ausgleichsströme nehmen ihren Weg über die Ausgleichsleiter, so daß eine Bürstenüberlastung vermieden wird, außerdem wirken sie der Unsymmetrie entgegen.

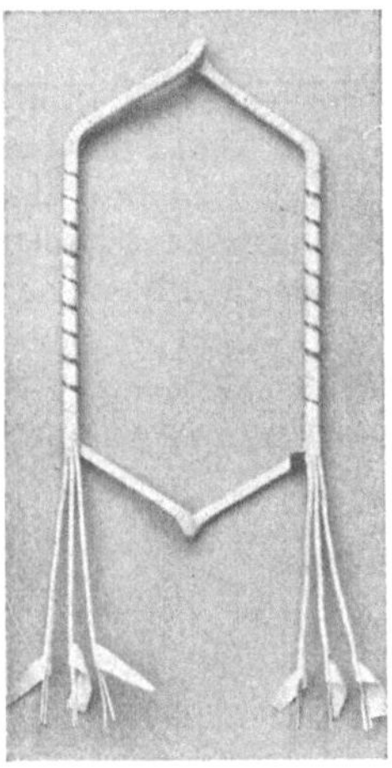
Abb. 210. Ankerspule.

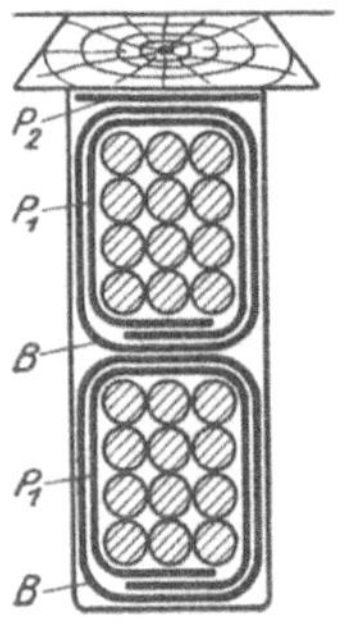

Abb. 211. Offene Ankernute: B = Bandbewicklung, P_1 = Preßspanhülle (0,3-0,4 mm), P_2 = Preßspanstreifen.

Die Spannung eines Gleichstromerzeugers. Gl. 132 gilt nur für eine zweipolige Maschine. Wenn wir allgemein den Kraftfluß eines Polpaares mit Φ bezeichnen, dann ist für mehrpolige Maschinen die genannte Gleichung noch mit der Polpaarzahl p zu multiplizieren. Bei a Zweigpaaren des Ankers geht jedoch der Wert der Spannung auf den a. Teil zurück. Für die mehrpolige Maschine mit a Ankerzweigpaaren gilt also die Spannungsgleichung:

$$E = \frac{\Phi \cdot n \cdot z}{60 \cdot 10^8} \cdot \frac{p}{a}. \qquad (142)$$

Die Ausführung der Wicklungen. Kleine zweipolige Anker werden meist von Hand gewickelt, weil bei einer Spulenweite von 180° ein nachträgliches Einbringen der Spulen in Nuten schwierig ist. Die Nuten sind hierbei meist halbgeschlossen, und sie werden vor dem Einwickeln mit Preßspan ausgekleidet. Mehrpolige Anker erhalten Schablonenwicklungen, bei welcher die Ankerspulen nach einer Schablone hergestellt und nachträglich in die Nuten eingelegt werden. Eine Wicklung, deren Spulen mehrere Drahtwindungen hat, wird Drahtwicklung genannt, während Wicklungen mit einer Windung je Spule Stabwicklungen heißen. Von den Spulen verlangt man, daß alle gleiche Form und Größe haben, und daß sie sich trotzdem ohne gegenseitige Störung einlegen lassen. Dies erreicht man durch die zweischichtige Ausführung der Wicklung, bei welcher jede Ankerspule eine Kröpfung nach Abb. 210 bekommt. In der Abbildung sind, wie bereits erwähnt, drei Spulen zusammengefaßt. Abb. 211 zeigt die Anordnung zweier Spulenseiten und ihre Isolation in der Nut, die durch einen Isolierkeil abgeschlossen ist. Das Einlegen der Formspulen in einen Ankerkörper ist aus Abb. 212 ersichtlich. Die Herstellung von Drahtformspulen kann dadurch geschehen, daß man den Draht auf eine zerlegbare Holzschablone aufwickelt, welche die Form der fertigen Spule hat. Häufiger werden Schablonen nach Abb. 213 benutzt, welche unter Benutzung des Loches L auf eine Wickelbank aufgespannt werden. Die Schlitze E dienen zur Aufnahme eines Bandes, mit dem die Spule vorläufig zusammengehalten wird. Die von der Schablone abgehobene Spule wird dann auf einer Ziehvorrichtung auf die richtige Form auseinander gezogen, wobei die Kröpfung an den beiden Enden durch

Abb. 212. Einlegen der Ankerspulen.

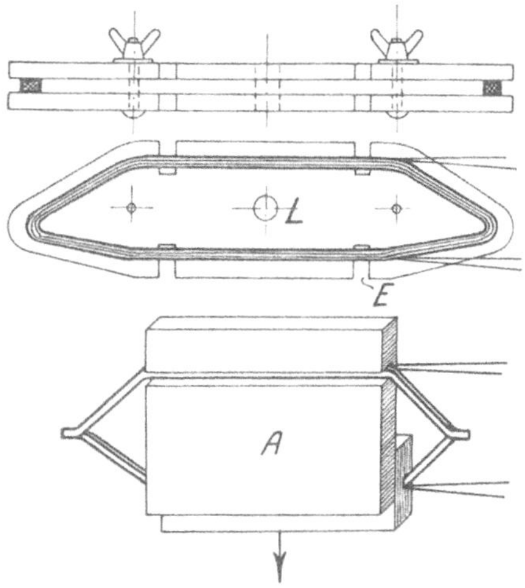

Abb. 213. Schablone für Ankerspulen.

eine Schraube festgehalten werden muß. Es gibt auch maschinelle Vorrichtungen, mit denen das Aufwickeln und das Auseinanderziehen in unmittelbarer Folge vorgenommen wird. Spulen, die sich aus Teilspulen zusammensetzen (in Abb. 210 sind es drei) werden so gewickelt, daß von drei Trommeln gleichzeitig drei Drähte ablaufen. Die fertig gewickelte Spule erhält an den Stellen, welche in die Nute kommen, eine Preßspanhülle und auf dem ganzen Umfang eine Baumwollbandbewicklung. Formspulen aus Flachkupfer für Stabwicklungen können in der durch Abb. 214 dargestellten Weise gebogen (Form *b*) und dann in die Form *c* gebracht werden. Nach dem Einlegen der Spulen erfordert die Verbindung mit dem Stromwender große Aufmerksamkeit. Bei einer normalen Wicklung werden zunächst alle Spulen**anfänge** in richtiger Reihenfolge in die Stromwenderstege eingelegt. Hierauf greift man eine Spule heraus und verbindet deren **Ende** mit einem Steg, welcher um den Stromwenderschritt y_k von dem Spulenanfang entfernt ist. Die übrigen Spulenenden werden alsdann in der richtigen Reihenfolge mit den anderen Stegen verbunden.

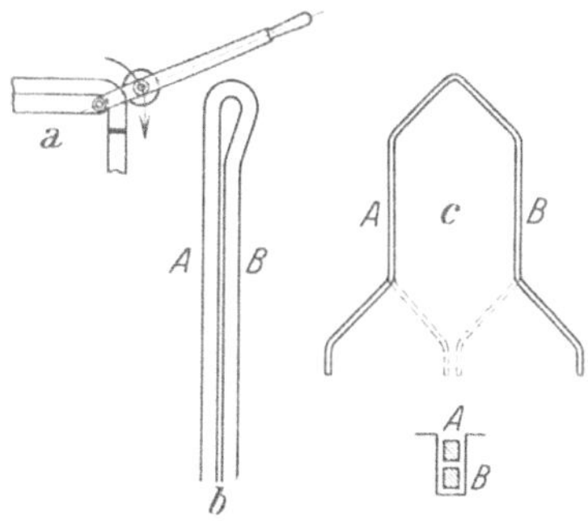

Abb. 214. Herstellung einer Stabspule: a = Biegen, b = fertig gebogen, c = auseinandergezogen (Schleifenwicklung punktiert).

Vergleich der Wicklungsarten. In Gl. 142 ist $p \cdot \Phi$ der Gesamtkraftfluß der Maschine, welcher um so größer ist, je größer die Leistung der Maschine ist. Nimmt man nun einmal **gleiche** Drehzahl und Spannung an, dann muß die große Maschine mit großem $p \cdot \Phi$ eine **kleine** Ankerdrahtzahl z haben, während die kleine Maschine umgekehrt eine große Drahtzahl benötigt. Drähte können im allgemeinen nur bis zu etwa 4 mm Durchmesser zur Wicklung benutzt werden. Setzt man einmal eine Stromdichte von im Mittel 5 A/mm² voraus, so ergibt sich ein maximaler Leiterstrom von etwa 60 A. Bei größeren Strömen sollten Profilstäbe verwandt werden. Bei einer Wellenwicklung mit zwei Ankerzweigen ergäbe sich für die **Drahtwicklung** demnach ein maximaler Maschinenstrom von 120 A, was bei 110 V einer Leistung von etwa 13 kW entsprechen würde.

Die Wellenwicklung (Reihenwicklung) hat die geringste Zahl paralleler Ankerzweige, nämlich zwei. Die Parallelwicklungen haben deren mehr. Jede Parallelschaltung bedeutet aber einen Mehraufwand an Isolation und kostbarem Nutenraum. Der Konstrukteur wird daher die Wellenwicklung, soweit es möglich ist, immer verwenden. Bei den üblichen Drehzahlen wird er bei 110 V Spannung Maschinen bis etwa 25 kW und bei 220 V bis etwa 75 kW mit der einfachen Wellenwicklung versehen können. Bei Maschinen für kleine Spannungen, die demgemäß einen entsprechend großen Strom haben, kommt man ohne die Parallelwicklung nicht aus.

Die Umwicklung auf eine andere Spannung. Zuweilen ist es nötig, eine Maschine, besonders Motoren auf eine andere Spannung umzuwickeln. Der einfachste Weg wäre nach Gl. 142 die Ankerzweigpaarzahl a zu ändern. Eine Erhöhung derselben bedeutet eine Herabsetzung der Spannung im gleichen Verhältnis. Wenn also z. B. eine Maschine für 220 V mit Wellenwicklung ($a = 1$) gegeben ist, so könnte durch Übergang auf eine Parallelwicklung oder Reihenparallelwicklung mit $a = 2$ die Spannung 110 V erzielt werden. Gleichzeitig müßte natürlich auch die Erregerwicklung durch Parallelschaltung auf die neue Spannung umgeschaltet werden. Ob eine solche Umschaltung durchführbar ist, kann nicht allgemein gesagt werden. Es muß vielmehr unter Benutzung der früheren Wicklungsregeln die Ausführbarkeit festgestellt werden. In jedem Falle ist aber nur eine Spannungsänderung in wenigen, ganzzahligen Verhältnissen denkbar. Bei der Ausführung sind die Leiter aus dem Stromwender auszulöten und mit dem neuen Stromwenderschritt wieder einzulöten.

Unter Beibehaltung der Wicklungsart ist nach Gl. 142 eine Änderung der Spannung in jedem Verhältnis durch Änderung der Drahtzahl z möglich. Es verhalten sich die Spannungen wie die Drahtzahlen, eine Verdoppelung der Spannung kann man also durch eine Verdoppelung der Drahtzahl erhalten. Praktisch liegen die Verhältnisse allerdings weit schwieriger, weil gewöhnlich die Ankerspulen nur wenige Windungen aufweisen. Man wird daher nur bei kleinen Maschinen, deren Ankerspulen eine hohe Windungszahl haben, unter Belassung der Wicklungsart die Windungszahl der gewünschten Spannung entsprechend ändern können. Bei größeren Leistungen und geringer Drahtzahl je Spule, ganz besonders aber bei den Stabwicklungen wird sich eine Änderung der ganzen Wicklung nicht vermeiden lassen. Es hängt ganz von den jeweiligen Verhältnissen ab, ob eine passende Wicklung möglich ist. Kleine Unterschiede sind meist ohne Bedeutung, auch kann mittels der Drehzahl n eine Spannungsänderung vorgenommen werden. Beim Übergang auf höhere Spannungen ist sowohl bei dem Anker als auch bei der Erregerwicklung zu beachten, daß die dünneren Leiter im Verhältnis mehr Raum für die Isolation benötigen, und daß die Stegspannung am Stromwender nicht unzulässig groß werden darf.

3. Der Stromwender und die Stromabnahme.

Der Stromwender (Kollektor, Kommutator) besteht aus einer großen Anzahl von Hartkupferstegen nach Abb. 215, welche auf einer Büchse B (Abb. 216) derart mittels eines Gewinderinges R festgeklemmt werden, daß der Stromwender als Ganzes von der Welle abgezogen werden kann. Zur Isolation der Stege voneinander dienen Glimmerscheiben gleicher Form. Die Micaringe M isolieren von der Grundbüchse. Die beiden Leiter der Ankerspulen werden in die Fahne F eingelötet.

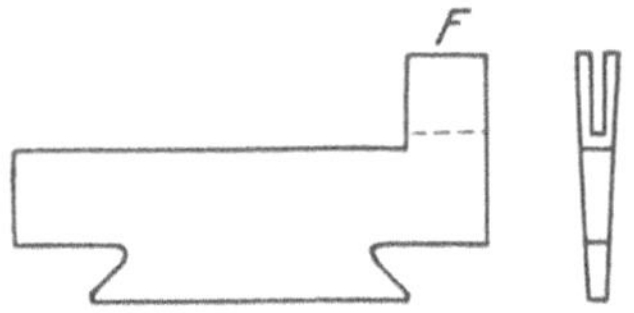

Abb. 215. Stromwendersteg.

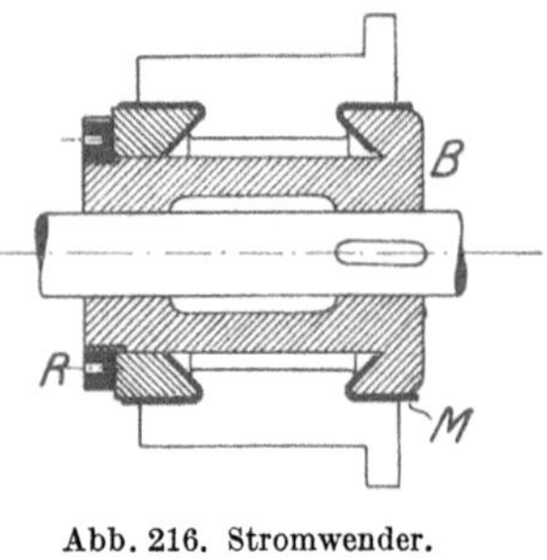

Abb. 216. Stromwender.

Das Feuern der Bürsten auf dem Stromwender kann elektrische Ursache haben, sehr häufig liegen jedoch mechanische Gründe dafür vor. Der Stromwender kann durch Metallstaub oder Öl verunreinigt sein. Letzteres findet man häufig, wenn die Lager nicht in Ordnung sind, oder wenn zuviel Öl in die Lager gegossen wurde. Der Stromwender darf nur einen Hauch von Vaseline oder Fett erhalten. Bei ungleicher Härte von Kupfer und Isolation tritt häufig eine stärkere Abnutzung der Stege gegenüber der Isolation ein. Dieselbe steht dann etwas vor und gibt zum Feuern Veranlassung. In solchen Fällen muß mittels eines Stückchens einer Metallsäge die Isolation sehr vorsichtig herausgefeilt werden. Rauhe Stellen des Stromwenders, wie sie bei Kurzschlüssen leicht entstehen, können mit Schmirgelleinen leicht entfernt werden. Nach der Instandsetzung ist der Kupferstaub sorgfältig zu entfernen. Größere Schäden, insbesondere das Unrundwerden infolge starker Abnutzung lassen sich nur durch Abdrehen des Stromwenders beheben. Dasselbe erfolgt gewöhnlich auf der Drehbank, bei großen Maschinen mittels eines an die Maschine herangesetzten Abdrehapparates. Es darf nur mit ganz feinen Spänen gedreht werden, wenn möglich mittels Diamanten. Nachher muß der Grad zwischen den Stegen sorgfältig entfernt werden.

Die Stromabnahme vom Stromwender erfordert Bürsten, welche mittels der Bürstenhalter mit bestimmtem Druck gegen den Stromwender gedrückt werden. Diese sitzen auf einem Bürstenhalterbolzen, welcher isoliert in die drehbare Bürstenbrücke eingesetzt ist. Die Bürsten werden aus Kohle hergestellt, weil Bürsten mit hohem Widerstand weniger leicht feuern. Die Belastung der Kohlen kann bei harten Kohlen (hoher Widerstand) etwa 6 A/cm², bei weichen Kohlen bis 12 A/cm² betragen. Bei großen Stromstärken müssen mehrere Bürsten und Bürstenhalter auf einem Bolzen angeordnet werden, wodurch die Länge des Stromwenders sich vergrößert. Zur besseren Kontaktbildung wird der obere Teil der Bürste, welcher im Halter sitzt, verkupfert. Die Feder des Halters ist im allgemeinen einstellbar. Zu hoher Anpressungsdruck vergrößert die Reibungsverluste, zu geringer Druck gibt leicht zum Feuern der Bürsten Veranlassung. Gewöhnlich rechnet man mit etwa 200 g/cm². Die Bürsten aufeinander folgender Bolzen sollen nicht in gleicher Spur laufen, sondern etwas versetzt sein, damit die Bürsten keine Rillen einschleifen. Der Drehpunkt des Bürstenhalters und die Stahlfeder werden mittels einer Kupferlitze elektrisch überbrückt.

Die Bürstenbrücke, welche die Bürstenbolzen trägt, muß verdrehbar sein, damit die Bürsten genau in die richtige, feuerfreie Stellung gedreht werden können. Mittels einer Schraube kann die Brücke in dieser Stellung festgehalten werden. Ein roter Strich kennzeichnet die richtige Stellung.

4. Die Hauptabmessungen der Gleichstrommaschinen.

Durch Multiplikation von Gl. 142 mit dem Strom I ergibt sich eine Leistungsgleichung:

$$N = \frac{p \cdot \Phi \cdot n \cdot z \cdot I}{60 \cdot 10^8 \cdot a}, \tag{143}$$

welche aussagt, daß man ein und dieselbe Leistung mit großem Gesamtkraftfluß $p \cdot \Phi$ und kleinem $z \cdot I$, also kleinem Anker erhalten kann, daß aber auch der umgekehrte Weg möglich ist. Da im ersteren Falle der Anker, im letzteren Falle das Magnetgestell schlecht ausgenutzt wäre, verlangt die Wirtschaftlichkeit der Herstellung ein bestimmtes Verhältnis beider Hauptteile. Wir können in obiger Gleichung $z \cdot I = D \cdot \pi \cdot A$ setzen, worin A der Strombelag des Ankers, also die Ampere je cm Umfang bedeutet. Ferner setzen wir den Kraftfluß Φ eines Poles $\Phi = \mathfrak{B} \cdot D \cdot \pi \cdot l \cdot 0{,}7 : 2 \cdot p$, weil wir erfahrungsgemäß annehmen, daß die Pole 70% des Umfangs umfassen. Die Feldstärke $\mathfrak{B}$ wird hierin zwischen 6000 und 10000 G gewählt, wobei die größeren Werte für große Maschinen gelten. Faßt man alle unveränderlichen Größen zu einer Konstanten C zusammen, so erhält die obige Leistungsgleichung die Form:

$$N = C \cdot D^2 \cdot l \cdot n. \tag{144}$$

Die Ausnützungszahl C liegt zwischen $1 \cdot 10^{-6}$ bis $2 \cdot 10^{-6}$ bei Maschinen bis 100 kW, wobei der letztere Wert der großen Maschine entspricht. N ergibt sich in kW. Die Beziehung $D^2 \cdot l$ ist dem Ankervolumen proportional, die Leistung nach Gl. 144 also dem Ankervolumen und der Drehzahl. Je höher die Drehzahl gewählt wird, um so kleiner kann bei gleicher Leistung das Ankervolumen sein. Schnellaufende Maschinen bauen sich daher klein und billig. Das Produkt $D^2 \cdot l$ kann beliebig zerlegt werden. Kleine Anker haben gewöhnlich im Verhältnis zum Durchmesser eine größere Länge. Endgültige Größenabmessungen liefert Gl. 144 jedoch nicht, weil für diese allein die Erwärmung der Maschine maßgebend ist. Durch kräftigere Kühlung ist es also möglich, auch mit geringeren Abmessungen, als sie sich aus den obigen Beziehungen ergeben, auszukommen.

D. Die Gleichstrommotoren.

Ein stromdurchflossener Leiter sucht sich im magnetischen Feld mit der Kraft $P = \mathfrak{B} \cdot I \cdot l : 9{,}81 \cdot 10^6$ zu bewegen (siehe S. 23). Durch Anordnung einer Anzahl Leiter auf einem zylindrischen Anker kann also eine Drehung hervorgerufen werden. Damit nun ein Leiter, welcher unter dem Nordpol eine Rechtsdrehung vollführt hat, diese unter dem folgenden Südpol beibehält, muß sein Strom beim Passieren der neutralen Zone gewendet werden. Es sind demnach für einen Gleichstrommotor genau die gleichen Teile notwendig, wie sie für Generatoren erforderlich waren. Gleichstrommotoren stimmen daher baulich vollkommen mit den Generatoren überein.

Wenn wir eine erregte Gleichstrommaschine an eine Stromquelle mit der Spannung U anschließen, so fließt durch den Anker ein Strom $I = U : R$, wenn wir den Anker an der Drehung hindern. Lassen wir ihn los, so dreht er sich und erlangt eine bestimmte Geschwindigkeit, wobei die Ankerleiter genau wie bei jedem Generator Kraftlinien schneiden und eine EMK E erzeugen, die nach den bekannten Richtungsregeln der zugeführten Spannung immer entgegengesetzt sein muß. Im bewegten Anker ist die Restspannung daher gleich $U - E$ und deshalb der Strom $I = (U - E) : R$ oder in anderer Form:

$$U - E = R \cdot I. \tag{145}$$

Während beim Generator die Klemmenspannung U nach Abb. 217a um $R \cdot I$ kleiner als die EMK war, ist bei dem Motor die zugeführte Klemmenspannung U um den inneren Spannungsabfall im Anker größer als die erzeugte Gegen-EMK (Abb. 217b). Die Gegen-EMK erfüllt bei einem Elektromotor genau dieselbe Aufgabe, wie bei einer Dampfmaschine oder dgl. der Regler. Belastet man einen Motor stärker, so reicht das bisher entwickelte Drehmoment nicht mehr aus und er versucht langsamer zu laufen. Dadurch sinkt aber seine Gegen-EMK, so daß $R \cdot I$ und damit I soweit steigt, bis sein Drehmoment zur Überwindung der neuen Last hinreicht. Umgekehrt wird bei einer Entlastung der Motor schneller zu laufen versuchen und eine größere Gegen-EMK erzeugen. Dadurch wird aber $R \cdot I$ kleiner. Der Strom des Elektromotors paßt sich demnach ganz selbsttätig der jeweiligen Belastung an, ein Vorzug, den kaum ein anderer Motor so vollkommen hat. Bei dem leerlaufenden Motor kann die Gegen-EMK gleich der Netzspannung gesetzt werden.

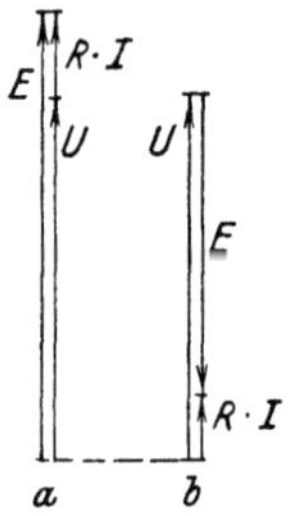

Abb. 217.

Das Drehmoment eines Motors. Die Leistung eines Motors ist allgemein Umfangskraft P am Anker mal Umfangsgeschwindigkeit. Die letztere kann bei einem Ankerradius r und n Umdrehungen je min zu $v = 2 \cdot r \cdot \pi \cdot n : 60$ eingesetzt werden, wodurch sich die Leistung in mkg/s zu $N = P \cdot r \cdot 2\pi n : 60$ ergibt. Den Ausdruck $P \cdot r$ nennt man das Drehmoment, welches wir mit M bezeichnen wollen. Es ist also $N = M \cdot 2\pi \cdot n : 60$. Um die Leistung in kW zu bekommen, ist noch durch 102 zu dividieren (siehe S. 8). Nach dem Moment aufgelöst ergibt sich daher:

$$M_{\text{mkg}} = \frac{60 \cdot 102 \cdot N}{2 \cdot \pi \cdot n} = 973 \cdot \frac{N_{\text{kw}}}{n}. \tag{146}$$

Bei $2\,a$ parallelen Ankerzweigen und einem Maschinenstrom I fließen in jedem Leiter $I : 2\,a$ A. Die Zahl der Leiter unter einem Pol (Abb. 190) ist $z \cdot b : D \cdot \pi$, diejenige unter allen Polen $2\,p$ mal so groß. Nach Gl. 34 ist also die Umfangskraft $P = \mathfrak{B} \cdot I \cdot l \cdot z \cdot b \cdot 2 \cdot p : 2 \cdot a \cdot 9{,}81 \cdot 10^6 \cdot D \cdot \pi$. Hierin kann $\mathfrak{B} \cdot l \cdot b$ gleich dem Kraftfluß Φ gesetzt werden. Multipliziert man beide Seiten der Gleichung mit $D : 2$, so erhält man das Drehmoment M

$$M_{\text{cmkg}} = \frac{\Phi \cdot I \cdot z \cdot p}{a \cdot 2 \cdot \pi \cdot 9{,}81 \cdot 10^6}. \tag{147}$$

Faßt man die bei einem fertigen Motor unveränderlichen Größen zu einer Konstanten C zusammen, so ist:

$$\boldsymbol{M = C \cdot \Phi \cdot I}. \tag{148}$$

Die Erregung der Gleichstrommotoren. Genau wie bei den Generatoren haben wir auch bei den Motoren zu unterscheiden zwischen:

Nebenschlußmotoren, deren Erregerwicklung parallel zum Anker liegt und aus vielen Windungen eines dünnen Drahtes besteht (Klemmen C—D).

Reihenschlußmotoren oder Hauptschlußmotoren, deren Erregerwicklung in Reihe mit dem Anker liegt und wenige Windungen eines dicken Drahtes aufweist (Klemmn E—F).

Doppelschlußmotoren mit zwei Erregerwicklungen, einer Hauptschlußwicklung (Klemmen E—F) und einer Nebenschlußwicklung (Klemmen C—D).

63. Beispiel. Ein zweipoliger Nebenschlußmotor von 0,55 kW Nennleistung für 110 V und $n = 1300$ Umdrehungen je Minute hat einen Wirkungsgrad $\eta = 0{,}73$ und soll in einen Reihenschlußmotor umgewickelt werden. Die Erregerwicklungen haben eine mittlere Windungslänge von $l_m = 0{,}44$ m und nehmen an 110 V in Reihenschaltung (kalt) 0,545 A auf. Der Drahtdurchmesser wurde zu 0,55 mm (blank) gemessen.

Der Wicklungswiderstand ist $R = 55 : 0{,}545 = 101\ \Omega$/Spule und nach Gl. 6 daher die Windungszahl $w = F \cdot R \cdot \varkappa : l_m = 0{,}2376 \cdot 101 \cdot 57 : 0{,}44 = 3100$. Die Durchflutung ist $\Theta = 3100 \cdot 0{,}545 = 1700$ Aw, der Leistungsverbrauch je Spule $N = 0{,}545 \cdot 55 = 30$ W. Die vom Motor aus dem Netz aufgenommene Leistung ist $550 : 0{,}73 = 755$ W und daher der Nennstrom $I = 755 : 110 = 6{,}8$ A. Dieser Strom verzweigt sich in den Erregerstrom und in den Ankerstrom. Der letztere ist demnach $I_a = 6{,}8 - 0{,}545 = 6{,}255$ A. Bei dem Hauptschlußmotor muß die Durchflutung ebenfalls 1700 Aw sein, die Windungszahl muß daher $w' = 1700 : 6{,}255 = 272$ sein. Der Verlust in einer Hauptschlußspule ist $6{,}255^2 \cdot R = 30$ W, weil er mit Rücksicht auf die Erwärmung mit dem Verlust der Nebenschlußspule übereinstimmen muß. Daraus ist $R = 30 : 6{,}255^2 = 0{,}77\ \Omega$. Aus Gl. 6 ergibt sich dann der neue Drahtquerschnitt $F' = 272 \cdot 0{,}44 : 0{,}77 \cdot 57 = 2{,}72\ \text{mm}^2$, welcher einem Durchmesser von 1,9 mm entspricht, aber wegen des verminderten Isolationsraumes zweckmäßig auf 2 mm erhöht wird.

Das Anlassen der Gleichstrommotoren. Der Ankerwiderstand eines Motors ist mit Rücksicht auf die Verluste sehr klein. Würde man den Motor unmittelbar an die volle Netzspannung legen, so würde nach dem Ohmschen Gesetz ein sehr großer Strom fließen, welcher den Motor schädigen und andere angeschlossene Verbraucher wegen des großen Spannungsabfalls stören könnte. Der *laufende* Motor nimmt nur den seinem Drehmoment entsprechenden Strom auf, weil er eine Gegen-EMK erzeugt. Dieser Schutz fehlt beim Anlauf noch, und es ist daher nötig, dem Anker einen *Anlaßwiderstand* vorzuschalten. Das Abschalten dieses Widerstandes muß in dem Maße erfolgen, wie sich der Motor beschleunigt, also *langsam*.

Abb. 218 zeigt die Anlaßschaltung eines Reihenschlußmotors mit den üblichen Klemmenbezeichnungen und Abb. 219 die entsprechende Schaltung für den Nebenschlußmotor. Es würde nicht richtig sein, wenn man die Nebenschlußklemme C unmittelbar mit A verbinden würde, weil dann der Anlaßwiderstand auch vor der Erregerwicklung liegen würde. Diese bedarf aber keines Schutzes, und vor allem würde der Motor im Anlaufaugenblick nur schwach erregt sein. Er würde also bei Belastung überhaupt nicht anzulaufen vermögen. Der unmittelbare Anschluß von C an die Netzleitung L ist auch nicht zu empfehlen, weil dann beim Ausschalten die Isolation der Erregerwicklung durch die entstehende hohe Selbstinduktionsspannung gefährdet ist. In Abb. 219 ist die Klemme C mit einem Punkt M am Anfang des Anlaßwiderstandes verbunden. Erregerwicklung und Anker bilden dann einen geschlossenen Stromkreis, in dem sich die Selbstinduktionsspannung beim Ausschalten gefahrlos ausgleichen kann. Während das Anlassen langsam zu geschehen hat, darf das Stillsetzen schnell erfolgen. Man kann dazu sogar den Schalthebel benutzen, wobei allerdings die Gefahr besteht, daß das Ausrücken des Anlassers vergessen wird,

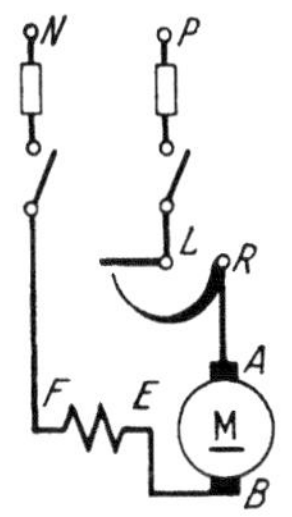

Abb. 218. Anlaßschaltung eines Reihenschlußmotors.

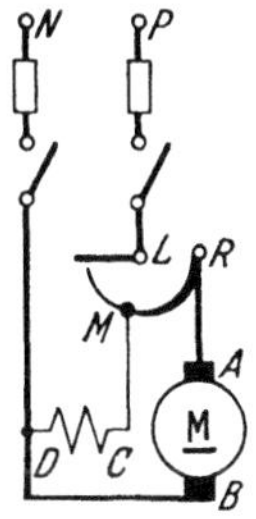

Abb. 219. Anlaßschaltung eines Nebenschlußmotors.

Die Stufenzahl des Anlassers richtet sich nach den zulässigen Stromstößen, welche beim Überschalten von einer Stufe zur nächsten entstehen. Geringe Stromänderungen bedingen eine hohe Stufenzahl. In Stahlwerken, wo solche Stromstöße nicht unangenehm empfunden werden, haben Motoren oft nur ein oder zwei Stufen. Ganz kleine Motoren, unter 0,5 kW, werden häufig ohne Anlasser durch unmittelbares Einschalten in Betrieb genommen, weil sie einen verhältnismäßig hohen Ankerwiderstand haben.

64. Beispiel. Für einen Gleichstrommotor von 4,4 kW Nennleistung für 220 V soll die Größe des Anlaßwiderstandes bestimmt werden. Der auf dem Motorschild angegebene Nennstrom beträgt 26 A.

Wenn der Motor im Anlauf das Nennmoment entwickeln soll, braucht er dazu seinen Nennstrom von 26 A. Wir verlangen aber, daß er sich außerdem noch beschleunigt, wozu er ein größeres Drehmoment benötigt. Der erste Anlaufstrom sei daher um 50% größer, also zu $1{,}5 \cdot 26 = 39$ A angenommen. Der Motoranker und die Zuleitungen besitzen einen gewissen Widerstand, und wir wollen annehmen, daß bei Nennstrom des Motors insgesamt ein Spannungsverlust von 15% vorhanden sei, also 33 V. Der Widerstand des Ankers und der Zuleitungen ist demnach $33 : 26 = 1{,}27\,\Omega$. Auf der ersten Anlaßstufe sollen bei noch ruhendem Anker nur 39 A fließen. Der Widerstand des Kreises muß daher $220 : 39 = 5{,}65\,\Omega$ sein, so daß für den Anlasser noch $5{,}65 - 1{,}27 = 4{,}38\,\Omega$ nötig sind.

Die Umkehr der Drehrichtung. Der Bewegungsregel des stromdurchflossenen Leiters im magnetischen Feld entsprechend, läßt sich die Drehrichtung eines Motors dadurch umkehren, daß man entweder den Anker (A—B) umpolt *oder* die Erregerwicklung (bei dem Nebenschlußmotor C—D, bei dem Hauptschlußmotor E—F). Der Motor ändert seine Drehrichtung *nicht*, wenn man die beiden *Zuleitungen* umpolt, weil man dann sowohl den Anker, als auch die Erregerwicklung umgepolt hat. Der Anker läßt sich auch dadurch umpolen, daß man die Bürsten um eine Polteilung auf dem Stromwender verdreht. Bei kleinen Motoren wird zur Ersparung von Leitungen zuweilen eine doppelte Erregerwicklung vorgesehen, von denen die eine für Vorwärtslauf, die andere für Rückwärtslauf eingeschaltet wird.

E. Die Fehlerortsbestimmung an Gleichstrommaschinen.

Von Schaltungsfehlern abgesehen, kommen hauptsächlich folgende Fehler vor:

a) Die Unterbrechung, bei welcher durch Drahtbruch oder dergleichen der Stromfluß im Anker oder in der Erregerwicklung unterbrochen ist.

b) Der Körperschluß, bei welchem durch einen Isolationsfehler Verbindung zwischen Kupfer und Eisen eingetreten ist.

c) Der Windungsschluß, bei welchem einzelne Windungen oder ganze Spulen überbrückt sind.

1. Fehler in der Magnetwicklung.

Die Unterbrechung. In den meisten Fällen wird man gerade einen solchen Fehler schon äußerlich erkennen können. Ist es nicht der Fall, so kann man folgende Prüfungen machen. Mittels einer Prüflampe oder einem Spannungsmesser überbrückt man nach Abb. 220 (I) der Reihe nach jede Erregerspule. Es tritt Aufleuchten bzw. Ausschlagen ein, wenn man die unterbrochene Spule überbrückt. Man würde den Fehler auf diese Weise jedoch nicht finden, wenn gleichzeitig zwei Unterbrechungsstellen vorhanden wären. Daher ist die Schaltung II des Spannungsmessers besser, bei welchem derselbe mit einem Leiter bei D festgelegt wird, während man mit dem anderen Leiter weiterschreitend nach und nach alle Spulen überbrückt. Sobald ein Ausschlag eintritt, ist man über eine Unterbrechung hinweggegangen. Die Untersuchung kann auch mit einem Kurbelinduktor, den man an C und D legt, vorgenommen werden, während man die Überbrückung der Spulen mit einem Draht herstellt.

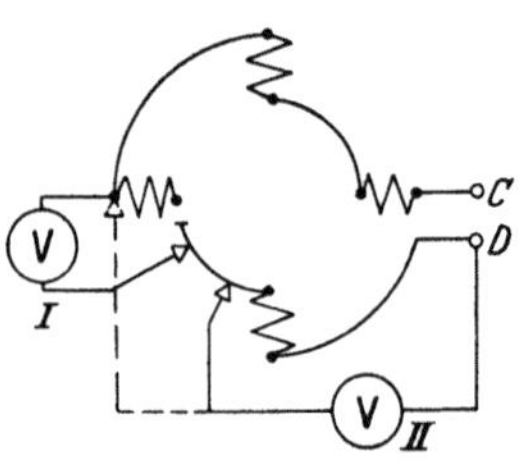

Abb. 220. Prüfung auf Drahtbruch.

Die Erregerspulen können ausnahmsweise auch parallel geschaltet sein. Dann wird sich eine Unterbrechung nur bei einer Spule zeigen, die dann im Betrieb kalt bleibt. Wenn eine Trennung der Spulen leicht möglich ist, läßt sich die Unterbrechung sehr einfach mit einem Kurbelinduktor feststellen, den man an Anfang und Ende einer jeden Spule anhält.

Der Körperschluß. Durch ihn ist der Motor im allgemeinen nicht betriebsunfähig, wohl aber sind Personen, die das Motorgehäuse berühren, gefährdet. Bei Dreileiternetzen mit geerdetem Nullleiter (siehe Abschnitt XVI A1) kann auch die Wicklung gefährdet sein. Zur Feststellung, ob Körperschluß vorhanden ist, legt man zweckmäßig einen Kurbelinduktor (Abb. 153) zwischen eine Erregerklemme und Gestell, wobei der Anker abgetrennt sein muß. Die Stärke des Anschlages ist ein Maß für den Körperschluß. Der Fehlerort läßt sich in derselben Weise leicht feststellen, wenn man die einzelnen Spulen nacheinander abtrennen kann. Wenn eine Trennung der Spulen nicht vorgenommen werden soll, bediene man sich der Schaltung nach Abb. 221, welche eine Wheatstonesche Brücke darstellt. Man verschiebt den Schleifkontakt auf dem Draht A—B solange, bis das Galvanometer nicht mehr ausschlägt. Diese Stelle liegt dann im gleichen Verhältnis zu A—B wie die Fehlerstelle zu C—D.

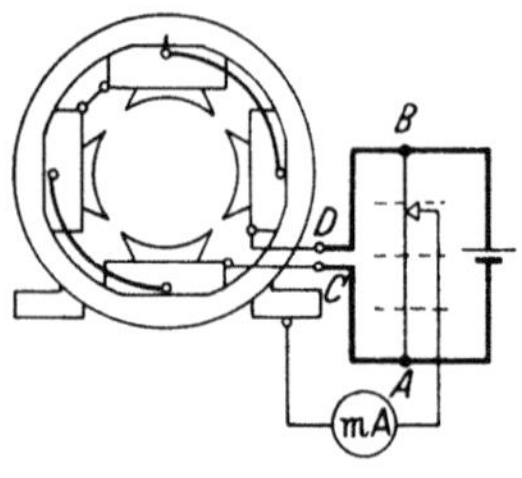

Abb. 221. Prüfung auf Körperschluß.

Der Windungsschluß. Ein starker Windungsschluß macht sich bei Reihenschaltung dadurch bemerkbar, daß die fehlerhafte Spule weniger warm wird, bei Parallelschaltung, daß sie wärmer wird als die anderen. Eine genauere Prüfung ist bei der meist üblichen Reihenschaltung die Messung der Spannung an den einzelnen Spulen. Eine Spule mit Windungsschluß muß eine geringere Spannung aufweisen. Einzelne Spulen lassen sich leicht nach Abb. 222 dadurch auf Windungsschluß prüfen, daß man sie über das Eisen eines Wechselstrommagneten schiebt. Sind Windungen kurzgeschlossen, so entsteht ein Induktionsstrom darin, der zu einer Erwärmung führt und der auch zu einer erhöhten Stromanzeige des Strommessers A Veranlassung gibt. Leichte Spulen werden bei Windungsschluß infolge der Abstoßung sogar selbsttätig abgeworfen, wenn man das Joch fortläßt.

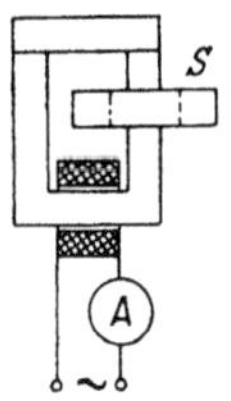

Abb. 222. Prüfung einer Spule auf Windungsschluß.

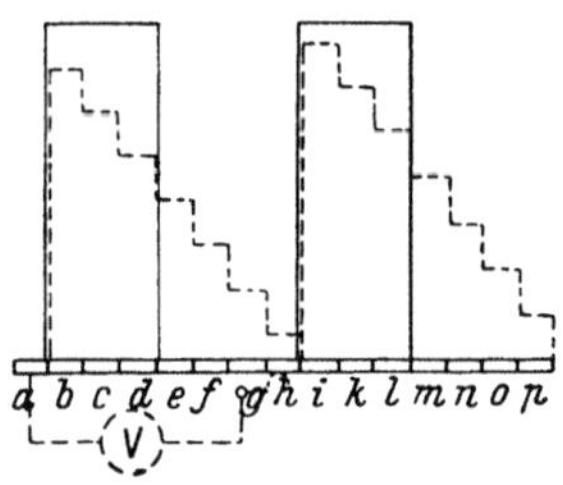

Abb. 223.

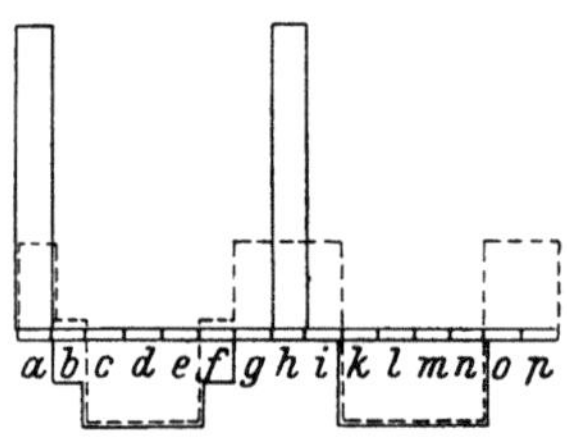

Abb. 224.

2. Fehler im Anker.

Ankeruntersuchungen sind im allgemeinen ungleich schwieriger durchzuführen, weil die Ankerwicklung in sich geschlossen ist, und weil die Art der Wicklung meist nicht bekannt ist.

Die Unterbrechung. Eine Ankerunterbrechungsstelle wird beim Vorbeigehen des zugehörigen Stromwendersteges an der Bürste immer ein starkes Feuer hervorrufen, welches den Fehlerort sehr bald durch Brandstellen oder Anlaufen kenntlich macht. Die Untersuchung eines ausgebauten Ankers gestaltet sich am einfachsten, wenn man die Wicklung durch Auslöten eines Steges öffnet. Man kann dann, wie es in Abb. 220 in entsprechender Weise für die Erregerwicklung dargestellt wurde, einen Strom durch die Ankerwicklung schicken, während man mit einem Spannungsmesser die Spannung zwischen dem Wicklungsanfang und den Stromwenderstegen mißt. Bei der Schleifenwicklung wird beim Überschreiten eines bestimmten Steges ein Ausschlag eintreten und damit die Unterbrechungsstelle kenntlich machen. Bei der Wellenwicklung ist die Untersuchung weniger einfach. Nehmen wir an, daß bei der Wicklung Abb. 206 Draht *a*—*1* am Stromwender ausgelötet sei, und daß nun zwischen *a* und *1* eine Stromquelle liege. Ein Spannungsmesser, der mit dem einen Draht an *15'* liegt und mit dem anderen über die einzelnen Stege bewegt werde, zeigt dann die in Abb. 223 gestrichelt über den Stegen aufgetragenen Ausschläge, wenn keine Unterbrechung vorhanden ist. Nehmen wir jedoch z. B. zwischen *9* und *9'* eine Unterbrechung an, so erhalten wir die ausgezogen aufgetragenen Ausschläge. Wir erkennen, daß gegenüber der normalen Spannungslinie beim Überschreiten der Stege *d* und *l* ein plötzlicher Abfall der Spannung eintritt. Die benachbarten Stege werden also die Fehlerstelle einschließen.

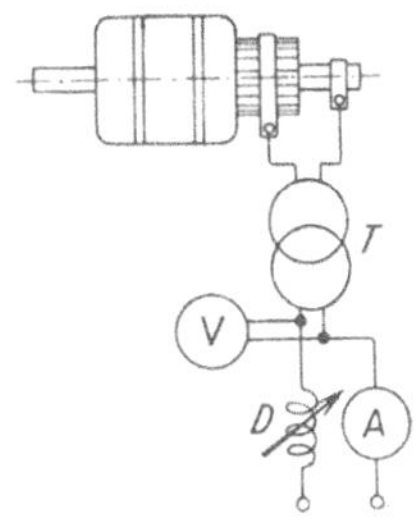

Abb. 226. Spannungsprobe.

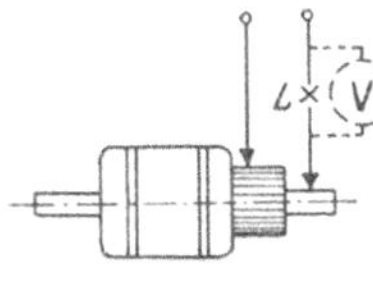

Abb. 225. Prüfung auf Körperschluß.

Man kann diese Untersuchung auch ohne Öffnung der Ankerwicklung machen. Wir wollen durch den Anker Abb. 206 einen Strom leiten, indem wir an die Stege *k* und *o* eine Spannung legen. Der Strom habe die in Abb. 207 eingezeichnete Richtung. Wenn wir nun bei gesundem Anker die Spannungen abtasten, welche zwischen zwei a u f e i n a n d e r f o l g e n d e n Stegen liegt, so erhalten wir die in Abb. 224 gestrichelt aufgetragenen Werte, die eine ziemlich regelmäßige Verteilung zeigen. Zu bemerken ist, daß die Spannung zwischen zwei aufeinanderfolgenden Stegen hier die Spannung z w e i e r Spulen ist, weil die vierpolige Wellenwicklung bei e i n e m Umlauf z w e i Spulen hat. Bei *p* Polpaaren liegen also *p* Spulen zwischen aufeinanderfolgenden Stegen. Denken wir uns nun eine Unterbrechung im Anker. Es sei z. B. der Ableiter des Drahtes 1 zum Stromwender ausgelötet. Dann ergibt sich die in Abb. 224 ausgezogene Spannung, die an den Segmenten *a*—*b* und *h*—*i* eine Unterbrechung andeutet. Die Spannungsspitze muß *p* mal erscheinen, weil beim Abgreifen *p* Spulen zwischen zwei Stegen lagen. Von den gefundenen Stegen verbinde man nun mit einem Draht jeweils solche, welche um etwa die doppelte Polteilung auseinander liegen und merke sich die Verbindungen, bei denen die gefundene Spannungsspitze verschwindet. Im vorliegenden Falle würde dies bei Verbindung der Stege *p* mit *i* und *a* mit *h* zutreffen. Im letzteren Falle nähert sich die Spannungsverteilung am Stromwenderumfang der normalen am meisten, so daß die Spule zwischen *a* und *h* wohl die Unterbrechung haben wird.

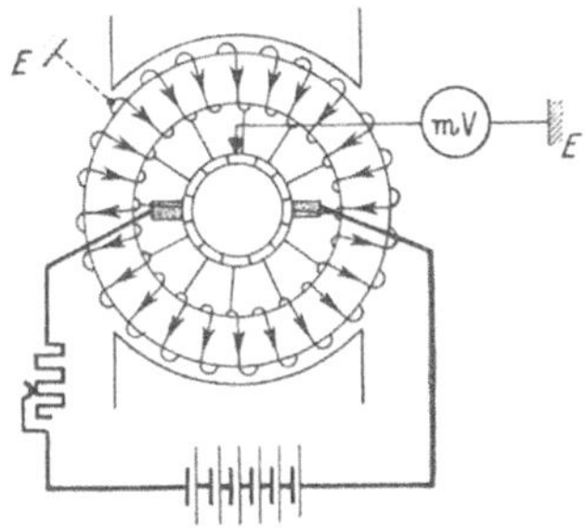

Abb. 227. Körperschlußprüfung.

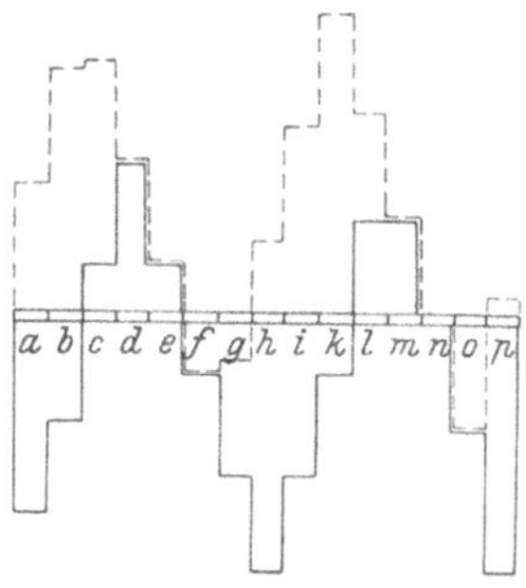

Abb. 228.

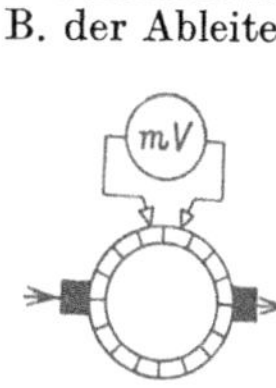

Abb. 229. Prüfung auf Windungsschluß.

Der Körperschluß. Die Feststellung, ob überhaupt Körperschluß vorhanden ist, erfolgt am einfachsten mit dem Kurbelinduktor (Abb. 153). Es kann aber auch bei isolierter Lagerung des Ankers mit einer Prüflampe oder einem Spannungsmesser nach Abb. 225 geschehen. Schwache Stellen der Isolation ermittelt man durch eine Spannungsprobe (Abb. 226), bei welcher den Vorschriften entsprechend eine Wechselspannung zwischen Eisen und Kupfer gelegt wird, die ein Mehrfaches der Betriebsspannung ist. Ein Transformator *T* dient zur Erzeugung und eine Drossel *D* zur Regelung der Spannung.

Um den Fehlerort zu finden, kann man die Wicklung durch Auslöten in zwei Teile zerlegen und mit dem Induktor feststellen, welcher Teil den Schluß aufweist. Durch weitere Teilungen kommt man dann bald zur Kenntnis der Fehlerstelle. Am nicht geöffneten Anker läßt sich die in Abb. 227 dargestellte Methode anwenden. Durch den Anker wird ein Strom geschickt, und ein

Galvanometer wird einerseits an das Eisen gelegt, während man mit dem anderen Leiter über die Stromwenderstege fährt. Man findet dann auf der oberen und auf der unteren Hälfte des Stromwenders einen Steg, bei dem das Galvanometer nicht ausschlägt. Dies muß die Körperschlußstelle sein, denn das Galvanometer muß Null zeigen, wenn es mit beiden Drähten am Eisen liegt. Es ist aber nicht anzunehmen, daß der Anker zwei Fehlerstellen hat. Die Schaltung, die einer Wheatstoneschen Brücke entspricht, lehrt ja auch, daß ein Steg der unversehrten Ankerhälfte, der in entsprechender Lage wie der Steg der anderen Hälfte ist, ebenfalls keinen Ausschlag liefert. Um nun festzustellen, welcher der beiden Punkte der Fehlerort ist, drehen wir den Anker nach Kennzeichnung der Stege etwas und wiederholen die Messung. Dann hat sich der eine der Stege, die keinen Ausschlag gaben, etwas verschoben, während der andere noch der alte ist, und dies ist die wirkliche Fehlerstelle.

Wenn man der Wellenwicklung Abb. 206 an den Stegen *k* und *o* Strom zuführt, ergeben sich unter Annahme eines Körperschlusses bei Spule 7 nach der betrachteten Meßmethode die in Abb. 228 gestrichelt gezeichneten Ausschläge. Es sind also bei der vierpoligen Wellenwicklung vier Spannungsnullpunkte bei Körperschluß vorhanden. Führt man den Strom an den Stegen *d* und *h* zu, ergibt sich die in Abb. 228 ausgezogene Spannungslinie. Es bleiben also nur die Nullpunkte *e*—*f* und *m*—*n* fest liegen, die aber einen und denselben Wicklungspunkt angeben.

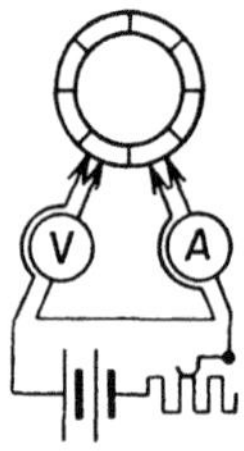

Abb. 230. Widerstandsmessung.

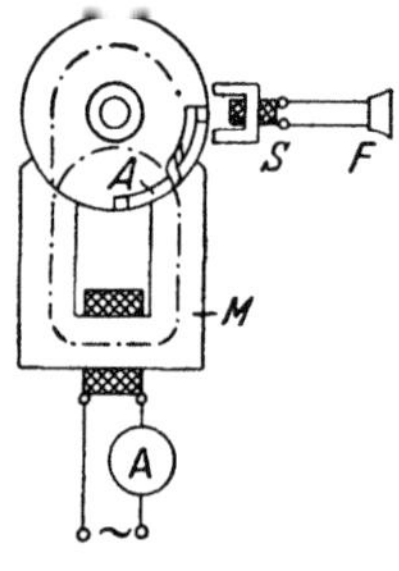

Abb. 231. Prüfgerät von Siemens & Halske.

Der Windungsschluß. Der im Anker der Abb. 229 vorhandene Windungsschluß läßt sich bei Durchleitung eines Stromes dadurch feststellen, daß man mit dem Galvanometer oder einem Spannungsmesser geringen Meßbereiches die Spannung zwischen benachbarten Stegen mißt. Dieselbe sollte überall gleich sein. Durch einen Windungsschluß wird hingegen diese Spannung verringert oder gar Null. Auch eine Widerstandsmessung zwischen den Stegen, wie sie Abb. 230 zeigt, kann zur Feststellung eines Windungsschlusses dienen. Die Spannung ist hier, um Kontaktfehler zu vermeiden, unmittelbar am Stromwender abgenommen. Eine weitere Untersuchungsmethode besteht darin, daß man dem Anker an drei Punkten, welche die Wicklung annähernd in drei gleiche Teile teilen, Drehstrom zuführt. Eine Spule mit Windungsschluß wird sich dann bald durch große Erwärmung kenntlich machen.

In eleganter Weise erlaubt das Prüfgerät von Siemens & Halske die Feststellung eines Windungsschlusses (Abb. 231). Der Anker wird auf dem Wechselstrommagneten *M* langsam gedreht. Sobald eine Spule *A* mit Windungsschluß in das Feld kommt, zeigt der Strommesser einen erhöhten Ausschlag. Bewegt man dann den U-förmigen Eisenkörper über die Nuten, so wird im Hörer *F* ein starkes Brummen zu hören sein, wenn man an die Nute kommt, welche die fehlerhafte Spule enthält, weil diese Spule einen starken Strom führt, der auf die Spule *S* induzierend wirkt.

Am ausgelöteten Anker läßt sich ein Schluß zwischen den Spulen dadurch feststellen, daß man mittels Prüflampe oder Induktor die getrennten Spulen gegeneinander prüft.

F. Die Ankerrückwirkung und die Stromwendung der Gleichstrommaschinen.

Die Ankerrückwirkung. Die Erregerwicklung einer Gleichstrommaschine erzeugt ein symmetrisches Feld, das Hauptfeld der Maschine, welches in Abb. 232a dargestellt ist. Sobald eine Maschine Strom liefert, erzeugt auch die Ankerwicklung ein Feld, welches Abb. 232b zeigt. Dieses Anker- oder Querfeld steht trotz der Ankerdrehung räumlich still und senkrecht auf dem Hauptfeld und ändert seine Stärke mit der Belastung der Maschine. Beide Felder bilden zusammen das in Abb. 232c gezeigte resultierende Feld, welches beim Generator eine scheinbare Verdrehung im Drehsinn aufweist. Die Feldstärke unter den Polen ist nun nicht mehr überall gleich, sondern es tritt eine Konzentrierung des Feldes an der ablaufenden Polkante auf, die um so stärker ist, je mehr die Maschine belastet wird. Im Leerlauf stellt sich das Feld nach Abb. 232a ein.

Diese Ankerrückwirkung hat weitere Folgen. Die neutrale Zone hat eine Verdrehung um einen Winkel α erfahren, und wir müssen die Bürsten daher um den gleichen Winkel verschieben.

Die Amperewindungen des Ankers wirken zwar auf die eine Polhälfte genau so stark schwächend, wie sie auf die andere Seite verstärkend wirken. Da aber das Poleisen bereits nahezu magnetisch gesättigt war, wird eine Verstärkung nur noch in geringem Maße zu erwarten sein, während die Schwächung erheblich sein kann. Der Gesamtkraftfluß erleidet daher eine Schwächung, die um so größer ist, je stärker das Ankerfeld (Belastung) ist. Eine weitere Feldschwächung tritt dadurch ein, daß wir durch die

Bürstenverschiebung das Ankerfeld, welches ursprünglich senkrecht zum Hauptfeld stand, diesem etwas entgegen gerichtet haben. Auch diese von dem Verdrehungswinkel α abhängende Gegenwirkung ist durch die Belastung bestimmt. Die Feldschwächung durch Ankerrückwirkung hat also eine Verminderung der in der Maschine erzeugten EMK bei Belastung zur Folge, die durch Vergrößerung des Erregerstromes wieder ausgeglichen werden kann.

Die Ankerrückwirkung tritt auch bei Motoren auf. Da bei gleicher Strom- und Feldrichtung (Abb. 232d) bei diesen die Drehrichtung umgekehrt ist, tritt die Feldver-

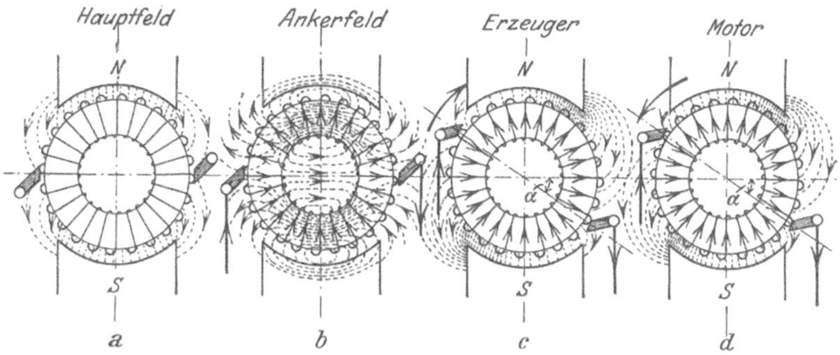

Abb. 232. Ankerrückwirkung.

stärkung an der auflaufenden Polkante auf. Die Bürstenverschiebung ist daher entgegen dem Drehsinne vorzunehmen.

Die Stromwendung. Der Strom in einer Ankerspule kehrt sich beim Durchgang durch die neutrale Zone um, wobei vorübergehend, wie Abb. 233 zeigt, die Spule durch die Bürste kurzgeschlossen wird. Der Übergang des Spulenstromes von dem Wert +I auf den entgegengesetzten Wert —I ist von großer Bedeutung. Der Kurzschluß der Spule A beginnt in Abb. 234, wenn die Bürste B den Steg K_1 berührt. Da nun von den verschiedenen Widerständen des Kurzschlußkreises bei weitem der Bürstenübergangswiderstand überwiegt, wollen wir diesen hier nur betrachten.

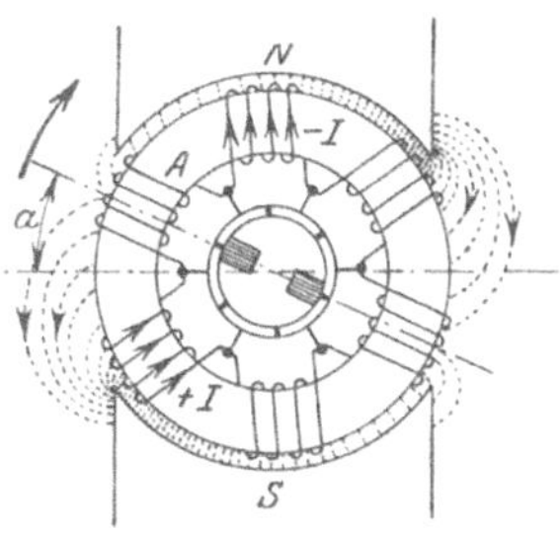

Abb. 233.

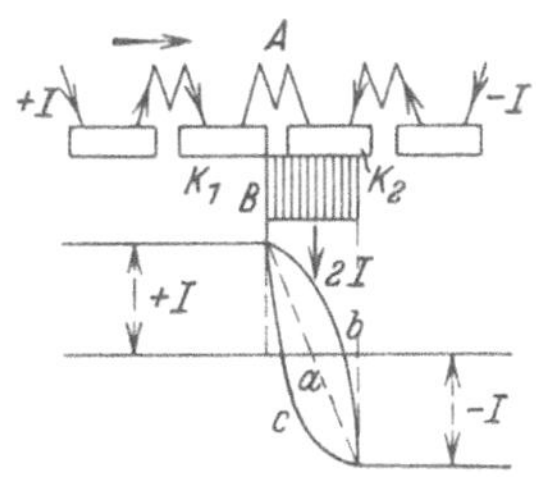

Abb. 234. Stromwendung.

Dieser Widerstand zwischen K_1 und B ist zunächst sehr hoch, weil sich Steg K_1 und Bürste kaum berühren. Es geht dann fast noch der ganze Strom über den Steg K_2. Je weiter aber die Stege nach rechts vorrücken, um so kleiner wird der Übergangswiderstand bei K_1 und um so größer wird derjenige an K_2. Dieser gleichförmigen Widerstandsänderung würde eine ebensolche Stromänderung entsprechen, so daß sich eine Stromwendung entsprechend der Linie a in Abb. 234 ergäbe. Die in das Eisen eingebetteten Spulen haben jedoch eine nicht unbeträchtliche Induktivität, und es tritt durch die Stromänderung daher eine Selbstinduktionsspannung E_s in der kurzgeschlossenen Spule auf, welche nach dem Lenzschen Gesetz so gerichtet ist, daß sie die Stromänderung verhindern will. Die Stromwendung erfährt hierdurch eine Verzögerung und zeigt den durch Linie b (Abb. 234) dargestellten Verlauf. Man erkennt, daß sich die Stromwendung jetzt hauptsächlich im letzten Augenblick abspielt, wenn Steg K_1 im Begriff steht, die rechte Bürstenkante zu verlassen. Bei dieser großen Stromänderung je Zeiteinheit muß nach Gl. 39 eine beträchtliche Selbstinduktionsspannung entstehen, die an der ablaufenden Bürstenkante einen Unterbrechungslichtbogen zur Folge hat. Derselbe wird natürlich um so stärker sein, je größer der Belastungsstrom I ist und kann wegen der ständigen Wiederholung zu einer raschen Zerstörung des Stromwenders führen. Die Betriebssicherheit verlangt daher eine Stromwendung, wie sie durch Linie *c* in Abb. 234 dargestellt ist, bei welcher die Stromwendung derart beschleunigt wird, daß schon der Strom $-I$ vor Ablauf der Bürste erreicht wird. Dies ist möglich, durch Hinzufügung einer Wendespannung E_w, welche der Selbstinduktionsspannung entgegengesetzt ist. Die Erzeugung derselben kann entweder durch eine Bürstenverschiebung oder durch Wendepole geschehen. In Abb. 235 sind die Bürsten außer dem Winke *a*, der durch die Ankerrückwirkung bedingt ist, noch um einen weiteren Winkel *b* im gleichen Sinne verdreht. Die Stromwendung spielt sich jetzt nicht mehr in der neutralen Zone, sondern schon in einem schwachen Nordfeld ab. Es wird daher durch Kraftlinienschneiden die Spannung E_w in der kurzgeschlossenen Spule *A* erzeugt, die der Selbstinduktionsspannung entgegengerichtet ist. Durch richtige Bemessung des Verschiebungswinkels *b* kann erreicht werden, daß die Stromwendelinie den gewünschten Verlauf nimmt. Er muß um so größer gewählt werden, je größer die Belastung ist und ist beim Generator im Drehsinn, beim Motor entgegengerichtet.

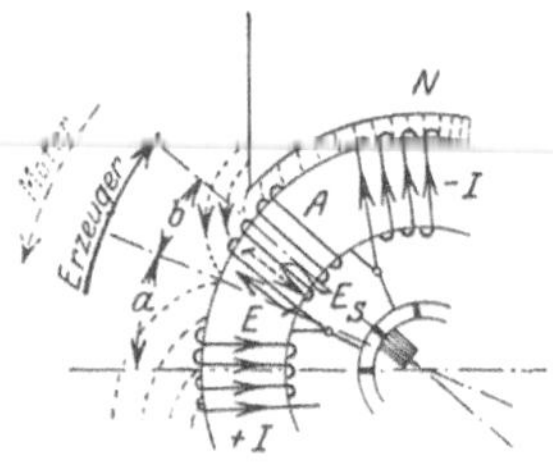

Abb. 235.

Die Wendepole. Die Beseitigung der Funkenbildung durch Bürstenverschiebung ist keine gute Lösung, weil der Verdrehungswinkel mit der Belastung und Drehrichtung geändert werden muß, und weil sie bei der knappen Bemessung und höheren Beanspruchung der Baustoffe in modernen Maschinen den höheren Anforderungen nicht mehr gerecht wird. Eine gute Lösung ist in den Wendepolen gefunden worden. Es sind dies kleine Hilfspole, welche nach Abb. 236 zwischen den Hauptpolen angeordnet werden. Die Bürsten bleiben jetzt in der Leerlaufsstellung stehen, und die Stromwendespannung, welche die Selbstinduktionsspannung der kurzgeschlossenen Ankerspule aufheben soll, wird durch das Schneiden der Wendepolkraftlinien erzeugt. Da die Selbstinduktionsspannung die Richtung des Stromes vor der Wendung hat, muß die Wendespannung mit der Stromrichtung nach der Wendung übereinstimmen. Der Wendepol muß also die gleiche Polarität wie der folgende Hauptpol haben. Es gilt daher die Regel: Beim Generator folgt auf einen Hauptpol in der Drehrichtung ein entgegengesetzter Wendepol, beim Motor ein gleichnamiger Wendepol. Von besonderer Bedeutung ist, daß die Wendepole vom Ankerstrom erregt werden. Dadurch erreicht man, daß die Wendespannung bei allen Belastungen ohne jede Verstellung im gleichen Verhältnis zur Selbstinduktionsspannung bleibt. Nur bei sehr großen Überlastungen (Kurzschluß) kann man wegen der Sättigung der Wendepole nicht erwarten, daß die Stromwendung einwandfrei ist. In diesem Falle ist also ein Feuern unvermeidlich. Zu beachten ist, daß die Polarität der Wendepole durch die Selbstinduktionsspannung, also durch die Richtung des Ankerstromes bestimmt ist. Ändert sich die Richtung des Ankerstromes, so muß sich auch die Polarität der Wendepole ändern. Es gilt also die Regel: Wendepole und Anker gehören elektrisch zusammen. Wenn der Anker umgepolt wird, müssen auch die Wendepolklemmen vertauscht werden. Die Klemmen der Wendepolwicklung haben die Bezeichnung *G—H*. Bei einem Doppelschlußmotor mit Wendepolen sind demnach folgende Möglichkeiten für die Änderung der Drehrichtung gegeben: Anker *A—B* und Wendepole *G—H* oder Hauptschlußwicklung *E—F* und Nebenschlußwicklung *C—D*. Würde man die Wendepole nicht mit dem Anker umpolen, so würde eine die Selbstinduktion unterstützende Wendespannung und damit bei Belastung heftiges Feuern eintreten.

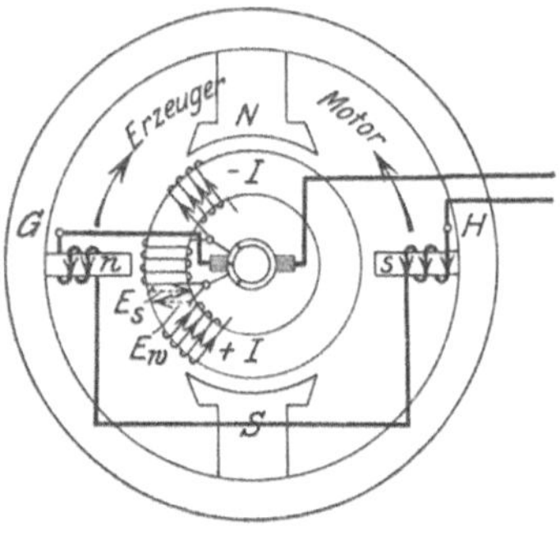

Abb. 236. Maschine mit Wendepolen.

Die Forderung feuerfreier Stromwendung muß natürlich auch schon bei dem Bau der Maschinen beachtet werden. Da die Ursache aller Schwierigkeiten die Selbstinduktion der Ankerspulen ist, gilt es, diese klein zu halten. Es muß also die Windungszahl je Spule (Gl. 46) klein gehalten werden, und man wählt, wenn irgend möglich, die Stabwicklung. Aus dem gleichen Grunde wird man auch die offene Ankernute bevorzugen. Da ferner nach Gl. 42 der Selbstinduktionsstrom um so schneller abfällt, die Wendung also auch um so schneller beendet ist, je größer der Widerstand des kurzgeschlossenen Kreises ist, werden Bürsten hohen Widerstandes günstig für die Stromwendung sein. Man verwendet daher heute nur noch Kohlenbürsten. Bei diesen wird die hochohmige, harte Bürste wiederum besser als eine weiche Graphitkohle kommutieren. Man kann also unter Umständen das Feuern durch Austausch der Bürsten gegen härtere beseitigen, vorausgesetzt, daß die schlechter leitenden harten Bürsten nicht durch den Strom überlastet sind und zu heiß werden. Eine weitere Möglichkeit, die Selbstinduktionsspannung zur besseren Stromwendung herabzusetzen, besteht darin, daß man die Wendezeit erhöht. Eine langsam laufende Maschine kommutiert also immer besser als eine schnell laufende. Die Wendezeit läßt sich auch durch eine größerte Bürstenbreite erhöhen. Dadurch werden zwar mehrere Spulen gleichzeitig in der Stromwendung begriffen sein und sich durch Gegeninduktion ungünstig beeinflussen, aber im ganzen genommen tritt doch eine Verbesserung ein.

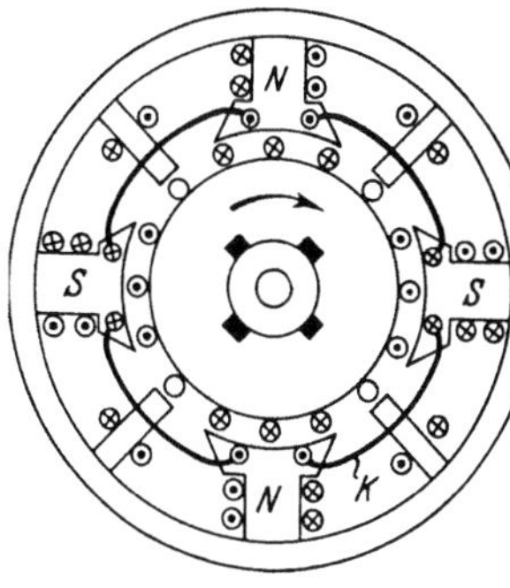

Abb. 237. Maschine mit Kompensationswicklung.

Aus dem Vorstehenden geht hervor, daß Wendepole zur wirksamen Verbesserung der Stromwendung vor allem nötig sind: bei Maschinen für hohe Drehzahlen, für solche hoher Spannungen, weil dann eine hohe Windungszahl je Spule unvermeidlich ist, bei Maschinen mit stark wechselnder Belastung und bei Motoren mit wechselnder Drehrichtung, weil in solchen Fällen eine Bürstenverstellung unmöglich ist.

Die Kompensationswicklungen. Das Ankerfeld steht auch bei laufendem Anker im Raum still, und seine Feldlinien werden daher von der kurzgeschlossenen, in der Stromwendung begriffenen Ankerspule geschnitten. Die dadurch erzeugte Spannung ist genau wie die Selbstinduktionsspannung gerichtet und verzögert also wie diese die Stromwendung. Wir müssen daher bei sehr hoch beanspruchten oder sehr schnell laufenden Maschinen (Turbomaschinen) dafür sorgen, daß diese ungünstige Wirkung der Ankerrückwirkung beseitigt wird. Dies geschieht am zweckmäßigsten durch eine Kompensationswicklung, die man mit dem Anker in Reihe schaltet und im Polgehäuse derart anordnet, daß sie die Magnetisierung des Ankers gerade aufhebt (gleiche Windungszahl). Abb. 237 zeigt eine Maschine mit Wendepolen und Kompensationswicklung K. Die Stromrichtungen sind eingetragen.

G. Das Verhalten der Gleichstromgeneratoren.

1. Der fremderregte Generator.

a) Im Leerlauf. Der Anker der leerlaufenden Maschine ist stromlos, und daher ist die Klemmenspannung gleich der EMK E.

Wie ändert sich die EMK mit zunehmendem Erregerstrom I_m, wenn die Drehzahl konstant gehalten wird?

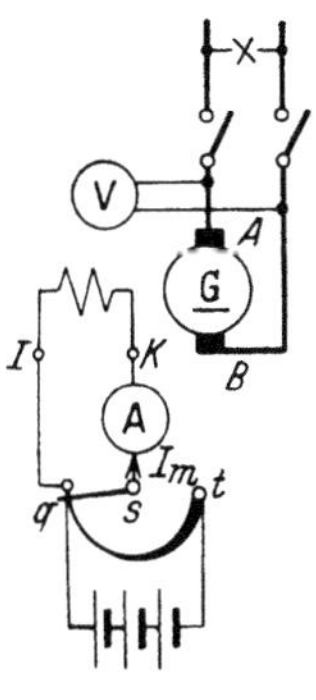

Abb. 238. Schaltung des fremderregten Gleichstromgenerators.

Abb. 238 zeigt das Schaltbild des fremderregten Generators. In Gl. 133 können wir die hier konstante Drehzahl n mit der Konstanten c zu einer neuen Konstanten C zusammenfassen. Es ist dann $E = C \cdot \Phi$, die EMK ist also dem Kraftfluß proportional. Da nun der Kraftfluß seinerseits sich nach der bekannten Magnetisierungslinie ändert, wenn man den Erregerstrom verändert, muß dies in gleicher Weise auch die EMK tun. Abb. 239 zeigt diese Abhängigkeit. Die Linie, die wegen des remanenten Magnetismus um etwa 2—4% oberhalb des Nullpunktes beginnt, wird die Leerlaufskennlinie genannt.

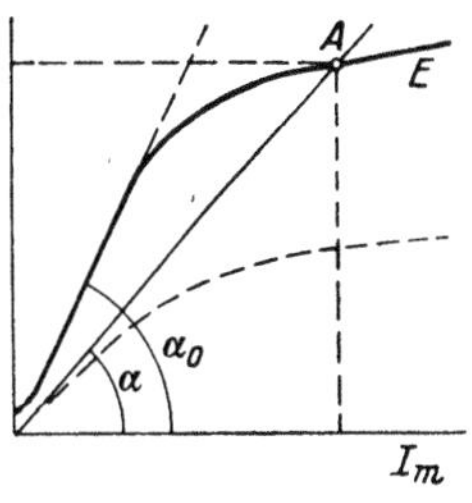

Abb. 239. Leerlaufskennlinie.

Wie ändert sich die EMK, wenn bei konstantem Erregerstrom die Drehzahl geändert wird.

In diesem Falle ist der Kraftfluß Φ konstant, so daß Gl. 133 in die Form $E = C \cdot n$ gebracht werden kann. Diese Proportionalität zwischen EMK und Drehzahl wird durch gerade Linien dargestellt, wie Abb. 240 zeigt, wobei die oberen Linien dem größeren Erregerstrom entsprechen. Legt man für eine bestimmte Drehzahl einen Vertikalschnitt durch die Linienschar, so ergeben die den Schnittpunkten zugeordneten Spannungen mit den zugehörigen Erregerströmen die Leerlaufskennlinie.

b) Bei Belastung. Wie ändert sich die Klemmenspannung mit zunehmender Belastung, wenn Drehzahl und Erregerstrom konstant bleiben?

Im Leerlauf erzeugt die Maschine die EMK E_0. Dieselbe sinkt jedoch mit zunehmender Belastungsstromstärke I etwas ab (Abb. 241), weil durch die Ankerrückwirkung eine Schwächung des Kraftflusses eintritt. Die Klemmenspannung U ist $E - R \cdot I$, wir haben also von der E-Linie jeweils den Ohmschen Spannungsverlust $R \cdot I$ zu subtrahieren. Bei einem Mehrfachen des Nennstroms sinkt die Klemmenspannung auf den Wert Null (Kurzschluß). Bei Nennlast beträgt der Abfall der Klemmenspannung je nach der Maschinengröße 5 bis 10%. Da man im Kraftwerk eine konstante Spannung halten muß, ist durch Verstärkung des Erregerstromes die Spannung wieder auf den früheren Wert hinaufzuregeln. Hierzu, sowie zum Ausgleich der Spannungsänderungen, welche infolge der durch die Erwärmung bedingten Widerstandsänderungen der Erregerwicklung entstehen, braucht man den in den Erregerkreis eingeschalteten Magnet- oder Feldregler.

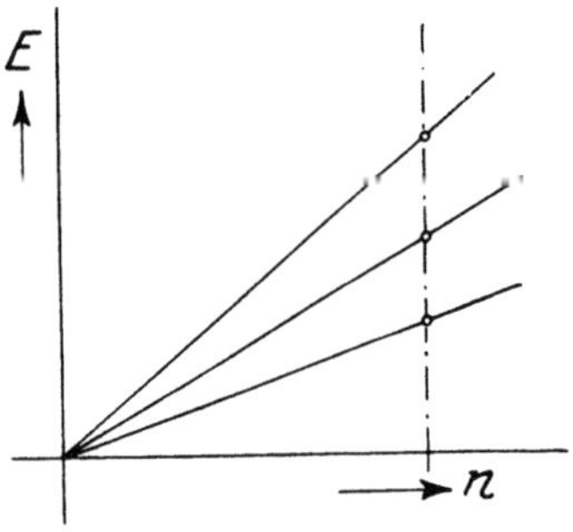

Abb. 240.

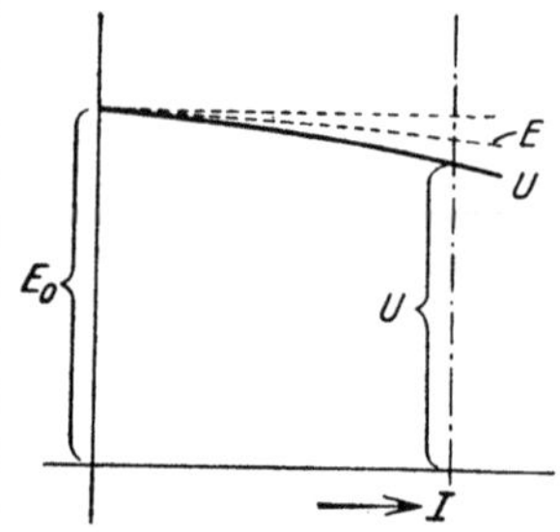

Abb. 241. Abfall der Spannung eines fremderregten Generators bei Belastung.

2. Der Nebenschlußgenerator.

a) Im Leerlauf. (Abb. 242). Wie ändert sich die EMK bei zunehmendem Erregerstrom, wenn die Drehzahl konstant gehalten wird?

Der Nebenschlußgenerator liefert seinen Erregerstrom selbst. Da dieser aber nur 1—5% des Maschinen-Nennstromes ist, kann man die Maschine praktisch als stromlos ansehen. Für den Nebenschlußgenerator gilt dann auch die in Abb. 239 dargestellte Leerlaufskennlinie.

Zwischen EMK und Erregerstrom bestehen zwei Abhängigkeiten. 1. die durch die Maschineneigenschaften bedingte Leerlaufskennlinie (Abb. 239) und 2. die durch das Ohmsche Gesetz gegebene Abhängigkeit $E = R \cdot I_m$, wenn R der Gesamtwiderstand des Erregerstromkreises ist. Die letztere Abhängigkeit wird durch eine Gerade dargestellt. Wenn nun die Spannung E beiden Abhängigkeiten zugleich folgen soll, so muß sie sich notwendig auf den Schnittpunkt A beider Linien einstellen. Die Neigung der Geraden ist durch den Winkel α bestimmt, und es ist $\operatorname{tg} \alpha = E : I_m = R$. Verkleinern wir daher den Erregerwiderstand, so neigt sich die Gerade mehr, und der Punkt A rückt auf höhere Spannungswerte hinauf. Umgekehrt wird bei einer Vergrößerung des Erregerwiderstandes die Gerade steiler werden und bei einem Grenzwinkel α_0 die Kennlinie tangieren. Dies ist der größte Widerstand, bei welchem noch Selbsterregung möglich ist. Die gestrichelt gezeichnete Leerlaufskennlinie entspricht einer verminderten Drehzahl. Bei dieser hört schon die Selbsterregung bei einem dem Winkel α entsprechenden Erregerwiderstand auf.

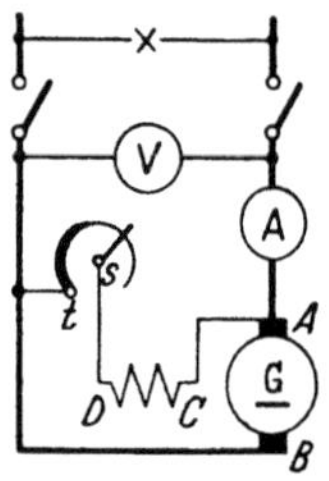

Abb. 242. Schaltung des Nebenschlußgenerators.

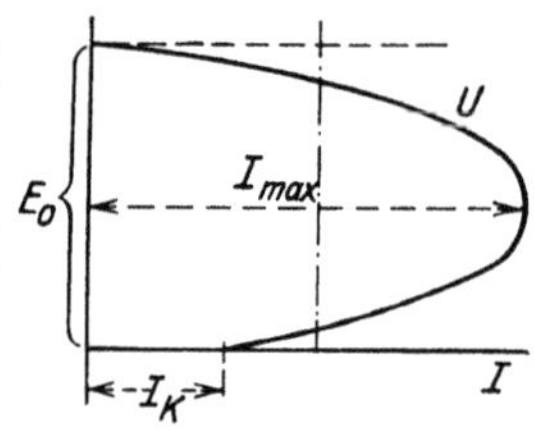

Abb. 243. Spannungsabfall des Nebenschlußgenerators bei Belastung.

b) Bei Belastung. Wie ändert sich die Klemmenspannung U mit wachsender Belastung, wenn die Drehzahl konstant gehalten wird und der Spannungsregler unverändert auf seiner anfänglichen Stellung bleibt?

Genau wie bei dem fremderregten Generator tritt auch hier bei wachsender Belastung durch Ankerrückwirkung eine Verminderung der EMK und ein Ohmscher Spannungsverlust $R \cdot I$ auf. Die Erregerwicklung liegt hier aber an der infolge der Belastung gesunkenen Klemmenspannung, so daß nun der Kraftfluß einen weiteren Abfall erleidet (Abb. 243). Bei einem bestimmten Wert I_{max} des Belastungsstromes ist die Klemmenspannung so stark gesunken, daß sich der Generator nicht mehr selbst zu erregen vermag, so daß nun die Spannung ganz auf Null abfällt. Bei völligem Kurzschluß der Maschine ($U = O$) tritt ein verhältnismäßig kleiner Kurzschlußstrom I_k auf. Der Spannungsabfall bei Nennlast beträgt etwa 10—25% je nach der Maschinengröße.

3. Der Reihenschlußgenerator (Abb. 244).

a) Im Leerlauf. Wie kann man die Leerlaufskennlinie eines Reihenschlußgenerators aufnehmen?

Die Reihenschlußmaschine liefert im Leerlauf keine Spannung, weil sie ohne Belastungsstrom nicht erregt ist. Man muß sie daher mittels fremder Stromquelle erregen, um die Leerlaufskennlinie, die daher mit Abb. 239 übereinstimmen wird, aufzunehmen. Da die Hauptschlußwicklung nur einen kleinen Widerstand hat, braucht die fremde Stromquelle nur eine kleine Spannung zu haben, ihre Stromstärke muß aber mindestens gleich derjenigen der Maschine sein.

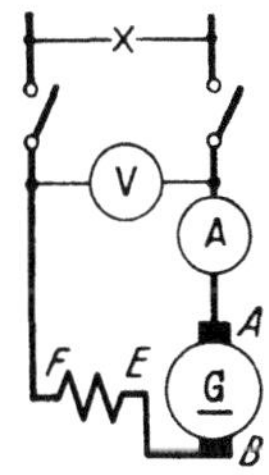

Abb. 244. Schaltung des Reihenschlußgenerators.

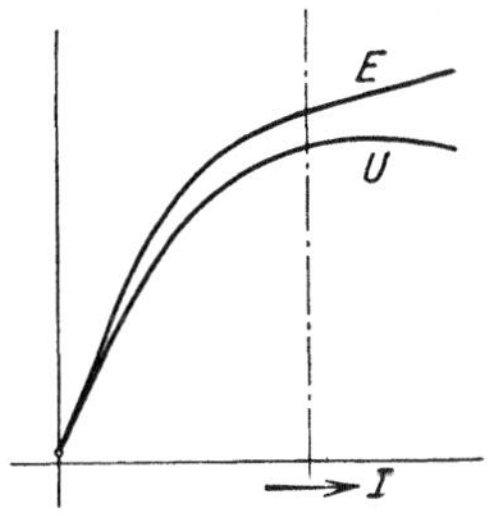

Abb. 245. EMK und Klemmenspannung eines Reihenschlußgenerators.

b) Bei Belastung. Wie ändert sich die Klemmenspannung des Reihenschlußgenerators mit zunehmender Belastung, wenn die Drehzahl konstant gehalten wird?

Da der Belastungsstrom zugleich Erregerstrom ist, muß eine EMK erzeugt werden, die der Leerlaufskennlinie E (Abb. 245) entspricht. Die Klemmenspannung ist um den Spannungsabfall durch Ankerrückwirkung und um den Ohmschen Spannungsabfall geringer. Da die EMK bei größen Strömen nur noch wenig wächst, während die Spannungsabfälle mit dem Strom proportional weiterwachsen, muß die Linie der Klemmenspannung bei Überschreitung einer bestimmten Belastung wieder sinken. Der Kurzschlußstrom ($U = O$) ist sehr groß, weil im Kurzschluß die Erregung am stärksten ist.

Im Gegensatz zur fremderregten und Nebenschlußmaschine ist der Reihenschlußgenerator als Kraftwerksmaschine wenig geeignet, weil sich seine Spannung mit der Belastung stark ändert und weil eine Regelung der Spannung nicht leicht möglich ist.

4. Der Doppelschlußgenerator (Abb. 246).

a) Im Leerlauf. Da die Reihenschlußwicklung im Leerlauf stromlos ist, verhält sich die Maschine dann genau wie eine Nebenschlußmaschine und zeigt auch deren Kennlinie.

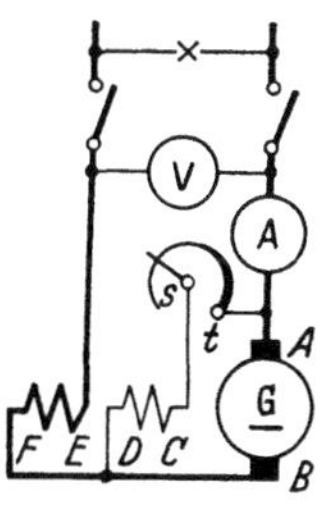

Abb. 246. Schaltung des Doppelschlußgenerators.

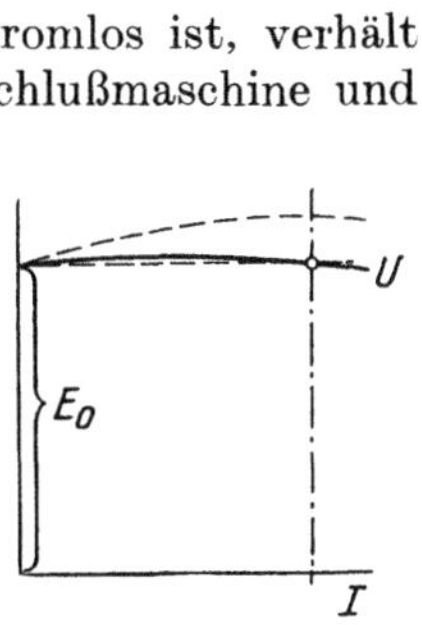

Abb. 247. Spannungslinie des Doppelschlußgenerators.

b) Bei Belastung (Abb. 246). Denken wir uns einmal die Klemmen E und F mit einem Draht verbunden, so daß die Reihenschlußerregerwicklung überbrückt sei. Wir haben es dann mit einem reinen Nebenschlußgenerator zu tun, der bei Nennlast, den in Abb. 243 dargestellten Spannungsabfall zeigt. Nehmen wir nun den Draht fort, so muß der Ankerstrom die Reihenschlußwicklung durchfließen, wodurch er bei richtiger Schaltung die Nebenschlußwicklung unterstützt und eine Spannungssteigerung zur Folge hat. Durch entsprechende Bemessung der Hauptstromwicklung kann man nun erreichen, daß die Spannungslinie den in Abb. 247 gezeichneten Verlauf nimmt, also bei allen Belastungen nahezu konstant ist. Die Doppelschlußmaschine ist daher als

Kraftwerksmaschine besonders geeignet. Da sie jedoch wegen der Widerstandsänderung der Erregerwicklung durch Erwärmung trotzdem eines Spannungsreglers bedarf, und weil sie auch etwas teurer ist als die Nebenschlußmaschine, ist ihre Verwendung nur notwendig in Betrieben mit schnell wechselnder Belastung (Kraftwerk für Krane und Bahnen). Zuweilen wird die Reihenschlußwicklung so stark ausgeführt, daß die Spannungslinie mit der Belastung anwächst (Abb. 247 gestrichelt). Man erreicht damit, daß die Spannung am Verbraucher selbst konstant bleibt. Die Spannungserhöhung muß also gleich dem Spannungsabfall zwischen Maschine und Verbraucher sein.

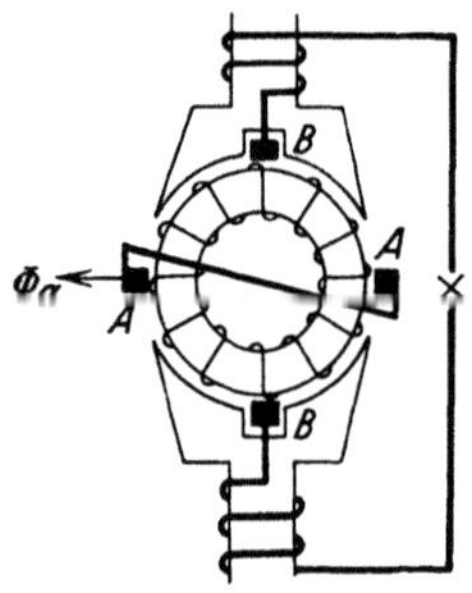

Abb. 248. Rosenbergmaschine.

In Sonderfällen (Schweißgeneratoren) wünscht man hingegen, daß die Spannung bei abnehmendem äußeren Widerstand abnimmt, damit der Strom möglichst konstant bleibt. Bei der Krämerschen Maschine wird diese Aufgabe dadurch gelöst, daß man drei Erregerwicklungen anordnet, eine fremderregte und eine Nebenschlußwicklung, die sich unterstützen, und eine Reihenschlußwicklung, die entgegen wirkt. Die Rosenberg-Maschine erreicht dasselbe unter Benutzung der Ankerrückwirkung (Abb. 248). Die normalen Bürsten A—A sind kurzgeschlossen, so daß ein kräftiges Ankerfeld Φ_a entsteht. Dieses stillstehende Feld wird von den Ankerleitern geschnitten, und die entstehende Spannung wird von den Bürsten B—B abgenommen. Der entnommene Strom bildet ein Ankerfeld in Richtung der Bürsten B—B, welches dem Hauptfeld entgegen wirkt und dadurch zu große Ströme verhütet.

H. Das Verhalten der Gleichstrommotoren.

a) Der Nebenschlußmotor (Abb. 249). Wie ändert sich die Drehzahl des leerlaufenden Motors, wenn die zugeführte Ankerspannung geändert wird, der Erregerstrom aber konstant bleibt?

Für die Gegen-EMK eines Motors gilt Gl. 133, woraus folgt $n = E : c \cdot \Phi$. Da nun der Spannungsverlust $R \cdot I$ im Anker gering und im Leerlauf ganz vernachlässigbar ist, können wir Gegen-EMK und Klemmenspannung als gleich annehmen. Die Beziehung lautet dann

$$n \approx \frac{U}{c \cdot \Phi}. \tag{149}$$

Da hier der Erregerstrom und damit der Kraftfluß konstant gehalten wird, können wir Φ mit den übrigen unveränderlichen Größen zu einer neuen Konstanten C zusammenfassen und schreiben $n = C \cdot U$. Die Drehzahl wird also in Abhängigkeit von der Ankerspannung durch eine gerade Linie dargestellt, wie Abb. 250 zeigt. In dieser Darstellung sind mehrere solcher Geraden für verschiedene Erregerströme gezeichnet, wobei die oberste Linie dem kleinsten Erregerstrom entspricht. Die Änderung der Ankerspannung läßt sich bei konstanter Netzspannung am einfachsten dadurch vornehmen, daß man mit einem Regelanlasser dem Anker Widerstand vorschaltet. Dieser verbraucht dann eine Spannung $R \cdot I$, und um diesen Betrag ist die Ankerspannung kleiner als die Netzspannung.

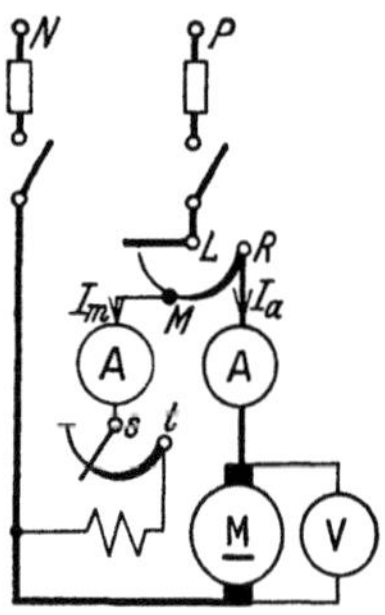

Abb. 249. Nebenschlußmotor.

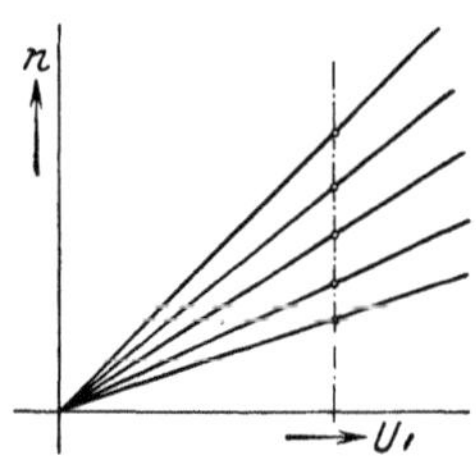

Abb. 250. Die Drehzahl steigt proportional mit der Spannung.

Wie ändert sich die Drehzahl, wenn bei konstanter Ankerspannung der Erregerstrom des leerlaufenden Motors verändert wird?

In diesem Falle können wir in Gl. 149 die Spannung U mit der anderen unveränderlichen Größe zu einer Konstanten C zusammenfassen. Es ist dann $n = C : \Phi$. (Gleichung einer Hyperbel.) Hieraus geht hervor, daß bei großem Erregerstrom, also großem Kraftfluß Φ eine kleine Drehzahl vorhanden ist, weil Φ im Nenner steht, während einem kleinen Erregerstrom eine große Drehzahl entspricht. Abb. 251 zeigt dieses Verhalten, und zwar entspricht die obere Linie einer höheren Betriebsspannung.

Eine anschauliche Erklärung ergibt sich einfach daraus, daß die Gegen-EMK immer ungefähr gleich der Betriebsspannung ist. Schwächen wir das Feld, so erzeugt der Motor zunächst eine kleinere Gegen-EMK, dadurch fließt ein stärkerer Strom durch den Anker, der ihn auf eine so hohe Drehzahl beschleunigt, daß Gegen-EMK und Netzspannung wieder ungefähr übereinstimmen. Bei einer Unterbrechung des Erregerstromkreises ($\Phi = 0$) müßte nach Gl. 149 die Drehzahl unendlich groß werden (Durchgehen), weil dann das Feld fehlt. In Wirklichkeit wird eine starke Drehzahlsteigerung eintreten, die aber begrenzt ist, weil mit dem Schwinden des Feldes auch das Drehmoment aufhört. Das Fehlen der Gegen-EMK hat dann einen so großen Strom zur Folge, daß die Sicherungen durchbrennen.

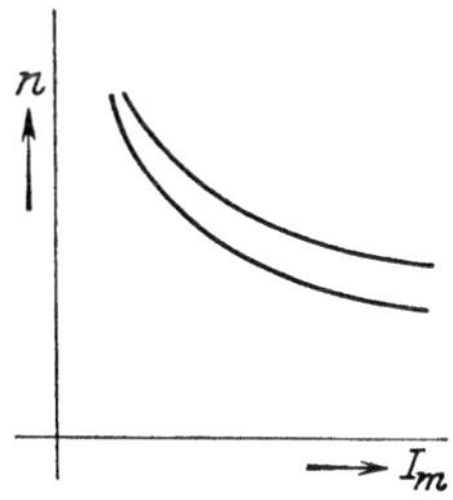

Abb. 251. Die Drehzahl ist bei schwacher Erregung groß und bei starker Erregung klein.

Ein vertikaler Schnitt durch die Linienschar Abb. 250 (U = konst.) ergibt eine Anzahl Betriebspunkte verschiedener Drehzahl bei verschiedenen Erregerströmen, die aufgetragen ebenfalls Abb. 251 ergeben. Entsprechend läßt sich durch einen Horizontalschnitt (n = konst.) auch die Leerlaufskennlinie ermitteln.

65. Beispiel. Gegeben ist ein vierpoliger Gleichstromnebenschlußmotor 0,75 kW Nennleistung, 220 V, $I = 4{,}65$ A bei Nennlast und einer Drehzahl $n = 1000$ je Minute im Leerlauf. Die Erregerwicklung hat einen Widerstand von 465 Ω. Welche Drehzahl wird der Motor annehmen, wenn man der Erregerwicklung einen Widerstand von 500 Ω vorschaltet?

Der normale Erregerstrom ist $I_m = 220 : 465 = 0{,}474$ A, bei Vorschaltung des Widerstandes hingegen $220 : 965 = 0{,}226$ A, d. i. das 0,48fache des normalen. Aus der normalen Magnetisierungslinie (Abb. 252) ergibt sich, daß bei 0,48fachem Erregerstrom ein 0,75faches Feld vorhanden ist. Für Normallauf ergibt sich aus Gl. 149 $c \cdot \Phi = U : n = 220 : 1000 = 0{,}22$. Mit Vorwiderstand ist also $c \cdot \Phi = 0{,}75 \cdot 0{,}22 = 0{,}165$. Dies in Gl. 149 eingesetzt, ergibt die unbekannte Drehzahl $n_x = 220 : 0{,}165 = 1330$ Umdr./min.

66. Beispiel. Welche Drehzahl würde der vorstehende Motor machen, wenn man ihn in normaler Schaltung an 110 V legen würde?

Dem halben Erregerstrom entspricht (Abb. 252) ein $c \cdot \Phi$, welches gleich dem 0,78fachen des normalen ist. Die Spannung des Ankers ist das 0,5fache der normalen. Aus Gl. 149 folgt daher $n_x = 0{,}5 \cdot 220 : 0{,}78 \cdot 0{,}22 = 643$ Umdr./min.

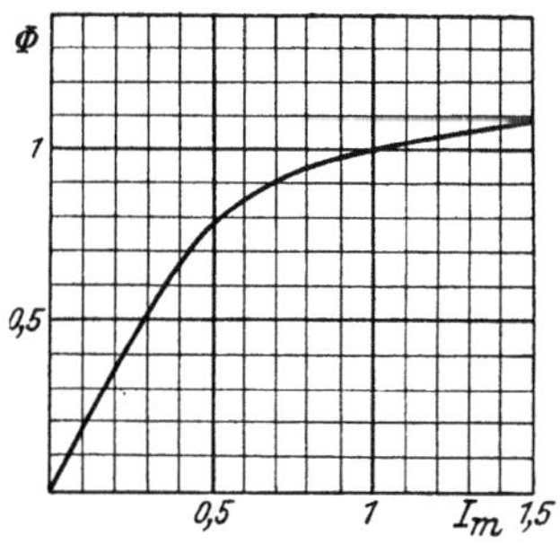

Abb. 252. Normale Magnetisierungslinie.

Wie ändert sich bei konstanter Klemmenspannung die Drehzahl bei zunehmender Belastung des Motors?

Da wir jetzt weder die Spannung noch den Erregerstrom verändern, müßte nach Gl. 149 die Drehzahl bei allen Belastungen konstant sein, wie dies Abb. 253 punktiert andeutet. Es wurde aber betont, daß in dieser Gleichung im Zähler genau genommen die Gegen-EMK des Motors stehen muß. Sie lautet dann $n = E : c \cdot \Phi = (U - R \cdot I) : c \cdot \Phi$. Hieraus geht hervor, daß die Drehzahl, proportional mit dem Ankerspannungsverlust (siehe S. 69) abfallen muß. Die Ankerrückwirkung hat eine Schwächung des Feldes zur Folge, die sich in einer Steigerung der Drehzahl äußert. Im ganzen genommen sinkt die Drehzahl des Nebenschlußmotors daher nur sehr wenig, wie Abb. 253 zeigt und wie die nachstehenden Zahlen, die für Nennlast gelten, angeben.

1 kW-Motoren Drehzahlabfall 8 bis 5%
5 kW-Motoren Drehzahlabfall 5 bis 3%
20 kW-Motoren Drehzahlabfall 2 bis 1%
50 kW-Motoren Drehzahlabfall bis 1%

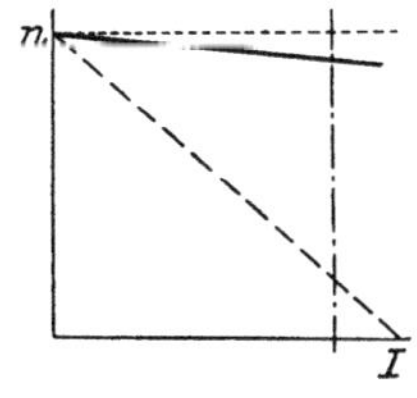

Abb. 253. Die Drehzahl des Nebenschlußmotors bleibt nahezu konstant.

Motoren mit Wendepolen haben einen größeren Abfall der Drehzahl, weil deren Bürsten in der Leerlaufslage verbleiben, während doch das Feld eine Verdrehung erleidet. Praktisch kann man den Nebenschlußmotor als einen Motor mit konstanter Drehzahl ansehen. Er wird deshalb bei Werkzeugmaschinen, Transmissionen, Aufzügen u. dgl. ausschließlich angewandt, wenn Gleichstrom zur Verfügung steht.

67. Beispiel. Der Nebenschlußmotor des 65. Beispiels habe einen Ankerwiderstand von 4,5 Ω (dies ist verhältnismäßig viel, weil es sich um einen kleinen Motor handelt). Wie wird sich die Drehzahl in Abhängigkeit vom Belastungsstrom verhalten, wenn dem Anker ein unveränderlicher Widerstand von 30 Ω vorgeschaltet ist?

Bei dem Nennstrom von 4,65 A tritt im Anker ein Spannungsabfall von $4{,}65 \cdot 4{,}5 = 21$ V auf. Die Gegen-EMK des Motors beträgt daher $220 - 21 = 199$ V und die Drehzahl, welche der Gegen-EMK proportional ist, beträgt $1000 \cdot 199 : 220 = 905$. Ein Widerstand von 30 Ω würde bei gleichem Strom einen weiteren Spannungsabfall von $30 \cdot 4{,}65 = 139$ V zur Folge haben. Die EMK beträgt dann nur noch 60 V, welche einer Drehzahl von $1000 \cdot 60 : 220 = 272$ Umläufen je Minute entsprechen. Da die Spannungsverluste den Strömen proportional sind, müssen die Drehzahlen mit dem Belastungsstrom proportional abnehmen, wie Abb. 253 gestrichelt zeigt.

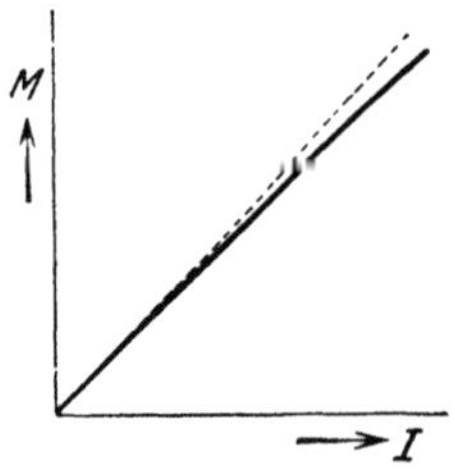

Abb. 254. Drehmoment des Nebenschlußmotors.

Wie ändert sich das Drehmoment (Zugkraft) eines Nebenschlußmotors mit dem Ankerstrom, wenn die Spannung konstant gehalten wird?

Aus Gl. 148 geht hervor, daß bei konstantem Feld das Drehmoment dem Ankerstrom proportional ist. Es müßte sich also die Abhängigkeit durch eine gerade Linie (Abb. 254 gestrichelt) darstellen lassen. Die Ankerrückwirkung hat aber mit zunehmendem Strom eine Feldschwächung zur Folge, wodurch das Drehmoment etwas vermindert wird, wie angedeutet ist. Eine weitere Verminderung kann das Drehmoment dadurch erfahren, daß in langen Zuleitungen zum Motor ein großer Spannungsverlust auftritt. Besonders im Anlauf kann infolge des hohen Anlaufstromes ein großer Spannungsabfall verursacht und damit das Feld beträchtlich geschwächt werden.

b) Der Reihenschlußmotor. Abb. 218 zeigt das Schaltbild dieses Motors.

Wie ändert sich die Drehzahl des Reihenschlußmotors bei konstanter Klemmenspannung, wenn derselbe mehr und mehr belastet wird?

Bei dem Reihenschlußmotor ist der Ankerstrom zugleich Erregerstrom. Bei starker Belastung ist daher der Motor stark erregt, während bei geringer Belastung nur ein schwaches Feld vorhanden sein wird. Gl. 149 lehrt, daß die Abhängigkeit der Drehzahl dann durch eine hyperbelähnliche Linie dargestellt wird, wie sie Abb. 251 für den Nebenschlußmotor angibt. Abb. 255 zeigt die Abhängigkeit der Drehzahl vom Drehmoment des Motors. Der stark belastete Reihenschlußmotor läuft also langsam, während der entlastete Motor sehr schnell läuft. Im Leerlauf kann er sogar eine Drehzahl erreichen, die den Anker auseinander sprengt. Die Sicherungen werden bei der Drehzahlsteigerung den Motor nicht schützen, weil die Drehzahlerhöhung ja gerade durch die Verminderung des Stromes verursacht ist. Man merke also: Der Reihenschlußmotor geht im Leerlauf durch. Er kann daher nicht bei Antrieben Verwendung finden, bei denen ein Leerlauf möglich ist (z. B. Riemenantrieb).

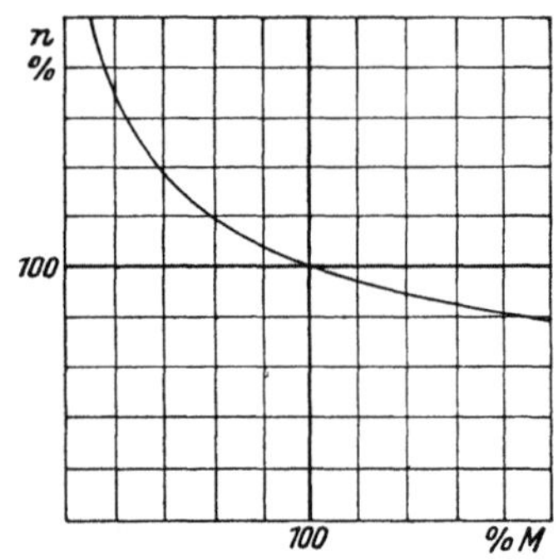

Abb. 255. Drehzahl des Reihenschlußmotors.

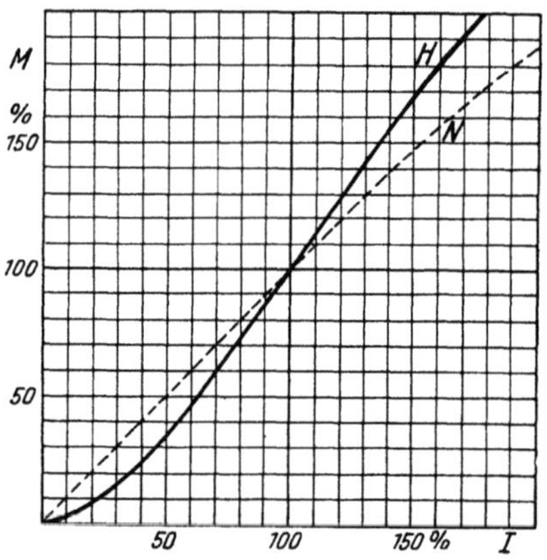

Abb. 256. H = Drehmoment des Reihenschlußmotors, N = Drehmoment des Nebenschlußmotors.

Wie ändert sich das Drehmoment eines Reihenschlußmotors in Abhängigkeit vom Ankerstrom?

Bei dem Nebenschlußmotor ist das Drehmoment ungefähr dem Strom proportional, weil der Kraftfluß bei ihm konstant bleibt ($M = C \cdot \Phi \cdot I$). Bei dem Reihenschlußmotor ändert sich auch der Kraftfluß mit der Belastung. Vergleichen wir einen Reihenschlußmotor mit einem Nebenschlußmotor gleicher Leistung und Drehzahl: Bei Nennlast stimmen die Momente beider Motoren überein. Bei halbem Nennstrom ist das Moment des Nebenschlußmotors etwa halb so groß, weil es nur vom Strom abhängt. Beim Reihenschlußmotor ist infolge der Stromverkleinerung aber auch das Feld kleiner geworden, wodurch bei Unterlast ein vermindertes Drehmoment gegenüber dem Nebenschlußmotor vorhanden sein muß (Abb. 256). Anders ausgedrückt: Bei Unterlast benötigt der Reihenschlußmotor zur Bewältigung desselben Drehmomentes einen größeren Strom als der Nebenschlußmotor. Bei Überlast hingegen wird der starke Strom ein sehr starkes Feld und damit ein wesentlich höheres Drehmoment als der Nebenschlußmotor erzeugen. Begrenzt ist dasselbe durch die Sättigung des Eisens und die mit steigendem Strom wachsende Ankerrückwirkung. Reihenschlußmotoren finden bei Kranen und Bahnen Anwendung, weil 1. bei Kranen und Bahnen bei großer Belastung eine geringe Geschwindigkeit erwünscht ist, während bei kleiner Belastung schnell gefahren werden soll; 2. bei diesen Betrieben mit großen Anfahrmomenten gerechnet werden muß, die der Reihenschlußmotor gut bewältigen kann; 3. der Hauptschlußmotor bei gleicher Arbeitsleistung kleiner ausfällt. Der Nebenschlußmotor würde zum Senken und Heben einer Last je gleichviel Zeit beanspruchen, der Reihenschlußmotor würde hingegen das Senken schnell erledigen und hätte dann zum Heben eine größere Zeit zur Verfügung. Das heißt aber nichts anderes, als daß seine Leistung geringer sein kann; 4. der große Spannungsabfall in den Zuleitungen von Kranen und Bahnen das Drehmoment des Nebenschlußmotors stark vermindern würde, während das des Reihenschlußmotores nicht beeinflußt wird (er würde dadurch nur etwas langsamer laufen).

68. Beispiel. Ein Kranmotor leistet bei $n = 860$ Umdr./min und 440 V 37 kW und nimmt dabei $I = 96$ A auf. Der Ankerwiderstand beträgt 0,067 Ω, der Widerstand der Erregerwicklung 0,0125 Ω und der der Wendepolwicklung 0,0068 Ω. Welche Drehzahl macht der Motor bei 25 A?

Bei Nennlast ist der Spannungsverlust im Motor $96 \cdot (0{,}067 + 0{,}0125 + 0{,}0068) = 96 \cdot 0{,}0863 = 8{,}3$ V. Die Gegen-EMK beträgt dann also $440 - 8{,}3 = 431{,}7$ V. Bei 25 A würde sie $440 - 25 \cdot 0{,}0863 = 437{,}8$ V betragen. Der Kraftfluß ist nach Abb. 252 bei 25 A (d. i. bei 0,26fachem Nennstrom) auf das 0,45fache gesunken. Aus Gl. 149 ergibt sich für Nennlast $c \cdot \Phi = E : n = 431{,}7 : 860 = 0{,}502$. Bei 25 A ist dieser Wert $0{,}45 \cdot 0{,}502 = 0{,}226$ und daher die Drehzahl $n_x = 437{,}8 : 0{,}226 = 1940$ Umdr./min.

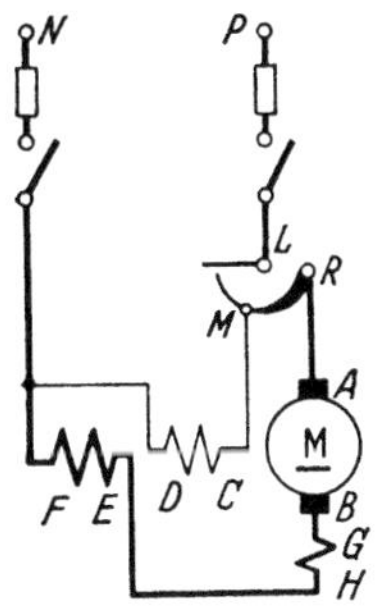

Abb. 257. Schaltbild des Doppelschlußmotors.

69. Beispiel. Wie groß ist bei dem vorstehenden Motor das Drehmoment bei 25 A Strom?

Das Nennmoment ist nach Gl. 146 $M = 973 \cdot 37 : 860 = 41{,}8$ mkg. Aus Gl. 148 ergibt sich daher für Nennlast $C \cdot \Phi = 41{,}8 : 96 = 0{,}437$, das sich bei 25 A auf das 0,45fache, also $0{,}45 \cdot 0{,}437 = 0{,}197$fache vermindert. Das neue Moment ist demnach $M_x = 0{,}197 \cdot 25 = 5$ mkg.

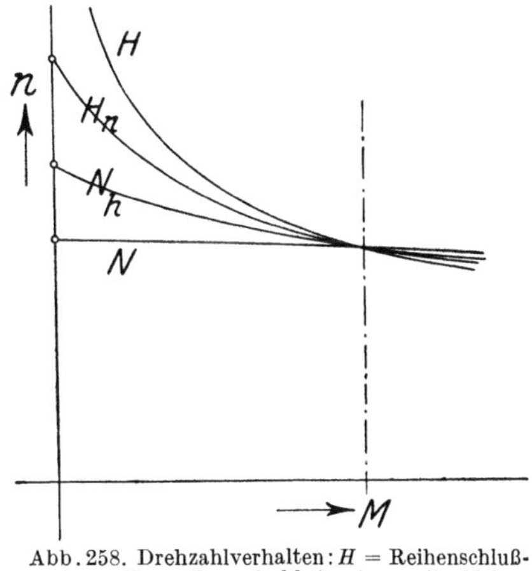

Abb. 258. Drehzahlverhalten: H = Reihenschlußmotor, N_h = Doppelschlußmotor mit kleiner Hauptschlußwicklung, H_n = Doppelschlußmotor mit kleiner Nebenschlußwicklung, N = Nebenschlußmotor.

b) Der Doppelschlußmotor.

Abb. 257 zeigt das Schaltbild eines solchen Motors mit Wendepolen.

Wie verhält sich die Drehzahl des Doppelschlußmotors bei veränderlicher Belastung, wenn die Klemmenspannung konstant bleibt?

Wir wollen zunächst voraussetzen, daß die beiden Wicklungen so geschaltet sind, daß sie sich gegenseitig unterstützen. Die gewöhnlich vorkommenden Doppelschlußmotoren haben entweder eine große Nebenschlußwicklung mit kleiner zusätzlicher Reihenschlußwicklung oder umgekehrt eine große Reihenschlußwicklung mit kleiner zusätzlicher Nebenschlußwicklung. Es leuchtet ein, daß der erstere Motor in seinem Verhalten dem Nebenschlußmotor, der letztere dem Reihenschlußmotor ähneln muß.

Abb. 258 zeigt ihre Drehzahlabhängigkeit von dem Drehmoment. Der Nebenschlußmotor, dem man eine zusätzliche Reihenschlußwicklung gibt, erfährt mit zunehmendem Belastungsstrom eine Verstärkung der Erregung und damit eine Verminderung der Drehzahl (Linie N_h), deren Steilheit um so stärker ist, je größer die Reihenschlußwicklung im Verhältnis zur Nebenschlußwicklung ist. Solche Doppelschlußmotoren kommen zum Antrieb von Arbeitsmaschinen mit Schwungrädern zur Verwendung (Pressen, Walzwerken). Ein Schwungrad hat die Aufgabe, bei Belastungsstößen den Motor im Antrieb zu unterstützen. Dies kann es aber nur, wenn es seine Drehzahl vermindern kann, wenn also der Motor elastisch arbeitet. Ein reiner Nebenschlußmotor mit fast konstanter Drehzahl würde die Stoßlast selbst übernehmen, während das Schwungrad untätig mitlaufen würde.

Ein Reihenschlußmotor mit kleiner zusätzlicher Nebenschlußwicklung hat zwar noch den steilen Drehzahlabfall des Reihenschlußmotors (Linie H_h), aber die Drehzahl wird bei Entlastung des Motors nicht unendlich groß, sondern erreicht einen zwar hohen aber ungefährlichen Wert, weil die Nebenschlußerregung unverändert bestehen bleibt. Solche Motoren hat man dort verwandt, wo man das Verhalten eines Reihenschlußmotors wünscht, wo aber eine Entlastung denkbar ist. Da die Nebenschlußwicklung nur einen kleinen Teil der Gesamtdurchflutung des Motors übernimmt, hätte man in Gl. 30 für Θ einen geringen Wert einzusetzen, so daß sich besonders bei höheren Spannungen U dann ein sehr kleiner Drahtquerschnitt F ergibt. Solche zusätzlichen Nebenschlußwicklungen sind daher gegen Erschütterungen sehr bruchempfindlich.

Doppelschlußmotoren mit entgegen wirkenden Erregerwicklungen könnte man verwenden, wenn man eine bei allen Belastungen konstante Drehzahl haben möchte. Dann müßte die zusätzliche Reihenschlußwicklung bei zunehmender Belastung das Feld etwas schwächen. Eine solche Schaltung ist jedoch nicht ungefährlich, weil bei starken Belastungsstößen Feldschwächungen möglich sind, die so groß sind, daß der Motor nicht mehr das erforderliche Drehmoment zu entwickeln vermag und unter Kurzschluß stehen bliebe.

I. Die Verluste der Gleichstrommaschinen.

Die Einzelverluste. Jede elektrische Maschine hat Verluste und zwar:

1. Elektrische Verluste (Stromwärmeverluste). Sie setzen sich aus den Stromwärmeverlusten V_a des Ankers (einschließlich Bürsten und Wendepole) und denjenigen der Erregung V_m zusammen. Bei einem Ankerwiderstand R_a und einem Strom im Anker I_a ist $V_a = R_a \cdot I_a^2$. Bei einem Erregerwicklungswiderstand R_m hat die Nebenschlußmaschine einen Erregungsverlust $V_m = R_m \cdot I_m^2 = U \cdot J_m$ und die Reihenschlußmaschine $V_m = R_m \cdot I^2$.

2. Magnetische Verluste (Eisenverluste) V_e, welche sich aus den im Ankereisen auftretenden Wirbelstromverlusten V_w und den Hysteresisverlusten V_h zusammensetzen. Durch die Ankerdrehung wird in den Ankerblechen eine EMK erzeugt, welche $E = c \cdot \Phi \cdot n$ ist. Die Stärke des Wirbelstromes ist daher bei einem Eisenwiderstand R gleich $E : R = c \cdot \Phi \cdot n : R$. Der Wirbelstromverlust wird $R \cdot I^2$ sein, also $V_w = c^2 \cdot \Phi^2 \cdot n^2 \cdot R : R^2$. Faßt man die konstanten Größen zu einer neuen Konstanten C zusammen, so ergibt sich:

$$V_w = C \cdot \Phi^2 \cdot n^2. \tag{150}$$

Der Hysteresisverlust V_h ist nach Gl. 29 der Drehzahl einfach proportional, während er mit der 1,6. Potenz des Kraftflusses wächst. Bei hochlegierten Blechen beträgt jedoch der Exponent mehr als 1,6, meist mehr als 2, so daß wir zur Vereinfachung der Rechnung hier 2 setzen wollen. Es ist also:

$$V_h = C \cdot \Phi^2 \cdot n. \tag{151}$$

3. Mechanische Verluste V_r. Sie setzen sich aus Lager-, Bürsten- und Luftreibung zusammen (nicht mitgerechnet werden Verluste, die etwa durch Riemenzug oder Zahndruck von Zahnrädern entstehen). Bei älteren Maschinen ist die Luftreibung gering, weil sie keine künstliche Lüftung haben. Man kann daher bei ihnen die Reibungsverluste der Drehzahl proportional setzen

$$V_r = C \cdot n. \tag{152}$$

Bei starker Eigenlüftung der Maschinen wachsen die Verluste jedoch mit höherer Potenz, bleiben aber im Vergleich mit den übrigen Verlusten gering.

4. Zusätzliche Verluste V_z. Sie entstehen durch Wirbelströme in Kupfer- und Eisenteilen u. dgl. Wenn sie nicht gemessen werden, sind sie nach den Regeln für die Prüfung el. Maschinen bei Gleichstrommaschinen mit 1% der Motoraufnahme- oder Generatorabgabeleistung einzusetzen.

Der Wirkungsgrad und seine Bestimmung. Unter dem Wirkungsgrad η einer Maschine versteht man das Verhältnis der abgegebenen Leistung zur aufgenommenen. Er muß stets kleiner als 1 sein, weil wegen der Verluste mehr Leistung aufgenommen, als abgegeben wird. Bei einem Generator ist die abgegebene Leistung $U \cdot I$ und die aufgenommene daher $U \cdot I + V$, wenn V die Summe aller Verluste bedeutet. Der Wirkungsgrad des Generators ist daher:

$$\eta_g = \frac{U \cdot I}{U \cdot I + V}, \tag{153}$$

der eines Motors hingegen:

$$\eta_m = \frac{U \cdot I - V}{U \cdot I}. \tag{154}$$

Die Bestimmung des Wirkungsgrades durch Messung kann entweder durch Bremsung der belasteten Maschine oder durch Messung der Verluste erfolgen. Die Bremsmethode findet hauptsächlich bei Motoren Anwendung. Durch Anziehen der Spannschrauben des Bremszaumes (Abb. 259) wird der Bremshebel ins Gleichgewicht gebracht. Dann ist nach den Regeln der Mechanik die vom Motor abgegebene Leistung in kW gleich $G \cdot 2 \cdot l \cdot \pi \cdot n : 102 \cdot 60$. Dieselbe muß auch gleich $U \cdot I \cdot \eta : 1000$ sein, woraus sich der Wirkungsgrad berechnen läßt zu:

$$\eta = \frac{1000 \cdot G \cdot 2 \cdot l \cdot \pi \cdot n}{102 \cdot 60 \cdot U \cdot I}. \tag{155}$$

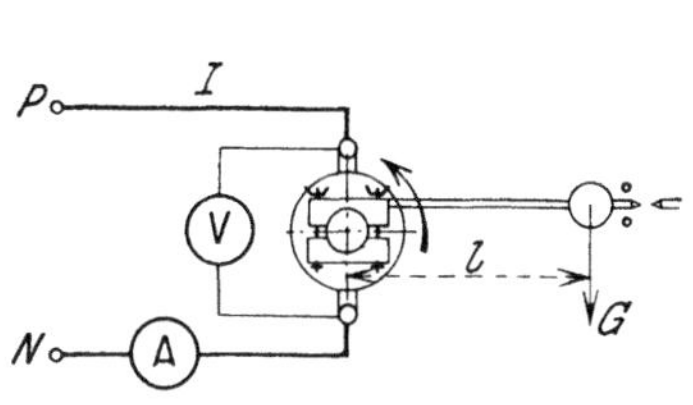

Abb. 259. Bremsung mittels Bremszaums.

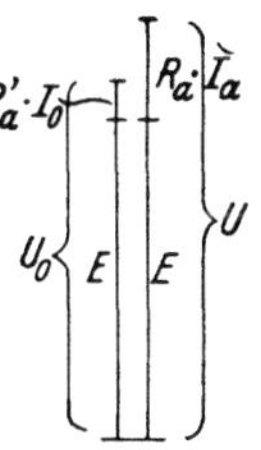

Abb. 260.

70. Beispiel. Ein Nebenschlußmotor wurde bei 850 minutlichen Umdrehungen abgebremst, wobei er an 220 V liegend 60 A aufnahm. Wie groß ist der Wirkungsgrad, wenn das Bremsgewicht von 16 kg an einem Hebelarm von 0,83 m im Gleichgewicht war?

Die vorstehenden Werte (l in Metern) in Gl. 155 eingesetzt ergibt:

$$\eta = \frac{1000 \cdot 16 \cdot 2 \cdot 0{,}83 \cdot 3{,}14 \cdot 850}{102 \cdot 60 \cdot 220 \cdot 60} = 0{,}88\,.$$

Die Leistungsmessung kann auch dadurch vorgenommen werden, daß der Motor einen geeichten Generator, dessen Wirkungsgrad bei allen Belastungen genau bekannt ist, antreibt. Man mißt dann einfach die vom Generator abgegebene elektrische Leistung und dividiert sie durch dessen Wirkungsgrad. Entsprechend kann man auch den Wirkungsgrad eines Generators dadurch ermitteln, daß man ihn mit einem geeichten Motor antreibt. Bei der Bestimmung des Wirkungsgrades durch Verlustmessung läßt man die Maschine als Motor leer laufen, einerlei ob es sich um einen Motor oder einen Generator handelt. Die im Leerlauf aufgenommene Leistung dient zur Deckung der Verluste und kann elektrisch gemessen werden. Es ist nur zu bedenken, daß die im Leerlauf gemessenen Verluste mit denen, die in der belasteten Maschine vorhanden sein würden, übereinstimmen müssen. Wir wollen hier nur die Bestimmung für den Motor betrachten. Da Riemenzug u. dgl. nicht berücksichtigt wird, werden die Reibungsverluste beim leerlaufenden Motor dann mit dem belasteten gleich sein, wenn wir die Drehzahl im Leerlauf so regeln, wie sie für den belasteten Motor angegeben ist. Damit die Eisenverluste richtig sind, muß man bei gleicher Drehzahl verlangen, daß der Kraftfluß übereinstimmt. Dieser ist aber der EMK proportional. Wir haben demnach im Leerlauf eine EMK einzustellen, die ebenso groß ist wie die des belasteten Motors. Der belastete Motor hat (Abb. 260) eine EMK $E = U - R_a I_a$. Wir müssen dem Motor daher im Leerlauf eine Spannung $U_0 = E + R_a' \cdot I_0$ zuführen, wenn I_0 der Leerlaufstrom im Anker ist. Der Ankerwiderstand R_a bei Nennstrom ist wegen des Bürsten- und Übergangswiderstandes etwas kleiner als der Ankerwiderstand im Leerlauf R_a', was zu berücksichtigen ist. Ebenso sind alle Widerstände mit dem Wert für die betriebswarme Maschine einzusetzen. Durch Regelung der Ankerspannung und des Erregerstromes ist U_0 und n richtig einzustellen. Die gemessene Leistung $U_0 \cdot I_0 - R_a' \cdot I_0^2$ ist dann der Eisen- und Reibungsverlust bei Belastung. Addiert man hierzu den Stromwärmeverlust des Ankers bei Nennlast und den in der Erregerwicklung, sowie den zusätzlichen Verlust (1%), so erhält man die Gesamtverluste und aus Gl. 154 den Wirkungsgrad bei Nennlast. Entsprechend läßt sich natürlich auch der Wirkungsgrad für andere Belastungen ermitteln.

Die Erwärmung. Durch die Verluste erwärmt sich eine Maschine. Bei unveränderter Nennlast wird zuerst die entwickelte Wärme fast nur zur Temperaturerhöhung der Maschinenmasse dienen, weil diese zunächst gegenüber der Umgebung noch keine Übertemperatur hat, also auch dann noch keine Wärme abgeben kann. Die Temperatur wird also zuerst ungefähr mit der Zeit t proportional anwachsen, wie Abb. 261 zeigt. Erst mit wachsender Temperatur tritt eine gleichzeitige Wärmeabgabe ein, wodurch dann die Temperaturzunahme sich verlangsamt. Die maximale Temperatur ϑ_{max} wird erst nach mehreren Stunden erreicht und dann halten sich Wärmeentwicklung und -abgabe gerade das Gleichgewicht.

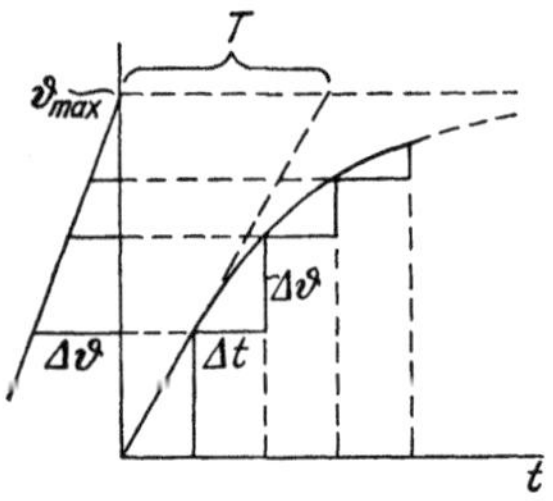

Abb. 261. Temperaturlinie einer elektrischen Maschine.

Dieses Verhalten läßt sich durch die Beziehung

$$\vartheta = \vartheta_{max} \cdot \left(1 - e^{-\frac{t}{T}}\right) \qquad (156)$$

ausdrücken, worin $e = 2{,}718$ die Basis der nat. Logarithmen und T die Zeitkonstante ist. Es ist dies die Zeit, in welcher die Maschinenmasse ohne jede Wärmeabfuhr die maximale Temperatur ϑ_{max} erreicht haben würde.

Die in den Maschinen verwendeten Isolierstoffe, vor allem die Baumwolle, vertragen keine hohen Temperaturen. Zugelassen ist nach den Vorschriften für ungetränkte Baumwolle eine Temperaturzunahme von 50° C und für getränkte Wicklungen von 60° C, wobei die Höchstgrenze von 85° bzw. 95° nicht überschritten werden darf. Es ist also eine maximale Außentemperatur von 35° angenommen worden.

Unter der Nennleistung von Dauerbetriebsmaschinen versteht man die Leistung, welche die Maschine dauernd abzugeben vermag. Sie ist nicht etwa bestimmt durch den größten Strom, den ein Generator hergeben, oder das größte Drehmoment, welches ein Motor leisten könnte. Die Vorschriften verlangen sogar, daß ein Generator während 2 Minuten mindestens den 1,5fachen Nennstrom hergeben, und daß ein Motor für Dauerbetrieb mindestens das 1,6fache Nenndrehmoment zu leisten vermag. Nennleistung ist vielmehr die Leistung, die eine Maschine dauernd hergeben kann, ohne daß sie sich über die obengeannnte Temperaturgrenze erwärmt. Die Nennleistung ist also nur durch die Temperaturgrenze betimmt. Wir könnten einer Maschine sehr viel mehr Leistung zumuten, wenn es uns gelänge, durch bessere Kühlung die Temperatur niedrig zu halten. Dies ist der Grund, warum neuere Maschinen fast immer ein mit dem Anker verbundenes Lüfterrad haben, welches einen kräftigen Kühlluftstrom durch die Maschine treibt.

Die Aufnahme der Erwärmungslinie (Abb. 261) würde sehr viel Zeit erfordern, weil die Grenztemperatur erst nach vielen Stunden erreicht wird. Es genügt jedoch, wenn man einen Teil der Linie aufnimmt und die zu gleichen Zeitteilchen Δt gehörenden Temperaturteilchen $\Delta \vartheta$ seitlich, wenn möglich in vergrößertem Maßstab, aufträgt. Die Endpunkte müßten bei einer Exponentiallinie, wie Abb. 261 zeigt, auf einer Geraden liegen, die ϑ_{max} auf der Ordinatenachse abschneidet.

Die Abhängigkeit des Wirkungsgrades von der Maschinengröße. Der Wirkungsgrad von Gleichstrommaschinen bei Nennlast ist um so höher, je größer die Maschinenleistung ist, wie folgende Tabelle zeigt:

1 kW-Maschine	$\eta = 0{,}75$	50 kW-Maschine	$\eta = 0{,}915$
5 ,,	$= 0{,}85$	100 ,,	$= 0{,}93$
10 ,,	$= 0{,}88$	1000 ,,	$= 0{,}95$
20 ,,	$= 0{,}90$		

Der Grund für den besseren Energieumsatz in der großen Maschine liegt einmal in der besseren Raumausnutzung. Kleine Maschinen mit ihren verhältnismäßig dünnen Drähten erfordern für die Isolation einen im Verhältnis viel größeren Raum als große Maschinen. Daneben gibt es aber noch einen anderen, tieferen Grund. Es sei eine Maschine mit bestimmten Abmessungen und bestimmter Leistung gegeben. Wir wollen nun in Gedanken alle linearen Abmessungen verdoppeln, die elektrische und magnetische Beanspruchung der Baustoffe, sowie die Drehzahl aber unverändert lassen. Das Gewicht, welches sich mit der dritten Potenz ändert, muß dann auf das das $2^3 = 8$fache gestiegen sein. Der Querschnitt der Ankerleiter und der Magnetpole hat sich je vervierfacht. Nach Gl. 143 muß demnach die Leistungsfähigkeit der Maschine auf das $2^2 \cdot 2^2 = 16$fache gestiegen sein. Die doppelt so große Maschine leistet also im Verhältnis zum Gewicht doppelt soviel, oder umgekehrt: durch die Verwendung der doppelt so großen Maschine ist die Hälfte des Baustoffes erspart worden. Bei gleicher elektrischer und magnetischer Beanspruchung ist der Verlust je Volumeinheit derselbe. Die große Maschine hat also dem 8fach vergrößerten Volumen entsprechend einen 8mal so großen Verlust, während die Leistung doch auf das 16fache gestiegen ist. Der Wirkungsgrad der großen Maschine ist daher wesentlich höher. Also: durch die Zusammenfassung zu großen Maschineneinheiten spart man Baustoff und Verlustenergie. Es kommt aber leider auch ein hinderndes Moment in Betracht. Die Wärmeabgabe der Maschine, die für die Festlegung der Nennleistung bestimmend ist, wird durch die abkühlende Oberfläche der Maschine bestimmt. Diese wächst aber quadratisch, hat sich also bei Verdoppelung der linearen Abmessungen nur vervierfacht. Bei der verdoppelten Maschinengröße ist also die abkühlende Oberfläche im Verhältnis zur Verlustmenge auf die Hälfte gesunken. Da wir die festgelegten Grenztemperaturen nicht überschreiten dürfen, muß der Mangel entweder durch verlustärmere Baustoffe oder durch bessere Lüftung ausgeglichen werden. Dies ist möglich, und daher zeigt sich die große Maschine in der Ausnützung der kleinen weit überlegen.

Der Wirkungsgrad bei veränderter Belastung. Die Aufteilung des Gesamtverlustes auf die Einzelverluste liegt zum Teil in der Hand des Konstrukteurs. Durch reichliche Bemessung der Ankerleiter kann er z. B. die Stromwärmeverluste des Ankers gering halten. Die richtige Verteilung der Verluste ergibt sich aus der Forderung, eine billige Maschine zu bauen, welche sich im Betriebe möglichst wirtschaftlich verhält. Als ungefähren Anhalt kann man sich für die Verlustverteilung bei Nennlast merken, daß sich die Reibungsverluste : Erregungsverlusten : Eisenverlusten : Stromwärmeverlusten des Ankers etwa wie 1 : 1 : 2 : 4 verhalten.

Bei einer von der Nennlast abweichenden Belastung ist der Wirkungsgrad ein anderer. Um seinen Verlauf bei wechselnder Belastung beurteilen zu können, muß man die Einzelverluste betrachten. Ein Nebenschlußmotor, der bekanntlich mit fast konstanter Drehzahl bei allen Belastungen läuft, hat einen unveränderlichen Reibungs- und Erregungsverlust. Ferner muß auch der Eisenverlust von der Belastung ziemlich unabhängig sein, weil sowohl die Drehzahl, als auch der Kraftfluß konstantbleibt. Die einzige abhängige Verlustgröße ist der Stromwärmeverlust im Anker, welcher mit dem Quadrate des Belastungsstromes wächst. Abb. 262 zeigt die Verluste in Abhängigkeit von der abgegebenen Leistung N_2. Trägt man sich diese Leistung N_2 ebenfalls vertikal auf, so erhält man eine unter 45° geneigte Linie, zu der man die Gesamtverluste V hinzuaddieren muß, um die aufgenommene Leistung N_1 zu bekommen. Das Verhältnis $N_2 : N_1$ ist der Wirkungsgrad η, den man sich nun für die verschiedenen Belastungen leicht berechnen und auftragen kann. Man sieht, daß er etwa bei Nennlast seinen Höchstwert erreicht, aber auch bei kleinen Lasten noch auf ansehnlicher Höhe bleibt. Dies ist ein wesentlicher Vorzug der Elektromotoren gegenüber anderen Motoren, deren Wirkungsgrade bei Unterlast gewöhnlich sehr gering sind.

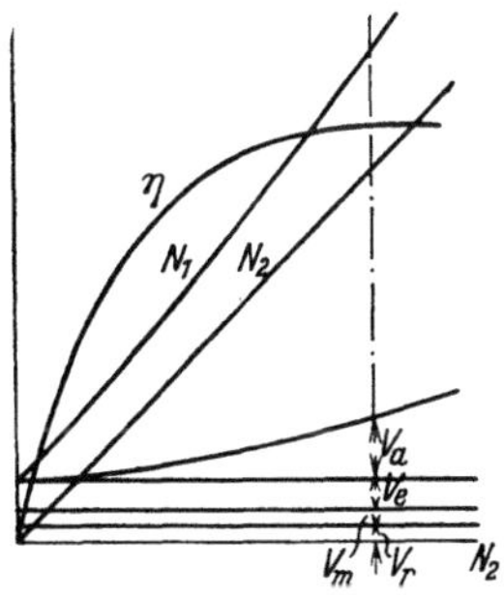

Abb. 262. Verluste und Wirkungsgrad eines Nebenschlußmotors.

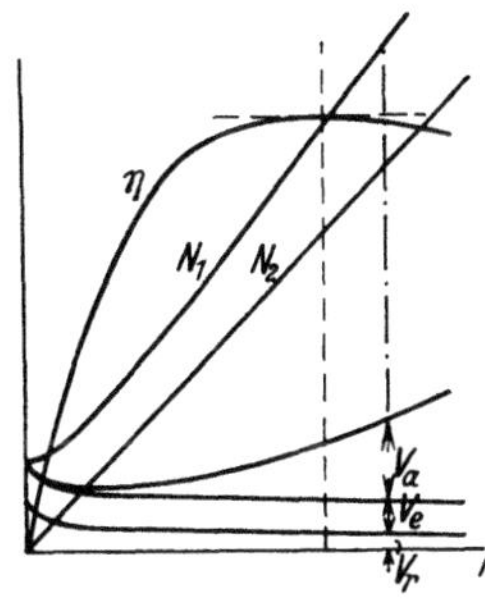

Abb. 263. Verluste und Wirkungsgrad eines Reihenschlußmotors.

Abb. 263 zeigt die gleiche Darstellung für einen Reihenschlußmotor. Die Reibungsverluste sind hier nicht konstant, sondern sie wachsen mit abnehmender Last, weil der Motor bei Entlastung seine Drehzahl erhöht. Die Eisenverluste zerfallen in Wirbelstrom- und Hysteresisverluste. Die ersteren sind dem Quadrate der Drehzahl und der Feldstärke proportional. Da nun bei Entlastung die Drehzahl in demselben Maße steigt wie der Kraftfluß abnimmt, werden die Wirbelstromverluste konstant bleiben. Die Hysteresisverluste sind der Drehzahl einfach proportional und ändern sich ungefähr mit dem Quadrate der Feldstärke. Sie werden also bei Entlastung um ein geringes abnehmen. Insgesamt können die Eisenverluste etwa konstant angenommen werden. Die Erregungs- und Stromwärmeverluste wachsen mit dem Quadrate der Belastung. Die Abbildung zeigt, daß die Wirkungsgradlinie ihren Höchstwert schon unterhalb der Nennlast erreicht. Es rührt dies daher, daß die veränderlichen Verluste gegenüber den unveränderlichen stark überwiegen. Reihenschlußmotoren arbeiten also bei Unterlast wirtschaftlicher als Nebenschlußmotoren.

Zuweilen ist es wünschenswert, den Wirkungsgrad eines Motors bei einer von der Nennlast abweichenden Belastung zu kennen, ohne daß man die Einzelverluste weiß. In solchen Fällen genügt die Annahme, daß bei allen Motoren angenähert eine Zerlegung der Verluste in einen konstanten Teil V_k und in einen mit der Belastung quadratisch wachsenden Teil V_v möglich ist. Bei dem Nebenschlußmotor stimmt diese Annahme ziemlich genau, bei dem Reihenschlußmotor noch hinreichend. Das Verhältnis der veränderlichen Verluste V_v zu den konstanten V_k bei Nennlast ist allerdings oft verschieden. Wir wollen dieses Verlustverhältnis mit a bezeichnen, also

$$a = \frac{V_v}{V_k}. \qquad (157)$$

Dieses Verhältnis ist zu schätzen, und zwar bei langsam laufenden Reihenschlußmotoren zu etwa 2, bei schnell laufenden Reihenschlußmotoren 2 bis 1. Bei normal laufenden Nebenschlußmotoren etwa zu 1 und bei schnell laufenden Nebenschlußmotoren bis 0,5. Bei einer Belastung, welche gleich dem $x$fachen der Nennlast ist, tritt daher ein Gesamtverlust auf von

$$V_x = V_k \cdot (1 + a \cdot x^2). \qquad (158)$$

Der Wirkungsgrad kann nun leicht ermittelt werden.

71. Beispiel. Ein 10 kW-Nebenschlußmotor habe bei Nennlast einen Wirkungsgrad von 0,88. Wie groß ist der Wirkungsgrad bei halber Last?

Die aufgenommene Leistung ist bei Nennlast 10000 : 0,88 = 11360 W. Die Verluste betragen daher bei Nennlast 11360 — 10000 = 1360 W, die bei Annahme von $a = 1$ zerfallen in einen konstanten Verlust $V_k = 680$ W und einen veränderlichen Verlust $V_v = 680$ W bei Nennlast. Bei halber Last ($x = 0{,}5$) geht der veränderliche Verlust zurück auf $680 \cdot 0{,}5^2 = 170$ W, so daß der Gesamtverlust dann 680 + 170 = 850 W beträgt. Die abgegebene Leistung ist jetzt 5000 W, die aufgenommene daher 5850 W und deshalb der Wirkungsgrad 5000 : 5850 = 0,855.

Eine weitere Rechnung lehrt, daß die Wirkungsgradlinie den Höchstwert bei einer $x$fachen Belastung zeigt, die sich aus

$$x = \sqrt{\frac{1}{a}} \tag{159}$$

errechnet.

72. Beispiel. Ein Motor hat die in Abb. 263 dargestellte Wirkungsgradlinie. Wie groß ist etwa das Verlustverhältnis a?

Die strichpunktierte Vertikale deutet die Nennlast an. Der Höchstwert des Wirkungsgrades liegt also etwa bei $x = 0{,}8$. Daher ist nach Gl. 159 $a = 1 : 0{,}8^2 = 1{,}56$.

Für Reihenschlußmotoren werden wir später zur weiteren Vereinfachung der Rechnung häufig $V_k = 0$ annehmen, also voraussetzen, daß die Gesamtverluste quadratisch mit der Belastung wachsen.

K. Die Drehzahlregelung der Gleichstrommotoren.

Entsprechend Gl. 149 gibt es zwei Möglichkeiten, die Drehzahl zu ändern, entweder durch die Ankerspannung U oder durch das Feld Φ.

1. Drehzahlregelung durch Spannungsänderung.

Die Regelung gestaltet sich am einfachsten, wenn verschiedene Spannungen im Netz zur Verfügung stehen, wie bei den früher häufig benutzten Fünfleiternetzen (siehe Zeugdruckmaschinen). Die Drehzahl ist der jeweilig angelegten Spannung proportional, und Verluste treten durch die Regelung nicht auf. Sie ist also für dauernde Änderungen der Drehzahl sehr geeignet. Als Nachteil ist die wenig ausgenutzte und teuere Leitungsanlage zu nennen.

Gewöhnlich haben die Netze jedoch unveränderliche Spannung, und man bedarf zur Entnahme einer veränderlichen Spannung Hilfsmittel.

a) Die Hauptstromregelung. Wenn wir dem Anker eines Motors, z. B. dem Nebenschlußmotor nach Abb. 249 einen Regelwiderstand R vorschalten (siehe a. 67. Beispiel), tritt in demselben ein Spannungsverlust $R \cdot I$ auf und der Anker erhält nur noch die Spannung $U - R \cdot I$. Entsprechend vermindert sich auch seine Drehzahl. Während also ein Nebenschlußmotor ohne Vorwiderstand den in Abb. 264 durch Linie a dargestellten Verlauf der Drehzahl zeigt, tritt nach Vorschaltung des Widerstandes mit wachsender Belastung ($+M$) ein Drehzahlabfall nach Linie b, oder bei noch größerem Widerstand nach Linie c ein. Die Regelung hat zwei wichtige Nachteile: In vielen Fällen ist die starke Änderung der Drehzahl bei Änderung der Belastung unerwünscht, und ferner ist der Verlust erheblich. Bei einer Herabsetzung der Drehzahl auf die Hälfte müßte die halbe Spannung und damit auch die Hälfte der elektrischen Arbeit vernichtet werden. Die Hauptstromregelung kommt daher im allgemeinen nur als kurzzeitige Regelung in Frage (siehe aber auch Abb. 514 und 515).

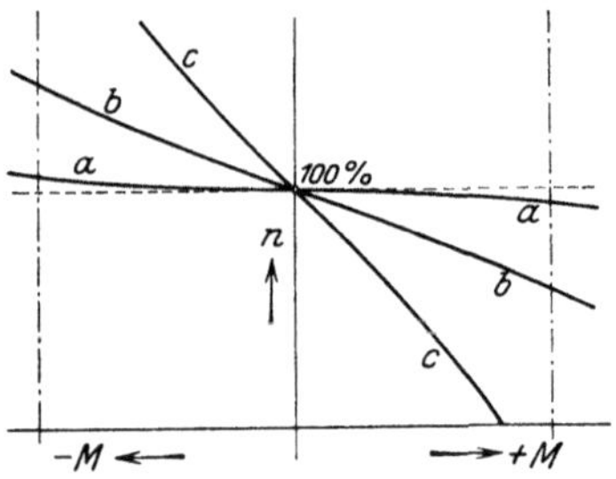

Abb. 264.

Bei negativem Drehmoment, also z. B. in dem Falle, daß die Last eines Aufzugs den im Senksinne eingeschalteten Nebenschlußmotor noch unterstützt, steigt die Drehzahl des Motors über den Leerlaufswert. Damit wird aber die im Motor erzeugte Gegen-EMK größer als die zugeführte Spannung U, und der Motor wird damit zum Stromerzeuger. Das infolge des umgekehrt gerichteten Stromes nun auftretende negative Moment hat die in Abb. 264 links gezeichneten Drehzahlen zur Folge. Die Drehzahl steigt also um so höher, je größer das Lastmoment und je größer der Vorwiderstand ist.

b) Die Reihen-Parallelschaltung. Bei ihr werden zur Verminderung der Drehzahl Motoren in Reihe geschaltet, sie ist also nur anwendbar, wenn zwei oder mehr Motoren gleichzeitig zu einem Antrieb benutzt werden, wie dies z. B. bei Straßenbahnen immer der Fall ist (siehe Abb. 618). Abb. 265 zeigt zunächst die Reihenschaltung zweier Reihenschlußmotoren. Nach Abschaltung des ganzen Anlaßwiderstandes erreichen die Motoren in dieser Schaltung ihre halbe Drehzahl. Verluste, außer den Motorverlusten, treten bei dieser Regelstufe nicht auf. Durch Parallelschaltung der Motoren und allmähliche Abschaltung des Anlassers kommt man schließlich auf die volle Motordrehzahl.

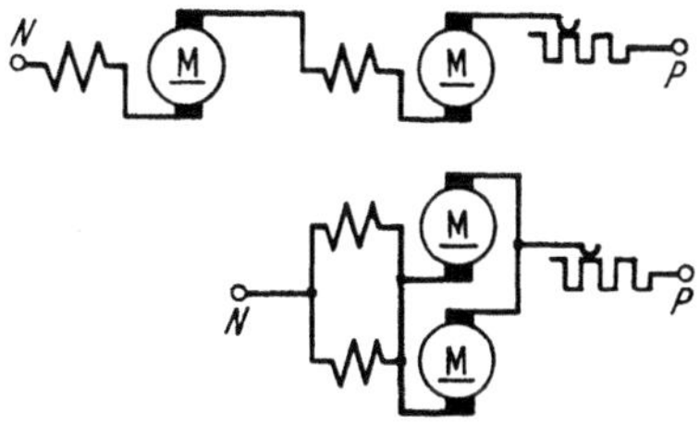

Abb. 265. Reihenparallelschaltung.

c) Die Regelung durch Ankerparallelwiderstände. Sie wird hauptsächlich zur kurzzeitigen, starken Verminderung der Drehzahl von Reihenschlußmotoren angewandt. Der Anker erhält nach Abb. 266 außer einem Vorwiderstand R_1 einen Parallelwiderstand R_2. Der Erregerstrom I des Motors setzt sich hier aus dem Ankerstrom I_a und dem Nebenstrom I_2 zusammen. Der Motor ist dadurch auch bei kleiner Last stark erregt und läuft somit langsam. Selbst bei völliger Entlastung des Motors oder sogar bei negativen Drehmomenten kann durch entsprechende Bemessung des Parallelwiderstandes die Erregung immer so stark gehalten werden, daß der Motor keine unzulässige Drehzahl annimmt. Abb. 267 zeigt die Drehzahlen bei verschiedener Belastung und verschiedenen Widerständen. Je mehr man die Drehzahl von der Belastung unabhängig machen will, um so kleiner muß der Widerstand R_2 sein, um so größer ist aber auch der durch die Regelung verursachte, beträchtliche Verlust.

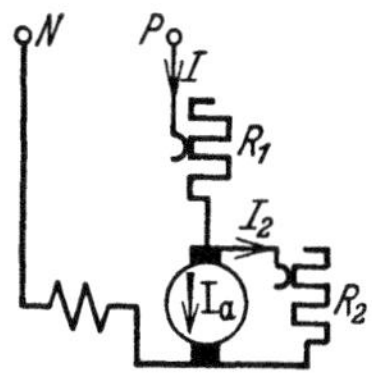

Abb. 266.

d) Die Leonardschaltung. Bei dieser zur weitgehenden Drehzahlregelung vielfach benutzten Schaltung (Abb. 268) kommt immer als Antriebsmotor ein Nebenschlußmotor M_2 zur Verwendung. Derselbe wird aber nicht aus dem Netz gespeist, sondern

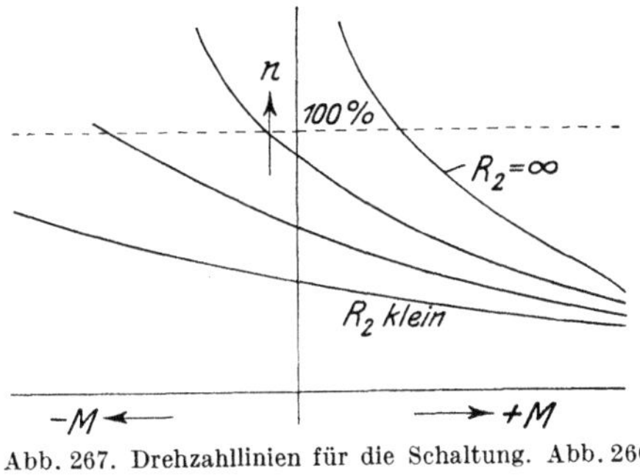

Abb. 267. Drehzahllinien für die Schaltung. Abb. 266.

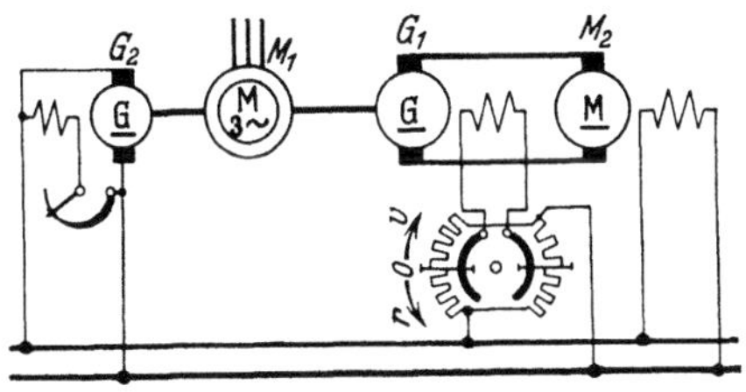

Abb. 268. Leonardschaltung.

erhält seinen Strom von einem Generator G_1, der dauernd mit konstanter Drehzahl von einem am Netz liegenden Motor M_1 angetrieben wird. Dieser letztere Motor kann irgendwelcher Art sein. Er kann sogar eine Dampfmaschine oder ein Verbrennungskraftmotor sein. Wenn das Netz kein Gleichstromnetz ist, muß ferner noch ein kleiner Gleichstromgenerator G_2 zur Erzeugung des Gleichstroms für die Erregerwicklungen vorhanden sein. Die Regelung des Motors M_2 erfolgt nun dadurch, daß man ihm je nach der Größe der gewünschten Drehzahl eine mehr oder weniger große Spannung zuführt. Diese erhält man durch Änderung der Erregerstromstärke des Generators G_1, während die Erregung des Motors M_2 meist unverändert bleibt. Der Vorzug der Leonardschaltung liegt vor allem darin, daß es durch die Änderung des verhältnismäßig kleinen Erregerstromes möglich ist, die Drehzahl auch sehr großer Motoren sehr feinstufig und ohne Verluste zu regeln. Dieser Vorteil muß aber erkauft werden durch hohe Anlagekosten. Die drei Maschinen M_1, G_1 und M_2 müssen nämlich ungefähr gleich groß sein. Nur die Erregermaschine G_2 hat eine verhältnismäßig geringe Leistung. Der Wirkungsgrad ist natürlich gegenüber der Einzelmaschine stark vermindert, weil eine dreimalige Energieumformung erforderlich ist. Bei einer Leistung von z. B. 100kW und einem Wirkungsgrad von 0,9 einer Maschine würde der Gesamtwirkungsgrad nur $0{,}9 \cdot 0{,}9 \cdot 0{,}9 = 0{,}725$ sein, das heißt, es würden dauernd 27,5% der Gesamtenergie verlorengehen. Es ist einleuchtend, daß daher die Leonardschaltung bei kleinen Maschinen, deren Einzel-Wirkungsgrad gering ist, keinen Sinn mehr hat, weil die Verluste dann denen der Hauptstromregelung gleichkommen. Die Umkehr der Drehrichtung wird bei der Leonardschaltung einfach durch Umkehrung des Erregerstromes des Generators vorgenommen, wie Abb. 268 zeigt. Zur Umpolung des Ankerstromes würden nämlich wegen der großen Stromstärke sehr starke Schaltkontakte erforderlich sein, und eine Umpolung des Erregerstromes von M_2 ist nicht zu empfehlen, weil dieser Strom gewöhnlich konstant bleibt und nicht ohne Widerstände gefahrlos (Selbstinduktion) umgeschaltet werden kann. Als Vorzug der Leonardschaltung ist auch die Unabhängigkeit der Drehzahl von der Belastung zu erwähnen. Nach Einstellung eines Regelkontaktes ändert sich die Drehzahl nicht nennenswert, wenn sich die Belastung ändert. Die Belastung kann sogar negativ werden, wie dies bei Fördermaschinen und Aufzügen leicht der Fall ist, ohne daß dadurch die Geschwindigkeit beeinflußt wird. In einem solchen Falle treibt die Last den Motor M_2 als Generator an, der nun G_1 als Motor speist. Die Maschine M_1 liefert dann als Generator Strom in das Netz zurück.

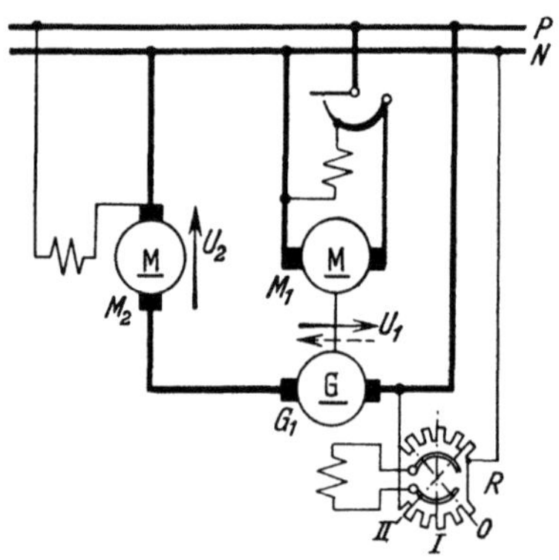

Abb. 269. Zu- und Gegenschaltung.

e) Die Regelung durch Zu- und Gegenschaltung. Diese durch Abb. 269 dargestellte Schaltung ist der Leonardschaltung sehr ähnlich. Der Antriebsmotor M_2, dessen Drehzahl geändert werden soll, empfängt seine Spannung zum Teil aus einem Gleichstromnetz P—N und zum anderen Teil von einem Generator G_1, dessen Spannung durch den Regler R beliebig eingestellt und umgepolt werden kann. G_1 wird durch den am Netz liegenden Motor M_1 mit unveränderter Drehzahl angetrieben. In der Reglerstellung O ist der Generator voll erregt und liefert eine Spannung U_1, welche der Netzspannung U gleich, aber entgegen gerichtet ist. Die Motorspannung U_2 ist daher gleich Null. Durch Schwächung der Erregung sinkt U_1, und es bleibt dann eine gewisse Spannung U_2 für den Motor M_2 übrig. Auf der Stellung I ist der Generator unerregt und liefert keine Spannung, so daß jetzt der Antriebsmotor die volle Netzspannung erhält. Beim Weiterdrehen des Reglers nach II wird der Erregerstrom umgepolt, so daß nun der Generator eine mit der Netzspannung gleichgerichtete Spannung erzeugt. Auf der Reglerstellung II erhält deshalb der Motor M_2 den doppelten Wert der Netzspannung. Die Regelung durch Zu- und Gegenschaltung weist die gleichen Vorzüge wie die Leonardschaltung auf. Die Anlagekosten sind jedoch geringer, weil die Maschinen G_1 und M_1 nur ungefähr halb so groß wie der Antriebsmotor M_2 zu sein brauchen, da ihre Spannung nur halb so groß ist. Bedingung ist jedoch für die dargestellte Schaltung, daß ein Gleichstromnetz zur Verfügung steht. Wenn dies nicht der Fall ist, kann man die konstante Netzspannung durch die Spannung eines weiteren Gleichstromgenerators ersetzen.

2. Drehzahlregelung durch Feldänderung.

Sie findet hauptsächlich bei dem Nebenschluß- und Doppelschlußmotor Anwendung durch Änderung des Erregerstromes mittels eines Feldreglers (Abb. 249). Da bei der Nenndrehzahl des Motors das Eisen bereits fast magnetisch gesättigt ist, läßt sich eine Feldverstärkung und damit eine Drehzahlverminderung kaum noch durchführen. Die Drehzahlregelung beschränkt sich daher auf eine Steigerung der Drehzahl über den Nennwert hinaus. Abb. 270 zeigt die Abhängigkeit der Drehzahl vom Drehmoment bei verschiedenen Erregerströmen. Die oberste Linie entspricht natürlich dem kleinsten Erregerstrom. Die Feldregelung hat mit der Leonardschaltung den Vorzug gemeinsam, daß die Regelung feinstufig und ohne zusätzlichen Verlust möglich ist. Ebenso ist die Drehzahl von der Belastung fast unabhängig und zeigt selbst bei negativen Momenten keine starken Änderungen. Eine Abwärtsregelung ist jedoch unmöglich. Bei dem Antrieb einer Arbeitsmaschine, z. B. einer Werkzeugmaschine, ist es daher nötig, die normale Drehzahl des Motors mittels der Übersetzung der langsamsten Arbeitsgeschwindigkeit anzupassen. Man kann dann einen großen Regelbereich nur dadurch erzielen, daß man die Normaldrehzahl des Motors sehr niedrig wählt. Dies hat aber bei gleicher Leistung große Motorabmessungen und damit eine Verteuerung zur Folge. Steigerungen der Drehzahl auf mehr als das Zwei- oder Dreifache der normalen werden daher nur selten angewandt.

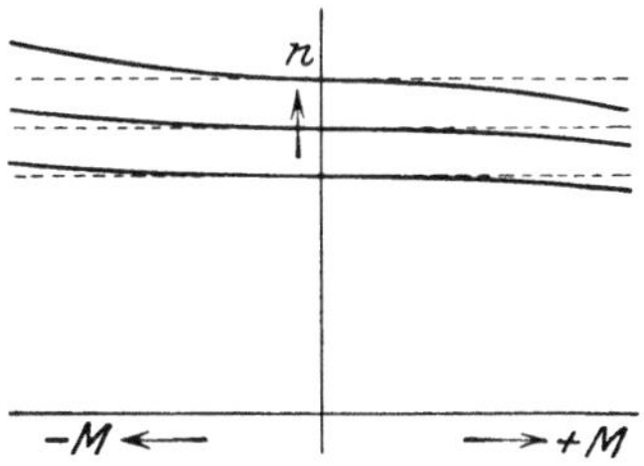

Abb. 270. Drehzahllinien eines Nebenschlußmotors bei Feldregelung.

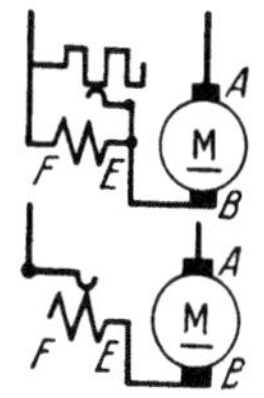

Abb. 271. Feldregelung des Reihenschlußmotors.

Bei Reihenschlußmotoren läßt sich die Feldregelung ebenfalls durchführen, und zwar kommt nach Abb. 271 entweder die Parallelschaltung eines Widerstandes oder die Anzapfung der Erregerwicklung zur Anwendung. Beide Möglichkeiten erfordern wegen der Größe der Ströme starke Schaltkontakte. Damit ist aber nicht gesagt, daß mit der Regelung auch große Verluste bedingt seien. Durch die Parallelschaltung von Widerständen oder durch die Abschaltung von Windungen werden doch in jedem Falle die Stromwärmeverluste vermindert. An Stelle des Parallelwiderstandes (Abb. 712) ist eine Spule vorzuziehen, weil sonst bei plötzlichen Stromstößen infolge der Selbstinduktion der Erregerwicklung der Motorstrom zum überwiegenden Teil seinen Weg durch den Parallelwiderstand nehmen würde. Der Motor würde dadurch im ersten Augenblick unvollkommen erregt sein.

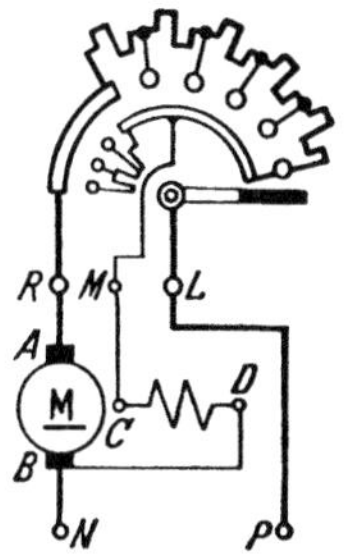

Abb. 272. Regelanlasser mit Feldregler.

Die Feldregelung wird zuweilen mit der Anlaßschaltung kombiniert. Abb. 618 zeigt z. B. die Feldregelung von Straßenbahnmotoren und Abb. 272 stellt einen Motoranlasser eines Nebenschlußmotors dar, bei welchem nach der eigentlichen Anlaßbewegung durch Weiterdrehen der Kurbel Erregerwiderstände eingeschaltet werden, wodurch die Drehzahl gesteigert wird.

Die Grenzen der Drehzahlregelung. Eine Abwärtsregelung der Drehzahl ist bei einigen Regelarten bis auf Null möglich. Zu beachten ist nur, daß mit verminderter Drehzahl auch die Lüftung stark sinkt, und daß die Motoren dann zu warm werden können. Aus dem gleichen Grunde ist es auch unzulässig, die Erregung eines ruhenden Nebenschlußmotors eingeschaltet zu lassen.

Einer Steigerung der Drehzahl sind mechanische und elektrische Grenzen gezogen. Durch eine zu hohe Drehzahl können sich infolge der Schleuderkräfte die Ankerbänder lösen, wodurch der Motor der Gefahr völliger Zerstörung ausgesetzt ist. Da nach den Vorschriften jeder Motor eine Steigerung der Drehzahl um 20% über den auf dem Leistungsschild angegebenen höchsten Wert hinaus ertragen muß, soll sich jede Drehzahlsteigerung unbedingt innerhalb dieser Grenze halten. Bei Regelmotoren ist der Regelbereich auf dem Schild angegeben. Elektrisch ist die Steigerung der Drehzahl dadurch begrenzt, daß mit der Erhöhung der Drehzahl die Stromwendung immer schwieriger wird. Motoren ohne Wendepole ertragen daher, auch wenn sie mechanisch fest genug sind, keine hohen Steigerungen. Man kann etwa mit den folgenden Werten rechnen:

Motoren ohne Wendepole für	110 V	Drehzahlsteigerung	bis 60%
,, ,, ,, ,,	220 V	,,	,, 35%
,, ,, ,, ,,	500 V	,,	,, 15%

Regelmotoren müssen daher unbedingt mit Wendepolen ausgerüstet werden. Alsdann sind folgende Drehzahlsteigerungen elektrisch möglich:

Motoren bis	5 kW	Leistung bis zur	5fachen	Nenndrehzahl
,, ,,	10 kW	,, ,, ,,	4 ,,	,,
,, über	10 kW	,, ,, ,,	3 ,,	,,

Die Steigerung der Drehzahl auf einen hohen Wert erfolgt durch eine entsprechende Schwächung des Feldes. Ein derart stark geschwächtes Feld wird aber bei Belastungsstößen sehr stark von der schwächenden Ankerrückwirkung beeinflußt, wodurch ein wenig stabiler Lauf des Motors entsteht. Nebenschluß-Regelmotoren für einen starken Regelbereich erhalten daher eine zusätzliche Reihenschlußerregerwicklung, welche die Nebenschlußwicklung unterstützt. Natürlich hat sie einen kleinen Drehzahlabfall bei wachsender Belastung zur Folge.

Die Leistung bei veränderter Drehzahl. Die Leistung ist durch die Temperaturgrenze bestimmt. Da sich bei einer Änderung der Drehzahl die Verluste ändern, wird auch die Leistung, die wir der Maschine zumuten dürfen, dann eine andere sein. Bestimmend sind vor allem die Verluste des Ankers. Wenn wir einen Nebenschlußmotor, der in Leonardschaltung betrieben wird, auf die Hälfte seiner Nenndrehzahl herabregeln wollen, müssen wir ihm die Hälfte der Nennspannung zuführen. Die Verluste im Anker sind dadurch verändert. Die Eisenverluste hängen von der Drehzahl und der Feldstärke ab. Da die Feldstärke in unserem Falle unverändert geblieben ist, können wir sagen, daß die Hysteresisverluste sich bei halber Drehzahl auf die Hälfte und die Wirbelstromverluste auf ein Viertel vermindert haben (Gl. 150, 151). Wenn man die gleichen Verluste wie bei voller Drehzahl zulassen könnte, dürften die Stromwärmeverluste des Ankers um so viel größer gewählt werden, wie sich die Eisenverluste vermindert haben, d. h. der Anker könnte mit größerem Strom belastet werden. Dies ist aber nicht der Fall, weil der halben Drehzahl eine wesentlich geringere Kühlung entspricht. In welchem Maße sich die Kühlung vermindert hat, hängt sehr von der Ausführung des Motors ab. Angenommen, es wäre zulässig, den Motor auch bei halber Drehzahl mit seinem Nennstrom zu belasten, dann würde er also auch dann noch das Nennmoment entwickeln können. Die Leistung, die dem Produkt aus Drehmoment und Drehzahl proportional ist, wäre demnach bei halber Drehzahl nur noch gleich der halben Nennleistung. Bei der Leonardschaltung sinkt also die Maschinenleistung etwa proportional mit der Drehzahl.

Ein Nebenschlußmotor, dessen Drehzahl durch Feldschwächung verdoppelt worden ist, hat fast noch die gleichen Eisenverluste, denn die Wirbelstromverluste (Gl. 150) sind durch die Halbierung des Feldes und die Verdoppelung der Drehzahl unverändert geblieben, die Hysteresisverluste (Gl. 151) haben sich um ein geringes vermindert, weil der Exponent des Kraftflusses größer als der der Drehzahl ist. Durch die Drehzahlsteigerung ist aber die Kühlung wesentlich besser geworden, so daß dem Anker ein größerer Stromwärmeverlust als bei normaler Drehzahl zugemutet werden kann. Wenn auch das Drehmoment, welches sich aus dem erhöhten Ankerstrom und dem auf die Hälfte verminderten Feld ergibt, kleiner als das Drehmoment bei normaler Drehzahl ist, so wird die Leistung infolge der Verdoppelung der Drehzahl doch erheblich größer als die Nennleistung sein.

L. Die elektrische Bremsung mittels Gleichstrommotoren.

Die elektrische Bremsung hat der mechanischen gegenüber den Vorzug, daß kein Verschleiß eintritt, daß die Bremsenergie als Wärme leicht und gefahrlos abgeführt, zuweilen sogar zurückgewonnen werden kann, und daß eine gute Regelung der Bremsung möglich ist. Je nachdem ob die Bremsenergie in Widerständen in Wärme umgewandelt oder als elektrische Energie dem Netz wieder zugeführt wird, unterscheidet man Widerstandsbremsung und Nutzbremsung. Handelt es sich um die Absenkung von Lasten, so spricht man von Senkbremsung und von Nachlaufbremsung, wenn Fahrzeuge oder dergleichen durch Bremsung stillgesetzt werden sollen.

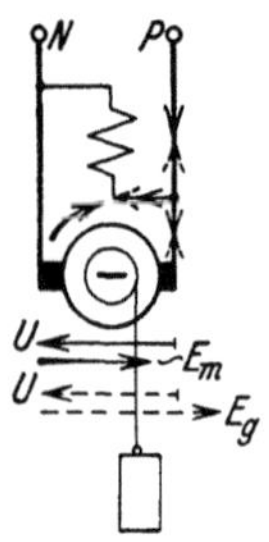

Abb. 273. Senkbremsung mit Nebenschlußmotor (Nutzbremsung).

1. Die Senkbremsung.

a) Mit dem Nebenschlußmotor. Wenn der in Abb. 273 dargestellte Nebenschlußmotor eines Aufzuges im Senksinne eingeschaltet wird, addieren sich die Drehmomente des Motors und der Last und ergeben eine große Beschleunigung. Mit wachsender Drehzahl steigt die Gegen-EMK E_m des Motors und erreicht mit der normalen Drehzahl des Motors eine mit der Netzspannung U übereinstimmende Größe. In diesem Augenblick ist der Ankerstrom und damit sein Drehmoment Null, so daß nur noch die Last abwärts treibend wirkt. Tritt nun unter diesem Antrieb eine Überschreitung der Leerlaufsdrehzahl des Motors ein, so übersteigt die EMK E_g die Netzspannung U und treibt einen umgekehrt gerichteten Strom in das Netz. Der Motor ist damit zum Generator geworden und wirkt bremsend, weil dem negativen Strom auch ein negatives Moment entspricht. Die Linie a in Abb. 264 zeigt den Drehzahlverlauf bei Bremsung. Man erkennt, daß sich die Drehzahl nur um wenige Prozent über die Leerlaufsdrehzahl erhebt. Durch die Einschaltung eines Widerstandes in den Ankerkreis wird nicht die Senkgeschwindigkeit vermindert, sondern im Gegenteil erhöht, weil jetzt eine um den Spannungsverlust in diesem Widerstand größere Spannung E_g erzeugt werden muß, um den erforderlichen Bremsstrom zu treiben, was nur durch Vergrößerung der Geschwindigkeit möglich ist. Über den Wert einer solchen Nutzbremsung darf man sich keine übertriebenen Vorstellungen machen. Wenn der Motor beim Heben z. B. 10 kW aus dem Netz entnimmt und der Wirkungsgrad des Windwerks 0,6, derjenige des Motors 0,85 ist, so werden für das Heben der Last $10 \cdot 0{,}6 \cdot 0{,}85 = 5{,}1$ kW aufgewandt. Wenn beim Senken der gleiche Wirkungsgrad besteht, gehen von dieser Leistung $5{,}1 \cdot 0{,}6 \cdot 0{,}85 = 2{,}6$ kW in das Netz zurück. In Abb. 273 dient der Bremsstrom zum Laden einer Batterie oder zur Speisung anderer angeschlossener Verbraucher. Ist zufälligerweise beides nicht vorhanden, sondern nur der Generator des Kraftwerkes oder gar ein normaler Gleichrichter, durch den negative Ströme nicht fließen können, dann stürzt die Last ohne Bremsung ab. Wo ein solcher Fall denkbar ist, müssen Schutzmaßnahmen gegen eine Überschreitung der zulässigen Drehzahl getroffen werden.

Eine Bremsung bei Drehzahlen unterhalb der normalen ist nur durch Widerstandsbremsung nach Abb. 274 möglich. Je kleiner man den Bremswiderstand R macht, mit um so weniger Spannung kann man den erforderlichen Bremsstrom erzeugen, um so langsamer wird also abgesenkt. Der Widerstand darf jedoch nicht zu klein sein, weil sonst die Bremswärme hauptsächlich im Motor entsteht. Ein H a l t e n der Last ist natürlich unmöglich, weil nur durch B e w e g u n g Bremsstrom erzeugt werden kann. Man könnte daran denken, statt der fremden Erregung Selbsterregung anzuwenden. Wir wissen jedoch, daß schon bei etwa halber normaler Drehzahl die Selbsterregung und damit auch die Bremsung aufhört.

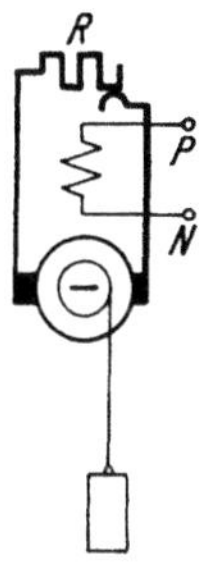

Abb. 274. Widerstandssenkbremsung mit Nebenschlußmotor.

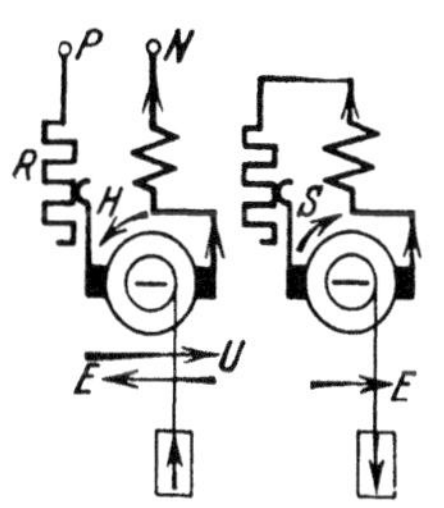

Abb. 275. Senkbremsung mit Reihenschlußmotor.

b) Mit dem Reihenschlußmotor. Bei ihm ist in einfacher Weise nur die Widerstandsbremsung möglich. Abb. 275 zeigt links den Motor hebend und rechts auf einen Bremswiderstand R als Generator geschaltet bremsend. Je kleiner der Widerstand R ist, um so langsamer sinkt die Last ab. Damit sich der Generator selbst erregt, müssen Feld und Anker in bestimmter Schaltung zueinander liegen. Um die Richtigkeit zu prüfen, müssen wir den Motor beim Heben betrachten: E ist bei Heben nach links gerichtet, und es bleibt ein remanenter Magnetismus zurück, der einem Erregerstrom der gezeichneten Richtung entspricht. Wenn wir nun senken, muß E wegen der umgekehrten Drehrichtung nach rechts gerichtet sein, und es entsteht daher ein Strom, welcher die Erregerwicklung in demselben Sinne durchfließt, der also wie gewünscht den remanenten Magnetismus verstärkt.

Eine kräftige Bremsung läßt sich auch mit Ankerparallelwiderständen erzielen, wie an Abb. 266 und 267 gezeigt wurde. Die Wirkung wird durch Schaltung Abb. 276 noch besser, weil der Ankerstrom die Erregung unterstützt. Ein Nachteil ist der hohe Stromverbrauch.

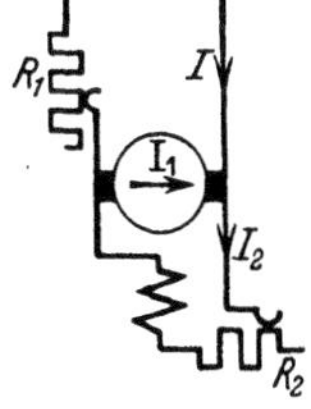

Abb. 276. Bremsung mit Ankerparallelwiderständen.

2. Die Nachlaufbremsung.

a) Mit dem Nebenschlußmotor. Eine Nutzbremsung ist dadurch möglich, daß man einen Regelmotor verwendet, welcher normal mit geschwächtem Feld, also erhöhter Drehzahl arbeitet. Kurz vor der Stillsetzung wird das Feld auf seinen Höchstwert gebracht, wodurch die Drehzahl auf ihren niedrigsten Wert sinkt, während die Bremsenergie in das Netz zurückgeliefert wird. Bei einem Regelbereich von 1:3 könnte die Drehzahl auf ein Drittel herabgesetzt werden, wodurch die Bewegungsenergie $m \cdot v^2 : 2$ auf ein Neuntel sinken würde. Da im normalen Betrieb der Motor mit stark geschwächtem Feld arbeitet, ist er schlecht ausgenutzt, d. h. der Motor ist groß und teuer.

Mit der Widerstandsbremsung nach Abb. 274 ist eine wirksame Bremsung bis auf niedrige Drehzahlen möglich, insbesondere, wenn fremde Erregung gewählt wird.

b) Mit dem Reihenschlußmotor. Abb. 277a zeigt einen Reihenschlußmotor treibend. Wenn wir ihn nach Abb. 277b auf einen Bremswiderstand schließen, wird wegen der unveränderten Drehrichtung eine EMK in gleicher Richtung wie bei *a* erzeugt, die aber einen Erregerstrom hervorruft, der den remanenten Magnetismus vernichtet. Der Generator erregt sich also in dieser Schaltung nicht und muß daher in die durch Abb. 277c dargestellte Schaltung gebracht werden. Man beachte also, daß bei Abbremsung des Nachlaufes eine Umpolung des Ankers oder der Reihenschluß-Erregerwicklung gegenüber der Fahrschaltung notwendig ist.

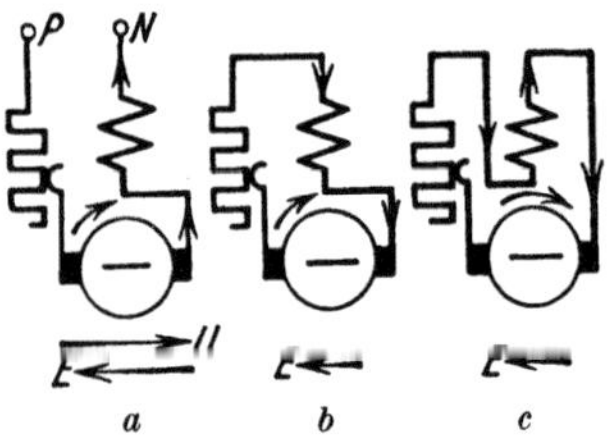

Abb. 277. Nachlaufbremsung mit Reihenschlußmotor.

73. Beispiel. Wie ist ein Doppelschlußmotor mit Wendepolen bei der Nachlaufbremsung zu schalten?

Wie vorstehend gezeigt wurde, muß die Reihenschlußwicklung *E—F* gegenüber dem Anker umgepolt werden. Die Nebenschlußwicklung *C—D* bleibt hingegen in der gleichen Schaltung zum Anker wie bei der Fahrt. Die Wendepolwicklung *G—H* gehört nach unserer früheren Regel zum Anker, bleibt also in der gleichen Schaltung zu dem Anker wie bei der Fahrt.

74. Beispiel. Ein Kran-Reihenschlußmotor von 15 kW hebt die Höchstlast von 10 t mit einer Geschwindigkeit von 6 m/min. Wie groß muß der Bremswiderstand sein, wenn die gleiche Last mit der gleichen Geschwindigkeit abgesenkt werden soll? (Abb. 275). Der Getriebewirkungsgrad ist zu 0,65, der des Motors zu 0,88 anzunehmen. Die Spannung ist 500 V.

Zum Heben werden nach Gl. 213 $10000 \cdot 0{,}1 : 102 \cdot 0{,}65 = 15$ kW benötigt. Das Motordrehmoment beim Heben sei M, dann ist das Lastmoment $M \cdot ü \cdot \eta$ ($ü$ = Übersetzungsverhältnis). Das gleiche Moment wirkt beim Senken. Das Motordrehmoment ohne Reibung wäre beim Heben $M \cdot \eta$. Für die Reibung wendet der Motor also ein Moment $M - M \cdot \eta$ auf. Beim Senken ist das Lastmoment $M \cdot ü \cdot \eta$, das Motormoment ohne die Reibung also $M \cdot \eta$. Das wirkliche Senkmoment des Motors ist um das Reibungsmoment kleiner und beträgt daher $M \cdot \eta - (M - M \cdot \eta) = (2 \cdot \eta - 1) \cdot M = (2 \cdot 0{,}65 - 1) \cdot M = 0{,}3 \cdot M$. Nach Abb. 256 entspricht diesem Moment ein Strom von etwa 45% des normalen. Da der Normalstrom $15000 : 500 \cdot 0{,}88 = 34$ A ist, muß der Bremsstrom $0{,}45 \cdot 34 = 15{,}5$ A betragen. Die Bremsleistung ist auch das 0,3fache der Hubleistung, also $0{,}3 \cdot 15 = 4{,}5$ kW. Hiervon werden, gleichen Motorwirkungsgrad vorausgesetzt, im Widerstand $4500 \cdot 0{,}88 = 3900$ W $= R \cdot I^2$ in Wärme umgesetzt. Der Bremswiderstand ist also $R = 3900 : 15{,}5^2 = 16\,\Omega$.

VIII. Die Wechselstrom- und Drehstromsynchronmaschinen.

A. Der Bau.

Die durch Abb. 182 schematisch dargestellte Wechselstrommaschine würde sich zur Erzeugung großer Leistungen wenig eignen, weil die gesamte Maschinenleistung über Schleifringe und Bürsten geführt werden muß. Man zieht daher vor, den Anker stillstehen zu lassen und dreht statt dessen die Magnetpole. Diesen muß man den Erreger-Gleichstrom zwar auch mittels zweier Schleifringe zuführen, jedoch ist die Erregerleistung bekanntlich im Verhältnis zur Maschinenleistung gering. Aus konstruktiven Gründen wird weiterhin der feststehende Anker, in dem die Spannung erzeugt wird, außen und die drehenden Pole innen angeordnet. Abb. 278 zeigt einen Teil eines Wechselstromgenerators. *M* ist das Polrad (Läufer) mit den Polen, die mittels der Erregerwicklungen *E* erregt werden. Da das Eisen des Polrades einen unveränderlichen Kraftfluß führt, braucht es nicht in Bleche unterteilt zu werden. Der feststehende Anker, meist Ständer genannt, besteht aus einem Blechpaket *A*, in dessen Nuten die Spulen *Sp* eingebettet sind.

Die Spulenweite stimmt mit der Polteilung überein. Getragen wird der Eisenring *A* durch ein Gußgehäuse *G*, welches an der Leitung des Kraftflusses unbeteiligt ist.

Drehstromgeneratoren unterscheiden sich nur durch die mehrphasige Wicklung von den Wechselstromgeneratoren. Abb. 279 zeigt schematisch einen vierpoligen Drehstromgenerator. Der durch Gleichstrom erregte Läufer ist, wie dies bei Turbomaschinen wegen der hohen Drehzahl üblich, als zylindrischer Körper von verhältnismäßig großer Länge hergestellt, bei dem die Erregerwicklung in Nuten liegt. Der erforderliche Erreger-Gleichstrom wird gewöhnlich von einer mit dem Generator unmittelbar gekuppelten kleinen Erregermaschine geliefert. Die großen Leistungen, für welche heute solche Generatoren gebaut werden, bringen Schwierigkeiten in der Abfuhr der erzeugten Verlustwärme und in der Beherrschung der bei Kurzschluß auf-

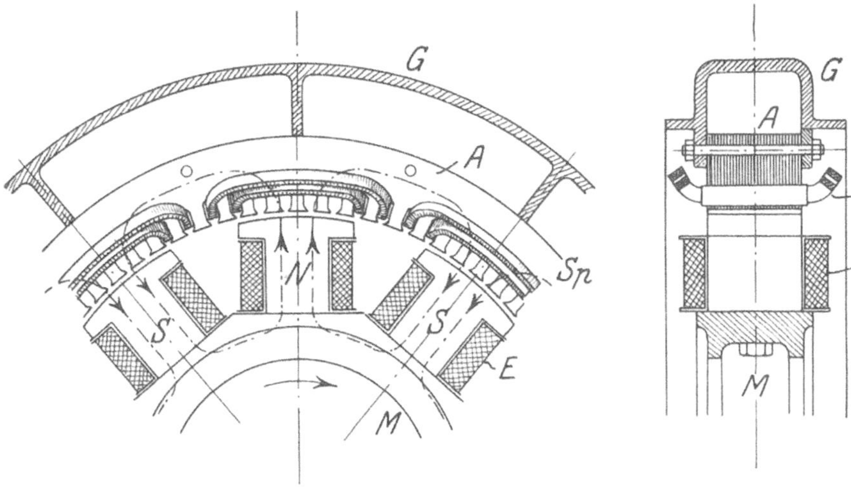

Abb. 278. Wechselstromgenerator.

tretenden sehr großen Ströme mit sich. Zur Abfuhr der Verlustwärme muß ständig ein Luftstrom durch alle durch Erwärmung gefährdeten Teile getrieben werden, der nach Rückkühlung einen ständigen Kreislauf durch die Maschine macht. Die Kurzschlußströme können die Maschine vor allem durch die mechanischen Kräfte, die sie ausüben, gefährden. Die aus dem Eisen herausragenden Wicklungsköpfe werden daher bei großen Maschinen sehr stark gegeneinander versteift. Außerdem sucht man die Größe des Kurzschlußstromes klein zu halten, indem man durch tiefe Ankernuten und einen großen Luftspalt zwischen Ständer und Läufer die magnetische Streuung groß macht. Diese Streukraftlinien rufen eine Selbstinduktionsspannung in der Ankerwicklung hervor, welche im allgemeinen auf die Spannung schwächend wirkt und damit den Kurzschlußstrom vermindert. Weiterhin kann man den Kurzschlußstrom durch Wahl einer hohen Betriebsspannung niedrig halten. Während die am meisten vorkommende Betriebsspannung der Kraftwerke 6000 V beträgt, geht man in besonderen Fällen bis auf 15000 V. Bei noch höheren Spannungen bereitet die Isolation der Ankerleiter in den Nuten Schwierigkeiten.

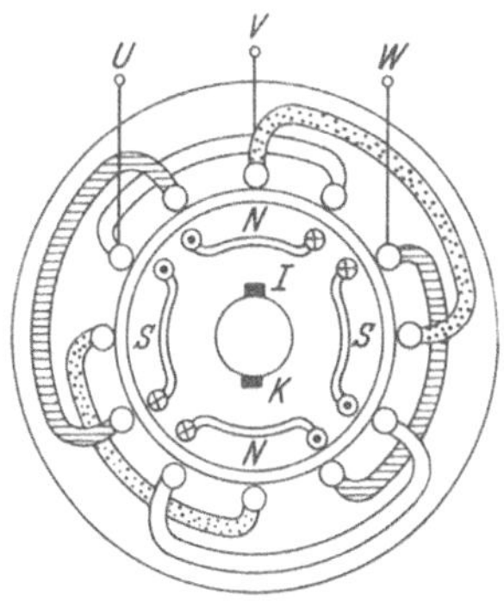

Abb. 279. Drehstromgenerator.

B. Das Verhalten der Generatoren.

Die Leistung eines Generators ist durch die Verluste bestimmt. Da dieselben nur von der Größe des Stromes und der Spannung, nicht aber von der Phasenverschiebung abhängen, drückt man die Maschinenleistung nicht in kW, sondern in kVA aus.

1. Leerlauf.

Die allgemeine Induktionsgleichung $E = c \cdot \Phi \cdot n$ gilt auch für den Wechsel- und Drehstromgenerator. Bei der üblichen konstanten Drehzahl n muß daher genau wie bei den Gleichstromgeneratoren die EMK nach einer der Magnetisierungslinie ähnlichen Linie ansteigen, wenn man den Erregerstrom verstärkt. Man erhält also die durch Abb. 239 dargestellte Leerlaufskennlinie. Es ist zu beachten, daß die verhältnismäßig geringe Spannung der unerregten Maschine, die durch den remanenten Magnetismus entsteht, nicht ungefährlich ist. Eine Maschine mit 6000 V Nennspannung erzeugt, wenn man diese Restspannung zu 5% annimmt, immerhin noch 300 V. Die erzeugte **Frequenz** f ist durch die Drehzahl n und die Polpaarzahl p bestimmt. Eine zweipolige Maschine erzeugt bei einer Umdrehung eine Periode, bei n minutlichen Umdrehungen $n : 60$ Perioden je Sekunde. Eine Maschine mit p Polpaaren erzeugt daher eine Frequenz:

$$f = \frac{p \cdot n}{60}. \tag{160}$$

2. Belastung.

Abb. 280 zeigt das Schaltbild eines Drehstromgenerators. I—K ist die Erregerwicklung, welche ihren Strom von einer fremden Stromquelle oder einer gekuppelten Erregermaschine empfängt. Bei konstanter Drehzahl und Erregung bleibt die Spannung U der Maschine bei wachsender Erregung nicht konstant, weil der Belastungsstrom Spannungsverluste hervorruft. Um den Belastungsstrom I durch den Ohmschen Widerstand R der Wicklung zu treiben, wird eine Spannung $R \cdot I$ benötigt. Ferner wird der Strom I durch **Ankerrückwirkung** auf das Hauptfeld einwirken, wie wir dies bei den Gleichstrommaschinen bereits kennengelernt haben. Durch diese Feldänderung wird die Größe der erzeugten EMK verändert. Schließlich tritt bei den Wechsel- und Drehstromgeneratoren noch die im folgenden betrachtete Spannungsänderung durch den Belastungsstrom auf, die bei den Gleichstrommaschinen nicht vorhanden ist. In Abb. 281 ist eine Ankernut dargestellt, deren Leiter stromdurchflossen sind. Der Strom erzeugt quer durch die Nut hindurch einen Streukraftfluß und außerdem die Spulenkopfstreuung, um die aus dem Eisen herausragenden Spulenköpfe.

Abb. 280. Schaltung eines Drehstromgenerators.

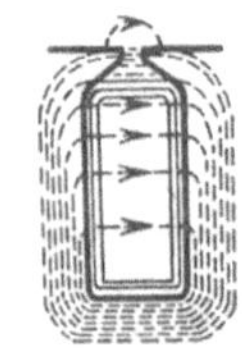

Abb. 281. Streufluß in der Nut.

Während diese Felder wirklich entstehen und daher als Wechselfelder in den Leitern Selbstinduktionsspannungen hervorrufen, wirkt der Anker im übrigen durch Ankerrückwirkung nur verändernd auf das Hauptfeld, ohne daß es zur Bildung eines **selbständigen Ankerfeldes** kommt. Die drei Spannungsgrößen: 1. durch den Ohmschen Widerstand, 2. durch die Streuung und 3. durch die Ankerrückwirkung subtrahieren sich hier aber nicht algebraisch von der erzeugten EMK, sondern geometrisch. Infolgedessen ist die Klemmenspannung U auch von der Phasenverschiebung des Belastungsstromes abhängig (die durch die angeschlossenen Verbraucher bestimmte Verschiebung). Das Diagramm lehrt nun, daß ein Generator mit zunehmender Belastung bei $\cos\varphi = 1$ und in noch viel stärkerem Maße bei induktiver Belastung (φ nacheilend) einen Spannungs**abfall** zeigt, während bei kapazitiver Belastung (φ voreilend) eine Spannungs**erhöhung** auftritt (Abb. 282).

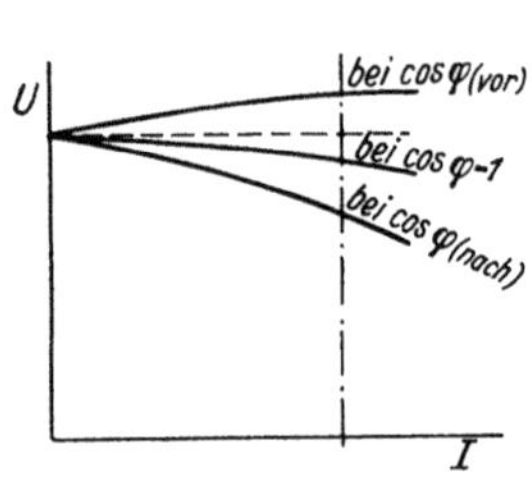

Abb. 282. Spannungsabfall bei verschiedener Belastung.

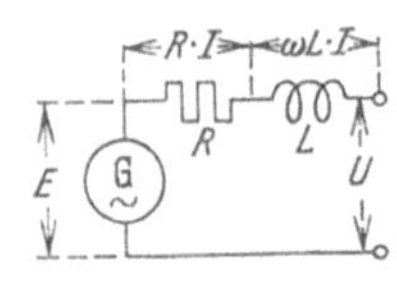

Abb. 283. Ersatzschaltbild des Wechselstromgenerators.

Die Wirkung der in der Maschine auftretenden Streukraftlinien kann man sich durch eine vorgeschaltet gedachte Spule mit der Induktivität L ersetzt denken. In gleicher Weise kann man auch den Ohmschen Widerstand herausgelegt denken, wie es das Ersatzschaltbild Abb. 283 veranschaulicht. Für die drei Hauptbelastungsfälle $\varphi = 0$, $\varphi = 90°$ nacheilend und $\varphi = 90°$ voreilend ergeben sich dann die in Abb. 284 dargestellten Vektordiagramme, bei welchen zu der Klemmenspannung U die Spannungen $R \cdot I$ und $\omega \cdot L \cdot I$ der Stromrichtung gemäß addiert die EMK E ergeben. Die Diagramme zeigen deutlich, daß bei induktiver Belastung die EMK wesentlich größer als die Klemmenspannung ist, während es bei kapazitiver Belastung der Maschine gerade umgekehrt ist. Hierbei ist die Ankerrückwirkung noch nicht berücksichtigt, die gefundene EMK E wird also durch das bereits durch das Ankerfeld veränderte Hauptfeld erzeugt.

Die **Ankerrückwirkung** läßt sich an Hand der drei oberen Feldbilder in Abb. 284 leicht überblicken. Bei induktionsfreier Belastung ($\varphi = 0$) tritt der Höchstwert des Stromes im Anker genau zur selben Zeit wie der Höchstwert der Spannung auf. Bei der gezeichneten Polstellung wird gerade der Höchstwert der Spannung erzeugt, und man erkennt, daß das Feld der Ankerleiter genau wie bei den Gleichstrommaschinen, auf die eine Polhälfte schwächend, auf die andere verstärkend wirkt. Wegen der Sättigung kommt natürlich für den ganzen Pol auch hier eine Schwächung heraus. Bei induktiver Belastung ($\varphi = 90°$ nacheilend) ist der Pol bereits um 90° in der Drehung weiter, wenn der Höchstwert des Stromes auftritt. Man sieht, daß dann das Hauptfeld über die ganze Polbreite durch das Ankerfeld geschwächt wird, wodurch ein beträchtlicher Spannungsabfall verursacht wird. Bei kapazitiver Belastung ($\varphi = 90°$ voreilend) hat der Pol den Leiter noch nicht erreicht, wenn das Strommaximum eintritt. Infolgedessen wirkt das Ankerfeld über die ganze Polbreite verstärkend, wodurch eine Spannungserhöhung verursacht wird.

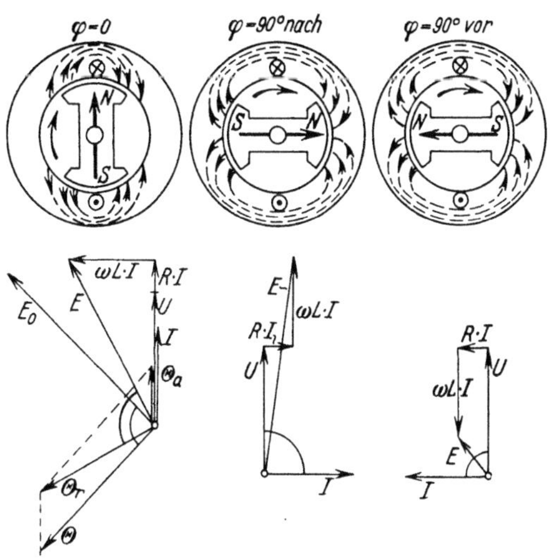

Abb. 284. Ankerrückwirkung der Wechselstrommaschine.

Zur zahlenmäßigen Bestimmung der Ankerrückwirkung muß man sich ein Vektordiagramm der Felder zeichnen, wobei man zweckmäßig die Felder durch die Durchflutungen Θ darstellt, die zu ihrer Erzeugung nötig sind. Wird z. B. im Leerlauf mittels des Erregerstromes ein Feld Θ eingestellt, so tritt bei Belastung ein Ankerfeld Θ_a hinzu, so daß sich dadurch ein resultierendes Feld Θ_r ergibt. Durch dieses resultierende Feld wird die früher bestimmte EMK E erzeugt. In Abb. 284 ist das Durchflutungsdiagramm für den Fall $\varphi = 0$ eingezeichnet. Θ_a liegt mit dem Belastungsstrom in Phase, Θ_r muß der EMK E um 90° voreilen (vgl. Abb. 79). Die sich aus beiden ergebende Durchflutung Θ würde bei Abschaltung der Belastung eine EMK E_0 erzeugen, welche um 90° gegen Θ nacheilt. Aus diesen Diagrammen läßt sich folgendes erkennen: Der Ohmsche Spannungsabfall $R \cdot I$, der gegenüber dem induktiven gewöhnlich klein ist, spielt bei einer Phasenverschiebung von 90° fast keine Rolle, weil er senkrecht zu den EMKe steht. In diesem speziellen Fall ist also einfach $E = U \pm \omega \cdot L \cdot I$. Ferner zeigt sich, daß sich die Durchflutungen fast algebraisch addieren lassen. Bei rein induktiver Belastung ist also $\Theta_r = \Theta - \Theta_a$ und bei rein kapazitiver Belastung $\Theta_r = \Theta + \Theta_a$. Wenn wir unter Zugrundelegung der Leerlaufskennlinie Abb. 285 einen Erregerstrom o—e einstellen, so liefert die Maschine im Leerlauf die EMK $E_o = e - D$. Durch eine um 90° nacheilende Belastung mit einem Strom I tritt eine Ankerdurchflutung Θ_a auf, welche im Erregerstrom ausgedrückt, einfach von $o - e$ subtrahiert werden darf. Die übrig bleibende resultierende Durchflutung Θ_r ist also durch $o - d$ dargestellt. $d - C$ stellt demnach die EMK E dar, von welcher durch Abzug von $\overline{AC} = \omega \cdot L \cdot I$ die Klemmenspannung U gefunden wird. Die Katheden des rechtwinkligen Dreieckes ABC stellen also den induktiven Spannungsabfall und das Ankerfeld dar. Man nennt dieses charakteristische Dreieck das Potiersche Dreieck. Seine Größe ist dem Belastungsstrom proportional. Verschiebt man es parallel mit sich selbst längs der Kennlinie, so beschreibt der Punkt B eine Linie, welche die Klemmenspannung U bei rein induktivem und konstantem Strom darstellt.

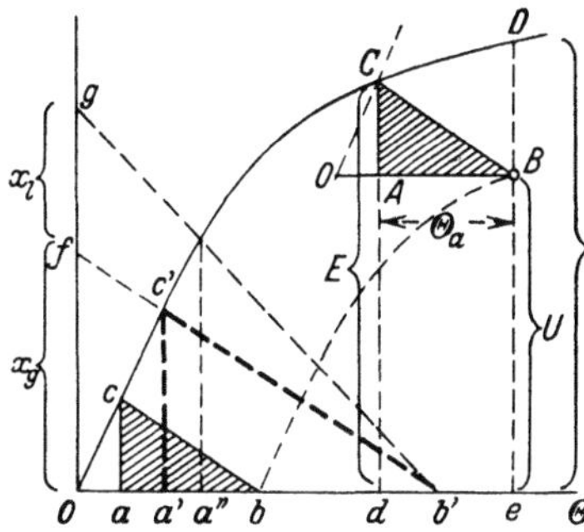

Abb. 285. Ermittlung der Kurzschlußströme.

Eine Rechnung in der dargestellten Weise ist erst möglich, wenn man die Ankerdurchflutung Θ_a zahlenmäßig ermitteln kann. Zu diesem Zwecke wird ein Kurzschlußversuch gemacht, d. h. die Maschine wird kurzgeschlossen, aber nur so schwach erregt, daß der Nennstrom I_n fließt. Wegen des verhältnismäßig geringen Ankerwiderstandes kann man den Kurzschluß als rein induktive Belastung ansehen. Verschiebt man das Potiersche Dreieck auf den Kurzschlußpunkt $U = O$, so stellt also o—b die eingestellte Durchflutung Θ dar, von welcher sich die Ankerdurchflutung Θ_a gleich $a - b$ subtrahiert. Der Rest Θ_r gleich $o - a$ erzeugt die einzig noch vorhandene Spannung $\omega \cdot L \cdot I = a - c$. Aus dem Kurzschlußversuch ist die Erregung $o - b$, die zur Erzeugung des Nennstromes bei Kurzschluß nötig ist, bekannt geworden. Wir heben nun den Kurzschluß auf und belasten mit Nennstrom bei $\varphi = 90°$ nacheilend. Hierbei muß eine Erregung $o - e$ eingestellt werden, und es ergibt sich eine Klemmenspannung U gleich $e - B$. Wir haben damit den Eckpunkt B des Dreieckes, welcher dem Punkt b bei Kurzschluß entspricht, festgelegt. Tragen wir nun O—B

$= o - b$ an und ziehen eine Parallele $O—C$ zu $o—c$, so erhalten wir dadurch den Punkt C. Der induktive Spannungsabfall $\omega \cdot L \cdot I = \overline{AC}$ und $\Theta_a = \overline{AB}$ sind damit bestimmt und können für andere Belastungsströme proportional umgerechnet werden. Nach Kenntnis dieser Größen ist es auch möglich, für einen beliebigen Belastungsfall den erforderlichen Erregerstrom zu ermitteln. Man zeichnet das Vektordiagramm der Spannungen und Durchflutungen, wobei man die Ankerdurchflutung Θ_a der jeweiligen Belastung entsprechend umrechnet. Die aus dem Diagramm gefundene Durchflutung Θ ist dann unmittelbar der eingestellte Erregerstrom, wenn man auch die Ankerdurchflutung im Erregerstrom ausdrückt (siehe Abb. 284).

Der Kurzschluß. Für die Bemessung der Maschine und der zugehörigen Schaltgeräte ist die Kenntnis des Kurzschlußstromes von Wichtigkeit. Es ist jedoch zu bedenken, daß der Kurzschlußstrom durchaus von der Stärke der eingestellten Erregung abhängt. Eine stark induktiv belastete Maschine muß wegen der großen Spannungsabfälle sehr stark erregt sein. Bei Eintritt eines Kurzschlusses wird sich in diesem Falle demnach ein sehr großer Kurzschlußstrom einstellen. Wenn die Maschine im Leerlauf dieselbe Klemmenspannung erzeugen soll, braucht der Erregerstrom längst nicht so hoch zu sein, wodurch sich auch ein geringerer Kurzschlußstrom ergibt. Um die Größe des Kurzschlußstromes zu finden, trägt man sich die Größe des Erregerstromes, wie er vor dem Kurzschluß eingestellt war, in Abb. 285 ein. Es sei $o - b'$. Darüber zeichne man sich nun ein dem Potierschen Dreieck ähnliches Dreieck $a' b' c'$. Die Strecke $a—b$ stellt das Ankerfeld bei Nennstrom dar, entsprechend wird bei Kurzschluß das Ankerfeld durch die Strecke $a' b'$ wiedergegeben. Der Kurzschlußstrom ist also bei der eingestellten Erregung sovielmal größer als der Nennstrom, wie $a' b'$ größer als $a b$ ist.

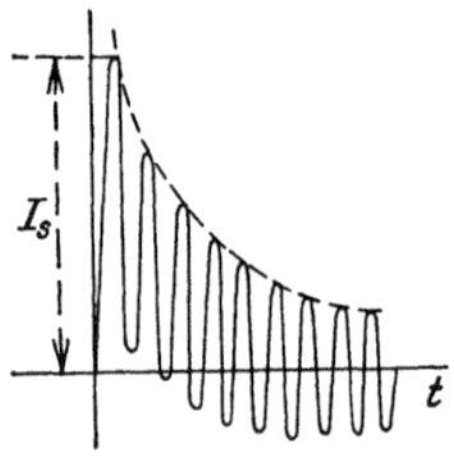

Abb. 286. Kurzschlußstrom.

Der vorstehend ermittelte Kurzschlußstrom wird der Dauerkurzschlußstrom genannt, weil er während der Dauer des Kurzschlusses unverändert bestehen bleibt. Im ersten Augenblick des Kurzschlusses tritt ein wesentlich größerer Strom, der Stoßkurzschlußstrom I_s auf, wie Abb. 286 zeigt, weil in diesem Augenblick das Feld noch ungeschwächt ist. Nach den Vorschriften sollen die Generatoren so gebaut sein, daß der Höchstwert I_s nicht mehr als das 15fache des Höchstwertes des Nennstromes ist. Der Dauerkurzschlußstrom, welcher gewöhnlich schon nach wenigen Halbperioden erreicht wird, ist bei Turbomaschinen nur etwa das 2fache, bei Schenkelpolmaschinen etwa das 2,5fache des Nennstromes.

C. Die Spannungsregelung.

Die Spannung der Kraftwerke muß mit Rücksicht auf die parallel angeschlossenen Verbraucher konstant gehalten werden. Da die Wechsel- und Drehstromgeneratoren dies wegen der erheblichen Spannungsabfälle bei Belastung nicht selbst tun, müssen wir einen Magnetregler in den Erregerstromkreis einschalten, mit welchem der Erregerstrom bei Belastung der Maschine verstärkt, bei Entlastung geschwächt werden kann. Bei modernen Maschinen erfolgt diese Regelung fast immer durch einen Schnellregler selbsttätig. Einer der verbreitetsten Schnellregler ist der Tirrillregler.

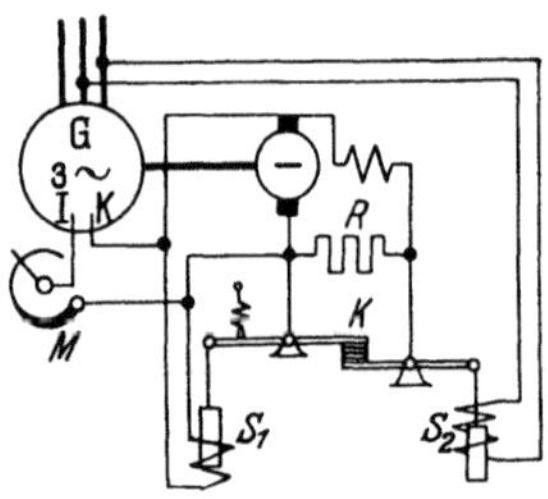

Abb. 287. Tirrillregler.

Die Wirkungsweise eines Tirrillreglers zeigt das vereinfachte Schaltbild Abb. 287. Die Erregermaschine speist die Erregerwicklung $I—K$. In dem Erregerstromkreis der Erregermaschine liegt ein Widerstand R, der durch einen Kontakt K kurzgeschlossen werden kann. Bei eingeschaltetem Widerstand R ist die Spannung des Generators zu klein, bei kurzgeschlossenem Widerstand zu groß. Der Kontakt K, der sich durch Federkraft stets zu schließen bestrebt ist, wird durch die Spule S_1, die an der Erregerspannung liegt, geöffnet, wenn diese Spannung und damit die Erregung des Generators zu groß ist. Es leuchtet ein, daß durch die Kontaktöffnung aber die Spannung sinkt, und daß dadurch der Kontakt K wieder geschlossen wird, daß also ein rhythmisches Öffnen und Schließen erfolgt. Die Spule S_2 liegt direkt oder über einem Spannungswandler (siehe S. 121) an der Spannung des Generators. Ist diese zu hoch, so wird S_2 den Gegenkontakt K senken, so daß der linke Hebel bei seiner schwingenden Bewegung nur noch ganz kurz einen Kontaktschluß herbeiführt. Ist hingegen die Generatorenspannung zu klein, so hebt sich der Gegenkontakt von K, und es tritt bei jeder Hebelschwingung verhältnismäßig lange ein Kurzschluß des Widerstandes R und damit eine Spannungserhöhung ein. Die Regelung auf einen bestimmten Spannungswert des Generators geschieht hier also nicht durch Änderung der Widerstandsgröße, sondern durch Veränderung der Kurzschlußzeit. Die Erscheinung ist ähnlich der, wenn man sich an einem zu heißen Ofen die Hände wärmen will. Man wird dies wohl durch rhythmisches Berühren und Entfernen der Hände tun, wobei man die Zeit der Berührung im Verhältnis zur übrigen Zeit auch ganz unbewußt um so größer wählt, je geringer die Ofentemperatur ist (siehe auch Birkaregler). Neuerdings versucht man die Spannungsschnellregelung auch mit Elektronenröhren.

D. Der Parallelbetrieb von Wechsel- und Drehstromgeneratoren.

Gewöhnlich sind in einem Kraftwerk mehrere Generatoren vorhanden, von denen jeweils so viele einander parallel geschaltet werden, wie es die Last erfordert. Die Einstellung der Spannung mittels des Erregerstroms muß dann bei allen parallel geschalteten Generatoren gleichmäßig erfolgen, weil sonst durch den Unterschied der Spannungen Ausgleichsströme zwischen den Maschinen auftreten würden. Bei den Gleichstromgeneratoren hatten diese Ausgleichsströme eine Änderung der Maschinenbelastung zur Folge, bei den Wechsel- und Drehstromgeneratoren ist dies nicht der Fall. Wegen des fast vernachlässigbaren Ohmschen Widerstandes der Generatoren ist der Ausgleichsstrom gegen die Spannung, die ihn verursacht, um etwa 90° phasenverschoben. Die Ausgleichsströme sind also Blindströme. In Abb. 288 sind die Spannungsvektoren zweier parallel liegenden Generatoren gezeichnet, von denen der zweite durch Übererregung eine größere Spannung erzeugt. Die Spannungssumme $U_2 + (-U_1) = U_2 - U_1$ erzeugt einen nacheilenden Blindstrom I zwischen den beiden Maschinen, und zwar gibt der übererregte Generator einen nacheilenden Blindstrom an den anderen Generator ab, oder, was dasselbe ist, er nimmt einen voreilenden Blindstrom von dem untererregten Generator auf. Die übererregte Maschine verhält sich also wie ein angeschlossener Kondensator.

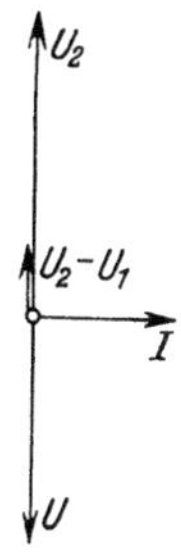

Abb. 288.

Während mittels des Erregerstromes eine Verteilung der Blindlast auf die Generatoren möglich ist, kann die Wirklast nur durch Veränderung des Antriebes verteilt werden. Zwei parallel arbeitende Generatoren müssen stets im Gleichlauf (Synchronismus) bleiben, weil sie die gleiche Frequenz erzeugen sollen. Bei gleicher Stellung der Polräder zueinander werden sie daher Spannungen erzeugen, die im gleichen Augenblick jeweils ihren Höchstwert erreichen, die aber aufeinander bezogen, entgegengerichtet sind, weil sie sich im Gleichgewicht halten, wie die Spannungen zweier parallelliegenden Elemente. Wir wollen nun annehmen, daß der zweite Generator durch seine Antriebsmaschine einen verstärkten Antrieb erfährt, so daß das Polrad um einen gewissen Winkel voreilt. Obwohl die Drehzahl beider Maschinen immer noch dieselbe ist, wird infolge des Verdrehungswinkels des Polrades jetzt die Spannung der zweiten Maschine einen Augenblick früher ihren Höchstwert erreichen, als die der ersten Maschine, d. h. die Spannungswelle U_2 eilt etwas vor, wie dies Abb. 289 darstellt. Die Summenspannung ist jetzt nicht mehr Null, sondern gleich ΔU, und sie erzeugt in dem stark induktiven Stromkreis einen Strom I, der um etwa 90° nacheilt, der also mit U_2 in Phase liegt. Hieraus geht hervor, daß der zweite Generator durch die Voreilung als Generator einen Wirkstrom abgibt, daß er also belastet worden ist, während bei der ersten Maschine der Strom der Spannung entgegengerichtet ist. Diese Maschine arbeitet demnach als Motor und wird von der zweiten Maschine mitgezogen. Da ein solcher Motor nur im Gleichlauf mit den Generatoren, also mit einer durch Gl. 160 bestimmten Drehzahl laufen kann, nennt man ihn Synchronmotor. Wenn die beiden betrachteten Generatoren Wirkleistung in das Netz abzugeben haben, so wird durch die Voreilung des zweiten Generators dessen Wirklast erhöht und die des ersten Generators erniedrigt. Erst bei noch weiter verstärktem Antrieb kann die erste Maschine ganz entlastet oder gar zum Motor werden. Die Lastverteilung auf die parallel arbeitenden Wechselstrommaschinen erfolgt daher durch Änderung der Reglerstellung der Antriebsmaschine (Dampfturbine oder dergleichen). Dieser Regler erhält gewöhnlich einen kleinen Motor, der von der Schalttafel aus gesteuert werden kann.

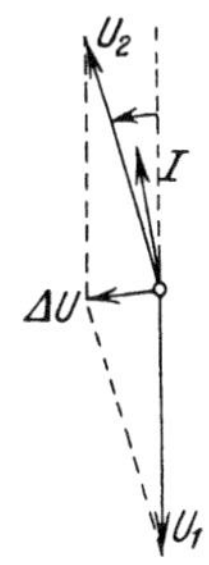

Abb. 289.

Da sowohl die Voreilung als auch die Nacheilung einer Maschine gegenüber einer parallel geschalteten einen Ausgleichstrom verursacht, der so gerichtet ist, daß er durch Bildung eines entgegengerichteten Drehmomentes die Verdrehung wieder rückgängig machen will, hat es den Anschein, als ob die parallel arbeitenden Maschinen durch eine unsichtbare elastische Welle miteinander gekuppelt wären. Das Drehmoment, welches die Maschinen im Synchronismus hält, ist um so größer, je stärker die Verdrehung der beiden Polräder gegeneinander ist. Würde man den verstärkten Antrieb, den das eine Polrad erfahren hat, plötzlich aufhören lassen, so würde das Polrad in die dem anderen Polrad entsprechende Lage zurückkehren. Infolge seiner Masse wird es aber wie ein Pendel über das Ziel hinausschießen, und es wird zu einer entgegengesetzten Verdrehung kommen. Das Polrad wird daher um die Gleichgewichtslage eine Schwingung ausführen, deren Frequenz durch die Masse des Polrades und die Größe des synchronisierenden Drehmomentes bestimmt ist. Diese Tatsache kann dann von Wichtigkeit sein, wenn als Antriebsmaschinen Kolbendampfmaschinen oder Verbrennungskraftmaschinen dienen, deren Kraftwirkung eine stoßartige ist. Wenn der Rhythmus dieser Antriebsstöße zufällig übereinstimmt mit der Eigenfrequenz des Polrades, dann können sich die Polradschwingungen resonanzartig verstärken und schließlich zur Störung des Gleichlaufes der Maschinen führen. Es kommt dann zu einem Kurzschluß, weil die Ausgleichsspannung ΔU (Abb. 289) schließlich gleich $2\,U$ wird.

Das Parallelschalten eines Wechselstromgenerators II zu einem bereits im Betriebe befindlichen I erfolgt nach Abb. 290 in der Weise, daß zunächst einmal Gene-

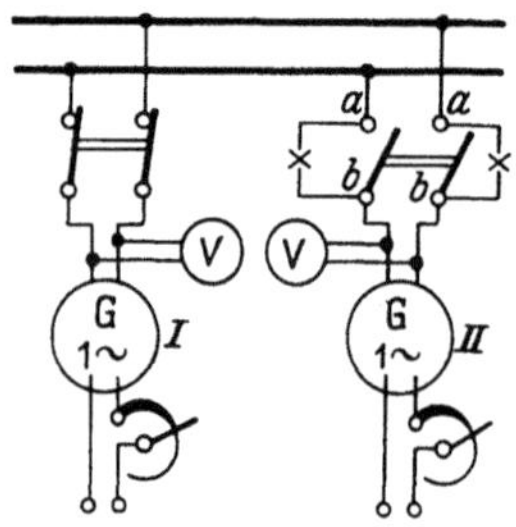

Abb. 290. Parallelschalten von Wechselstromgeneratoren.

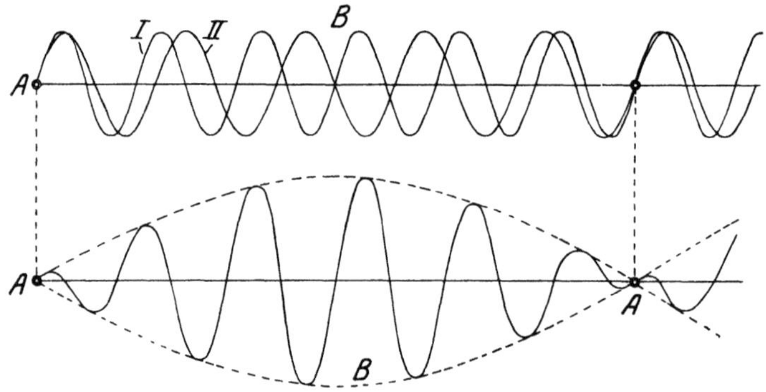

Abb. 291. Schwebungen durch Addition zweier Wechselspannungen ungleicher Frequenz.

rator II mit seiner Nenndrehzahl angetrieben und auf die Spannung des laufenden Generators I erregt wird. Bei Gleichstromgeneratoren könnte man nun parallel schalten, wenn die Polung richtig wäre. Bei Wechselstromgeneratoren muß jedoch zuvor noch die Übereinstimmung der Frequenz und der Phase festgestellt werden. Da eine sehr genaue Frequenzübereinstimmung nötig ist, bedient man sich zur Anzeige der Phasenlampen. Es sind dies Glühlampen, die bei kleineren Spannungen nach Abb. 290 direkt, sonst über einen Spannungswandler angeschlossen werden, und welche den Schalter überbrücken. Die Lampenspannung ergibt sich aus den Spannungen der Generatoren I und II, wenn wir sie nach Abb. 291 bezogen auf die gemeinsame Netzspannung als die Differenz auftragen. Sie stellt sich als Schwebung dar, die um so langsamer ist, je geringer der Frequenzunterschied der Maschinenspannungen ist. Die Lampen werden diese Schwebungen anzeigen, sie werden also im Augenblick A dunkel und im Augenblick B hell sein. Durch Änderung der Drehzahl des Generators haben wir nun die Frequenzen einander näher zu bringen, und sie werden übereinstimmen, wenn das rhythmische Aufleuchten und Erlöschen der Lampen aufgehört hat. Damit ist Frequenzgleichheit, aber noch nicht Phasengleichheit erreicht. Es könnte z. B. sein, daß die beiden Spannungen nach Abb. 292 bei übereinstimmender Frequenz gerade so gerichtet wären, daß zwischen den Schalterpunkten a und b eine erhebliche Spannung wäre, und damit beim Schalterschluß ein Kurzschluß eintreten müßte. Diese Gefahr ist nicht vorhanden, wenn man den Schalter erst schließt, wenn die Lampen dauernd dunkel sind, weil das Nichtleuchten zeigt, daß keine Spannung zwischen a und b vorhanden ist. An Stelle der Lampen können auch ebenso geschaltete Spannungsmesser dienen. Nach Einlegung des Schalters liegen die Maschinen parallel

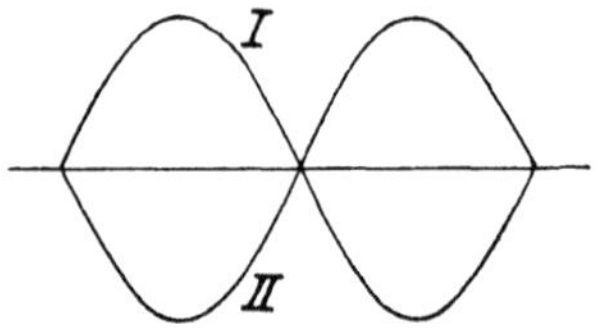

Abb. 292.

und laufen synchron. Damit nun Generator *II* an der Belastung teilnimmt, muß ihm durch Verstellung des Reglers seiner Antriebsmaschine ein so großer Antrieb gegeben werden, daß er die gewünschte Last übernimmt, wobei auch eine Schwächung des Antriebes der ersten Maschine nötig sein wird, weil sich sonst die Frequenz des Netzes ändern könnte. Der vielfach heute eingeführte Betrieb von synchron laufenden Netzanschlußuhren verlangt aber eine sehr genau konstante Frequenz. Die Verteilung der Blindlast des Netzes auf die Generatoren geschieht mit dem Erregerstrom.

Bei Drehstromgeneratoren können die Phasenlampen entsprechend geschaltet werden, und es ist auch hier der Einschaltaugenblick dann vorhanden, wenn die drei Lampen dauernd dunkel sind. Vielfach werden die Lampen jedoch nach Abb. 293 an zwei Leitungen gekreuzt geschaltet. Die Lampen leuchten in dieser Schaltung nacheinander auf und ergeben bei Anordnung der Lampen im Kreise ein drehendes Licht, welches um so schneller rotiert, je ungleicher die Frequenzen sind und dessen Drehrichtung davon abhängt, ob der zuzuschaltende Generator zu schnell oder zu langsam läuft. Der Einschaltaugenblick ist da, wenn die direkt überbrückende Lampe dunkel ist, während die beiden gekreuzten brennen. Wenn in dieser Schaltung alle drei Lampen gleichzeitig aufleuchten und erlöschen, so heißt dies, daß die Phasenfolge der beiden Maschinen entgegengesetzt ist. Es müssen dann zwei der drei Leitungen einer Maschine vertauscht werden.

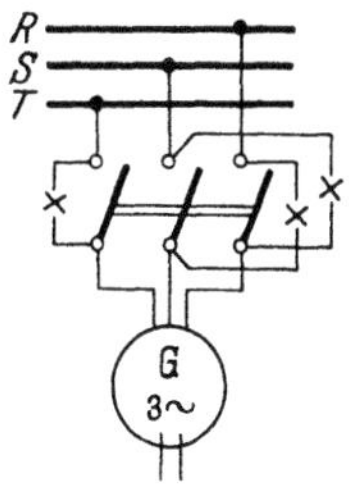

Abb. 293.

Die Schwingungen, welche die Polräder parallel arbeitender Generatoren vollführen können, lassen sich durch eine Dämpferwicklung verringern. Es sind dies Kupferstäbe, welche in die Polschuhe eingebettet und beiderseits kurzgeschlossen sind. Die Dämpferwicklungen haben auch noch die weitere Aufgabe, die Oberwellen der Spannung, welche eine Abweichung von der Sinusform zur Folge haben würden, zu unterdrücken.

E. Der Synchronmotor.

Der an ein Netz angeschlossene Wechsel- und Drehstromgenerator wird zum Synchronmotor, wenn man seinen Antrieb entfernt. Er zeichnet sich dadurch aus, daß er unabhängig von der Belastung immer mit der Drehzahl (Gl. 160)

$$n = \frac{60 \cdot f}{p} \tag{161}$$

läuft. Sein maximales Drehmoment ist etwas das 1,8fache des Nennmomentes. Wenn es überschritten wird, fällt der Motor außer Tritt und bleibt unter Kurzschluß stehen. Ein selbsttätiger Anlauf ist nicht möglich. Wenn nach Abb. 294 ein Strom der gezeichneten Richtung eingeschaltet wird, erfährt der vor dem Leiter stehende Nordpol einen Antrieb in der Pfeilrichtung. Einen Augenblick später hat sich aber der Strom umgekehrt und mit ihm auch der Antrieb. Unter dem Einfluß des eingeleiteten Wechselstroms will also der Pol eine hin- und hergehende Bewegung vollführen, was aber wegen der großen Masse unmöglich ist. Man kann nun aber dem Magnetpol durch einen fremden Antriebsmotor zunächst einmal in Drehung versetzen, so daß er sich synchron mit den Generatoren dreht. Dann wird nach Umkehr des Stromes der Nordpol an der punktiert gezeichneten Stelle stehen, wodurch der Antrieb immer im gleichen Drehsinn wirkt. Im synchronen Lauf ist der Motor also arbeitsfähig. Die Inbetriebnahme eines Synchronmotors vollzieht sich daher so, daß man ihn wie einen Generator antreibt, mittels Phasenlampen synchronisiert und parallel schaltet. Hierauf kann der Antrieb fortgenommen werden. Da die Beschaffung eines besonderen kleinen Antriebsmotors unerwünscht ist, erhalten heute die Drehstromsynchronmotoren vielfach eine Käfigwicklung im Polrad, durch die sie nach Art der später beschriebenen asynchronen Drehstrommotoren selbsttätig mit geringem Drehmoment anzulaufen vermögen. Die Drehrichtung ist bei Wechselstrom-Synchronmotoren durch die Antriebsrichtung

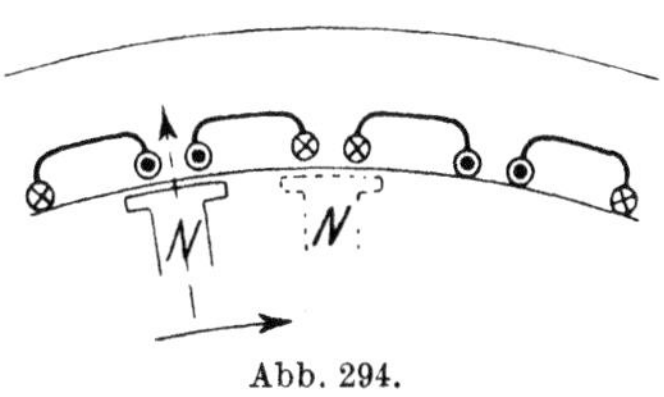

Abb. 294.

bestimmt, Drehstrom-Synchronmotoren können nur in der Richtung des Drehfeldes betrieben werden, welches sich in der dreiphasigen Wicklung bildet.

Bei konstanter Belastung eines Synchronmotors ist der aufgenommene Wirkstrom konstant, wenn man von Verlusten absieht. Die Erregung wird man, wenn der Motor keine andere Aufgabe hat als die des Antriebes, so einstellen, daß kein Blindstrom aufgenommen wird, daß also der Leistungsfaktor des Motors gleich 1 ist. Durch Übererregung des Motors würden wir den Motor zur Aufnahme eines voreilenden Blindstromes I_b zwingen (Abb. 295), welcher zum Wirkstrom I_w addiert den wirklichen Motorstrom I ergibt. Bei Untererregung würde ein nacheilender Blindstrom aufgenommen werden (gestrichelt gezeichnet). Zu den verschiedenen Belastungsströmen des Motors lassen sich nach Abb. 285 die zugehörigen Erregerströme ermitteln. Man erhält dann die in Abb. 296 dargestellten sog. V-Linien. Jede Linie gilt für eine konstante Leistung und zeigt einen Minimalpunkt des Stromes, nämlich den für die betreffende Last notwendigen Wirkstrom. Sowohl bei Untererregung als auch bei Übererregung wächst der Strom. Besonders ist dies bei Untererregung der Fall, weil dann bekanntlich eine starke Feldschwächung durch Ankerrückwirkung eintritt, die, weil doch das Drehmoment der Last unverändert bleibt, durch einen erhöhten Strom wettgemacht werden muß. Die Linie K deutet die Grenze an, wo durch die Feldschwächung das Drehmoment so gering wird, daß es das Lastmoment nicht mehr überwinden kann. Hier kippt der Motor und fällt außer Tritt.

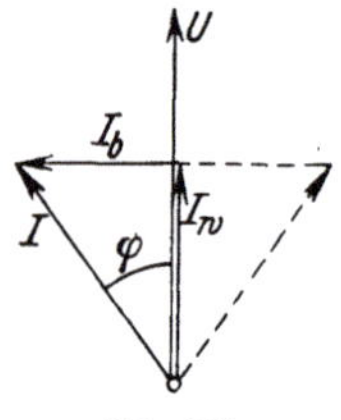

Abb. 295.

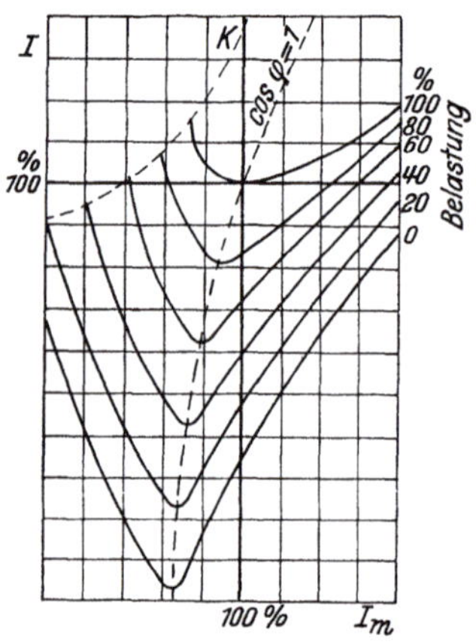

Abb. 296.
V-Linien eines Synchronmotors.

Synchronmotoren finden meist Anwendung, wenn man neben einem Antrieb noch den Leistungsfaktor verbessern will. Gewöhnlich ist der Strom, den eine Fabrik von einem Kraftwerk abnimmt, stark nacheilend, und das Kraftwerk fordert hierfür hohe Preiszuschläge, die durch einen übererregten Synchronmotor vermeidbar sind.

75. Beispiel. Eine Fabrik entnimmt einem Drehstromnetz 800 kW mit $\cos\varphi = 0{,}7$ bei einer Netzspannung von 6000 V. Für einen neuen Antrieb, welcher 150 kW benötigt, soll ein Synchronmotor aufgestellt werden, dessen Wirkungsgrad zu 0,9 angenommen werde. Wie groß ist dieser Motor zu wählen, wenn man mit ihm den Gesamtleistungsfaktor auf 0,85 heben will?

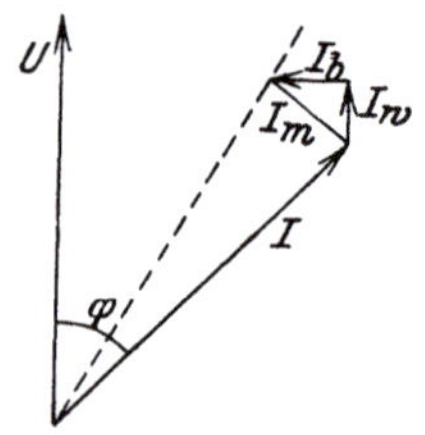

Abb. 297.

Der bisher von der Fabrik verbrauchte Strom beträgt $I = 800000 : \sqrt{3} \cdot 6000 \cdot 0{,}7 = 110$ A. Der neue Motor gibt 150 kW ab und nimmt daher $150 : 0{,}9 = 167$ kW auf. Sein Wirkstrom ist also $I_w = 167000 : 6000 \cdot 1{,}73 = 16$ A. In Abb. 297 ist der Netzstrom aufgezeichnet worden. Zu ihm wird der Wirkstrom des Motors addiert. Es ist nun weiterhin ein Blindstrom I_b anzureihen, der bis zu der gestrichelten Linie reicht, welche dem Leistungsfaktor $\cos\varphi = 0{,}85$ entspricht. Dieser Blindstrom wird zu 21 A abgemessen. Der wirkliche Motorstrom J_m setzt sich aus I_w und I_b zusammen und beträgt 26 A. Es ist daher ein Synchronmotor für $\sqrt{3} \cdot 26 \cdot 6000 = 270000$ VA $= 270$ kVA zu beschaffen. Die Lösung einer solchen Aufgabe läßt sich vereinfachen, wenn man statt des gezeichneten Stromdiagrammes das $\sqrt{3} \cdot U$ mal so große Leistungsdiagramm aufzeichnet.

IX. Die Transformatoren (Umspanner).

1. Die Wirkungsweise der Transformatoren.

a) Der Wechelstromtransformator. Ein Transformator besteht aus einem geschlossenen Eisenkern, auf dessen Schenkeln zwei getrennte Wicklungen angeordnet sind (Abb. 298). Die Primärspule mit w_1 Windungen liege an einer Wechselstromquelle, die Sekundärspule mit w_2 Windungen sei zunächst offen. Die letztere kann dann keine Wirkungen ausüben, so daß der Transformator in diesem Falle nichts weiter als eine Drosselspule ist, deren Stromaufnahme I_m wegen des völlig geschlossenen Eisenkreises sehr gering ist. Der Kraftfluß Φ, welcher durch die primäre Durchflutung $w_1 \cdot I_m$ hervorgerufen wird, erzeugt durch seinen ständigen Wechsel in den beiden Spulen Wechselspannungen von der Größe (Gl. 86):

$$E_1 = \frac{4{,}44 \cdot \hat{\Phi} \cdot f \cdot w_1}{10^8} \quad \text{und} \quad E_2 = \frac{4{,}44 \cdot \hat{\Phi} \cdot f \cdot w_2}{10^8}.$$

Wenn wir zunächst einmal annehmen, daß keinerlei Verluste und Widerstände vorhanden sind, so ist die in der Primärspule induzierte Spannung E_1 der zugeführten Spannung gleich und hält sich mit ihr im Gleichgewicht. Die sekundäre Spannung E_2 steht zu unserer Verfügung, und wir können sie irgendwelchen Verbrauchern zuführen. Aus den obigen Gleichungen geht hervor, daß sich die Spannungen wie die Windungszahlen verhalten, also

$$\frac{E_1}{E_2} = \frac{w_1}{w_2}. \tag{162}$$

Es ist daher mittels eines Transformators möglich, eine Wechselspannung in eine beliebig höhere oder niedere Wechselspannung umzuwandeln, wenn man das Windungsverhältnis (Übersetzungsverhältnis) gleich dem gewünschten Spannungsverhältnis macht.

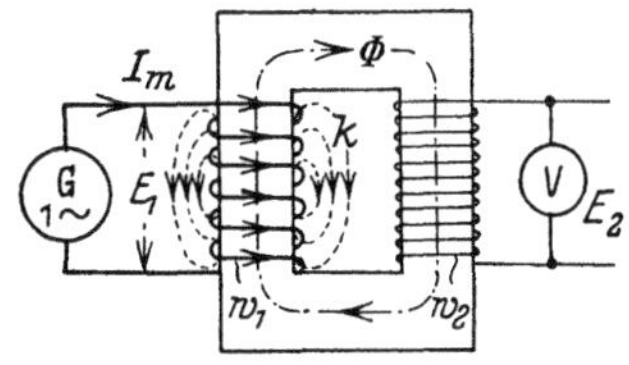

Abb. 298. Transformator.

Belastet man den Transformator, indem man an die Sekundärwicklung Verbraucher anschließt, so fließt ein Sekundärstrom I_2. Es wird dann dem Transformator sekundär eine Leistung $E_2 \cdot I_2$ entnommen, wenn man zunächst einmal von einer Phasenverschiebung absieht. Nach dem Energiegesetz muß dieselbe Leistung primär zugeführt werden. Durch die sekundäre Belastung muß sich demnach der primäre Strom auf einen größeren Wert I_1 eingestellt haben, und es muß $E_1 \cdot I_1 = E_2 \cdot I_2$ sein, woraus sich mit Gl. 162 ergibt:

$$\frac{I_1}{I_2} = \frac{w_2}{w_1}. \tag{163}$$

Die Ströme verhalten sich also umgekehrt wie die Windungszahlen. Jeder Transformator transformiert nicht nur die Spannungen, sondern ebenso die Ströme, letztere im umgekehrten Verhältnis. Die Tatsache, daß die Primärspule in dem Augenblick einen größeren Strom aufnimmt, in dem die Sekundärspule belastet wird, erklärt sich dadurch, daß der Sekundärstrom I_2 mit seiner Durchflutung $w_2 \cdot I_2$ einen dem Kraftfluß Φ entgegengesetzten Kraftfluß erzeugen möchte. Sobald nun der Kraftfluß Φ eine Schwächung erfährt, erzeugt er in der Primärspule eine etwas geringere Spannung E_1, die nun nicht mehr mit der zugeführten Spannung im Gleichgewicht steht. Dadurch treibt die Netzspannung außer dem bisherigen Magnetisierungsstrom I_m einen erhöhten Strom I_1 durch die Primärwicklung, und zwar muß der Stromzuwachs I_1' so groß sein, daß seine Durchflutung $w_1 \cdot I_1'$ gerade die sekundäre Durchflutung $w_2 \cdot I_2$ wieder ausgleicht. Der Primärstrom I_1 setzt sich daher immer aus zwei Teilen zusammen, aus dem Magnetisierungsstrom I_m und dem zusätzlichen Belastungsstrom I_1'.

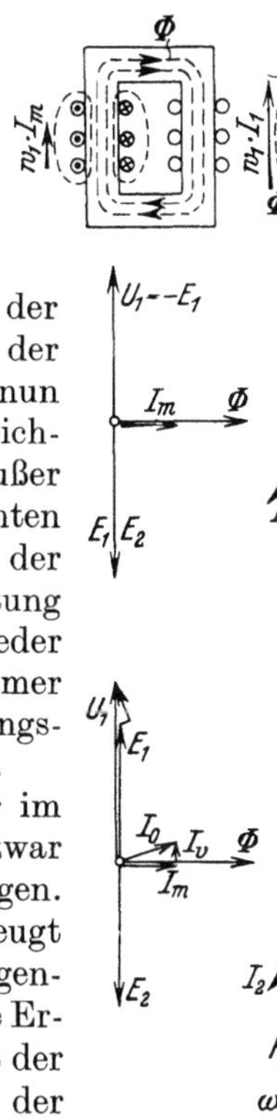
Abb. 299. Der unbelastete Transformator.

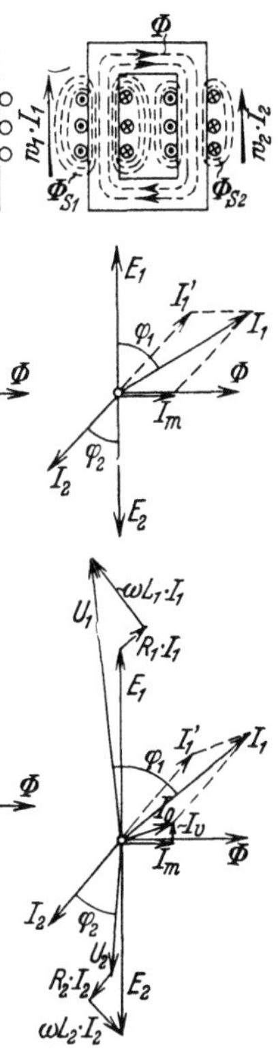
Abb. 300. Der belastete Transformator.

In den Abb. 299 und 300 ist der Transformator im Leerlauf und bei Belastung nochmals dargestellt, und zwar unter Eintragung der Feldlinien und der Durchflutungen. Im Leerlauf wirkt nur die Durchflutung $w_1 \cdot I_m$ und erzeugt den Kraftfluß Φ. Bei Belastung tritt sekundär die Gegendurchflutung $w_2 \cdot I_2$ auf, und es muß daher primär eine Erhöhung der Durchflutung auf $w_1 \cdot I_1$ eintreten, damit der Kraftfluß Φ unverändert bestehen bleiben kann. Bei der Darstellung im Diagramm, die wir jetzt vornehmen wollen, ist es zweckmäßig, die primäre und sekundäre Windungszahl übereinstimmend anzunehmen, weil dann die zusätzliche Stromstärke $I_1' = I_2$ und $E_1 = E_2$ wird. Natürlich muß man die Spannung E_2 noch mit dem Windungsverhältnis multiplizieren, wenn man ihren Wert aus dem Diagramm entnehmen will. Im Leerlauf des Transformators (Abb. 299 oben) erzeugt die zugeführte Spannung U_1 einen um 90° nacheilenden Magnetisierungsstrom I_m und einen in gleicher Phase liegenden Kraftfluß Φ. Dieser ruft durch seinen Wechsel in den beiden Wicklungen die Spannungen E_1 und E_2 hervor, deren Größe bei gleicher Windungszahl übereinstimmt. E_1 hält sich mit der zugeführten Spannung U_1 im Gleichgewicht. In Abb. 300 (oben) ist angenommen, daß sekundär ein Verbraucher angeschlossen sei, der einen Strom I_2 mit der Phasenverschiebung φ_2 entnimmt. Die magnetische Wirkung dieses Sekundärstromes muß durch einen entgegengesetzten zusätzlichen Primärstrom I_1', der bei gleicher Windungszahl gleich I_2 ist, kompensiert werden. Die geometrische Summe von I_1' und I_m gibt dann den wirklichen Primärstrom I_1.

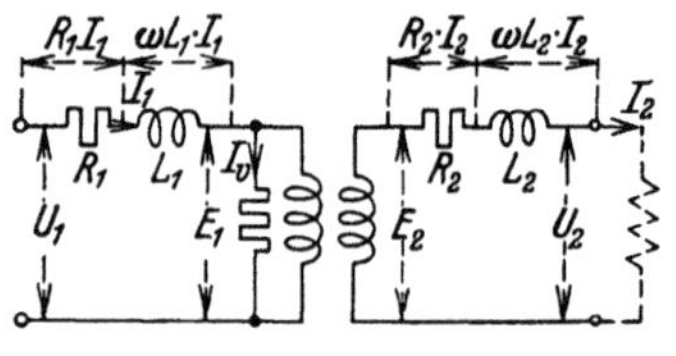

Abb. 301. Ersatzschaltbild.

Der verlustbehaftete Transformator zeigt Spannungsabfälle, und zwar sowohl primär, als auch sekundär einen Spannungsabfall durch den Ohmschen Widerstand und ferner einen induktiven Spannungsabfall durch die Streukraftlinien. Im Leerlauf hat nur die primäre Wicklung einen Streufluß Φ_{s1}, der nicht groß ist, weil die Durchflutung $w_1 \cdot I_m$ gering ist. Bei Belastung steigert sich der primäre Streufluß auf einen größeren Wert, und gleichzeitig bildet die Sekundärwicklung einen Streufluß Φ_{s2}. Die Induktionsspannungen, welche diese Flüsse erzeugen, können wir uns wieder in vorgeschaltete Spulen entstanden denken, während wir den Transformator selbst als streuungsfrei annehmen. Ebenso können wir uns auch den Ohmschen Widerstand herausgezogen denken, wie Abb. 301 zeigt. Die Eisenverluste des Transformators werden zweckmäßig durch einen der Primärwicklung parallel geschalteten Widerstand berücksichtigt, welcher den Verluststrom I_v aufnimmt. Im Leerlaufsdiagramm Abb. 299 (unten) addiert sich dieser Strom zum Magnetisierungsstrom I_m zum wirklichen Leerlaufsstrom I_o, der nur etwa 5 bis 10% des Nennstromes ist. Dieser kleine Strom ruft in der Primärspule fast keine Spannungsabfälle hervor, so daß im Leerlauf die Spannungen sich wie die Windungszahlen verhalten, wie Gl. 162 angibt. Bei Belastung (Abb. 300 unten) gehen wir zweckmäßig von der Sekundärspannung U_2 aus. Der Belastungsstrom I_2 ist hier um φ_2 nacheilend angenommen. Er erzeugt im Ohmschen Widerstand der Sekundärwicklung den Spannungsabfall $R_2 \cdot I_2$ und durch den Streufluß Φ_{s2} den induktiven Spannungsabfall $\omega \cdot L_2 \cdot I_2$, welche beide zu U_2 geometrisch addiert, die sekundäre EMK E_2 ergeben. Die gleiche EMK wird in der Primärwicklung durch den Kraftfluß Φ erzeugt, welche durch E_1 im Gleichgewicht gehalten wird. Addiert man zu dem Leerlaufstrom I_0 den zusätzlichen Primärstrom I_1' $(= I_2)$, so erhält man den wirklichen Primärstrom I_1, welcher in der Primärwicklung die Spannungsabfälle $R_1 \cdot I_1$ und $\omega \cdot L_1 \cdot I_1$ hervorruft, die der Phase von I_1 entsprechend geometrisch zu E_1 addiert die primäre Klemmenspannung U_1 ergeben. Das Diagramm lehrt dreierlei:

1. Trotz der angenommenen gleichen Windungszahl ist U_1 nicht gleich U_2. Gl. 162 gilt also nicht genau für den belasteten Transformator, wohl aber für viele Fälle hinreichend angenähert, weil die Spannungsabfälle gering sind. Zeichnet man das Diagramm für einen Sekundärstrom, welcher noch mehr nacheilt, so wird der Abfall der Sekundärspannung gegenüber der Primären noch größer. Ein stark voreilender Sekundärstrom hat jedoch eine Erhöhung der Sekundärspannung zur Folge. Der Transformator verhält sich demnach in dieser Hinsicht wie ein Synchrongenerator. Da man kein einfaches Mittel hat, um den Spannungsunterschied eines Transformators auszugleichen (Glühlampen), muß beim Bau mit geringen Spannungsabfällen gerechnet werden. Bei konstanter Primärspannung wird der Unterschied zwischen der Sekundärspannung bei Leerlauf und Belastung kaum mehr als 3% betragen.

2. Bei Belastung verhalten sich auch die Ströme nicht genau umgekehrt wie die Windungszahlen (Gl. 163). Der Grund liegt darin, daß zu dem zusätzlichen Primär-

strom noch der konstante Leerlaufstrom kommt. Da der letztere im Vergleich zum Belastungsstrom gering ist, kann man bei Näherungsrechnungen trotzdem Gl. 163 benutzen.

3. Die primäre Phasenverschiebung φ_1 ist größer als die sekundäre φ_2. Dies rührt einmal her von dem Hinzutreten des um 90° nacheilenden Magnetisierungsstromes I_m und ferner von den induktiven Spannungsabfällen $\omega \cdot L \cdot I$.

76. Beispiel: Für einen 12 kVA Wechselstromtransformator stehe der Eisenkern mit 110 × 110 mm Schenkelquerschnitt zur Verfügung. Welche Windungszahlen müssen die Spulen haben, wenn im Leerlauf von 11 000 V auf 240 V umgespannt werden soll, und wenn die maximale Kraftliniendichte etwa 10 000 G sein soll?

Unter Berücksichtigung der Papierzwischenlagen zwischen den Blechen ist der Eisenquerschnitt $11 \cdot 11 \cdot 0{,}9 = 108{,}5$ cm² und der Kraftfluß $\hat{\Phi} = F \cdot B = 108{,}5 \cdot 10\,000 = 1\,085\,000$ Mx. Nach Gl. 86 ist dann:

$$w_1 = \frac{U_1 \cdot 10^8}{4{,}44 \cdot \hat{\Phi} \cdot f} = \frac{11\,000 \cdot 10^8}{4{,}44 \cdot 1\,085\,000 \cdot 50} = 4580, \text{ entsprechend } w_2 = 100\,.$$

b) Der Drehstromtransformator. Drehstrom kann mittels dreier Wechselstromtransformatoren transformiert werden, wie Abb. 302 zeigt. Man erhält jedoch einen wesentlich billigeren Transformator, wenn man die Eisenkreise nach Abb. 133 und 134 miteinander verkettet. Im letzteren Falle benötigen die außen liegenden Eisenschenkel wegen des längeren Kraftlinienweges zwar einen etwas größeren Magnetisierungstrom, aber der Unterschied spielt keine große Rolle, zumal man durch Vergrößerung des Jochquerschnittes den Unterschied klein halten kann. In der Wirkungsweise unterscheidet sich der Drehstromtransformator nicht von dem Wechselstromtransformator. Das Diagramm Abb. 300 gilt demnach in gleicher Weise auch für ihn, wenn wir die Spannungen und Ströme auf einen Strang beziehen.

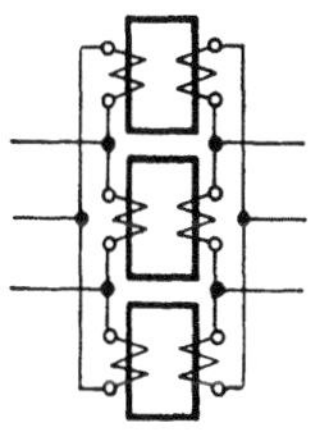

Abb. 302. Drei Wechselstromtransformatoren in Drehstrom-Dreiecksschaltung.

2. Der Aufbau der Transformatoren.

Nach dem Bau des Eisenkörpers wird unterschieden zwischen Kerntransformatoren (Abb. 303) und Manteltransformatoren (Abb. 304). Die ersteren sind einfacher, und sie werden daher bei größeren Leistungen bevorzugt. Hinsichtlich der Wicklungen wird zwischen der Röhrenwicklung (Abb. 303) und der Scheibenwicklung (Abb. 304) unterschieden. Bei großen Transformatoren und hohen Spannungen wird die Scheibenwicklung bevorzugt.

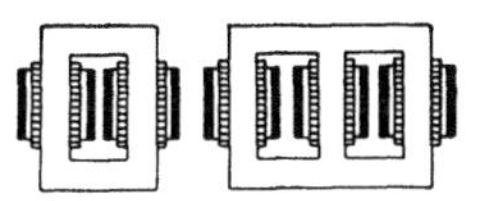

Abb. 303. Kerntransformatoren.

Der Eisenkörper muß mit Rücksicht auf die Wirbelströme aus Blechen zusammengebaut werden, wobei man bis auf Blechstärken von 0,35 mm heruntergeht und außerdem legierte Bleche (Si-Zusatz) verwendet, um die während der ganzen Einschaltezeit in gleicher Höhe auftretenden Eisenverluste klein zu halten. Zum Aufbringen der Wicklung muß der Eisenkörper zwar teilbar sein. Aber man wünscht andererseits wegen der Kleinhaltung des Magnetisierungsstromes keinen Luftspalt. Bei kleinen Transformatoren werden daher die Jochbleche an den Stoßstellen in die anderen Bleche eingeschachtelt, um einen guten Übergang für den Kraftfluß zu bekommen. Bei großen Transformatoren zieht man den stumpfen Stoß vor. Eine dünne Papierzwischenlage sorgt dafür, daß die Bleche an der Stoßstelle nicht kurzgeschlossen werden.

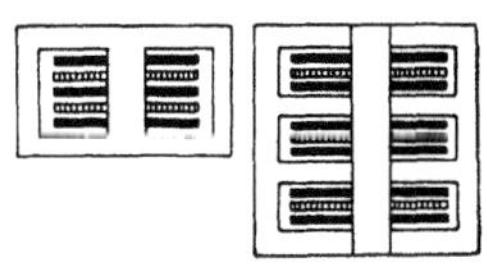

Abb. 304. Manteltransformatoren.

Die Wicklungen werden in bekannter Weise aus Baumwolldraht oder bei größeren Stromstärken aus umsponnenen Vierkantleitern hergestellt. Eine gute Trennung der primären Wicklung von der sekundären durch Isolierschichten ist besonders bei hohen Spannungen notwendig, jedoch sind zu große Entfernungen zu vermeiden, weil dadurch das Auftreten von Streukraftflüssen begünstigt wird. Bei der Scheibenwicklung wird man aus diesem Grunde Scheiben der Hochspannungs- und der Niederspannungsseite abwechselnd aufeinander folgen lassen. Eine gute Versteifung der Wicklungen ist erforderlich, weil bei Kurzschluß sehr große mechanische Kraftwirkungen auf die Spulen ausgeübt werden können.

Die Abfuhr der Verlustwärme macht bei den Transformatoren größere Schwierigkeiten als bei den Maschinen, weil die Bewegung fehlt. Man braucht daher schon bei mittleren Leistungen besondere Abführmittel. Wenn man in der allgemeinen Induktionsgleichung 86, die für den Transformator gilt, beiderseits mit dem Strom multipliziert, erhält man die Leistungsgleichung des Transformators $N = 4{,}44 \cdot \Phi \cdot f \cdot \Theta : 10^8$, woraus man zunächst einmal sieht, daß bei gleichem Kraftfluß Φ und gleicher Durchflutung $\Theta = w \cdot I$ die Leistung um so kleiner ist, je geringer die Frequenz f ist. Transformatoren für niedere Frequenz werden daher groß und teuer. Faßt man die konstanten Größen der Gleichung zusammen, so kann man auch schreiben:

$$N = c \cdot \Phi \cdot \Theta. \qquad (164)$$

Die Leistung ist also dem Kraftfluß und der Durchflutung proportional. Der Kraftfluß bestimmt das Eisengewicht, die Durchflutung das Kupfergewicht, und es liegt daher in der Hand des Konstrukteurs, diese beiden Faktoren so zu bemessen, daß ein günstiger Transformator entsteht. Nehmen wir einen Transformator von bestimmter Leistung und Abmessung an, so wird ein solcher, dessen lineare Abmessungen doppelt so groß sind, die $2^4 = 16$fache Leistung aufweisen, weil der Kraftfluß sowohl wie die Durchflutung bei gleicher magnetischer und elektrischer Beanspruchung auf das 4fache gestiegen sind. Das Gewicht des doppelt so großen Transformators ist hingegen nur auf das $2^3 = 8$fache gestiegen, so daß sich der große Transformator im Verhältnis wesentlich leichter und billiger ergibt als ein kleiner. Die Verluste sind bei gleicher Beanspruchung dem Volumen proportional, sie wachsen also mit der dritten Potenz und stellen sich daher ebenfalls günstiger, je größer wir die Transformatorleistung wählen. Große Transformatoren haben also einen verhältnismäßig höheren Wirkungsgrad. Die abkühlende Oberfläche jedoch wächst nur quadratisch und bleibt daher bei Vergrößerung des Transformators hinter den kubisch wachsenden Verlusten stark zurück. D. h. während wir bei kleinen Transformatoren die Verlustwärme in üblicher Weise durch Selbstkühlung mittels der umgebenden Luft abführen können (Trockentransformatoren, Abb. 305a), ist dies schon bei mittleren Leistungen nicht mehr möglich. Man vergrößert dann die abkühlende Oberfläche dadurch, daß man den Transformator in einen Kessel mit Öl einbaut (Öltransformator, Abb. 305b). Das Öl trägt durch seine Temperaturströmung die Wärme vom Transformator nach den Blechwänden, die vermöge ihrer Taschen und Rippen eine große Oberfläche haben. Bei Transformatoren für hohe Spannungen dient allerdings auch das Öl noch zur Erhöhung der Isolationsfestigkeit.

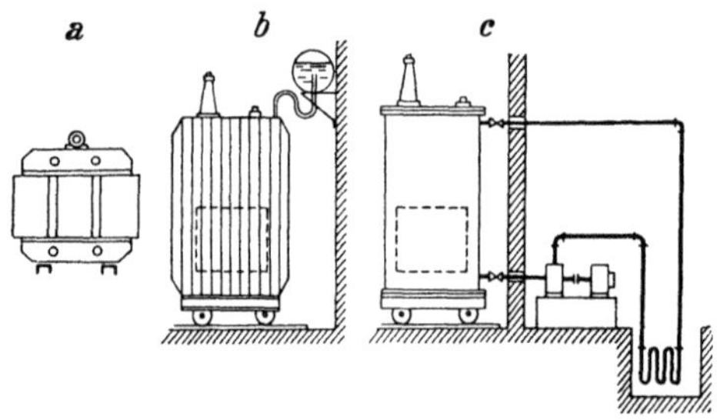

Abb. 305. Kühlarten der Transformatoren.

Eine weitere Erhöhung der Kühlwirkung wird durch angebaute Kühlrohre oder Radiatoren erzielt. Große Transformatoren müssen hingegen Fremdlüftung haben (Abb. 305c). Meist wird das Öl mittels einer Pumpe oben aus dem Kessel herausgesaugt, durch einen Kühler getrieben und dann dem Transformator unten wieder zugeführt.

Das Öl muß eine hohe Durchschlagsfestigkeit haben und muß säurefrei sein. Die Vorschriften verlangen im Betriebe mindestens eine Durchschlagsfestigkeit von 80 kV/cm und bei neuem Öl von mindestens 125 kV/cm. Dieselbe muß hin und wieder durch eine Durchschlagsprüfung festgestellt werden. Sie wird vor allem schon durch geringe Spuren von Wasser herabgesetzt. Sobald das Öl beim Erhitzen knackende Geräusche macht, ist es wasserhaltig und muß ausgekocht werden. Man kann nicht damit rechnen, daß ein wasserfrei eingefülltes Öl auch wasserfrei bleibt, weil ein wechselnd belasteter Transformator „atmet“, d. h. bei Belastung und Erwärmung dehnt er sich und drückt Luft hinaus, während er bei Entlastung umgekehrt Luft, die stets feucht ist, hereinsaugt. Eine völlige Abdichtung des Gefäßes ist aber undurchführbar. Eine weitere Schädigung kann Öl durch Oxydation erfahren, jedoch im allgemeinen nur im warmen Zustand. Beide Gefährdungen sucht man durch ein Ausdehnungsgefäß (Ölkonservator) zu beseitigen. Es ist dies ein Gefäß (Abb. 305b), welches oberhalb des Ölkessels angeordnet ist und durch ein Knierohr den Kessel immer restlos mit Öl gefüllt hält. Das Öl im Ausdehnungsgefäß bleibt kalt, kann daher nicht oxydieren, und im Kessel befindet sich keine Luft. Das Atmen des Transformators erfolgt nun zwischen Ölkessel und Ausgleichsgefäß, wobei Feuchtigkeit nicht in den Kessel gelangen kann.

Neuerdings spielt die Überwachung des Transformators und des Öles durch den sog. Buchholzschutz eine große Rolle. Es ist dies ein Schwimmer mit Kontaktvorrichtung, welcher oberhalb des Transformators, z. B. zwischen Kessel und Ausdehnungsgefäß, eingebaut ist. Treten Zersetzungen des Öles oder bereits Überschläge darin auf, so wird sich immer eine geringe Gasmenge bilden, die hochsteigt und sich in dem Gehäuse des Buchholzapparates sammelt. Dort hebt sie bei hinreichender Menge einen Schwimmer hoch und schließt dadurch einen Alarmkontakt. Bei stärkerer Gasentwicklung wird durch einen weiteren Kontakt der Transformator sofort abgeschaltet. Ein solcher Schutz, ebenso wie elektrische Thermometer zur fortlaufenden Temperaturüberwachung, lohnt sich jedoch nur bei großen Leistungen.

3. Das Verhalten der Transformatoren.

a) Die Spannung. Die Spannungsabfälle eines Transformators sind gering und daher beträgt der Spannungsunterschied zwischen Leerlauf und Nennlast bei induktionsfreier Belastung nur etwa 2 bis 3% und bei der oft vorkommenden induktiven Belastung mit $\cos\varphi = 0{,}8$ etwa 4 bis 6%. Bei kapazitiver Belastung tritt eine Spannungserhöhung ein.

Zur Aufstellung eines Betriebsdiagrammes, aus dem man die Spannungsänderungen bequem abgreifen kann, wählt man zweckmäßig die Ersatzschaltung Abb. 306, bei welcher die primäre und sekundäre Induktivität sowie die Widerstände zusammengefaßt sind, während man den Magnetisierungsstrom und den Verluststrom zur Hälfte vor und zur Hälfte nach denselben annimmt. Die Übersetzung ist auch hier wieder gleich 1 angenommen. Das Vektordiagramm für diese Schaltung,

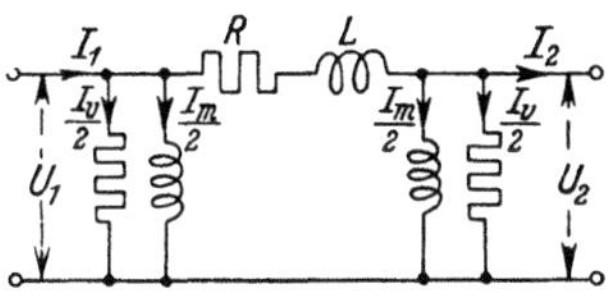

Abb. 306. Ersatzschaltung.

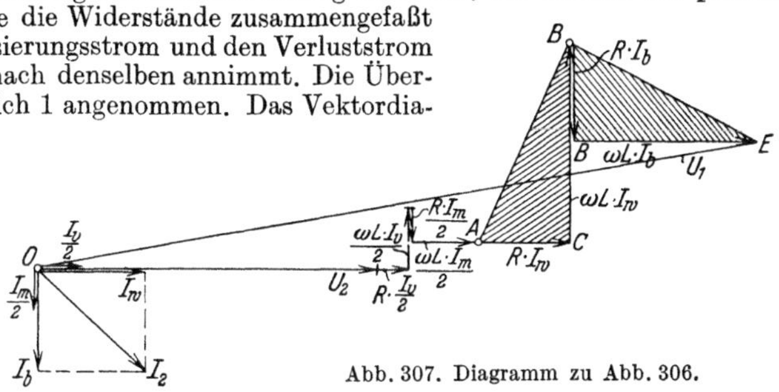

Abb. 307. Diagramm zu Abb. 306.

Abb. 307, zeigt insofern eine Besonderheit, als der Sekundärstrom I_2 in seine Wirk- und Blindkomponente zerlegt ist, und daß sowohl für diese Teilströme als auch für die Ströme $I_m : 2$ und $I_v : 2$ die Spannungsabfälle, die sie in R und L hervorrufen, getrennt zur Spannung U_2 geometrisch addiert worden sind. Man erhält dadurch die Primärspannung U_1, die dann natürlich noch mit dem Windungsverhältnis multipliziert werden muß. Mit Absicht sind die unveränderlichen Spannungsabfälle von I_m und I_v zuerst und diejenigen des Belastungsstromes zum Schluß addiert worden. Die schraffierten Dreiecke ABC und BDE sind der Belastungsgröße proportional, und zwar das erste der Wirklast und das zweite der Blindlast. Wir wollen daher die Hypothenuse AB als Maßstab der Wirklast und BE als Maßlinie für die Blindlast des Transformators ansehen. Zur Erhöhung der Genauigkeit der Zeichnung wollen wir von diesem Diagramm nunmehr nur noch den Kopf mit den Spannungsabfällen zeichnen (Abb. 308). Nachdem die Spannungsabfälle für I_m: 2 und I_v: 2 angetragen sind, trägt man sich für den Nennstrom des Transformators als Wirkstrom den Ohmschen Spannungsabfall $R \cdot I_w$ als Strecke $\overline{AC}$ und den induktiven Spannungsabfall $\omega \cdot L \cdot I_w$ als Strecke $\overline{BC}$ an. Der Punkt B stellt dann den Endpunkt des Spannungsvektors U_1 für den Fall dar, daß mit Nennlast bei $\cos\varphi = 1$ belastet ist. Wir können uns nun über AB einen Maßstab der Wirkleistung von Null bis Nennlast anlegen. Auf der dazu senkrechten Achse tragen wir in gleicher Weise die Blindlast auf. Dieses einmal für einen gegebenen Transformator aufgestellte Diagramm erlaubt, für eine beliebige Last den Spannungsabfall schnell abzugreifen. Wird dem Transformator die Wirklast N_w und die Blindlast N_b entnommen, so tragen wir dieselben auf den Achsen ab und kommen so zu dem Punkt E. Das Lot von diesem Punkt schneidet mit genügender Genauigkeit auf dem Spannungsmaßstab den Spannungsunterschied ΔU zwischen Leerlauf und Belastung ab. Das Diagramm zeigt auch, daß bei kapazitiver Blindlast U_1 kleiner als U_2 werden kann. Gewöhnlich ist der Einfluß von I_v gering und daher dieser Strom vernachlässigbar.

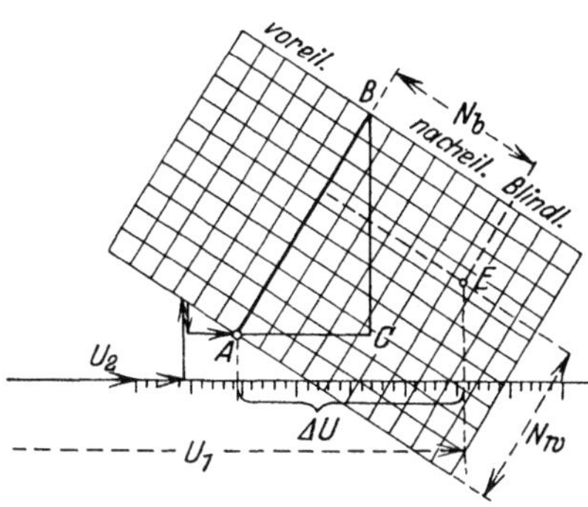

Abb. 308. Betriebsdiagramm.

b) Die Verluste. Sie setzen sich aus den Eisenverlusten und den Stromwärmeverlusten zusammen. Die ersteren sind bei allen Belastungen unverändert, weil mit Rücksicht auf die sehr kleinen Spannungsabfälle bei konstanter Netzspannung auch die Gegenspannung E_1 unverändert bleibt. Diese ist aber dem Kraftfluß proportional, so daß also auch dieser bei allen Belastungen konstant ist. Die Stromwärmeverluste $R \cdot I^2$ wachsen hingegen quadratisch mit dem Belastungsstrom. Abb. 309 zeigt den Verlauf der Verlustlinien in Abhängigkeit von der Belastung N_2. Der Wirkungsgrad der Transformatoren bei Nennlast ist wegen der fehlenden Reibungsverluste höher als

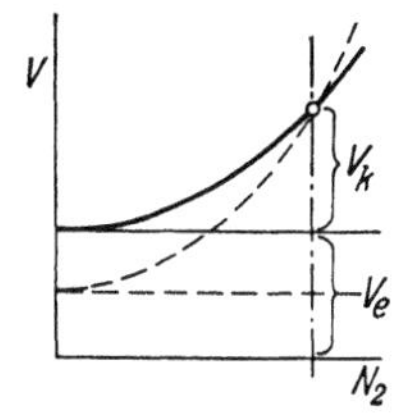

Abb. 309. Transformatorenverluste.

derjenige der Maschinen. Bei Nennlast und $f = 50$ kann man etwa mit den folgenden Werten rechnen:

1 kW Nennleistung	$\eta = 0{,}92$	50 kW Nennleistung	$\eta = 0{,}97$
5 kW ,,	0,95	100 kW ,,	0,98
10 kW ,,	0,96	1000 kW ,,	0,985

Das Verhältnis a der veränderlichen Stromwärmeverluste zu den konstanten Eisenverlusten (siehe S. 97) kann von dem Konstrukteur gewählt werden. Er wird es bei Krafttransformatoren, entsprechend Abb. 309, so wählen, daß bei der am häufigsten vorkommenden Last, der Nennlast, der höchste Wirkungsgrad auftritt. Dies ist nach Gl. 159 dann der Fall, wenn bei Nennlast die Eisenverluste gleich den Stromwärmeverlusten sind ($a = 1$). Reine Lichttransformatoren, welche im Laufe des Tages nur kurze Zeit belastet sind und während der größeren Zeit eines Tages leer laufen, müssen kleinere Eisenverluste im Verhältnis zu den Stromwärmeverlusten haben (gestrichelt in Abb. 309), es muß also $a = V_v : V_k > 1$ sein. Gewöhnlich ist $a = 2$ bis 3,5. Es kommt also hier nicht so sehr auf einen hohen Wirkungsgrad des Transformators selbst, als vielmehr auf einen günstigen Jahreswirkungsgrad an (das Verhältnis der jährlich abgegebenen Arbeit zur aufgenommenen).

77. Beispiel. Es sollen zwei Transformatoren für je 10 kW Nennlast und $\eta = 0{,}96$ bei Nennlast von denen der eine als Krafttransformator $a = 1$ und der andere als Lichttransformator $a = 3$ hat hinsichtlich ihres Jahreswirkungsgrades miteinander verglichen werden. Beide sollen täglich zwei Stunden mit Vollast betrieben werden und die übrige Zeit leerlaufen.

Die aufgenommene Leistung ist $10000 : 0{,}96 = 10416$ W, also der Verlust bei Nennlast 416 W. Für den Krafttransformator ist daher $V_k = 208$ W und $V_v = 208$ W. Für den Lichttransformator ist $V_k + a \cdot V_k = 416$, woraus sich mit $a = 3$, $V_k = 104$ W und $V_v = 312$ W ergibt. Bei 365 Tagen ist die abgegebene Arbeit für jeden Transformator $365 \cdot 2 \cdot 10 = 7300$ kWh. Die aufgenommene Arbeit für den Krafttransformator $365 \cdot 2 \cdot 10{,}416 + 365 \cdot 22 \cdot 0{,}208 = 9220$ kWh, also sein Jahreswirkungsgrad $7300 : 9220 = 0{,}793$. Für den Lichttransformator ist die aufgenommene Arbeit $365 \cdot 2 \cdot 10{,}416 + 365 \cdot 22 \cdot 0{,}104 = 8435$ W und der Jahreswirkungsgrad $7300 : 8435 = 0{,}865$. Durch den Lichttransformator werden jährlich $365 \cdot 22 \cdot 0{,}104 = 835$ kWh erspart.

Die **Messung des Wirkungsgrades** eines Transformators durch Messung der zu- und abgeführten Leistung führt wegen des geringen Unterschiedes beider zu erheblichen Meßfehlern und kann daher nur bei kleinen Transformatoren Anwendung finden. Es ist daher üblich, den Wirkungsgrad durch Verlustmessungen zu bestimmen. Hierzu sind zwei Versuche nötig:

1. Leerlaufversuch. Die zugeführte Leistung wird gemessen. Sie ist, wenn man von den meist vernachläßigbaren Stromwärmeverlusten im Leerlauf absieht, gleich dem Eisenverlust, der bekanntlich bei allen Belastungen unverändert bleibt.

2. Kurzschlußversuch. Der Transformator wird sekundär kurzgeschlossen, erhält primär aber nur eine so große Spannung u_k, die Kurzschlußspannung, daß er primär seinen Nennstrom aufnimmt. Bei dieser sehr kleinen Spannung ist der Kraftfluß praktisch gleich Null und mit ihm auch der Eisenverlust. Die dann gemessene Leistung stellt also den Stromwärmeverlust dar. Damit sind die Verluste bekannt und der Wirkungsgrad berechenbar. Die Bestimmung der Stromwärmeverluste aus den Ohmschen Widerständen ergibt gewöhnlich etwas zu kleine Werte.

Abb. 310. Kurzschlußdreieck.

Aus der Kurzschlußmessung ergibt sich nach Berechnung der Phasenverschiebung auch das Kurzschlußdiagramm Abb. 310, welches die Berechnung des gesamten Ohmschen Widerstandes R und der Induktivität L gestattet. Es ist jedoch zu beachten, daß dieser Gesamtwiderstand nicht einfach die Summe von primärem und sekundärem Widerstand ist. Wir denken uns vielmehr, daß in der primären Wicklung der sekundäre Verlust infolge eines erhöhten Widerstandes mit entstehe. Der Gesamtverlust ist $R_1 \cdot I_1^2 + R_2 \cdot I_2^2$. Setzt man hierin für I_2 den Wert $I_1 \cdot w_1 : w_2$ ein, so erscheint I_1^2 multipliziert mit einer Widerstandsgröße, die den Gesamtwiderstand darstellt, nämlich

$$R = R_1 + R_2 \cdot \left(\frac{w_1}{w_2}\right)^2. \tag{165}$$

78. Beispiel. Drei Wechselstromtransformatoren von je 100 kVA seien nach Abb. 302 geschaltet. Welche Leistung kann man ihnen entnehmen, wenn einer derselben wegen einer Störung ausgebaut wurde?

Die Entfernung eines der Transformatoren ist bei dieser Schaltung möglich, weil die beiden übrigen die fehlende Spannung mitbilden. Die Amerikaner wenden daher eine solche Schaltung zuweilen an. Die nachherige Belastung ist durch die Verluste bestimmt, die in jedem Transformator nicht größer als vorher sein dürfen. Die Eisenverluste bleiben unverändert, weil sich die Spannungen nicht ändern. Der Strom im Transformator ist vorher gleich dem Belastungsstrom geteilt durch $\sqrt{3}$, nachher aber gleich dem Belastungsstrom. Die Belastung muß daher im Verhältnis $1:\sqrt{3} = 0{,}58$ herabgesetzt werden. Die beiden Transformatoren können daher nachher mit $300 \cdot 0{,}58 = 173$ kVA belastet werden.

c) Unsymmetrische Belastung von Drehstromtransformatoren. Der in Abb. 311 in Stern-Stern geschaltete Transformator sei sekundär nur in einem Strang belastet. Es entsteht hier die Frage, welche Ströme primär dem Netz entnommen werden. Wir können hierbei den gegenüber dem Belastungsstrom sehr kleinen Magnetisierungsstrom einmal vernachlässigen. Die Durchflutungen der Belastungsströme müssen sich dann auf jedem magnetischen Kreis genau so im Gleichgewicht halten, wie die Spannungen nach dem zweiten Kirchhoffschen Gesetz. Unter der Annahme gleicher Windungszahlen primär und sekundär lassen sich dann die folgenden Gleichungen aufschreiben:

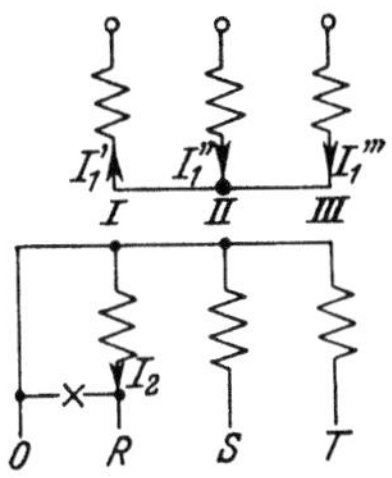

Abb. 311. Einphasig belasteter Drehstromtransformator.

$$\text{Schenkel } I\text{—}II \quad I_2 - I_1'' - I_1' = 0$$
$$\text{,,} \quad I\text{—}III \quad I_2 - I_1''' - I_1' = 0$$
$$\text{,,} \quad II\text{—}III \quad I_1'' - I_1''' = 0$$
$$I_1' + I_1'' + I_1''' = 0$$

Die letzte Gleichung ergibt sich aus der früher erwähnten Tatsache, daß die drei Primärströme zusammen gleich Null sein müssen. Nach Auflösung der Gleichungen findet man:

$$I_1' = {}^2/_3 \cdot I_2 \qquad I_1'' = {}^1/_3 \cdot I_2 \qquad I_1''' = {}^1/_3 \cdot I_2.$$

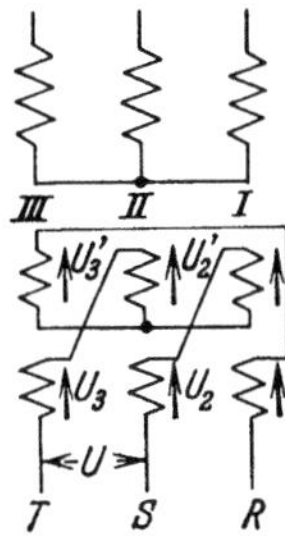

Abb. 312. Zickzackschaltung.

Hätte man zu Anfang die Pfeile verkehrt angenommen gehabt, so würde sich dies im Ergebnis durch ein Minuszeichen bemerkbar machen. Der resultierende Strom des Schenkels I ist $I_2 - I_1' = {}^1/_3 \cdot I_2$. Es wirken also auf allen drei Schenkeln gleiche Durchflutungen im gleichen Sinne, die zu großer Streuung und großen Spannungsabfällen Veranlassung geben, weil starke Kraftflüsse durch die Luft oder das Gehäuse gehen. Der Unterschied in der Strangbelastung darf daher bei dieser Schaltung nur gering sein. Man erhält eine wesentliche Verbesserung, wenn man sekundär die **Zickzackschaltung** nach Abb. 312 anwendet. Die Sekundärspannung wird hier zur Hälfte von verschiedenen Schenkeln abgenommen, wobei jedoch zu beachten ist, daß die beiden Spulenhälften eines Stranges immer entgegen geschaltet sind. Abb. 313 stellt das Diagramm der Zickzackschaltung dar. Die Teilspannungen $U_1 + (-U_3')$ ergeben die Strangspannung U_{p1}. Die Leitungsspannung U ist dreimal so groß wie die Spannung einer Wicklungshälfte ($U = 3\,U_1$).

Eine andere Möglichkeit, den Transformator auch für unsymmetrische Belastungen geeignet zu machen, besteht darin, daß man die Dreiecksschaltung anwendet. Bei ihr verteilt sich eine unsymmetrische Belastung derart auf die Primärseite, daß keine unzulässigen Spannungsabfälle entstehen. Dann muß aber die Isolation der Spulen für die 1,73mal so große Spannung bemessen werden, was bei Hochspannung nicht angenehm ist. Ein in Stern geschalteter Transformator (Abb. 311) kann zum besseren Ausgleich bei Unsymmetrien auch mit einer getrennten in Dreieck geschalteten Tertiärwicklung versehen werden. Eine solche Tertiärwicklung wird ferner oft zur Unterdrückung der Oberwellen 3facher Frequenz benutzt.

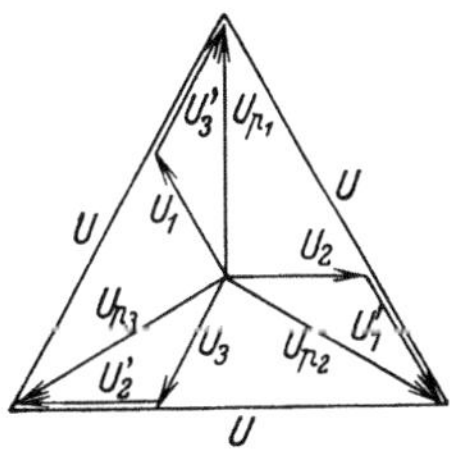

Abb. 313. Diagramm zu Abb. 312.

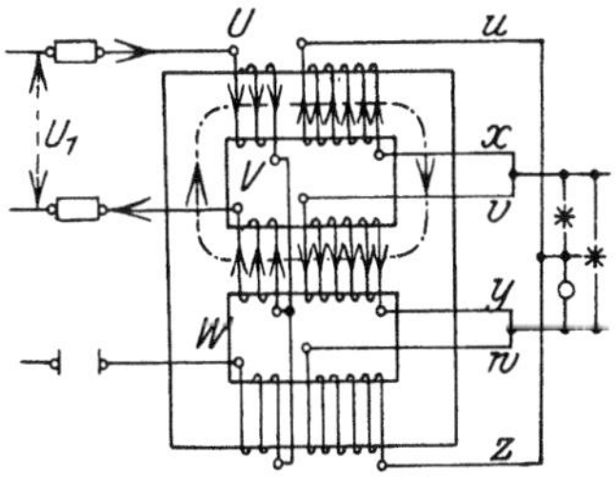

Abb. 314. Eine Sicherung ist durchgebrannt.

Ungleiche Belastungen entstehen auch dadurch, daß bei einem Drehstromtransformator eine der Sicherungen durchbrennt, wie die Abb. 314 veranschaulicht. Die bei unversehrter Sicherung in Stern an der Spannung U_1 liegenden Spulen liegen nun in Reihe, so daß jede statt $U_1:\sqrt{3}$ nur $U_1:2$ bekommt. Im gleichen Verhältnis muß sich die Spannung der auf gleichen Schenkeln liegenden Sekundärspulen vermindert haben. Von den in Dreieck geschalteten Lampen werden also der Abbildung entsprechend zwei mit verminderter Spannung und eine gar nicht brennen.

d) Das Parallelschalten von Transformatoren. Voraussetzung für die primäre und sekundäre Parallelschaltung zweier Transformatoren ist, daß sie für die gleiche Übersetzung bemessen sind. Weiterhin ist aber auch der Spannungsabfall von Bedeutung. Abb. 315 zeigt die Klemmenspannung U_2 von zwei verschiedenen Transformatoren in Abhängigkeit von der Belastung. Bei Parallelschaltung muß die Spannung übereinstimmen. Die Belastung verteilt sich demnach **ungleich**, und es kann zu Überlastungen kommen. Zwei gleiche Transformatoren können daher nur dann gleich belastet werden, wenn ihre Spannungsabfälle übereinstimmen (gleiche Kurzschlußspannung). Im Notfall läßt sich die Parallelschaltung ungleicher Transformatoren dadurch ermöglichen, daß demjenigen mit dem geringen Spannungsabfall eine kleine Drossel sekundär oder primär vorgeschaltet wird.

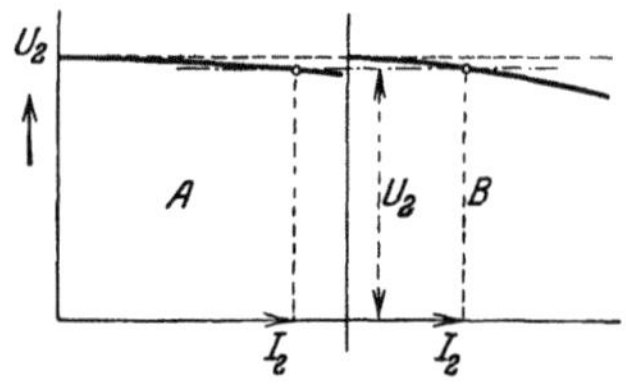

Abb. 315.

Für **Drehstromtransformatoren** gelten dieselben Bedingungen, wenn es sich um Transformatoren handelt, die in der Schaltung übereinstimmen. Im anderen Falle tritt eine neue Schwierigkeit auf, weil die Spannungen zuweilen nicht in der **Phase** übereinstimmen. Soll z. B. ein Transformator in Stern-Sternschaltung mit einem solchen in Stern-Dreieckschaltung parallel geschaltet werden, so stimmen die Phasen für die Primärseite natürlich überein. Sekundär entstehen in entsprechenden Strängen beider Transformatoren Spannungen, die der Phase nach übereinstimmen, der Größe nach bei dem Transformator in Dreieckschaltung 1,73mal so groß sein müssen. Schalten wir diese Spannungen 1, 2, 3 (Abb. 316) einmal in Stern, das andere Mal in Dreieck, so ergeben sich zwei um den Winkel $\alpha = 30°$ verdrehte gleiche Dreiecke. Eine Parallelschaltung ist also unmöglich, weil die Phasen beider Transformatoren nicht übereinstimmen. Die Vorschriften für Transformatoren (RET) enthalten eine Tabelle, in welcher angegeben ist, welche Parallelschaltungen möglich sind.

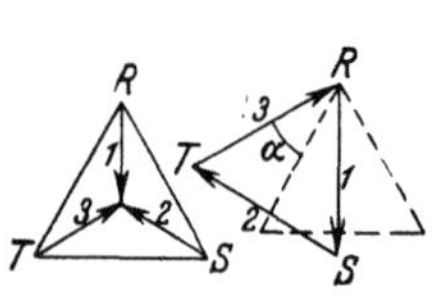

Abb. 316.

Die praktische Ausführung einer Parallelschaltung erfolgt nach Abb. 317 in der Weise, daß man den Transformator *II* primär voll und sekundär mit **einer** Leitung anschließt. Alsdann prüft man mittels Spannungsmessers oder einer Prüflampe, zwischen welchen Punkten **keine** Spannung herrscht. Diese können dann durch einen Leiter dauernd verbunden werden. Zwei Transformatoren, die infolge ungleicher Schaltung nicht zusammen geschaltet werden dürfen, zeigen dies dadurch an, daß überall Spannungsunterschiede auftreten.

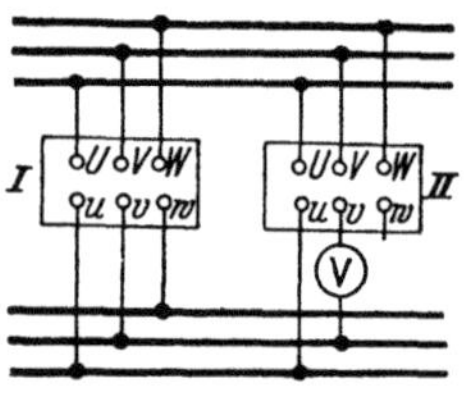

Abb. 317. Parallelschaltung zweier Transformatoren.

79. Beispiel. In einer Anlage befinden sich Transformatoren, welche von 5000 V auf 110 V umspannen. Infolge einer Erweiterung soll die Sekundärspannung auf 220 V erhöht werden. Können die bisherigen Transformatoren benutzt werden?

Ja. Sie bleiben primär wie bisher in Parallelschaltung, sekundär werden sie aber zu je zweien in Reihenschaltung gebracht. Man zeichne das Schaltbild.

80. Beispiel. Ein Drehstromtransformator hat primär je Strang eine Wicklung für 220 V, sekundär je Strang zwei Wicklungen für je 55 V. Welche Übersetzungen sind mit diesem Transformator möglich?

Bei primärer Dreiecksschaltung sind sekundär fünf Schaltungsmöglichkeiten vorhanden, nämlich: Dreieckschaltung in Reihe 220 : 110 V, Dreiecksschaltung parallel, 220 : 55 V, Sternschaltung in Reihe 220:190 V, Sternschaltung parallel, 220:95 V, Zickzackschaltung 220:165 V. Bei primärer Sternschaltung sind weitere fünf Schaltungsmöglichkeiten gegeben, bei welchen die Primärspannung statt 220 nunmehr 380 V ist, während die Sekundärspannungen mit den obengenannten übereinstimmen. Die Leistung ist bei der Zickzackschaltung etwas geringer.

4. Sondertransformatoren.

a) Spartransformatoren. Bei diesem Transformator (Abb. 318) wird ein Teil der primären Windungen als Sekundärwicklung benutzt. In dem gemeinsamen Teil fließt ein Strom $I_2 - I_1$, wenn man von dem kleinen Magnetisierungsstrom absieht. Man erspart also durch diesen Transformator nicht nur Wicklungskupfer, sondern vermindert auch die Stromwärmeverluste. Da I_1 und I_2 in ihrer Größe um so weniger voneinander abweichen, je mehr sich die Übersetzung dem Verhältnis 1 : 1 nähert, verhält sich dieser Transformator in der Nähe dieses Windungsverhältnisses am günstigsten, weil dann in der gemeinsamen Wicklung nur noch wenig Strom fließt. Der

Spartransformator kommt daher kaum für große Spannungsänderungen in Frage. Für die Transformierung von Hochspannung in Niederspannung ist er unzulässig, weil die Niederspannungsseite in leitender Verbindung mit der Hochspannungsseite steht.

b) Die Meßwandler. Spannungswandler. Sie werden bei der Messung hoher Spannungen benutzt, an die man der Gefahr wegen einen Spannungsmesser nicht unmittelbar anschließen möchte. Außerdem ist auch die Herstellung von Spannungsmessern für hohe Spannungen nicht einfach. Abb. 319 zeigt den Anschluß eines Spannungswandlers. Die Sekundärspannung ist gewöhnlich 100 V. Damit ein solcher Wandler mit einem beliebigen Spannungsmesser zusammengeschaltet werden kann, müssen seine Spannungen möglichst genau dem Windungsverhältnis entsprechen.

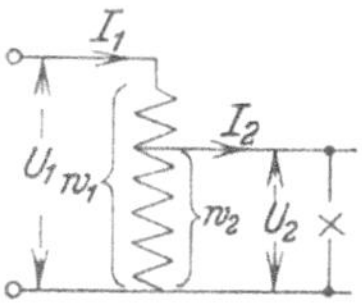

Abb. 318. Spartransformator.

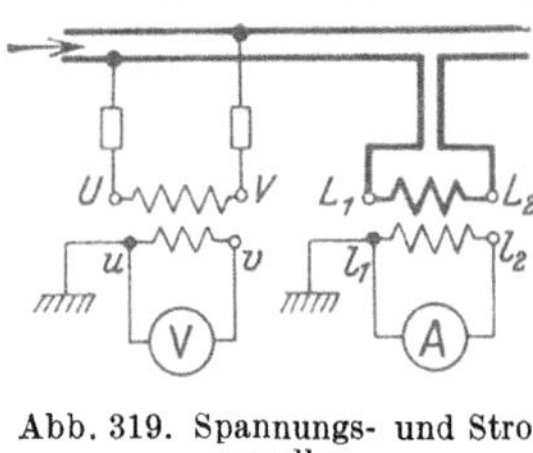

Abb. 319. Spannungs- und Stromwandler.

Dies ist aber nur der Fall, wenn der Transformator so schwach belastet ist, daß er als leerlaufend gelten kann. Trotzdem wird ein kleiner Fehler unvermeidlich sein. Man unterscheidet zwischen dem Spannungsfehler und dem Fehlwinkel. Der Spannungsfehler ist die Abweichung des Spannungsverhältnisses vom Windungsverhältnis. Der Fehlwinkel ist der Winkel, welchen in Abb. 299 (unten) die Spannungen U_1 und E_1 miteinander bilden. Er braucht natürlich nur bei Leistungs- und Arbeitsmessungen, nicht aber bei Spannungsmessungen berücksichtigt zu werden. Bei sehr hohen Spannungen werden zuweilen mehrere Spannungswandler in Reihe geschaltet (Kaskaden-Spannungswandler) und in einen gemeinsamen großen Isolator eingebaut.

Stromwandler. Sie werden fast nur zur Trennung des Meßinstrumentes von der Hochspannung benutzt. Da der Strommesser (Abb. 319), der gewöhnlich bis 5 A mißt, nur einen geringen Widerstand hat, gilt der Stromwandler als sekundär kurzgeschlossen. Zwischen den Klemmen L_1 und L_2, sowie l_1 und l_2 herrschen daher nur ganz geringe Spannungen. Infolgedessen können die Klemmen L_1 und L_2 auf einem Hochspannungsisolator angebracht werden. Damit der Stromfehler des Wandlers klein bleibt, darf die sekundäre Belastung (Bürde) nicht groß sein, denn nur bei sekundärem Kurzschluß ist der Kraftfluß und der Magnetisierungsstrom, welcher für die Abweichung von Gl. 163 verantwortlich ist, vernachlässigbar klein. Der Fehlwinkel, welcher bei genauen Leistungsmessungen berücksichtigt werden muß, ist die Abweichung des Sekundärstromes gegenüber dem negativen Wert des Primärstromes. Stromwandler müssen kurzschlußsicher sein, und zwar sowohl in dynamischer als auch in thermischer Hinsicht (siehe auch Gl. 17). Ein dynamisch kurzschlußsicherer Stromwandler ist z. B. der Stab-Stromwandler nach Abb. 320, bei welchem der Eisenkern E den vom Primärstrom I_1 durchflossenen Kupferstab konzentrisch umschließt. Besonders zu beachten ist, daß nach Ausbau des Strommessers die Sekundärwicklung während des Betriebes nicht offen bleiben darf, weil sonst die Gegendurchflutung der Sekundärseite fehlt und der Primärstrom einen sehr starken Kraftfluß im Eisen erzeugen würde, welcher nicht nur zu einer unzulässigen Temperaturerhöhung Veranlassung geben, sondern auch sekundär eine gefährliche Spannung induzieren würde. Ein Spannungswandler bleibt natürlich nach Ausbau des Spannungsmessers sekundär offen.

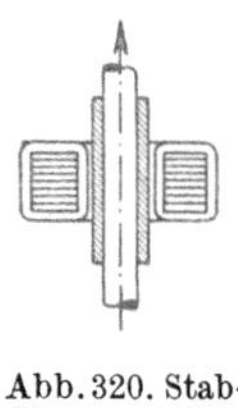

Abb. 320. Stab-Stromwandler.

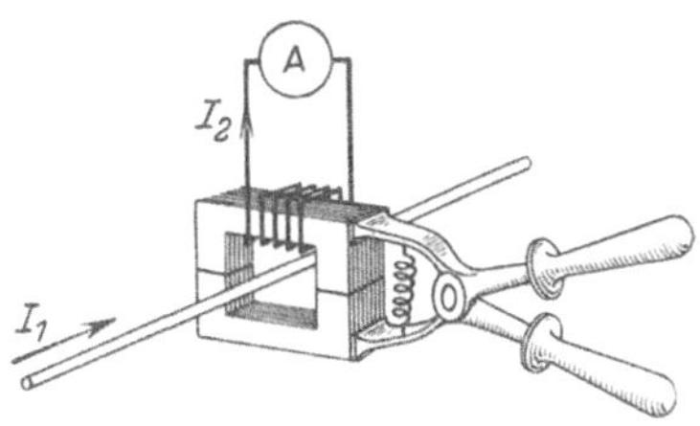

Abb. 321. Anleger nach Dietze.

Beim Anschluß mehrerer Meßinstrumente an einen Meßwandler ist zu beachten, daß dieselben beim Stromwandler in Reihe, beim Spannungswandler parallel zu schalten sind. Die Sekundärseite wird stets mit einem Pol geerdet, damit auch bei schadhafter Isolation des Wandlers sekundär keine Gefahr besteht.

Der Anleger nach Dietze (Abb. 321) besitzt einen Eisenkern, welcher zangenartig ausgebildet ist und um eine Leitung gelegt werden kann. Es ist dadurch möglich, den Strom eines Leiters zu messen, ohne daß der Stromkreis geöffnet und der Betrieb unterbrochen wird.

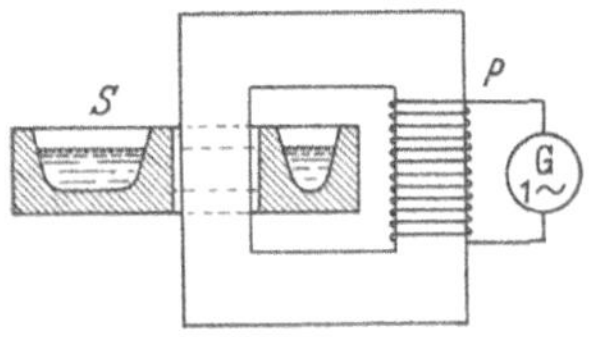

Abb. 322. Induktionsofen.

c) Induktionsöfen. (Abb. 322.) Es sind dies Transformatoren, deren Sekundärwicklung durch ein flüssiges Stahlbad gebildet wird, in dem entsprechend dem Windungsverhältnis ein sehr starker Strom fließt. Wegen der großen Hitze kann die Primärwicklung P nicht sehr dicht an das Bad herangebracht werden. Die Streuung ist daher groß. Um trotzdem keine zu großen, die Leistung vermindernden Spannungsabfälle zu bekommen, werden diese Öfen mit einer kleinen Frequenz betrieben.

X. Die Asynchronmotoren.

A. Der asynchrone Drehstrommotor.

1. Die Wirkungsweise.

An der früheren Abb. 135 haben wir gesehen, daß dreiphasiger Wechselstrom in drei um 120° versetzten Spulen ein Drehfeld erzeugt, welches minutlich $60 \cdot f$-Umdrehungen macht. Abb. 323 unterscheidet sich von der früheren nur dadurch, daß jede der drei Spulen in mehreren Nuten untergebracht ist. Der Kraftfluß in einer bestimmten Augenblickslage ist durch die strichpunktierte Linie angedeutet. Die dreisträngige Wicklung erzeugt also ein zweipoliges Feld. Schieben wir die drei Spulen auf einer Hälfte des Ständereisenrings zusammen und ordnen auf der anderen Hälfte nochmals drei Spulen an, so haben wir im ganzen 6 Spulen, deren Weite nun ein Viertel des Umfanges ist. Auf jeden Strang entfallen zwei Spulen, die bei richtiger Schaltung ein vierpoliges Drehfeld liefern, welches aber während einer Periode nur eine halbe Umdrehung, in einer Minute also $60 \cdot f : 2$ Umdrehungen macht. Bezeichnen wir die Polzahl mit $2p$, dann ist allgemein die Drehfelddrehzahl:

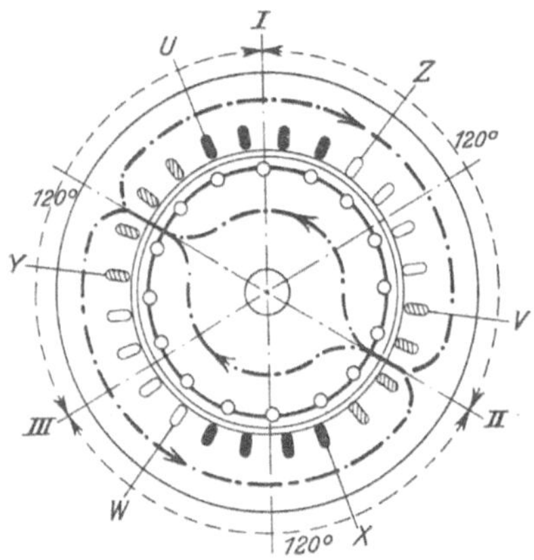

Abb. 323. Zweipoliger Drehstrom-Asynchronmotor.

$$n_0 = \frac{60 \cdot f}{p}. \tag{166}$$

Bei m Stränge (Phasen) ist die Spulenzahl gleich $m \cdot p$.

In dem Hohlraum des Ringes soll nun ein Eisenkörper (Läufer) angeordnet werden, welcher an seinem Umfang eine größere Zahl von Kupferstäben trägt, die auf beiden Stirnseiten durch Kurzschlußringe miteinander verbunden sind (Kurzschluß- oder Käfigläufer). Sobald der Strom eingeschaltet wird, läuft bei dieser zweipoligen Anordnung und einer Frequenz von 50 Hz das Drehfeld mit 3000 minutlichen Umdrehungen um. Die noch still stehenden Ankerstäbe schneiden dieses Feld mit großer Geschwindigkeit, und es entsteht in ihnen eine EMK und ein Strom, der nach dem Lenzschen Gesetz so gerichtet sein muß, daß er das Kraftlinienschneiden zu verhindern bestrebt ist. Dies ist aber nur dann der Fall, wenn der Strom eine Kraftwirkung im Drehsinne des Drehfeldes ausübt. Der Anker wird also dem Drehfeld nachlaufen. Je mehr sich aber die Ankerdrehzahl der Drehfelddrehzahl nähert, um so geringer wird die Schnittgeschwindigkeit der Kraftlinien und damit auch der Strom. Es leuchtet ein, daß der Anker in seiner Geschwindigkeit nie das Drehfeld einholen kann, weil dann in ihm überhaupt kein Strom erzeugt werden würde, vielmehr wird er immer mit einer etwas kleineren Drehzahl n, also mit Schlupf laufen. Dieser Schlupf, unter dem wir genau das Verhältnis

$$s_0 = \frac{n_0 - n}{n_0} \tag{167}$$

verstehen, wird sich so einstellen, daß gerade ein für die Motorbelastung hinreichender Ankerstrom entsteht. Da mit Rücksicht auf die Verluste der Läuferwiderstand klein gehalten wird, ist anzunehmen, daß der Schlupf im allgemeinen klein ist. Ein solcher Motor läuft also nicht synchron wie die früher behandelten Synchronmotoren und wird daher Asynchronmotor genannt.

Der betrachtete Kurzschlußmotor hat zwei Übelstände: Er nimmt im Einschaltaugenblick einen Strom auf, der etwa das 6 bis 7fache des Nennstromes ist und hat dennoch ein verhältnismäßig kleines Anlaufdrehmoment. Zur Verringerung des Anlaufstromes könnte man einen Widerstand vor die Ständerwicklung schalten. Solche Ständeranlasser werden in Ausnahmefällen benutzt. Sie haben jedoch den Nachteil, daß das ohnehin nicht große Anlaufmoment noch weiter vermindert wird. Denken wir uns nämlich, die dem Ständer zugeführte Spannung sei durch einen Vorwiderstand auf die Hälfte herabgesetzt worden. Dann ist (Gl. 86) auch das Drehfeld nur noch halb so stark, und bei gleichem Schlupf wird auch der Läuferstrom auf die Hälfte gesunken sein. Da nun aber das Drehmoment durch Feldstärke und Läuferstrom gebildet wird, muß es sich auf ein Viertel des ursprünglichen Wertes vermindert haben. Das Drehmoment sinkt also in quadratischem Verhältnis mit der Ständerspannung.

Der Grund, warum trotz des großen Anlaufstromes dennoch das Anlaufdrehmoment klein ist, liegt in der Phasenverschiebung des Läuferstromes, welche im ersten Anlaufaugenblick groß ist, sich aber mit wachsender Drehzahl immer mehr vermindert. Wenn wir den Läufer festhalten ist er ein reiner Transformator. Das Drehfeld erzeugt in den Läuferleitern eine EMK E_2, deren Frequenz natürlich mit der Netzfrequenz übereinstimmt, weil in Abb. 323 der Nordpol in einer Sekunde 50mal an jedem Leiter vorübergeht. Sobald aber der Läufer dem Drehfeld nachläuft, begegnen sich Nordpol und Leiter weniger oft. Die Läuferfrequenz ist dann also nicht mehr gleich der Netzfrequenz, sondern sie sinkt im Verhältnis wie die Drehzahl wächst und würde bei Gleichlauf zwischen Anker und Drehfeld den Wert Null erreichen. Gl. 91 lehrt nun, daß in jeder Spule die Phasenverschiebung um so größer ist, je größer die Frequenz ist. Im Läufer, den wir ebenfalls als Spule auffassen können, ist daher im ersten Anlaufaugenblick wegen der hohen Frequenz eine große Phasenverschiebung vorhanden, die mit wachsender Drehzahl immer mehr abnimmt und bei synchronem Lauf des Ankers Null werden müßte. Abb. 324 stellt den Anlauf in zeitlich starker Verkürzung dar. Die EMK E_2 ist am Anfang ($n = o$) am größten und nimmt mit wachsender Drehzahl ab, während sich ihre Periodendauer immer mehr vergrößert. Der Strom I_2, den sie durch den Ohmschen Widerstand und durch den induktiven Widerstand des Läufers treibt, ist anfangs sehr stark phasenverschoben, liegt aber bei Erreichung der vollen Drehzahl fast mit der Spannung in Phase. Die Feldstärke $\mathfrak{B}$ des Drehfeldes liegt mit der Spannung in Phase. Wir finden nun das vom Läufer ausgeübte Drehmoment (Kraft nach Gl. 34), wenn wir in jedem Augenblick das Produkt von $\mathfrak{B}$ und I_2 bilden. Man erhält dadurch die in Abb. 324 unten dargestellte Momentenlinie, welche zeigt, daß im ersten Augenblick durch den großen Läuferstrom wohl ein großes Moment M hervorgerufen wird. Es ist aber wegen der großen Phasenverschiebung anfangs zwischen fast gleich

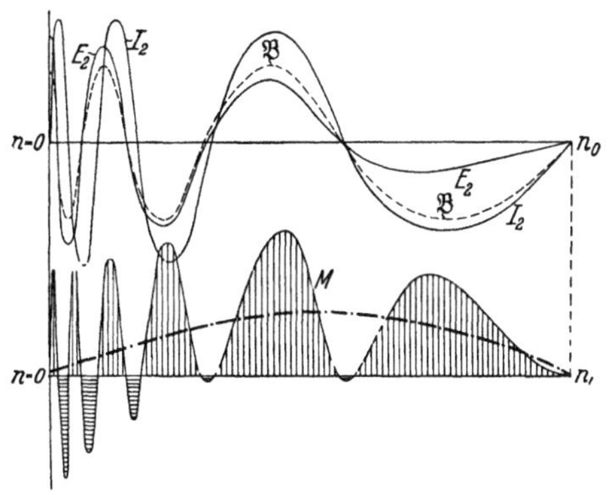

Abb. 324. Entstehung des Drehmoments beim Anlauf.

großen positiven und negativen Werten wechselnd (siehe S. 43). Erst bei höheren Drehzahlen wird es immer mehr positiv. Der an der Welle wirkende Mittelwert, der durch die strichpunktierte Linie dargestellt ist, ist im ersten Augenblick des Anlaufes ziemlich klein und muß natürlich bei Gleichlauf zwischen Läufer und Drehfeld Null werden, weil dann kein Läuferstrom vorhanden ist. Dazwischen, etwa bei 75% der Drehfelddrehzahl, hat der Motor sein Höchstmoment, das Kippdrehmoment, welches nach den Vorschriften bei allen Motoren mindestens gleich dem 1,6fachen meist etwa gleich dem 2,5fachen des Nenndrehmomentes ist.

Die Ursache des niedrigen Anlaufdrehmomentes ist also die große Phasenverschiebung des Läuferstromes, die ihrerseits wieder durch die hohe Läuferfrequenz im Anlaufaugenblick bedingt ist. Aus Gl. 91 — $\operatorname{tg} \varphi_2 = \omega_2 \cdot L_2 : R_2$ — ergibt sich, daß die Phasenverschiebung nur durch eine Verminderung der Induktivität oder eine Vermehrung des Ohmschen Widerstandes zu erreichen ist. Da das erstere durch Kleinhaltung der Streukraftflüsse bereits weitgehend durch den Konstrukteur besorgt ist, bleibt uns nur noch die eine Möglichkeit, durch Erhöhung des Läuferwiderstandes das Drehmoment heraufzusetzen. Natürlich darf der Läuferwiderstand wegen der Verluste nicht während der ganzen Betriebszeit, sondern nur im Anlaufaugenblick ein hoher sein, zumal der Motor bei Erreichung höherer Drehzahlen ohnehin ein großes Drehmoment entwickelt. Um die Einschaltung eines solchen Anlaßwiderstandes möglich zu machen, muß der Läufer mit einer der Ständerwicklung ähnlichen Wicklung ausgerüstet werden, welche über Schleifringe auf den Anlaßwiderstand geschlossen werden kann. Ein solcher Motor heißt Schleifringmotor. Durch einen derartigen Anlaßwiderstand ist aber auch der zweite erwähnte Übelstand, die hohe Stromaufnahme im Anlaufaugenblick, beseitigt worden, weil der Anlaßwiderstand keinen übermäßigen Läuferstrom zuläßt. Damit wird aber auch (genau wie bei dem Transformator) der Primärstrom kleingehalten.

Der Drehstrommotor ist als drehender, sekundär kurzgeschlossener Transformator, welcher seine Sekundärarbeit als mechanische Arbeit abgibt, aufzufassen. Es ist daher möglich, das für den Transformator entwickelte Vektordiagramm auch für den Motor zu verwenden. Abb. 325 zeigt das Motordiagramm. Das Drehfeld Φ erzeugt im stillstehenden Läufer ($s = 1$) die EMK E_2, bei beliebigem Schlupf s also $s \cdot E_2$. Diese EMK ruft im Läufer den um φ_2 nacheilenden Läuferstrom I_2 hervor, wobei der Ohmsche Spannungsabfall $R_2 \cdot I_2$ und der induktive Spannungsverlust $\omega_2 \cdot L_2 \cdot I_2$ auftreten. Der letztere wird bekanntlich durch die Streukraftlinien verursacht, welche sich quer durch die Nuten des Läufers und um die Wicklungsköpfe schlingen. Zur Erzeugung des Drehfeldes Φ ist ein in gleicher Phase liegender Magnetisierungsstrom I_m nötig, der wegen des unvermeidlichen Luftspaltes aber wesentlich größer als der des Transformators ist (etwa 30% des Nennstromes). Zu ihm wird der Verluststrom I_v für Eisenverluste und Reibungsverluste addiert, wodurch sich der Leerlaufstrom I_0 des Motors ergibt. Damit der durch die Belastung entstandene Läuferstrom I_2 das Drehfeld nicht aufhebt, muß die Ständerwicklung einen zusätzlichen Primärstrom I_1' aufnehmen, der I_2 entgegen gerichtet und bei Annahme gleicher Drahtzahl im Ständer und Läufer auch gleich I_2 sein muß. Der tatsächliche Primärstrom I_1 wird nun durch geometrische Addition von I_0 und I_1' gefunden. Er ruft in der Primärwicklung die Spannungsabfälle $R_1 \cdot I_1$ und $\omega_1 \cdot L_1 \cdot I_1$ hervor, die zu der im Ständer durch das Drehfeld erzeugten Gegen-EMK E_1 addiert ($E_1 = E_2$), die Netzspannung U_1 ergeben.

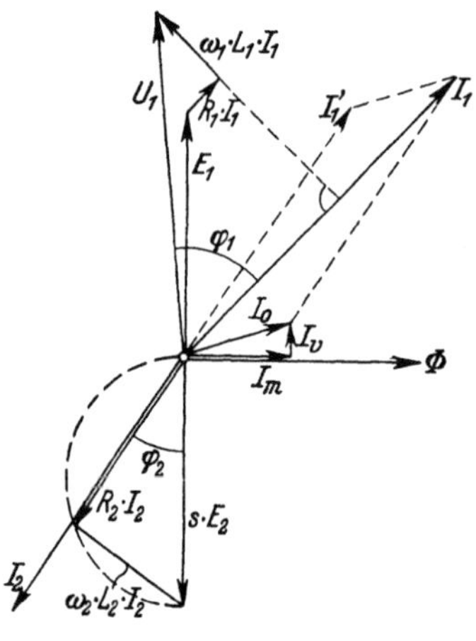

Abb. 325. Vektordiagramm des Asynchronmotors.

Das Heylanddiagramm. Der Läuferstrom I_2 läßt sich durch Gl. 89 ausdrücken. Die wirksame Spannung ist die durch das Drehfeld erzeugte und vom Schlupf abhängige EMK $s \cdot E_2$. Die Kreisfrequenz des Läufers ist entsprechend $s \cdot \omega_1$, wenn wir mit ω_1 die konstante primäre Kreisfrequenz bezeichnen. Der Strom ist demnach $I_2 = s \cdot E_2 : \sqrt{R_2^2 + (s \cdot \omega_1 \cdot L_2)^2}$, oder wenn man Zähler und Nenner durch s dividiert

$$I_2 = \frac{E_2}{\sqrt{\left(\frac{R_2}{s}\right)^2 + (\omega_1 \cdot L_2)^2}}. \tag{168}$$

Der Läuferstrom verhält sich demnach bei den verschiedenen Drehzahlen genau wie der Strom einer Spule, die an der konstanten Spannung E_2 bei konstanter Frequenz ω_1 liegt, aber einen veränderlichen Ohmschen Widerstand $R_2 : s$ hat. Wir können daher das Betriebsdiagramm Abb. 88, welches für die Schaltung Abb. 86 gilt, auch hier benutzen und können behaupten, daß sich der Endpunkt des Stromvektors I_2 bei wechselnden Belastungen auf einem Kreise bewegen muß. Unter der Voraussetzung, daß die Drahtzahl primär und sekundär übereinstimmt, können wir uns diese Leiter wie bei einem Spartransformator zusammenfallend denken, so daß wir für den Drehstrommotor das in Abb. 326 dargestellte Ersatzschaltbild bekommen. Der Läufer hat die Induktivität L_2. In Reihe liegt der Primärwiderstand und der gedachte Widerstand $R_2 : s$, der auch die mechanische Belastung ersetzt. Zu dem Strom I_2, der sich aus dem früheren Kreisdiagramm abgreifen läßt, haben wir hier noch den Magnetisierungsstrom I_m und den Verluststrom I_v geometrisch hinzuzufügen und erhalten dann den Primärstrom I_1. (Genau genommen addieren wir allerdings I_m und I_v zu dem zusätzlichen Strom I_1', aber dieser stimmt ja bei übereinstimmender Windungszahl mit dem Strom I_2 in der Größe überein.) Nun wären noch die primären Spannungsabfälle zu berücksichtigen. Da diese jedoch klein sind, wollen wir eine weitere Komplikation vermeiden und sie unberücksichtigt lassen. Der Stromwärmeverlust des Ständers ist durch die Einfügung von R_1 berücksichtigt.

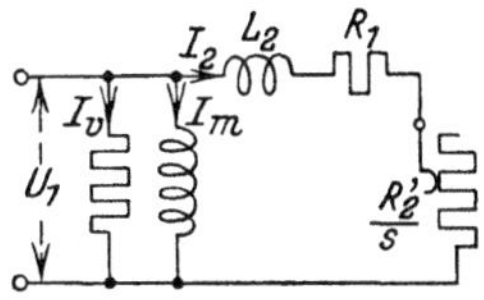

Abb. 326. Ersatzschaltung.

Unter diesen Voraussetzungen erhalten wir das durch Abb. 327 dargestellte Diagramm der Ersatzschaltung. Es ist jedoch zu beachten, daß der sekundäre Widerstand R_2 nach Gl. 165 mit dem Quadrat des Windungsverhältnisses multipliziert werden muß, wenn wir ihn dem primären hinzufügen wollen. Es ist also $R_2' = R_2 \cdot w_1^2 : w_2^2$.

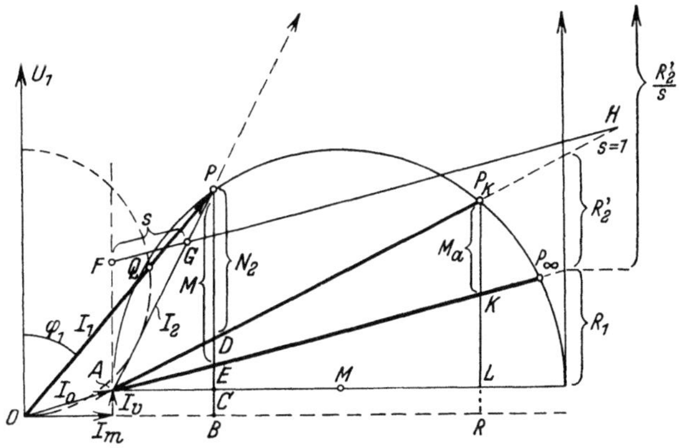

Abb. 327. Heylanddiagramm.

Das Kreisdiagramm ist für uns deshalb von großer Bedeutung, weil es uns das Verhalten der einzelnen Motorgrößen bei wechselnder Belastung in einfacher Weise zu überblicken gestattet. Wir sehen aus Abb. 327, daß der Motorstrom I_0 im Leerlauf (Punkt A) klein ist und eine große Phasenverschiebung hat. Der Läuferstrom ist im Leerlauf praktisch gleich Null. Mit wachsender Belastung (Punkt P) stellt sich ein größerer Primärstrom I_1 und Sekundärstrom I_2 ein, wobei zuerst die Phasenverschiebung abnimmt, um später, wenn der Strom I_1 die Tangentenlage überschritten hat, wieder zuzunehmen. Der größte Strom tritt auf, wenn der Motor festgehalten wird. Der Primärstrom ist dann gleich $\overline{OP_k}$ und der Sekundärstrom $\overline{AP_k}$. Die Phasenverschiebung ist in diesem Falle beträchtlich. Man kann den Leistungsfaktor unmittelbar ablesen, wenn man über U_1 mit dem Durchmesser 1 (z. B. 1 dm) einen Kreis schlägt. Derselbe schneidet dann auf dem Primärstrom die Strecke $\overline{OQ}$ ab, die den Leistungsfaktor $\cos\varphi$ darstellt.

Die zugeführte Leistung N_1 ist bekanntlich $\sqrt{3} \cdot U_1 \cdot I_1 \cdot \cos\varphi_1$. Sie ist bei unveränderlicher Spannung U_1 dem Ausdruck $I_1 \cdot \cos\varphi_1$ proportional, welcher durch die Strecke $\overline{PB}$ für den Belastungspunkt P dargestellt werden kann, wie aus dem rechtwinkligen Dreieck OBP hervorgeht. Man sieht, daß die aufgenommene Leistung im Leerlaufspunkt A gleich den Verlusten ist, daß sie mit der Belastung steigt, ein Maximum erreicht, um bei festgehaltenem Motoranker auf den Wert $\overline{P_k K}$ zu sinken.

Die abgegebene mechanische Leistung N_2 ist für den Belastungspunkt P durch die Strecke $\overline{PD}$ dargestellt. Sie ergibt sich aus der aufgenommenen Leistung $N_1 = \overline{PB}$, indem man die Eisen- und Reibungsverluste $\overline{BC}$, die Stromwärmeverluste des Ständers $\overline{CE}$ und diejenigen des Läufers $\overline{ED}$ subtrahiert.

Das Drehmoment M ist für den Belastungspunkt P der Strecke $\overline{PE}$ verhältnisgleich. $\overline{PE}$

ist nach dem Vorstehenden die vom Ständer auf den Läufer übertretende Leistung N_{12}. Diese Leistung ist gemäß Gl. 146 dem Drehmoment des Motors proportional, weil $M = 973 \cdot N_{12} : n_0$ ist. Die Strecke $\overline{PE}$ kann daher für den Belastungspunkt P als Maß des Drehmomentes angesehen werden. Dasselbe wächst mit zunehmendem Strom, erreicht ein Maximum, um bei festgehaltenem Läufer wieder auf den Wert $\overline{P_k K}$, das Anlaufmoment M_a zu sinken. Bei Vergrößerung des Läuferwiderstandes R_2' muß der Kurzschlußpunkt P_k mehr nach links rücken, und das Anlaufmoment wird größer.

Die abgegebene Leistung ist $N_2 = M \cdot n : 973$, die vom Ständer auf den Läufer übertretende Leistung $N_{12} = M \cdot n_0 : 973$. Beide Leistungen unterscheiden sich durch die Verluste des Läufers, welche wegen der geringen Läuferfrequenz fast nur aus Stromwärmeverluste bestehen. Diese Verluste, welche durch die Strecke $\overline{DE}$ dargestellt sind, berechnen sich aus den vorstehenden Beziehungen zu $M \cdot (n_0 - n) : 973$. Sie sind also dem Schlupf proportional. Der Schlupf des Motors läßt sich daher aus dem Diagramm durch das Verhältnis $\overline{DE} : \overline{PE}$ bestimmen. Um ihn unmittelbar abgreifen zu können, ziehe man zur Drehmomentenlinie $\overline{AP_m}$ eine Parallele $\overline{FH}$ an beliebiger Stelle, jedoch zweckmäßig so, daß FH gerade 100 mm beträgt. Dann schneidet der Strom I_2, der durch $\overline{AP}$ dargestellt ist, auf $\overline{FH}$ die Strecke $\overline{FG}$ ab, die den Schlupf s darstellt.

Experimentelle Bestimmung des Kreisdiagrammes. Hierzu sind zwei Versuche zu machen: der Leerlaufsversuch und der Kurzschlußversuch. Im Leerlaufsversuch wird aus Strom-, Spannungs- und Leistungsmessung die Phasenverschiebung φ_0 des Leerlaufstromes I_0 ermittelt. Bei dem Kurzschlußversuch bei festgehaltenem und sekundär kurzgeschlossener Wicklung wird nur so viel Spannung zugeführt, daß etwa der Nennstrom fließt. Auch hier wird aus den Meßergebnissen die Phasenverschiebung φ_k errechnet. Den tatsächlichen Kurzschlußstrom bei voller Spannung kann man wegen seiner Größe nicht experimentell ermitteln. Da jedoch bei Kurzschluß ziemlich genau zwischen Strom und Spannung Proportionalität vorhanden ist, braucht man den gemessenen Strom nur mit dem Spannungsverhältnis zu multiplizieren. Leerlaufstrom und Kurzschlußstrom sind nun aufzutragen und der Kreis durch ihre Endpunkte zu zeichnen. Sollten die Ohmschen Widerstände nicht bekannt sein, so kann man mit hinreichender Genauigkeit die Stromwärmeverluste im Läufer und Ständer als gleich annehmen. Dann ist $R_1 = R_2'$ zu machen.

81. Beispiel. Ein Drehstrommotor hat die folgenden Nennwerte: 3 kW Leistung, $n = 1430$ Umdrehungen je Minute, 380 V bei Sternschaltung, $I = 6{,}5$ A. Im Leerlaufsversuch mit Nennspannung nahm er 2 A bei $\cos\varphi_0 = 0{,}25$, im Kurzschlußversuch 6 A bei $\cos\varphi_k = 0{,}45$ und 76 V auf. Zwischen den Schleifringen wurde bei offenem Läufer eine Spannung von 115 V gemessen, wenn primär die Nennspannung von 380 V zugeführt wurde. Der primäre Ohmsche Widerstand beträgt $R_1 = 1{,}5\,\Omega$/Strang, der sekundäre $0{,}17\,\Omega$/Strang. Wie groß ist die Überlastungsfähigkeit des Motors?

Der Kurzschlußstrom I_k bei voller Spannung würde $= 6 \cdot 380 : 76 = 30$ A sein. Wir tragen ihn mit seiner Phasenverschiebung $\cos\varphi_k = 0{,}45$ und ebenso den Leerlaufsstrom $I_0 = 2$ A mit $\cos\varphi_0 = 0{,}25$ auf. Der Heylandkreis kann nun gezeichnet werden, da sein Mittelpunkt auf der Horizontalen durch A liegen muß, ebenso kann der Nennstrom eingetragen werden. Der Läuferwiderstand R_2 ist im Verhältnis der Quadrate der Leiterzahl, oder, was dasselbe ist, im Verhältnis der Spannungsquadrate auf den Primärteil umzurechnen. Es ist also $R_2' = 0{,}17 \cdot 380^2 : 115^2 = 1{,}84\,\Omega$. Im Widerstandsverhältnis 1,5 : 1,84 ist die Strecke $\overline{P_k L}$ zu teilen und die Drehmomentlinie zu ziehen. Das Nennmoment ist nach Gl. 146 $M = 973 \cdot 3 : 1430 = 2{,}04$ mkg. Da nach dem Diagramm die dem Maximalmoment entsprechende Strecke 2,4mal so groß wie die Strecke ist, welche dem Nennmoment entspricht, beträgt das Kippmoment $2{,}04 \cdot 2{,}4 = 4{,}9$ mkg. Die Konstruktion zeigt ferner, daß das Kippmoment bei $n = 1100$ Umdrehungen je Minute auftritt.

82. Beispiel. Wie groß ist bei dem Motor des vorigen Beispiels der Läuferstrom bei Nennlast?

Aus dem Diagramm läßt sich der Läuferstrom zu $I_2 = 5{,}4$ A abgreifen. Dieser Wert würde aber nur für den Fall gelten, daß die Leiterzahl des Ständers und Läufers übereinstimmt. Dies ist hier nicht der Fall, vielmehr ist die verkettete Läuferspannung 115 V und die des Ständers 380 V. Der wirkliche Läuferstrom ist demnach

$$I_2 = 5{,}4 \cdot 380 : 115 = 17{,}8\ \text{A}.$$

Wenn das Diagramm nicht zur Verfügung steht, läßt sich der Läuferstrom ungefähr aus dem Ständerstrom und der Übersetzung (wie bei einem Transformator) berechnen. Es würde sich hier ergeben $I_2 \approx 6{,}5 \cdot 380 : 115 = 21$ A.

2. Der Bau des asynchronen Drehstrommotors.

Er ist, insbesondere als Kurzschlußmotor der einfachste Motor, den es gibt. Der Ständereisenkörper besteht aus Blechringen, in welche die Nuten (meist halboffen, oder geschlossen) eingestanzt sind. Ein Gußgehäuse mit Füßen trägt den Ständereisenkörper und die Lagerschilde. Der Läufer hat ebenfalls einen aus Blechen zusammengesetzten Eisenkörper. Bei dem Kurzschlußläufer werden in die Löcher des Eisenkörpers blanke Kupferstäbe eingetrieben, oder die Nuten werden mit flüssigem Metall ausgegossen. Schleifringmotoren für Dauerbetrieb erhalten häufig eine Kurzschluß-

und Bürstenabhebevorrichtung, welche nach erfolgtem Anlassen mittels eines auf der Welle verschiebbaren Kurzschlußrings eine Verbindung der drei Schleifringe und folgend ein Abheben der Bürsten ermöglicht. Der Läuferstrom fließt dann während des Betriebes nicht mehr über die Bürsten und der Bürstenverschleiß ist vermieden. Solche Motoren können mit aufliegenden Bürsten gewöhnlich nicht dauernd betrieben werden, weil die Bürsten nur für vorübergehende Benutzung bemessen sind. Der Luftspalt zwischen Ständer- und Läufereisen wird so gering wie möglich gehalten (0,5 bis 0,3 mm bei kleineren Motoren) damit der Magnetisierungsstrom klein und der Leistungsfaktor hoch wird.

Die Wicklungen. Nach Gl. 166 ist die Drehzahl eines Drehstrommotors durch die Polzahl bestimmt. Bei 50 periodischem Drehstrom macht das Drehfeld eines zweipoligen Motors 3000 Uml./min, dasjenige eines vierpoligen Motors 1500 Uml./min und das eines sechspoligen Motors 1000 Uml./min usf. Die Polzahl bestimmt die Spulenzahl. Ein zweipoliger Motor für dreiphasigen Wechselstrom hat 3 Spulen, ein vierpoliger hat 6 Spulen. Allgemein hat ein $2\,p$-poliger Motor für m Stränge $m \cdot p$ Spulen. Nennen wir die Nutenzahl, durch welche jede Spulenseite hindurchtritt mit q, so benötigt jede Spule $2 \cdot q$ Nuten. Die gesamte Nutenzahl N ist daher:

$$N = 2 \cdot q \cdot m \cdot p. \qquad (169)$$

Abb. 328 zeigt eine zweipolige Ständerwicklung mit $q = 4$ Nuten je Spulenseite und $N = 24$ Nuten insgesamt. Die Spulen reichen bei der zweipoligen Wicklung über den halben Umfang, und ihre Köpfe sind der Symmetrie halber zur Hälfte nach der einen und zur Hälfte nach der anderen Seite gebogen. Damit sich die Wicklungsköpfe nicht gegenseitig stören, liegen sie in drei Schichten. Die Anfänge der drei Schichten müssen um 120° auseinander liegen, also um $24 : 3 = 8$ Nuten. Um dieselbe Nutenzahl liegen die Enden auseinander. Abb. 329 stellt eine vierpolige Dreiphasenwicklung mit $q = 3$ Nuten je Spulenseite und $N = 36$ Nuten insgesamt dar. Die Spulenweite muß hier ein Viertel des Umfanges betragen. Die Spulen I und I' bilden zusammen den ersten Strang. Sie liegen sich gegenüber und müssen, damit ein vierpoliges Feld entsteht, gleichnamige Pole erzeugen. Die Stromrichtung in aufeinanderfolgenden Spulenseiten müssen daher stets wechseln, wie die Abbildung zeigt. Die Stranganfänge müssen um $^1/_6$ des Umfanges, also $36 : 6 = 6$ Nuten auseinander liegen. Die Wicklungsköpfe sind so geformt, daß stets kurze und lange Spulen abwechseln.

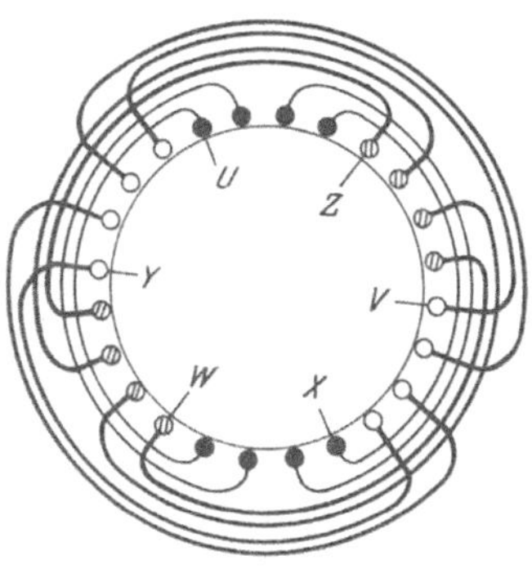

Abb. 328. Zweipolige Dreiphasenwicklung.

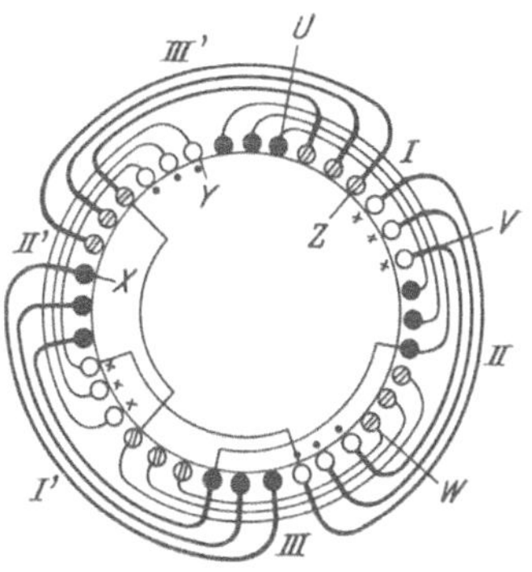

Abb. 329. Vierpolige Dreiphasenwicklung.

Eine sechspolige Dreiphasenwicklung hat 9 Spulen, also eine ungerade Zahl. Bei ihr können daher nicht immer kurze und lange Spulen aufeinander folgen. Man formt daher eine der Spulen so, daß sie zur Hälfte lang ist und mit einer Kröpfung dann in die kurze Hälfte übergeht.

Läuferwicklungen werden entsprechend hergestellt. Abb. 330 stellt eine vierpolige Läuferwicklung mit $q = 3$ Nuten je Spulenseite in Sternschaltung dar. Zuweilen kommen auch zweiphasige Läufer in einem dreiphasigen Ständer vor, weil sich bei zwei Strängen ein einfacherer und billigerer Anlasser ergibt.

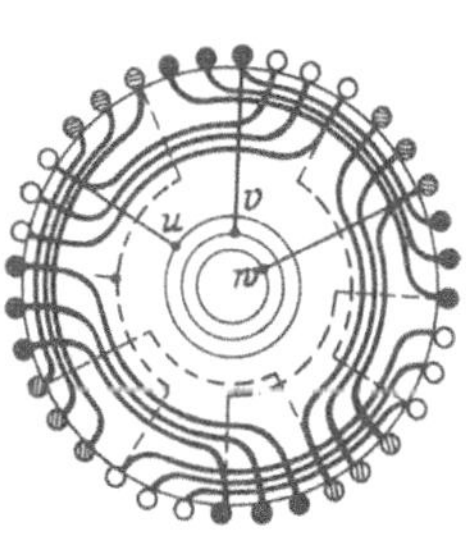

Abb. 330. Vierpolige Läuferwicklung.

Ständerwicklungen sind im allgemeinen Drahtwicklungen, weil bei Leistungen bis etwa 100 kW und den üblichen Verteilungsspannungen (220 bis 500 V) die Stromstärken noch nicht so groß sind, daß man nicht mit Drähten auskommen könnte. Bei größeren Leistungen wickelt man aber die Ständer, um Transformationsverluste zu sparen, fast immer für Hochspannung, wodurch die Stromstärken klein ausfallen, und man daher auch mit Drahtwicklungen auskommt.

Die Spannung der Läuferwicklung kann beliebig gewählt werden. Der Konstrukteur wählt sie wegen der Gefahr und wegen der Raumausnutzung der Nuten nicht zu groß und andererseits auch nicht zu klein, weil dann der große Läuferstrom große Schleifringe und Bürsten nötig machte. Sie wird bei kleinen und mittleren Motorleistungen von 100 bis 250 V angenommen, bei großen Motoren bis etwa 1000 V, womit die Schleifringspannung bei offenem, also stillstehendem Läufer gemeint ist. Bei so niedrigen Spannungen kommt man nur bis etwa 30 kW Leistung mit Drahtwicklungen aus. Bei größeren Leistungen muß die Stabwicklung Anwendung finden, die man der Gleichstrom-Wellenwicklung nachgebildet hat. Abb. 331 zeigt eine sechspolige, dreisträngige Läuferstabwicklung mit 72 Nuten. In jeder Nut liegen zwei Stäbe. Die gestrichelt gezeichneten Verbindungen sind auf der hinteren Stirnseite zu denken. Hin- und Rückstab jeder Windung liegen stets in verschiedener Schicht. Der Wicklungsschritt bleibt während eines Umlaufes unverändert. Da man aber dann wieder auf den Ausgangsleiter treffen würde, muß nach jedem Umlauf einmal der Schritt um eine Nute größer gemacht werden. Auf diese Weise läßt sich die Hälfte aller Stäbe einschalten. Um auch die anderen Stäbe hinzuzubekommen, geht man nach Vollendung der ersten Wicklungshälfte mit einem Schaltdraht S rückwärts und wickelt nun in entsprechender, aber umgekehrter Richtung die andere Wicklungshälfte des ersten Stranges. In Abb. 331 ist nur die Wicklung eines Stranges gezeichnet.

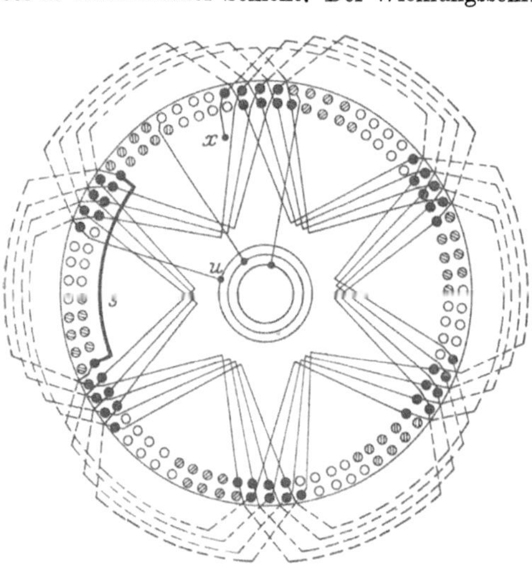

Abb. 331. Läuferstabwicklung.

Eine **Käfigwicklung** hat man sich als Vielphasenwicklung zu denken, bei welcher jeder Stab eine Spule ist. Die Phasenzahl m ist dann gleich der Nutenzahl je Polpaar, also $N : p$.

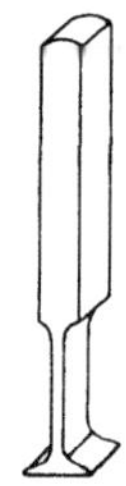

Abb. 332. Nutenstemmer.

Die Nutenzahl einer Wicklung kann, gemäß Gl. 169, nicht beliebig sein. Sind z. B. 54 Nuten gegeben, so kann eine vierpolige Dreiphasenwicklung nicht angewendet werden, weil sich $q = 4{,}5$ Nuten je Spulenseite ergäbe. In besonderen Fällen wird aber auch diese Wicklung als **Bruchlochwicklung** derart ausgeführt, daß dem erwähnten Zahlenwert entsprechend jede Spulenseite 4 Nuten hat, während die 5. Nute zur Hälfte von dieser und bei guter Zwischenisolation zur Hälfte von der folgenden Spule in Anspruch genommen wird.

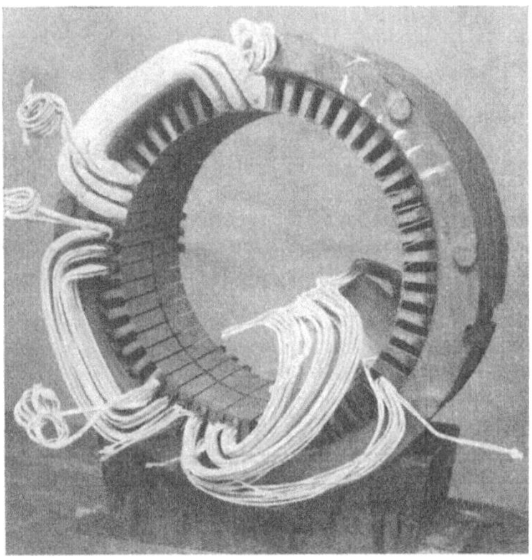

Abb. 333. Einträufeln der vorher gewickelten Spule.

Die Ausführung der Wicklung. Das Wickeln eines Drehstrommotors erfolgt meistens durch einzelnes Einlegen der Drähte durch die Nutenschlitze, wobei die Wicklungsköpfe von Hand oder mittels Holzschablonen geformt werden. Zuvor werden die Nuten mit Preßspanstreifen ausgekleidet, die beiderseits etwas in der Länge überstehen. Mittels eines seitlich in die Nute eingeschobenen Nutenstemmers werden die einzelnen Drähte festgestemmt (Abb. 332). Zuweilen werden auch Formspulen drahtweise in die Nuten eingeführt, wie dies Abb. 333 darstellt. Hochspannungsmotoren haben gewöhnlich als Nutenauskleidung geschlossene Mikkahülsen, in welche die einzelnen Drähte eingefädelt werden müssen. Zur Erleichterung der Arbeit werden vorher Stahlnadeln, deren Zahl und Durchmesser mit den Leitern übereinstimmt, eingelegt. Beim Herausziehen einer Nadel wird der Leiter sofort in dem entstehenden Loch nachgeschoben. Die Wicklungsköpfe werden noch mit Leinenband umwickelt, wie dies in Abb. 333 an der oberen Spule zu sehen ist, und lackiert.

3. Die Umrechnung von Wicklungen.

Das Drehfeld schneidet mit einer Geschwindigkeit

$$v = \frac{\pi \cdot d \cdot n_0}{60}, \qquad (170)$$

worin d der Durchmesser der Bohrung in cm und n_0 die Drehzahl ist, die Leiter der Ständerwicklung und erzeugt in diesen die Gegenspannung E_1. Unter Berücksichtigung der primären Spannungsabfälle können wir E_1 um etwa 5% geringer als die Netzspannung U_1 annehmen. Das Drehfeld besitzt längs des Umfanges keine konstante Feldstärke, vielmehr können wir infolge der Aufteilung der Spulen in mehrere Nuten räumlich eine angenähert sinusförmige Feldverteilung annehmen, wie dies Abb. 334 veranschaulicht. Bei einer maximalen Feldstärke $\hat{\mathfrak{B}}$ wird in einem Leiter nach Gl. 36 eine effektive Spannung von $\hat{\mathfrak{B}} \cdot v \cdot l : \sqrt{2} \cdot 10^8$ erzeugt. Würden alle z_1 Leiter eines Stranges in einer Nut liegen, so hätte man nur die vorstehende Beziehung mit der Drahtzahl zu multiplizieren, um auf die Strangspannung $E p_1$ zu kommen. Abb. 334 zeigt jedoch, daß die Teile einer Spule nacheinander von dem Feld erreicht werden, so daß die in ihnen erzeugten Teilspannungen um den Winkel α gegeneinander phasenverschoben sind. Die Teilspannungen sind nach Abb. 335 geometrisch zu addieren und ergeben dann eine kleinere Gesamtspannung E. Das Verkleinerungsverhältnis $\xi = E : (E_a + E_b + E_c)$ ist der Wicklungsfaktor, der sich durchschnittlich etwa zu 0,96 ergibt. Unter Berücksichtigung desselben ist:

$$E_{p1} = \frac{\xi \cdot z_1 \cdot \hat{\mathfrak{B}} \cdot v \cdot l}{\sqrt{2} \cdot 10^8}. \tag{171}$$

Hieraus läßt sich die Drahtzahl ermitteln. Die Feldstärke $\hat{\mathfrak{B}}$ im Luftspalt wird etwa zu 6000 bis 7000 G angenommen.

83. Beispiel. Ein Drehstrommotor für 1,85 kW hat einen Ständereisenkörper mit 36 Nuten und 150 mm Bohrung. Die Länge des Eisenkörpers beträgt 100 mm. Wieviel Drähte müssen in jede Nute eingelegt werden, wenn eine vierpolige Wicklung für 380 V Sternschaltung verlangt wird?

Die Feldstärke sei zu 6000 G angenommen. Die Geschwindigkeit ist $v = 3{,}14 \cdot 15 \cdot 1500 : 60 = 1180$ cm/s. Aus Gl. 171 ergibt sich dann die Drahtzahl eines Stranges zu:

$$z_1 = \frac{E_{p1} \cdot \sqrt{2} \cdot 10^8}{\xi \cdot \hat{\mathfrak{B}} \cdot v \cdot l} = \frac{209 \cdot 1{,}41 \cdot 10^8}{0{,}96 \cdot 6000 \cdot 1180 \cdot 10} = 434 \text{ Leiter}.$$

Da je Strang 12 Nuten vorhanden sind, erhält jede Nute 434 : 12 = 36 Drähte. Die Polfläche ist bei dem vierpoligen Motor gleich einem Viertel des Umfanges mal der Länge, also $3{,}14 \cdot 15 \cdot 10 : 4 = 118$ cm². Da der Kraftfluß darüber sinusförmig verteilt ist mit dem Maximalwert 6000 G, muß die mittlere Feldstärke $6000 \cdot 0{,}636 = 3810$ G sein. Der Kraftfluß eines Poles ist demnach $3810 \cdot 118 = 450000$ Mx. Die Eisenquerschnitte des Ständers und Läufers, insbesondere auch die der Zähne müssen derart bemessen sein, daß dieser Kraftfluß ohne zu große Kraftliniendichte fließen kann.

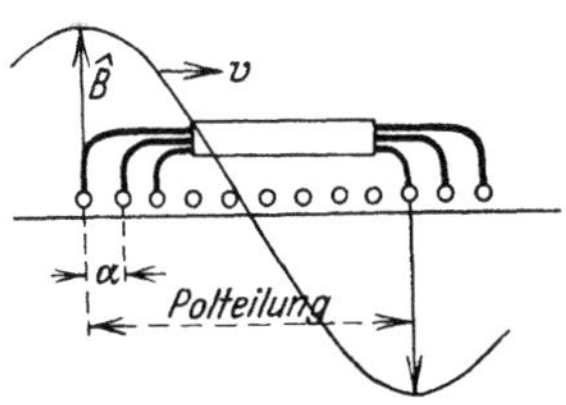

Abb. 334.

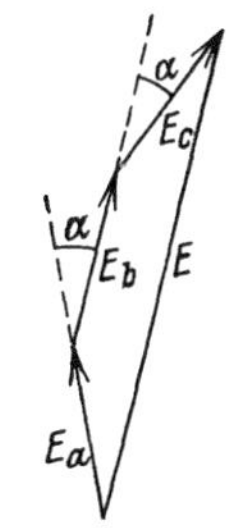

Abb. 335.

84. Beispiel. Ein Drehstrommotor für $n_0 = 750$ Umdrehungen je Minute ist für 220 V in Dreieck geschaltet. Seine Spulen liegen in jedem Strang in Reihe. Für welche anderen Spannungen ist der Motor verwendbar?

Der Motor ist verwendbar bei Sternschaltung für 380 V. Wenn man die 8 Spulen eines jeden Stranges zu zweien in Reihe und die beiden Gruppen parallel legt, kann der Motor in Dreieck mit 110 V, in Stern mit 190 V betrieben werden. Wenn man alle Spulen jeden Stranges parallel schaltet hingegen in Dreieck mit 55 V, in Stern mit 95 V.

In den meisten Fällen wird durch eine Umschaltung des Motors nicht die gewünschte Spannung erreichbar sein. Dann muß der Motor umgewickelt werden. Wie Gl. 171 lehrt, steht die Drahtzahl bei gleicher Feldstärke und gleicher Schaltung in betimmtem Verhältnis zur Spannung. Bei einer Umwicklung auf halbe Spannung haben wir z. B. die halbe bisherige Leiterzahl in jede Nute einzuwickeln, jedoch ist der Drahtquerschnitt zu verdoppeln. Die Leistung des Motors hat sich durch eine solche Umwicklung nicht verändert.

4. Das Verhalten des asynchronen Drehstrommotors.

Das Drehmoment läßt sich aus dem Kreisdiagramm des Motors ermitteln und zeigt in Abhängigkeit von der Drehzahl den in Abb. 336 dargestellten Verlauf. Das Höchstmoment, dessen Wert etwa das 2 bis 3fache des Nennmomentes M_n ist, liegt bei großen Motoren bei einem Schlupf von 10 bis 20%, bei ganz kleinen Motoren jedoch bis zu 50% Schlupf. Das Anlaufmoment M_a ist im allgemeinen klein und übersteigt nur bei kleineren Motoren das Nennmoment wesentlich. Die Darstellung zeigt ferner, daß sich die Motordrehzahl bis zum Nenndrehmoment nur sehr wenig von der Drehfelddrehzahl n_0 unterscheidet. Der asynchrone Drehstrommotor hat also fast konstante Drehzahl, ähnelt demnach in seinem Verhalten dem Gleichstrom-Nebenschlußmotor. Bei Nennlast ist der Schlupf verschiedener Motorgrößen etwa der folgende:

1 kW Motorleistung	$s = 7\%$	50 kW Motorleistung	$s = 2{,}5\%$
10 kW „	$= 4\%$	über 100 kW „	bis 2%

Ein vierpoliger Motor von 10 kW wird darnach bei Nennlast etwa eine Drehzahl von $1500 - 1500 \cdot 0{,}04 = 1440$ Umdr./min haben. Wie bereits erwähnt wird der Schlupf bei Nennlast durch die Verluste (außer den Ständerverlusten) bestimmt. Motoren gleicher Leistung sind daher hinsichtlich ihres Wirkungsgrades um so besser, je kleiner ihr Schlupf ist.

Der Leistungsfaktor ist nach dem Diagramm bei kleiner Belastung sehr klein, erreicht ungefähr bei Nennlast einen Höchstwert und sinkt bei Überlast wieder. Dieses Verhalten leuchtet ein, wenn man bedenkt, daß die Phasenverschiebung einerseits durch den Magnetisierungsstrom und andererseits durch die Streuung der Wicklungen verursacht wird. Bei geringer Last ist zwar die Streuung klein, aber der um 90° nacheilende Magnetisierungsstrom I_m ist gegenüber dem kleinen zusätzlichen Belastungsstrom I_1' so groß, daß die Gesamtphasenverschiebung beträchtlich ist. Mit wachsender Belastung sinkt der Einfluß von I_m, wodurch die Phasenverschiebung kleiner wird. Bei Überlastungen tritt nun aber eine sehr große Streuung ein, die wieder eine Vergrößerung der Phasenverschiebung zur Folge hat, wie das Diagramm zeigt.

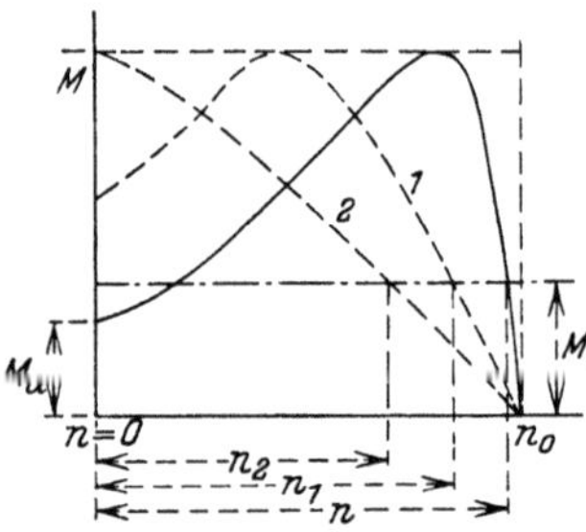

Abb. 336. Drehmomentlinien bei verschiedenen Läuferwiderständen.

Die Ausführung des Motors kann den Leistungsfaktor stark beeinflussen. Das magnetische Feld im Luftspalt ist der Hauptsitz der magnetischen Energie, durch die der Magnetisierungsstrom bestimmt ist. Wir haben daher den Luftspalt so klein wie möglich zu machen, um mit geringem Magnetisierungsstrom auszukommen. Bei Motoren mit Kugel- oder Wälzlagern kann man bis auf 0,3 mm, bei Motoren mit Gleitlagern bis auf etwa 0,5 mm Luftspalt heruntergehen. Kranmotoren müssen hingegen wegen der hohen mechanischen Beanspruchung bedeutend größere Luftspalte haben. Ihr Leistungsfaktor ist daher niedriger. Motoren für hohe Drehzahlen sind günstiger hinsichtlich des Leistungsfaktors, weil sie (nach Gl. 144) kleiner im Bau sind und daher einen kleineren Luftspaltraum haben. Motoren großer Leistung haben ebenfalls einen größeren Leistungsfaktor. Wie bei den Gleichstrommotoren ist auch bei den Drehstrommotoren die Leistung dem Kraftfluß und der Durchflutung proportional (siehe S. 79). Da nun der Luftspalt bei wachsenden Motorabmessungen nicht im gleichen Verhältnis mit den übrigen Abmessungen zunimmt und weil die Polflächen nur quadratisch wachsen, während die Leistung etwa mit der 4. Potenz der Linearabmessungen zunimmt, müssen große Motoren eine verhältnismäßig kleine magnetische Energie und einen kleinen Magnetisierungsstrom haben. Nachfolgend sind einige Werte des Leistungsfaktors angegeben:

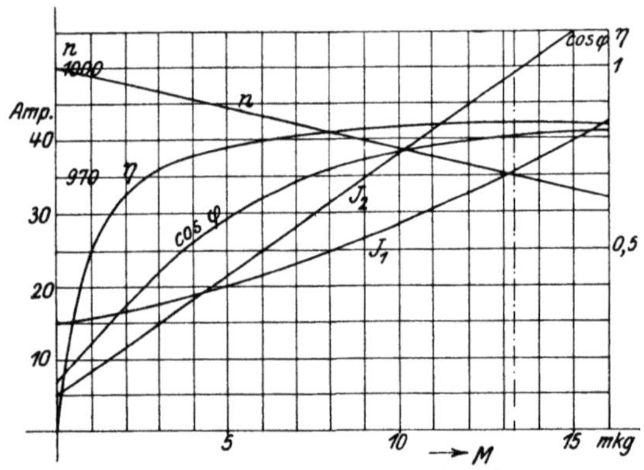

Abb. 337. Verhalten eines sechspoligen Asynchronmotors für 13 kW, 325 V.

Motorleistung	$\cos\varphi$ bei $n_0 = 750$	bei $n_0 = 1500$
1 kW	= 0,72	= 0,82
10 kW	= 0,82	= 0,86
100 kW	= 0,88	= 0,90

Kurzschlußmotoren haben etwas höhere Werte.

Abb. 337 zeigt das Verhalten der verschiedenen Größen eines 13 kW-Kranmotors in Abhängigkeit von dem Drehmoment.

5. Die Verluste und der Wirkungsgrad.

Die Verluste des Drehstrommotors setzen sich zusammen aus:

Stromwärmeverlusten des Ständers $R_1 \cdot I_1^2$ und des Läufers $R_2 \cdot I_2^2$.

Eisenverlusten (Wirbelstromverluste und Hysteresisverluste). Für sie gelten die Gl. 150 und 151, wenn wir statt n die Frequenz f setzen. Da der Kraftfluß und die Frequenz des Ständers bei allen Belastungen unverändert bleiben, sind die Ständereisenverluste von der Belastung unabhängig und konstant. Die Läufereisenverluste sind vernachlässigbar klein, weil die Läuferfrequenz bei Nennlast nur wenige Prozente der Netzfrequenz ist.

Reibungsverlusten, welche sich aus den Lager-, Bürsten- und Luftreibungsverlusten zusammensetzen und etwa der Drehzahl n proportinal angenommen werden können, wenn der Luftwiderstand nicht groß ist. Bei stark belüfteten Motoren wächst der Verlust stärker mit der Drehzahl.

Der **Wirkungsgrad** ist bei Kurzschlußmotoren etwas höher als bei Schleifringmotoren. Für letztere ist er bei Nennlast etwa:

1 kW	Motoren	$\eta = 0{,}74$	20 kW	Motoren	$\eta = 0{,}88$
5 kW	,,	0,84	50 kW	,,	0,90
10 kW	,,	0,86	1000 kW	,,	0,95

Für andere Belastungen berechnet sich der Wirkungsgrad genau wie bei den Gleichstrommotoren (siehe S. 97). Das Verlustverhältnis a der veränderlichen zu den konstanten Verlusten kann bei Kranmotoren zu $a = 2$ bis 1, bei normalen Drehstrommotoren zu 1 und bei schnell laufenden Motoren zu 1 bis 0,5 angenommen werden.

Die Messung des Wirkungsgrades erfolgt am einfachsten durch mechanische Abbremsung und gleichzeitige Messung der zugeführten Leistung mit einem Leistungsmesser. Bei größeren Motoren ist die Verlustmessung vorzuziehen. Die bei einem Leerlaufsversuch gemessene Leistung dient zur Deckung der Reibungs- und Eisenverluste, sowie für die geringen Stromwärmeverluste im Leerlauf. Da sich die letzteren fast ganz auf den Ständer beziehen, können wir aus dem gemessenen Leerlaufstrom I_0 je Strang und dem Widerstand eines Stranges R_1 den Verlust $3 \cdot R_1 \cdot I_0^2$ ermitteln und von der gemessenen Leerlaufsleistung in Abzug bringen. Der Rest stellt die konstanten Reibungs- und Eisenverluste dar. Die Stromwärmeverluste lassen sich aus den gemessenen Widerständen und den bekannten Nennströmen leicht für Nennlast ermitteln. Wenn, wie es bei dem Läufer meist zutrifft, die Art der Schaltung unbekannt ist, nimmt man einfach Sternschaltung an. Das 48. Beispiel zeigt, daß das Ergebnis von der Schaltung unabhängig ist. Zu den angegebenen Verlusten ist noch als zusätzlicher Verlust 0,5% der zugeführten Leistung hinzuzufügen.

Die Läuferverluste erhält man genauer, wenn man den Schlupf s bei Nennlast bestimmt. Der Läuferverlust ist dann nach dem früher Gesagten gleich $s \cdot N_{12}$, worin N_{12} die vom Ständer auf den Läufer übergehende elektrische Leistung darstellt. Der Schlupf kann bei Schleifringmotoren an einem in den Läufer eingeschalteten Gleichstrommesser durch Zählung der Ausschläge ermittelt werden. Bei Kurzschlußmotoren kann eine Induktionsspule, an die ein empfindlicher Strommesser angeschlossen ist, dem Läufer vorsichtig genähert werden.

6. Das Anlassen der Drehstrommotoren.

Kleine Kurzschlußmotoren werden durch Einlegen des dreipoligen Ständerschalters angelassen. Der Strom, den sie dabei aufnehmen, ist durchschnittlich das 6 bis 7fache des Nennstromes. Er hängt nicht von der Belastung ab, weil der Stromwert durch die Größe $\overline{OP_k}$ im Diagramm Abb. 327 bestimmt ist. Bei großer Belastung wird derselbe Strom jedoch längere Zeit fließen. Zur Verminderung des Einschaltstromstoßes findet der Stern-Dreiecksschalter (etwa von 1,5 kW Leistung ab) Verwendung, welcher nach Abb. 338 den Motor zuerst in Stern an die Strangspannung legt, worauf nach erfolgtem Anlauf auf die Dreiecksschaltung (Leitungsspannung) umgeschaltet wird. Da der Motor auf der Sternstellung nur eine Spannung $U : \sqrt{3}$ empfängt, und das Drehmoment sich quadratisch mit der Spannung ändert, kann der Motor auf dieser Stellung nur ein Drittel des Drehmomentes bei voller Spannung entwickeln, und entsprechend ist auch die Leistung geringer. Der Leistungsfaktor ist jedoch in der Sternschaltung höher, weil bei der verminderten Spannung der Magnetisierungsstrom kleiner ist. Abb. 339 zeigt den Verlauf des Leistungsfaktors und des Wirkungsgrades auf den beiden Schaltstufen in Abhängigkeit vom Drehmoment. Es ist aus ihr zu ersehen, daß es vorteilhaft sein kann, einen unterbelasteten Motor in Sternschaltung zu betreiben.

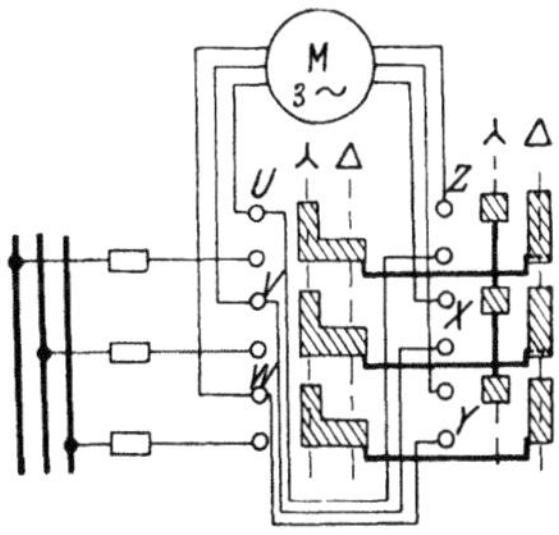

Abb. 338. Stern-Dreiecksschalter.

Größere Kurzschlußmotoren erhalten einen **Stromverdrängungsläufer.** Derselbe hat als **Wirbelstromläufer** nach Abb. 340 sehr schmale und tief liegende Stäbe oder als Doppelkäfigläufer zwei ineinander liegende Käfige. Die Wirkung dieses Motors beruht auf der größeren Streuung, welche die in der Tiefe des Eisens liegenden Kupferstäbe haben. Im ersten Augenblick des Anlaufs ist bekanntlich die Läuferfrequenz gleich der Netzfrequenz und die Streukraftlinien (großes L_2) rufen dabei eine große Selbstinduktionsspannung ($\omega \cdot L_2 \cdot I_2$) hervor. Abb. 340 zeigt nun, daß das in der Tiefe liegende Kupfer von vielen, das am Umfang liegende Kupfer nur von wenigen Streukraftlinien umschlungen wird. Entsprechend ist auch die Induktivität (L) und der induktive Widerstand für das tief liegende Kupfer groß, und für das am Rand liegende Kupfer klein. Der Strom verteilt sich infolgedessen **nicht gleichmäßig**, sondern fließt zuerst fast nur in dem am Läuferrand liegenden Kupfer, während ein tiefer liegender Kupferstab fast stromlos ist. Nach erfolgtem Anlauf ist die Läuferfrequenz sehr klein, die Streuung spielt dann keine Rolle mehr, und der Läuferstrom verteilt sich gleichmäßig über das ganze Kupfer. Da sich im ersten Anlaufaugenblick der Strom auf einen kleinen Querschnitt beschränken muß, verhält sich ein solcher Stromverdrängungsmotor gerade so, als ob anfangs in den Läufer Widerstand eingeschaltet sei. Mit dem Anwachsen der Drehzahl und dem damit verbundenen Sinken der Läuferfrequenz schaltet sich dieser Widerstand gewissermaßen selbsttätig aus. Würde bei dem erhöhten Widerstand des ersten Augenblicks ein Motor eine Drehmomentenlinie *2* nach Abb. 341 und bei vermindertem Läuferwiderstand (normaler Kurzschlußmotor) die Momentenlinie *1* haben, so ist für den Stromverdrängungsmotor als resultierendes Moment Linie *3* zu erwarten. Höhe des Anlaufmomentes und Verlauf der Momentenlinie hängen von der Anordnung der beiden Käfige ab. Bei dem Doppelkäfigmotor ist die Streuung wegen des Eisensteges zwischen den Käfigen besonders groß. Er hat daher auch ein wesentlich größeres Anlaufmoment, das auch bei Stern-Dreiecksschaltung noch ausreicht. Durch die Verwendung der Stromverdrängungsmotoren ist es möglich, auch Motoren für sehr große Leistungen als Kurzschlußmotoren auszuführen. Das Anlassen solch großer Motoren erfolgt gewöhnlich mittels eines **Anlaßtransformators** in Sparschaltung.

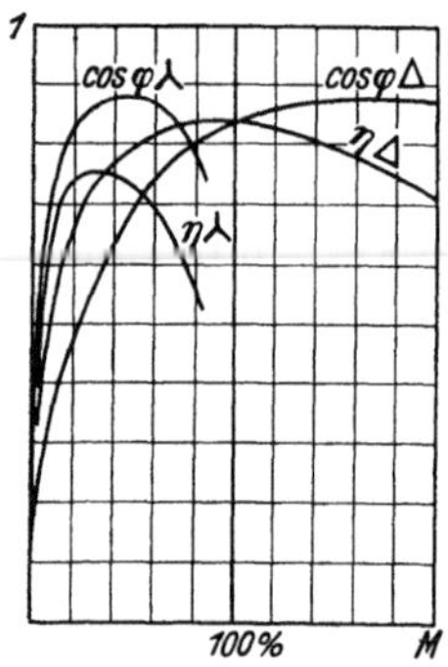

Abb. 339. Leistungsfaktor und Wirkungsgrad bei Stern- und Dreiecksschaltung.

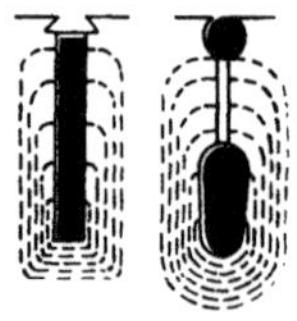

Abb. 340. Nuten von Stromverdrängungsläufern.

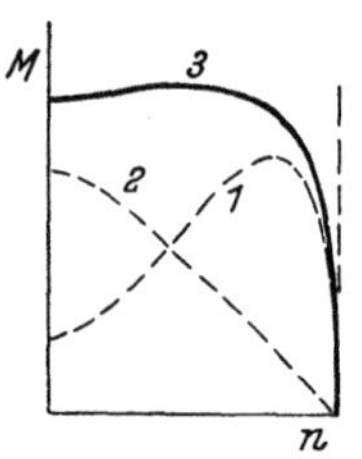

Abb. 341. Drehmomentlinie eines Stromverdrängungsmotors.

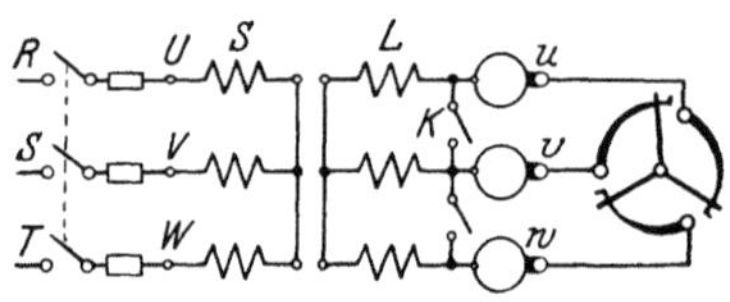

Abb. 342. Anlaßschaltung des Schleifringmotors.

Schleifringmotoren werden nach Abb. 342 in folgender Reihenfolge angelassen: Einlegen des Ständerschalters, langsames Einrücken des Anlassers und, falls eine Kurzschlußvorrichtung vorhanden ist, Einlegen des Kurzschlußhebels K am Motor. Das Stillsetzen erfolgt in umgekehrter Reihenfolge. Der Motor läuft beim Einschalten des Netzschalters noch nicht an, wenn der Läufer offen ist. Die heutigen Anlasser haben jedoch keine Nullstellung, so daß in diesem Falle sehr wohl ein Anlauf möglich ist. Die Abschaltung der drei Widerstandsstränge kann auch so erfolgen, daß man nicht gleichzeitig, sondern nacheinander in jedem Strang von Stufe zu Stufe geht. Der Anlauf wird dadurch gleichmäßiger. Zur Verkleinerung des Anlassers wird zuweilen der Läufer **zweisträngig** ausgeführt, wie Abb. 128 zeigt. Die Spannung zwischen den beiden äußeren Schleifringen ist in diesem Falle (siehe S. 51) das 1,41fache der beiden anderen Spannungen.

7. Die Bremsung mit dem asynchronen Drehstrommotor.

Treibt man einen Drehstrommotor mit einer Drehzahl an, die größer ist als die Drehfelddrehzahl, so werden die Feldlinien in umgekehrter Richtung geschnitten. Der dadurch entstehende umgekehrt gerichtete Läuferstrom hat primär einen in das Netz zurückfließenden Strom zur Folge. Der Motor ist damit zum Generator geworden und bremst.

Der Übergang zum Generator durch übersynchronen Lauf stellt sich im Kreisdiagramm (Abb. 343), wie an der Schlupflinie zu erkennen ist, durch einen Übergang des Stromes auf die untere Kreislinie dar. Das Drehmoment wird dadurch negativ. Der bisher betrachtete Motorbetrieb erstreckte sich vom Punkte ($s = 0$) bis zum Punkte ($s = 1$). Bei Steigerung der Drehzahl durchläuft der Endpunkt des Stromvektors die Kreislinie $0, -1, \infty$, wobei das Drehmoment negativ wird. Ein solcher asynchroner Generator findet zuweilen zur Drehstromerzeugung Anwendung, insbesondere, wenn man größte Einfachheit anstrebt, wie dies bei der Ausnutzung kleiner Wasserläufe zutrifft. Er kann aber immer nur im Anschluß an ein vorhandenes Drehstromnetz betrieben werden, weil der Magnetisierungsstrom, der das Drehfeld erzeugt, dem Netz entnommen werden muß. Als Bremse findet er bei Kranen und Aufzügen Verwendung. Hier wird der Motor im Senksinne eingeschaltet, wobei er sehr schnell unter dem eigenen und dem Antrieb der Last die Drehfelddrehzahl überschreitet und dann bremst. Abb. 344 veranschaulicht das Verhalten des Drehmomentes bei übersynchronem Lauf. Durch das Einschalten von Läuferwiderstand ergibt sich die gestrichelte Linie 2, und man erkennt, daß die Senkdrehzahl durch den Widerstand vergrößert wird (von n_1 auf n_2).

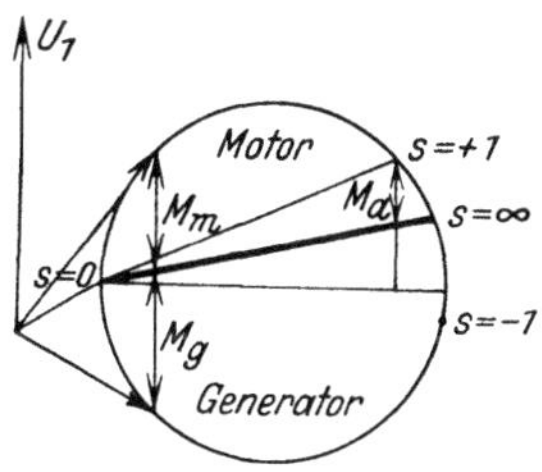

Abb. 343.

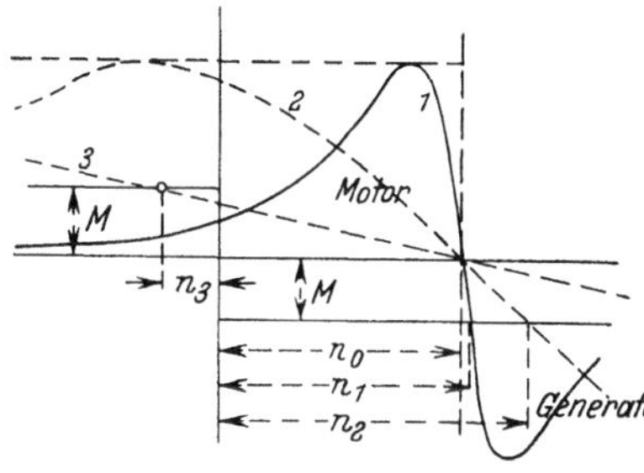

Abb. 344. Drehmomentlinien bei unter- und übersynchronem Lauf.

Eine solche Bremsung läßt sich mit dem Motor auch durch Gegenstrom ausüben, und zwar in dem Diagrammbereich $+1$ bis ∞. Der Motor wird dann mit großem Läuferwiderstand (Linie 3) im Hubsinne eingeschaltet. Das Lastmoment überwiegt und zieht den Motor mit der Drehzahl n_3 entgegen seinem Moment im Abwärtssinne durch.

8. Die Regelung der Drehzahl bei dem asynchronen Drehstrommotor.

Eine einfache und zugleich wirtschaftliche Regelmöglichkeit des Drehstrommotors gibt es nicht. Wenn man in den Läuferkreis Widerstände einschaltet, verschiebt sich nach Abb. 336 die Drehmomentlinie, so daß sich bei konstantem Moment M_n die Drehzahl auf die eingetragenen Werte n_1 und n_2 usf. einstellt. Diese Regelmöglichkeit, welche der Hauptstromregelung der Gleichstrommotoren entspricht, hat den Nachteil, daß große Regelverluste durch den Widerstand auftreten, und daß sich, insbesondere bei größeren Widerständen, die Drehzahl schon bei kleinen Laständerungen stark ändert. Sie kommt daher hauptsächlich für aussetzenden Betrieb in Frage (siehe auch Abb. 514).

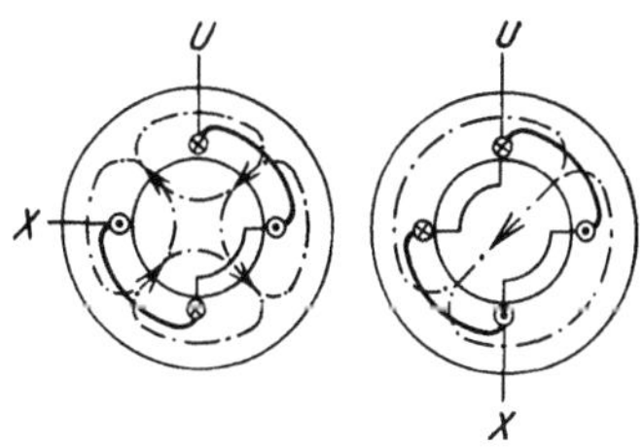

Abb. 345. Polumschaltung.

Für die Dauerregelung ist in den letzten Jahren die Polumschaltung sehr häufig verwandt worden, deren Prinzip Abb. 345 an einem Strang veranschaulicht. Links ist die normale vierpolige Wicklung dargestellt und rechts die Umschaltung auf die zweipolige Anordnung, also die doppelte Drehzahl. Der Läufer bleibt als Kurzschlußläufer unverändert, als Schleifringläufer müßte er ebenfalls umgeschaltet werden. Aus letzterem Grunde findet man die Polumschaltung fast nur bei Kurzschlußmotoren. Polumschaltungen für andere Drehzahlverhältnisse lassen sich bei entsprechender Wahl der Wicklung ebenfalls erzielen. Für kleine Motoren werden der Einfachheit wegen zuweilen getrennte Ständerwicklungen für verschiedene Polzahlen angewandt. Als Nachteil dieser Regelungsart ist anzuführen, daß die Regelung nur in ganz groben

Stufen möglich ist, daß der Leistungsfaktor etwas geringer ist, und daß zahlreiche Leitungen zwischen Polumschalter und Motor erforderlich sind (siehe Abb. 524).

Bei der **Kaskadenschaltung**, die ebenso wie die Polumschaltung verlustlos ist, erfolgt die Drehzahländerung durch die mechanische Kupplung zweier Drehstrommotoren, von denen der erste am Netz liegt und mit einem Teil seiner Läuferenergie den Läufer des zweiten Motors speist. Der Anlasser wird an die Ständerwicklung des zweiten Motors, der nicht mit dem Netz in Verbindung steht, angeschlossen. Es handelt sich bei dem zweiten Motor also um einen umgekehrt betriebenen, läufergespeisten Motor. Die Drehzahl dieses Aggregates hängt von beiden Polzahlen ab und ist $n = 60 \cdot f : (p_1 + p_2)$. Durch Einzelbetrieb der Motoren kann eine höhere Drehzahl erzielt werden. Der Leistungsfaktor einer Kaskade ist gering.

Drehzahlregelung mit Regelsätzen. Bei der Drehzahlverminderung durch Läuferwiderstände wird an den Schleifringen die für die Widerstände nötige Spannung dadurch erzeugt, daß der Läufer mit erhöhtem Schlupf, also niedrigerer Drehzahl läuft. Um die Verluste zu vermeiden, wäre es zweckmäßig, ohne Widerstände durch Anlegung einer fremden äußeren Spannung an die Schleifringe des Motors die gleiche Wirkung zu erzielen. Dies kann durch besondere, an die Sekundärseite des Asynchronmotors angehängte Maschinen (Regelsatz) geschehen.

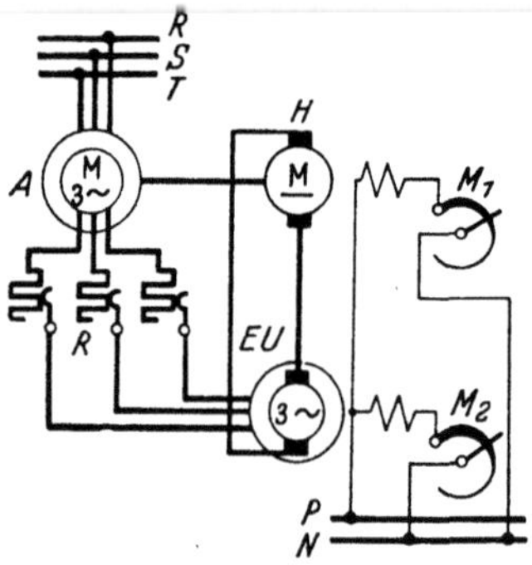

Abb. 346. Drehstrommotor mit Gleichstromregelsatz.

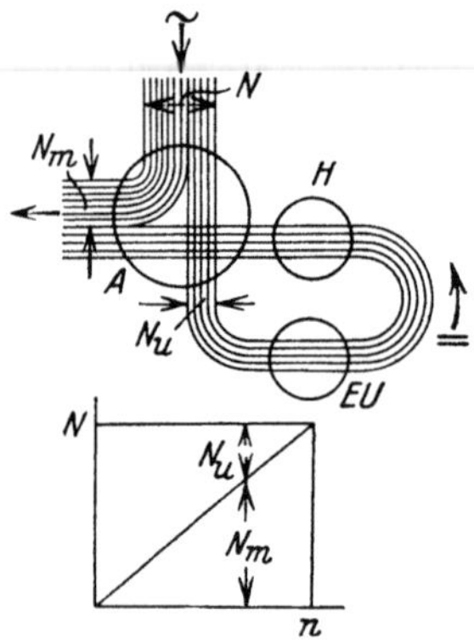

Abb. 347. Energiefluß in der Schaltung Abb. 346.

Der **Gleichstromregelsatz** nach Abb. 346 (Krämerschaltung) besteht aus einem Asynchronmotor A (Haupt- oder Vordermotor), aus einem Einankermotor EU, welcher Drehstrom aus dem Läufer des Hauptmotors empfängt, ihn in Gleichstrom umformt und dem Gleichstrommotor H (Hintermotor) zuführt, welcher den Hauptmotor durch seine mechanische Leistung unterstützt. Abb. 347 veranschaulicht den Energiestrom. Angenommen, der Hauptmotor laufe mit einem Schlupf von 25%, also mit 75% seiner Drehfelddrehzahl, dann werden von ihm $N_m = 75\%$ der aufgenommenen Leistung als mechanische Leistung an der Welle abgegeben. Die Schlupfleistung N_u, welche 25% der zugeführten beträgt, fließt dem Einankerumformer zu, welcher sie als Gleichstromleistung dem Motor H weitergibt. Dieser unterstützt mit der gleichen mechanischen Leistung den Hauptmotor. Von Maschinenverlusten ist hierbei natürlich abgesehen worden. Wir wollen nun mittels des Feldreglers M_1 das Feld des Hintermotors H verstärken. Er will dadurch langsamer laufen, wird aber daran zunächst durch den Hauptmotor gehindert. Infolgedessen steigt die Gegenspannung des Motors H und damit auch die Gleichspannung des Umformers EU. Bei solchen Einankerumformern stehen aber Strom und Spannung auf der Drehstrom- und Gleichstromseite in einem bestimmten, unabänderlichen Verhältnis (ähnlich wie bei einem Transformator). Daher hat auch die Drehstromspannung des EU eine Steigerung erfahren, die als Schleifringspannung des Hauptmotors nun eine Verminderung der Drehzahl desselben nach sich zieht. Die Drehzahlregelung erfolgt also mit dem Feldregler M_1 des Hintermotors. Wenn bei dieser Drehzahlverminderung die Belastung unverändert geblieben ist, gibt der Hauptmotor nun weniger mechanische Leistung an seine Welle ab, während die vergrößerte Schlupfleistung über den Umformer und den Hintermotor geht. Bei gleicher Gesamtleistung und verminderter Drehzahl muß aber das Gesamtdrehmoment größer geworden sein. Dieser Regelsatz erzeugt daher ein um so größeres Drehmoment, je kleiner man die Drehzahl einstellt. Dies würde besonders bei Walzwerksantrieben von Vorteil sein. Bei unveränderter Einstellung des Magnetreglers M_1 wird durch eine Erhöhung der Belastung der Läuferstrom in bekannter Weise zunehmen. Dadurch wird aber auch der vom Umformer abgegebene Gleichstrom wachsen müssen, so daß nun der Hintermotor ein größeres Moment entwickelt. Beide Motoren teilen sich daher im gleichen Verhältnis in die erhöhte Belastung, während die Drehzahl fast unverändert bleibt. Eine zusätzliche Hauptschlußwicklung des Hintermotors würde genau wie bei dem Gleichstrom-Doppelschlußmotor auch hier einen mit der Belastung zunehmenden Drehzahlabfall hervorrufen, wie er bei Schwungradmaschinen erforderlich ist. Die Größe des Hintermotors hängt von der Größe des Regelbereichs ab. Der Einankerumformer EU verhält sich drehstromseitig genau wie ein Synchronmotor. Er läuft also mit einer der Läuferfrequenz des Hauptmotors entsprechenden Drehzahl, und es ist möglich, mittels des Magnetreglers M_2 ihn zur Aufnahme eines voreilenden Stromes aus dem Läufer zu veranlassen, so daß man dadurch den Leistungsfaktor des ganzen Regelsatzes auf 1 bringen kann.

Der **Drehstromregelsatz** hat als Hintermaschine einen Frequenzwandler oder eine Stromwendermaschine. Abb. 348 zeigt gekuppelt mit dem Hauptmotor A einen Frequenzwandler H, dessen Aufgabe es ist, den Schleifringen des Hauptmotors eine bestimmte Spannung, die in der Frequenz genau mit der Schlupffrequenz des Läufers A übereinstimmt, zuzuführen. Eine solche

Spannung wird je nach ihrer Phase ganz verschiedene Wirkung haben. Nehmen wir einmal der Einfachheit halber an, daß der Läufer streuungsfrei sei und auch nur einen geringen Ohmschen Widerstand habe. Dann ist der Schlupf und damit auch die durch das Drehfeld im Läufer erzeugte EMK $s \cdot E_2$ praktisch gleich Null (unter E_2 ist hier die bei Läuferstillstand erzeugte Spannung verstanden). Drücken wir den Schleifringen nach Abb. 349a nun eine fremde Spannung U_z auf, welche der geringen Schlupfspannung und I_2 entgegen gerichtet ist, so muß I_2 abnehmen. Dann reicht aber das Drehmoment zur Bewältigung der Belastung nicht mehr aus, und der Motor läuft langsamer und langsamer, bis eine Schlupfspannung $+ s \cdot E_2$ vorhanden ist, welche die zusätzliche Spannung U_z aufhebt. Dann ist nämlich der frühere Zustand mit dem Strom I_2 wieder erreicht. Die Hinzufügung der Zusatzspannung U_z hat daher eine Verminderung der Drehzahl, und zwar ohne Verluste zur Folge gehabt. Würde man diese Spannung nach Abb. 349b in umgekehrter Richtung addieren, so würde I_2 verstärkt, das Drehmoment würde wachsen und den Motor über die synchrone Drehzahl hinaus schneller antreiben, bis infolge dieses negativen Schlupfes dann eine Schlupfspannung $-s \cdot E_2$ erzeugt wird, die U_z im Gleichgewicht hält. Ganz anders verhält sich der Motor, wenn man den Schleifringen eine zusätzliche Spannung U_z zuführt, welche nach Abb. 350 um 90° voreilt. Diese erzeugt einen Strom I_{2b}, welcher im Ständer einen entgegengesetzten Strom I_{2b}' hervorruft. Der primäre Gesamtstrom I_1 kann dadurch in Phase mit der Spannung oder sogar in Voreilung gedreht werden.

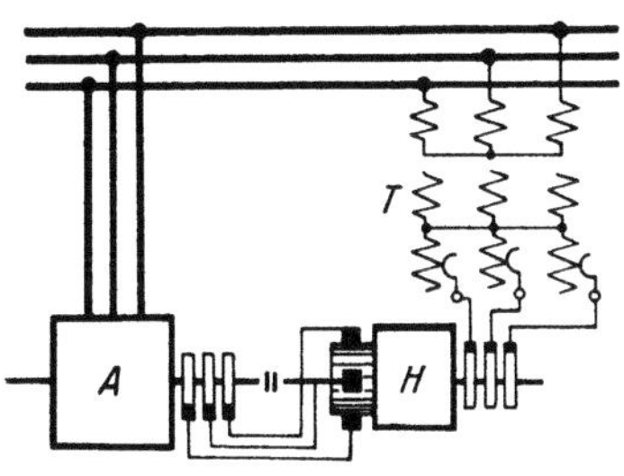

Abb. 348. Asynchronmotor mit Drehstromregelsatz.

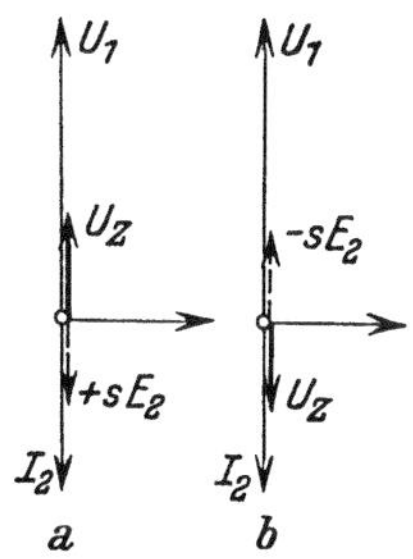

Abb. 349.

Der Frequenzwandler (Abb. 351) ist ein Anker, dessen Wicklung auf der einen Seite an drei Schleifringe und auf der anderen Seite an einen Stromwender angeschlossen ist. Eine Ständerwicklung ist nicht vorhanden. Lediglich das Eisen ist vorhanden, damit das durch die Ankerwicklung erzeugte Feld einen Rückschluß hat. Dasselbe kann man jedoch auch dadurch erreichen, daß die Wicklung des Ankers tief unter der Ankeroberfläche angeordnet wird. In diesem Falle besteht der Frequenzwandler nur aus einem drehenden Anker. Die über den Regeltransformator T den Schleifringen zugeführte Spannung mit Netzfrequenz erzeugt in der Ankerwicklung ein Drehfeld Φ, dem man durch entsprechende Schaltung einen Drehsinn entgegen der des Ankers gibt. Die an dem Stromwender abgenommene Spannung stimmt in ihrer Größe mit der an den Schleifringen zugeführten überein, ihre Frequenz ist jedoch eine andere. Bei stillstehendem Anker würde an den Stromwenderbürsten ebenfalls die Netzfrequenz herrschen, bei einer Ankerdrehzahl 3000 je Minute entgegen dem mit 3000 Umdr./min umlaufenden Drehfeld würde bei diesem zweipoligen Frequenzwandler das Drehfeld im Raume stillstehen, d. h. wir hätten dann die gleichen Verhältnisse wie bei dem später zu betrachtenden Einankerumformer. An den Stromwenderbürsten könnte dann Gleichstrom ($f = 0$) abgenommen werden. Der Stromwender erlaubt also, je nach seiner Drehzahl, Drehstrom beliebiger Frequenz abzunehmen. Bei 10% Schlupf des Hauptmotors hat dessen Läufer eine Frequenz von $50 \cdot 0,1 = 5$ Hz. Der Anker des Frequenzwandlers macht $3000 - 300 = 2700$ Umlaufe/min im Rechtsdrehsinne, wahrend auf seinem Rücken das Drehfeld mit 3000 Umläufen/min links herum läuft. Das Drehfeld dreht sich also gegenüber den feststehenden Bürsten mit 300 Umdrehungen je Minute links herum, d. h. an den Bürsten kann eine Frequenz von $300 : 60 = 5$ Hz abgenommen werden. Man erkennt, daß diese Frequenz mit der Läuferfrequenz des Hauptmotors übereinstimmt und auch bei jeder anderen Drehzahl übereinstimmen muß. Indem wir nun diese Spannung in richtiger Phase dem Läufer des Hauptmotors zuführen, erreicht man die in Abb. 349 dargestellte Regelmöglichkeit. Die Größe der Drehzahlveränderung ist durch die Größe der dem Läufer zugeführten Spannung bestimmt und kann mittels des Regeltransformators geändert oder auch umgekehrt werden.

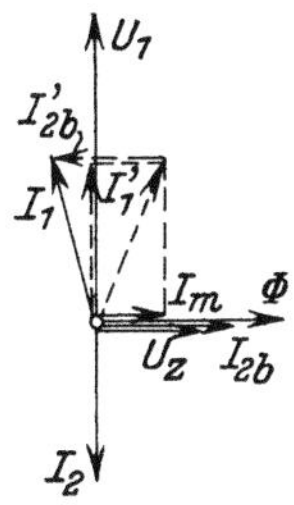

Abb. 350.

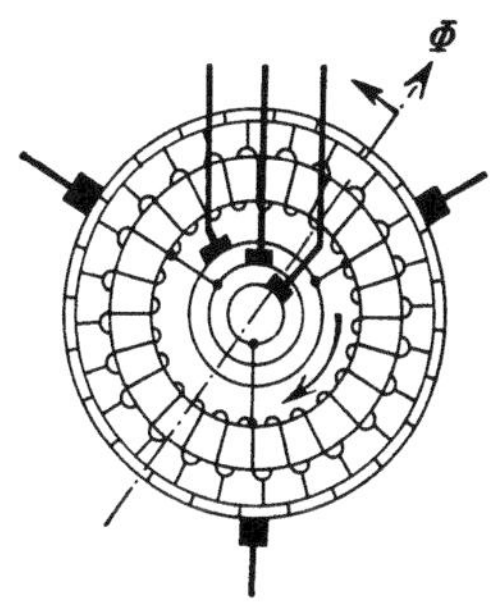

Abb. 351. Frequenzwandler.

Auch bei diesem Regelsatz gibt der Hauptmotor A einen Teil der aufgenommenen Leistung unmittelbar als mechanische Leistung an die Welle ab. Bei einem Schlupf von 25% z. B. 75%. Der Rest von 25% fließt dem Frequenzwandler zu und wird über den Transformator dem Netz wieder zurückgegeben. Die Leistung des Aggregates ist hier also nicht konstant, sondern sie sinkt mit abnehmender Drehzahl. Das Drehmoment ist angenähert konstant, und daher würde sich ein solcher Maschinensatz weniger für Walzwerke, sondern eher für Ventilatoren eignen, bei denen bei geringer Drehzahl auch das Drehmoment niedrig ist.

Der Frequenzwandler (Abb. 351) erlaubt aber neben der Drehzahlregelung auch eine Phasenkompensation des Hauptmotors. Durch eine Verdrehung der drei Stromwenderbürsten um 90° aus der bisher angenommenen Lage käme die zusätzliche Spannung U_z, die wir an den Bürsten abnehmen, in eine auch zeitlich um 90° verschobene Lage, wie es in Abb. 350 angenommen war. Durch entsprechende Bürstenverschiebung kann also der Hauptmotor kompensiert werden. Wenn die Phasenkompensation die Hauptaufgabe der Hintermaschine ist, nennt man sie eine Drehstrom-Erregermaschine.

An die Stelle des Frequenzwandlers kann auch eine Drehstrom-Reihenschlußmaschine (siehe Drehstrom-Stromwender-Reihenschlußmotor) treten, welcher Strom aus dem Läufer des Hauptmotors empfängt und entweder mechanische Leistung an die Welle abgibt oder elektrische Leistung über einen Asynchrongenerator an das Netz zurückgibt. Die Änderung der Drehzahl kann bei allen Regelsätzen mit Stromwendermaschinen als Hintermaschinen kaum mehr als 40% betragen, weil sonst infolge zu hoher Spannung Stromwendeschwierigkeiten entstehen.

9. Der kompensierte Drehstrommotor.

Er wurde vor Jahren zur Verbesserung des Leistungsfaktors fast allgemein angewandt. Heute werden kleine und mittlere Drehstrommotoren nur unkompensiert ausgeführt, weil die Verteuerung, welche die Kompensierung mit sich bringt, und die geringere Betriebssicherheit wirtschaftlich untragbar sind. Die Kompensierung erfolgt durch die größeren Motoren, und zwar durch solche mit Regelsätzen oder durch Drehstrommotoren mit eingebauter Kompensierung. Bei den letzteren unterscheidet man ständergespeiste und läufergespeiste kompensierte Motoren.

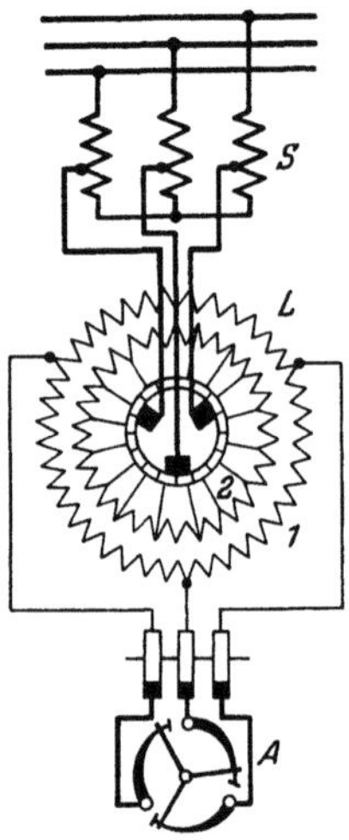

Abb. 352. Ständergespeister, kompensierter Motor.

Der ständergespeiste, kompensierte Motor nach Abb. 352 hat eine normale Ständerwicklung S und neben der Läuferwicklung *1* eine zweite Läuferwicklung *2*, welche an einen kleinen Stromwender angeschlossen ist und Spannung von der Ständerwicklung in Spannungsteilerschaltung (Spartransformator) empfängt. Diese kleine Spannung mit Netzfrequenz wird durch den Stromwender (wie bei einem Frequenzwandler) in die Schlupffrequenz des Läufers umgewandelt. Dieser Drehstrom mit Schlupffrequenz erzeugt in der Wicklung *2* ein Drehfeld, welches bei allen Läuferdrehzahlen synchron mit dem Ständerdrehfeld umläuft. Nun ist aber das Drehfeld des Motors durch die angelegte Netzspannung in seiner Größe bestimmt, und wenn nun durch den Läufer ein Drehfeld gebildet wird, so muß sich der Ständer um so weniger an der Drehfeldbildung beteiligen, je mehr der Läufer dies tut. Durch entsprechende Einstellung der Bürsten läßt sich so erreichen, daß der Läufer bei geringer Frequenz (S. 44) allein das Drehfeld bildet, und daß der Ständer daher überhaupt keinen Magnetisierungsstrom mehr aufzunehmen braucht.

Abb. 353. Läufergespeister, kompensierter Motor.

Der läufergespeiste, kompensierte Motor nach Abb. 353 liegt mit seinen Schleifringen an der Netzspannung, während der Ständer mit dem Anlasser A in Verbindung steht. Jeder Drehstrommotor kann derart mit Läuferspeisung betrieben werden, wenn die Läuferwicklung für die Netzspannung gewickelt ist. Die Schleifringe bedürfen in diesem Falle wegen der Gefahr jedoch eines Berührungsschutzes. Der Läufer hat noch eine zweite, mit einem Stromwender verbundene Wicklung *2*, welche von der Wicklung *1* transformatorisch eine kleine Wechselspannung mit Netzfrequenz empfängt. Diese wird auch hier durch den Stromwender stets genau in die Schlupffrequenz des Sekundärteiles umgewandelt und der Sekundärwicklung S (hier der Ständer) zugeführt. Durch passende Einstellung der Bürsten läßt sich nun gemäß Abb. 350 der Sekundärwicklung eine zusätzliche Spannung U_z aufdrücken, welche die Phase in der gewünschten Weise verschiebt. Eine gewisse Abhängigkeit der Kompensation von der Belastung ist nicht zu vermeiden, außerdem ist auch die Bürsteneinstellung zu ändern, wenn die Drehrichtung gewechselt wird. Während des Anlaufes ist der Motor nicht kompensiert. Motoren für aussetzenden Betrieb werden daher nicht als kompensierte Motoren ausgeführt.

10. Die Fehlerortsbestimmung an Drehstrommotoren.

Es kommen hier im wesentlichen die gleichen Meßmethoden zur Anwendung wie bei den Gleichstrommotoren. Ein **Drahtbruch** in der Ständerwicklung, der während des Betriebes eintritt, führt nicht zum Stillstand, weil der Motor als Einphasen-Wechselstrommotor weiterläuft und Arbeit leistet. Wenn derselbe aber voll oder angenähert voll belastet war, wird er nach dem Drahtbruch in den beiden gesunden Leitungen einen zu großen Strom aufnehmen, und wenn er nicht gut geschützt ist, verbrennen. Anlaufen kann der Motor nicht bei Unterbrechung eines Ständerstranges. Eine Unterbrechung im Läufer führt ebenfalls nicht zum Stillstand. Bei erheblicher Belastung fällt jedoch die Drehzahl des Motors auf die Hälfte, und er behält diese Drehzahl auch bei Entlastung bei. Das Verhalten des Motors ist hierbei jedoch wenig günstig, so daß es für die Drehzahlregelung nicht in Frage kommt. Ein Anlauf ist bei Läuferunterbrechung nur bei geringem Drehmoment möglich. Die Feststellung des Ortes der Unterbrechung ist mit Kurbelinduktor oder Prüflampe leicht durchführbar.

Ein **Körperschluß** beeinträchtigt den Betrieb des Motors nicht. Er muß jedoch, wenn er im Ständer auftritt, mit Rücksicht auf die Unfallgefahr beseitigt werden. Im Läufer besteht diese Gefahr nicht. Die Feststellung des Fehlerortes ist nach Trennung der Stränge oder unter Benutzung der Methode Abb. 221 nicht schwierig.

Ein **Windungsschluß** macht sich im Betriebe durch starkes Brummen, durch eine stärkere Erwärmung der schadhaften Spule (Kurzschlußstrom) oder auch durch ungleiche Stromaufnahme der Stränge bemerkbar. Man prüft zweckmäßig in der Weise, daß man bei dem leerlaufenden Motor der Reihe nach einen Strang unterbricht und mit einem Strommesser den Strom der im Betriebe befindlichen Leitungen mißt. Der mit Windungsschluß behaftete Strang zeigt erhöhten Strom. In gleicher Weise kann auch der Läufer geprüft werden, wenn man den Schleifringen Spannung zuführt. Eine bequeme Bestimmung des Fehlerorts ist durch das Prüfgerät Abb. 354 möglich. Der Wechselstrommagnet M_1 erzeugt ein Wechselfeld, welches bei offenen Strängen in einer schadhaften Spule einen kräftigen Strom hervorruft. Die Streufeldlinien, welche die Nuten umkreisen, induzieren in der Spule eines Magneten M_2, mit dem man die Nuten abtastet, Ströme, welche einen Hörer F zum Brummen bringen.

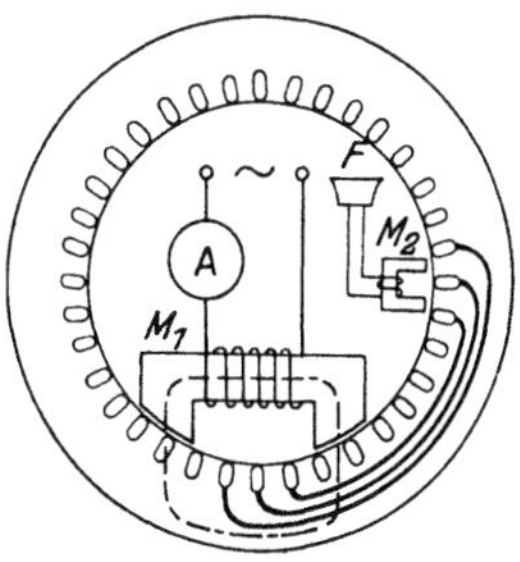

Abb. 354. Prüfung auf Windungsschluß.

Einer der schlimmsten Schäden eines Drehstrommotors ist das Schleifen des Läufers im Ständer. Die Luftspaltweite (oben und unten) ist daher, besonders in schmutzigen Betrieben, sorgfältig zu überwachen. Es kann vorkommen, daß ein derart beschädigter Motor nicht nur neugewickelt werden muß, sondern daß auch ein Abdrehen des Läufers unvermeidlich ist. Da die Größe des Kraftflusses unverändert bleibt (Gl. 86), muß in diesem Falle der Magnetisierungsstrom im Verhältnis des magnetischen Widerstandes, also etwa im Verhältnis der Vergrößerung des Luftspaltes wachsen. Der Leistungsfaktor des Motors sinkt also erheblich.

B. Der asynchrone Wechselstrommotor.

Dieser Motor hat nur noch geringe Bedeutung, weil Einphasennetze kaum noch vorkommen. Im Bau unterscheidet er sich von dem Drehstrommotor nur dadurch, daß der Ständer eine einsträngige Wicklung aufweist, wozu allerdings noch eine Hilfswicklung kommen kann. Wenn die Ständerwicklung von einem Wechselstrom durchflossen ist, erzeugt sie ein Wechselfeld, welches zwar im Läufer, der ein Kurzschluß- oder ein Schleifringläufer sein kann, einen Strom erzeugt. Ein Drehmoment tritt aber nicht auf. Erst wenn wir dem Läufer durch einen kräftigen Anstoß eine Drehung in dem einen oder anderen Sinne erteilen, läuft der Motor an und kann nach Erreichung seiner Nenndrehzahl belastet werden. Er verhält sich dann genau wie ein Drehstrommotor. Um einen Selbstanlauf, wenn auch mit geringem Drehmoment zu erzielen, kann in eine um 90° verschobene Hilfswicklung ein Strom geschickt werden, der infolge Vorschaltung eines Widerstandes R bzw. einer Drossel D phasenverschoben gegen den Strom der Arbeitswicklung ist. Es entsteht dadurch ein schwaches, für den Leeranlauf hinreichendes Drehmoment. Das Anlassen erfolgt mittels Anlaßumschalters, durch den zuerst beide Wicklungen und nach erfolgtem Anlauf nur die Arbeitswicklung eingeschaltet wird. Die Drehrichtung kehrt man um, indem man entweder die eine oder die andere Wicklung umpolt.

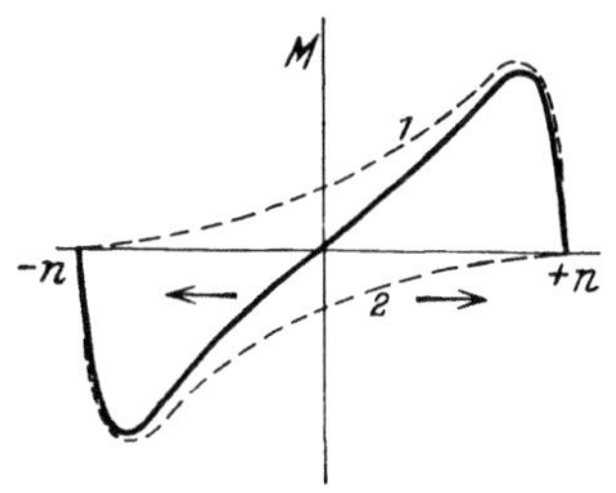

Abb. 355. Drehmoment des asynchronen Wechselstrommotors.

Die Wirkungsweise dieses Motors ist leicht verständlich, wenn man sich das Wechselfeld, welches die Ständerwicklung erzeugt, in zwei Drehfelder von halber Stärke und gegenläufigem Drehsinn zerlegt denkt. Wir haben es dann gewissermaßen mit der Wirkung zweier ineinander geschachtelter Drehstrommotoren zu tun. Das Rechtsdrehfeld erzeugt ein Drehmoment, welches in Abb. 355 durch die Linie *1* in Abhängigkeit von der Drehzahl dargestellt ist. Entsprechend bildet das Linksdrehfeld ein Moment nach Linie *2*. Das wirkliche Motormoment ist die Summe, die durch die ausgezogene Linie dargestellt ist. Im Stillstand ist notwendig kein Drehmoment vorhanden, weil sich die beiden Teilmomente das Gleichgewicht halten, und erst ein äußerer Anstoß würde dieses Gleichgewicht stören. Die synchrone Drehzahl n_0 ist die gleiche wie bei den Drehstrommotoren.

XI. Die Stromwendermotoren für Wechsel- und Drehstrom.

A. Die Wechselstrom-Stromwendermotoren.

1. Der Reihenschlußmotor.

Ein Gleichstrom-Reihenschlußmotor kehrt seine Drehrichtung nicht um, wenn man seine beiden Zuleitungen vertauscht. Er muß daher auch mit Wechselstrom betrieben werden können. Es zeigt sich aber, daß ein mit Wechselstrom betriebener Gleichstrommotor infolge hoher Selbstinduktionsgegenspannungen nur einen kleinen Strom hindurchläßt und wenig leistet. Die Ursache der Selbstinduktionsspannungen sind Streufelder, und zwar hauptsächlich das Ankerfeld und das um die Erregerwicklungen gebildete Streufeld. Beide Felder spielen bei Gleichstrommotoren keine wesentliche Rolle, während sie hier die Wirkung äußerst stark beeinflussen. Zur Beseitigung des Ankerfeldes ordnen wir im Ständer, 90° verschoben gegen die Erregerwicklung, eine Kompensationswicklung K an, welche mit dem Anker in Reihe geschaltet wird und die Ankerdurchflutung fast völlig kompensiert (Abb. 356), wenn die Kompensationswicklung genügend nahe an die Ankerwicklung herangebracht wird. Zur Verringerung der Ständerstreuung wird die Erregerwicklung E in Nuten eingebettet und damit ebenfalls dicht an den Anker herangerückt. Zur Aufhebung der Selbstinduktionsspannung bei der Stromwendung erhält der Motor Wendepole, deren Wicklung W mit dem Anker in Reihe liegt. Das Eisen des Ständers muß bei Wechselstrom natürlich aus Blechen aufgebaut werden, die bei zweipoligen Motoren etwa die Form Abb. 357 haben können. W ist der von der Wendepolwicklung umschlossene Wendezahn. Die Stromwendung macht größere Schwierigkeiten als bei den Gleichstrommotoren, weil die durch die Bürste kurzgeschlossene Ankerspule außer der Selbstinduktionsspannung (siehe Gleichstrom S. 85) noch eine weitere Spannung durch den die Spulen durchdringenden wechselnden Kraftfluß bekommt. Die resultierende Spannung bedarf zu ihrer Aufhebung einen gegen den Motorstrom etwas nacheilenden Wendepolstrom, den man dadurch erhält, daß man der Wendepolwicklung einen Ohmschen Widerstand parallel schaltet. Den erhöhten Stromwendeschwierigkeiten muß auch baulich Rechnung getragen werden. Die Windungszahl je Ankerspule wird zur Kleinhaltung der Induktivität gleich 1 gemacht, die Kohlen werden zur Erhöhung des Widerstandes sehr hart und außerdem sehr schmal gewählt, damit der Kurzschluß der Spule und die Wirkung des Wechselfeldes nicht lange dauert. Die geringe Windungszahl je Spule bedeutet jedoch hohe Spulenzahl und große Stegzahl des Stromwenders. Da die Stegbreite nicht beliebig verkleinert und der Stromwenderdurchmesser nicht größer als der des Ankers sein kann, lassen sich Reihenschlußmotoren nicht für höhere Spannungen bauen (bis etwa 150 V, bei kleineren Motoren und etwa 500 V bei großen Motoren). Bei Herabsetzung der Frequenz (z. B. $16^2/_3$ Hz bei Vollbahnen) ist eine etwas höhere Betriebsspannung möglich. Aus diesem Grunde wird der Reihenschlußmotor gewöhnlich mit einem vorgeschalteten Transformator betrieben, der zugleich zur Regelung dient (Abb. 356). Das Verhalten des Motors entspricht dem des Gleichstrom-Reihenschlußmotors. Abb. 358

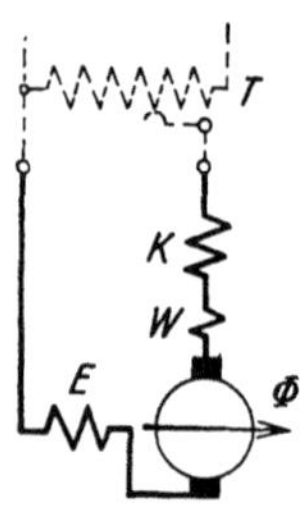

Abb. 356. Wechselstrom-Reihenschlußmotor

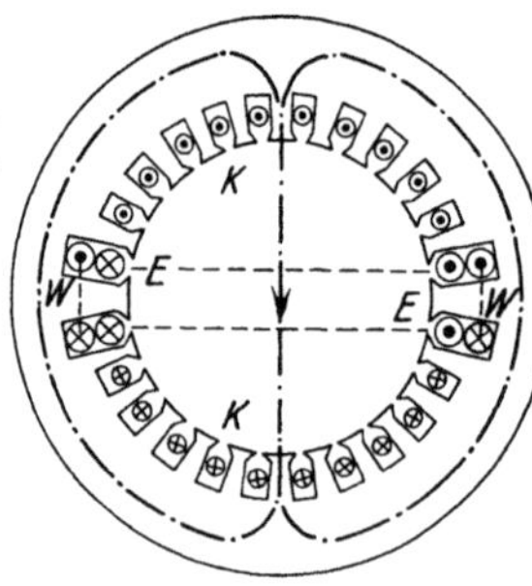

Abb. 357. Zweipoliger Ständer eines Wechselstrommotors.

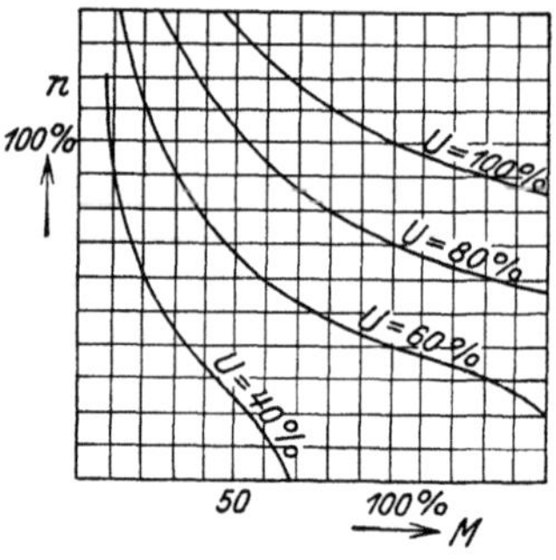

Abb. 358. Drehzahllinien des Reihenschlußmotors für verschiedene Spannungen.

zeigt die Abhängigkeit der Drehzahl von dem Drehmoment bei verschiedenen mit dem Transformator eingestellten Spannungen U. Im Leerlauf geht der Motor durch.

Wenn man von den Widerständen des Motors absieht, sind es zwei Spannungen, die im Motor erzeugt werden und von der zugeführten Spannung U im Gleichgewicht gehalten werden müssen. Einmal die durch den wechselnden Kraftfluß Φ, der dem Belastungsstrom proportional ist, hervorgerufene Induktionsspannung E_i und dann die Gegenspannung E_g, welche der Anker durch seine Bewegung erzeugt, und die genau wie bei den Gleichstrommotoren dem Strom entgegen gerichtet ist. Natürlich ist E_g hier eine Wechselspannung. Abb. 359 zeigt das Liniendiagramm.

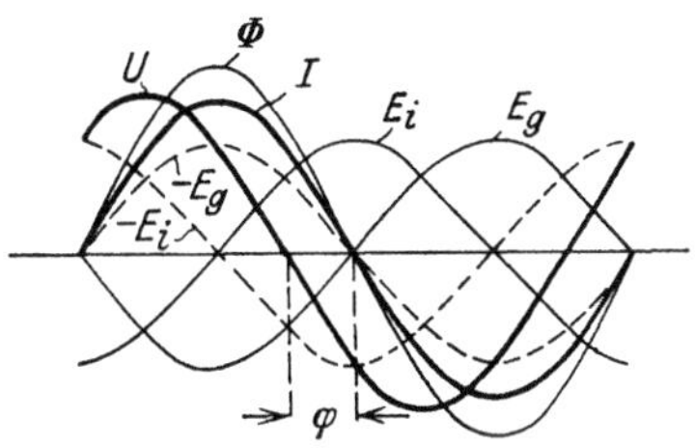

Abb. 359. Liniendiagramm des Reihenschlußmotors.

Die Induktionsspannung E_i eilt, wie in jeder Spule, dem Strom I um 90° nach. Die durch Bewegung erzeugte Gegenspannung E_g ist um 180° gegen den Strom verschoben. Wenn wir E_i und E_g umkehren und addieren, muß sich die Spannung U ergeben. Vergleicht man das Diagramm mit dem einer einfachen Spule (Abb. 87), so findet man völlige Übereinstimmung, wenn man die Gegenspannung der Bewegung E_g an Stelle der Spannung $R \cdot I$ einführt. Wir können daher auch das Kreisdiagramm einer Spule (Abb. 88) für den Motor anwenden. Abb. 360 zeigt dasselbe für den Reihenschlußmotor. $\overline{PB}$, welches früher die Spannung $R \cdot I$ darstellte, entspricht hier der Spannung E_g, welche dem Kraftfluß Φ und der Drehzahl n porportional ist. Da nun bei Ausschluß der Eisensättigung Kraftfluß und Strom proportional sind, kann man auch $E_g = c \cdot n \cdot I$ setzen. Hieraus geht hervor, daß man mit derselben Strecke $\overline{BC}$, die früher den Ohmschen Widerstand darstellte, die Drehzahl n messen kann. Die zugeführte Leistung stellt $\overline{PE}$ dar, während das Drehmoment, welches durch $M = c \cdot I \cdot \Phi \approx C \cdot I^2$ bestimmt ist, durch die Strecke $\overline{AE}$ wiedergegeben wird. Das Diagramm lehrt ferner, daß der Leistungsfaktor mit zunehmender Entlastung, also steigender Drehzahl zunimmt und erst bei unendlicher Drehzahl den Wert 1 erreichen würde, während zugleich das Drehmoment bis auf Null abnimmt.

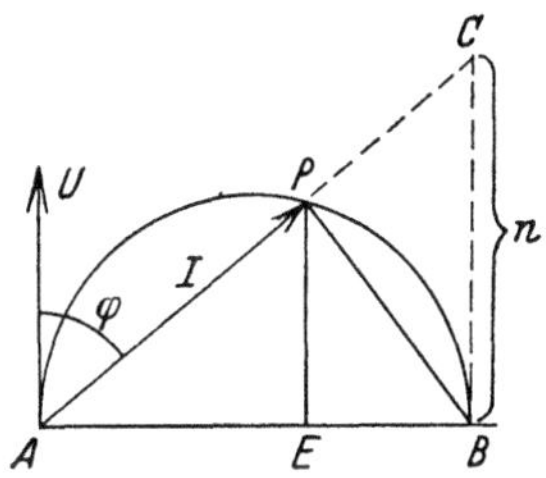

Abb. 360. Vektordiagramm des Reihenschlußmotors.

2. Der Repulsionsmotor.

Die Kompensationswicklung K erfüllt ihre Aufgabe ebenso gut, wenn man sie nach Abb. 361 in sich kurzschließt. Anker und Kompensationswicklung wirken dann wie die Spulen eines kurzgeschlossenen Transformators aufeinander, und das Feld wird fast aufgehoben. Durch Vertauschen der Primärseite mit der Sekundärseite kann man ohne Änderung der Wirkung auf Abb. 362 übergehen. Jetzt wird der Ankerstrom transformatorisch durch die Kompensationswicklung K erzeugt, während der Anker kurzgeschlossen ist. Dieser Motor wird Repulsionsmotor genannt, und er verhält sich genau wie der Reihenschlußmotor. Sein besonderer Vorzug ist, daß der Anker nicht mehr an der Netzspannung liegt, also für beliebige Spannung und daher ohne die erwähnten Stromwendeschwierigkeiten gebaut werden kann. Die Änderung der Drehrichtung erfolgt in Abb. 361 dadurch, daß man entweder die Erregerwicklung E oder den Anker umpolt, in Abb. 362, indem man entweder die Erregerwicklung E oder die Kompensationswicklung K umpolt. In Abb. 363 sind Erreger- und Kompensationswicklung zu einer einzigen Wicklung EK zusammengefaßt, und man könnte entsprechend die Umkehr dadurch erreichen, daß man die Ständerspule in die punktierte Lage brächte, weil dann deren Feldkomponente Φ (das Hauptfeld) sich umkehrt, während die Kompensationskomponente unverändert bleibt. Viel einfacher ist es aber, wenn man die Ständerwicklung in ihrer Lage läßt und dafür die Ankerbürsten verschiebt. In der Lage O der Bürsten steht der Motor still und nimmt nur einen geringen Strom auf, weil dann im Anker kein Strom induziert wird. Das Anlassen erfolgt,

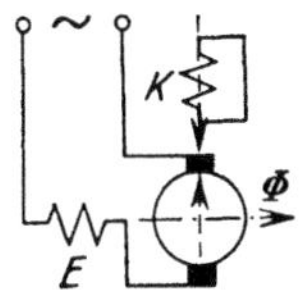

Abb. 361.

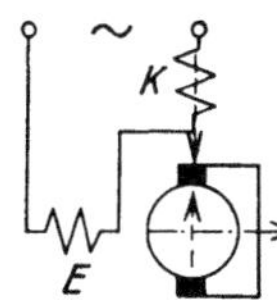

Abb. 362.

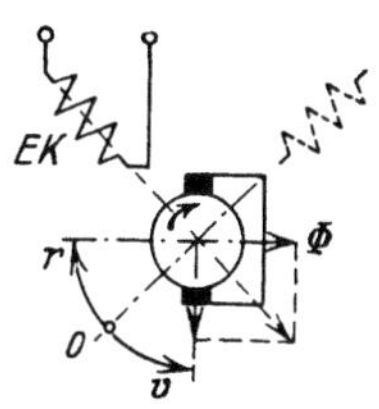

Abb. 363.

Abb. 362—363. Repulsionsmotoren.

indem man die Bürsten, je nach der gewünschten Drehrichtung, in Richtung v oder r verschiebt. Ein Anlasser ist also nicht nötig. Die maximale Bürstenverschiebung für eine Drehrichtung ist 90°. Bei dieser Bürstenverdrehung nimmt der Motor als kurzgeschlossener Transformator zwar einen großen Strom auf, aber das Drehmoment ist Null. Abb. 364 zeigt das Verhalten der Drehzahl bei verschiedenen Bürstenstellungen in Abhängigkeit vom Drehmoment.

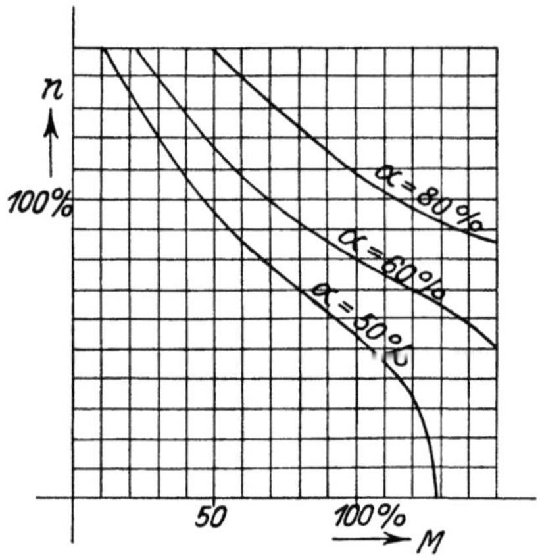

Abb. 364. Drehzahllinien des Repulsionsmotors bei verschiedenen Bürstenstellungen.

Der Dérimotor nach Abb. 365 ist ein Repulsionsmotor

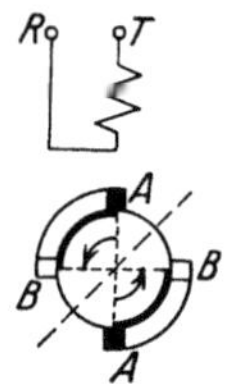

Abb. 365. Déri-Motor.

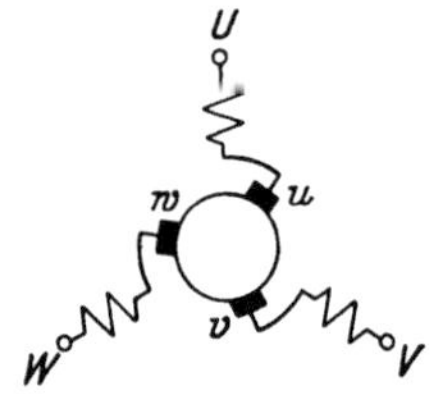

Abb. 366. Drehstrom-Reihenschlußmotor.

mit doppeltem Bürstensatz. Die Bürsten A—A stehen fest, während die Bürsten B_1—B_2 verschoben werden können. Da die maximale Verschiebung bei diesem Motor 180° beträgt, läßt sich die Regelung, insbesondere bei den mehrpoligen Motoren feinfühliger gestalten. Die Einfachheit dieses Motors hat häufig veranlaßt, ihn auch dort anzuwenden, wo er seinem Drehzahlverhalten nach nicht angebracht wäre, nämlich zum Antrieb von Maschinen, die konstante Drehzahl bei allen Belastungen verlangen. Der Repulsionsmotor kann für diesen Fall mit einem Schleuderschalter ausgerüstet werden, der den Anker bei Erreichung der synchronen Drehzahl kurzschließt. Der Mortor läuft dann unter Ausschluß des Stromwenders als asynchroner Kurzschlußmotor mit fast konstanter Drehzahl.

B. Die Drehstrom-Stromwendermotoren.

1. Der Reihenschlußmotor.

Dieser Motor (Abb. 366) hat einen Ständer wie ein Drehstrom-Asynchronmotor und einen dem Gleichstrommotor ähnlichen Läufer. Die Ständerwicklung liegt in Reihe mit der Läuferwicklung, wobei die letztere Dreiecksschaltung besitzt. Beide Wicklungen sind so geschaltet, daß sie gleichsinnig umlaufende Drehfelder erzeugen. Abb. 367 stellt den Motor in einem bestimmten Augenblick schematisch dar, und zwar in Abb. 367a entsprechend der Bürstenstellung derart, daß die Durchflutung Θ_s des Ständers genau in der gleichen Richtung wie die Durchflutung Θ_l des Läufers wirkt. Es entsteht dadurch ein starkes Drehfeld Φ in gleicher Richtung, welches bei der angenommenen zweipoligen Wicklung mit $60 \cdot f = 3000$ Umdrehungen je min umläuft. Da das Feld völlig symmetrisch zu den Strömen des Läufers liegt, kommt ein Drehmoment nicht zustande. Der Strom des Motors ist in diesem Falle gering, weil das kräftige Feld eine Gegenspannung erzeugt, die der Netzspannung fast das Gleichgewicht hält.

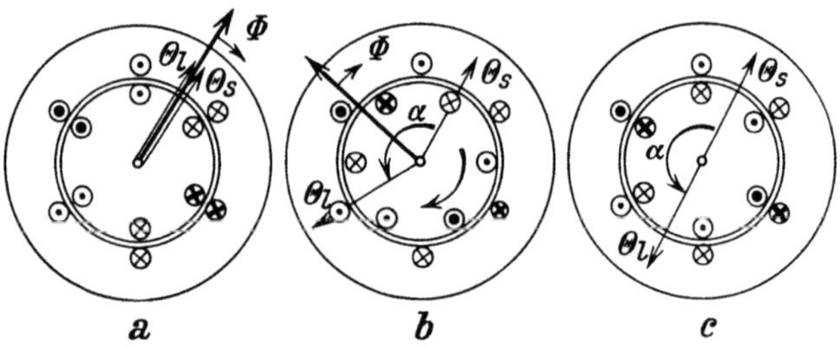

Abb. 367. Wirkbild des Drehstrom-Reihenschlußmotors.

In Abb. 367c seien die Bürsten auf dem Stromwender um den Winkel $\alpha = 180°$ verdreht. Die Stromrichtungen sind dann in den betrachtetem Augenblick gerade umgekehrt, so daß sich bei gleicher Durchflutung von Ständer und Läufer ($\Theta_s = \Theta_l$) beide aufheben. Ein Feld (außer den Streufeldern) tritt dann nicht auf, und der vom Motor aufgenommene Strom muß daher sehr groß sein (Kurzschlußstrom).

Natürlich kann der Motor ohne Feld auch kein Drehmoment entwickeln. In Abb. 367b ist die Bürstenverdrehung kleiner als 180° angenommen. Die beiden Durchflutungen Θ_s und Θ_l bilden hier ein resultierendes Feld Φ. Die in diesem Feld liegenden Läuferströme rufen ein Drehmoment entgegen der Bürstenverstellung hervor, welches durch die Stärke des Feldes und des Stromes bestimmt ist. Die Drehung des Läufers wird das Feld- und Strombild in keiner Weise beeinflussen, so daß also auf den Läufer unverändert das betrachtete Drehmoment wirkt und ihn zum Durchgehen bringt, wenn kein hinreichender Widerstand vorhanden ist. Der Motor zeigt also das Drehzahlverhalten aller Reihenschlußmotoren (z. B. Abb. 364). Die Drehrichtung des Drehfeldes ist für die Feldbildung gleichgültig. Der Motor wird stets entgegen der Bürstenverstellung laufen, ganz gleich in welchem Sinne das Drehfeld umläuft. Es wäre aber ungünstig, den Drehfelddrehsinn anders als den des Läufers zu wählen, weil dann im Läufer infolge der hohen Frequenz ein großer Eisenverlust auftreten und auch die Stromwendung Schwierigkeit machen würde. Wir werden daher zur Umkehrung der Motordrehrichtung nicht nur die Bürstenverschiebung umkehren, sondern auch zwei der drei Zuleitungen umpolen. Das Drehmoment des Motors hängt von dem Bürstenverstellungswinkel ab und erreicht etwa bei $\alpha = 150°$ ein Maximum, außerdem wird es natürlich durch die Drehzahl beeinflußt, weil (wie bei dem Wechselstrom-Reihenschlußmotor) mit zunehmender Drehzahl eine größere EMK der Bewegung im Läufer entsteht, welche der Netzspannung entgegenwirkt und den Strom herabdrückt.

Eine Verdrehung der Bürsten im Läuferdrehsinne während des Laufs ruft ein entgegengesetztes Drehmoment, also ein Bremsmoment hervor, wobei der Motor zum Stillstand kommt und Bremsenergie in das Netz zurückliefert (Nutzbremsung). Hierbei muß allerdings durch Einschaltung Ohmscher Widerstände eine Selbsterregung der Maschine vermieden werden.

Mit Rücksicht auf die Stromwendung muß die Läuferspannung gering gehalten werden. Es wird daher ein Transformator vor den Motor geschaltet, welcher die Spannung auf einen geeigneten Betrag herabsetzt. Zweckmäßiger ist die Verwendung eines Zwischentransformators zwischen Ständer und Läufer, weil der Ständer ohne weiteres auch für höhere Spannungen gewickelt werden kann. Der Zwischentransformator braucht nur eine Leistung gleich der elektrischen Leistung des Läufers zu übertragen. Diese ist aber bei Synchronismus Null. Denken wir uns nämlich den zweipoligen Motor mit 3000 minutlichen Umdrehungen laufen, dann werden die Ankerleiter keine Kraftlinien schneiden. Der Läufer hat dann also keine Spannung und daher auch keine elektrische Leistung, während dieselbe um so größer wird, je mehr die Drehzahl von der synchronen nach oben oder unten abweicht.

Der Leistungsfaktor des Motors kann dadurch erheblich heraufgesetzt werden, daß man die Läuferdurchflutung stärker als die des Ständers macht. In diesem Falle muß der Läufer in der Hauptsache die Bildung des Drehfeldes übernehmen. Da nun der Magnetisierungsstrom um so kleiner ist, je kleiner die Frequenz ist (S. 44), wird der Motor bei den niedrigen Läuferfrequenzen, welche hohen Drehzahlen entsprechen, einen Leistungsfaktor von fast 1 haben.

Der Motor nach Abb. 366 zeigt bei geringen Bürstenverschiebungswinkeln und großen Drehmomenten ein unstabiles Verhalten. Man kann ihn dadurch verbessern, daß man ihn mit zwei Bürstensätzen, einem festen und einem verschiebbaren ausrüstet, von denen der eine an den Anfang, der andere an das Ende der aufgelösten Sekundärwicklung des Zwischentransformators angeschlossen wird.

2. Der Nebenschlußmotor.

Diese Bezeichnung verdienen die nachfolgend beschriebenen Motoren teilweise weniger ihrer Schaltung wegen, als durch ihr Drehzahlverhalten, welches dem eines Gleichstrom-Nebenschlußmotors ähnlich ist. Man unterscheidet zwei Ausführungsarten, den ständer- und den läufergespeisten Nebenschlußmotor.

a) Der ständergespeiste Motor (Abb. 368) hat einen Läufer mit Stromwender, dessen Bürsten eine Spannung aufgedrückt wird, welche einer Anzapfung der Ständerwicklung oder auch einem besonderen Transformator entnommen wird. Man kann sich vorstellen, daß diese Motoren den früher besprochenen Asynchronmotoren mit Regelsätzen entsprechen, derart, daß hier die Hintermaschine mit dem Vordermotor zusammengelegt ist. Die in Abb. 368 an der Ständerwicklung abgegriffene Spannung wird durch den Stromwender in die Frequenz des Läufers umgewandelt und wirkt in demselben in der an Abb. 349 besprochenen Weise drehzahlverändernd, wobei die Größe der Drehzahl angenähert unabhängig von der Belastung ist. Die Phasenverschiebung des Motors kann durch Verdrehen der Stromwenderbürsten verändert werden. Da sich nun bei der Drehzahländerung mittels der aufgedrückten, dem Ständer entnommenen Spannung die Phase etwas mit ändert, ist gleichzeitig mit der Regelung dieser Spannung eine Bürstenverschiebung zur Phaseneinstellung nötig.

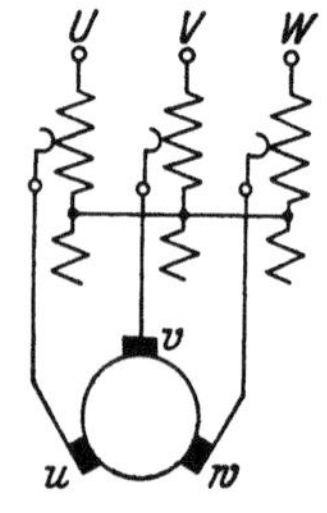

Abb. 368. Ständergespeister Drehstrom-Nebenschlußmotor.

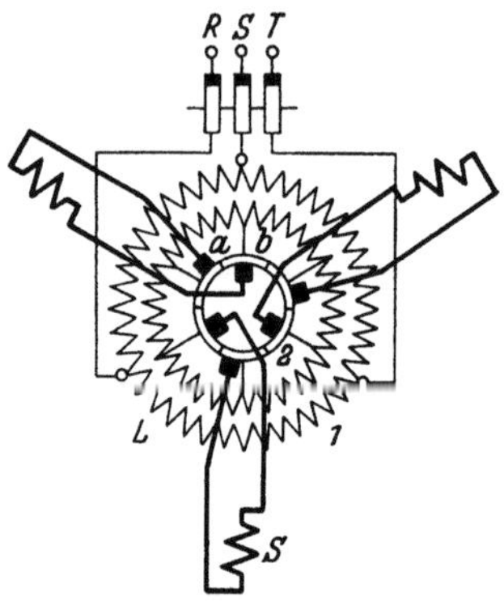

Abb. 369. Läufergespeister Drehstrom-Nebenschlußmotor.

b) Der läufergespeiste Motor nach Abb. 369 hat mit dem kompensierten Motor nach Abb. 353 große Ähnlichkeit. Die Läuferwicklung *1*, die über die Schleifringe an das Netz angeschlossen ist, erzeugt das Drehfeld. Die Hilfswicklung *2* des Läufers erhält transformatorisch eine Spannung mit Netzfrequenz, welche mittels des Stromwenders auf die Schlupffrequenz des Sekundärteiles *S*, hier des Ständers gebracht wird. Diese zusätzliche Spannung wird dem Sekundärteil aufgedrückt und bewirkt die Drehzahländerung in der auf S. 135 besprochenen Weise. Stellt man die beweglichen Bürsten *b* so, daß sie auf den gleichen Stegen wie die festen Bürsten *a* stehen, dann ist die zusätzliche Spannung Null, der Sekundärteil ist unmittelbar kurzgeschlossen, und der Motor läuft wie jeder asynchrone Drehstrommotor. Durch Verschiebung der Bürsten *b* in dem einen oder anderen Sinne (siehe Abb. 349) kann dann durch Zufuhr einer veränderlichen Spannung die Drehzahl herab- oder heraufgesetzt werden. Eine Phasenkompensation ist durch Verschieben der festen Bürsten *a* möglich. Da nun bei der reinen Drehzahlregelung sich mit der veränderten Drehzahl auch die Phase ändert, läßt sich eine Phasenkompensierung bei allen Drehzahlen nur dann erzielen, wenn man mit den Bürsten *b* zur Drehzahlveränderung auch zugleich die Bürsten *a* derart verschiebt, daß die Verbindungslinie *a*—*b* sich parallel verschiebt. Bei negativen Drehmomenten wirkt der Motor mit der eingestellten Drehzahl als Generator bremsend, wobei die Bremsenergie dem Netz zugeführt wird. Abb. 370 zeigt die Drehzahl in Abhängigkeit vom Drehmoment bei drei verschiedenen Bürstenstellungen. Die Drehrichtung kehrt man um, indem man zwei der Netzleitungen vertauscht und die Bürstenverschiebung entgegengesetzt vornimmt.

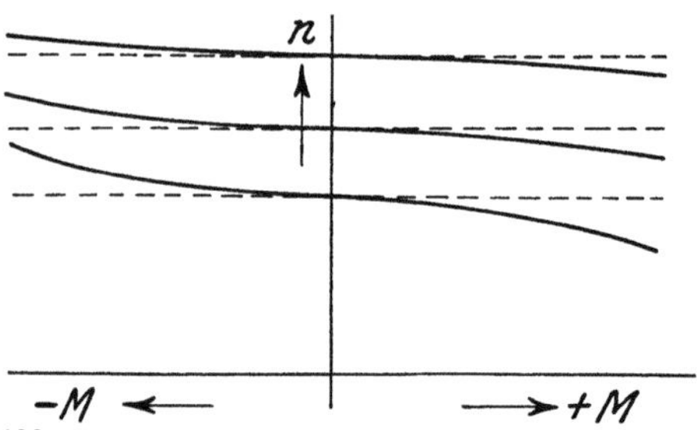

Abb. 370. Drehzahllinien des Drehstrom-Nebenschlußmotors bei verschiedenen Bürstenstellungen.

Die Drehstrom-Stromwendermotoren haben gegenüber den normalen Asynchronmotoren den Vorzug der verlustlosen Drehzahlregelung und eines hohen Leistungsfaktors. Ihr Wirkungsgrad ist jedoch geringer und ihr Preis erheblich höher.

XII. Die Umformer.

Umformer haben die Aufgabe, eine Stromart in eine andere umzuformen. Dies ist immer dadurch möglich, daß man durch einen, mit der gegebenen Stromart gespeisten Motor einen Generator antreibt, welcher die gewünschte Stromart erzeugt. Einen solchen Maschinensatz nennt man einen Motorgenerator. Bei der Umformung von Wechsel- oder Drehstrom in solchen anderer Frequenz wird die unmittelbare Kupplung von Motor und Generator unmöglich, wenn die Frequenzen in einem anderen Verhältnis stehen, wie es die Polzahlen erlauben. Aus diesem Grunde ist die Frequenz der Bahnen gerade $^1/_3$ der Normalfrequenz gewählt worden. Man kann dann z. B. einen sechspoligen Motor an dem Netz mit $f_1 = 50$ betreiben und mit ihm einen zweipoligen Generator betreiben, welcher dann $f_2 = 16^2/_3$ erzeugt. Eine weitere Möglichkeit der Frequenzänderung bietet der Drehstrommotor. Wenn man ihn durch einen zweiten am Netz liegenden Drehstrommotor entgegen seiner Drehfelddrehrichtung antreibt, kann man an seinen Schleifringen Drehstrom von doppelter Frequenz abnehmen. Natürlich lassen sich auch beliebige andere Frequenzen erzeugen, wenn man die Drehzahl des Antriebsmotors entsprechend wählt. Ein solcher Frequenzumformer (Periodenumformer) wird häufig gebraucht, um für Drehstrommotoren, die mit mehr als 3000 Umdrehungen laufen sollen, eine höhere Frequenz bereitzustellen. Der asynchrone Drehstrommotor kann auch zur Änderung der Phasenzahl benutzt werden. Man kann z. B. in einen dreiphasigen Ständer einen Läufer beliebiger Phasenzahl bringen und kann dann an seinen Schleifringen die gewünschte Stromart abnehmen. Der Läufer ruht natürlich hierbei, wenn man nicht zugleich die Frequenz verändern will. In gleicher Weise kann man auch mit einem Drehstrommotor die Phase eines Stromes oder einer Spannung verändern, also Strom oder Spannung zeitlich verschieben. Der Ständer liege hierzu am Drehstromnetz, und an den Schleifringen des ruhenden Läufers werde eine Spannung abgenommen. Diese Spannung läßt sich nun dadurch in der Phase verschieben, daß man den Läufer mittels eines Schneckengetriebes im Gehäuse verdreht. Die Größe der Spannung ist bei allen Läuferstellungen dieselbe. Einen solchen Drehtransformator oder Induktionsregler kann man z. B. benutzen, um bei der Eichung von Wechselstromzählern den Strom gegen die Spannung beliebig in der Phase zu verschieben. Ebenso findet er zur kontinuierlichen Spannungsregelung Verwendung, indem man zu einer gegebenen Spannung die konstante Spannung des Drehtransformators mit veränderter Phase hinzufügt, kann man eine veränderliche Gesamtspannung erhalten (siehe Abschnitt XV D 2, Abb. 430).

Der Einankerumformer. Motorgeneratoren sind als Doppelmaschinen teuer, und ihr Wirkungsgrad ($\eta = \eta_m \cdot n_g$) kann nicht hoch sein. Bei dem Einankerumformer sind Motor und Generator zu einer Maschine zusammengefaßt. Abb. 371 stellt einen Wechselstrom-Gleichstrom-Einankerumformer dar. Die Maschine ist eine Gleichstrommaschine, welche außer dem Stromwender noch zwei Schleifringe aufweist, welche mittels zweier Ableiter mit gegenüberliegenden Punkten der Ankerwicklung verbunden sind. Bei dem Drehstrom-Gleichstrom-Einankerumformer nach Abb. 372 sind drei gleich weit auseinander liegende Punkte der Wicklung mit den drei Schleifringen verbunden. Solche Umformer lassen sich ebensogut auch zur Umformung von Gleichstrom in Wechsel- oder Drehstrom verwenden, jedoch kommt dieser Fall praktisch selten vor. Der Vorteil des Einankerumformers liegt darin, daß er wesentlich leichter und billiger ist als ein Motorgenerator gleicher Leistung, und daß auch sein Wirkungsgrad im allgemeinen höher ist. Während wir jedoch bei dem Motorgenerator die umgeformte Spannung beliebig regeln können, geht dies bei dem Einankerumformer nicht, weil die Spannungen des Stromwenders und der Schleifringe in einem bestimmten, unabänderlichen Verhältnis zueinander stehen.

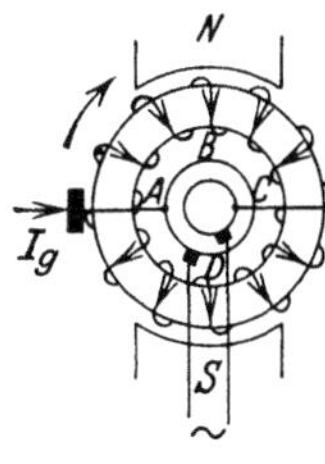

Abb. 371. Wechselstrom-Gleichstrom-Einankerumformer.

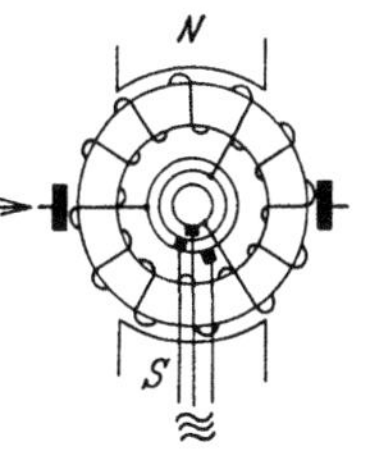

Abb. 372. Drehstrom-Gleichstrom-Einankerumformer.

Wenn wir zur Vereinfachung der Darstellung annehmeg der Umformer Abb. 371 werde zur Umformung von Gleichstrom in Wechselstrom benuuzt so wird in der gezeichneten Ankerstellung die Wechselspannung gleich der Gleichspannung U_g sein müssen, während bei einer Drehung des Ankers um 90° die Wechselspannung Null sein muß. Hieraus geht hervor, daß der Höchstwert $\hat{U}_w = U_g$ ist, also $U_w = U_g : \sqrt{2}$. Solange kein Wechselstrom entnommen wird, läuft die Maschine als Gleichstrom-Nebenschlußmotor, und der Ankerstrom hat die durch die Pfeile angegebene Richtung. Ein an den Schleifringen abgenommener Wechselstrom I_w überlagert sich im Anker dem Gleichstrom I_g, und zwar mit entgegengesetzter Richtung, weil es die Gegen-EMK des Ankers ist, welche den Wechselstrom erzeugt. Dadurch kommt es zu einer teilweisen Aufhebung des Ankerstromes und damit der Ankerverluste, und darin liegt die Ursache des hohen Wirkungsgrades der Einankerumformer (siehe Spartransformatoren).

Ein Leiterstab (B) des Ankers, welcher mitten zwischen den Ableitern liegt, wird während einer Ankerumdrehung von einem Gleichstrom I_g durchflossen, welcher in Abb. 373 dargestellt ist. Dieser Strom bleibt während der Hälfte der Umdrehung, also von A bis C, und mit umgekehrter Richtung von C bis A konstant. Ihm überlagert sich ein Wechselstrom I_w, welcher bei $\cos\varphi = 1$ mit Null beginnt, wenn der betrachtete Stab bei A steht und seinen Höchstwert bei B erreicht. Die Richtung ist der des Gleichstromes entgegen, so daß sich die stark ausgezogene Stromlinie als resultierenden Strom ergibt. Man erkennt, daß dieser Strom weniger Verluste entwickelt, als der Gleichstrom allein es tun würde. Ein Ankerstab in unmittelbarer Nähe eines Ableiters (bei A) würde sich nicht so günstig verhalten, wie Abb. 374 veranschaulicht. Der Wechselstrom I_w ist gerade auf seinem Höchstwert, wenn der Stab an der Bürste vorübergeht, und wenn er an die Stelle B kommt, ist der Strom Null. Daher ergibt sich eine resultierende Stromlinie I, welche viel höhere Werte als in Abb. 373 zeigt. Man wird daher gut daran tun, diejenigen Stäbe, welche nur eine geringe Aufhebung der beiden Ströme zeigen, fortzulassen, d. h. den Abstand der Ableiter voneinander geringer zu machen. Dies läßt sich dadurch ermöglichen, daß man die Zahl der Phasen erhöht. Bei einem dreiphasigen Anker erstreckt sich eine Phase nur noch über ein Drittel, bei einem sechsphasigen Anker nur noch über ein Sechstel des Umfanges, und es werden daher die Stromwärmeverluste eines Einankerumformers um so geringer sein, je größer die Phasenzahl ist. Große Umformer werden daher häufig sechsphasig oder sogar zwölfphasig hergestellt. Die Umwandlung des sechs- oder zwölfphasigen Drehstromes in den dreiphasigen des Netzes erfolgt einfach mittels des vorgeschalteten Transformators, dessen Sekundärwicklung unverkettet bleibt (siehe Abb. 378).

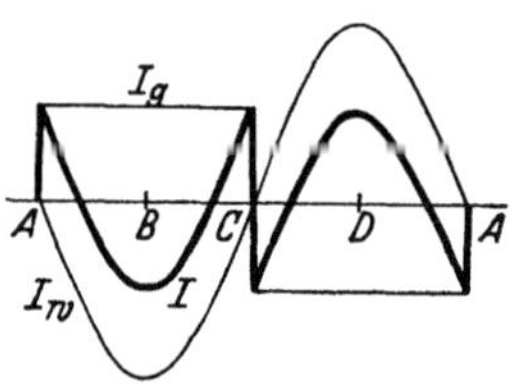

Abb. 373.

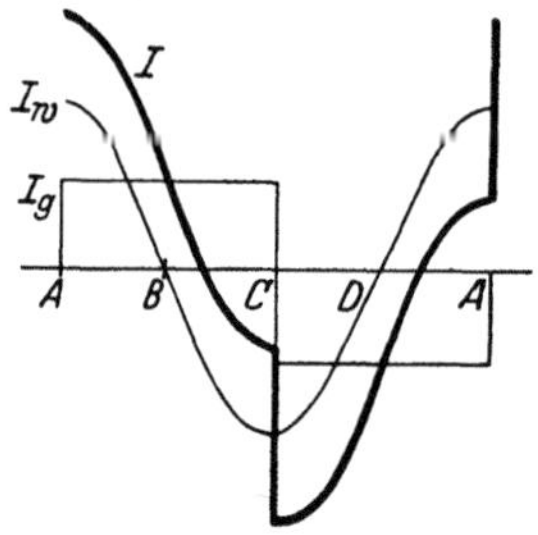

Abb. 374.

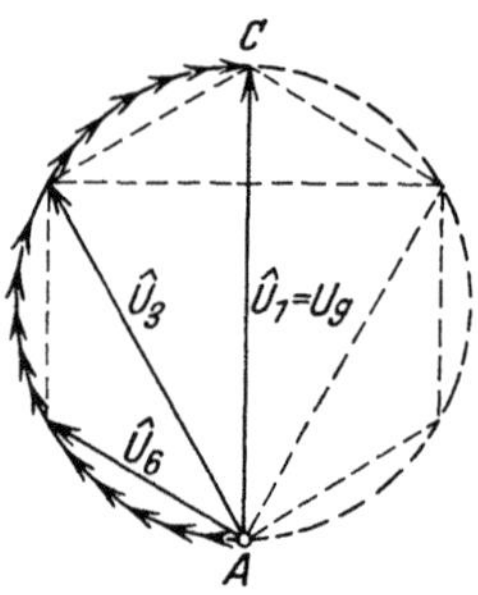

Abb. 375. Spannungsdiagramm des Einankerumformers.

Die Spannungsverhältnisse des Einankerumformers ergeben sich am einfachsten, wenn man (Abb. 335) die Spannungen der einzelnen Stäbe von einem Ableiter bis zum anderen Ableiter geometrisch addiert. Man erhält dann nach Abb. 375 für Einphasenwechselstrom bei 180° Ableiterabstand $\hat{U}_1 = U_g$. Unter Benutzung des Effektivwertes also $U_1 = U_g : \sqrt{2}$. Bei Dreiphasenstrom ist der Ableiterabstand 120° und die Drehstromspannung $\hat{U}_3 = U_g \cdot \sqrt{3} : 2$ oder der Effektivwert $U_3 = 0{,}612 \cdot U_g$. Entsprechend würde sich für den Sechsphasenstrom $U_6 = 0{,}354 \cdot U_g$ ergeben. Da wir gewöhnlich eine bestimmte Gleichspannung verlangen, ist es notwendig, durch Vorschaltung eines Transformators den Wechselstrom zuerst auf die richtige Schleifringspannung umzuspannen. Bei kleinen Umformern kann diese Umspannung im Anker vorgenommen werden.

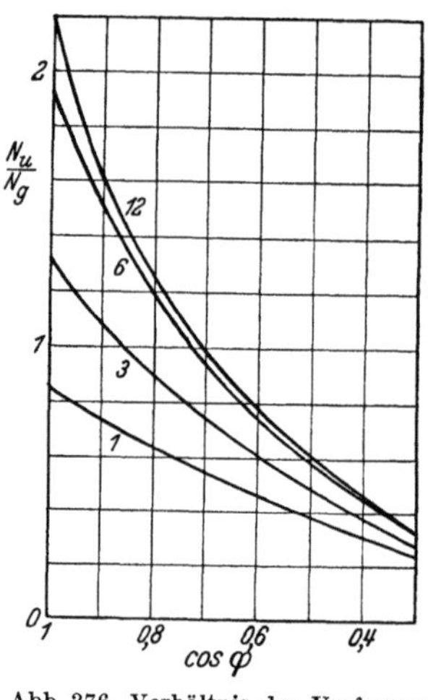

Abb. 376. Verhältnis der Umformer- zur Gleichstromleistung bei verschiedenen Leistungsfaktoren. 1 = Einphasen-Umformer, 3 = Dreiphasen-Umformer, 6 = Sechsphasen-Umformer, 12 = Zwölfphasen-Umformer.

Die Größe der Wechselströme läßt sich aus der Leistung, welche ja mit der Gleichstromleistung ungefähr übereinstimmt, leicht berechnen.

Die starke Verminderung der Stromwärmeverluste, wie sie Abb. 373 veranschaulicht, gilt nur für den Fall, daß der Wechselstrom mit seiner Spannung in Phase liegt. Nehmen wir einmal eine Phasenverschiebung von 90° an, so liegt I_w gegen I_g um 90° verschoben, es gilt also dann die Darstellung Abb. 374 für einen Leiter in der Mitte zwischen den Ableitern. Einankerumformer arbeiten daher nur dann günstig, wenn sie bei der Umformung in Gleichstrom mittels des Erregerstromes auf $\cos\varphi = 1$ reguliert werden. Es ist deshalb auch nicht zweckmäßig, sie wie Synchronmotoren zur Verbesserung des Netzleistungsfaktors heranzuziehen. Abb. 376 soll veranschaulichen, wie hoch man einen Einankerumformer im Verhältnis zur Gleichstrommaschine gleicher Abmessung belasten darf.

85. Beispiel. Eine Fabrik bezieht 200 kW Drehstrom 3000 V bei $\cos\varphi = 0{,}7$. Außerdem ist noch ein dreiphasiger Einankerumformer angeschlossen, welcher 90 kW Gleichstrom zu erzeugen hat. Wie groß ist der Gesamtleistungsfaktor?

Der Wirkleistung von 200 kW, die in Abb. 377 durch $\overline{OA}$ dargestellt ist, entspricht bei $\cos\varphi = 0{,}7$ eine Scheinleistung $\overline{OB}$. Die Umformerleistung beträgt 90 kW. Es werden bei einem Gesamtwirkungsgrad von 0,9 also etwa 100 kW Wirkleistung vom Umformer aufgenommen, welche durch $\overline{BC}$ dargestellt sind. Der vorgeschaltete Transformator wird durch eine Blindleistung von etwa $10\% = \overline{CD}$ berücksichtigt, so daß sich eine Gesamtscheinleistung von $\overline{OD} = 370$ kVA bei $\cos\varphi = 0{,}82$ ergibt. Hätte man den nächst größeren Umformer gewählt, welcher 125 kW habe, so würde der Leistungsfaktor eine weitere Verbesserung erfahren können. Die aufgenommene Leistung dieses Umformers sei $\overline{BE}$. Tragen wir uns nun von B aus die Leistungen, die dieser Umformer bei verschiedenen Leistungsfaktoren hergeben kann, auf (nach Abb. 376), z. B. $\overline{BF}$ bei einem Umformerleistungsfaktor von 0,9, so sieht man, daß der größere Umformer außer der Gleichstromleistung $\overline{BC}$ noch eine Blindleistung $\overline{FC}$ übernehmen kann, so daß unter Berücksichtigung der Transformatorblindleistung $\overline{FG}$ nun eine Gesamtscheinleistung $\overline{OG}$ mit $\cos\varphi = 0{,}87$ herauskommt. Es wäre nun am Tarif zu prüfen, ob es sich lohnt, statt des 90 kW-Umformers, der etwa 8000 RM. kostet, einen solchen mit 125 kW, der etwa 10000 RM. kostet, zu wählen.

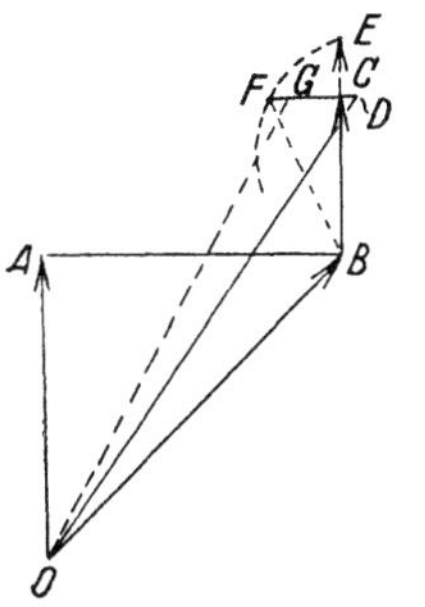

Abb. 377.

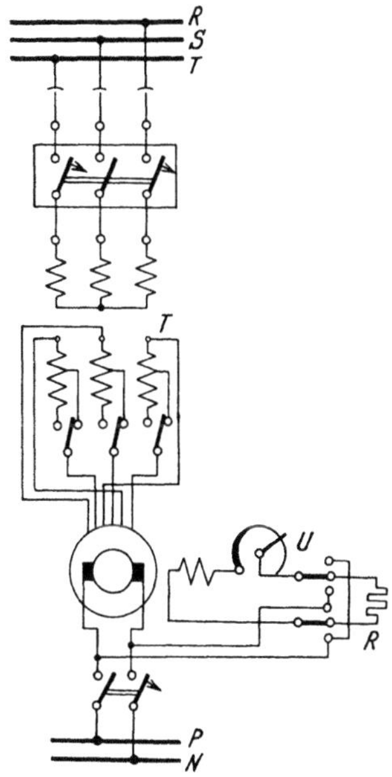

Abb. 378. Schaltung eines Einankerumformers.

Das feste Spannungsverhältnis eines Einankerumformers hindert eine Spannungsregelung. Man ist daher gezwungen, die Gleichspannung entweder durch eine auf der Wechselstromseite eingeschaltete regelbare Drossel oder durch einen Drehtransformator vorzunehmen.

Das Anlassen eines Einankerumformers ist sehr einfach, wenn es sich um die Umformung von Gleichstrom in eine andere Stromart handelt, weil dann der Umformer als Gleichstromnebenschlußmotor anläuft. Ein solcher Umformer muß stets mit einem Schleuderschalter gegen Durchgehen geschützt werden, weil eine stark phasennacheilende Wechselstrombelastung durch Ankerrückwirkung eine sehr starke Feldschwächung und dadurch eine unzulässig hohe Drehzahl zur Folge haben könnte. Bei Wechsel- oder Drehstrom-Gleichstromumformern kann man ebenfalls von der Gleichstromseite anlassen, wenn Gleichstrom aus einer Batterie oder von fremden Maschinen zur Verfügung steht. Wenn dies nicht der Fall ist, kann mittels eines kleinen Anwurfmotors der Umformer angeworfen und nach Synchronisierung an das Netz gelegt werden. Am häufigsten findet man heute den Selbstanlauf, bei welchem das Magnetgestell mit einer kurzgeschlossenen Dämpferwicklung ausgerüstet ist. Der Umformer erhält dann (Abb. 378) zuerst über eine Anzapfung des Vortransformators nur eine kleine Spannung (etwa 25%) und läuft als Asynchronmotor an. Die Erregerwicklung ist dabei mittels des Umschalters U auf den Widerstand R kurzgeschlossen, damit bei dem großen Schlupf keine gefährlichen Spannungen in der Erregerwicklung auftreten. Der Motor fällt von selbst in Tritt, und man legt dann den Umschalter U in eine seiner Einschaltstellungen, auf der sich der Umformer selbst erregt. Nun kann es aber sein, daß die Polarität des erzeugten Gleichstromes verkehrt ist. Dann legt man den Umschalter für einen Augenblick auf die rechte Stellung, wodurch der Umformer zum Schlüpfen kommt, so daß nach einem Zurückführen des Umschalters auf seine linke Stellung wahrscheinlich jetzt die Polarität richtig ist.

Der Kaskadenumformer besteht aus einem Asynchronmotor, der mit einer Gleichstrommaschine gekuppelt ist. Die Läuferwicklung des Asynchronmotors ist vielphasig auf den Anker des Gleichstromgenerators geschlossen, und an dessen Stromwenderbürsten wird der Gleichstrom abgenommen. Schleifringe brauchen also nur zum Anlassen vorhanden zu sein. Dieser Umformer zeichnet sich durch einfachen Anlauf aus, auch kann die Spannung hinreichend an der Gleichstrommaschine geregelt werden. Ein Vortransformator ist gewöhnlich nicht nötig.

XIII. Die Gleichrichter.

Die Umwandlung eines Wechselstroms in Gleichstrom kann auch ohne Umformermaschinen vorgenommen werden, und zwar entweder durch ein Umpolen im Rhythmus der Frequenz oder durch elektrische Ventile, welche den Strom nur in einer Richtung hindurchlassen.

Die **mechanischen Gleichrichter** arbeiten nach der ersten Art und dienen besonders für die Erzeugung sehr hoher Gleichspannungen (elektrische Gasreinigung, Röntgenapparate). Abb. 379 zeigt schematisch einen solchen Gleichrichter. Die Isolierscheibe trägt zwei Metallsegmente S und wird durch einen Synchronmotor mit 1500 Umdrehungen je Minute angetrieben. Die vier feststehenden Elektroden U—V und P—N schleifen nicht, sondern es springen Funken zu den Segmenten über, die allerdings einen kleinen Spannungsverlust zur Folge hat. Richtige Phase und Gleichstrompolarität werden durch Verdrehen der Elektroden eingestellt.

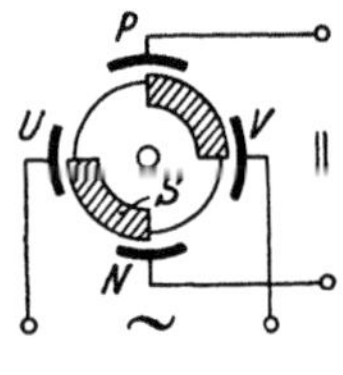

Abb. 379. Scheibengleichrichter.

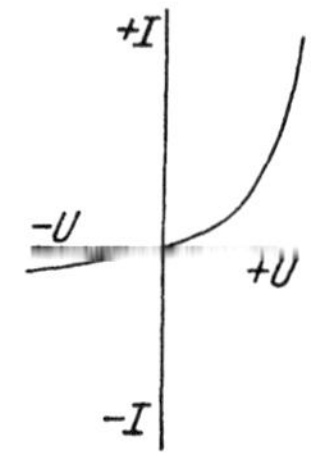

Abb. 380. Kennlinie einer Kristallzelle.

Die **Ventil-Gleichrichter** haben elektrische Ventile, welche die Fähigkeit haben, den Strom in der einen Richtung weniger gut als in der anderen Richtung hindurchzulassen. Ein Ohmscher Widerstand besitzt diese Fähigkeit nicht. Die aus der Rundfunktechnik bekannte Kristallzelle, welche aus einem Kristall mit aufgesetzter

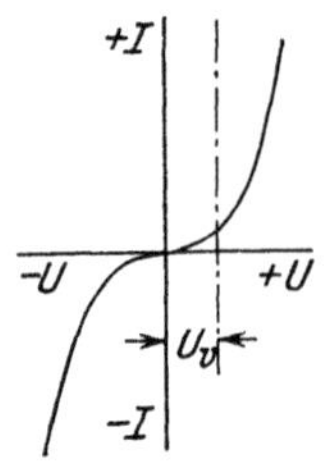

Abb. 381.

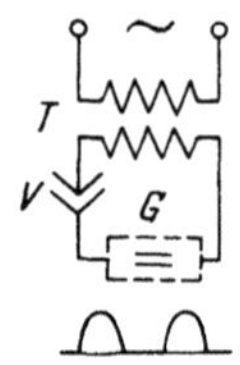

Abb. 382. Einfache Ventilschaltung.

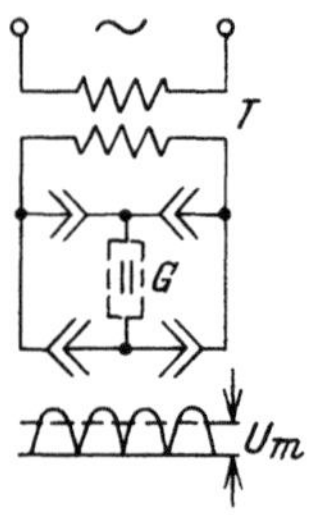

Abb. 383. Grätzsche Schaltung.

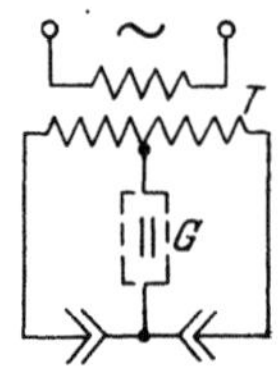

Abb. 384. Zweiventilschaltung.

Drahtspitze besteht, hat eine deutliche Ventilwirkung. Abb. 380 zeigt die Abhängigkeit ihres Stromes von der Spannung bei beiden Stromrichtungen. Eine Vorrichtung mit der durch Abb. 381 dargestellten symmetrischen Stromlinie ist an und für sich kein Ventil. Wir können sie jedoch dadurch zu einem Ventil machen, daß wir ihr eine konstante Vorspannung U_v ständig vorschalten.

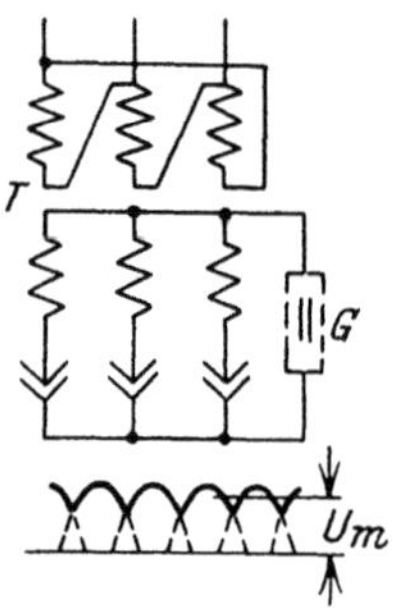

Abb. 385. Drehstrom-Ventilschaltung.

Die einfachste Form eines Ventil-Gleichrichters zeigt Abb. 382. Das Ventil V liegt mit dem Gleichstromverbraucher in Reihe und läßt nur die eine Halbwelle des Wechselstromes hindurch (Halbweggleichrichter). Bei der Grätzschen Schaltung nach Abb. 383 werden vier Ventile gebraucht, wodurch man die Ausnutzung beider Halbwellen erreicht (Vollweggleichrichter). Bei der Schaltung nach Abb. 384 kommt man mit zwei Ventilen zu dem gleichen Ziel, jedoch muß hier die Sekundärwicklung des Transformators T eine Anzapfung in der Mitte haben. Die Gleichrichtung

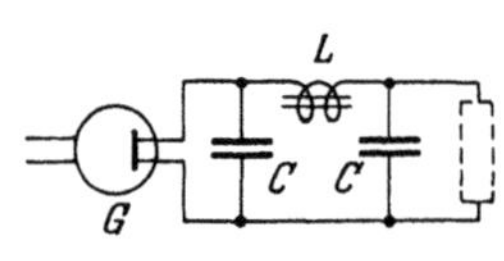

Abb. 386. Gleichrichter mit Siebkreis.

von Drehstrom kann nach Abb. 385 erfolgen. Der erzeugte Gleichstrom zeigt hier nur geringe Schwankungen. Wenn derselbe völlig konstant sein muß (z. B. bei Rundfunkgeräten), muß zwischen Gleichrichter G und Gleichstromverbraucher ein Wellenfilter (Siebkette) eingeschaltet werden (Abb. 386), welches durch große Parallelkondensatoren C den überlagerten Wechselstromschwankungen einen kleinen Parallelwiderstand bietet, während die hohe Induktivität L nur dem reinen Gleichstrom den Durchtritt gestattet.

Je nach der Art der Ventile unterscheidet man Glühkathodengleichrichter, Quecksilberdampfgleichrichter, Elektrolytgleichrichter und Trockenplattengleichrichter.

Der Glühkathodengleichrichter. Der in die luftleere Röhre (Abb. 387) eingeschlossene Glühdraht K, welcher durch den Heizstrom I_h auf hoher Temperatur gehalten wird, sendet Elektronen aus, welche nach und nach den Raum füllen und ihm eine negative Raumladung geben. Je dichter die Raumladung wird, um so mehr stoßen sich die negativen Elektronen derselben gegenseitig ab und kehren dadurch teilweise auch zum Glühdraht zurück. Es stellt sich somit ein dynamischer Gleichgewichtszustand ein, bei welchem ebensoviel Elektronen abgeschleudert werden wie zurückkehren. Legen wir nun zwischen das Anodenblech A und die glühende Kathode K eine Gleichspannung U_a mit dem positiven Pol an A, so werden von diesem Blech elektrische Kraftlinien ausgehen, welche in die Raumladung hineinreichen und Elektronen heranholen. Dadurch kommt eine Elektronenströmung zustande, die den Anodenstrom I_a bildet. Je größer wir die Anodenspannung U_a wählen, um so tiefer vermögen die Feldlinien vorzudringen, um so mehr Elektronen werden ergriffen, und um so größer ist daher der Strom I_a. Die Spannung U_a verteilt sich keineswegs gleichmäßig auf die Strecke A—K. Denken wir uns einmal einen Spannungsmesser mit einem Leiter an K angeschlossen, während man mit dem anderen Draht langsam von K nach A geht, so würde das Instrument die in Abb. 387 seitlich dargestellten Spannungswerte anzeigen. In einiger Entfernung von K zeigt sich durch die Elektronenanhäufung der Raumladung eine stark negative Spannung, etwas weiter findet man die Spannung Null (wie bei K), und dann steigt die Spannung in positiver Richtung an, um bei A den Wert U_a zu erreichen. Bei größerer Spannung U_a entsteht die gestrichelt eingetragene Spannungsverteilung, wobei die Feldlinien der immer stärker positiv geladenen Anode immer tiefer in die Raumladung eindringen und schließlich bis zur Kathode K reichen. Bei dieser Sättigungsspannung werden dann alle Elektronen, sobald sie den Glühdraht verlassen, sofort ergriffen und der Anode zugeführt. Der Elektronenstrom hat damit seinen Höchstwert I_{as} (Sättigungsstrom) erreicht. Dieser Sättigungsstrom hängt außer von den Abmessungen des Glühdrahtes von dessen Baustoff und der absoluten Temperatur T ab. Er kann je cm^2 der Glühdrahtoberfläche nach Richardson-Schottky gesetzt werden gleich:

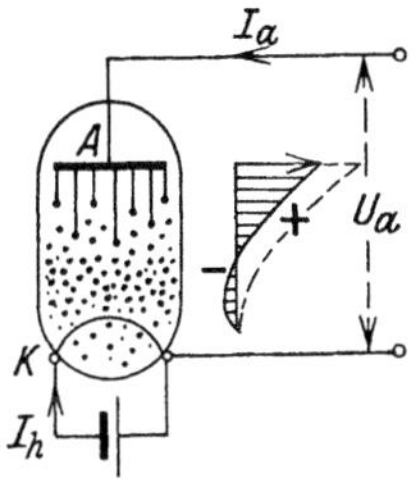

Abb. 387. Glühkathodengleichrichter.

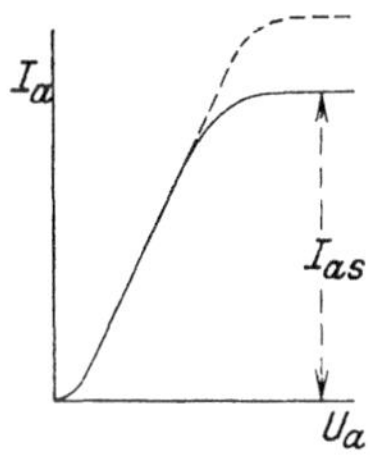

Abb. 388. Kennlinie der Glühkathodenröhre.

$$i_{as} = 60{,}2 \cdot T^2 \cdot e^{-\frac{b}{T}} \,. \tag{172}$$

Hierin ist e die Basis der nat. Logarithmen ($= 2{,}718$) und b eine vom Stoff der Kathode abhängende Konstante, welche bei Wolfram gleich 52600, bei Thorium gleich 34100 gesetzt werden kann. Abb. 388 veranschaulicht die Abhängigkeit des Anodenstromes von der Anodenspannung. Die gestrichelte Linie würde bei größerem Heizstrom I_h gelten.

Eine solche Elektronenröhre stellt ein ideales elektrisches Ventil dar, denn bei Anlegung des negativen Poles an das Blech A findet eine Abstoßung der Raumladungselektronen statt, und da das kalte Blech A selbst keine Elektronen aussenden kann, kommt kein Strom zustande. Die Röhre kann daher nach den früheren Schaltungen Abb. 382 usf. zur Gleichrichtung von Wechselströmen benutzt werden, wobei allerdings (s. Gl. 172) keine sehr großen Ströme erreicht werden können.

Die Geschwindigkeiten v, welche Elektronen unter dem Einfluß einer Spannung U im leeren Raum erlangen können, sind sehr hoch und hängen nur von der Größe der Spannung, nicht aber von der Entfernung zwischen Kathode und Anode ab. Würde man z. B. bei gleicher Spannung den Abstand halb so groß machen, so würde zwar die bewegende elektrische Feldstärke doppelt so groß sein, aber da der durchlaufene Weg jetzt die Hälfte ist, wird doch die erreichte Endgeschwindigkeit mit der früheren übereinstimmen. Aus der scheinbaren Masse der Elektronen und der bewegenden Feldstärke kann die Geschwindigkeit v der Elektronen zu

$$v = 0{,}6 \cdot 10^3 \cdot \sqrt{U} \tag{173}$$

berechnet werden, wobei sich v in km je Sekunde ergibt. 100 V würden z. B. eine Elektronengeschwindigkeit von 6000 km/s hervorrufen.

Da die Elektronengeschwindigkeit allein durch die Spannung bestimmt ist, wird sie sehr häufig auch durch dieselbe ausgedrückt. Statt eine Geschwindigkeit von 6000 km/s zu nennen, wird z. B. von einer „Voltgeschwindigkeit“ von 100 V gesprochen. Die Bewegungsenergie der Elektronen geht verloren, denn sie setzt sich beim Auftreffen der Elektronen auf das Anodenblech in Wärme um, wobei wir noch befürchten müssen, daß bei zu hoher Anodenerhitzung auch hier Elektronen ausgeschleudert werden, wodurch die Ventilwirkung aufhören müßte.

Die Spannung, welche an der Gleichrichterröhre zur Bewegung des Elektronenstromes vorhanden sein muß, multipliziert mit dem Strom stellt den Verlust dar, der natürlich klein zu halten ist. Um besonders bei kleinen Betriebsspannungen nur eine geringe Verlustspannung zu haben, werden Anode und Kathode nahe zusammengerückt. Eine weitere Verkleinerung läßt sich durch Verminderung der Raumladung erreichen, weil dieselbe dem Übertritt der ausgeschleuderten Elektronen zur Anode hindernd im Wege steht. Sie läßt sich dadurch herabsetzen, daß man durch geringe Mengen eines Edelgases (Argon, Helium) eine positive Raumladung hinzubringt. Die Atome dieser Gase werden dann durch die schnell bewegten Elektronen gestoßen, wobei von einigen derselben ein Elektron herausgesprengt wird. Der Atomrest wird ein Gasion genannt, der natürlich durch das fehlende negative Elektron positive Ladung zeigen muß. Gasgefüllte Glühkathodengleichrichter mit nur 10 bis 17 V Spannungsverlust haben unter dem Namen Wehneltgleichrichter in der Ausführung mit zwei Ventilen in einem Glaskolben (Abb. 384) als Kleingleichrichter große Verbreitung gefunden.

Der Quecksilberdampfgleichrichter. Glühkathoden der betrachteten Art haben keine große Elektronenergiebigkeit. Hierin ist ihnen der Lichtbogen weit überlegen, welcher als Ventil wirkt, wenn man die Anode (+) so kühl hält, daß von ihr keine Elektronen ausgehen können (siehe elektrischer Lichtbogen). Da ein Abbrand der Elektroden nicht eintreten darf, braucht man einen flüssigen Stoff, der verdampft und durch Kondensation immer wieder zur Kathode zurückkehrt. Quecksilber würde nicht nur diese Bedingung erfüllen, sondern auch noch den weiteren Vorteil haben, daß es im Vakuum eine verhältnismäßig kleine Spannung zur Aufrechterhaltung des Lichtbogens benötigt. Man unterscheidet zwischen Quecksilberdampfgleichrichtern in Glas, die bis etwa 500 A gebaut werden, und solchen in Eisengefäßen, welche bis 20000 A liefern können. Abb. 389 zeigt einen Quecksilberdampfgleichrichter mit dem Glaskolben G, welcher zwei Ventile enthält. Die eine Halbwelle des vom Transformator T gelieferten Wechselstromes geht in Richtung A_1—K, die andere in Richtung A_2—K durch den Kolben. Die Quecksilberkathode K ist also immer der Pluspol der Gleichstromleitung. Die Anoden A bestehen aus Graphit oder Eisen und sind in engen Armen untergebracht. Der Oberteil des Kolbens dient als Kühlkörper für die Kondensation des Quecksilbers. Ein Drehstromgleichrichter unterscheidet sich von dem dargestellten nur dadurch, daß der Kolben drei Anodenarme, bei sechsphasiger Ausführung sechs Anodenarme besitzt. Quecksilberdampfgleichrichter müssen sich, im Gegensatz zu den Glühkathodengleichrichtern, die Elektronen selbst erzeugen. Sie brauchen daher eine Zündung. In Abb. 389 wird die Zündelektrode Z beim Schütteln des Kolbens Verbindung mit dem Quecksilber der Kathode K bekommen, wobei sich bei dem Abreißen der Verbindung ein kleiner Lichtbogen bildet, der dann nach den Anoden A überspringt. Ohne Kolbenbewegung läßt sich die Zündung durch einen außerhalb angeordneten Magneten vornehmen, der auf einen innerhalb des Kolbens angebrachten eisernen Anker bewegend und damit zündend wirkt. Zur Aufrechterhaltung des Lichtbogens ist eine gewisse Kathodentemperatur und damit eine bestimmte Mindeststromstärke nötig. Diese Löschstromstärke beträgt bei kleinen Gleichrichtern etwa 2 A, bei großen etwa 10 A. Die sog. Argonalgleichrichter, welche als Kathode ein Quecksilber-Kaliumamalgam und eine Argonfüllung geringen Druckes haben, zeigen eine Löschstromstärke von nur 0,1 bis 0,3 A bei etwa 15 V Spannungsverlust. Damit ein Gleichrichter nach einer Löschung nicht neu gezündet werden braucht, erhält er noch Erregerelektroden, zwischen denen dauernd ein kleiner Lichtbogen aufrechterhalten wird. Es ist dies zwar ein geringer Verlust, aber nach einem Erlöschen des Gleichrichterlichtbogens springt beim Einschalten des Gleichstromkreises sofort der Lichtbogen von dem Erregerlichtbogen auf die Gleichrichterelektroden über. Für große Glasgleichrichter reicht die natürliche Kühlung nicht aus. Man kühlt dann durch einen Lüfter, welcher selbsttätig bei Überschreitung etwa der halben Last eingeschaltet wird.

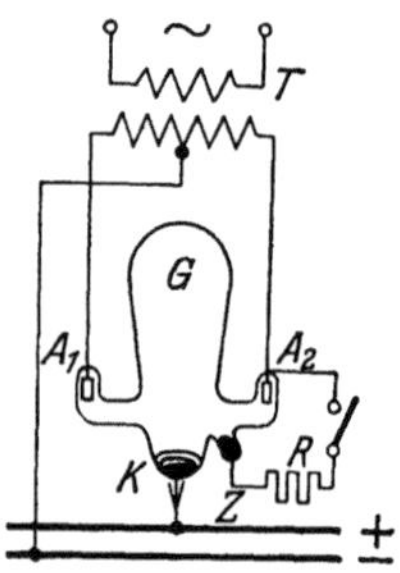

Abb. 389. Schaltung eines Wechselstrom-Quecksilberdampf-Gleichrichters.

Eine Gefahr für jeden Gleichrichter bilden die Rückzündungen, welche in einem Aufhören der Ventilwirkung und damit in einem Kurzschluß innerhalb des Kolbens infolge starker Anodenerhitzung bestehen. Sie können verursacht werden durch einen zu heftigen Dampfstrahl zwischen Kathode und Anode. Man setzt daher die Anoden trotz höheren Spannungsabfalls in gekröpfte, lange Arme. Weiterhin kann die Ursache eine Verunreinigung der Anodenstoffe oder das Vorhandensein von Fremdgasen sein. Das Auspumpen muß daher sehr sorgfältig und mit Rücksicht auf die in den festen Stoffen eingeschlossenen Gasreste bei hoher Temperatur erfolgen. Ebenso können Restladungen, die nach dem Stromfluß während der Sperrzeit zurückbleiben, gefährlich werden. Daher erhalten häufig die Anodenarme noch Blenden oder Ringe (Abb. 390). Mit solchen Maßnahmen lassen sich Gleichrichter bauen, welche eine Lebensdauer von 30000 Betriebsstunden haben.

Großgleichrichter haben Eisengefäße, welche mit Gummi oder Quecksilber sorgfältig gedichtet sind und durch eine Vorpumpe, die nur bei Bedarf, und eine Hochvakuumpumpe, die dauernd im Betriebe ist auf einem Druck von etwa 0,001 bis 0,003 mm Hg gehalten werden. Bei 0,005 mm Hg besteht bereits Rückzündungsgefahr. Abb. 390 stellt einen Großgleichrichter der AEG. im Schnitt dar. Die Zündung erfolgt durch eine Zündelektrode, welche in das Quecksilber eingetaucht und auch zur Erhaltung eines Erregerlichtbogens benutzt werden kann.

Die mittlere Gleichspannung U_g, welche ein Gleichrichter liefert, steht in einem festen Verhältnis zur Wechselspannung, deren Effektivwert wir je Strang mit U_w bezeichnen wollen. Bei dem einphasigen Wechselstrom ist der Mittelwert gleich dem 0,636fachen des Höchstwertes (siehe Abb. 383), also $U_g = 0{,}636 \cdot 1{,}41 \cdot U_w$. Bedenkt man noch, daß der Gleichrichter selbst einen Spannungsverlust von $\Delta U \approx 20$ bis 25 V aufweist, und daß durch Drosseln, Leitungen usw. noch ein weiterer Verlust von etwa 5% auftritt, so kann man schreiben:

$$U_g = 0{,}95 \cdot (0{,}9 \cdot U_w - \Delta U). \tag{174}$$

Bei dreiphasigem Drehstrom würde sich entsprechend ergeben:

$$U_g = 0{,}95 \cdot (1{,}17 \cdot U_w - \Delta U). \tag{175}$$

Der Spannungsverlust ΔU ist unabhängig von dem Strom und nahezu konstant. Ein Gleichrichter für hohe Spannung wird sich daher viel günstiger als ein solcher für geringe Spannung verhalten. Demgemäß kann der Wirkungsgrad bei einer Gleichspannung von etwa 50 V etwa zu 0,7, bei 500 V jedoch zu 0,9 angenommen werden.

Die Unveränderlichkeit des Spannungsabfalles eines Gleichrichters läßt eine unmittelbare Parallelschaltung derselben nicht zu, weil sich die Last willkürlich verteilen könnte. Es muß daher durch Drosseln ein künstlicher, mit der Belastung wachsender Spannungsabfall geschaffen werden, oder jeder Gleichrichter erhält seinen eigenen Transformator, dessen Spannungsabfall dann für richtige Lastverteilung ausreicht.

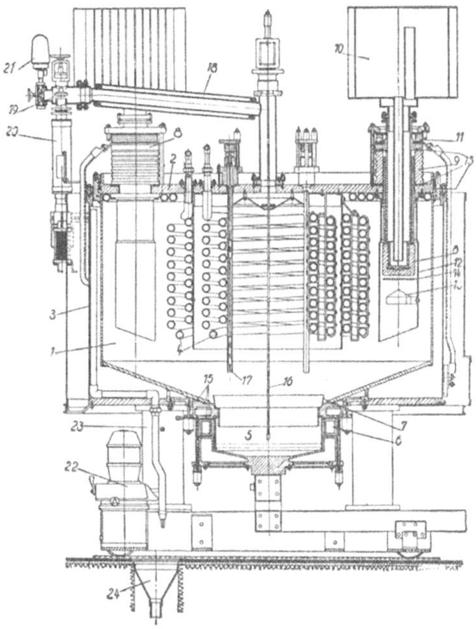

Abb. 390. Großgleichrichter der AEG.

1 = Vakuumgefäß,
2 = Deckel,
3 = Kühlgefäß,
4 = Innerer Kühlkörper.
5 = Kathode,
6 = Gekühlter Katodenisolierring,
7 = Filtrierring,
8 = Anode,
9 = Anodenisolator,
10 = Anodenkühlkörper,
11 = Anodenpreßisolator,
12 = Anodenschutzrohr,
13 = Blende,
14 = Gitter,
15 = Gummidichtungen,
16 = Zündanode,
17 = Erregeranode,
18 = Absaugrohr,
19 = Hauptabperrventil,
20 = Hochvakuumpumpe,
21 = Vakuummeßpumpe,
22 = Vorpumpe,
23 = Vorvakuumbehälter,
24 = Abflußrichter.

Der Wechselrichter. Die betrachteten Gleichrichter erlauben nicht die Umformung von Gleichstrom im Wechsel- oder Drehstrom. Um sie hierfür geeignet zu machen, hat man sie nach dem Vorbild der Gitterröhren mit gesteuerten Gittern versehen. Abb. 391 zeigt die Schaltung eines solchen Wechselrichters. Den Gittern G wird über Widerstände R, einen Transformator T_1 und einen Drehtransformator Dr eine Spannung zugeführt, welche mittels Dr in der Phase beliebig verschoben werden kann und einem vorhandenen Drehstromnetz oder einem Steuergenerator entnommen wird. Es ist hierbei möglich, die Steuerspannung derart einzustellen, daß der Zündpunkt des Lichtbogens um eine halbe Periode verzögert wird, wobei die Gleichspannung der Wechselspannung entgegen den Lichtbogen (in Richtung A—K) erzeugt und damit Energie in das Drehstromnetz liefert. Durch Parallelschaltung von Gleichrichtern und Wechselrichtern ist es möglich, der Energie in beiden Richtungen den Weg zu öffnen, also z. B. bei Bahnen auch eine Rücklieferung von Bremsenergie möglich zu machen. Die Steuerung des Anodenstromes findet neuerdings auch bei Gleichrichtern Anwendung, derart, daß durch eine mehr oder weniger phasenverschobene Steuerspannung die erzeugte Gleichspannung geregelt wird (z. B. zur Regelung von Motoren).

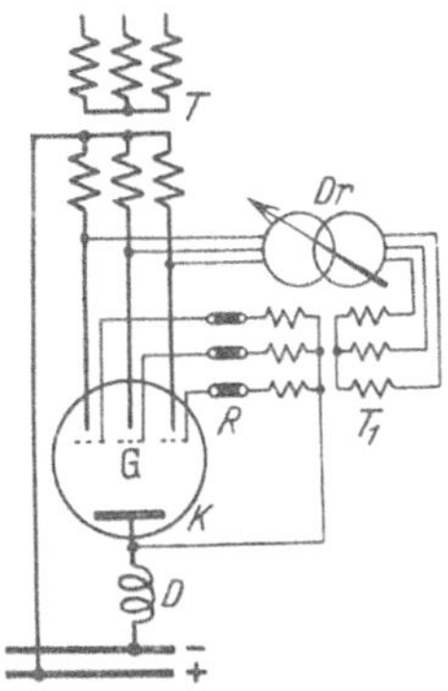

Abb. 391.
Gesteuerter Gleichrichter.

Der Elektrolytgleichrichter ist ein Kleingleichrichter, welcher häufig aus einer Aluminiumanode und einer Eisenkathode besteht, welche in eine Lösung von Ammoniumkarbonat tauchen. Er läßt nur in der Richtung Eisen-Aluminium einen Strom hindurch. Sein Wirkungsgrad ist sehr gering, auch darf man einer Zelle nicht mehr als etwa 30 V Spannung zumuten.

Die Trockengleichrichter zeichnen sich dadurch aus, daß lediglich trockene Platten, aufeinander geschichtet, ohne jede Abnutzung, ohne Heizung u. dgl. eine Gleichrichtung möglich machen. Einer der bekanntesten Trockenplattengleichrichter ist der Kupferoxydulgleichrichter, dessen Elemente der Lichtzelle (Abb. 180) ähnlich sind. Eine Kupferplatte ist einseitig mit Kupferoxydul überzogen, gegen welches eine Bleiplatte oder dergleichen drückt. Ein solches Element sperrt mit

Sicherheit eine Spannung von 2 V, und durch Hintereinanderschaltung mehrerer Elemente lassen sich auch größere Spannungen beherrschen. Eine höhere Sperrspannung haben die Selengleichrichter, welche eine Eisenplatte haben, auf welche eine Selenschicht gelegt ist. Als Gegenplatte dient eine Metallfolie.

XIV. Das elektrische Kraftwerk.

Für die Erzeugung elektrischer Energie kommt in Deutschland die Braunkohle mit etwa 45%, die Steinkohle mit etwa 35% und die Wasserkräfte mit etwa 16% zur Verwendung. Der Rest verteilt sich auf Öl und Gas. Die überaus starke Verwendung der Braunkohle hat ihre Ursache darin, daß diese Kohle im Tagebau leicht und daher billig abgebaut werden kann. Der Preis je Tonne beträgt daher auf der Zeche nur etwa $^1/_6$ desjenigen der Steinkohle. Da nun der Heizwert der Steinkohle etwa 3mal so groß wie derjenige der Braunkohle ist, stellt sich der Energiepreis bei der Steinkohle etwa doppelt so hoch wie bei der Braunkohle. Die Steinkohle kann daher am Zechenort nicht mit der Braunkohle in Wettbewerb treten. Anders ist dies, wenn ein Transport hinzukommt. Infolge des hohen Wassergehaltes der Braunkohle (bis 60%) und des relativ geringen Heizwertes treten bei ihr erhebliche Transportkosten hinzu. Für einen Vergleich zwischen beiden Kohlenarten wollen wie eine Wärmeenergie von 1 Million kcal zugrunde legen, wobei wir außerdem für die Steinkohle einen Heizwert von 7000 kcal/kg und für die Braunkohle von 2000 kcal/kg annehmen wollen. Für 10^6 kcal braucht man dann 143 kg Steinkohle und 500 kg Braunkohle. Diese Kohlenmengen würden bei einem Zechenpreis von 17 RM./t für Steinkohle und 3 RM./t für Braunkohle für diese 1,5 RM. und für die Steinkohle 2,4 RM. kosten. Die Frachtkosten der Reichsbahn sind derart gestaffelt, daß dieselben bei großen Entfernungen weniger stark zunehmen. Trägt man sich die Brennstoffkosten für 10^6 kcal zuzüglich den Frachtkosten in Abhängigkeit von der Entfernung von der Zeche *Z* auf (Abb. 392), so erkennt man, daß bei Entfernungen bis etwa 50 km der Wärmepreis der Braunkohle (*Br*) zwar wesentlich geringer ist, während auf größere Entfernungen die Steinkohle (*St*) wirtschaftlicher verschickt werden kann. Hieraus darf nun nicht einfach gefolgert werden, daß in jedem Falle der wirtschaftliche Bereich einer Braunkohlengrube 50 km sei. Denken wir uns z. B. nach Abb. 393 eine Steinkohlenzeche *St* und eine Braunkohlengrube *Br* in 100 km Entfernung voneinander, dann zeigen die Kostenlinien, daß bis etwa 50 km von *St* die Steinkohle vorzuziehen ist. Von 60 km bis etwa 190 km von *St* reicht das wirtschaftliche Gebiet der Braunkohlengrube *Br*. In noch größerer Entfernung wird dann aber die Steinkohle wieder billiger. Verhältnismäßig ungünstig verhält sich Öl für Dieselmaschinen, welches bei einem Heizwert von 10000 kcal etwa 135 RM./t kostet. Für die angenommenen 10^6 kcal wären zwar nur 100 kg erforderlich, welche aber 13,50 RM. kosten würden. Die Wasserkräfte zeichnen sich dadurch aus, daß sie unerschöpflich sind. Da ferner nicht ausgenutzte Wasserenergien verloren sind, ist es volkswirtschaftliche Pflicht, diese Energien in erster Linie zu verwenden.

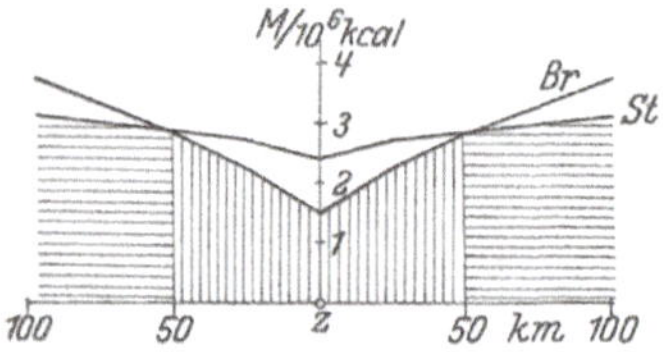

Abb. 392.
Energiepreis im Umkreis einer Zeche *Z*.

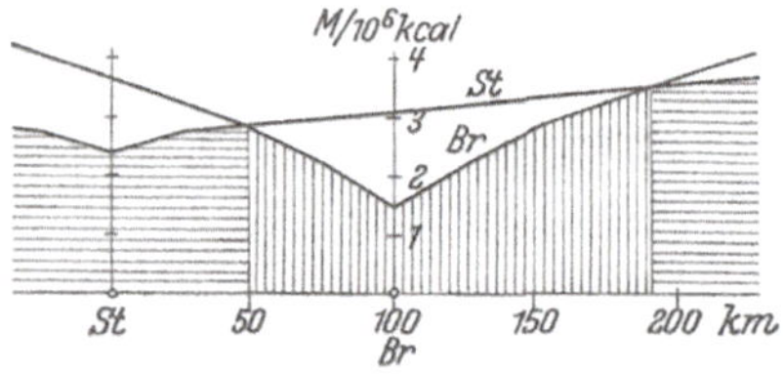

Abb. 393.

A. Die Kosten der Energieerzeugung.

Die Selbstkosten eines Kraftwerks setzen sich zusammen aus den Brennstoffkosten, den Kosten für Verzinsung und Abschreibung der Anlage, den Steuern und Versicherungsgebühren, sowie den Verwaltungs- und Bedienungskosten. Einen Teil dieser Kosten, wie die Brennstoffkosten, können wir als veränderliche Kosten (*V*) bezeichnen, weil sie sich mit der Belastung des Kraftwerkes ändern, und zwar etwa proportional. Die übrigen Kosten werden feste Kosten (F) genannt, weil sie bei Änderung der Belastung unverändert bleiben. Zinsen, Steuern usw. müssen doch auch bezahlt werden, wenn das Kraftwerk einmal unbelastet sein sollte. Abb. 394 zeigt diese beiden Kosten in Abhängigkeit von der Belastung des Kraftwerks. Die festen Kosten sind hauptsächlich durch das Anlagekapital bestimmt, welches von der Art des Kraftwerks abhängt. Im allgemeinen wird ein großes Kraftwerk verhältnismäßig billiger zu bauen sein, als ein kleines. Da aber heute fast nur noch große Kraftwerke gebaut werden, ist es zulässig, einen Durchschnittspreis für die Anlage je kW Leistung anzugeben. Ein Dampfkraftwerk kann mit 250 bis 350 RM. je kW erbaut werden, d. h. also, daß ein Dampfkraftwerk von 10000 kW Maschinenleistung etwa 2,5 bis 3,5 Millionen RM. kosten würde. Bei Wasserkraftwerken läßt sich der Baukostenbetrag nicht so genau angeben, weil er sehr von den örtlichen Verhältnissen abhängt, außerdem läßt sich ein Hochdruckkraftwerk (großes Wassergefälle) viel billiger als ein Niederdruckwerk (kleines Gefälle) bauen. Man kann etwa mit einem Anlagekapital von 500 bis 1000 RM. je kW rechnen. Es ist also irrig, wenn gelegentlich behauptet wird, die elektrische Energie aus Wasserkräften koste nichts. Die Kosten bestehen hier fast ganz aus festen Kosten (Abb. 394 gestrichelt). Bei der Beurteilung der Wettbewerbsfähigkeit zwischen Dampfkraftwerk und Wasserkraftwerk muß ferner bedacht werden, daß die Wassermengen schwanken. In trockenen Jahren kann die durchschnittliche Wassermenge weniger als halb so groß wie die eines nassen Jahres sein. Das hierdurch bedingte Risiko wird noch dadurch erhöht, daß bei einer Absatzstockung die hohen festen Kosten des Wasserkraftwerkes eine empfindliche Belastung darstellen. Wasserkraftwerke können ferner nicht an jedem Ort errichtet werden und verlangen meist teuere Fernleitungen. Sie werden daher heute nur erbaut, wenn sich der Preis einer kWh bei ihnen höchstens zu etwa einem Drittel desjenigen eines Dampfkraftwerkes errechnet. Da sich die festen Kosten bei geringer Belastung des Kraftwerks auf eine kleine Zahl von kWh verteilen, ergibt sich in diesem Falle ein sehr hoher Preis für eine kWh. Man ist daher bestrebt, Kraftwerke möglichst voll zu belasten. Auch aus betriebswirtschaftlichen Gründen muß man dies verlangen, weil der Wirkungsgrad der Maschinen und der Kessel bei geringer Belastung kleiner ist. Man kann etwa annehmen, daß ein Dampfkraftwerk im Leerlauf immer noch 14 bis 18% des Brennstoffs bei Vollast braucht, und daß bei Belastung der Verbrauch ungefähr mit der Belastung proportional anwächst.

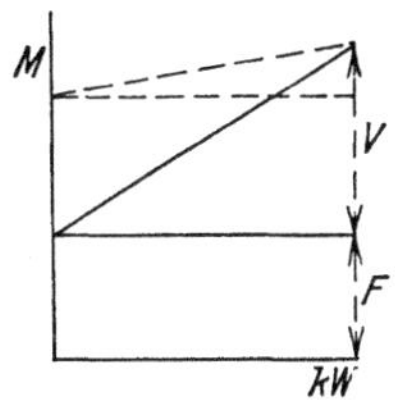

Abb. 394.

Die veränderlichen Kosten sind in der Hauptsache durch den Brennstoffverbrauch festgelegt. Er läßt sich unter Annahme eines thermischen Wirkungsgrades aus der Leistung berechnen. Ein neuzeitliches großes Dampfkraftwerk hat einen Gesamt-Wirkungsgrad von etwa 0,20 bis 0,25, ein Dieselkraftwerk von etwa 0,33.

86. Beispiel. Was wird die kWh eines Braunkohlen-Dampfkraftwerkes von 10000 kW Maschinenleistung am Zechenort etwa kosten?

Wir wollen zunächst einmal voraussetzen, daß das Werk das ganze Jahr hindurch, also 8760 h, voll belastet sei. Die Anlagekosten werden unter Annahme von 300 RM./kW den Betrag von 3000000 RM. erreichen, welchen wir mit 16,5% verzinsen wollen (9% Verzinsung + 3,5% Tilgung + 2% Versicherung und Steuern + 2% Bedienung). Die jährlichen festen Kosten betragen daher $0{,}165 \cdot 3000000 = 495000$ RM. Es sollen im Jahr $10000 \cdot 8760 = 87600000$ kWh erzeugt werden. Dies sind $87600000 \cdot 860 = 75000000000$ kcal. Bei einem Wirkungsgrad von 0,20 müssen dann 375000000000 kcal erzeugt werden. Es werden also $375000000000 : 2000 = 187500000$ kg $= 187500$ t Kohlen gebraucht, wenn man einen Heizwert von 2000 kcal/kg zugrunde legt. Diese Kohlenmenge würde bei einem Preis von 3 RM/t 562500 RM. kosten. Je kWh ergeben sich daher $495000 : 87600000 = 0{,}57$ Rpf. feste Kosten und $562000 : 87600000 = 0{,}65$ Rpf. veränderliche Kosten. Die kWh kostet daher 1,22 Rpf., wenn man von den kleineren Nebenkosten absieht.

Es soll nun einmal angenommen werden, daß das Werk täglich nur 8 Stunden voll belastet und in der übrigen Zeit leer laufe, Es werden dann jährlich 29200000 kWh erzeugt. Die festen Kosten betragen dann $495000 : 29200000 = 1{,}7$ Rpf./kWh. Die veränderlichen Kosten haben sich mit der verminderten Leistung verringert und betragen auch jetzt 0,65 Rpf./kWh. Die täglichen 16 Leerlaufstunden verursachen einen Verlust von 15% der Vollast, also insgesamt $0{,}15 \cdot 562000 \cdot 16 : 24 = 56000$ RM., die verteilt $56000 : 29200000 = 0{,}2$ Rpf./kWh ausmachen. Die kWh kostet daher jetzt 2,55 Rpf.

Die tatsächliche Belastung eines Kraftwerkes ist sehr schwankend, und zwar um so mehr, je ausschließlicher der Strom Beleuchtungszwecken dient. Abb. 395 zeigt in Linie L die Belastung an einem Winterwerktag für ein hauptsächlich der Beleuchtung dienendes Werk. Charakteristisch ist die hohe Spitze, welche etwa um 17 Uhr eintritt, und für welche die Kraftwerksleistung bemessen sein muß. Ein Werk mit gleichzeitiger industrieller Belastung würde die Belastungslinie K zeigen. Bei ihr ist auch am Tage eine gute Belastung vorhanden, die um 8 Uhr eine zweite Spitze zeigt. An einem Sonntag würde ein solches Werk durch das Fehlen der Industriebelastung ebenfalls die Linie L aufweisen. Die Sommerbelastungslinien unterscheiden sich von den gezeichneten durch den Fortfall der hohen Abendspitze.

Die oft willkürlichen Schwankungen der Belastungslinie stören den Überblick. Es ist daher üblich, eine geordnete Belastungslinie zu zeichnen. Um die Belastungslinie K zu ordnen, denke man sich die Fläche unterhalb der Linie in zahlreiche schmale, vertikale Streifen zerschnitten. Von diesen rücke man dann den längsten links an die Ordinatenachse, lege den zweitlängsten daran usf. Man erhält so die Linie D. Dasselbe Ordnen kann man mit allen Belastungslinien eines Jahres machen (praktisch genügen einige charakteristische Linien), wodurch man eine Durchschnittslinie bekommt, deren Abszisse von 0 bis 8760 Stunden reicht. Die unter der Linie liegende Fläche stellt die Anzahl kWh dar, welche das Werk im Jahr abgibt. Verwandelt man diese Fläche in ein Rechteck gleichen Inhalts und gleicher Maximalhöhe, so bezeichnet man die horizontale Seite als die Benutzungsdauer des Werkes. Es ist also diejenige Stundenzahl, bei welcher die voll belastet gedachten Maschinen dieselbe Arbeit erzeugen, die sonst im ganzen Jahr wechselnd erzeugt wird. Bei städtischen Elektrizitätswerken liegt die Benutzungsdauer zwischen 2000 und 3000 Stunden, durch Anschluß von Straßenbahnen und durch günstige Nachttarife werden 4000 Stunden erreicht. Werke zur Versorgung von chemischer Industrie kommen auf 6000 bis 7000 Stunden

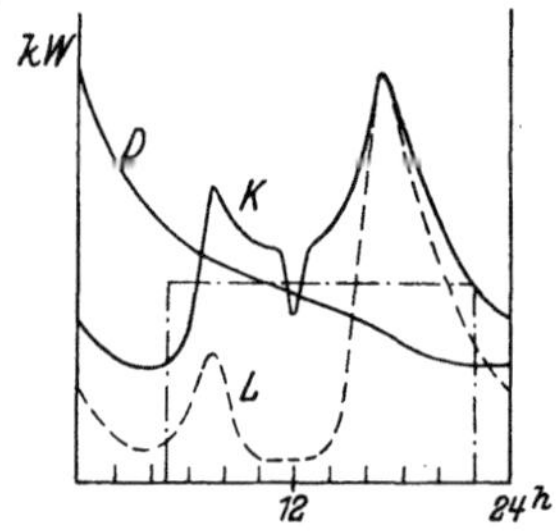

Abb. 395. Belastungslinien von Kraftwerken.

$$\text{Benutzungsdauer} = \frac{\text{jährlich abgegebene kWh}}{\text{Kraftwerksleistung in kW}}.$$

Der Selbstkostenpreis p für eine kWh kann man nun nach der Beziehung:

$$p = \frac{F}{N \cdot B} + c \tag{176}$$

berechnen, worin F die gesamten festen Jahreskosten in Reichspfennigen, N die Kraftwerksleistung, B die Benutzungsdauer und c die veränderlichen Kosten in Reichspfennigen je kWh bedeuten. Für das Kraftwerk in Beispiel 86 würde sich $F = 49\,500\,000$ Rpf., $N = 10\,000$ kW und $c = 0{,}65$ Rpf. Die Gleichung lautet für dieses Werk also

$$p = \frac{4950}{B} + 0{,}65\,,$$

welche Abb. 396 darstellt. Für eine Benutzungsdauer von 2000 Stunden ergäbe sich z. B. $p = 3{,}12$ Rpf./kWh.

Die Ausbauwürdigkeit eines Wasserkraftwerkes hängt von dem Energiepreis der Dampfkraftwerke, die für den Versorgungsbezirk in Frage kommen, ab, weil Dampfkraftwerke unbegrenzt ausbaufähig sind. Die wirtschaftliche Ausbaugröße der Wasserkraft entspricht keineswegs der größten Wassermenge, welche gelegentlich einmal auftritt, ebenso aber auch nicht der geringsten Wassermenge, die unter allen Umständen verfügbar ist, sondern einem Zwischenwert. Wollte man das Kraftwerk nach der geringsten vorkommenden Wassermenge bauen, so würde zwar das Werk sehr günstig ausgenutzt, aber es würde sehr viel Wasser unbenutzt abfließen. Andererseits würde bei einem Ausbau nach der höchsten Wassermenge ein viel zu großes Anlagekapital festgelegt werden, und die Benutzungsdauer würde sehr gering für die aufgestellten Maschinen sein.

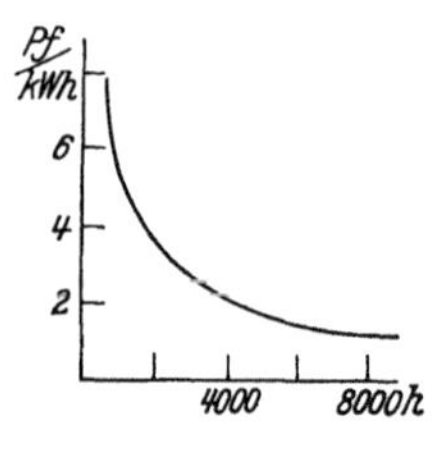

Abb. 396.

Es ist das Ziel aller Elektrizitätsunternehmen, die Benutzungsdauer ihrer Werke zu heben, damit der Preis je kWh sinkt. Man kann dies durch tarifliche Maßnahmen erreichen, indem man z. B. günstige Tarife für Nachtverbraucher einführt oder auch für die Hellstunden Preisvorteile gewährt. Eine weitere Möglichkeit besteht in der Aufspeicherung von Energie. Wenn bei der ungünstigen Belastungslinie L in Abb. 395 eine Akkumulatorenbatterie aufgestellt wird, so kann man erreichen, daß die Maschine die strichpunktiert angedeutete Leistung unverändert abgibt. Während der Abendspitze tritt die Batterie als Stromerzeuger hinzu, während am Tage die Batterie von der Maschine aufgeladen wird. In großzügiger Weise wird ein solcher Ausgleich heute durch Speicherwerke durchgeführt (Herdecke, Niederwartha). Bei der Pumpspeicherung wird in Zeiten geringer Belastung Wasser in natürliche oder künstliche, hochgelegene Becken gepumpt, aus denen es zur Zeit der Belastungsspitze wieder zum Antrieb von Turbinen entnommen wird. Ebenso ist es auch möglich, den Dampf eines Kraftwerkes für die Zeit hoher Belastung aufzuspeichern (Ruthsspeicher).

Von der größten wirtschaftlichen Bedeutung ist der Zusammenschluß der Kraftwerke, weil dadurch ebenfalls ein Ausgleich möglich ist, und weil die Reservehaltung stark vermindert wird. Um den Vorteil der großen Maschine auszunutzen, wäre es erwünscht, die ganze Kraftwerksleistung in eine einzige Maschine zu legen. In diesem Falle hätte man aber eine ebenso große Maschine als Reserve nötig (100% Reserve). Würde man hingegen die Kraftwerksleistung auf zwei Maschinen verteilen, so könnte durch Aufstellung einer dritten, gleich großen Maschine die Reservehaltung auf 50% herabgesetzt werden. Bei zusammengeschlossenen Werken ist eine weitere Verminderung möglich, weil andere Werke bei Störungen einspringen können. Durch den Zusammenschluß ist auch ein Ausgleich zwischen den Wasserkräften der Alpen und des Flachlandes möglich. Wie Abb. 397 veranschaulicht, führt ein Hochgebirgsfluß (H) im Sommer Hochwasser, während im Frühjahr der Tiefstand des Wassers erreicht wird. Bei den Flüssen aus Mittelgebirgen (M) ist es gerade umgekehrt, so daß sich bei gekoppelten Kraftwerken ein natürlicher Ausgleich ergibt. Ein entsprechender Ausgleich findet in großem Maßstab zwischen dem rheinischen Braunkohlen- und dem österreichischen Wasserkraftgebiet statt (220 kV-Leitung zwischen Goldenbergwerk und Vorarlberg).

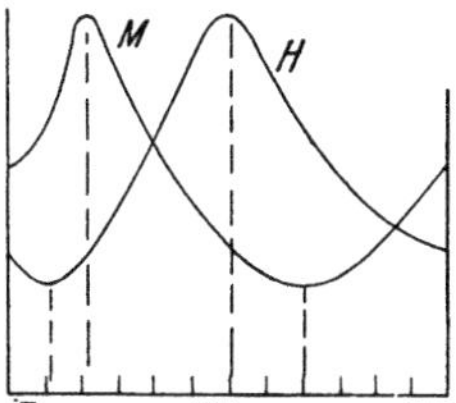

Abb. 397. Wassermengen, H = Hochgebirgsfluß, M = Mittelgebirgsfluß.

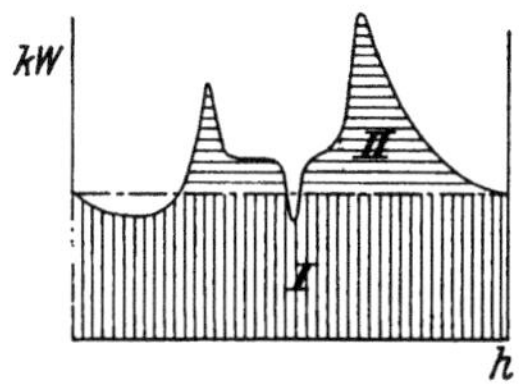

Abb. 398. Lastaufteilung in Grund- und Spitzenlast.

Bei der Kopplung von Kraftwerken tritt die Frage auf, wie die gegebene Belastung auf die Kraftwerke zu verteilen ist. Hierbei sind Festlegungen auf wirtschaftlicher Grundlage nötig, weil sonst von zwei gekoppelten Werken jedes bestrebt sein würde, selbst Wirklast bis zur Vollbelastung zu übernehmen und die Blindlast dem anderen zu überlassen. Es werden daher Fahrpläne für die Werke herausgegeben, oder die Belastung wird durch Lastverteiler selbsttätig geregelt. Von zwei verbundenen Dampfkraftwerken wird man naturgemäß dem wirtschaftlich besser arbeitenden Werk (Großkraftwerk) so viel Belastung zuweisen, daß es möglichst voll belastet ist, also mit höchstem Wirkungsgrad arbeitet. Bei der Belastung nach Abb. 398 würde man demnach dem Großkraftwerk die sog. Grundlast *I* zuweisen, während die weniger wirtschaftlichen Werke die Spitzenlast *II* übernehmen müssen. Da sie ohnehin häufig einen geringeren Wirkungsgrad aufweisen, spielt die geringe Benutzungsdauer der Spitzenlast keine große Rolle. Häufig kommen als Spitzenmaschinen alte Elektrizitätswerke in Frage. Das Grundkraftwerk wird meist am Orte des Energievorkommens, also z. B. an der Grube errichtet, weil bei seiner hohen Benutzungsdauer die Fortleitung der Energie wirtschaftlich möglich ist. Die Spitzenwerke hingegen werden möglichst in die Verbrauchsgegend gesetzt, weil bei der geringen Benutzungsdauer der Spitzenlast kein großer Kapitalaufwand für Leitungen zu rechtfertigen ist.

Die Lastverteilung erfolgt bei den fast ausschließlich vorhandenen Drehstromgeneratoren durch Regelung der Dampfturbinen. Das Grundkraftwerk fährt Fahrplan, d. h. es muß seine Maschinen so regeln, daß sie die fahrplanmäßig vorgeschriebene Last übernehmen. Den Rest der Last fällt dem Spitzenwerk zu, welches alsdann dafür zu sorgen hat, daß die Frequenz auf dem vorgeschriebenen Wert bleibt, weil der Anschluß von Synchronuhren heute sehr verbreitet ist. Das Spitzenwerk wird dann auch Frequenzwerk genannt. Bei der Kopplung von Wasserkraft- und Dampfkraftwerken sollte das Wasserkraftwerk die Grundlast übernehmen, damit keine Wasserenergie verlorengeht. Es ist jedoch möglich, daß bei geringer Wassermenge das Wasserkraftwerk so unwirtschaftlich arbeitet, daß man das gekoppelte Dampfkraftwerk vorübergehend zum Grundkraftwerk machen muß. Die gleichen Fragen treten auch bei einem einzelnen Werk bei der Lastverteilung auf die einzelnen parallel arbeitenden Maschinen auf. Auch bei ihnen werden einzelne die Grundlast und andere die Spitzenlast zugewiesen bekommen.

Die Verteilung der Blindlast muß ebenfalls festgelegt werden. Hierbei strebt man einen möglichst geringen Verlust in den Leitungen an. Die Einstellung der Blindlast erfolgt bekanntlich mit den Erregerströmen.

B. Die Tarife.

Ein Elektrizitätsunternehmen sollte seinen Tarif bei größter Einfachheit so gestalten, daß er sich den Selbstkosten gut anpaßt und zu einer gleichmäßigen Entnahme zwingt. Es ist daher zweckmäßig, zwischen einer festen Grundgebühr (Leistungsgebühr) und einer mit dem Verbrauch veränderlichen Arbeitsgebühr zu unterscheiden. Leider ist mit Rücksicht auf die Einfachheit der Arbeitsmessung nur bei Großabnehmern eine strenge Einhaltung dieser Grundsätze möglich.

Der Pauschaltarif. Er erlaubt dem Abnehmer gegen einen festgesetzten Betrag die beliebige Entnahme von elektrischer Arbeit bis zu einem bestimmten Betrage. Bei Überschreitung dieser Leistung tritt durch einen Strombegrenzer Abschaltung ein. Die entnommene Arbeit wird also nicht gemessen, wodurch sowohl die Ablesung der Zähler, als auch die Verrechnung entfällt. Da der Pauschaltarif die Arbeitsmenge nicht berücksichtigt, paßt er sich am besten den Selbstkosten eines Wasserkraftwerkes an und wird auch hauptsächlich dort benutzt.

Der Einfachtarif. Bei ihm wird der Verbrauch durch einen Zähler gemessen und nach einem einheitlichen Satz verrechnet. Da sich dieser Tarif nur sehr mangelhaft den Selbstkosten anpaßt, findet er immer weniger Anwendung.

Der Mehrfachtarif. Bei dem Doppeltarif wird die Zeit eines Tages in zwei, bei dem Dreifachtarif in drei Abschnitte zerlegt, in denen durch Vermittlung einer Umschaltuhr der Verbrauch getrennt gezählt wird. Für die Zeit der Abendspitze kommt dann ein hoher, für die anderen Zeiten ein verminderter kWh-Preis in Anrechnung. Auch dieser Tarif paßt sich den Selbstkosten schlecht an, jedoch gibt er einen starken Anreiz zur Arbeitsentnahme in den Zeiten schwacher Werksbelastung.

Der Grundgebührentarif paßt sich den Selbstkosten gut an. Bei ihm wird eine feste Grund- oder Leistungsgebühr und dazu für jede verbrauchte kWh eine Arbeitsgebühr erhoben. Die Grundgebühr, die natürlich auch zu zahlen ist, wenn nichts verbraucht wird, hat sich nach der Größe der Bereitstellung durch das Werk zu richten. Zuweilen wird sie als „Zählergebühr" erhoben. Häufig wird sie nach der Größe der Wohnfläche, der Zimmerzahl oder der Brennstellenzahl festgesetzt. Der Arbeitspreis für eine kWh ist natürlich in diesem Falle wesentlich geringer als bei dem Einfachtarif.

Die bisher betrachteten Tarifformen kommen wegen der Einfachheit der Messung hauptsächlich für die große Zahl der Kleinabnehmer in Frage. Bei den wenigen Großabnehmern kann die Einfachheit der Messung gegenüber der Zweckmäßigkeit des Tarifs zurücktreten. Man findet folgende Tarifformen:

Der Überverbrauchstarif. Außer dem normalen Zähler, der den ganzen Verbrauch mißt, ist ein Überverbrauchszähler vorhanden, welcher erst bei Überschreitung einer festgesetzten Leistung anläuft und dann den Überverbrauch mißt. Der letztere wird zu einem erhöhten Preis verrechnet.

Der Grundgebührentarif für Großabnehmer sieht eine Grundgebühr vor, welche entweder nach dem Anschlußwert (Summe der Nennleistungen) oder nach der höchsten aufgetretenen Leistung festgesetzt wird. Die letztere kann durch einen besonderen Höchstleistungszähler festgestellt werden. Die Arbeitsgebühr ist gewöhnlich derart gestaffelt, daß für hohen Verbrauch eine geringere Arbeitsgebühr in Ansatz kommt. Durch Blindverbrauchszähler wird die Blindarbeit festgestellt. Eine Blindarbeit, welche einem $\cos\varphi = 0{,}8$ entspricht, bleibt gewöhnlich unberechnet. Bei Überschreitung wird jedoch der Überschuß mit einem bestimmten Prozentsatz der Arbeitsgebühr als wirkliche Arbeit angerechnet, währen bei gegen $\cos\varphi = 0{,}8$ verminderter Blindarbeit eine Vergütung eintritt.

C. Die Schaltanlagen des Kraftwerks.

Bei den älteren Kraftwerken wurde die Schaltanlage meist in der Maschinenhalle untergebracht. Dies ist bei neueren Werken infolge der großen Schaltleistungen der Schalter und infolge der hohen Spannungen nicht mehr möglich, und es wird daher ein besonderes Schalthaus vorgesehen. Die Betätigung der Schalter erfolgt jedoch von dem Maschinenhaus oder von einer besonderen Schaltwarte aus. Der Aufbau der Schaltanlagen unterscheidet sich nicht von denen in Umspannstationen, welche später behandelt werden.

XV. Übertragung elektrischer Arbeit.

Die Fortleitung großer elektrischer Arbeitsmengen ist mit mäßigen Kupferquerschnitten wirtschaftlich nur mit Hochspannung möglich. Damit tritt die Festigkeit der Isolierstoffe gegen hohe Spannungen als wichtiges Problem in den Vordergrund.

A. Die elektrische Festigkeit.

1. Die elektrische Beanspruchung.

Die elektrische Beanspruchung eines Isolierstoffs wird durch die elektrische Feldstärke ausgedrückt. Wenn zwischen zwei ebenen Belegen, die einen Abstand a voneinander haben, die Spannung U liegt, dann ist der dazwischen befindliche Isolierstoff mit $\mathfrak{E} = U : a$ Volt/cm beansprucht. Bei einer Steigerung der Spannung tritt bei der Feldstärke $\mathfrak{E}_d$, der Durchschlagsfestigkeit, der Durchschlag des Isolierstoffs ein. Die zulässige Beanspruchung wird im allgemeinen kleiner als die Hälfte der Durchschlagsfestigkeit gewählt. In dünner Schicht zeigt sich meist eine verhältnismäßig größere Durchschlagsfestigkeit des Isolierstoffs, jedoch ist es wahrscheinlich, daß diese Abhängigkeit durch Nebenumstände bedingt ist.

Durchschlagsfestigkeiten

Luft	21 kV_{eff}/cm	Hartpapier	100 kV_{eff}/cm
Transformatorenöl (frisch)	125 „	Porzellan	200 „
Paraffin	200 „	Glimmer	400 „

Die in der vorstehenden Tabelle angegebenen Durchschnittswerte sind Effektivwerte. Die tatsächlichen Durchschlagsspannungen sind also das 1,41fache.

In Abb. 399 liegen zwei verschiedene Isolierstoffe mit den Dielektrizitätskonstanten ε_1 und ε_2 zwischen den Belegen. Die Verschiebung (Gl. 64) muß natürlich für beide Stoffe dieselbe sein. Es ist demnach:

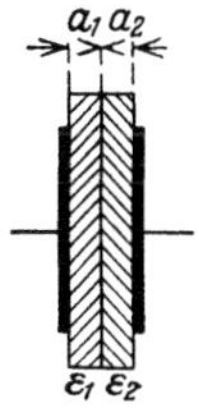

Abb. 399.

$$\vartheta = 0{,}886 \cdot 10^{-13} \cdot \varepsilon_1 \cdot \mathfrak{E}_1 = 0{,}886 \cdot 10^{-13} \cdot \varepsilon_2 \cdot \mathfrak{E}_2$$

hieraus:

$$\mathfrak{E}_1 : \mathfrak{E}_2 = \varepsilon_2 : \varepsilon_1 . \tag{177}$$

Die Beanspruchungen verhalten sich also umgekehrt wie die Dielektrizitätskonstanten der beiden in Reihe geschalteten Isolierstoffe, wobei es ganz gleichgültig ist, wie dick dieselben sind. Nennen wir die auf die beiden Stoffe entfallenden Teilspannungen U_1 und U_2, wobei $U_1 = \mathfrak{E}_1 \cdot a_1$ und $U_2 = \mathfrak{E}_2 \cdot a_2$ ist, so ergibt sich durch Einsetzen in Gl. 177:

$$\frac{U_1}{U_2} = \frac{\varepsilon_2 \cdot a_1}{\varepsilon_1 \cdot a_2} \tag{178}$$

87. Beispiel. Zwei Metalpllatten stehen sich in einem Abstand von 12 mm gegenüber und haben eine Spannung von 15 kV eff. gegeneinander. Wie groß ist die elektrische Beanspruchung der dazwischen befindlichen Luft? Wie groß würde dieselbe sein, wenn eine 6 mm starke Glasplatte ($\varepsilon_2 = 7$) zwischen die Platten geschoben würde?

Die Beanspruchung der Luft ist zuerst $\mathfrak{E}_1 = 15000 : 1{,}2 = 12500$ V/cm, welche die Luft leicht ohne Durchschlag erträgt. Bei eingeschobener Glasplatte wird die Beanspruchung der Luft ($\varepsilon = 1$) siebenmal so groß wie diejenige des Glases. Es ist daher $7 \cdot \mathfrak{E}_2 \cdot a_1 + \mathfrak{E}_2 \cdot a_2 = 15000$. Hieraus ergibt sich $\mathfrak{E}_2 = 15000 : (7 \cdot 0{,}6 + 0{,}6) = 3130$ V/cm und $\mathfrak{E}_1 = 21900$ V/cm. An der Luftschicht liegt eine Spannung von $U_1 = 21900 \cdot 0{,}6 = 13100$ V und am Glas von $U_2 = 3130 \cdot 0{,}6 = 1900$ V. Das Beispiel zeigt, daß die Luft nach dem Einschieben der Glasplatte überbeansprucht ist. Es kommt zwar zu keinem Funkendurchschlag, weil die Glasplatte allein die Spannung zu ertragen vermag. Die Luft wird jedoch glimmen, wobei der Stickstoff derselben teilweise oxydiert wird. Diese Stickstoffoxyde können auf die übrigen Isolierstoffe schädigend einwirken und einen allgemeinen Durchschlag vorbereiten.

Die Tatsache, daß sich bei hintereinander geschalteten Isolierstoffen die elektrischen Beanspruchungen umgekehrt wie die Dielektrizitätskonstanten verhalten, hat eine große Bedeutung. Wenn z. B. bei einem Papierkondensator die Stanniolbelege derart aufgeklebt sind, daß zwischen Stanniol und Papier Luftblasen vorhanden sind, dann ist eine derartige Reihenschaltung von Luft und Papier vorhanden, wobei die Luft stark überbeansprucht sein kann. Die dabei auftretenden Entladungsvorgänge führen sehr bald auch zu einem Durchschlag des Papiers. Bei Freileitungsisolatoren treten die elektrischen Feldlinien bei ihrem Weg zwischen Leiter und Isolatorstütze teilweise durch Luft und teilweise durch das Porzellan. Auch hier können bei Überspannungen in den Luftzwischenräumen Entladungserscheinungen durch Überbeanspruchung der Luftschichten auftreten.

Schwieriger gestaltet sich die Berechnung der elektrischen Beanspruchung bei ungleichförmigen Feldern. Abb. 400 zeigt ein Feld zwischen konzentrischen Leitern (Durchführung). Die Feldlinien gehen radial, und die Feldstärke ist dem Radius r umgekehrt proportional, also $\mathfrak{E}_1 : \mathfrak{E}_2 = r_2 : r_1$. Bei einer Gesamtspannung U zwischen den beiden Leitern läßt sich hieraus die maximale Feldstärke, die am inneren Zylinder auftritt, berechnen zu:

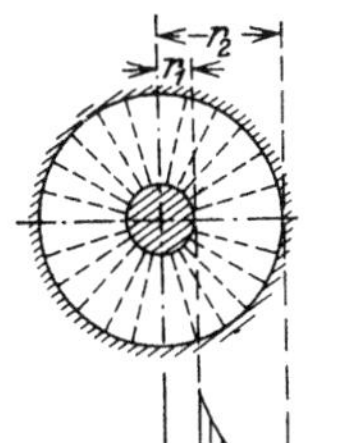

Abb. 400.

$$\mathfrak{E}_{\max} = \mathfrak{E}_1 = \frac{U}{r_1 \cdot \ln\left(\frac{r_2}{r_1}\right)} . \tag{179}$$

Die Kapazität je cm Länge in Farad ist:

$$C = \frac{0{,}555 \cdot \varepsilon}{10^{12} \cdot \ln\left(\frac{r_2}{r_1}\right)} \tag{180}$$

Gl. 179 lehrt, daß einerseits der Bolzenradius r_1 ein gewisses Maß nicht unterschreiten darf, damit keine Überbeanspruchung des Isolierstoffes an der Bolzenoberfläche auftritt, daß aber andererseits auch r_1 nicht zu groß sein darf, weil sonst die Isolierstärke $r_2 - r_1$ zu klein wird.

Bei mehreren konzentrischen Isolierschichten nach Abb. 401 errechnet sich die maximale Beanspruchung $\mathfrak{E}_n$ an einer dieser Schichten, welche am kleinsten Radius r_n dieser Schicht auftritt zu:

$$\mathfrak{E}_n = \frac{U}{r_n \cdot \varepsilon_n \left[\frac{\ln\frac{r_2}{r_1}}{\varepsilon_1} + \frac{\ln\frac{r_3}{r_2}}{\varepsilon_2} + \frac{\ln\frac{r_4}{r_3}}{\varepsilon_3}\right]} \tag{181}$$

Bei einem Einzeldraht vom Radius r, der sich im Abstand h von einer leitenden Fläche befindet, tritt die maximale Feldstärke an der Leiteroberfläche auf, und zwar dort, wo sie den geringsten Abstand von der Fläche hat. Sie beträgt:

$$\mathfrak{E}_{\max} = \frac{U}{r \cdot \ln\left(\frac{2\,h}{r}\right)} \tag{182}$$

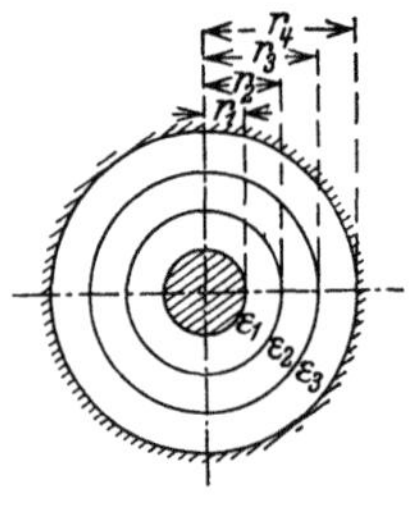

Abb. 401.

2. Dielektrische Verluste.

Bei wechselnder Elektrisierung eines Dielektrikums treten in demselben Verluste auf, die eine Erwärmung zur Folge haben. Dieser dielektrische Verlust hängt von der Art des Isolierstoffes ab; er ist ferner dem Quadrate der Feldstärke proportional. Um die Isolierstoffe gegeneinander vergleichen zu können, spricht man von einem spezifischen Verlust, dem Verlust in Watt je cm³ bei einer Feldstärke von 1 kV/cm (eff.). Derselbe beträgt bei Porzellan (20° C, $f = 50$ Hz) etwa $3{,}2 \cdot 10^{-6}$ W/cm³ und bei Glas etwa $11 \cdot 10^{-6}$ W/cm³. Der spezifische Verlust ist bei niederen Temperaturen ziemlich konstant, steigt aber bei Überschreitung einer gewissen Temperatur (etwa 40° C) nach einer Exponentiallinie sehr steil an. An Stelle des spezifischen Verlustes kann man auch mit dem Verlustwinkel (siehe S. 41) rechnen, den man sich unter Annahme eines bestimmten Kondensators, welcher das fragliche Dielektrikum enthält, aus dem spezifischen Verlust errechnen kann.

3. Der elektrische Durchschlag.

a) Bei Gasen. Ein elektrischer Strom ist nur bei Vorhandensein von Ionen oder Elektronen möglich. Metallische Leiter enthalten im Gegensatz zu den Isolierstoffen freie Elektronen, welche bei Anlegung einer elektrischen Spannung in Bewegung gesetzt werden und den elektrischen Strom bilden. Die Wanderungsgeschwindigkeit dieser Elektronen ist in Anbetracht der sehr großen Zahl sehr klein und hat mit der Fortpflanzungsgeschwindigkeit elektrischer Vorgänge ($c = 300\,000$ km/s) nichts zu tun.

Elektrolyte (Flüssigkeiten) enthalten Ionen (siehe S. 11). Die positiven wandern bei Anlegung einer Spannung zur Kathode, die negativen zur Anode. Während bei der metallischen Leitung nur in einer Richtung (unipolar) eine Strömung stattfindet, tritt im Elektrolyten eine Strömung in zwei entgegengesetzten Richtungen auf (bipolar), wobei ferner an den Elektroden eine Stoffabscheidung eintritt. Sowohl bei der metallischen als auch bei der elektrolytischen Leitung ist der Strom der angelegten Spannung proportional. Es gilt also das Ohmsche Gesetz.

Legt man eine Spannung an die beiden Elektroden der Abb. 402, zwischen denen sich ein Gas befindet, so fließt kein Strom, weil Gase gewöhnlich keine freien Ladungen haben. Läßt man jedoch das Gas durch eine Lichtquelle L mit ultraviolettem oder Röntgenlicht bestrahlen, so wird eine Anzahl der Gasatome ionisiert, d. h. es wird von dem einen oder anderen Atom ein Elektron abgesprengt, wodurch der zurückbleibende Atomrest (Gasion) eine positive Ladung bekommt (siehe S. 147). Durch die Belichtung befinden sich also neben neutralen Atomen positive Gasionen und negative Elektronen. Diese Gasionen und die Elektronen werden von den Elektroden angezogen und bilden den elektrischen Strom (bipolar). Zu einer Stoffabscheidung kommt es an den Elektroden nicht, weil sich das Gasion an der Elektrode wieder in ein neutrales Atom zurückverwandelt. Solange genügend Gasionen und Elektronen vorhanden sind, wird bei zunehmender Spannung U der Strom I proportional anwachsen, wie dies Abb. 403 zeigt. Sobald jedoch alle vorhanden Ladungsträger an der Stromleitung teilnehmen, kann durch eine weitere Steigerung der Spannung keine Vergrößerung der Stromstärke mehr eintreten (Sättigungsstrom I_s). Nur durch eine stärkere Belichtung könnte die Zahl der Gasionen und Elektronen erhöht und damit auch der Sättigungsstrom vergrößert werden. Die Wanderungsgeschwindigkeit ist auch hier gering. Sie beträgt in trockner Luft für die positiven Gasionen etwa 1,36 cm/s bei einer Feldstärke von 1 V/cm und für die negativen Ladungen, die sich zum Teil aus Elektronen und zum Teil aus Atomen, denen sich ein Elektron angelagert hat, zusammensetzen, etwa 1,87 cm/s bei 1 V/cm. Vergrößert man den Abstand der beiden Platten, so daß ein größeres Luftvolumen bestrahlt wird, so steigt der Strom, wenn die Spannung so hoch war, daß der Sättigungsstrom vorher erreicht war. Es hat dies seinen Grund darin, daß durch die Volumenvergrößerung mehr Ladungen durch Bestrahlung erzeugt werden. (Das Ohmsche Gesetz gilt also nicht.)

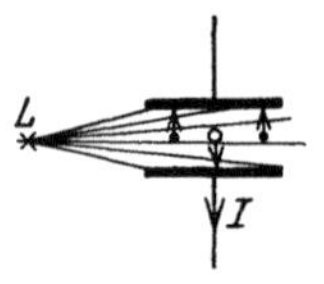

Abb. 402. Ionisierung einer Gasstrecke durch Bestrahlung.

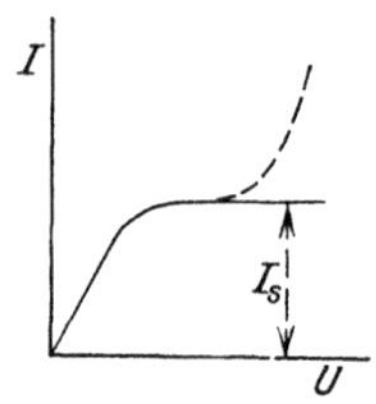

Abb. 403.

Die betrachtete Strömung wird als unselbständige Strömung bezeichnet, weil zu ihrer Erzeugung eine fremde Ionenquelle nötig ist. Es kommen jedoch auch selbständige Strömungen vor, insbesondere wenn man die Spannung genügend hoch steigert. Befindet sich zwischen den Elektroden der Abb. 402 kein einziges Elektron oder Ion, dann ist kein Strom möglich. Die angelegte Spannung versucht zwar, die neutralen Gasatome, die aus positiven Kernen und negativen Elektronen bestehen, zu zerreißen, sowie Elektronen aus den Elektroden herauszureißen. Aber hierzu sind Feldstärken nötig, die Millionen V/cm betragen. Auf diese Weise ist also bis jetzt eine

Strömung nicht möglich. Die uns umgebende Luft ist aber niemals ganz frei von Ionen. Sie enthält durchschnittlich etwa 2000 Ionen/cm³. Dies ist im Vergleich zu der Zahl der Luftmoleküle je cm³ ($N = 2{,}77 \cdot 10^{19}$, bei 0° C, 760 mm Hg, Loschmidtsche Zahl) zwar sehr wenig, genügt jedoch zur Einleitung einer Strömung. Bei geringen Spannungen werden die wenigen Ladungsträger einfach zu den Elektroden gezogen, wodurch ein kaum merklicher Strom entsteht. Bei Erreichung einer bestimmten Spannungsgrenze U_0 (Abb. 404) werden jedoch die wenigen vorhanden Ionen und Elektronen durch die Feldstärke eine derartige Geschwindigkeit erlangen, daß sie beim Zusammenstoß mit neutralen Gasatomen, von diesen ein Elektron absprengen, und damit neue Ionen bilden. Durch diese Stoßionisation vergrößert sich bei Steigerung der Spannung die Zahl der Ladungsträger derart lawinenartig, daß sehr bald der Funken- oder Lichtbogenüberschlag eintritt. Der Einsatz des Stromes ist nicht scharf, weil die Geschwindigkeit der Gasatome bei einer bestimmten Temperatur nicht einheitlich ist. Es leuchtet ferner ein, daß bis zum Überschlag eine gewisse Zeit verstreichen muß, die allerdings gewöhnlich nur Bruchteile einer Sekunde betragen wird.

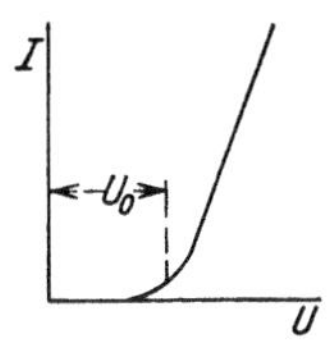

Abb. 404.

Der Beginn der Stoßionisation hängt nicht nur von der Spannung, sondern auch von der Art des Gases, vom Gasdruck und seiner Temperatur ab. Ein Elektron wird durch die Feldstärke beschleunigt bewegt, wobei ihm durchschnittlich eine bestimmte, durch den Molekülabstand bedingte freie Weglänge zur Verfügung steht. Diese freie Weglänge der Elektronen ist vielmals größer als diejenige, welche zwischen den Zusammenstößen zweier Moleküle liegt, weil die Elektronen viel kleiner sind. Daher wirken zuerst nur die Elektronen ionisierend. Die zur Ionisierung notwendige Voltgeschwindigkeit eines Elektrons beträgt bei Quecksilberdampf etwa 10 V, bei Stickstoff etwa 17 V und bei Sauerstoff etwa 12 bis 16 V. Durch Verdünnung des Gases wird die freie Weglänge vergrößert, durch Verdichtung verkleinert. Die Durchschlagsfestigkeit verdünnter Gase ist daher gering, die von komprimierten Gasen dagegen groß. Eine Steigerung der Temperatur ist nichts anderes als eine Erhöhung der Molekulargeschwindigkeit, wodurch die Wahrscheinlichkeit einer Ionisation durch Stoß wächst. Heiße Gase sind daher meist ionisiert und daher leitend.

Bei der Stoßionisation leuchten die Gase, weil bei dem Stoß, sowie bei der häufigen Wiedervereinigung von Elektronen und Gasionen Umlagerungen der Atomelektronen auftreten, die mit einer Lichtemission verbunden sind.

Bei der unselbständigen Strömung nach Abb. 403 tritt bei Erreichung der Ionisierungsspannung natürlich ebenfalls Stoßionisation ein. Die Stromlinie nimmt daher den gestrichelt gezeichneten Verlauf.

Entladungsformen. Die Höhe der Überschlagsspannung hängt sehr von der Form der Elektroden ab, weil die maximale Feldstärke für den Beginn der Stoßionisation bestimmend ist. Spitzenelektroden werden daher schon bei verhältnismäßig geringer Spannung Entladungsvorgänge zeigen. Zwischen Kugelelektroden läßt sich der Überschlag rechnerisch am leichtesten verfolgen, daher werden im Laboratorium Kugelfunkenstrecken zur Messung hoher Spannungen verwendet.

Bei der Steigerung der Spannung, z. B. zwischen Spitzenelektroden, tritt zuerst an den Stellen der größten Feldstärke, den Spitzen, ein schwaches Glimmen ein, welches bei weiter erhöhter Spannung in Lichtbüschel übergeht. Dann folgt die Funkenentladung, die sich bei knatterndem Geräusch in einer bläulichen Zackenlinie darbietet und meist in einen gelb-rötlichen Lichtbogen übergeht.

An den Belegrändern von Kondensatoren (Abb. 399) gibt es immer Feldlinien, welche zuerst ein kleines Stückchen durch die Luft gehen, ehe sie in den Isolierstoff eintreten. Hier ist also eine Reihenschaltung von Luft und Isolierstoff vorhanden, die zu der bekannten Überbeanspruchung der Luft führen kann. Daher zeigen sich bei hoher Spannung zuerst an den Rändern Glimmerscheinungen, die die Luft leitend machen und damit gewissermaßen den Beleg vergrößern. Bei Steigerung der Spannung entstehen daher über die Oberfläche des Isolierstoffes hinweg Streifenentladungen und schließlich Gleitfunken, deren Länge vielmals größer sein kann als normale Funken in Luft.

b) Der Durchschlag in festen und flüssigen Stoffen. Die Vorgänge beim Durchschlag solcher Stoffe sind viel weniger genau bekannt. Eine große Rolle spielen dabei jedenfalls die Temperaturen und damit die dielektrischen Verluste. Dieselben wachsen bei wechselnder Elektrisierung nach Abb. 405, Linie A mit zunehmender Temperatur ϑ des Isolierstoffes sehr stark an. Die Verlustgröße, welche der Isolierstoff in Form von Wärme durch Strahlung oder Leitung abgeben kann, ist der Temperatur proportional und durch Linie B dargestellt. Es wird sich daher entweder die Temperatur ϑ_1 oder ϑ_2 einstellen, entsprechend dem Schnittpunkt P_1 bzw. P_2 beider Linien. Von diesen beiden Arbeitspunkten ist nur P_1 stabil, weil nur bei ihm bei einer kleinen Temperaturänderung das Bestreben zur Rückänderung besteht. Die Neigung der Linie B ist durch die Kühlung bestimmt. Mangelnde Kühlung würde die Steigung verringern. Bei einer Spannungsänderung würde sich die Linie A im quadratischen Verhältnis mit der Spannung verschieben. Hierbei kann Linie B die Kurve A' tangieren, und bei einer weiteren Steigerung der Spannung (Linie A'') würde überhaupt kein Arbeitspunkt

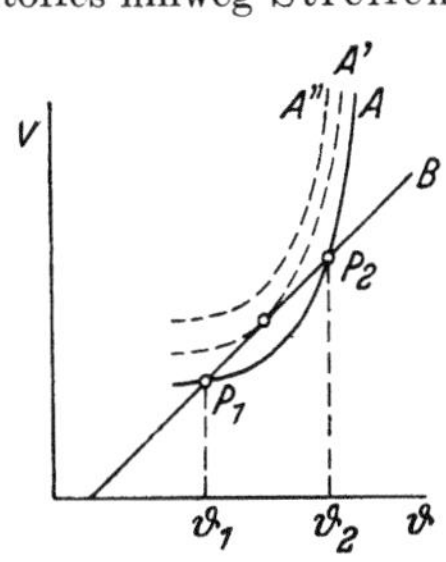

Abb. 405. Abhängigkeit dielektrischer Verluste von der Temperatur.

mehr vorhanden sein. Bei einer der Linie A' entsprechenden Spannung hört also der Isolierstoff auf, stabil zu sein, es tritt das Wärmekippen ein, welches schnell zum Durchschlag führt. Hiermit mag es auch zusammenhängen, daß dünne Isolierschichten im allgemeinen eine höhere Durchschlagsspannung aufweisen. Es ist jedoch nicht gesagt, daß das Wärmekippen die einzige Erklärung für den Durchschlag ist, vielmehr kann auch eine Ionisation, ähnlich derjenigen der Gase die Ursache sein. Immerhin erkennt man, daß es nicht gleichgültig ist, wie lange man einen Isolierstoff beansprucht. Eine ganz kurzzeitige Beanspruchung mit einer der Linie A'' entsprechenden Spannung braucht noch nicht gefährlich zu sein, während bei längerer Einschaltung sicher ein Durchschlag eintreten würde. Prüfspannungen dürfen daher niemals größer und länger angewandt werden, als es die Vorschriften verlangen .

Als flüssige Isolierstoffe kommen fast nur die Transformatorenöle vor. Ihre Durchschlagsfestigkeit sinkt in hohem Maße mit zunehmendem Wassergehalt, während eine Druckerhöhung die Durchschlagsfestigkeit stark heraufsetzt. Weiterhin setzen Verunreinigungen, wie Fasern, die zwischen den spannungführenden Teilen Wirbelungen oder gar Brücken bilden, die elektrische Festigkeit herab. Da die Durchschlagsfestigkeit des Öles sehr viel größer als die der Luft ist, können die Leiterabstände in Öl wesentlich geringer gewählt werden, ebenso können auch Isolatoren (Durchführungen) im Öl wesentlich kürzer als in Luft gemacht werden.

B. Vorgänge auf Leitungen.

1. Einschaltvorgänge.

Alle elektrischen Vorgänge haben eine endliche Zeitdauer. Im Augenblick des Schalterschlusses in Abb. 406 kommt zwar der Leitungsanfang unter Spannung, am Ende wird aber erst einen Augenblick später die Spannung eintreffen, weil sie zuvor die Kapazität, welche die Leitungen gegeneinander haben, aufladen muß. Der hierzu erforderliche Ladestrom ruft außerdem um die Leitungen herum ein magnetisches Feld hervor, welches zu seiner Bildung ebenfalls Zeit benötigt. Einen kurzen Augenblick nach dem Einschalten wird nach Abb. 406 und 407 die Leitung auf eine Länge x unter Spannung stehen, und auf der gleichen Länge fließt ein Ladestrom I. Sobald das Leitungsende erreicht ist, kann der Strom nicht weiter fließen. Die übrigen Leitungsteile „wissen" aber noch gar nicht, daß die Leitung offen ist, und so fließt unter dem Einfluß der scheinbaren Trägheit der Induktivität am Leitungsanfang immer weiter der gleiche Ladestrom in die Leitung. Die damit am Ende frei werdende magnetische Feldenergie muß in eine andere Form übergehen, und dies kann nur die elektrische Energieform sein. Die in die Leitung hineingelaufene Wanderwelle wird daher am Ende reflektiert, wobei sich ihre Spannung auf den doppelten Wert $2\,U$ erhöht. Abb. 407/2 zeigt, wie die Reflexionswelle der Spannung und des Stromes nun zum Anfang zurückläuft, um gewissermaßen dort zu melden, daß das Leitungsende offen ist. Wenn die Spannung $2\,U$ an den Leitungsanfang kommt, trifft sie dort mit der Netzspannung U zusammen, wobei sich die Leitung unter Abgabe eines Stromes I auf die Spannung U entlädt. Abb. 407/3 zeigt diesen Entladevorgang, der sich bei Erreichung des Leitungsendes noch fortsetzt, so daß sich in Abb. 407/4 sowohl das magnetische wie auch das elektrische Feld wieder ganz von der Leitung zurückzieht. Infolge des Ohmschen Widerstandes, der hier vernachlässigt wurde, wird sich die Leitung nicht ganz entladen, sondern nach und nach unter die konstante Spannung U kommen. Mechanisch kann man den Vorgang vergleichen mit einem am Ende geschlossenen, vollkommen elastischen Gummischlauch, in den man am Anfang mit einem konstanten Druck plötzlich Wasser einströmen läßt. Die Wasserwelle eilt zum Ende, wobei sie dem Wasserdruck entsprechend den Schlauch auf eine gewisse Weite aufbläht. Am Ende angekommen, kann das Wasser nicht weiter, während am Anfang doch immer neues Wasser zufließt. Es tritt daher eine Stauung am Ende auf, welche den Schlauch auf die doppelte Weite aufbläht, und welche nun zum Anfang zurückläuft usw.

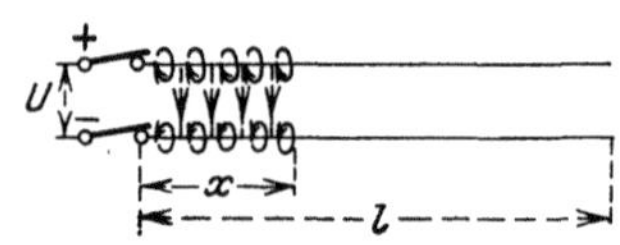

Abb. 406. Einschaltvorgang.

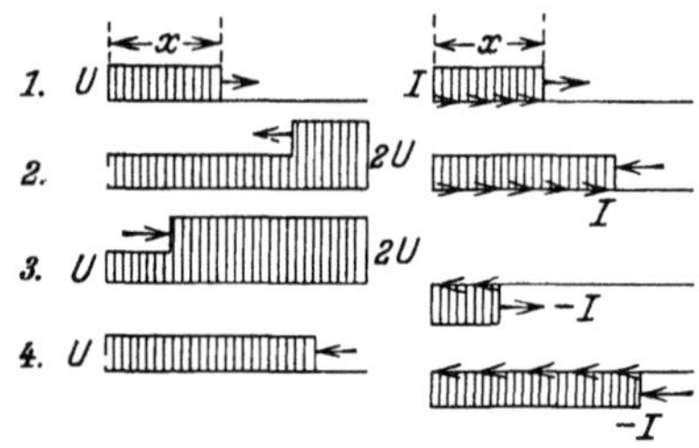

Abb. 407. Einschaltvorgang bei einer offenen Leitung.

Der betrachtete Vorgang ist ein aus vier Phasen bestehender Schwingungsvorgang, bei welchem sich ständig die magnetische Eenergie des Ladestromes in elektrische Ladeenergie verwandelt und umgekehrt. Nennen wir die Kapazität der Längeneinheit (meist für 1 km) C und deren Induktivität L, so muß $L \cdot I_2 : 2 = C \cdot U^2 : 2$ sein, woraus sich der Ladestrom I ergibt zu:

$$I = \frac{U}{\sqrt{\frac{L}{C}}} = \frac{U}{Z}. \tag{183}$$

Der Wellenwiderstand

$$Z = \sqrt{\frac{L}{C}} \tag{184}$$

hängt von der Leitungsart ab. Er ist bei Freileitungen wegen deren großer Induktivität groß, nämlich 500 bis 800 Ω, bei Kabeln wegen der hohen Kapazität jedoch gering, nämlich etwa 30 bis 100 Ω.

Bezeichnen wir die Zeit, die zum einmaligen Durchlaufen der Leitung von der Länge l nötig ist, mit t, so wird nach der Zeit $2 \cdot t$, also nach Durchlaufen der Phasen 1 und 2 in Abb. 407 die ganze Leitung unter der Spannung $2\,U$ stehen, während sie völlig stromlos ist. Die Leitung besitzt in diesem Augenblick also nur elektrische Energie, und zwar $l \cdot C \cdot (2 \cdot U)^2 : 2$. Diese Energie muß gleich der während der Zeit $2 \cdot t$ in die Leitung hineingeflossenen elektrischen Arbeit $U \cdot I \cdot 2 \cdot t$ sein, woraus sich ergibt:

$$t = l \cdot \sqrt{C \cdot L}\,. \tag{185}$$

Da die Geschwindigkeit v bekanntlich gleich $l : t$ ist, ergibt sich dieselbe zu:

$$v = \frac{1}{\sqrt{C \cdot L}}\,. \tag{186}$$

Setzt man in diese Gleichung die Leitungskonstanten der Freileitungen ein, so erhält man fast genau die Lichtgeschwindigkeit (300000 km/s), während man bei Kabeln nur ein Drittel bis zur Hälfte dieses Wertes errechnet.

Bei einer am Ende durch einen Widerstand R belasteten Leiter wird ein Strom durch diesen Widerstand fließen, sobald die Spannung U den Widerstand erreicht hat. Ist dieser Strom $U : R$ gleich dem Ladestrom I der Gl. 183, so wird eine Reflexion am Leitungsende nicht eintreten können. Die Leitung verbleibt dann also dauernd in dem Zustand, den sie am Ende der Abb. 407/1 erreicht hat.

Eine am Ende kurzgeschlossene Leitung verhält sich zunächst genau wie eine offene. Sobald aber die Spannung das Leitungsende erreicht hat, fällt sie infolge des Kurzschlusses auf Null ab, und die elektrische Energie setzt sich in magnetische um, wobei der Strom auf den Wert $2 \cdot I$ steigt (Abb. 408/2). Die zum Anfang zurücklaufende Welle ruft hier einen neuen Stromanstieg auf $3 \cdot I$ hervor, der am Leitungsende auf $4 \cdot I$ reflektiert wird usf. Der Strom steigt also bei jedem Lauf um I, bis schließlich der durch den Leitungswiderstand bedingte Kurzschlußstrom erreicht ist.

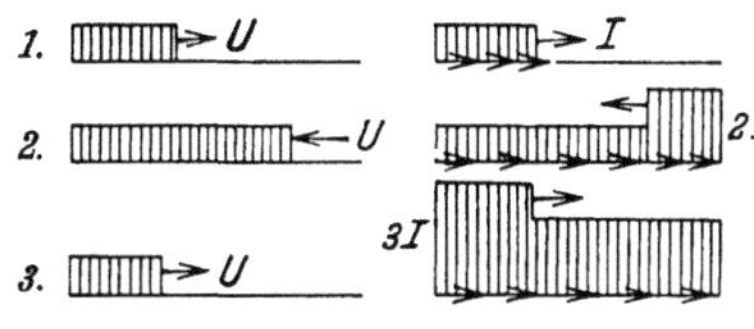

Abb. 408. Einschaltvorgang einer am Ende kurzgeschlossenen Leitung.

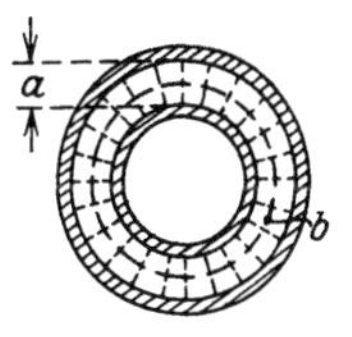

Abb. 409. Gleichachsige Doppelleitung.

Die bisher betrachteten Wanderwellen sind sog. Sprungwellen, weil sie eine schroffe Stirn zeigen, durch welche sie für Transformatoren und Maschinen gefährlich werden können. Glücklicherweise schleift sich die Stirn einer solchen Welle schnell infolge der Leitungswiderstände ab.

Das Wesen der elektrischen Energieübertragung begreift man am leichtesten, wenn man sich nach Abb. 409 eine konzentrische Doppelleitung denkt. Durch den inneren Zylinder fließe der Strom hin, durch den äußeren komme er zurück. Das magnetische und das elektrische Feld beschränken sich in diesem Falle fast nur auf den schmalen Raum zwischen den Leitern, weil sich im Außen- und Innenraum die Felder der beiden Leiter gegenseitig aufheben. Die elektrische Feldstärke ist $\mathfrak{E} = U : a$, die magnetische Feldstärke, da es sich um eine einzige Windung handelt, $\mathfrak{H} = 4\pi \cdot I : 10 \cdot b$ (siehe Gl. 27), worin b der mittlere Weg (Kreisumfang) der magnetischen Feldlinien ist. Wenn bei einer Spannung U während der Zeit t ein Strom I übertragen wird, ist die übertragene Arbeit $A = U \cdot I \cdot t$. Unter Einsatz der beiden vorstehenden Beziehungen erhält man hieraus

$$A = \frac{10}{4 \cdot \pi} \cdot \mathfrak{E} \cdot \mathfrak{H} \cdot a \cdot b \cdot t\,. \tag{187}$$

Die übertragene Arbeit ist also durch die Feldenergie bestimmt, welche in der Zeit t durch einen Querschnitt des Zwischenraumes zwischen den Leitern strömt. Der Energiestrom je cm^2 dieses Querschnittes ist demnach je Sekunde

$$S = \frac{10}{4 \cdot \pi} \cdot \mathfrak{E} \cdot \mathfrak{H} \tag{188}$$

(Poyntingscher Satz). Man erkennt hieraus, daß es die Felder sind, welche die elektrische Energie übertragen, daß also die Energie durch das die Leiter umgebende Dielektrikum fließt, während der Leiter gewissermaßen nur die Führungsschiene ist.

2. Reflexionen bei Änderung des Wellenwiderstandes.

Eine Wanderwelle erleidet nicht nur am Leitungsende, sondern bei jeder Änderung des Wellenwiderstandes eine Reflexion. Wenn dieselbe (Abb. 410) von einem Kabel mit dem kleinen Wellenwiderstand Z_1 auf eine Freileitung mit dem großen Widerstand Z_2 übertritt, muß sich der Strom von I_1 auf den Wert I_2 verkleinern, wodurch sich die Spannung von U_1 auf U_2 erhöhen muß. Es ist $I_1 = U_1 : Z_1$, $I_2 = U_2 : Z_2$, ferner muß $L_1 \cdot (I_1 - I_2)^2 : 2 = C_1 \cdot (U_2 - U_1)^2 : 2$ sein. Aus diesen Beziehungen ergibt sich:

$$U_2 = 2 \cdot U \cdot \frac{Z_2}{Z_1 + Z_2}. \tag{189}$$

Die Spannung U_2 ist demnach um so größer, je größer der Wellenwiderstand der Leitung ist, auf welche die Welle aufläuft. Bei unendlich großem Widerstand Z_2 (offene Leitung) erreicht sie den Wert $2 \cdot E_1$.

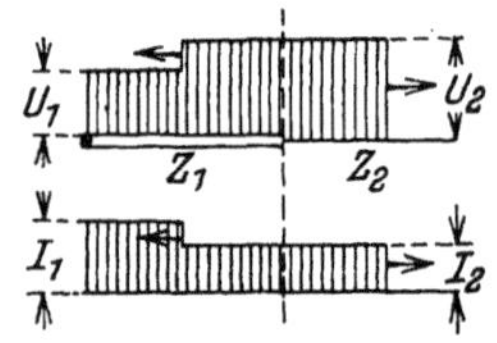

Abb. 410. Reflexion bei Änderung des Wellenwiderstandes.

Bei umgekehrter Laufrichtung verkleinert sich die Spannung. Es werden daher zuweilen den Wicklungen von Transformatoren oder Generatoren Kabelstücke vorgeschaltet, um mit ihnen die Höhe der Spannung etwaiger Wanderwellen herabzusetzen.

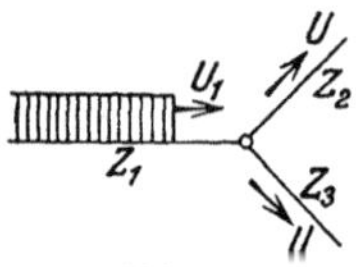

Abb. 411.

Bei einer Verzweigung nach Abb. 411 muß die Spannung der Zweige wegen der Parallelschaltung übereinstimmen. Die Berechnung der gemeinsamen Spannung erfolgt ebenfalls nach Gl. 189, wobei man jedoch die Widerstände der parallelen Zweige Z_2 und Z_3 durch einen Ersatzwiderstand (Gl. 7) ersetzen muß.

3. Der Schutz gegen Wanderwellen.

Wanderwellen bieten eine Gefahr durch die Höhe ihrer Spannung und durch die Steilheit der Stirn. Die letztere ist meit am wichtigsten. Wenn eine Sprungwelle nach Abb. 412 auf eine Wicklung trifft, wird die erste Windung bereits unter der vollen Wellenspannung stehen, während die benachbarte Windung noch ohne Spannung ist. Diese große Spannungsdifferenz kann die schwache Windungsisolation gefährden. Obwohl die Gefahr eines Durchschlages wohl dadurch gemildert wird, daß zur Ionisierung der Durchschlagsstrecke eine

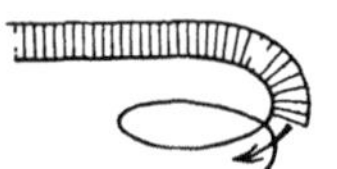
Abb. 412. Wanderwelle beim Auftreffen auf eine Wicklung.

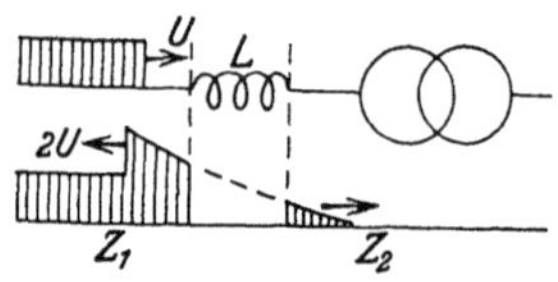

Abb. 413. Schutzwirkung einer Drosselspule.

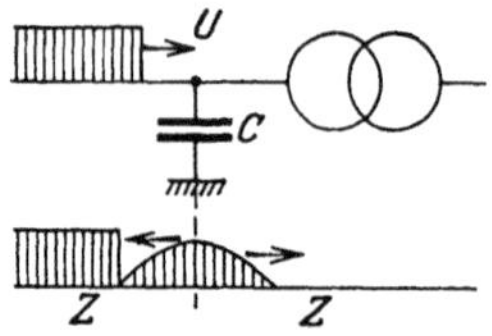

Abb. 414. Schutzwirkung eines Kondensators.

geringe Zeit nötig ist, sind doch Schutzmaßnahmen erforderlich. Als solche kommen in Frage:

a) Verstärkung der Isolation der Eingangswindungen, damit dieselben dem Spannungssprung gewachsen sind. Die tiefer liegenden Windungen brauchen keinen Schutz, weil die Wellenstirn bis dahin bereits abgeschliffen ist.

b) Schalter mit Schutzwiderständen. Der Ölschalter für Transformatoren oder lange Leitungen kann mit einem Vorkontakt versehen werden, auf dem zunächst über einen Schutzwiderstand eingeschaltet wird, der die Spannungswelle herabsetzt.

c) Vorschaltung einer Drosselspule (Abb. 413). Die Induktivität der Spule stellt für die schroffe Wellenstirn einen unendlich großen Widerstand dar. Sie wird daher zunächst mit doppeltem Spannungswert reflektiert, dringt dann aber langsam mit stark verflachter Stirn hindurch. Die Steilheit der hindurchtretenden Welle ist um so geringer, je größer die Induktivität der Spule und je geringer der Wellenwiderstand Z ist.

d) Parallelschaltung eines Kondensators (Abb. 414). Der Kondensator nimmt die Wellenenergie auf und lädt sich allmählich auf, wodurch die Wellenstirn verflacht wird. Die vorübergehende Wellenstirn ist um so flacher, je größer die Kapazität C und je größer der Wellenwiderstand Z ist. Voraussetzung für eine gute Wirkung ist, daß der Kondensator nahe an der zu schützenden Leitung angeordnet wird.

Weiterhin kann zur Verminderung der Gefahren noch gesagt werden, daß man in Hochspannungsnetzen jedes unnötige Schalten vermeiden wird. Hieraus ist aber nicht zu folgern, daß allein durch das Schalten Wanderwellen erzeugt werden. Viel gefährlichere Wanderwellen werden durch atmosphärische Einwirkungen (Blitze), durch Erdschlüsse u. dgl. verursacht.

4. Die Leitung unter Wechselspannung.

Bei den betrachteten Einschaltvorgängen war Gleichspannung vorausgesetzt. Bei einer Wechselspannung tritt keine grundsätzliche Änderung ein, weil die Einschaltschwingungen im Vergleich zu dem Wechsel des technischen Wechselstromes sehr schnell verlaufen. Am leichtesten lassen sich die Vorgänge überblicken, wenn man sich eine unendlich lange Leitung vorstellt. Angenommen, der Schalter am Leitungsanfang werde gerade in dem Augenblick geschlossen, in dem die Wechselspannung ihr positives Maximum habe. Dann läuft mit der berechneten Geschwindigkeit eine Wanderwelle $+\hat{u}$ in die Leitung, während am Leitungsanfang die Spannung nach der Sinuslinie abnimmt. Nach einer Viertelperiode ist die Spannung Null ($^1/_{200}$ s). Unter Voraussetzung einer Freileitung hat die Wellenstirn $\hat{u}$ nach dieser Zeit einen Weg 300000 : 200 = 1500 km zurückgelegt.

Nach einer vollen Periode ($^1/_{50}$ s) herrscht am Leitungsanfang wieder $+\hat{u}$ und die Wellenstirn ist in diesem Zeitpunkt bereits 6000 km entfernt. Man erkennt hieraus, daß die Spannungen an verschiedenen Leitungspunkten verschieden hoch und in der Phase gegeneinander verschoben sind. Punkte der Leitung, welche um 6000 km auseinander liegen, haben die gleiche Phase.

Die rechnerische Behandlung der Wechselstrom-Fernleitung gestaltet sich am einfachsten, wenn man sich die Induktivität, die Kapazität und den Widerstand der Leitung, welche in Wirklichkeit gleichmäßig verteilt sind, in einzelnen Spulen und Kondensatoren nach Abb. 415 konzentriert denkt. Für ein solches Leitungssystem läßt sich das Vektordiagramm leicht zeichnen, wenn man vom Leitungsende beginnt. Abb. 416 veranschaulicht dieses Diagramm für eine leerlaufende Leitung ($I_2 = 0$). Ausgehend von der Endspannung U_2 ist der Kapazitätsstrom I_c berechnet und unter 90° Voreilung angetragen worden. Durch Anreihung der Spannungsverluste $R \cdot I_c$ und $\omega \cdot L \cdot I_c$ ergibt sich die Spannung U'_2 am vorletzten Kondensator, dessen Strom I_c' hieraus berechnet und unter 90° Voreilung gegen U'_2 zu I_c addiert werden kann usf. Die weitere Konstruktion lehrt, daß sowohl die Spannung U, wie auch der Strom I eine elliptische Spirale durchlaufen, die bei einer Leitungslänge von 6000 km ($f = 50$) gerade einen Umlauf macht. Praktisch interessiert bei der üblichen Frequenz nur das erste Viertel der Spiralen, welches zeigt, daß die Spannung am Leitungsende gegenüber der Anfangsspannung bei der leerlaufenden Leitung erhöht ist, während der Strom nach dem Ende zu abnimmt. In der betrachteten Darstellung ist die Isolation vollkommen angenommen worden. Durch Ohmsche Widerstände, die man sich parallel zu den einzelnen Kondensatoren denkt, kann jedoch die Ableitung leicht berücksichtigt werden.

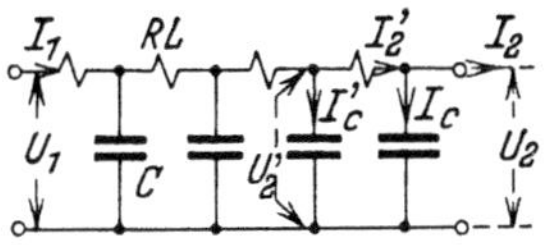

Abb. 415. Ersatzschaltung einer Fernleitung.

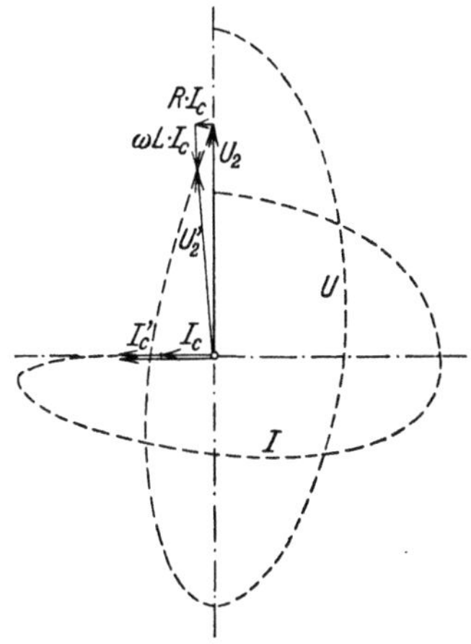

Abb. 416. Leerlaufsdiagramm einer Fernleitung (Spannungs- und Stromspirale für 6000 km bei 50 Hz).

Das Diagramm der belasteten Leitung zeigt Abb. 417. Man erkennt, daß bei der angenommenen, teilweise induktiven Belastung, die Leitung einen Spannungsabfall nach dem Ende zu aufweist.

Die wirtschaftliche Übertragung großer Energiemengen auf große Entfernungen verlangt die Erfüllung von zwei Bedingungen: die Endbelastung muß so geregelt werden, daß $\cos\varphi_2 = 1$ ist und der Widerstand der Belastung muß mit dem Wellenwiderstand der Leitung übereinstimmen, damit keine die Verluste vergrößernde Reflexion am Leitungsende eintritt. Die Ströme und Spannungen bleiben in diesem Falle längs der ganzen Leitung konstant. Wenn dies der Fall sein soll, so darf die Spannung und der Strom an benachbarten Leitungsstücken lediglich in der Phase um $d\varphi$ verschoben sein (Abb. 418). Der Spannungsabfall dieses Leitungsstückchens muß dann senkrecht auf der Spannung stehen, und wir können ihn unter Vernachlässigung des Einflusses des Ohmschen Widerstandes gleich $I \cdot \omega \cdot dL$ setzen. Der Ladestrom dieser Strecke beträgt $dI_c = U \cdot \omega \cdot dC$. Geometrisch ist ferner $I \cdot \omega \cdot dL = U \cdot d\varphi$ und $U \cdot \omega \cdot dC = I \cdot d\varphi$, woraus sich

$$\frac{U}{I} = \sqrt{\frac{L}{C}} \tag{190}$$

ergibt. D. h. damit die Spannung über die ganze Leitungslänge konstant bleibt, muß der Widerstand der Belastung gleich dem Wellenwiderstand sein. Die hierbei am Leitungsende abgenommene Leistung wird die natürliche Leistung der Leitung genannt. Sie ist bei Wechselstrom:

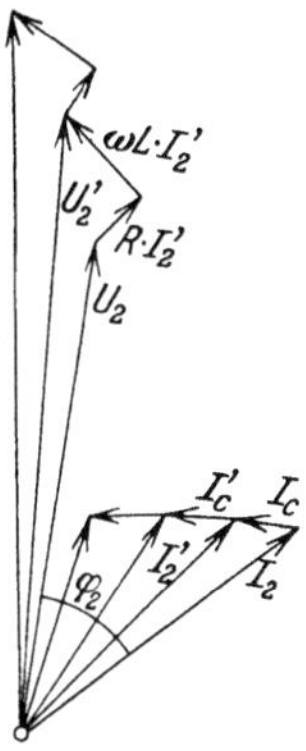

Abb. 417. Diagramm der belasteten Leitung.

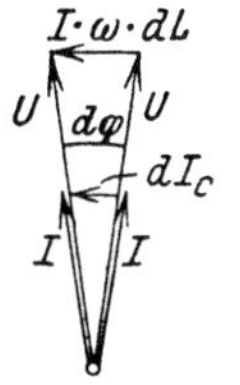

Abb. 418.

$$N = U \cdot I = \frac{U^2}{\sqrt{\frac{L}{C}}}, \tag{191}$$

d. h., daß für die wirtschaftliche Übertragung einer gewissen Leistung eine bestimmte Spannung nötig ist, weil die Wellenwiderstände aller Freileitungen keine starken Verschiedenheiten aufweisen (mit 100 kV könnten etwa 27 MW Drehstromleistung übertragen werden). Bei Kabeln ist die natürliche Leistung wegen des geringen Wellenwiderstandes etwa zehnmal so groß wie bei den Freileitungen.

C. Die Ausführung der Fernleitungen.

Für Fernübertragungen kommen Freileitungen und Kabel in Frage. Freileitungen sind billiger als Kabel, jedoch scheint sich der Preisunterschied immer mehr zu verringern. Kabel zeichnen sich durch hohe Betriebssicherheit aus, insbesondere sind sie durch die Einbettung in den Boden den atmosphärischen Einwirkungen entzogen.

1. Freileitungen.

Da die Stützpunkte einer Freileitung die hauptsächlichsten Gefahrpunkte bilden, ist man bestrebt, die Mastabstände möglichst groß zu machen. Die Vorschriften verlangen andererseits, daß Freileitungen über 1 kV jederzeit mindestens einen Abstand von 6 m, bei Fahrwegen von 7 m vom Boden haben, der auch bei größtem Durchhang im Sommer eingehalten werden muß. Bei Annahme großer Mastabstände läßt sich dieser Bodenabstand nur dann einhalten, wenn man die Maste sehr hoch macht. Der Preis der Anlage steigt jedoch mit der Masthöhe stark an. Andererseits würde durch einen geringen Mastabstand nicht nur die Zahl der Gefahrpunkte erhöht, es würde auch durch die große Zahl der allerdings weniger hohen Masten die Anlagekosten vermehrt. Hieraus geht harvor, daß es eine wirtschaftliche Mastentfernung gibt, die der Konstrukteur ermitteln muß. Durch die Größe des Durchhangs ist die Beanspruchung der Leitung bestimmt. Sie ist um so größer, je geringer der Durchhang ist. Damit die Beanspruchung auch im Winter die festgesetzten Grenzen (Kupferseile 19 kg/mm², Aluminiumseile 8 kg/mm²) nicht übersteigt, darf der Durchhang bei der Verlegung ein bestimmtes Maß nicht unterschreiten, welches gewöhnlich in besonderen Montagetabellen bekanntgegeben wird. Die Mindestabstände der Leitungen voneinander sind in Abhängigkeit von der Spannung vorgeschrieben. Sie sind auch beim Schwingen der Leitungen einzuhalten, sowie dann, wenn eine untere Leitung durch Abwurf von Eislast hochschnellt. Die Verteilung der Leitungen am Mast zeigt Abb. 419.

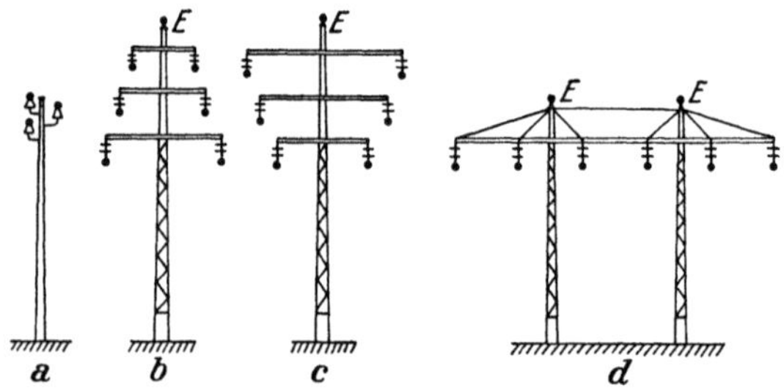

Abb. 419. Mastbilder.

Bei Bild *a* liegen die Leitungen im gleichseitigen Dreieck. Es ist die Form, welche bei einfachen Leitungen für geringere Spannungen angewandt wird. Die übrigen Bilder zeigen Doppelleitungen, und zwar *b* die Tannenbaumform, *c* die umgekehrte Tannenbaumform und *d* den Portalmast. Die Tannenbaumform bereitet im Gegensatz zur umgekehrten Form Schwierigkeiten beim Aufbringen der Leitungen, ihr Mastgewicht wird jedoch etwas geringer. Bei dem Portalmast, der neuerdings viel Anwendung findet, ist die Gefahr des Zusammenschlagens der Leitungen am geringsten. Da die Kapazität und Induktivität der Leitungen infolge ihrer verschiedenen Lage zueinander und zur Erde verschieden ist, wird in größeren Streckenabständen eine Verdrillung (Vertauschung) vorgenommen. Erdseile aus Stahl (*E* in Abb. 419) sollen atmosphärische Einwirkungen, insbesondere Verästelungen von Blitzen von den Stromleitern abhalten, außerdem wird mit ihnen in einfachster Weise eine Erdung der eisernen Maste vorgenommen.

Maste. Holzmaste kommen wegen ihrer geringeren Festigkeit und Lebensdauer im allgemeinen nur für untergeordnete Hochspannungsleitungen geringerer Spannung in Frage. Winkel- und Abspannmaste werden durch Zusammensetzung zweier Maste (*A*-Maste) verstärkt. Durch eine Imprägnierung des Holzes wird die Lebensdauer verdreifacht. Mastfüße aus Beton oder Stahl, welche den Holzmast vom Erdreich trennen, erhöhen weiterhin die Lebensdauer. Betonmaste, insbesondere die Schleuderbetonmaste zeichnen sich bei guter Festigkeit durch gutes Aussehen und große Lebensdauer aus. Ihr Gewicht ist groß. Für wichtige Leitungen ist der Stahlmast, vor allem als Gittermast vorherrschend.

Leitungen. Als Baustoff kommt hauptsächlich Kupfer und Aluminium in Frage. Kupfer hat die höhere Leitfähigkeit, aber auch größeres Gewicht, und es ergeben sich bei gleichen Verlusten gleiche Leitungskosten, wenn der Kupferpreis je kg doppelt so groß wie der Aluminiumpreis ist. Die geringere Festigkeit des Aluminiums verlangt einen größeren Durchhang und damit höhere Maste. Mit Rücksicht auf die Festigkeit muß Aluminium immer und Kupfer bei Spannweiten über 80 m und Querschnitten über 16 mm² als Seil ausgeführt werden. Bei den Stahl-Aluminiumseilen wird die Festigkeit des Aluminiumseiles durch eine Stahlseele erhöht. Für Höchstspannungen (220 kV und mehr) würde die übliche Leitungsberechnung einen Seildurchmesser ergeben, bei dem die elektrische Beanspruchung der Luft an der Seiloberfläche das zulässige Maß übersteigt (siehe S. 155). Es treten dann Glimmerscheinungen und ein Verlust (Coronaverlust) auf, der vermieden werden muß. Aus diesem Grunde wird der Durchmesser unter Beibehaltung des Querschnittes vergrößert, d. h. das Seil wird als Hohlseil ausgeführt. (Die Fernleitung von Köln nach Vorarlberg hat Hohlseile von 42 mm Durchmesser und 400 mm² Kupferquerschnitt). Bei der Verlegung der Seile ist zu beachten, daß die harte Ziehhaut der Leiter nicht beschädigt wird. Die Verbindung der Leiter soll durch Verbinder erfolgen, die, wenn sie unter Leitungszug stehen, mindestens 90% der Seilfestigkeit haben. Am verbreitetsten sind die Nietverbinder und die Kerbverbinder. In beiden Fällen wird über die nebeneinander liegenden Leitungsenden eine Hülse geschoben, durch die bei dem Nietverbinder Niete getrieben werden, während bei dem Kerbverbinder mittels Spezialwerkzeuges Kerbe eingedrückt werden. Leitung und Verbinder werden zweckmäßig aus dem gleichen Baustoff gewählt, damit elektrolytische Wirkungen vermieden werden. Aus dem gleichen Grunde werden auch Lötverbindungen vermieden.

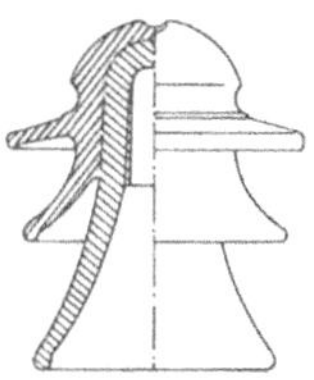
Abb. 420. Stützisolator.

Abb. 421. Durchschlagssicherer Stützisolator.

Isolatoren. Als Baustoff kommt vor allem Porzellan, daneben auch Steatit (Speckstein) in Frage. Die Form der Postisolatoren ist für Hochspannung ungeeignet, weil im Regen die Oberfläche des Porzellans leitend wird, wodurch dann leicht ein Überschlag von dem unteren Rand des engen Mantels zur Leitungsstütze möglich ist. Hochspannungsstützisolatoren erhalten deshalb die Deltaform. Während es früher notwendig war, größere Isolatoren durch Kittung aus einzelnen „Scherben" zusammenzusetzen, gelingt auch jetzt die Herstellung dickwandiger Stücke, ohne daß Fehlstellen oder innere Spannungen auftreten, und unter Erfüllung der Forderung, daß die Durchschlagsspannung des Isolators größer als die Überschlagsspannung sein soll.

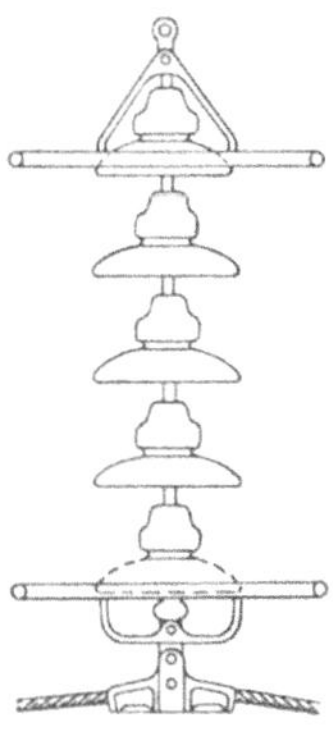
Abb. 422. Hängekette.

Abb. 420 zeigt einen normalen Stützisolator und Abb. 421 einen durchschlagssicheren Stützisolator. Für Spannungen von mehr als 35 kV werden Kettenisolatoren leichter und billiger, auch ist die Betriebssicherheit eine größere. Abb. 422 veranschaulicht eine aus Kappenisolatoren gebildete Hängekette. Es ist zu beachten, daß sich die Spannung durchaus nicht gleichmäßig auf die einzelnen Isolatoren verteilt. Wie Abb. 423 schematisch zeigt, stellt jeder Isolator der Kette einen kleinen Kondensator dar. Außerdem bilden aber auch die Metallteile der Isolatoren gegen den Mast Kapazitäten. Trägt man sich die Ladeströme ein, so erkennt man, daß dieselben bei Annahme einer bestimmten Spannung zwischen Leitung L und Mast nach der Leitung hin zunehmen. Da nun die Kapazitäten der Isolatoren übereinstimmen, muß dem größeren Strom auch eine größere Spannung entsprechen. Die Gesamtspannung verteilt sich also so, daß auf die der Leitung benachbarten Isolatoren ein wesentlich größerer Spannungsteil entfällt. Diese Gefährdung des unteren Isolators läßt sich dadurch vermindern, daß man an dieser Stelle einen Isolator höherer Überschlagsspannung oder größerer Kapazität verwendet. Da dann die Isolatoren ungleich werden, zieht man meist vor, die gefährdeten Isolatoren durch herumgreifende Metallkörbe oder Schutzhörner zu entlasten, die außerdem den weiteren wichtigen Vorteil haben, daß sie bei Eintritt eines Überschlages dem Lichtbogen eine Ansatzstelle bieten und ihn von dem Prozellan abhalten.

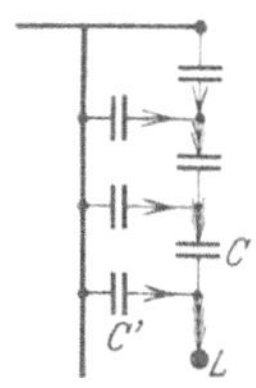

Abb. 423.

Einen durchschlagsicheren Hängeisolator stellt der Vollkernisolator (Motorisolator) nach Abb. 424 dar, der heute viel verwendet wird.

Die Befestigung der Leitung am Isolator erfolgt bei den Stützisolatoren mittels Bindedraht, der aus dem gleichen Stoff wie der Leiter besteht. Bei den Hängeisolatoren (Abb. 422) wird das Seil in einer Tragklemme festgeklemmt.

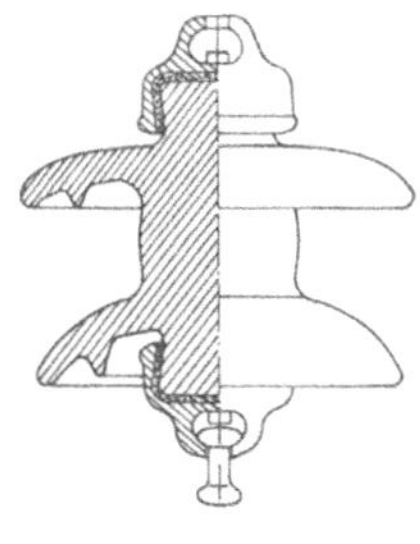
Abb. 424. Vollkernisolator.

2. Kabel.

Erdkabel brauchen einen Feuchtigkeitsschutz, der durch einen umpreßten Bleimantel (Bleikabel) gebildet wird, und ferner einen mechanischen Schutz, den gewöhnlich ein spiralförmig um das Kabel gewundenes Eisenband bietet. Die Isolation der gewöhnlich in einem Kabel vereinigten Leiter (mehradrige Kabel) erfolgt durch eine Umwicklung der Adern mit öldurchtränktem Papier (Papierkabel). Da diese Isolation gegen Feuchtigkeit außerordentlich empfindlich ist, muß nicht nur der Bleimantel absolut dicht sein, sondern es müssen auch die Kabelenden mittels Endverschlüssen, die mit Isoliermasse ausgegossen werden, abgedichtet werden. Verbindungen und Abzweige müssen mittels ausgießbarer Verbindungs- oder Abzweigmuffen hergestellt werden.

Bei den normalen Kabeln ist die elektrische Feldverteilung, wie Abb. 425a zeigt, eine sehr ungleichförmige. Bei höheren Spannungen ist daher die Isolation gefährdet. Eine wesentlich gleichförmigere Feldverteilung weist das Höchstädterkabel (Abb. 425b) auf, bei welchem die Isolation der einzelnen Adern außen metallisiert ist (Stanniolbewicklung). Es wird daher bei höheren Spannungen immer verwandt. An Stelle der Metallisierung kann auch jede Ader ihren besonderen Bleimantel erhalten. Bei sehr hohen Spannungen wird das Kabel wegen der zu großen Dicke unausführbar. Es muß dann zur einadrigen Ausführung übergegangen werden, wobei die Eisenbewehrung entweder ganz fortfällt oder so ausgebildet werden muß, daß der magnetische Wechselkraftfluß, der sich im mehradrigen Kabel infolge der Zusammenfassung der Adern aufhebt, keine gefährliche Erwärmung im Eisen verursachen kann. Ölkabel haben als Leiter ein Hohlseil, wodurch einerseits die elektrische Beanspruchung herabgesetzt und andererseits durch eine Ölfüllung des Leiterhohlraums die Isolation stets gut öldurchtränkt gehalten wird. Neuerdings kommen auch sogenannte Druckkabel zur Verlegung, bei welchen das Kabel, in einem dichten Eisenrohr verlegt, unter hohem Druck gehalten wird. Die Durchschlagsfestigkeit wird dadurch heraufgesetzt.

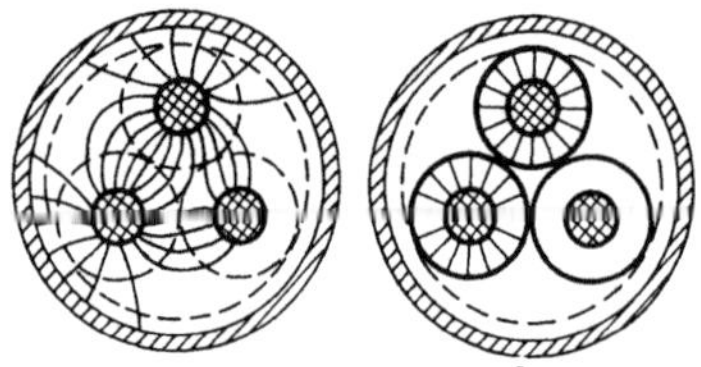

Abb. 425. Feld im normalen und metallisierten Kabel.

D. Der Betrieb der Fernleitungen.

1. Das Betriebsdiagramm.

Zur Beurteilung des Betriebsverhaltens einer Leitung ist es zweckmäßig, den Widerstand und die Induktivität in einem Punkte konzentriert und die Kapazität in zwei Hälften auf Anfang und Ende der Leitung verteilt anzunehmen. Bei kürzeren Leitungen (etwa unter 100 km) kann die Kapazität sogar unberücksichtigt bleiben. Abb. 426 stellt das Ersatzschaltbild einer Fernleitung dar. Ein für den Betrieb geeignetes Diagramm läßt sich hiernach in der gleichen Weise zeichnen, wie es auf S.117 für einen Transformator gezeigt wurde. Abb. 427 zeigt das Diagramm. Der Belastungsstrom I_2 der Leitung ist in seine beiden Komponenten, den Wirkstrom I_w und den Blindstrom I_b zerlegt und die Spannungsabfälle dieser Komponenten sind getrennt aufgetragen, nachdem zuvor die konstanten Spannungsabfälle, die der Kapazitätsstrom I_c in der Leitung verursacht, an die Endspannung U_2 angereiht sind. ΔU stellt die durch die Belastung hervorgerufene Spannungsänderung dar, die genügend genau in dem Horizontalabstand der Punkte A und E abgemessen werden kann. Wie bei den Transformatoren ist es auch hier zweckmäßig, nur den rechten Teil des Diagrammes zu zeichnen und die Linien A—B als Maßstab der Wirkleistung und B—E als Maßstab der Blindleistung auszubilden, damit man für jede Leistungsübertragung unmittelbar aus dem Diagramm die zugehörige Spannungsänderung ablesen kann. Obwohl das Diagramm eigentlich für einen Leitungsstrang zu zeichnen ist, empfiehlt es sich, die Maßstäbe so anzulegen, daß unmittelbar der Unterschied der Leitungsspannungen abgegriffen werden kann. Eine Fernleitung hat am Anfang und am Ende gewöhnlich einen Transformator, die ebenfalls Spannungsänderungen verursachen. Zu einem vollständigen Betriebsdiagramm ist daher die Ersatzschaltung eines Transformators nach Abb. 306 am Anfang und am Ende der Leitung anzufügen und dann das Gesamtdiagramm zu zeichnen, wobei man ebenfalls zuerst alle von der Belastung unabhängigen, also konstanten Spannungsabfälle an U_2 anreiht.

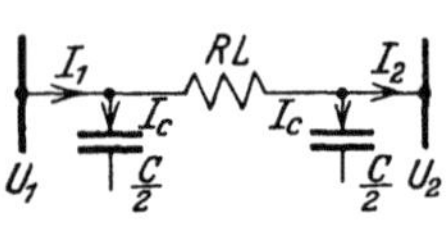

Abb. 426. Ersatzschaltung der Leitung.

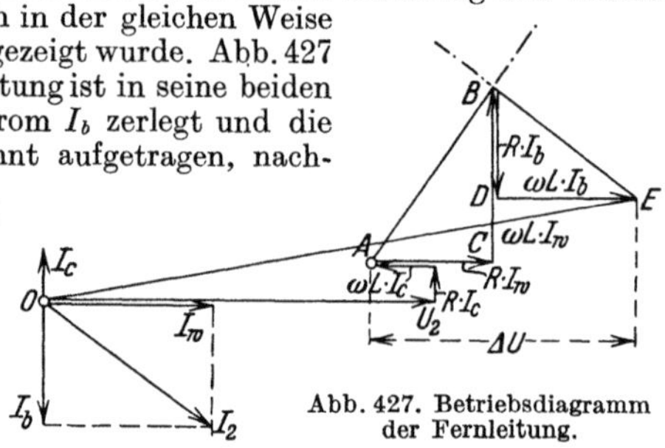

Abb. 427. Betriebsdiagramm der Fernleitung.

Das Diagramm zeigt die bereits bekannte Tatsache, daß bei induktiver Belastung die Spannung am Ende kleiner als die Anfangsspannung ist, daß aber bei einer Entlastung der Leitung die Endspannung U_2 größer als die Anfangsspannung (O—A) ist. Dasselbe tritt in erhöhtem Maße bei stark kapazitiver Belastung der Leitung ein.

2. Die Spannungsregelung.

Mit Rücksicht auf die Verbraucher muß die Spannung am Ende einer Leitung konstant gehalten werden. Es ist daher eine Regelung notwendig, die nicht an den Kraftwerkmaschinen, sondern an der Leitung selbst vorgenommen werden muß, weil die einzelnen, vom Kraftwerk ausgehenden Leitungen ganz verschiedene Belastungen aufweisen können. Die wichtigsten Regelverfahren sind:

a) Die Blindlastregelung. Der in der Leitung fließende Blindstrom ruft ebenso wie der Wirkstrom Spannungsabfälle hervor. Wenn man daher den Blindstrom ändert, muß eine Änderung der Spannung eintreten. Dies zeigt auch das Diagramm Abb. 427 sehr deutlich. Bei der angenommenen Belastung muß die Anfangsspannung $U_1 = OE$ sein. Würde man bei gleicher Wirklast der Leitung am Ende den Blindstrom I_b zuführen, so würde die Leitung selbst frei von Blindstrom sein, und wir brauchten am Anfang nur eine Spannung $U_1 = OB$. Abb. 428 veranschaulicht eine Fernleitung F, an welche am Ende über die Tertiärwicklung eines Transformators eine Blindleistungsmaschine angeschlossen ist. Dieselbe kann eine normale Synchronmaschine oder auch ein asynchroner Generator sein (siehe S. 136). Aus der Abb. 427 erkennt man ferner, daß die Regelung durch Blindlast um so wirksamer sein muß, je mehr die Linie BE in eine horizontale Richtung kommt bzw. AB sich der vertikalen Richtung nähert. Da die Richtungen aber durch das Verhältnis der Induktivität L der Leitung zu ihrem Widerstand R bestimmt sind, ist die Blindlastregelung um so leichter durchzuführen, je größer die Induktivität im Vergleich zum Widerstand ist. Kabel würden daher sehr große Blindleistungsmaschinen zur Regelung nötig haben.

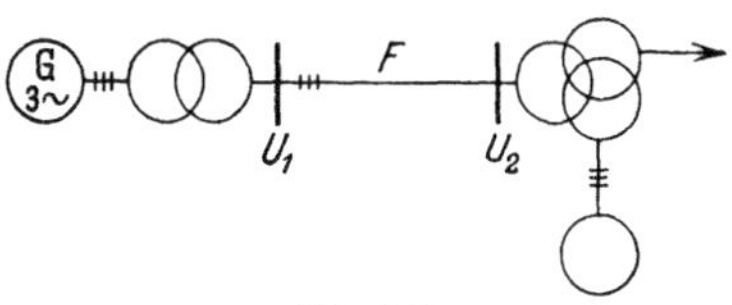

Abb. 428. Fernleitung mit Blindleistungsmaschine.

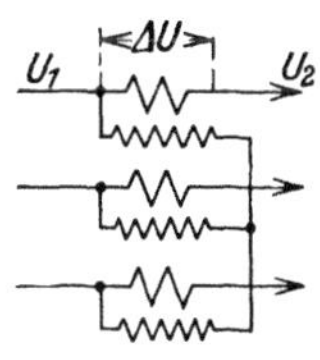

Abb. 429. Zusatztransformator.

b) Die Regelung mit dem Transformator. Derselbe erhält, meist in einem angebauten Ölgefäß, einen Schalter, mit dem man unter Last Windungen zu oder abschalten und damit die Spannung verändern kann. Derartige Regeltransformatoren führen sich immer mehr ein, und zwar bis zu den höchsten Leistungen und Spannungen. Die Transformatoren werden hierbei zweckmäßig in Stern geschaltet, damit die Schalter der drei Stränge als Nullpunktschalter vereinigt werden können.

c) Die Regelung mit Zusatztransformatoren. Man kann mittels eines Zusatztransformators, dessen Primärwicklung nach Abb. 429 an der Netzspannung liegt, eine zusätzliche Spannung ΔU in die Leitung hineintransformieren. Durch Zu- oder Gegenschaltung kann man $U_2 = U_1 + \Delta U$ und $U_2 = U_1 - \Delta U$ erreichen, ferner kann man durch Dreieckschaltung der Primärwicklung weitere Stufen erzielen. In der gleichen Schaltung läßt sich mit einem Drehtransformator (Induktionsregler) eine kontinuierliche Spannungsänderung erreichen. Derselbe stimmt im Bau mit einem Drehstrom-Asynchronmotor überein (siehe S. 143). Der Läufer ruht, und seine Wicklung ist in den Leitungszug eingeschaltet (Abb. 429). Durch Verstellung des Läufers von Hand oder selbsttätig über ein Spannungsrelais kann der Zusatzspannung ΔU eine beliebige Phase erteilt und damit die Spannung von $U_1 + \Delta U$ bis $U_1 - \Delta U$ kontinuierlich geregelt werden (Abb. 430). Die durch den Drehtransformator entstandene Phasenverschiebung $\Delta\varphi$ kann dadurch beseitigt werden, daß man zwei Drehtransformatoren sekundär in Reihe schaltet und die Drehung entgegengesetzt wählt.

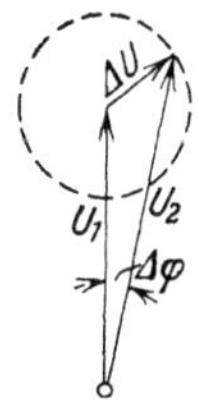

Abb. 430.

3. Der Erdschluß.

Die Kapazität einer Leitung setzt sich aus den Kapazitäten C zwischen den Leitungen (Abb. 431) und den Kapazitäten C_e gegen Erde zusammen, von denen die ersteren in Dreieck, die letzteren in Stern liegen. Der vom Kraftwerk in die Leitung fließende Ladestrom I_0 setzt sich daher nach Abb. 432a aus dem Ladestrom I_3 der Erdkapazitäten und dem Leitungsstrom I_{12} der Leitungskapazitäten zusammen. Es ist $I_3 = U_p \cdot \omega \cdot C_e$ und $I_{12} = \sqrt{3} \cdot U \cdot \omega \cdot C$. Beide Ströme eilen als Ladeströme der Spannung um 90° vor und können daher, da sie demnach in Phase liegen, algebraisch addiert werden. Es ist also $I_0 = I_3 + I_{12}$ oder:

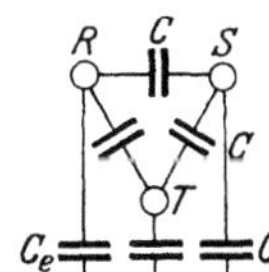

Abb. 431. Leitungskapazitäten.

$$I_o = U_p \cdot \omega \cdot (C_e + 3\,C)\,, \tag{192}$$

worin

$$C_b = C_e + 3\,C \tag{193}$$

die Betriebskapazität genannt wird. Sie stellt die auf einen Strang bezogene Ersatzkapazität dar (U_p = Strangspannung).

88. Beispiel. Bei einem Drehstromkabel $3 \cdot 95\,\text{mm}^2$ für 25 kV wurden je km Länge folgende Kapazitäten gemessen: $C_1 = 0{,}18\,\mu\text{F}$ eine Ader gegen die beiden anderen, die mit dem Bleimantel verbunden sind. $C_3 = 0{,}33\,\mu\text{F}$ die drei miteinander verbundenen Adern gegen den Bleimantel. Wie groß ist die Betriebskapazität und der Ladestrom bei 100 km Länge?

Es ist (Abb. 433) $C_e = C_3 : 3 = 0{,}11\,\mu\text{F/km}$, ferner aus $C_1 = 2\,C + C_e$ ist $C = 0{,}035\,\mu\text{F/km}$. Daher die Betriebskapazität nach Gl. 193 $C_b = 0{,}11 + 3 \cdot 0{,}035 = 0{,}215\,\mu\text{F/km}$. 100 km haben also eine Kapazität von $21{,}5\,\mu\text{F}$, und der Ladestrom dieses Kabels ist $I_0 = 14450 \cdot 314 \cdot 21{,}5 \cdot 10^{-6} = 98$ A. Da dieses Kabel nach den Vorschriften nur mit 200 A dauernd belastet werden darf, ist der berechnete Leerlaufstrom verhältnismäßig sehr hoch. Man muß jedoch bedenken, daß bei der meist induktiven Belastung eine teilweise Aufhebung der vor- und nacheilenden Blindströme eintritt.

Ein Erdschluß stellt eine Verbindung einer Leitungsader mit Erde dar, die wir widerstandslos annehmen wollen. Wenn in Abb. 432a der Strang S Erdschluß bekommt, ist die mittlere Kapazität C_e überbrückt und die beiden äußeren Kapazitäten C_e liegen nun nicht mehr an der Strangspannung, sondern an der $\sqrt{3}$ mal größeren Leitungsspannung. Unter dem Erdschlußstrom versteht man den über die Erdungsstelle fließenden Strom. Er ist nach Abb. 432a die geometrische Summe der durch die noch verbleibenden Kapazitäten C_e gehenden Ladeströme, also

$$I_e = \sqrt{3} \cdot U \cdot \omega \cdot C_e \,. \tag{194}$$

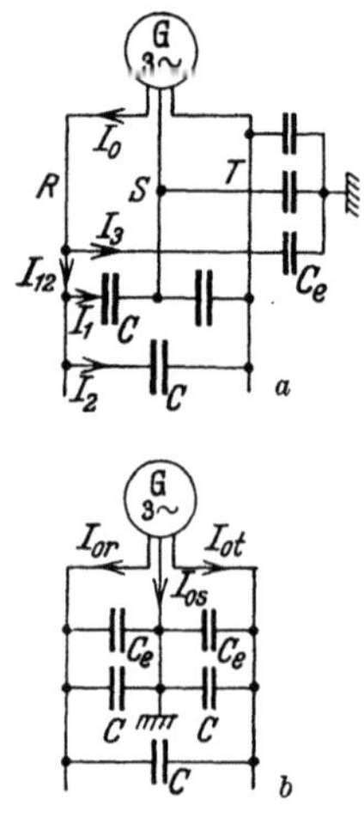

Abb. 432.

Für die überschlägliche Bestimmung des Erdschlußstromes von Freileitungen geben die Leitsätze für Schutzerdungen an: $I_e =$ kV mal km Leitungslänge : 300. Für Kabel ergibt sich ein mehr als 10mal größerer Wert.

Der von dem Generator zu liefernde Ladestrom ist durch den Erdschluß größer geworden, und zwar besonders in dem erdgeschlossenen Strang. Er beträgt nach Abb. 432b im erdgeschlossenen Strang S $I_{0s} = \sqrt{3} \cdot U \cdot \omega \cdot C_e + \sqrt{3} \cdot U \cdot \omega \cdot C$, während er in den beiden anderen Strängen nur $I_{0r} = I_{0t} = U \cdot \omega \cdot C_e + \sqrt{3} \cdot U \cdot \omega \cdot C$ ist.

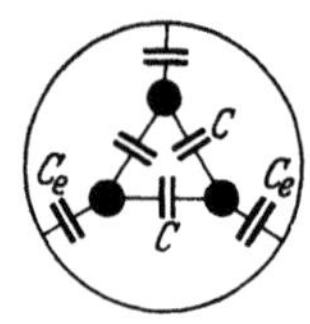

Abb. 433.

Abgesehen von der Vergrößerung des Ladestroms wird der Betrieb durch einen Erdschluß nicht beeinflußt, jedoch kann der Erdschlußstrom, wenn beispielsweise ein zertrümmerter Isolator die Ursache ist, in der Mastumgebung lebensgefährliche Spannungsgefälle verursachen, wenn die Erdung des Mastes nicht vorzüglich ist. Als Erdschlußanzeiger werden in Stern geschaltete Spannungswandler verwendet, deren Nullpunkt geerdet ist und an deren Sekundärwicklung Spannungsmesser liegen. Bei gesundem Netz stimmen die Ausschläge der drei Instrumente überein. Ein Erdschluß macht sich durch einen Spannungsrückgang im erdgeschlossenen Strang bemerkbar.

Der aussetzende Erdschluß. Er bildet die hauptsächlichste Störungsursache der Hochspannungsfreileitungen. Ein durch atmosphärische Einwirkungen oder Wanderwellen verursachter Erdschlußlichtbogen erlischt und zündet in sehr schneller Folge, wobei die Lichtbogenspannung und damit die Lichtbogenlänge immer größer werden, so daß häufig ein Kurzschluß zwischen den Leitungen eintritt. Die Überspannung verdankt ihre Entstehung der Tatsache, daß bei dem plötzlichen Erlöschen des Lichtbogens eine Restladung auf der Leitung verbleibt, die derselben eine konstante Spannung gegen Erde erteilt. Diese ruft zusammen mit der wiederkehrenden Betriebsspannung eine Neuzündung hervor. Dieser Vorgang des Löschens und Zündens wiederholt sich unter Schwingungen in schneller Folge, wobei sich die Restladungen weiter erhöhen und zu einer Überspannung gegen Erde führen können, die etwa das dreifache der normalen Spannung betragen kann. Die Spannung zwischen den Leitungen, die durch das Kraftwerk bestimmt ist, bleibt unverändert. Gefährlicher als die Überspannung sind die Wanderwellen, welche bei jedem Zünden und Erlöschen von der Erdschlußstelle ausgesandt werden. Gegen den aussetzenden Erdschluß hat Petersen ein wirksames Mittel angegeben. Zwischen den Sternpunkt eines Transformators T (Abb. 434) oder Generators und Erde wird eine Löschspule L geschaltet, die bei gesundem Netz stromlos ist. Tritt jedoch ein Lichtbogenerdschluß auf, so fließt einerseits ein Erdschlußstrom I_e, der als kapazitiver Ladestrom der Spannung um 90° voreilt. Durch den Erdschluß liegt die Löschspule andererseits an der Strangspannung U_p und ist von einem Strom $I_0 = U_p : \omega \cdot L$ durchflossen, der etwa um 90° nacheilt und ebenfalls über den Erdschlußlichtbogen fließt. In diesem

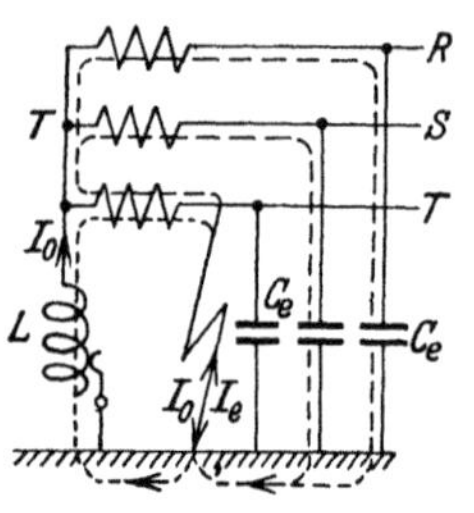

Abb. 434.
Erdschluß-Löschspule.

überlagern sich demnach zwei Wechselströme von entgegengesetzter Richtung, die, wenn sie übereinstimmen, sich aufheben und damit den Lichtbogen zum dauernden Erlöschen bringen. Die Bedingung für die Löschung ist also $I_c = U_p : \omega \cdot L = I_e$, woraus sich $L = U_p : \omega \cdot I_c$ ergibt. Hieraus geht hervor, daß die Löschspule beim Zu- und Abschalten von Leitungsstrecken verändert werden muß, wobei jedoch eine genaue Abstimmung unnötig ist, weil bei kleinen Restströmen der Lichtbogen nicht bestehen kann. Um eine Erdschlußkompensation auf der freien Leitungsstrecke vornehmen zu können, schließt man einen Löschtransformator in Stern an, dessen Sternpunkt geerdet ist. Die Sekundärwicklungen sind in Reihenschaltung auf eine regelbare Spule geschlossen.

In der äußeren Ausführung gleicht eine Löschspule einem Einphasen-Öltransformator. Es ist jedoch nur eine Hochspannungsdurchführung nötig.

4. Der Kurzschluß.

Der Kurzschlußstrom gefährdet die Anlage, weil er zwischen Leitungen, Sammelschienen und Wicklungen mechanische Kräfte hervorruft, welche zu Zerstörungen führen können (siehe 25. Beispiel), und weil er in Leitern und besonders in Spulen von Stromwandlern und Auslösern gefährliche Erwärmungen verursachen kann (siehe 14. Beispiel). Man ist daher bestrebt, die Kurzschlußströme, deren Höhe mit zunehmender Entfernung vom Kraftwerk wegen der dazwischen liegenden Leitungswiderstände abnimmt, zu begrenzen. Eine Herabsetzung des Kurzschlußstromes ist möglich:

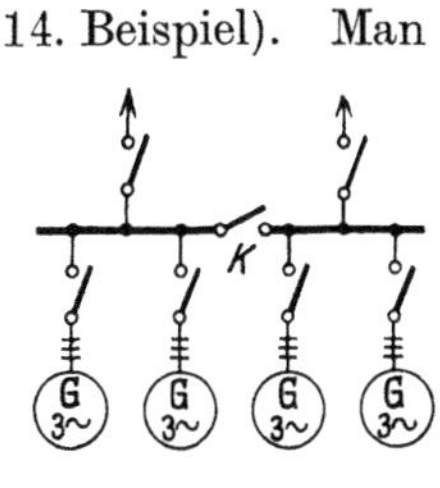

Abb. 435. Sammelschienenunterteilung.

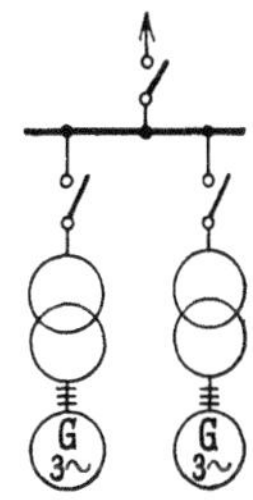

Abb. 436.

1. Durch Erhöhung der Streuung der Generatoren und Transformatoren.

2. Durch Wahl einer möglichst hohen Kraftwerksspannung, weil bei gleicher Leistung dann der Strom geringer wird.

3. Durch Unterteilung der Kraftwerkssammelschienen. Hierdurch verliert man allerdings den Vorteil des Belastungsausgleiches, wenn man nicht (Abb. 435) vorzieht die Teilstücke durch einen Kupplungsschnellschalter K miteinander zu verbinden, der im Kurzschlußfalle sofort ausschaltet.

4. Durch Zusammenfassen von Generator und Transformator zu einer Einheit (Abb. 436). Durch den Widerstand des Transformators wird der Kurzschlußstrom an den Sammelschienen und ihren Schaltern herabgesetzt.

5. Durch Einbau von Schutzdrosseln (Reaktanzspulen), die durch ihren zusätzlichen induktiven Widerstand den Kurzschlußstrom vermindern. Man beachte, daß die Aufgabe dieser Spulen eine andere ist, wie die der Schutzspulen gegen Wanderwellen. Ein Einbau vor die Generatoren ist weniger zweckmäßig, weil man hier den Widerstand leichter durch Streuungserhöhung oder Vorschalten des Transformators vergrößern kann. Man kann die Schutzspulen S an die Stelle eines Kupplungsschalters K (Abb. 435) oder in die Abzweige zu den Verbrauchern legen (Abb. 437).

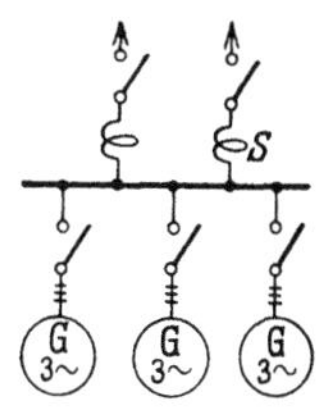

Abb. 437. Reaktanzspulen.

6. Durch Schwächung der Generatorenerregung oder völlige Entregung, wenn der Strom eine festgelegte Grenze übersteigt.

Die Bestimmung des Kurzschlußstromes ist für die richtige Bemessung der Schalter, denen die Abschaltung des Kurzschlußstromes zufällt, eine wichtige Aufgabe. Der größte Kurzschlußstrom tritt bei Kurzschluß an den Klemmen des Generators (Sammelschienenkurzschluß) auf. Seine Bestimmung wurde auf S. 108 behandelt. Man erhält den induktiven Strangwiderstand des Generators (Abb. 285) für den eingestellten Erregerstrom o—b', wenn man die Strangspannung a'—c' durch den Kurzschlußstrom a'—b' dividiert. Er ist also durch die Tangente des Winkels $ob'c'$ dargestellt. Man kann nun den Kurzschlußstrom für eine beliebige Netzstelle leicht dadurch finden, daß man den induktiven Widerstand der Leitungen X_l bis zur Kurzschlußstelle ermittelt (die Ohmschen Widerstände können vernachlässigt werden) und ihn in der Strecke f—g zu X_g des Generators addiert. Zieht man dann g—b', dann stellt a'' — b' verhältnismäßig den neuen, verminderten Kurzschlußstrom für die betrachtete Netzstelle dar. Bei der Bestimmung von X_l müssen außer den Leitungen (X für Freileitungen etwa 0,4 Ω/km) auch die dazwischen liegenden Transformatoren berücksichtigt werden. Ein Transformator, dessen Kurzschlußspannung z. B. 5% beträgt, führt im Kurzschluß bei dieser Spannung den Nennstrom. Bei voller Spannung (100 %) würde sich an ihm ein Kurzschlußstrom von 100 : 5 gleich dem 20fachen Nennstrom ergeben. Der Strangwiderstand des Transformators berechnet sich dann dadurch, daß man die normale Strangspannung durch den Kurzschlußstrom dividiert.

5. Überspannungen.

Überspannungen sind Spannungserhebungen, und zwar gewöhnlich gegen Erde, welche den normalen Wert erheblich übersteigen und daher die Isolation gefährden können. Einige ihrer Ursachen wurden bereits erwähnt, nämlich die Überspannungen, welche durch Reflexion von Wanderwellen entstehen, Überspannungen durch atmosphärische Einwirkungen (Blitzschläge oder Teilentladungen) sowie Überspannungen durch aussetzende Erdschlüsse. Weiterhin können Überspannungen durch Resonanzerscheinungen verursacht sein. Jedes Netz enthält Selbstinduktionen und Kapazitäten. Dieselben sind jedoch im allgemeinen zu klein, um bei Betriebsfrequenz in Resonanz zu kommen. Weicht jedoch die Maschinenspannung von der Sinusform ab oder ist nachträglich eine Verzerrung eingetreten, so können die der Spannungswelle überlagerten Oberwellen (siehe S. 42) Resonanz hervorrufen und damit Überspannungen verursachen. Resonanz mit Betriebsfrequenz ist denkbar, wenn Hochspannungsleitungen einpolig geschaltet werden oder wenn Drahtbrüche auftreten. In solchen Fällen ist durch die Reihenschaltung der Erdkapazitäten mit der Induktivität von Transformatoren Resonanz möglich. Die Schalter von Hochspannungsleitungen müssen daher immer gleichzeitig in den Strängen geschlossen und geöffnet werden.

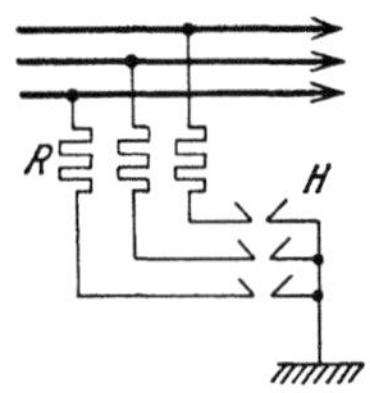

Abb. 438. Hörnerableiter.

Maßnahmen gegen Überspannungen wurden bereits mehrfach erwähnt: Die Löschspule gegen aussetzenden Erdschluß, das Blitzseil gegen atmosphärische Einwirkungen, die Schutzspulen gegen Wanderwellen. Weiterhin sind die Ableiter zu nennen, welche durch Verbindung der Leitung mit Erde die Überspannung ausgleichen sollen. Am bekanntesten ist der Hörnerableiter nach Abb. 438, bei welchem Hörner H so eingestellt sind, daß bei einer Spannungserhebung ein Überschlag eintritt. Die vorgeschalteten Widerstände verhüten einen Kurzschluß. Neuerdings kommen Ableiter vor, welche sehr hohe spannungsabhängige Widerstände haben und die Leitungen ohne Hörner dauernd erden. Bei Überspannungen vermindert sich der Widerstand selbsttätig und ermöglicht dadurch die schnelle Ableitung.

XVI. Die Verteilung der elektrischen Energie.

A. Das Leitungsnetz.

1. Die Netzanordnung.

Das Vorkommen der Energiequellen an bestimmten Stellen und die Vorteile, welche man bei der Errichtung großer Kraftwerke gegenüber vielen kleinen hat, haben zur Folge, daß die elektrische Energie den meist weit verteilten Verbrauchern durch ein netzartiges Leitergebilde zugeführt werden muß. Hierbei unterscheidet man 1. das Baum- oder Radialnetz nach Abb. 439, bei welchem der Strom vom Kraftwerk K nur auf einem einzigen Wege über die Schaltstationen S zu den Verbrauchern fließen kann. Bei einer Störung und Abschaltung an einer Stelle werden alle dahinterliegenden Verbraucher stromlos, ferner kann es vorkommen, daß einige der Leitungen hochbelastet sind, während andere vielleicht wenig Strom führen. Ein Ausgleich findet nicht statt. 2. Bei dem Ringnetz nach Abb. 440 erhält jeder Verbraucher auf zwei Wegen Strom. Bei einer Störung auf einer Seite ist demnach die Stromzufuhr noch nicht unterbrochen. Außerdem ist bei ungleicher Belastung ein Ausgleich möglich. 3. Das Maschennetz nach Abb. 441 hat die Vorteile des Ringnetzes in erhöhtem Maße.

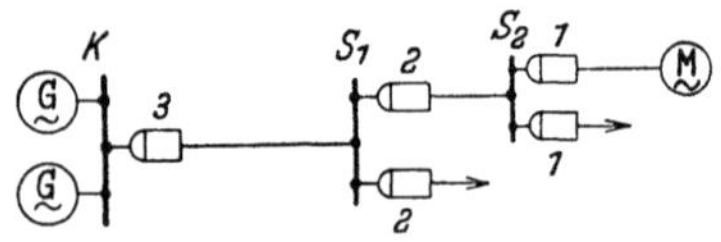

Abb. 439. Baumnetz.

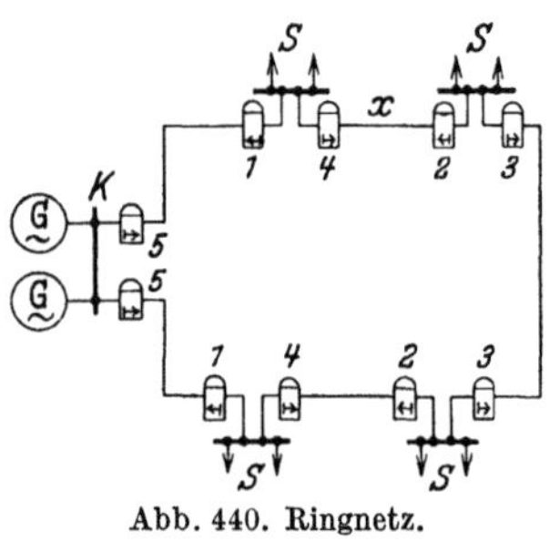

Abb. 440. Ringnetz.

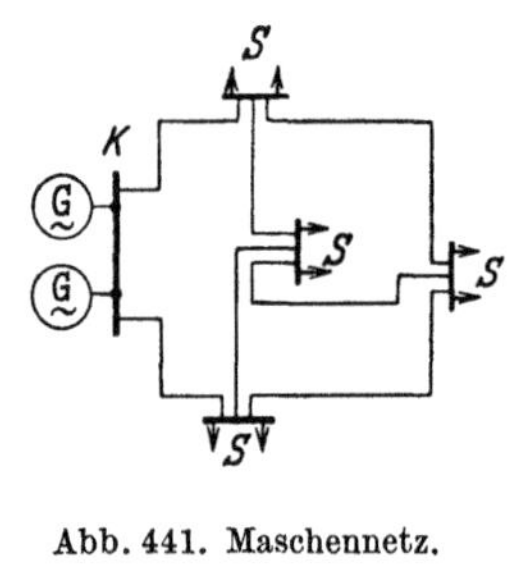

Abb. 441. Maschennetz.

Die große Entfernung zwischen Erzeuger und Verbraucher ermöglicht eine wirtschaftliche Übertragung nur bei hohen Spannungen. Da sich Gleichstrom nicht transformieren läßt, kann man bei ihm nur durch Reihenschaltung der Verbraucher auf höhere Spannungen kommen, wie Abb. 442 an dem Dreileiternetz zeigt. Der Nulleiter O führt den Differenzstrom $I_1 - I_2$. Er ist also normal sehr schwach belastet, weil man bestrebt ist, die Belastung der beiden Netzhälften möglichst gleichzumachen. Da man bei Motoren nicht wie bei den Glühlampen an eine Höchstspannung (250 V) gebunden ist, werden diese an die Außenleiter P und N angeschlossen.

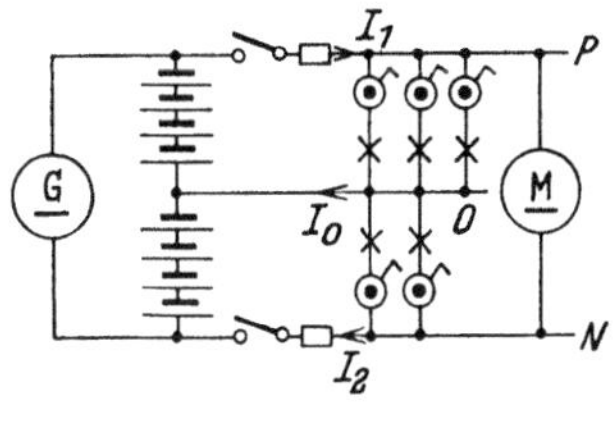

Abb. 442. Dreileiternetz.

Bei Wechsel- und Drehstrom ist eine Hochspannungsübertragung möglich, und es wird eine um so größere Spannung benutzt, je größer die Übertragungsentfernung und Leistung ist. Da die Kraftwerksmaschinen meist die erforderliche hohe Spannung nicht unmittelbar erzeugen können, ist (Abb. 443) durch Transformatoren die Spannung zu erhöhen und am Ende der Fernleitung F wieder herabzusetzen. Letzteres wäre wohl in einer Stufe möglich, aber dann müßte jeder kleinen Ortschaft die Fernleitungsspannung zugeführt und mit einer Umspannstation hoher Spannung und damit hoher Kosten ausgerüstet werden. Daher wird die Übertragungsspannung (z. B. 60 kV) in einer Hauptstation, die im Schwerpunkt des Verbrauchergebietes liegt, zunächst einmal auf eine Mittelspannung (z. B. 15 kV) herabgesetzt, die man dann kleinen und billigen Umspannstationen in den einzelnen Ortschaften zur Umspannung auf die Gebrauchsspannung (z. B. 380/220 V) zuführen kann.

Auch in einer Fabrik würde man zunächst die Fernleitung F einer Hauptumspannstation T_1 (Abb. 444) zuführen, in welcher auf eine für die Fabrik geeignete Verteilungsspannung (z. B. 6 kV) herabtransformiert wird. Sie ist ebenfalls um so höher zu wählen, je größer das Fabrik-

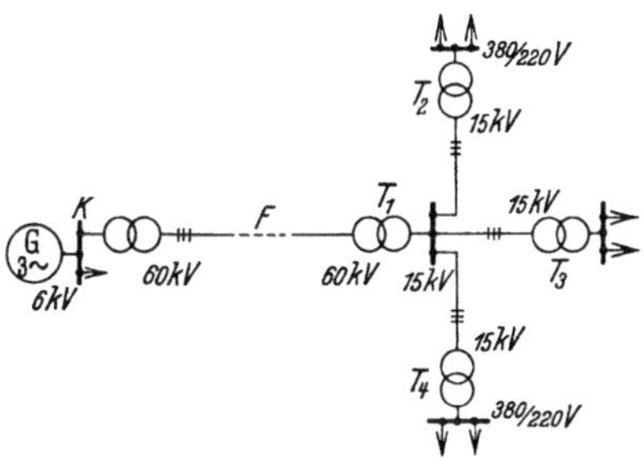

Abb. 443. Verteilungsnetz.

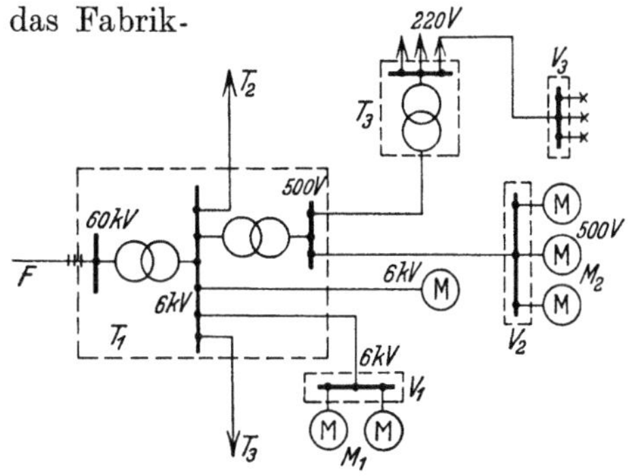

Abb. 444. Fabrikverteilung.

gelände und die übertragene Leistung ist. Mit dieser Spannung können größere Motoren M_1 (über 100 kW) unmittelbar betrieben werden. Mittlere und kleinere Motoren M_2 können nur für kleinere Spannungen gewickelt werden (z. B. 500 V) und erhalten diese Spannung aus der Hauptstation T_1 oder bei größeren Werken auch von anderen parallel geschalteten Station T_2, T_3. Die Beleuchtung kann nicht an 500 V angeschlossen werden, daher wird in einem Transformator T_3 von 500 auf 220 V umgespannt. Diese Umspannung könnte vermieden werden, wenn man die mittleren und kleinen Motoren mit 380 V/220 V betreiben würde, was bei kleineren Fabriken und geringen Motorleistungen wirtschaftlich möglich ist. Dem Schaltbild Abb. 444 entsprechend ist in Abb. 445 ein größeres Fabrikgebäude perspektivisch dargestellt. M_1 ist ein unmittelbar an die Transformatorenstation angeschlossener Hochspannungsmotor. Die Beleuchtung ist der Deutlichkeit halber nur im dritten Stockwerk eingezeichnet.

2. Die Leitungsberechnung.

Von einer elektrischen Leitung fordert man:

1. daß sie genügende mechanische Festigkeit besitzt,
2. daß sie sich unter dem Stromfluß nicht unzulässig erwärmt,
3. daß durch sie kein unwirtschaftlich großer Leistungs- oder Spannungsverlust auftritt.

Gemäß der ersten Forderung ist für isolierte Kupferleitungen bei fester Verlegung ein Querschnitt von mindestens 1,5 mm² und für Kupferfreileitungen von 10 mm²

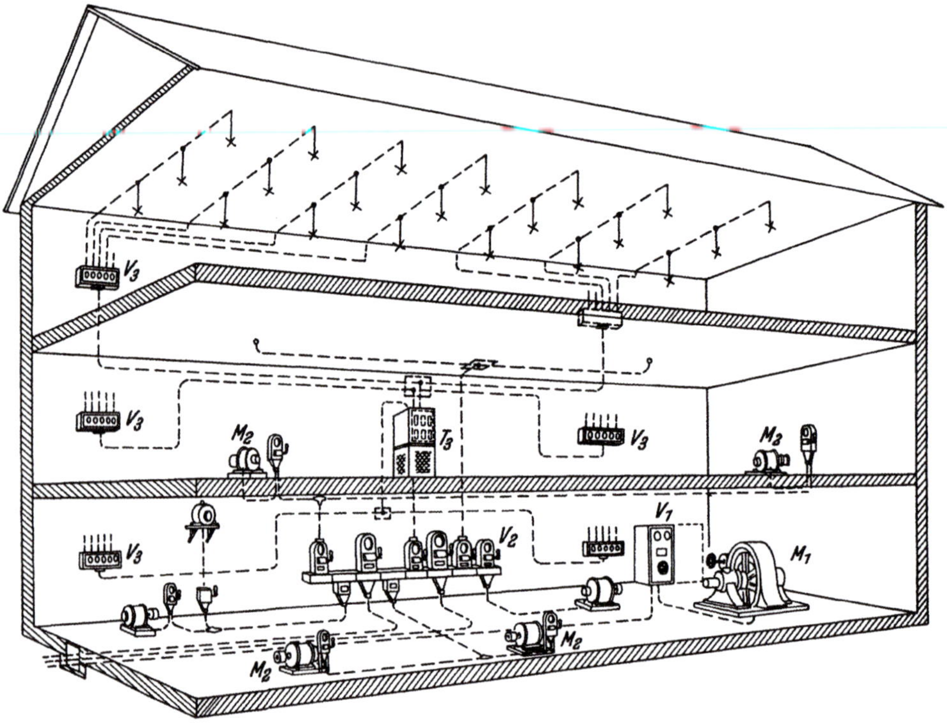

Abb. 445. Verteilung in einem Fabrikgebäude.

vorgeschrieben. Damit die Erwärmung in zulässigen Grenzen bleibt, soll bei isolierten Leitungen die Dauerbelastung nach § 20 der Errichtungsvorschriften die in der nachstehenden Tabelle angegebenen Werte nicht übersteigen.

Belastungstabelle für isolierte Kupferleiter. VES 1/1930 § 20.

1	2	3	4	1	2	3	4
Querschnitt mm²	Dauerbetrieb: Höchstzul. Stromstärke A	Dauerbetrieb: Nennstromstärke f. entspr. Schmelzsicherung A	Ansetzender Betrieb: Höchstzul. Stromstärke A	Querschnitt mm²	Dauerbetrieb: Höchstzul. Stromstärke A	Dauerbetrieb: Nennstromstärke f. entspr. Schmelzsicherung A	Ansetzender Betrieb: Höchstzul. Stromstärke A
0,75	9	6	9	95	240	200	335
1	11	6	11	120	280	225	400
1,5	14	10	14	150	325	260	460
2,5	20	15	20	185	380	300	530
4	25	20	25	240	450	350	630
6	31	25	31	300	525	430	730
10	43	35	60	400	640	500	900
16	75	60	105	500	760	600	—
25	100	80	140	625	880	700	—
35	125	100	175	800	1050	850	—
50	160	125	225	1000	1250	1000	—
70	200	160	280				

Für blanke Leitungen bis 50 mm² Kupfer gelten die gleichen Belastungswerte, während für Bleikabel besondere Vorschriften bestehen (V.S.K./1928, § 10).

Der Leistungs- und Spannungsverlust unterliegt keiner Vorschrift. Wir werden ihn jedoch nicht zu groß wählen, weil der ständige Verlust hohe Stromunkosten verursacht, andererseits werden wir ihn aber auch nicht zu klein wählen, weil dann ein unnötig starker Leitungsquerschnitt verlegt werden muß, der hohe Anlagekosten zur Folge hat. Für einen bestimmten Übertragungsfall lassen sich die Leitungskosten unter Annahme verschiedener Querschnitte und die Kosten für Verzinsung und Tilgung leicht berechnen. Trägt man sie in Abhängigkeit vom Querschnitt auf, so erhält man eine mit dem Querschnitt ansteigende Kurve. Die Unkosten durch die Leitungsverluste lassen sich aus Stromstärke, Widerstand und Einschaltzeit ebenfalls leicht für verschiedene Querschnitte bestimmen. Sie ergeben in Abhängigkeit vom Querschnitt eine abfallende Linie. Addiert man nun diese beiden Kosten, so erhält man als Gesamtkosten eine Kurve, welche für einen bestimmten Querschnitt, den wirtschaftlichen Querschnitt, ein Minimum zeigt. Bei der Durchrechnung erkennt man jedoch, daß auch benachbarte Querschnitte noch annähernd gleich wirtschaftlich sind, und da die Kleinhaltung des Spannungsabfalls mit Rücksicht auf die Verbraucher (z. B. Glühlampen) oft wichtiger, als die Wirtschaftlichkeit ist, werden solche Rechnungen nur bei wichtigen Leitungen durchgeführt. Man schätzt daher den Spannungsverlust, den man zulassen will, nach Erfahrungswerten, und zwar bei Glühlampenbelastung insgesamt etwa bis 3%, bei Motoren etwa 5—7%. Der prozentuale Spannungsverlust ist bei Gleichstrom gleich dem prozentualen Leistungsverlust, ebenso auch bei Wechsel- und Drehstrom, wenn der Leistungsfaktor gleich eins ist.

a) Die Berechnung der offenen Leitung.

1. Für Gleichstrom und Wechselstrom bei $\cos\varphi = 1$. Bei einer Belastung durch einen Strom I am Leitungsende (Abb. 446) ist der Spannungsunterschied $\Delta U = U_1 - U_2 = R \cdot I = 2l \cdot I : \varkappa \cdot F = p \cdot U : 100$, wenn p den Spannungsverlust in % bedeutet, woraus sich der Leitungsquerschnitt F ergibt, zu:

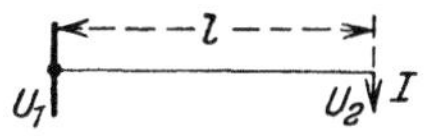

Abb. 446.

$$F = \frac{200 \cdot l \cdot I}{\varkappa \cdot p \cdot U}. \tag{195}$$

2. Für Drehstrom bei $\cos\varphi = 1$. In einem Leitungsstrang tritt ein Spannungsunterschied $\Delta U_p = l \cdot I : \varkappa \cdot F$ auf, welcher gleich $p \cdot U_p : 100$ ist. Bei Einführung der verketteten Spannung U ergibt sich hieraus:

$$F = \frac{173 \cdot l \cdot I}{\varkappa \cdot p \cdot U}. \tag{196}$$

3. Für Wechselstrom bei phasenverschobenem Strom. In diesem Falle ist nach Abb. 447 der Spannungsverlust $R \cdot I$ der Leitung geometrisch zur Endspannung U_2 zu addieren. Wegen der Kleinheit dieses Spannungsbetrages ergibt die zeichnerische Lösung jedoch ungenaue Werte, so daß die Rechnung vorzuziehen ist. Man kann mit hinreichender Genauigkeit annehmen, daß ABC ein rechtwinkliges Dreieck mit dem Winkel φ an der Spitze ist. Dann ist der Spannungsunterschied

$$\Delta U = R \cdot I \cdot \cos\varphi. \tag{197}$$

Der Ableitung bei 1) entsprechend ergibt sich dann:

$$F = \frac{200 \cdot l \cdot I \cdot \cos\varphi}{\varkappa \cdot p \cdot U}. \tag{198}$$

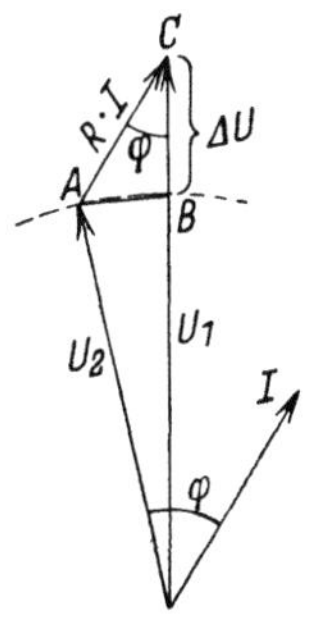

Abb. 447.

4. Für Drehstrom bei phasenverschobenem Strom. Hier ergibt sich ganz entsprechend:

$$F = \frac{173 \cdot l \cdot I \cdot \cos\varphi}{\varkappa \cdot p \cdot U}. \tag{199}$$

5. Die offene Leitung mit mehreren Belastungsstellen (Abb. 448). Da in den Leitungen AB, BC und CD verschiedene Ströme fließen, müssen deren Spannungsverluste getrennt berechnet werden. Der gesamte Spannungsunterschied zwischen A und D ist bei Gleichstrom und durchlaufend gleichem Querschnitt F

$$\Delta U = \frac{2 \cdot (l_3 - l_2) \cdot I_c}{\varkappa \cdot F} + \frac{2 \cdot (l_2 - l_1) \cdot I_b}{\varkappa \cdot F} + \frac{2 \cdot l_1 \cdot I_a}{\varkappa \cdot F},$$

woraus F berechnet werden kann. Praktisch geht man meist den umgekehrten Weg, daß man nach der Belastungstabelle einen Querschnitt annimmt und für ihn nach der vorstehenden Gleichung nachprüft, ob der Spannungsunterschied zulässig ist. Bei Wechsel- und Drehstrom mit phasenverschobenen Strömen hat man sich, vom Ende der Leitung ausgehend, nacheinander das Vektordiagramm (Abb. 447) für die Punkte C, B und A zu zeichnen.

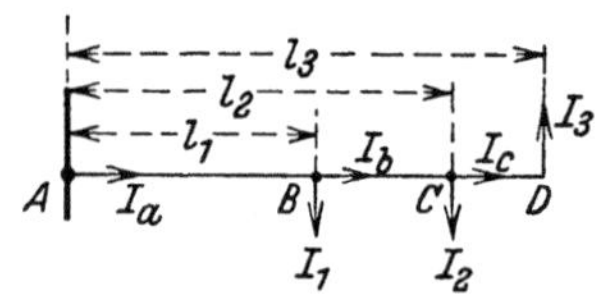

Abb. 448.

6. *Die offene Leitung im Dreileiternetz* (Abb. 442). Hier setzt man gleiche Belastung der beiden Netzhälften, also $I_0 = O$ voraus. Nennt man U die Lampenspannung, also die Spannung zwischen P und O, sowie N und O, so ruft in jeder Netzhälfte nur ein einziger Leiter einen Spannungsabfall hervor. Bei gleichem Querschnitt ist demnach der Spannungsabfall halb so groß wie im Zweileiternetz. Gl. 195 ist also auch hier verwendbar, wenn man statt 200 den halben Wert 100 einsetzt.

Der **Nulleiterquerschnitt** ist nicht in gleicher Weise zu berechnen, weil derselbe eigentlich immer stromlos sein sollte. Es bestehen für ihn jedoch mehrere Vorschriften. 1. Bei einem Kurzschluß zwischen Außenleiter und Nulleiter muß mindestens der 2,5fache Nennstrom der nächsten Sicherung fließen. 2. Der Querschnitt des Nulleiters soll den Nennstrom der nächsten Außenleitersicherung ertragen können. 3. Eine blanke Verlegung des Nulleiters und eine Benutzung zur Nullung (siehe Abschn. XVII. M.) ist nur zulässig, wenn im Nulleiter bei Nennstrom der Sicherung weniger als 40 V Spannungsabfall auftreten.

89. Beispiel. Es werden nach Abb. 442 bei 2×220 V 30 A auf 800 m übertragen. Der Querschnitt der Außenleiter ist 25 mm², und sie sind mit 35 A abgesichert. Wie stark ist der Nulleiter zu wählen?

Wir wollen einen Nulleiterquerschnitt von 10 mm² annehmen. Bei einem Kurzschluß am Leitungsende zwischen Außen- und Nulleiter ist der Widerstand des Außenleiters mit 0,57 Ω und der Nullleiter mit 1,42 Ω eingeschaltet. Es fließt also ein Strom von $220 : 1{,}99 = 110$ A, also mehr als das 2,5fache der Sicherung. Da nach der Belastungstabelle ein Nulleiter von 10 mm² dauernd 43 A erträgt, ist auch die zweite Bedingung erfüllt, weil die Nennstromstärke der Sicherung nur 35 A ist. Bei dieser Stromstärke tritt im Nulleiter ein Spannungsabfall von $35 \cdot 1{,}42 = 50$ V auf. Dies ist nicht mehr zulässig. Es müßte also entweder der Nulleiter überall isoliert verlegt oder verstärkt werden. Da die beiden ersten Bedingungen auch nur knapp erfüllt, und die Außenleiter sehr schwach gesichert sind, empfiehlt sich eine Verstärkung auf 16 mm². Der Spannungsabfall ist dann $35 \cdot 0{,}89 = 31$ V.

Eine Drehstromleitung mit Nulleiter wird ganz entsprechend berechnet. Bei der Berechnung der Außenleiter nimmt man gleiche Belastung der drei Stränge, also einen stromlosen Nulleiter an. Der Nulleiter selbst wird wie im Beispiel 89 bestimmt.

90. Beispiel. Ein Drehstrommotor 30 kW, 380 V, $\cos\varphi = 0{,}86$, $\eta = 0{,}88$ soll 300 m entfernt vom Verteilungspunkt angeschlossen werden, an welchem 395 V sind. Wie groß ist der Leitungsquerschnitt zu wählen, damit der Motor bei Nennlast mindestens seine Nennspannung bekommt?

Der Motornennstrom berechnet sich zu 60 A. Der Spannungsunterschied je Strang ist $(395 - 380) : \sqrt{3} = 8{,}7$ V, welcher gleich $R \cdot I \cdot \cos\varphi$ sein muß. Hieraus folgt der Strangwiderstand $R = 8{,}7 : 60 \cdot 0{,}86 = 0{,}169\ \Omega$, und der Querschnitt $F = 300 : 57 \cdot 0{,}169 = 31$ mm². Der nächste Normalquerschnitt ist 35 mm². Da derselbe dauernd 125 A erträgt, ist die Erwärmungsbedingung erfüllt.

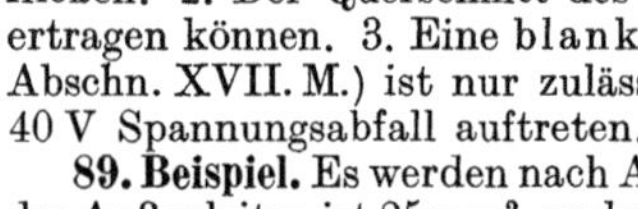

Abb. 449.

Bei den bisherigen Leitungsberechnungen ist nur der Ohmsche Widerstand berücksichtigt worden. Dies ist auch bei Wechsel- und Drehstrom zulässig, wenn die Leitungslängen gering sind. Übersteigen dieselben jedoch einige km, dann muß auch die Induktivität der Leitung berücksichtigt werden.

91. Beispiel. An eine Transformatorenstation T ist nach Abb. 449 eine Freileitung von 3×70 mm² Cu angeschlossen, von welcher in A und B die angegebenen Wirkleistungen N_w und die Blindleistungen N_b abgenommen werden. Welche Spannung ist in der Station zu halten, wenn bei B 15 kV herrschen sollen?

Der Ohmsche Widerstand beträgt je km 0,3 Ω (warm), der induktive Widerstand $\omega L = 0{,}35$ Ω/km. Die Kapazität wird vernachlässigt. Bei B wird abgenommen:

$$\text{Wirkstrom } I_w = \frac{1\,800\,000}{\sqrt{3} \cdot 15\,000} = 69{,}5 \text{ A}, \qquad \text{Blindstrom } I_b = \frac{1\,500\,000}{\sqrt{3} \cdot 15\,000} = 58 \text{ A}.$$

Nach Abb. 427 wirken der Ohmsche Spannungsverlust des Wirkstromes und der induktive Verlust des Blindstromes spannungsverändernd, während der Ohmsche Verlust des Blindstromes und der induktive Verlust des Wirkstromes phasenverschiebend wirken. Die Spannungsabfälle $R \cdot I_w \cdot \sqrt{3} = 15 \cdot 0{,}3 \cdot 69{,}5 \cdot 1{,}73 = 540$ V und $\omega \cdot L \cdot I_b \cdot \sqrt{3} = 15 \cdot 0{,}35 \cdot 58 \cdot 1{,}73 = 527$ V zu 15000 V addiert ergibt die Spannung 16067 V bei A.

In der Leitung A bis B wird eine Wirkleistung verbraucht: $3 \cdot R\,(I_w^2 + I_b^2) = 3 \cdot 15 \cdot 0{,}3 \cdot (69{,}5^2 + 58^2) = 110$ kW und eine Blindleistung: $3\,\omega\,L \cdot (I_w^2 + I_b^2) = 3 \cdot 15 \cdot 0{,}35 \cdot (69{,}5^2 + 58^2) = 128$ kVA. Dies gibt zusammen mit den Nutzlasten eine Abnahme bei A von 3110 kW Wirklast und 2628 kVA Blindlast. Die bei A abgenommenen Stromkomponenten sind daher:

$$I_w = \frac{3110000}{\sqrt{3} \cdot 16067} = 112 \text{ A}, \qquad I_b = \frac{2628000}{\sqrt{3} \cdot 16067} = 95 \text{ A}.$$

Die Spannungsabfälle für die Strecke T bis A sind $10 \cdot 0{,}3 \cdot 112 \cdot 1{,}73 + 10 \cdot 0{,}35 \cdot 95 \cdot 1{,}73 = 1155$ V, so daß an der Station T eine Spannung von $16067 + 1155 = 17222$ V nötig ist.

b) Die Berechnung der Ringleitung. Bei der Ringleitung bildet jeder Pol einen geschlossenen Ring. Wir haben uns also in Abb. 450 zwei Ringe nebeneinanderliegend zu denken. Je nach Größe und Lage der Stromabnahme wird mehr Strom von links (I_a) oder von rechts (I_b) in den Ring fließen, wobei stets $I_a + I_b = I_1 + I_2 + I_3$ sein muß. An einer Abnahmestelle, die hier bei C gedacht ist, wird der Strom von beiden Seiten zufließen. Die Strecken A bis C und B bis C können als parallel geschaltet betrachtet werden, und daher stimmt der Spannungsabfall beider überein. Es besteht daher folgende Gleichung:

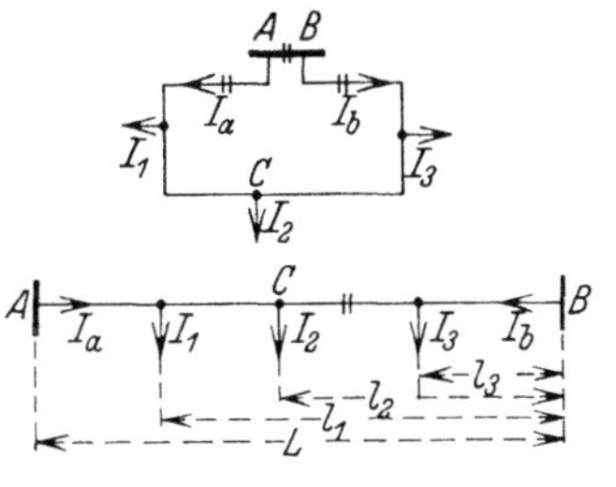

Abb. 450. Ringleitung.

$$\frac{I_a \cdot 2\,(L - l_1)}{\varkappa \cdot F} + \frac{(I_a - I_1) \cdot 2 \cdot (l_1 - l_2)}{\varkappa \cdot F} = \frac{(I_1 + I_2 + I_3 - I_a) \cdot 2 \cdot l_3}{\varkappa \cdot F} + \frac{(I_1 + I_2 + I_3 - I_a - I_3) \cdot 2 \cdot (l_2 - l_3)}{\varkappa \cdot F}.$$

Hieraus ergibt sich:

$$I_a \cdot L = I_1 \cdot l_1 + I_2 \cdot l_2 + I_3 \cdot l_3 + \ldots \qquad (200)$$

Das Produkt aus Strom und Entfernung nennt man ein Strommoment. Man kann also sagen, daß das Strommoment des Stromes I_a bezogen auf den anderen Endpunkt, gleich ist der Summe der Strommomente der übrigen Ströme. I_a und I_b können hieraus berechnet werden, worauf es leicht ist, den höchsten Spannungsabfall, der am Punkte C auftritt, zu berechnen. (ΔU für AC = ΔU für CB.)

Bei Belastung mit phasenverschobenen Wechselströmen ist die Bestimmung der Stromverteilung schwieriger, weil die Phase mitberücksichtigt werden muß.

B. Die Schaltanlagen.

Eine Schaltanlage erfordert Schalt- und Meßgeräte, einen Überstromschutz sowie Sammelschienen, mit denen eine Verteilung der elektrischen Energie vorgenommen werden kann. Da bei Hochspannung meist mit geschlossenen Schaltern (Ölschalter) geschaltet wird, deren Kontakte nicht sichtbar sind, ist vorgeschrieben, daß bei Spannungen über 1 kV außerdem Trennschalter mit sichtbaren Kontakten anzuordnen sind. Es sind dies einfache Messerschalter, welche mittels Isolierstange von Hand oder bei hohen Spannungen durch einen besonderen Antrieb geschaltet werden können. Unter Strom darf mit ihnen niemals geschaltet werden. Das Schaltbild einer Schaltanlage, welches so einfach und übersichtlich wie möglich sein sollte, ist derart, daß sowohl die Stromerzeuger wie auch die verschiedenen Verbraucher in gleicher Weise an die Sammelschienen angeschlossen sind.

Der Anschluß von Generatoren erfolgt nach Abb. 451 derart, daß zunächst der Spannungswandler Sp angeschlossen wird, damit man auch bei abgeschalteter Maschine die Spannung messen kann. Der Stromwandler St, welcher auch an anderer Stelle des Leitungszuges liegen könnte, wird zweckmäßig neben dem Spannungswandler eingeschaltet. Der Ölschalter S, welcher mit Überstromauslösung versehen ist, dient nicht nur zum Schalten unter Strom, sondern er muß auch im Kurzschlußfalle den Generator sicher abschalten

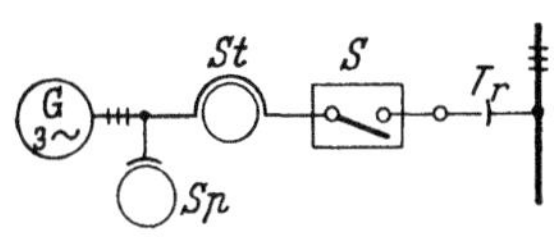

Abb. 451.

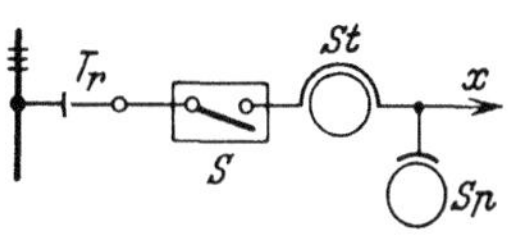

Abb. 452.

können. Der Trennschalter *Tr* ermöglicht eine Trennung von den Sammelschienen. Bei einer zu einem Verbraucher abgehenden Leitung ordnet man die Geräte nach Abb. 452 so an, daß der Ölschalter alles andere abzuschalten erlaubt. Nur der Trennschalter *Tr* liegt davor. Ein Spannungswandler *Sp* ist hier nicht immer erforderlich. Besteht auf der abgehenden Leitung Wanderwellengefahr, dann ist an letzter Stelle (x) die Schutzspule einzuschalten. In Abb. 452 ist angenommen, daß von den Sammelschienen in der Pfeilrichtung die Spannung dem Verbraucher zugeführt wird. Hat dieser Verbraucher selbst auch irgendwelche Spannungserzeuger, so muß an der Stelle x ein weiterer Trennschalter eingebaut werden.

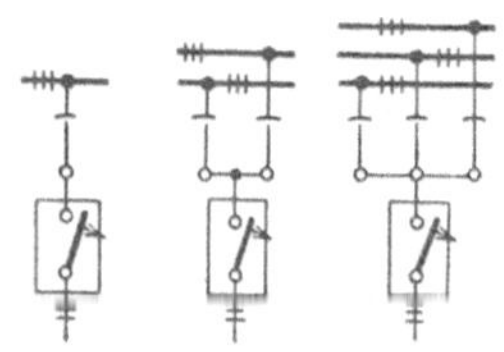

Abb. 453. Einfach- und Mehrfachsammelschienen.

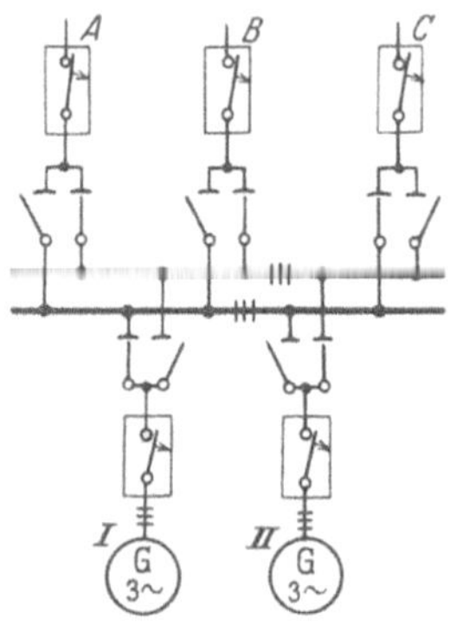

Abb. 454.

Die Sammelschienen kommen als Einfach- und Mehrfachsammelschienen vor, wie Abb. 453 zeigt, wobei wegen der hohen Kosten der Ölschalter, diese immer nur einfach, die Trenner aber mehrfach eingebaut werden. Der Zweck der Mehrfachanordnung der Sammelschienen ist, ohne Betriebspausen Umschaltungen vornehmen zu können. Wo Pausen zulässig sind, kommt also die billigere Einfachschiene in Frage.

Abb. 454 veranschaulicht z. B., wie mit dem Generetor *I* der Verbraucher *C*, bei dem ein Erdschluß aufgetreten sei, getrennt gespeist werden kann, während Generator *II* die übrigen Verbraucher *A* und *B* versorgt.

Der Aufbau der Schaltanlagen entpricht im allgemeinen dem Schaltbild. Früher hatte man Schalthäuser, bei denen die Kabelzu- und -ableitungen im Keller einmündeten, wo auch etwaige Drosseln und Trennschalter angebracht waren. Im ersten Stock waren die Meßwandler und im zweiten Stock die Ölschalter untergebracht, während ganz oben die Sammelschienen und ihre Trennschalter waren. Jede Leitung durchläuft hier in vertikaler Richtung alle Stockwerke und kann durch dünne Wände derart von den Nachbarleitungen getrennt werden (Zellensystem), daß Störungen nicht übergreifen können. Derartige Schalthäuser haben jedoch den Nachteil, daß beim Schalten einer Leitung große Wege von dem Bedienenden zurückgelegt werden müssen, und daß infolge mangelnder Übersicht Fehlschaltungen vorkommen. Bei Schalterbränden kann außerdem das ganze Haus derart verqualmen, daß eine Bedienung unmöglich ist. Die Entwicklung ging daher dahin, daß zunächst die Zahl der Stockwerke vermindert und alle ölgefüllten Teile in abgetrennten Räumen untergebracht wurden. Größere Übersicht erreichte man durch die Hallenbauweise,

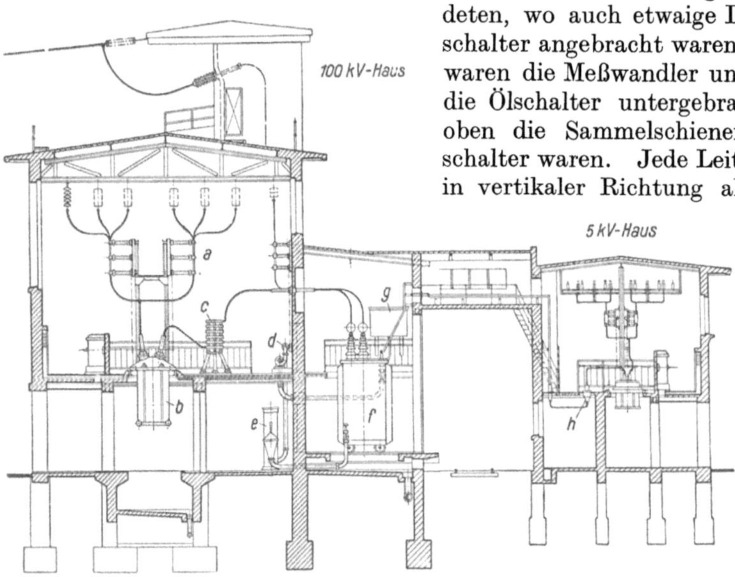

Abb. 455. Umspannwerk Frankfurt a. M. in Hallenbauweise (SSW.), a = Trennschalter, b = Ölschalter, c = Schutzspule, d = Pumpe, e = Röhrenkühler, f = Transformator, g = Ölkonservator, h = Stromwandler.

welche Abb. 455 veranschaulicht. Der Ölbehälter des Schalters *b* ragt in einen vom Schalthaus getrennten und sicheren Raum. Außerdem ist für den Fall einer Beschädigung des Ölkessels für einen schnellen Ölabfluß gesorgt. Auch die Öltransformatoren befinden sich in einem getrennten und gut gelüfteten Raum und können leicht auf vorbeifahrende Wagen verladen werden.

Mit zunehmender Spannung wachsen die Leiterabstände und damit die Größe der Schalthäuser sehr stark. Höchstspannungsanlagen werden daher heute meist als Freiluftwerke gebaut. Alle Apparate stehen im Freien und sind so bemessen, daß

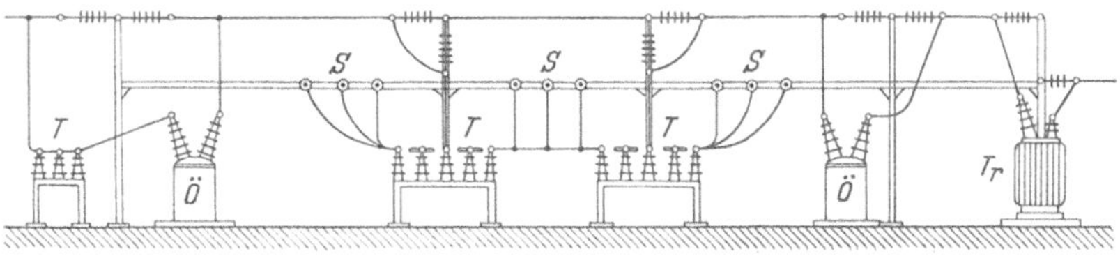

Abb. 456. Freiluftwerk (Flachbauweise).

sie auch bei den ungünstigsten Witterungsverhältnissen sicher arbeiten. Während man zunächst auch bei den Freiluftstationen um Bodenfläche zu sparen, die Apparate in zwei verschiedenen Höhen anordnete, bevorzugt man heute die Flachbauweise, welche Abb. 456 veranschaulicht. Die Betätigung der Ölschalter und Trennmesser erfolgt bei allen großen Schaltanlagen durch Fernsteuerung von einer Schaltwarte aus.

Bei Transformatorenstationen in Fabriken wird die frühere Zellenbauweise meist beibehalten, weil der Raum beschränkt und die Spannung gewöhnlich nicht sehr hoch ist. Abb. 457 stellt den Grundriß einer solchen Station dar. Der Hochspannungsanlage *H* wird die Energie mittels der Kabel K_a zugeführt und von hier mittels der Kabel K_h etwaigen Hochspannungsmotoren oder anderen Stationen und mittels der Kabel K_l den Transformatoren *Tr* zugeleitet. *N* ist die Niederspannungsanlage, die von den Transformatoren gespeist wird. Von ihr gehen die Kabel K_n nach den Ver-

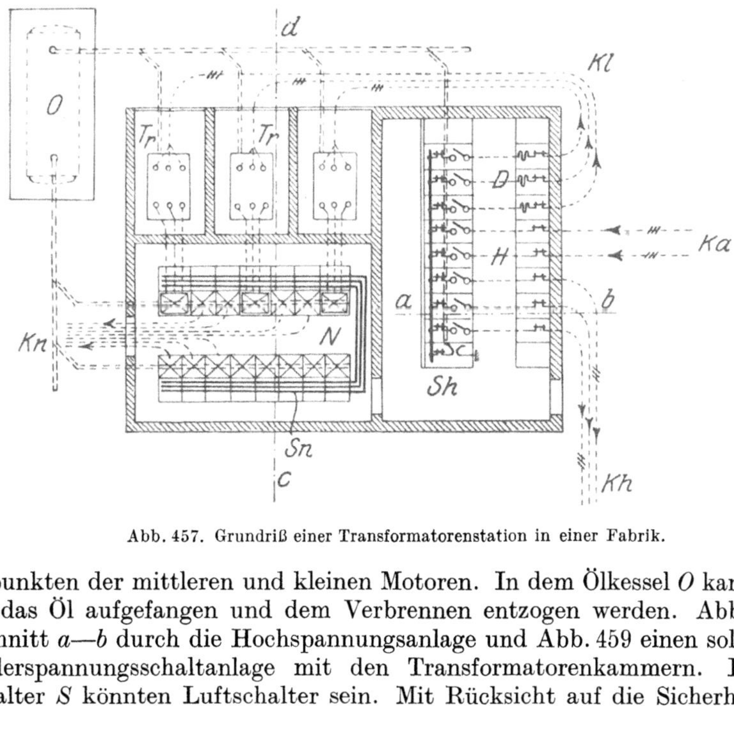

Abb. 457. Grundriß einer Transformatorenstation in einer Fabrik.

teilungspunkten der mittleren und kleinen Motoren. In dem Ölkessel *O* kann bei einer Störung das Öl aufgefangen und dem Verbrennen entzogen werden. Abb. 458 zeigt einen Schnitt *a*—*b* durch die Hochspannungsanlage und Abb. 459 einen solchen durch die Niederspannungsschaltanlage mit den Transformatorenkammern. Die Verteilungsschalter *S* könnten Luftschalter sein. Mit Rücksicht auf die Sicherheit des Betriebes und da bei größeren Werken häufig immerhin noch 500 V als Verteilungsspannung angewandt wird, sind hier Ölschalter gewählt worden.

Die Schalter. Trotz der Gefahren, die das brennbare Öl mit sich bringt, ist heute immer noch der Ölschalter vorherrschend. Das Öl hat bei ihm die Aufgabe, durch Kühlung eine schnelle Löschung des Ausschaltlichtbogens herbeizuführen, damit die in ihm freiwerdende Energie den Schalter nicht gefährden kann. Ein länger brennender Lichtbogen könnte nicht nur nach benachbarten Teilen überschlagen, sondern er könnte auch durch übermäßige Vergasung des Öls unzulässige Überdrücke oder bei Vermischung der Gase mit der im Schalter befindlichen Luft Explosionsgefahr heraufbeschwören. Ölschalter haben daher allgemein eine hohe Ausschaltgeschwindigkeit. Da diese durch die zu bewegenden Massen aber begrenzt ist, greift man bei hohen Spannungen und großen Abschaltleistungen zu weiteren Mitteln. Als solche sind bekannt: die Vielfachunterbrechung und die Löschkammer. Bei normalen Schaltern wird jeder Strang bereits an zwei Stellen unterbrochen. Die Vielfachunterbrechung hat bei höheren Spannungen und Leistungen bis 6 und 8 Unterbrechungsstellen je Pol, wodurch die Unterbrechungsgeschwindigkeit sowie die Kühlung erheblich gesteigert wird. Bei der durch Abb. 460 dargestellten Löschkammer (AEG.-Ausführung) wird der Kontakt zwischen Stift *d* und Hülse *i* beim Ausschalten in einer druckfesten isolierten Kammer unterbrochen. Der entstehende hohe Druck, der nicht auf den Ölkessel einwirkt, treibt hinter dem

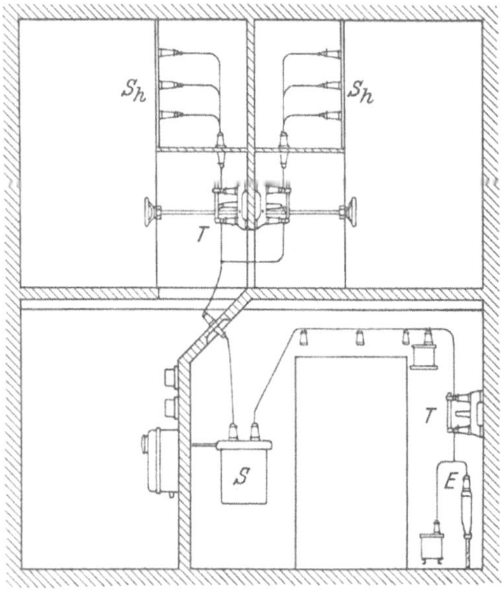

Abb. 458.

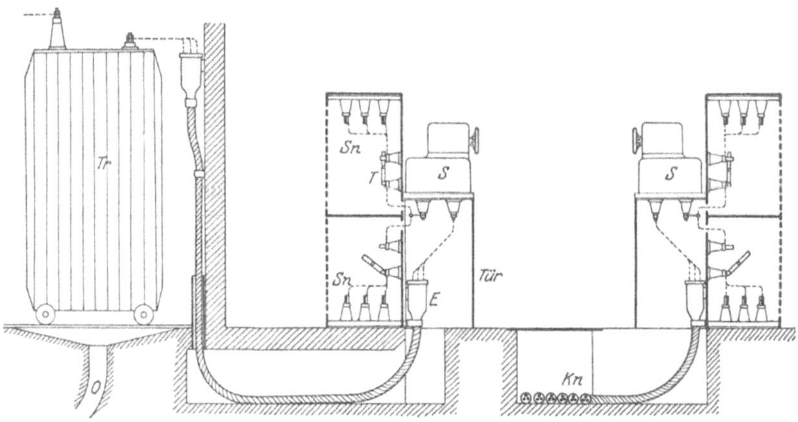

Abb. 459. Schnitt *c—d* der Abb. 457.

Stift *d*, der sich durch eine Öffnung des Kammerbodens hindurchbewegt, einen kräftigen Ölstrom her, der eine schnelle und sichere Löschung des Lichtbogens zur Folge hat. Abb. 461 stellt einen vollständigen Ölschalter (Sachsenwerkausführung) mit abgesenktem Ölkessel dar. Die Kontakte liegen ziemlich tief unter dem Ölspiegel, damit sich der gebildete Öldampf nicht entzünden kann und die verbindenden Isolierstücke haben nur kleine Horizontalflächen und geben daher den Verunreinigungen des Öls nur geringe Gelegenheit zum Absetzen. Bei höheren Spannungen (50 kV) lassen sich die drei Pole nur noch in getrennten Kesseln unterbringen, die aber einen gemeinsamen Antrieb erhalten.

Neuerdings werden an Stelle der Ölschalter zuweilen Druckgasschalter und Wasserschalter verwendet. Bei den Druckgasschaltern erfolgt die Stromunterbrechung in einer engen Kammer, und ein Luftstrom, der unter hohem Druck steht, löscht den Lichtbogen. Wasserschalter (Expansionsschalter) sind im Bau ähnlich. Die Löschkammer enthält chemisch reines Wasser mit besonderen Zusätzen, welches eine gute Löschwirkung zeigt. Beide Schalterarten zeichnen sich durch ihre kleinen Abmessungen, durch große Ausschaltgeschwindigkeit und durch den Fortfall des gefährlichen Öls aus.

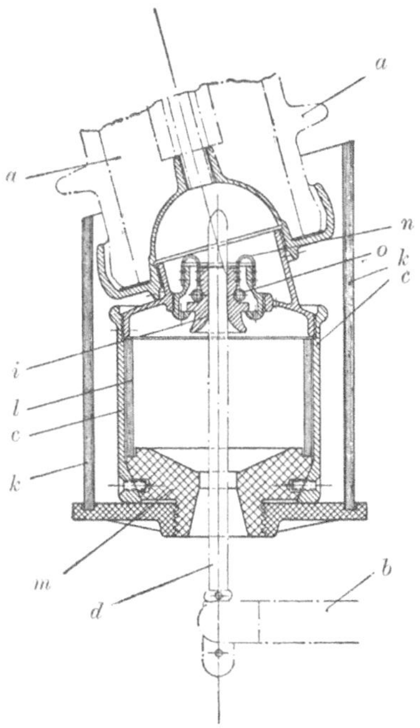

Abb. 460. Löschkammer, (AEG.), a = Durchführungsisolator, b = Schaltertraverse, c = Löschkammerzyliner, d = Stiftkontakt, i = tulpenförmiger Gegenkontakt, k = isolierender Schutzzylinder, l = isolierender Einsatz, m = Löschkammerboden, n = flexibles Band zum Verbinden der Tulpenkontakte mit dem Löschkammerdeckel, o = Feder zum Zusammenhalten der Teile des Tulpenkontakts.

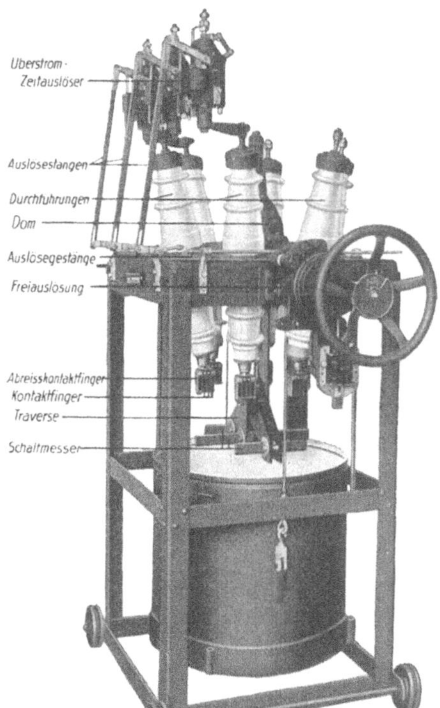

Abb. 461. Fahrbahrer Ölschalter mit abgesenktem Ölkessel (Sachsenwerk).

Der Antrieb der Hochspannungsschalter geschieht nur noch bei kleinen Ausführungen von Hand, im übrigen durch Fernbetätigung mittels Magneten, Elektromotoren oder Druckluft. Abb. 462 zeigt schematisch den Antrieb eines Ölschalters von Voigt und Haeffner. Ein kleiner Motor spannt mehrere parallelliegende Federn (Kraftspeicher), die beim Drücken des Druckknopfs „ein“ oder beim Einschalten einer kleinen Magnetspule ausgelöst werden und den Schalter einschalten. Das Ausschalten erfolgt in ähnlicher Weise mittels des „Aus“-Druckknopfs oder der Ausschaltespule.

Der Überstromschutz. Schmelzsicherungen finden in Hochspannungsanlagen nur an untergeordneten Stellen und bei kleinen Leistungen Anwendung. Im allgemeinen erfolgt die Überstromabschaltung durch die Schalter, die daher nach der Kurzschlußleistung zu bemessen sind und um so größer sein müssen, je größer das Kraftwerk ist und je geringer die Entfernung von demselben ist. Zur Leistungsbestimmung der

Schalter muß also der Kurzschlußstrom an der Schaltstelle ermittelt werden. Die Auslösung der Schalter erfolgt elektromagnetisch und ist eine Zeitauslösung, bei welcher vom Eintritt des Überstroms bis zur Abschaltung eine meist einstellbare Zeit verfließt. Man unterscheidet abhängige und unabhängige Zeitauslösungen. Bei der abhängigen Auslösung, welche Abb. 463 schematisch darstellt, klinkt der mit einer Dämpfung versehene Hauptstrommagnet den Schalter um so schneller aus, je größer der Strom ist. Auslösestromstärke und Zeit sind einstellbar. Bei der unabhängigen Auslösung (Abb. 464) wird bei einem Überstrom das Laufwerk L sofort ausgelöst und dieses klinkt dann nach Ablauf einer bestimmten, vom Strom unabhängigen und einstellbaren Zeit den Schalter aus. (Bei sehr großem Strom tritt Schnellauslösung ein.) Während die abhängigen Auslösungen mehr für die Endpunkte der Leitungen (Motoren, Transformatoren) in Frage kommen, werden die unabhängigen Auslösungen im Kraftwerk und den Verteilungspunkten angewandt. Die bisher betrachteten Auslösungen sind direkte oder Primärauslösungen im Gegensatz zu der in Abb. 465 dargestellten indirekten oder Sekundärauslösung, bei welcher der Auslösestrom einem Stromwandler entnommen wird. Abb. 466 zeigt eine Sekundärauslösung mit Relais. Dasselbe schließt bei Überstrom einen besonderen Gleichstromkreis, in welchem die Auslösespule liegt und gibt damit die Gewähr für eine sichere Abschaltung auch dann, wenn die Wechselspannung infolge eines Kurzschlusses auf Null abgefallen sein sollte.

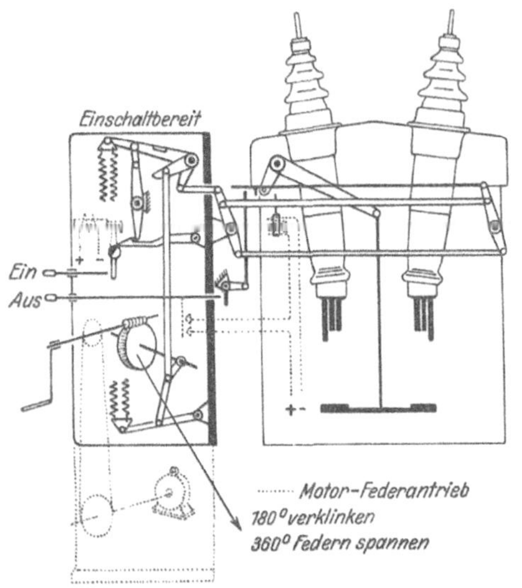

Abb. 462. Ölschalterantrieb (V. u. H.).

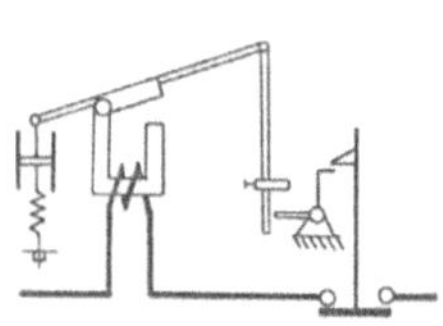

Abb. 463. Abhängige Auslösung.

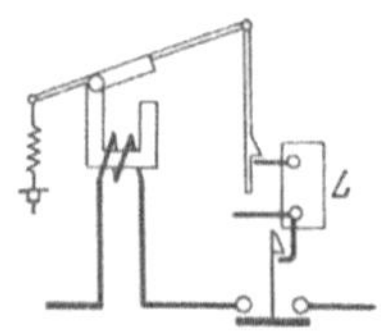

Abb. 464. Unabhängige Auslösung.

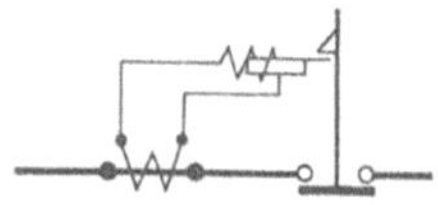

Abb. 465. Sekundärauslösung.

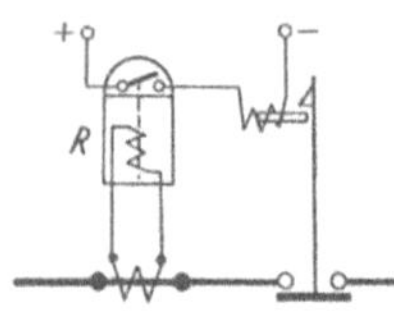

Abb. 466. Sekundärauslösung mit Relais.

Jeder Überstromschutz soll selektiv wirken, d. h. er soll nur den kranken Teil zur Abschaltung bringen. In dem Radialnetz nach Abb. 439 läßt sich dies mit Schmelzsicherungen nur dadurch erreichen, daß man die Sicherungen nach der Größe ihrer Nennstromstärke staffelt. Trotzdem wird es bei Kurzschlüssen vorkommen, daß außer der der Kurzschlußstelle voraufgehenden Sicherung noch weitere durchbrennen. Mittels der betrachteten Auslösungen läßt sich ebenfalls eine Zeitstaffelung vornehmen, derart, daß die Auslösezeit um so geringer eingestellt wird, je weiter der Schalter von dem Kraftwerk entfernt ist. Die Zahlen in Abb. 439 sollen die Auslösezeiten in Sekunden angeben. Parallele Leitungen (Abb. 467) können mit den erwähnten Auslösungen nicht hinreichend geschützt werden. Bei einem Kurzschluß an der Stelle x würde zuerst eine Abschaltung dieser Leitung am Kraftwerk eintreten. Da dann aber Strom über die zweite Leitung zur Kurzschlußstelle fließt, kommt auch diese gesunde Leitung zur Abschaltung. Man kann sich dadurch helfen, daß man statt der

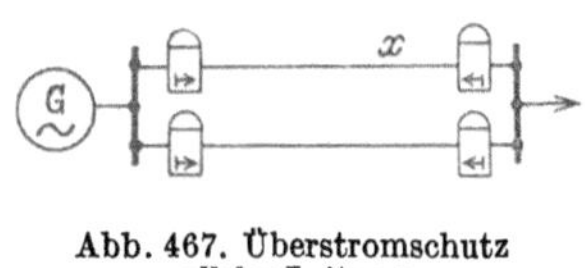

Abb. 467. Überstromschutz paralleler Leitungen.

betrachteten neutralen Relais, die auf jede Stromrichtung in gleicher Weise wirken Richtungsrelais benutzt. Diese wirken wie ein Wattstundenzähler und lösen nur bei einer bestimmten Energieflußrichtung aus. (In Abb. 467 ist die Richtung, bei welcher sie auslösen können durch einen Pfeil angegeben.) Der Kurzschluß x wird nun zuerst den Schalter am Leitungsanfang auslösen, und wenn nun Rückstrom über die benachbarte Leitung zur Kurzschlußstelle fließt, wird die Leitung x am Ende abgeschaltet, weil diese auf eine kürzere Zeit eingestellt ist. Die benachbarte gesunde Leitung bleibt daher im Betrieb. In entsprechender Weise läßt sich ein Ringnetz nach Abb. 440 schützen. Wenn z. B. an der Stelle x ein Kurzschluß auftritt, kommt bei den eingeschriebenen Abschaltzeiten nur das kranke Stück x zur Abschaltung. Man bezeichnet diese Staffelung als gegenläufige Zeitstaffelung. Bei ihr sind jedoch Fehlschaltungen nicht ganz ausgeschlossen, weil in unmittelbarer Nähe der Kurzschlußstelle die Spannung derart absinkt, daß die richtige Wirkung des Richtungsrelais in Frage gestellt ist. In vermaschten Netzen ist diese Gefahr noch größer, und daher gelingt bei ihnen eine selektive Abschaltung nur mit den Scheinwiderstandsrelais (Impedanzrelais) oder Distanzrelais. In diesem Relais wirkt ein Stromglied und ein Spannungsglied in gegensätzlicher Richtung auf die Auslösung. Bei Eintritt eines Kurzschlusses beeinflußt daher nicht nur der vergrößerte Strom, sondern auch die verkleinerte Spannung die Auslösung, es ist also die Impedanz (Spannung : Strom) maßgebend, die mit der Distanz von der Kurzschlußstelle wächst.

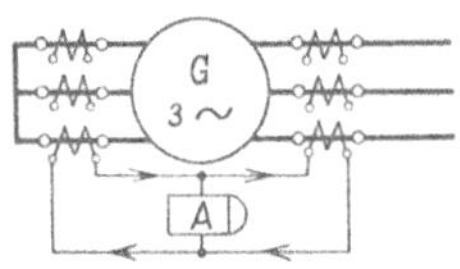

Abb. 468. Differentialschutz eines Generators.

469 a

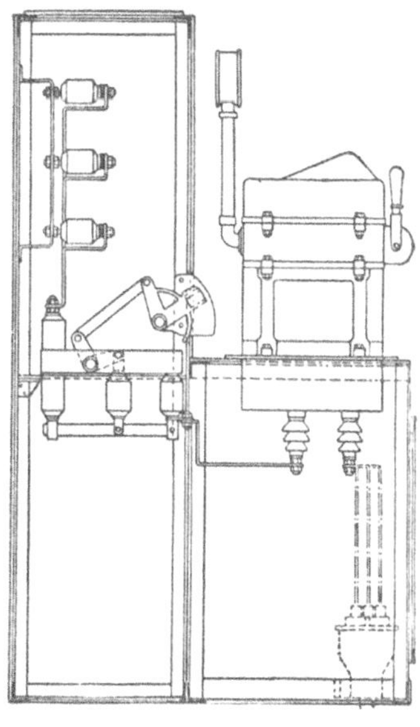
469 b

Abb. 469. Hochspannungs-Verteilungspunkt (V. u. H.).

Für einzelne Leitungen, Generatoren oder Transformatoren ist der Differentialschutz (Merz und Price) von Wichtigkeit. Abb. 468 stellt ihn in Anwendung auf einen Generator dar. Die Sekundärwicklungen der vor und hinter dem Generator liegenden Stromwandler sind in Reihe geschaltet. Sobald eine Differenz zwischen den Strömen vor und hinter der Wicklung auftritt, muß das Relais auslösen. Der Differentialschutz schützt also vor inneren Störungen, die durch den übrigen Überstromschutz nicht erfaßt werden.

Die Verteilungspunkte. Das in Abb. 444 dargestellte Fabriknetz enthält eine ganze Anzahl Verteilungspunkte. Mehrere benachbarte Hochspannungsmotoren erhalten zweckmäßig eine gemeinsame Zuleitung mit einem Verteilungspunkt V_1. Ein solcher wurde früher nach Art der Schaltanlagen in Schalthäusern aufgebaut. Heute bevorzugt man geschlossene, schrankartige Verteilungen, die wenig Raum beanspruchen, ohne Gefahr bedient werden können und gegen Staub geschützt sind. Abb. 469 veranschaulicht eine derartige Anlage in Ansicht und Schnitt. Sehr zweckmäßig sind auch die durch Abb. 470 dargestellten ausfahrbaren Schaltschränke, die ein gefahrloses Arbeiten bei Reparaturen ermöglichen. Der Schaltwagen kommt erst wieder unter Spannung, wenn sich beim Einfahren die drei Messerkontakte schließen.

Verteilungen für mittlere und kleine Motoren (bis 500 V, V_2 in Abb. 444) werden heute nicht mehr auf Marmortafeln untergebracht, sondern in gußeisengekapselter Form hergestellt. Dies hat den Vorteil, daß die Geräte vor Staub und Feuchtigkeit geschützt sind, daß sie sich auf geringem Raum und selbst in Ecken unterbringen lassen, daß sie sich durch Ansetzen von Verteilungskasten beliebig vergrößern lassen, und daß eine gefahrlose Bedienung gewährleistet ist. Derartige Verteilungen wird man in jedem Fabrikgebäude, welches zahlreiche Motoren enthält, errichten müssen. Bei größeren Motorleistungen kann sogar die Anlage mehrerer Verteilungspunkte zweckmäßig sein. Meist wird bei dem Anschluß der Verteilungen das Radialsystem bevorzugt, weil es einfach und billig ist. Wo der Betrieb eine erhöhte Sicherheit erfordert, ist es jedoch zweckmäßig, wichtigen Verteilungspunkten Spannung von mehreren Transformatorenstationen zuzuführen, oder Verbindungskabel zwischen den Verteilungspunkten zu legen. Derartige Ringverbindungen können im normalen Betrieb offen sein und werden nur bei Störungen in der direkten Stromzufuhr in Benutzung genommen. Der Aufbau der Schaltanlage ist derart, daß an einen zusammengesetzten Sammelschienenkasten nach oben oder unten Schaltkasten, Sicherungs- oder Trennschalterkasten, Zähler, Stecker oder dgl. angesetzt werden. Die Schalter erhalten meist Überstromauslösung (Abb. 471). Nur bei kleinen Leistungen werden noch Schmelzsicherungen verwandt. Die Zuleitung zu den Sammelschienen brauchte eigentlich an dieser Stelle keinen Schalter. Es ist jedoch aus betrieblichen Gründen zweckmäßig, sie über einen Schalter zu führen; notwendig ist es, wenn die Verteilung mehrere Zuleitungen besitzt. Kleinere Motoren werden zu Gruppen zusammengefaßt (siehe Abb. 445). Ihre gemeinsame Zuleitung muß gesichert sein. Man wird also bei kleineren Leistungen einen Sicherungskasten, bei großen Leistungen einen Schaltkasten mit Überstromauslösung in den Sammelschienenabzweig legen. Größere, oder besonders wichtige Motoren erhalten ihren eigenen Abzweig. Steht der Motor in geringer Entfernung vom Verteilungspunkt, so kann der Verteilungsschalter unmittelbar als Motorschalter benutzt werden. Bei größerer Entfernung ist außer dem am Motor angeordneten Motorschalter im Verteilungszweig ein Sicherungskasten oder ein Schaltkasten erforderlich. Noch vorteilhafter ist es, den Schaltkasten der Verteilung mit Fernsteuerung zu versehen und vom Motor aus mittels Druckknopfs zu schalten. Antriebsmotoren, welche aus Sicherheitsgründen doppelt vorhanden sind, dürfen nicht an einen und denselben Abzweig gelegt werden, damit bei einer

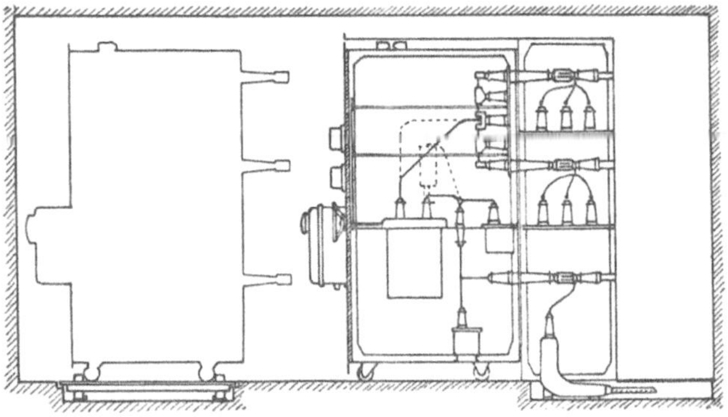

Abb. 470. Schaltwagen (AEG.).

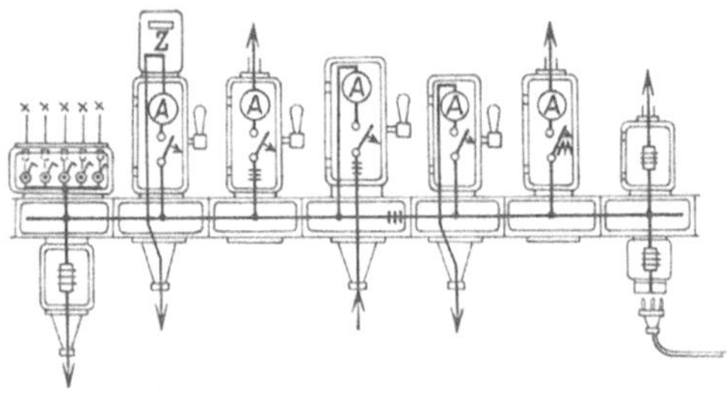

Abb. 471. Gußgekapselte Verteilung.

Störung im elektrischen Teil nicht beide Antriebe stilliegen. Licht und Kraft wird im Fabrikbetrieb meist von gemeinsamen Sammelschienen abgezweigt, weil es einfacher ist und Schwankungen des Lichts weniger beachtet werden. Die Betriebssicherheit fordert jedoch, daß die Lichtabzweige so gewählt werden, daß sie bei Störungen im Kraftbetrieb möglichst nicht beeinflußt werden. Bei Wahl der genormten Verteilungsspannung 380/220 V können die Motoren an 380 V, die Lampen zwischen Außen- und Nulleiter an 220 V angeschlossen werden. Da diese geringe Motorverteilungsspannung für große Betriebe unwirtschaftlich sein kann, wird häufig noch 500 V angewandt. In diesem Falle muß auf die Beleuchtungsspannung herabtransformiert werden (T_3 in Abb. 444). Abb. 472 veranschaulicht, wie man den Lichttransformator mit der zugehörigen Hauptverteilung für Licht zusammenbauen kann. Es ist jedoch auch möglich, gekapselte Verteilungen zu benutzen und den Transformator getrennt, in geschützter Lage anzubringen. Die letzten Verteilungen der Beleuchtungsanlage (V_3 in Abb. 444) werden meist in Gußkapselung nach Abb. 471 mit Installationsselbstschaltern ausgeführt, wobei der Nennstrom der Abzweige bei Lampen mit Normalgewinde maximal 6 A, bei Lampen mit Großgewinde maximal 25 A ist. Die Betriebssicherheit erfordert, daß diese Verteilungskasten in wichtigen Betrieben (z. B. Kesselhäuser) an verschiedene Zuleitungen gelegt werden, damit bei Störungen nicht das ganze Gebäude dunkel ist.

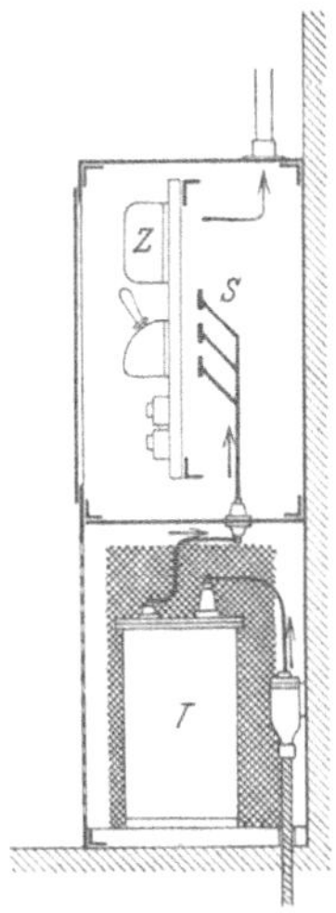

Abb. 472. Lichtverteilungspunkt.

C. Beleuchtungstechnik.

Die Güte einer Beleuchtung hängt von der Beleuchtungsstärke, von der Schattigkeit, von der Gleichmäßigkeit, von dem Grad etwaiger Blendung und schließlich auch in geringem Maße von der Farbe des Lichtes ab.

Die Beleuchtungsstärke. Eine Beleuchtungsanlage würde einen zu hohen Leistungsbedarf haben, wenn man die Beleuchtungsstärke überall gleich machen wollte, weil sie sich dann nach den hohen Lichtanforderungen zu richten hätte, welche vielleicht nur an wenigen Arbeitsplätzen gefordert werden und berechtigt sind. Man unterscheidet daher zwischen einer schwächeren Allgemeinbeleuchtung und einer stärkeren Arbeitsplatzbeleuchtung. Die Beleuchtungsstärke der Allgemeinbeleuchtung ist in einer Werkstätte so zu wählen, daß ein gefahrloser Betrieb gesichert ist und die allgemeinen Montagearbeiten ausgeführt werden können. Die Arbeitsplatzbeleuchtung richtet sich nach der Art der Arbeit. Sehr feine Arbeiten erfordern ebenso eine höhere Beleuchtungsstärke, wie solche mit geringem Kontrast (z. B. schwarze Fäden auf schwarzem Stoff). Da eine Steigerung der Beleuchtungsstärke gegenüber den früher üblichen zu höheren Arbeitsleistungen führt, empfiehlt die Deutsche Beleuchtungstechnische Gesellschaft die folgenden Werte:

Beleuchtungsstärken für Arbeitsstätten und Schulen.

Art der Arbeit	Reine Allgemeinbeleuchtung			Arbeitsplatzbeleuchtung und Allgemeinbeleuchtung		
	Mittlere Beleuchtungsstärke		Beleuchtungsstärke der ungünstigsten Stelle	Arbeitsplatzbeleuchtung	Allgemeinbeleuchtung	
	Mindestwert Lx	Empfohlener Wert Lx	Mindestwert Lx	Beleuchtungsstärke der Arbeitsstelle Lx	Mittlere Beleuchtungsstärke Lx	Beleuchtungsstärke der ungünstigsten Stelle Lx
grob	20	40	10	50—100	20	10
mittelfein ..	40	80	20	100—300	30	15
fein	75	150	50	300—1000	40	20
sehr fein ...	150	300	100	1000—5000	50	30

Für Wohnräume wird als mittlere Beleuchtungsstärke ein Mindestwert von 20 Lx gefordert und bei hohen Ansprüchen ein Höchstwert von 150 Lx empfohlen, wobei im ersteren Fall an keiner Stelle die Beleuchtungsstärke unter 10 Lx und im zweiten

Falle unter 50 Lx betragen soll. Für Straßen und Plätze würden je nach der Verkehrsstärke die entsprechenden mittleren Beleuchtungsstärken 1 und 30 Lx und die dabei geforderten Mindestbeleuchtungsstärken 0,2 und 4 Lx sein.

Der Unterschied zwischen der Beleuchtungsstärke der Arbeitsplatzbeleuchtung und derjenigen der Allgemeinbeleuchtung darf nie zu groß sein, weil sonst das bewegte Auge bei dem ständigen Wechsel zwischen starker und schwacher Beleuchtung schnell ermüden würde.

Die Schattigkeit. Man versteht darunter das Verhältnis der Beleuchtungsstärke eines Gegenstandes, wenn man die direkten Strahlen abblendet zu derjenigen ohne Abschattung. Bei der Arbeitsbeleuchtung wird eine Schattigkeit von mindestens 0,2 und bei Verkehrs- und Arbeitsflächen von höchstens 0,8 gefordert. Während beim Zeichnen auf ebener Fläche die Schattigkeit nur stört, spielt sie für das Erkennen körperlicher Gegenstände eine wichtige Rolle. (Ein aus den Walzen austretendes glühendes Profileisen kann kaum erkannt werden, weil Schatten fehlen!) Die Schattigkeit ist um so größer, je mehr direkte und je weniger indirekte Lichtstrahlen die beleuchtete Fläche treffen. Man unterscheidet daher gewöhnlich zwischen direkter, halbindirekter und indirekter Beleuchtung, wie Abb. 473 zeigt. Die letztere hat wegen der mehrfachen Reflexion des Lichts an der Decke und den Wänden natürlich einen geringeren Wirkungsgrad.

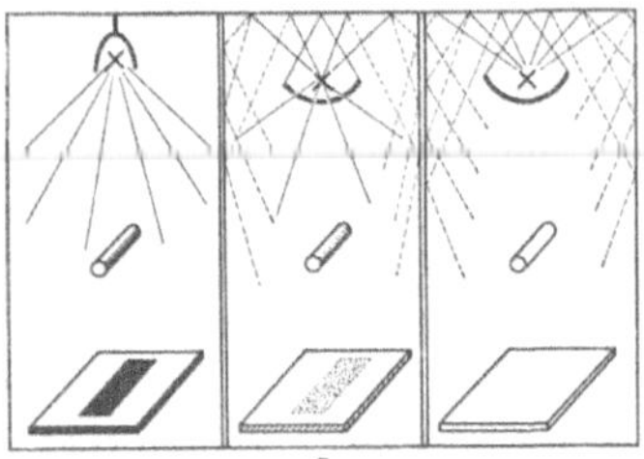

Abb. 473. Direkte, halbindirekte und indirekte Beleuchtung.

Die Gleichmäßigkeit. Man versteht darunter das Verhältnis der kleinsten zur größten Beleuchtungsstärke (siehe Abb. 478). Sie sollte nach Möglichkeit dem Wert 1 angenähert werden, mindestens aber so hoch sein, daß keine das Sehen störenden Beleuchtungsunterschiede vorhanden sind. Bei Straßenbeleuchtungen findet man häufig nur eine Gleichmäßigkeit von 1 : 100 bis 1 : 10.

Die Blendung. Das Auge vermag sich durch Änderung der Weite der Pupille (Blende) den wechselnden Beleuchtungen anzupassen (Adaptation). Im Sonnenschein ist die Pupille sehr eng (2 mm), während sie sich in einem dunklen Raum weit öffnet (8 mm). Diese für das gute Sehen sehr wichtige Anpassung hat jedoch zur Folge, daß wir die Beleuchtungsstärke sehr mangelhaft schätzen können. Die Beleuchtungsstärke der Sonne, welche bis zu 100000 Lx erreicht, ist z. B. etwa 500000mal größer als diejenige des Vollmondes. Eine weitere Begründung für die mangelhafte Fähigkeit der Beleuchtungsschätzung ist durch das Fechnersche Gesetz gegeben, welches besagt, daß die Stärke der Empfindung nicht der Reizstärke proportional ist, sondern mit dem Logarithmus derselben wächst, d. h. die Empfindung ist bei starken Reizen im Verhältnis geringer. Zur Beurteilung der Reizstärke dient die Leuchtdichte, d. i. die Anzahl Hefnerkerzen, welche von einem cm^2 senkrecht ausgestrahlt werden. Ihre Einheit ist das Stilb (abgekürzt 1 Sb). Beträgt die Leuchtdichte mehr als etwa 0,6 Sb, so ist die Reizung der Netzhaut bereits so groß, daß bei Schließung des Auges ein Nachbild bleibt. Es ist also Blendung eingetreten (Infeldblendung). Blendung kann jedoch auch dann eintreten, wenn man einen mäßig beleuchteten Gegenstand betrachtet, während ein hellerer Körper (Lichtquelle) sich am Rande des Blickfeldes befindet (Umfeldblendung). In diesem Falle wird durch die seitliche Lichtfülle die Pupille verengt und damit allgemein der Lichteintritt herabgesetzt. Von einer guten Beleuchtungsanlage muß gefordert werden, daß weder die Lichtquellen selbst, noch die beleuchteten Gegenstände durch Rückstrahlung zu einer Blendung Veranlassung geben. Um dies zu erreichen, werden die Lichtquellen entweder aus dem Blickfeld gerückt oder durch streuende Stoffe oder undurchsichtige Reflektoren abgeschirmt. Da die Blendung der häufigste Fehler bei Beleuchtungsanlagen ist, sollen im folgenden einige Beispiele betrachtet werden.

In Abb. 474 sind zwei Möglichkeiten einer Schraubstockbeleuchtung angedeutet. Die an einem drehbaren Arm angebrachte Leuchte mit Reflektor hat den Vorzug, daß man sie dicht an das

Werkstück heranbringen kann, daß man demnach mit einer geringen Lampenleistung auskommt. Um eine Blendung durch die Glanzlichter des Werkstückes zu vermeiden, muß die Lampe mattiert sein.

Die Beleuchtung von Tafeln oder Meßgeräten erfolgt zweckmäßig nach Abb. 475, wobei die Leuchte nicht zu dicht vor der Tafel stehen darf, weil sonst die Gleichmäßigkeit ungenügend ist. Eine Verbesserung kann, wie gestrichelt angedeutet, durch eine untere rückstrahlende Fläche erzielt werden, wenn deren Wirksamkeit nicht durch Schmutz in Frage gestellt wird.

Auch bei Tageslicht kommen zuweilen Blendungen vor, wie Abb. 476 zeigt. Der durch das Fenster eintretende Lichtstrom wird derart blenden, daß die schwächer beleuchtete Arbeitsfläche nicht mehr klar gesehen werden kann.

Um zu beurteilen, ob bei einer Anlage Blendung vorliegt, schirme man mit der Hand oder einem Schirm die Lichtquelle oder auch einen hell erleuchteten Gegenstand ab. Wenn man dann besser sieht oder gar das Gefühl eines angenehmeren Sehens hat, liegt Blendung vor.

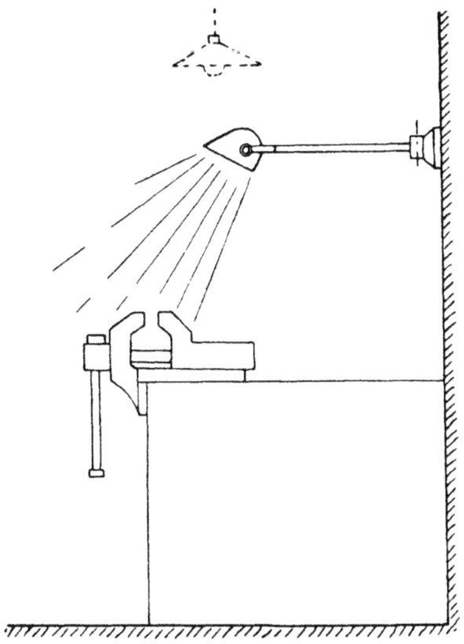

Abb. 474. Schraubstockbeleuchtung.

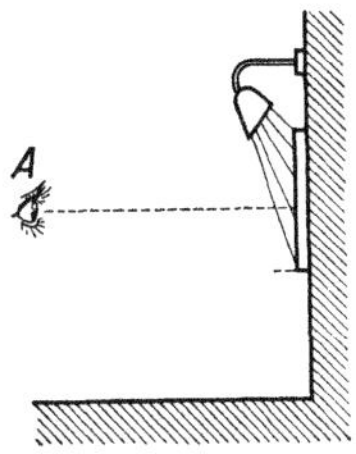

Abb. 475. Tafelbeleuchtung.

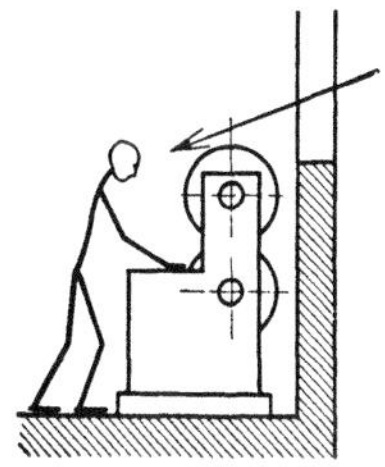

Abb. 476. Blendung durch ein Fenster.

Abb. 477 veranschaulicht noch die Beleuchtung einer Filterpresse, welche in chemischen Fabriken zum Filtrieren größerer Flüssigkeitsmengen dient. Gewöhnlich sind mehrere Pressen in Reihen aufgestellt. Die starken Lampen A in den Gängen dienen nicht nur der Allgemeinbeleuchtung, sondern sie erlauben auch die Überwachung der Ausflüsse. Jede Trübung muß sofort erkannt werden. Es wäre beleuchtungstechnisch am richtigsten, wenn man hinter der Reihe der Ausflüsse Lichtquellen anbringen würde. Der bei der Reinigung hier herausfallende Schlamm läßt dies aber kaum zu. Außer den Lampen A sind noch bewegliche Lampen B vorgesehen, weil bei der Reinigung und beim Auswechseln der Filtertücher nur ein geringer Spalt zwischen den Filterplatten hergestellt wird, in welchen von den Lampen A nicht genügend Licht fällt. Das vorstehende Beispiel soll zeigen, wie eine Beleuchtung sich in jedem Falle dem Betrieb und der Arbeitsweise anzupassen hat.

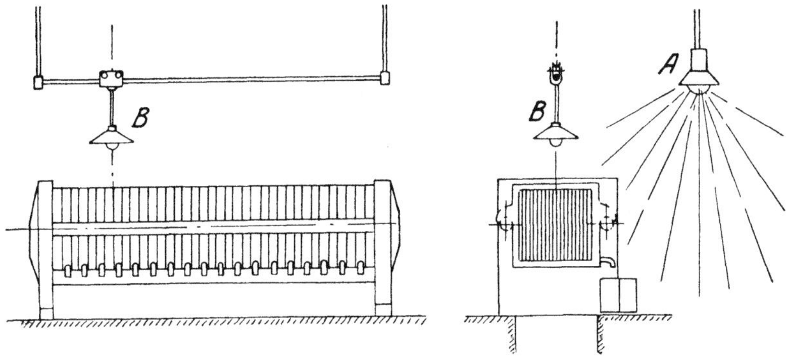

Abb. 477. Beleuchtung einer Filterpresse.

Die Bestimmung der Lampengröße. Als Ausgangspunkt dient die gewünschte Beleuchtungsstärke. Handelt es sich um direkte Beleuchtung, wie sie bei Straßen und Plätzen vorkommt, so zeichnet man sich nach Abb. 478 die Lichtverteilungslinie, wie sie durch die Leuchten bestimmt ist, auf. Aus ihr läßt sich die nach einem Punkte A ausgestrahlte Lichtstärke I abgreifen, und zwar gewöhnlich unter der Annahme, daß eine Lampe von 1000 Lumen Lichtstrom vorhanden ist (siehe S. 66). Die im Punkte A erzeugte Beleuchtungsstärke ist dann $E = I \cdot \cos\alpha : r^2$. Diese Beziehung läßt sich bei Einführung der Lichtpunkthöhe $h = \overline{BL}$ umformen in $E = I \cdot \cos^3\alpha : h^2$, welche für die Rechnung bequemer ist. Die Beleuchtungsstärke läßt sich auch nach Abb. 478 in der Strecke $\overline{CL}$

zeichnerisch finden, wobei man allerdings durch eine einmalige Rechnung den Maßstab ermitteln muß. Indem man sich die von den einzelnen Leuchten erzeugten Beleuchtungsstärken aufzeichnet und addiert, erhält man die Gesamtbeleuchtung, deren mittlere oder geringste Stärke dem gewünschten Wert entsprechen soll. Tut sie dies nicht, so ist der Lichtstrom der angenommenen Lampe im Verhältnis der gewünschten Beleuchtungsstärke zur gefundenen abzuändern. Die Gleichmäßigkeit der Beleuchtung hängt von der Lichtpunkthöhe, dem Lampenabstand und der Lichtverteilungslinie ab. Ein Breitstrahler wird eine größere Gleichmäßigkeit ergeben, ebenso wird auch durch Verringerung des Abstandes und Vergrößerung der Lichtpunkthöhe die Verteilung gleichmäßiger.

Bei der Bestimmung der Lampengröße für geschlossene Räume muß im allgemeinen die Rückstrahlung der Decke und der Wände berücksichtigt werden, daher ist hier ein anderes Verfahren üblich. Soll die Grundfläche F des Raumes (Meßebene 1 m über dem Boden) eine mittlere Beleuchtungsstärke E erhalten, so ist hierzu ein Nutzlichtstrom $\Phi_2 = F \cdot E$ erforderlich. Der durch die Lampen erzeugte Lichtstrom Φ_1 muß größer sein, weil bei der Reflexion Lichtverluste auftreten, welche um so größer sind, je dunkler Decke und Wände sind. Nennt man das Verhältnis $\eta = \Phi_2 : \Phi_1$ den Wirkungsgrad der Beleuchtung, welcher durch Messungen bekannt ist, so läßt sich der Lichtstrom $\Phi_1 = \Phi_2 : \eta$ berechnen. Der Wirkungsgrad ist bei dunklen Decken und Wänden am geringsten (etwa 0,1) und bei hellen Decken und Wänden und halbindirekter Beleuchtung am besten (etwa 0,5). Der gefundene Lichtstrom ist auf die für den Raum angenommene Lampenzahl zu verteilen, worauf man die Lampenleistung aus einer Lampentabelle auswählen kann. In Ermangelung einer solchen kann man auch von der Lichtausbeute der Lampen ausgehen. Man versteht unter der Lichtausbeute die Anzahl Lumen Lichtstrom, welche von einem Watt Leistung erzeugt werden. Die Lichtausbeute beträgt bei kleinen Lampen etwa 10 Lm/W und erreicht bei großen Lampen 20 Lm/W. Zur Erzielung einer guten Gleichmäßigkeit darf die Lampenzahl nicht zu gering gewählt werden. Andererseits verbietet sich eine zu hohe Lampenzahl durch die erhöhten Anlage- und Betriebskosten.

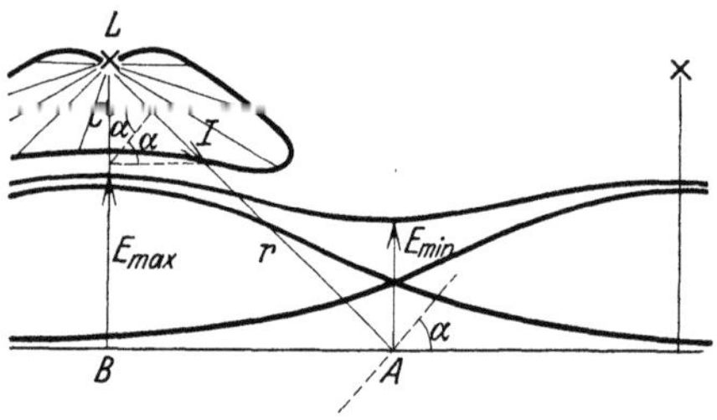

Abb. 478. Bestimmung der Bodenbeleuchtung.

XVII. Der elektromotorische Antrieb.

A. Die Entwicklung der Antriebe.

Als man um das Jahr 1900 in größerem Umfang begann, Werkzeug- und Hebemaschinen elektromotorisch anzutreiben, geschah dies einfach in der Weise, daß man an die Stelle der früheren Dampfmaschine oder dgl. einen Elektromotor setzte, wobei die bis dahin benutzten Transmissionen und Getriebe beibehalten wurden. Erst später zerlegte man die langen Wellenstränge in einzelne Gruppen mit eigenem elektrischen Antrieb, und zwar derart, daß möglichst solche Maschinen eine Gruppe bildeten, welche gleichzeitig benutzt wurden. Dieser Gruppenantrieb ist in neuerer Zeit durch den Einzelantrieb und den Mehrmotorenantrieb abgelöst worden. Abb. 479 zeigt an dem Beispiel eines Fräswerks den Einzelantrieb und den einfacheren Mehrmotorenantrieb. Diese Entwicklung ist noch nicht abgeschlossen. Vielmehr beobachtet man, wie Bingel[1] zeigt überall ein Hinwandern des Elektromotors zum Werkstück, womit meistens eine Auflösung des Energiestromes in einzelne Teilströme verbunden ist (Mehrmotorenantrieb gegen Einzelantrieb). Die Energieerzeugung hat in dieser Zeit eine gegenläufige Wanderung vollzogen. Die Dampfmaschine ist nicht nur aus der Werkstätte und Fabrik, sondern meist auch aus der Stadt verschwunden und findet sich nun in riesenhafter Leistung zusammengefaßt in einzelnen Großkraftwerken. Die Gründe für diese Entwicklung sind ebenfalls wirtschaftlicher Art. Wir haben bereits mehrfach festgestellt, daß eine elektrische Maschine relativ um so leichter und billiger hergestellt werden kann, je größer ihre Leistung ist, und daß zudem der Wirkungsgrad der großen Maschine ein höherer ist. Ähnliches gilt auch für die Dampfmaschine. Da es weiterhin möglich war, die Kraftwerke auch mit hoher Benutzungsdauer zu betreiben, war die Zusammenfassung zu Großkraftwerken eine wirtschaftliche Notwendigkeit. Man möchte nun annehmen,

[1] Z. V. d. I. 1930 S. 848.

daß aus dem gleichen Grunde auch der antreibende Elektromotor, für den dieselbe Gesetzmäßigkeit gilt, zu immer größeren Leistungen zusammengefaßt werden müßte, während die Erfahrung genau das Gegenteil lehrt. Menschliche Arbeitsstätten zeigen immer eine starke Verteilung und werden einen um so breiteren Raum einnehmen, je besser die Verkehrsmöglichkeiten werden. Die Umwandlung der aus den Großkraftwerken empfangenen elektrischen Energie in die meist gebrauchte mechanische Energie würde bei einzelnen großen Elektromotoren daher lange mechanische Energieleitungen zur Folge haben. Schon eine überschlägliche Nachrechnung der Kosten einer mechanischen und einer gleichwertigen elektrischen Energieübertragung lehrt jedoch, daß die elektrische der mechanischen weit überlegen ist. Außerdem ist die mechanische Energieleitung einfach nur in gerader Richtung möglich. Die Verringerung der Kosten ist es also, welche die Umwandlungsstelle der elektrischen in die mechanische Energie immer weiter zur Arbeitsstelle verschiebt, wozu jedoch noch die nachfolgend genannten Vorteile hinzutreten: Eine jede Arbeitsmaschine stellt zu ihrer wirtschaftlichen Ausnutzung bestimmte Anpassungsforderungen an den Antrieb, die ein Gemeinschaftsantrieb niemals erfüllen kann, die aber bei Einzelantrieb und in erhöhtem Maße bei Mehrmotorenantrieb voll befriedigt werden können. Die Aufstellung der Maschinen wird frei von der Energiezufuhr und kann so erfolgen, wie es ein wirtschaftlicher Betrieb erfordert, wobei die Werkstätten übersichtlicher, heller und leistungsfähiger werden. Die Verringerung des Wirkungsgrades der vielen kleinen Motoren gegenüber wenigen großen wird dadurch ausgeglichen, daß diese kleinen Motoren meist gut belastet sind, was bei Gemeinschaftsantrieb keineswegs der Fall ist, und daß ein Leerlauf vermieden werden kann. Zusammenfassend kann man also sagen, daß es lediglich die höhere Wirtschaftlichkeit war, welche zu der geschilderten Entwicklung geführt hat. Anfangs begnügte man sich damit, einen Motor zu bauen und zu verwenden, dessen Wirkungsgrad bei der angegebenen Nennleistung ein Höchstmaß hatte. In der Folge erkannte man jedoch, daß diese Zahl belanglos gegenüber dem Jahreswirkungsgrad des Motors im wirklichen und wechselnden Betriebe ist. Späterhin war es die Anpassung des Motors an die Arbeitsmaschine, welche für den Gesamtbetrieb das Höchstmaß an Wirtschaftlichkeit forderte. So hebt sich das Streben zur Wirtschaftlichkeit aus der engen Beschränkung auf den Motor nach und nach auf höhere Ebenen, um schließlich selbst den arbeitenden Menschen als wichtigen Betriebsfaktor in Rechnung zu stellen.

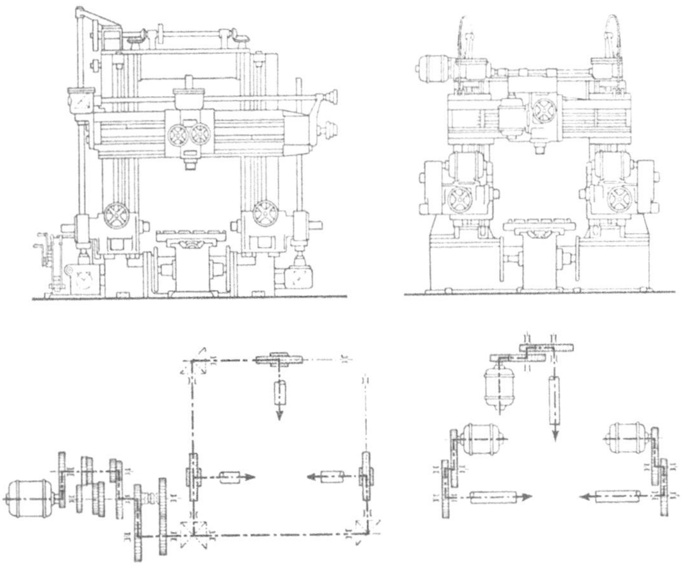

Abb. 479. Vergleich zwischen Einmotoren- und Mehrmotorenantrieb.

B. Die Betriebsarten.

Die Regeln für elektrische Maschinen (REM) unterscheiden in zeitlicher Hinsicht verschiedene Betriebsarten (siehe Abb. 480):

Dauerbetrieb (DB), bei welcher die Betriebszeit so lang ist, daß der Motor die Beharrungs-Endtemperatur erreicht (z. B. Pumpen, Transmissionen).

Kurzzeitiger Betrieb (KB). Auf eine kurze Betriebszeit folgt eine Stillstandszeit, in der sich der Motor wieder auf die Umgebungstemperatur abkühlen kann (z. B. Schleusenmotor). Nennleistung oder Zeitleistung ist hierbei die Leistung, welche der Motor während der vereinbarten Zeit abgeben kann, ohne die vorgeschriebene Grenztemperatur zu überschreiten (z. B. 10 kW — 30 min).

Aussetzender Betrieb (AB). Einschaltzeiten (t_a) wechseln mit Ruhezeiten (t_r), wobei die Spielzeit ($t_a + t_r$) 10 Minuten nicht übersteigen soll. Die Temperatur kann also in den Ruhepausen nicht auf die der Umgebung abfallen. Das Verhältnis der Einschaltzeit zur Spieldauer $t_a : (t_a + t_r)$ nennt man die relative Einschaltdauer. Als Normalwerte der relativen Einschaltdauer gelten 15% (wenig benutzte Kranmotoren), 25% (normale Werkstattkrane) und 40% (Hüttenwerkskrane). Ein Kranmotor würde z. B. eine relative Einschaltdauer von 25% haben, wenn durchschnittlich auf eine Einschaltzeit von 10 s eine Ruhepause von 30 s folgt. Unter Nennleistung oder Aussetzleistung versteht man in diesem Falle diejenige Leistung, welche mit der angegebenen Einschaltdauer beliebig lange abgegeben werden kann, ohne daß die Grenztemperatur überschritten wird.

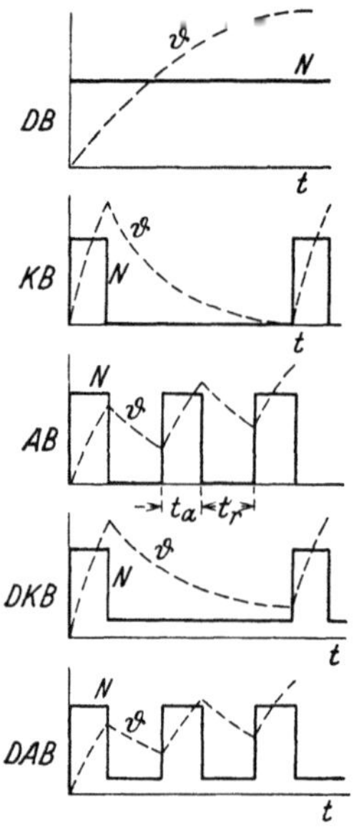

Abb. 480. Betriebsarten.

Dauerbetrieb mit kurzzeitiger Belastung (DKB). Er unterscheidet sich von dem kurzzeitigen Betrieb dadurch, daß nach der Belastung nicht Stillstand, sondern Leerlauf des Motors eintritt. Der Motor ist also dauernd im Betrieb und kühlt sich während der Leerzeit nicht auf die Temperatur der Umgebung, sondern auf die dem Leerlauf entsprechende ab.

Dauerbetrieb mit aussetzender Belastung (DAB) unterscheidet sich vom aussetzenden Betrieb dadurch, daß nach der Belastung nicht Stillstand, sondern jeweils Leerlauf eintritt. Das Verhältnis der Belastungszeit zur Spieldauer ist die relative Einschaltdauer.

Bei allen Betriebsarten hat der antreibende Elektromotor zwei Hauptbedingungen zu erfüllen: 1. Er darf sich nicht über die in den REM festgesetzten Grenztemperaturen hinaus erwärmen, 2. er muß das von der Arbeitsmaschine verlangte Drehmoment bei einer bestimmten Drehzahl entwickeln können. Im allgemeinen ist die Erwärmungsbedingung die bestimmende, weil meistens bei der Nennleistung, durch die der Motor gekennzeichnet ist, die Temperaturgrenze bereits erreicht ist, nicht aber die Grenze des Drehmomentes, das Kippmoment. Die REM verlangen, daß Motoren für Dauerbetrieb mindestens ein Kippmoment gleich dem 1,6fachen Nennmoment und Motoren für aussetzenden Betrieb gleich dem zweifachen Nennmoment haben müssen.

Wenn ein Motor für Dauerbetrieb eine Nennleistung N hat, so heißt dies, daß er bei dauernder Belastung mit N (gewöhnlich erst nach vielen Stunden) eine Beharrungstemperatur gleich der Grenztemperatur annimmt. Derselbe Motor würde im kurzzeitigen Betrieb bei Einschaltzeiten von z. B. 30 min nur eine geringe Temperaturerhöhung zeigen, weil er nach der Belastung genügend Zeit hat, sich wieder völlig abzukühlen, und auch im aussetzenden Betrieb würde er bei der Belastung N wegen der ständig vorkommenden Pausen nicht die Grenztemperatur erreichen. Hieraus geht hervor, daß bei kurzzeitigem und aussetzemdem Betrieb ein Motor höher als im Dauerbetrieb belastet werden kann. Das Verhältnis der oben genannten beiden Bedingungen verschiebt sich hierdurch. Während im Dauerbetrieb die Erwärmungsbedingung die bestimmende war, kann im kurzzeitigen und aussetzenden Betrieb wegen der für kurze Zeit geforderten Höherbelastung, das Drehmoment die Motorgröße bestimmen, zumal für diese Betriebe infolge der Schwierigkeit des Anlaufs meist hohe Momente nötig sind.

C. Die Wechselwirkung zwischen Antriebsmotor und Arbeitsmaschine.

Eine jede Arbeitsmaschine setzt dem Drehmoment des Antriebsmotors ein widerstehendes Moment von gleicher Größe entgegen. Dieses Gegenmoment der Arbeitsmaschine besteht aus drei Teilen: 1. das Drehmoment der Nutzarbeit, 2. das Reibungsdrehmoment und 3. das Drehmoment zur Beschleunigung der Massen. Bei gleichbleibender Drehzahl tritt ein Beschleunigungsmoment nicht auf, es stehen dann also die beiden zuerst genannten Drehmomente mit dem Antriebsmoment im Gleichgewicht. Ein Überwiegen des Antriebsmomentes führt zu einer Beschleunigung, eine Verringerung des Antriebsmomentes zu einer Verzögerung der Arbeitsmaschine.

1. Der elektromotorische Antrieb ohne Berücksichtigung der Massenwirkung.

a) Der stationäre Betrieb. Die Größe des Motordrehmomentes ist im allgemeinen von der Drehzahl abhängig. Dasselbe gilt aber auch häufig für das Drehmoment der Arbeitsmaschine. Ein Hebezeug wird zwar zur Hebung einer bestimmten Last und angenähert auch zur Überwindung der Reibungswiderstände ein Antriebsmoment benötigen, welches bei allen Drehzahlen das gleiche ist, wie Linie *1* in Abb. 481 darstellt. Ventilatoren oder Kreiselpumpen hingegen brauchen bei wachsender Drehzahl ein quadratisch zunehmendes Drehmoment (Linie *2* in Abb. 481). Zur Bestimmung der Antriebsverhältnisse ist es also notwendig, die Drehmomentlinie der Arbeitsmaschine durch Rechnung oder Messung festzulegen. Hierbei wird meist angenommen, daß das Reibungsmoment der mechanischen Teile unabhängig von der Drehzahl konstant bleibt, während das zur Überwindung von Flüssigkeitsreibung aufzuwendende Drehmoment proportional dem Quadrate der Strömungsgeschwindigkeit der Flüssigkeit wächst. Wir erhalten den stationären Betriebspunkt eines Antriebs nun einfach dadurch, daß wir die Drehmomentenlinie des Motors und der Arbeitsmaschine zusammen aufzeichnen, wie dies Abb. 482 z. B. für eine Kreiselpumpe (*2*) und einen Drehstrommotor (*1*) zeigt. Der Schnittpunkt beider Linien gibt die sich einstellende Drehzahl an.

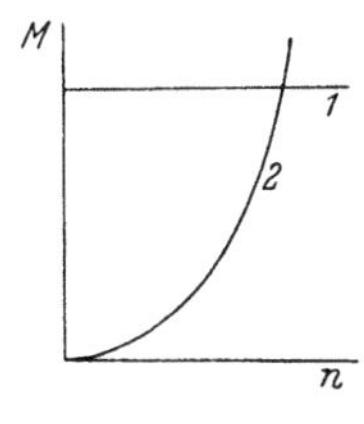

Abb. 481.

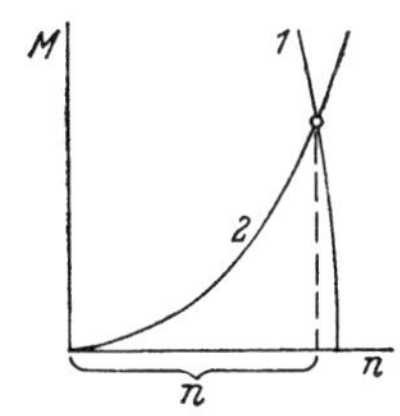

Abb. 482.

Wie bei dem Motor ist auch bei der Arbeitsmaschine mit einem Wirkungsgrad zu rechnen, dessen Größe mit der Belastung sinkt. Schiebeler[1] gibt z. B. für einen normalen Kran den durch Abb. 483 dargestellten Verlauf des mechanischen Wirkungsgrades η_a an. Bei einem Motorwirkungsgrad η_m ergibt sich dann ein Gesamtwirkungsgrad des Antriebs von $\eta = \eta_a \cdot \eta_m$.

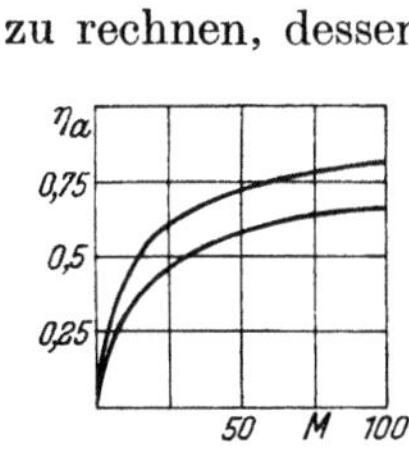

Abb. 483. Mechanischer Wirkungsgrad von Hebezeugwinden.

Wenn das Hubwerk eines Hebezeugs beim Heben den Triebwerkswirkungsgrad η_h hat, wird beim Senken derselben Last ein anderer Wirkungsgrad η_s herrschen. Nach Abb. 484 ist bei der Nutzarbeit A und der Reibungsarbeit A_r beim Heben $\eta_h = A : (A + A_r)$ und beim Senken, bei welchem die Lastarbeit A als antreibende gilt $\eta_s = (A - A_r) : A$, woraus sich ergibt:

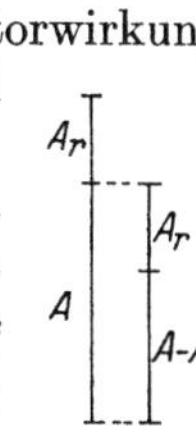

Abb. 484.

$$\eta_s = 2 - \frac{1}{\eta_h}. \tag{201}$$

Bei einem Hubwirkungsgrad $\eta_h = 0{,}7$ würde sich also $\eta_s = 0{,}57$ ergeben und bei einem Hubwirkungsgrad 0,5 ist der Senkwirkungsgrad 0 (Selbstsperrung).

b) Der nichtstationäre Betrieb. Man nennt in der Mechanik einen Zustand stabil, wenn bei einer kleinen Verrückung Kräfte auftreten, welche den ursprünglichen Zustand wieder herzustellen streben. Wenn man eine Kugel in einer Schale anstößt, so wird sie durch die dann auftretenden Kräfte wieder in ihre alte Lage zurückgeführt

[1] Schiebeler: Elektromotoren für aussetzenden Betrieb.

(stabiler Zustand), wenn man aber eine Kugel, die auf einer anderen liegt, anstößt, fällt sie herunter (labiler Zustand). Ein Drehstrommotor mit der Momentenlinie *1* (Abb. 485) treibe eine Maschine mit konstantem Drehmoment an (Linie *2*). Hierbei sind zwei Betriebspunkte A und B möglich. Nimmt man für den Betriebspunkt A einmal an, daß sich die Drehzahl aus irgendeinem Grunde etwas verringere, so ist dann nicht mehr Gleichgewicht zwischen den beiden Drehmomenten vorhanden. Es überwiegt vielmehr das Motormoment, welches die Drehzahl wieder auf den früheren Wert erhöht. Würde anderseits die Drehzahl einmal etwas über den Wert n_a steigen, so würde durch das dabei auftretende Überwiegen des Lastmomentes eine Zurückführung der Drehzahl die Folge sein. Betriebspunkt A ist daher stabil. Die gleiche Überlegung für den Punkt B lehrt, daß hier jede Veränderung der Drehzahl Kräfte auslöst, welche die Veränderung weiter vergrößern. Eine geringe Vergrößerung der Drehzahl n_b würde eine weitere Vergrößerung nach sich ziehen, bis der Betriebspunkt A erreicht ist. Umgekehrt würde eine Verminderung von n_b sich bis zum Stillstand des Motors fortsetzen. Einen weiteren nichtstationären Fall erhält man, wenn man eine Kreiselpumpe (Linie *2*, Abb. 486) durch einen Nebenschlußmotor mit Wendepolen antreibt. Bei einem solchen tritt durch Feldschwächung bei Belastung statt des normalen Drehzahlabfalls zuweilen eine geringe Steigerung auf, die man bekanntlich durch eine zusätzliche Hauptschlußwicklung beseitigen soll. Abb. 486 zeigt nun in Linie *1* etwas übertrieben die Drehzahl eines Wendepolmotors ohne Hauptschlußwicklung, oder auch eines Doppelschlußmotors, dessen Hauptschlußwicklung verkehrt gepolt ist. Auch hier sind zwei Betriebspunkte vorhanden, von denen nach obiger Regel sich A als labil und B als stabil erweist. Hierbei ist es möglich, daß in B der Motor unzulässig hoch belastet wird.

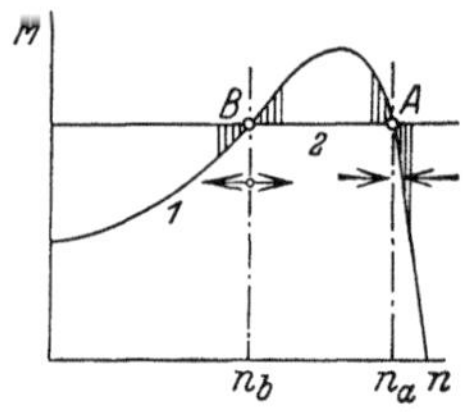

Abb. 485.

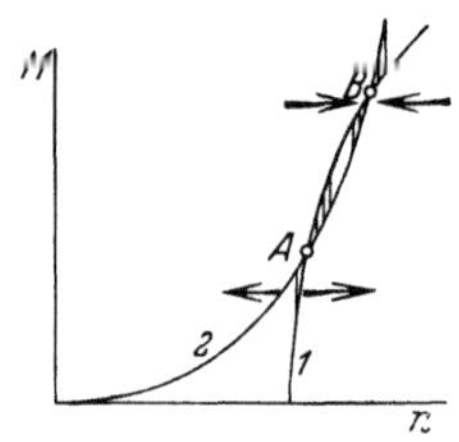

Abb. 486.

2. Der elektromotorische Antrieb mit Berücksichtigung der Massenwirkung.

Um einer Masse $m = G : g$ eine Beschleunigung b zu erteilen, braucht man eine Kraft

$$P = m \cdot b = \frac{G}{g} \cdot b\,. \tag{202}$$

Hierin ist $g = 9{,}81\ \mathrm{m/s^2}$ die Fallbeschleunigung. Zu einer solchen Beschleunigung muß mechanische Arbeit (Kraft mal Weg) aufgewendet werden, die sich am Ende des Vorgangs als Bewegungsenergie in der bewegten Masse vorfindet. Eine konstante Kraft P erteilt während einer Zeit t einer Masse m die konstante Beschleunigung b und bringt sie auf die Geschwindigkeit $v = b \cdot t$. Da die Geschwindigkeit, von Null anfangend, hierbei gleichförmig bis auf den Wert v steigt, herrscht eine mittlere Geschwindigkeit $v_m = v : 2$, und daher wird ein Weg $s = v \cdot t : 2$ zurückgelegt. Die aufgewendete Arbeit $A = P \cdot s$ ist gleich der Bewegungsenergie W und ergibt sich unter Benutzung der vorstehenden Ausdrücke aus Gl. 202 zu

$$W = \frac{m \cdot v^2}{2}\,. \tag{203}$$

Bei geradlinig bewegten Massen ist die vorstehende Beziehung ohne weiteres anwendbar, weil alle Teile derselben dieselbe Geschwindigkeit haben. Dies trifft aber nicht bei rotierenden Massen zu. Hier wächst die Bewegungsenergie der einzelnen Teile mit dem Quadrate der Geschwindigkeit, also mit dem Quadrate der Abstände von der Drehachse. Jedes der Masseteilchen dm hat also eine andere Geschwindigkeit v und eine andere Bewegungsenergie $dm \cdot v^2 : 2$. Drückt man die Geschwindigkeit v durch die Winkelgeschwindigkeit ω, das ist die Umfangsgeschwindigkeit am Radius $r = 1$ aus, so ist $v = r \cdot \omega$ und die Bewegungsenergie dW eines Masseteilchens kann gleich $dm \cdot r^2 \cdot \omega^2 : 2$ gesetzt werden. Die Energie des ganzen Körpers ist die Summe aller Teilenergien, also

$$W = \int \frac{dm \cdot r^2 \cdot \omega^2}{2} = \frac{\omega^2}{2} \cdot \int dm \cdot r^2 .$$

Der letzte Summenausdruck ist nur durch die Abmessungen und das Gewicht des Drehkörpers bestimmt und wird sein Trägheitsmoment $J = \int dm \cdot r^2$ genannt. Die Bewegungsenergie drehender Massen ist demnach:

$$W = \frac{J \cdot \omega^2}{2} . \tag{204}$$

Für eine vollzylindrische Scheibe vom Außenradius r ist das Trägheitsmoment $J = G \cdot r^2 : 2 \cdot g$, worin $g = 9{,}81 \text{ m/s}^2$ und G das Gewicht bedeutet. Für einen Hohlzylinder mit den beiden Radien R und r ergibt sich $J = G \cdot (R^2 + r^2) : 2 \cdot g$.

Für einen schmalen Schwungring kann man in Annäherung annehmen, daß alle Teile dieselbe Geschwindigkeit haben. Rechnet man mit dieser Geschwindigkeit an einem mittleren Radius, so ergibt sich die Bewegungsenergie zu $W = m \cdot v^2 : 2 = G \cdot D^2 \cdot \pi^2 \cdot n^2 : 2 \cdot g \cdot 3600$. Wenn man hierin π^2 gegen g weghebt, ergibt sich:

$$W = \frac{G D^2 \cdot n^2}{7200} . \tag{205}$$

Der Ausdruck GD^2 wird das Schwungmoment des Drehkörpers genannt und dient häufig statt des Trägheitsmomentes zur Rechnung. Auch die Listen über Motoren enthalten gewöhnlich das GD^2, obwohl ein Anker durchaus nicht als schmaler Ring angenommen werden kann. Man hat sich hier den komplizierten Ankerkörper durch einen Ring vom mittleren Durchmesser D und vom Gewicht G, dessen Massenwirkung genau so groß wie die des Ankers ist, ersetzt gedacht. Die Umrechnung zwischen J und GD^2 ergibt sich aus dem Obigen zu:

$$GD^2 = 4 \cdot g \cdot J . \tag{206}$$

Ein Antrieb hat gewöhnlich außer der Masse des Motorankers noch weitere, welche ebenfalls berücksichtigt werden müssen. Wenn derartige Massen mit der gleichen Drehzahl wie der Anker umlaufen, kann ihr GD^2 bzw. ihr J ohne weiteres zu demjenigen des Ankers addiert werden. Es ist aber nicht möglich, dasselbe bei Massen zu tun, die mit anderen Drehzahlen laufen. Wir wollen einen Antrieb voraussetzen, bei welchem der Motoranker ein Schwungmoment $G_m D_m{}^2$ und eine Drehzahl n habe und bei welchem auf einer Vorgelegewelle, deren Drehzahl n_1 ist, sich eine Schwungmasse mit dem Schwungmoment $G_1 D_1{}^2$ befindet. Die Gesamtenergie ist dann

$$W = \frac{G_m D_m{}^2 \cdot n^2}{7200} + \frac{G_1 D_1{}^2 \cdot n_1{}^2}{7200} = \frac{n^2}{7200} \cdot \left(G_m D_m{}^2 + G_1 D_1{}^2 \cdot \frac{n_1{}^2}{n^2} \right).$$

Man kann sich demnach die Schwungmasse der Vorgelegewelle auf die Ankerwelle verschoben denken, wobei ihr Schwungmoment jedoch mit dem Quadrat des Drehzahlverhältnisses vermindert werden muß. Hieraus geht hervor, daß eine Masse um so stärker wirken wird, je höher ihre Drehzahl ist, je näher sie also dem Motor liegt.

Eine gradlinig mit der Geschwindigkeit v bewegte Masse vom Gewichte G läßt sich ebenfalls in ihrer Wirkung als drehende Masse der Motorwelle darstellen. Die Bewegungsenergie des Motorankers und dieser Masse zusammen ist

$$\frac{G_m D_m{}^2 \cdot n^2}{7200} + \frac{G \cdot v^2}{g \cdot 2} = \frac{n^2}{7200} \cdot \left(G_m D_m{}^2 + \frac{G \cdot v^2 \cdot 7200}{2 \cdot g \cdot n^2} \right).$$

Folglich ist

$$\text{das } GD^2 \text{ der auf die Motorwelle reduzierten, gradlinig bewegten Masse} = \frac{365 \cdot G \cdot v^2}{n^2} . \tag{207}$$

a) Der Anlauf bei konstantem Gegenmoment der Arbeitsmaschine. Dieser Fall trifft angenähert bei einer Hebemaschine zu, bei welcher zur Hebung einer bestimmten Last und zur Überwindung der Reibung ein von der Geschwindigkeit unabhängiges, konstantes Drehmoment M_a verlangt wird. Wenn nun der Antriebsmotor im Anlauf so geregelt wird, daß er ein konstantes Drehmoment M_m entwickelt, so steht ein ebenfalls konstantes Drehmoment $M = M_m - M_a$ zur Verfügung, welches eine bestimmte, gleichbleibende Beschleunigung b während der Anlaufzeit t_a zur Folge hat. Die Beziehung zwischen Drehmoment M und Anlaufzeit t_a soll nun entwickelt werden. Nachdem wir alle Schwungmomente sowie etwaige gradlinig bewegten Massen auf die Motorwelle reduziert und als Gesamtschwungmoment GD^2 erhalten haben, denken wir uns an einem Radius $D/2$ die Masse $m = G : g$. Um derselben die Beschleunigung b zu erteilen, ist eine Kraft $P = G \cdot b : g = 2\,M : D$ nötig. Hieraus folgt: $b = 2\,g \cdot M \cdot D : GD^2$. Die Beschleunigung am Radius 1 nennt man die Winkelbeschleunigung. Sie ist also $\varepsilon = b : D/2$ oder unter Benutzung der vorstehenden Beziehung:

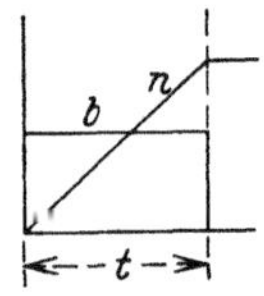

Abb. 487. b = Beschleunigung und n = Drehzahl bei der Massenbeschleunigung mit konstantem Drehmoment.

$$\varepsilon = \frac{4 \cdot g \cdot M}{G D^2}. \tag{208}$$

Die Geschwindigkeit am Radius 1 (Winkelgeschwindigkeit) ist $\omega = \varepsilon \cdot t = 2\pi \cdot n : 60$, und wenn man b aus Gl. 208 hier einsetzt, ergibt sich:

$$t = \frac{G D^2 \cdot n}{375 \cdot M}, \tag{209}$$

n ist hierin die nach t Sekunden erreichte minutliche Drehzahl, deren Verlauf Abb. 487 zeigt.

92. Beispiel. Ein Laufkran von 30 t Tragfähigkeit und 39 t Eigengewicht habe einen Motor von 26 kW Leistung, der bei voller Belastung und 700 minutlichen Umdrehungen dem Kran eine Beharrungsgeschwindigkeit von 100 m/min erteile. Wie groß ist die Anlaufzeit, wenn das Schwungmoment des Motorankers 12 kgm² beträgt und wenn mit doppeltem Drehmoment angefahren wird?

Das Nennmoment des Motors ist nach Gl. 146 gleich $M = 973 \cdot 26 : 700 = 36{,}2$ mkg. Wenn mit doppeltem Moment angefahren wird, steht zur Beschleunigung der Massen ein ebenso großes Moment zur Verfügung.

Auf der Motorwelle befindet sich noch ein Zahnrad, dessen GD^2 als zylindrischer Körper nach den früheren Angaben berechnet werden kann. Es sei 0,25 kgm². Die Massenwirkung der übrigen Räder spielt keine Rolle, da sie wesentlich langsamer laufen. Die gradlinig bewegte Masse setzt sich aus Krangewicht und Last zusammen. Sie wird mit einer Endgeschwindigkeit $v = 100 : 60 = 1{,}67$ m/s bewegt. Ihr auf die Motorwelle reduziertes Schwungmoment ist daher nach Gl. 207 gleich $365 \cdot 69\,000 \cdot 1{,}67^2 : 700^2 = 143$ kgm². Das Gesamtschwungmoment ist daher 155,25 kgm² und es ergibt sich nach Gl. 209 eine Anlaufzeit $t = 155{,}25 \cdot 700 : 375 \cdot 36{,}2 = 8{,}03$ s.

In dieser Zeit legt der Kran einen Weg zurück von $s = v \cdot t : 2 = 1{,}67 \cdot 8{,}03 : 2 = 6{,}7$ m, woraus hervorgeht, daß er bei kurzen Arbeitswegen gar nicht in den Beharrungszustand kommt.

b) Der Anlauf mit beliebigen Drehmomenten. Häufig wird das Motordrehmoment während des Anlaufs nicht durch Regelung konstant gehalten, sondern der Motor wird unmittelbar eingeschaltet (Kurzschlußmotoren). In diesem Falle ist das Motormoment M_m nicht konstant und ebenso kann natürlich auch das Drehmoment M_a der Arbeitsmaschine eine mit der Drehzahl sich ändernde Größe sein. Eine rechnerische Bestimmung der Anlaufzeit und des Anlaufweges ist dann sehr schwierig, und man zieht daher zeichnerische Lösungsmethoden vor, welche allerdings weniger genau sind. Die Gl. 209 gilt für den Fall, daß ein konstantes Drehmoment auf die Massen beschleunigend wird. Das uns hier zur Beschleunigung zur Verfügung stehende Moment ist $M_m - M_a$ und nicht konstant. In Abb. 488 ist links beispielsweise M_m als Drehmomentenlinie eines Drehstrommotors und M_a als Drehmomentenlinie einer Kreiselpumpe in Abhängigkeit von der minutlichen Drehzahl n aufgetragen. Durch Differenzbildung sind in der Linie $M_m - M_a$ auch die jeweils zur Beschleunigung der Massen verfügbaren Drehmomente aufgezeichnet. Wir können diese Linie nun derart durch einen treppenförmigen Linienzug ersetzen, daß die auf beiden Seiten jeweils überstehenden kleinen Dreiecke flächengleich werden. Für jede dieser Treppenstufen ist das wirkende Drehmoment $M_m - M_a$ konstant und daher Gl. 209

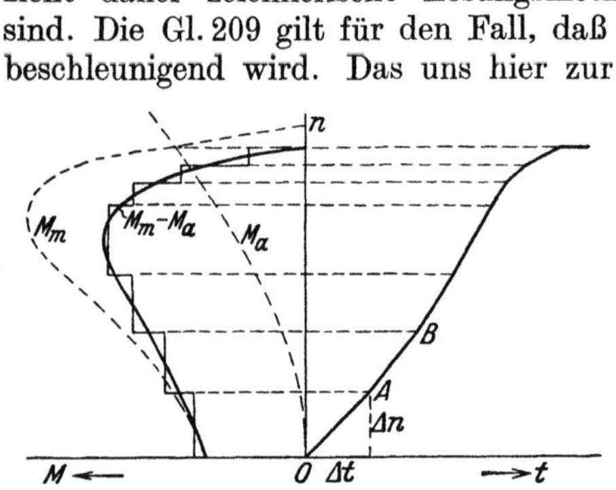

Abb. 488. Bestimmung der Anlaufzeit.

anwendbar. Da es sich um kleine Teilchen der Größen n und t handelt, wollen wir diese mit Δn und Δt bezeichnen. Aus Gl. 209 folgt dann:

$$\Delta t = \frac{G D^2}{375} \cdot \frac{\Delta n}{(M_m - M_a)} . \tag{210}$$

Für einen gegebenen Fall können wir nun das Δn der ersten Treppenstufe aus der Zeichnung abmessen und nach Gl. 210 das zugehörige Δt berechnen, worauf wir dieses auf der horizontalen Achse der Abbildung in einem gewählten Maßstab auftragen. Da während dieser kleinen Zeit das Drehmoment konstant angenommen war, muß die Geschwindigkeit proportional mit t anwachsen. Wir können also als Drehzahllinie während der Zeit Δt die Strecke O—A einzeichnen. Für die nächste Treppenstufe können wir in gleicher Weise Δn und $M_m - M_a$ abmessen und Δt berechnen. Dies angetragen, ist es möglich, die Drehzahllinie A—B auch dieser Stufe zu zeichnen, usf. Nach Vollendung der Konstruktion kann die gesamte Anlaufzeit ohne weiteres abgemessen werden.

Für eine genauere Ermittelung der Anlaufzeit empfiehlt es sich, mit unendlich kleinen Teilchen dt und dn zu arbeiten. Dann würde:

$$\frac{dt}{dn} = \frac{G D^2}{375 \cdot (M_m - M_a)}$$

sein. Der Differentialquotient $dt : dn$ kann nun nach dieser Beziehung für die verschiedenen Beschleunigungsmomente $(M_m - M_a)$ errechnet und in Abhängigkeit von n aufgetragen werden. Die unter der erhaltenen Linie liegende Fläche ist $\int \frac{dt}{dn} \cdot dn$, also $\int dt = t$ und stellt daher die Anlaufzeit dar. Man findet demnach die Anlaufzeit, indem man diese Fläche mittels eines Planimeters oder dgl. bis zur Beharrungsdrehzahl ausmißt.

Die Abhängigkeit des zurückgelegten Weges s von der Zeit t kann in ähnlicher Weise aus der Drehzahllinie ermittelt werden. Abb. 489 zeigt die Drehzahllinie, die wiederum durch eine Treppenlinie ersetzt ist. Da für jede Stufe die Drehzahl n konstant ist, läßt sich der in der Zeit Δt zurückgelegte Weg Δs leicht berechnen. Zweckmäßig trägt man sich als Weg s den Arbeitsweg der Maschine, also z. B. bei einem Kran den Hubweg der Last auf.

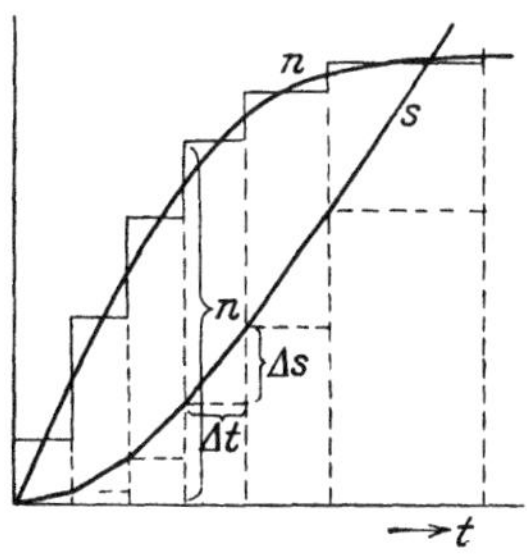

Abb. 489.

93. Beispiel. Die Katze eines Laufkrans von 5 t Tragfähigkeit hat ein Eigengewicht von 2,5 t. Zur Erzielung der geforderten Fahrgeschwindigkeit von 30 m/min ist bei voller Belastung eine Leistung von 2,5 kW nötig. Es soll geprüft werden, ob man bei einem Drehstrom-Kurzschlußmotor 2,8 kW Nennleistung, $n = 920$ Uml/min, dessen Kippmoment 2,5mal so groß wie das Nennmoment ist, befürchten muß, daß die Laufräder beim Anlauf auf den Schienen schleifen.

Da die Rechnung ohnehin keine große Genauigkeit erlaubt, wollen wir annehmen, daß der Wirkungsgrad des Triebwerks unabhängig von der Belastung gleich 0,7 sei. Außerdem wollen wir die Massenwirkung des Ankers vernachlässigen. Nach der Zeichnung der Katze verteilt sich das Eigengewicht ungleichmäßig auf die beiden Laufachsen, derart, daß die angetriebene Achse etwa 1,5 t erhält. Bei einer Reibungszahl von etwa $\mu = 0,2$ zwischen Rad und Schiene würde daher im unbelasteten Zustand bei einer Radumfangskraft von $0,2 \cdot 1500 = 300$ kg Rutschen eintreten und bei belasteter Katze (Achsbelastung $1,5 + 2,5 = 4$ t) bei $0,2 \cdot 4000 = 800$ kg. Da die Fahrleistung am Radumfang gleich $\frac{P \cdot v}{102} = 2,5 \cdot \eta$ bei Vollast ist, ergibt sich eine Radumfangskraft von $P = 102 \cdot 2,5 \cdot 0,7 : 0,5 = 358$ kg, welche sich bei dem maximalen Motormoment auf $P_{\max} = 1200$ kg steigern könnte. Es kommt also sicher zu einem Rutschen der Räder.

D. Die Schutzarten und die Kühlung der Motoren.

Die Regeln für elektrische Maschinen unterscheiden hinsichtlich der Schutzart 1. offene, 2. geschützte und 3. geschlossene Motoren.

Der offene Motor zeichnet sich durch eine sehr gute Wärmeabfuhr aus, die bei neueren Ausführungen stets durch eingebaute Lüfter noch wesentlich gesteigert wird. Er kann daher bei gleicher Leistung kleiner und billiger als andere Motoren gebaut werden.

Die geschützten Motoren können entweder so gebaut sein, daß lediglich das Eindringen von Fremdkörpern und das zufällige Berühren von Strom führenden und umlaufenden Teilen erschwert ist, oder sie können außerdem gegen niederfallende Wassertropfen, Tropfwasser, geschützt sein. Eine dritte Ausführung stellen die spritz- oder schwallwassergeschützten Motoren dar, bei denen Wasser, welches aus beliebiger Richtung spritzt, nicht eindringen kann. Alle geschützten Motoren behindern die Kühlluft und die Wärmeabfuhr nicht wesentlich. Sie stehen daher dem offenen Motor in der Leistung kaum nach, sind aber etwa 15% (kleine Motoren) bis 3% (große Motoren) teuerer als diese.

Geschlossene Motoren sind solche, bei denen die Innenluft mit der Außenluft des Raumes nicht in Verbindung steht. Sie werden als geschlossene Motoren mit Rohranschluß bezeichnet, wenn sie mittels Zu- und Abluftleitungen Kühlluft erhalten (Abb. 490), man nennt sie gekapselt, wenn sie völlig abgeschlossen sind. Abb. 491 stellt einen gekapselten Kranmotor der Siemens-Schuckertwerke dar.

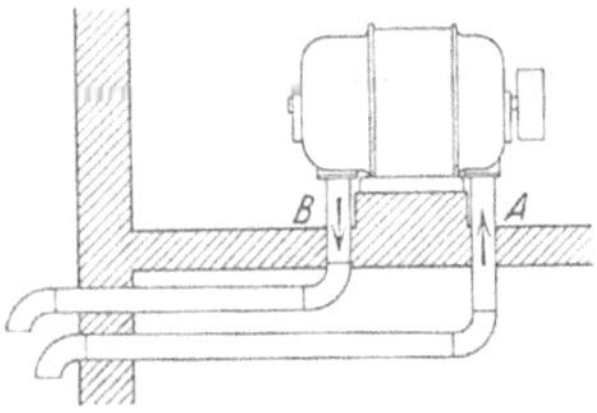

Abb. 490. Geschlossener Motor mit Rohranschluß.

Abb. 491. Gekapselter Motor (Mantelkühlung) (SSW.).

Heute kommt die Selbstkühlung der Motoren, bei welcher die Luft lediglich durch die umlaufenden Motorteile bewegt wird, nur noch bei kleinen Motoren vor, die im Verhältnis zu ihrer Leistung eine verhältnismäßig große abkühlende Oberfläche haben. Die Eigenlüftung ist vielmehr allgemein vorherrschend, wobei die Kühlluft durch Lüfter, die am Läufer angebracht oder von ihm angetrieben werden, bewegt wird. Welche Bedeutung die kräftige Kühlung in Verbindung mit der besseren Materialausnutzung hat, erhellt am besten aus der Tatsache, daß ein AEG.-5 PS-Drehstrommotor mit Selbstkühlung im Jahre 1899 ein Gewicht von 155 kg hatte, während 1930 ein Motor gleicher Leistung mit Eigenlüftung 42 kg wiegt. Ähnliche Fortschritte sind mit der Kühlung gekapselter Motoren erzielt worden. Früher unterschied sich der gekapselte Motor von dem offenen nur dadurch, daß die Lagerschildöffnungen durch Deckel dicht verschlossen waren. Die Leistung ging dabei wegen der mangelhaften Kühlwirkung etwa auf die Hälfte zurück. Die heutigen gekapselten Motoren haben meist Mantelkühlung (Abb. 491). Ein außerhalb des Motorgehäuses angebrachter Lüfter, der durch eine Kappe geschützt ist, treibt einen

Abb. 492. Gekapselter Motor mit Außenbelüftung und Oberflächenkühler (AEG.).

kräftigen Luftstrom über die Außenfläche des Motors, deren Wirksamkeit durch zahlreiche Längsrippen verstärkt ist. Zugleich treibt im Motorinneren ein zweiter Lüfter die erwärmte Luft gegen die Außenflächen. Bei größeren Motoren (Abb. 492) kann die Kühlwirkung durch einen aufgebauten Oberflächenkühler weiter gesteigert werden. Während es bei der früheren Selbstkühlung kaum möglich war, Motoren von mehr als 50 kW zu kapseln, werden heute Drehstrommotoren bis 500 kW gekapselt geliefert. Bei Gleichstrommotoren erreicht man diese Leistung nicht, weil bei diesen die größte Wärme im Anker entwickelt wird, deren Übertragung an die Außenwand schwieriger ist, als die Überführung der Ständerwärme eines Drehstrommotors. Der heutige gekapselte Motor steht in seiner Leitsung nur um ein geringes hinter dem offenen Motor zurück. Sein Gewicht ist infolge der Kapselung etwas größer und der Wirkungsgrad wegen des Arbeitsaufwandes für die Kühlung etwas geringer. Sehr große Motoren werden nicht gekapselt, sondern werden in einem geschützten Raum untergebracht. Ein gesondert angetriebener Lüfter (Fremdlüftung) sorgt für die notwendige Bewegung der Kühlluft. Um Motoren mit stark schwankender Belastung bei hoher Last verstärkt zu kühlen, baut die Firma Ziehl-Abegg einen kleinen Lüftermotor in das eine Lagerschild ein, der erst bei Erreichung einer höheren Motortemperatur selbsttätig zur Einschaltung kommt. Außer der Kühlung durch Luft kommt zuweilen auch Kühlwasser zur Anwendung (Pumpenmotoren, Spinnmotoren), doch meist nur dann, wenn dieses Kühlmittel leicht zu beschaffen ist.

Der geringere Preis der offenen Motoren zwingt dazu, sie soweit wie möglich zu benutzen. Wo Fremdkörper (Späne oder dgl.) in den Motor gelangen können, wo Tropf- oder Spritzwasser vorkommt, ist der geschützte Motor am Platze. In staubigen, feuchten oder mit ätzenden Dämpfen erfüllten Räumen kann nur der geschlossene Motor Aufstellung finden. Es ist jedoch irrig, anzunehmen, daß der gekapselte Motor völlig dicht sei. Kleine Undichtigkeiten, wie sie schon durch die Lager gegeben sind, lassen sich nicht vermeiden. Durch das „Atmen" des Motors bei wechselnder Belastung, welches auf Änderung des Luftdrucks infolge der Temperaturänderung zurückzuführen ist, wird auch immer etwas Feuchtigkeit oder Staub in das Motorinnere gelangen können. Bei Verwendung von Wälzlagern mit Fettschmierung, die heute üblich geworden ist, läßt sich allerdings eine gute Abdichtung durch Fettnuten und Filzringe erzielen. Daneben zeichnen sich derartige Lager noch durch große Betriebssicherheit und Ersparnis an Schmiermitteln aus, da das Fett erst nach Jahren erneuert werden muß. In sehr stark verstaubten oder feuchten Räumen sind geschlossene Motoren mit Rohranschluß empfehlenswert (Abb. 490). Der Motor saugt seine Kühlluft aus einem Raum mit trockener und sauberer Luft an und bläst die erwärmte Luft in den Betriebsraum (Heizung) oder in das Freie. Mit Rücksicht auf starke Temperaturunterschiede und den dadurch bedingten Wasserniederschlag ist es häufig nicht empfehlenswert, die Luft aus dem Freien anzusaugen. Man wird auch immer mit einer geringen Motorverschmutzung rechnen müssen, wenn die Abluft in den Betriebsraum geblasen wird, weil bei Stillständen verschmutzte Luft in den Motor zurücktritt. Weiterhin ist zu bedenken, daß Rohranschlüsse nicht nur sehr teuer sind, sondern daß Motoren, welche auf Gleitschienen verschiebbar sind, ferner auch verschiebbare Rohranschlüsse (Stopfbüchsen) haben müssen. Einfach wird eine solche Kühlung nur dann, wenn viele gleiche Motoren in einer Reihe stehen und an gemeinsame Luftkanäle angeschlossen werden können, wie dies in Spinnereien zutrifft. Im Freien können an Stellen, die dem Regen nicht ausgesetzt sind, geschützte Motoren verwandt werden, wenn mit einer dauernden Feuchtigkeit nicht zu rechnen ist. In allen anderen Fällen kommt nur der geschlossene Motor im Freien in Frage, den man zum Schutz gegen Schlagregen meist noch mit einem kleinen Dach überdeckt. Es ist nämlich zu beachten, daß geschlossene Motoren nicht etwa wasserdicht sind. Solche Motoren können also niemals unter Wasser stehen. Wo dies möglich ist, wie z. B. bei Schleusenanlagen, die gelegentlich Überschwemmungen ausgesetzt sind, verwendet die AEG. vollkommen geschlossene Motoren an, die in einem wasserdichten Kasten untergebracht sind, wie Abb. 493 zeigt. Mit Rücksicht auf die schlechte Wärmeabfuhr kommt eine solche Konstruktion nur für kleine Leistungen in Frage, auch ist nicht vorgesehen, daß die Motoren unter Wasser arbeiten.

Auch bei der Wahl der Wicklungsisolation der Motoren ist auf den Betriebsraum Rücksicht zu nehmen. Die normale Isolation gewährt einen hinreichenden Schutz gegen die Einwirkungen der Luft, wie sie durch Witterungseinflüsse bedingt sind, sowie gegen normalen Staub. Für feuchtwarme und nasse Räume, ferner für Räume, in denen Metallstaub oder Kohlenstaub betriebsmäßig vorkommt, ist eine verstärkte Sonderisolation anzuwenden. Motoren, die auch chemischen Einwirkungen ausgesetzt sind (Säuredämpfe, Gase), erhalten eine nochmals verstärkte Säureschutzisolation.

Abb. 493. Wasserdicht gekapselter Motor (AEG.).

Besondere Anforderungen sind an die Motoren in Räumen mit Schlagwettergefahr zu stellen. Die Vorschriften verlangen hier, daß alle Teile, an denen betriebsmäßig Funken auftreten können, schlagwettergeschützt zu kapseln sind, und zwar wird unterschieden zwischen der druckfesten Kapselung, der Plattenschutzkapselung und der Ölkapselung. Die letztere findet meist bei den Anlassern Anwendung. Die Plattenschutzkapselung beruht auf dem gleichen Prinzip wie die Davysche Sicherheitslampe. Die Motoröffnungen sind durch Pakete dünner Bronzebleche, die in Abständen von etwa 0,5 mm aufgeschichtet sind, abgedeckt. Bei einer Explosion im Motorinneren werden die Abgase durch die engen Spalte zwischen den Blechen auspuffen, wobei sie sich derart abkühlen, daß eine Entzündung der äußeren Schlagwetter nicht mehr möglich ist. Dieser Schutz ist heute durch die druckfeste Kapselung fast verdrängt, weil der Schutz der Platten durch kleine Beschädigungen leicht in Frage gestellt wird, und weil auch zuweilen eine Verstopfung eintritt. Bei der druckfesten Kapselung der Drehstrommotoren wird der Schleifringkörper so stark gekapselt, daß er den Überdruck einer inneren Explosion ertragen kann. Ein Schlagwetterschutz des übrigen Motors ist nicht erforderlich, jedoch wird eine Herabsetzung der Temperaturgrenze, sowie eine Vergrößerung des Luftspalts gefordert.

Die Anforderungen an Motoren für explosionsgefährdete Betriebsräume sind nicht minder hoch. Auch hier kommt die druckfeste Kapselung zur Anwendung, wenn nicht gekapselte Motoren mit Rohranschluß vorgezogen werden. Da die Explosionsdrücke, besonders, wenn es sich um Wasserstoffgas handelt, wesentlich größer als bei Schlagwettern sein können, muß die Kapselung sehr stark ausgeführt werden. Anlagen, in denen Kohlenstaub auftritt, sind ebenfalls explosionsgefährdet. Für diese wird jedoch nur noch eine staubdichte Kapselung der Motoren gefordert, die eine Ansammlung von Staub ausschließt. Kurzschlußmotoren benötigen, da an ihnen keine Funken auftreten, keine Kapselung, hingegen müßte bei Gleichstrommotoren, die glücklicherweise selten vorkommen, der ganze Motor druckfest gekapselt werden.

E. Die Bestimmung der Motorleistung.

1. Die Motorleistung bei Dauerbetrieb.

Voraussetzung für jede Leistungsbestimmung ist die Kenntnis des von der Arbeitsmaschine benötigten Drehmomentes. Dasselbe kann in vielen Fällen hinreichend genau rechnerisch ermittelt werden (z. B. bei Pumpen aus der Hubarbeit des Wassers, Hebezeugen usw.), in zahlreichen anderen Fällen ist man jedoch auf Erfahrungswerte angewiesen, die man aus Leistungsmessungen an ausgeführten Maschinen gewonnen hat. Die Bestimmung der Motorleistung erstreckt sich nun darauf, einen Motor aus der Liste ausfindig zu machen, welcher 1. in der Lage ist, das höchste vorkommende Drehmoment zu überwinden, und 2. sich im Dauerbetrieb nicht über das zulässige Maß erwärmt. Die erste Forderung ist im allgemeinen leicht zu erfüllen, während die zweite größere Schwierigkeiten bereiten kann. Am einfachsten liegen die Verhältnisse, wenn die Arbeitsmaschine eine zeitlich konstante Leistung, die uns bekannt ist, benötigt. Wir haben dann nur nötig, einen Motor dieser Nennleistung aus der Liste der Dauerbetriebsmotoren auszuwählen, der damit zugleich die Drehmomentbedingung und die Erwärmungsbedingung erfüllt.

Bei veränderlicher Belastung im Dauerbetrieb, wie es z. B. bei einem Selfaktor zur Garnherstellung der Fall ist, muß man den zeitlichen Verlauf der Leistungslinie kennen. Er sei durch Abb. 494 (oben) gegeben. Von einem Motor der Liste, von dem wir vermuten, daß er für die geförderte Leistung ausreichend ist, tragen wir uns nun die Verluste V (Abb. 494, rechts) in Abhängigkeit von seiner Leistung N auf und konstruieren daraus den Verlauf der Verlustlinie bei der tatsächlichen Belastung durch die Arbeitsmaschine. Von diesen wechselnden Verlusten wird das Mittel V_m gebildet, was dadurch geschehen kann, daß man die unter der Linie V liegende Fläche für die Zeit T eines Spieles ausplanimetriert oder durch Zerlegung in Streifen ausmißt und durch die Grundlinie T dividiert. Der Mittelwert V_m der Verluste schneidet auf der Verlustlinie des Motors eine Leistung N_x ab, die möglichst gleich, aber nicht größer als die Nennleistung des angenommenen Motors sein soll. Ist sie größer, so muß in gleicher Weise das nächst größere Motormodell nachgeprüft werden. Für eine derartige Bestimmung muß mindestens die Aufteilung der Motorverluste bekannt sein. Wenn geringere Genauigkeit zulässig ist, kann man auch eine Verlustlinie zugrunde legen, wie sie auf S. 97 angegeben wurde. Voraussetzung für die Richtigkeit der Bestimmung ist jedoch immer, daß die Zeitdauer der Belastungsänderungen gering ist gegenüber der Zeitkonstanten des Motors, daß sich also eine kaum schwankende Motortemperatur einstellt. Schließlich ist noch nachzuprüfen, ob das Höchstmoment des gewählten Motors für die Spitzenleistung des Antriebs ausreicht. Die zunehmende Verwendung von Drehstrom-Kurzschlußmotoren selbst für große Leistungen zwingt auch zu einer Beachtung des Drehmomentenverlaufes. Derselbe kann bei den Stromverdrängungsmotoren durch Änderung des Käfigs geändert werden. Man wird z. B. eine Maschine, die im Anlauf ein geringes Moment benötigt, mit einem Motor mit Wirbelstromläufer antreiben, während für Maschinen mit großem Anlaufmoment nur der Doppelkäfigmotor geeignet ist. Der Verlauf der Momentenlinie des Motors sollte dem der Arbeitsmaschine derart angepaßt werden, daß während des Anlaufes ein ziemlich konstantes Beschleunigungsmoment zur Verfügung steht, damit Anlaufstöße vermieden werden (siehe Abb. 683).

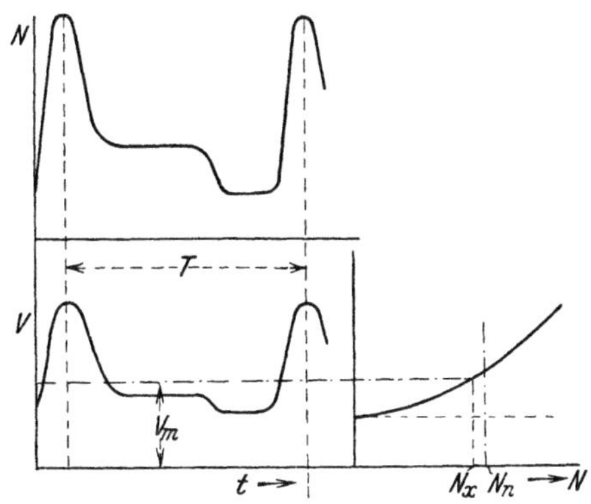

Abb. 494.

Bei dem Dauerbetrieb mit aussetzender Belastung treten zwischen den Belastungszeiten Leerlaufszeiten auf, in denen im Motor eine den Leerlaufsverlusten entsprechende Wärme entwickelt wird. Die Bestimmung der notwendigen Motorleistung erfolgt ebenfalls in der geschilderten Weise.

2. Die Motorleistung bei aussetzendem Betrieb.

Man könnte versucht sein, die obige Methode der Leistungsbestimmung auch auf den aussetzenden Betrieb anzuwenden, um mit normalen Dauerbetriebsmotoren auskommen zu können. Ein kleines Beispiel zeigt aber sofort, daß dies praktisch undurchführbar ist. Angenommen ein Antrieb benötige bei 15% relativer Einschaltdauer 10 kW derart, daß nach Abb. 480 auf eine Arbeitszeit $t_a = 15$ s eine Ruhezeit von 85 s folge. Nach der obigen Methode würde sich in diesem Falle eine Dauerleistung von etwa 3,8 kW ergeben, d. h. ein Motor, der 3,8 kW dauernd ohne Unterbrechung leistet und sich dabei gerade bis an die zulässige Temperaturgrenze erwärmt, würde im aussetzenden Betrieb mit 15% ED 10 kW leisten und sich dabei ebenso hoch erwärmen. Nun hat aber ein Drehstrommotor mindestens ein 1,6faches, gewöhnlich ein 2- bis 2,5faches Kippmoment. Der 3,8 kW-Motor würde demnach bei Aufwendung seines Höchstmomentes nicht einmal das den 10 kW entsprechende Moment aufbringen, während man für den Anlauf doch ein wesentlich größeres Moment verlangt. Er würde also wohl der Erwärmungsbedingung genügen, aber hinsichtlich des Drehmomentes zu schwach sein. Aus diesem Grunde gibt es für den aussetzenden Betrieb Sonderkonstruktionen der Motoren, und in den Listen derselben ist nicht die Dauerleistung, sondern die Aussetzleistung bei den verschiedenen Einschaltdauern angegeben.

Die betrachtete Leistungsbestimmung würde für den aussetzenden Betrieb aber auch ungenau sein, weil die Wärmeabfuhr bei einem stillstehenden Motor geringer als im Lauf ist, und es würde sich daher ein zu knapp bemessener Motor ergeben. Abb. 495 soll dies noch etwas näher erläutern. Ein kleiner Motor habe die durch Linie *1* dargestellte Erwärmung. Seine Zeitkonstante T_1 ist etwa $^1/_2$ Stunde, und er wird etwa nach 2 Stunden ziemlich die Endtemperatur erreicht haben. Wenn wir in diesem Motor im Stillstand dieselbe Wärme wie im Lauf entwickeln, steigt seine Temperatur zunächst in gleicher Weise an, sie würde jedoch wegen der geringeren Kühlwirkung schließlich einen höheren Grenzwert ϑ' annehmen. Während also im laufenden Motor die Zeitkonstante T_1 war, ist sie beim ruhenden Motor auf den Wert T'_1 gestiegen. Die durch den Stillstand bedingten Abkühlungslinien sind daher mit einer vergrößerten Zeitkonstante, also flacher einzuzeichnen. Größere Motoren haben einen langsameren Temperaturanstieg (Linie *2*), die Zeitkonstante T_2 beträgt 2 bis 3 Stunden, so daß erst nach 6 bis 8 Stunden angenähert die Grenztemperatur erreicht wird. Bei aussetzendem Betrieb tritt durch die Abkühlung in den Zeiten des Stillstandes eine weitere Verzögerung ein, so daß die Grenztemperatur noch später erreicht wird. Infolgedessen wird ein größerer Motor in einer achtstündigen Schicht selbst bei Beanspruchung mit der listenmäßigen Aussetzleistung seine zulässige Endtemperatur noch nicht erreicht haben. Man kann ihn daher höher als es die Liste angibt, beanspruchen. Abb. 496 gibt an, um wieviel Prozent ein gekapselter Gleichstrommotor (*G*) oder Drehstrommotor (*D*) gegenüber der Listen-Aussetzleistung (25% ED) höher beansprucht werden kann, wenn die Schicht 8 Stunden beträgt.

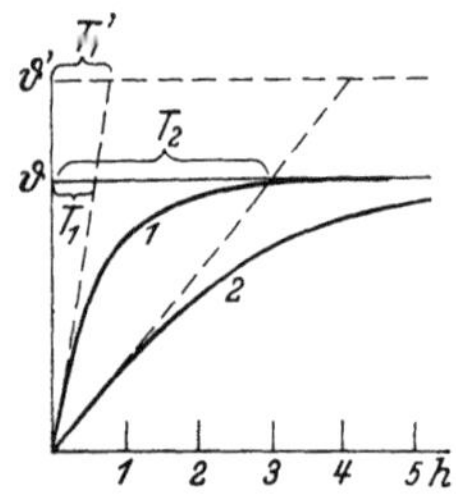

Abb. 495.

Die Spielzahl $(3600 : (t_a + t_r))$ je Stunde sollte nach der früheren Leistungsbestimmung bei gleicher Einschaltdauer ohne Einfluß auf die Motorleistung sein, weil die mittleren Verluste dieselben sind, einerlei ob der Motor z. B. auf die Einschaltzeit $t_a = 10$ s eine Ruhepause von $t_r = 30$ s(Spielzahl/h $= 90$) oder auf die Zeit $t_a = 20$ s eine Ruhezeit $t_r = 60$ s hat (Spielzahl/h $= 45$). Die Erwärmungslinie zeigt jedoch ein anderes Verhalten. In Abb. 497 ist die Erwärmungslinie und (gestrichelt) die Abkühlungslinie gezeichnet. ϑ soll die Grenztemperatur sein, welche nach den Vorschriften nicht überschritten werden darf. ϑ' ist die Temperatur, die der Motor unzulässigerweise annehmen würde, wenn man ihn mit der Aussetzleistung ohne Pausen betreiben würde. Bei großer Spielzahl (also kleinen Zeiten t_a und t_r) würde sich im

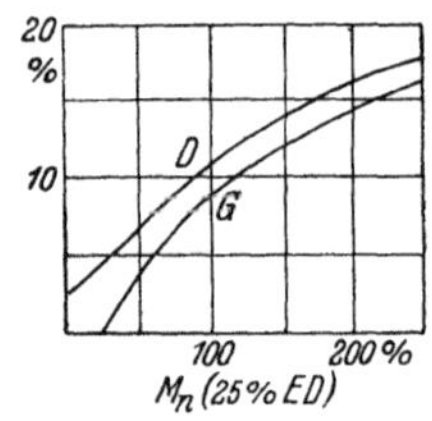

Abb. 496. Zulässige Überbeanspruchung bei achtstündiger Schicht (25% ED).

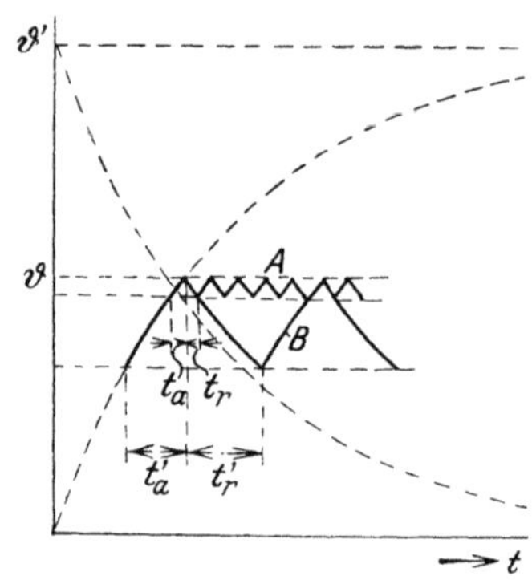

Abb. 497.

Beharrungszustand eine Temperaturlinie A einstellen, welche in dem angenommenen Falle etwa $t_a = t_r$ ergibt. Eine kleine Spielzahl führt zur Linie B, bei welcher die Ruhezeit t_r' größer als die Arbeitszeit t_a' ist. Im letzteren Fall ist also die relative Einschaltdauer geringer. Der Grund für diese Erscheinung liegt darin, daß bei geringer Spielzahl die Temperaturen tiefer unter die Grenztemperatur ϑ sinken, wobei dann die Abkühlungslinie wesentlich flacher und die Erwärmungslinie steiler wird. Da im normalen aussetzenden Betrieb meist nur kurze Schaltzeiten vorkommen, und da die Vorschriften als Höchstmaß der Spieldauer 10 Minuten angeben, kann man die Temperaturschwankungen als geringfügig ansehen und solange von dem Einfluß der Spielzahl absehen, wie nicht durch Beschleunigungsmomente im Anlauf der Motor erhöht belastet wird.

Zur Festlegung der Aussetzleistung des Motors muß außer dem von der Arbeitsmaschine benötigten Drehmoment auch noch die relative Einschaltdauer bekannt sein. Diese kann rechnerisch ermittelt werden, wenn für eine Arbeitsmaschine ein bestimmtes Arbeitsprogramm vorgeschrieben ist, da sich aus den Arbeitsgeschwindigkeiten und den zurückgelegten Wegen die Zeiten berechnen lassen. In vielen Fällen hingegen wird man nach Beobachtungen an gleichartigen Maschinen oder Erfahrungswerten die Einschaltdauer schätzen müssen.

94. Beispiel. Ein Stripperkran (siehe Abb. 649) habe die folgenden Arbeitsgeschwindigkeiten: Heben 22 m/m, Katzfahren 50 m/m, Kranfahren 120 m/m und Drehen 5 mal/m. In Zeiten höchster Beanspruchung, besonders nach Feiertagen, wenn die Mischer gefüllt sind, wird von ihm eine Leistung von 200 Blöcken in 12 Stunden verlangt. Für einen Block stehen also 216 *s* zur Verfügung. In dieser Zeit hat der Kran folgende Bewegungen zu machen: 1. Heben über die gefüllte Kokille, 2. Drehen, 3. Senken auf Kokille, 4. Zange schließen, 5. Kokille heben, 6. Block abstrippen, 7. Stempel hochziehen, 8. Heben mit leerer Kokille, 9. Katzfahren, 10. Kranfahren, 11. Drehen, 12. Senken in Kühl-

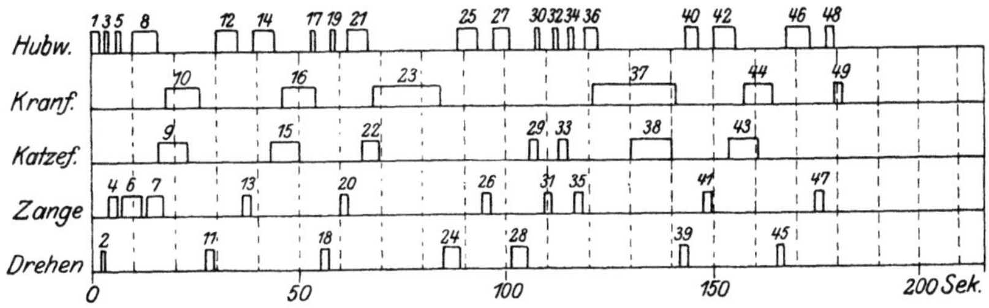

Abb. 498. Arbeitsdiagramm eines Stripperkrans.

behälter, 13. Zange öffnen, 14. leer heben, 15. Katzfahren, 16. Kranfahren, 17. Heben über Block, 18. Drehen, 19. Senken auf Block, 20. Zange schließen, 21. Block heben, 22. Katzfahren, 23. Kranfahren, 24. Drehen, 25. Senken in Wärmegrube, 26. Zange öffnen, 27. leer heben, 28. Drehen, 29. Katzfahren, 30. Senken auf Ofendeckel, 31. Zange schließen, 32. Deckel heben, 33. Katzfahren, 34. Deckel senken, 35. Zange öffnen, 36. leer heben, 37. Kranfahren, 38. Katzfahren, 39. Drehen, 40. Senken auf leere Kokille, 41. Zange schließen, 42. Kokille heben, 43. Katzfahren, 44. Kranfahren, 45. Drehen, 46. Kokille in Gießgrube senken, 47. Zange öffnen, 48. leer heben, 49 Kranfahren. Nimmt man nach den örtlichen Verhältnissen an, daß der Kühlbehälter 8 m Kranfahrweg und 5 m Katzfahrweg von der Gießgrube entfernt ist, während die Wärmeöfen 25 m Kranfahrweg und 3 m Katzfahrweg abliegen, so kann man die Fahrzeiten angenähert feststellen. In Abb. 498 sind dieselben in der angegebenen Folge für ein Blockspiel aufgezeichnet. Für den Hubmotor beträgt die Summe aller Einschaltzeiten 58 s. Da die Zahl der wirklichen Einschaltungen wegen der unvermeidlichen Ungenauigkeiten etwa das Dreifache beträgt, kann man zu den gezeichneten 19 Einschaltungen noch zweimal 19 von je $^1/_2$ s Dauer hinzurechnen, so daß die Gesamteinschaltzeit $58 + 19 = 77$ s beträgt. Die relative Einschaltdauer ist demnach $77 : 216 = 0{,}355$. In gleicher Weise ergibt sich die relative Einschaltdauer des Kranmotors zu 0,31, des Katzfahrmotors zu 0,21, des Zangenmotors zu 0,16 und des Drehmotors zu 0,11. Bei dem Strippermotor ist hier angenommen, daß der Block durch einen Druck gestrippt werden kann. Da jedoch häufig sehr viele Einschaltungen beobachtet werden, muß man die Einschaltdauer größer wählen. Auch für die anderen schwach belasteten Motoren muß man einen Sicherheitszuschlag hinzufügen.

Die Bestimmung der Aussetzleistung ist einfach, wenn ein Drehmomentdiagramm der Arbeitsmaschine nach Abb. 480 vorliegt, und wenn die Beschleunigungsvorgänge vernachlässigt werden können. Angenommen, das Diagramm verlange bei einer relativen Einschaltdauer $\varepsilon = 0{,}25$ ein während der Einschaltzeit konstantes Drehmoment.

Dann haben wir in der Motorenliste für 25% ED einen Motor, der dieses Nennmoment besitzt, auszuwählen. Das gegebene Belastungsdiagramm wird aber in den meisten Fällen nicht gerade mit den genormten Werten der Einschaltdauer in der Liste übereinstimmen. In diesem Falle haben wir die Einschaltzeit t_a in eine der genormten Einschaltdauer entsprechende t_{an} abzuändern, wobei das Moment vom Werte M in M_n übergeht (Abb. 499). Für die Umrechnung genügt es durchaus, wenn wir an Stelle der früher benutzten Verlustlinien annehmen, daß die Verluste des Motors dem **Quadrate** des Drehmomentes proportional sind. Es muß also $M_n^2 \cdot t_{an} = M^2 \cdot t_a$ oder $M_n^2 : M^2 = t_a : t_{an}$. Dieses letztere Verhältnis ist bei unveränderter Spieldauer aber gleich dem Verhältnis der gegebenen Einschaltdauer ε zur listenmäßigen ε_n, woraus folgt:

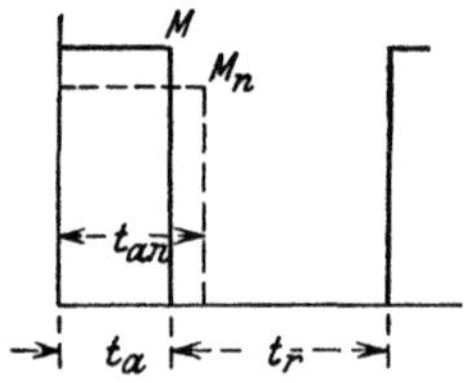

Abb. 499.

$$\frac{M_n^2}{M^2} = \frac{\varepsilon}{\varepsilon_n}. \tag{211}$$

95. Beispiel. Eine Arbeitsmaschine benötigt im aussetzenden Betrieb während 10 s ein Drehmoment von 10 mkg, worauf ein Stillstand von 40 s folgt. Welcher Motor ist aus der Liste für 25% ED auszuwählen?

Nach obiger Beziehung ist das Listenmoment $M_n = M \cdot \sqrt{\varepsilon : \varepsilon_n}$. Da die gegebene Einschaltdauer $10 : 50 = 0{,}20 = 20\%$ ED ist, folgt $M_n = 10 \cdot \sqrt{0{,}2 : 0{,}25} = 8{,}95$ mkg. Ein Motor dieses Nennmoments ist auszuwählen, der z. B. bei einer Drehzahl von 940 min eine Nennleistung von $N = M_n \cdot n : 973 = 8{,}95 \cdot 940 : 973 = 8{,}6$ kW haben müßte.

In den wenigsten Fällen des praktischen Betriebes ist das Drehmoment während der Einschaltzeit konstant. Liege z. B. das in Abb. 500 dargestellte Momentendiagramm vor, so haben wir das veränderliche Moment durch ein mittleres M zu ersetzen. Mit Rücksicht auf die quadratische Abhängigkeit der Verluste, muß dies aber der quadratische Mittelwert der Momente sein. Diese Mittelbildung kann leicht rechnerisch durchgeführt werden, denn wenn das Moment bzw. der Strom konstant ist, sind auch die Verluste konstant. Bei einem Anstieg des Momentes von Null auf den Wert M_3, wie es im letzten Teil des gezeichneten Diagrammes der Fall ist, verlaufen die Verluste parabelförmig, deren Mittelwert bekanntlich in einem Drittel der Höhe liegt. Das Quadrat des Mittelwertes der von Null ansteigenden Momentenlinie liegt daher ebenfalls in $^1/_3$ der Endhöhe M_3. Den mittleren trapezförmigen Teil des Diagrammes kann man sich als Differenz zweier Dreiecke mit den Höhen M_2 und M_3 denken. Das Quadrat des Mittelwertes liegt dann in der Höhe $(M_2^2 + M_3^2 + M_2 \cdot M_3) : 3$. Für die Umwandlung der Drehmomentfläche Abb. 500 in die verlustgleiche Rechtecksfläche gilt also die Beziehung:

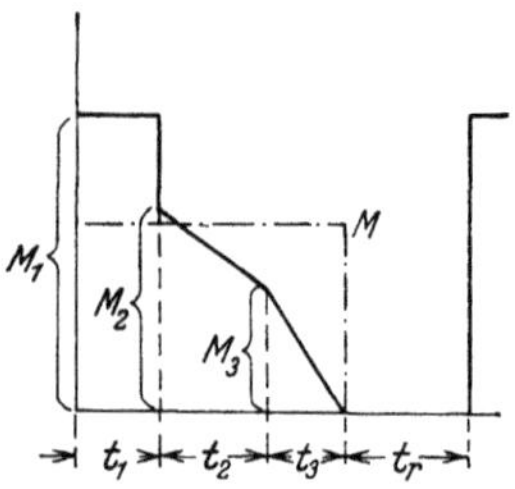

Abb. 500.

$$M^2 \cdot (t_1 + t_2 + t_3) = M_1^2 \cdot t_1 + \frac{(M_2^2 + M_3^2 + M_2 \cdot M_3) \cdot t_2}{3} + \frac{M_3^2 \cdot t_3}{3},$$

woraus sich der gesuchte Mittelwert esgibt:

$$M = \sqrt{\frac{M_1^2 \cdot t_1 + \frac{(M_2^2 + M_3^2 + M_2 \cdot M_3) \cdot t_2}{3} + \frac{M_3^2 \cdot t_3}{3}}{t_1 + t_2 + t_3}}. \tag{212}$$

Wenn die Einschaltdauer $(t_1 + t_2 + t_3) : (t_1 + t_2 + t_3 + t_r)$ keine listenmäßige ist, muß weiterhin nach Gl. 211 auf diese umgerechnet werden.

Die Berücksichtigung der Beschleunigungsarbeit. Die Beschleunigungsarbeit, welche beim Anlauf eines Antriebes aufzuwenden ist, spielt bei Dauerbetriebsmotoren keine Rolle. Sie kann jedoch im aussetzenden Betrieb sehr wichtig werden, wenn die Spielzahl eine hohe ist. Wir wollen nur den meist vorkommenden einfachen Fall betrachten, daß die Arbeitsmaschine ein konstantes Drehmoment benötigt, und daß mit konstantem Motordrehmoment angefahren werde. Andere Fälle lassen sich unter Benutzung der früher besprochenen Methode zur Bestimmung der Anlaufgeschwindigkeit entsprechend behandeln. In unserem Falle steht zur Beschleunigung der Massen ein konstantes Drehmoment zur Verfügung, so daß sich die Drehzahl gleichförmig steigert (Abb. 487). Die zur Beschleunigung benötigte Leistung ist durch das Produkt aus Drehmoment und Drehzahl bestimmt und steigt während der Beschleunigungszeit ebenfalls gleichförmig. In Abb. 501 stellt N_2 die vom Motor abgegebene Leistung dar, aus der man durch Hinzufügen der Motorverluste die aufgenommene Leistung N_1 erhält. Das erhöhte Anlaufdrehmoment (gewöhnlich das Doppelte des Nennmomentes) verursacht im Motor erhöhte Verluste, so daß während der Anlaufzeit t_a noch zusätzlich V_z hinzugefügt werden muß. N_3 stellt die Leistung dar, welche zur Massenbeschleunigung aufgewendet wird. Da horizontal die Zeit aufgetragen ist, stellen die Flächen Arbeiten dar. Es ist also $OGFKJ$ die vom Motor ohne Berücksichtigung der Massenbeschleunigung aufgenommene Arbeit, $GABF$ die zusätzliche Verlustarbeit des Motors, ABC die Beschleunigungsarbeit der bewegten Massen, die durch Gl. 205 bestimmt ist. Da während des Anlaufes dem Netz ein konstanter Strom entnommen wird, ist auch die Leistung unverändert. Das Netz hat demnach insgesamt die durch die Fläche $ODCFKJ$ dargestellte Arbeit zu liefern, wovon der Motor $OACFKJ$ erhält, während die der Fläche ADC entsprechende Arbeit in den Anlaßwiderständen in Wärme umgesetzt wird. Der durch die Massenwirkung verursachte Verlust ist also durch die Fläche $EDCF$ dargestellt, die gleich ist dem Doppelten der Fläche ACB zuzüglich $GABF$. Die Massenwirkung hat demnach einen Mehraufwand an Arbeit zur Folge, welcher gleich dem Doppelten der Beschleunigungsarbeit (Gl. 205) zuzüglich der zusätzlichen Motorverluste ist. Da die letzteren bei angenäherter Rechnung vernachlässigt werden können, kann man den Mehraufwand kurz als das Doppelte der Beschleunigungsarbeit angeben, wovon der Motor die eine Hälfte aufnimmt, während die andere Hälfte in den Anlaßwiderständen vernichtet wird.

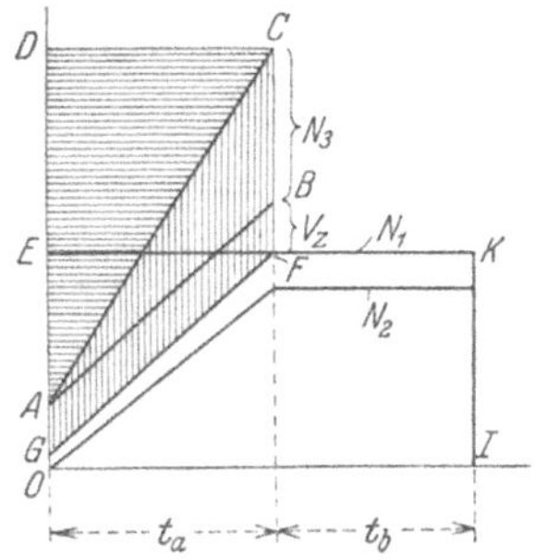

Abb. 501.

Hiernach ist die Massenwirkung in zweifacher Hinsicht schädlich. Einmal durch den Mehrbedarf an elektrischer Arbeit, dessen eine Hälfte nur in seltenen Fällen durch Nutzbremsung bei der Stillsetzung teilweise zurückgewonnen werden kann, während die andere Hälfte sofort in den Widerständen verlorengeht. Ferner bedingt die Massenbeschleunigung eine erhöhte Motorleistung, also einen größeren und teueren Motor. Bei hoher Spielzahl ist es also notwendig, die Beschleunigungsarbeit so gering wie möglich zu halten. Da in vielen Fällen der Motoranker den größten Teil derselben beansprucht, fragt es sich, wie man bei ihm die Beschleunigungsarbeit gering halten kann. Vielfach wird vorgeschlagen, einen langsam laufenden Motor zu verwenden, weil in der Beziehung für die Beschleunigungsarbeit die Drehzahl im Quadrat vorkommt. Es ist jedoch zu bedenken, daß ein langsam laufender Motor größer ist und demgemäß ein größeres Schwungmoment aufweist. Es kann daher sehr wohl sein, daß der Gewinn, den die verringerte Drehzahl bringt, durch das vergrößerte Schwungmoment wieder verloren geht. Die Listen der Firmen enthalten heute stets die Größe der Motorschwungmomente, und es ist dann leicht, den günstigsten Motor herauszusuchen. Auch bei der Konstruktion der Motoren für aussetzenden Betrieb spielt die Geringhaltung des Schwungmoments eine Rolle. Es ist dabei möglich, daß Schwungmoment bei gleicher Leistung dadurch herabzusetzen, daß man den Ankerdurchmesser verkleinert und dafür die Ankerlänge erhöht. Die gleiche Wirkung wird gelegentlich auch dadurch erzielt, daß man die Motorleistung auf zwei Motoren halber Größe verteilt. Man überblickt die Verhältnisse am leichtesten, wenn man in Gl. 205 das Gewicht durch die Abmessungen ausdrückt. Man erhält dann unter Zusammenfassung aller Unveränderlichen zu C die Bewegungsenergie des Ankers $W = C \cdot D^4 \cdot l \cdot n^2$. Da nach Gl. 144 die Leistung N dem Ausdruck $D^2 \cdot l \cdot n$ proportional ist, muß $W = C \cdot N^2 : l$ sein. Zur Erzielung geringer Beschleunigungsarbeit

W ist es also nötig, bei gegebener Leistung die Ankerlänge l möglicht groß auszuführen.

Der Einfluß der Massenwirkung auf die Motorgröße erhöht sich mit der Spielzahl und darf nicht vernachlässigt werden. Abb. 502 zeigt übereinander zwei Momentendiagramme gleicher relativer Einschaltdauer, hingegen ist unten die Spielzahl doppelt so groß als oben. Man erkennt, daß das mittlere Drehmoment bei der hohen Spielzahl wesentlich größer ist, weil fast die ganze Einschaltzeit für den Anlauf (t_a) in Anspruch genommen wird.

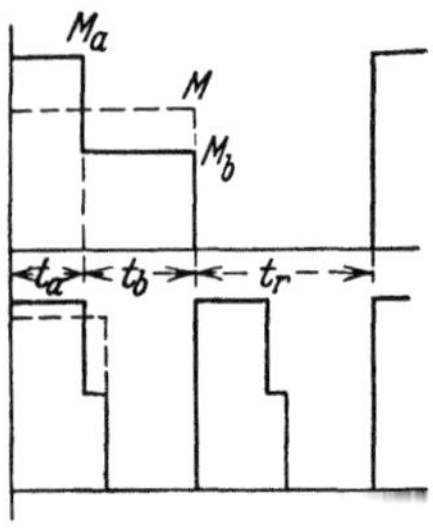

Abb. 502.

Bei der Ermittlung der notwendigen Motorgröße ist das Beharrungsmoment M_b durch die Arbeitsmaschine gegeben, das Anlaufmoment M_a kann nach Erfahrungswerten angenommen werden (z. B. häufig das Doppelte). Hieraus können wir vorläufig aus der Liste einen Motor auswählen, dessen Nennmoment M ist und von dem wir annehmen, daß er der Beanspruchung genügt. Mit dem Schwungmoment dieses angenommenen Motors, dem man die Schwungmomente der übrigen auf die Motorwelle reduzierten Massen hinzuzurechnen hat, läßt sich die Anlaufzeit t_a und der Anlaufweg errechnen. Die Zeit t_b der Fahrt im Beharrungszustand ergibt sich aus dem in der Zeit t_b noch zurückzulegenden Weg und der Geschwindigkeit. Dieser Weg ist die Differenz von Gesamtarbeitsweg und Anlaufweg. Die Geschwindigkeit bei dem Beharrungsmoment M_b kann bei dem Gleichstrom-Reihenschlußmotor (Abb. 255) entnommen werden, wobei das Nennmoment M einer Geschwindigkeit von 100% entspricht. Bei Drehstrommotoren kann man angenähert die dem Moment M entsprechende Geschwindigkeit als konstant ansehen.

Die Ruhezeit t_r ergibt sich aus dem Arbeitsprogramm oder aus der erfahrungsgemäß angenommenen Einschaltdauer. Damit ist das Drehmomentendiagramm festgelegt, und es kann nach Gl. 212 der quadratische Mittelwert berechnet werden, der dem Nennmoment M des anfangs angenommenen Motors gleich sein sollte. Da dies wahrscheinlich nicht gleich erreicht wird, muß eine nochmalige Durchrechnung vorgenommen werden, wobei zu beachten ist, daß sich mit der Annahme eines anderen Motors nicht nur das Schwungmoment, sondern auch alle Zeiten ändern. Diese Mühe sucht man in der Praxis durch Kurventafeln, welche die Beschleunigung, die Geschwindigkeitsänderung, sowie die Änderung der Motorverluste berücksichtigen, zu umgehen[1].

Das Diagramm (Abb. 502) setzt voraus, daß die Massen am Ende der Einschaltzeit durch mechanische Bremsen oder durch Auslauf zur Ruhe kommen. In beiden Fällen ist der in der Verzögerungszeit t_c zurückgelegte Weg bei der Berechnung der Zeit t_b aus dem Arbeitsweg zu berücksichtigen. Bei elektrischer Bremsung durch den Motor tritt während der Zeit t_c ein negatives Bremsmoment auf, welches die Motorerwärmung erhöht. Trotz der negativen Eintragung dieses Momentes in das Diagramm wird das mittlere Moment sich unter seinem Einfluß vergrößern, weil das Quadrat des negativen Momentes positiv ist. Bei Kranen wird die Wirkung der Bremsung auf die Motorgröße meist vernachlässigt, weil bei schnellem Schalten die mechanischen Haltebremsen den größten Teil der Bremsarbeit übernehmen.

3. Der Einfluß der Raumtemperatur auf die Motorgröße.

Die in den Listen angegebenen Motornennleistungen sind unter der Voraussetzung bestimmt, daß bei einer höchsten Außentemperatur (Kühlmitteltemperatur) von 35° C die Motortemperatur sich je nach der Isolation nicht mehr als 50° oder 60° erhöht. Die Grenztemperatur ist also 85° bzw. 95°. Die Wirtschaftlichkeit verlangt im allgemeinen, daß man die Kühlmitteltemperatur möglichst niedrig hält, damit der Motor voll belastungsfähig bleibt. Dies kann z. B. dadurch geschehen, daß man

[1] Gewecke: Z. Fördertechnik u. Frachtverkehr 1932 Heft 1/2.

einen Motor, der in einem heißen Raum Aufstellung finden muß, mit Rohranschluß versieht und ihm kalte Kühlluft zuführt. Läßt sich jedoch eine derartige Kühlung nicht durchführen, so muß die Leistung des Motors herabgesetzt werden. Wieweit dies zu geschehen hat, erkennt man am besten aus Abb. 503. Die Verlustgröße V, welche in Form von Wärme von dem Motor abgegeben werden kann, ist bei gleicher Kühlwirkung der Temperatur ϑ proportional, läßt sich also durch eine gerade Linie darstellen, die bei der Temperatur des Kühlmittels (35°) beginnt und unter Annahme einer Temperaturerhöhung von 50° bei 85° den Wert der Motorverluste bei Nennleistung erreicht. Würde sich nun die Kühlmitteltemperatur auf den Wert ϑ_x erhöhen, so würde dies der Ausgangspunkt einer neuen Geraden (gestrichelt gezeichnet) sein, die bei der Grenztemperatur einen wesentlich geringeren Verlustwert V_x anzeigt. Projiziert man diesen Wert auf die Verlustlinie des Motors herüber, so schneidet er hier eine Motorleistung N_x ab, mit der der Motor bei der erhöhten Temperatur höchstens noch belastet werden darf. Die Darstellung zeigt ferner, daß bereits geringe Temperaturerhöhungen eine starke Leistungsherabsetzung verlangen und ferner, daß es Temperaturen (unterhalb 85°) gibt, bei denen der Motor nicht einmal leerlaufen könnte, ohne zu warm zu werden. Wenn eine Verlustlinie für den Motor nicht vorliegt, lassen sich angenäherte Werte mit einer nach S. 97 gezeichneten Verlustlinie ermitteln.

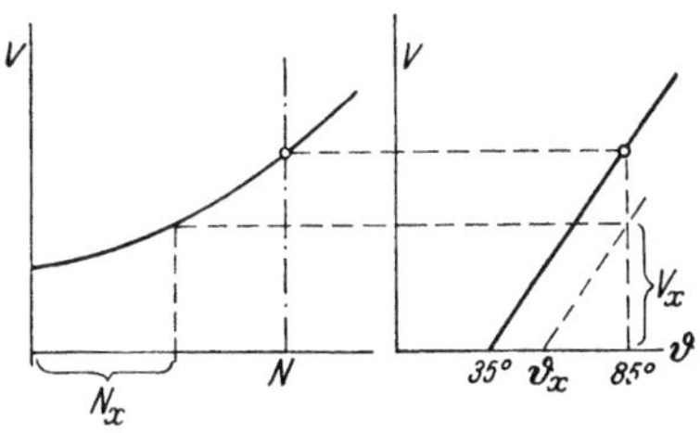

Abb. 503. Ermittlung der Belastbarkeit in warmen Räumen.

F. Der Belastungsausgleich.

Belastungsspitzen verlangen zu ihrer Überwindung hohe Motordrehmomente und daher große Motoren, außerdem können sie störende Spannungsabfälle im Netz verursachen und ungünstig auf das Kraftwerk wirken. Es ist daher zweckmäßig, für einen Ausgleich zu sorgen, der, von der Arbeitsmaschine aus gesehen, entweder vor oder hinter dem Motor angesetzt werden kann und demgemäß einen Ausgleich in Motor und Netz oder nur im Netz zur Folge hat.

1. Der Belastungsausgleich vor dem Motor.

Er kann nur durch Zufuhr mechanischer Energie erfolgen und läßt sich in einfacher Weise durch eine mit dem Motor gekuppelte Schwungmasse verwirklichen. Zweckmäßig geschieht dies durch ein auf die Motorwelle aufgesetztes Schwungrad, weil die Wirkung einer Schwungmasse mit dem Quadrate der Geschwindigkeit steigt. Da aber eine solche Schwungmasse nur bei Verminderung ihrer Geschwindigkeit Arbeit abgeben kann, muß der Motor eine elastische Drehzahlcharakteristik haben, d. h. er muß bei Eintritt einer Belastung einen Drehzahlabfall zeigen. Bei Gleichstrom-Nebenschlußmotoren und Asynchronmotoren ist die Drehzahl zu starr. Bei ihnen muß daher durch eine zusätzliche Hauptschlußwicklung beziehungsweise durch einen Schlupfwiderstand im Läufer dafür gesorgt werden, daß die Drehzahl abfällt. Gewöhnlich reicht eine Drehzahlverminderung von 10 bis 15% bei Nennlast aus. Je stärker man die Drehzahl abfallen läßt, um so kleiner kann bei gleicher Inanspruchnahme des Netzes das Schwungrad sein. Ein vollkommener Ausgleich bei angenähert konstanter Drehzahl kann daher nur durch eine große Schwungmasse erzielt werden. Da die Forderung der Wirtschaftlichkeit sehr große Schwungräder verbietet, können im allgemeinen nur kurze Belastungsstöße ausgeglichen werden, außerdem muß nach dem Stoß Zeit zur Wiederaufladung der Schwungmasse zur Verfügung stehen.

Die rechnerische Behandlung der Schwungradpufferung ist nur bei einfachen Verhältnissen von Erfolg. Es ist daher zweckmäßig, auf zeichnerischem Wege eine angenäherte Lösung zu suchen. In Abb. 504 ist im linken oberen Quadranten die Abhängigkeit des Motordrehmomentes M_m von der Drehzahl n und im linken unteren Quadranten die Abhängigkeit des Drehmomentes M_a der Arbeitsmaschine in Abhängigkeit von ihrem Arbeitsweg s dargestellt. Die Momentenlinie wird durch eine Treppenlinie nach der früher (S. 190) beschriebenen Methode ersetzt. Vor Eintritt des Belastungsstoßes beansprucht die Arbeitsmaschine das Moment M_1, und es stellt sich dabei die Drehzahl n_1 ein. Entsprechend der Treppenlinie wird bei Beginn des Stoßes ein Moment M_2 benötigt. Die Differenz $M_2 - M_1$ wirkt also auf die Masse verzögernd und rufe die angenommene Drehzahlveränderung Δn hervor. Nach Gl. 209 vollzieht sich diese klein anzunehmende Drehzahländerung bei konstantem Moment $(M_2 - M_1)$ in einer Zeit

$$\Delta t = \frac{G D^2 \cdot \Delta n}{375 \cdot (M_2 - M_1)}.$$

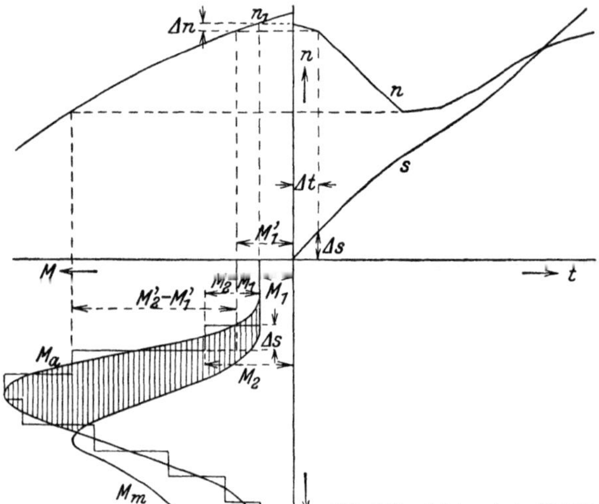

Abb. 504. Zeichnerische Ermittlung der Drehzahl bei Belastungsstößen.

Durch Antragen von Δn und Δt im rechten Quadranten kann man nun den Drehzahlabfall während dieser Zeit zeichnen. Der Weg Δs, den die Arbeitsmaschine in dieser Zeit Δt zurückgelegt hat, berechnet sich aus Drehzahl n_1 und Übersetzung. Man kann ihn ebenfalls aufzeichnen (Linie s). Durch Antragen von Δs in den unteren Quadranten kann man die nächste Momentenstufe mit dem Moment M_2' bilden. Bei der nächsten Stufe wirkt das Moment $M_2' - M_1'$, welches wieder um eine Drehzahländerung $\Delta n'$ in der Zeit $\Delta t'$ zur Folge hat. $\Delta s'$ wird mit der inzwischen verminderten Drehzahl berechnet. Die Auftragung der Größen erfolgt in einem beliebigen, gewählten Maßstab. Die Größen Δn sind klein zu halten, weil näherungsweise das Moment während dieser Zeit konstant angenommen wurde. Nach Vollendung der n- und s-Linie kann man auch das Motormoment M_m in Abhängigkeit vom Weg s aufzeichnen. Es zeigt, daß dasselbe kleiner als das Moment der Arbeitsmaschine bleibt, weil das Schwungrad einen Teil des Stoßes abgefangen hat. Außerdem ist eine Verschiebung aufgetreten, derart, daß zu Anfang des Belastungsstoßes der Motor entlastet wird, während er nach dem Stoß durch die Wiederaufladung der Massen zusätzlich belastet wird. Die zwischen den Linien M_a und M_m liegende Fläche stellt die ausgetauschte Bewegungsenergie der Massen dar, und zwar die schraffiert gekennzeichnete die vom Schwungrad abgegebene (Gl. 205) und die untere, die vom Motor an das Schwungrad zurückgelieferte Arbeit.

2. Der Belastungsausgleich hinter dem Motor.

Er hat nur bei kleinen Kraftwerken Bedeutung, und man könnte ihn ebenfalls mit einem Schwungrade durchführen, wenn man dem Gleichstrom-Antriebsmotor der Arbeitsmaschine einen Generator parallel schalten würde, auf dessen Welle das Schwungrad angeordnet ist. Bei Eintritt eines Belastungsstoßes wird sich der Generator infolge des Spannungsabfalls an der Stromlieferung beteiligen, wobei das Schwungrad hauptsächlich den Antrieb übernimmt, während bei konstanter Belastung der Puffergenerator als Motor leer mitläuft. Auf diesem Prinzip beruht die Pufferschaltung von Meyersberg[1], bei welcher zur Erhöhung der Wirkung die Erregung des Puffergenerators vom Belastungsstrom derart beeinflußt wird, daß bei größerer Belastung die Generatorerregung verstärkt wird.

Sehr häufig findet die Schwungradpufferung bei der Leonardschaltung Anwendung, indem der Umformer mit einem großen Schwungrad gekuppelt wird (Ilgner-Umformer). Die Schlupfenergie, welche bei großen Leistungen nicht unbeträchtlich ist (Fördermaschinen, Walzwerke), kann durch Regelsätze, welche an den Drehstrommotor des Umformers angeschlossen sind, zurückgewonnen werden.

Überlastungen von längerer Dauer werden wirksamer durch Sammlerbatterien ausgeglichen, welche den Verbrauchern parallel liegen und bei Eintritt eines starken Strombedarfs durch Zusatzmaschinen zur erhöhten Stromabgabe veranlaßt werden (Piranischaltung und Lancashireschaltung bei Straßenbahnen). Wegen

[1] Meyersberg: Elektrot. Z. 1903 S. 261.

der geringen Wirtschaftlichkeit ist jedoch der Batterieausgleich in neuerer Zeit weniger in Anwendung.

G. Die Anpassung des Motors an die Arbeitsmaschine.

Einer der bedeutungsvollsten Fortschritte in der Entwicklung der Antriebe ist die innige Anpassung des Motors an die Arbeitsmaschine, und zwar nicht nur in baulicher Hinsicht, sondern auch an den Arbeitsvorgang.

1. Die bauliche Anpassung des Motors.

Im Gegensatz zu anderen Motoren ist der Elektromotor schon immer in den verschiedensten Lagen betrieben worden. Man konnte ihn mittels kleiner Traggerüste an der Wand oder der Decke anbringen (Abb. 505 und 506), und man kann ihn noch einfacher unmittelbar mit den Füßen an der Wand oder der Decke befestigen, wenn man durch Verdrehen der Lagerschilde für die richtige Lage des Ölbehälters sorgt. Auch eine vertikale Lage ist möglich, wenn Kugellager zur Aufnahme des Ankergewichtes vorgesehen sind. In dem Bestreben, den Motor auch bei Riemenantrieb möglichst nahe an die Arbeitsmaschine heranzurücken, wird der Motor häufig nach Abb. 507 unmittelbar mit einer federnden Spannrolle versehen. Die heutige enge Verbindung zwischen Elektromotor und Arbeitsmaschine hat jedoch auch die Bauform des Motors weitgehend beeinflußt. Vor allem ist hier der Flanschmotor zu nennen (Abb. 508), welcher sowohl bei Hebezeugen als auch bei Werkzeugmaschinen in

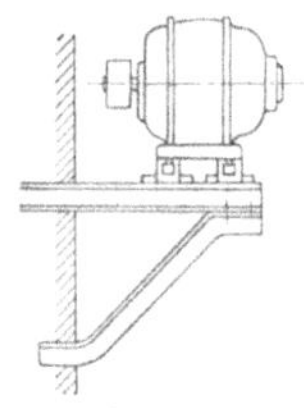

Abb. 505.

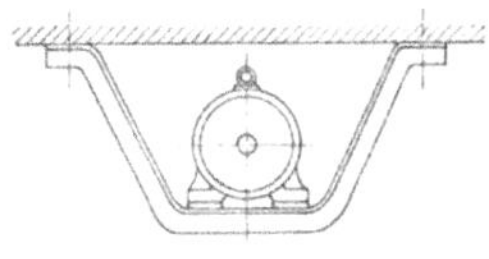

Abb. 506.

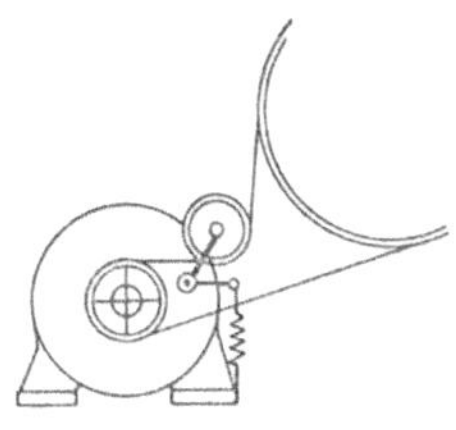

Abb. 507. Spannrolle.

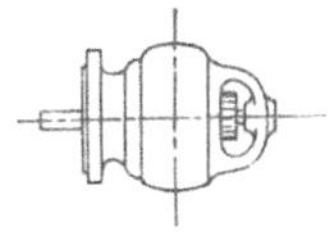

Abb. 508. Flanschmotor.

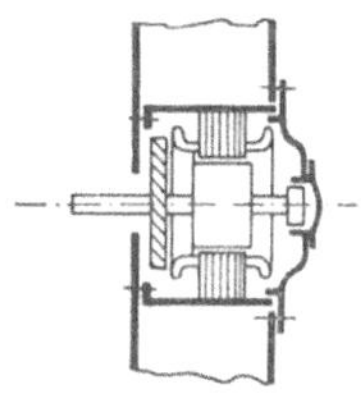

Abb. 509. Einbaumotor.

horizontalem und vertikalem Anbau zu schönen Maschinenformen geführt hat. Die völlige organische Vereinigung zwischen Motor und Arbeitsmaschine hat der Einbaumotor gebracht, welcher im Werkzeugmaschinenbau immer mehr Eingang findet, und welcher nur noch das elektrisch aktive Material enthält. Alles übrige ist Bestandteil der Arbeitsmaschine, wie Abb. 509 schematisch zeigt. Weitere Beispiele für einen geschickten Motoreinbau findet man besonders bei den Holzbearbeitungsmaschinen, sowie auch bei den Metallbearbeitungsmaschinen.

2. Die Anpassung an den Arbeitsvorgang.

a) Die Drehzahl. Die Anpassung hinsichtlich der Drehzahl ist am vollkommensten, wenn es möglich ist, Motor und Arbeitsmaschine unmittelbar ohne Vorgelege zu kuppeln. Dies ist bei schnellaufenden Arbeitsmaschinen, wie Kreiselpumpen, Schleifmaschinen u. dgl. der Fall. Bei langsamlaufenden Arbeitsmaschinen wäre es zwar auch theoretisch möglich, den Motor für die gleiche Drehzahl zu bauen. Es ist jedoch bekannt, daß Motorgröße und Preis bei geringerer Drehzahl trotz gleicher Leistung sehr viel größer sind und außerdem ist auch der Wirkungsgrad niedriger. Bei jeder Motorleistung erweist sich eine bestimmte Drehzahl als die wirtschaftlich beste. Auch eine höhere Drehzahl, die bekanntlich zu einem kleineren Motor führt, kann wegen der stark wachsenden Verluste unvorteilhaft sein. Es ist daher in vielen Fällen ein Vorgelege zwischen Motor und Arbeitsmaschine erforderlich, wobei es einer Prüfung bedarf, ob es vorteilhafter ist, einen billigen schnellaufenden Motor mit großem Vorgelege oder einen teuereren Langsamläufer mit kleiner Übersetzung zu wählen. Es ist auch zu beachten, daß Vorgelege bei unsachgemäßer Ausführung leicht zu einer starken Verschlechterung des Wirkungsgrades führen, und man versucht dahar, wenn schon ein Vorgelege unvermeidlich ist dasselbe in bester Ausführung dem Motor in einem geschlossenen Kasten anzubauen. Der Platzbedarf solcher Getriebemotoren ist überraschend gering. Abb. 510 veranschaulicht z. B. einen SSW-Vorgelegemotor mit Wälzgetriebe im vorderen Lagerschild, welches bei 4 kW Leistung die Drehzahl von 1500 auf 214 Umdr./min herabsetzt. Der Getriebewirkungsgrad ist bei Nennlast etwa 98%.

Drehzahlen über 3000 je min, wie sie bei Holzbearbeitungs- und Spinnmaschinen vorkommen, bereiten bei Drehstromantrieb Schwierigkeiten, weil bei einer Frequenz von 50 Hz eine höhere Drehzahl als 3000 nicht möglich ist. Man ist dann gezwungen, entweder mittels eines Frequenzumformers die Frequenz heraufzusetzen oder einen Doppelmotor zu verwenden, welcher aus zwei ineinander geschachtelten Drehstrommotoren besteht. Der innere Drehstrommotor trägt außen an seinem Ständereisen eine zweite Käfigwicklung und paßt als Läufer in einen zweiten Ständer hinein, in welchem er bei zweipoliger Ausführung 3000 Umdrehungen je Minute macht. Da der innere Läufer, der die Arbeitsmaschine antreibt, seinerseits auch 3000 Umläufe relativ gegen seinen Ständer macht, dreht er sich absolut genommen in der min 6000mal.

Abb. 510. Vorgelegemotor mit Schleifringläufer, 4 kW, 1500/214 U/min, mit Wälzgetriebe (SSW.).

b) Das Drehzahlverhalten. Die Drehzahl eines Elektromotors ändert sich im allgemeinen mehr oder weniger mit dem Drehmoment. In gleicher Weise sind die Anforderungen der Arbeitsmaschine hinsichtlich des Drehzahlverhaltens wechselnd. Eine Werkzeugmaschine und die meisten Kreiselpumpen verlangen z. B. eine von der Belastung unabhängige, konstante Drehzahl, ein Verhalten, welches hinreichend genau bei dem Gleichstromnebenschluß- und dem Drehstrom-Asynchronmotor vorhanden ist. Man kann jedoch Maschinen, wie Lüfter und Kreiselpumpen, auch durch einen Motor mit Reihenschlußverhalten antreiben, wenn die Belastung konstant bleibt. Krane sollen bei großer Belastung langsam und bei kleiner schnell arbeiten, eine Forderung, die mit dem Gleichstrom- und Drehstrom-Reihenschlußmotor vollkommen zu erfüllen ist. Arbeitsmaschinen mit Schwungrädern benötigen eine mit der Belastung sinkende Drehzahl, eine Forderung, welche der Doppelschlußmotor erfüllt, und welche bei dem Drehstrom-Asynchronmotor durch Schlupfwiderstände erzwungen werden kann. Wo ein besonders starker Drehzahlabfall erforderlich ist, stärker als er bei einem Reihenschlußmotor vorhanden ist, läßt sich nach Abb. 661 mittels Arbeitsreglers die Drehzahl eines Nebenschlußmotors in die gewünschte Abhängigkeit von der Belastung bringen.

c) Die Regelbarkeit. Die Geschwindigkeit einer Arbeitsmaschine läßt sich ohne Gefährdung der Güte des auf ihr erzeugten Arbeitsgutes nicht beliebig steigern. Andererseits erfordert die Wirtschaftlichkeit aber, daß man mit der Geschwindigkeit bis an die Grenze des Möglichen geht. Harter Stahl läßt sich z. B. mit Rücksicht auf die Schneidhaltigkeit des Werkzeugs nur mit geringer Geschwindigkeit bearbeiten, während Messing oder Aluminium eine hohe Bearbeitungsgeschwindigkeit verlangt. Ein Motor, welcher einer solchen Forderung gerecht werden soll, muß mindestens in groben Stufen regelbar sein (Gleichstrom-Nebenschlußmotor, polumschaltbarer Drehstrommotoren). Andere Arbeitsmaschinen fordern nicht nur eine Änderung der Geschwindigkeit je nach der Art des Arbeitsgutes, sondern auch noch bei einem und demselben Arbeitsvorgang. Bei einer Wirkmaschine muß z. B. je nach dem verarbeiteten Garn eine verschieden hohe Geschwindigkeit eingestellt werden. Außerdem wird noch verlangt, daß zur Vornahme des Minderns die Geschwindigkeit nach Ablauf der eigentlichen Wirkarbeit auf wenige Sekunden stark herab- und anschließend ebenso schnell wieder heraufgesetzt werde. Auch dieser Forderung vermag der Elektromotor leicht gerecht zu werden. Abb. 511 zeigt z. B. das vereinfachte Schaltbild einer Wirkmaschine mit Gleichstromantrieb. Der Motor, welcher durch Einlegen des Schalters unter Vermittlung eines Schützes angelassen wird, hat zwei Nebenschlußregler *a* und *b*. Der letztere dient zur Einstellung der konstanten Arbeitsgeschwindigkeit während des Wirkens, der erstere zur Einstellung der Minderungsgeschwindigkeit. Durch einen Minderschalter *m* kann er überbrückt werden, wodurch die Geschwindigkeit unter Bremsung vorübergehend stark vermindert wird. Diese Geschwindigkeitsänderung besorgt die Maschine selbsttätig durch ein umlaufendes Nockenband. Bei Drehstrom läßt sich die Aufgabe durch polumschaltbare Asynchronmotoren oder Stromwendermotoren lösen. Die AEG. bringt in solchen Fällen meist ihren Doppelmotor zur Anwendung. Derselbe besteht aus zwei in einem Gehäuse zusammengebauten Asynchronmotoren verschiedener Drehzahl. Der eine mit hoher Drehzahl ist ein Schleifringmotor, dessen Drehzahl der Wirkarbeit angepaßt ist, und die durch einen Läuferwiderstand regelbar ist. Der andere Motor hat einen Kurzschlußläufer. Er hat niedrige Drehzahl und wird mittels des Nockenbandes zum Mindern eingeschaltet. Den wirtschaftlichen Vorteil, welchen man durch die Anpassung des Elektromotors erzielt, liegt einfach darin, daß bei Transmissionsantrieb mit gleichbleibender Drehzahl diejenige Geschwindigkeit als Dauergeschwindigkeit gewählt werden müßte, die man beim Mindern höchstens zulassen könnte. Da diese aber beträchtlich unter der Wirkgeschwindigkeit liegt, ist der Produktionsgewinn durch den regelbaren Antrieb erheblich.

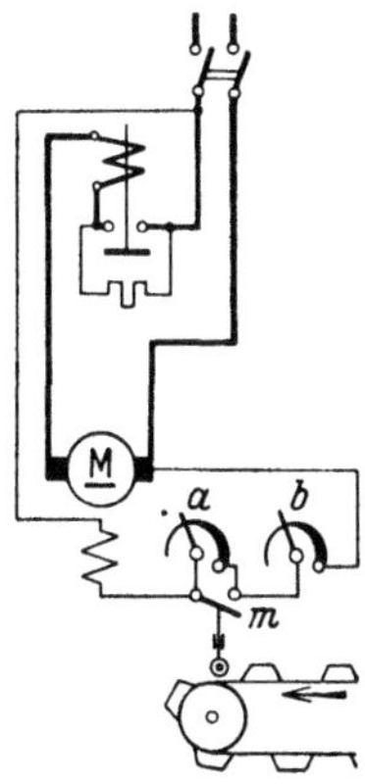

Abb. 511. Selbsttätige Geschwindigkeitsregelung bei einer Wirkmaschine.

Noch inniger wird die Anpassung des Motors, wenn der Arbeitsvorgang eine stetige Änderung der Geschwindigkeit verlangt, wie dies z. B. bei Papierkalandern zur Erzielung konstanten Papierzuges trotz verschiedenen Rollendurchmessers der Fall ist. Abb. 512 zeigt, wie auf der Papierrolle eine bewegliche Fühlrolle *F* läuft, die mittels des Feldreglers *R* oder auch durch Bürstenverschiebung bei Stromwendermotoren die Drehzahl dem Wickeldurchmesser anpaßt. Ähnliche Aufgaben sind bei Spinnmaschinen sowie bei manchen Aufzügen zu lösen, und Abschnitt XVIII bringt weitere Beispiele dieser Art.

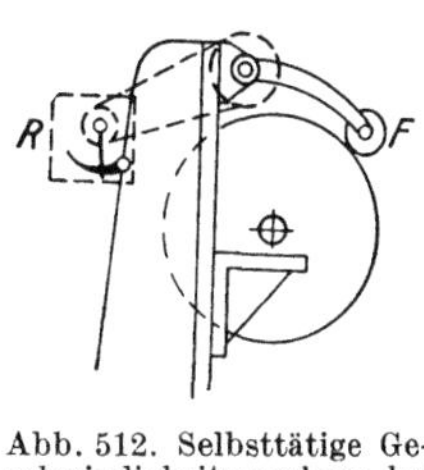

Abb. 512. Selbsttätige Geschwindigkeitsregelung bei einem Kalander.

Der Regelvorgang selbst muß jedoch auch von der wirtschaftlichen Seite betrachtet werden. Die einfachste Regelung ist die Hauptstromregelung, also bei Gleichstrom mittels Vorwiderständen vor dem Anker, bei Drehstrom mit Läuferwiderständen. Eine solche Regelung zeigt bekanntlich eine starke Abhängigkeit der Drehzahl von der Belastung, die z. B. bei Werkzeugmaschinen ihre Verwendung unmöglich macht, weil jede Änderung des Schnittwiderstandes eine Änderung der Drehzahl nach sich ziehen würde. Es gibt aber zahlreiche Arbeitsmaschinen, deren Drehmoment in einer bestimmten Abhängigkeit von der Drehzahl steht (z. B. eine Kreiselpumpe). Bei diesen kann ein Antriebsmotor mit einer Drehzahl, die sich mit der Belastung ändert, unbedenklich gewählt werden. Als weiterer Nachteil der Hauptstromregelung war früher der große Regelverlust genannt worden. Betrachten wir zunächst eine Arbeitsmaschine mit einem bei allen Drehzahlen gleichbleibenden Drehmoment M, die von einem Gleichstrom-Nebenschlußmotor angetrieben wird (Abb. 513). Die vom Motor abgegebene mechanische Nutzleistung N_2, die dem Produkt von M und n proportional ist, steigt also nach einer Geraden an. Der Strom ist bei dem Nebenschlußmotor dem Drehmoment proportional, also konstant, und demgemäß auch die zugeführte Leistung N_1. Die Regelverluste sind demnach durch die Differenz $V = N_1 - N_2$ gegeben, welche durch die Linie V gesondert dargestellt sind. Ein Hauptschlußmotor würde bei konstantem Drehmoment ebenfalls einen konstanten Strom aufnehmen, so daß für ihn auch die Darstellung Abb. 513 gilt. Bei einem Drehstrommotor sind die Läuferverluste dem Schlupf proportional. Ein Läuferwiderstand wird daher bei konstantem Drehmoment die gleichen Verluste verursachen, wie sie für die Gleichstrommotoren gefunden wurden.

Die gleiche Betrachtung soll nun für den ebenfalls häufig auftretenden Fall angestellt werden, daß das Drehmoment der Arbeitsmaschine mit der Drehzahl quadratisch anwächst (Abb. 514). Ein Gleichstrom-Nebenschlußmotor, dessen Drehmoment dem Strom proportional ist, zeigt in diesem Falle einen mit der Drehzahl quadratisch anwachsenden Strom, und da die Spannung des Netzes konstant bleibt, ist auch die zugeführte Leistung N_1 durch die gleiche Parabel dargestellt. Die abgegebene Leistung ist hingegen dem Produkt aus Drehmoment und Drehzahl, also der dritten Potenz der Drehzahl proportional. Die Drehzahl bei Nennlast (also ohne Widerstand) sei gleich 1 gesetzt. Der Verlust ist $V = N_1 - N_2 = c \cdot n^2 - c \cdot n^3$, worin c eine Proportionalitätskonstante darstellt, die bei obiger Annahme gleich der Nennlast N ist. In Abb. 514 ist dieser Verlust jeweils der vertikale Abstand der Linien N_1 und N_2, und man erkennt, daß dieser Verlust einerseits wesentlich kleiner als bei der Regelung mit konstantem Moment ist und andererseits auch einen Höchstwert hat. Durch Differentiation des Ausdruckes für V erhält man $dV : dn = 2 \cdot c \cdot n - 3 \cdot c \cdot n^2$, welches gleich 0 gesetzt den Höchstwert der Verluste bei einer Drehzahl von 67% ergibt. An dieser Stelle ist der Verlust gleich 14,8% der Leistung N bei voller Einschaltung.

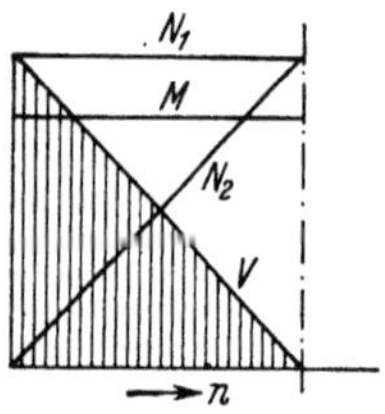

Abb. 513.

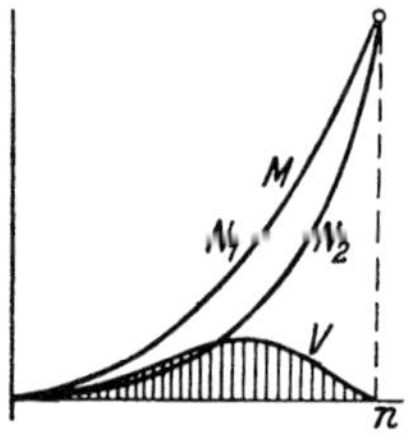

Abb. 514.

Ein Reihenschlußmotor hat bekanntlich ein Drehmoment, welches ungefähr dem Quadrate seines Stromes proportional ist. Wenn nun das Drehmoment der Arbeitsmaschine dem Quadrate der Drehzahl verhältnisgleich ist, so muß der Strom der Drehzahl einfach proportional sein, wie Abb. 515 zeigt. Das gleiche gilt für die zugeführte Leistung N_1. Die abgegebene Leitung N_2 ist wie bisher der dritten Potenz von n verhältnisgleich. Der Verlust ist demnach hier gleich $V = c \cdot n - c \cdot n^3$. Differenziert ergibt sich $dV : dn = c - 3 \cdot c \cdot n^2$, welches gleich Null gesetzt bei einer Drehzahl von 58% das Verlustmaximum ergibt, dessen Wert 39% der vollen Leistung ist.

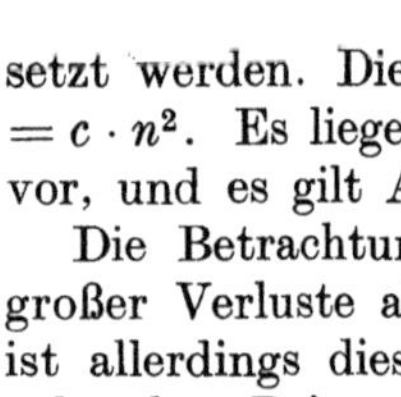

Abb. 515.

Der Verlust eines asynchronen Drehstrommotors ist dem Schlupf proportional und kann daher gleich $V = N_1 \cdot (1 - n)$ gesetzt werden. Die aufgenommene Leistung ist $N_1 = N_2 + V = c \cdot n^3 + N_1 \cdot (1 - n) = c \cdot n^2$. Es liegen somit die gleichen Verhältnisse wie bei dem Nebenschlußmotor vor, und es gilt Abb. 514.

Die Betrachtungen lehren, daß die Hauptstromregelung nicht immer wegen zu großer Verluste abgelehnt werden kann. Bei gleichbleibendem Antriebsmoment ist allerdings diese einfache Regelung nur bei geringer Drehzahlverminderung angebracht. Bei quadratischen Drehmomenten verhält sich der Reihenschlußmotor ungünstiger als der Nebenschlußmotor. Bei letzterem ist die Hauptstromregelung durchaus nicht sehr verlustreich, insbesondere wenn in der Nähe der Nenndrehzahl oder mit sehr niedrigen Drehzahlen gearbeitet wird. Bei einem Vergleich der Verlustlinien ist es richtiger, nicht die Grenzwerte der Verluste miteinander zu vergleichen, sondern die Mittelwerte über den benutzten Regelbereich. Wenn z. B. ein Regelbereich von 50% vorgesehen ist, so wird man zum Vergleich von den Verlusten von n bis $0{,}5 \cdot n$ den Mittelwert bilden, weil alle Drehzahlen dieses Bereiches vorkommen können.

Bei einem Vergleich der Widerstandsregelung mit der Polumschaltung von Drehstrommotoren ist zunächst zu bedenken, daß mit dieser gewöhnlich nur zwei oder drei feste Stufen erzielbar sind, während viele Arbeitsmaschinen doch eine stetige Regelung verlangen. Verluste treten jedoch nur innerhalb des Motors auf, und diese sind wesentlich geringer als die bei Widerstandsregelung, obwohl der Wirkungsgrad bei den niedrigen Drehzahlen, insbesondere bei quadratischem Verlauf des Momentes gering ist. Man muß nämlich beachten, daß dann die abgegebene Leistung mit der dritten Potenz der Drehzahl sinkt, daß also bei halber Drehzahl die Leistung nur noch ein Achtel ist. Ein so schlecht belasteter Motor hat aber immer einen geringen Wirkungsgrad. Es kann daher unter Umständen vorteilhaft sein, zwei Motoren zum Antrieb vorzusehen, den einen mit voller Leistung für einen Regelbereich von n bis $0{,}75\,n$ und einen kleineren Motor von etwa halber Leistung für den Bereich von $0{,}75 \cdot n$ bis $0{,}5 \cdot n$.

Eine stetige Geschwindigkeitsänderung bis auf Null läßt sich außer durch Hauptstromregelung auch mit der Leonardschaltung erreichen. Diese benötigt jedoch drei Maschinen, dazu noch eine Erregermaschine. Nehmen wir einmal eine Nutzleistung von 10 kW an mit einem Wirkungsgrad von 0,83 bei Nennlast je Maschine, so beträgt der Gesamtwirkungsgrad unter Berücksichtigung der Erregermaschine etwa 0,55. Bei einer Regelung auf halbe Drehzahl wird er auf 0,45 zurückgehen. Man erkennt, daß in diesem Falle die Maschinenverluste der Leonardschaltung größer als diejenigen der Hauptstromregelung werden. Anders sieht es natürlich bei großen Maschinen mit hohem Wirkungsgrad aus.

Ein einwandfreier Vergleich der Regelarten erfordert, daß außer den Verlusten auch die Anlagekosten (deren Verzinsung und Tilgung) sowie die Benutzungsstunden in Rechnung gestellt werden. In dem vorstehendem Beispiel würde die Widerstandsregelung auch dann der Leonardschaltung vorzuziehen sein, wenn sie etwas größere Verluste verursachte, weil die Anlagekosten mehrfach größer sind. Ferner kann eine Anlage mit geringer Benutzungsdauer verlustreicher sein, wenn die Anlage sich dadurch verbilligt. Bei einer geringen Betriebsstundenzahl spielen auch erhöhte Verluste keine große Rolle. Abb. 516 zeigt nach einer Durchrechnung von W. Buch[1] einen Vergleich zwischen Asynchronmotor (a), Gleichstromnebenschlußmotor mit Umformer (b), Drehstrom-Stromwendermotor (c) und polumschaltbarer Drehstrommotor (d) dar. Die Leistung beträgt 33 kW bei $n = 750$ und das Drehmoment ist konstant vorausgesetzt. Die ausgezogenen Linien stellen die jährlichen Arbeitsverluste und die gestrichelten Linien die gesamten Unkosten dar (4 Rpf./kWh, 13% Verzinsung und Tilgung). Der Regelbereich ist zu 50% angenommen. Die Linien lehren, daß ein Leonardumformer gegenüber einem Asynchronmotor mit Widerstandsregelung nur bei langandauernder Regelung zu rechtfertigen ist (im vorliegenden Fall, wenn mehr als 6850 h mit halber und 1150 h mit voller Drehzahl gearbeitet wird). Stromwendermotor und polumschaltbarer Motor sind bei jeder Benutzungsdauer wirtschaftlicher als die Leonardschaltung, wobei natürlich über die Steuerungsvorzüge der letzteren nichts gesagt ist. Widerstandsregelung, Stromwendermotor und polumschaltbarer Motor treten erst bei geringer Betriebsstundenzahl mit halber Drehzahl in Wettbewerb.

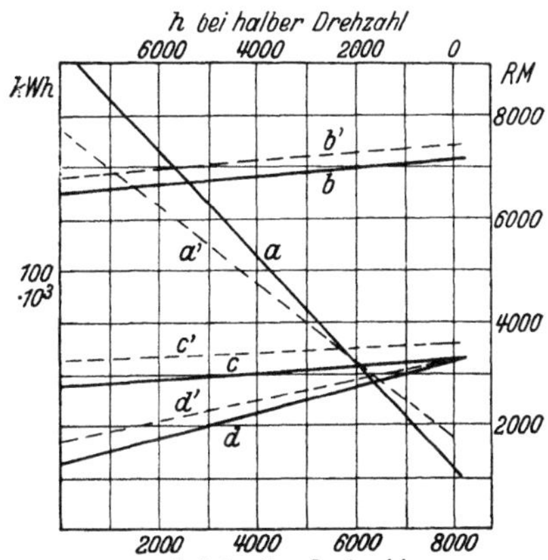

Abb. 516. Wirtschaftliche Vergleiche der Regelarten. Jährliche Verluste bei 50% Regelung. a = Asynchronmotor, b = Leonardumformer, c = Stromwendermotor, d = polumschaltbarer Drehstrommotor. Gesamte Unkosten im Jahr: a' = Asynchronmotor, b' = Leonardumformer, c' = Stromwendermotor, d' = polumschaltbarer Drehstrommotor.

[1] Buch, W.: AEG-Mitt. 1930 S. 110.

Manche Arbeitsmaschinen erfordern zu gewissen Zeiten vorübergehend eine gegenüber der normalen sehr geringe Geschwindigkeit, wie z. B. die Druckmaschinen beim Einziehen der Papierbahn. Für solche Fälle eignen sich die beschriebenen Regelarten nicht. Man sieht dann vielmehr einen kleinen Hilfsmotor mit großer Übersetzung vor, welcher die Maschine langsam zu drehen vermag, und welcher beim Einschalten des Hauptmotors mittels Überholkupplung entkuppelt und ausgeschaltet wird.

Regelung auf gleichbleibende Drehzahl. Zuweilen erfordert die Güte des Arbeitsproduktes, z. B. die gleichmäßige Dicke des Papiers bei einer Papiermaschine eine völlig gleichbleibende Drehzahl. Dies ist in Anbetracht der wechselnden Widerstände sowie der Änderungen von Spannung und Frequenz nur durch eine feinfühlige Drehzahlregelung möglich. Abb. 517 stellt die Regelschaltung eines Gleichstrom-Nebenschlußmotors dar. Der Motor *M* ist mit einer kleinen Tachometerdynamo *T* gekuppelt, deren Spannung der Drehzahl genau proportional ist und eine Steuerspule *S* speist. Diese schaltet den Hilfsmotor *m* mit dem Feldregler *FR* je nach der Drehzahlveränderung in dem einen oder anderen Umlaufsinne ein und berichtigt so die Veränderung der Drehzahl. Es leuchtet ein, daß hierbei immer schon eine merkbare Drehzahländerung erfolgt sein muß, damit die Regelung einsetzt. Die Schaltung ist daher für manche Fälle zu träge. In gleicher Weise könnte natürlich der Motor *m* auch auf die Bürsten eines Stromwendermotors verschiebend wirken.

Eine Schnellreglung und zwar mittels des Tirrillreglers zeigt Abb. 518 (siehe auch Abb. 287)

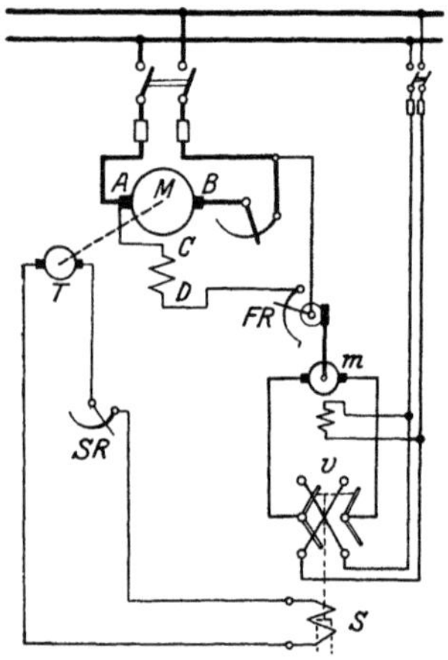

Abb. 517. Träge Regelung der Drehzahl.

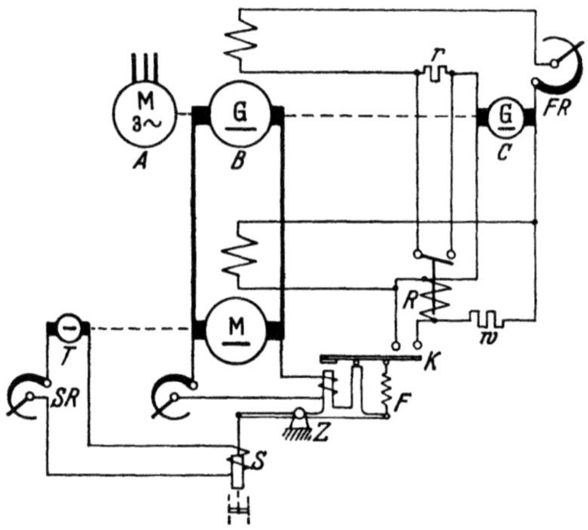

Abb. 518. Schnellregelung der Drehzahl.

in Anwendung auf eine Leonardsteuerung. *A*, *B*, *C* ist der Leonardumformer und *M* der Antriebsmotor, der mit der Tachometerdynamo *T* gekuppelt ist, deren durch die Drehzahl bestimmte Spannung auf die Steuerspule *S* wirkt. Außerdem wirkt die Spannung des Motors *M* auf die Zitterspule *Z*. Dieselbe zieht ihren Anker an und schließt dadurch die Spule *R* kurz. Dadurch wird der feste Widerstand *r* in den Erregerkreis des Generators *B* eingeschaltet und die Spannung etwas herabgesetzt. Durch diese Spannungsverminderung läßt *Z* den Anker wieder los, so daß *R* den Widerstand *r* wieder überbrückt. Die Spannung steigt dadurch wieder etwas. In dieser Weise wird der Anker der Zitterspule eine schwingende Bewegung machen, und die Spannung wird in engen Grenzen um einen Mittelwert schwanken. Bei einer Drehzahländerung, z. B. einer Verminderung läßt Spule *S* ihren Anker etwas los und entfernt dadurch den Anker *Z* von den Kontakten *K*, die daher bei ihrer ständigen Zitterbewegung etwas weniger lang *R* kurzgeschlossen und *r* eingeschaltet halten, so daß die Erregerstromstärke und die Spannung dadurch um einen etwas höheren Wert pulsiert und die Drehzahl wieder auf ihren alten Betrag bringt. Der Unterschied der Schnellregelung gegenüber der trägen Regelung besteht darin, daß die erstere in steter Bewegung ist und dadurch sofort der kleinsten Änderung entgegen wirkt. Sie gestattet daher eine Einhaltung der Drehzahl bis auf $^1/_2$%. Ihre Kosten sind jedoch hoch.

Die Gleichlaufregelung. Zwei Maschinenteile, welche sich stets im Gleichlauf befinden sollen, werden gewöhnlich durch eine starre Welle miteinander verbunden. Es gibt aber Fälle (z. B. bei großen Entfernungen oder großen Leistungen) wo eine mechanische Verbindung unwirtschaftlich sein würde. Eine bessere Lösung würde sich dadurch ergeben, daß man von beiden Maschinenteilen eine (schwache) Leitwelle zu einem Differentialgetriebe führt, welches auf einen elektrischen Regler einwirkt. Solange beide Teile im Gleichlauf sind, ist das Differential in Ruhe, eine Änderung der Geschwindigkeit eines derselben führt aber zu einer Verstellung des Reglers und damit zu einem verstärkten Antrieb desjenigen Antriebsmotors, welcher in der Geschwindigkeit zurückgeblieben war. Ein völliger Gleichlauf läßt sich auf diese Weise natürlich nicht erzielen.

Auf rein elektrischem Wege ist ein Gleichlauf nach Abb. 519 dadurch möglich, daß man die beiden Getriebe, die im Gleichlauf stehen sollen, und die von den Motoren M_1 und M_2 angetrieben werden, mit je einem Drehstrom-Asynchronmotor A_1 bzw. A_2 kuppelt, die ständer- und läuferseitig parallel geschaltet sind. Das in beiden Motoren umlaufende Drehfeld erzeugt im Läufer gleiche Spannungen, die sich bei richtiger Schaltung und gleicher Stellung der beiden Läufer im Gleichgewicht halten. Sobald jedoch einer der Läufer nur eine kleine Verdrehung gegen den anderen erfährt, sind die Läuferspannungen in der Phase gegeneinander verschoben, und es tritt ein Ausgleichstrom auf, der die Läufer wieder in ihre richtige Stellung zurückführt. Man beachte, daß diese elektrische Kupplung auch im Stillstand wirksam ist. Sie beruht auf der gleichen Kraftwirkung, welche zwischen zwei parallelgeschalteten Synchronmotoren vorhanden ist. Wir können uns nämlich die Drehfelder in den beiden Maschinen A durch umlaufende Polräder ersetzt denken und haben dann nichts anderes als zwei parallel geschaltete Synchronmaschinen. Die Kraft, welche durch die elektrische Kupplung übertragen werden kann, ist durch das maximale Drehmoment der Maschinen A begrenzt. Wo ein absoluter Gleichlauf bei jeder Geschwindigkeit nicht verlangt wird, können die Antriebsmotoren M in Fortfall kommen und die Ausgleichmotoren A zugleich den Antrieb übernehmen. Der Anlasser R wird dann wie gestrichelt gezeichnet angeschaltet.

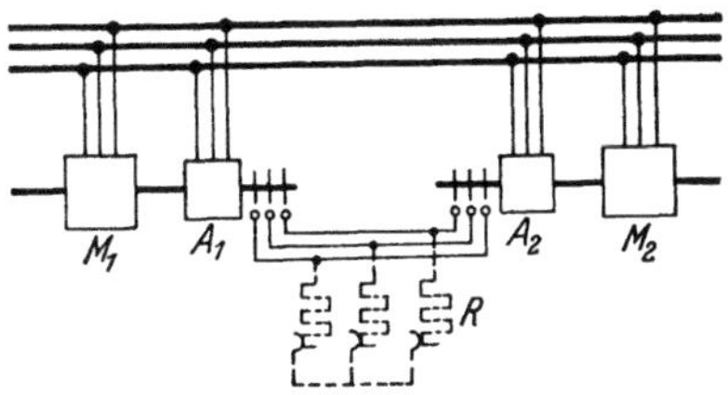

Abb. 519. Gleichlaufsicherung.

Die betrachteten Gleichlaufvorrichtungen können nur dann wirken, wenn die Drehfelder der Ausgleichsmaschinen A eine hinreichende Spannung in den Läufern erzeugen. Angenommen, die Drehfelder in A würden mit 1000 Umdrehungen im Rechtssinne umlaufen, und man würde die Motoren M nun auch im Rechtssinne laufen lassen, so würden die Läufer von A mit wachsender Drehzahl immer weniger gegen ihre Drehfelder schlüpfen und schließlich bei 1000 Umdrehungen keine Spannung mehr haben. Der Gleichlauf ist dann nicht mehr gesichert. Man muß daher die Polzahlen so wählen, daß die synchrone Drehzahl der Ausgleichsmaschinen wesentlich größer als die Betriebsdrehzahl ist. Bei Fortfall der Motoren M und Benutzung der Ausgleichsmaschinen zum Antrieb muß man mit großem Dauerschlupf arbeiten, damit in den Läufern eine für den Gleichlauf hinreichende Spannung vorhanden ist.

H. Die Anlasser.

1. Das Anlassen.

Die Regeln für Anlasser und Steuergeräte (REA) unterscheiden Anlaßschalter, die ohne Widerstände zum Einschalten von Motoren dienen, und Anlasser, die mit Widerständen versehen sind. Bei diesen wird hinsichtlich des Widerstandsstoffes

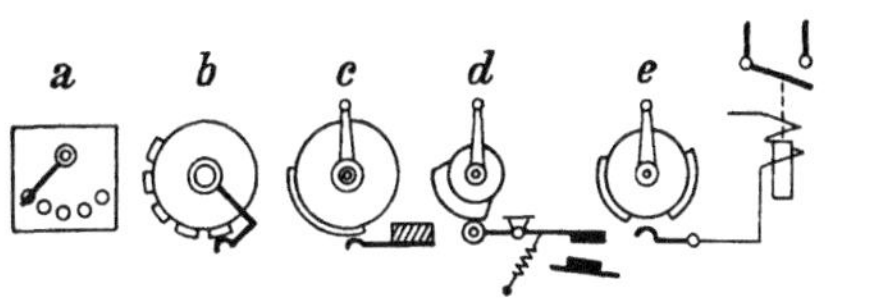

Abb. 520. a = Flachbahnanlasser, b = Trommelbahnanlasser, c = Walzenbahnanlasser, d = Steuerschalter, e = Schützensteuerung.

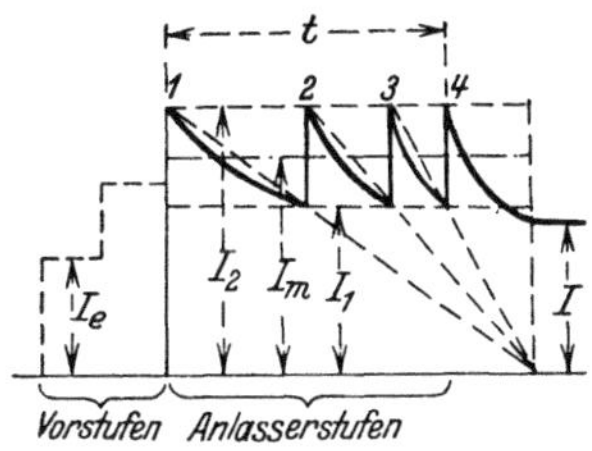

Abb. 521. Anlaßvorgang.

weiter zwischen Metallanlassern und Flüssigkeitsanlassern unterschieden. Nach der Art des Stufenschalters gibt es Flachbahn-, Trommelbahn-, Walzenbahnanlasser, Steuerschalter und Schützensteuerungen. Abb. 520 stellt schematisch ihren Aufbau dar.

Der Anlaßvorgang ist aus Abb. 521 zu erkennen. Auf der ersten Stellung wird der Anlaßspitzenstrom I_2 eingeschaltet, der wesentlich größer als der Motorstrom I bei Vollast sein muß, damit der Motor trotz erhöhter Anlaufwiderstände und der Massenwirkung anlaufen kann. Die Größe des gesamten Anlaßwiderstandes berechnet sich aus Spannung U und Anlaßspitzenstrom I_2. Mit der Beschleunigung des Motors sinkt der Strom, und wir schalten auf die nächste Stellung weiter, wenn derselbe auf den Schaltstrom I_1 gesunken ist. Die Abstufung der Widerstände ist so zu berechnen, daß der Strom beim Anlassen zwischen den Grenzen I_2 und I_1 bleibt. Der mittlere Anlaßstrom I_m kann gleich dem geometrischen Mittel $\sqrt{I_1 \cdot I_2}$ gesetzt werden, die Anlaßzeit in Sekunden etwa $t = 4 + 2 \cdot \sqrt{N}$, worin N die Motorleistung in kW ist. Der Anlaßstrom muß um so größer sein, je mehr Widerstände der Motor im Anlauf zu überwinden hat. Man spricht daher von der Schwere des Anlaufes, welche durch das Verhältnis $I_m : I$ dargestellt ist. Hierbei sind drei Normwerte festgelegt, nämlich:

	Halblast-anlauf	Vollast-anlauf	Schwer-anlauf
Flach- und Trommelbahnanlasser $I_m : I$ =	0,65	1,3	1,7
Flüssigkeits- und Walzenanlasser . . . =	0,75	1,5	2,0

Der Strom I_2 ist anzunehmen, und zwar unter Berücksichtigung des Netzes. Ein großer Wert führt zu einer kleinen, ein kleiner Wert zu einer großen Stufenzahl. Der Schaltstrom I_1 läßt sich hierauf aus den obigen Beziehungen ermitteln.

Die Stufung des Anlaßwiderstandes ergibt sich aus zwei einfachen Beziehungen, die wir zunächst auf den Gleichstrom-Reihenschlußmotor anwenden wollen. Für diesen besteht bei konstanter Drehzahl zwischen der Gegenspannung E des Motors und seinem Strom eine Abhängigkeit, wie wir sie früher in der Leerlaufskennlinie kennengelernt haben (Magnetisierungslinie). Eine zweite Beziehung ist durch das Ohmsche Gesetz gegeben, da die Gegenspannung $E = U - (R_m + R_a) \cdot I$ sein muß, worin R_m der gesamte Motorwiderstand und R_a der Anlaßwiderstand ist. Diese letztere Beziehung läßt sich bei konstantem Widerstand durch eine Gerade darstellen, welche mit wachsendem Strom absinkt und welche für $I = 0$ den Wert $E = U$ ergibt. In Abb. 522 sind vertikal die Spannungen und horizontal die Ströme aufgetragen. Bei Einschaltung der ersten Stellung stellt sich zuerst der Strom I_2 ein. Mit dem Anlauf des Motors sinkt der Strom, und er muß dies, da der Widerstand dabei konstant ist, nach der zweiten Beziehung tun, also nach einer Geraden $A - B$. Wenn der Strom I_1 erreicht ist, schalten wir um. In dieser kurzen Zeit kann sich die Drehzahl nicht ändern, so daß für den Umschaltungsvorgang die erste Beziehung gilt. Wir zeichnen daher durch B eine Leerlaufskennlinie, die man einfach durch Verkürzung der Ordinaten einer normalen Kennlinie erhält. Der Strom soll bei dem Umschalten wieder auf seinen alten Wert I_2 steigen (Punkt C). Unter diesem großen Strom beschleunigt sich der Motor abermals, der Strom sinkt dadurch wieder ab, und zwar nach der Geraden $C - D$. Beim Weiterschalten steigt dann der Strom nach der Kennlinie $D - E$ usw. bis nur noch der Motorwiderstand R_m vorhanden ist. Zur Vereinfachung der Zeichnung kann man statt der Kennlinien Geraden $B - C$, $D - E$, die sich in einem Punkte schneiden, ziehen. Nach der genannten zweiten Beziehung ist bei dem Strom I_2 die Strecke $\overline{AF} = (R_m + R_a) \cdot I_2 = U$. Nach Abschaltung der ersten Stufe wird in den übrigen Widerständen bei demselben Strom die durch die Strecke $\overline{CF}$ dargestellte Spannung vernichtet. Man erkennt, daß die Strecken $\overline{AC}$, $\overline{CE}$ usw. die Widerstandsstufen in einem bestimmten Maßstab darstellen, der leicht zu bestimmen ist, weil der Gesamtwiderstand bekannt ist. Zur Festlegung des Motorwiderstandes R_m wird angenommen, daß von den gesamten Motorverlusten $^2/_3$ Stromwärmeverluste seien. Die Einteilung vollzieht sich praktisch also einfach in der Weise, daß man nach Annahme der Ströme den Gesamtwiderstand $\overline{AF}$ aufträgt und die Zickzacklinie zeichnet, wobei zuletzt gerade R_m übrig bleiben soll. Tut es dies nicht, so müssen die Ströme abgeändert werden.

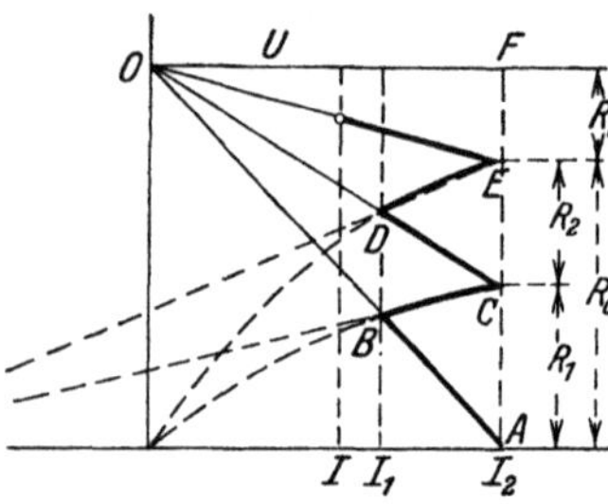

Abb. 522. Anlasserstufung für einen Reihenschlußmotor.

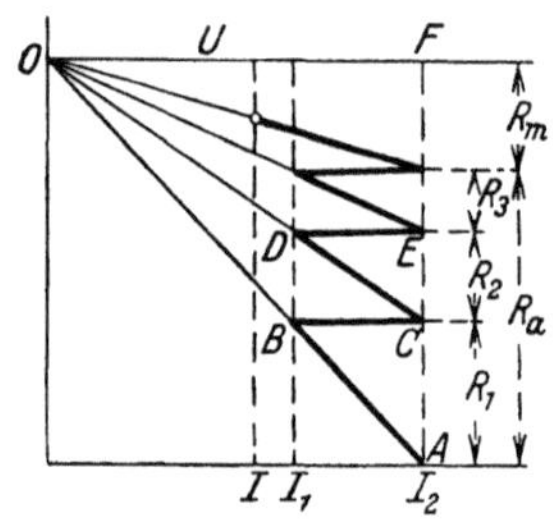

Abb. 523. Anlasserstufung für einen Nebenschlußmotor.

Bei einem Nebenschlußmotor ist die oben genannte erste Beziehung durch eine horizontale Gerade dargestellt, weil die Gegenspannung desselben bei konstanter Drehzahl und Erregung sich nicht ändert. (Den Motorwiderstand denkt man sich hierbei aus dem Motor herausverlegt und mit dem Anlaßwiderstand vereinigt.) Der Stromanstieg $B - C$, $D - E$, muß daher durch horizontale Geraden eingetragen werden (Abb. 523). Ein Vergleich mit Abb. 522 zeigt, daß ein Nebenschlußmotor mit seiner geometrischen Abstufung mehr Stufen braucht als ein Reihenschlußmotor unter sonst gleichen Verhältnissen.

Bei einem Drehstrommotor kann die Stufung aus dem Heylanddiagramm gewonnen werden, indem man die beiden Grenzströme, zwischen denen sich der Anlaßvorgang abspielt, in das Diagramm einträgt. Für jede Stufe kann man sich nun einen besonderen Drehzahlmaßstab einzeichnen, wodurch sich die Aufteilung des Anlaßwiderstandes ergibt.

Zu dem gleichen Ergebnis kommt man, wenn man Abb. 523 für den Drehstrommotor benutzt, denn bei konstantem Widerstand muß sich der Strom, da man von der geringen Induktivität absehen kann, auf den Geraden $O - A$, $O - C$, bewegen. Beim Umschalten bleibt die Drehzahl und damit die Läuferspannung konstant. Die Stromänderungen $B - C$, $D - E$, sind daher wie bei dem Nebenschlußmotor horizontal einzutragen.

Das plötzliche Einschalten des Anlaßspitzenstroms I_2 kann bei gleichzeitig angeschlossener Beleuchtung störend wirken. Größere Motoren erhalten daher Vorstufen, auf denen der Motor bei Vollast nicht anläuft, und die in gleichen Stufen den Einschaltstrom I_e bis zum Spitzenstrom I_2 zu steigern erlauben.

2. Die Ausführung der Anlaßvorrichtungen.

a) Anlaßschalter. Kleine Gleichstrommotoren bis etwa 0,5 kW (als Nebenschlußmotor nur im Leerlauf) können unmittelbar mit Anlaßschalter an das Netz gelegt werden. Drehstrommotoren werden als Kurzschlußmotoren mit Doppelkäfig- oder Stromverdrängungsläufer bis zu sehr großen Leistungen unmittelbar mit Stern-Dreiecksschalter geschaltet (Abb. 338). Die Anlaßschalter werden bei kleinen Leistungen als Drehschalter, bei größeren Leistungen als Walzenschalter ausgeführt. Abb. 524 stellt die Schaltung eines Polumschalters für einen Kurzschlußmotor dar. Auf der Stellung L läuft der Motor mit hoher Polzahl langsam, auf Stellung S mit halber Polzahl doppelt so schnell. Bei diesen Schaltern, wie auch bei den Stern-Dreiecksschaltern ist eine Umpolung zur Erzielung einer Umkehr der Drehrichtung niemals am Motor, sondern immer an den Zuleitungen zum Schalter vorzunehmen, weil sonst die Schaltung falsch sein würde.

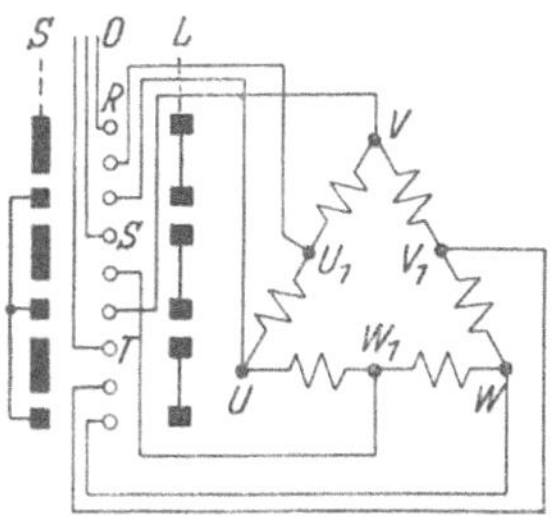

Abb. 524. Polumschaltung.

Abb. 525. Flachbahnanlasser mit Luftkühlung (offen) (AEG.).

b) Flachbahnanlasser. Sie sind für eine geringe Anlaßhäufigkeit, etwa 5 bis 8 Anlaßvorgänge je Stunde bestimmt und bestehen meist aus einer Schieferplatte, auf welcher die Kontaktstücke im Kreise angeordnet sind. Die Widerstände sind dem Stufenschalter unmittelbar angebaut. Abb. 525 stellt einen AEG.-Flachbahnanlasser mit Luftkühlung ohne die Schutzabdeckung dar. Während die Abdeckung der Widerstände der Kühlluft ungehindert Durchtritt gewähren muß, darf diejenige des Stufenschalters keine Schlitze oder sonstigen Öffnungen haben.

Luftkühlung ist nur in sauberen und trockenen Räumen möglich. In feuchten und staubigen Räumen wählt man Ölkühlung oder Sandkühlung. Abb. 526 veranschaulicht den Aufbau eines Ölanlassers. Sand kann als Ersatz des Öles dienen, jedoch wegen seiner geringen Isolation möglichst nur bei Drehstromanlassern, bei denen der Anlasser nicht in Verbindung mit dem Netz steht. Anlasser für Motoren ohne Aufsicht erhalten zweckmäßig eine Spannungsrückgangsauslösung, welche den Anlasser bei einer Spannungsverminderung auf 35% des Nennwertes zur Ausschaltung bringt, damit beim Ausbleiben und darauffolgender Wiederkehr der Netzspannung der Motor nicht ohne Anlasser zum Anlauf kommt.

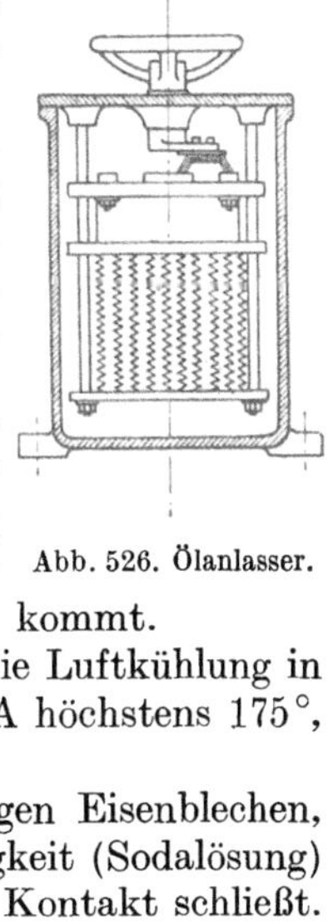

Abb. 526. Ölanlasser.

Für Regelanlasser kommt wegen der schnelleren Kühlung nur die Luftkühlung in Frage. Die Temperatur der abströmenden Luft darf nach den REA höchstens 175°, die des Öles an der wärmsten Stelle höchstens 80° betragen.

c) Flüssigkeitsanlasser (Abb. 527). Sie bestehen aus sichelförmigen Eisenblechen, welche mittels sperrenden Getriebes langsam in eine leitende Flüssigkeit (Sodalösung) eingesenkt werden können, wobei sich zum Schluß ein metallischer Kontakt schließt.

Ihrer Einfachheit wegen werden sie gern als Behelfsanlasser verwendet, jedoch kommen sie auch zur Dauerregelung bei großen Leistungen vor (Schlupfwiderstände bei Fördermaschinen). Bei der Dauerregelung ist es nicht zweckmäßig, eine Sodalösung als Widerstand zu verwenden, weil dieselbe leicht zum Kochen kommt und dann überschäumt. In solchen Fällen wird gewöhnliches Wasser vorgezogen, welches seines geringen Widerstandes wegen zwar größere Abmessungen bedingt, aber mit 100° betrieben werden kann, wodurch die hohe Verdampfungswärme des Wassers zur Ausnutzung kommt. Als Nachteil der Flüssigkeitsanlasser ist die oft mangelhafte Isolation und die Knallgasbildung zu nennen, welche nicht nur bei Gleichstrom, sondern auch bei den geringen Läuferfrequenzen der Drehstrommotorläufer auftritt.

Abb. 527. Flüssigkeitsanlasser (geöffnet).

Abb. 528. Walzenbahnanlasser (SSW.). (Funkenfächer herausgedreht.)

d) Walzenbahnanlasser. Während bei den Flachbahnanlassern der Kurbelkontakt sämtliche Stufen schalten muß, hat der Walzenbahnanlasser für jeden Walzenkontakt seinen besonderen Kontaktfinger und kann daher, insbesondere in der für Krane gebräuchlichen Form mit getrennten Widerständen bis zu 240 Schaltungen je Stunde aushalten. Wie Abb. 528 zeigt, wird eine Walze, welche isolierte Ringsegmente trägt, mittels Kurbel, Handrad oder Hebel gedreht, wobei feststehende Kontaktfinger auf die Segmente auflaufen und dadurch die Anlaßschaltung vollziehen. Eine Rastscheibe mit Halterolle sorgt für die Einhaltung der Stellungen. Um Kurzschlüsse zwischen den nahe beieinander liegenden Kontaktfingern unmöglich zu machen, läßt sich ein Funkenfächer aus feuersicherem Isolierstoff dazwischen drehen. Eine meist vom Hauptstrom durchflossene Funkenbläserspule erzeugt zwischen der eisernen Walzenachse und dem Träger des Funkenfächers ein magnetisches Feld, durch welches die entstehenden Lichtbögen eine kräftige Blasung erfahren. Abb. 529 stellt das Schaltbild einer Anlaßwalze für einen Nebenschlußmotor dar. Man hat sich die Walze an einer Mantellinie aufgeschnitten und in die Ebene ausgerollt zu denken und kann die Schaltung verfolgen, wenn man sich die durch kleine Kreise angedeutete Fingerreihe der Reihe nach auf die durch Vertikallinien angegebenen Stellungen gerückt denkt. Die Widerstände können rückseits der Walze angebaut sein. Bei Regelanlassern ist es jedoch wegen der starken Wärmeentwicklung zweckmäßiger, getrennte Widerstandskasten anzuordnen. Auch bei den Walzenanlassern ist in schmutzigen Betrieben die Ölkühlung vorzuziehen, wobei gewöhnlich Walze und Widerstände in einem Ölbehälter vereinigt werden. Zweckmäßig ist in manchen Fällen ein Anbau an den Motor. Bei Schleifringmotoren wird in solchen Fällen auch die Bürstenabhebevorrichtung mit dem Anlasser verbunden, so daß eine irrtümliche Handhabung unmöglich ist. Drehstrom-Hochspannungsmotoren erhalten zur Schaltung des Ständers einen Hochspannungsölschalter, während die Läuferwiderstände mit einer normalen Anlaßwalze geschaltet werden (siehe Abb. 559).

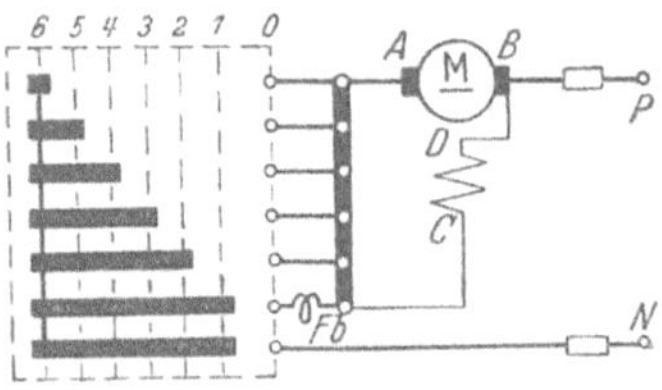

Abb. 529. Schaltbild eines Walzenanlassers für einen Nebenschlußmotor.

Für Krane und Bahnen sind Umkehr-Steuerwalzen erforderlich, welche den Motor in beiden Drehrichtungen zu steuern gestatten. Schaltbilder derselben finden sich im Abschnitt XVIII A 1. Die Anordnung wird, wo ein ständiger Wechsel der Drehrichtung zu erwarten ist (Krane), so getroffen, daß die Walze eine vollständige Segmentreihe sowohl für Vorwärts- als auch für Rückwärtsfahrt hat. Bei Bahnen, bei denen die Fahrtrichtung selten gewechselt wird, ist die Anbringung einer kleinen Umschaltwalze zweckmäßiger, die gewöhnlich mechanisch verriegelt wird, damit eine Umschaltung nicht während der Einschaltung der Widerstandswalze vorgenommen werden kann. Krane erhalten zur Vereinfachung der Bedienung meist Doppelsteuerwalzen mit einem gemeinsamen Betätigungselement für zwei Walzen (siehe Abb. 582).

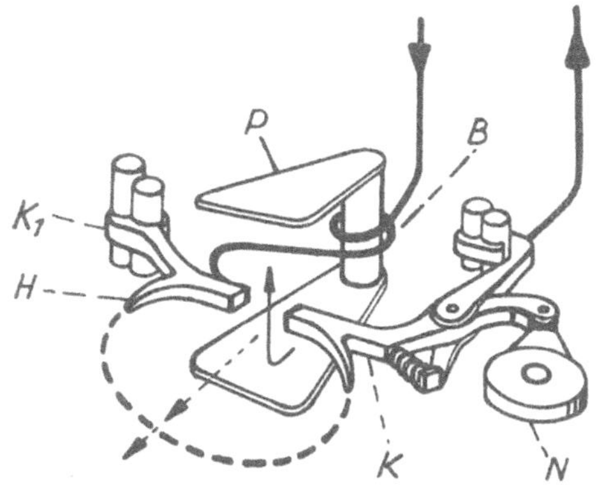

Abb. 530. Schaltelement eines Kupfersteuerschalters (Sachsenwerk). B = Blasspule, P = Blasmagnet, H, K = Hammer-Kontakt mit Lichtbogenhörnern, N = Rolle.

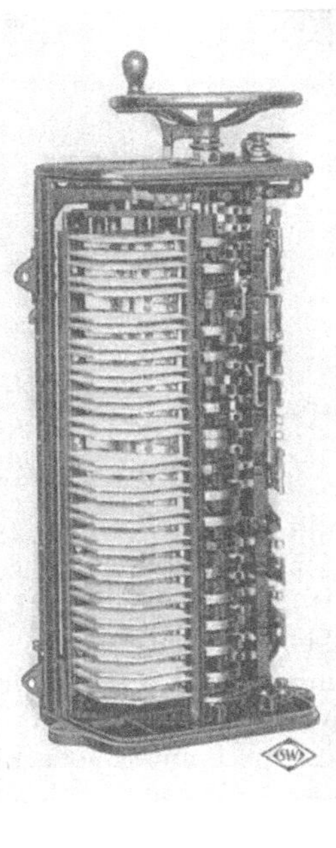

Abb. 531. Kupfersteuerschalter, geöffnet (Sachsenwerk).

e) Steuerschalter. Sie bestehen aus einer Reihe von Einzelschaltern, die mittels Nockenwelle von Hand bewegt werden können und haben den Steuerwalzen gegenüber den Vorteil, daß die sich berührenden Kontakte große Flächen aufweisen, und daß sich die Kontaktbildung beim Schalten schnell und sogleich mit großer Übergangsfläche vollzieht. Der Abbrand ist gering, und daher können Steuerschalter für eine Schalthäufigkeit von 600 Schaltungen und mehr je Stunde benutzt werden. Abb. 530 stellt einen Einzelschalter in der Sachsenwerk-Ausführung und Abb. 531 den Steuerschalter im geöffneten Zustand dar. Die Kontakte, welche in Abb. 530 mit Lichtbogenhörnern versehen sind, bestehen entweder beide aus Kupfer oder aus Kupfer auf Kupferkohle. Jeder Einzelschalter hat gewöhnlich seine eigene Funkenlöschspule. Abb. 532 stellt das Schaltbild eines Umkehr-Steuerschalters für Drehstrom dar. Die unteren vier Schalter schalten den Ständer, die oberen sechs den Läufer. Als Nachteil der Steuerschalter ist ihre Unhandlichkeit bei größeren Leistungen zu erwähnen, welche die gleichzeitige Bedienung mehrerer Geräte durch einen Bedienenden unmöglich macht.

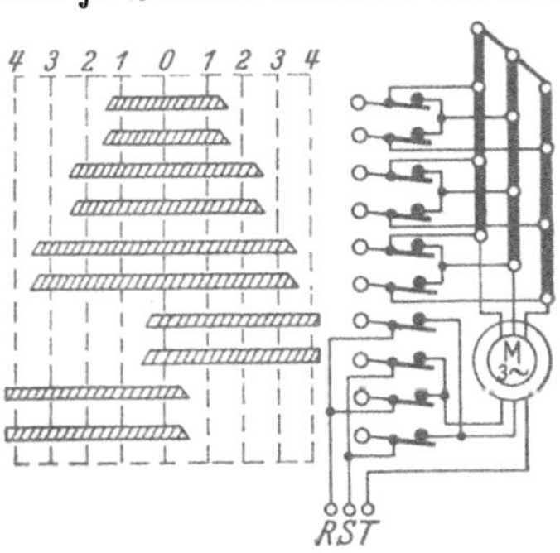

Abb. 532. Schaltbild eines Drehstrom-Steuerschalters.

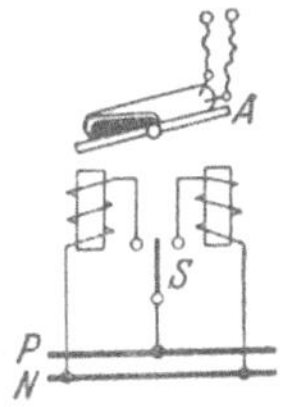

Abb. 533. Elektromagnetischer Quecksilber-Fernschalter.

f) Schützen und Schützensteuerungen. Schütze sind Schalter, welche durch Elektromagnete geschaltet und in ihrer Betriebsstellung gehalten werden. In einfachster Form werden elektromagnetische Schalter zur Fernschaltung von Stromkreisen benutzt, wobei ein Elektromagnet mit seinem Anker eine Glasröhre mit Quecksilber bewegt und dadurch einen Nutzstromkreis ein- und ausschaltet. Die Magnetspule kann hierbei solange eingeschaltet bleiben, wie der Nutzstromkreis betrieben werden soll, es können aber auch Kippröhren Anwendung finden, wie Abb. 533 zeigt. Durch vorübergehendes Einschalten des Schalters S nach links oder rechts wird die rechte oder linke Spule eingeschaltet, so daß der Anker A mit der Schaltröhre dadurch nach links oder rechts kippt. Während diese Quecksilberschalter bei den normalen Spannungen nur für Stromstärken von wenigen Ampere verwandt werden, stellt die AEG. ein Quecksilber-Röhrenschütz her, mit welchem Motoren bis 11 kW geschaltet werden können. Abb. 534 zeigt diese Schaltröhre im aus- und eingeschalteten Zustand. In eine Glasröhre a, die ein neutrales Gas enthält, sind die beiden festen Elektroden c und d eingeschmolzen. Auf dem Quecksilber schwimmt ein hohler Quarzkörper, an dem außen eine Eisenröhre befestigt ist. Sobald der Strom der Spule g eingeschaltet wird, taucht der Schwimmer mit der Eisenhülse tief in das Quecksilber ein, wodurch das Quecksilber des Schwimmers mit dem der äußeren Röhre zum Kontakt kommt. Beim Ausschalten der Spule geht der Schwimmer durch den Auftrieb und durch Federkraft wieder in die Höhe. Derartige Schütze zeichnen sich durch Geräuschlosigkeit und durch lange Lebensdauer ohne jede Wartung aus. Für große Schaltleistungen kommen nur Schütze mit Metallkontakten in Frage (Abb. 535). Sobald die Spule S Strom bekommt, zieht sie ihren Anker an und schließt den Kontakt K. Beim Ausschalten öffnet sich der Kontakt unter Federkraft. Abb. 536 stellt ein zweipoliges AEG.-Wechselstromschütz ohne die Lichtbogenlöschkammern dar. Außer den Hauptkontakten können oben oder unten noch Hilfskontakte vorgesehen werden, die sich beim Anziehen des Schützes schließen (Arbeitskontakte) oder öffnen (Ruhekontakte). Im Bahnbetrieb finden auch Schütze mit Druckluftbetätigung Anwendung.

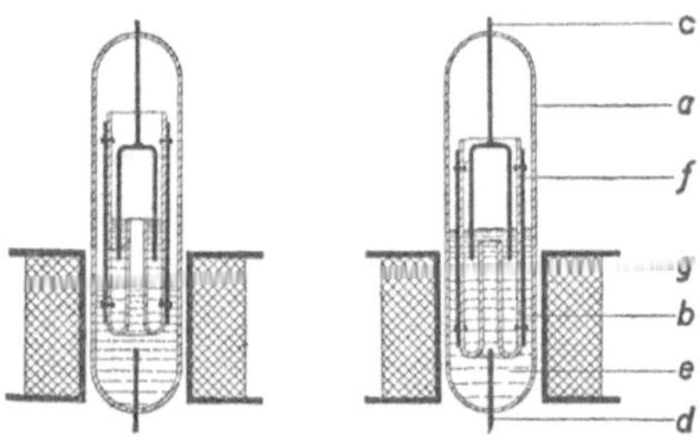

Abb. 534. Röhrenschütz (AEG.).

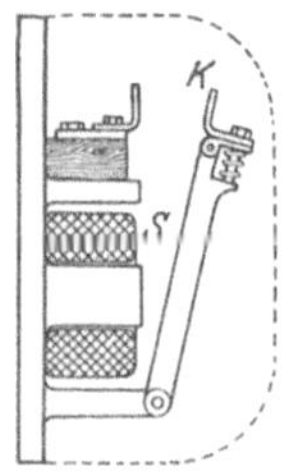

Abb. 535. Schütz.

Abb. 536. Zweipoliges Wechselstromschütz (AEG.).

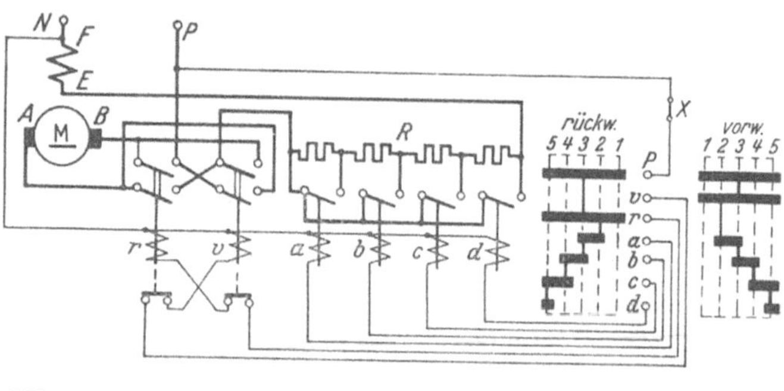

Abb. 537. Schützensteuerung für einen Gleichstrom-Reihenschlußmotor.

Durch Zusammenschaltung einer Reihe von Schützen, die den Motor und die Stufen der Widerstände schalten, erhält man eine **Schützensteuerung**, mit welcher Schaltleistungen von mehr als 1000 Schaltungen je Stunde bewältigt werden können, ohne daß das Schalten dem Bedienenden größere Anstrengungen verursacht, weil es wegen der sehr kleinen Spulenströme mit kleinen Schaltvorrichtungen (Meisterwalze) erfolgt.

Abb. 537 stellt das Schaltbild einer Schützensteuerung für einen Gleichstrom-Reihenschlußmotor dar. Zum Schalten der Widerstände sind 4 einpolige und zum Schalten und Umkehren des Motors 2 zweipolige Schützen vorgesehen. Die Schaltung ist einfach zu verfolgen. Wenn man die Meisterwalze auf „vorwärts" stellt, springt Schütz v an und schaltet den Motor im Vorwärtssinne ein, während bei Drehung auf „rückwärts" Schütz r zur Einschaltung kommt. Damit beide nicht bei einer Störung einmal gleichzeitig angezogen bleiben (Kurzschluß), ist der Spulenstrom des Schützes v über Hilfskontakte des Schützes r geführt und umgekehrt. Beim Weiterdrehen der Walze auf die Stellungen 2 bis 5 springen die Schützen *a* bis *d* an und schalten die Widerstände ab, wobei die nicht unbedingt gebrauchten Schützen immer wieder zur Abschaltung kommen. Derartige Schützensteuerungen können in sauberen Räumen offen, jedoch gegen Berührung geschützt, angebracht werden. In staubigen Räumen ist Unterbringung in Kasten oder Schränken zu empfehlen. In schmutzigen und nassen Räumen, sowie auch zur Geräuschdämpfung werden Ölschütze verwendet, bei denen das Schütz in einen Ölkessel eingeschlossen ist.

g) Anlasser mit elektrischer Betätigung (Selbstanlasser). Es kommen hauptsächlich zwei Gruppen vor, nämlich Anlasser, bei welchen der Bedienende durch einen Kontaktschluß den Anlaßvorgang einleitet, der sich dann selbsttätig vollendet, und Anlasser, die ohne jede Bedienung völlig selbsttätig arbeiten. Derartige Anlasser haben in neuerer Zeit eine außerordentlich große Verbreitung gefunden, weil es mit ihnen möglich ist, Motoren auch von entfernter Stelle anzulassen, weil man auch fachlich nicht geschulten Leuten das Anlassen übertragen kann, und weil man Arbeitsgrößen, wie Druck, Wasserstände, Temperaturen, zur Steuerung heranziehen kann. Grundsätzlich kann jede der früher beschriebenen Anlasserarten auch bei der elektrischen Betätigung Anwendung finden. Der Antrieb des Selbstanlassers erfolgt gewöhnlich durch einen Elektromagneten oder durch einen kleinen Hilfsmotor.

Die einfachste Selbststeuerung erhält man, wenn bei kleiner Motorleistung verhältnismäßig große Schaltkräfte zur Verfügung stehen, wie z. B. bei der Steuerung eines Pumpen-Kurzschlußmotors durch einen Schwimmer. Der Schwimmer kann hierbei mittels eines Anstoßschalters unmittelbar den Motor bei Erreichung eines festgelegten Tiefstandes ein- und bei Erreichung des Höchststandes wieder ausschalten. Auch bei etwas größerer Leistung hat man selbst bei Gleichstrom oft diese einfache Anlaßart dadurch beibehalten können, daß man dem Motor einen kleinen Widerstand dauernd vorschaltet. Bei der selbsttätigen Abschaltung von Widerstandsstufen muß eine Verzögerungsvorrichtung vorhanden sein, welche die langsame Abschaltung sichert. Dieselbe kann sehr mannigfacher Art sein. Bei Selbstanlassern mit Magnetbetätigung findet man die Dämpfung des Magnetanzuges durch ein Laufwerk mit Windflügel, durch eine Luftkolbendämpfung und durch Pendelwerke. Selbstanlasser mit motorischem Antrieb können eine so große Übersetzung erhalten, daß das Anlassen hinreichend langsam wird. Leider wird dadurch auch die Schaltbewegung zu einer schleichenden, wodurch die Kontakte sehr gefährdet sind. Aus diesem Grunde werden bei größeren Leistungen besondere Funkenziehvorrichtungen vorgesehen, oder die Schaltbewegung wird von Stellung zu Stellung ruckweise durchgeführt. Diese Schwierigkeiten haben dazu geführt, daß heute bevorzugt Schützenselbstanlasser verwandt werden, bei denen das ruckweise Schalten bereits durch das aufeinander folgende Anziehen der einzelnen Schütze gegeben ist. Die erforderliche Verzögerung desselben wird auch hier durch Mittel der oben erwähnten Art, ebenso auch durch thermische Verzögerungen erreicht. Die AEG. benutzt zum verzögerten Einschalten der Stufenschütze besondere auf Zeit einstellbare Zeitwächter. Es kommen auch Schützensteuerungen vor, bei denen der anlaufende Motor selbst die Abschaltung der Widerstandsstufen besorgt. Dies ist bei Gleichstrom leicht dadurch möglich, daß man die Schützen, welche die Widerstandsstufen zu schalten haben, derart abstuft, daß sie bei verschiedenen Spannungen anziehen und parallel zum Motoranker legt. Man erreicht dadurch, daß die folgende Widerstandsstufe durch den Anker erst dann zur Abschaltung kommt, wenn die Drehzahl des Motors und damit auch die Ankerspannung die der Stellung entsprechende Höhe erreicht hat. Bei Drehstrom ist der gleiche Weg nur unter Benutzung der Läuferspannung oder eines mit dem Motor gekuppelten Schleuderschalters begehbar. Es ist jedoch zu bedenken, daß ein derartiges Anlassen zu einem Steckenbleiben im Anlaßvorgang und zu einer Zerstörung des Anlassers führen kann, wenn das Anlaufgegenmoment einmal größer als vorgesehen sein sollte. Bedeutung haben auch Selbstanlasser erlangt, bei denen die Schaltung der Widerstandsstufen durch Stromwächter geregelt wird (siehe Abb. 656).

Die einfachste elektrische Betätigung ist bei Kurzschlußmotoren möglich. Abb. 538 zeigt das Schaltbild eines mittels Schützen durch Druckknöpfe gesteuerten Kurzschlußmotors. Schütz *v* schaltet zum Vorwärtslauf, Schütz *r* zum Rückwärtslauf ein. Damit beide Schütze niemals gleichzeitig eingeschaltet werden können, ist je der Spulenstrom des einen über Hilfskontakte des anderen Schützes geführt. Zum Anlassen braucht Druckknopf *V* bzw. *R* nicht dauernd eingeschaltet zu werden. Es genügt vielmehr ein kurzer Kontaktschluß, denn sobald das Schütz angezogen hat, schließt es seine Arbeits-Hilfskontakte und überbrückt mit ihnen den Druckknopf. Dies hat den Vorteil, daß nach einem Ausbleiben der Spannung bei Wiederkehr derselben der Motor nicht von selbst anlaufen kann. Der Druckknopf *H* dient zum Ausschalten.

Die beschriebene Verriegelung der beiden Schütze kann bei schnellem Schalten Kurzschlüsse nicht ganz verhüten, weil es möglich ist, daß das eine Schütz zwar abgefallen ist und damit das Einschalten des anderen möglich ist, daß aber der Lichtbogen des ersteren noch brennt. An diesem Lichtbogen würde dann die volle Netzspannung ohne Vorwiderstand liegen. Um dies zu verhüten, wendet die AEG. eine elektrische Lichtbogensperrung an (Abb. 539), bei welcher die Schützen zuerst über die Motorwicklung *M* an den nichtgeschalteten Strang, nach dem Anziehen des Schützes aber an einen anderen Strang gelegt werden. Nehmen wir einmal an, es brenne zwischen den Kontakten von Schütz *v* noch ein Lichtbogen und es werde Schütz *r* eingeschaltet, so ist über den Führerschalter das eine Ende der Spule *r* mit dem Strang *R* verbunden. Das andere Ende der Spule ist über den Lichtbogen hinweg aber ebenfalls mit *R* in Verbindung, und daher kann das Schütz nicht eher anziehen, als bis der Lichtbogen erloschen ist.

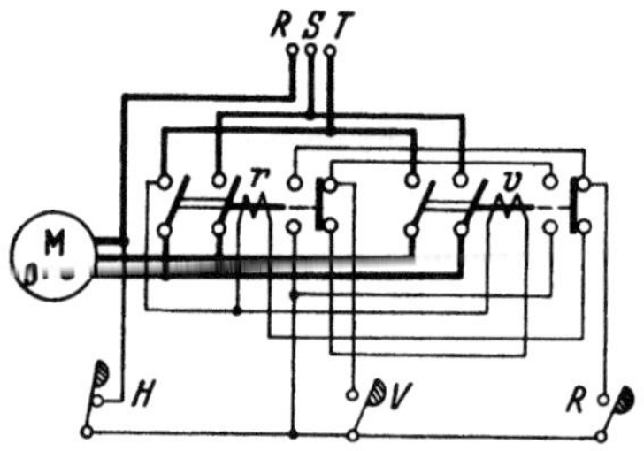

Abb. 538. Schaltung eines Kurzschlußmotors mit Schützen.

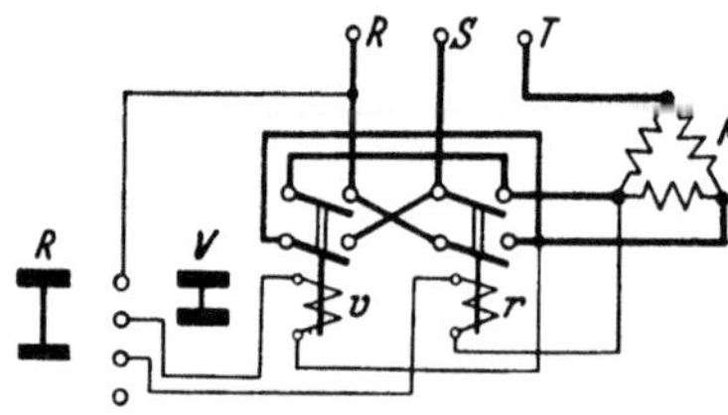

Abb. 539. Lichtbogensperre.

Abb. 540 stellt die Schaltung eines Selbstanlassers mit Hilfsmotorantrieb (*m*) dar, bei welcher der Ständer durch ein Schütz *S* geschaltet wird. Bei fast allen derartigen Anlassern gibt es nur eine Bewegungsrichtung, es wird also das Ausschalten nicht durch Zurückdrehen bewirkt. Bei stillstehendem Motor haben wir uns daher die Schaltfingerreihe auf der Linie *9* zu denken, auf welcher zuvor der Motor bei eingeschaltetem Schütz *S* im Betriebe war. Schließt man den Kontakt *K*, und zwar dauernd, so erhält der kleine Hilfsmotor *m* von *R* über die unteren Hilfskontakte des Schützes *S* Strom und dreht die Walze weiter. Die Spule *S* erhält Strom, wenn der Finger *a* auf sein Segment aufläuft. Beim Weiterdrehen der Walze verläßt aber der Finger *a* sein Segment wieder. Trotzdem fällt das Schütz nicht wieder ab, weil sich dasselbe mittels seiner oberen Hilfskontakte selbst den Spulenstromkreis geschlossen hält. Durch das Anziehen des Schützes kann der Strom des Hilfsmotors nicht mehr über die unteren Hilfskontakte, sondern muß seinen Weg über die Finger *b* und *c* und deren Segmente wählen. Sind nun alle Läuferwiderstände abgeschaltet (Stellung 9), dann soll die Walze stehen bleiben. Die Segmente der Finger *b* und *c* endigen daher nach der 8. Stellung. Man prüfe nun einmal, ob eine Gefahr besteht, wenn der Schalter *K*, nachdem der Anlaßvorgang halb vollendet war, ausgeschaltet und später wieder eingeschaltet werde. Die Widerstände der drei Stränge werden in diesem Beispiel nicht gleichzeitig, sondern nacheinander abgeschaltet (*u*-, *v*-, *w*-Schaltung). Diese oft angewandte Schaltart ergibt zwar eine geringe Ungleichheit der Belastung in den Strängen, sie hat aber den Vorteil einer größeren Stetigkeit des Anlassens, weil statt der eigentlich hier vorgesehenen drei Stufen deren neun zur Wirkung kommen.

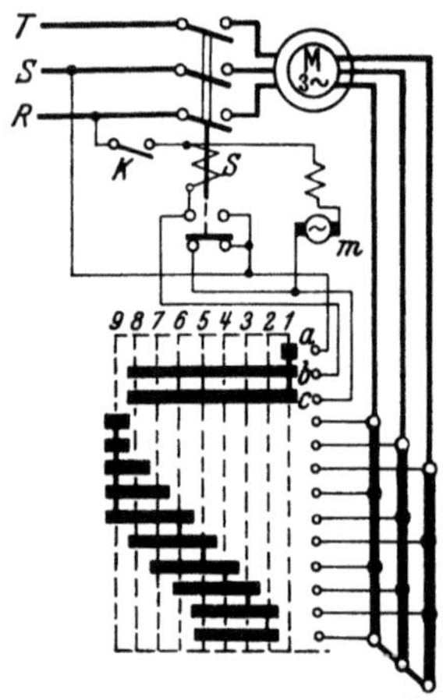

Abb. 540. Drehstrom-Selbstanlasserschaltung.

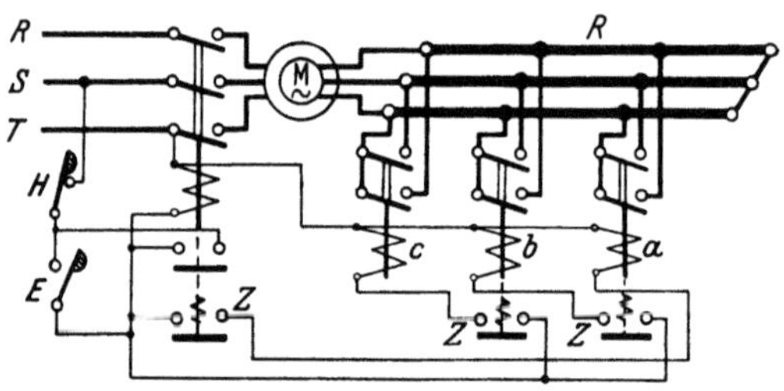

Abb. 541. Druckknopfsteuerung eines Drehstrommotors.

Die Schaltung eines durch Druckknöpfe gesteuerten Schützen-Selbstanlassers stellt Abb. 541 dar. Durch Drücken des Druckknopfs *E* wird das Ständerschütz eingeschaltet, welches sich mittels der oberen Hilfskontakte selbst eingeschaltet hält. Die unteren Hilfskontakte *Z* sind Zeitkontakte, welche durch eine Verzögerungsvorrichtung erst nach einigen Sekunden schließen und dadurch das erste Widerstandsschütz *a* zur Einschaltung bringen. Nachdem sich dessen Zeitkontakt *z* geschlossen hat, folgt das zweite Läuferschütz *b* und hierauf in dem eingestellten Zeitabstand das letzte *c*. Der Druckknopf *H* dient zur Stillsetzung. Abb. 542 veranschaulicht einen solchen Schützenselbstanlasser in der Ausführung Voigt & Haeffner.

3. Die Wahl des Anlassers.

Die Art des Anlassers richtet sich nach den Betriebsverhältnissen, insbesondere nach der Anlaßschwere $I_m : I$. Während z. B. für normale Lüfter und Pumpen ein Flachbahnanlasser hinreicht, ist für stark beanspruchte Werkzeugmaschinen nur mit Anlaßwalzen auszukommen. Krane werden mit Walzenanlassern und bei sehr hoher Beanspruchung mit Steuerschaltern gesteuert. Auch Schützesteuerungen kommen bei ihnen zur Anwendung, wenn neben großer Schalthäufigkeit auch die Leistung eine große ist. Bei angestrengt arbeitenden Hütten- und Stahlwerkshilfsmaschinen ist sogar die Schützesteuerung die Regel.

Abb. 542. Schützenselbstanlasser (Voigt u. Haeffner).

Die Schutzarten der Anlasser entsprechen denen der Maschinen. Offene Anlasser kommen kaum vor. Die geschützte Bauart besitzt nur eine Abdeckung, welche eine Berührung und das Eindringen von Fremdkörpern verhütet. Geschlossene und noch mehr die gekapselten Anlasser sind gegen Feuchtigkeit und Staub geschützt, wenn auch eine völlige Abdichtung wegen des Atmens bei Temperaturwechsel nicht zu erzielen ist. Für explosionsgefährdete Räume kommen Anlasser mit Ölschutz, mit drucksicherer Kapselung oder mit Plattenschutzkapselung zur Anwendung. Die erste Ausführung ist die am meisten gebräuchliche.

Für die Größe des Anlassers ist der mittlere Anlaßstrom, die Anlaßzeit, die Anlaßzahl und die Anlaßhäufigkeit bestimmend. Einige Werte enthält die nachstehende Tabelle auf S. 218.

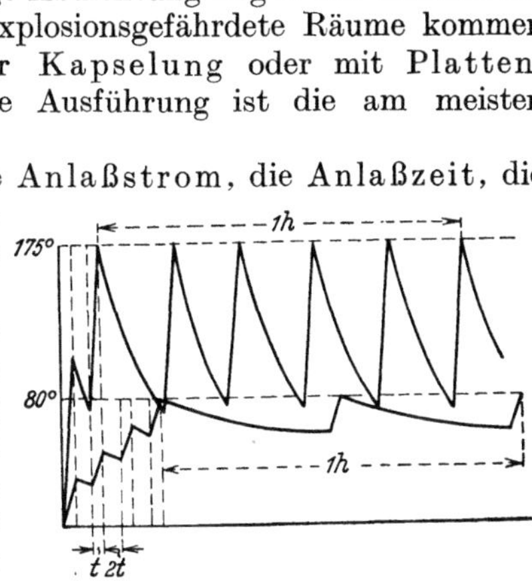

Abb. 543. Anlaßzahl und Anlaßhäufigkeit eines Anlassers.

Unter der Anlaßzahl z versteht man die Anzahl Anlaßvorgänge, welche je mit einer Pause von der doppelten Anlaßzeit bis zur Erreichung der zugelassenen Höchsttemperatur vorgenommen werden können. Abb. 543 zeigt in ihrem ersten Teil den Temperaturanstieg bei einer derartigen Prüfung, und zwar in der unteren Linie für einen Anlasser mit großer, in der oberen Linie für einen Anlasser mit kleiner Wärmeaufnahmefähigkeit. Die untere Linie würde also etwa bei einem Ölanlasser (Kapazitätsanlasser) und die obere Linie bei einem hochbeanspruchten luftgekühlten Anlasser zutreffen ($z = 4$ bzw. $= 2$). Die Anlaßhäufigkeit h ist die Zahl der stündlichen Anlaßvorgänge, welche in gleichen Abständen ohne Überschreitung der zugelassenen

Arbeitsmaschine	Schwere des Anlaufs $= \frac{\text{Anlaßstrom}}{\text{Nennstrom}}$	t = Anlaßzeit s	Anlaßhäufigkeit h
Becherwerke	1,25—1,75	10—20	1— 5
Druckerpressen	1,25	5—15	10—20
Kompressoren, Anlauf ohne Gegendruck	0,5—1,25	5—20	1—30
„ mit Gegendruck	1,5—2	5—20	1—30
Kreiselpumpen, unter $n = 1500$	0,75—1,25	2—15	1—30
über $n = 1500$	1—1,5	5—25	1—30
Kolbenpumpen, Anlauf ohne Gegendruck	0,6—1,25	5—20	1—30
„ mit Gegendruck	1,5—2	5—20	1—30
Sägen (Kreis- u. Bandsägen)	0,75—1,25	3—15	3—10
Transportbänder	1,25—1,75	10—20	1— 4
Transmissionen, wenig Lager und Scheiben	0,75—1,25	5—15	1— 3
„ viel Lager und Scheiben	1,25—2	10—45	1— 3
Ventilatoren	0,6—1	2—15	1—30
Scheren, Stanzen (mit Schwungrad)	1,75—2	15—60	1— 5
Zentrifugen	1,75—2	100—300	1—10

Höchsttemperatur zulässig sind. Abb. 543 zeigt in ihrem zweiten Teil eine Prüfung der Anlaßhäufigkeit. Der Ölanlasser mit großer Wärmekapazität weist nur eine geringe Anlaßhäufigkeit auf, während dieselbe bei dem stark gekühlten Luftanlasser wesentlich größer ist ($h = 2$ bzw. $= 5$).

Die Auswahl des Anlassers aus der Liste ist einfach, wenn der Betrieb den genormten Anlaßwerten entspricht. Wenn ein Motor mit einem mittleren Anlaßstrom I_m angelassen werden soll, der das 1,3fache des Nennstroms ist, und wenn Massen außerhalb des Motors kaum zu beschleunigen sind, so haben wir z. B. aus der Liste einen Flachbahnanlasser (siehe Anlaßschwere S. 210) für die gegebene Motorleistung zu wählen, wobei wir nur noch zu prüfen haben, ob die im Betriebe zu erwartende Anlaßzahl und Anlaßhäufigkeit unterhalb der für diesen Anlasser geltenden Listenwerte bleibt. Motoren, welche im Anlauf Massen zu beschleunigen haben, erfordern größere Anlasser. In diesem Falle muß die Anlaßzeit aus dem mittleren Anlaßstrom bzw. dem dazugehörenden mittleren Anlaufdrehmoment nach Gl. 209 berechnet werden. Wird nun im Betriebe eine bestimmte Anlaßzahl z verlangt, so kann man aus der mittleren Leistungsaufnahme N_m im Anlauf, der Anlaufzeit t und der Anlaßzahl z die Arbeit berechnen, welche der Motor bei z aufeinanderfolgenden Anläufen aufnimmt. Sie ist $A = N_m \cdot t \cdot z$, wobei zu beachten ist, daß der Anlaßwiderstand hiervon nur etwa die Hälfte aufnimmt (siehe S. 199). Verlangt ferner der Betrieb eine bestimmte Anlaßhäufigkeit h, so ist zu prüfen, ob die Kühlung des gewählten Anlassers zur Abfuhr der entwickelten Wärme ausreicht. In einer Stunde würde die Anlaßarbeit des Motors $A = N_m \cdot t \cdot h$ sein, wovon auch wieder die Hälfte auf die Anlaßwiderstände entfällt.

Bei der Auswahl von Drehstrom-Läuferwiderständen ist zu berücksichtigen, daß die Läuferspannung unabhängig von der Netzspannung ist. In den REA. sind bestimmte Normwerte für das Verhältnis $u : i$, der Spannung zwischen den Schleifringen zum Läuferstrom festgelegt, nämlich 0,56—1,0—1,8—3,2—5,6—10—18. Die Läuferspannung des Motors ist auf dem Leistungsschild angegeben, der Läuferstrom läßt sich auch ohne Diagramm hinreichend genau aus der Motorleistung (kW) berechnen. Es ist $i = 606 \cdot N : u$. Das Verhältnis $u : i$ ist demnach bekannt, und es ist ein Anlasser mit möglichst gleichem Verhältnis auszuwählen, damit die Ohmzahl des Widerstandes richtig ist.

Handelt es sich um einen gegenüber dem Vollastanlauf unter- oder überlasteten Anlauf, so kann trotzdem ein Vollastanlasser aus der Liste gewählt werden, jedoch im ersteren Falle für kleinere, im zweiten Falle für größere Leistung. Ein normaler Flachbahn-Vollastanlasser erlaubt einen Anlauf mit 1,3fachem Moment. Wenn nun ein Anlauf mit einfachem Moment im besonderen Falle hinreicht, so kann der Anlasser für eine im Verhältnis $1 : 1,3 = 0,77$fache Motorleistung ausgewählt werden. Entsprechend müßte bei Anlauf mit doppeltem Nennmoment ein Walzen-Vollastanlasser für die $2:1,5 = 1,33$fache Leistung gesucht werden. Bei der Wahl eines Anlassers für unterbelasteten Anlauf ist zu beachten, daß der Endkontakt (soweit derselbe nicht bei Drehstrommotoren durch eine Kurzschlußvorrichtung stromlos gemacht werden kann) den Nennstrom des Motors ertragen muß.

96. Beispiel. Eine Stanze werde durch einen Drehstrommotor von 5,5 kW, $n = 965$ bei $\eta = 0,84$ angetrieben. Im Leerlauf braucht die Maschine 2 kW. Das Schwungmoment des Motorankers beträgt $GD^2 = 0,25$ kgm², dasjenige des mit 250 minutlichen Umdrehungen laufenden Schwungrades 500 kgm². Der Anlauf soll mit zweifachem Nennmoment erfolgen. Es ist ein Anlasser auszusuchen, welcher kurz hintereinander 3 Anläufe vom kalten Zustand aus zuläßt und welcher bei gleichmäßiger Verteilung stündlich 4 Anläufe erlaubt.

Nach Gl. 146 ergibt sich das Nennmoment des Motors zu 5,55 mkg und das Leerlaufsmoment zu 1,98 mkg. Bei Anlauf mit doppeltem Nennmoment stehen also $2 \cdot 5,55 - 1,98 = 9,12$ mkg zur Beschleunigung zur Verfügung. Das Schwungmoment des Schwungrades auf die Motorwelle reduziert ergibt $500 \cdot 250^2 : 965^2 = 33,75$ kgm², also mit demjenigen des Ankers zusammen 34 kgm². Nach Gl. 209 ist also die Anlaufzeit $t = 34 \cdot 965 : 375 \cdot 9,12 = 10$ s. Da der Motor bei Nennlast $5,5 : 0,84 = 6,55$ kW aufnimmt, ist bei doppeltem Moment die Anlaßarbeit etwa $2 \cdot 6,55 \cdot 10 = 131$ kWs. Für die vorgeschriebene Anlaßzahl $z = 3$ ist also die Arbeit $131 \cdot 3 = 339$ kWs und bei einer gewünschten Anlaßhäufigkeit $h = 4$ ist die stündliche Anlaßarbeit $131 \cdot 4 = 524$ kWs. Sieht man einen Walzenanlasser vor, bei dem bei Vollastanlauf $I_m : I = 1,5$ ist (siehe S. 210), so müßte, da in unserem Falle $I_m : I = 2$ verlangt ist, schon ohne Berücksichtigung der Beschleunigungsarbeit der Anlasser für eine Motorleistung von $5,5 \cdot 2 : 1,5 = 7,35$ kW gewählt werden. Wir wählen aus der Liste normaler Anlasser (REA.) den nächst größeren für 8,8 kW Motorleistung. Derselbe reicht für eine Anlaßarbeit von 142 kWs, und bei Luftkühlung ist seine Anlaßzahl $z = 3$ und seine Anlaßhäufigkeit $h = 6$. Bei 3 Anläufen hintereinander ist also die Arbeit $142 \cdot 3 = 426$ kWs, also ausreichend. 6stündliche Anläufe ergäben eine Arbeit von $142 \cdot 6 = 852$ kWs, also ebenfalls ausreichend. Der Anlasser kann daher beibehalten werden. Der obige Motor habe eine Läuferspannung von 115 V. Der Läuferstrom ist $i = 606 \cdot 5,5 : 115 = 29$ A. Die Kennziffer ist also $u : i = 115 : 29 = 4$. Da wir gegenüber der Vollast ($I_m : I = 1,5$) mit 2fachem Strom anfahren wollen, muß der Widerstand kleiner sein. Der Anlasser ist daher für $u : i = 4 \cdot 1,5 : 2 = 3$ zu bestellen.

Steuergeräte für aussetzenden Betrieb. Es sind dies Steuerwalzen, Steuerschalter und Schützensteuerungen. Bei ihnen unterscheidet man außer der Anlaßzeit noch eine Regelzeit, nämlich die Zeit, während welcher das Steuergerät zur Geschwindigkeitsregelung auf einer Zwischenstellung steht. Die Anlaßhäufigkeit ist die Zahl der stündlich vorkommenden Anlaßvorgänge, die Regelhäufigkeit, die Zahl der stündlichen Regelvorgänge. Die Schalthäufigkeit ist die gesamte Zahl der stündlichen Einschaltungen. Die Schaltleistung des Gerätes ist die vom Motor abgegebene Leistung.

Nach der Betriebsart unterscheiden die Regeln für aussetzenden Betrieb (RAB.) drei Klassen:

1. Gewöhnlicher Betrieb. Der Motor wird stoßfrei ohne besonders feine Regelung angelassen. Hierbei tritt eine Schalthäufigkeit von höchstens 30 Schaltungen je h auf (Krane in Kraftwerken, Drehscheiben, Schiebebühnen und Kleinhebezeugen. Bei Transportkranen beträgt die Schalthäufigkeit bis 120 Schaltungen/h).

2. Anlaufregulierbetrieb. Es wird sanftes Anlassen und feine Regelung gefordert, wobei die ersten Stufen besonders häufig benutzt werden. Dieser Betrieb kommt bei Gießerei-, Montage- und Nietkranen vor.

3. Beschleunigungsbetrieb. Der Motor ist mit größeren Massen gekuppelt und muß diese rasch beschleunigen, wobei sehr schnell bis auf die letzten Schaltstellungen geschaltet und oft mit Gegenstrom gebremst wird. Dieser Betrieb kommt bei Hüttenkranen, Rollgangs- und Hebetischantrieben vor.

Für die Bemessung des Steuergerätes ist außer der Schaltleistung die Schalthäufigkeit bestimmend. Die in den Listen angeführte Nennschaltleistung des Steuergerätes entspricht der Nennleistung des Motors, wobei während einer Betriebsdauer von einer Woche (136 h) kein Kontaktabbrand auftreten darf, der eine vorzeitige Auswechslung der Kontakte nötig macht. Ferner muß bei dieser Leistung eine Steuerwalze stündlich 120 und Steuerschalter und Schützensteuerungen stündlich 600 Einschaltungen ertragen können. Bei anderer Schalthäufigkeit ändert sich die Schaltleistung nach nachstehender Tabelle auf S. 220.

Die Schalthäufigkeit ist zweckmäßig aus dem Arbeitsprogramm zu bestimmen, wobei jedoch wegen der unvermeidlichen Berichtigungen des Fahrwegs Zuschläge gemacht werden müssen. Diese Zuschläge müssen um so größer gewählt werden, je höher die Ansprüche an die Fahrgenauigkeit sind. Sie brauchen bei dem Fahrwerk eines Kranes nicht so groß wie bei dessen Hubwerk zu sein, weil bei dem Fahrwerk geringe Wegunterschiede durch die Seile ausgleichbar sind. Bei normalen Kranen wird man für das Hubwerk mit einem Zuschlag von höchstens 100% rechnen können, während für das Kran- und Katzfahrwerk ein Zuschlag von 30 bis 50% genügt. Wesentlich größer müssen die Zuschläge z. B. bei dem Anlaufregulierbetrieb eines Gießereikranes sein. Hier kann man beim Hubwerk mit einem Zuschlag von 200% und bei den Fahrwerken mit 100% rechnen. Die Antriebe mit Beschleunigungsbetrieb haben zuweilen nur wenige Berichtigungen, jedoch müssen etwaige Gegenstrom-Bremsschaltungen hinzugerechnet werden.

Schaltbetrieb	Schalthäufigkeit in 1 h bis	Höchstzulässige Schaltleistung in % der Nennschaltleistung	
		Steuerwalzen	Steuerschalter u. Schützensteuerungen
Gewöhnlicher Betrieb	30	120	—
	120	110	—
Anlaufregulierbetrieb	120	100	—
	240	80	120
Beschleunigungsbetrieb	240	60	115
	300	—	110
	600	—	100
	1000	—	80

97. Beispiel. Für das Arbeitsprogramm (Abb. 498) eines Stripperkranes sollen die Steuergeräte festgelegt werden.

Nach den Angaben des 94. Beispiels entfallen auf 1 Stunde 200 : 12 = 16,7 Blöcke. Nimmt man für das Hubwerk einen Zuschlag von 200% an, so ist die Schalthäufigkeit für das Heben 57 · 16,7 = 950. In Anbetracht der großen Massenbeschleunigung bei einem Stripperkran kommt nach der obigen Tabelle ein Steuerschalter oder eine Schützensteuerung mit einer Belastung von 80% der Nennschaltleistung in Frage. Da die Leistung eine große sein wird, ist mit Rücksicht auf leichte Bedienungsmöglichkeit eine Schützensteuerung vorzuziehen. Bei dem Kranfahrwerk genügt ein Zuschlag von 100%. Die Schalthäufigkeit ist also 12 · 16,7 = 200 Einschaltungen/h. Gewählt wird ein Steuerschalter mit 115% Belastung. Ebenso ergibt sich für das Katzfahrwerk 14 · 16,7 = 234 Einschaltungen/h, also ebenfalls ein Steuerschalter mit 115% Belastung. Bei dem Zangen- und Strippermotor kommen zwar keine Berichtigungen vor, es besteht aber die Möglichkeit, daß zum Strippen mehrmals angesetzt werden muß. Es soll daher ein Zuschlag von 100% gemacht werden, wobei sich 20 · 16,7 = 334 Schaltungen/h ergeben. Es wird ein Steuerschalter mit 100% Belastung gewählt. Für das Drehen ergeben sich bei einem Zuschlag von 100% 234 Schaltungen, wofür eine Steuerwalze mit 60% Belastung hinreicht.

Widerstände für aussetzenden Betrieb. Die Leistung der Widerstände, die bei aussetzendem Betrieb gewöhnlich in einem vom Stufenschalter getrennten Kasten untergebracht sind, ist durch die Erwärmung begrenzt. Es ist also für sie die relative Einschaltdauer der Widerstände bestimmend, die im allgemeinen kleiner als die des Motors ist, weil bei Fahrt auf dem Endkontakt wohl der Motor, nicht aber der Widerstand eingeschaltet ist. Es sind folgende Normwerte unter Voraussetzung einer Höchsttemperatur der Abluft von 200° C festgelegt:

Reihe	Relative Einschalt-dauer %	Anlaß-häufigkeit in 1 h	Anlaßzeit s	Stromlose Pause s	Regelungen		
					Abstand in min	Regel-häufigkeit in 1 h	Regelzeit s
I	12,5	82	4	35	10	6	20
II	20	105	4	23,8	6	10	30
III	40	285	4	7,5	6	10	30

Bei der Bestimmung der Anlaßhäufigkeit ist nicht einfach die gleiche Zahl wie bei der Schalthäufigkeit anzunehmen, weil die kurzen Schaltungen, welche zur Berichtigung des Fahrweges vorgenommen werden müssen, wohl den Stufenschalter, nicht aber die Widerstände sehr belasten. Diese Stromspritzer können also durch einen wesentlich geringeren Zuschlag zu der aus dem Arbeitsprogramm sich ergebenden Anlaßhäufigkeit berücksichtigt werden. Die Anlaßzeit ist zu berechnen oder zu schätzen. Mit diesen und den weiteren durch Rechnung sich ergebenden Kennwerten läßt sich dann festlegen, welche Widerstandsreihe nach der Tabelle zu wählen ist. Der Widerstandsliste kann dann ein geeigneter, der Motorleistung entsprechender Widerstand entnommen werden.

I. Der Überlastungsschutz des Motors.

1. Vorbeugende Maßnahmen.

Motoren können dadurch leicht einem Überstrom ausgesetzt werden, daß sie nach einem Ausbleiben der Spannung, bei Wiederkehr derselben ohne Anlasser anlaufen. Um dies unmöglich zu machen, kann eine Spannungsrückgangsausschaltung vorgesehen werden, welche in einfachster Weise durch einen Spannungsrückgangsschalter (Nullspannungsschalter) nach Abb. 544 vorgenommen wird, dessen Spannungsspule S den Schalter beim Ausbleiben der Spannung ausklinkt. Eine solche Ausschaltung kann auch mit dem Anlasser derart verbunden werden, daß eine Spannungsspule den Anlaßhebel in der Einschaltstellung magnetisch festhält. Bleibt die Spannung aus, so läßt die Spule los, und eine Feder rückt den Anlasser aus. Sehr häufig werden Schütze für die Spannungsrückgangsausschaltung benutzt. Abb. 545 zeigt ein Schütz S, dessen Spule ein so großer Widerstand vorgeschaltet ist, daß es mit ihm nicht anziehen kann. Zum Halten des einmal angezogenen Schützes genügt jedoch der Strom weitaus. Durch Drücken des Druckknopfs E wird eingeschaltet. Bleibt die Spannung aus, so fällt das Schütz ab und schaltet den Motor aus. Es zieht aber bei Wiederkehr der Spannung nicht wieder an, weil es dies nur kann, wenn durch den Druckknopf E der Widerstand überbrückt wird. Abb. 546 zeigt eine

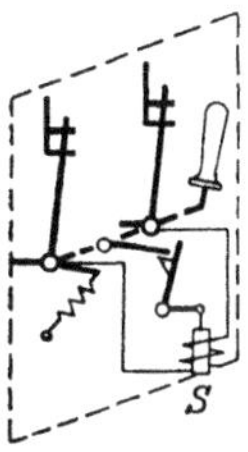

Abb. 544. Spannungsrückgangsschalter.

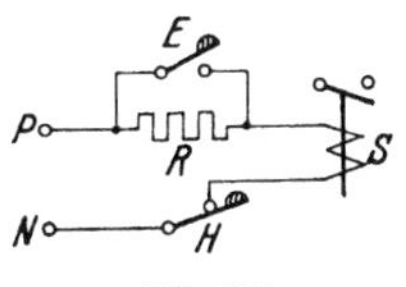

Abb. 545. Schütz in Spannungsrückgangsschaltung mit Vorwiderstand.

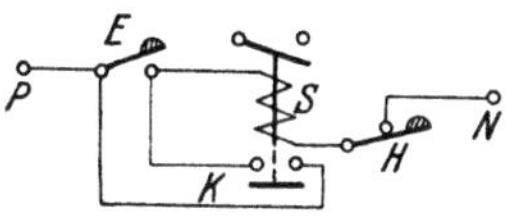

Abb. 546. Schütz in Spannungsrückgangsschaltung mit Hilfskontakten.

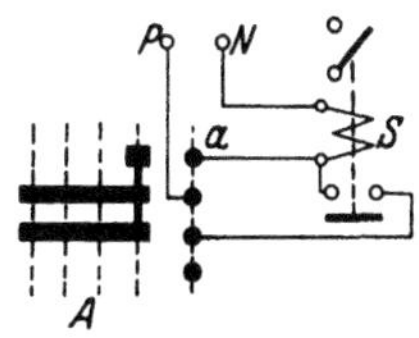

Abb. 547. Sicherung eines Walzenanlassers gegen Spannungsrückgang.

für Wechselstrom besser geeignete Schaltung, bei welcher das Schütz durch seine Hilfskontakte den Druckknopf überbrückt und sich dadurch selbst eingeschaltet hält. Eine Erweiterung dieses Schutzes ist in Abb. 547 dargestellt, bei welcher die Anlaßwalze A immer erst auf die erste Stellung zurückgedreht werden muß, wenn man das Sicherheitsschütz S nach dem Abfallen durch Ausbleiben der Spannung wieder zum Anziehen bringen will. Statt der Einschaltung durch den Finger a auf der ersten Walzenstellung kann auch ein Druckknopf angeordnet werden. Es besteht jedoch dann die Gefahr, daß derselbe auch versehentlich gedrückt wird, wenn die Walze voll eingeschaltet ist.

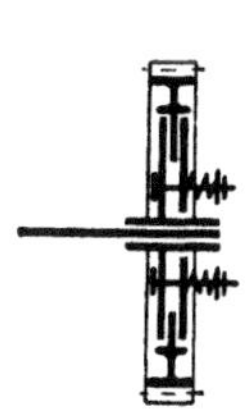
Abb. 548. Rutschkupplung.

Auf mechanischem Wege können Überlastungen durch eine Rutschkupplung von dem Motor ferngehalten werden, die immer dann in Frage kommen, wenn Bruchgefahr für den Motor besteht. Abb. 548 zeigt eine solche, als Zahnrad ausgebildet in schematischer Darstellung. Die Federn, welche den Zahnkranz an die Scheibe pressen, können auf eine bestimmte Übertragungskraft eingestellt werden. Derartige Kupplungen kommen in verschiedenster Ausführung, auch mit selbsttätiger Motorabschaltung vor.

2. Der Überstromschutz.

Als Schutz des Motors und der Leitungen gegen Überlastungen sind Schmelzsicherungen oder Überstromselbstschalter erforderlich.

a) Schmelzsicherungen. Man unterscheidet offene Sicherungen (Streifensicherungen) und geschlossene Sicherungen (Patronensicherungen). Die offenen Sicherungen (siehe Abb. 46) kommen für größere Stromstärken, bevorzugt in elektrischen Betriebsräumen zur Anwendung. Man spricht von Trennsicherungen (Griffsicherungen), wenn der Schmelzstreifen an einer Handhabe befestigt ist und so auch zum stromlosen Schalten dienen kann. Bei den Rohrsicherungen liegt der Schmelzstreifen innerhalb eines Isolierrohres, das zugleich als Handhabe dient. Als Material für den Schmelzstreifen kommt bei kleinen Stromstärken Reinsilber, bei größeren Stromstärken meist eine Silber-Kupferlegierung zur Verwendung. Geschlossene Patronensicherungen erlauben eine ungefährliche Auswechselung und sind daher bis 60 A vorgeschrieben und sollten auch darüber hinaus bevorzugt verwendet werden. Sie sind bis 200 A erhältlich. Von 6 bis 60 A müssen die Patronen durch entsprechende Durchmesserabstufung oder dgl. unverwechselbar sein, damit nicht versehentlich eine zu große Sicherung eingesetzt werden kann.

Die auf einer Sicherung verzeichnete Nennstromstärke (I_n) ist nicht die Stromstärke, bei welcher sie durchschmilzt, sondern die sie dauernd ohne unzulässige Erwärmung der Kontakte erträgt. Die Stromstärke, welche dauernd gerade noch ohne zu schmelzen ertragen wird, heißt die Grenzstromstärke (I_g). Das Verhältnis $I_g : I_n$ hängt von der Kühlung ab. Es ist bei Schmelzstreifen etwa gleich 1,7, bei Patronen von 6 bis 10 A etwa 1,8, bei Patronen von 15 bis 25 A etwa 1,57 und solchen von 35 bis 200 A etwa 1,45. Bei größeren Stromstärken als die Grenzstromstärke schmilzt die Sicherung um so früher durch, je größer der Strom ist. Abb. 549 zeigt die Schmelzlinien für einige Patronensicherungen. Wegen der Abweichungen bei der Fabrikation müssen Bereiche für die Schmelzstromstärke I_s vorgeschrieben werden. Es gilt:

Schmelzstreifen		sollen	bei	$1{,}8 \cdot I_n$	in	1 h	schmelzen, nicht bei	$1{,}6 \cdot I_n$
Patronen	6 bis 10 A	,,	,,	$2{,}1 \cdot I_n$	,,	1 h	,, ,, ,,	$1{,}5 \cdot I_n$
,,	15 bis 25 A	,,	,,	$1{,}75 \cdot I_n$	,,	1 h	,, ,, ,,	$1{,}4 \cdot I_n$
,,	35 ,, 60 A	,,	,,	$1{,}6 \cdot I_n$	,,	1 h	,, ,, ,,	$1{,}3 \cdot I_n$
,,	über 60 ,, 200 A	,,	,,	$1{,}6 \cdot I_n$	,,	2 h	,, ,, ,,	$1{,}3 \cdot I_n$

Zu sichern ist jede Leitung entsprechend ihrem Querschnitt (siehe Tabelle S. 170), ferner Stromverbraucher, wie Motoren, deren Stromstärke nicht begrenzt ist. Lampen und Widerstände benötigen keine Sicherungen, weil ihre Stromstärke durch den Ohmschen Widerstand festliegt. Die Sicherungsgröße der Motoren ist nicht wie diejenige der Leitungen vorgeschrieben. Da der Motor im Dauerbetrieb höchstens seine Nennstromstärke verträgt, wäre die Sicherung so zu bemessen, daß die Grenzstromstärke der Sicherung gleich dem Nennstrom des Motors ist. Dies ist aber praktisch unmöglich, weil fast alle Motoren mit erhöhtem Anlaßstrom anlaufen, und weil die Abstufung der Sicherungen zu grob ist. um immer die richtige auswählen zu können. Man wählt daher die Sicherungen gewöhnlich zu groß, nämlich bei normalem Anlauf so, daß die Nennstromstärke der Sicherung mit der des Motors etwa übereinstimmt. Bei schwierigem Anlauf bilde man sich den quadratischen Mittelwert des Anlaufstromes und suche danach eine Sicherung aus, welche die gewünschte Anlaßzahl aushält (Abb. 549). Im aussetzenden Betrieb, bei welchem die Anlaufströme und gelegentliche Belastungsstöße besonders groß sind, muß man wesentlich höher sichern, wobei zu bedenken ist, daß bei dieser Betriebsart die Leitungen höchstens mit dem 1,5fachen der Stromstärke gesichert werden dürfen, welche bei aussetzendem Betrieb zulässig ist (siehe Spalte 4 S. 170). Drehstrom-Kurzschlußmotoren benötigen wegen des hohen Anlaufstromes bei unmittelbarer Einschaltung eine Sicherung, welche gleich dem 2,5fachen Motornennstrom ist. Bei Verwendung von Stern-Dreieckschaltern kommt man hingegen mit einer Sicherung aus, deren Nennstromstärke etwa das 1,3fache der des Motors ist.

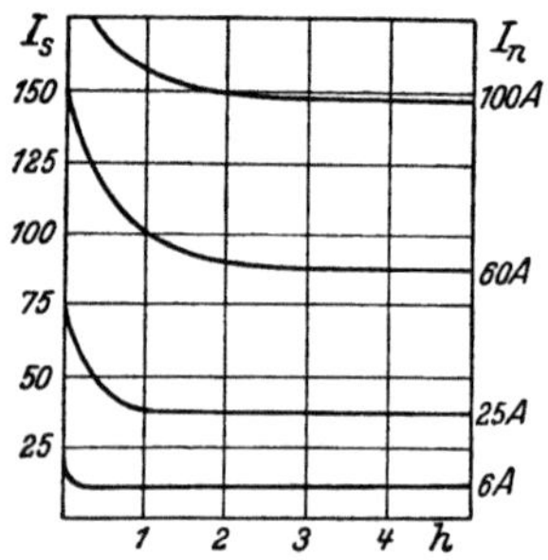

Abb. 549. Schmelzstromstärken einiger Patronensicherungen.

98. Beispiel. Sicherung und Leitungsquerschnitt für einen Kurzschlußmotor von 3 kW 380 V, $I_n = 8$ A sollen bestimmt werden.

Bei unmittelbarer Einschaltung müßte die Nennstromstärke der Motorsicherung etwa $2{,}5 \cdot 8 = 20$ A sein. Die Motorzuleitung hat am Anfang (Verteilungspunkt) ebenfalls eine Sicherung, die notwendig größer als die Motorsicherung sein muß, damit bei einer Motorstörung die Motorsicherung und nicht die Verteilungssicherung durchgeht. Wir müssen also die Verteilungssicherung mindestens zu 25 A festlegen. Dies ist aber nach S. 170 die Sicherung für einen Leistungsquerschnitt von 6 mm², der hier zu wählen ist, obwohl für die Motorstromstärke der kleinst zulässige von 1,5 mm² ausreichend wäre.

Bei Verwendung eines Stern-Dreieckschalters käme man mit einer Motorsicherung von $1{,}3 \cdot 8 = 10{,}4$ A aus, die man wohl auf 15 A aufrunden müßte. Da man jetzt mit einer Verteilungssicherung von 20 A auskommt, muß der Leitungsquerschnitt 4 mm² sein.

Zuweilen kommen zum Einschalten zweistufige Schalter vor, bei denen der Motor auf der ersten Stellung zwar an die volle Spannung gelegt wird, jedoch ohne Sicherungen. Beim Weiterschalten auf die zweite Stellung kommen erst die Sicherungen zur Einschaltung. Dieselben können also hier nach der Nennstromstärke des Motors bemessen werden. Da es eine 8 A-Sicherung nicht gibt, müßte der Motor mit 10 A gesichert werden. Die Verteilungssicherung darf aber nicht einfach eine Stufe größer gewählt werden, weil sie ja doch den ganzen Anlaufstrom auszuhalten hat. Sie muß also mindestens 20 A sein, wodurch die Zuleitung zu 4 mm² festzulegen wäre.

Bei allen derartigen Bestimmungen darf jedoch nicht zu knapp gerechnet werden. Denn wenn später infolge erschwerten Anlaufes die Sicherung größer gewählt werden muß, würde es sehr unangenehm sein, wenn auch die Leitung gegen eine stärkere ausgewechselt werden müßte.

Da ein Motor bereits bei einer dauernden Überlastung um etwa 5% zu Schaden kommen kann, läßt er sich nach den vorstehenden Betrachtungen mit normalen Schmelzsicherungen nicht richtig schützen. In den letzten Jahren sind jedoch träge Sicherungen auf den Markt gekommen, bei denen gewöhnlich durch eine bei bestimmter Temperatur schmelzende Lötstelle in einem Schmelzstreifen erreicht wird, daß die Schmelzstromstärke bei kurzen Belastungszeiten sehr viel größer wird. Solche Sicherungen vertragen also bei gleichem Grenzstrom kurzzeitig sehr viel größere Stromstärken. Sie können daher der Nennstromstärke des Motors viel besser angepaßt werden.

b) Überstromselbstschalter. Diese Schalter werden an Stelle der Schmelzsicherungen verwandt und haben den Vorzug, daß der Ersatz der Schmelzeinsätze in Fortfall kommt. Abb. 550 veranschaulicht schematisch einen Überstromselbstschalter mit magnetischer Auslösung. Sobald der die Spule *S* durchfließende Strom zu groß ist, wird die Klinke *K* ausgeklinkt und das Schaltmesser wird durch Federkraft herausgezogen. Solche Schalter müssen Freiauslösung haben, d. h. Handhebel und Schaltmesser dürfen nicht starr verbunden sein, damit bei einem Überstrom der Schalter auch dann ausschalten kann, wenn man den Handhebel festhält. Die Einstellung der Auslösestromstärke richtet sich bei dem Schutz von Leitungen nach der in der Tabelle S. 170 angegebenen höchsten Dauerstromstärke, bei Motoren nach dem Anlaufstrom. Bei aussetzendem Betrieb darf die Einstellung des Auslösestroms höchstens auf den dreifachen Wert des auf S. 170 für aussetzenden Betrieb zugelassenen Leitungsstroms eingestellt werden. Da bei einer solch hohen Einstellung der Motor kaum noch geschützt ist, versieht man die Schalter zweckmäßig mit einer Verzögerungsvorrichtung, die erst nach einer einstellbaren Zeit zur Ausschaltung führt. In diesem Falle soll bei aussetzendem Betrieb der Schalter höchstens auf den 1,6fachen Motornennstrom eingestellt werden.

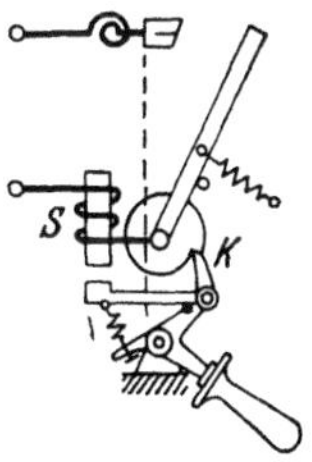

Abb. 550. Überstromausschalter mit Freiauslösung.

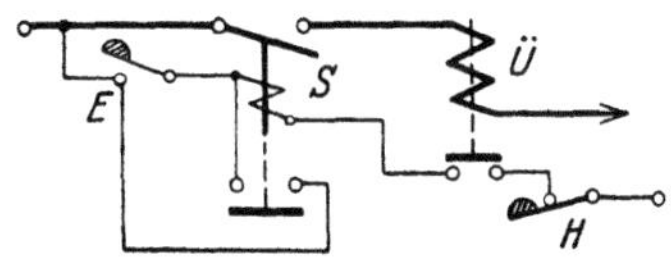

Abb. 551. Überstromausschaltung mit Auslöser und Schutz.

Eine Überstromauslösung mittels Schützes zeigt Abb. 551. Der Überstromauslöser *Ü* besteht aus einer vom Hauptstrom durchflossenen Spule, die durch ihren einstellbaren Eisenkern den Stromkreis der Schützenspule *S* unterbrechen kann. Damit diese Unterbrechung eine dauernde ist, muß das Schütz Spannungsrückgangsschaltung haben (siehe Abb. 546). Den gleichen Grundsatz kann man auch bei Schützensteuerungen für Beschleunigungsbetrieb zur Anwendung bringen, um bei rücksichtslos schnellem Einschalten die Anlaßspitzenströme zu begrenzen (siehe Abb. 656). In den einzelnen Widerstandsstufen liegen Stromwächter, deren Spulen vom Hauptstrom durchflossen sind und die Einschaltung der Spule des folgenden Widerstandsschützes erst dann bewirken oder freigeben, wenn der Strom auf ein festgesetztes Maß gesunken ist, wenn sich der Motor also hinreichend beschleunigt hat.

Die Unmöglichkeit, einen Motor mittels Schmelzsicherungen vollkommen gegen Überlastungen zu schützen, hat zum Bau der Motorschutzschalter geführt. Es sind dies Luft- oder kleine Ölschalter, welche außer einer Spannungsrückgangsauslösung eine Überstromausschaltung mit magnetischer und thermischer Auslösung haben. Die magnetische Auslösung soll bei kurzschlußartigen Überströmen eine schnelle Abschaltung bewirken, während die thermische Auslösung Schutz gegen Überlastungen von längerer Dauer bieten soll, wobei die letztere derart dem Motor angepaßt sein sollte, daß ihre Temperatur sich proportional mit der des Motors ändert und immer dann zur Auslösung führt, wenn der Motor die zulässige Höchsttemperatur erreicht.

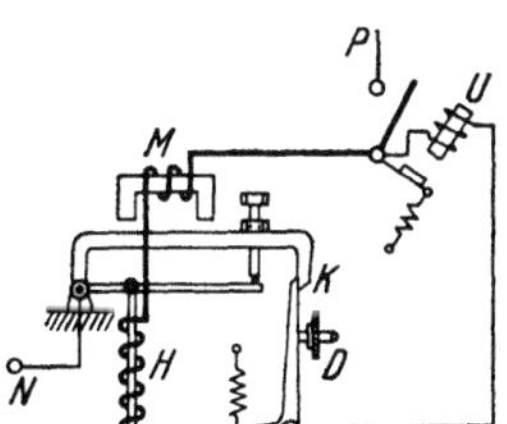

Abb. 552. Auslöser eines Motorschutzschalters.

Die konstruktive Ausbildung der Motorschutzschalter ist sehr mannigfaltig. Alle Auslösungen beruhen jedoch entweder auf der Wärmedehnung eines vom Motorstrom geheizten Auslösers oder der Schmelzung eines Lotes. Abb. 552 zeigt schematisch das erstere Prinzip. Bei zu großem Motorstrom dehnt sich der Heizstab *H* so stark, daß er mit großer Hebelübersetzung den Kontakt *K* öffnet und damit die Spannungsrückgangsspule *U* ausschaltet. Kurzschlußartige Ströme bringen durch den Magneten *M* eine unverzögerte Auslösung zustande. An Stelle eines Heizstabes findet auch vielfach ein Bimetallstreifen Anwendung, bei welchem infolge der ungleichen Wärmedehnung zweier aufeinander gelöteter Metallstreifen eine starke Biegung entsteht, die zur Auslösung benutzt wird. Mit Schmelzlot arbeitet der Schutzschalter nach Abb. 553. Über einen Stromwandler (nur bei Wechselstrom) wird eine feststehende Achse geheizt, auf der eine Sperrwalze *W* festgelötet ist. Bei unzulässigem

Strom schmilzt das Lot und die unter Federkraft (F) stehende Klinke K verdreht die Walze und löst dabei den Schalter aus. Sehr große Ströme werden unverzögert durch die Schnellauslösung A zur Abschaltung gebracht. Nach der Auslösung erstarrt das Lot, und es kann dann wieder eingeschaltet werden. Eine andere Lösung bringt das Kabelwerk Duisburg in der Form, daß in Heizspulen, die man für fast alle Stromstärken haben kann, ein stabförmiger Kern eingelötet ist, der sich bei Überlastung löst und unter Federkraft die Klinke ausklinkt. Der Kern der Heizpatrone erstarrt bei der Abkühlung in der verschobenen Lage, und man hat zur Wiedereinschaltung nur nötig, die Patrone umzudrehen und wieder einzusetzen. Die äußere Form eines Schutzschalters stellt Abb. 554 dar (Ausführung des Schiele-Bruchsaler Industrie-Konzerns). Es ist ein Ölschalter, der Gewähr für eine hohe Abschaltleistung gibt. Der Ölkessel ist leicht absenkbar, wodurch die Kontakte zugänglich und die Einstellung möglich wird.

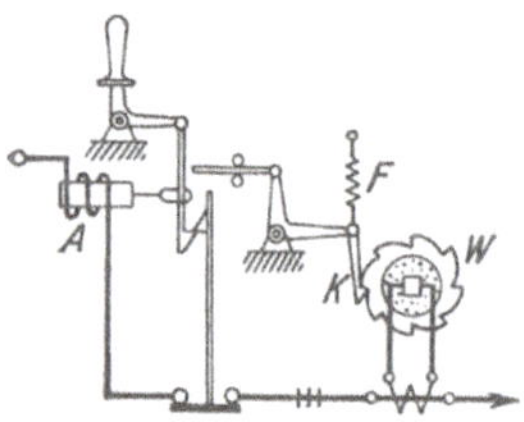

Abb. 553. Auslöser des „Sbik“-Motorschutzschalters.

Abb. 554. Motorschutzschalter (Schiele, Bruchsaler Industrie-Konzern).

Als Übelstand hat man bei den Motorschutzschaltern häufig empfunden, daß es nach einer Überlastung des Motors und dadurch erfolgter Abschaltung eine Weile unmöglich ist, wieder einzuschalten. Dieses Verhalten des Schalters ist aber durchaus richtig. Es wird bei Überlastungen natürlich eine Weile dauern, bis die Motortemperatur unter die Temperaturgrenze gesunken ist, und dann erst darf eine Wiedereinschaltung zulässig sein.

Überstromselbstschalter mit thermischer und magnetischer Auslösung werden heute auch in der Form einfacher Schalter hergestellt. Als Installationsselbstschalter (IS-Schalter) für Stromstärken von 6 bis 25 A (Stöpsel- oder Sockel-IS-Schalter) ohne Einstellmöglichkeit dienen sie hauptsächlich zum Schutz von Lichtstromkreisen.

K. Die Grenzschaltungen.

Die Arbeitswege zahlreicher Maschinen sind begrenzt. Will man Gefahren vermeiden, die durch Unachtsamkeit des Führers entstehen können, so muß man Grenzschaltungen vorsehen. Man unterscheidet: 1. mechanische Ausrückung der Anlaßvorrichtung, 2. Hauptstromendschaltung mit unmittelbarer Ausschaltung des Motorstroms, 3. Hilfsstromendschaltungen mit Unterbrechung eines Hilfsstromes. Die Hauptstromendschaltung dient meist als Notendschaltung, während die beiden anderen auch als Betriebsendschaltungen zur regelmäßigen Stillsetzung des Motors dienen. Die Grenzschalter können auch Umschalter sein, welche nach der Stillsetzung eine neue Bewegung einleiten oder vorbereiten (Anstoßschalter bei Hobelmaschinen).

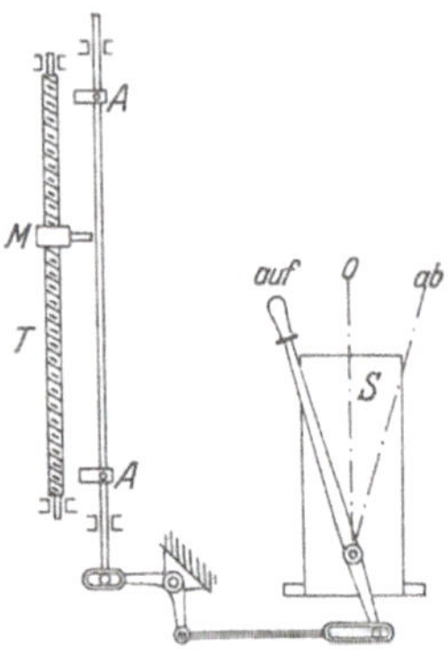

Abb. 555. Mechanische Ausrückung bei einer Fördermaschine.

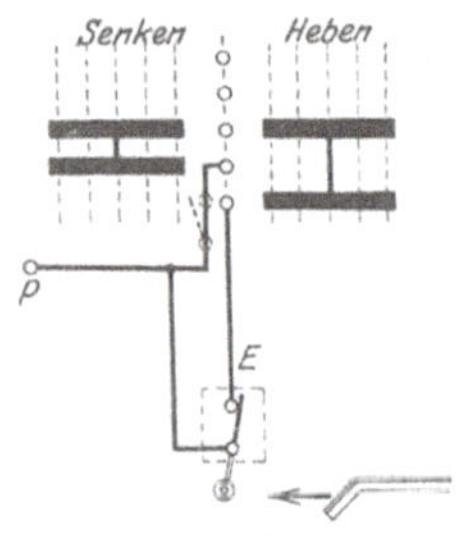

Abb. 556. Hauptstromendschaltung.

a) Mechanische Ausrücker. Sie kommen bei Werkzeugmaschinen sowie bei Fördermaschinen vor. Abb. 555 zeigt die letztere Anwendung. Der Teufenzeiger T, dessen Wandermutter M in verkleinertem Maßstab den Weg des Förderkorbes angibt, stößt in den Endlagen gegen Anschläge A und dreht dadurch die Steuervorrichtung S in die Ausschaltstellung.

b) Hauptstromendschaltungen. Bei ihnen verlangt man im allgemeinen, daß nach Unterbrechung des Motorstromes in einer Endlage durch den Endschalter, eine Rückfahrt ohne weiteres möglich ist. Die Schaltung muß daher so hergestellt werden, daß bei Stellung der Steuervorrichtung auf Rückfahrt der unterbrochene Endschalter umgangen wird. Abb. 556 zeigt dies an einem Endschalter für ein Kranhubwerk. Der Endschalter E wird durch die hochgehende Hakenflasche geöffnet und schließt sich durch Federkraft, wenn die Flasche zurückgeht. Wenn man die Steuervorrichtung auf „Heben“ stellt und der Führer ist unaufmerksam, so wird der Schalter E geöffnet und dadurch der Motorstrom unterbrochen. Dreht man die Steuervorrichtung nun auf „Senken“, so erhält der Motor dennoch Strom, weil derselbe jetzt nicht über E zu fließen braucht. Sollen beide Enden des Weges begrenzt werden, dann muß an der punktierten Stelle ein weiterer Endschalter eingebaut werden. Derartige Hauptstromendschaltungen können bei kleinen Leistungen zur Betriebsendschaltung, bei größeren Leistungen nur zur Notendschaltung dienen. Abb. 557 zeigt einen Endschalter im geöffneten Zustand.

c) Hilfsstromendschaltungen (Abb. 558). Ein von dem Triebwerk der Maschine angetriebener Spindelendschalter hat eine Wandermutter W, welche in ihren Endlagen die Endschalter E öffnet, und zwar genau zur selben Zeit, wenn die Maschine selbst ihre Endstellungen erreicht hat. Eine solche Kopierung des Arbeitsweges ist natürlich nur zulässig, wenn eine starre Verbindung zwischen Arbeitsweg und Wandermutterweg vorhanden ist. Sie wäre bei der Katze eines Kranes unzulässig, weil die Räder durch Rutschen auf den Schienen zu einer unzeitigen Endschaltung führen könnten. Die Endschalter können hier keine großen Ströme schalten, auch öffnen sie sich meist nur mit geringer Geschwindigkeit. Man kann daher mit ihnen nur den Spulenstrom eines Schützes, nicht aber den Hauptstrom unterbrechen. Die Schaltung ist auch hier wieder derart, daß die Rückwärtsfahrt nach erfolgter Endschaltung eingeleitet werden kann. Eine solche Endschaltung wird man außer bei Betriebsendschaltung auch bei Notendschaltungen anwenden, wenn die unmittelbare Betätigung der Endschalter der früher beschriebenen Art schwierig ist.

Abb. 557. Hauptstromendschalter.

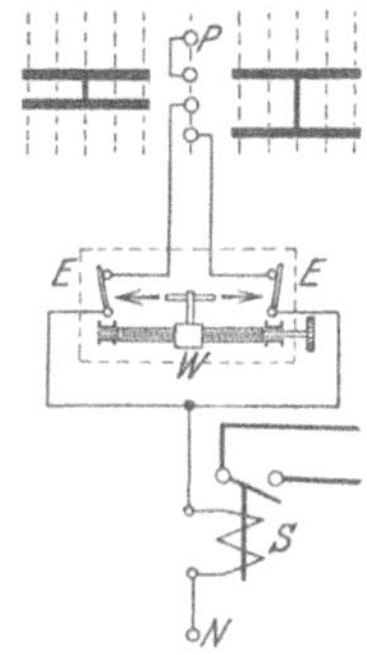

Abb. 558. Hilfsstromendschaltung.

Die Anbringung der Endschalter bzw. die Einstellung im Spindelkasten muß so erfolgen, daß bei voller Fahrgeschwindigkeit noch genügend Auslaufweg bleibt. Dies hat häufig eine so frühzeitige Ausschaltung zur Folge, daß wertvolle Teile des Fahrweges nicht benutzt werden können. Die AEG. bedient sich in solchen Fällen einer Sicherheitsschaltung derart, daß der Endschalter zwei Unterbrechungsstellen hat, die sich nacheinander öffnen. Der erste öffnet so früh, daß bei voller Geschwindigkeit noch ein rechtzeitiger Stillstand eintritt, aber die Schaltung ist so, daß er nur dann wirkt, wenn die Steuervorrichtung voll eingeschaltet ist. Wenn auf den ersten Stufen, also langsam gefahren wird, ist der später wirkende Endschalter eingeschaltet, der damit einen viel geringeren Anfahrweg erlaubt.

Zu den Hilfsstrom-Grenzschaltungen gehören auch alle die Schaltungen, bei denen die Erreichung irgendeiner anderen Arbeitsgröße begrenzend wirkt. Man gebraucht hierzu sog. Wächter an Stelle der bisherigen Endschalter. Ein Kompressor kann z. B. mit einem Druckwächter ausgerüstet werden, welcher bei Erreichung eines festgesetzten Höchstdruckes den Motor stillsetzt und bei Erreichung eines Mindestdruckes wieder anläßt (siehe Abb. 635). In gleicher Weise können Temperaturwächter oder Drehzahlwächter wirken. Zuweilen ist ein solcher Wächter wegen der Kleinheit seiner Kontakte und Schaltwege nicht imstande, ein normales Schütz zu schalten. Dann muß ein Relais zwischen Wächter und Schütz derart geschaltet werden, daß der Wächter nur den sehr kleinen Spulenstrom des Relais schaltet, während dieses das normale Schütz schaltet.

L. Abhängigkeitsschaltungen.

Es sollen hierunter die vielen Schaltungen verstanden werden, bei denen die Inbetriebsetzung eines Motors oder einer sonstigen Vorrichtung von irgendwelchen Vorbedingungen abhängt. In Abb. 538 kann jedes der beiden Schützen nur eingeschaltet werden, wenn das andere ausgeschaltet ist. Dies wurde durch Hilfskontakte erreicht, über welche wechselseitig der Spulenstrom geführt wird. Die gleiche Abhängigkeit konnte auch auf die in Abb. 539 angegebene Weise erzielt werden. Ferner wäre es möglich gewesen, die beiden Kerne der Schützen mit einem doppelarmigen Hebel zu verbinden, welcher immer nur einem Kern das Einschalten erlaubt. Man sollte sich überhaupt bei der Lösung derartiger Aufgaben niemals auf eine rein elektrische Lösung versteifen, weil oft durch Hinzufügung eines mechanischen Gliedes eine große Vereinfachung möglich ist. Die elektrische Verriegelung der Abb. 538 kann natürlich in gleicher Weise auf zwei Motoren oder zwei Steuerwalzen, die nicht gleichzeitig betrieben werden dürfen, angewandt werden. Im folgenden sollen in einigen Beispielen Abhängigkeitsschaltungen gezeigt werden. Weitere Beispiele enthalten die späteren Schaltbilder (z. B. Abb. 635, 640, 642, 643, 644 usw.).

99. Beispiel. Zwischen Anlasser und Ständerschalter eines Drehstrom-Hochspannungsmotors soll eine Abhängigkeit geschaffen werden, welche verhindert, daß der Schalter bei eingerücktem Anlasser eingeschaltet werden kann.

Bei der Lösung (Abb. 559) trägt der Anlasser einen Kontakt K_1, welcher nur bei ausgeschaltetem Anlasser geschlossen ist. Dieser Kontakt schließt daher den Stromkreis der vom Spannungswandler T gespeisten Spannungsrückgangsspule S nur in der Anlassernullstellung, und daher ist auch dann nur ein Einschalten möglich. Sobald einmal eingeschaltet ist, wird der Kontakt K_1 durch den Kontakt K_2 überbrückt.

100. Beispiel. In einer Tonerdefabrik sollen Tonerde, Kalk, Sulfat und Kohle in feingemahlenem Zustand in bestimmtem Verhältnis gemischt werden.

Abb. 560 zeigt rechts die Entnahme der Stoffe aus getrennten Silos mittels Speisewalzen und die Zufuhr mittels der Schnecken s zu den Waagen W. Die vier Waagen sind auf ein dem Mischungsverhältnis entsprechendes Gewicht eingestellt und werden nach Füllung durch den Zugmagneten B in die

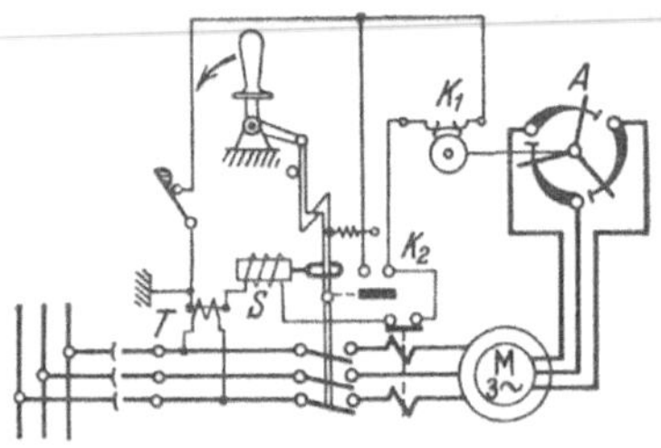

Abb. 559. Verriegelung zwischen Anlasser und Schalter eines Hochspannungsmotors.

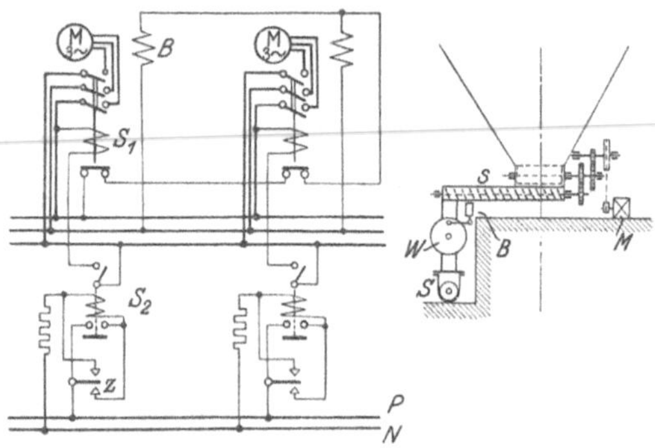

Abb. 560. Entnahmeschaltung in einer Tonerdefabrik.

untere Schnecke S entleert. Die Speisewalzen werden von den Kurzschlußmotoren M angetrieben, die durch die Schütze S_1 geschaltet werden (im Schaltbild sind statt vier nur zwei Motoren gezeichnet). Die Steuerung erfolgt durch die Zunge der Waagen, jedoch nicht direkt, sondern unter Zwischenschaltung von Hilfsschütze S_2, weil man einmal an den Waagen nur ganz leichte Kontakte zulassen kann, und weil man auch wegen der Gefahr nur mit geringer Spannung auskommen will. Die Hilfsschützen werden daher aus einer kleinen Batterie oder durch einen Transformator gespeist. Wenn alle Waagen leer sind, ist der untere Kontakt z geschlossen, und die Hilfsschütze schalten die Schütze S_1 und damit die Speisemotoren ein. Sobald eine der Waagen mit dem vorgeschriebenen Gewicht gefüllt ist, schließt sich ihr oberer Zungenkontakt, wodurch das Hilfsschütz abfällt und damit die Speisewalzen stillsetzt. Nachdem alle Waagen gefüllt sind, bekommen die Magnete B Strom und entleeren die Waagen, worauf durch die Zungenkontakte, die nunmehr wieder unten geschlossen sind, das Spiel von neuem beginnt.

101. Beispiel. Bei manchen Maschinen, insbesondere bei Transportschnecken und Bändern, die mechanisch hintereinander geschaltet fördern, ist es bei Einzelantrieb unzulässig, daß eine der Fördervorrichtungen stillgesetzt wird, während die anderen weiter arbeiten, weil es dann zu einer Materialaufhäufung käme. Dieselbe würde den Wiederanlauf unmöglich machen und könnte bei

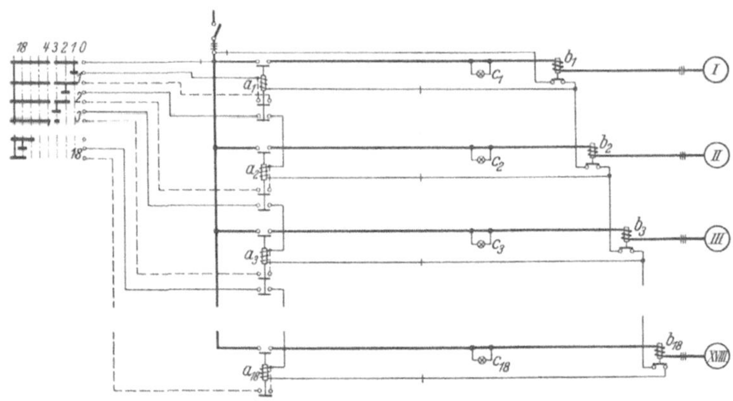

Abb. 561. Abhängigkeitsschaltung zur Erzielung einer bestimmten Anlaßfolge (SSW.).

der Förderung von Explosivstoffen oder leicht entzündbaren Stoffen sogar zu einer Entzündung führen. Die Motoren sollen daher in eine solche Abhängigkeit voneinander gebracht werden, daß sie nur entgegengesetzt dem Laufe des Fördergutes in Betrieb genommen werden können.

Die Lösung ist am einfachsten, wenn Kurzschlußmotoren Anwendung finden können. Abb. 561 zeigt eine Reihe von Motoren (ihre Leitungen sind einpolig gezeichnet), die mit Schütze *a* von einer Zentralstelle durch eine Schaltwalze eingeschaltet werden können. Durch Haltekontakte halten sich die Schützen selbst eingeschaltet. Die Abhängigkeitskontakte sorgen dafür, daß der Motor *II* erst eingeschaltet werden kann, nachdem das Schütz des Motors *I* diesen eingeschaltet hat. In gleicher Abhängigkeit stehen alle folgenden Motoren. Bleibt aus irgendeinem Grunde einer der Motoren stehen, so kommen alle Motoren höherer Zahl zum Stillstand. Die Lampen *C* sind an der Zentralstelle in einem Kasten vereinigt und zeigen das richtige Anlassen an. *b* sind Überstromauslöser. Die Schaltung könnte in entsprechender Weise mit ferngesteuerten Motorschaltkasten durchgeführt werden. Bei größeren Motoren oder erschwertem Anlauf würden Schleifringmotoren mit Selbstanlassern nötig sein, die entsprechend zu schalten wären. Wenn die hohen Kosten dies nicht zulassen, kann man mit normalen Anlaßgeräten dadurch auskommen, daß man dieselben mit Spannungsrückgangsauslösung versieht, deren Auslösestrom immer über Kontakte des nächstfolgenden Anlassers geführt wird. Das Anlassen selbst muß dann der Reihe nach von Hand erfolgen.

102. Beispiel. Es soll eine Abhängigkeit zwischen Steuerorgan und Arbeitsmaschine derart geschaffen werden, daß nach Einstellung des ersteren auf eine bestimmte Stellung die Arbeitsmaschine sich in Bewegung setzt und selbsttätig auf einer der Einstellung entsprechenden Stelle zum Stillstand kommt.

Bei kleinen Leistungen kann die Aufgabe nach Abb. 562 gelöst werden. Zwischen zwei Widerständen liegt der Anker des Antriebsmotors M in der Brücke der Wheatstoneschen Schaltung. Wird nun z. B. der obere Steuerhebel nach links gerückt, dann erhält der Motoranker Strom, und zwar bei richtiger Polung derart, daß mit dem Arbeitsweg der Maschine auch der untere Schiebekontakt nach links verschoben wird. Diese Bewegung hält solange an, bis der Anker stromlos wird, bis also die beiden Kontakte wieder übereinander stehen. Mit größeren Leistungen tritt diese Aufgabe bei den Ruderantrieben auf Schiffen auf. Dieselben werden gewöhnlich mit Leonardsteuerung versehen, wobei das Steuerrad bei seiner Verstellung die Bürstenreihe einer Schaltwalze aus der Nullage auf eine Kontaktstellung dreht. Dadurch wird der Leonardgenerator erregt, und der Motor verstellt das Steuerruder. Mit demselben ist aber direkt oder auf elektrischem Wege die Steuerwalze gekuppelt, so daß sich diese dreht, und zwar solange, bis die Fingerreihe wieder in der Nullage angekommen ist, bis also der Rudermotor wieder stillsteht (Nachdrehsteuerung).

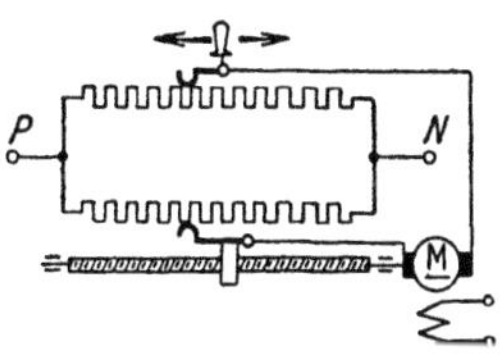

Abb. 562.

M. Die Leitungen und ihre Legung.

Das Installationsmaterial und die feste Verlegung. Die wichtigsten Leitungsarten sind:

I. Blanke Leitungen. Sie kommen als Einzeldrähte oder Seile hauptsächlich bei Freileitungen vor.

II. Umhüllte Leitungen sind Leitungen ohne Isolation, die gegen chemische Einwirkungen durch eine Umhüllung geschützt sind.
- a) Wetterfeste Leitungen (LW), rot gefärbt, bis 250 V, angewandt im Freien und in Räumen, wenn chemische Einwirkungen auftreten.
- b) Nulleiterdrähte (NL) mit grauer, getränkter Baumwollumhüllung, für Legung in Räumen, bis 250 V.
- c) Nulleiterdrähte (NE) mit Asphaltmasse und Jute umhüllt, für Erdbodenverlegung.

III. Isolierte Leitungen.
- A. Für feste Legung.
  - 1. Gummiaderleitungen.
    - a) Normalgummiadern (NGA) bis 750 V, doppelter Gummimantel, Baumwollband und getränkte Beflechtung.
    - b) Wetterfeste Gummiadern (NGAW), bis 750 V mit Imprägnierung.
    - c) Sondergummiadern (NSGA), 2 bis 25 kV, mit verstärkter Isolation.
    - d) Rohrdrähte (NRA), bis 250 V, mit fest umpreßtem, verbleitem oder mit Aluminium überzogenen Blechmantel.
    - e) Panzeradern (NPA), bis 1 kV, mit Eisendrahtbeflechtung.
  - 2. Kabelähnliche Leitungen für Feuchträume (nicht für Erdverlegung).
    - a) Rohrdrähte mit Umhüllung (NRU), bis 250 V, mit Beidraht.
    - b) Bleimantelleitung mit Faserstoffbeflechtung (NBU), bis 250 V, mit Beidraht.
    - c) Bleimantelleitung mit Eisenbandbewehrung (NBEU), bis 250 V, mit Beidraht.
- B. Leitungen für ortsveränderliche Verbraucher (vieldrähtig).
  - 1. Gummiaderschnüre (NSA), bis 250 V, in trockenen Räumen, vieldrähtige Gummiader mit Glanzgarn- oder Seidenbeflechtung.

2. Gummischlauchleitungen.
   Leichte Ausführung (NLH), bis 250 V, für Zimmergeräte.
   Mittlere Ausführung (NMH), bis 250 V, für Küchen, Handwerkszeug.
   Schwere Ausführung (NSH), bis 750 V, für größere Motoren.

C. Leitungen für Beleuchtungskörper.
1. Fassungsadern (NFA), bis 250 V, leichte Gummiader 0,75 mm², nur für Beleuchtungskörper.
2. Pendelschnüre (NPL), bis 250 V, mit Tragschnur zur Aufhängung von Beleuchtungskörpern.

IV. Bleikabel, auch für Legung in den Erdboden.

A. Gummibleikabel (NGK), Spannungen wie bei NGA und NSGA, bis 750 V sind keine Endverschlüsse erforderlich.

B. Papierbleikabel (blank NK, eisenbandbewehrt und asphaltiert NKBA). Bis zu den höchsten Spannungen. Endverschluß immer erforderlich.

Alle den Vorschriften des VDE entsprechenden isolierten Leitungen haben einen schwarz-roten Kennfaden und einen Firmenkennfaden. Bleikabel tragen unter dem Bleimantel einen Kennstreifen. Die graue Ader ist stets als Nulleiter zu benutzen.

Die Gummiaderleitung ist die wichtigste Leitungsart für feste Legung. Sie darf im Handbereich (2,5 m) nicht ohne mechanischen Schutz verlegt werden. Außerhalb des Handbereiches ist eine Einzelverlegung auf Rollen (*r*) zulässig. Als Schutz im Handbereich dienen Rohre (*o*), und zwar: verbleite Falzrohre mit Papierauskleidung, Gummirohre (nur unter Putz), Stahlrohre ohne Auskleidung (Peschelrohre) und Stahlpanzerrohre mit Papierauskleidung (Längen 3 m). Die Stahlpanzerrohre werden miteinander verschraubt, alle übrigen Rohrarten nur zusammengesteckt. Rohrdrähte, kabelähnliche Leitungen und Panzeradern bedürfen keines weiteren Schutzes. Kabelähnliche Leitungen werden meist auf Abstandsschellen in geringer Entfernung von der Wand verlegt und mittels kleiner Stopfbüchsen eingeführt. Panzeradern werden bevorzugt zur Maschineninstallation verwandt. Sie können wie Rohre unmittelbar mit Schellen befestigt werden. Unter Putz dürfen nur die genannten Rohre, nicht aber Rohrdrähte gelegt werden, weil alle Leitungen auswechselbar sein sollen. Rohre dürfen nicht als Stromrückleiter benutzt werden. Bei Rohrdrähten und kabelähnlichen Leitungen ist eine Benutzung in Verbindung mit einem Beidraht gestattet. Die für die Leitungen erforderlichen Rohrweiten ergeben sich aus den DIN-Blättern VDE 9048 und 9049, wobei zu beachten ist, daß abgesehen von Steuerleitungen alle zu einem Stromkreis gehörenden Leiter in einem Rohr liegen sollen (ausgenommen Steuerleitungen bei Aufzügen, Schützesteuerungen).

Dosen. Leitungsverbindungen dürfen nur in Dosen durch Verschraubung auf isolierender Unterlage hergestellt werden. Zur Erleichterung des Leitungseinziehens müssen gelegentlich (mehr als 10 m), besonders nach mehreren Krümmungen Durchgangsdosen gesetzt werden.

Stromsicherungen. Alle Leitungen, außer geerdeten Nulleitern, sind am Anfang (siehe S. 170) zu sichern. Abzweige mit vermindertem Querschnitt müssen ebenfalls gesichert sein, es sei denn, daß die Hauptsicherung so klein ist, daß sie den Abzweig schützt, oder daß die Abzweigleitung kürzer als 1 m ist. Abzweige von Freileitungen und Erdkabeln brauchen erst nach Eintritt in das Gebäude gesichert zu werden. Es darf nicht gesichert werden, wenn eine Gefahr dadurch entstehen könnte (Erregerstrom eines Nebenschlußmotors).

Schalter. Außer dem Nulleiter sollen alle Leitungen abschaltbar sein. Einpoliges Schalten ist nur bei Glühlampen mit Normalgewinde (E 27) erlaubt, wenn der Stromkreis höchstens mit 6 A gesichert ist, ferner auch bei Glühlampen mit Großgewinde (E 40), wenn höchstens mit 25 A gesichert ist. Vor Anlassern mit allpoliger Abschaltung ist kein weiterer Schalter nötig. Alle Leitungen, die ins Freie oder in feuchte Räume führen, müssen allpolig abschaltbar sein.

Steckvorrichtungen sollen in der Regel keine Sicherungen haben, insbesondere sind die kleinen Lamellensicherungen verboten, weil sie nicht gefahrlos ausgewechselt werden können. Über 250 V muß ein Schalter mit der Steckvorrichtung vereinigt werden, wobei durch eine Verriegelung ein Herausziehen des Steckers unter Spannung verhindert wird. Eine Berührung spannungsführender Teile während des Steckens muß unmöglich sein.

Leuchten. Fassungen müssen einen Berührungsschutz haben, der auch beim Einschrauben der Lampen eine Berührung spannungführender Teile verhindert. Über 250 V und immer in feuchten Räumen sind die Fassungen aus Isolierstoff herzustellen. Schaltfassungen sind bei Handleuchtern sowie stets in feuchten Räumen verboten. Lampen in feuchten Räumen müssen eine Überglocke haben, in explosionsgefährdeten Räumen außerdem noch einen Schutzkorb. Handleuchter müssen in feuchten Räumen ebenfalls mit Schutzkorb versehen werden.

Der Schutz gegen zu hohe Berührungsspannung. Zugängliche, metallische Konstruktionsteile können durch Schäden unter Spannung geraten. Obwohl schon durch den Bau der Teile eine Gefahr möglichst verhütet werden soll, sind in feuchten und heißen Räumen, sowie immer bei Spannungen über 250 V gegen Erde außerdem noch Schutzmaßnahmen erforderlich. Als solche können benutzt werden:

a) Isolierung. Die Konstruktionsteile werden aus Isolierstoff hergestellt oder damit umpreßt. Auch ein isolierender Bodenbelag kommt als Schutz in Frage, nicht aber Gummihandschuhe, die verboten sind.

b) Erdung. Man unterscheidet Betriebserdungen, Schutzerdungen und Stallerdungen. Der

Nulleiter eines Gleichstrom-Dreileiternetzes oder eines Drehstrom-Vierleiternetzes wird gewöhnlich mit Erde durch Erdplatten oder dgl. verbunden (Betriebserdung), damit auch bei Isolationsschäden niemals zwischen einem Leiter und Erde eine höhere Spannung als die einer Netzhälfte bzw. die Strangspannung auftreten kann. Unter Schutzerdung versteht man die Verbindung eines metallischen Konstruktionsteiles (Motorgehäuses) mit Erde, wodurch die Berührung des etwa unter Gestellschluß stehenden Gehäuses für einen auf der Erde stehenden Menschen ungefährlich wird. Stallerdung ist die Verbindung von metallischen Teilen, die mit der elektrischen Anlage nichts zu tun haben (Futterraufen) mit Erde. Sie wird meist als Schutz für Tiere angewandt.

Die Schutzerdung ist eine teuere Schutzmaßnahme, weil sie nur dann einen sicheren Schutz gegen zu hohe Berührungsspannung gewährt, wenn der Übergangswiderstand zwischen Erder und Erde ein geringer ist (große Erdplatten, Rohre oder Wasserleitung).

c) Nullung. Dies ist die Verbindung der metallischen Konstruktionsteile mit dem geerdeten Nulleiter. Es ist also ein einfacher Ersatz für die teueren Erdungen. Die Nullung ist jedoch nicht zulässig, wenn die Möglichkeit eines Bruchs des Nulleiters besteht, weil in diesem Falle alle genullten Teile unter Spannung kommen und dadurch außerordentlich gefährden würden. Bei beweglich angeschlossenen Geräten muß zur Nullung eine weitere Ader in der Zuleitung vorgesehen werden.

d) Schutzschaltung. Ein vorgeschalteter Schalter besitzt eine Auslösespule, welche zwischen das Konstruktionsteil und Erde geschaltet wird und bei Auftritt einer Berührungsspannung den Schalter auslöst. Da die Spule einen hohen Widerstand hat, genügt hier schon eine einfache und billige Erde. Abb. 563 stellt die drei letzten Schutzmaßnahmen dar.

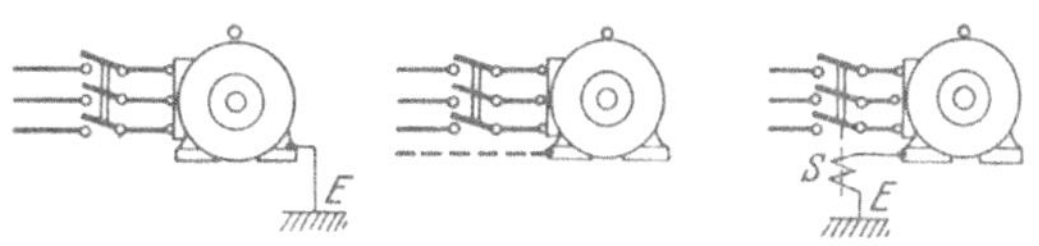

Abb. 563. Erdung, Nullung und Schutzschaltung.

e) Kleinspannung. Mittels Transformatoren oder Akkumulatoren kann die Beleuchtungsspannung auf einen gefahrlosen Wert (unter 40 V) herabgesetzt werden. Die Installation muß jedoch trotz der niederen Spannung mit den für 250 V bestimmten Installationsmaterialien durchgeführt werden, wobei der Leitungsquerschnitt entsprechend dem erhöhten Strom größer gewählt werden muß. Für Handleuchter, die in Kesseln oder dgl. benutzt werden sollen, ist Kleinspannung vorgeschrieben.

Die Leitungslegung in Betriebsstätten. In Betriebsstätten ist das gute Aussehen einer Installation weniger wichtig als die Betriebssicherheit. Man wird daher auch die sonst kaum noch vorkommende billige Verlegung auf Rollen anwenden, bei der man jedoch im Handbereich die Leitungen durch Rohre oder dgl. schützen muß. Auch Stellen außerhalb des Handbereichs, bei welchen man annehmen muß, daß die Leitungen z. B. durch den Transport von Gegenständen gefährdet sind, bedürfen eines Schutzes. Vor allem kommt die Verlegung auf Rollen für solche Anlagen in Frage, welche häufigen Änderungen unterworfen sind. Als sicherste Leitungsart gilt das Kabel, allerdings ist sein Preis auch bei weitem höher als derjenige anderer Leitungen. Wo es möglich ist, wird man die Legung längs der Wände und der Decken bevorzugen, damit der Boden für den Betrieb freibleibt. Einzelne Kabel können hierbei in Kabelhalter nach Abb. 564 eingelegt werden. Bei mehreren Kabelleitungen sind Kabelbrücken und -pritschen erforderlich. Abb. 565 zeigt zwei Beispiele für die Verlegung längs der Decke. Bedingung ist in jedem Falle, daß die Kabel leicht aufgelegt werden können. Eine entsprechende Trägerart läßt sich für Wandverlegung entwerfen. Für diese Verlegung kommen gelegentlich auch Betonplatten, die in die Wand eingemauert sind, vor. Die Legung der Kabel in den Boden der Betriebsstätte nach Art der Verlegung im Freien kommt hauptsächlich nur dann vor, wenn der Boden der Betriebsstätte ein gelegentliches Aufreißen ohne große Kosten erlaubt. In allen anderen Fällen sollte man für eine Auswechselmöglichkeit der Kabel sorgen. Eine gute Überwachung der Kabel ist besonders dann möglich, wenn man Kabelkanäle wählt, welche mit Riffelblech oder Betonplatten abgedeckt werden. Abb. 566 veranschaulicht z. B. einen Pumpenraum, in welchem von der Verteilung *V* Kabel zu den Motoren führen. Die Motorschaltkasten sind an besonderen Winkeleisenstützen angebracht und tragen ausgießbare Kabelendverschlüsse. Die Kabel und die Abzweigmuffen liegen etwas erhöht auf Ziegelsteinen, damit die Kabel auch dann freiliegen, wenn sich etwas Wasser ansammeln sollte. In den Fällen, bei denen die Anlage eines solchen offenen Kabelkanals sich verbietet, können weite Ton- oder Eisenrohre in den Boden gelegt werden, in die die Kabel nachträglich eingezogen werden können. Die an den Abzweigpunkten notwendigen Kabelgruben müssen weit genug sein, damit das Kabeleinziehen keine Schwierigkeiten bereitet. Bei der Durchführung von Kabeln durch Wände oder bei Durchquerung von Wegen ist das Einziehen in ein weites Rohr immer zu empfehlen, hierbei sind die Austrittsstellen aus dem Rohr gut zu unterstopfen, damit nicht durch das sich setzende

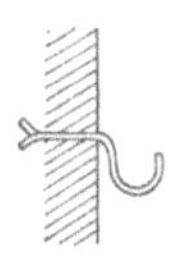

Abb. 564. Kabelhalter.

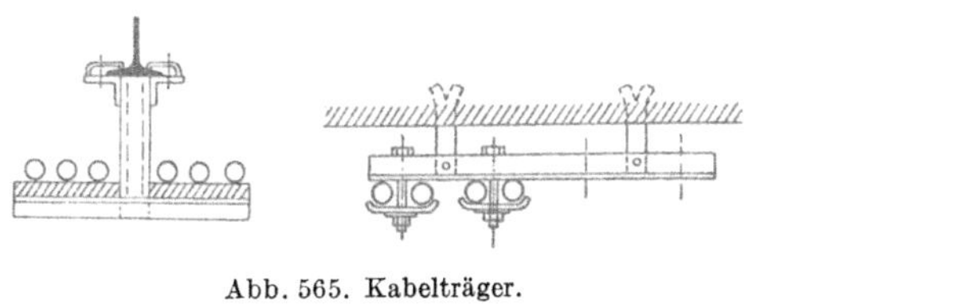

Abb. 565. Kabelträger.

Erdreich ein Abquetschen des Kabels möglich ist. In trockenen Räumen wird die asphaltierte Juteschicht der offen verlegten Kabel entfernt, weil Entzündungsgefahr besteht.

Von den übrigen Installationsarten kommt für die Betriebsstätte vor allem die Gummiaderverlegung in Stahlrohr in Frage. Sie weist gegenüber der bekannten Lichtinstallation nichts Besonderes auf, wenn es sich um Wand- und Deckeninstallation handelt. Die Legung unter Putz kommt kaum vor. Hingegen bietet die Bodenverlegung gewöhnlich einige Schwierigkeit, weil der Boden häufig Temperaturunterschiede gegenüber dem Betriebsraum aufweist, welche zum Niederschlag von Feuchtigkeit in den Rohren des Bodens Veranlassung geben können. Wenn es möglich ist, wird man daher die Bodenverlegung vermeiden und wird den Motoren der Arbeitsmaschinen den Strom von oben, vielleicht unter Benutzung der Gebäudestützen, zuleiten. Leider besteht diese Möglichkeit aber nicht häufig, da für die Aufstellung der Maschinen betriebliche Gesichtspunkte maßgebend sind, und weil es sich häufig um sehr viele Motoren handelt. Besonders ausgeprägt tritt dies z. B. bei Webereien und Spinnereien in die Erscheinung, wo oft hundert und mehr kleine Motoren bei gleichmäßiger Verteilung anzuschließen sind. Abb. 567 veranschaulicht, wie eine solche Verteilung durchgeführt werden könnte. Der Betriebsraum wird zur Sicherheit von zwei verschiedenen Leitungen über die Schaltkasten S_1 gespeist. Von der Längsleitung zweigen Abzweigleitungen ab, in die am Anfang gekapselte Sicherungen V_1 eingeschaltet sind. An diese Querleitungen sind nun gekapselte Verteilungskasten V_2 angeschlossen, welche je die Sicherungen für vier Arbeitsmaschinen W enthalten. Diese Verteilungskasten wird man meist in den Boden einlassen müssen. Abb. 568 zeigt dies, wobei die angeschlossenen Rohre mit einem Gefälle zum Kasten V verlegt sind, damit etwaiges Schwitzwasser abfließt.

Abb. 566. Kabelinstallation in einem Pumpenraum.

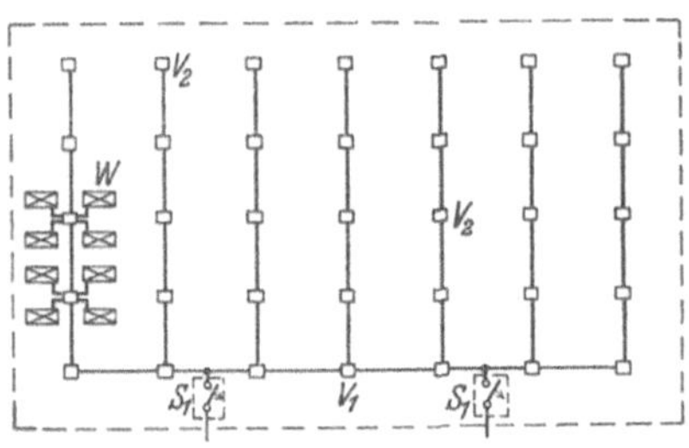

Abb. 567. Verteilung in einem Websaal.

Besondere Beachtung verdient der Anschluß der Motoren. Bei Kabelanschluß wird man zweckmäßig den Motor mit einem Kabelendverschluß ausrüsten lassen, bei Rohranschluß gilt es, den Übergang zum Motor in einer Weise durchzuführen, die Gefahren ausschließt. Nach den Verbandsvorschriften ist zwar allgemein die ungeschützte Verlegung von Leitungen verboten. In den Sonderbestimmungen für Räume besonderer Art ist jedoch für Betriebsstätten die ungeschützte Verlegung der Zuführungsleitungen zu Maschinen erlaubt, wenn sie keiner Beschädigung ausgesetzt sind und wenn die Spannung unter 250 V ist. Das erstere werden wir aber nur annehmen dürfen, wenn der Motor entweder hoch an der Wand aufgestellt ist oder wenn die Einführungsleitungen wenigstens so durch den Motor verdeckt sind, daß unbeabsichtigte Berührung ausgeschlossen ist. Im allgemeinen ist daher ein Schutz nötig, den man am einfachsten dadurch hat, daß man das Leitungsrohr weit genug in den Anschlußkasten des Motors einführt. Schwieriger ist der Anschluß, wenn der Motor zur Spannung des Riemens eine geringe Beweglichkeit haben muß. In diesem Falle läßt man das Rohr nach Abb. 569 am Motorfundament endigen und schützt die weitere Leitung durch einen beweglichen Metallschlauch. Bei Kabeln läßt sich die Beweglichkeit in gleicher Weise erzielen, jedoch ist es nach Abb. 570 auch möglich, mit einer Kabelschleife hinreichender Größe auszukommen (Hochspannungsmotoren).

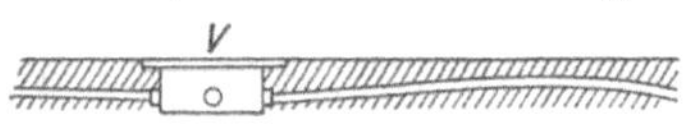

Abb. 568. Rohrverlegung im Boden.

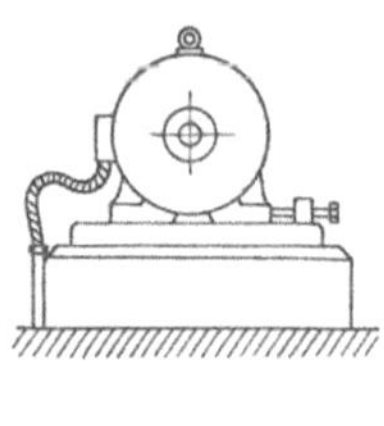
Abb. 569. Anschluß eines verschiebbaren Motors mit Metallschlauch.

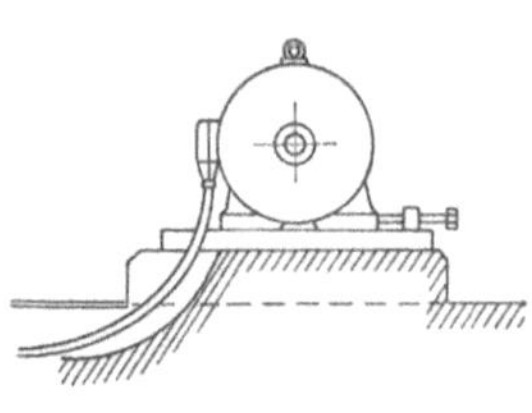
Abb. 570. Kabelanschluß eines verschiebbaren Motors.

Die Leitungslegung an Maschinen. Hier ist der mechanische Schutz der Leitungen besonders wichtig, und man wird daher bestrebt sein, dieselben nach Möglichkeit innerhalb der Maschinengehäuse oder geschützt durch Eisenkonstruktionen unterzubringen. Bevorzugt wird an Maschinen die Legung in Stahlrohre, wenn die Zahl der Krümmungen keine große ist. Krane und ähnliche Maschinen werden gewöhnlich mit Panzeradern installiert, welche unmittelbar auf den Maschinenteilen mit Schellen befestigt werden können, und welche sich auch leicht biegen lassen. In Gängen oder dgl., wo leicht Verletzungen der Leitungen möglich sind, ist ein besonderer Schutz derselben durch Abdeckung mit Blechen oder Profileisen nötig. Häufig wird für erhöhte mechanische Beanspruchung die Bandpanzerleitung verwendet, eine Gummiader, welche nach Art der beweglichen Metallschläuche mit einem Metallband spiralig umwunden ist. Sie verträgt eine sehr rauhe Behandlung, ist aber schwieriger zu installieren als Panzeradern. Maschinen im Freien, wie z. B. Verladebrücken sind häufig auch außerhalb des Führerhauses mit Panzeradern ausgerüstet worden, die gegen Durchrosten durch einen Mennigeanstrich geschützt, zweckmäßig unterhalb der Eisenkonstruktion angebracht werden, wo sie gegen den Regen geschützt sind. Sicherer sind in solchen Fällen allerdings Bleikabel, deren Verlegung hier nicht kostspielig ist, weil es sich um lange gerade Strecken mit wenig Endverschlüssen handelt. Auch die Verwendung von Gummibleikabeln, die bis 750 V ohne Endverschlüsse verlegt werden können, oder von kabelähnlichen Leitungen ist möglich. Die letzteren allerdings nur, wenn die Spannung unter 250 V ist und wenn es sich um geringe Leitungsquerschnitte handelt. Besondere Beachtung verdient die Leitungslegung an Maschinen in heißen Räumen, wie z. B. an den Beschickungsmaschinen in der Ofenhalle eines Martinwerks. Die Leitungen dürfen hier keineswegs der strahlenden Wärme der Öfen ausgesetzt werden, vielmehr sind sie durch die Eisenkonstruktionen geschützt zu verlegen. Die Belastung ist gegenüber der Belastungstabelle (S. 170) herabzusetzen.

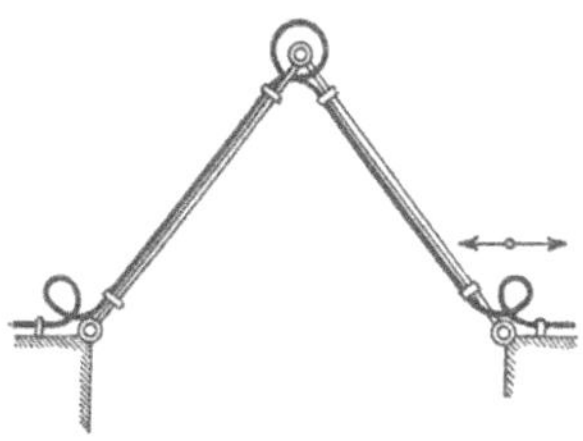
Abb. 571. Leitungsschere.

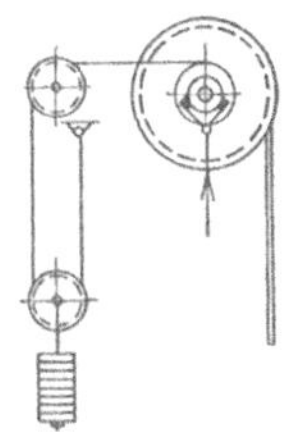
Abb. 572. Spannung des Kabels einer Trommel.

Mit Rücksicht auf die Kosten wird eine Maschine im allgemeinen in der Herstellungswerkstätte installiert. Es gibt aber Maschinen, wie z. B. Krane, welche nur in Teile zerlegt verschickt werden können. Um in solchen Fällen eine Installation am Aufstellungsort zu vermeiden, müßte eigentlich die Leitungsanlage in gleicher Weise unterteilt werden. Dies geschieht auch, wenn es sich um wenige Teilstellen handelt, wie z. B. bei abnehmbarem Führerkorb eines Kranes, dessen Leitungen in einem Klemmkasten (*K*, Abb. 582) mit denen des Kranes verbunden werden. Bei Spezialkranen größerer Abmessung sind jedoch häufig mehrere Teilungen notwendig, und es würden sehr viele Störpunkte in die Installation gebracht, wenn man an all diesen Stellen Klemmenkasten anbringen wollte. Die Leitungen werden daher in der Werkstätte nicht unmittelbar auf die Maschinenteile, sondern auf Brettern befestigt, die ihrerseits mit wenigen Schrauben an der Maschine angebracht werden. Zum Versand werden sie mit den Brettern abgenommen. Dies hat den Vorteil, daß man die Leitungen leichter befestigen und ungeteilt verschicken kann. In komplizierten und ausgedehnten Installationen (z. B. Schrägaufzüge der Hochöfen) ist eine Teilung der Leitungsanlage durch Klemmbretter mit Rücksicht auf die Fehlerortsbestimmung zu empfehlen, weil man bei geschickter Anordnung der Unterbrechungsstellen schnell von hier aus die Leitungen nachprüfen kann. Leitungen für große Ströme, deren Verlauf ohnehin kenntlich ist, wird man besser nicht teilen.

Die Stromzufuhr bewegter Maschinen. Die Zufuhr des Stromes zu geradlinig bewegten Maschinen, die wir zuerst betrachten wollen, kann durch bewegliche Kabel sowie durch Fahrleitungen erfolgen. Das bewegliche Kabel hat gegenüber der Fahrleitung den Vorteil geringen Übergangswiderstandes und niedriger Kosten, jedoch ist dasselbe leichter Beschädigungen ausgesetzt, auch verträgt es keine schnellen Bewegungen. Man wird daher vor allem dann die Stromzufuhr mit beweglichen Kabeln durchführen, wenn der zurücklegende Weg kurz ist und wenn eine Beschädigung nicht wahrscheinlich ist.

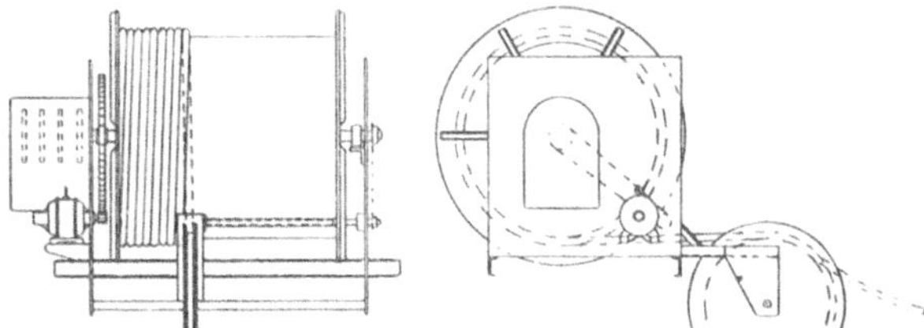
Abb. 573. Motorisch angetriebene Kabeltrommel (Bischoff & Hensel, Mannheim).

Bei kleinem Fahrweg kann die Stromzufuhr nach Abb. 571 über eine Kabelschere erfolgen, bei welcher darauf zu achten ist, daß die Leitungen an den Biegestellen nicht zu scharf gekrümmt sind. Bei Aufzügen können trotz großen Fahrwegs die Zuführungsleitungen zum Fahrkorb sogar freihängend an diesem befestigt werden, weil hier weder eine Beschädigung noch ein Verwickeln zu erwarten ist. Krane mit geringer Fahrthäufigkeit oder Lastmagnete erhalten den Strom meist über eine Kabeltrommel. Abb. 572 veranschaulicht eine solche. Das Kabel ist am Anfang an Schleifringe angeschlossen, deren Bürsten der Strom zugeführt wird. Damit nie mehr Kabel abgewickelt ist, als der jeweiligen Stellung des Magneten bzw. des Kranes entspricht, muß an der Trommel ein Drehmoment im Sinne des Auswindens angebracht werden. In Abb. 572 ist dies durch ein Gewicht erreicht, welches zur Verkleinerung des Weges an einem Flaschenzug hängt. Vielfach werden auch Ringfedern in die Trommel eingebaut, wobei jedoch ebenso wie bei dem Gewichtsantrieb nur kleine Fahrwege (15 bis 20 m) erziel twerden können. Für große Fahrwege wird Motorantrieb verwendet. Ein kleiner Motor (etwa 0,5 kW) ist dauernd unter Strom und hält das Kabel ständig in straffem Zustand. Unter Benutzung einer Leitspindel und Leitrolle, welche das Kabel in mehreren Lagen aufzuwickeln gestattet (Abb. 573), ist es der Firma Bischoff & Hensel in Mannheim gelungen, mehr als 500 m Kabel aufzuwickeln, also Fahrwege von mehr als 1000 m zu bestreichen. Die verwendeten Kabel sind meist schwere Gummischlauchleitungen, die bekanntlich bis 750 V zulässig sind und welche als Schleppkabel zweckmäßig noch eine widerstandsfähige Hanfumklöppelung (keine Metallbewehrung) erhalten. Für Hochspannung werden verstärkte Sonderausführungen verwandt.

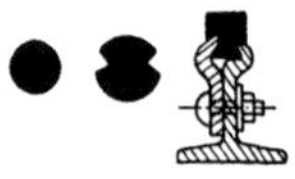

Abb. 574. Fahrdrahtprofile.

Fahrleitungen (Abb. 574) kommen als Runddrähte, Profildrähte und Schienen vor. Die genormten Querschnitte und ihre Höchstbelastung ist für Hebezeuge und Transportgeräte aus der nachstehenden Tabelle zu ersehen.

	Querschnitt mm^2	Höchstzulässige Stromstärke bei 100% ED	Höchstzulässige Stromstärke bei 40% ED		Querschnitt mm^2	Höchstzulässige Stromstärke bei 100% ED	Höchstzulässige Stromstärke bei 40% ED
Kupferdraht..	35	140 A	220 A	Kupferdraht..	100	295 A	465 A
	50	180	280		120	340	530
	65	220	345		150	415	655
	80	250	390	Kupferschiene	480	1200	1900

Außer dieser für die Erwärmung der Leitungen vorgeschriebenen Höchststromstärke ist ein Spannungsabfall vorgeschrieben, welcher bei dem betriebsmäßig auftretenden Spitzenstrom bei Gleichstrom 10% und bei Drehstrom 7,5% der Motornennspannung nicht übersteigen soll.

103. Beispiel. Ein Laufkran habe einen Hubmotor von 20 kW, $\cos\varphi = 0{,}85$, einen Kranfahrmotor von 15 kW, $\cos\varphi = 0{,}83$ und einen Katzfahrmotor von 5 kW, $\cos\varphi = 0{,}82$. Die Nennspannung beträgt 380 V Drehstrom. Der Hubbremslüftmagnet nimmt im Einschaltaugenblick 15 kVA auf. Welcher Querschnitt ist für die 500 m lange Fahrleitung zu wählen, wenn angenommen wird, daß der Spitzenstrom dann auftritt, wenn der Hubmotor gerade mit doppeltem Strom eingeschaltet wird und der zweitgrößte Motor mit Nennlast im Beharrungszustand ist?

Die Nennströme findet man in der Liste für den Hubmotor zu 45 A, für den Kranfahrmotor zu 34 A. Da der Leistungsfaktor des Hubmotors bei doppeltem Strom etwas geringer sein wird, schätzen wir ihn zu 0,83, so daß wir seinen Strom in diesem Ausnahmefall algebraisch zu dem Strom des Kranfahrmotors addieren können. Die beiden Motoren haben zusammen also eine Stromaufnahme von 124 A. Der Magnetstrom ist $I = 15000 : 380 \cdot \sqrt{3} = 23$ A, den wir hinreichend genau als Blindstrom mit 90° Nacheilung annehmen können. Addiert man ihn in einem Vektordiagramm geometrisch, so erhält man einen Spitzenstrom von 138 A bei $\cos\varphi = 0{,}74$. Der zulässige Spannungsabfall von 7,5% beträgt 28,4 V, oder auf einen Strang bezogen 16,5 V. Nach S. 171 ist $R \cdot I \cdot \cos\varphi = 16{,}5$, daher $R = 16{,}5 : 138 \cdot 0{,}74 = 0{,}162\ \Omega$. Hieraus ist $F = 500 : 0{,}162 \cdot 57 = 55\ mm^2$. Es ist also ein Fahrdraht von 65 mm^2 zu wählen. Besteht die Wahrscheinlichkeit, daß ein weiterer Kran auf der gleichen Bahn in Betrieb kommt, so ist dies natürlich sofort zu berücksichtigen, falls man in diesem Falle nicht vorzieht, eine zweite Speisung am anderen Fahrleitungsende vorzunehmen.

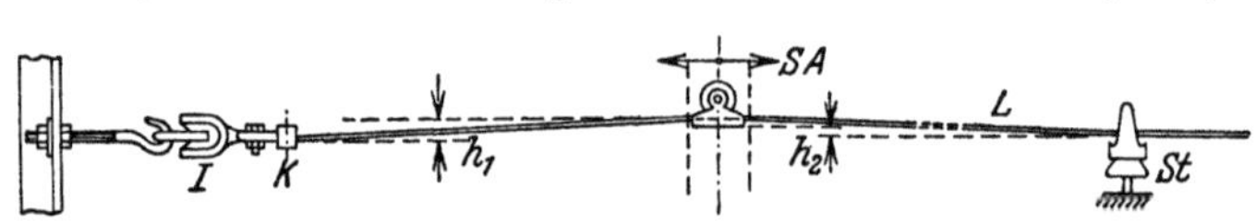

Abb. 575. Lose Fahrleitung.

Man unterscheidet zwischen lose und festverlegten Fahrleitungen. Bei den ersteren ist der Fahrdraht nur an den beiden Enden befestigt, bei den letzteren wird er an zahlreichen Stellen durch Drahthalter gehalten, so daß er eine gerade Linie ohne merklichen Durchgang bildet. Abb. 575 stellt eine lose verlegte Fahrleitung dar. Die Leitung L ist am Ende durch einen Isolator J isoliert, der aus einem Porzellankörper (Ei- oder Sattelisolator) oder auch einem Wirbelisolator (Isolierkörper mit Spannschraube) bestehen kann. In trockenen Räumen genügt eine Isolation, in feuchten Räumen, in solchen mit leitendem Staub und im Freien soll Porzellan oder ein gleichwertiger Stoff verwandt werden, dessen Kriechweg mindestens 60 mm beträgt. Gewöhnlich wird in solchen Fällen eine Reihenschaltung zweier oder mehrerer Isolatoren vorgenommen. Für die Drahtstützen (St) gelten dieselben Vorschriften. Sie müssen in Abständen von höchstens 8 m angeordnet werden. Bei einer Gesamtlänge von nicht mehr als 12 m ist keine Stütze nötig. Der Stromabnehmer (SA) kann entweder ein Schleif- oder ein Rollenstromabnehmer sein. Er muß gegenüber der Stütze eine Überhöhung h_2 haben, damit er sicher über dieselbe hinweggehen kann, und er muß über die Endbefestigung um einen kleinen Betrag h_1 überhöht sein, damit der Kontakt des Stromabnehmers, der nur durch das Leitungsgewicht gebildet wird, auch in der Nähe der Endbefestigung ein guter ist. Innerhalb der Kranträger sind gewöhnlich sehr viele Fahrleitungen nötig, die daher nicht viel Platz in Anspruch nehmen dürfen. Es werden deshalb dort ganz flachgehaltene Stromabnehmer und Drahtstützen benutzt.

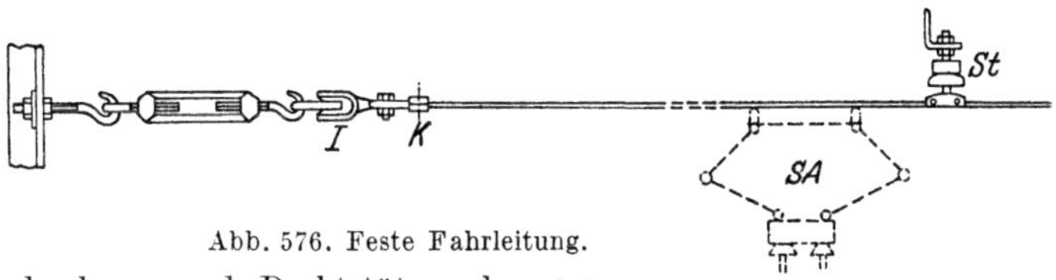

Abb. 576. Feste Fahrleitung.

Eine festverlegte Leitung veranschaulicht Abb. 576. Da sie keinen Durchhang besitzt, kann der nötige Kontaktdruck nur durch federnde Stromabnehmer erzielt werden, die wie bei den losen Leitungen Rollen-, Walzen- oder Schleifstromabnehmer sein können. Neuerdings wird als Schleifkörper an Stelle von Metall auch Kohle gewählt, welche weniger Verschleiß zeigt und auch weniger zu Rundfunkstörungen Veranlassung gibt. Die Drahthalter besitzen eine zweiteilige Klemme, welche den runden Draht etwas weiter als zur Hälfte umfaßt, während sie bei dem Profildraht die obere Hälfte umschließt. Für die Stützenentfernung gilt das gleiche wie bei den losen Leitungen. Wo keine festen Stützpunkte geschaffen werden können, wie bei der Mastverlegung, hängt man den Fahrdraht L nach Abb. 577 an einem Tragseil Tr auf. Schienen müssen mindestens alle 2,5 m gestützt werden. Die Endspannung der festen Leitungen muß genügend Nachspannmöglichkeit haben, ganz besonders bei langen Leitungen, bei denen noch starke Wärmedehnungen hinzukommen können. Es sind daher Spannschlösser zweckmäßig. In jedem Falle soll die Nachspannvorrichtung derart sein, daß durch sie keine Verdrehung des Fahrdrahtes eintritt und daß möglichst wenig Fahrweg durch sie verlorengeht.

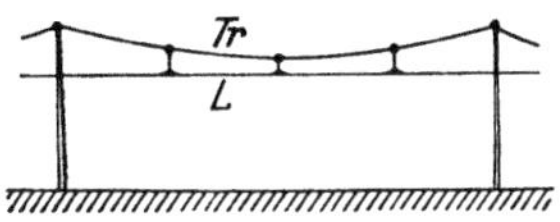

Abb. 577. Aufhängung des Fahrdrahtes an einem Tragseil.

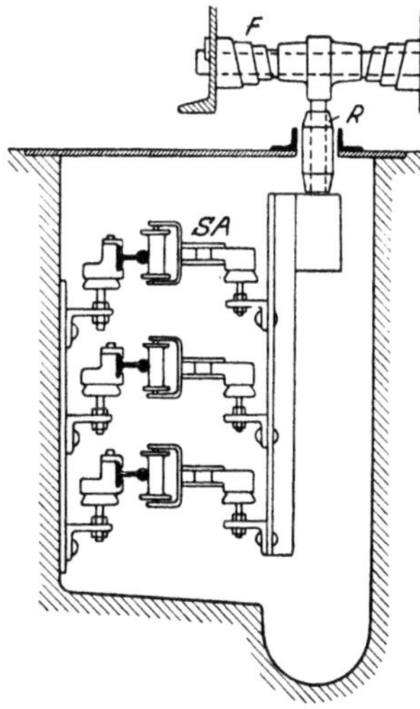

Abb. 578. Unterirdische Fahrleitung.

Die Speisung der Fahrleitung geschieht durch aufgeschraubte Klemme K, die bei losen Leitungen nur am Ende, bei festen Leitungen überall möglich sind.

Die Anbringung der Fahrleitungen ist in Gebäuden leicht an den vorhandenen Wänden oder Eisenkonstruktionen möglich. Im Freien werden häufig Maste errichtet, wie sie bei den Straßenbahnen üblich sind. Bei Baggern sind Fahrdrahtausleger oder -joche in Gebrauch, welche an den Schienen befestigt und mit diesen verschiebbar sind, wenn mit dem fortschreitenden Abraum eine Verlegung nötig ist. Bei manchen Kranen, insbesondere bei Verladebrücken kann die hoch verlegte Fahrleitung sehr störend sein. Man zieht dann die unterirdische Leitung (Abb. 578) vor. Da ein solcher Kran nicht unbeträchtliches Spiel zwischen den Spurkränzen braucht, müssen Federn F eine gewisse Nachgiebigkeit gewährleisten. Die Rolle R setzt die Reibung im Fahrschlitz herab. Neuerdings werden auch schlitzlose Fahrleitungskanäle hergestellt (Elektrotechn. Industrie GmbH. Duisburg-Wanheimerort), bei denen die Stromabnehmer an einem im Kanal befindlichen Wagen befestigt sind, der das biegsame Abdeckblech des Kanals an der Stelle, wo sich das Fahrzeug gerade befindet, etwas hochhebt. Durch den so entstehenden Schlitz wird sowohl der Stromabnehmerwagen durch das Fahrzeug bewegt, als auch die Stromableitung vorgenommen.

Abb. 579. Unterbrochene Fahrleitung.

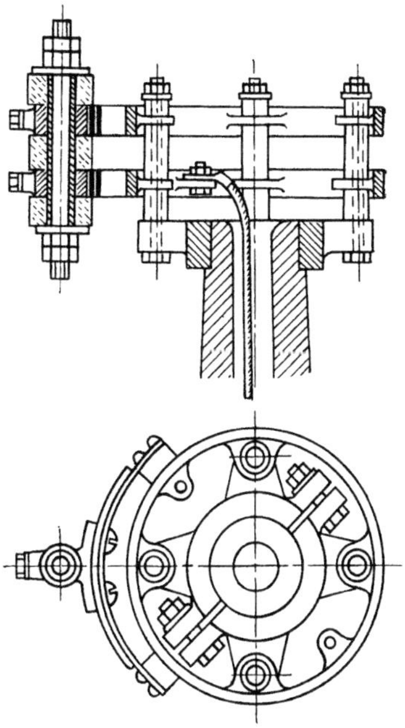
Abb. 580. Schleifringkörper.

Bei oberirdischen Fahrleitungen tritt auch zuweilen dadurch eine Schwierigkeit auf, daß andere Fahrzeuge die Fahrleitung kreuzen müssen. Man hilft sich dann dadurch, daß man das Fahrzeug mit zwei Stromabnehmern ausrüstet (Abb. 579).

Weichen sind bei einpoliger Fahrleitung und fester Verlegung leicht auszuführen. Die mehrpolige Fahrleitung, die möglichst vermieden wird, bietet jedoch große Schwierigkeiten. Es ist möglich, durch doppelte Ausführung der Stromabnehmer und Einfügung von Isolierstücken in die Fahrleitung, auch hier brauchbare Lösungen zu finden.

Schleifringe sind immer erforderlich, wenn einer Maschine mit unbegrenzter drehenden Bewegung Strom zugeführt werden soll. Abb. 580 stellt einen Schleifringkörper mit Stromabnehmern dar. Als Stromabnehmerkontakte wird gewöhnlich Kupfer oder Kupferkohle verwandt. Zur Erzielung eines guten Kontaktes, auch bei geringen Änderungen des Abstandes zwischen Ring und Abnehmer können auch ringförmige Stromabnehmer, die die Ringe umschließen, verwandt werden. Man kann auf Schleifringe verzichten und mit beweglichen Leitungen auskommen, wenn die Drehung der Maschine begrenzt ist.

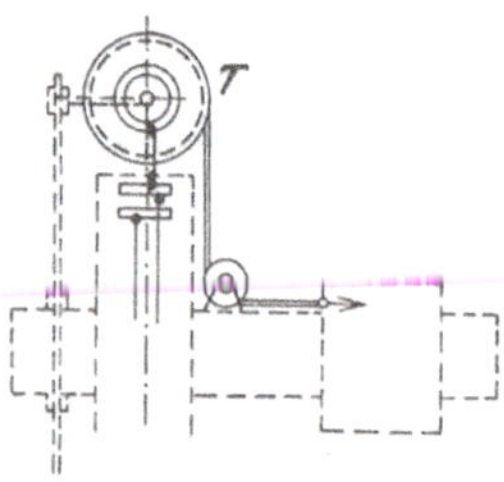

Abb. 581. Stromzuführung an einer Radialbohrmaschine.

Zuweilen kommen auch Kombinationen mehrerer Bewegungen vor. Abb. 581 veranschaulicht schematisch die Stromzuführung einer Radialbohrmaschine (Zimmermannwerke a. G. Chemnitz), bei welcher der Bohrmotor mit dem Support eine horizontale, mit dem Ausleger eine vertikale, sowie drehende Bewegung machen muß. Über feststehende Schleifringe wird der Strom den Schleifringen der Kabeltrommel T zugeführt, die durch eine Feder das zum Support führende Kabel spannt. Die Kabeltrommel dreht sich mit dem Ausleger.

In explosionsgefährdeten Räumen dürfen keine offenen Schleifkontakte vorkommen. Man führt in solchen Fällen den geradlinig bewegten Maschinen den Strom mittels beweglicher Kabel zu, während die Schleifringe explosionssicher gekapselt werden müssen.

XVIII. Wichtige elektrische Antriebe.

A. Der elektrische Antrieb von Hebezeugen.

1. Die Krane.

Die elektrische Ausrüstung eines normalen Dreimotoren-Laufkrans ist in Abb. 582 schematisch dargestellt. Die Bedeutung der Einzelteile geht aus der Unterschrift hervor.

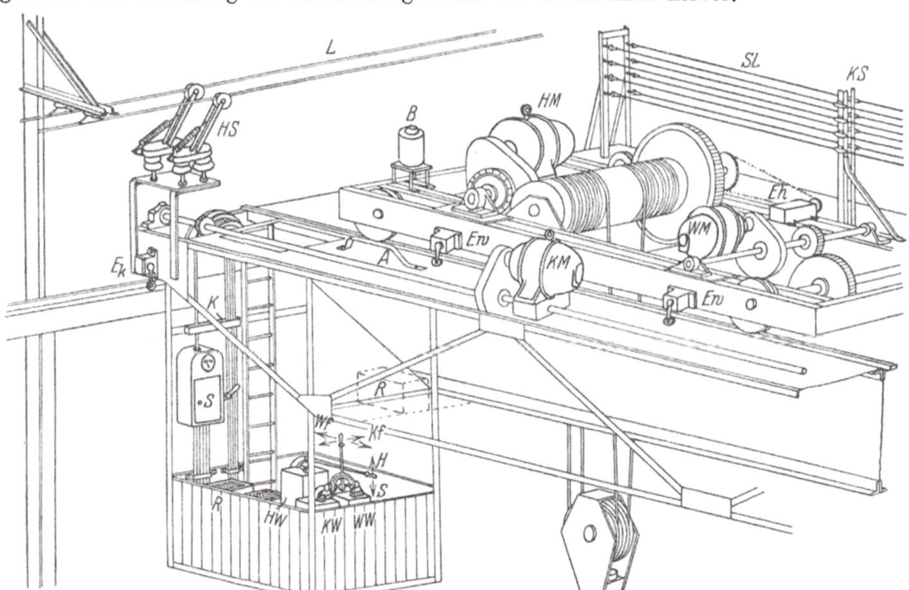

Abb. 582. Elektr. Ausrüstung eines Dreimotorenkrans. HM = Hubmotor, WM = Katzfahrmotor, KM = Kranfahrmotor, HW = Hubsteuerwalze, KW und WW = vereinigte Kran- und Katzfahrsteuerwalze, S = Schaltkasten, R = Widerstände, Ew = Windenendschalter, E_k = Kranendschalter, E_h = Spindelendschalter des Hubwerks, B = Bremsmagnet, K = Klemmkasten, HS = Hauptstromabnehmer, L = Hallenfahrleitung, SL = Kranfahrleitungen, KS = Kranstromabnehmer.

Außer durch den aussetzenden Betrieb wird der Kranbetrieb besonders durch das Auftreten wechselnder Lasten gekennzeichnet. Das Verhältnis des Motordrehmomentes bei Leerfahrt zu demjenigen bei Nennlast des Kranes ist bei dem Hubwerk normaler Krane sehr klein, etwa 0,1 bis 0,2. Es steigt jedoch bei Greiferkranen wegen des großen Greifergewichtes bei verhältnismäßig geringer Last bereits auf etwa 0,5, um bei Beschickungsmaschinen für Martinöfen den Wert 0,9 zu erreichen. Bei diesen Sondermaschinen besteht also kaum noch ein Unterschied in der Belastung des Hubmotors zwischen Leer- und Lastfahrt. Weniger wechselnd sind die Lasten bei den Fahr- und Drehwerken der Krane. Das Katzfahren hat bei normalen Kranen etwa Werte von 0,3 bis 0,5, Greiferkrane etwa 0,7 und Beschickungsmaschinen und Stripperkrane etwa 0,8 bis 0,95. Bei dem Kranfahren liegen diese Zahlen noch höher, weil das Lastgewicht gegenüber dem großen Eigengewicht stark zurücktritt, nämlich zwischen 0,5 bis 0,8 bei normalen Kranen und 0,85 und 0,95 bei den genannten Sondermaschinen. In gleicher Höhe liegen die Zahlen bei den zuweilen vorkommenden Drehwerken der Krane.

Die wirtschaftliche Ausnutzung der Krane verlangt, daß Leerfahrten mit größerer Geschwindigkeit gemacht werden als die selten vorkommenden Fahrten mit Höchstlast. Da die Durchschnittsbelastung normaler Krane wesentlich unter der Höchstlast liegt, ist ein Motor geeignet, dessen Drehzahl mit zunehmender Belastung stark abfällt, wie es bei dem Gleichstrom-Reihenschlußmotor der Fall ist, und welcher die auf S. 93 genannten weiteren Vorzüge für den Kranbetrieb aufweist. Der Einfluß des Drehzahlverhaltens bei wechselnder Last wird vor allem bei Hubwerken, insbesondere solchen für große Hubhöhen (Hafenkrane), stark hervortreten, weil der Reihenschlußmotor bei Leerfahrt seine Drehzahl fast auf das Doppelte steigert. Er gewinnt also Zeit während der Leerfahrt und spart an Leistung während der Lastfahrt, weil er das Lastmoment gegenüber dem mit konstanter Drehzahl laufenden Drehstrommotor mit verminderter Geschwindigkeit bewältigt. Für die gleiche Förderleistung kann daher der Reihenschlußmotor mit geringerer Leistung und Drehzahl gewählt werden. Diesem Umstand wurde bei der Normung dadurch Rechnung getragen, daß bei den Reihenschlußmotoren unter Voraussetzung gleicher Triebwerke kleinere Drehzahlen festgesetzt wurden.

Krane mit Anlaufregulierbetrieb, wie z. B. Gießereikrane, erfordern zur Formkasten- wie zur Pfannenbewegung eine feinstufige Regelung bei geringster Geschwindigkeit. Auch hierin ist der Reihenschlußmotor der überlegene Motor. Vom rein betrieblichen Standpunkt aus ist der heutige asynchrone Drehstrommotor mit erhöhtem Luftspalt (zur Vermeidung des Schleifens) und durch starke Magnetisierung erhöhtem Kippmoment (mindestens $2{,}5 \cdot M_n$) dem Gleichstrom-Reihenschlußmotor überlegen. Der Leistungsfaktor ist infolge des verhältnismäßig großen Luftspaltes nicht hoch, jedoch wertet man diesen Nachteil nicht sehr, weil bei den häufigen Anlauf- und Regelvorgängen ohnehin nicht mit hohem Leistungsfaktor und Wirkungsgrad zu rechnen ist. Aus früher erwähnten Gründen vermindert sich die Zahl der Gleichstrombetriebe immer mehr. Heute ist höchstens in einem Drittel der Kranbetriebe Gleichstrom, in allen übrigen Drehstrom vorhanden. Der asynchrone Drehstrommotor ist daher trotz der angeführten Mängel der wichtigste Kranmotor. Bei Beschleunigungsbetrieben erfüllt er seine Aufgabe durchaus, bei Kranen mit Senkregelung sowie besonders bei Anlaufregulierbetrieb sucht man jedoch nach Auswegen. Diese gehen, abgesehen von der Steuerung, heute in drei Richtungen: die Verwendung des Drehstrom-Reihenschlußmotors, des polumschaltbaren Motors und des Einphasen-Déri-Motors. Der Drehstrom-Reihenschlußmotor ist hinsichtlich seines Drehzahlverhaltens dem Gleichstrommotor gleichwertig. Gewicht und Preis sind jedoch höher als bei dem Asynchronmotor. Die Regelung, welche durch Bürstenverschiebung, also stufenlos erfolgt, ist verlustlos, jedoch wird die Steuerung nur dann einfach, wenn der Führer in der Nähe des Motors seinen Stand hat und die Fahrbewegung mitmacht. Die Polumschaltung wird von der AEG. in dem sog. Doppelkranmotor angewandt. Es ist dies ein Asynchronmotor, welcher im gleichen Eisen zwei getrennte Wicklungen enthält. Diejenige für niedere Drehzahl hat eine Läuferwicklung mit Schleifringen, während die andere als Kurzschlußwicklung für doppelte Drehzahl ausgebildet ist. Abb. 583 veranschaulicht den Anlaufvorgang und die Anlaufzeit. Bei großen Lasten, sowie bei kleinen Geschwindigkeiten wird mit der Schleifringwicklung gearbeitet, während bei kleinen Lasten, insbesondere bei leerem Haken die Kurzschlußwicklung benutzt wird. Der dadurch erzielte Gewinn an Umschlagsleistung gleicht den Mehrpreis des Motors weit aus. Der Déri-Motor, welcher von Brown, Boveri & Cie. als Kranmotor verwandt wird, ist ein Einphasenmotor, welcher demgemäß zu einer unsymmetrischen Belastung des Drehstromnetzes Veranlassung geben kann. Praktisch ist dies allerdings ohne Bedeutung, wenn die Schaltung der Transformatoren so ist, daß durch sie keine wesentlichen Spannungsveränderungen entstehen. Die Vorzüge des Déri-Motors sind die gleichen wie bei dem Reihenschlußmotor, und er

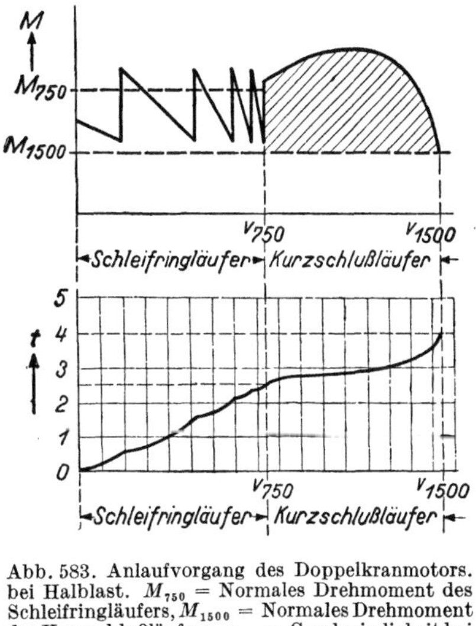

Abb. 583. Anlaufvorgang des Doppelkranmotors. bei Halblast. M_{750} = Normales Drehmoment des Schleifringläufers, M_{1500} = Normales Drehmoment des Kurzschlußläufers, v_{750} = Geschwindigkeit bei Nenndrehzahl 750, v_{1500} = Geschwindigkeit bei Nenndrehzahl 1500, t = Beschleunigungszeit in s, //// = Beschleunigungsmoment des Kurzschlußläufers.

wird wie dieser wegen der verlustlosen Regelung besonders dann vorteilhaft sein, wenn häufig mit geringer Geschwindigkeit gearbeitet werden muß. Als Nachteil des Déri-Motors ist sein großes Anker-Schwungmoment zu erwähnen, welches selbst dasjenige des Drehstrom-Reihenschlußmotors noch übersteigt.

Die Bemessung eines Kranmotors geht von der Größe der Lasten und ihren Geschwindigkeiten aus. Die letzteren sollten nach der Gesamtleistungsfähigkeit des Kranes bestimmt werden. Eine willkürliche Erhöhung der Arbeitsgeschwindigkeiten ist sinnlos, weil mit ihr die Motorleistungen und die Kosten der Getriebe stark anwachsen und die Steuerung unhandlich wird. Außerdem besteht die Möglichkeit, daß bei den häufig vorkommenden kleinen Arbeitswegen die Nenngeschwindigkeit überhaupt nicht erreicht wird. Die **Hubleistung** in kW berechnet sich aus dem Gewicht Q der Last (kg) und der Lastgeschwindigkeit v (m/s) zu:

$$N = \frac{Q \cdot v}{102 \cdot \eta}. \tag{213}$$

Hierin ist η der Triebwerkswirkungsgrad, der bei Stirnräderwinden mit gut geschnittenen Zähnen den Wert 0,8 erreicht, während er bei Schneckenwinden je nach der Gangzahl der Schnecke tiefer liegt und auf 0,4 sinken kann. Unter 0,5 ist die Winde selbstsperrend, d. h. eine noch so große Last vermag auch bei gelüfteten Bremsen nicht durchzuziehen. Das Absenken kann in solchen Fällen nur durch Motorantrieb im Senksinne erfolgen.

Die Fahrwerksleistung setzt sich aus der Leistung der rollenden Reibung am Laufrad, aus der gleitenden Reibung der Laufradachsen und aus der Reibungsleistung des Triebwerkes, die wir auch hier durch den Wirkungsgrad η berücksichtigen wollen, zusammen. Die Motorleistung in kW ist:

$$N = \frac{Q \cdot f \cdot v}{102 \cdot R \cdot \eta} + \frac{Q \cdot \mu \cdot \frac{d}{2} \cdot v}{102 \cdot R \cdot \eta}. \tag{214}$$

Hierin ist Q das Gesamtgewicht von Last und Eigengewicht in kg, v die Fahrgeschwindigkeit in m/s, f die Reibungszahl der rollenden Reibung, die etwa 0,08 beträgt, R der Radius des Laufrades in cm, d der Durchmesser des Laufzapfens in cm und μ die Reibungszahl der gleitenden Zapfenreibung, gleich etwa 0,1. Die der Berechnung schwer zugängliche Spurkranzreibung kann durch einen Zuschlag von 20 bis 25% zum Endergebnis berücksichtigt werden. Für überschlägliche Rechnungen genügt die Annahme eines Fahrwiderstandes, welcher je t Gesamtgewicht zu 25 bis 35 kg anzunehmen ist. Der Gesamtfahrwiderstand ist dann $W = (25 \text{ bis } 35) \cdot Q$, wenn Q das Gesamtgewicht in t bedeutet. Die Motorleistung ergibt sich hieraus zu

$$N = \frac{W \cdot v}{102 \cdot \eta}. \tag{215}$$

Bei kleineren Belastungen ist der Wirkungsgrad nach Abb. 483 geringer anzunehmen (Leerfahrtleistungen siehe S. 235). Die Motorauswahl läßt sich sicher nur nach einem Belastungsdiagramm treffen. Es ist daher, wenn irgend möglich ein solches Diagramm aufzuzeichnen. In der auf S. 200 geschilderten Weise werden für einen vorläufig ausgewählten Motor unter Berücksichtigung der Anlaufmomente die Fahr- und Ruhezeiten ermittelt und dann der quadratische Mittelwert der Momente für ein Spiel berechnet. Stimmt dieser mit dem Nennmoment des angenommenen Motors überein, so ist der Motor ausreichend, wenn ferner sein Höchstmoment größer als das Spitzenmoment des Diagrammes ist. In den Fällen, in welchen der Betrieb derart wechselnd ist, daß ein Diagramm nicht aufgestellt werden kann, ist die relative Einschaltdauer nach Erfahrungswerten zu schätzen. Der Motor ist dann nach der am häufigsten auftretenden mittleren Last auszuwählen, wobei dessen Höchstmoment jedoch für die Höchstlast ausreichen muß.

Die Bremslüfter. Zur Lüftung der mechanischen Bremsen bei Einschaltung des Motors dienen Bremslüfter, und zwar unterscheidet man zwischen Magnetbremslüftern und Motorbremslüftern. Die ersteren können bei Gleichstrom Hauptschlußmagnete oder Nebenschlußmagnete sein. Die Hauptschlußmagnete liegen mit dem Motor in Reihe, sie ziehen stets sicher an, weil beim Einschalten der Motor nicht eher anlaufen kann, bis die Bremse gelüftet hat. Damit der Anlauf aber nicht mit einem Ruck erfolgt, muß die Anzugsstromstärke des Magneten geringer als die Nennstromstärke des Motors sein. Solche Hauptschlußmagnete müssen daher dem Motor stets angepaßt sein, was ihre Herstellung verteuert. Die Nebenschlußmagnete sind für Netzanschluß gewickelt. Ihre Drahtstärke ist daher gering, so daß bei nicht ganz sachgemäßer Ausführung durch die ständigen Erschütterungen Drahtbrüche auftreten können. Die Spannungsabfälle in den Zuleitungen dürfen nicht groß sein, damit der Anzug sicher erfolgt. Der Nebenschlußmagnet kann nicht einfach dem Motoranker parallel geschaltet werden, weil diesem im Anlaufaugenblick doch der Anlaßwiderstand vorgeschaltet ist. Drehstrombremslüftmagnete werden nach Abb. 584 stets als Nebenschlußmagnete ausgeführt und können dem Motorständer unmittelbar parallel geschaltet werden, weil dem Ständer keine Widerstände vorgeschaltet werden. Im Einschaltaugenblick nehmen alle Wechsel- und Drehstrommagnete wegen des anfänglich großen Luftspaltes einen Strom auf, der vielmals größer als der Haltestrom ist. Es muß deshalb darauf geachtet werden, daß die Bremsen nicht klemmen und die Führungen leicht gehen, damit der Einschaltstrom nicht länger andauert und zu einem Verbrennen der Spulen führt. Bei den Gleichstrommagneten ist der Einschaltstrom sogar kleiner als der Dauerstrom (Induktivität). Alle Bremslüftmagnete sind mit einer einstellbaren Dämpfung (Luft- oder Öldämpfung) versehen, welche den Einschaltstoß mildern und das

Anziehen der Bremsen sanfter gestalten soll. Für Aufzüge, die geräuschlos arbeiten müssen, kommen Magnete in Ölkessel zur Verwendung.

Bremslüftmotoren (Abb. 585) bestehen aus einem kleinen Drehstromkurzschluß- oder Schleifringmotor, welcher über eine größere Übersetzung mittels einer kleinen Kurbel den Bremshebel hebt und dann unter Strom stehen bleibt. Auch hier wird der Stoß durch aufgesetzte Dämpfer gemildert. Bei Umpolung des parallel liegenden Motorständers kehrt sich auch die Drehrichtung des Bremslüfters um, wobei jedoch trotzdem eine Lüftung der Bremse zustande kommt. Die Lüftmotoren werden für größere Leistungen als die Magnete gebaut. Sie zeichnen sich ferner dadurch aus, daß sie leicht für Hübe von 10 bis 12 cm gebaut werden können, während Magnete gewöhnlich nur 4 bis 5 cm haben. Ihr Preis ist jedoch höher.

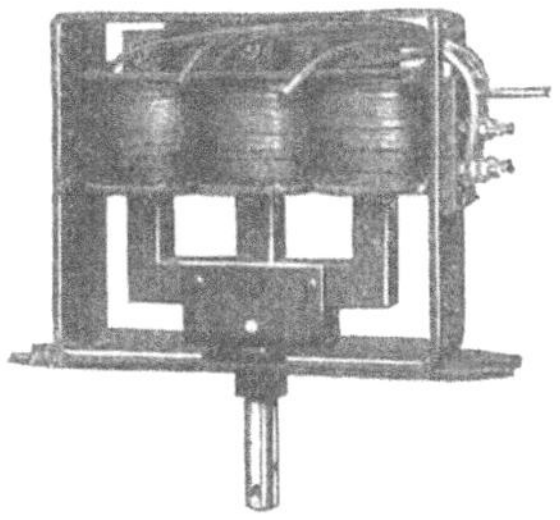

Abb. 584. Drehstrom-Bremslüftmagnet geöffnet (Klöckner AG.).

Neuerdings hat die AEG. einen Bremslüfter auf den Markt gebracht, welcher aus einem kleinen Motor besteht, der mittels eines Flügelrades Öl in einen Zylinder drückt und dadurch einen Kolben bewegt. Das Gerät zeichnet sich dadurch aus, daß bei geringem Leistungsverbrauch (200 W) große Leistungen und große Hübe erzielt werden, und daß das Arbeiten stoßfrei und geräuschlos vor sich geht.

Abb. 585. Drehstrom-Bremslüftmotor (AEG.).

Die Leistung der Bremslüfter wird durch die mechanische Arbeit Zugkraft mal Hubhöhe ausgedrückt. Ein Bremslüfter von 150 cmkg vermag also bei einem Hub von 5 cm eine Zugkraft von 30 kg auszuüben. Wenn sein eigenes Kerngewicht 5 kg beträgt, vermag er also noch 25 kg Gewicht zu heben. Die Bewertung erfolgt wie bei den Motoren nach der relativen Einschaltdauer, für welche die gleichen Normwerte festgelegt sind. Bei Wechsel- und Drehstrombremslüftmagneten ist außerdem die Schalthäufigkeit wegen des großen Einschaltstromes von Wichtigkeit. Da bei normalen Kranen mit einer höchsten Schalthäufigkeit von 120 Schaltungen je Stunde gerechnet wird, ist diese für die Magnete als Nennwert festgelegt. Sind größere Schalthäufigkeiten vorhanden, so muß der Hub des Magneten vermindert werden und zwar:

bis 300 Schaltungen je Stunde auf 65% des vollen Hubes
,, 600 ,, ,, ,, ,, 45% ,, ,, ,,

Bei noch größerer Schalthäufigkeit werden Bremslüftmotoren verwandt.

Die Hubarbeit A des Bremslüfters ist durch die Umfangskraft an der Bremsscheibe bestimmt. Bei der Backenbremse nach Abb. 586 ist die Umfangskraft $P = 2 \cdot \mu \cdot N$, also $N = P : 2 \cdot \mu$ (μ = Reibungszahl), und diese Normalkraft legt den Weg s zurück, den wir zu 2 mm = 0,2 cm annehmen wollen. Infolge der Unveränderlichkeit der Bremsgewichte bleibt die Kraft während des ganzen Weges konstant, so daß sich die Hubarbeit des Bremslüfters zu $A = 2 \cdot N \cdot s$ ergibt. Nehmen wir eine Reibungszahl $\mu = 0{,}3$ und einen Zuschlag von 25% für Verluste in den Gelenken an, so ergibt sich:

$$A = 0{,}9 \cdot P. \qquad (216)$$

Die Bandbremse (Abb. 587) hat eine Bandspannung S am gezogenen Ende von $S = P : (e^{\mu\alpha} - 1)$, worin $e = 2{,}718$ die Basis der natürlichen Logarithmen, μ die Reibungszahl und α der Umschlingungswinkel in Bogenlängen ist. Im Mittel kann $\mu = 0{,}3$ und α gleich 70% des Umfanges, also $0{,}7 \cdot 2 \cdot \pi = 4{,}4$ angenommen werden. Beim Lüften lege das Bandende mit der Kraft S einen Weg s' zurück und hebe dadurch das Band radial um $s = 2$ mm von der Scheibe ab. Unter Zugrundelegung des obengenannten Winkels α ergibt sich dann $s' = 4{,}4 \cdot s$ und die Hubarbeit $A = S \cdot s' = 4{,}4 \cdot s \cdot P : (e^{\mu\alpha} - 1)$. Bei Einrechnung eines Zuschlages von 25% wird dann:

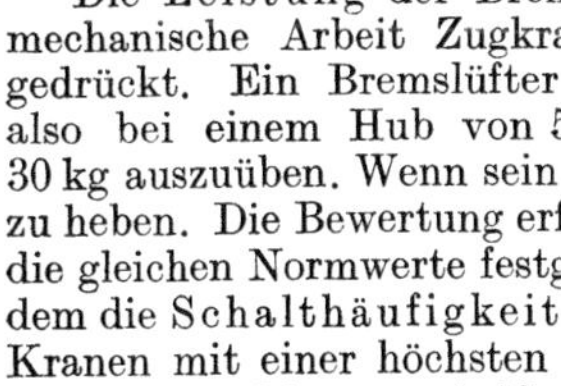

Abb. 586. Backenbremse.

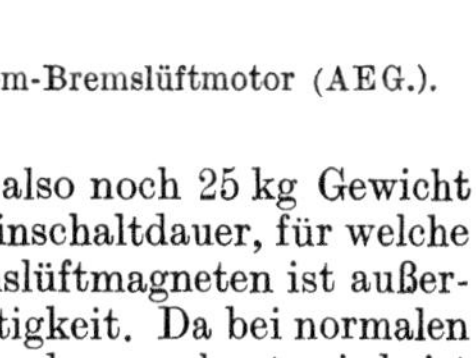

Abb. 587. Bandbremse.

$$A = 0{,}4 \cdot P. \qquad (217)$$

Die Umfangskraft P in Gl. 216 und 217 ist nicht etwa die von dem Motor entwickelte Scheibenumfangskraft, sondern die Kraft, welche zur Erzielung eines vorgeschriebenen Bremsweges am

Scheibenumfang aufgewandt werden muß. Bei Hubwerken ist der Bremsweg von geringerer Bedeutung. Hier muß P so groß gewählt werden, daß die Last mit Sicherheit gehalten wird.

104. Beispiel. Ein Laufkran für 5 t Nutzlast mit 20 t Eigengewicht fahre mit einer Geschwindigkeit von 120 m/min und habe eine Backenbremse nach Abb. 586 mit 400 mm Durchmesser, welche auf der Motorwelle bei der angegebenen Fahrgeschwindigkeit 960 Umdrehungen/min macht. Das Schwungmoment des Motors beträgt 10 kgm², das der übrigen Teile auf der gleichen Achse 1,5 kgm². Welche Hubarbeit muß der Bremslüfter verrichten, wenn der Kran aus voller Geschwindigkeit auf einem Nachlaufweg von 2,5 m stillgesetzt werden soll?

Die geradlinig bewegten Massen, welche mit 2 m/s bewegt werden, ergeben auf die Motorwelle reduziert nach Gl. 207 ein Schwungmoment $365 \cdot 25000 \cdot 4 : 960^2 = 39{,}7$ kgm². Das gesamte Schwungmoment ist daher 51,2 kgm². Der Bremsweg am Umfang der Bremsscheibe ist, da 120 m Fahrweg $D \cdot \pi \cdot 960$ Weg an der Scheibe entsprechen gleich $0{,}4 \cdot \pi \cdot 960 \cdot 2{,}5 : 120 = 25$ m. Die Bewegungsenergie beträgt nach Gl. 205 $W = 51{,}2 \cdot 960^2 : 7200 = 6530$ mkg. Bei Annahme eines Fahrwiderstandes von 30 kg/t ergibt sich ein Gesamtfahrwiderstand von $30 \cdot 25 = 750$ kg und bei einem Wirkungsgrad von 0,7 eine Bremsarbeit durch die Fahrwiderstände auf dem Nachlaufweg von 2,5 m von $750 \cdot 2{,}5 : 0{,}7 = 2680$ mkg. Die Bremse hat daher noch $6530 - 2680 = 3850$ mkg zu vernichten. Es ist also $3850 = P \cdot s = P \cdot 25$ und hieraus $P = 154$ kg. Die Bremslüfterarbeit muß daher nach Gl. 216 gleich $0{,}9 \cdot 154 = 139$ mkg sein. Es wird daher ein Bremslüfter von 150 cmkg Hubarbeit ausgewählt.

Die Steuerungen. Der Kranführer muß eine gute Übersicht über sein Arbeitsfeld haben. Die Steuergeräte werden daher normalerweise in einem Führerkorb untergebracht, welcher bei Laufkranen am Kranträger oder an der Laufkatze angebracht sein kann (siehe Abb. 582 u. 605). Kleinere

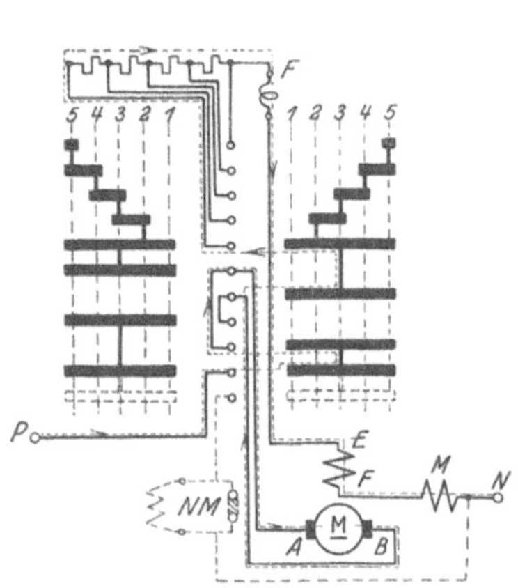

Abb. 588. Fahrschaltung ohne Bremsung.

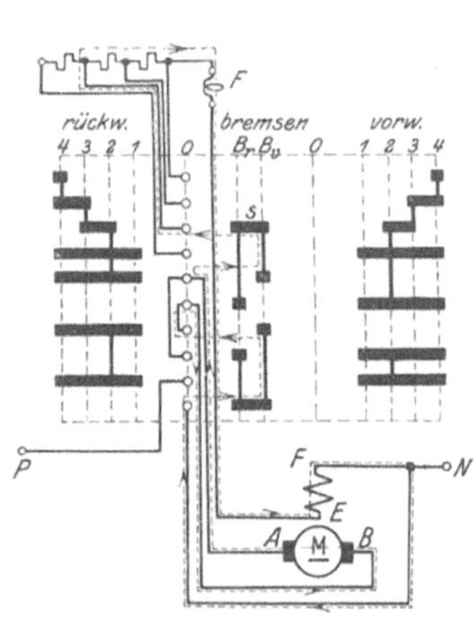

Abb. 589. Fahrschaltung mit Nachlaufbremsung.

Laufkrane ohne eigenen Führer werden gewöhnlich durch Zugseile, die von den Steuergeräten herabhängen, gesteuert. Diese haben Rückschnellfedern, damit nicht einmal eine Steuerwalze versehentlich eingeschaltet bleibt. Krane für eine bestimmte Arbeitsstelle, wie Schmiedekrane, können auch durch Steuergeräte, die unten an der Arbeitsstelle aufgestellt sind, gesteuert werden, jedoch sind in diesem Falle zahlreiche Schleifleitungen notwendig. Bei Drehkranen hat der Führer gewöhnlich im Windenhaus seinen Stand, wo auch die Steuergeräte aufgestellt sind. Eine geschickte Aufstellung der Steuerwalzen erhält man, wenn man bei Dreimotorenkranen zwei der Steuerwalzen zu einer Doppelsteuerwalze (siehe Abb. 582) vereinigt. Der Führer steht dann zwischen den Walzen und steuert mit der linken Hand den horizontalen Hebel der Hubsteuerwalze und mit der rechten Hand den gemeinsamen Hebel für die beiden Fahrsteuerwalzen. Hierbei ist es möglich, die Bewegungsrichtung der Hebel in Übereinstimmung mit den Fahrrichtungen zu bringen. Bei mehr als drei Motoren ist genau zu prüfen, welche Anordnung den Führer am wenigsten ermüdet. Die Aufstellung der Widerstände muß so erfolgen, daß die Luft in vertikaler Richtung die Widerstandselemente durchströmen kann. Außerdem ist darauf zu achten, daß durch die Wärmedehnung der Widerstandsleiter keine Berührungen möglich sind. Abb. 582 zeigt verschiedene Möglichkeiten (R) für die Unterbringung. Da zahlreiche Leitungen zwischen Stufenschalter und Widerstand erforderlich sind, darf die Entfernung zwischen beiden nie eine große sein. Der Raum oberhalb des Führerstandes, innerhalb des Trägers, wird zuweilen auch für den Einbau der Steuergeräte in Anspruch genommen, ebenso dient er bei großen Kranen der Unterbringung der Schützenschränke.

Die Schaltungen der Steuergeräte eines Kranes sind für die Fahrbewegungen des Kranes und der Katze sowie für das Drehen der Drehkrane sehr einfach, weil in beiden Fahrrichtungen nur positive Drehmomente auftreten. Abb. 588 zeigt eine Umkehrfahrschaltung einer Steuerwalze für Gleichstrom mit Hauptschluß-Bremslüfter M und gestrichelt mit Nebenschluß-Bremslüfter NM. Bei dem letzteren schützt ein Parallelwiderstand R gegen die Gefahren der Selbstinduktionsspannung. Stellt man die Fingerreihe auf die rechte, erste Schaltstellung, so fließt ein Strom in der punktiert eingezeichneten Weise, und beim Weiterdrehen werden die Widerstände stufenweise abgeschaltet. Auf der anderen Schaltseite wird der Anker *A—B* umgepolt. *F* ist die Funkenblasspule. Abb. 589 stellt die gleiche Fahrschaltung, jedoch mit Bremsstellungen dar. Sie kommt in Frage, wenn eine mechanische Bremse fehlt oder wenn dieselbe noch durch eine elektrische Bremsung unterstützt werden soll. Die gestrichelte Linie zeigt den Stromlauf auf der Bremsstellung B_v, auf welcher der Motor als Generator auf die Anlaßwiderstände geschaltet ist. Durch Versetzen des Segmentes *s* kann die Bremswirkung verändert werden. Es sind zwei Bremsstellungen nötig, weil nach den Ergebnissen von S. 104 zur Selbsterregung bei Nachlaufbremsung eine Umpolung des Ankers gehört. Drehstrom-Fahrschaltungen sind in gleicher Weise aufgebaut (Abb. 590). Die Umkehr der Drehrichtung geschieht durch Vertauschung zweier Ständerzuleitungen. Der Bremslüfter *M* liegt parallel zum Ständer. Zur Erzielung einer größeren Zahl von Stellungen werden zuweilen auch die Läuferwiderstände der drei Stränge nacheinander abgeschaltet.

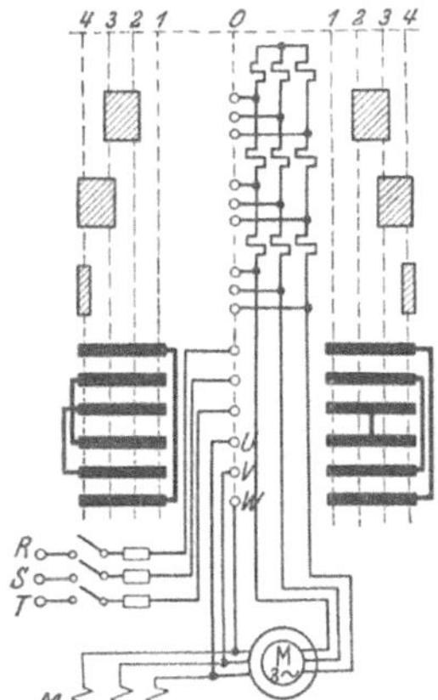

Abb. 590. Drehstrom-Fahrschaltung.

Senkbremsschaltungen für Gleichstrom. Die Schaltungen der Hubwerkssteuerwalzen unterscheiden sich für die Hubbewegung gar nicht oder nur wenig von den Fahrschaltungen. Auf der Senkseite ist bei mittleren und großen Lasten eine Bremsung erforderlich, während kleine Lasten und der leere Haken durch ein im Senksinne wirkendes Motormoment abgesenkt werden müssen, weil sie das Triebwerk nicht durchzuziehen vermögen. Abb. 591 stellt eine Senkbremsschaltung dieser Art dar. Auf der Bremsstellung *I* ist der Motor als Generator auf die Anlaßwiderstände und den zusätzlichen Bremswiderstand *B* geschaltet und erzeugt einen Strom, dessen Bahn strichpunktiert eingetragen ist. Da nun die Selbsterregung immer eine, wenn auch geringe Zeit beansprucht, in welcher eine Last „sacken" würde, erhält der Motor durch die oberen Segmente dieser Stellung über den Widerstand *F R* eine Fremderregung, welche in Abb. 591 strich-strichpunktiert eingezeichnet ist. Der Stromkreis des Nebenschluß-Bremslüfters *N M* ist punktiert eingetragen. Man wünscht, daß auf der ersten Senkstellung die Bremswirkung am größten, also die Senkgeschwindigkeit am kleinsten ist. Auf dieser Stellung muß daher der kleinste Widerstand eingeschaltet sein. Die weiteren Stellungen *II* und *III* besitzen erhöhten Widerstand. Auf den beiden letzten Senkstellungen ist der Motor im Senksinne treibend eingeschaltet, hier können also kleine Lasten und der leere Haken abgesenkt werden. In der Nullstellung ist häufig ebenfalls Generatorbremsschaltung vorhanden, und zwar entweder um bei großen Lasten die mechanische Bremse bei der Abbremsung des Senknachlaufweges zu unterstützen, oder um bei Bremsen, welche im Hubsinne mangelhaft wirken, eine Abbremsung des aufwärts gehenden leeren Hakens zu ermöglichen. Die Polung des Ankers zur Feldwicklung richtet sich danach, welche der beiden Bremswirkungen erzielt werden soll. Gewöhnlich handelt es sich um die erstere. Man erhält einen guten Überblick über die Wirkungsweise einer Senkbremsschaltung, wenn man sich die Regellinien nach Abb. 592 aufzeichnet. Im Quadrant *A* ist dargestellt, wie sich die Drehzahl beim Heben auf den einzelnen Walzenstellungen mit dem Drehmoment ändert. Im Quadrant *B* ist das gleiche für das Senken mit durchziehender Last geschehen. Nichtdurchziehende Lasten erfordern zum Senken ein Motormoment im Senksinne, welches für das Senken im Quadrant *C* negativ aufgetragen ist. Quadrant *D* käme in Frage, wenn im Hubsinne ein bremsendes Moment (Nachlaufbremsung) ausgeübt werden müßte. Ideale Regellinien für ein Hubwerk müßten im Quadranten *A* Reihenschlußcharakter zeigen, damit kleine Lasten schnell bewegt werden, während sie im Quadranten *B* bei kleinen und großen Lasten möglichst horizontal gewünscht werden, damit beliebige Senkgeschwindigkeiten möglich sind, ohne daß ein Durchgehen der Last zu befürchten ist. Die Linien Abb. 592, welche der Schaltung Abb. 591 entsprechen, zeigen, daß auf den ersten Hubstellungen bei großen Drehmomenten noch

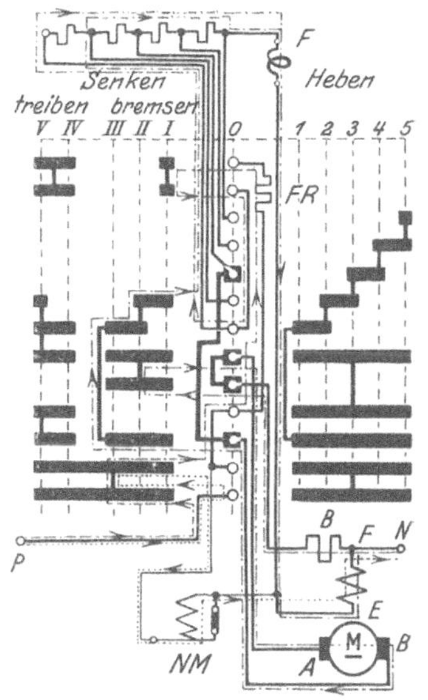

Abb. 591. Gleichstrom-Senkbremsschaltung.

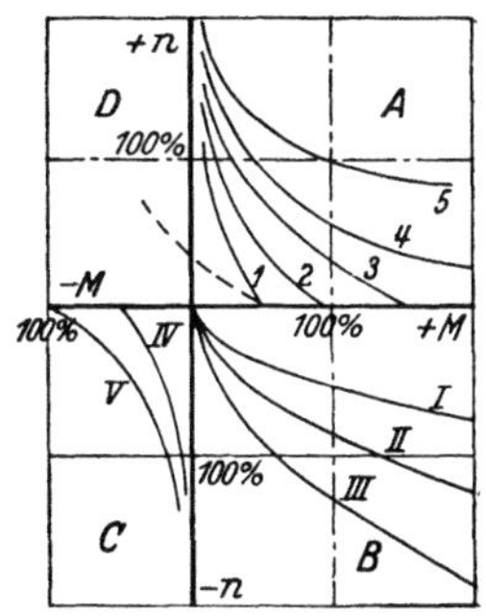

Abb. 592. Regellinien für Abb. 591.

kein Anlauf eintritt, während bei geringem Drehmoment schon auf der ersten Hubstellung sich eine sehr große Geschwindigkeit einstellt. Man kann dieses den Kranbetrieb störende Verhalten dadurch beseitigen, daß man dem Anker einen Widerstand parallel schaltet (siehe S. 99). Die erste Regellinie geht dann in die gestrichelte über, die auch in den Quadranten *D* reicht, und demnach auch die Abbremsung eines Hubnachlaufes möglich macht. Die Senkbremslinien *I*, *II* und *III* zeigen einen steilen Verlauf, d. h. die Senkgeschwindigkeit steigt sehr schnell an. Große Lasten dürfen also nur auf den ersten Stellungen abgesenkt werden, und ein Übergang auf die Stellungen *IV* und *V* würde zu einem Durchgehen der Last und einer Zerstörung des Motors führen. Diese Unsicherheit und die Abhängigkeit von der Aufmerksamkeit des Kranführers haben zu neuen Schaltungen geführt, welche auf der Senkseite wesentlich flacher verlaufende Regellinie haben. Abb. 593 zeigt die Senkschaltung eines Motors (nach Hubel) als Kombination der bisherigen Bremsschaltung mit einer Nebenschlußschaltung des Motors. Wenn R_2 klein oder gar Null ist, liegt der Anker, wie auch die Erregerwicklung am Netz. Der Hauptschlußmotor ist dann also als Nebenschlußmotor im Senksinne eingeschaltet und arbeitet mit einer begrenzten Drehzahl. Ist hingegen R_1 gleich Null, nicht aber R_2, so ist der Anker vom Netz fast völlig getrennt, während die Erregung immer noch vom Netz aus erfolgt. Der Motor wirkt somit als Generator bremsend. Eine weitere Verbesserung in dieser Richtung ergibt die Schaltung nach Weiler (Abb. 594), bei welcher die Feldwicklung unterteilt ist. Da dies eine neue Motorklemme nötig machen würde, hat Natalis nach der gestrichelten Schaltung einen weiteren Widerstand parallel zur Feldwicklung gelegt, in dessen Mitte nun die Anzapfung vorgenommen werden kann. Der Verlauf der Regellinien ist aus Abb. 595 zu erkennen. Sie zeigen, daß bei keiner Belastung eine Senkdrehzahl auftreten kann, welche den Motor gefährdet, außerdem ist der Verlauf aller Linien gleichartig. Die Freifallstellung, welche bei der früheren Senkschaltung zur Trennung der Senkbremsstellungen von den Senkkraftstellungen nötig war und auf welcher die Last sich selbst überlassen war, kann jetzt in Fortfall kommen. Neben diesen Vorzügen darf jedoch nicht außer acht gelassen werden, daß

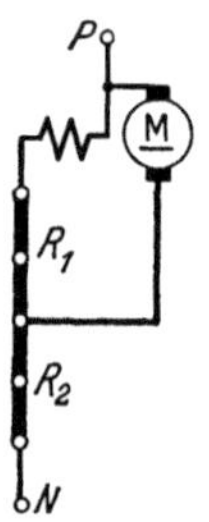

Abb. 593. Senkschaltung nach Hubel.

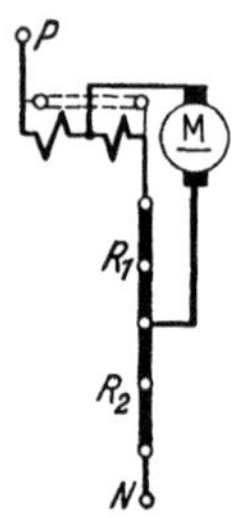

Abb. 594. Senkschaltung nach Weiler.

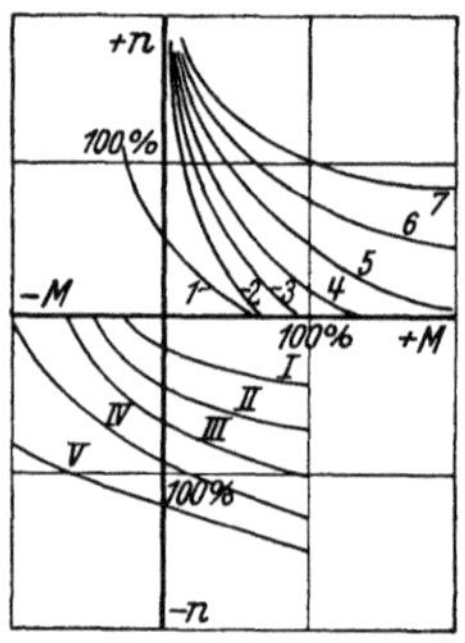

Abb. 595. Regellinien für Abb. 594.

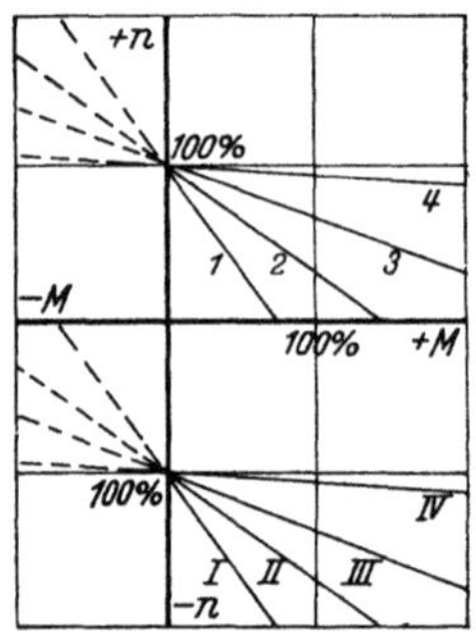

Abb. 596. Regellinien für Abb. 590 als Hubwerksschaltung.

sie durch einen beträchtlichen Stromverbrauch während des Senkens erkauft worden sind. Daher werden zuweilen die ersten Senkstellungen, bei denen die Gefahr des Durchgehens des Motors auch bei großen Lasten nicht vorhanden ist, mit der in Abb. 591 angegebenen Generatorbremsung ausgeführt, und die letzten nach den erwähnten Sicherheitsschaltungen.

Senkbremsschaltungen für Drehstrom. Die Fahrschaltung nach Abb. 590 ist auch für die Senkbremsung geeignet. Auf der Senkseite wird der Motor im Senksinne treibend eingeschaltet, er erreicht daher mit Unterstützung durch die Last sehr schnell die synchrone Drehzahl. Bei Überschreitung derselben beginnt er zu bremsen. Abb. 596 stellt die Regellinien dieser Schaltung dar und zeigt, daß es eine untersynchrone Senkregelung nicht gibt, und daß der ersten Senkstellung die größte Senkgeschwindigkeit entspricht. Eine Umkehr der Reihenfolge ist natürlich unzulässig, weil dann der Motor ohne Anlaßwiderstände zur Einschaltung käme. Wohl aber wird hin und wieder auf der Senkseite mit vermindertem Widerstand gearbeitet (siehe Abb. 615), um die Gefahr, daß der Führer mit großen Lasten auf den ersten Stufen senkt und dabei den Motor zum Durchgehen bringt, zu vermindern. Die Unmöglichkeit untersynchron zu regeln, macht sich auch noch dadurch unangenehm bemerkbar, daß beim Abschalten die mechanischen Bremsen die gesamte Bremsarbeit zu leisten haben, wodurch sie einer sehr starken Abnutzung unterworfen sind.

Die betrachtete übersynchrone Bremsschaltung ist nicht nur sehr einfach, sie erfüllt auch durchaus alle Anforderungen, welche bei vielen hochbeanspruchten Kranen, wie Hüttenwerkskranen, an eine Schaltung gestellt werden. Bei der hohen Schalthäufigkeit solcher Krane wird nämlich nur mit Volleinschaltung ohne Regelung gearbeitet. Die Schaltung ist jedoch ungeeignet für Gießerei- und Werkstattkrane sowie auch für Greifer- und Hafenkrane, weil diese auf eine Senkregelung mit geringer Geschwindigkeit nicht verzichten können. Von den Senkschaltungen für untersynchrone Regelung spielt die Gegenstrom-Senkschaltung die Hauptrolle. Nach Abb. 344 ist es durch Einschaltung des Motors im Hubsinne mit großem Läuferwiderstand möglich, ein Moment auszuüben, welches etwas geringer als das Lastmoment ist und daher die Last langsam absinken läßt.

Durch Änderung der Widerstände kann das Motormoment geändert und die Senkgeschwindigkeit geregelt werden. Zum Absenken des leeren Hakens und leichter Lasten müssen zum Schluß Senkkraftstellungen vorgesehen werden. Ein Nachteil der Gegenstrom-Senkschaltung liegt darin, daß bei geringen Lasten das aufwärts gerichtete Motormoment auf den ersten Senkstellungen überwiegt und zu einer Aufwärtsbewegung führen kann. Um dies zu verhüten, werden verschiedene Maßnahmen ergriffen. Es kann mit dem Triebwerk ein Schleppschalter gekuppelt werden, welcher je nach der Bewegungsrichtung des Triebwerkes in die eine oder andere Schaltstellung umgelegt wird. Tritt nun auf den Senkstellungen unbeabsichtigt die Hubbewegung ein, so schaltet der Schleppschalter die Bremse aus, oder er schaltet nach einer Ausführung von Brown, Boveri u. Cie. mittels eines Schützes den Ständer um, so daß Senkbeschleunigung eintritt. Die ungewollte Aufwärtsbewegung der Last kann ferner auch durch Spannungswächter, die an den Läufer angeschlossen werden, verhütet werden. Damit auf den Senkkraftstellungen bei größeren Lasten kein Durchgehen des Motors möglich ist, kann ein mit dem Motor gekuppelter Fliehkraftschalter bei Überschreitung der zulässigen Senkdrehzahl mittels eines Schützes die Läuferwiderstände kurzschließen.

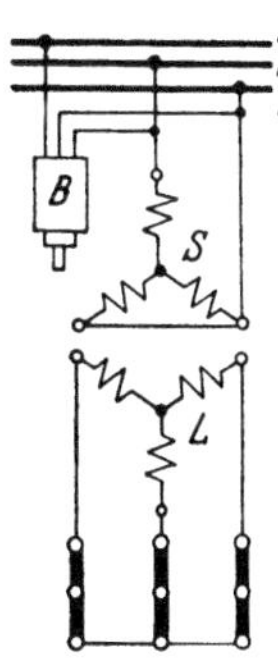

Abb. 597. Einphasige Senkschaltung (SSW.).

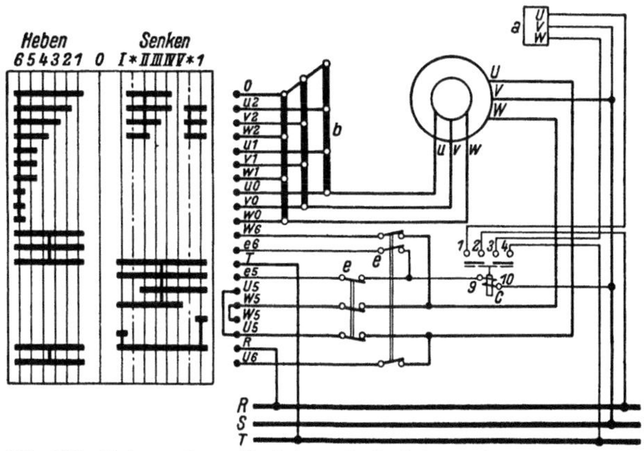

Abb. 598. Untersynchrone Drehstrom-Senkschaltung (SSW.). a = Bremslüfter, b = Widerstände, c = Bremslüfterschütz, e = Endschalter.

Die Siemens-Schuckertwerke benutzen für die untersynchrone Senkbremsung eine Schaltung (Abb. 597), bei welcher der Ständer unter Parallelschaltung zweier Stränge einphasig an das Netz gelegt wird. Es tritt dann kein Drehfeld, sondern nur ein Wechselfeld auf, welches dem Motor kein Antriebsmoment gibt. Jedoch werden bei Drehung des Läufers Ströme in demselben erzeugt, welche ein Bremsmoment hervorrufen. Die Regelung desselben geschieht durch die Läuferwiderstände. Abb. 598 stellt eine untersynchrone Senkbremsschaltung der Siemens-Schuckertwerke dar, deren Stellungen *II*—*V* nach der vorstehend beschriebenen Art geschaltet sind, während auf Stellung *I* zur Erzielung ganz geringer Senkgeschwindigkeiten reine Gegenstromschaltung vorhanden ist. Auf Vorrichtungen, welche eine Aufwärtsbewegung der Last auf dieser Stellung verhindern, ist im Interesse der Einfachheit verzichtet worden. Die Stellung *I* muß daher bei kleiner Last schnell überschaltet werden. Eine unzulässige Senkgeschwindigkeit ist auf den Senkkraftstellungen nicht möglich, weil die Widerstände so bemessen sind, daß auch bei der Höchstlast die Geschwindigkeit in zulässigen Grenzen bleibt. Abb. 599 veranschaulicht die Regellinien dieser Schaltung. Sie zeigen, daß die Linien der einphasigen Bremsung weniger steil als die der Gegenstrombremsung verlaufen.

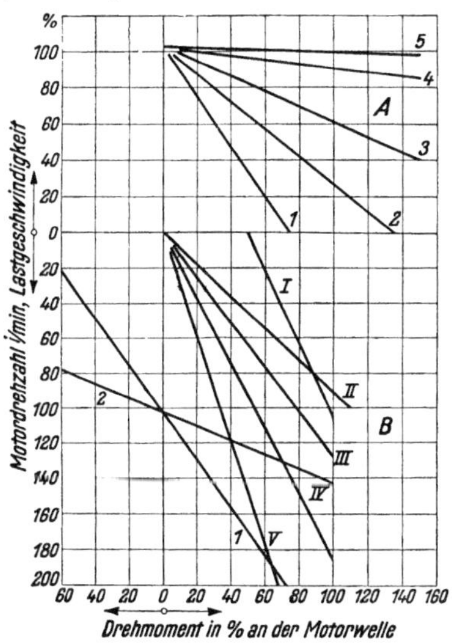

Abb. 599. Regellinien zu Abb. 598.

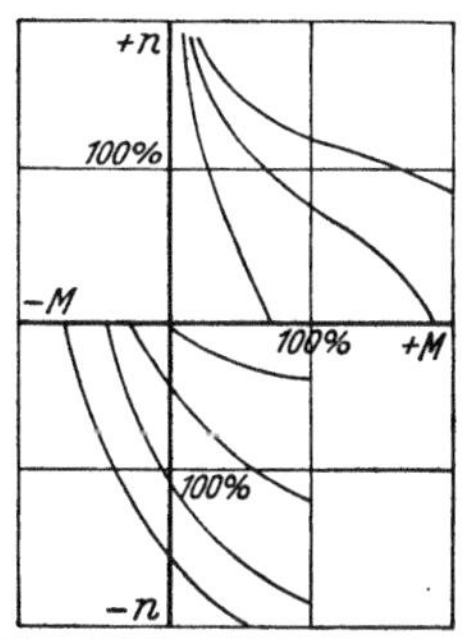

Abb. 600. Regellinien eines Drehstrom-Reihenschlußmotors.

Eine ideale Steuerung für Hubwerke ist die Leonardsteuerung, welche nicht nur für das Senken, sondern auch für das Heben bei jeder Stromart des Netzes eine Regelung bis zu den kleinsten Geschwindigkeiten ermöglicht. Einer häufigeren Verwendung steht allerdings der hohe Preis, sowie der durch die Umformung bei kleinen Leistungen bedingte geringe Wirkungsgrad entgegen.

Der Drehstrom-Reihenschlußmotor mit Bürstenregelung eignet sich als Kranhubmotor vorzüglich. Während er beim Heben die erwünschten steilen Regellinien (Abb. 600) zeigt, kann man beim Senken ziemlich flach verlaufende Linien erzielen. Die Siemens-Schuckertwerke erreichen dies dadurch, daß sie mit der Sekundärwicklung des Zwischentransformators zwischen Ständer und Läufer Dämpfungs- bzw. Bremswiderstände in Reihe und parallel schalten, während gleichzeitig die Netzanschlüsse am Ständer und die Primäranschlüsse des Zwischentransformators umgepolt werden. Die Verluste sind gegenüber den anderen Senkbremsungen gering, und die Regelung erfolgt stufenlos, jedoch ist die Steuerung nur dann einfach, wenn der Führer seinen Stand in Motornähe hat.

Weitere Senkbremsungen mit guter Regelmöglichkeit lassen sich mit zwei gekuppelten Motoren dadurch erzielen, daß auf den Senkstellungen der eine Motor dem anderen unter Einschaltung von Widerständen entgegengeschaltet wird. An Stelle des Gegenmotors kann auch ein Gleichstromgenerator benutzt werden, welcher ein Bremsmoment ausübt.

In neuerer Zeit ist die Regelung auf sehr geringe Geschwindigkeitswerte, wie sie z. B. ein Gießereikran benötigt, sowie die Steigerung der Geschwindigkeit bei kleinen Lasten vor allem Gegenstand der Weiterentwicklung gewesen. Die AEG. sucht die erstere Aufgabe durch ihre Tippschaltung zu lösen, bei welcher der Drehstrommotor unter Vorschaltung eines großen Widerstandes und gelüfteter Bremse mittels Druckknopfes und Schütz ganz kurz eingeschaltet werden kann, wodurch eine Lastbewegung um wenige Millimeter erzielt werden kann. Eine Steigerung der Hubgeschwindigkeit bei kleinen Lasten ist besonders bei Hafenkranen mit großer Hubhöhe von wirtschaftlicher Bedeutung. Die AEG. verwendet bei Drehstrom in solchen Fällen ihren Doppelkranmotor und bei Gleichstrom einen Nebenschlußmotor, dessen Erregung derart von der Last beeinflußt wird, daß ein Drehzahlverlauf entsteht, der wesentlich steiler als der des Reihenschlußmotors ist.

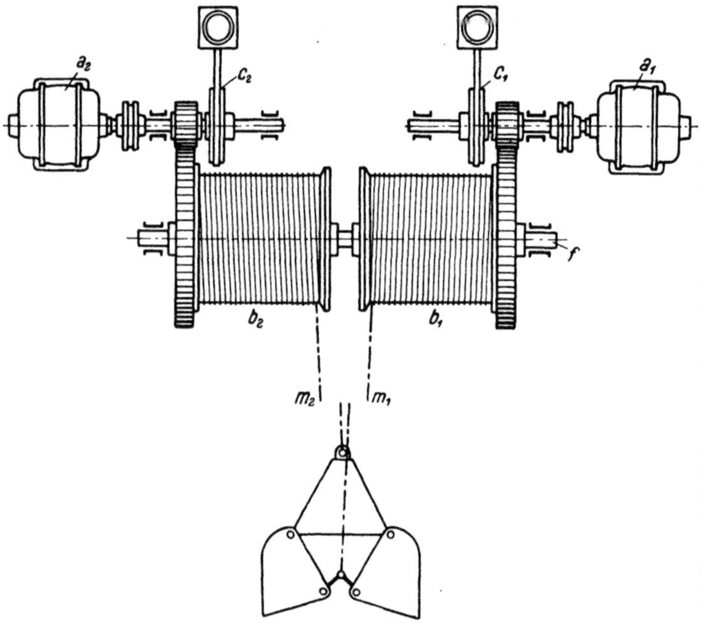

Abb. 601. Greiferwinde mit Trommelkupplung. a_1 = Schließmotor, a_2 = Haltemotor, b_1 = Schließtrommel, b_2 = Haltetrommel, c_1 = Schließbremse, c_2 = Haltebremse, f = Trommelwelle, m_1 = Schließseil, m_2 = Halteseil, b_1 b_2 lose auf f.

Greiferwinden arbeiten mit zwei Trommeln und zwei Seilen, einem Halteseil und einem Schließseil. Durch eine Relativbewegung zwischen den beiden Trommeln wird, wie Abb. 601 erkennen läßt, der Greifer geöffnet oder geschlossen. Damit beim Heben keine solche Relativbewegung eintritt, können bei dieser Bewegung beide Trommeln durch eine Rutschkupplung, die durch einen Magneten betätigt wird, miteinander verbunden werden. Abb. 602 stellt eine Zweimotorenschaltung der Siemens-Schuckertwerke für eine solche Winde dar. Die Steuerwalzenhebel sind so angeordnet, daß sie sowohl einzeln als auch gemeinsam mit einer Hand bewegt werden können. Die Schaltung unterscheidet sich von den früheren zunächst einmal darin, daß die Walzen nur die Läuferströme schalten, während die Ständer mit Rücksicht auf die hohe Schaltleistung durch Schütze gesteuert werden. Die sieben Schütze haben von links nach rechts gezählt, folgende Aufgaben: 1. Haltemotor heben, 2. Haltemotor senken mit Strom, 3. Bremslüfter des Haltemotors, 4. Kupplungsmagnet, 5. Bremslüfter des Schließmotors, 6. Schließmotor heben oder greifen, 7. Schließmotor senken oder entleeren. Die unteren Walzensegmente dienen zum Schalten der Schützen und die mittleren zum Schalten der Läuferströme. Die oberen Hammerkontakte der Walzen schalten den Kupplungsmagneten und die Schützen. Die Schaltwalze des Haltemotors hat auf der Senkseite Gegenstromschaltung mit einer Senkkraftstellung, außerdem schaltet sie das Senkschütz des Schließmotors, so daß beim Senken nur diese eine Walze betätigt werden muß. Die Walze des Schließmotors muß daher in der Nullstellung Segmente für den Läuferstromkreis haben. Die Schaltung ist in beiden Richtungen die normale Fahrschaltung.

Die übrige Ausrüstung der Krane. Krane müssen durch einen Hauptschalter allpolig spannungslos gemacht werden können. Derselbe kann am Führerstand angebracht werden, wenn dieser in unmittelbarer Nähe der Kranfahrleitung ist. Ist hingegen der Führerstand gegenüber den Stromabnehmern des Kranes bewegt, so ist ein Hauptschalter in der Nähe der Stromabnahme anzuordnen (Abb. 605), wobei es möglich ist, diesen durch Fernschaltung vom Führerstand aus zu schalten.

Die früher übliche Marmortafel mit einem Hauptschalter und den einzelnen Schmelzsicherungen für die Motoren kommt heute nur noch ausnahmsweise zur Verwendung. Vorzuziehen sind die gekapselten Kranschaltkasten nach Abb. 603, welche in dem oberen Hauptschaltkasten eine Überstrom-Schnellauslösung (Freiauslösung) für den Gesamtstrom haben, die jedoch nur für kurzschlußartige Ströme gedacht ist. Die Auslöser werden daher sehr hoch eingestellt. Der Schutz der Motoren gegen Überlastung erfolgt durch die Wärmeauslöser im unteren Kasten, welche den Hauptschalter zur Ausschaltung bringen können. Bei Motoren für Gießkrane, Mischer u. dgl. muß meist auf die thermische Auslösung verzichtet und statt ihrer eine magnetische gewählt werden, weil bei thermischen Auslösungen nach der Abschaltung eine gewisse Abkühlungszeit verstreichen muß, die bei derartigen Antrieben nicht verfügbar ist.

Die Unterbringung der Fahrleitungen oder Schienen bereitet bei Kranen häufig Schwierigkeiten. Abb. 604 zeigt einige Möglichkeiten bei verschiedenen Laufkranträgern. Auch die Anordnung längs

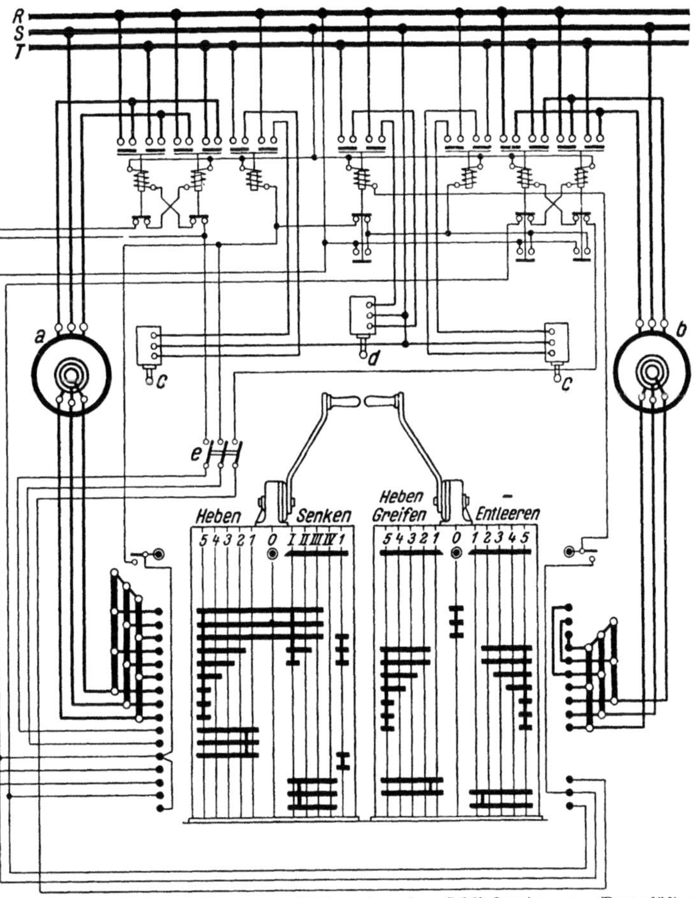

Abb. 602. Greiferwindenschaltung. a = Haltemotor, b = Schließmotor, c = Bremslüfter, d = Kuppelmagnet, e = Endschalter (SSW.).

einer Bühne nach Abb. 582 ist beliebt. Die Zahl der Leitungen richtet sich nach den Motoren und nach der Schaltung. Bei einem normalen Laufkran mit am Kranträger befestigten Führerkorb hat die Laufwinde zwei Motoren. Sie benötigen, da sie umkehrbar sein müssen, bei Gleichstrom 8 Leitungen und bei Drehstrom (Schleifringmotoren) 12 Leitungen. Ein Gleichstromhauptschlußmagnet wird in Reihe mit der Erregerwicklung des Motors und ein Drehstrombremslüfter parallel zum Motorständer geschaltet. Für sie sind daher keine besonderen Fahrleitungen nötig. Ein Gleichstrom-Nebenschlußbremslüfter benötigt eigentlich zwei besondere Leitungen. Da eine derselben mit der Motorfeldleitung zusammengefaßt werden kann, hat man für Gleichstrom-Nebenschlußmagnete je eine Leitung in Anrechnung zu bringen. Für einen Endschalter wird eine weitere Leitung nötig. Eine sichere Bestimmung der Leitungszahl ist jedoch nur aus dem genauen Schaltbild abzulesen.

Bei dem durch Abb. 605 dargestellten Laufdrehkran muß zunächst der Hauptstrom von den Stromabnehmern der Fahrleitung S zum Führerstand geleitet werden. Hierzu sind bei Gleichstrom zwei und bei Drehstrom drei Leitungen nötig. Da sich in diesem Falle der Führer mit den Windenmotoren bewegt, kommen für diese keine Schleifleitungen in Frage, wohl aber für den auf der Bühne stehenden Kranfahrmotor *Kr*. Da in der Zeichnung ein Gleichstrom-Hauptschlußbremslüfter angenommen ist, sind vier Leitungen erforderlich. Bei Drehstrom würden es sechs sein. Der Katzfahrmotor *K* und der Drehmotor *D* machen die Drehbewegung nicht mit. Ihnen muß demnach der Strom über Schleifringe zugeführt werden. Für diese beiden Motoren und die Hauptleitung benötigen wir also 10 Ringe. Bei Vorhandensein von Nebenschlußbremslüftern oder Endschaltern sind natürlich weitere Ringe erforderlich. Der Hubmotor *H* braucht weder Fahrleitungen noch Schleifringe.

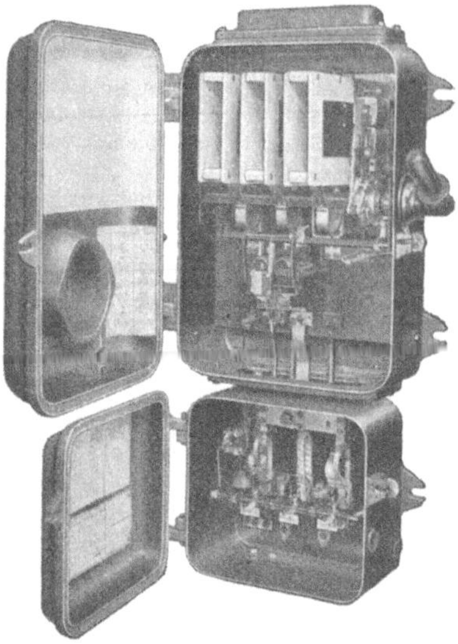

Abb. 603. Kranschaltkasten (AEG.).

105. Beispiel. Für einen Dreimotoren-Laufkran für 10 t Höchstlast, 15,5 m Spannweite, Eigengewicht der Laufkatze 2200 kg, Eigengewicht des ganzen Kranes 11700 kg, Gleichstrom 220 V mit den nachstehenden weiteren Angaben soll das Installationsmaterial festgelegt werden.

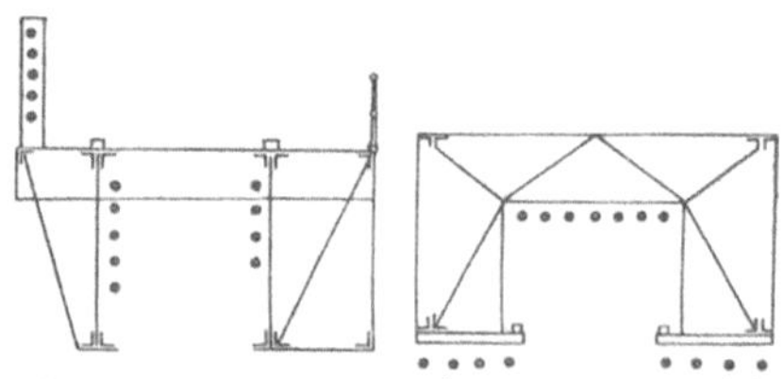

Abb. 604. Unterbringung der Kranfahrleitungen.

	Arbeits-Geschw. m/min	Übersetzung	Motorleistung kW	Motordrehzahl	Motorwirkungsgrad	Motornennstrom
Hubwerk	6	2 gäng. Schnecke mit Rad von 29 Zähnen, Rädervorgelege 14/72 Zähne, Trommel, 300 mm ∅, mit loser Rolle	14	950	0,88	73
Katz-Fahrwerk	20	1 gäng. Schnecke mit Rad von 40 Zähnen, Rädervorgelege 27/45 Zähne, 350 mm Laufraddurchmesser	2	1200	0,78	11,7
Kran-Fahrwerk	90	2 Rädervorgelege: 17/84 Zähne und 13/66 Zähne, 750 mm Laufraddurchmesser	9	950	0,86	48

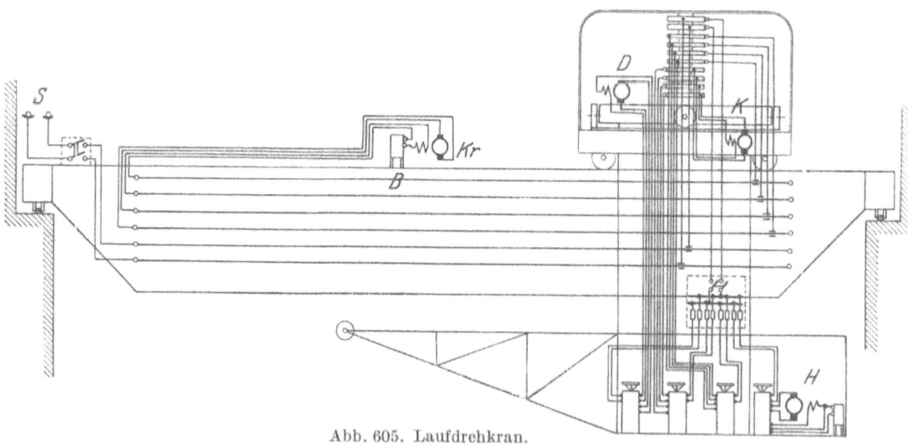

Abb. 605. Laufdrehkran.

Isolierte Leitungen. Es werden Panzeradern gewählt. In Anbetracht der geringen Leitungslängen kann von der Berechnung der Spannungsabfälle abgesehen werden. Es ist also nur Rücksicht auf die Erwärmung zu nehmen. Die Tabelle auf S. 170 gibt die höchstzulässigen Stromstärken im aussetzenden Betrieb (unter 40% ED) an. Da wir es mit einem normalen Kran mit etwa 25% ED zu tun haben, kommen die genannten Stromwerte für den Vollaststrom in Frage. Der Vollaststrom also der Strom, welchen ein Motor bei Bewegung der Höchstlast mit voller Geschwindigkeit im Beharrungszustand aufnimmt, stimmt aber nicht mit dem Motornennstrom überein. Er ist bei Antrieben, bei denen die Beschleunigungsarbeit keine Rolle spielt, größer als der Nennstrom, während er bei großer Massenbeschleunigung wesentlich kleiner sein kann. Da wir bei Kranen immer mit einer gewissen Beschleunigungsarbeit zu rechnen haben, könnten wir die Vollastströme kleiner als die genannten Nennströme der Motoren annehmen, wir wollen es jedoch mit Rücksicht auf die Unsicherheit einer solchen Annahme nicht tun. Demgemäß wäre für den Hubmotor ein Kupferquerschnitt von 16 mm², für den Katzfahrmotor von 1,5 mm² und für den Kranfahrmotor von 10 mm² nötig. In Anbetracht der hohen Bruchgefahr ist es zweckmäßig, den kleinen Querschnitt von 1,5 mm² für den Katzfahrmotor zu vermeiden und auf 2,5 mm² zu erhöhen. Das gleiche gilt für den Nebenschlußbremslüfter.

Fahrleitungen im Kran. Da es sich um verhältnismäßig geringe Ströme handelt, werden Drähte gewählt, und zwar genügt für den Hubmotor wie für den Katzfahrmotor der kleinste genormte Querschnitt von 35 mm² Kupfer (siehe S. 232). Die Spannweite übersteigt das Maß von 12 m, folglich ist eine einmalige Stützung der Leitungen erforderlich.

Schaltkasten. Für die Festlegung der Nennstromstärke des Schaltkastens kommt die aussetzende Gesamtstromstärke, d. i. die Summe der Vollaststromstärken der größten, gleichzeitig arbeitenden Motoren in Frage. Im vorliegenden Falle kann man annehmen, daß gelegentlich alle drei Motoren gleichzeitig eingeschaltet sind. Die Summe der Vollastströme ist dann wesentlich größer als 100 A. Es wird ein Schaltkasten für 200 A gewählt. Die Einstellung der Auslöser hat sich nach dem Motorstrom, der Einschaltdauer und Schalthäufigkeit zu richten und sollte so sein, daß der Schalter bei Erreichung der Motorhöchsttemperatur zur Abschaltung kommt. Gewöhnlich liegen hierüber Angaben vor.

106. Beispiel. Welche elektrische Ausrüstung benötigt ein Spill zum Rangieren von Eisenbahnwagen. Es soll bei Vollast eine Zugkraft von 1000 kg bei einer Geschwindigkeit des Seiles von 0,5 m/s ausgeübt werden? (Abb. 606).

Der Wirkungsgrad des Triebwerkes ist wegen des Schneckenantriebes gering. Es sei 0,6 vorausgesetzt. Dann ist die Antriebsleistung bei Vollast:

$$N = \frac{P \cdot v}{102 \cdot \eta} = \frac{1000 \cdot 0{,}5}{102 \cdot 0{,}6} = 8{,}2 \text{ kW}.$$

Diese Leistung braucht der Motor nicht dauernd abzugeben, vielmehr handelt es sich um einen Dauerbetrieb mit aussetzender Belastung, weil immerhin die Möglichkeit besteht, daß der Motor längere Zeit läuft. Da ein bestimmtes Arbeitsprogramm niemals vorliegt, ist eine mittlere Belastung zu schätzen, wobei der gewählte Motor für das Vollastmoment ausreichen muß. Bei Gleichstrom ist der Hauptschlußmotor wegen seiner stark abfallenden Drehzahl am geeignetsten. Bei hohem Getriebewirkungsgrad besteht allerdings die Möglichkeit einer starken Drehzahlsteigerung, die durch eine zusätzliche Nebenschlußwicklung vermieden werden könnte. Bei Drehstrom wird ein Asynchronmotor verwandt, der zweckmäßig durch einen geringen Schlupfwiderstand oder eine Rutschkupplung eine gewisse Nachgiebigkeit erhält. Das häufig sehr starke Schwitzwasser im Spillkasten zwingt zur Verwendung geschützter oder geschlossener Motoren. Der Anlasser, welcher nur für eine Drehrichtung bestimmt ist, kann entweder mittels Steckschlüssels oder Fußtrittes betätigt werden. Im letzteren Falle ist die Einrichtung gewöhnlich derart, daß beim Loslassen des Fußtrittes der Anlasser selbsttätig in die Nullstellung geht. Der Schaltkasten mit dem Überstromschutz kann auch in dem Spillkasten oder an einer benachbarten Wand angebracht werden.

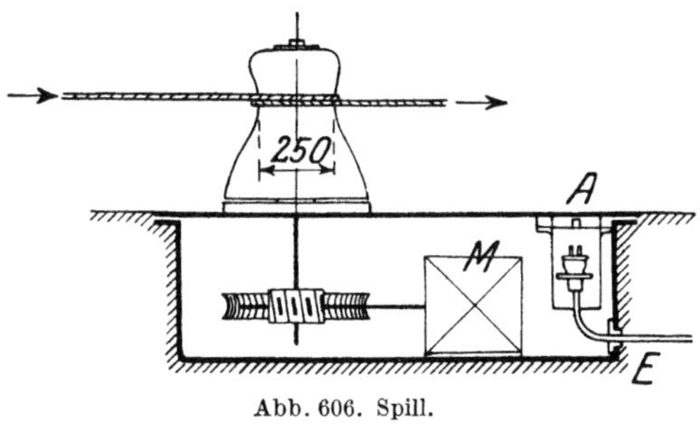

Abb. 606. Spill.

2. Die Aufzüge.

Im Gegensatz zu den Kranen wünscht man bei den Aufzügen keine mit zunehmender Last abnehmende Geschwindigkeit. Vielmehr ist wegen der Forderung genauen Anhaltens ein Motor mit konstanter Drehzahl nötig. Aus diesem Grunde, und weil man bei größeren Hubhöhen auch nicht auf Nutzbremsung verzichten möchte, werden bei Drehstrom Asynchronmotoren und bei Gleichstrom Nebenschlußmotoren gewählt, die zur Erhöhung des Anzugsmomentes eine zusätzliche Hauptschlußwicklung erhalten können. Weitaus die meisten Aufzüge haben heute Drehstromausrüstung. Während bei den Kranen der Kurzschlußmotor nur in beschränktem Maße Eingang gefunden hat, findet derselbe bei Aufzügen in steigendem Maße Verwendung, weil eine Regelung nicht erforderlich ist, und weil die Steuerung dadurch eine außerordentliche Vereinfachung erfährt, was sich sowohl in einem geringeren Preis als auch einer erhöhten Betriebssicherheit auswirkt. Vor allem ist es der Doppelkgäfimotor, welcher bei günstigem Anfahrstrom ein gutes Anfahrmoment besitzt. Die AEG. gibt z. B. für ihre Motoren bei zweifachem Anfahrmoment einen dreifachen Anfahrstrom bezogen, auf die Nennwerte, an. Bedingung ist jedoch, daß der Aufzug ohne Ruck anfährt. Der Motor muß daher hinsichtlich seines Drehmomentes dem Aufzug derart angepaßt werden, daß zur Beschleunigung ein hinreichendes aber nicht zu großes Moment zur Verfügung steht. Unter Umständen ist nur durch Vorschaltung eines geringen Dauerwiderstandes vor den Ständer ein sanfter Anlauf zu erreichen.

Die Motorleistung wird bei den Aufzügen in gleicher Weise wie bei den Kranen bestimmt. Die prozentuale Einschaltdauer liegt gewöhnlich zwischen 25 und 40%. Die Schalthäufigkeit beträgt bei Aufzügen für Wohn- und Krankenhäuser etwa 50 je Stunde und übersteigt in Büro- und Warenhäusern selten 120 je Stunde. Bei Aufzügen mit großer Leistung ist die Aufstellung eines Arbeitsdiagrammes zur Ermittlung der notwendigen Antriebsleistung unerläßlich.

Durch die Anbringung eines Gegengewichtes *G* (Abb. 607), welches gewöhnlich das Gewicht des Fahrkorbes und die Hälfte der Vollast ausgleicht, ist es möglich, mit einer geringeren Motorleistung auszukommen, weil sich dann die Belastung gleichmäßiger auf die Hübe verteilt. Die Reibungsverluste sowie die Massenwirkung werden indessen durch das Gegengewicht vergrößert.

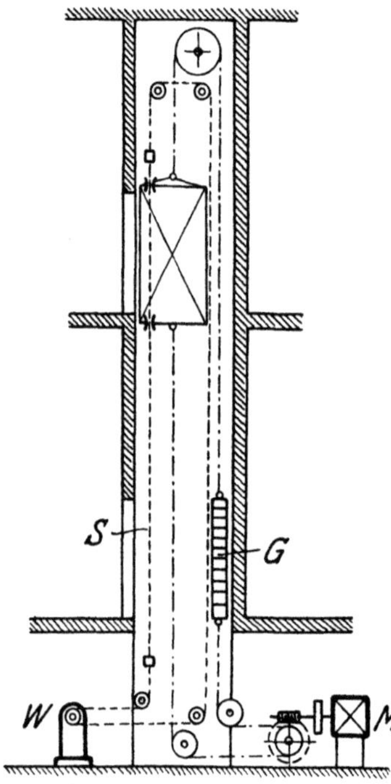

Abb. 607. Aufzug mit Seilsteuerung.

Die Aufzugssteuerungen. Man unterscheidet zwischen mechanischen und elektrischen Steuerungen. Zu den ersteren gehört die Steuerung mit Handanlasser und die Seilsteuerung, zu den letzteren die Druckknopfsteuerung, die Hebelsteuerung und die Leonardsteuerung.

Kleine Lastenaufzüge werden sehr häufig in derselben Weise wie Krane gesteuert. Die Stillsetzung an der jeweiligen Haltestelle geschieht jedoch zweckmäßig durch eine Endschaltung. Abb. 608 stellt das Schaltbild eines kleinen Lastenaufzuges (bis etwa 5 kW) dar, welcher durch einen Drehstrom-Kurzschlußmotor angetrieben wird. Mit dem Wahlschalter *W* erfolgt die Wahl des Zieles und die Einschaltung des Motors, während die Endschalter E_1, E_2, E_3 die Stillsetzung an den drei Haltestellen besorgen. Nimmt man den Aufzug im Stockwerk *I* an, dann ist der Endschalter E_1 geöffnet, und die Walze steht von dem voraufgehenden Schalten noch auf Stellung *I*. Zur Fahrt nach Stockwerk *II* wird sie über Stellung *II* (abwärts) nach *II* (aufwärts) gebracht, wodurch der Motor, sowie der Bremslüfter zur Einschaltung im Hubsinn kommen. Die Abschaltung geschieht durch E_2, sobald das Stockwerk *II* erreicht ist.

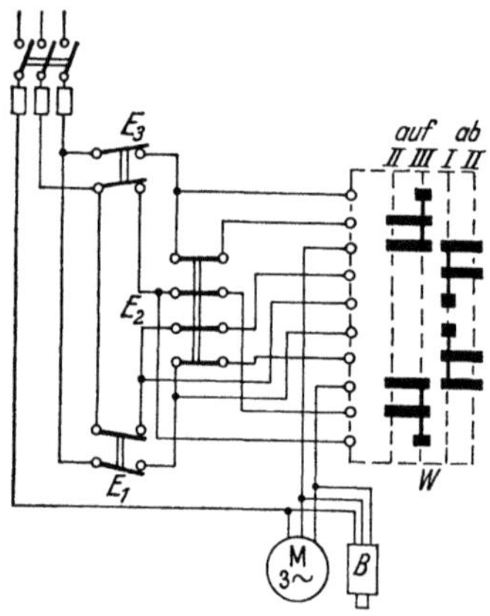

Abb. 608. Schaltung eines kleinen Lastenaufzugs mit 3 Haltestellen (B.B.C.).

Die Seilsteuerung, deren Wirkungsweise Abb. 607 zeigt, kommt heute nur noch für langsam fahrende Lastenaufzüge in Frage. Der Wendeanlasser *W* wird von Hand durch ein Seil, welches durch den Fahrkorb hindurchgeleitet oder von einem Arbeitsstand erreichbar ist, auf Heben oder Senken geschaltet, worauf derselbe dann unabhängig vom Führer unter dem Einfluß eines Gewichtes oder einer Feder die Anlaßstufen verzögert abschaltet.

Die Druckknopfsteuerung ermöglicht die Bedienung eines Aufzuges auch durch völlig ungeschulte Leute, weil es lediglich eines kurzen Druckes auf einen Druckknopf bedarf, um die Fahrt einzuleiten. Mittels Selbstanlassers wird dann der Motor angelassen und am Zielpunkt selbsttätig stillgesetzt. Das Prinzip einer solchen Steuerung ist aus Abb. 609 zu erkennen. *D* sind die Druckknöpfe zur Einleitung der Fahrt. Der Fahrkorb steht im Stockwerk *2* und soll durch Drücken des Druckknopfes *3* in das Stockwerk *3* gefahren werden. Es besteht dann ein Stromlauf von *R* über *D 3*, *S 3*, *St 3*, *O* nach *T*, so daß das Stockwerksrelais *3* und das Schütz *O* anziehen. Letzteres schaltet den Motor im Hubsinne ein. Das Stockwerksrelais hat nur die Aufgabe, zu verhindern, daß beim Loslassen des Druckknopfes der Motor wieder zum Stillstand kommt. Man erkennt, daß es durch seine Kontakte die Druckknöpfe überbrückt, wodurch seine Spule unmittelbar Verbindung mit *R* hat. Die Stillsetzung des Aufzuges geschieht durch den Stockwerksschalter *St*, sobald die gewünschte Haltestelle erreicht ist. Diese Stockwerksschalter sind hier nicht nur Endschalter, sondern auch Umschalter, weil sie, vom Fahrkorb K betätigt, die Fahrrichtung bestimmen. Alle Schalter unterhalb des Fahrkorbes stehen umgekehrt wie die darüber befindlichen.

Die im Aufzugsschacht angeordneten Stockwerksumschalter St, die von einer am Fahrkorb angebrachten Führungsschiene betätigt werden, sind schwer zugänglich. Man zieht daher vor, diese Schalter in einem Gerät zu vereinigen, welches mit dem Windwerk über eine Übersetzung derart angetrieben wird, daß sich seine Schalter in dem Augenblick öffnen, in welchem die Haltestelle erreicht wird. Abb. 610 stellt ein solches Kopierwerk dar. Die untere Nockenwelle, welche vom Windwerk langsam gedreht wird, schaltet die oben sichtbaren Stockwerksschalter. Da die Wege gegenüber dem des Fahrkorbes stark verkürzt sind, besteht nun aber die Gefahr, daß dieser nicht genau an der vorgeschriebenen Stelle hält. Man ordnet daher meist in dem Fahrkorb noch einen weiteren Halteschalter an, welcher von Schienen, die im Schacht befestigt sind, betätigt wird. Dieser übernimmt nun die Abschaltung im richtigen Augenblick, während die Schalter des Kopierwerkes jetzt nur die Umschaltung besorgen. Abb. 611 stellt vereinfacht eine solche Schaltung dar. Wenn der im 2. Stockwerk stehende Fahrkorb durch das Drücken des Druckknopfes D_3 in das 3. Stockwerk gesteuert werden soll, so fließt von R Strom über den Druckknopf D_3, über die Spule des Stockwerksrelais S_3, über die Schleifkontakte 3 und o des Kopierwerkes K, durch die Relaisspule R_o nach T. Das letztere Relais schaltet nun das Schütz O und mit ihm den Motor im Aufwärtssinne ein. Nach dem Loslassen des Druckknopfes bleibt die Einschaltung erhalten, weil jetzt von R Strom über die Kontakte von R_o, über die Hilfskontakte von O, über die Kontakte von S_3 und das Kopierwerk und die Spule R_o nach T fließen kann. Bei Annäherung an die Haltestelle 3 wird der genannte Stromkreis unterbrochen, weil der Kontakt $K\,3$ des Kopierwerkes in den Schlitz zwischen den beiden Walzensegmenten kommt. Trotzdem bleibt der Motor noch nicht stehen, weil von R über den Halteschalter H im Fahrkorb und die Schützespule O nach T Strom fließen kann. Erst wenn bei genauer Erreichung der Haltestelle der Schalter H unterbricht, kommt der Aufzug zum Stillstand.

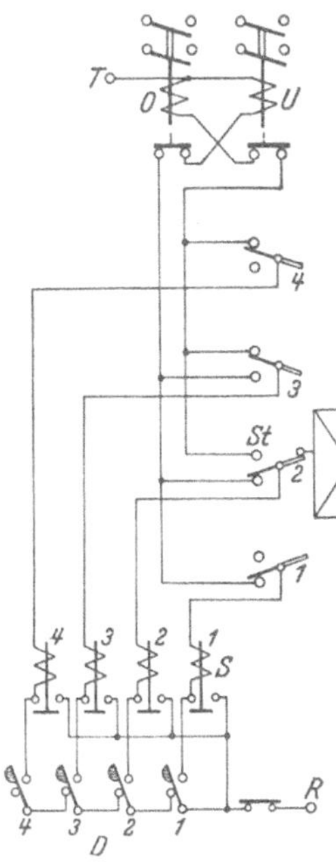

Abb. 609. Vereinfachte Druckknopfsteuerung.

Abb. 610. Kopierwerk (AEG.).

Die Hebelsteuerung kommt bei stark benutzten Aufzügen zur Anwendung, welche von einem geschulten Führer gesteuert werden. Ihre Schaltung ist einfacher als die der Druckknopfsteuerung, da im Fahrkorb nur ein Umschalter angebracht wird, welcher von dem Führer je nach der Fahrtrichtung eingeschaltet wird. Das Stillsetzen erfolgt ebenfalls durch den Führer.

Die Feineinstellungen. Die betrachteten Aufzugssteuerungen reichen aus, wenn die Fahrgeschwindigkeit 0,5 bis 0,6 m/s nicht übersteigt. Bei größeren Geschwindigkeiten, die bei Hochhausaufzügen bis zu 6 m/s betragen können, ist ein genaues Anhalten an der Haltestelle nur zu erreichen, wenn besondere Maßnahmen getroffen werden. Dieselben können entweder in einer Geschwindigkeitsverminderung vor der Stillsetzung oder in einer Korrektur der Fahrkorbstellung mit stark verminderter Geschwindigkeit bestehen. Im ersteren Falle kann die Geschwindigkeit nicht etwa durch Vorschaltung von Anlaßwiderständen herabgesetzt werden, weil bei den häufig vorkommenden negativen Drehmomenten eine Steigerung der Geschwindigkeit eintreten würde. Bei Gleichstrom läßt sich eine Bremsung vor der Haltestelle dadurch erzielen, daß man einen Regelmotor verwendet, dessen Erregerstrom verstärkt wird. Seine Drehzahl vermindert sich dadurch, wobei die Bremsenergie in das Netz zurückgeliefert wird. Im allgemeinen genügt eine Regelbarkeit des Motors im Verhältnis 1:2 bis höchstens 1:3. Da

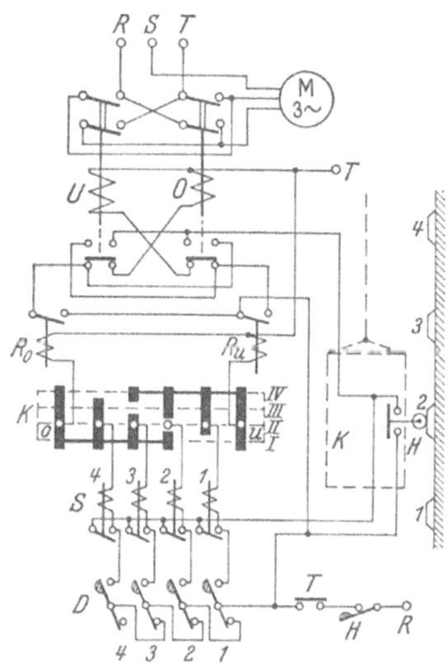

Abb. 611. Aufzugssteuerung mit besonderem Halteschalter.

der Motor um so größer ausfällt, je größer man den Regelbereich wählt, wird man sich auf die geringste zulässige Bremsung beschränken.

Bei Drehstrom ist eine derart einfache Verzögerungsmöglichkeit nicht gegeben. Durch Kupplung zweier Motoren verschiedener Drehzahl, von denen der eine ($z \cdot B \cdot n = 1500$) während der Fahrt, der andere ($z \cdot B \cdot n = 500$) durch Umschaltung kurz vor der Haltestelle eingeschaltet wird, kann eine wirksame Verzögerung erzielt werden (C. Haushahn, Feuerbach). Ebenso läßt sich das gleiche Ziel durch einen polumschaltbaren Drehstrommotor erreichen.

Aufzüge, deren Fahrkorb stets genau bündig mit dem Boden des Stockwerkes halten muß, brauchen eine Zusatzsteuerung, welche selbsttätig Ungleichheiten korrigiert. Diese Feinsteuerung kann entweder durch einen besonderen Hilfsmotor oder auch durch den Aufzugsmotor selbst bewirkt werden. In jedem Falle ist jedoch die Geschwindigkeit dabei sehr gering (etwa 0,05 m/s), und es ist innerhalb eines Abstandes von ± 16 cm von der Soll-Haltestelle sogar zulässig, daß die Feinregelung bei geöffneten Türen vorgenommen wird, damit keine Zeit verlorengeht. Abb. 612 stellt die Wirkungsweise einer solchen Feineinstellung schematisch dar. Sobald der Halteschalter H, der demjenigen in Abb. 611 entspricht, etwa 0,5 bis 1 m vor der Haltestelle durch die Stellschiene öffnet, kommt der Aufzug zum Stillstand, und zwar gewöhnlich nicht genau an der Haltestelle. Angenommen, er wäre nicht hoch genug gefahren, dann hält der Bündigschalter B_o seinen Kontakt geschlossen und schaltet damit das Aufwärtsschütz o für den Hilfsmotor HM ein, wodurch der den Motor kuppelnde Magnet KM und der Hilfsmotor Strom bekommen. Der Aufzug fährt nun ganz langsam bis zur Haltestelle, wo die Abschaltung durch B_o erfolgt. Bei den hohen Fahrgeschwindigkeiten, die bei solchen Aufzügen üblich sind, würde das Überfahren der Stellschienen der Zwischenstellen sehr stören. Die Rollenhebel werden daher während der Fahrt durch einen Magneten M abgehoben. Erst wenn kurz vor der Haltestelle das Kopierwerk die Stockwerksrelais zur Abschaltung bringt, wird durch diese (St) der Magnet ausgeschaltet und damit der Bündigschalter freigegeben.

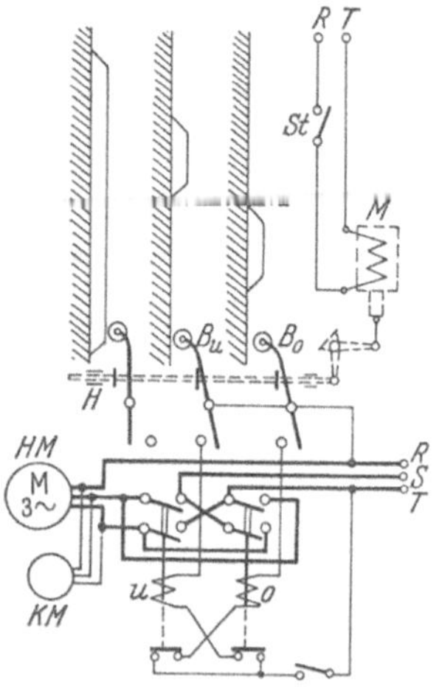

Abb. 612. Feineinstellung mit Bündigschalter.

Die AEG. steuert bei ihrer Tippschaltung mit dem Bündigschalter, den Abb. 613 im geöffneten Zustand zeigt, den Hauptmotor selbst, und zwar derart, daß ein Tipprelais bei gelüfteter Bremse den Motor rhythmisch bei vorgeschaltetem großem Widerstand einschaltet. Der Motor dreht sich dabei ganz langsam weiter bis zur Haltestelle.

Die vollkommenste Aufzugssteuerung mit Feinregelung ist die Leonardsteuerung. Sie kommt vor allem bei sehr schnell fahrenden Aufzügen in Frage (über 1,5 m/s) und erlaubt eine Feinregelung beim Einfahren in die Haltestelle, welche etwa $^1/_{15}$ der vollen Geschwindigkeit ist. Die Einrichtung gestaltet sich am einfachsten, wenn man im Fahrkorb eine Regelwalze einbaut, mit welcher der Führer den Erregerstrom des Leonardumformers zu regeln in der Lage ist.

Abb. 613. Bündigschalter (AEG.).

Die Sicherheitsvorrichtungen. Die Verordnungen verlangen für Personenaufzüge sowie Lastenaufzüge mit Führerbegleitung zwei voneinander unabhängige Endschaltungen, von denen die eine unabhängig von der Steuerung sein soll. Eine dieser Grenzschaltungen haben wir bereits in den Stockwerksschaltern der Druckknopfsteuerung kennengelernt. Bei der Hebelsteuerung werden an den beiden Enden der Fahrbahn Schienen angeordnet, welche den Steuerhebel selbsttätig in die Nullstellung führen, wenn der Führer unaufmerksam sein sollte. Die zweite Endschaltung wird gewöhnlich hinter den Endhaltestellen angeordnet und ist als Notendschaltung gedacht. Die Grenzschalter werden entweder im Aufzugsschacht angebracht und vom Fahrkorb betätigt, oder man ordnet sie unter Betätigung durch eine Wandermutter an der Aufzugsmaschine an.

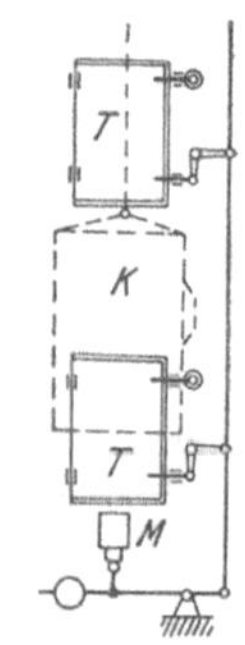

Abb. 614. Türverriegelung.

Damit der Aufzug nicht bei geöffneten Türen betrieben werden kann, müssen Türkontakte (T, Abb. 611) vorhanden sein, welche den Steuerstromkreis erst zu schließen gestatten, wenn alle Türen geschlossen sind. Damit ferner bei fahrendem Aufzug keine Tür, und bei stehendem Aufzug nur die Tür, an welcher der Fahrkorb steht, geöffnet werden kann, wird meist nach Abb. 614 ein magnetisch betätigtes Riegelgestänge angeordnet, dessen Magnet M mit der Steuerung eingeschaltet wird und sämtliche Türriegel vorschiebt. Ein zweiter Türriegel wird von einer Stellschiene am Fahrkorb K betätigt, so daß bei ruhendem Aufzug nur die Tür, an welcher der Fahrkorb steht, zu öffnen ist.

Um zu verhüten, daß beim Fangen des Fahrkorbes durch die Fangvorrichtung das Triebwerk weiterläuft, erhält die Fangvorrichtung einen Ausschaltekontakt, durch den der Motor stillgesetzt wird. Ein Schlaffseilschalter, dessen Rollenhebel gegen das Lastseil drückt, schaltet ebenfalls aus, wenn das Seil durch Fangen des Aufzuges schlaff werden sollte.

Bei Aufzügen mit inneren und äußeren Druckknopftafeln muß verhütet werden, daß der Fahrkorb nach dem Betreten durch einen Fahrgast von einer anderen Haltestelle aus gesteuert werden kann. Man erreicht dies gewöhnlich durch einen Fußbodenkontakt, welcher sich beim Betreten des Korbes öffnet und die äußeren Druckknöpfe dadurch abschaltet. Zugleich schaltet dieser Fußbodenkontakt die Fahrkorbbeleuchtung ein.

107. Beispiel. Ein Wagenkipper nach Abb. 615 soll stündlich 8 Wagenladungen von 20 t kippen. Das Eigengewicht der Bühne beträgt 15 t, das Wagengewicht 10 t. Zum Kippen ist eine Hubhöhe von 2,7 m erforderlich, und es sollen für das Anheben 1,75 Minuten zur Verfügung stehen. Die Drehstromausrüstung soll bestimmt werden.

Bei 8 stündlichen Kippungen stehen für eine Kippung 7,5 Minuten zur Verfügung. Da das Senken etwas rascher geht, sei hierfür 1,6 Minute angenommen. Die Einschaltzeit ist daher $1{,}75 + 1{,}6 = 3{,}35$ min und die relative Einschaltdauer $3{,}35 : 7{,}5 = 0{,}445 = 44{,}5\%$. Der mechanische Wirkungsgrad des ganzen Triebwerkes sei zu 0,5 bestimmt worden. Die mittlere Hubgeschwindigkeit ist $2{,}7 : 1{,}75 = 1{,}54$ m/min $= 0{,}0255$ m/s. Am Hubbeginn ist also die Motorleistung $45000 \cdot 0{,}0255 : 102 \cdot 0{,}5 = 22{,}5$ kW. Mit dem Anheben verkleinert sich der Hebelarm von G und Q und damit auch die erforderliche Antriebskraft P. Die Antriebsleistungen sind für die verschiedenen Stellungen zu berechnen, wobei angenommen werden kann, daß bei 30° Neigung das Auskippen beginnt, und daß es in der Endlage vollendet ist. Das Senken sollte bei einem Wirkungsgrad 0,5 eigentlich gerade noch ohne Arbeitsaufwand vor sich gehen. In Wirklichkeit wird eine Antriebsleistung benötigt, die zu 5 kW geschätzt sei. Abb. 616 stellt das sich hieraus ergebende Belastungsdiagramm dar. Da die Geschwindigkeiten angenähert konstant sind, können zur Ermittlung des quadratischen Mittelwertes statt der Drehmomente auch die Leistungen benutzt werden. Nach Gl. 212 ergibt sich aus dem Diagramm ein Mittelwert von 12,5 kW bei 44,5% ED. Rechnet man auf die listenmäßige Einschaltdauer von 40% nach Gl. 211 um, so ergibt sich 13,3 kW. Der nächst größere Motor in der SSW-Liste würde ein 16 kW Motor mit 4,4fachem Kippmoment sein, dessen Moment also auch weitaus für den Anlaufaugenblick ausreicht.

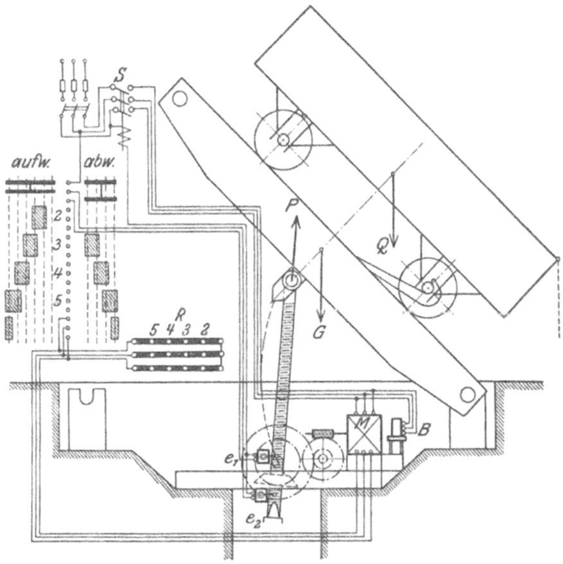

Abb. 615. Wagenkipper.

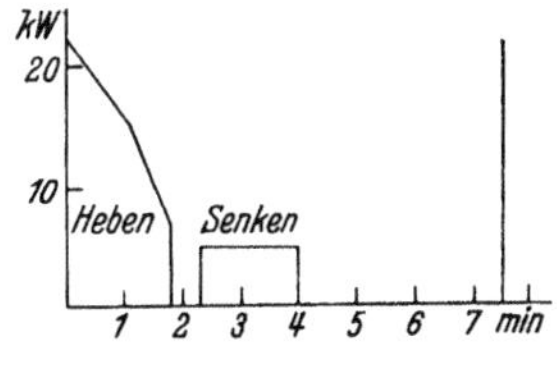

Abb. 616. Belastungsdiagramm zu Abb. 615.

Die Schaltung geht aus Abb. 615 hervor. Die Hilfsstromendschalter e_1 und e_2 werden in den Endlagen von der Kipperbühne betätigt und schalten den Spulenstrom des Schützes, welches seinerseits den Motor und den Bremslüfter B schaltet. Steuerwalze, Schütz und Schaltkasten werden in einem Häuschen seitlich des Kippers untergebracht.

B. Der elektrische Antrieb von Fahrzeugen.

Fahrzeuge, wie sie in Fabriken und Hüttenwerken zum Transport von Roheisen, Schlacken, Erzen u. dgl. dienen, unterscheiden sich in ihrer elektrischen Ausrüstung nicht nennenswert von den Fahrwerken der Hebezeuge. An die Stelle der bei letzteren noch vorkommenden Schmelzsicherungen tritt bei den Fahrzeugen stets ein Überstromselbstschalter, damit Zeitverluste und Störungen nach Überlastungen vermieden werden.

1. Die elektrischen Bahnen.

a) Die elektrischen Straßenbahnen. Für diese kommt fast ohne Ausnahme Gleichstrom von 500 bis 700 V Spannung in Frage, weil der Reihenschlußmotor hinsichtlich Drehzahlverhalten und Anzugsmoment ein geeigneter Bahnmotor ist, und weil man bei Gleichstrom mit einer Fahrleitung auskommt. Die zweite Leitung stellt die Schiene dar. Weiterhin eignet sich der Reihenschlußmotor wegen seiner Unempfindlichkeit gegen Spannungsschwankungen und wegen seiner verhältnismäßig geringen Stromaufnahme bei übernormalen Drehmomenten besonders für den Bahnbetrieb. **Nebenschlußmotoren** kommen wegen der Möglichkeit der Stromrückgewinnung nur bei **Bergbahnen** vor. Da heute Gleichstrom-Kraftwerke selten sind, muß der Bahngleichstrom in Umformerwerken erzeugt werden. In denselben wurde früher die Umformung des Drehstromes in Gleichstrom durch Motorgeneratoren, durch Einankerumformer und durch Kaskadenumformer vorgenommen, wobei die sehr großen Belastungsstöße des Bahnbetriebes durch parallel geschaltete Pufferbatterien ausgeglichen wurden. Motorgeneratoren haben gegenüber den anderen Umformern zwar den Vorteil einfachen Anlaufes, sie haben jedoch einen wesentlich geringeren Wirkungsgrad. Einankerumformer sind gegen Kurzschlüsse, die im Bahnbetrieb häufig sind, empfindlich. Der Kaskadenumformer verhält sich hierin wesentlich günstiger. In neuerer Zeit tritt in wachsendem Ausmaß der Quecksilberdampfgleichrichter an die Stelle der Umformer, weil er sie bei höheren Spannungen hinsichtlich des Wirkungsgrades übertrifft, wenig Platz und wenig Wartung beansprucht.

Die Leitungsanlage. Die Stromzuführung zu den Wagen geschieht heute fast ausschließlich durch Fahrleitungen aus hartgezogenem Kupfer von rundem oder achtförmigem Querschnitt (siehe Abb. 574). Bei Vorortbahnen mit eigenem Bahnkörper kommen auch tiefer liegende Eisenschienen (dritte Schiene) zur Verwendung. Die Isolation der Fahrdrähte ist eine doppelte, einmal durch den Drahthalter und ferner durch Zwischenisolatoren in der Abspannung. Um Störungsstellen leicht abtrennen zu können, wird die Leitung in Teilstrecken zerlegt, deren Längen innerhalb der Städte gewöhnlich etwa 500 m betragen. Jede Leitungsstrecke erhält einen Hörnerblitzableiter zur Ableitung von etwaigen Überspannungen zur Erde und mindestens eine Nachspannvorrichtung zum Ausgleich der wechselnden Wärmedehnungen. Der Querschnitt der Fahrleitungen kann nicht beliebig groß gewählt werden. Man ist daher gezwungen, parallel zu ihm Speiseleitungen zu legen, welche an bestimmten Stellen den Fahrdraht speisen. Der gesamte Zuleitungsquerschnitt bestimmt sich aus dem Spannungsabfall, der gewöhnlich zu etwa 10 (bis 15%) zugelassen wird. Bei der üblichen Fahrdrahtspannung würde dies also ein Abfall von 55 bis 60 V sein, wovon aber nur einige Volt auf die Schienen entfallen dürfen, damit die im Boden liegenden Gas- und Wasserrohre nicht elektrolytisch gefährdet sind[1]. Zur Verminderung des Übergangswiderstandes an den Schienenstößen müssen diese durch Leitungen von mindestens 80 mm² Kupfer überbrückt und durch ebensolche Leitungen gelegentlich die beiden Schienen miteinander verbunden werden. Bei nicht ausreichendem Leitungsquerschnitt der Schienen müssen besondere Rückspeisekabel zur Umformerstation geführt werden.

Der Motorwagen. Die Leistung läßt sich angenähert aus den durch Erfahrung gegebenen Fahrwiderständen nach Gl. 215 berechnen. Bei Rillenschienen kann auf horizontaler gerader Strecke ein Fahrwiderstand von 10 bis 12 kg/t angenommen werden. Er erhöht sich bei Normalspur und Krümmungsradien von etwa 40 m auf 15 kg/t und bei Krümmungsradien von 20 m auf 30 kg/t. Hierzu ist bei Steigungen von s Metern je km ein Zuschlag von s kg/t zu machen, und bei Gefällen ein entsprechender Abzug[2]. Die Motorleistung errechnet sich aus den Leistungen des Fahrdiagrammes unter Berücksichtigung der Beschleunigungsarbeit. Die Höchstfahrgeschwindigkeit beträgt im Stadtinnern etwa 20 bis 30 km/h und auf Außenstrecken etwa 30 bis 40 km/h. Die Reisegeschwindigkeit, d. i. die mittlere Geschwindigkeit einschließlich der Haltezeiten ist geringer und beträgt nur 10 bis 15 km/h im Stadtinnern und 15 bis 20 km/h auf Außenstrecken. Mit diesen Geschwindigkeiten ergeben sich je Wagen Leistungen von etwa 40 bis 100 kW Stundenleistung. Die Motorleistung wird nämlich bei Bahnen entweder als Dauerleistung oder als Stundenleistung angegeben, wobei man unter der Stundenleistung diejenige Leistung versteht, welche ein Motor bei einstündigem *ununterbrochenem* Betrieb hergeben kann, ohne die Temperaturgrenze zu überschreiten.

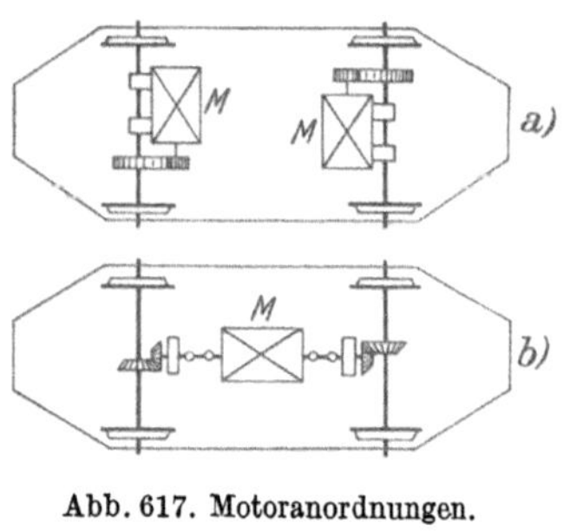

Abb. 617. Motoranordnungen.

Die Straßenbahnmotoren werden unterhalb des Wagens angebracht. Ihre Abmessungen sind daher begrenzt durch die möglichst klein zu haltende Einsteighöhe und den Sicherheitsabstand, den der unterste Punkt des Motors noch von den Schienen haben muß. Dies führt zur Unterteilung der Wagenleistung auf zwei oder vier Motoren, sowie auf einen langgestreckten Bau. Die Steigerung der Leistungen in neuerer Zeit war jedoch nur dadurch möglich, daß man bei gleichzeitiger Steigerung der Drehzahl den gekapselten Motor verließ und den Motor mit Eigenlüftung verwandte. Die Belüftung muß natürlich derart sein, daß Schmutz und Wasser nicht in den Motor gelangen können. Die Befestigung der Motoren erfolgt nach Abb. 617a in der Weise, daß sie sich auf der einen Seite mit Tatzenlagern auf die Laufachse stützen, während sie auf der anderen Seite federnd am Wagengestell aufgehängt sind. Vierachsige Wagen können in gleicher Weise mit vier Motoren ausgerüstet werden. Um die Laufachsen und damit das Geleise von der Motormasse zu entlasten, kommen

[1] Siehe Vorschriften zum Schutze der Gas- und Wasserröhren usw. Elektrotechn. Z. 1910 S. 491.
[2] Genauere Angaben siehe Frank: Z. VDI 1907 S. 96.

auch Kardangetriebe zur Verwendung (Abb. 617 b), bei denen der Motor am Wagengestell befestigt werden kann.

Die Steuerung erfolgt gewöhnlich durch Steuerwalzen und bei größeren Leistungen durch Steuerschalter (Nockensteuerschalter). Abb. 618 stellt eine Wagenschaltung dar. Die Hauptwalze dient nur zum Anlassen und Bremsen. Die Nebenwalze ermöglicht die Umschaltung auf die andere Fahrtrichtung, sowie die Einschaltung nur eines der beiden Motoren, damit bei Störungen an einem Motor die Heimfahrt mit dem anderen Motor vorgenommen werden kann. Auf den Stellungen *1* bis *VI* werden die beiden Motoren in Reihenschaltung angelassen, wobei auf den Stellungen *1* bis *4* Widerstand eingeschaltet ist, während auf Stellung *VI* zur Steigerung der Geschwindigkeit dem Feld ein Widerstand R_f parallel geschaltet ist. Auf den Stellungen *7* bis *XI* liegen die Motoren parallel (Reihenparallelschaltung S. 99), und zwar zuerst unter Vorschaltung von Widerstand, auf den Stellungen *X* und *XI* unter Parallelschaltung von Feldwiderständen zur Steigerung der Drehzahl. Verlustlose Fahrstellungen sind demnach nur die mit römischen Zahlen bezeichneten, die daher allein zur Dauereinschaltung dienen sollen. Auf den Bremsstellungen werden die Motoren in Parallelschaltung als Generatoren auf einen Bremswiderstand *B* geschaltet, wobei die Erregerwicklungen

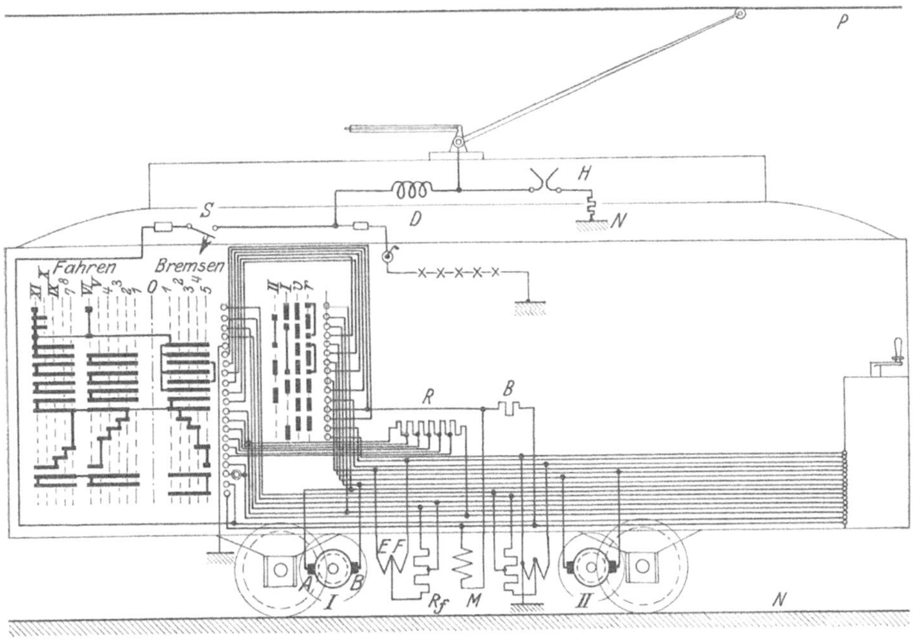

Abb. 618. Schaltung eines Straßenbahnwagens.

durch besondere Verbindungen nochmals parallel geschaltet sind, damit beide Motoren gleichmäßig an der Bremsung beteiligt werden. Besser ist es noch, wenn man die Kreuzschaltung verwendet, d. h. den Ankerstrom des ersten Motors durch das Feld des zweiten Motors fließen läßt und umgekehrt. In dem Bremsstromkreis liegt ferner der Magnet *M*, welcher die Radbremse anzieht. Gleiche Bremsmagnete können auch in den Anhängewagen untergebracht sein, auch kann besonders bei Bahnen mit starkem Gefälle die Schienenbremse Anwendung finden, welche ebenfalls vom Bremsstrom oder vom Bremsstrom und Netzstrom erregt wird und den Wagen magnetisch an den Schienen festhält. Eine besondere Verriegelung der Steuerwalzen an den beiden Wagenenden ist nicht erforderlich, weil nur eine Kurbel vorhanden ist, die nur in der Nullstellung abgenommen werden kann.

Auf dem Dach des Wagens ist ein Hörnerableiter *H* mit vorgeschaltetem Widerstand angebracht, welcher atmosphärische Ladungen abführen soll. Eine Drosselspule *D* soll verhindern, daß derartige hochfrequente oder Stoßentladungen ihren Weg über die Motoren nehmen. Den Überstromschutz übernimmt eine Schmelzsicherung und ein Überstromschalter, wobei der letztere derart eingestellt ist, daß er bei Überlastungen anspricht, während die Schmelzsicherung nur bei kurzschlußartigen Strömen wirkt. Natürlich kann auch die Schmelzsicherung durch einen Überstromschalter ersetzt werden.

Die Installation der Wagen ist verhältnismäßig einfach. Die Leitungen, welche vom Dach nach unten führen, werden in einer der vier Ecksäulen des Wagens untergebracht. Die übrigen Leitungen sind hauptsächlich Verbindungsleitungen zwischen den beiden Führerständen. Sie lassen sich leicht in dem Raum, welcher unter den Sitzen ist, anordnen, von wo aus auch die Anschlüsse nach den Motoren gemacht werden können. Die letzteren sind durch eine Bodenöffnung im Innern des Wagens leicht zugänglich.

Die Züge großstädtischer Vorortbahnen oder Überlandbahnen werden gewöhnlich je nach der Verkehrsstärke aus einzelnen Triebwagen zusammengesetzt. Da es in solchem Falle unmöglich wäre, mit einem Steuerschalter sämtliche Motoren des ganzen Zuges zu steuern, kam man zu der Vielfachsteuerung oder Zugsteuerung. Sie ist eine Fernsteuerung, welche von irgendeinem Führerstand aus, gewöhnlich von dem vordersten, die Schaltvorrichtungen aller Wagen zu steuern gestattet. Jeder Wagen besitzt also seine eigene Schalt- und Anlaßvorrichtung. Mit den bekannten Mitteln ließe sich eine solche Steuerung am einfachsten in der Weise entwerfen, daß jeder Wagen eine Schützsteuerung erhält, die gemeinsam mit der vordersten Führerwalze geschaltet wird. Derartige zwangläufige Steuerungen sind jedoch selten. Beliebter sind die selbsttätigen und die halbselbsttätigen Zugsteuerungen. Bei den selbsttätigen Steuerungen drückt der Führer lediglich einen Druckknopf, worauf die Wagenschalteinrichtung dann selbsttätig die Motoren voll anläßt. Die halbselbsttätige Steuerung überläßt zwar dem Führer auch nicht das Anlassen. Sie gibt ihm aber insofern einen begrenzten Einfluß, als derselbe durch Einstellung der Führerwalze erreichen kann, daß das Anlassen nur bis zu einer gewollten Schaltstellung, also z. B. bis zur Fahrtstellung

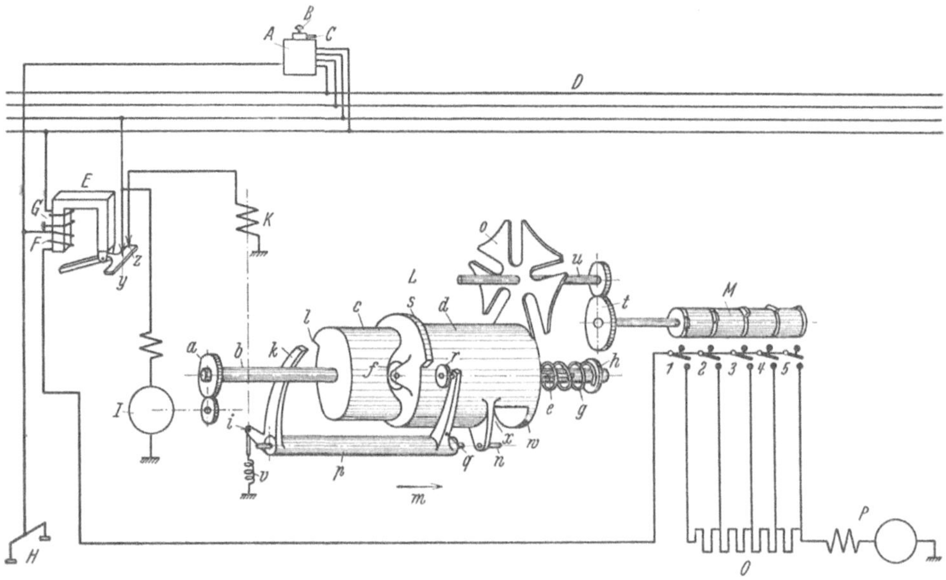

Abb. 619. Zugsteuerung.

ohne Widerstände mit parallel laufenden Motoren, also halber Geschwindigkeit erfolgt. Die Betätigung der Anlaßvorrichtung kann in verschiedener Weise erfolgen. Häufig finden Schützensteuerungen Verwendung. Gut bewährt haben sich jedoch auch elektropneumatische Schütze, deren Elektromagnete lediglich Druckluftventile steuern, während die Schalter durch Druckluftkolben geschlossen werden. Die Bedenken, welche man gegen derartige Schützen hatte, daß im Winter durch Gefrieren des Kondensats der Druckluft die Ventile einfrieren könnten, scheinen unberechtigt zu sein. Schließlich kommen auch mechanische Steuerungen zur Anwendung, bei denen die Schalter mechanisch bewegt werden. Eine Steuerung der letzten Art soll in vereinfachter Darstellung Abb. 619 veranschaulichen.

Von den Motoren ist der Einfachheit halber nur ein einziger (P) gezeichnet, dessen Anlaßwiderstände O durch die Nockenschaltwalze M abgeschaltet werden können. D sind die Steuerleitungen, welche sämtliche Wagen durchziehen. Der Steuermotor I, welcher sich beim Niederdrücken des Führerdruckknopfs B (Totmannknopf) in Bewegung setzt, treibt über ein Vorgelege die Welle b, auf welcher die Walze c lose drehbar, aber axial nicht verschiebbar ist. Die Walze d ist durch Feder und Nut mit der Welle verbunden, sie ist also axial verschiebbar. Beim Drücken des Druckknopfs ist außer dem Steuermotor auch die Klinkenspule K über die Kontakte y—z eingeschaltet worden, und sie hat die Klinke k vor die Nase l gedreht, wodurch c an der Drehung verhindert wird. Die Walze d muß sich aber drehen und da ihre Rolle f dabei eine axiale Verschiebung von d vornimmt, kommt der Stift n nun in die Ebene des Malteserkreuz o, so daß dieses bei der Weiterdrehung um ein Viertel Umdrehung mitgenommen wird und den Schalter *1* der Schaltwalze dadurch schließt. Der Fahrmotor läuft nun an. Der große Einschaltspitzenstrom bringt den Stromwächter E zum Anziehen, der die Klinkenspule K zur Abschaltung bringt. Damit nun trotzdem der Schaltvorgang restlos beendet wird, ist durch die Verschiebung der Walze d die Rolle r auf den Nocken s aufgelaufen. Daher muß die Klinke k solange die Walze c festhalten, bis dieser Nocken aufhört. Sobald sich nun der Zug beschleunigt hat und der Strom gesunken ist, läßt der Stromwächter E seinen Anker los und schaltet damit K erneut ein, wodurch in entsprechender Weise der zweite Schalter *2* die erste Widerstandsstufe überbrückt, usw.[1].

Die elektrischen Vollbahnen. Die deutschen Vollbahnen werden mit einphasigem Wechselstrom von 15000 V Fahrdrahtspannung und einer Frequenz von $16^2/_3$ Hertz betrieben. Im Ausland wird auch hochgespannter Gleichstrom und Drehstrom verwendet. Die Vorzüge des einphasigen Wechselstroms gegenüber dem Drehstrom liegen vor allem darin, daß man mit einem Fahrdraht auskommt. Da im Bahnbetrieb ein Motor mit stark abfallender Drehzahllinie sich dem wechselnden Gelände am besten anpaßt, wird der Reihenschlußmotor bevorzugt. Die geringe Frequenz wurde gewählt, weil die Beeinflussung der Fernmeldeleitungen mit der Frequenz sinkt, und weil die die Leistung des Reihenschlußmotors herabsetzenden induktiven Spannungsabfälle bei geringer Frequenz klein sind. Da im allgemeinen keine besonderen Bahnkraftwerke errichtet werden, muß der einem Kraftwerk K entnommene Drehstrom in einem Umformerwerk U in einphasigen Wechselstrom umgeformt werden, wie dies Abb. 620 zeigt. Die Bahnunterwerke T, welche längs der Bahnstrecke verteilt sind, spannen von der Verteilungsspannung auf die Fahrdrahtspannung um. Ihre Entfernung voneinander richtet sich nach der übertragenen Leistung (etwa 50 km).

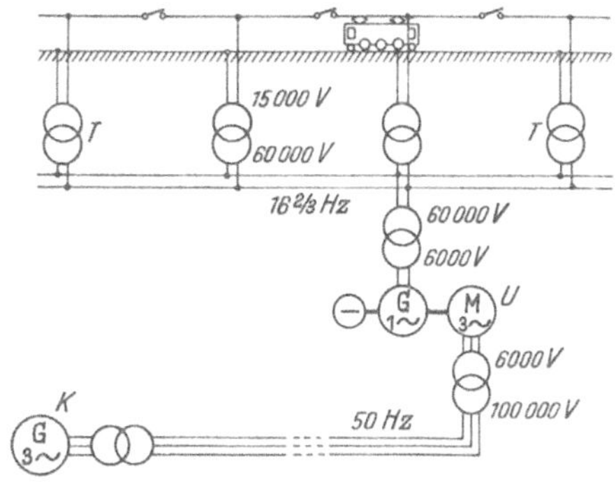

Abb. 620. Bahnstromerzeugung.

Die Zugkraft einer Lokomotive ist nicht allein durch die Motorkraft, sondern auch durch den Achsdruck der angetriebenen Achsen bestimmt, weil bei Überlastung die Räder auf den Schienen gleiten können. Man wird daher bestrebt sein, möglichst viele Räder der Lokomotive anzutreiben und kommt dadurch zu ähnlichen Antrieben, wie sie bei der Dampflokomotive angewandt werden. Die Leistung einer Lokomotive übersteigt diejenige der sonstigen Fahrzeuge bei weitem, und es ist daher nicht immer möglich die Motoren nach Abb. 621a unter Zwischenschaltung von Rädervorgelegen an den Laufachsen aufzuhängen. Große Motoren müssen hochgestellt werden, wie Abb. 621b und c zeigen. In der ersteren arbeiten je zwei Motoren über ein Rädervorgelege und einen sog. Kandodreieckrahmen auf eine Laufachse, die durch eine Kuppelstange mit den anderen verbunden ist. In Abb. 621c arbeitet der Motor unmittelbar mit einer Kurbel (beiderseits versetzt) auf eine Blindwelle, die mit den Achsen gekuppelt ist. Im letzteren Falle stimmt die Drehzahl des Motors mit derjenigen der Laufachsen überein, und es wird sich nur dann eine günstige Motorausführung ergeben, wenn die Fahrgeschwindigkeit groß ist, wenn es sich also um Schnellzugslokomotiven handelt. Die Zwischenschaltung von Räderübersetzungen hat den Vorteil, daß man die Drehzahl der Motoren unabhängig von der Fahrgeschwindigkeit wählen kann. Da der Rahmen der Lokomotive gegen die Laufachsen federnd gelagert ist, muß bei hochgestellten, am Rahmen befestigten Motoren auch die Kraftübertragung zu den Achsen eine Federung aufweisen.

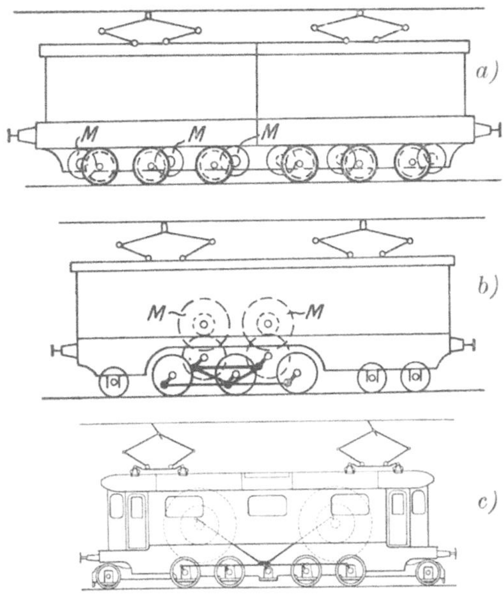

Abb. 621. Lokomotivantriebe.

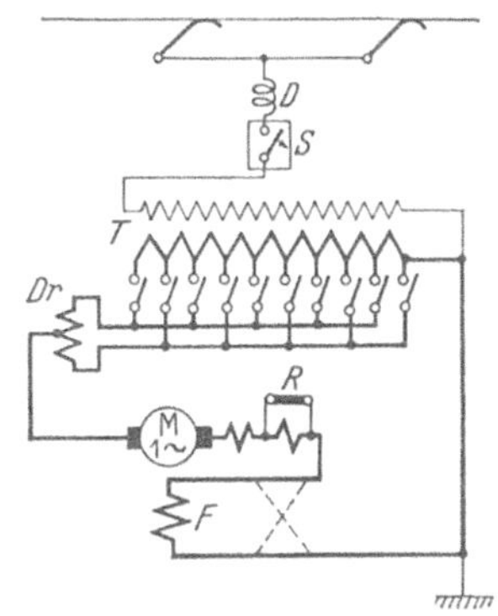

Abb. 622. Grundschaltung einer Lokomotive.

[1] Eine eingehendere Beschreibung findet sich ETZ 1932 S. 523.

Die Grundschaltung einer Wechselstromlokomotive veranschaulicht Abb. 622. Vom Stromabnehmer geht der hochgespannte Wechselstrom durch die Schutzdrossel D und den Ölschalter S zur Primärwicklung des Transformators T. Die Stufen der Sekundärwicklung können durch eine mechanisch angetriebene Nockenwalze oder durch Schützen geschaltet werden, wobei die Schützen entweder elektromagnetisch oder mittels Druckluft und elektromagnetischer Ventilsteuerung betätigt werden können. Da mindestens immer zwei der Stufenschalter geschlossen sein müssen, wenn keine Unterbrechung eintreten soll, muß verhütet werden, daß die zwischen den beiden geschlossenen Schaltern liegenden Windungen kurzgeschlossen sind. Man erreicht dies durch die Schaltdrossel Dr, an welcher der Motorstrom in der Mitte abgezweigt wird. Die Erregung durch den Motorstrom hebt sich also in beiden Spulenhälften auf, während die kurzgeschlossenen Windungen in der Spule einen hohen Widerstand finden. Der Motor M besitzt eine Kompensations- und Wendepolwicklung. Der letzteren ist ein Ohmscher Widerstand parallel geschaltet (S. 138). Der Fahrtwender F erlaubt die Umkehr der Erregerwicklung (gestrichelt gezeichnet). Der Strom für die Hilfsmotoren, die Heizung und Beleuchtung wird einer festen Stufe der Sekundärwicklung entnommen. Die Lampen neigen bei der geringen Frequenz zu störendem Flimmern. Man muß sie daher mit möglichst starken Glühdrähten wählen (kleine Spannung und große Leistung) oder von einer fremden Stromquelle speisen.

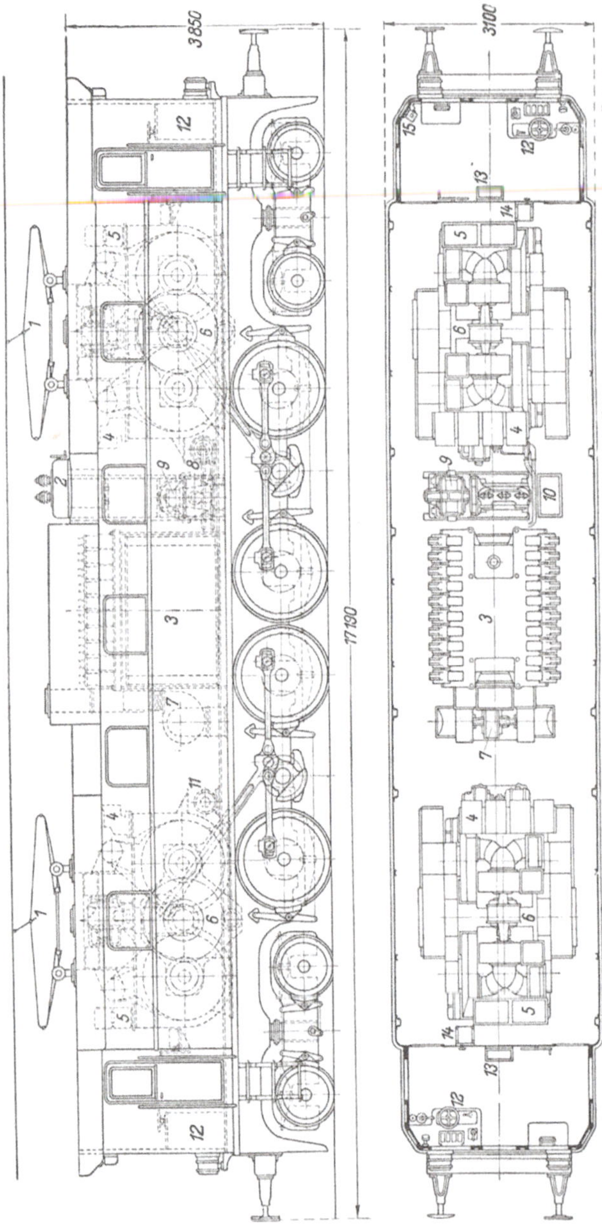

Abb. 623. Schnellzugslokomotive 2 BB 2 (S.S.W.-Ausrüstung). 1 = Stromabnehmer, 2 = Ölschalter, 3 = Transformator und Schützen, 4 = Fahrtwenderschützen, 5 = Wendefeldwiderstände, 6 = Motoren und Lüftersätze, 7 = Lüfter für Transformator, 8 = Ölpumpe, 9 = Luftpresser, 10 = kleine Apparate, 11 = Umformer, 12 = Fahrschalter, 13 = Heizkörper, 14 = Walzenschalter für Heizung, 15 = Handluftpumpe.

Den Einbau der elektrischen Ausrüstung einer Schnellzugslokomotive zeigt Abb. 623. Der Öltransformator besitzt Fremdlüftung durch einen besonderen Lüfter, die Schütze sind darauf aufgebaut. Statt dieser Kühlung werden zuweilen auch Ölkühlrohre an der Außenseite der Lokomotive angeordnet, so daß der beim Fahren auftretende Luftzug die Kühlung bewirkt. Auch die Antriebsmotoren haben Fremdlüftung durch getrennt angetriebene Lüfter. Ihre Dauerleistung beträgt bei der dargestellten Maschine 4mal 360 kW, und es ist möglich, Züge von 500 t mit einer Höchstgeschwindigkeit von 90 km/h zu befördern. Das Dienstgewicht der Lokomotive beträgt 135 t, und sie vermag am Triebradumfang eine höchste Zugkraft von 16500 kg auszuüben. Die Motorspannung kann gewählt werden. Gewöhnlich liegt sie zwischen 200 und 500 V.

Die hohen Kosten der Streckenausrüstung lohnen sich nur bei stark befahrenen Strecken. Bei schwachem, insbesondere bei Aushilfsbetrieb haben sich Akkumulatorentriebwagen bewährt, mit welchen ein Fahrbereich von etwa 300 km erzielt wird. Die Ausrüstung solcher Triebwagen (meist Schützensteuerung) ist der eines Straßenbahnwagens ähnlich. Die neuesten Schnelltriebwagen haben Benzolmotoren, welche ihre Leistung elektrisch auf die Laufachsen mittels selbsterregendem, schwach gesättigtem Nebenschlußgenerators und Reihenschlußmotors übertragen. Die Regelung geschieht durch die Brennstoffzufuhr des Dieselmotors (Gebusschaltung).

2. Die Elektrohängebahnen.

Es sind dies Einschienenbahnen zum Transport von Massengütern, welche einen oder zwei Fahrwerksmotoren von höchstens $^1/_2$ kW Leistung haben, und welche daher ohne Anlasser eingeschaltet werden können. Man unterscheidet offene Fahrstrecken und geschlossene Ringstrecken. Auf den ersteren kann immer nur ein Wagen hin- und herlaufen. Auf den Ringstrecken hingegen behalten die Wagen stets dieselbe Fahrtrichtung, und es können so viele Wagen gleichzeitig verkehren, wie der gegenseitige Abstand und die Bedienungszeit gestattet. Die elektrische Ausrüstung besteht aus der Stromabnahme, dem Motor (gewöhnlich Gleichstromhauptschlußmotor), dem Bremsmagnet und zuweilen einem kleinen Dauerwiderstand, der den hohen Einschaltstromstoß etwas mildern soll. Ein kleiner angebauter Schalter erlaubt, den Wagen bei Bedarf stillzusetzen.

Um zu verhüten, daß die auf der Ringstrecke laufenden Wagen zusammenstoßen, wobei sie unter Strom stehen bleiben und die Motoren verbrennen könnten, ist eine Streckenblockierung nötig. Eine Ausführungsmöglichkeit zeigt Abb. 624. Der Fahrdraht ist in einzelne voneinander

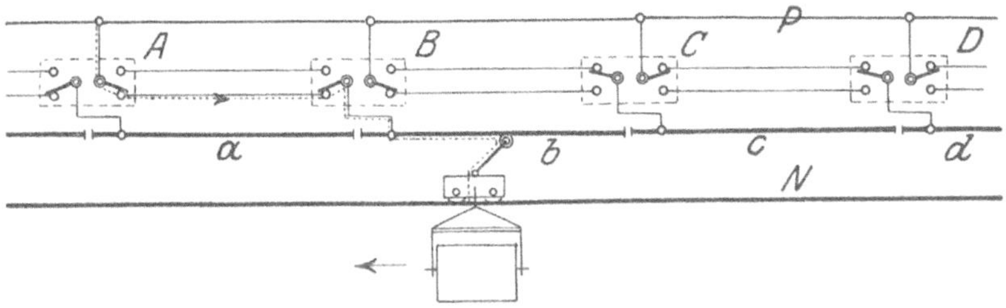

Abb. 624. Blockschaltung.

solierte Blockstrecken geteilt, deren Länge sich nach der Zahl der Wagen, sowie nach der Arbeitsweise richtet. An jeder Trennstelle ist ein Blockschalter *A*, *B*, *C* angeordnet, welcher von dem vorbeistreifenden Schleifbügel des Wagens jeweils umgeschaltet wird. Gewöhnlich sind dies gußgekapselte Schalter mit einem Sternrad. Während die Laufschiene dauernd mit dem negativen Pol verbunden ist, erhalten die Fahrleistungsstrecken erst über die Blockschalter Verbindung mit dem positiven Pol. Die Wirkungsweise ist nun derart, wie aus dem punktiert angedeuteten Stromlauf ersichtlich ist, daß der Wagen beim Umlegen eines Blockschalters die Blockstrecke (*b*), die er verläßt, stromlos macht, während er zugleich die weiter zurückliegende Strecke (*c*) wieder unter Spannung setzt. Er schafft also hinter sich immer eine stromlose Strecke, auf welcher ein nachfolgender Wagen demnach zur Ruhe kommen und warten muß, bis der voraufgehende die folgende Blockstrecke verlassen hat. Die längs der Fahrleitung notwendigen drei Leitungen können als Kabel oder, da es sich meist um hochliegende Leitungen handelt, billiger als Freileitungen verlegt werden.

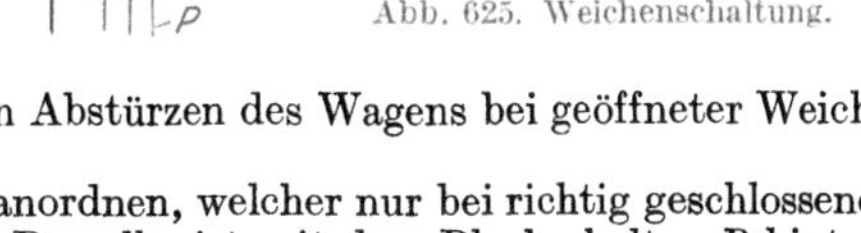

Abb. 625. Weichenschaltung.

108. Beispiel. In Abb. 625 bewegt sich ein Hängebahnwagen in der Pfeilrichtung auf eine Weiche zu. Es soll eine Sicherung geschaffen werden, die ein Abstürzen des Wagens bei geöffneter Weiche verhindert.

Man kann einen besonderen Weichenschalter *W* anordnen, welcher nur bei richtig geschlossener Weiche die Stromzufuhr zur Blockstrecke *S* erlaubt. Derselbe ist mit dem Blockschalter *B* hintereinander geschaltet. Die Schaltung wird weniger einfach, wenn man annimmt, daß auch auf der geraden Strecke von links Wagen einlaufen. Dann muß eine Sicherung derart getroffen werden, daß die Wagen gegenseitig aufeinander warten, wenn sie zugleich auf beiden Strecken in die Weiche laufen.

109. Beispiel. Eine Hängebahn soll in die hochgelegenen Bunker eines Kesselhauses fördern. Da ihre Fahrmotoren nur einen Transport auf horizontaler Strecke ermöglichen, soll mit der Hängebahn ein Kettenschrägaufzug verbunden werden, dessen Kette sich unten selbsttätig in die Hängebahnwagen einhängt, sie hochzieht und sich oben wieder aushängt.

Abb. 626 stellt die Anlage dar. An der Stelle *I* legt sich die Kette ein, an der Stelle *II* hängt sie sich wieder aus. Die Blockstrecken vor und hinter der Schrägstrecke sorgen dafür, daß die Wagen im richtigen Abstand dem Aufzug zugeführt werden. Auf der Schrägstrecke ist eine Blockierung überflüssig, weil die Kette den Abstand aufrechterhält. Es ist notwendig, daß bei einem Ausbleiben der Hängebahngleichspannung auch die Aufzugsdrehstromspannung abgeschaltet wird, damit der Aufzug beim Weiterlauf nicht alle gefaßten Wagen oben zusammenschiebt. Der Motor des Aufzugs hat daher einen Überstromausschalter *h* mit Spannungsrückgangsauslösung, dessen Spule *n* aber an Gleichspannung liegt. Damit ein Wagen nach der Entkupplung bei *II*, der aus irgendeinem Grunde an der Weiterfahrt behindert ist, nicht eine Störung für die nachfolgenden vom Aufzug heraufgebrachten Wagen wird, sind oben kurze Blockstrecken vorgesehen. Angenommen, der oben gezeichnete Wagen könne nicht weiter, so wird der nachfolgende Wagen den Blockschalter *c* umlegen und damit den Aufzug zur Abschaltung bringen. Bei ruhendem Schrägaufzug darf dessen Gleichstromfahrleitung nicht eingeschaltet sein, weil sonst die ruhenden Motoren der Hängebahnwagen verbrennen könnten. Der Bremsmagnet des Aufzugs ist deshalb mit einem Schalter *S* ausgerüstet, welcher sich beim Lüften der Bremse schließt und dadurch die Fahrleitung der schrägen Bahn unter Spannung setzt.

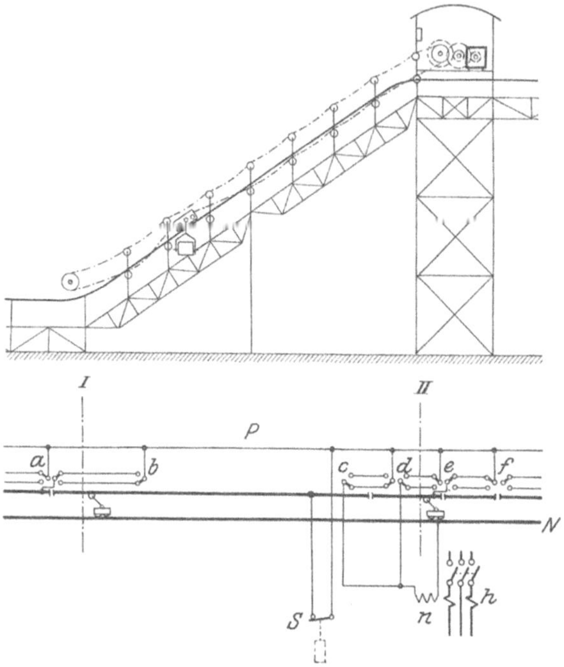

Abb. 626. Kettenbahnaufzug.

C. Der elektrische Antrieb in Bergwerken, Hütten- und Stahlwerken.

1. In Bergwerken.

a) Der Fördermaschinenantrieb. Man unterscheidet hauptsächlich Fördermaschinen mit Trommeln und solche mit Treibscheiben (Koepescheiben), wie Abb. 627 zeigt. Bei den ersteren ist das Seil fest mit der Trommel verbunden, so daß ein Rutschen unmöglich ist, während bei den Treibscheiben die Beschleunigungskräfte nie so groß sein dürfen, daß das Seil auf der Scheibe gleiten kann. Das Gewicht der Scheibe ist natürlich wesentlich geringer als das einer Trommel, die Massenbeschleunigung fällt also wesentlich kleiner aus, auch ist es möglich, die Fördermaschine in einem Turm erhöht über dem Schacht aufzustellen. Ein Vorteil der Trommelmaschine liegt darin, daß es bei ihr möglich ist, durch Umstecken der einen Trommelhälfte auch zwischen zwei anderen Höhen, also von einer Zwischensohle aus zu fördern, was bei Treibscheiben ausgeschlossen ist. Bei den mehrere hundert Meter betragenden Teufen spielt auch das Seilgewicht bei der Belastung eine Rolle, und zwar vor allem deshalb, weil die durch dasselbe auftretende Belastung eine wechselnde ist. Zum Ausgleich der Belastungsunterschiede kann ein die Förderkörbe verbindendes Unterseil angebracht werden, oder die Trommel wird spiralig ausgeführt, wobei das Seil im aufgewickelten Zustand auf den großen Trommeldurchmesser aufläuft. Zuweilen kommen auch Treibscheiben (Bobinen) vor, bei denen ein Flachseil in zahlreichen Lagen aufeinander gewickelt wird. Den Stand der Förderkörbe im Schacht erkennt der Führer, der sich mit seiner Maschine in einem besonderen Förderhaus befindet an einem Teufenzeiger, d. i. eine mit dem Windwerk gekuppelte Spindel, auf der sich eine Wandermutter bewegt. Außerdem macht sich der Führer am Seil noch Kennmarken, die ihm ein genaues Anhalten an der Hängebank ermöglichen.

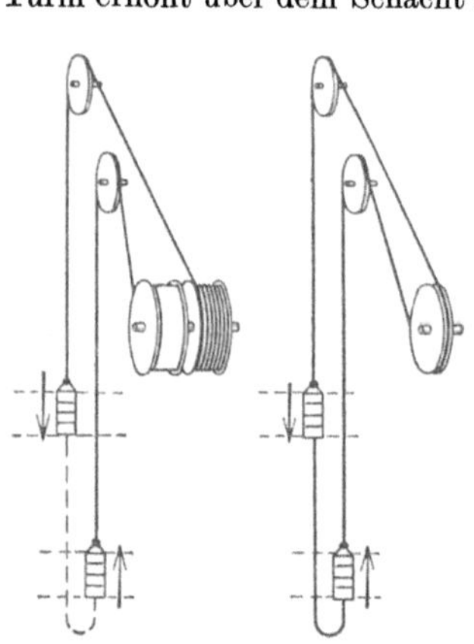
Abb. 627. Trommel- und Treibscheibenfördermaschine.

Die Antriebsleistung der Fördermaschine ist außerordentlich groß, weil man mit Rücksicht auf die großen Teufen sehr große Fahrgeschwindigkeiten anwendet. Bei Teufen von 300 bis 400 m werden etwa 15 m/s und bei Teufen über 600 m bis zu 20 und sogar 25 m/s Fahrgeschwindigkeit gewählt (also etwa Schnellzugsgeschwindigkeit). Die Fördermenge ist durch den Schacht und die übrigen Einrichtungen begrenzt. Die gewöhnlich benutzten Förderhunde können etwa 0,5 t Kohle aufnehmen, bei großer Mächtigkeit der Flöze kommen auch größere vor. Da gewöhnlich ein Förderkorb bis zu 4 übereinanderliegende Stockwerke aufweist und in jedem 2 oder auch 4 Hunde befördert werden, beträgt die Nutzlast an Kohlen 4 bis 8 t, wozu bei der oben genannten großen Fahrgeschwindigkeit ohne Berücksichtigung der Verluste bereits eine Hubleistung von 1000 bis 2000 kW erforderlich wäre. Für Seilfahrt, also die Beförderung von Menschen, sind höchstens 12 m/s zugelassen, und auch nur dann, wenn durch Fahrtregler die Drehzahl des Fördermotors begrenzt ist. Revisionsfahrten müssen mit ganz geringer Geschwindigkeit gefahren werden, damit es dabei möglich ist, die Seile und das Schachtinnere auf ordnungsmäßigen Zustand zu prüfen. Die Beschleunigung darf bei Koepemaschinen trotz der großen Fahrgeschwindigkeit nicht zu groß gewählt werden, damit eine genügende Sicherheit gegen das Rutschen der Seile auf der Scheibe vorhanden ist.

Der große Durchmesser der Förderseile bedingt einen großen Durchmesser der Trommel bzw. der Treibscheibe, wodurch bei gegebener Geschwindigkeit auch die Drehzahl bestimmt ist. Gleichstrommotoren lassen sich für die dabei sich ergebenden geringen Drehzahlen wirtschaftlich bauen, während dies bei Drehstrom-Asynchronmotoren nicht der Fall ist. Die letzteren werden daher gewöhnlich nicht unmittelbar gekuppelt, sondern treiben über ein Vorgelege die Fördertrommel oder -scheibe an. Die hohe Sicherheit, die ein solches Vorgelege haben muß, wirkt aber derart verteuernd, daß bei großen Leistungen eine Fördermaschine mit Asynchronmotor und Vorgelege teurer als eine solche mit Leonardsteuerung ausfallen kann. Es leuchtet daher ein, daß man bei großen Förderleistungen immer die Leonardschaltung bevorzugt, die sich durch geringe Regelverluste und Steuersicherheit auszeichnet, weil jeder Steuerhebelstellung eine ganz bestimmte Fahrgeschwindigkeit entspricht, die sich auch bei wechselnder Belastung, ja bei den zuweilen auftretenden negativen Drehmomenten nicht wesentlich ändert. Eine Überschreitung der höchsten zugelassenen Geschwindigkeit ist außerdem unmöglich, und es kann in einfacher Weise vom Teufenzeiger aus eine Ermäßigung der Geschwindigkeit vor dem Haltepunkt erzwungen werden. Abb. 628 veranschaulicht eine Leonardschaltung für eine Fördermaschine in vereinfachter Darstellung. Der Umformer besteht aus dem asynchronen Drehstrommotor *Dr* und dem Generator *D*. Die gleichfalls gekuppelte Erregermaschine *E* liefert den Erregergleichstrom. Das Schwungrad *S* (Ilgnerumformer) soll das Netz von den erheblichen Belastungsstößen beim Anfahren entlasten. Es wurde früher immer angewandt, hat aber an Bedeutung verloren, weil heute auch die Kraftwerke der Zechen eine Größe erreicht haben, bei der solche Belastungsstöße kaum noch stören. Ein Schwungrad wirkt aber nicht nur verteuernd, sondern es hat auch nicht unbeträchtliche Luftreibungsverluste zur Folge. Damit das Schwungrad bei einer Belastungssteigerung einen Teil seiner Bewegungsenergie abgeben kann, muß die Drehzahl des Motors abfallen. Da dies der Asynchronmotor an sich nur in ungenügendem Maße tut, ist in den Läuferstromkreis ein Wasserwiderstand *W* als Schlupfwiderstand eingeschaltet, dessen Platten durch einen kleinen Hilfsmotor *m* mehr oder weniger eingetaucht werden können. Eingeschaltet wird dieser Motor durch ein Umschalterelais *R*, welches von dem Stromwandler *Tr* gespeist wird. Bei Schlupfwiderständen größerer Abmessung stehen die Platten meistens fest, und die Flüssigkeit wird mittels einer Kreiselpumpe herein- und herausgepumpt.

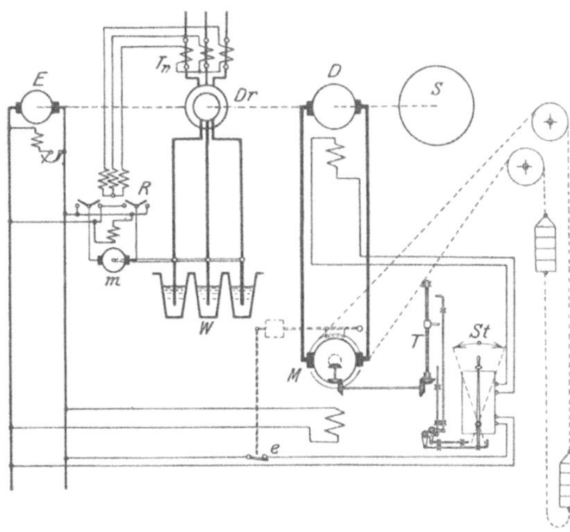

Abb. 628. Leonardsteuerung einer Fördermaschine.

An Stelle der Schlupfwiderstände kann der zusätzliche Schlupf durch Regelsätze (siehe S. 134) wirtschaftlicher erzielt werden, bei denen die Schlupfenergie zurückgewonnen wird. Die Leerlaufsverluste des Leonardumformers, die bei großen Pausen eine unangenehme Rolle spielen, lassen sich bei kleinen Leistungen dadurch vermindern, daß der Umformer mittels Selbstanlassers vom Führerstand aus schaltbar gemacht wird, so daß er in größeren Pausen stillgesetzt werden kann. Von Bedeutung sind auch die Genauigkeitsschaltungen des Umformergenerators, welche den Einfluß der Lastgröße und den des remanenten Magnetismus auf die Geschwindigkeit beseitigen sollen, so daß einer bestimmten Steuerhebelstellung fast genau dieselbe Drehzahl entspricht, ganz gleich ob es sich um positive oder negative Drehmomente handelt. So kann z. B. die geringe Bewegung, die bei ausgeschaltetem Erregerstrom durch den remanenten Magnetismus verursacht wird, dadurch vermieden werden, daß man die Erregerwicklung in der Nullstellung umpolt. Der remanente Magnetismus ruft dann einen Strom hervor, der das Feld vernichtet (Selbstmordschaltung). Den Einfluß des Ankerspannungsabfalls auf die Drehzahl kann man dadurch vermindern, daß man dem Generator eine zusätzliche, dem Belastungsstrom proportionale Erregung erteilt.

Der Antrieb durch Asynchronmotor ist hinsichtlich der Steuerfähigkeit dem mit der Leonardsteuerung weit unterlegen. Bei positiven Lasten ist es zwar möglich mittels Läuferwiderstandes die

Geschwindigkeit zu vermindern, bei negativen Momenten, also durchziehenden Lasten würde hingegen die Einschaltung von Widerständen eine Erhöhung der Drehzahl über die synchrone hinaus zur Folge haben. Hierzu, sowie auch zur Verminderung der Geschwindigkeit vor den Haltestellen braucht man daher andere Bremsmöglichkeiten, von denen die Gegenstromschaltung, sowie die mechanische Bremse am meisten in Frage kommen. Erweist sich der direkte Antrieb mit Asynchronmotor hinsichtlich der Anlagekosten als wirtschaftlicher, so können die Nachteile der geringeren Steuerfähigkeit durch einen Fahrtregler beseitigt werden, welcher selbsttätig die Fahrgeschwindigkeit überwacht. Die Sollgeschwindigkeit einer Fahrt ist festgelegt und der Fahrtregler sorgt dafür, daß die Istgeschwindigkeit niemals die Sollgeschwindigkeit übersteigt.

Dadurch ist es möglich geworden, den Antrieb mit Asynchronmotor derart zu vervollkommnen, daß er heute der Leonardsteuerung nicht mehr sehr nachsteht. Insbesondere wird er bei kleineren Leistungen und großen Teufen, bei denen die Regelverluste keine große Rolle spielen, gern bevorzugt. Fördermaschinen für Nebenschächte, die nur selten benutzt werden, sowie die Förderhaspel unter Tage erhalten fast ausschließlich unmittelbaren Antrieb durch Asynchronmotoren.

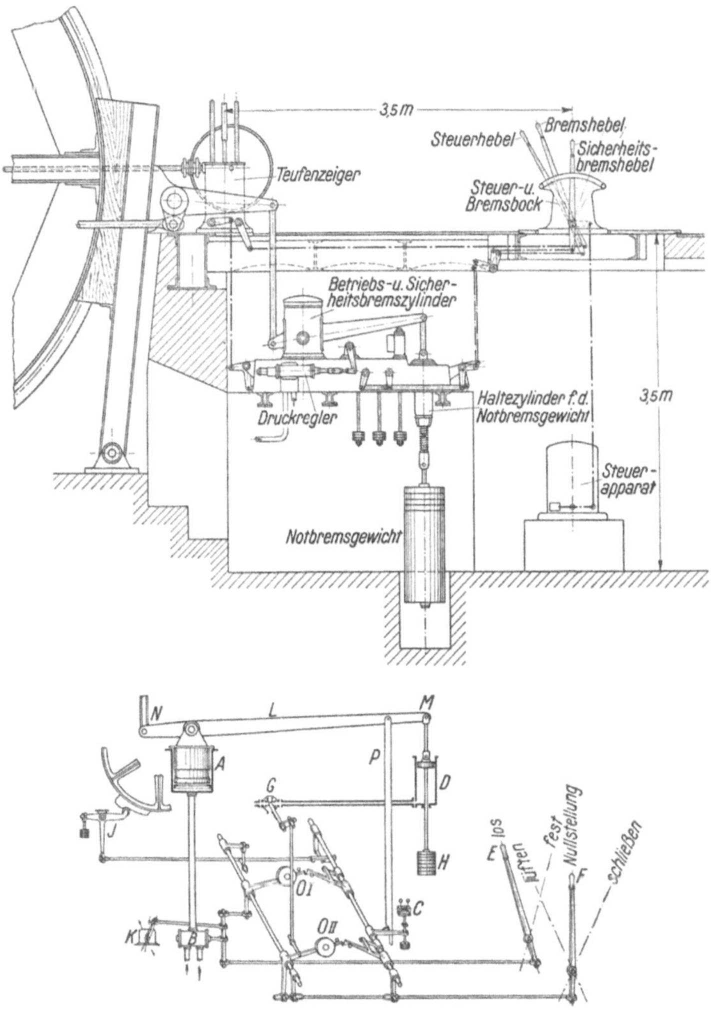

Abb. 629. Fördermaschinen-Sicherheitsbremse (SSW.).

Die **Bremseinrichtungen** der Fördermaschinen müssen mit Rücksicht auf die hohe Fahrgeschwindigkeit besonders sicher sein. Es wird verlangt: eine Not- oder Sicherheitsbremse, welche gewöhnlich eine durch Druckluft gehobene Gewichtsbelastung hat und nur in Notfällen zum Einfallen kommt. Solche Fälle sind: das Ausbleiben der Spannung oder Überschreitung der Endlagen (Übertreiben). Die einfallende Bremse muß den Motor abschalten (*e* in Abb. 628). Ferner wird bei allen Fördermaschinen eine Haltebremse verlangt, welche vom Führer zum Festhalten benutzt wird und welche gewöhnlich mit der Sicherheitsbremse kombiniert wird. Weiterhin ist noch eine Fahr- oder Betriebsbremse nötig, wenn die Fahrgeschwindigkeit durch den Steuerhebelausschlag nicht eindeutig bestimmt ist, wie dies z. B. bei dem Asynchronmotor der Fall ist, und wenn bei Seilfahrt mit höheren Geschwindigkeiten gefahren werden soll. Diese Bremse wird vom Führer betätigt und dient bei jedem Hub zum sanften Stillsetzen der Maschine. Abb. 629 veranschaulicht den Einbau und die Wirkungsweise der Sicherheitsbremse der Siemens-Schuckertwerke. Der Bremshebel *L*, welcher über das Gestänge *N* auf die Bremsbacken der Sicherheitsbremse wirkt, wird mit dem Notbremsgewicht *H* durch den Haltezylinder *D* hochgehalten. Ein Ablassen der Druckluft mittels des Dreiwegehahns *G* oder ein Fortbleiben der Druckluft würde die Bremse zum Einfallen bringen. Die Bremsbacken können aber auch dadurch angedrückt werden, daß dem Betriebszylinder *A* über den Bremsdruckregler *B* Druckluft zugeleitet wird. Dies ist normalerweise die Betätigung der Sicherheitsbremse, die den Vorteil hat, daß der Arbeitszylinder derart schnell die Bremse schließt, daß das Gewicht gar nicht Zeit hat abzusinken, daß also die Massenverzögerung gar keine Rolle spielt. Die Betätigung der Sicherheitsbremse erfolgt durch Ausklinken von OI, wodurch der Bremsdruckregler B und durch Ausklinken von OII, wodurch der Dreiwegehahn G betätigt wird. Sie kommt zur Wirkung, wenn der Sicherheitsbremshebel nach rechts gelegt wird, wenn der Notschalter im Schachtgerüst den Magneten C ausschaltet oder die Spannung ausbleibt oder wenn beim Überfahren der Endstellung der Teufenzeiger über den Hebel J auslöst. Die gleiche Bremse kann mit dem Hebel E und dem Bremsdruckregler B als Betriebsbremse benutzt werden, wobei jeder Hebellage ein bestimmter Druck der Bremsbacken entspricht.

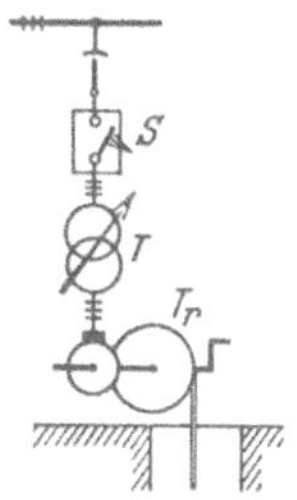

b) Die Wasserhaltungen. Man unterscheidet ortsfeste Pumpenanlagen, welche das während des Betriebes eindringende Wasser zutage fördern sollen, und Abteufpumpen, welche das beim Abteufen eines Schachtes eindringende Wasser den ortsfesten Pumpen zuwerfen sollen. Die ortsfesten Pumpen sind gewöhnlich in Pumpenkammern, welche seitlich vom Schacht eingesprengt sind, untergebracht, während die Abteufpumpen sich der Schachttiefe anzupassen haben und daher beweglich sein müssen. Abb. 630 veranschaulicht schematisch eine Abteufpumpe. In einem an Seilen aufgehängten Senkrahmen ist ein Vertikalmotor M mit Kreiselpumpe P eingebaut. Der Motor ist gewöhnlich ein geschlossener Drehstromkurzschlußmotor mit Wasserkühlung, welcher von einer Stelle über Tage je nach der Leistung unmittelbar oder über einen Stufentransformator eingeschaltet werden kann. Die Spannung beträgt gewöhnlich bis 3000 V und die Leistung kann 500 bis 1000 kW erreichen. Höhere Spannungen kommen wegen des Abteufkabels nicht zur Verwendung. Dasselbe ist ein dreiadriges Gummikabel (ohne Bleimantel) mit Stahldrahtbewehrung, welches beim Heben der Pumpe auf eine Kabeltrommel aufgewickelt wird. Das Ende des Kabels führt zu drei Schleifringen, ein vierter Schleifring dient

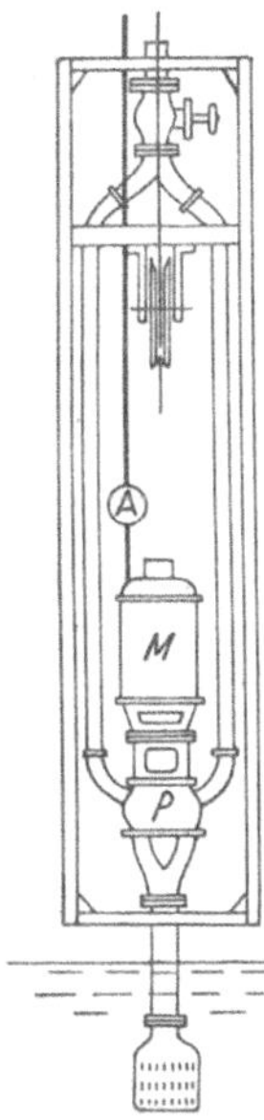

Abb. 630. Abteufpumpe.

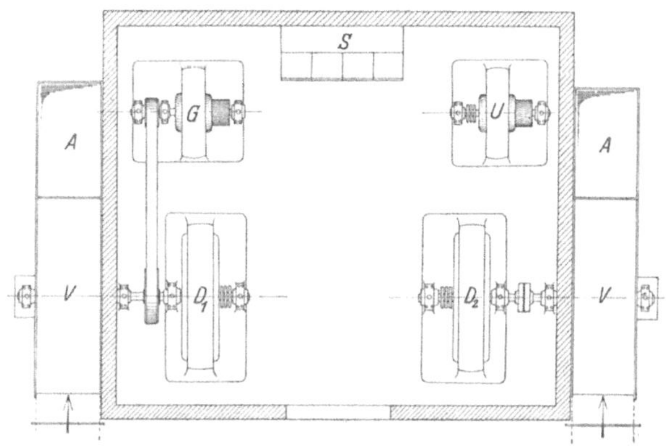

Abb. 631. Grubenlüfter.

zur Erdung der Kabelbewehrung. Zur Ausschaltung des Motors, die durch den Schalter über Tage erfolgt, kann entweder über zwei weitere Kabeladern vom Pumpenschacht aus die Auslösespule des Schalters abgeschaltet oder ein Signal gegeben werden.

Die Beanspruchung der Pumpe ist keine gleichmäßige. Während der Schachtsprengungen wird die Pumpe hochgezogen, und es sammelt sich infolgedessen ziemlich viel Wasser an, welches nach dem Wiederabsenken eine erhöhte Pumpenleistung erfordert. Die Regelung kann durch den Druckschieber erolgen unter genauer Beobachtung des in das Abteufkabel eingeschalteten Strommessers, wobei zu beachten ist, daß eine solche Drosselregelung erhebliche Verluste zur Folge hat.

Die ortsfesten Pumpen waren früher meistens Kolbenpumpen. Heute zieht man die billigeren und kleineren Kreiselpumpen vor, deren Wirkungsgrad allerdings wesentlich geringer ist. Das Verhalten derartiger Pumpen und ihr Antrieb ist im Abschnitt E beschrieben. Auf eine schlagwettersichere Ausführung kann immer dann verzichtet werden, wenn die Pumpenkammer an dem Schacht liegt, durch welchen die Frischluft einzieht.

c) Die Grubenlüfter. Jede Grube braucht je nach Ausdehnung und Anzahl der darin beschäftigten Menschen und Pferde eine bestimmte Luftmenge, welche im westfälischen Bezirk z. B. 3 m^3/min je Kopf beträgt. Diese Luft haben die über Tage aufgestellten Lüfter herbeizuschaffen. Die Anordnung ist gewöhnlich derart, daß die Lüfter die schlechten Wetter absaugen, daß sie also in der Grube einen Unterdruck (Depression) erzeugen. Die Frischluft zieht unter diesem Unterdruck meist durch den Hauptförderschacht ein, während die Lüfter an einem entfernten Wetterschacht Aufstellung finden. Dieser Schacht muß natürlich oben luftdicht abgeschlossen sein. Abb. 631 zeigt z. B. ein Lüfterhaus im Grundriß, in welchem zwei Lüfter V aufgestellt sind. Dieselben saugen in der Pfeilrichtung aus dem Wetterschacht und werfen die schlechten Wetter durch die Ausblaseöffnung A in die freie Luft. Die in der Grube benötigte Luftmenge ist nicht konstant. Sie richtet sich nach der Ausdehnung der Grube und dem Grade der Beschäftigung, sowie nach der durch Wettertüren gerade eingestellten Wetterführung in der Grube. Ferner ist bei Erhöhung der Temperaturen und bei Schlagwettergefahr eine erhebliche Steigerung der Luftmenge erforderlich. Man kann diese Veränderlichkeit der Luftmenge entweder durch eine Drosselung des Luftstromes oder durch eine Drehzahlregelung des Lüftermotors erreichen. Im allgemeinen wird die Drosselung wegen der beträchtlichen Verluste vermieden. Abb. 632 zeigt das Verhalten eines Lüfters bei veränderlicher Drehzahl. Mit dieser wächst in gleichem Maße die Luftgeschwindigkeit, folglich ist auch die geförderte Luftmenge Q der Drehzahl proportional. Die Bewegungswiderstände, welche der Luftstrom in der Grube erfährt, wachsen bekanntlich mit dem Quadrate der Geschwindigkeit. Die Depression h stellt sich daher durch die gezeichnete Parabel dar. Die Leistung N, welche sich aus dem Produkt aus Luftmenge und Depression ergibt, steigt daher mit der dritten Potenz der Drehzahl. Zu ihrer Berechnung dient die Beziehung

$$N = \frac{Q \cdot h}{102 \cdot \eta}, \tag{218}$$

worin Q die Luftmenge in m³/s und h der gesamte Unterdruck in mm Wassersäule bedeutet. Der Wirkungsgrad η großer Grubenlüfter ist etwa 0,65 bis 0,75. Hierbei ergeben sich Lüfterleistungen bis zu 2000 kW.

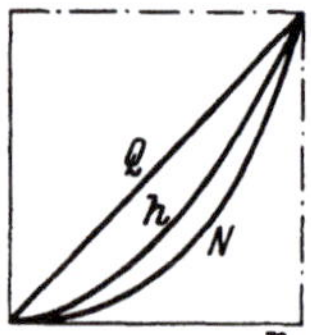

Abb. 632.

Zu einem Vergleich zwischen der Drosselregelung und der elektrischen Drehzahlregelung trägt man sich zweckmäßig die Leistung in Abhängigkeit von der Luftmenge Q auf, wie Abb. 633 zeigt. Bei geschlossenem Schieber ist die Fördermenge Null, obwohl die Leistung N noch etwa die Hälfte der normalen beträgt. Bei der Drehzahlregelung würde der Förderung Null hingegen auch eine Leistung Null entsprechen (Linie N'). Die vertikalen Abstände zwischen den Linien N und N' stellen somit den Mehraufwand der Drosselregelung gegenüber der Drehzahlregelung dar. Der Grund für dieses ungünstige Verhalten liegt in dem starken Abfall des Wirkungsgrades des Lüfters bei verminderter Fördermenge. Der Druck h sinkt mit zunehmender Luftmenge (weiterer Öffnung des Schiebers), während er bei unveränderter Öffnung und zunehmender Drehzahl mit der Fördermenge steigt. Da die Lüfter monatelang ohne Pause mit gleicher Drehzahl arbeiten müssen, ist die Frage der wirtschaftlichsten Drehzahlregelung besonders wichtig. Wie auf S. 206 gezeigt wurde, ist die Widerstandsregelung im Hauptstrom nicht von vornherein abzulehnen, weil bei quadratisch sich änderndem Drehmoment, wie es bei den Lüftern der Fall ist, die Verluste bei ganz kleiner und ganz großer Drehzahlverminderung nicht sehr groß werden. Der letztere Fall ist allerdings selten, und daher kommt auch die Leonardschaltung, deren Vorteile besonders bei sehr starker Herabsetzung der Drehzahl in Erscheinung treten kaum, in Frage. Bei den meist auftretenden Drehzahländerungen von 20 bis 40% haben sich hingegen Regelsätze bewährt, da ihre Zusatzmaschinen sich in der Abmessung nach der Größe des Regelbereichs richten und daher hier nicht sehr verteuernd wirken (siehe S. 134), und weil es mit ihnen weiterhin möglich ist, den Leistungsfaktor des Netzes zu erhöhen. Abb. 631 veranschaulicht die Anordnung eines solchen Regelsatzes für den Antriebsmotor D_1 entsprechend der Schaltung Abb. 346. U ist der Umformer und G der Gleichstrommotor, welcher mit dem Drehstrommotor D_1 zusammen den Lüfter antreibt. Der zweite Motor D_2 hat keinen Regelsatz. Er kommt für den Betrieb immer dann in Frage, wenn die seinem Lüfter entsprechende volle Luftmenge benötigt wird, während bei verminderter Fördermenge der Motor D_1 in Betrieb genommen wird. Für mittlere und kleine Lüfterleistungen kommen auch polumschaltbare Drehstrom-Asynchronmotoren, sowie Drehstrom-Reihenschlußmotoren zur Verwendung. Während bei den ersteren nur eine grobstufige Regelung in wenigen Stufen möglich ist, kann bei den Reihenschlußmotoren durch Bürstenverschiebung die Drehzahl kontinuierlich geändert werden.

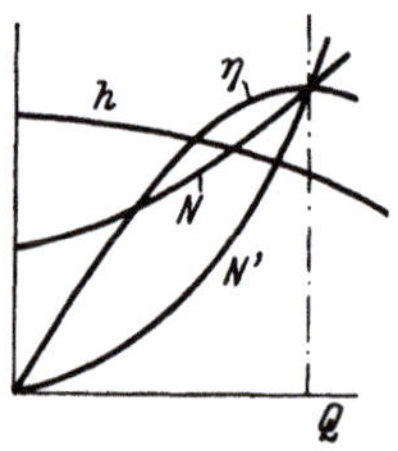

Abb. 633.

Für die Erzeugung der im Bergbau gebrauchten Druckluft dienen **Kompressoren**, und zwar bei großem Luftbedarf Turbokompressoren und bei geringerer Leistung Kolbenkompressoren. Die ersteren erhalten ähnliche Antriebe und Regelverfahren wie die Lüfter. Bei den Kolbenmaschinen wird die Luftmenge meist durch Aussetzen geregelt, und zwar entweder durch mechanische Unterbrechung der Luftzufuhr, bei welcher der Motor leer weiterläuft oder durch Stillsetzung des Antriebsmotors. Im letzteren Falle wird der Betrieb völlig selbsttätig gestaltet. Die Anlagekosten erhöhen sich dadurch zwar etwas, jedoch spart man die Leerlaufsarbeit des Motors und verhindert auch die Verschlechterung des Leistungsfaktors, die bei leerlaufenden Asynchronmotoren bekanntlich groß ist. Wie bedeutend diese Vorteile sind veranschaulicht Abb. 634, welche nach Angaben der AEG. gezeichnet ist, und welche die Tilgungszeit der Mehrkosten in Abhängigkeit von der relativen Leerlaufsdauer darstellt. Man erkennt, daß die Tilgung um so schneller erfolgt, je größer die Leerlaufszeiten im Verhältnis zur Gesamtzeit sind und je größer die Leistungen sind. Bei geringer Leerlaufsdauer ist die Zeit so groß, daß sich die Mehrkosten des Selbstanlassers und des Zubehörs nicht rechtfertigen lassen. Als Beispiel einer selbsttätigen Kompressoranlage sei in Abb. 635 eine Ausführung von Metzenauer & Jung, Wuppertal-Elberfeld, für mittlere Leistungen, wie sie auch in anderen Betrieben vorkommen, beschrieben. Wenn der Druck im Windkessel A unter den eingestellten Wert sinkt, schließt sich der Druckwächter B und schaltet das Kühlwasserventil C, wodurch der Kompressor frisches Kühlwasser erhält. Sobald der Kühlwasserdruck den richtigen Wert erlangt hat, schließt der Druckschalter D seinen Kontakt und damit den Steuerstromkreis des Selbstanlassers F. Gleichzeitig bekommt die Spule des Entlastungsventils G Strom über die Schalter B und D, und es wird die Entlastungsleitung I zum Kompressor geöffnet, wodurch der Druck des Windkessels das Saugventil geschlossen hält und einen unbelasteten Anlauf des Motors möglich macht. Der Selbstanlasser hat inzwischen noch nicht eingeschaltet. Vielmehr wird durch die Einschaltung der ersten Spule (links) transformatorisch in der zugehörigen Sekundärwicklung ein Strom erzeugt, welcher die Heizwicklung des thermischen Relais (Bimetall- oder Hitzdrahtrelais) durchfließt und nach kurzer Zeit der Heizung den unteren Kontakt des ersten Fortschalterrelais schließt. Hierdurch wird die Hauptspule des ersten Schützes eingeschaltet, welches den Motor mit vollem Läuferwiderstand zum Anlauf bringt. Das Netzschütz hat eine Sekundärwicklung, deren Spannung derjenigen der links gezeichneten Sekundärwicklung entgegengeschaltet ist. Durch das Thermorelais geht daher jetzt kein Strom mehr und es kühlt sich ab. Sein Kontakt öffnet sich wieder, wobei das Netzschütz jedoch nicht abfällt, weil dasselbe sich durch seinen zweiten Hilfskontakt selbst eingeschaltet hält (Spannungsrückgangsauslösung). Sobald das Thermorelais wieder den oberen Kontakt schließt, fließt über diesen und den rechten Hilfskontakt des Netzschützes Strom

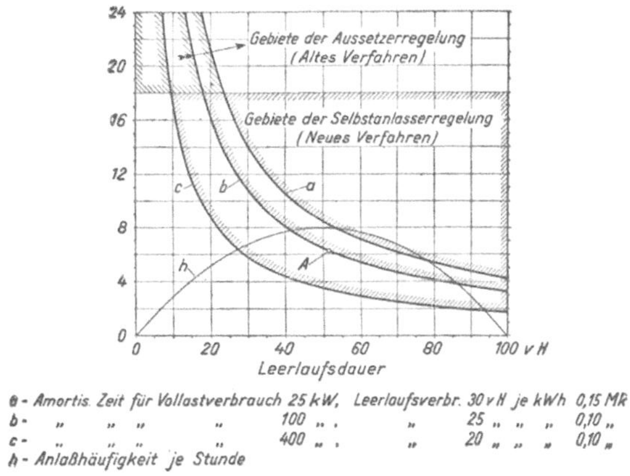

Abb. 634. Tilgungszeiten (Monate) für Kompressoren mit Aussetzerregelung und Selbstanlasser bei 250 monatl. Betriebsstunden.

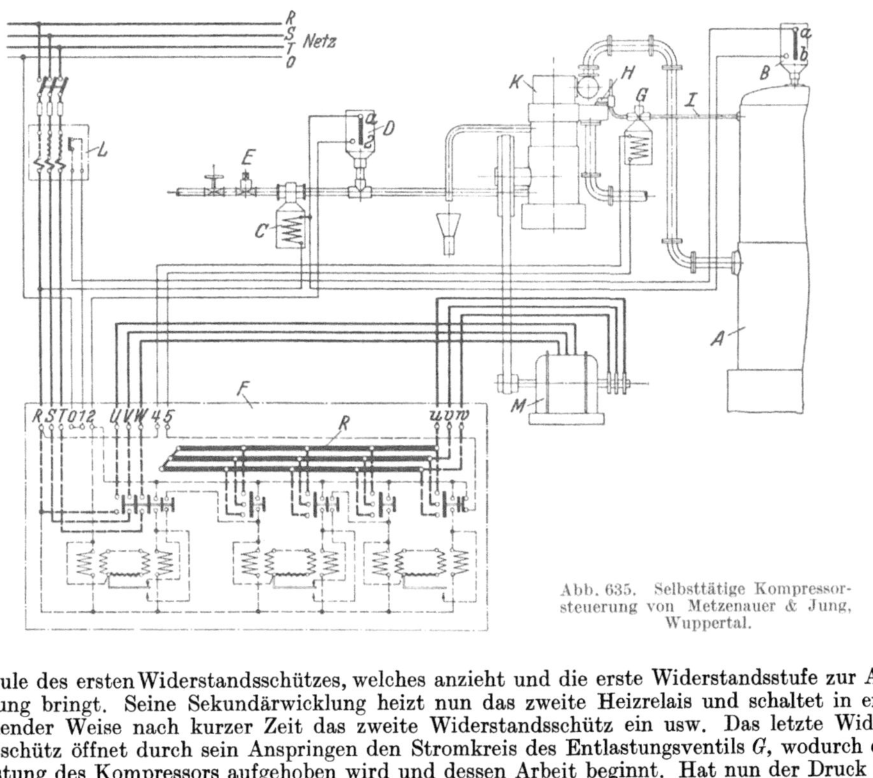

Abb. 635. Selbsttätige Kompressorsteuerung von Metzenauer & Jung, Wuppertal.

zur Spule des ersten Widerstandsschützes, welches anzieht und die erste Widerstandsstufe zur Abschaltung bringt. Seine Sekundärwicklung heizt nun das zweite Heizrelais und schaltet in entsprechender Weise nach kurzer Zeit das zweite Widerstandsschütz ein usw. Das letzte Widerstandsschütz öffnet durch sein Anspringen den Stromkreis des Entlastungsventils G, wodurch die Entlastung des Kompressors aufgehoben wird und dessen Arbeit beginnt. Hat nun der Druck im Windkessel seinen Höchstwert erreicht, dann öffnet der Druckwächter B seinen Kontakt und schaltet dadurch das Kühlwasserventil und den Selbstanlasser ab. Der Motor kommt nun zum Stillstand. In dem Schaltbild ist in die Zuleitung ein Motorschutzschalter und ein Schalter mit Sicherungen eingezeichnet worden. Natürlich kommt nur entweder der eine oder der andere zur Ausführung. Wenn der Nulleiter *O* nicht vorhanden ist, muß die Steuerung an die verkettete Spannung gelegt werden, dann ist also die Klemme *O* mit *T* zu verbinden.

In neuerer Zeit kommen für Kompressoren in zunehmendem Maße Kurzschlußmotoren zur Verwendung, wodurch sich die Anlagekosten nicht unerheblich ermäßigen. Zur Bestimmung der Antriebsleistung eines Kompressors geht man am besten von der Kompressionsleistung aus. Um z. B. 1 m³ Luft auf 6 atü zu komprimieren sind nach der „Hütte" bei adiabatischer Kompression 26100 mkg nötig. Ein Kompressor für 10 m³ Ansaugeleistung je min benötigt also $10 \cdot 26100 : 60 = 4350$ mkg/s $= 42{,}7$ kW. Unter Annahme eines Kompressorwirkungsgrades von 0,8 und eines Riemenverlustes von 3% ist daher eine Motorleistung von $42{,}7 : 0{,}8 \cdot 0{,}97 = 55$ kW nötig.

2. In Hüttenwerken.

Hochofenaufzüge. Der Hochofen braucht Eisenerze, Koks und geringe Mengen Kalk, welche durch Aufzüge zur Gicht befördert werden müssen. Die Förderleistung richtet sich nach der Größe des Ofens. Ein Hochofen von beispielsweise 200 t Roheisen Tagesleistung braucht bei einer Ausnutzung der

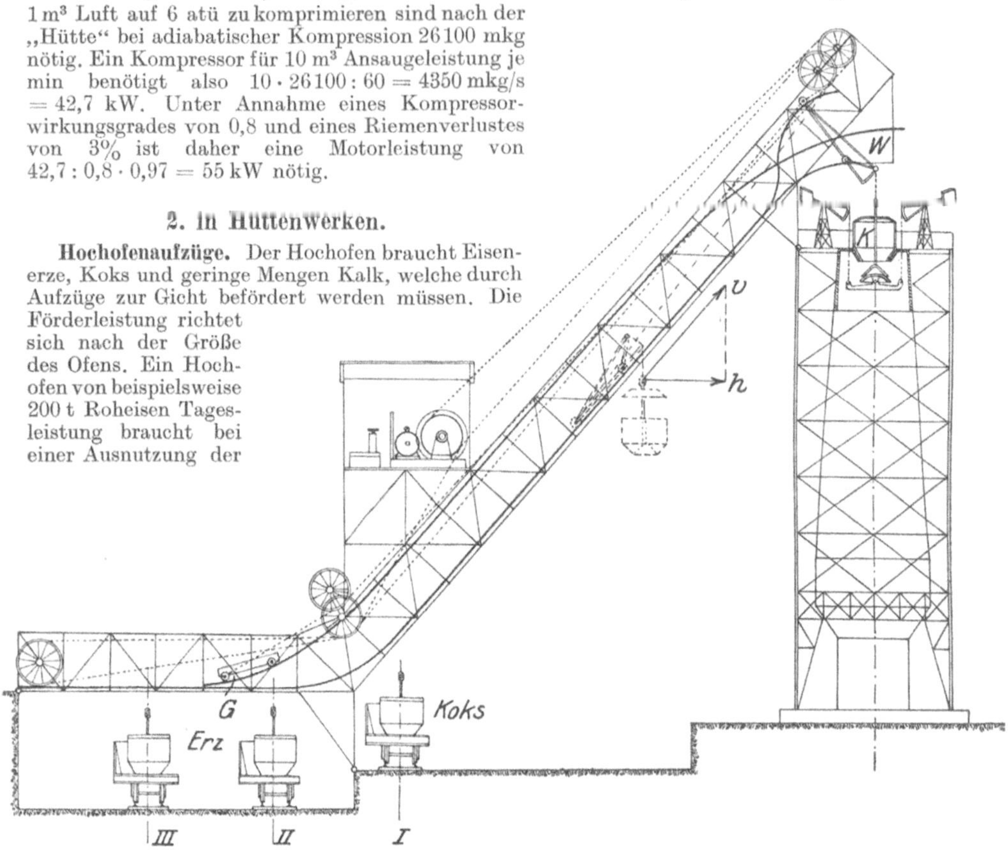

Abb. 636. Hochofenschrägaufzug für Kübelförderung.

Eisenerze von 30% etwa 670 t Erz. Für die Verhüttung dieser Erzmenge sind erfahrungsgemäß etwa 250 t Koks nötig. Bei einem Fassungsvermögen des Fördergefäßes von z. B. 6 t Erz oder 2,5 t Koks sind täglich 112 Erzfahrten und 100 Koksfahrten vorzunehmen, also insgesamt mindestens 10 Fahrten stündlich, wenn man die Essenspausen abrechnet. Die Möglichkeit einer zeitweisen verstärkten Förderung, sowie die Sicherheit verlangt jedoch eine gewisse Erhöhung der Fördermöglichkeit, wodurch sich dann unter Berücksichtigung der Pausen die notwendige Fahrgeschwindigkeit bestimmen läßt. Die Aufstellung eines Leistungsdiagramms und die Bestimmung der Motorleistung ist damit möglich. Die Steigerung der Ofenleistungen, welche heute bis 1000 t Roheisen je Tag betragen kann, hatte natürlich auch eine ebensolche Steigerung der Fördermenge zur Folge. Da die Geschwindigkeiten, die etwa 1 bis 1,5 m/s betragen, nicht wesentlich gesteigert werden konnten, wurden die Fördergefäße vergrößert, so daß mit einem Hub 22 t Erz oder 8 t Koks hinaufbefördert werden können. Die Antriebsleistung beträgt in solchen Fällen bereits mehrere hundert kW.

Hinsichtlich der Förderungsart kommen hauptsächlich zwei Systeme, die Förderung mit Kübel und diejenige mit Kippgefäß in Betracht. Die erstere ist durch Abb. 636 dargestellt und besitzt als Fördergefäß einen pendelnd aufgehängten Kübel *K* mit losem, trichterförmigem Boden. Die Aufzugswinde bewegt mittels Seilen einen Aufzugswagen, an dessen hinterer Achse das Seil angreift, und einen Gegengewichtswagen *G*. Am Aufzugskopf laufen Vorder- und Hinterrad des Aufzugswagen *W* auf verschieden geformten Schienen, wodurch der Wagen kippt und den Kübel auf die Gicht aufsetzt. Bei weiterem Absenken des Bodens entleert sich dann der Kübel. Zuvor hat ihn ein Deckel nach oben abgeschlossen, damit kein Gichtgas entweichen kann. Das untere Ende der Aufzugsbahn führt unter die Bunker, aus denen unter gleichzeitiger Mischung verschiedener

Sorten die Erze entnommen und mittels Zubringerwagen, auf denen die Kübel stehen, dem Aufzug zugebracht werden. Es können eine ganze Anzahl solcher Zubringergeleise vorhanden sein.

An die Steuerung eines solchen Aufzuges muß die Forderung gestellt werden, die Fahrgeschwindigkeit während der Fahrt derart zu regeln, daß der Kübel nicht pendelt. Würde er dies tun, so würde er sich weder richtig auf die Gicht, noch auf den Zubringerwagen absetzen, weil der Führer vom Windenhaus den Kübel nicht sieht und nur an der Wandermutter eines Teufenzeigers den Fahrweg verfolgen kann. Ein beliebig bewegter, aufgehängter Körper wird niemals pendeln, wenn man dafür sorgt, daß seine Horizontalgeschwindigkeit (h in Abb. 636) stets unverändert bleibt. Konstruiert man sich unter dieser Bedingung die Geschwindigkeit des Zugseils, also auch die des Motors, so ergibt sich (Abb. 637) eine Motordrehzahl, welche an den Bahnkrümmungen eine starke Veränderlichkeit zeigt. Da man auf der langen schrägen Strecke mit voller Motordrehzahl fahren möchte, müßte an den Krümmungen teilweise eine Überhöhung der Geschwindigkeit eintreten, die man aber gerade an diesen Stellen wegen der Betriebssicherheit und der Pendelneigung infolge von Bahnungenauigkeiten nicht wünscht. Man muß daher vor solchen Stellen Verzögerungen einschalten. Ändert man die Fahrgeschwindigkeit derart, daß sich eine gleichmäßige Verzögerung oder Beschleunigung einstellt, so wird sich der Kübel zwar etwas schräg stellen, aber nicht pendeln. Am Ende einer solchen Verzögerungsstrecke läßt sich dann durch einen Beschleunigungsimpuls der versuchte, pendelnde Rückgang des Kübels in die Vertikallage abfangen. Es leuchtet ein, daß sich eine derart peinlich genaue Steuerung nur schwer von Hand vornehmen läßt. Die früheren kleineren Aufzüge mit Walzen- oder Schützesteuerung waren daher nicht vollkommen, insbesondere wenn der schwer regelbare Asynchronmotor zur Anwendung kam. Bei den heutigen großen Leistungen ist die Leonardsteuerung vorherrschend, welche nicht nur eine verlustlose und feinstufige, sondern auch eine selbsttätige Steuerung ermöglicht. Die von den Fördermaschinen her bekannte Zurückschiebung der Meisterwalze durch den Teufenzeiger wird hier weniger angewandt, weil es sich auch zwischendurch um vorübergehende Geschwindigkeitsverminderungen handelt. Vielmehr kuppelt man einen, dem Kopierwerk eines normalen Aufzuges ähnlichen Fahrtbegrenzer mit dem Windwerk, welchen Abb. 638 darstellt. Die Trommel desselben macht knapp eine Umdrehung, wenn der Aufzug einen vollen Hub macht, und schaltet mit ihren Segmenten und den oben sichtbaren kleinen Schaltern den Feldwiderstand des Leonardgenerators. Dasselbe kann auch der Führer mit seiner Meisterwalze tun, jedoch nur so weit, wie der Fahrtbegrenzer die Steuerung freigibt. Zur Einstellung, sowie zum Ausgleich von Seillängen ist die Fahrtbegrenzertrommel mittels eines Schneckensegmentes oder einer Stellschraube etwas gegenüber dem Antriebsrad verstell bar.

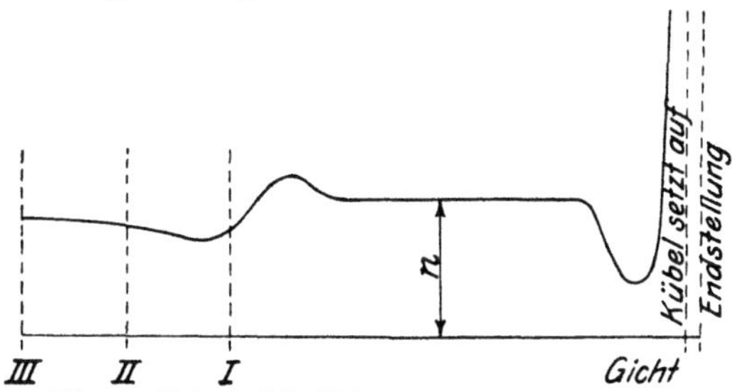

Abb. 637. Erforderliche Motordrehzahl bei unveränderter Horizontalgeschwindigkeit.

Abb. 638. Fahrtbegrenzer.

Die Schaltung eines Schrägaufzuges mit Leonardsteuerung veranschaulicht Abb. 639, und zwar ist links unten ein Übersichtsschaltbild für die Fahrt von der Gicht abwärts gezeichnet. Die vom Führer betätigte Meisterwalze *St* ist hier einfach durch eine Anzahl nebeneinander liegender Unterbrechungsstellen dargestellt, die mit denen des Fahrtbegrenzers *F* in Reihe geschaltet sind. Der Motor richtet sich daher nach derjenigen der beiden Steuervorrichtungen *St* und *F*, welche die geringste Geschwindigkeit vorschreibt. Wenn z. B. alle Schalter des Fahrtbegrenzers *F* geschlossen sind, kann der Führer mit allen Stufen *St* den Feldwiderstand des Generators *D* regeln. Sind aber vom Fahrtbegrenzer *F* nur die den Stellungen *2* und *3* entsprechenden Schalter geschlossen, so kann der Führer wohl seine Walze über die Stellung 3 hinaus bewegen, eine Abschaltung von Widerstand erfolgt dadurch aber nicht. Der Schalter *u* ist der Endschalter für Abwärtsfahrt. Er wird vor jeder unteren Haltestelle durch den Fahrtbegrenzer geöffnet. Will man aber nicht an der Haltestelle *I*, sondern bei einer späteren Stelle halten, so muß *u* an allen Haltestellen, an denen der Aufzug nicht zum Stillstand kommen soll, überbrückt werden. Dies tut ein Gleiswähler *G*, der von Hand auf ein Zielgleis eingestellt wird und der Fahrtbegrenzerschalter *a*. Der Schalter *b* des Fahrtbegrenzers umgeht die übrigen Schalter des Fahrtbegrenzers und ermöglicht dadurch, daß an bestimmten Stellen unabhängig vom Fahrtbegrenzer durch den Führer geregelt werden kann.

Die Hauptschaltung Abb. 639 ist ebenfalls vereinfacht und enthält nicht die zahlreichen Sicherheitseinrichtungen, von denen einige später betrachtet werden. Der Leonardumformer besteht aus dem Asynchronmotor *Dr*, dem Gleichstromgenerator *D* und der Erregermaschine *d*. *M* ist der Aufzugsmotor und *Br* der Bremsmagnet der Fahr- und Haltebremse. Die Winde hat außerdem noch eine Notbremse. Das Schütz S_1 hat Spannungsrückgangsschaltung und schaltet den Motorstrom, während S_2 den Bremsmagneten und die Motorerregung schaltet und von S_1 geschaltet wird. *E* ist ein Schalter, welcher durch die einfallende Notbremse geöffnet wird und verhindern soll, daß der Motor auf die festgebremste Winde arbeitet. Bei Überlastungen unterbricht der Überstromauslöser *A* den Spulenstrom des Schützes S_1 und dieses schaltet S_2 ab. Bei geöffnetem Schütz S_2 ist die Motorerregung nicht ganz ausgeschaltet, sondern nur ein Widerstand *w* vorgeschaltet. Man verhindert dadurch eine zu starke Erwärmung in der Erregerwicklung des ruhenden Motors, ohne daß durch das häufige Schalten die Wicklung durch große Selbstinduktionsspannungen gefährdet wäre. Ferner ist auch Gewähr vorhanden, daß beim Einschalten keine merkbare Zeit bis zur vollen Erregung verstreicht.

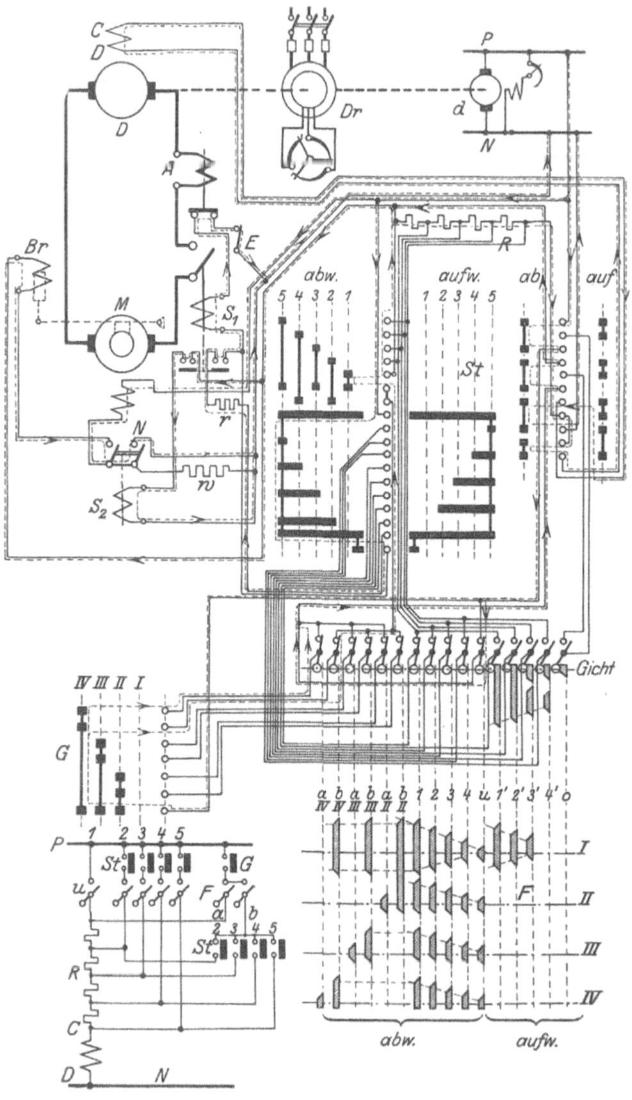

Abb. 639. Schaltung eines Schrägaufzugs mit Leonardsteuerung.

In der Nullstellung der Meisterwalze ist alles bis auf die verminderte Motorerregung abgeschaltet. Bei Drehung der beiden miteinander gekuppelten Meisterwalzen bekommen vor der Stellung *I* die beiden untersten Finger Kontakt, wodurch von *N* Verbindung über *E* und *A*, durch die Spule S_1 und über die unteren Walzenkontakte nach *P* besteht. Schütz S_1 zieht an und bleibt auch nach dem Weiterdrehen der Walze eingeschaltet, weil durch seine Hilfskontakte unter Vorschaltung des Widerstandes *r* der Stromkreis auch nach dem Ablaufen des untersten Walzenfingers geschlossen bleibt. Nur beim Ausbleiben der Spannung würde es abfallen. Auf Stellung *1* besteht bei Abwärtsfahrt der gestrichelt angedeutete Stromlauf, wobei angenommen ist, daß der Gleiswähler zur Fahrt auf Gleis *IV* eingestellt ist. Der Führer hat das Anlassen selbst vorzunehmen und muß zu diesem Zweck die Meisterwalze langsam ganz einschalten. Weiter braucht er sich um nichts zu kümmern. Sobald der Aufzug sich der unteren Bahnkrümmung nähert, öffnet sich der Fahrtbegrenzerschalter *bIV*, wodurch der Fahrtbegrenzer die Steuerung übernimmt. Durch die Öffnung seiner Schalter *1*, *2*, *3*, *4* wird die Geschwindigkeit derart vermindert, daß der Kübel ohne Pendelung durch die Krümmung kommt. Trotzdem der Endschalter *u* an der Haltestelle *I* öffnet, bleibt der Aufzug nicht stehen, weil *u* über die vierte Stellung des Gleiswählers und über den Schalter *aIV* überbrückt ist. Hinter *I* schließen sich die Schalter *4*, *3*, *2*, *1* wieder, wodurch sich die Fahrgeschwindigkeit wieder erhöht. Die Haltestellen *II* und *III* werden überfahren, weil der Umgehungsschalter *bIV* geschlossen ist. Erst vor *IV* öffnet sich dieser und gibt den Fahrtbegrenzer zur Bremsung frei, was durch Öffnung der Schalter *1*, *2*, *3*, *4* geschieht. Zum Schluß öffnen *u* und *aIV* und setzen damit den Aufzug still. Der Führer stellt nun die Meisterwalze in die Nullstellung. Bei Aufwärtsfahrt treten die rechten Schalter des Fahrtbegrenzers in Wirksamkeit, und *o* wirkt als Endschalter. Der Gleiswähler ist dann ausgeschaltet, weil oben nur eine Haltestelle ist.

Mit Rücksicht auf die Sicherheit des Hochofenbetriebes werden solche Aufzüge meist mit zwei Motoren ausgerüstet, von denen einer leer mitläuft. Eine Umschaltwalze erlaubt den einen oder anderen zum Betriebe einzuschalten. Damit nicht durch eine Umschaltung während des Betriebes eine Gefährdung eintritt, kann die Umschaltwalze Hilfskontakte erhalten, welche bei der Umschaltung den Aufzug zum Stillstand bringen. Der Leonardumformer wird häufig mit einem Fliehkraftschalter ausgerüstet, welcher beim Ausbleiben der Netzspannung und Auftreten von negativen Drehmomenten am Aufzug ein Durchgehen von Motor und Umformer verhüten soll. Die gleiche Sicherung läßt sich auch durch ein an der Erregerspannung liegendes Schütz erzielen, welches bei einer Spannungssteigerung anzieht und dadurch den Aufzug abschaltet.

Bei unmittelbarem Antrieb durch Asynchronmotoren oder Gleichstromnebenschlußmotoren (mit zusätzlicher Hauptschlußwicklung) stellt die Steuerung hohe Anforderungen an die Geschicklichkeit des Führers. Bei Drehstrom kann zur Bremsung Gegenstrom benutzt oder es kann auch der zweite Motor in Gegenschaltung genommen werden. Bei Gleichstrom ist eine wirksame Bremsung durch Ankerparallelwiderstände oder auch durch den zweiten Motor möglich.

Bei der Kippkübelbegichtung wird ein Förderhund in einen großen Trichter entleert, welcher das zentrale Gichtgasrohr ringförmig umschließt. Während der Aufzug selbst wenig Interessantes bietet, zeigt die Steuerung des drehbaren Gichttrichters Neues. Der Trichter ist nach oben durch eine hebbare Gichtglocke und nach unten durch eine Unterglocke abgeschlossen. Vor dem Einkippen des Kippkübels wird die Oberglocke durch ein Windwerk selbsttätig gehoben. Damit nun das Fördergut möglichst gleichmäßig im Ofen verteilt wird, dreht sich der Trichter nach jeder Kippung um einen bestimmten einstellbaren Winkel, bis er schließlich auf dem ganzen Umfang gleichmäßig gefüllt ist. Dann kann bei geschlossener Oberglocke die Unterglocke abgesenkt werden, wodurch der gesamte Trichterinhalt in den Ofen rutscht. Die Steuerung des Trichterdrehwerkes besorgt der Aufzug, und sie wird im Prinzip durch Abb. 640 veranschaulicht. Der Trichterdrehmotor werde durch das Schütz *S* geschaltet. Mit dem Drehwerk ist die Verteilerwalze *V* gekuppelt, welche die gleiche Drehzahl wie der Trichter hat. *W* ist ein Wahlschalter, mit dem man bestimmte Verteilungen der Kippungen über den Trichterumfang einstellen kann. Bei Einstellung auf Stellung *3* würden in der Abbildung z. B. neun Kippungen auf den Umfang entfallen. Nachdem eine Kippung erfolgt ist, wird der Aufzug zur Abwärtsfahrt in Gang gesetzt. Bei derselben schließt sich an einer bestimmten Stelle im Fahrtbegrenzer *F* ein Schalter und schaltet das Motorschütz *S* ein. Der Trichter und mit ihm die Walze *V* drehen sich nun. Der Schalter *F*, der bei Aufwärtsfahrt und bei Stillstand nicht einschalten kann (Abhängigkeitskontakt *K* am Hubschütz), bleibt nun solange geschlossen, bis der der Stellung *3* des Wahlschalters *W* entsprechende oberste Kontaktfinger der Walze *V* auf das folgende Segment aufläuft. Alsdann kann der Spulenstrom des Schützes bei geöffnetem Schalter *F* solange über *V* und *W* fließen, bis der genannte Kontaktfinger von dem Segment abläuft. Eine solche Drehung des Trichters erfolgt nun bei jeder Abwärtsfahrt. Mit dem Hilfsschalter *H* kann man von Hand beliebige Drehungen ausführen lassen, um z. B. bei hängendem Ofen einseitig begichten zu können. Um den Aufzugsführer von der jeweiligen Trichterstellung zu unterrichten, wird mit der Verteilerwalze gewöhnlich eine weitere Kontaktwalze gekuppelt, welche einen Lampenkranz derart einschaltet, daß die Kippstelle durch das Aufleuchten einer Lampe kenntlich gemacht wird.

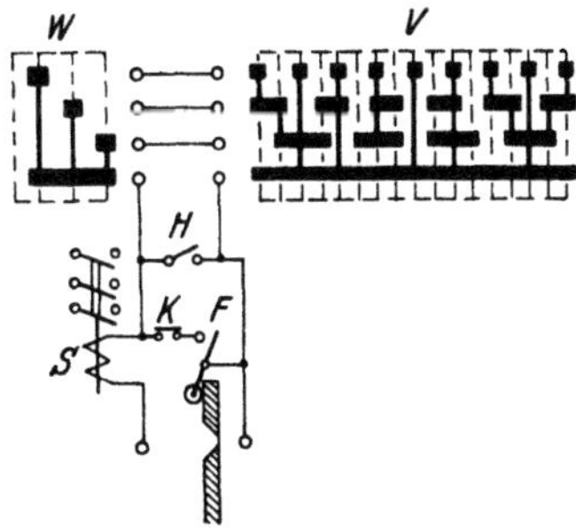

Abb. 640. Prinzip der Trichtersteuerung.

Gewöhnlich liegen mehrere Hochöfen nebeneinander. Bei kleinerer und mittlerer Ofengröße kann es vorteilhaft sein, wenn man nur einen oder zwei gemeinsame Aufzüge anordnet und die Begichtung durch einen Übergichtwagen besorgen läßt, welcher in der Lage ist, die Förderkübel vom Aufzug über jede Ofengicht zu bringen. Eine solche Anlage ist sehr wenig übersichtlich, und die Siemens-Schuckertwerke verwenden daher einen Fahrt- und Teufenzeiger, welcher nach Abb. 641 sowohl die Aufszugsstellung wie auch die Stellung des Begichtungswagens dem Führer bildlich darstellt.

Bei einer so umfangreichen Anlage, wie sie eine Hochofenbegichtung darstellt, können sich natürlich manche störenden Zufälligkeiten einstellen, die man, da dem Führer der räumliche Überblick fehlt, durch Sicherungsmaßnahmen unmöglich machen muß. Es kann z. B. vorkommen, daß sich beim Abheben des Förderkübels von der Gicht ein Stück Koks oder dergleichen zwischen Gicht und Glocke setzt und damit den Gichtschluß verhindert. Abb. 642 zeigt, wie man sich hiergegen und den damit verbundenen Gasverlust schützen kann. An den Gegengewichtssäulen der Gichtglocke sind Schalter (gußgekapselt) G_1 und G_2 angebracht, welche nur bei geschlossener Gicht eingeschaltet sind. Der Spulenstrom des Sicherheitsschützes S_1 (Abb. 639) wird über diese Schalter geführt, die aber fast immer durch den Fahrtgrenzerschalter F überbrückt sind. Nur an einer Stelle a kurz vor der Gichtendstelle öffnet sich F. Ferner erkennt man, daß bei Aufwärtsfahrt auch die Meisterwalze des Führers die Gichtglockenschalter überbrückt. Hieraus folgt, daß nach der Begichtung, kurz nach Beginn der Abwärtsfahrt der Aufzug zum Stillstand kommt (bei a), wenn die Glocke nicht geschlossen ist. Der Führer muß dann zurückfahren und den Kübel nochmals aufsetzen, um damit das Hindernis zu beseitigen. An anderen Bahnstellen und bei Aufwärtsfahrt können die Gichtschalter nicht wirken.

Abb. 641. Hochofen-Fahrt- und Teufenzeiger (SSW.).

Der abwärts fahrende Aufzugskübel kann mit dem Zubringerwagen, auf den er seinen Kübel absetzen soll, zusammenstoßen, wenn der Wagen nicht genau in Aufzugsmitte steht. Er kann auch mit Aufzugswagen zusammenstoßen, die sich auf den Quergleisen vor dem Ziel des Aufzuges zufällig aufhalten. Auch gegen solche Gefahren muß eine Sicherung vorhanden sein, weil der Aufzugsführer die Bahn nicht sehen kann. Es ist üblich, in der Fahrbahn der Zubringerwagen Blockschalter anzuordnen, welche zwei Schaltstellungen haben. Sobald überhaupt ein Zubringerwagen in die Aufzugsbahn hineinragt, wird ein solcher Blockschalter durch eine Schiene am Zubringerwagen auf die Stellung *1* gedreht, steht der Wagen genau in der Mitte der Aufzugsbahn, dann befindet sich der Blockschalter auf Stellung 2. Es soll dadurch erreicht werden, daß der Aufzug selbsttätig zum Stillstand kommt, wenn in einem der Vorgleise ein Zubringerwagen in die Aufzugsbahn ragt, und wenn im Zielgleise der Wagen nicht genau eingestellt ist. Abb. 643 veranschaulicht die Schaltung. S_1 und E

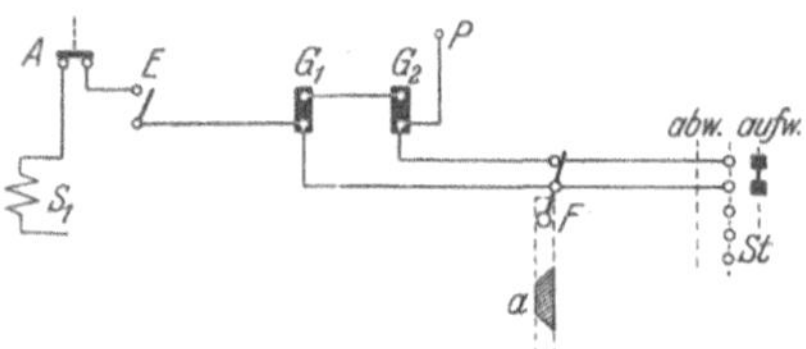

Abb. 642. Gichtschlußsicherung.

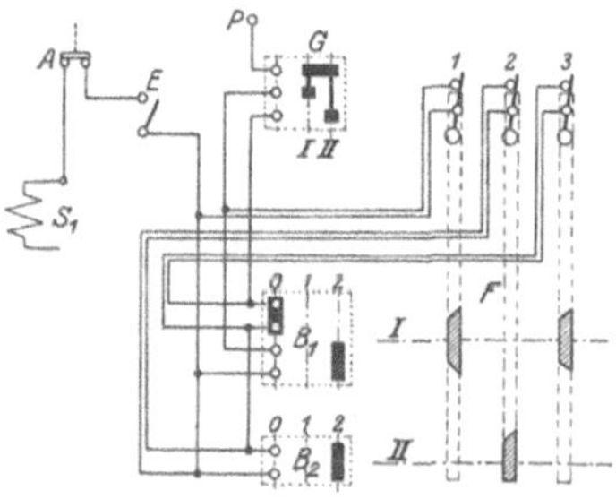

Abb. 643. Blockierung des Aufzugs gegen die Zubringerwagen.

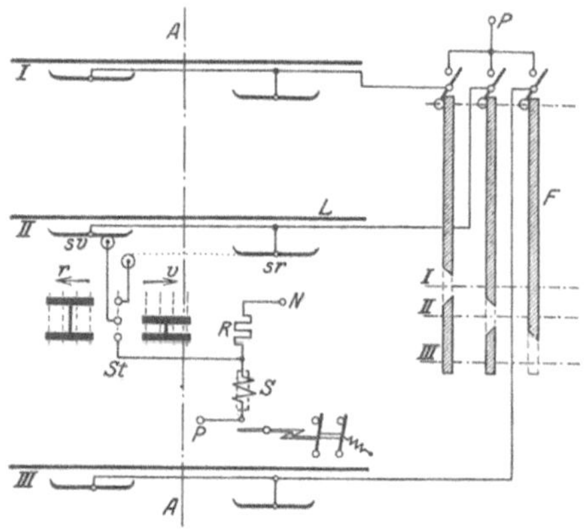

Abb. 644. Blockierung der Zubringerwagen gegen den Aufzug.

entsprechen Abb. 639. B sind die Blockschalter, F der Fahrtbegrenzer des Aufzuges. Wenn der Führer nach Einstellung des Gleiswählers zur Haltestelle *I* fahren will, so muß dort der Zubringerwagen genau eingestellt, also sein Blockschalter auf Stellung *2* stehen. Der Spulenstrom des Sicherheitsschützes S_1 ist daher über den mittleren Kontakt des Gleiswählers G und über die beiden unteren Kontakte des Blockschalters B_1 geführt, die bei richtiger Zubringerwagenstellung verbunden sind. Damit aber der Wagen nicht während der ganzen Aufzugsfahrt dort warten muß, sind die beiden Kontakte in B_1 durch den Fahrtbegrenzerschalter *1* überbrückt, und nur kurz vor Erreichung der Haltestelle *I* wird diese Überbrückung gelöst. — Zur Fahrt nach Haltestelle *II* steht der Gleiswähler auf Stellung *2*. Dann muß ordnungsmäßig B_1 in der Nullstellung und B_2 auf Stellung *2* stehen. Der Schützspulenstrom ist deshalb über die oberen Kontakte von B_1 und die beiden von B_2 geführt. Damit B_1 aber nur wirksam ist, wenn der Aufzug in der Nähe dieser Haltestelle ist, wird er durch den Fahrtbegrenzerschalter *3* an allen anderen Stellen überbrückt. Ebenso gibt Schalter *2* den Blockschalter B_2 im Bereiche der Haltestelle *II* frei.

Die betrachtete Schaltung verhindert zwar, daß der Aufzugskübel gegen die Zubringerwagen fahren kann, sie verhütet aber nicht, daß der Führer des Zubringerwagens bei Unaufmerksamkeit gegen den Aufzug fährt. Dies soll durch die Sicherheitsschaltung Abb. 644 verhindert werden. Die drei Zubringergleise *I*, *II* und *III* kreuzen die Aufzugsbahn *A*—*A*. Um den Zubringerwagen stillsetzen zu können, kann man ihn mit einem Spannungsrückgangsschalter oder einem Schütz in dieser Schaltung versehen, wobei die Auslösung durch den Aufzug bewirkt werden muß, wenn sich der Aufzugskübel am Kreuzungspunkt befindet und der Zubringerwagen sich auf diesen Punkt hinbewegt. Bei einer Fortbewegung von diesem Punkt besteht keine Gefahr, die Auslösung muß dann also unterbleiben. Die Zubringerwagen haben neben der Fahrleitung an der Aufzugsbahn noch Hilfsschienen *sv* und *sr*. Die Nullspannungsspule *S* des Zubringerwagens kann nun über die Fahrtbegrenzerschalter *F* und über die Hilfsschienen *sv* oder *sr* kurzgeschlossen werden, wodurch die Auslösung und Stillsetzung erfolgt. Da die Fahrtbegrenzerschalter sich nur dann schließen, wenn der Kübel sich am Kreuzungspunkt befindet, kann die Abschaltung nur im Gefahrfalle eintreten, und da die kurzschließende Leitung ferner über die Steuerwalze *St* des Wagenführers geht, ist bei der gezeichneten Stellung die Abschaltung nur dann möglich, wenn sich der Wagen in der Richtung *v*, also zum Kreuzungspunkt hinbewegt.

Die Zubringerwagen selbst weisen gewöhnlich nichts Besonderes hinsichtlich ihrer Steuerung auf. Sie haben meist neben dem Fahrwerk ein Drehwerk, welches den Kübel zum Zwecke der besseren Erzmischung während des Einfüllens in Drehung versetzt und zuweilen auch ein Hubwerk, um das Ein- und Aushängen des Aufzugskübels zu erleichtern.

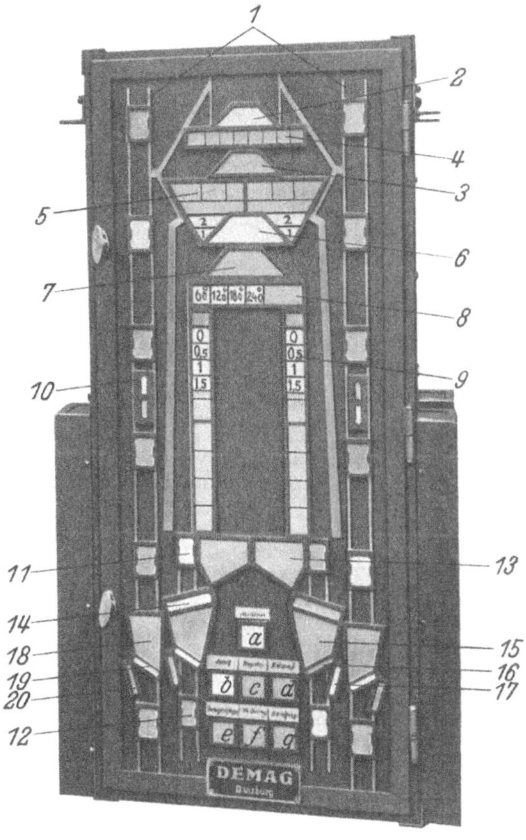

Abb. 645. Hochofen-Signaltafel der Demag. 1 = Fahrstellung des Schrägaufzugs, 2 = Oberglocke geschlossen, 3 = Oberglocke offen, 4 = Drehung des Trichters, 5 = Zahl der Trichterschüttungen, 6 = Unterglocke geschlossen, 7 = Unterglocke offen, 8 = Gichtverschlußstellung, 9 = Höhe des Schüttgutes (Sonden), 10 = Fahrrichtungspfeile, 11 = oberste Stellung des Feinkoksbunkers, 12 = unterste Stellung desselben, 13 = Koksbunker, 15 = Feinkoksbunker, 16 = Feinkoksbunker geschlossen und 17 = offen, 18 = Meßbunker, 19 = derselbe geschlossen und 20 = offen. *a* = Schlußlampe, *b* = Abstich, *c* = Reparatur, *d* = Stillstand, *e* = langsamer Ofengang, *f* = Überstromauslösung, *g* = Ofenberieselung. Dargestellter Zustand: Linker Hund fährt die 3. Schüttung hoch, rechter Hund fährt abwärts, um Erz zu holen. Der Gichtverschluß ist um 240° gedreht, und die Glocken sind geschlossen. Der Ofen ist bis auf 1,5 m gefüllt und wird gerade abgestochen.

Der Stand des Hochofens wird durch Sondenstangen überwacht, welche sich durch die Gicht hindurch auf die Ofenfüllung stützen und ihre Eintauchtiefe durch eine elektrische Übertragung dem Führer sichtbar machen. Vor der Begichtung heben sie sich, vom Aufzug gesteuert, selbsttätig hoch, um sich später wieder aufzusetzen. Alle mit dem Ofengang und der Begichtung zusammenhängenden Vorgänge werden heute durch ein umfangreiches Signalsystem an zentraler Stelle erkennbar gemacht. Abb. 645 zeigt z. B. eine Lichtsignaltafel eines Hochofens.

3. In Stahlwerken.

Mischer. Sie dienen zur vorläufigen Aufnahme und zum Vorfrischen des von den Hochöfen in das Stahlwerk gelieferten Roheisens. Abb. 646 veranschaulicht eine Mischeranlage. Mittels eines Gießkrans oder auch unmittelbar mit dem Roheisenwagen wird das ankommende Roheisen in den Mischer eingefüllt und nach Bedarf durch Kippen des trommelförmigen Mischers in Gießpfannen entleert. Der Antrieb der Mischerkippbewegung muß äußerst betriebssicher sein, weil eine längere Störung zu einem Einfrieren des Mischers führen kann, und weil auch eine kurze Störung schon einen großen Produktionsausfall zur Folge haben kann. Bei der Bewegung des Mischers, dessen

Fassungsvermögen mehr als 1000 t betragen kann, sind in der Hauptsache nur Reibungswiderstände zu überwinden. Solche Antriebe zeichnen sich immer dadurch aus, daß im Anlaufaugenblick, durch die größere Zähigkeit des Öles und durch die größere Reibung der Ruhe ein wesentlich größeres Drehmoment als im Beharrungszustand erforderlich ist. Demgemäß wird man bei Gleichstrom den Reihenschlußmotor bevorzugen, während man bei Drehstrom auf den Asynchronmotor angewiesen ist, der jedoch mit hinreichend großem Anlaufmoment ausgeführt werden kann. Abb. 647 stellt die Leistungsaufnahme eines ausgeführten Rundmischers von 500 t Fassungsvermögen bei verschiedenen Füllungen dar. Zur vollständigen Kippung (etwa $^1/_4$ Umdrehung) werden 240 s gebraucht. Die Leistungslinie zeigt, daß die Anlaufleistung ganz wesentlich größer als die Beharrungsleistung ist. Die Leistungen für die Füllungen von 130 t und 530 t sind natürlich wesentlich größer als die Leerlaufsleistung des Mischers, jedoch ist der Unterschied zwischen Anlauf und Beharrungsleistung geringer. Die Leistungslinien bei gefülltem Mischer erstrecken sich nur über wenige Sekunden, weil in diesem Falle doch nur bis zum Ausfluß des Roheisens gekippt werden kann. Da die Antriebsspindel des Mischers nur einen begrenzten Kippweg zuläßt, sorgen Hilfsstromendschalter E in Verbindung mit einem Schütz für eine rechtzeitige Stillsetzung des Motors. Die Endschalter können natürlich auch in einem besonderen, mit dem Triebwerk gekuppelten Spindelendschalter untergebracht sein. Der Führer muß den Mischer beim Steuern genau beobachten können, ohne der strahlenden Hitze zu sehr ausgesetzt zu sein. In Abb. 646 ist dies z. B. dadurch erreicht, daß das geschlossene Führerhaus an der gegenüberliegenden Wand angebracht ist. Dasselbe muß jedoch derart seitlich liegen, daß der Führer den Ausfluß auch von der Seite sehen kann. Zur Steuerung genügen wegen der geringen Schalthäufigkeit meist Steuerwalzen; nur bei größeren Leistungen werden Steuerschalter oder auch Schützsteuerungen bevorzugt. Die Leitungen, welche den Motor mit dem Führerhaus verbinden, sind gewöhnlich eisenbandarmierte Bleikabel. Schmelzsicherungen können zum Motorschutz nicht verwandt werden, weil ein Durchbrennen derselben während des Ausgusses einen ungewollten Ausfluß des Roheisens zur Folge haben könnte. Es kommen vielmehr nur Überstrom-Selbstschalter zur Verwendung.

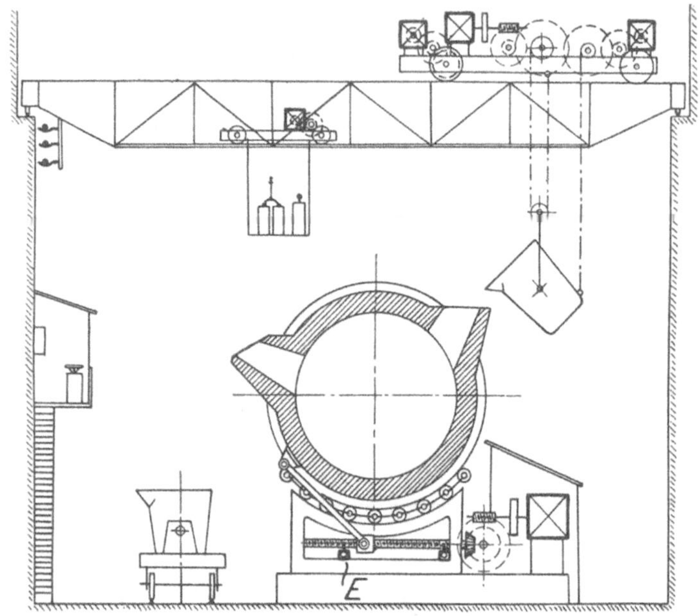

Abb. 646. Mischeranlage.

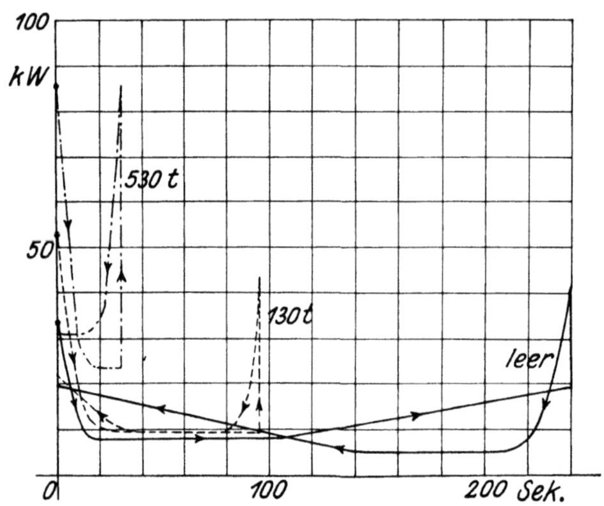

Abb. 647. Leistungsverbrauch eines Rundmischers 500 t (Motor 48 kW Stundenleistung, n = 550).

Der zum Einfüllen des Roheisens in den Mischer dienende Gießkran muß mit den Steuerungen versehen werden, welche nach den früheren Betrachtungen hinreichend feinfühlig zur Zurücklegung kurzer Wege ohne Stoß sind. Zum Kippen der Pfanne dient gewöhnlich ein Hilfshubwerk. In dem dargestellten Falle ist der Führerstand fahrbar angeordnet, so daß der Führer in der Lage ist, seine Stellung so zu wählen, daß er bei guter Sicht möglichst von der Hitze verschont ist. Eine solche Ausführung bedingt allerdings eine beträchtliche Anzahl von Fahrleitungen im Kranträger, welche meist nicht leicht unterzubringen sind. Als Steuergerät für die größeren Motoren kommt fast immer die Schützsteuerung in Frage. Bei der Legung der isolierten Leitungen ist auf einen guten Schutz derselben gegen die strahlende Hitze besonders zu achten[1].

In den Martinöfen werden Eisenabfälle, Späne sowie flüssiges Roheisen zu Stahl entkohlt. Zuweilen sind dieselben zur Entleerung kippbar eingerichtet, und die erhalten alsdann einen dem Mischer sehr ähnlichen Antrieb. „Rheinmetall" gibt für einen Martinofen von 100 t Fassung und 350 t Eigengewicht, welcher an der Rollbahn vom Radius 4700 mm gemessen minutlich einen Weg von 2,5 m zurücklegen soll, einen Motor von 80 kW, $n = 600$ an. Die Ofenköpfe, durch welche das Gas und die Luft zugeführt wird, müssen ausfahrbar sein. Bei einem Kopfgewicht von 100 t und einer Fahrgeschwindigkeit von etwa 3 m/min reicht eine Antriebsleistung von 7 kW bei 15% ED aus.

Beschickungsmaschinen für Martinöfen zum Einfüllen des festen Beschickungsgutes erhalten gewöhnlich die durch Abb. 648 dargestellte Ausführungsform. Außer den normalen drei Motoren eines Kranes sind noch ein Schwenkmotor S zur Schwenkung des Schwengels mit der Mulde sowie ein Kippmotor K zur Drehung des Schwengels um seine eigene Achse zwecks Entleerung in den Ofen nötig. Der Führer hat seinen Stand unten auf dem dreh- und hebbaren Teil, wo auch der Schaltkasten T angebracht ist. Da solche Maschinen nur einen geringen Vertikalhub brauchen, kann die Leitungsverbindung zwischen dem festen Katzengerüst und dem beweglichen Führerstand mittels einer Kabelschere nach Abb. 571 erfolgen. Der Übergang von dem drehenden Führerstand zum festen Katzengerüst geschieht über Schleifringe R, welche auf der Königssäule angebracht sind. Unter Voraussetzung von Asynchronmotoren mit Schleifringläufern würde sich ihre Anzahl wie folgt ergeben: drei Zuleitungen, sechs für den Hubmotor, sechs für den Katzfahrmotor, sechs für den Kranfahrmotor und sechs für den Schwenkmotor. Zusammen also 27 Schleifringe, die oft nicht leicht unterzubringen sind. Im Kranträger werden neun Fahrleitungen benötigt, nämlich drei Zuleitungen und sechs für den Kranfahrmotor. Bei der Festlegung der Motorleistung geht man zweckmäßig von der Beschickungsleistung aus. „Rheinmetall" gibt für eine Beschickungsmaschine von 16,1 m Spannweite und 85 t Gesamteigengewicht, die mit einer besonderen Hilfswinde von 15 t Tragkraft ausgerüstet ist und außer den betrachteten Bewegungsmöglichkeiten auch noch ein vertikales Wippen der Mulde ausführen kann, folgende Motorleistungen an:

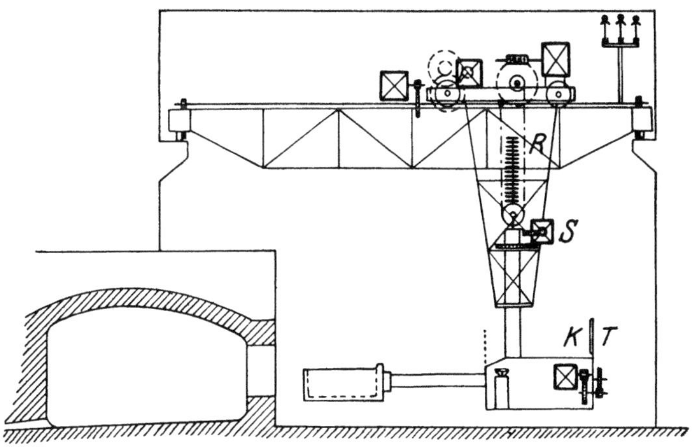

Abb. 648. Beschickungsmaschine für Martinöfen.

Heben	7 bis 7,5 m/min	55 kW	$n = 600$ U/min
Hilfsheben . . .	4,5 „	18 „	$n = 700$ „
Katzfahren . . .	75 bis 80 „	28 „	$n = 700$ „
Hilfskatzfahren .	70 „	11 „	$n = 700$ „
Kranfahren . .	80 bis 85 „	55 „	$n = 600$ „
Drehen	3 mal/min	11 „	$n = 700$ „
Kippen	12 bis 15 „	11 „	$n = 700$ „
Wippen	8 bis 9 „	18 „	$n = 700$ „

Die Mulde mit Inhalt wiegt maximal 5 t

Gegenüber Kranen gleicher Beanspruchung sind bei den Beschickungsmaschinen die Motoren wesentlich reichlicher auszuführen, weil derartige Maschinen immer noch für alle möglichen allgemeinen Arbeiten benutzt werden, insbesondere dann, wenn eine Hilfswinde nicht vorgesehen ist. So wird z. B. auch der Schwengel benutzt, um die Einlaufrinne für das flüssige Roheisen anzusetzen und wieder fortzunehmen, ferner auch zum Verschieben von Wagen auf dem Hüttenflur, sowie auch zum Ausbreiten des Beschickungsgutes im Ofen. Da hierzu häufig unvorhergesehene Leistungen nötig sind, muß der Motor entsprechend reichlich bemessen werden. Der über dem Martinofen liegende Teil des Kranes befindet sich stets in einem starken Wärmestrom, gegen den

[1] Ausführung eines Gießkranes siehe Elektrotechn. Z. 1920 H. 17 S. 333.

man die Leitungen sowie auch die Motoren schützen muß. Die Schleifleitungen ordnet man an der dem Ofen abgekehrten Seite an.

Der in den Thomasbirnen und im Martinofen gewonnene Stahl wird in eiserne Kokillen (*K* in Abb. 649) gegossen, in welchen er zu Blöcken erstarrt. Das Ausstoßen der Blöcke aus den Kokillen, was besonders dann nicht leicht ist, wenn Stahl übergelaufen ist, geschieht durch kranähnliche Maschinen, die sog. Stripperkrane (Abstreifkrane), die mittels ihrer Zange weiterhin auch zum Transport von Blöcken und Kokillen dienen. Abb. 649 veranschaulicht einen solchen Kran im Querschnitt. Außer den normalen drei Motoren eines Kranes hat dieser noch einen Drehmotor zum Drehen der mittleren heb- und senkbaren Zangensäule, ferner noch einen Strippermotor *St*, welcher mittels Übersetzung auf die Spindel eines Stempels arbeitet, mit welchem nach dem Erfassen der Kokille der Block herausgestoßen werden kann. Auch das Bewegen der Zangenschenkel erfolgt durch die Stempelbewegung. Derartige Krane, von denen die Leistungsfähigkeit eines Stahlwerkes in hohem Maße abhängt, sind sehr stark beansprucht. Die Bestimmung der Motoren erfolgt zweckmäßig aus dem Arbeitsprogramm unter Berücksichtigung der Beschleunigungsarbeit, wobei sich bei den stark benutzten Motoren Einschaltdauern von 0,4 und mehr ergeben (Abb. 498). Ferner ist zu beachten, daß im Gegensatz zu normalen Kranen, bei denen die Last sehr wechselnd ist, hier das Blockgewicht gegenüber den toten Lasten, wie die Strippersäule und dem Winden- und Krangerüst vernachlässigbar klein ist, daß also stets angenähert mit Vollast gearbeitet wird. Besonders hoch kann der Strippermotor beansprucht sein. Er muß nicht nur bei jedem Öffnen und Schließen der Zange anlaufen, sondern er wird auch bei dem Strippen des Blockes jedesmal stark belastet. Bei großen Stripperkranen werden Stempeldrücke von mehr als 100 t benötigt, bei denen der Motor noch durch Schwungmassen unterstützt werden kann. Es ist also auch noch erhebliche Beschleunigungsarbeit zu leisten. Die Beanspruchung des Strippermotors wird aber erst dadurch zu einer ganz ungewöhnlichen, daß bei festsitzenden Blöcken das Strippen oft in ununterbrochener Folge versucht wird, bis der Block endlich nachgibt. In Ausnahmefällen hat man 75 Anläufe gezählt und auf eine Minute entfallen oft mehr als 15 Anläufe, während die Pause kaum eine Sekunde erreicht. Strippermotoren müssen daher in Rücksicht auf solche unberechenbaren Fälle reichlich gewählt werden. Eine Rutschkupplung schützt den Motor bei unnachgiebigem Block vor mechanischer Überlastung.

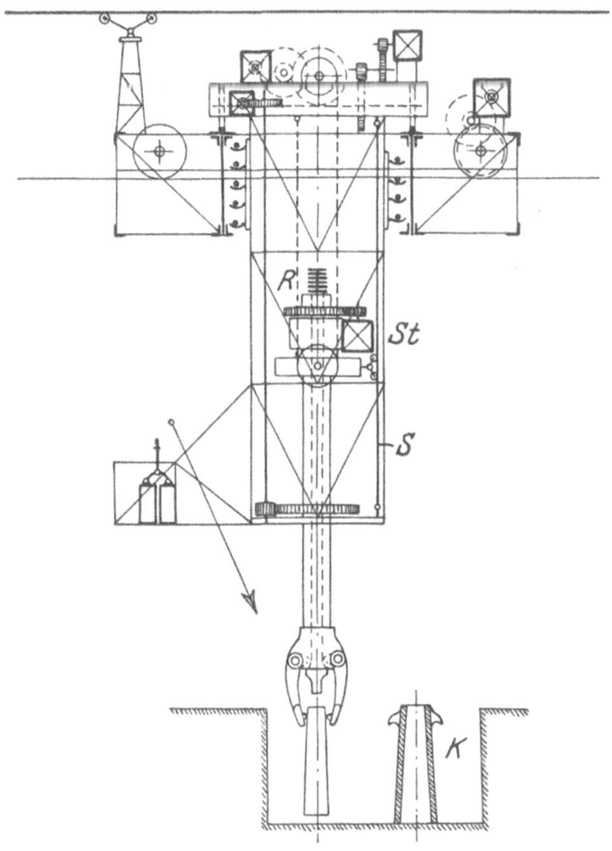

Abb. 649. Stripperkran.

Die Steuerung von Stripperkranen stellt hohe Anforderungen an den Führer, weil eine ganze Anzahl Bewegungen, zum Teil gleichzeitig und mit erheblichen Antriebsleistungen ausgeführt werden müssen, wobei Pausen selten sind. Die Schützensteuerung ist daher für die größeren Motoren vorherrschend, während für die kleinen Motoren Steuerwalzen anwendbar sind. Der Führerstand muß so angeordnet werden, daß der Führer sein Arbeitsfeld gut überblicken kann (Pfeilrichtung in Abb. 649). Dem Strippermotor wird der Strom über sechs Schleifringe *R* und über sechs vertikale Fahrleitungen (oder Schienen) zugeführt. Bei geringer Hubhöhe können die letzteren auch durch bewegliche Leitungen ersetzt werden.

4. In Walzwerken.

Nach einer gleichmäßigen Erhitzung in Tieföfen werden die gegossenen Blöcke im Walzwerk auf den Blockstraßen zu kleineren Blöcken und Knüppeln und auf den Fertigstraßen zu Profileisen ausgewalzt. Man unterscheidet dem Betriebe nach zwischen Umkehrwalzwerken und durchlaufenden Walzenstraßen. Das Umkehrwalzwerk, welches vor allem zum Auswalzen schwerer Blöcke zur Anwendung kommt, hat zwei übereinander liegende Walzen (Duowalzwerk), deren Drehrichtung nach jedem Blockdurchgang umgekehrt wird. Bei den durchlaufenden Walzwerken sind meistens drei übereinander liegende Walzen vorhanden (Triowalzwerk), wobei das Walzstück zuerst zwischen den beiden unteren Walzen hin- und dann zwischen den oberen Walzen zurückgeht. Das dabei nötige Heben und Senken des Walzgutes besorgen Hebetische. Man erkennt, daß man bei Umkehrwalzwerken bestrebt sein muß, die umlaufenden Massen so klein wie möglich zu halten, damit die mit der Massenwirkung verbundenen Verluste vermindert und eine schnelle Umkehr möglich ist. Bei den durchlaufenden Walzwerken wäre hingegen eine Erhöhung der Massenwirkung durch ein Schwungrad angebracht, um die beim Walzen auftretenden Belastungsstöße vom Netz fernzuhalten. Die Drehzahl eines Walzwerkes hat sich dem Walzvorgang anzupassen. Zum Erfassen des Walzstückes durch die Walzen ist eine geringe Drehzahl nötig, weil anderenfalls das Stück abrutscht. Andererseits ist zum Durchwalzen eine um so größere Geschwindigkeit notwendig, je geringer der Querschnitt des Walzgutes geworden ist, weil sonst eine unzulässig schnelle Erkaltung eintritt. Fertigwalzwerke, deren Programm ständig sich ändert, müssen daher in Anpassung an dasselbe regelbar sein. Die Schwierigkeit des Erfassens des Walzstückes ist um so größer, je dicker das Stück ist und je stärker die Streckung bei einem Stich ist. Da bei den neueren Blockwalzwerken die Streckung während des einzelnen Stiches eine sehr beträchtliche ist, muß zum Erfassen die Drehzahl auf einen sehr kleinen Betrag herabgemindert werden. Der erwünschte Drehzahlverlauf für ein Blockwalzwerk stellt sich daher durch Abb. 650 dar, worin t die wirkliche Walzzeit und T die ganze Betriebszeit darstellt. Man erkennt, daß das Walzstück mit sehr geringer Geschwindigkeit erfaßt wird, worauf eine Beschleunigung bis zu einer Höchstgeschwindigkeit und darauf eine

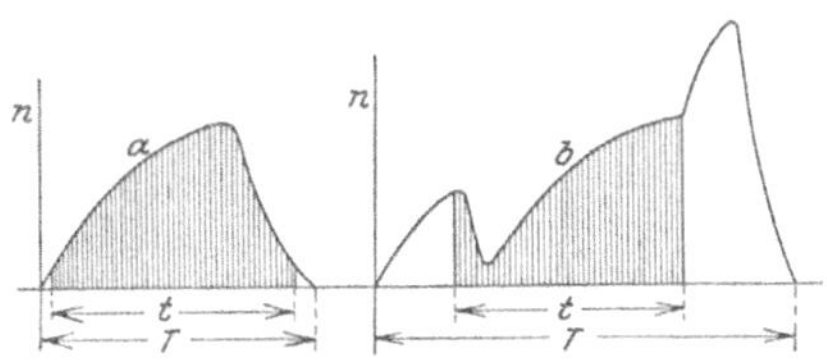

Abb. 650. a = richtiger Geschwindigkeitsverlauf, b = Verlauf bei Dampfmaschinenantrieb.

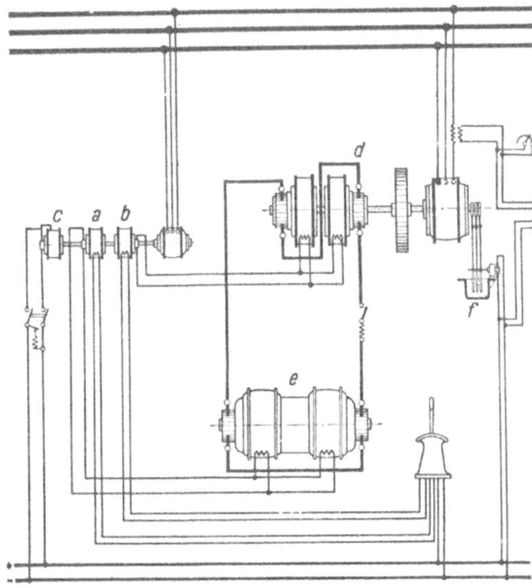

Abb. 651. Leonardsteuerung eines Walzmotors.

Verzögerung derart erfolgt, daß der Motor kurz nach Beendigung des Walzvorganges zum Stillstand kommt. Bei unaufmerksamer Bedienung oder bei mangelhafter Steuerfähigkeit, die besonders den früheren Dampfmaschinen eigen war, kommt es zu einem Geschwindigkeitsverlauf nach Linie b, bei welcher sich die wirkliche Walzzeit t sehr wesentlich von der Gesamtzeit unterscheidet. Infolge der starken Abhängigkeit der Drehzahl von der Belastung tritt beim Erfassen ein starker Abfall der Drehzahl ein. Nach Beendigung des Walzvorganges tritt durch die plötzliche Entlastung eine große Drehzahlsteigerung auf, auch wird das Walzstück mit beträchtlicher Geschwindigkeit herausgeschleudert. Den dargestellten erwünschten Geschwindigkeitsverlauf erzielt man am sichersten durch die Leonardsteuerung mit Ilgnerumformer. Das auf der Umformerwelle angeordnete schwere Schwungrad schützt das Netz vor den großen Belastungsstößen. Der Walzmotor selbst, welcher ein möglichst geringes Schwungmoment haben soll, wird bei großen Leistungen als Doppelmotor ausgeführt. Hierbei sind Maximalleistungen von mehr als 32000 kW und Drehmomente von über 300 mt erreicht worden. Mit Rücksicht auf eine gute Stromwendung bei den Belastungsspitzen erhalten die Motoren Wendepole und eine Kompensationswicklung. Eine zusätzliche Hauptschlußwicklung wäre zur Erhöhung des Drehmomentes wünschenswert, jedoch müßte dann bei einer Umkehr der Drehrichtung auch die Hauptschlußwicklung umgepolt werden, was in Anbetracht der großen Stromstärken nicht einfach ist. Die AEG. vermeidet dies dadurch, daß sie den Motor mit einer zweiten Nebenschlußwicklung versieht, deren Strom künstlich dem Belastungsstrom proportional gehalten wird. Die Steuerung kann bei den großen Leistungen, welche bei Umkehrwalzwerken üblich sind, nicht unmittelbar erfolgen. Bei einer Motorleistung von 10000 kW und etwa 1% Erregerverlust betrüge derselbe 100 kW, also bei einer Spannung von 500 V wäre ein Erregerstrom von 200 A mit großer Häufigkeit zu schalten. Man kann dies nur unter Zwischenschaltung einer Schützsteuerung oder einer zweiten Leonardsteuerung, Doppelleonardschaltung. Abb. 651 veranschaulicht den zweiten Fall. d ist der Leonardgenerator, welcher den Walzmotor e (Doppelmotor) speist. Durch einen besonderen Erregerumformer wird im Generator a der Erregerstrom für den Walzmotor, in c der Hilfsstrom und in b der Erregerstrom des Leonardgenerators erzeugt. Das Steuergerät wirkt hier also auf den Erregerstrom des Generators b. Damit das Schwungrad des Umformers wirken kann, besitzt der Asynchronmotor einen Schlupfwiderstand f, der mittels der Relais g und h in Abhängigkeit von dem Motorstrom eingeschaltet wird. Die Anordnung eines Walzwerkes mit drei Walzenstraßen geht aus Abb. 652 hervor. Sowohl der Ilgnerumformer wie auch die Walzmotoren b sind in abgetrennten, geschlossenen Räumen untergebracht, die mit Hilfe der Lüfter i unter Vorschaltung von Filtern entlüftet werden. Der Doppelumformer besitzt ein Schwungrad d, welches zur Herabsetzung der Luftreibungsverluste gewöhnlich gekapselt ist. Die beiden Umformermotoren sind Hochspannungs-Asynchronmotoren, welche von der Schaltanlage h gespeist werden. Das Anlassen und Regeln auf konstante Stromaufnahme geschieht durch die Anlasser und Schlupfregler g. Die Umformer k erzeugen den Erregerstrom. Die Generatoren c sind Doppelmaschinen. Dadurch ist eine höhere Drehzahl und ein leichteres Schwungrad möglich. Außerdem können Parallel- und Reihenschaltungen vorgenommen werden. e stellt einen Umschaltschrank dar, durch welchen solche Umschaltungen sowie die Verbindung mit irgendeinem der Walzmotoren vorgenommen werden kann. Gewöhnlich wird dieser Umschalter als Kreuzschienenwähler mit getrennten Tafeln für jeden Pol ausgeführt.

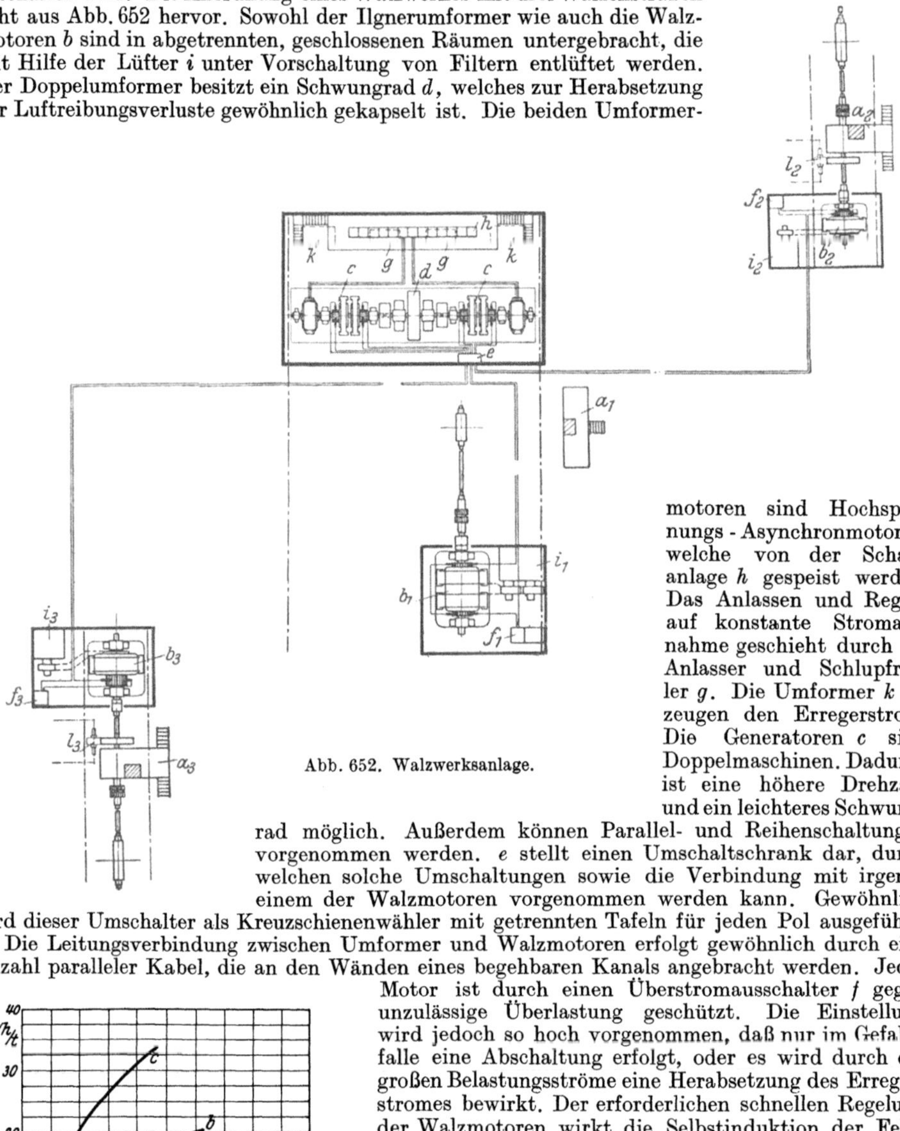

Abb. 652. Walzwerksanlage.

Die Leitungsverbindung zwischen Umformer und Walzmotoren erfolgt gewöhnlich durch eine Anzahl paralleler Kabel, die an den Wänden eines begehbaren Kanals angebracht werden. Jeder Motor ist durch einen Überstromausschalter f gegen unzulässige Überlastung geschützt. Die Einstellung wird jedoch so hoch vorgenommen, daß nur im Gefahrfalle eine Abschaltung erfolgt, oder es wird durch die großen Belastungsströme eine Herabsetzung des Erregerstromes bewirkt. Der erforderlichen schnellen Regelung der Walzmotoren wirkt die Selbstinduktion der Feldwicklung entgegen. Es muß daher eine Schnellerregung vorgesehen werden, bei welcher die Erregerwicklung für eine verhältnismäßig geringe Spannung gewickelt ist und mit dieser normal betrieben wird. Bei starker Drehzahländerung oder Umkehr der Drehrichtung wird jedoch vorübergehend eine wesentlich größere Spannung angelegt. Unter Zuhilfenahme einer solchen Schnellerregung ist es möglich, selbst die größten Motoren im Leerlauf mehr als 30 mal in der Minute umzusteuern. Die Steuerung erfolgt gewöhnlich von besonderen Steuerbühnen a aus, von denen man den Walzvorgang gut übersehen kann.

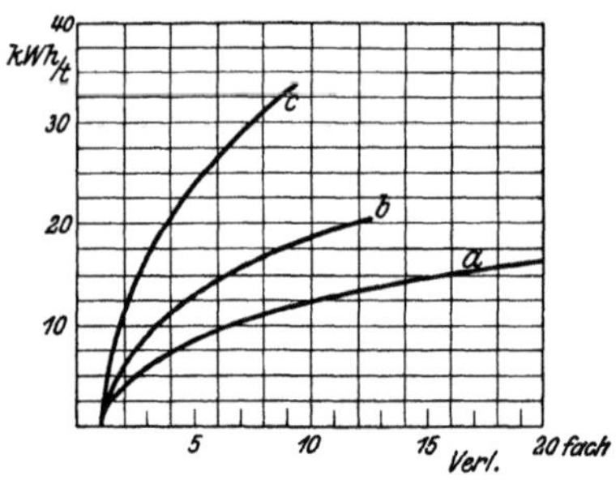

Abb. 653. Walzarbeit. a = Blöcke von 3 t mit Zweiwalzengerüst, b = schwere Träger, 2 t, mit Zweiwalzengerüst, c = mittlere Träger, 1 t, mit 4 Zweiwalzgerüsten.

Die durchlaufenden Walzenstraßen erfordern eine Geschwindigkeit, die um so größer ist, je geringer der Profilquerschnitt ist, die aber nicht so groß sein darf, daß ein Erfassen des Walzstückes unsicher wird. Man läßt deshalb neuerdings immer häufiger das Schwungrad fort und treibt auch diese Walzenstraßen unter Zwischenschaltung eines Leonardumformers an. Die bei den Schwungradstraßen erforderliche Drehzalregelung bei verschiedenen Walzprogrammen wird durch Regelsätze (siehe S. 134) erzielt, wodurch die Schlupfenergie zurückgewonnen wird.

Die Walzarbeit, welche aus Messungen an elektrisch angetriebenen Walzenstraßen ermittelt werden kann, hängt von der Festigkeit und Temperatur des Walzstückes ab und ist etwa dem Logarithmus der Streckung proportional. Um einen ungefähren Anhalt zu haben, sind in Abb. 653 einige Werte je Tonne in Abhängigkeit von der Streckung aufgetragen. Zu dieser Walzarbeit sind die Reibungsverluste sowie der Aufwand für die Beschleunigung hinzuzufügen, um auf die Antriebsleistung zu kommen.

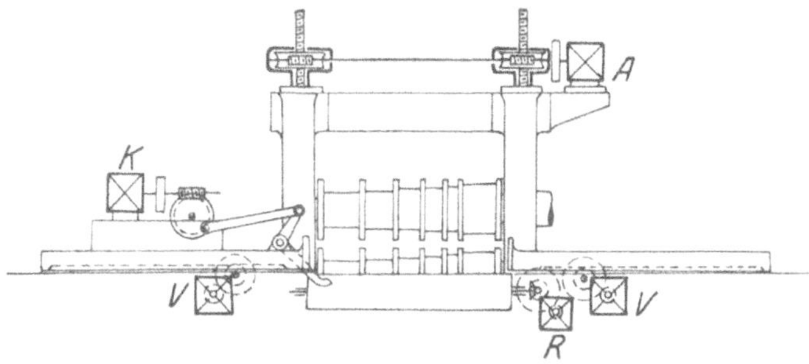

Abb. 654. Hilfsantriebe des Walzwerks.

Die Hilfsmaschinen des Walzwerkes. Die Leistungsfähigkeit einer Walzenstraße hängt in hohem Maße auch von ihren Hilfsmaschinen ab, und daher darf man diesen keine geringere Aufmerksamkeit schenken. Abb. 654 zeigt in schematischer Darstellung die hauptsächlichsten Antriebe. Zum Anstellen der schweren Walzen nach einem jeden Stich dient der Anstellmotor A. Da das Walzengewicht gewöhnlich ausgeglichen ist, braucht dieser Motor zwar keine nennenswerte Hubarbeit zu leisten. Er hat jedoch zur schnellen Verstellung derWalzen zwischen zwei Stichen erhebliche Beschleunigungsarbeit zu verrichten. Die verfügbare Verstellzeit ist nicht groß, und sie reicht besonders dann kaum aus, wenn eine größere Walzenverstellung nötig ist, wie es z. B. der Fall ist, wenn man nach einem Breitstich eines flachen Profils auf Stauchstich (hochkant) übergeht. Damit der Anstellmotor hierbei die Leistungsfähigkeit des Walwerks nicht herabsetzt, d. h. damit er mit der vom Walzmotor gelassenen Pausenzeit in jedem Falle auskommt, müssen die Schwungmomente,

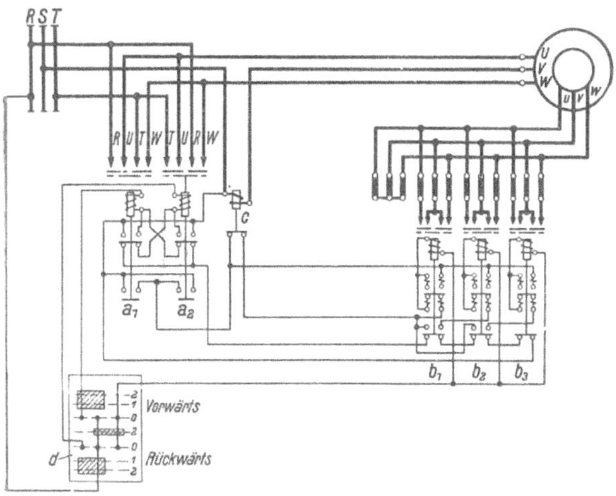

Abb. 655. Stromwächterschaltung (SSW). a = Umschaltschütze, b = Läuferschütze, c = Stromwächter, d = Meisterwalze.

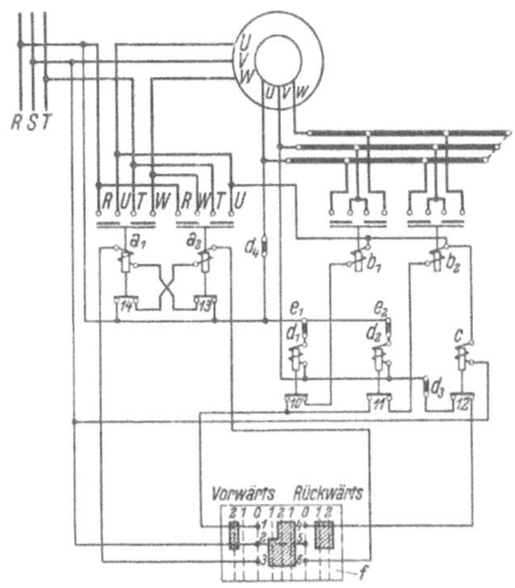

Abb. 656. Spannungswächterschaltung (SSW). e = Spannungswächter.

vor allem dasjenige des Motorläufers, so gering wie möglich gehalten werden. Die AEG.[1] verwendet daher bei Anstellmotoren zur Verringerung der Motorabmessungen Fremdlüftung durch einen aufgebauten, durchlaufenden Lüfter oder Druckluftkühlung. Da es sich um Anlaufregulierbetrieb mit häufigem, kurzem Anlauf handelt, muß die Steuervorrichtung mehr Stufen haben, als es sonst im Stahlwerksbetrieb üblich ist, auch wird man den Bremslüfter mit kurzem Hub versehen, wenn man ihn nicht nach Art der Tippschaltung der AEG. bei der Feineinstellung im angezogenen Zustand hält.

Für die Heranführung des Walzgutes zu den Walzen braucht man Rollgänge, welche durch ihre Drehung das darauf liegende Walzstück mitnehmen (Antrieb R in Abb. 654). Die Verschiebung des Walzgutes von einer Profilöffnung zur anderen geschieht durch die Verschiebevorrichtung (V), und die Drehung des Walzstückes um 90° besorgt die Kantvorrichtung K. Alle diese Antriebe, besonders aber die der Rollgänge und der Verschiebevorrichtung sind außerordentlich hoch beansprucht. Bei der letzteren sind vier Anläufe je Stich und bis zu 2500 Einschaltungen

[1] Zentralblatt der Hütten- u. Walzwerke. 31. Jahrg. H. 33.

je Stunde gezählt worden. Die Steuerungen der zu einer Walzenstraße gehörenden Hilfsantriebe werden auf einer erhöhten Steuerbühne vereinigt. Ihr richtiges Zusammenarbeiten ist für die Leistung des Walzwerkes von größter Bedeutung. Früher brauchte man hierzu auf der Steuerbühne etwa sechs Mann. Durch den Übergang zur Schützsteuerung in Selbstanlasserschaltung ist es möglich geworden, mit zwei Mann auszukommen. Die Kürze der verfügbaren Zeit erfordert ein sehr schnelles Schalten, welches erfahrungsgemäß rücksichtslos ausgeübt wird. Dabei wurden früher die ersten Widerstandsstufen, die sich gerade durch ihr großes Anzugsmoment auszeichnen, meist so schnell überschaltet, daß bei unzulässig großen Strömen doch kein sehr großes Drehmoment zur Beschleunigung der Massen verfügbar ist. Aus diesem Grunde gibt man dem Führer nur einen Einschalter in die Hand, den er sogleich voll einschalten kann. Die Abschaltung der wenigen Widerstandsstufen erfolgt jedoch selbsttätig derart, daß der Motor das günstigste Antriebsmoment entwickelt, daß also der Anlauf so kurz wie möglich ist. Man unterscheidet hierbei belastungsabhängige und zeitabhängige Selbststeuerungen. Bei den belastungsabhängigen Steuerungen bedient man sich meist der Stromwächter, welche die Abschaltung der folgenden Widerstandsstufe erst dann freigeben, wenn der Anlaßspitzenstrom nach erfolgter Teilbeschleunigung auf den gewünschten Schaltstrom herabgesunken ist (siehe Abb. 521). Gewöhnlich wird für jede Widerstandsstufe ein Stromwächter benötigt. Die SSW. haben die in Abb. 655 dargestellte Stromwächterschaltung entwickelt, welche nur einen Stromwächter c besitzt. Derselbe ist hier in den Ständer eingeschaltet und läßt seinen Anker los, wenn der Strom genügend gesunken ist. Mit dem Meisterschalter d werden auf der ersten Stellung nur die Ständerschütze a geschaltet, welche durch

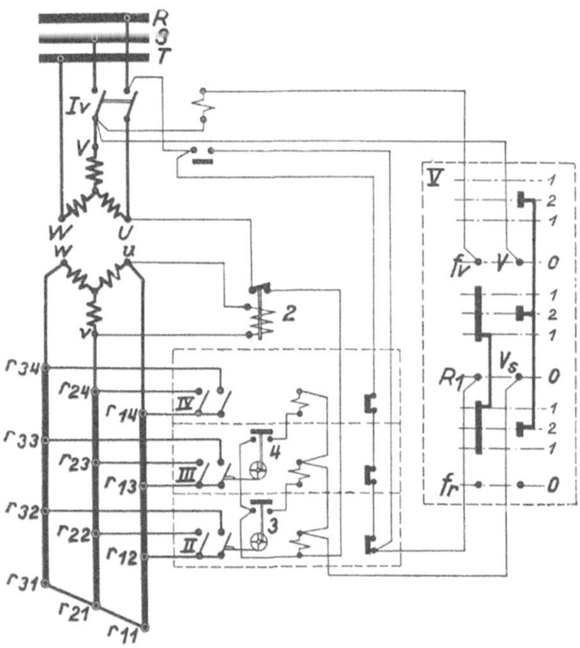

Abb. 657. Zeitabhängige Selbstanlassersteuerung (AEG). UVW = Ständer, uvw = Läufer, r_{11} bis r_{12}, r_{21} bis r_{22}, r_{31} bis r_{32} = Zusatzwiderstände, r_{12} bis r_{14}, r_{22} bis r_{24}, r_{32} bis r_{34} = Anlaßwiderstände, V = Meisterwalze, Iv = Umkehrschütz, II bis IV = Anlaßschütze, 2 = Spannungswächter, 3, 4 = Pendelzeitwächter.

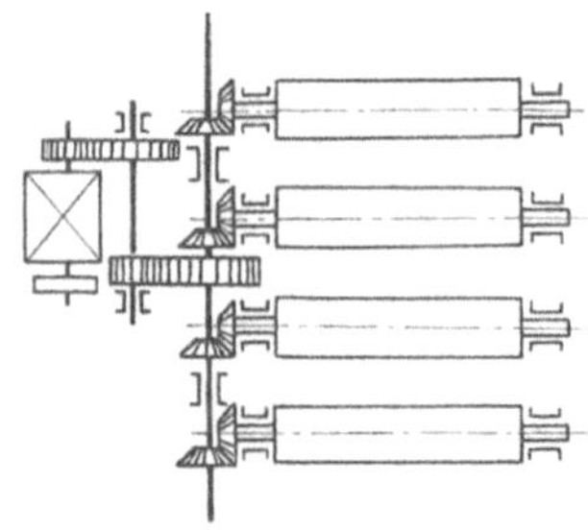

Abb. 658. Rollgangsantrieb.

Hilfskontakte so verriegelt sind, daß sie nicht gleichzeitig angezogen sein können. Auf Stellung *2* sind die Widerstandsschützen b zur Einschaltung freigegeben. Die Einschaltung derselben erfolgt aber erst durch das Abfallen von c, und zwar durch Vermittlung ihrer Hilfskontakte in der Reihenfolge b_1, b_2, b_3, wobei sich jedes Schütz durch seine oberen Hilfskontakte selbst eingeschaltet hält. Zu beachten ist, daß bei der vorliegenden Schaltung die Läuferwiderstände in Parallelschaltung liegen. Der Widerstand wird also dadurch vermindert, daß Widerstand parallel geschaltet wird.

Die gleiche Anlaßschaltung läßt sich nach Abb. 656 auch mit Spannungswächtern e, welche an der Läuferspannung liegen, erzielen (SSW-Schaltung). Die Spannungswächter e werden zunächst beim Einschalten des Meisterschalters kurz vom Netz aus erregt und öffnen ihre Kontakte *10* und *11*. Sie bleiben angezogen, weil inzwischen der Läufer, an dem ihre Spulen liegen, selbst Spannung bekommen hat. Mit dem Netzschütz ist aber auch das Hilfsschütz c eingeschaltet worden, welche die Spannungswächter nun wieder von der Neztspannung abtrennt. Mit dem Anlauf des Motors sinkt die Läuferspannung, und es fällt nun zuerst e_2 und später e_1 ab, wodurch die Widerstandsschütze b_2 und b_1 zur Einschaltung kommen.

Die belastungsabhängigen Anlaßschaltungen haben den Nachteil, daß bei wechselnder Belastung der Arbeitsmaschine auch die Anlaufzeit eine andere ist. Nach Feiertagen brauchen z. B. die Rollgänge ein erheblich größeres Drehmoment, weil sie durch das dick gewordene Öl eine größere Reibung aufweisen. Da nach diesem Höchstmoment die Stromwächter eingestellt werden müssen, werden später, nachdem sich die Reibung vermindert hat, die Motoren zu heftig anspringen. Diesen Nachteil haben die zeitabhängigen Schaltungen nicht, weil sie von Zeitwächtern unabhängig von der Belastung gesteuert werden. Abb. 657 veranschaulicht eine solche Steuerung in der AEG-

Ausführung. Sie ist nur für eine Drehrichtung gezeichnet. Die Läuferschütze *II*, *III* sind mit einem Pendelzeitwächter *3* und 4 derart mechanisch verbunden, daß nach Schließung eines Schützes der Pendelzeitwächter in Bewegung gesetzt wird und nach Ablauf einer bestimmten, einstellbaren Zeit seinen Kontakt und damit die Spule des nächstfolgenden Schützes schaltet. Die Meisterwalze *V* schaltet auf Stellung *1* das Ständerschütz I_v und auf Stellung *2* das erste Läuferschütz *II*. Damit bei der Bremsung mit Gegenstrom der Motor nicht widerstandslos eingeschaltet werden kann, ist der Bremswächter *2* vorgesehen. Er liegt als Spannungswächter am Läufer und schaltet die Läuferschützen bei Gegenstrom vom Netz ab, weil dann die Läuferspannung so groß ist, daß der Bremswächter anzieht.

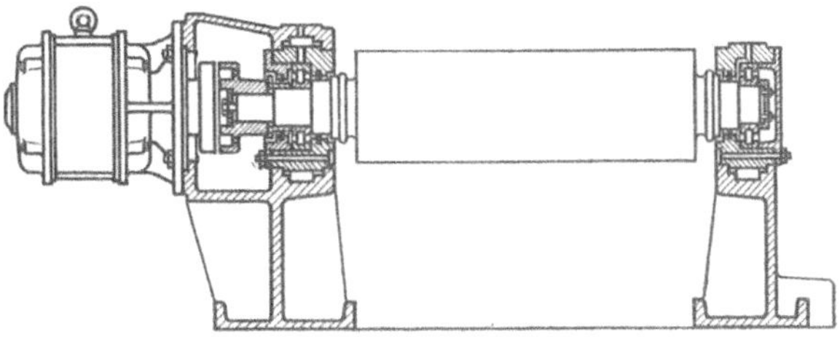

Abb. 659. Rollgangsrolle mit unmittelbarem Antrieb.

Man unterscheidet zwischen den Arbeitsrollgängen vor den Walzenstraßen, deren Drehrichtung mit jedem Stich wechselt, und den Transportrollgängen, welche mit konstanter Drehzahl dauernd laufen. Die ersteren stellen natürlich sehr hohe Anforderungen an den Motor, welcher

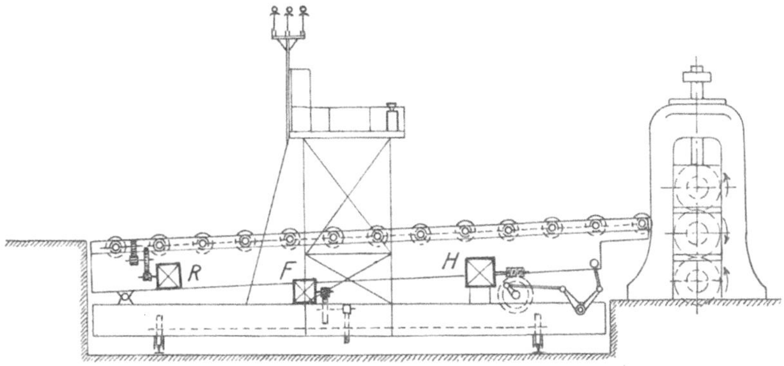

Abb. 660. Hebetisch.

vor allem Beschleunigungsarbeit und nur etwa 10% Reibungsarbeit zu leisten hat. Die Ermittlung der Motorleistung setzt daher die Aufstellung eines Walzprogrammes unter Berücksichtigung der Massenbeschleunigung voraus. Die Art des Antriebes veranschaulicht Abb. 658. Neuerdings versucht man immer mehr, die unter dem Walzstaub leidenden Triebwerke zu vermeiden und ist teilweise zu dem Einzelantrieb der Rollen übergegangen. Da die Drehzahl der Rollen festliegt, die erforderlichen Kurzschlußmotoren aber nicht wirtschaftlich für diese niedrige Drehzahl gebaut werden können, ist gewöhnlich ein Zahnrad- oder Reibradvorgelege nicht zu vermeiden. Eine unmittelbare Kupplung nach Abb. 659 setzt einen Betrieb mit verminderter Frequenz voraus. Der hierzu erforderliche Generator geringer Frequenz kann von der Walzenstraße angetrieben werden, wodurch man erreicht, daß bei Änderung des Walzprogrammes mit der Geschwindigkeit der Walzen sich die des Rollganges im gleichen Verhältnis ändert.

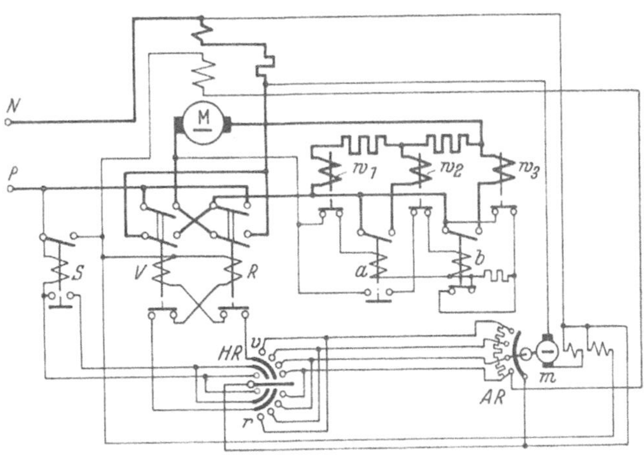

Abb. 661. Steuerung mit Arbeitsregler.

Einen zum Anheben des Walzgutes bei Dreiwalzwerken erforderlichen **Hebetisch** zeigt Abb. 660. Der auf der schwingenden Bühne umlaufende Rollgang mit dem Antriebsmotor *R* stimmt in seinem Verhalten und den Anforderungen vollkommen mit den bereits betrachteten Arbeitsrollgängen überein. Das Fahrwerk des Unterwagens mit dem Motor F wird nur bei Verschiebungen nach einem anderen Walzenständer benutzt, ist also wenig beansprucht. Die schwingende Bewegung der Bühne, welche durch den Hubmotor H erzeugt wird, muß jedoch sehr schnell gehen, wobei die zuweilen beträchtlichen Massen sehr hinderlich sind. Bei Grobblechwalzwerken kann die Masse bis zu 100 t betragen, und dennoch darf die Hubzeit nicht mehr als 1 bis 2 Sekunden betragen. Die Bestimmung der Motorgröße setzt auch hier die Kenntnis des Arbeitsprogrammes und der Massenwirkung voraus. Die Steuerung der Motoren geschieht von einer erhöht angeordneten Bühne aus (siehe Abb. 660), die sich mit dem Unterwagen bewegt. Die für den Rollgang und die Hubbewegung erforderlichen Schützen werden in geschlossenen Schränken untergebracht, damit sie vor dem Walzstaub geschützt sind.

110. Beispiel. Eine Grobblechschere zum Beschneiden gewalzter Bleche von 3500 mm Breite und 40 mm Stärke soll stündlich normal 50 und maximal 150 Schnitte machen. Scheren und Pressen wurden früher mit Schwungrädern ausgerüstet und bei vorhandenem Gleichstrom häufig mit Reihenschlußmotoren angetrieben, um bei leichten Arbeiten eine höhere Arbeitsgeschwindigkeit zu haben. Neuerdings wird häufig auf das Schwungrad verzichtet, indem man zum Antrieb einen Nebenschlußmotor verwendet, der in Abhängigkeit von der Belastung derart geregelt wird, daß einer großen Belastung eine geringe und einer kleinen Belastung eine große, aber nicht unzulässige Drehzahl entspricht. Der Schnitt kann dann leicht aufgehalten werden, wenn er verläuft, auch treten nicht so leicht Brüche auf. Abb. 661 stellt die Schaltung eines Scherenmotors dar[1]. Mittels der Umkehrschütze V und R kann der Motor vorwärts, sowie beim Rückwärtsverlaufen des Schnittes auch rückwärts gesteuert werden. Das Abschalten der Widerstände erfolgt durch die Schütze a und b unter Kontrolle der Stromwächter w_1—w_3. Die Regelung des Motorerregerstromes besorgt der Handregler HR und der Arbeitsregler AR, die parallel geschaltet sind. AR wird durch einen kleinen Doppelschlußmotor m bewegt, dessen Erregerwicklungen sich entgegenwirken. Da seine Hauptschlußwicklung der des Hauptmotors parallel liegt, wird bei großer Belastung die Hauptschlußerregung von m überwiegen und den Reglerhebel nach unten bewegen, so daß der Hauptmotor langsam läuft. Bei Entlastung hingegen überwiegt die Nebenschlußwicklung, wodurch der Hebel nach oben geht und die Drehzahl steigert.

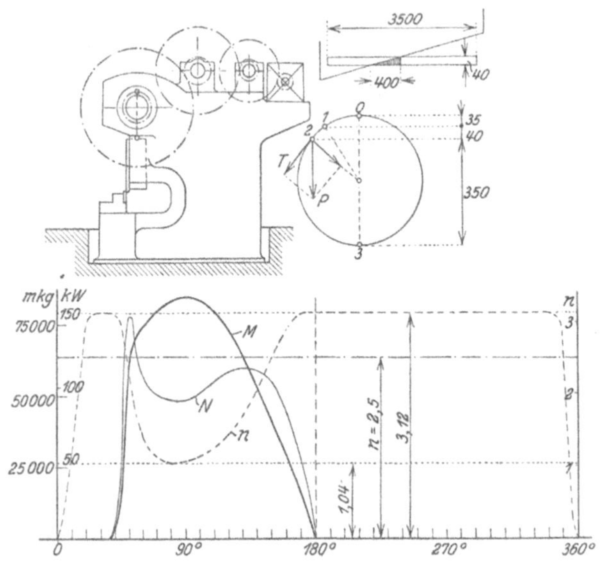

Abb. 662. Grobblechschere.

Unter Annahme einer Messerneigung 1 : 10 (Abb. 662) ist ein Hub von (3500 : 10) + 40 mm Blechstärke = 390 mm nötig. Zur Sicherheit sei 425 mm Hub gewählt. Bei maximal 150 Schnitten muß die minutliche Drehzahl der Kurbelwelle 150 : 60 = 2,5 sein. Nach Abb. 662 ist der augenblickliche Scherquerschnitt (schraffiert) $(400 \cdot 40) : 2 = 8000\ \text{mm}^2$ und demnach unter Annahme einer Scherfestigkeit von $50\ \text{kg/mm}^2$ die ganze Scherkraft $8000 \cdot 50 = 400000$ kg. Die Arbeit eines Schnittes ist also $A = 400000 \cdot 0{,}35 = 140000$ mkg und die Durchschnittsleistung bei 50 stündlichen Schnitten $N = 140000 \cdot 50 : 102 \cdot 60 \cdot 60 = 19$ kW. Diese Leistung würde als Motorleistung jedoch nicht ausreichen, weil die erforderlichen hohen Drehmomente nicht geleistet werden könnten. Man kann die an der Kurbel notwendigen Tangentialkräfte T bestimmen, wobei zu bedenken ist, daß erst bei Punkt *1* der Kurbelbewegung das Messer ansetzt. Bei *2* ist die volle Schnittstärke erreicht. Die Drehmomente (T mal Kurbelradius) sind in Abb. 662 durch Linie M in Abhängigkeit vom Kurbelweg dargestellt. Unter Annahme einer Regelbarkeit des Motors im Verhältnis 1 : 3 wird sich vom Punkt *0* ausgehend zunächst ein schneller Anstieg der Drehzahl auf den vollen Wert ergeben. Bei Schnittbeginn wird sie ebenso schnell auf ein Drittel abfallen, um gegen Ende des Schnittes wieder anzusteigen. Aus M- und n-Linie ergibt sich dann die Nutzleistungslinie N, die wesentlich höhere Werte als die oben berechnete Leistung zeigt. Die mittlere zeitliche Geschwindigkeit kann nun angenähert ermittelt werden (S. 190), woraus weiter folgt, daß die tiefste Drehzahl der Kurbel etwa 1,04 Umdrehungen je Minute ist. Da bei dieser Stellung (90°-Stellung) das höchste Moment von 85000 mkg auftritt, ergibt sich bei Annahme eines Getriebewirkungs-

[1] Pollok: Reguliermotoren mit Arbeitsregler für Pressen und Scheren. Z. VDI 1920 S. 500.

grades von 0,7 und der Voraussetzung, daß der Motor in diesem ungünstigen Augenblick auf das Doppelte überlastet sei, eine Motorleistung von $85000 \cdot 1{,}04 : 2 \cdot 973 \cdot 0{,}7 = 65$ kW.

Gewöhnlich sind die Scherenschaltungen derart, daß nach dem Rücklauf der Motor durch einen Endschalter selbsttätig zum Stillstand kommt. Bei einer Schaltung der SSW tritt schon am Schnittende Abschaltung (Vorabschaltung) ein. Der Rücklauf erfolgt dann ohne Strom.

D. Der elektrische Antrieb der Werkzeugmaschinen.

Die spanabhebenden Werkzeugmaschinen fordern eine konstante Schnittgeschwindigkeit und daher einen Motor, dessen Drehzahl ebenfalls konstant und von der Belastung unabhängig ist. Dieser Forderung würden bei Gleichtrom der Nebenschlußmotor und bei Drehstrom der Asynchronmotor voll genügen. Die verschiedene Festigkeit des Werkstoffes der Arbeitsstücke sowie der wechselnde Durchmesser bei kreisender Bewegung verlangen jedoch einen häufigen Wechsel der Drehzahl, den man früher ausschließlich durch Stufenriemenscheiben und Zahnrädervorgelege vornahm, den man aber heute hauptsächlich durch Motorregelung erreicht. Der Gleichstrom-Nebenschlußmotor würde hierzu gut geeignet sein, weil er in der Feldregelung eine wirtschaftliche und einfache Regelmöglichkeit besitzt. Der Asynchronmotor ist nicht einfach regelbar. Die Regelung mit Läuferwiderständen kommt wegen der Unwirtschaftlichkeit und wegen der Abhängigkeit der Drehzahl von der Belastung nicht in Frage. Das häufige Vorkommen des Drehstromes zwingt jedoch zu einer brauchbaren Lösung, die in drei Richtungen gesucht wird. 1. In der Umwandlung des vorhandenen Drehstromes in Gleichstrom (Gleichrichter). Die dadurch bedingten Umformungsverluste und die erhöhten Anlagekosten lassen diesen Weg nur dann zu, wenn eine feinstufige und weitgehende Regelung der Werkzeugmaschinen unumgänglich notwendig ist. 2. Die Verwendung polumschaltbarer Asynchronmotoren oder solcher mit mehrfachen Wicklungen. Diese Lösung hat in neuerer Zeit in steigendem Maße Anwendung gefunden, obwohl sie nur eine Teillösung ist. Sie erlaubt nur die Einstellung von gewöhnlich zwei oder drei festen Drehzahlen. 3. Die Verwendung der Drehstrom-Stromwendermotoren, insbesondere des Nebenschlußmotors. Dieser Motor erlaubt eine feinstufige und wirtschaftliche Regelung. Er konnte früher wegen seines ungewöhnlich hohen Preises nicht verwandt werden, er hat sich aber inzwischen derart verbilligt, daß seine Verwendung möglich ist, und er dürfte in der Zukunft noch eine Rolle spielen. Sein Wirkungsgrad ist allerdings geringer als der des Asynchronmotors.

Der Regelungsgrad einer Werkzeugmaschine ergibt sich aus den verlangten Schnittgeschwindigkeiten. Bei einer Drehbank ist z. B. die kleinste Spindeldrehzahl dann einzustellen, wenn ein Werkstück aus hartem Werkstoff und einem durch die Spitzenhöhe begrenzten großen Durchmesser abgedreht werden soll. Die größte Spindeldrehzahl ergibt sich indessen, wenn ein weiches Werkstück mit großer Geschwindigkeit und sehr kleinem Durchmesser bearbeitet werden soll. Wenn auf einer Drehbank von 150 mm Spitzenhöhe harter Stahl mit einer geringsten Schnittgeschwindigkeit von 8 m/min und Messing als Bolzen von 30 mm Durchmesser mit einer Höchstgeschwindigkeit von 20 m/min abgedreht werden soll, verhalten sich die Drehdurchmesser wie 1 : 10 und die Schnittgeschwindigkeiten wie 1 : 2,5. Der Regelbereich muß daher gleich 1 : 25 sein, d. h. die Spindel muß bei dem Abdrehen des Messingbolzens 25mal so schnell wie bei dem großen Werkstück laufen. Es gibt keinen Elektromotor, welcher diesen oder gar die häufig verlangten größeren Regelbereiche hätte, und wir müssen daher Rädervorgelege zur Hilfe nehmen. Dies ist aber keine Rückkehr zu den früheren mechanischen Regelarten, weil es uns mittels der Räder möglich ist, den großen Regelbereich in einige Teilbereiche zu zerlegen, wobei in jedem Teilbereich durch den Motor feinstufig und während der Arbeit die Drehzahl eingestellt werden kann.

Der gesamte Regelbereich der Werkzeugmaschine sei $1 : \Phi$, der Regelbereich des Motors $1 : \varphi$. Bei einer kleinsten Drehzahl n der Drehspindel (im obigen Falle $n = 8 : 0{,}3 \cdot \pi = 8{,}5$ Umdr./min) kann durch den Motor eine Steigerung auf $n \cdot \varphi$ erzielt werden. Durch Einschaltung eines Rädervorgeleges entsteht ein neuer Regelbereich für den Motor derart, daß er bei seiner niedrigsten Drehzahl eine Spindeldrehzahl $n \cdot \varphi$ erzeugt, die durch Regelung des Motors nun auf das φfache, also auf $n \cdot \varphi^2$ gesteigert werden kann. Durch eine zweite Räderstufe könnte entsprechend von $n \cdot \varphi^2$ bis $n \cdot \varphi^3$ geregelt werden. Bei z Zahnräderstufen ergibt sich demnach eine höchste Drehzahl der Drehspindel von $n \cdot \varphi^{z+1}$, welche gleich $n \cdot \Phi$ sein muß. Hieraus folgt:

$$\varphi^{z+1} = \Phi . \tag{219}$$

Bei der erwähnten Drehbank sollte $\Phi = 25$ sein. Setzt man einen Motor mit dem Regelbereich 1 : 3 (also $\varphi = 3$) voraus, so ergibt sich die Zahl der Räderstufen zu $z = (\log \cdot \Phi : \log \cdot \varphi) - 1 = 1{,}95$, also zwei Räderstufen. Geht man von der tiefsten Spindeldrehzahl $n = 8{,}5$ Umdr./min aus, so kann mittels des Motors auf $3 \cdot 8{,}5 = 25{,}5$ Umdr./min geregelt werden. Nach Einschaltung des ersten Vorgeleges unter Herabregelung des Motors läßt sich die Drehzahl mit dem Motor nun von 25,5 auf $3 \cdot 25{,}5 = 76{,}5$ Umdr./min bringen. Durch das zweite Vorgelege ergibt sich entsprechend ein Bereich von 76,5 auf $3 \cdot 76{,}5 = 230$ Umdr./min, also genau $\Phi = 230 : 8{,}5 = 27$. Bei der berechneten Stufung würden die Grenzdrehzahlen 25,5 und 76,5 doppelt einstellbar sein, nämlich mit der Höchstdrehzahl des Motors und mit der Mindestdrehzahl des Motors unter Einschaltung des folgenden Rädervorgeleges. Dies ist nicht nötig. Vielmehr kann man zwischen diesen beiden Drehzahlen einen mindestens ebenso großen Sprung zulassen, wie er von Stufe zu Stufe durch den Regler entsteht. Angenommen, derselbe habe vier Widerstandsstufen, also fünf Stellungen. Man wird die Stufengröße so wählen, daß beim Schalten auf die nächste Stellung die Drehzahl immer um den gleichen Prozentsatz zunimmt, daß also die Drehzahlen eine geometrische Reihe bilden. Das Verhältnis zweier aufeinander folgender Drehzahlen sei x. Da jede der beiden Räderstufen vier Regelstufen hat, ergeben sich unter Hinzurechnung der beiden Zwischenstufen bei der Rädereinschaltung $3 \cdot 4 + 2 = 14$ Stufen. Es ist (bei $n = 8{,}5$ Umdr./min) entsprechend Gl. 219 für die erste Motorregelung im Verhältnis 1:3 demnach $8{,}5 \cdot x^4 = 3 \cdot 8{,}5$ also $x = 1{,}315$. Mit diesem Drehzahlverhältnis ergibt sich dann folgende Reihe der Drehzahlen: 8,5—11,2—14,5—19,3—25,4—33,3—43,7—57,5—75,5—99—130—171—225—296—390. Das Gesamtregelverhältnis hat sich durch die Zwischenstufen auf $\Phi = 390 : 8{,}5 = 46$ erhöht. Abb. 663 stellt die Schnittgeschwindigkeiten bei den verschiedenen Drehzahlen in Abhängigkeit von dem Drehdurchmesser dar. Sie läßt erkennen, welche Schnittgeschwindigkeiten bei einem bestimmten Durchmesser des Werkstückes einstellbar sind.

Die elektrische Regelung hat den weiteren Vorteil, daß auch während des Arbeitsganges geregelt werden kann, wie dies z. B. beim Plandrehen auf einer Drehbank nötig und wie es beim Bohren und Gewindeschneiden im Augenblick des Ansetzens und Durchbohrens erwünscht ist.

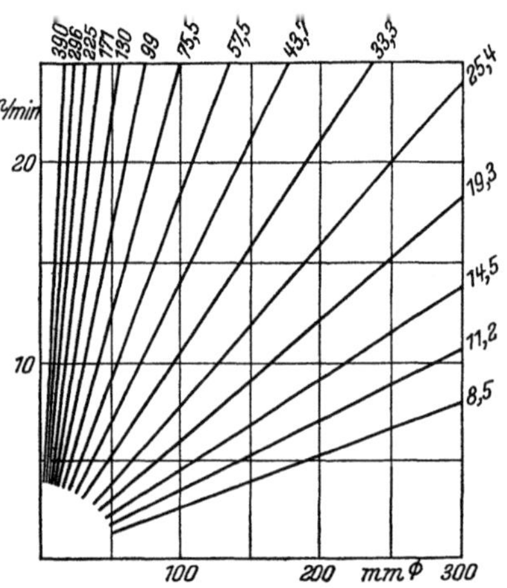

Abb. 663. Geschwindigkeitsdiagramm.

Die von der Werkzeugmaschine benötigte Antriebsleistung läßt sich aus der allgemeinen Leistungsgleichung (Gl. 213) berechnen. Der Schnittdruck, welcher hauptsächlich von der Spanstärke und dem Werkstoff abhängt, ist durch Versuche bestimmt, und ebenso sind auch die Schnittgeschwindigkeiten bekannt. Für Sonderausführungen müssen Erfahrungswerte zugrunde gelegt werden. Der Antriebsmotor muß die benötigte Leistung dauernd leisten können, und zwar als Regelmotor bei seiner niedrigsten Drehzahl (Grunddrehzahl). Bei höheren Drehzahlen hat der Motor infolge der besseren Lüftung eine größere Leistung. Da nun bekanntlich ein Motor bei gleicher Leistung um so größer und teurer ausfällt, je niedriger seine Drehzahl gewählt wird, läßt sich der Regelbereich nicht beliebig groß wählen. Gewöhnlich begnügt man sich mit einem Regelbereich 1 : 2 bis 1 : 3 und geht nur in Ausnahmefällen auf 1 : 4. Hierbei ist es zweckmäßig, von der höchsten Drehzahl auszugehen, welche man dem Motor aus Gründen der Sicherheit und Stromwendung noch zumuten darf, worauf nach Annahme des Regelbereiches die Grunddrehzahl festliegt. Hilfsmotoren, welche nur zeitweise betrieben werden, wie z. B. der Verstellmotor eines Supports, werden für kurzzeitige Leistung bemessen (z. B. 30-Minutenleistung). Sie werden als Gleichstrommotoren gewöhnlich zur Erhöhung des Drehmomentes mit Doppelschlußerregung versehen. Gleichstrom-Regelmotoren erhalten ebenfalls eine kleine zusätzliche Hauptschlußerregerwicklung, damit bei starker Feldschwächung durch den Regler der Lauf ein stabiler bleibt. In der Ausführung könnte man in vielen Fällen bei Werkzeugmaschinen die offene wählen. Mit Rücksicht darauf, daß Späne oder Kühlwasser in den Motor gelangen könnten, wird jedoch die geschützte Ausführung bevorzugt.

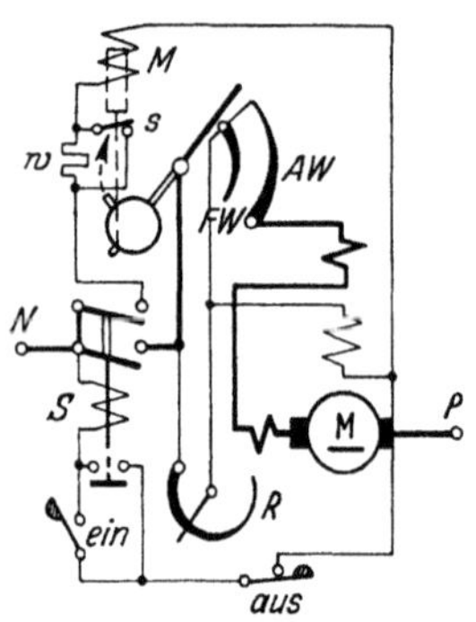

Abb. 664. Einfache Druckknopfsteuerung für Werkzeugmaschinen.

Die Steuerungen. Die Antriebsmotoren kleinerer, wenig stark benutzter Werkzeugmaschinen können mit normalen Flachbahnanlassern angelassen werden, welche in trockenen, sauberen Räumen Luftkühlung, in schmutzigen und feuchten Räumen Ölkühlung erhalten. Zur Regelung der Drehzahl des Motors kann man diese Anlasser bei Gleichstrom mit zusätzlichen Feldregelwiderständen versehen. Die höher beanspruchten Werkzeugmaschinen für Massenfertigung brauchen wegen der großen Schalthäufigkeit Walzenanlasser oder gar Schützsteuerungen. Insbesondere die letztere hat sich bei größeren Werkzeugmaschinen immer stärker eingeführt, weil es mit ihr in einfacher Weise möglich ist, sie als Druckknopfsteuerung auszuführen. Man erreicht dadurch einmal, daß der Arbeiter seine ganze Aufmerksamkeit der Arbeit am Werkstück zuwenden kann, und andererseits erspart man ihm bei großen Maschinenabmessungen unnötige Gänge, weil es möglich ist, Druckknöpfe an allen wichtigen Arbeitsstellen anzubringen.

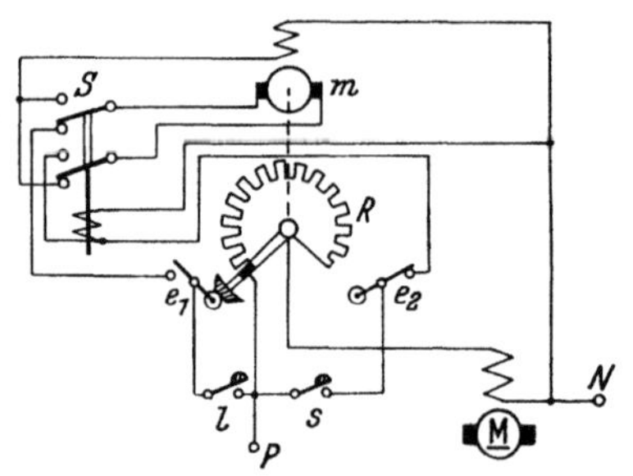

Abb. 665. Feldregelungs-Druckknopfsteuerung.

Abb. 664 stellt eine einfache Steuerung dieser Art für kleine Leistungen dar. Beim Drücken des Druckknopfes „ein“ springt das Schütz S an und hält sich durch seine Hilfskontakte selbst eingeschaltet. Es hat den Motorstromkreis und den Strom des Anlaßmagneten M geschlossen. Der letztere rückt nun, durch ein Hemmwerk gehemmt, langsam den Anlasserhebel ein. Nach beendigter Anlaßbewegung öffnet sich der Schalter s und schaltet dem Magneten den Sparwiderstand w vor, wodurch der Magnetstrom auf einen zum Halten hinreichenden geringen Wert sinkt. Der Erregerwicklung sind zwei Widerstände in Parallelschaltung vorgeschaltet, nämlich der Widerstand FW im Anlasser und der Handregler R, mit dem die Schnittgeschwindigkeit eingestellt werden soll. Dies ist notwendig, weil der Motor voll erregt anlaufen soll, und weil man den Handregler R in seiner Stellung belassen möchte. Der Widerstand FW wird deshalb während des Anlassens langsam vorgeschaltet und zum Schluß wird dieser Stromweg unterbrochen.

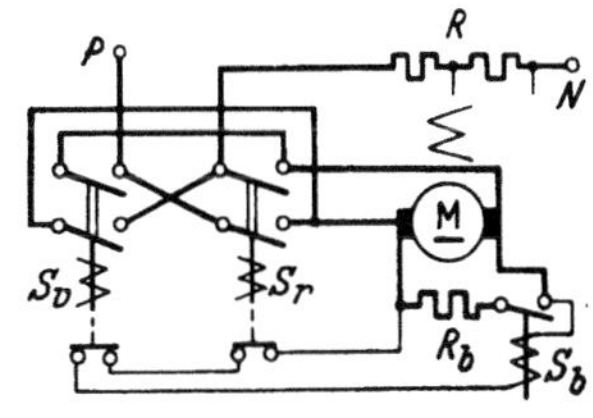

Abb. 666. Nachlauf-Bremsschaltung.

Die Schützenselbstanlasser, welche bei allen größeren Werkzeugmaschinen eine große Bedeutung gewonnen haben, stimmen in ihrer Ausführung grundsätzlich mit den früher beschriebenen überein. Sie haben jedoch noch einige ergänzenden Einrichtungen, die wir betrachten wollen. Um mittels Druckknöpfen nicht nur anlassen und stillsetzen, sondern auch die Schnittgeschwindigkeit einstellen zu können, muß der Erregerstrom einen Fernregler haben. Derselbe wird in Abb. 665 durch einen kleinen Motor m angetrieben und steht gerade auf dem Kontakt, welcher der stärksten Erregung entspricht. Drückt man den Druckknopf s, so wird das Relais S eingeschaltet, welches seinerseits den Hilfsmotor m einschaltet. Der Reglerhebel bewegt sich dadurch im Rechtsdrehsinn und schwächt den Erregerstrom des Werkzeugmaschinen-Motors M, bis der Reglerhebel schließlich durch Öffnen des Endschalters e_2 zur Ruhe kommt. Läßt man den Druckknopf vorher schon los, so bleibt der Hebel an der gerade erreichten

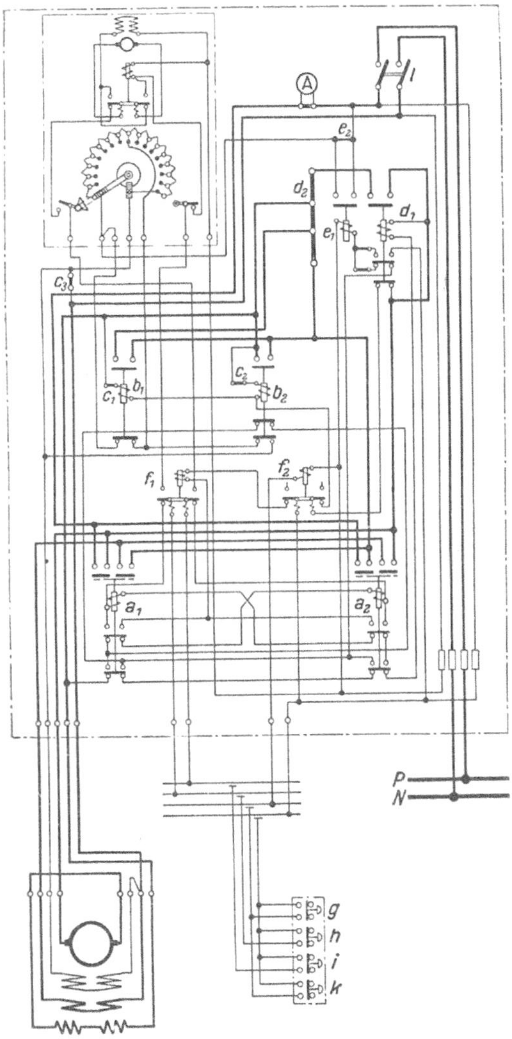

Abb. 667. Druckknopfsteuerung für eine Werkzeugmaschine (SSW).

Abb. 668. Schaltschrank für die Steuerung Abb. 667 (SSW).

Stelle stehen. Ein Drücken des Druckknopfes l hat nur dann eine Wirkung, wenn der Reglerhebel nicht in der gezeichneten Stellung steht, wenn also der Endschalter e_1 geschlossen ist. Dann fließt ein Strom über die Ruhekontakte des Schützes S und bei umgepoltem Anker durch m, wodurch derselbe mit umgekehrtem Drehsinn die Kurbel bewegt und den Erregerstrom verstärkt, also die Drehzahl verringert.

Beim Abschalten des Motors soll dieser, besonders bei größeren Werkzeugmaschinen mit Endschaltern, möglichst schnell zur Ruhe kommen. Dies läßt sich durch mechanische Bremsen mit Bremslüftern erreichen. Billiger stellt sich jedoch die Ankerkurzschlußbremsung, welche Abb. 666 in einem Teilschaltbild veranschaulicht. Parallel zum Motoranker liegt ein Bremswiderstand R_b, welcher durch ein Schütz S_b eingeschaltet werden kann. Die Spule dieses Schützes liegt parallel zum Anker, und ihr Strom muß über die Ruhekontakte der Umschaltschützen S_v und S_r. Solange also der Motor in der einen oder anderen Drehrichtung arbeitet, kann das Bremsschütz S keine Spannung bekommen. Im Augenblick des Abschaltens wird jedoch der Spulenstromkreis geschlossen, und wenn dann der Anker noch läuft und daher Spannung erzeugt, springt S_b an, und der dadurch fließende Bremsstrom bringt den Motor schnell zur Ruhe. Die Erregung bleibt während der Bremsung eingeschaltet. Im Augenblick des Zuruhekommens wird der Erregung ein Widerstand vorgeschaltet, damit sich die Wicklung nicht zu stark erwärmt.

Eine vollständige Druckknopfsteuerung für einen Werkzeugmaschinenmotor (SSW.-Ausführung) zeigt Abb. 667, ihren Einbau in einen Schaltschrank Abb. 668. a_1 und a_2 sind die beiden Schütze, welche den Motor im Vorwärts- und Rückwärtssinne einschalten, b_1 und b_2 schalten die Anlaßwiderstände und d_1 ist das Bremsschütz, welches den Bremswiderstand d_2 an den Anker legt. Links oben erkennt man den Feldregler. Das Relais e_1 schaltet bei Stillstand den Widerstand e_2 in den Erregerstromkreis. Die Druckknöpfe sind an Schleifleitungen gezeichnet, weil sie häufig beweglich sein müssen (z. B. am Support einer Drehbank). Um die Zahl dieser Leitungen auf ein Mindestmaß zu bringen, brauchen die SSW in der dargestellten Schaltung noch die beiden Hilfsrelais f_1 und f_2. Beim Drücken des Druckknopfes h wird das Schütz a_1 und durch dieses der Motor im Vorwärtssinne eingeschaltet. Nach dem Anziehen dieses Schützes vollzieht sich der Anlaßvorgang. Außerdem ist beim Loslassen des Druckknopfes f_1 angesprungen und hat den Druckknopf h auf den Feldregler umgeschaltet. Ein erneuter Druck auf h setzt den Regler in Tätigkeit, wodurch der Motor schneller läuft, und zwar so lange, wie man den Druckknopf gedrückt hält. Entsprechend tritt beim Drücken von i Rückwärtsanlassen des Motors und bei erneutem Drücken Verminderung der Drehzahl ein. k ist der Ausschaltedruckknopf, durch dessen Schließen das Hilfsrelais f_2 ein und damit die Schützen a und b ausgeschaltet werden. g ist kein Druckknopf, sondern ein Dauerkontakt zum Einrichten, also zur Fahrt mit geringer Geschwindigkeit. Legt man ihn ein, so zieht f_2 ebenfalls an und schaltet die Schütze a und b aus. Es ist jedoch möglich, durch Drücken der Knöpfe h und i die Umschaltschütze a_1 bzw. a_2 wieder einzuschalten, wodurch der Motor in dem einen oder anderen Sinne mit vollem Anlaßwiderstand anläuft. Dadurch, daß bei dieser Schaltung alle Druckknöpfe Einschaltdruckknöpfe sind, ist es möglich, ohne Vermehrung der Leitungszahl beliebig viele Druckknöpfe parallel zu schalten. Etwa erforderliche Endschalter können dem Haltedruckknopf parallel geschaltet werden.

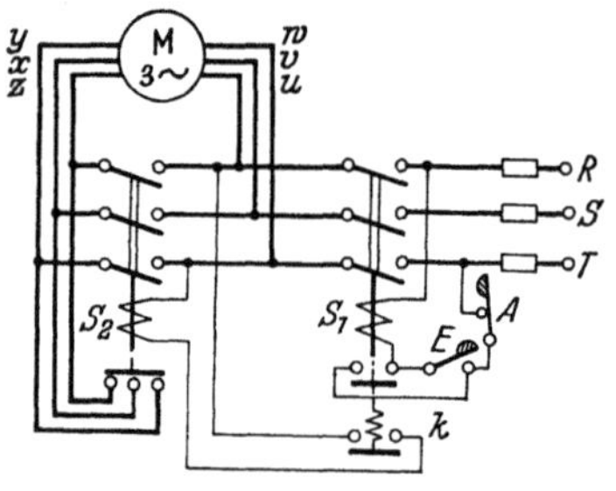

Abb. 669. Stern-Dreiecksschalter mit Druckknopfbetätigung.

Drehstromkurzschlußmotoren, insbesondere mit Stromverdrängungsläufer, finden auch im Werkzeugmaschinenbau in steigendem Maße Verwendung. Ihre unmittelbare Einschaltung ist bekannt (Abb. 538). Abb. 669 stellt einen selbsttätigen durch Druckknöpfe gesteuerten Stern-Dreieckschalter dar. Beim Drücken des Druckknopfes E springt zuerst das Schütz S_1 an und schaltet den Motor in Stern. Erst einige Sekunden später schließt infolge eines Hemmwerkes dieses Schütz mit einem Hilfskontakt k das Umschaltschütz S_2 an, wodurch der Motor in Dreieck umgeschaltet wird.

Polumschaltbare Drehstrommotoren erfordern mindestens sechs Leitungen zwischen Schalter und Motor. Die durch Abb. 670 dargestellte Schaltung der AEG. zeigt den Stromlauf des Motors und der Steuerung in getrennten Bildern. B_1 und B_2 sind die Umkehrschütze, B_3—B_5 die Umschaltschütze, die so mechanisch verriegelt sind, daß B_3 und B_5 gesperrt sind, wenn B_4 angezogen hat. In diesem Falle läuft der Motor mit seiner niedrigen Drehzahl. H stellt den Bremslüftmagneten dar. Drückt man den oberen Druckknopf, so ist das Relais B_6 eingeschaltet, und dieses schaltet das Schütz B_1 für Rechtslauf und das Schütz B_4 für die niedrige Drehzahl ein. Die Schütze B_1 und B_4 halten sich nach dem Einschalten durch ihre oberen Hilfskontakte selbst eingeschaltet. Mit dem Loslassen des Druckknopfes fällt B_6 wieder ab, und sein unterer Kontakt schließt dabei den Spulenstromkreis des Relais B_8, welches sich nach dem Einschalten über seine unteren Kontakte selbst eingeschaltet hält.

Der Motor läuft nun mit seiner niederen Drehzahl. Wünscht man auf die höhere überzugehen, so muß derselbe Druckknopf noch einmal gedrückt werden. B_6 zieht wieder an. Da aber B_8 jetzt eingeschaltet ist, kommt durch B_6 jetzt B_9 zur Einschaltung, welches sich über seinen oberen Kontakt selbst hält, während der untere Kontakt das Schütz B_4 ausschaltet. Dieses schaltet mit seinen unteren Ruhekontakten B_3 und dieses wiederum B_5 ein, wodurch der Motor mit der höheren Drehzahl läuft.

Brown, Boveri & Cie. verwenden eine ähnliche Schützenpolumschaltung, die sich dadurch auszeichnet, daß im Augenblick des Ausschaltens mit dem Ausschaltdruckknopf der Motor auf Gegenstrom geschaltet und dadurch elektrisch abgebremst wird. Sobald er zum Stillstand gekommen ist, unterbricht ein am Motor angebrachter Schleuderschalter den Gegenstromkreis. Außerdem ist auch noch ein Einrichteschalter vorhanden, welcher ein Fahren mit geringer Drehzahl ermöglicht.

Drehstrom-Nebenschlußmotoren können entweder durch Bürstenverschiebung von Hand oder durch Fernsteuerung mittels Druckknöpfen gesteuert werden. Abb. 671 zeigt einen ferngesteuerten Motor der SSW. Die beweglichen Bürsten werden durch einen kleinen Drehstrommotor

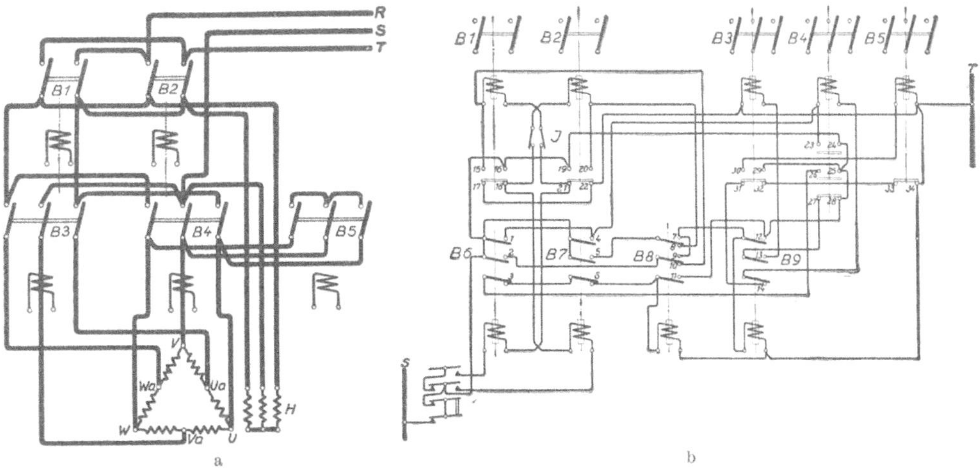

Abb. 670 a/b. Polumschaltung mit Schützen (AEG).

bewegt, welcher durch zwei Umschaltrelais in dem einen oder anderen Drehsinne eingeschaltet werden kann. Die Endstellungen der Bürsten sind durch Endschalter begrenzt. Der Hauptschalter hat links einen Ruhekontakt, der nach dem Ausschalten den Druckknopf „langsamer" umgeht und dadurch dafür sorgt, daß die Bürsten nach der Abschaltung in die Nullage zurückgeführt werden. Die Motorschaltung selbst ist durch Abb. 353 bekannt.

Werkzeugmaschinen mit hin und her gehender Bewegung, wie Stoß- und Hobelmaschinen, wurden früher durch den Riemen umgesteuert. Der große Riemenverschleiß, die schwierige Bedienung und der Verlust an Zeit und Bewegungsenergie haben jedoch bald zu einem Übergang zu den elektrischen Umsteuerungen geführt. Der Riemensteuerung ähnlich ist die Umsteuerung mittels Magnetkupplung. Der Motor läuft ohne Unterbrechung mit konstanter Drehzahl und wird mit einer magnetischen Doppelkupplung, deren Spulen durch den Stiefelknecht am Hobelmaschinenbett in den Endlagen umgeschaltet werden, so mit dem Tisch gekuppelt, daß dieser abwechselnd vorwärts und rückwärts läuft. Durch verschiedene Übersetzung erreicht man, daß die Arbeitsgeschwindigkeit kleiner als die Rücklaufgeschwindigkeit ist. Da die Kupplungsteile bei der Umschaltung aufeinander gleiten, wird die Bewegungsenergie notwendig durch Reibung vernichtet. Dieser Verlust und der damit verbundene Verschleiß wiegt um so schwerer, je größer die Geschwindigkeiten und je kürzer die Hübe sind, und hat trotz der erreichbaren kurzen Umschaltzeit nur zu einer beschränkten Verwendung der Kupplungen geführt.

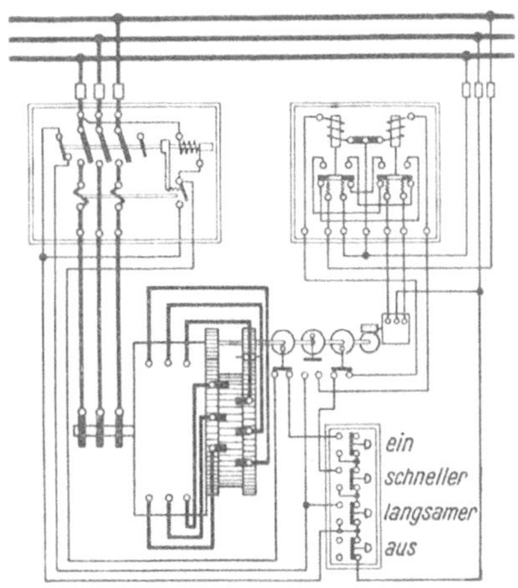

Abb. 671. Fernsteuerung eines Drehstrom-Nebenschlußmotors.

Eine vorzügliche Lösung der Aufgabe ist mit dem Gleichstrom-Nebenschlußmotor möglich, welcher an den Enden des Hubes umgesteuert wird und als Regelmotor zugleich eine feinstufige Einstellung der Schnittgeschwindigkeit erlaubt. Durch Nutzbremsung des Motors kann die Bewegungsenergie zu einem erheblichen Teil dem Netz zurückgegeben werden. Wenn z. B. ein Motor im Verhältnis 1 : 3 regelbar ist, und seine Geschwindigkeit wird am Hubende durch Feldverstärkung auf ein Drittel herabgesetzt, so verringert sich die Bewegungsenergie ($m \cdot v^2 : 2$) auf ein Neuntel. Wenn auch die übrigen acht Neuntel nicht entfernt voll zurückgewonnen werden, so ist der Gewinn doch ein beachtenswerter.

Leider ermöglicht diese Bremsung aber nicht die Brems- und Umschaltzeit derart zu verringern, wie man es wünscht. Daher wendet man in neuerer Zeit häufiger die Anker-Kurzschlußbremsung über einen Bremswiderstand bei stark erregtem Feld an. Die früher benutzten Gestänge-Schaltwalzen vermeidet man wegen der Massenwirkung und des toten Ganges und läßt an ihre Stelle schnellwirkende Schützensteuerungen treten. Besondere Beachtung muß dem Antriebsmotor geschenkt werden. Sein Schwungmoment muß so klein wie möglich sein, damit die Arbeitsverluste bei der Bremsung und die Umschaltzeit gering werden. Zuweilen wird eine Unterteilung in zwei Motoren halber Leistung gewählt.

Abb. 672 zeigt eine Hobelmaschinensteuerung der Siemens-Schuckertwerke. Der Nebenschlußmotor besitzt eine zusätzliche Hauptschlußwicklung sowie Wendepole und kann durch die beiden Schütze *V* und *R* im Vorwärts- oder Rückwärtssinne eingeschaltet werden. H_s ist das Hauptschütz. Als Anlaßwiderstand ist nur eine Stufe *W* vorhanden, welche durch das Anlaßschütz *A* kurzgeschlossen werden kann. Die Einstellung der Geschwindigkeit erfolgt durch Feldregler und zwar mit F_r für die Rücklaufbewegung und F_v für die Vorwärtsbewegung. Durch das Feldverstärkungsschütz F_2 kann ein Teil des Feldvorwiderstandes w_2 und durch Schütz F_1 der ganze Feldregler überbrückt werden. Zur Bremsung wird der Anker bei voller Erregung auf den Widerstand W_b geschlossen. Die Wendepolwicklung muß dabei von dem Bremsstrom durchflossen sein, damit bei der sehr starken Bremsung kein Bürstenfeuer auftritt. Die Einschaltung erfolgt durch das Bremsschütz B_s, welches seinerseits durch das an der Ankerspannung liegende Bremsrelais B_r

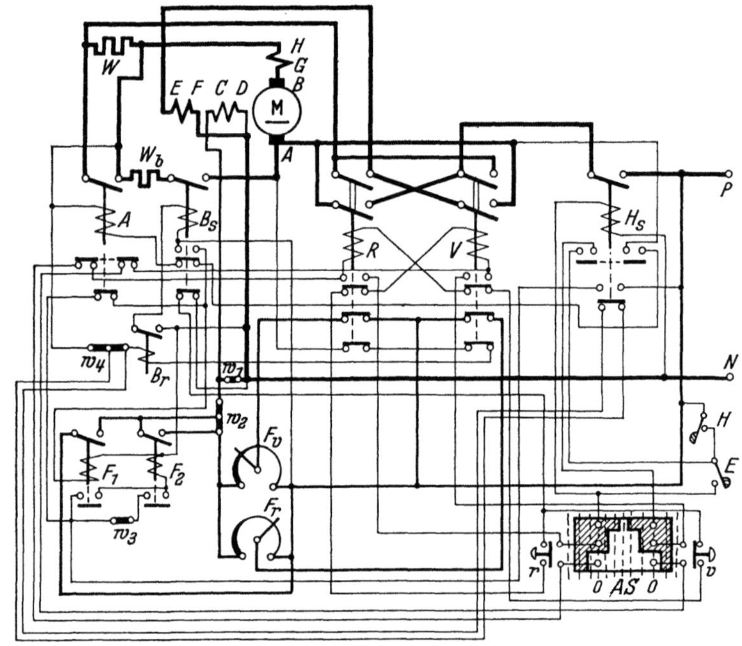

Abb. 672. Hobelmaschinensteuerung (SSW).

eingeschaltet wird. Der am Hobelbett angebrachte **Anstoßschalter** *AS* steht während des Laufes in der Nullstellung und wird an den Hubenden durch einstellbare Steuerknaggen des hin und her gehenden Tisches verstellt. Der Druckknopf *H* dient zum Stillsetzen der Maschine und *E* zum Einschalten. Durch das Drücken des Druckknopfes *E* allein läuft jedoch der Motor noch nicht an, wenn der Anstoßschalter in der Nullstellung steht. Es müssen dann weiterhin auch noch der Vorwärtsdruckknopf *v* oder der Rückwärtsdruckknopf *r* gedrückt werden.

Die Stromläufe lassen sich unter Beachtung des Gesagten ohne große Schwierigkeit verfolgen. Wenn man *E* drückt, fließt von *P* Strom über *E*, und durch die Hauptschützspule H_s nach *N*. Dieses Schütz zieht also an und hält sich durch seine oberen, linken Hilfskontakte und *AS* auch nach dem Loslassen des Druckknopfes eingeschaltet. Befindet sich der Hobeltisch zwischen den Endlagen, der Anstoßschalter also in der Nullstellung, so muß nun ein weiterer Druckknopf, z. B. *v*, gedrückt werden. Dadurch fließt Strom von *P* über *AS*, über *v*, durch die Spule von *V* nach *N*, aber nur, wenn die Ruhekontakte vom Anlaßschütz *A*, vom anderen Umschaltschütz *R* und vom Bremsschütz B_s geschlossen sind. Das Schütz bleibt nach dem Loslassen des Druckknopfes ebenfalls eingeschaltet, weil seine oberen Hilfskontakte den Druckknopf umgehen. Das Hauptschütz H_s hat durch seine unteren Arbeitskontakte von *P* aus über die Spule des Feldverstärkungsschützes F_1 nach *N* einen Stromkreis gebildet, wodurch F_1 anzieht und das Feld verstärkt. Durch F_1 wird weiter F_2 eingeschaltet. Der Motor läuft nun an. Sobald die Drehzahl und die Ankerspannung einen gewissen Wert erreicht hat, springt das an dieser Spannung liegende Anlaßschütz *A* an und schließt den Widerstand *W* kurz, wodurch der Motor nun auf volle Drehzahl kommt. Mit dem Anziehen von A ist der Spulenstromkreis von F_1 unterbrochen worden, d. h. die Feldregler sind nun freigegeben. F_2 bleibt über den Widerstand w_3 eingeschaltet. In der Tischendlage wird der Anstoßschalter AS aus der Nullage gedreht. Hierdurch wird der Spulenstromkreis des Umschaltschützes, also bei der angenommenen Bewegungsrichtung V, unterbrochen. Seine unteren Ruhekontakte schalten das an der Ankerspannung liegende Bremsrelais B_r und dieses das Bremsschütz B_s ein. Durch dieses wird wiederum das Feldverstärkungsschütz F_1 zur Einschaltung gebracht. Der vollerregte Motor bremst jetzt sehr scharf. Inzwischen ist durch AS das andere Umschaltschütz R zur Einschaltung vorbereitet worden. Der Spulenstromkreis ist aber erst geschlossen, wenn die Ankerspannung und mit ihr die Drehzahl so weit gesunken ist, daß das einstellbare Bremsrelais B_r und damit B_s abfällt. Nun setzt sich der Motor in entgegengesetzter Richtung in Bewegung.

111. Beispiel. Eine Hobelmaschine wird durch einen SSW-Nebenschlußmotor von 18,4 kW, 440 V angetrieben, und die Abbremsung erfolgt durch Feldverstärkung an den Hubenden. Die Drehzahl des Motors ist bei Nennlast von 500 auf 877 Umdrehungen je Minute regelbar und kann beim Rücklauf auf 1250 gesteigert werden. An der Maschine wurden die in Abb. 673 dargestellten Schaulinien für Strom und Drehzahl oszillographisch aufgenommen. Dieselben gelten für das Hobeln von Gußeisen bei 23 × 3,2 mm Spanquerschnitt und 0,132 m sekundlicher Geschwindigkeit.

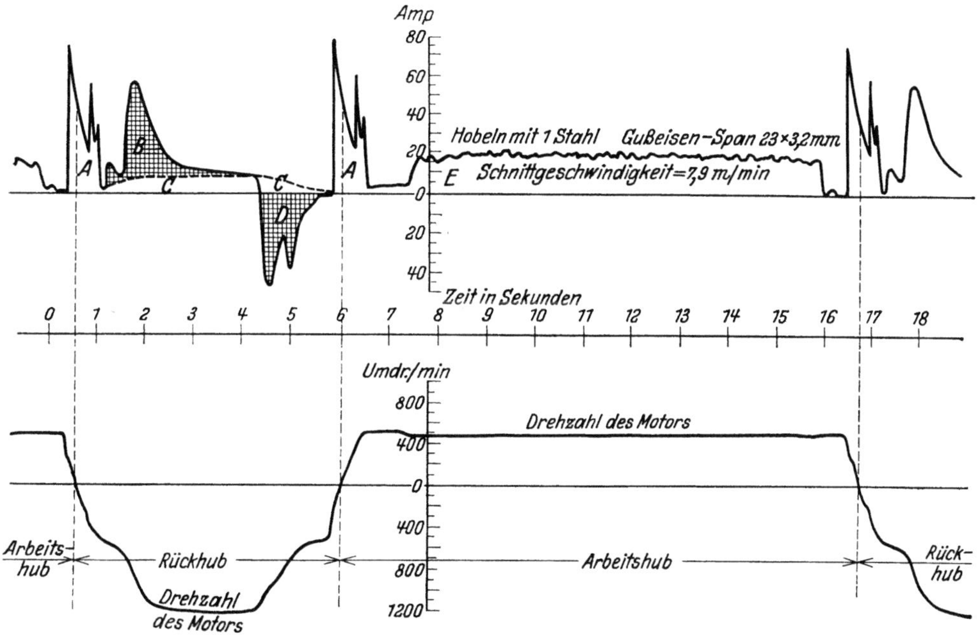

Abb. 673. Strom- und Geschwindigkeitsverlauf einer Hobelmaschine mit elektrischer Umsteuerung.

A stellt die Stromaufnahme beim Umschalten von Arbeitshub auf Rücklauf dar, wobei zunächst bei voller Erregung nur die niedrigste Drehzahl 500 erreicht wird. Durch Feldschwächung wird dann die Drehzahl auf 1250 gesteigert. Die dabei notwendige Beschleunigungsenergie hat die Stromaufnahme B zur Folge. C stellt den Verbrauch für Reibung dar. Am Hubende wird durch Feldverstärkung zunächst auf den niedrigsten Wert 500 vermindert, wodurch der Motor als Stromerzeuger die Arbeit D in das Netz zurückliefert. D ist natürlich etwas kleiner als B. Die beiden Spitzen der Stromlinien sind dadurch entstanden, daß die Einschaltung des Erregerstromes in zwei Stufen mittels Schützen erfolgte. E stellt die Stromaufnahme beim Hobeln dar. Man erkennt, daß der Stahl vor dem Ansetzen noch einen kleinen Leerweg durchläuft. Diesen Verlust muß man, besonders bei kurzen Hüben klein machen. Die Linie zeigt beim Hobeln einen Strom von 22 A und beim Rücklauf von 2 bis 3 A. Nimmt man an, daß beim Hobeln die Widerstände größer sind und etwa 4 A beanspruchen, so bleiben für die Hobelarbeit noch 18 A. Dies sind $18 \cdot 440 = 8000$ W $= 8$ kW. Bei einem Schnittwiderstand P ist also $P \cdot 0{,}132 : 102 = 8$ und hieraus $P = 6200$ kg. Der spezifische Schnittwiderstand beträgt demnach $6200 : 23 \cdot 3{,}2 = 85$ kg, was mit der Erfahrung gut übereinstimmt. Für andere Spanleistungen läßt sich der Strom in entsprechender Weise ermitteln, auch läßt sich der quadratische Mittelwert der Motorleistung nachprüfen.

Die betrachtete Schaltung ist nur mit Gleichstrom-Regelmotor leistungsfähig und wirtschaftlich durchführbar. Es muß daher auf Gleichstrom umgeformt werden, wenn, wie es meist der Fall ist, Drehstrom zur Verfügung steht. Bei Verzicht auf die Regelbarkeit kann auch der normale Asynchronmotor Verwendung finden, ein Fall, der bei Blechkanten-Hobelmaschinen, welche in beiden Richtungen schneiden, häufig vorkommt. Auch polumschaltbare Motoren und Drehstrom-Stromwendermotoren sind bereits ebenso zur Verwendung gekommen, wie für sehr große Leistungen die Leonardschaltung. Die AEG. verwendet zur Vermeidung der Umformung zuweilen zwei

Asynchronmotoren, von denen der eine den Tisch im Vorwärtssinne mit normaler Schnittgeschwindigkeit bewegt, während der zweite, etwa halb so starke Motor den Rücklauf mit erhöhter Geschwindigkeit besorgt. Ein Umlaufgetriebe ermöglicht ein Umsteuern mit geringem Energieverlust, während der nicht eingeschaltete Motor durch Bremsen festgehalten wird.

Der Einbau der elektrischen Ausrüstung einer Werkzeugmaschine soll vor allem zweckmäßig und für die Bedienung bequem sein. Weiterhin verlangt man eine geschützte Anordnung und eine organische Einfügung in die Form der Maschine. Abb. 674 veranschaulicht schematisch eine große Drehbank mit ihrer elektrischen Ausrüstung. *A* ist der Antriebsmotor der Drehspindel, während Motor *B* zur Schnellverstellung des Reitstockes und *C* für die Verstellung des Supports dient. Der Hauptmotor wird mit dem Selbstanlasser *Aa* und Druckknöpfen gesteuert, während der Reitstockmotor wegen der selteneren Benutzung einen Handanlasser *Ab* besitzt. Motor *C* wird durch die Druckknöpfe *dc* und den Selbstanlasser *Ac* angelassen. Die Druckknöpfe sind mehrfach vorhanden, insbesondere diejenigen (*da*) des Hauptmotors. Der Reitstockmotor kann durch den Druckknopf *db* lediglich stillgesetzt werden. Die Endschalter *ec* am Support und *eb* am Reitstock sollen durch Stillsetzung der Motoren die Gefahren eines Zusammenstoßes vermeiden. *S* ist der Schaltkasten

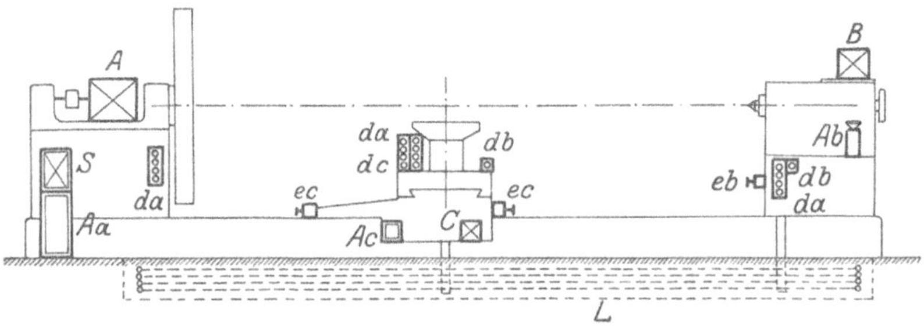

Abb. 674. Anordnung der elektrischen Ausrüstung einer Drehbank.

mit dem Hauptschalter und dem Überstromschutz. Dem beweglichen Support und Reitstock wird der Strom über die Schleifleitungen *L* zugeführt. Abb. 675 veranschaulicht die Ausführung der Schleifschienen und ihre Abdeckung gegen die Späne. Die großen Hohlräume, welche in den Gußständern großer Werkzeugmaschinen zur Verfügung stehen, werden heute zweckmäßig zur Unterbringung der elektrischen Geräte ausgenutzt (siehe Abb. 676), wobei darauf zu achten ist, daß die Geräte trotzdem zugänglich bleiben. Zuweilen werden sie ganz oder teilweise an der Tür befestigt, wobei die Zugänglichkeit besonders gut ist. Die Schützensteuerungen sind allerdings häufig für eine derartige Unterbringung zu groß, und es müssen dann für sie besondere Schränke vorgesehen werden (siehe Abb. 668).

Abb. 675. Drehbank-Fahrschienen (SSW).

Die Motoren der Werkzeugmaschinen, gewöhnlich in geschützter Ausführung, haben eine besonders organische Einfügung in die Maschine erfahren, wobei der angebaute Flanschmotor, sowohl in horizontaler wie in vertikaler Lage, besonders häufig Anwendung findet. Zur Verminderung der Getriebe wird man bestrebt sein, die Motorachse der Arbeitsachse parallel zu legen, also z. B. eine vertikale Bohrspindel mit einem Vertikalmotor anzutreiben. Eine besonders geschickte Einfügung erlaubt der sog. Einbaumotor (siehe Abb. 509), bei welchem der gehäuselose Motor in das Werkzeugmaschinengehäuse eingesetzt wird, und ferner der Aufsteckmotor, welcher bei schnellaufenden Schleifspindeln auf die Spindel aufgesteckt wird. Bei letzteren Motoren werden Drehzahlen bis 30000 je Minute gefordert, welche mit Asynchronmotoren bei einer Frequenz von 500 Hz erreichbar sind.

Als Beispiel für den geschickten Einbau der Ausrüstung ist in Abb. 676 eine Flächenschleifmaschine (Naxos-Union) dargestellt. Der große, mit beweglichem Panzerkabel angeschlossene Schleifmotor M_1 ist ein 30 kW Einbaumotor mit Stromverdrängungsläufer. Der Motor M_2 zur Höhenverstellung des Querbalkens ist oben sichtbar, während die Motoren M_4 für den Tischantrieb und M_5 für den Schlitten als Flanschmotoren rückseits angebaut und nur wenig im Bild zu sehen sind. Der Schrank *S* im Ständer enthält die Schalter und den Überstromschutz. An dem Leistungsmesser, welcher dem Schleifmotor unmittelbar angebaut ist, kann der Arbeiter die Belastung jederzeit mühelos erkennen. Die Umkehr der Tischbewegung wird durch eine magnetische Doppelkupplung erzielt, welche durch die Knaggen am Tisch umgesteuert wird. Da es sich hier um geringere Geschwindigkeiten als bei den Hobelmaschinen handelt, ist die Verwendung der Magnetkupplung durchaus zweckmäßig. Abb. 677 zeigt das Schaltbild der dargestellten Maschine. Tisch- und Schlittenmotor sind zwecks Regelung als Gleichstrommotoren gewählt. U ist der Umschalter der Magnetkupplung K_t für die Tischbewegung, während die Magnetkupplung K_s, die mit Druckknöpfen geschaltet wird, der Schlittenbewegung dient.

Abb. 676. Flächenschleifmaschine (Naxos-Union).

Bei der Entwicklung der Mehrmotoren-Werkzeugmaschinen ergaben sich dadurch neue Aufgaben für die elektrische Einrichtung, daß es für einen Arbeiter an einer großen Maschine schwierig war, alle Vorgänge gut zu überblicken. Es werden daher in solchen Fällen nicht nur Endschalter vorgesehen, welche in den Grenzstellungen abschalten, sondern es kommen auch Abhängigkeitsschaltungen zwischen den einzelnen Motorantrieben zur Anwendung, welche eine gegenseitige Gefährdung ausschließen sollen, wie z. B. Verriegelungen zwischen dem Arbeitsmotor und dem Vorschubmotor. Weiterhin spielt auch die selbsttätige Regelung eine Rolle, die in verschiedener Richtung angestrebt werden kann: Man kann auf eine bestimmte, dem Arbeitsvorgang angepaßte Geschwindigkeit selbsttätig regeln, z. B. durch eine Kurvenscheibe, welche sich mit dem Querzug beim Plandrehen bewegt und dadurch den Drehzahlregler auf eine gewünschte Geschwindigkeit einstellt. Man kann auch auf eine bestimmte Belastung des Motors regeln, indem man durch ein Strom- oder Leistungsrelais seinen Vorschubmotor derart beeinflußt, daß er bei Veränderung der Leistung den Vorschub und damit den Spanquerschnitt im umgekehrtem Verhältnis verändert. Eine weitere Regelmöglichkeit strebt man neuerdings dadurch an, daß man die Bearbeitung auch komplizierter Arbeitsstücke selbsttätig vornehmen will, wie es bei der Massenfabrikation von Schrauben bereits die Automaten tun. Abb. 678 soll eine derartige Fühlersteuerung schematisch veranschaulichen. Der Fräser *Fr* macht in bekannter Weise eine hin und her gehende Bewegung, wodurch er zusammen mit dem Quervorschub die ganze Fläche bestreicht. Der Vorschub in der Richtung der Fräserwelle unterliegt hingegen der Fühlersteuerung. Der Fühlhebel F macht die Fräserbewegung mit und bestreicht dabei eine Schablone, die als Modell des herzustellenden Arbeitsstückes gilt. Findet der Fühler keinen Widerstand, so schließt er infolge der Federkraft den unteren Kontakt und schaltet die Magnetkupplung M derart ein, daß der Frässupport und mit ihm der Fühlhebel vorgeschoben wird. Trifft nun der Fühlhebel auf die Schablone, dann schaltet er um und kehrt mittels der Magnetkupplung den Vorschub um. Auf diese Weise ergibt sich ein Arbeitsspiel derart, daß sich der Fühler immer an der Schablone hält und der Fräser die Schablonenform kopiert.

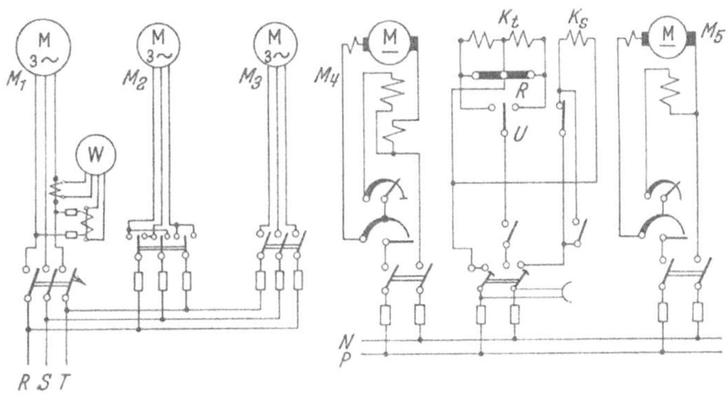

Abb. 677. Schaltbild zu Abb. 676. M_1 = Schleifmotor, M_2 = Höhenverstellmotor, M_3 = Pumpenmotor, M_4 = Tischantriebsmotor, M_5 = Schlittenmotor, Kt = Magnetkupplung des Tisches, K_s = Magnetkupplung des Schlittens, U = Umkehrschalter.

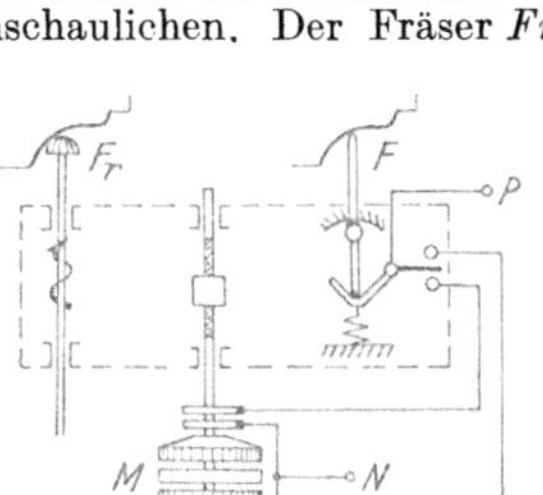

Abb. 678. Fühlersteuerung.

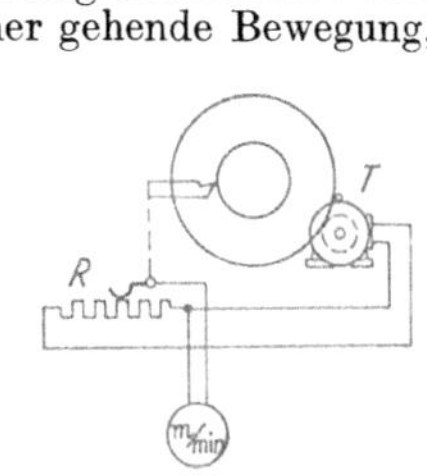

Abb. 679. Schnittgeschwindigkeitsanzeiger.

Zur Betriebsüberwachung der Werkzeugmaschinen werden zur Kontrolle der Betriebszeiten vielfach schreibende Meßgeräte (zuweilen als Vielfachschreiber zur gleichzeitigen Aufnahme mehrerer Motoren) benutzt. Auch Zeitzähler können Anwendung finden. Die unmittelbare Ablesung der sehr wichtigen Schnittgeschwindigkeit bereitet insofern etwas Schwierigkeit, als sie durch die Umschaltung nicht der Motordrehzahl allein proportional ist. Die SSW verwenden daher z. B. bei Drehbänken eine Anordnung, welche Abb. 679 vereinfacht darstellt. Die Drehspindel bewegt eine Tachometerdynamo *T*, welche daher eine der Drehzahl proportionale Spannung erzeugt. Mit dem Stahl ist der Schiebekontakt des Widerstandes *R* verbunden. Bei der Querverstellung des Stahles wird daher eine wechselnde Spannung an dem Widerstand abgegriffen, und der angeschlossene Spannungsmesser, welcher in m/min geeicht ist, zeigt dann unmittelbar die Schnittgeschwindigkeit an.

E. Die elektrischen Antriebe der Zement- und chemischen Industrie.

In den Zementfabriken spielt der Antrieb der Mühlen und der Drehöfen eine große Rolle. Die Mühlen, in welchen die Rohstoffe des Zementes (Kalk und Ton) sowie die Kohle für die Kohlenstaubfeuerungen zu feinem Mehl gemahlen werden, sind meistens Trommeln mit einer schweren Füllung von Stahlkugeln, welche bei der Drehung der Trommeln das Gut zerkleinern. Da der Leistungsbedarf einer Mühle durchschnittlich etwa 100 kW ist und ihre Drehzahl nicht groß ist, muß meist ein Rädervorgelege zwischengeschaltet werden. Eine Regelung der Drehzahl ist im allgemeinen nur ausnahmsweise erforderlich, es kommt also bei Gleichstrom der Nebenschlußmotor (zweckmäßig mit zusätzlicher Hauptschlußwicklung) und bei Drehstrom der normale Asynchronmotor zur Verwendung. Das Anzugsmoment des Motors darf jedoch nicht zu gering sein, weil erfahrungsgemäß beim Anlauf die Gesamtmasse der Kugeln in der Trommel eine Strecke weit emporgehoben werden muß, wozu ein höheres Drehmoment, etwa das doppelte des normalen nötig ist. Eine geschlossene Ausführung wäre mit Rücksicht auf den sehr großen Staubgehalt der Mühlenräume sehr erwünscht. Sie ist jedoch in Anbetracht der Größe der Motoren nicht wirtschaftlich durchführbar. Man bringt die Motoren daher in einem besonderen, vom Mühlenraum getrennten Motorenraum unter. Mit Rücksicht auf die Sauberhaltung dieses Raumes darf der Antrieb nicht mit Riemen durch die Trennwand hindurch erfolgen, sondern mittels abgedichteter Welle. Zur Aufsicht der Mühlenmotoren ist meist ein besonderer Wärter vorhanden, der das Anlassen auf ein Signal des Müllers zu besorgen hat. Die Abstellung muß jedoch mittels Druckknopfes vom Mühlenraum aus möglich sein.

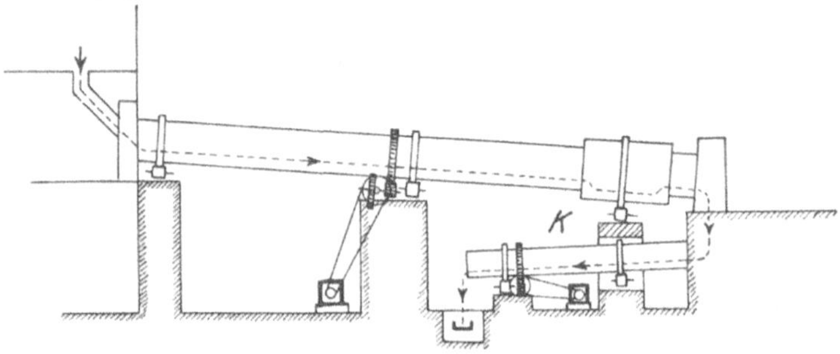

Abb. 680. Drehofen- und Kühltrommelantrieb.

Die Drehöfen sind leicht geneigte, auf Rollen gelagerte eiserne Trommeln, deren Länge zuweilen 60 m und mehr erreicht. Abb. 680 stellt einen solchen Ofen mit dem Antrieb schematisch dar. Das Gut durchläuft den Ofen in der gestrichelt angegebenen Richtung, während sich dieser langsam dreht. Die Einblasung des Kohlenstaubes oder des Gases zur Heizung geschieht an dem tiefer liegenden Ende, wo auch das gebrannte Gut in die ebenfalls drehende Kühltrommel *K* fällt. Da eine gleichförmige Drehung des Ofens verlangt wird, kommt bei Gleichstrom der Nebenschlußmotor (auch mit zusätzlicher Reihenschlußwicklung) und bei Drehstrom der Asynchronmotor in Frage. Nur ausnahmsweise wird eine geringe Drehzahlregelung gewünscht, die bei Nebenschlußmotoren durch eine Feldregelung, bei Asynchronmotoren mit Rücksicht auf die kurze Zeit durch Läuferwiderstände möglich ist. Das Anlaufmoment der Drehofenmotoren muß groß sein, weil die ganze Antriebsleistung in Reibungswiderständen aufgebraucht wird. Die Reibung ist aber im Anlauf wegen der Zähflüssigkeit des kalten Öles und wegen der häufig vorkommenden Klemmungen des langen Ofens groß. Ein solcher Drehofen ist nämlich nicht immer genau gerade, weil bei einem Stillstand des warmen Ofens die Kühlung auf der Unterseite eine größere ist als auf der Oberseite, so daß notwendig eine Krümmung auftritt. Auch der Anlasser (gewöhnlich Walzenanlasser mit Ölkühlung) ist für einen erhöhten Anlaufstrom zu bemessen, um so mehr, als sich bei der Inbetriebsetzung des Ofens ein häufiges Anlassen kurz hintereinander nicht vermeiden läßt. Bei der Aufstellung der Motoren ist auf die strahlende Wärme des Ofens Rücksicht zu nehmen und zu beachten, daß bei warmem Gang des Ofens in einem Abstand von einem Meter noch eine Temperatur von 100° C herrschen kann. Es empfiehlt sich daher, den Motor unten aufzustellen und nötigenfalls mit Riemen anzutreiben. Schutzhäuschen bieten sowohl gegen die Wärmestrahlung wie auch gegen den starken Staub einigermaßen Schutz. Als rohe Anhaltspunkte für die Antriebsleistung können bei der üblichen Geschwindigkeit von etwa einer Umdrehung je Minute folgende Angaben dienen:

60 m-Ofen	2,5 m Durchmesser	. . . .	35 kW Dauerleistung
40 m- „	2,2 m „	. . . .	20 kW „
30 m- „	2 m „	. . . .	15 kW „

Bei der Installation der Ofenhalle sind alle elektrischen Leitungen, die sich oberhalb der Öfen nicht vermeiden lassen, gegen den aufsteigenden Wärmestrom zu schützen.

Pumpenantriebe. Kolbenpumpen fördern eine Flüssigkeitsmenge, welche, unabhängig von den Widerständen, nur der Pumpengröße und der Drehzahl proportional ist. Eine Drosselung des Flüssigkeitsstromes durch den Schieber wird daher nicht die Fördermenge, sondern nur die Belastung des Antriebsmotors beeinflussen. Die Widerstände, welche die Pumpe infolge der Reibung der strömenden Flüssigkeit besitzt, denkt man sich als Druckhöhe der wirklichen Förderhöhe (statische Saughöhe + statische Druckhöhe) hinzugefügt. Die Summe kommt als manometrische Förderhöhe H für die Berechnung der Antriebsleistung in Frage. Sie ist

$$N = \frac{Q \cdot H}{102 \cdot \eta}, \tag{220}$$

worin Q die sekundliche Flüssigkeitsmenge in kg/s, H die manometrische Förderhöhe in m und η der Pumpenwirkungsgrad (0,8 bis 0,85) ist. Der Druck auf den Kolben der Pumpe und damit das Drehmoment hängen nur von der Förderhöhe H, nicht von der Drehzahl ab, wenn man von den Reibungswiderständen absieht, und zwar muß das Drehmoment der Förderhöhe proportional sein. Eine Regelung der Fördermenge der Kolbenpumpe muß durch Veränderung der Drehzahl erfolgen. Der Anlauf der Kolbenpumpe erfolgt, wenn nicht besondere Umlaufventile vorhanden sind, bei geöffnetem Druckschieber, also gegen das volle Drehmoment. Motor und Anlasser müssen diesem Umstand Rechnung tragen.

112. Beispiel. Eine Kolbenpumpe soll bei einer statischen Gesamtförderhöhe von 60 m stündlich 50 m³ Wasser fördern. Wie groß muß die Motorleistung sein, wenn die ganze Rohrlänge 1200 m bei einem Durchmesser von 135 mm ist?

Sekundlich sind $Q = 50 : 3600 = 0{,}0139\ \text{m}^3/\text{s} = 13{,}9\ \text{kg/s}$ zu fördern. Der Rohrquerschnitt ist $0{,}0143\ \text{m}^2$ und daher die Wassergeschwindigkeit $v = 0{,}0139 : 0{,}0143 = 0{,}97\ \text{m/s}$. Aus den Taschenbüchern ist zu entnehmen, daß bei dieser Geschwindigkeit auf 100 m Rohrlänge ein Druckabfall von 0,83 m entsteht. Im vorliegenden Fall ist also der gesamte Druckabfall $12 \cdot 0{,}83 = 10$ m und daher die manometrische Förderhöhe $H = 60 + 10 = 70$ m. Unter Annahme eines Pumpenwirkungsgrades von 0,85 ergibt sich daher die erforderliche Antriebsleistung zu $N = 13{,}9 \cdot 70 : 102 \cdot 0{,}85 = 11{,}2$ kW. Unter Voraussetzung eines Riemenverlustes von 3 bis 4% ist also ein Antriebsmotor von 12 kW Dauerleistung zu wählen.

Die Kreiselpumpe benötigt eine Antriebsleistung, welche ebenfalls nach Gl. 220 zu berechnen ist ($\eta = 0{,}4$ bis 0,8, der niedrige Wert ist bei kleinen Pumpen anzuwenden), ihr Verhalten ist jedoch durchaus anders als dasjenige der Kolbenpumpe. Die Fördermenge Q ist zwar auch hier der Drehzahl proportional, hingegen ist die Förderhöhe H der Pumpe dem Quadrate der Drehzahl und damit dem Quadrate der Fördermenge proportional. In Abb. 681 ist die an einer Kreiselpumpe aufgenommene Abhängigkeit zwischen der Druckhöhe H und der Fördermenge Q durch die parabelähnlichen Linien P bei konstanten Drehzahlen aufgetragen. Sie zeigen, daß der Druck der Pumpe bei der Fördermenge 0 (geschlossenem Schieber) einen hohen Betrag aufweist, der bei geringen Fördermengen noch etwas steigt, um weiterhin zu sinken. Die größte Fördermenge tritt auf, wenn das Wasser frei ohne Widerstand ausströmt ($H = O$). Die gestrichelten elliptischen Linien sind Linien gleichen Wirkungsgrades. Eine zweite Abhängigkeit der Druckhöhe von der Fördermenge läßt sich an der Rohrleitung gewinnen. Nimmt man als Grenzfall einmal an, daß die Pumpe überhaupt keine statische Druckhöhe zu überwinden hat, daß sie also das Wasser durch ein horizontales Rohr zu treiben hat, so ist bekanntlich die Druckhöhe dem Quadrate der Geschwindigkeit und damit dem Quadrate der Fördermenge proportional. Die Parabel A in Abb. 681 zeigt diese Abhängigkeit. Man findet den Arbeitspunkt der Pumpe nun dadurch, daß man den Schnittpunkt der Parabel A mit den Kennlinien der Pumpe sucht. Werde die Pumpe mit der Nenndrehzahl

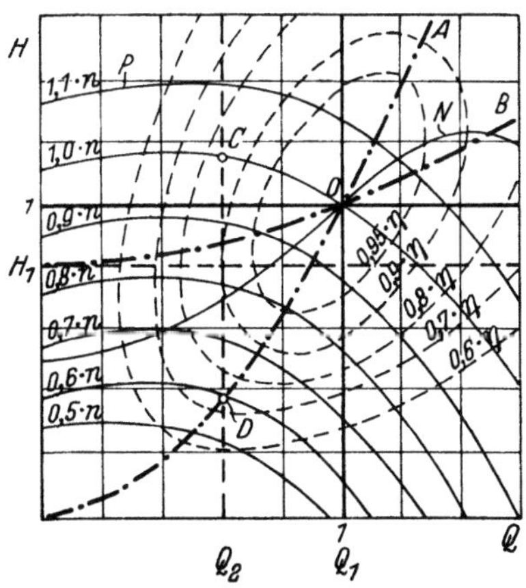

Abb. 681. Kennlinien einer Kreiselpumpe.

($1{,}0 \cdot n$) betrieben, so stellt sich der Arbeitspunkt O ein, zu dem man die Fördermenge unten prozentual ablesen kann. Bei Verminderung der Drehzahl sinkt auch die Fördermenge, es wird aber auch bei den kleinen Drehzahlen noch Wasser gefördert. Der andere Fall, bei welchem die Pumpe außerdem eine statische Förderhöhe H_1 zu überwinden hat, ist durch die Linie B dargestellt. Zu der konstanten Höhe H_1 kommt hier noch die Druckhöhe hinzu, welche zur Überwindung der Rohrleitungswiderstände nötig ist, die mit dem Quadrate der Geschwindigkeit, also auch dem Quadrate der Fördermenge anwächst. Auch hier stellt sich wieder ein Arbeitspunkt ein, welcher durch den Schnittpunkt der Linien P mit der Linie B bestimmt ist. Bei einer Verminderung der Drehzahl sinkt die Fördermenge sehr schnell, und es genügt bei flacher Widerstandslinie B bereits eine geringe Drehzahlverminderung, um ein völliges Aufhören der Förderung herbeizuführen (hier etwa $0{,}83 \cdot n$). Für den Antrieb ist daher zu merken, daß bei Kreiselpumpen mit vorwiegend statischer Druckhöhe die Drehzahl des Motors derjenigen der Pumpe genau angepaßt werden muß. Die von der Pumpe benötigte Antriebsleistung N läßt sich nach Gl. 220 für die möglichen Betriebspunkte aus den Werten H der Linie B und den zugehörigen Fördermengen Q berechnen, wobei man die Wirkungsgradwerte ebenfalls dem Diagramm entnehmen muß (dem Punkt 0 entspricht der maximale Wirkungsgrad der Pumpe $1{,}0 \cdot \eta$). Man erhält so die Leistungslinie N, die zeigt, daß auch bei der Fördermenge Null noch eine beträchtliche Leistung (bei normalen Kreiselpumpen etwa 40—50%) aufzuwenden ist. Man darf daher eine Pumpe nicht längere Zeit bei geschlossenem Schieber laufen lassen, weil sich dann das Wasser stark erhitzt (Gußspannungen). Die Leistungslinie zeigt weiter, daß schon eine geringe Erhöhung der Drehzahl zu einer starken Mehrförderung und einer Überlastung des Antriebsmotors führt.

Die Regelung der Kreiselpumpe ist mit dem Druckschieber und mittels der Drehzahl möglich. Wenn eine Pumpe nach Abb. 681 ohne statische Druckhöhe die Wassermenge Q_1 fördert (Linie A), so ist bei konstanter Drehzahl und Drosselung durch den Druckschieber eine Verringerung der Förderung auf Q_2 möglich, wobei der Pumpendruck steigt (Punkt C). Der Schieber ruft also jetzt einen Druckverlust hervor, welcher durch die Strecke C—D dargestellt ist. Das Schaubild zeigt ferner, daß bei überwiegend statischer Druckhöhe (Linie B) der Druckverlust durch den Schieber wesentlich geringer ist. Die durch die Drosselung entstehenden Leistungsverluste lassen sich nach Entnahme der zusammengehörigen Werte aus dem Schaubild nach Gl. 220 berechnen. Wesentlich günstiger gestaltet sich die Drehzahlregelung. Unter Zugrundelegung der Drucklinie A würde sich die Fördermenge auf Q_2 vermindern, wenn man die Drehzahl etwa auf $0{,}6 \cdot n$ herabsetzte (Punkt D), wobei keine wesentlichen Verluste auftreten, und der Pumpendruck sinkt. Da schon mit geringen Drehzahländerungen große Änderungen der Flüssigkeitsmenge eintreten, ist, wie S. 206 näher betrachtet, die Hauptstromregelung der Motoren nicht immer unwirtschaftlich.

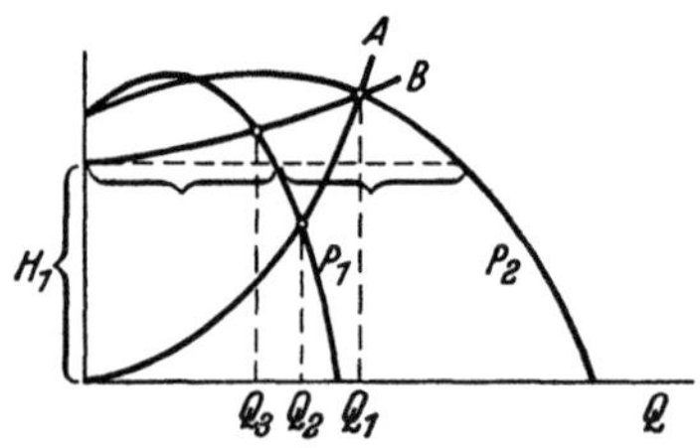

Abb. 682. Kennlinie parallel arbeitender Kreiselpumpen.

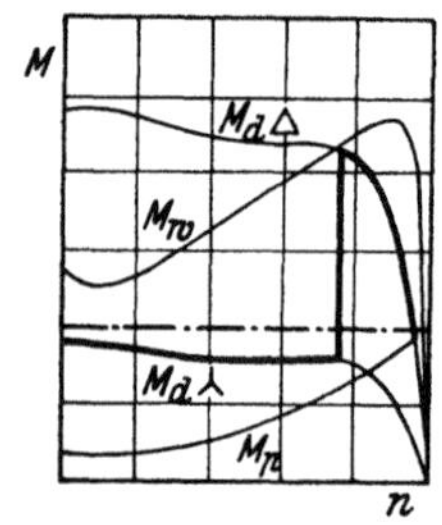

Abb. 683. M_a = Drehmoment eines Doppelkäfigmotors, M_w = Drehmoment eines Wirbelstrommotors.

Bei Parallelbetrieb zweier Kreiselpumpen erhält man die H—Q-Kennlinie beider Pumpen dadurch, daß man nach Abb. 682 die Abszissenwerte einer Pumpe verdoppelt. Die Linie P_2 gilt also für beide Pumpen zusammen. Arbeiten nun beide Pumpen auf eine Rohrleitung ohne statische Druckhöhe (erforderliche Druckhöhe Linie A). so stellt sich die Fördermenge Q_1 ein, welche sich je zur Hälfte auf die beiden Pumpen verteilt. Eine der beiden Pumpen allein würde bei der gleichen Rohrleitung Q_2, also mehr als die Hälfte beider Pumpen fördern. Es besteht daher die Möglichkeit, daß bei der Abschaltung einer Pumpe, die im Betrieb bleibende überlastet wird, wenn sie im Parallelbetrieb bereits voll belastet war. Es muß dann nach der Abschaltung der zweiten Pumpe mittels des Druckschiebers ihre Leistung verringert werden, oder es kann bei Gleichstrom durch eine zusätzliche Hauptschlußwicklung die Drehzahl ermäßigt werden. Bei hohem statischem Druck (Linie B) ergibt sich nur noch ein geringer Unterschied zwischen Einzel- und Parallelbetrieb.

Ein weiterer beachtenswerter Umstand liegt darin, daß mit jeder weiteren Parallelschaltung der gemeinsame Arbeitspunkt immer höher auf der Kennlinie der Einzelpumpe zu liegen kommt. In der Nähe des Höchstpunktes ist aber der Betrieb nicht mehr stabil.

Kreiselpumpen werden, wenn Drehstrom vorhanden und eine Regelung unnötig ist, gern mit Kurzschlußmotoren angetrieben, und zwar wird der Doppelkäfigmotor mit Stern-Dreiecksschaltung bevorzugt. Abb. 683 zeigt die Drehmomentlinie M_d eines Doppelkäfigmotors und M_w eines Wirbelstromläufermotors gleicher Nennleistung. M_p stellt die von der Pumpe benötigten Drehmomente in Abhängigkeit von der Drehzahl dar. Eine direkte Einschaltung des Doppelkäfigmotors wäre unzweckmäßig, weil dann das Motormoment ($M_{d\Delta}$) während der ganzen Anlaufzeit wesentlich größer als das Moment M_p der Pumpe ist und zu einer heftigen Beschleunigung und stoßartiger Beanspruchung der Teile Veranlassung gibt. Die Stern-Dreiecksschaltung hingegen ergibt nach der stark ausgezogenen Linie einen guten Anlauf. Der Motor mit Wirbelstromläufer hat auch ein zu großes Anlaufmoment (M_w). Die Verwendung eines Stern-Dreiecksschalters würde aber bei ihm auf der Sternstellung keine genügend großen Momente mehr ergeben, weil dann das Motormoment nur $1/3$ von M_w wäre.

Zentrifugen. Sie dienen meist zum Ausschleudern von Flüssigkeiten aus festen Stoffen. Der unmittelbar gekuppelte Motor wird als Vertikalmotor meist der Zentrifuge untergebaut, wie Abb. 684 b zeigt, während die Ausführung a mit aufgebautem Motor heute seltener vorkommt. Die Arbeitsweise einer Zentrifuge ist derart, daß auf einen Schleudervorgang immer eine Pause folgt, in welcher entleert wird. Der Schleudervorgang setzt sich aus dem Anlauf, dem Schleudern und dem Bremsen zusammen (Abb. 685). In Anbetracht der großen Masse der Zentrifuge, gegen welche die des Motorankers gering ist, ist die Anlaufzeit groß und kann mehrere Minuten betragen. Entsprechend ist das Anlaufdrehmoment groß gegenüber dem Beharrungsdrehmoment während des Ausschleuderns. Da man die Anlauf- und Bremszeit möglichst kurz und die dabei auftretenden Verluste so klein wie möglich halten möchte, erscheint der Gleichstrom-Nebenschlußmotor ein geeigneter Motor zu sein, dessen Drehzahl nach kurzem Anlassen auf die Grunddrehzahl durch Feldschwächung langsam auf ein Mehrfaches gesteigert werden kann. Verluste treten bekanntlich hierbei nur bei dem ersten Anlassen mit dem Anlaßwiderstand ein. Ebenso kann die Bremsung fast ganz durch Feldverstärkung bewirkt werden, wobei ein erheblicher Teil der Massenenergie dem Netz zurückgegeben wird. Trotzdem tritt der Gleichstrommotor gegenüber dem Asynchronmotor, insbesondere dem Kurzschlußmotor immer mehr in den Hintergrund, weil einmal bei dem meist vorhandenen Drehstrom eine Umformung nötig wäre, und weil man in dem rauhen Zentrifugenbetrieb weder gern den Stromwender noch einen Anlasser sieht. Es ist also die Einfachheit der Ausführung, welche hier für den Kurzschlußmotor den Ausschlag gibt. Dieser Motor würde jedoch bei unmittelbarer Einschaltung während der langen Anlaßzeit einen sehr großen Strom aufnehmen. Man ordnet daher Fliehkraftkupplungen an, welche dem Motor den sofortigen Anlauf ermöglichen und dann die Zentrifugentrommel durch ihr Reibungsmoment beschleunigen. Auch das Abbremsen wird in diesem Falle mit einer mechanischen Bremse vorgenommen. In neuerer Zeit hat auch der Doppelkäfigmotor mit unmittelbarer Einschaltung sowie der polumschaltbare Motor Eingang in den Zentrifugenbetrieb gefunden. Bei dem letzteren ist mit der Polumschaltung auf kleine Drehzahl auch eine Bremsung möglich.

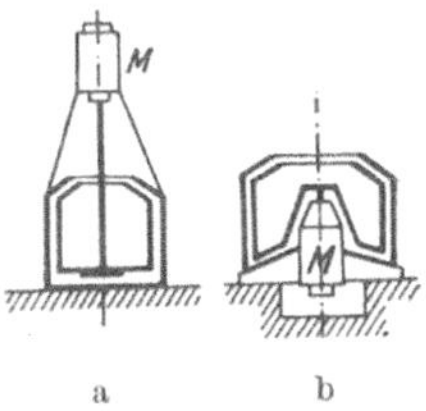

Abb. 684. Motoranbau bei Zentrifugen.

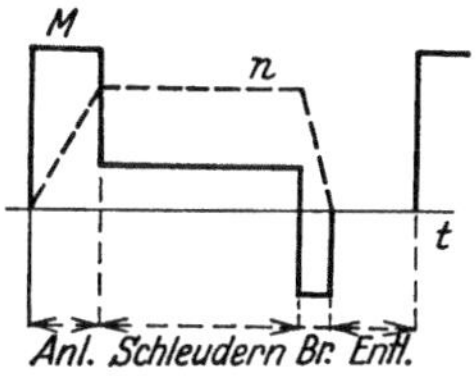

Abb. 685. Arbeitsdiagramm einer Zentrifuge.

Für die Ermittlung der Antriebsleistung ist das Diagramm unter Berücksichtigung der Schwungmomente aufzustellen, wobei man zweckmäßig von Erfahrungswerten der Motorleistungen ausgeht. Dieselben betragen etwa:

Zentrifuge von	600 mm	Durchmesser . .	2 kW
,, ,,	1000 ,,	,, . .	7 kW
,, ,,	1500 ,,	,, . .	15 kW

Das Anfahrmoment soll im allgemeinen nicht größer als das Dreifache des Nennmomentes sein. Das Beharrungsmoment während des Schleuderns ist rechnerisch nicht genau zu ermitteln, gewöhnlich beträgt es etwa $^1/_5$ des Anfahrmomentes. Aus dem Diagramm ist die erforderliche Motorleistung bzw. das Nennmoment des Motors nach Gl. 212 zu ermitteln. Das Bremsmoment findet hierbei nur dann Berücksichtigung, wenn es vom Motor ausgeübt wird.

Rührwerke. Sie dienen in chemischen Fabriken zum Durchrühren von Flüssigkeiten und werden gewöhnlich unmittelbar auf den Rührbehältern montiert, wie Abb. 686 zeigt. Bei warmen Flüssigkeiten ist bei der Motorbemessung Rücksicht auf die erhöhte Außentemperatur zu nehmen, auch sind die Motoren gegen die Dämpfe durch Kapselung zu schützen. Fernerhin ist auch die Art des Rührens von Bedeutung. Wenn die ganze Flüssigkeit durch den Rührer in eine kreisende Bewegung versetzt wird, ist die Antriebsleistung wesentlich geringer, als wenn durch Wellenbrecher eine starke Wirbelung erzielt wird. Stark absetzende Flüssigkeiten erfordern eine Signalvorrichtung, welche das Stehenbleiben des Motors anzeigt, weil ein späterer Anlauf bei hohem Bodenschlamm ganz unmöglich ist. Derartige Anlagen werden in besonders wichtigen Betrieben zuweilen mit Speisung von verschiedenen Speisepunkten und doppelten Motoren versehen. Als roher Anhalt für die Motorleistung in kühlen Räumen können folgende Zahlen dienen:

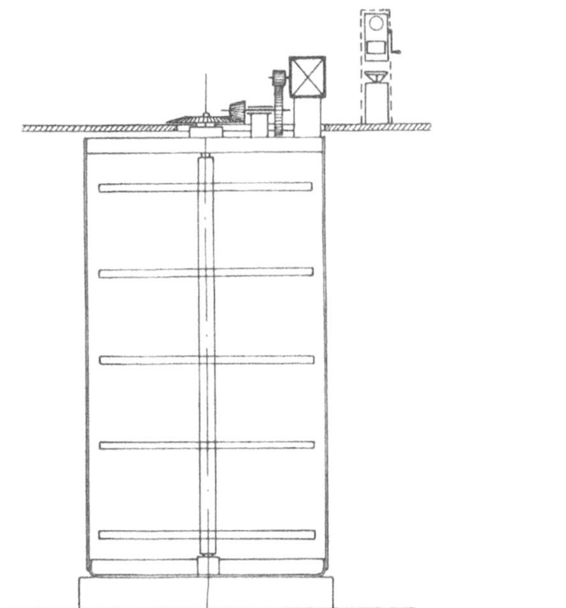
Abb. 686. Rührwerksantrieb.

Rührgefäß 11 m Höhe,	6 m Durchmesser,	25 minutliche Umdrehungen	. . .	15 bis 20 kW
,, 5 ,, ,,	3 ,, ,,	50 ,, ,,	. . .	5 ,,

F. Die elektromotorischen Antriebe in der Textilindustrie.

In der Spinnerei. Die Arbeitsweise der wichtigsten Spinnmaschine, der **Ringspinnmaschine,** geht aus Abb. 687 hervor. Das leicht vorgesponnene Garn, welches noch keine Festigkeit besitzt, wird durch das oben gezeichnete Streckwerk gestreckt und zugeführt, geht durch eine feste Öse und dann durch eine lose umlaufende Läuferöse L zur Spindel. Solche Spindeln besitzt die Ringspinnmaschine eine ganze Reihe, die gewöhnlich durch einen gemeinsamen Motor sehr schnell gedreht werden (etwa 10000 Umdrehungen je Minute). Der Zweck des Spinnens ist, dem Vorgarn durch Verdrehen eine erhöhte Festigkeit zu geben und es gleichzeitig auf die Spindel aufzuwickeln. Würde der Läufer feststehen, so würde das Garn durch die Spindeldrehung nur aufgewickelt, aber nicht verdreht werden. Würde hingegen der Läufer synchron mit der Spindel umlaufen, so würde das Garn nicht aufgewickelt, sondern nur verdreht, und zwar so oft, wie die Läuferdrehzahl beträgt. Der Läufer wird nun bei der Spindeldrehung durch die Reibung mitgenommen und bleibt daher immer etwas hinter der Spindeldrehzahl zurück, wobei sowohl eine Verdrehung des Fadens wie auch ein Aufwinden auf die Spindel erfolgt. Je größer der Schlupf des Läufers gegenüber der Spindel ist, um so mehr Garn wird aufgewunden, um so größer ist aber auch die Fadenspannung, die den Faden durch das Streckwerk zieht. Damit sich das Garn später leicht abwickeln läßt, werden die Windungen nicht wie bei einer Elektromagnetspule nebeneinander, sondern gekreuzt aufgewickelt. Zu diesem Zweck macht die Ringbank R mit dem Läufer L eine auf und ab gehende Bewegung und zugleich eine allgemeine Aufwärtsbewegung. Während sich der Ring R ein Stück langsam hebt, wird zuerst auf den Durchmesser D und zuletzt auf d aufgewunden, es entsteht also eine zur Achse schräg liegende Garnlage. Der Rückgang des Ringes in die Tiefstellung erfolgt schnell, damit die dabei sich bildenden Windungen sich gekreuzt über die vorige Lage legen. In gleicher Weise werden die folgenden schrägen Lagen hinzugefügt, bis die ganze Hülse voll ist. Die Fadenspannung ist an dem Durchmesser des Ballons, also des kreisenden Fadens, welcher durch die Fliehkraft nach außen ausschlägt, zu erkennen. Beim Aufwinden auf den großen Durchmesser ist der Ballon groß, also die Fadenspannung klein, während bei kleinem Windungsdurchmesser der geringe Ballondurchmesser eine hohe Fadenspannung anzeigt, wenn die Drehzahl unverändert bleibt. Es rührt dies daher, daß bei dem kleinen Wicklungsdurchmesser der Faden an einem kleinen Hebelarm wirkt und daher stärker gespannt sein muß.

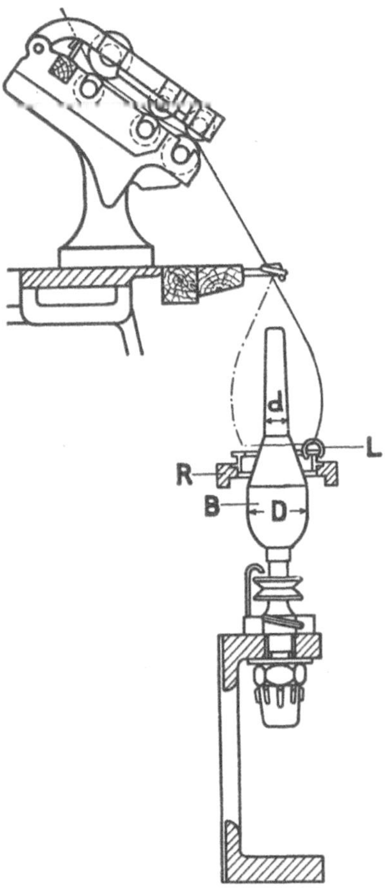

Abb. 687.
Wirkungsweise der Ringspinnmaschine.

Die Leistung einer Spinnmaschine ist naturgemäß um so größer, je größer die Drehzahl ist. Mit der Drehzahl nimmt aber auch die Zahl der Fadenbrüche zu und erreicht schnell ein solches Ausmaß, daß der Verlust, der durch die Kosten des vermehrten Bedienungspersonals entsteht, größer als der Produktionsgewinn ist. Als Höchstgeschwindigkeit wird daher diejenige angesehen, bei welcher nur so viele Fadenbrüche auftreten, daß eine geübte Spinnerin sie bei einer Spinnmaschine von etwa 200 Spindeln außer der sonstigen Bedienungsarbeit noch gut beheben kann. Diese zulässige Fadenbruchzahl ist etwa 2 bis 3 je Minute. Die Fadenspannung und die ihr verhältnisgleiche Bruchzahl ist aber eine wechselnde. Bei einem Antrieb mit konstanter Geschwindigkeit müßte man die Antriebsdrehzahl so wählen, daß sie bei der größten Fadenspannung, also beim Aufwinden auf den kleinsten Durchmesser, sowie bei dem Anspinnen das obengenannte wirtschaftliche Höchstmaß nicht übersteigt. Dann würde aber zur Zeit einer geringeren Fadenspannung die Maschine nicht ausgenutzt sein. Hieraus geht hervor, daß aus wirtschaftlichen Gründen eine Drehzahlregelung erforderlich ist[1].

Der selbsttätige Regler einer Ringspinnmaschine hat demnach in zweifacher Richtung zu regeln: 1. er muß entsprechend dem wechselnden Durchmesser jeder Lage die Drehzahl rhythmisch vergrößern und verkleinern (Regelung der Lagendrehzahl); 2. er muß beim Anspinnen wegen der schwierigen Ansatzbildung und beim Abspinnen nach vollendeter Arbeit die Drehzahl stark herabsetzen (Regelung der Grunddrehzahl). Aus betrieblichen Gründen muß ferner verlangt werden, daß die Einstellung der Drehzahlen, die mit Rücksicht auf die Feinheit des Garnes, die Güte des Rohstoffes und die Luftfeuchtigkeit eine wechselnde ist, leicht vorgenommen werden kann. Abb. 688 zeigt ein Diagramm der Drehzahl des Antriebsmotors während des vollständigen Spinnvorganges, und Abb. 689 veranschaulicht schematisch den neuen Spinnregler der Siemens-Schuckertwerke, welcher in übersichtlicher Weise die Einstellung der gewünschten Drehzahlen ermöglicht. Die Welle, welche

[1] Siehe auch Oertel: Z. VDI Nr. 9 (1929) S. 313.

die Ringbank der Spinnmaschine hebt und senkt, treibt mittels der Kette K auch die Lagenscheibe L derart an, daß sie bei einer Hebung und Senkung gerade eine Umdrehung macht. Denkt man sich den Mittelpunkt des Hebels H_d einmal fest, so wird die Scheibe L mit der anliegenden Rolle und dem Winkelhebel H_l den Hebel H_d in eine schwingende Bewegung versetzen, wobei die Stange S den Drehzahlregler oder die Bürsten des Stromwendermotors verstellt. Man erhält so die Lagenregelung. Der Mittelpunkt von H_d ist aber nicht ganz fest, sondern seinerseits mit dem Winkelhebel H_g verbunden, dessen Rolle auf dem Grundlineal G derart abrollt, daß während des gesamten

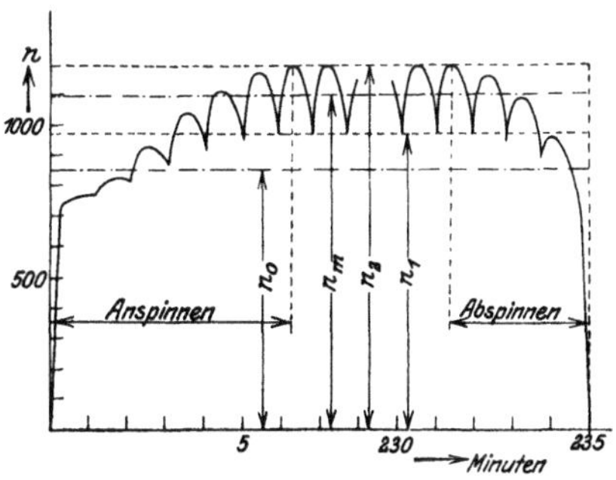

Abb. 688. Drehzahldiagramm einer Ringspinnmaschine.

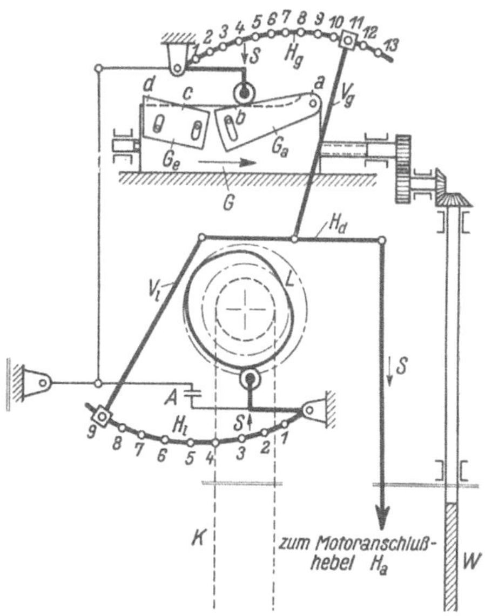

Abb. 689. Spinnregler der SSW.

Spinnvorganges die Spinnmaschine mit der Welle W das Grundlineal von a bis d verschiebt. Hierdurch erreicht man die Grunddrehzahlregelung, denn durch das Herabgleiten der Rolle von dem Formstück G_a wird der Mittelpunkt des Hebels H_d tiefer gelegt und damit die Drehzahl erhöht (Anspinnen), während zum Schluß durch das Formstück G_e die Drehzahl beim Abspinnen wieder vermindert wird. Die Lagendrehzahlregelung soll zur Zeit des An- und Abspinnens nur ganz gering sein. Daher verstellt der Hebel H_g rückseits einen Anschlag A, durch den die Rolle von der Scheibe L zu dieser Zeit abgehoben wird, so daß die Drehzahlsteigerung der Lagenregelung unterbleibt. Die Stärke der Grundregelung kann durch den Reiter des Hebels V_g ebenso verändert werden wie die der Lagenregelung durch den Reiter von V_l.

Abb. 690 stellt einen AEG.-Spinnregler im Zusammenhang mit der Spinnmaschine dar. Von der Herzradwelle der Spinnmaschine, welche die Ringbank bewegt, wird die rechte Kurbel des Reglers in der Pfeilrichtung gedreht. Sie dreht dadurch den rechten Winkelhebel und dieser den linken Winkelhebel, wodurch die vertikale Schaltstange gehoben und durch Bürstenverschiebung die Drehzahl vermindert wird. Außer dieser sich ständig wiederholenden Lagenregelung erfolgt die Grundzahlregelung von der linken Kurbel aus, welche durch eine bewegliche Welle von der Spinnmaschine angetrieben wird. Da der linke Winkelhebel unter Federkraft im Rechtsdrehsinne steht und damit bestrebt ist, die Motordrehzahl zu erhöhen, wird dies in dem Maße geschehen, wie sich die linke Kurbel von dem Hebel entfernt (Anspinnen). Alsdann ist der linke Winkelhebel frei und wird nur von der Lagenregelung hin und her bewegt. Nach vollendetem Spinnprozeß hat dann die linke Kurbel auch eine Umdrehung vollendet und verringert die Drehzahl (Abspinnen).

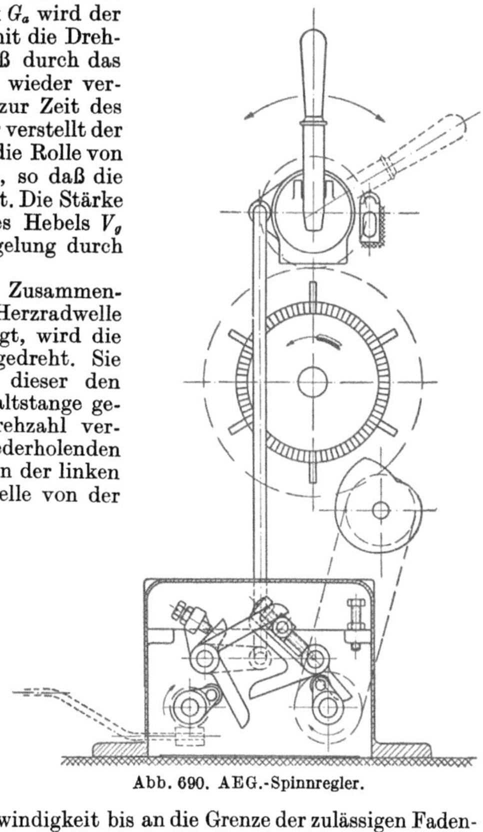

Abb. 690. AEG.-Spinnregler.

Die wirtschaftliche Bedeutung des selbsttätigen Spinnreglers liegt darin, daß es mit ihm möglich ist, in jedem Arbeitsaugenblick mit der Geschwindigkeit bis an die Grenze der zulässigen Fadenbeanspruchung zu gehen, während man bei **konstanter** Geschwindigkeit und gleicher Fadenbruchzahl eine wesentlich geringere Geschwindigkeit einstellen müßte. Trägt man sich diese konstante Drehzahl (z. B. n_0 in Abb. 688) ein, so bildet sie mit der Spinnzeit ein Rechteck, welches der Garnerzeugung proportional ist. Bei geregelter Drehzahl würde sich hingegen eine Erzeugung ergeben, welche durch die unter der Zackenlinie liegende Fläche dargestellt und wesentlich größer ist. F. Oertel[1] hat diese Frage in Verbindung mit dem Regler genau untersucht und kommt zu dem Ergebnis, daß die Mehrproduktion mindestens 10 bis 15% beträgt, wobei sich dieselbe angenähert gleichmäßig auf die Grunddrehzahl- und Lagendrehzahlregelung verteilt.

Als Antriebsmotoren kommen bei Gleichstrom der Nebenschlußmotor und bei Drehstrom die Stromwendermotoren in Frage. Früher war es üblich, bei Drehstrom Einphasen-Stromwendermotoren zu wählen, welche auf die drei Phasen gleichmäßig verteilt wurden. Heute wird der Drehstrom-Stromwendermotor bevorzugt, und zwar vielfach noch der Reihenschlußmotor. Die Vorteile der Regelung lassen sich jedoch nur dann ganz erreichen, wenn die Drehzahl von der Belastung unabhängig ist, und daher kommt in neuerer Zeit der Drehstrom-Nebenschlußmotor mehr und mehr zur Anwendung. Die Regelung erfolgt bei den Drehstrommotoren allgemein durch Bürstenverschiebung. Abb. 691 zeigt den Anbau des Motors an die Spinnmaschine. Man erkennt auch den Spinnregler *S*, der von der Spinnmaschine angetrieben wird und auf die Bürstenverstellung wirkt. Außerdem ist eine Bürstenverstellung von Hand möglich. Die äußere Form des Motors ist möglichst glatt, damit sich dem Faserstaub wenig Ansatzpunkte bieten. Die Kühlung erfolgt zuweilen durch Wasser, meist durch Luft, welche durch Luftkanäle unterhalb der Motorenreihe zu- und abgeführt wird. Die Abzweigquerschnitte zu den Motoren müssen entweder einstellbar sein, damit die weit entfernten Motoren infolge Luftmangels nicht zu warm werden, oder es muß die Strömung im Zuluftkanal in gleicher Richtung wie in dem Abluftkanal gewählt werden. In dem letzteren sind auch die Zuleitungen untergebracht. Im Winter kann die Abluft zur Raumheizung dienen.

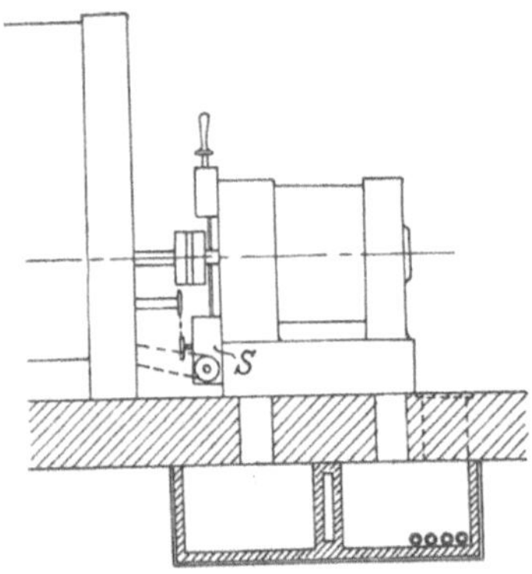

Abb. 691. Anbau des Spinnmotors und Belüftung desselben.

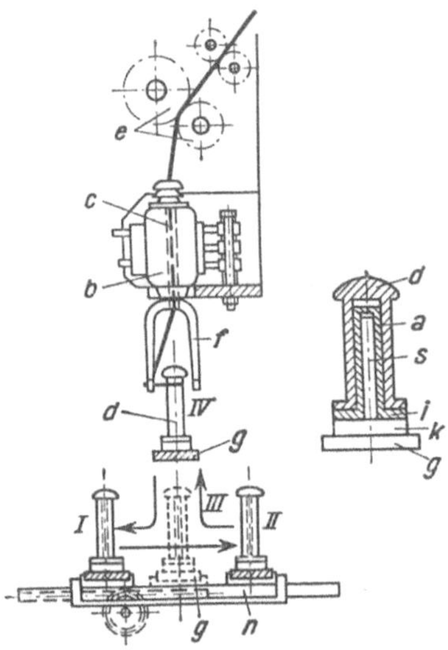

Abb. 692. Einzelantrieb eines Spinnflügels.

Der Leistungsbedarf der Spinnmaschinen ist nur in Erfahrungswerten bekannt. Bei Baumwolle und etwa 10000 Spindelumdrehungen beträgt er etwa 14 W je Spindel, bei Wolle und etwa 7000 Umdrehungen etwa 19 W je Spindel. Die Gesamtleistung einer Ringspinnmaschine ist daher gewöhnlich unter 10 kW. Bei der Bemessung der Motoren ist auf das Anlaufmoment Rücksicht zu nehmen, welches besonders nach längeren Betriebspausen oder bei nicht eingelaufenen Maschinen beträchtlich hoch sein kann.

Die Vorspinnmaschinen oder **Flyer** sind gewöhnlich Flügelspinnmaschinen, bei denen der Faden durch einen schnell umlaufenden Flügel wie bei den alten Spinnrädern gesponnen wird. Diese Spinnmaschinen stellen an den Antriebsmotor insofern besondere Anforderungen, als sie wegen der geringen Festigkeit des Fasergutes einen überaus sanften Anlauf verlangen. Die meist vorkommenden Drehstrom-Kurzschlußmotoren werden daher entweder mit absichtlich großer Streuung, die zuweilen einstellbar ist, ausgeführt, oder es kommen Vorschaltwiderstände zur Anwendung. Auch Stromverdrängungsmotoren, deren Drehmomentverlauf demjenigen des Flyers angepaßt ist, kommen zur Verwendung (AEG.), wobei durch eine zu- und gegenschaltbare kleine Hilfswicklung das Drehmoment etwas geändert werden kann, um damit dem zeitlichen Wechsel des Maschinenmomentes nachzukommen.

Trotz des geringen Leistungsbedarfes einer Spindel ist in neuerer Zeit auch der Einzelantrieb der Spindeln in Aufnahme gekommen. Abb. 692 zeigt die Hauptteile einer Flügelspinnmaschine mit Einzelantrieb des Flügels *f*. Die Fasern werden durch das Streckwerk *e* gestreckt und gehen dann durch die Hohlwelle des Drehstrom-Kurzschlußmotors *b* zum umlaufenden Flügel *f*, welcher den Faden auf die Spule *d* aufwindet. Die Spule erfährt auf ihrem Bremsteller *i*, welcher sie gegen die Flügel etwas in der Drehzahl zurückhält, eine vertikale Verschiebung. Die verschiedenen Spulenträger dienen der schnellen Auswechselung. Die kleinen Flügelmotoren (Abb. 693) werden mittels Druckknopfs ein- und ausgeschaltet und erhalten ihren hochfrequenten Drehstrom von einem getrennt aufgestellten regelbaren asynchronen Frequenzumformer. Der Vorteil des Einzelantriebes der Flügel liegt in dem Fortfall des mechanischen Flügelantriebs, welcher bei den hohen

[1] Oertel, F.: Wiss. Veröff. Siemens-Konz. Bd. 11 Heft 1 S. 103.

Geschwindigkeiten zu Erschütterungen, ungleichmäßigem Garn und Fadenbrüchen Veranlassung gibt. Der elektrische Antrieb ist einfach und ruhig und erlaubt wesentlich höhere Drehzahlen. In gleichem Maße wächst natürlich die Garnerzeugung.

In der Weberei. Das Gewebe kommt dadurch zustande, daß zwischen den parallel gespannten Kettenfäden (Längsfäden) durch den hin und her fliegenden Schützen die Schußfäden (Querfäden) gespannt und durch einen Schlag der Lade an das bisherige Gewebe fest zur Anlage gebracht werden. Der Webstuhl erfordert einen Antrieb mit völlig konstanter Geschwindigkeit, weil sich mit der Geschwindigkeit auch die Schlagkraft von Lade und Schützen ändern und daher zu einem loseren oder festeren Gewebe führen würde. Besonders schwer ist die Gleichförmigkeit des Gewebes während des Anlaufes des Webstuhles nach den doch häufig vorkommenden Stillständen zu erzielen. Bei feinen Seidengeweben würde sich schon der geringste Schlagunterschied durch eine veränderte Schattierung bemerkbar machen. Man muß daher verlangen, daß ein Webstuhlmotor ohne Anlasser in kürzester Zeit auf seine volle Drehzahl anspringt und sie unverändert und unabhängig von der Belastung beibehält. Da die Leistungen selten 1 kW übersteigen, ist eine unmittelbare Einschaltung durchaus möglich. Besonders geeignet ist der Drehstrom-Kurzschlußmotor in geschlossener Bauweise mit großem Anlaufmoment, wobei der hohe Wirkungsgrad dieser Motoren in Anbetracht der zahlreichen kleinen Webstuhlmotoren besondere Beachtung verdient. Die Verbindung des Motors mit dem Webstuhl erfolgt durch Riemen oder Zahnräder. Die Riemenübertragung mit meist federnder Spannrolle ist zwar billiger, sie hat jedoch einen höheren Arbeitsverbrauch, und es besteht die Gefahr des Riemenrutschens. Abb. 694 zeigt den Antrieb mittels Zahnrädern (Ausführung Brown, Boveri & Cie.). Die genaue Einstellung des Motors und des Zahnrädereingriffes erfolgt durch eine Schraubenspindel. Das Vorgelegerad ist mit einer Rutschkupplung ausgerüstet, welche mittels Federn und Schrauben einstellbar ist und verhindern soll, daß bei einem plötzlichen Anhalten des Webstuhles Brüche auftreten.

Abb. 693. Flügelmotor (SSW).

Das Einschalten des Motors geschieht mit dem dreipoligen Webstuhlschalter, der, wie Abb. 694 zeigt, mit dem Einrückhebel des Webstuhles verbunden wird oder bei getrennter Einschaltung des Motors Fußbetätigung erhält. Eine Umkehr der Motordrehrichtung kommt nur bei Samtwebstühlen vor. Die Installation ist ebenfalls zu erkennen. Die Verbindung zwischen dem festen Stahlpanzerrohr und dem einstellbaren Motor ist durch einen Metallschlauch hergestellt. Da in dem Websaal eine sehr große Zahl Webstühle gleichmäßig verteilt aufgestellt sind, faßt man gewöhnlich je vier Stühle zusammen (Abb. 567) und speist sie von dem in Abb. 694 im Boden angedeuteten Verteilungskasten. Die Sicherungen oder besser die Überstrom-Selbstausschalter befinden sich im Webstuhlschalter oder einem besonderen Schaltkasten.

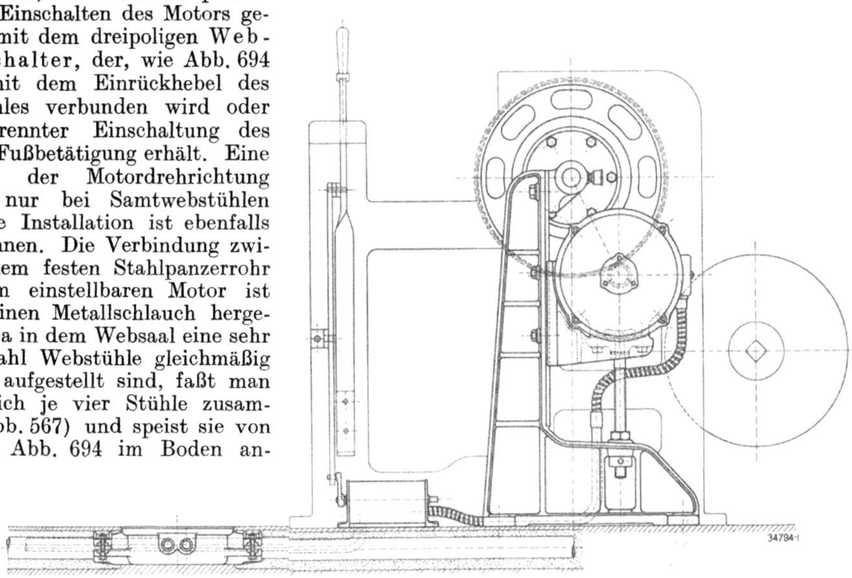

Abb. 694. Anbau des Webstuhlmotors und Stromzuführung (BBC).

Die Cottonmaschinen dienen zum Wirken feiner Gewebe. Sie erfordern einerseits je nach der Feinheit der Wirkwaren eine einstellbare, veränderte Geschwindigkeit, andererseits muß dieselbe beim Mindern stark herabgesetzt werden. In welcher Weise dies durchgeführt werden kann, wurde bereits als Beispiel durch Abb. 511, S. 205, erläutert.

Zeugdruckmaschinen stellen insofern besondere Anforderungen an den Antrieb, als sie außer der Geschwindigkeitseinstellung, welche je nach Feinheit des Druckmusters erforderlich ist, beim Einziehen der Stoffbahn sowie beim Einrichten und Reinigen der Druckwalzen ganz geringe Geschwindigkeiten benötigen. Es werden hierbei Regelbereiche bis zu 1 : 10 verlangt, die durch den Motor selbst nicht erzielt werden können. In Zeugdruckereien haben daher die Gleichstrom-Fünfleiternetze noch Bedeutung, deren fünf Leiter an vier in Reihe liegenden Generatoren angeschlossen sind, und deren Spannungen gewöhnlich 50 + 150 + 150 + 100 V sind. Man kann dann den Zeugdruckmotor mittels einer Umschaltwalze nacheinander an folgende Leiter legen: 1—2 mit 50 V, 4—5 mit 100 V, 3—4 mit 150 V, 1—3 mit 200 V, 3—5 mit 250 V, 2—4 mit 300 V, 1—4 mit 350 V, 2—5 mit 400 V und 1—5 mit 450 V. Ein Anlasser ist nicht erforderlich. Bei Drehstrom kommen auch polumschaltbare Asynchronmotoren mit mehreren Drehzahlstufen, Drehstrom-Nebenschlußmotoren und ferner auch Hilfsmotoren für die geringe Einziehgeschwindigkeit zur Anwendung.

G. Der elektrische Antrieb in Papierfabriken und Druckereien.

In Papierfabriken. Die zur Herstellung des Papiers erforderlichen Fasern können auf chemischem oder mechanischem Wege aus dem Holz gewonnen werden. Die letztere Herstellung ist die billigere und daher meist üblich. Auf den Schleifern werden die Baumstämme gegen den Umfang eines Schleifsteines gepreßt und dadurch zerfasert, wobei die Güte des Schliffes in hohem Maße von der Steinschärfe, von der Geschwindigkeit und dem Anpressungsdruck abhängt. Bei

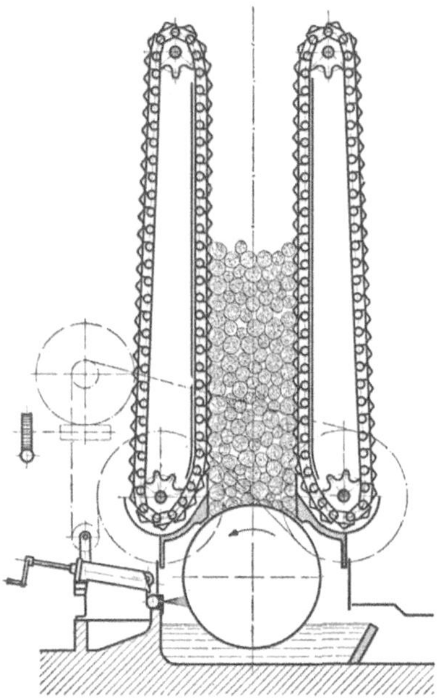

Abb. 695. Stetigschleifer.

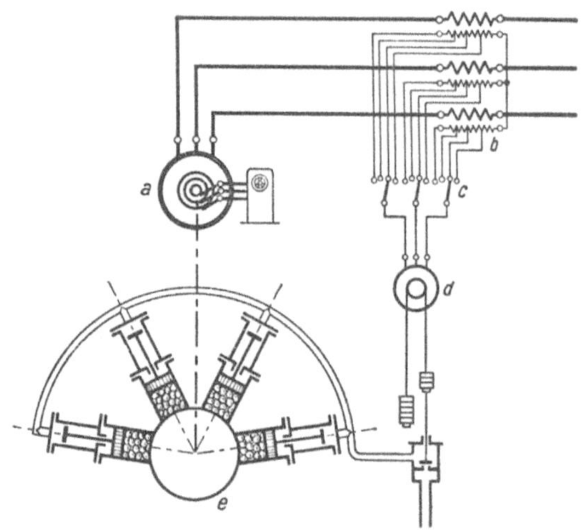

Abb. 696. Schleiferregelung eines Vielpressenschleifers.

den früheren Schleifern wurden die Stämme durch mehrere Zylinder mit hydraulischem Druck gegen den Scheibenumfang gedrückt (Vielpressenschleifer). Sie erlaubten keinen ununterbrochenen Betrieb. Die neueren Stetigschleifer (Abb. 695) führen einen ganzen Stapel Hölzer mittels zweier Ketten stetig dem Schleifstein zu. Da die Schleifgeschwindigkeit bis zu 20 m/s und der Anpressungsdruck mehr als 1000 kg betragen kann, sind Schleiferantriebsleistungen bis 1000 kW erforderlich. Da eine Drehzahlregelung nicht erforderlich ist, kommt bei dem gewöhnlich vorhandenen Drehstrom der Asynchronmotor in einer gegen Spritzwasser geschützten Bauweise zur Anwendung (Hochspannungsmotor). Als Anlasser kommen normale Walzen- oder Flüssigkeitsanlasser in Frage. In Einzelfällen sind auch Schleifer mit Synchronmotoren angetrieben worden, um mit ihnen eine Verbesserung des Leistungsfaktors des übrigen Betriebes vornehmen zu können. Diese Motoren müssen asynchron anlaufen, wobei jedoch der Schleifstein vom Druck entlastet werden muß, weil sonst das Anlaufmoment der Motoren nicht ausreichen würde.

Durch die Art des Holzes und seiner Zufuhr treten im Schleifer stark wechselnde Belastungen auf, welche nicht nur den Motor und das Netz, sondern auch die Güte der Fasern ungünstig beeinflussen. Die Schleifer werden daher mit einem Regler ausgerüstet, welcher auf gleiche Leistung regelt. Abb. 696 zeigt das Schaltbild einer solchen Regelung. Der Drehmagnet d, welcher nach Art eines Drehstrommotors gebaut ist, empfängt seinen Strom von einem Stromtransformator b und wirkt bei Überstrom schließend und bei Unterstrom öffnend auf das Druckwasserventil der Preßzylinder. Die Stärke der Belastung ist mit dem Stufenschalter c einstellbar. e ist der Schleifer.

Die Regelung der Stetigschleifer muß empfindlicher und schneller wirken, weil es sonst zu unangenehmen Lastschwankungen kommen kann. Abb. 697 stellt eine solche Regelung in der AEG.-

Ausführung dar. *1* ist der Schleif- und *15* der Vorschubmotor. Der letztere wird unter Vermittlung eines Schnellreglers *17* von einem Leonardumformer *7—8—13* gesteuert. *13* ist der Erregergenerator. Der Generator *8*, welcher den Vorschubmotor speist, hat zwei entgegengeschaltete Feldwicklungen, denen Widerstände *10* und *12* vorgeschaltet sind. Je nachdem, ob der Widerstand *10* durch den Kontakt k_3 eingeschaltet oder kurzgeschlossen ist, schwankt die Generatorspannung zwischen einem niedrigen und hohen Wert. Der Schnellregler (Tirrillregler), dessen grundsätzliche Wirkungsweise bereits auf S. 108 beschrieben wurde, öffnet und schließt den Kontakt k_3 durch das Differentialrelais *e—f* rhythmisch, weil sich der Kontakt k_1 infolge der wechselnden Generatorspannung an der Spule *b* rhythmisch öffnet (Zitterrelais). Das Verhältnis der Schließ- und Öffnungszeiten und damit die Höhe der Generatorspannung wird nun durch den Strom des Schleifermotors bestimmt, welcher über den Stromwandler *19* und den Stufenschalter *18* auf die Relaisspule *a* wirkt. Es kann auf diese Weise eine ganz bestimmte Schleiferbelastung eingestellt werden. Andererseits wirkt der Strom des Vorschubmotors auf die Spulen *c* und *d* derart, daß bei Überschreitung einer Stromgrenze sich Kontakt k_2 öffnet, wodurch die Spannung des Vorschubmotors dann ebenfalls herabgesetzt wird, weil k_1 und k_2 in Reihe liegen. Bei Stromverminderung schließt sich der Kontakt wieder, und so übernimmt nun der Kontakt k_2 die Taktgebung. Bei festgeklemmtem Holz im Magazin würde daher der Vorschubmotor trotzdem nicht überlastet werden können, weil der Schnellregler die Generatorspannung derart herabregelt, daß der Vorschubmotor fast zum Stillstand kommt. Die beiden Motoren sind derart miteinander verriegelt, daß das Schütz 6 des Umformers nur eingeschaltet werden kann, wenn der Ölschalter *3* und der Anlasser *4* des Schleifermotors eingeschaltet sind.

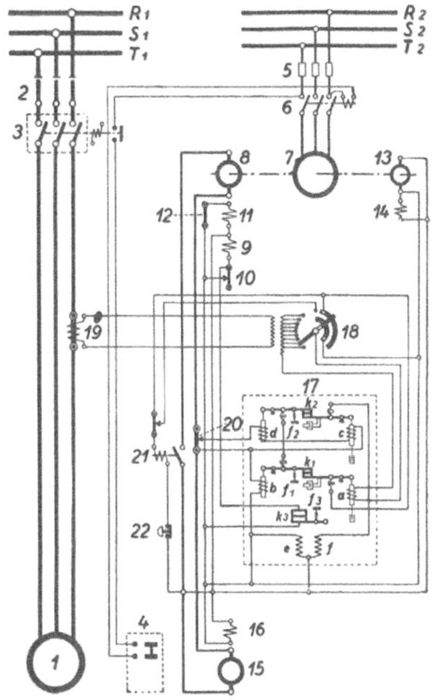

Abb. 697. Regelung eines Stetigschleifers.

Die Güte des erzeugten Papiers wird in der Hauptsache durch die Holländer bestimmt. Es sind dies große Tröge, in welchen mit Messern besetzte Walzen über das Grundwerk reiben und dabei den in stetem Umlauf befindlichen Papierbrei zerkleinern. Da die Malgeschwindigkeit unverändert bleibt, kann bei dem meist vorhandenen Drehstrom der Asynchronmotor Verwendung finden. Die Größe der Antriebsleistung liegt gewöhnlich zwischen 200 und 500 kW. Die Güte des Papiergutes hängt besonders von dem Anpressungsdruck der Malwalze ab. Das Anstellen der Walze

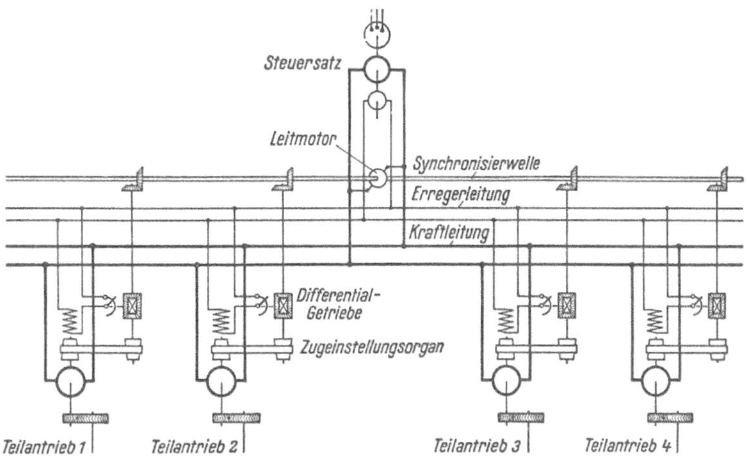

Abb. 698. Papiermaschinenantrieb Siemens-Harland.

erfolgt daher häufig durch einen besonderen Anstellmotor, dessen Vorschub ähnlich wie bei den Schleifern in Abhängigkeit von dem Strom des Malmotors geregelt wird. Bei Handanstellung muß in guter Sicht ein Strommesser angebracht werden, nach dem man sich zu richten hat.

Die Papiermaschine soll die in Wasser schwimmenden Fasern herausheben und derart miteinander verfilzen, trocknen und glätten, daß sie nachher eine Papierbahn bekannter Festigkeit bilden. Ihr fließt in einem Strom, dessen Breite der späteren Papierbahn entspricht, Wasser zu, in welchem die Papierfasern schwimmen. Dieser Strom ergießt sich auf ein feines Metallsieb, welches über Rollen läuft und zur guten Verfilzung der Fasern eine schüttelnde Bewegung macht oder auch zur Erzeugung dicker Papiere auf ein Rundsieb. Nachdem ein großer Teil des Wassers durch das Sieb abgelaufen und abgesaugt ist, geht das Sieb durch die Gautschpresse, in welcher weiteres Wasser aus der Faserschicht ausgepreßt wird. Die Papierbahn geht nunmehr von dem Sieb auf einen Tragfilz über und wird durch zahlreiche Preßwalzen, den Naßpressen, von dem weiteren Wasser befreit. Sie gewinnt dabei immer mehr an Festigkeit und kann nach dem Übergang auf die zahlreichen mit Dampf geheizten Trockenzylinder ohne tragenden Filz als Papierbahn weiterlaufen. Diese durchläuft nach erfolgter Kühlung dann noch eine Reihe Glättwalzen (Kalander) und wird dann in Bahnen bestimmter Breite zerschnitten und im Rollapparat aufgerollt.

Die Art der Papierherstellung und die Güte des Papiers stellen ganz bestimmte Anforderungen an den Antrieb der Papiermaschine[1]. Die Geschwindigkeit derselben ist der Papierdicke umgekehrt proportional, weil sich auf dem Sieb eine um so dickere Faserschicht absetzt, je langsamer sich dasselbe bewegt. Da man nun weiter im Papierhandel ziemlich hohe Anforderungen an die Gleichmäßigkeit des Papiers stellt und nur Abweichungen im Papiergewicht, also auch in der Papierstärke, von etwa 2,5% zuläßt, muß man von der Papiermaschine verlangen, daß sich ihre Geschwindigkeit noch wesentlich weniger ändert (etwa 1 bis 2%), weil doch auch noch aus anderen Ursachen Ab-

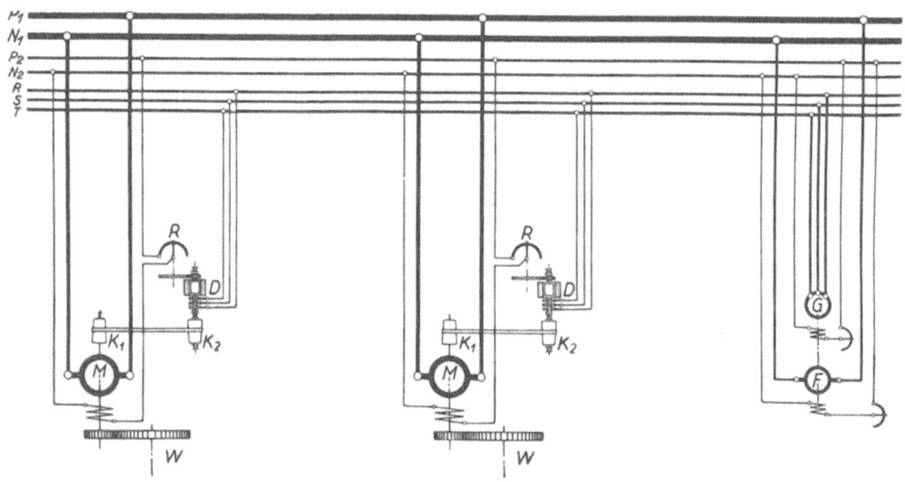

Abb. 699. Gleichlaufregelung der AEG.

weichungen der Papierstärke möglich sind. Neben der Gleichhaltung der Geschwindigkeit muß jedoch die Einstellung einer bestimmten, der Dicke der verlangten Papiersorte entsprechenden Geschwindigkeit möglich sein. Bei Maschinen, welche nur Zeitungspapiere erzeugen, kommt kaum eine Regelbarkeit des Antriebsmotors von mehr als 1 : 2 in Frage. Maschinen, auf denen die verschiedensten Papiersorten hergestellt werden sollen, erfordern jedoch zuweilen einen Regelbereich von 1 : 20 und zudem noch die Möglichkeit, die Maschine zur Reinigung sowie zum Einrichten ganz langsam laufen lassen zu können.

Die Papierbahn, welche eine große Zahl Rollen bei wechselnder Feuchtigkeit und Kühlung zu durchlaufen hat, zeigt hierbei veränderliche Dehnungen und Kürzungen, welche selbsttätig ausgeglichen werden müssen, wenn ein Reißen oder ein Falten vermieden werden soll. Man braucht also eine Zugregelung der Papierbahn. Bei der früheren Antriebsform mit einem einzigen Motor wurden diese Geschwindigkeitsunterschiede der einzelnen Rollen, die etwa 5% betragen können, durch kegelige Riemenscheiben ausgeglichen. Heute ist der Mehrmotorenantrieb mit oft mehr als 20 Motoren üblich. Diese Antriebsart erlaubt nicht nur eine größere Arbeitsgeschwindigkeit (bis 400 m/min) und damit eine Steigerung der Erzeugungsleistung, sondern auch durch den Fortfall der mechanischen Übertragungsmittel eine Arbeitsersparnis von 15 bis 20%.

Alle Anforderungen, welche die Papiermaschine an den Antrieb stellt, lassen sich mit dem Elektromotor voll erfüllen. Eine Gleichhaltung der Geschwindigkeit ist mit den bekannten Mitteln zu erreichen. Bei feinen Papierarten ist allerdings ein Schnellregler erforderlich (siehe S. 208). Die geforderten Regelbereiche lassen sich mit dem Drehstrom-Asynchronmotor nicht erzielen. Er scheidet also als Papiermaschinenmotor aus. Der Drehstrom-Nebenschlußmotor (Stromwendermotor) ist hingegen wegen seiner einfachen und wirtschaftlichen Regelmöglichkeit durch Bürstenverschieben als Antriebsmotor geeignet. Da ein Regelbereich von mehr als 1 : 3 kaum erzielt werden kann, ist er jedoch nur für solche Maschinen anwendbar, welche nur wenig verschiedene Papiersorten erzeugen. Eine vorzügliche Regelung ergibt sich mit dem Gleichstrom-Nebenschlußmotor,

[1] Stiel: Der elektrische Antrieb der Papiermaschine. Z. VDI 1920 S. 30ff.

insbesondere in Leonardschaltung, die daher bei großen Papiermaschinen üblich geworden ist. Wenn Gleichstrom vorhanden ist, läßt sich auch die der Leonardschaltung gleichwertige Zu- und Gegenschaltung anwenden. Eine Erweiterung des Regelbereiches kann man noch dadurch erreichen, daß man neben der Veränderung der Ankerspannung noch die Feldregelung des Antriebsmotors zur Erreichung hoher Drehzahlen benutzt. Das Anlassen der zahlreichen Motoren erfolgt zur Vermeidung einer unsachgemäßen Bedienung zweckmäßig durch einen für alle Motoren gemeinsamen Selbstanlasser (AEG.).

Die Gleichlaufregelung der Motoren, deren Aufgabe darin besteht, das einmal eingestellte Geschwindigkeitsverhältnis trotz aller wechselnden Einwirkungen, wie Belastung u. dgl. aufrecht zu erhalten, hat im Laufe der Entwicklung zu überaus zahlreichen Lösungsmöglichkeiten geführt, von denen zwei besonders hervortreten. Abb. 698 zeigt das einpolige Schaltbild der Zugeinstell- und Regelvorrichtung von Siemens-Harland. Ein Motor treibt als Leitmotor eine Synchronisierwelle an. Dieselbe dient nicht der Arbeitsübertragung, sondern lediglich zur Aufrechterhaltung der richtigen Geschwindigkeit. Laufen alle Motoren gleich schnell, so werden die gegenüberstehenden Kegelräder der Differentialgetriebe einerseits von der Leitwelle und andererseits von dem jeweiligen Teilmotor gleich schnell angetrieben, wobei sich das mit beiden im Eingriff stehende dritte Kegelrad nicht dreht. Der Feldregler wird daher nicht betätigt. Eine Änderung der Geschwindigkeit eines der Motoren würde aber sofort zu einer Bewegung des Differentialrades und damit zu einer die Geschwindigkeitsänderung aufhebenden Reglerverstellung führen. Eine Änderung des Geschwindigkeitsverhältnisse und damit die Einstellung des Zuges erfolgt durch Verschiebung des

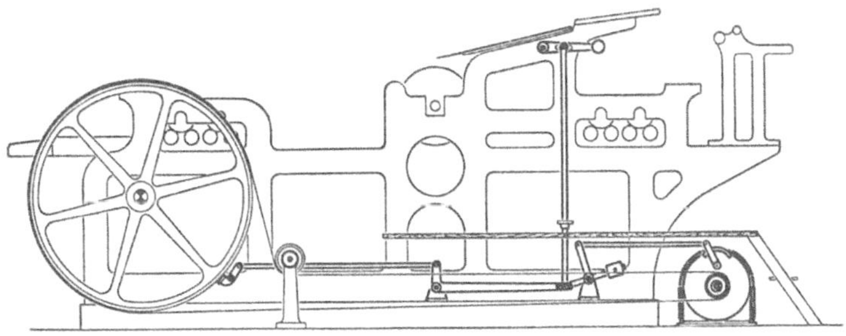

Abb. 700. Schnellpressenantrieb.

Riemens auf den Kegelscheiben, wobei auch alle nachfolgenden Antriebe nachgestellt werden müssen. Um dies zu vermeiden, können die Antriebe der Regelgetriebe auch mechanisch hintereinander geschaltet werden, so daß jede Änderung der Einstellung sich selbsttätig auf die nachfolgenden überträgt. Hierbei wird sich aber auch jede fehlerhafte Änderung, wie z. B. durch Riemenrutsch, allen nachfolgenden Antrieben mitteilen. Die elektrische Gleichlaufregelung der AEG. nach Abb. 699 benutzt den Führermotor zum Antrieb eines Drehstromgenerators G, an welchen alle Synchrondifferentialmotoren D angeschlossen sind. Die Gehäuse derselben sind mit der dreiphasigen Wicklung frei drehbar, während der mit ausgeprägten Polen versehene Kurzschlußläufer von dem Teilantriebsmotor M angetrieben wird. Bei richtiger Geschwindigkeit laufen Drehfeld und Läufer synchron, und es tritt kein Drehmoment auf. Eine Geschwindigkeitsänderung führt jedoch sofort zu einem Läuferstrom und einem Drehmoment, welches den Feldregler R verstellt. Die Zugeinstellung geschieht auch hier durch die Kegelscheiben K.

In Druckereien. Als wichtigste Druckereimaschinen gelten die Schnellpressen, bei denen sich der Schriftsatz auf einem hin und her gehenden ebenen Tisch befindet, gegen welchen der Druckzylinder das Papier preßt (Buchdruck), und ferner die Rotationsdruckmaschinen, welche vor allem für den Zeitungsdruck in Frage kommen, und bei denen das Papierband zwischen Druck- und Plattenzylinder sich fortlaufend schnell hindurchbewegt. Fast alle Druckmaschinen erfordern eine von der Art der Druckarbeit abhängige, einstellbare Geschwindigkeit und die Möglichkeit, zum Einrichten der Maschine ganz langsam zu fahren. Bei den Schnellpressen ist außerdem ein schnelles Abbremsen erforderlich. Abb. 700 zeigt eine Schnellpresse mit Riemenantrieb, bei welcher mit der oben erkennbaren Kurbel sowohl die Bremsung als auch die Regelung möglich ist, und zwar handelt es sich hier um einen durch Bürstenverschiebung geregelten Stromwendermotor. Für das ruckweise Vorschieben des Tisches und für den Langsamlauf können zweckmäßig Druckknöpfe vorgesehen werden, welche unter Zuhilfenahme von Schützen den Motor mit verminderter Geschwindigkeit einzuschalten erlauben.

Rotationsdruckmaschinen, insbesondere solche mit Mehrfachantrieb zur Herstellung großer Zeitungen, benötigen sehr umfangreiche Schalt- und Regeleinrichtungen. Abgesehen von der nur bei kleinen Maschinen vorkommenden Handsteuerung unterscheidet man zwischen halbselbsttätigen und vollselbsttätigen Steuerungen. Abb. 701 zeigt eine von dem Sachsenwerk ausgeführte halbselbsttätige Steuerung für Drehstrom. Die Regelung des Hauptmotors A erfolgt von Hand mit der Schaltwalze C, welche sehr viele Stellungen aufweist, von denen nur die ersten gezeichnet sind. Selbsttätig ist lediglich die Steuerung des Hilfsmotors B, welchem die Aufgabe zufällt, die Rotationspresse beim Einrichten mit ganz geringer Geschwindigkeit zu betreiben. Drückt man nach Einstellung der Walze auf Stellung 2 den Druckknopf L, so fließt der Strom von T über die Walze, den Druckknopf L, über den Handkurbelschalter K zur Spule des Hauptschützes G, dann über N und den Kontakt der Überstromauslösung J nach S. Das Hauptschütz G zieht an, schaltet aber auf dieser Walzenstellung nur den Hilfsmotor B, nicht aber den Hauptmotor A ein. Der Hilfsmotor treibt bei eingeschalteten Widerständen E die Maschine langsam an, und zwar nur solange, wie der Druckknopf L gedrückt wird (Vorrücken). Mit dem Hilfsmotor wird natürlich auch der Bremslüftmagnet F eingeschaltet, welcher die Bremse freigibt. Durch Drücken des Druckknopfes M (Lauf) erhält die Spule H des Hilfsschützes Strom. Dasselbe zieht an und schaltet durch seine Kontakte das Hauptschütz G ein, welches sich durch seine unteren Hilfskontakte nun eingeschaltet hält. Der Druckknopf M kann daher losgelassen werden, ohne daß der Hilfsmotor zum Stillstand kommt. N ist der Ausschaltdruckknopf, welcher in der Ausschaltstellung eine Signallampe aufleuchten läßt, damit nicht versehentlich von anderer Seite eingeschaltet wird. Beim Weiterdrehen der Walze bekommt auf der 5. Stellung auch der Hauptmotor Strom, während der Hilfsmotor zur Abschaltung kommt. Die Regelung geschieht mit den Widerständen D. Die vollselbständigen Steuerungen unterscheiden sich dadurch von der beschriebenen, daß auch die Schaltwalzen durch Druckknöpfe gesteuert werden. Sie erhalten zu diesem Zweck Antrieb durch einen kleinen Motor. Bei Mehrfachantrieben von Druckmaschinen werden die verschiedenen Walzen miteinander gekuppelt.

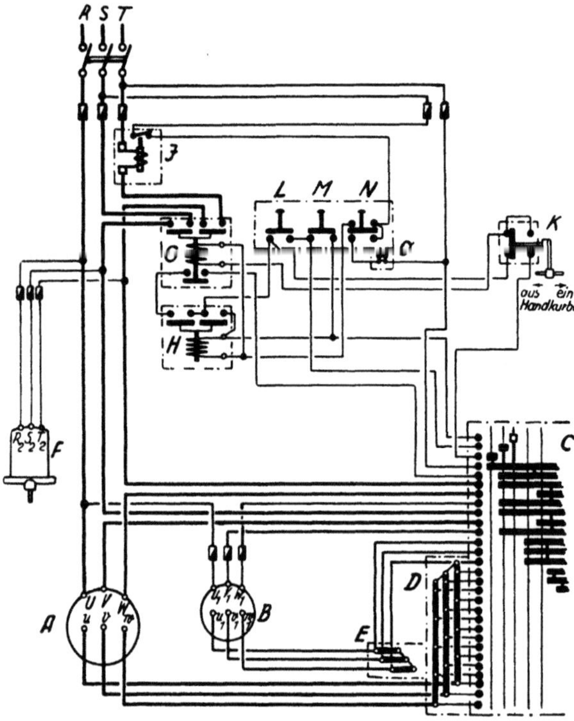

Abb. 701. Halbselbsttätige Steuerung einer Rotationsdruckmaschine (Sachsenwerk).

Um eine zu große Drehzahl des Hilfsmotors zu verhindern, wird derselbe meist mit einer Überholkupplung versehen, welche ihn bei steigender Drehzahl des Hauptmotors entkuppelt. Die Siemens-Schuckertwerke legen den Hilfsmotor zur Vereinfachung der Schaltung bei Drehstrom an den Läufer des Hauptmotors (Kaskadenschaltung) und bei Gleichstrom in Reihe mit dem Hauptmotor[1].

---

[1] Siehe Siemens-Z. 1928, Heft 5/6.

Sachverzeichnis.

GPSR Compliance

The European Union's (EU) General Product Safety Regulation (GPSR) is a set of rules that requires consumer products to be safe and our obligations to ensure this.

If you have any concerns about our products, you can contact us on ProductSafety@springernature.com

In case Publisher is established outside the EU, the EU authorized representative is:

Springer Nature Customer Service Center GmbH
Europaplatz 3
69115 Heidelberg, Germany

Batch number: 10684222

Printed by Printforce, the Netherlands